Lehrbuch der Mathematik

W0256384

Lehrbuch der Mathematik in vier Bänden
von Uwe Storch und Hartmut Wiebe

Band 1:　Analysis einer Veränderlichen
Band 2:　Lineare Algebra
Band 3:　Analysis mehrerer Veränderlicher
Band 4:　Analysis auf Mannigfaltigkeiten - Funktionentheorie -
　　　　　　Funktionalanalysis

Uwe Storch / Hartmut Wiebe

Lehrbuch der Mathematik

Band 1
Analysis einer Veränderlichen

3. Auflage

Autoren
Prof. Dr. Uwe Storch
Dr. Hartmut Wiebe
Ruhr-Universität Bochum, Fakultät für Mathematik, Gebäude NA 3/34
D-44780 Bochum

Wichtiger Hinweis für den Benutzer
Der Verlag, der Herausgeber und die Autoren haben alle Sorgfalt walten lassen, um vollständige und akkurate Informationen in diesem Buch zu publizieren. Der Verlag übernimmt weder Garantie noch die juristische Verantwortung oder irgendeine Haftung für die Nutzung dieser Informationen, für deren Wirtschaftlichkeit oder fehlerfreie Funktion für einen bestimmten Zweck. Der Verlag übernimmt keine Gewähr dafür, dass die beschriebenen Verfahren, Programme usw. frei von Schutzrechten Dritter sind. Die Wiedergabe von Gebrauchsnamen, Handelsnamen, Warenbezeichnungen usw. in diesem Buch berechtigt auch ohne besondere Kennzeichnung nicht zu der Annahme, dass solche Namen im Sinne der Warenzeichen- und Markenschutz-Gesetzgebung als frei zu betrachten wären und daher von jedermann benutzt werden dürften. Der Verlag hat sich bemüht, sämtliche Rechteinhaber von Abbildungen zu ermitteln. Sollte dem Verlag gegenüber dennoch der Nachweis der Rechtsinhaberschaft geführt werden, wird das branchenübliche Honorar gezahlt.

Bibliografische Information der Deutschen Nationalbibliothek
Die Deutsche Nationalbibliothek verzeichnet diese Publikation in der Deutschen Nationalbibliografie; detaillierte bibliografische Daten sind im Internet über http://dnb.d-nb.de abrufbar.

Springer ist ein Unternehmen von Springer Science+Business Media
springer.de

Die erste Auflage dieses Buches erschien 1988 im B.I.-Wissenschaftsverlag (Bibliographisches Institut & F. A. Brockhaus AG, Mannheim)

3. Auflage 2003
unveränderter Nachdruck 2010
© Spektrum Akademischer Verlag Heidelberg 2010
Spektrum Akademischer Verlag ist ein Imprint von Springer-Verlag GmbH

10 11 12 13 14   5 4 3 2 1

Das Werk einschließlich aller seiner Teile ist urheberrechtlich geschützt. Jede Verwertung außerhalb der engen Grenzen des Urheberrechtsgesetzes ist ohne Zustimmung des Verlages unzulässig und strafbar. Das gilt insbesondere für Vervielfältigungen, Übersetzungen, Mikroverfilmungen und die Einspeicherung und Verarbeitung in elektronischen Systemen.

Lektorat: Dr. Andreas Rüdinger, Barbara Lühker
Satz: Autorensatz
Umschlaggestaltung: SpieszDesign, Neu–Ulm

ISBN 978-3-8274-2574-4

Vorwort zur ersten Auflage

Das vorliegende Buch über Analysis einer reellen Veränderlichen ist der erste Teil unseres Lehrbuchs der Mathematik, das den Stoff des Mathematik-Grundstudiums für Mathematiker, Physiker und Informatiker darstellen soll. Wir glauben aber, daß auch Studierende anderer Fachrichtungen wie zum Beispiel der Geophysik, Astronomie oder Elektrotechnik daraus Gewinn ziehen können ebenso wie Lehrende und Lernende an höheren Schulen.

Das Lehrbuch ist aus Vorlesungen für Studenten der Physik und Geophysik hervorgegangen, die wir mehrere Male in Bochum gehalten haben, und erschien zunächst (ab 1984/85) als Vorlesungsausarbeitung. Es umfaßt insgesamt vier Bände, die den vier Semestern einer Vorlesung über Mathematik für Physiker entsprechen. Der zweite Band behandelt die Lineare Algebra, im dritten gehen wir auf die Analysis mehrerer Veränderlicher einschließlich der Integrationstheorie ein und beschäftigen uns im letzten Band mit der Analysis auf Mannigfaltigkeiten, Funktionentheorie und Funktionalanalysis. Wir haben versucht, die einzelnen Bände so zu gestalten, daß sie weitgehend unabhängig voneinander gelesen werden können, bemühen uns jedoch, die vielfältigen Zusammenhänge und gegenseitigen Abhängigkeiten der mathematischen Teilgebiete zu nutzen. Eine konzise Darstellung ist auch aus ökonomischen Gründen geboten, um den hohen Anforderungen an Strenge und Umfang der mathematischen Ausbildung des angesprochenen Leserkreises in der zur Verfügung stehenden Zeit gerecht werden zu können. Auf größtmögliche Allgemeinheit legen wir weniger Wert, wichtiger sind uns vielmehr Beispiele und Anwendungen.

Für die Analysis einer reellen Veränderlichen, den Hauptgegenstand dieses ersten Bandes, hat sich vor über hundert Jahren ein Stoffkanon herausgebildet, der seither kaum verändert wurde und dem auch wir im großen und ganzen folgen. Wurde anfangs der mathematischen Strenge geringere Beachtung geschenkt, so änderte sich dies um die Jahrhundertwende, insbesondere bei der Beschreibung der reellen Zahlen. So sind etwa die „Grundzüge der Differential- und Integralrechnung" von G. Kowalewski (1908) und der noch immer erhältliche „Mangoldt-Knopp" (ab 1911 zunächst von H. Mangoldt allein herausgebracht) in diesem Sinne modern. [1] Mit dem Aufkommen der Computer gewannen dann numerische Gesichtspunkte eine größere Bedeutung. Auch spielen heute die komplexen Zahlen in der reellen Analysis schon früh eine Rolle.

---

[1] Für die Analysis in mehreren Veränderlichen wurde erst später (parallel zur Entwicklung der Topologie und der Linearen Algebra) eine befriedigende Darstellung gefunden.

Wir beginnen diesen Band mit einem Überblick über die von uns verwendeten mengentheoretischen Sprechweisen sowie einer knappen Einführung in die elementare Kombinatorik und Zahlentheorie. Da wir uns als Hilfsmittel für numerische Aufgaben einen programmierbaren Taschenrechner oder einen Tischrechner vorstellen, welche in der Regel BASIC verstehen, schließen wir eine kurze Beschreibung dieser Sprache an Hand von Programmbeispielen an.

Nach der axiomatischen Grundlegung der reellen Zahlen und der Konstruktion der komplexen Zahlen beginnt dann die eigentliche Analysis mit dem zentralen Begriff der Konvergenz. Im Zusammenhang mit dem Umordnen von Reihen benutzen wir konsequent den Summierbarkeitsbegriff, der erhebliche methodische Vorteile bietet, da er das häufig unangemessene Numerieren der Summanden überflüssig macht und mit dem Großen Umordnungssatz schnell ein vielseitig einsetzbares Werkzeug an die Hand gibt.

Das Kapitel III über elementare Wahrscheinlichkeitsrechnung kann ohne weiteres beim ersten Lesen überschlagen werden.[2]) Die nötigen Grundbegriffe lassen sich bereits an dieser Stelle einführen; da wir zum Durchrechnen von Beispielen mehrfach Ergebnisse und Methoden späterer Kapitel heranziehen, läßt es sich ebenso gut ans Ende des Kurses stellen.

Die Kapitel IV, V und VI über Stetigkeit, Differentiation und Integration bilden den Kern des Bandes. Von Anfang an betonen wir das Rechnen mit Potenzreihen und führen schon im vierten Kapitel die analytischen Funktionen (auch mit komplexen Argumenten) ein, zu denen (fast) alle wichtigen speziellen Funktionen gehören. Die Differentiationsregeln behandeln wir gleich für Funktionen einer reellen oder komplexen Variablen, verfolgen dann jedoch nur noch die Theorie der Funktionen einer reellen Veränderlichen; der Wertebereich darf allerdings in der Regel weiterhin komplex sein. Wichtig ist im fünften Kapitel unter anderem die Taylor-Formel mit ihren Verallgemeinerungen und den einschlägigen Algorithmen zur Interpolation. Generell legen wir Gewicht auf sorgfältiges Rechnen mit Näherungen.

Im Kapitel VI über Integration haben wir den Begriff der Stammfunktion an den Anfang gestellt. Auf den Zusammenhang mit Flächenberechnungen (Hauptsatz der Differential- und Integralrechnung) gehen wir kurz ein, die eigentliche (Lebesguesche) Integrationstheorie folgt aber erst in Band 3. Insbesondere verzichten wir auf die Einführung des heute überflüssigen Riemann-Integrals. Ausführlicher betrachten wir uneigentliche Integrale (unter anderem die Γ-Funktion und elliptische Integrale), außerdem bringen wir die auch für numerische Probleme wichtige Eulersche Summenformel und wenden sie unter anderem auf das Romberg-Verfahren zur numerischen Integration an. Der Band schließt mit der Untersuchung einfacher Differentialgleichungen. Es sind dies die Differentialgleichungen mit getrennten Variablen und die linearen Differentialgleichungen erster Ordnung sowie beliebiger

---

[2]) Kenntnisse aus der Stochastik, wozu auch die erst im dritten Band besprochenen stetigen Verteilungen und die Statistik gehören, sind für Informatiker, Physiker und andere Anwender aber unerläßlich.

Ordnung mit konstanten Koeffizienten. Dazu wird eine Vielzahl von Beispielen aus verschiedenen Bereichen diskutiert.

Den einzelnen Abschnitten sind zahlreiche Aufgaben angefügt. Bei den etwas schwierigeren Übungen sorgen Hinweise dafür, daß die Lösungen ohne weitere Kunstgriffe gefunden werden können. Obwohl nur die ausgiebige Beschäftigung mit den Beispielen und vor allem mit den Aufgaben ein Aneignen des Stoffes ermöglicht, erwarten wir nicht, daß der Leser alle gestellten Probleme bearbeitet. Häufig werden mehrere Aufgaben ähnlichen Typs gegeben, um zusätzliches Material für Tafelübungen zur Verfügung zu stellen. Schließlich sei darauf hingewiesen, daß manche der umfangreicheren Beispiele – und sogar ganze Abschnitte – als Themen für Proseminare geeignet sind.

Gelegentlich machen wir Vorgriffe auf spätere Abschnitte, so etwa bei der Benutzung trigonometrischer Funktionen zur Einführung der Polarkoordinaten. Der Lernende sollte sich nicht scheuen, die aus dem Schulunterricht bekannten elementaren Funktionen und andere Grundkenntnisse früh heranzuziehen, um seine Vorstellungen zu entwickeln und interessante Beispiele zu gewinnen, Lücken in der Argumentation dabei aber im Bewußtsein behalten.

Frau Chr. Kiepul hat das ursprüngliche Schreibmaschinenskript angefertigt, und Herr stud. math. P. Scherer hat die Druckvorlagen im TEX-System erstellt, wobei er von Frau Kiepul unterstützt wurde. Ihnen beiden gilt unser herzlicher Dank für ihre Geduld und ihre sorgfältige Arbeit. Ferner danken wir Herrn Dr. O. Schafmeister für eine Reihe von Übungsaufgaben und Herrn Dr. A. Skirde für kritische Bemerkungen sowie Herrn Dipl. Math. N. Schwarz im Rechenzentrum der Ruhr-Universität Bochum für die geleistete technische Hilfe.

Bochum, im Oktober 1988   Uwe Storch, Hartmut Wiebe

Vorwort zur zweiten Auflage

Die vorliegende zweite, nunmehr bei Spektrum Akademischer Verlag erscheinende
Auflage unseres Lehrbuchs der Analysis einer Veränderlichen ist gegenüber der ersten, im BI-Wissenschaftsverlag erschienenen, berichtigt und in manchen Punkten
erweitert worden. Insbesondere werden analytische Funktionen insoweit behandelt, wie das ohne Kurven-Integrale leicht möglich ist. Das bisher schon vielfältige
Beispiel- und Aufgabenmaterial ist umfangreicher geworden. Dies betrifft unter
anderem das Rechnen mit Potenzreihen, die Untersuchung spezieller analytischer
Funktionen und zusätzliche Beispiele zu den Differentialgleichungen.

Wir möchten noch einmal darauf hinweisen, daß das Buch nicht nur den von uns
vorgetragenen Vorlesungsstoff des ersten Semesters wiedergibt, sondern auch Ergänzungen für Übungen und Proseminare bieten will. Außerdem hoffen wir, daß
der Leser durch die zahlreichen Anwendungen der sonst eher dürren Materie zu
einer weitergehenden Beschäftigung mit den Dingen motiviert wird.

Beide Auflagen können ohne weiteres nebeneinander benutzt werden. Die Nume-
rierungen der ersten Auflage wurden vollständig übernommen. Durch die Erwei-
terungen, die verbesserte Satztechnik und den Wechsel zum neuen Verlag, dem wir
für die schnelle Herausgabe der zweiten Auflage danken, ist das Buch freilich doch
ein neues geworden.

Herr P. Scherer hat uns wieder bei der technischen Vorbereitung unterstützt. Herr
Dr. A. Hennings hat Korrekturen gelesen und dabei wesentliche Verbesserungen
angeregt. Beiden gilt unser herzlicher Dank.

Bochum, im September 1995   Uwe Storch, Hartmut Wiebe

Vorwort zur dritten Auflage

In der neuen Auflage wurden Fehler berichtigt und einige kleinere Ergänzungen
vorgenommen. Die größte Änderung betrifft die Umstellung des Paragraphen 3
auf die Programmiersprache C an Stelle von BASIC, wobei wir wiederum nur die
Grundlagen für ein Programmieren mathematischer Algorithmen darstellen. Bei
der Neufassung dieses Paragraphen hat uns Herr cand. inf. Tobias Storch wesentlich
geholfen, dem wir dafür herzlich danken.

Bochum, im November 2002   Uwe Storch, Hartmut Wiebe

Uwe.Storch@ruhr-uni-bochum.de
Hartmut.Wiebe@ruhr-uni-bochum.de

Inhaltsverzeichnis

I GRUNDLAGEN

1 Mengen und Abbildungen

In diesem Paragraphen stellen wir einfache mengentheoretische Sprechweisen zusammen, die von uns benutzt werden. Der Leser, der entsprechende Vorkenntnisse besitzt, kann ihn übergehen und bei Bedarf nachschlagen.

1.A Mengen

Unter einer M e n g e A verstehen wir jede Zusammenfassung von bestimmten wohlunterschiedenen Objekten unsrer Anschauung oder unseres Denkens (welche die E l e m e n t e von A genannt werden) zu einem Ganzen. [1])

Seien A eine Menge und a ein Objekt. Dann bedeutet $a \in A$, dass a ein Element von A ist, und entsprechend $a \notin A$, dass a kein Element von A ist.

Mengen werden beschrieben durch explizite Angabe ihrer Elemente – man spricht dann von a u f z ä h l e n d e r S c h r e i b w e i s e – oder durch Charakterisierung ihrer Elemente mittels einer Eigenschaft, die genau den Objekten zukommt, die der betrachteten Menge angehören. Beispielsweise ist

$$\{1, -1\} = \{1, -1, 1\} = \{x \mid x \text{ ist eine reelle Zahl und es ist } x^2 = 1\}$$

$$= \{x \in \mathbb{R} \mid x^2 = 1\}.$$

Ein und dieselbe Menge kann auf vielerlei Weise beschrieben werden. Wesentlich für die Gleichheit von Mengen ist nur, dass sie dieselben Elemente enthalten.[2])

Wir verwenden folgende Standardbezeichnungen:

$$\mathbb{N} = \{0, 1, 2, 3, \dots\} \qquad \text{Menge der natürlichen Zahlen (nach DIN 5473),}$$

$$\mathbb{N}^* = \{1, 2, 3, \dots\} \qquad \text{Menge der positiven natürlichen Zahlen,}$$

---

[1]) In dieser doch recht vagen Weise hat der Begründer der Mengenlehre G. Cantor (1845-1918) den Mengenbegriff in der Arbeit „Beiträge zur Begründung der transfiniten Mengenlehre" (Math. Ann. **46**, 481-512 (1895)) eingeführt. Die damit verbundenen naiven Vorstellungen reichen aber gewöhnlich aus. Daher wollen auch wir hier den Mengenbegriff nicht weiter präzisieren. Cantors Überlegungen zur Mengenlehre begannen bereits 1874.

[2]) Dies ist der so genannte e x t e n s i o n a l e S t a n d p u n k t.

$$\mathbb{Z} = \{0, 1, -1, 2, -2, \dots\} \qquad \text{Menge der ganzen Zahlen,}$$

$$\mathbb{Q} = \{\tfrac{a}{b} = a/b \mid a, b \in \mathbb{Z}, b \neq 0\} \qquad \text{Menge der rationalen Zahlen,}$$

$$\mathbb{R} \qquad \text{Menge der reellen Zahlen,}$$

$$\mathbb{R}^{\times} = \{x \in \mathbb{R} \mid x \neq 0\} \qquad \text{Menge der reellen Zahlen} \neq 0,$$

$$\mathbb{R}_{+} = \{x \in \mathbb{R} \mid x \geq 0\} \qquad \text{Menge der nichtnegativen reellen Zahlen,}$$

$$\mathbb{R}_{-} = \{x \in \mathbb{R} \mid x \leq 0\} \qquad \text{Menge der nichtpositiven reellen Zahlen,}$$

$$\mathbb{R}_{+}^{\times} = \{x \in \mathbb{R} \mid x > 0\} \qquad \text{Menge der positiven reellen Zahlen,}$$

$$\mathbb{C} = \{a + b\,\mathrm{i} \mid a, b \in \mathbb{R}\} \qquad \text{Menge der komplexen Zahlen,}$$

$$\mathbb{C}^{\times} = \{z \in \mathbb{C} \mid z \neq 0\} \qquad \text{Menge der komplexen Zahlen} \neq 0.$$

Wir setzen das elementare Rechnen in diesen Zahlbereichen voraus. Auf die reellen und komplexen Zahlen gehen wir im nächsten Kapitel noch ausführlich ein.

A und B seien Mengen. A heißt T e i l m e n g e (oder U n t e r m e n g e) von B, wenn jedes Element von A auch Element von B ist. Man schreibt dann $A \subseteq B$ oder $B \supseteq A$ und spricht von der I n k l u s i o n der Menge A in der Menge B. Ist dabei $A \neq B$, so heißt die Inklusion e c h t. In diesem Fall schreiben wir auch $A \subset B$ oder $B \supset A$.[3])

Offenbar folgt aus den Inklusionen $A \subseteq B$ und $B \subseteq C$ die Inklusion $A \subseteq C$. Genau dann gilt $A = B$, wenn $A \subseteq B$ und $B \subseteq A$ gelten. Daher beweist man die Gleichheit zweier Mengen A und B in der Regel so, dass man diese beiden Inklusionen verifiziert, also für alle x zeigt: Aus $x \in A$ folgt $x \in B$ und aus $x \in B$ folgt $x \in A$.

Die Menge, die überhaupt kein Element enthält, heißt die l e e r e M e n g e. Sie wird mit $\emptyset$ bezeichnet und ist Teilmenge jeder Menge.

Wir beschreiben kurz die wichtigsten Operationen mit Mengen. Seien A und B Mengen. Dann heißt die Menge

$$A \cap B := \{x \mid x \in A \text{ und } x \in B\}$$

der D u r c h s c h n i t t, die Menge

$$A \cup B := \{x \mid x \in A \text{ oder } x \in B\}$$

die V e r e i n i g u n g und die Menge

$$A - B := \{x \mid x \in A \text{ und } x \notin B\}$$

die D i f f e r e n z der Mengen A und B. Hier wie im folgenden bedeutet der Doppelpunkt vor dem Gleichheitszeichen, dass die linke Seite der Gleichung durch die rechte Seite definiert wird. Ist B Teilmenge von A, so heißt $A - B$ das K o m p l e m e n t von B in A. Es wird auch mit $\complement_A B = \complement B$ und häufig einfach mit

---

[3]) Die Inklusionszeichen $\subset$ und $\supset$ werden in der Literatur nicht einheitlich verwendet. Sie bezeichnen gelegentlich die nicht notwendig echte Inklusion.

B' bezeichnet (falls keine Missverständnisse zu befürchten sind). Man beachte, dass bei der Definition der Vereinigung das Wort „oder" wie stets in der Mathematik nicht im ausschließenden Sinne, d.h. nicht im Sinne von „entweder-oder" gemeint ist. $A \cap B$ ist also Teilmenge von $A \cup B$. Die Menge

$$A \,\triangle\, B := \{x \mid \text{entweder } x \in A \text{ oder } x \in B\}$$

$$= (A - B) \cup (B - A) = (A \cup B) - (A \cap B)$$

heißt die s y m m e t r i s c h e   D i f f e r e n z von A und B.

Diese und ähnliche Begriffsbildungen werden häufig durch so genannte E u l e r - oder V e n n - D i a g r a m m e veranschaulicht:

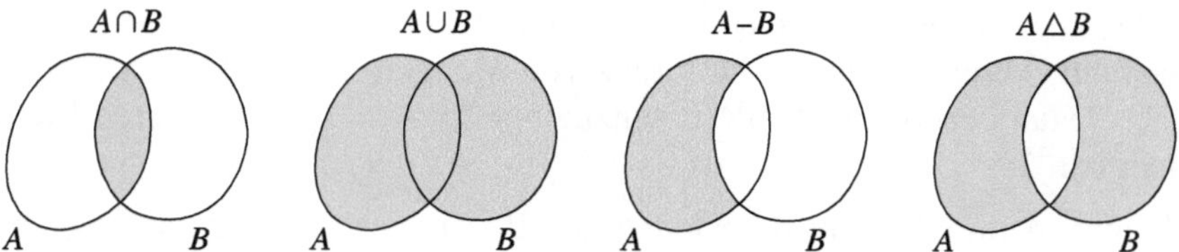

Zwei Mengen mit leerem Durchschnitt heißen d i s j u n k t .

Wir notieren einige Rechenregeln für die beschriebenen Operationen:

1.A.1 *A, B und C seien Mengen. Dann gilt:*

(1) $A \cup \emptyset = A$, $\quad A \cap \emptyset = \emptyset$.

(2) $A \cup B = B \cup A$, $\quad A \cap B = B \cap A$. $\hfill$ (K o m m u t a t i v i t ä t)

(3) $A \cup (B \cup C) = (A \cup B) \cup C$,
$\quad A \cap (B \cap C) = (A \cap B) \cap C$. $\hfill$ (A s s o z i a t i v i t ä t)

(4) $A \cup (B \cap C) = (A \cup B) \cap (A \cup C)$,
$\quad A \cap (B \cup C) = (A \cap B) \cup (A \cap C)$. $\hfill$ (D i s t r i b u t i v i t ä t)

(5) $A - (B \cup C) = (A - B) \cap (A - C)$,
$\quad A - (B \cap C) = (A - B) \cup (A - C)$. $\hfill$ (R e g e l n   v o n   D e   M o r g a n)

B e w e i s . Wir beweisen exemplarisch die erste der Gleichungen aus (4) und zeigen zunächst die Inklusion $A \cup (B \cap C) \subseteq (A \cup B) \cap (A \cup C)$. Sei $x \in A \cup (B \cap C)$. Dann ist $x \in A$ oder $x \in B \cap C$, also $x \in A$ oder aber gleichzeitig $x \in B$ und $x \in C$. Dann sind die Aussagen „$x \in A$ oder $x \in B$" und „$x \in A$ oder $x \in C$" beide wahr. Daher ist $x \in A \cup B$ und $x \in A \cup C$ und somit $x \in (A \cup B) \cap (A \cup C)$.

Zum Beweis der Inklusion $(A \cup B) \cap (A \cup C) \subseteq A \cup (B \cap C)$ sei $x \in (A \cup B) \cap (A \cup C)$. Dann ist $x \in A \cup B$ und $x \in A \cup C$, also gilt gleichzeitig „$x \in A$ oder $x \in B$" und „$x \in A$ oder $x \in C$". Es folgt $x \in A$ oder $x \in B \cap C$, d.h. $x \in A \cup (B \cap C)$. $\hfill \bullet$

Zu den Assoziativgesetzen 1.A.1 (3) sei bemerkt, dass die Menge $A \cap B \cap C := (A \cap B) \cap C = A \cap (B \cap C)$ bzw. $A \cup B \cup C := (A \cup B) \cup C = A \cup (B \cup C)$ einfach die Menge derjenigen Elemente ist, die in allen bzw. in wenigstens einer der Mengen A, B, C liegen. Auf diese Weise lassen sich Durchschnitt und Vereinigung für beliebig viele Mengen definieren, vgl. Abschnitt 1.C.

Für Teilmengen einer Menge A können die Regeln (5) aus 1.A.1 folgendermaßen formuliert werden: *Das Komplement der Vereinigung ist der Durchschnitt der Komplemente, und das Komplement des Durchschnitts ist die Vereinigung der Komplemente.* Ferner ist das Komplement des Komplements natürlich die ursprüngliche Teilmenge.

Wir werden gelegentlich weitere solcher elementaren Mengenbeziehungen benutzen, ohne sie im einzelnen stets zu begründen. Einige Beispiele findet man auch in den Aufgaben zu diesem Abschnitt.

Sei A wieder eine Menge. Die Menge der Teilmengen von A heißt die P o t e n z - m e n g e von A und wird mit $\mathfrak{P}(A)$ bezeichnet. Die Potenzmenge $\mathfrak{P}(\{1, 2, 3\})$ der Menge $\{1, 2, 3\}$ ist beispielsweise $\big\{\emptyset, \{1\}, \{2\}, \{3\}, \{1, 2\}, \{1, 3\}, \{2, 3\}, \{1, 2, 3\}\big\}$. Durchschnitt, Vereinigung und Differenz von Mengen aus $\mathfrak{P}(A)$ gehören wieder zu $\mathfrak{P}(A)$. Man beachte, dass die Potenzmenge $\mathfrak{P}(\emptyset) = \{\emptyset\}$ der leeren Menge $\emptyset$ *nicht* leer ist. [4])

Für Mengen A und B heißt die Menge der P a a r e (x, y), $x \in A$, $y \in B$, das k a r t e s i s c h e P r o d u k t oder das K r e u z p r o d u k t von A und B und wird mit $A \times B$ bezeichnet. Zwei Paare (x, y) und (v, w) sind genau dann gleich, wenn ihre entsprechenden K o m p o n e n t e n jeweils übereinstimmen, d.h. wenn $x = v$ und $y = w$ ist. Es ist also zwischen dem Paar (x, y) und der Menge $\{x, y\}$ zu unterscheiden. Bei $x \neq y$ ist $(x, y) \neq (y, x)$ aber natürlich $\{x, y\} = \{y, x\}$. [5])

1.A.2 Beispiel Sind A bzw. B die reellen Intervalle $[a, b] = \{x \in \mathbb{R} \mid a \leq x \leq b\}$ bzw. $[c, d] = \{y \in \mathbb{R} \mid c \leq y \leq d\}$ mit $a < b$ bzw. $c < d$, so ist $A \times B$ das „Rechteck"

$$[a, b] \times [c, d] = \big\{(x, y) \in \mathbb{R} \times \mathbb{R} \mid a \leq x \leq b,\ c \leq y \leq d\big\} \subseteq \mathbb{R} \times \mathbb{R}.$$

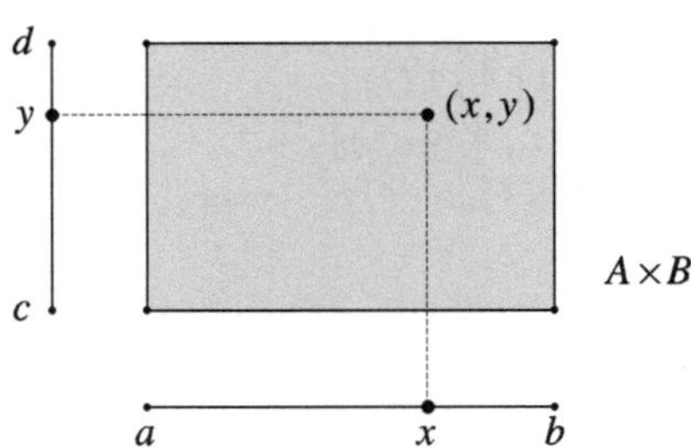

Man veranschaulicht generell das kartesische Produkt zweier Mengen gern als solch ein Rechteck. Kreuzprodukte mit beliebig vielen Faktoren werden im Abschnitt 1.C behandelt.

---

[4]) Dies ist gewissermaßen eine Schöpfung aus dem Nichts.
[5]) Nach K. Kuratowski lässt sich der Begriff des Paares auf bereits eingeführte Begriffe der Mengenlehre zurückführen, indem man $(x, y) := \{\{x\}, \{x, y\}\}$ setzt.

Aufgaben

Wir werden häufig den Begriff der Äquivalenz von Aussagen benutzen. Zwei Aussagen heißen ä q u i v a l e n t, wenn aus der Gültigkeit der einen die Gültigkeit der anderen folgt und umgekehrt. Mehrere Aussagen heißen äquivalent, wenn je zwei von ihnen äquivalent sind. Oft (wenn auch nicht immer) ist es zweckmäßig, die Äquivalenz von Aussagen $\alpha_1, \ldots, \alpha_n$ durch einen so genannten R i n g s c h l u s s zu zeigen, bei dem man (eventuell nach Umnummerieren) beweist, dass α_2 aus α_1, α_3 aus $\alpha_2, \ldots, \alpha_n$ aus α_{n-1} und α_1 aus α_n folgen.

1. Für eine Menge A sind folgende Aussagen äquivalent: (1) $A = \emptyset$. (2) Für jede Menge B ist $A - B = A \cap B$. (3) Es gibt eine Menge B mit $A - B = A \cap B$. (4) Für jede Menge B ist $B - A = B \cup A$. (5) Es gibt eine Menge B mit $B - A = B \cup A$.

2. Für Mengen A und B sind folgende Aussagen äquivalent: (1) $A \subseteq B$. (2) $A \cap B = A$. (3) $A \cup B = B$. (4) $A - B = \emptyset$. (5) $B - (B - A) = A$. (6) Für jede Menge C ist $A \cup (B \cap C) = (A \cup C) \cap B$. (7) Es gibt eine Menge C mit $A \cup (B \cap C) = (A \cup C) \cap B$.

3. Für Mengen A, B gilt $(A \cap B) \cap (A - B) = \emptyset$ und $(A \cap B) \cup (A - B) = A$.

4. Für Mengen A, B, C gilt:

a) $A \cap (B - C) = (A \cap B) - (A \cap C)$.

b) $(A \cup B) - C = (A - C) \cup (B - C)$.

c) $(A - B) - C = A - (B \cup C)$.   **d)** $A - (B - C) = (A - B) \cup (A \cap C)$.

5. Die Mengen A, B sind genau dann gleich, wenn $A \cup B = A \cap B$ ist.

6. Für Mengen A, B, C zeige man:

a) $A \triangle A = \emptyset$, $A \triangle \emptyset = A$.

b) Genau dann ist $A = B$, wenn $A \triangle B = \emptyset$ ist. Genau dann ist $A \cap B = \emptyset$, wenn $A \triangle B = A \cup B$ ist.

c) $(A \triangle B) \cap (A \cap B) = \emptyset$, $(A \triangle B) \cup (A \cap B) = A \cup B$.

d) $(A \triangle B) \cap C = (A \cap C) \triangle (B \cap C)$.

e) Aus $A \triangle B = A \triangle C$ folgt $B = C$.

f) $(A \triangle B) \triangle C = A \triangle (B \triangle C)$.

7. Die nichtleeren Mengen A, B sind genau dann gleich, wenn $A \times B = B \times A$ ist.

8. Für Mengen A, B, C zeige man:

a) $A \times (B \cup C) = (A \times B) \cup (A \times C)$.   **b)** $A \times (B \cap C) = (A \times B) \cap (A \times C)$.

c) $A \times (B - C) = (A \times B) - (A \times C)$.

9. A, B, C, D seien Mengen. Aus $A \subseteq C$ und $B \subseteq D$ folgt $A \times B \subseteq C \times D$. Bei $A \neq \emptyset$ und $B \neq \emptyset$ gilt auch die Umkehrung.

10. Für Mengen A, B, C, D gilt:

a) $(A \times B) \cap (C \times D) = (A \cap C) \times (B \cap D)$.

b) $(A \times B) \cup (C \times D) \subseteq (A \cup C) \times (B \cup D)$. Die Gleichheit gilt hier genau dann, wenn sowohl die Bedingung „$A \subseteq C$ oder $D \subseteq B$" als auch die Bedingung „$C \subseteq A$ oder $B \subseteq D$" erfüllt ist.

1.B Abbildungen und Funktionen

A und B seien Mengen. Unter einer Abbildung von A in B versteht man eine Vorschrift f, die jedem Element $x \in A$ genau ein Element aus B zuordnet, das wir im Allgemeinen mit $f(x)$ bezeichnen. Eine Abbildung f von A in B schreibt man kurz in der Form $f : A \to B$ oder $A \xrightarrow{f} B$ und gibt sie auch durch $x \mapsto f(x)$, $x \in A$, an. A heißt der Definitionsbereich und B der Wertebereich von f. Für $x \in A$ heißt $f(x)$ das Bild von x unter f oder auch der Wert von f für das Argument x oder an der Stelle x. Der Graph von f ist die Teilmenge

$$\Gamma := \Gamma(f) := \Gamma_f := \big\{ (x, f(x)) \mid x \in A \big\}$$

von $A \times B$. Der Graph $\Gamma(f)$ charakterisiert die Abbildung f vollständig. Es ist häufig nützlich, Abbildungen mit ihren Graphen zu identifizieren. Wir halten fest, dass Abbildungen f und g genau dann gleich sind, wenn ihre Definitions- bzw. Wertebereiche jeweils übereinstimmen und wenn für alle Elemente x aus dem gemeinsamen Definitionsbereich $f(x) = g(x)$ gilt. In welcher Weise die Werte dabei beschrieben werden, ist unwesentlich. [1])

Statt von Abbildungen spricht man häufig auch von Funktionen. Diese Sprechweise ist insbesondere dann üblich, wenn die Werte in Zahlbereichen liegen. Summe, Produkt und ähnliche Verknüpfungen von Funktionen f, g mit Werten in einem Zahlbereich werden durch die entsprechenden Operationen für die Werte definiert. Es ist beispielsweise

$$(f + g)(x) := f(x) + g(x) \quad \text{und} \quad (fg)(x) := f(x)\, g(x)$$

für alle x aus dem Definitionsbereich. Analog ist die Multiplikation mit einer Zahl a erklärt:

$$(af)(x) := af(x).$$

Die konstante Funktion, die jedem x den Wert a zuordnet, bezeichnet man ebenfalls einfach mit a.

1.B.1 Beispiel Die Quadratfunktion $\mathbb{R} \to \mathbb{R}$ wird durch $x \mapsto x^2$ gegeben. Die Quadratwurzel liefert zunächst keine Funktion von $\mathbb{R}$ in $\mathbb{R}$, da negative Zahlen keine reelle Quadratwurzel haben. Auch auf $\mathbb{R}_+$ liefert die Quadratwurzel noch keine Funktion $\mathbb{R}_+ \to \mathbb{R}$, da eine positive reelle Zahl zwei Quadratwurzeln besitzt. Durch $x \mapsto \sqrt{x}$ wird jedoch eine Funktion $\mathbb{R}_+ \to \mathbb{R}$ definiert, wenn - wie allgemein üblich - unter $\sqrt{x}$ für $x \in \mathbb{R}_+$ die nichtnegative Quadratwurzel verstanden wird.

---

[1]) Dies ist wieder der extensionale Standpunkt, vgl. Fußnote 2 in 1.A.

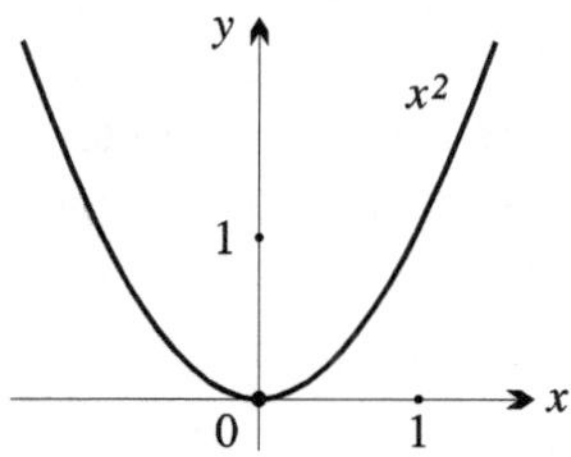

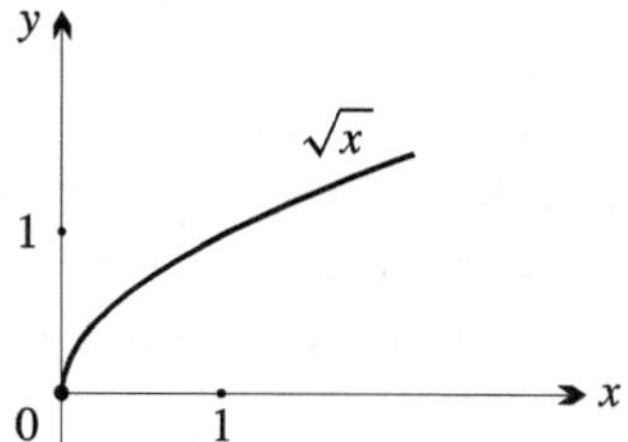

1.B.2 Beispiel Wir erwähnen einige weitere häufig benutzte Funktionen:

(1) Die Abbildung $\mathbb{R} \to \mathbb{R}$ mit $x \mapsto x$ heißt die I d e n t i t ä t von $\mathbb{R}$. Sie ist in analoger Weise für jede Menge A definiert und wird dann mit $\mathrm{id} = \mathrm{id}_A$ bezeichnet. Ihr Graph ist die D i a g o n a l e $\Delta_A := \{(x, x) \mid x \in A\} \subseteq A \times A$.

(2) Die Funktion $\mathbb{R} \to \mathbb{R}$ mit

$$x \mapsto |x| := \begin{cases} x, & \text{falls } x \geq 0, \\ -x, & \text{falls } x < 0, \end{cases}$$

heißt der (A b s o l u t -) B e t r a g oder die B e t r a g s f u n k t i o n (auf $\mathbb{R}$).

(3) Die Funktion $\mathbb{R} \to \mathbb{R}$ mit

$$x \mapsto \operatorname{Sign} x := \begin{cases} 1, & \text{falls } x > 0, \\ 0, & \text{falls } x = 0, \\ -1, & \text{falls } x < 0, \end{cases}$$

heißt die V o r z e i c h e n - oder S i g n u m - F u n k t i o n.

(4) Die Funktion $\mathbb{R} \to \mathbb{R}$ mit $x \mapsto [x]$, wobei $[x]$ für $x \in \mathbb{R}$ die größte ganze Zahl ist, die $\leq x$ ist, heißt die G a u ß - K l a m m e r. Für $x \in \mathbb{R}$ ist also $[x] \in \mathbb{Z}$ und $[x] \leq x < [x] + 1$. Beispielsweise ist $[\pi] = 3$ und $[-\pi] = -4$.

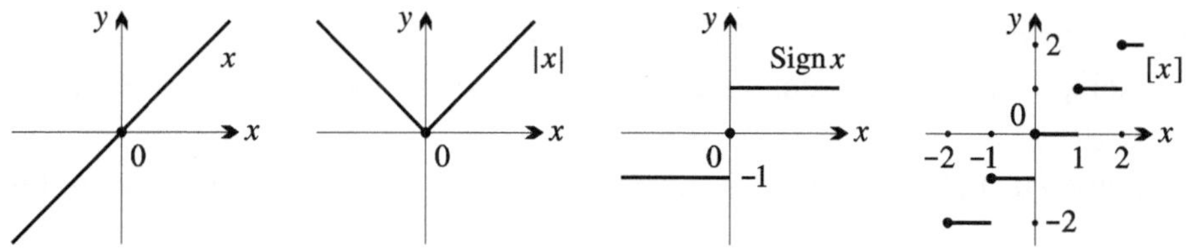

Die Gauß-Klammer von x wird häufig auch mit $\lfloor x \rfloor$ bezeichnet und heißt im Englischen f l o o r von x. Die kleinste ganze Zahl, die $\geq x$ ist, wird dann mit $\lceil x \rceil$ bezeichnet. Im Englischen heißt sie c e i l i n g von x. Für $x \notin \mathbb{Z}$ ist $\lceil x \rceil = \lfloor x \rfloor + 1$.

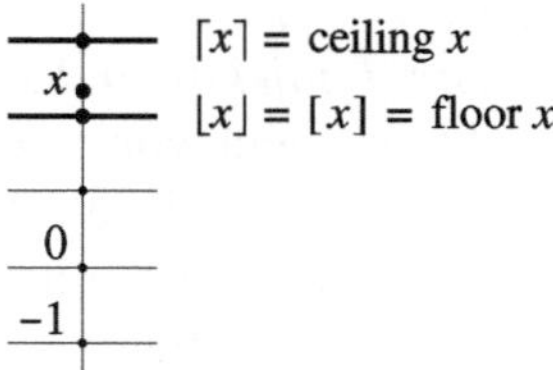

Sei $f : A \to B$ eine Abbildung. Für $A' \subseteq A$ bzw. $B' \subseteq B$ heißt die Menge $f(A') := \{f(x) \mid x \in A'\}\,(\subseteq B)$ das Bild von A' unter f und die Menge $f^{-1}(B') := \{x \in A \mid f(x) \in B'\}\,(\subseteq A)$ das Urbild von B' unter f. Das Bild $f(A)$ heißt das Bild von f schlechthin und wird mit Bild f bezeichnet. Für $y \in B$ heißt $f^{-1}(y) := f^{-1}(\{y\}) = \{x \in A \mid f(x) = y\}$ die Faser von f über y. Für $x \in A$ ist $f^{-1}\big(f(x)\big)$ die Faser von f durch x.

1.B.3 Beispiel (1) Sind B und C Mengen, so sind die Fasern der Projektion $p:(y,z) \mapsto y$ von $B \times C$ auf B die Mengen $\{y\} \times C \subseteq B \times C$, $y \in B$.

(2) Die Faser $f^{-1}(a)$ der Funktion $f:(x,y) \mapsto x^2 + y^2$ von $\mathbb{R} \times \mathbb{R}$ in $\mathbb{R}$ ist bei $a < 0$ leer, bei $a = 0$ der Nullpunkt $0 = (0,0)$ und bei $a > 0$ der Kreis um 0 mit dem Radius $\sqrt{a}$.

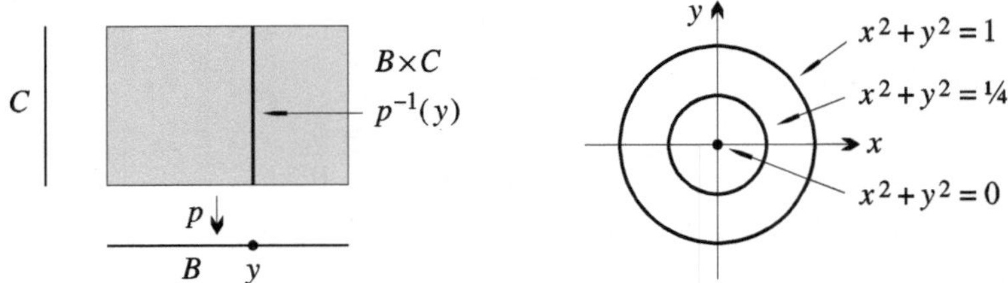

Seien $f : A \to B$ eine Abbildung und $A' \subseteq A$ bzw. $B' \subseteq B$ Teilmengen mit $f(A') \subseteq B'$. Dann definiert f in natürlicher Weise eine Abbildung $A' \to B'$ dadurch, dass der Definitionsbereich auf A' beschränkt und der Wertebereich auf B' eingeschränkt wird und die Argumente $x \in A'$ wie bei f abgebildet werden. Man bezeichnet diese Beschränkung mit $f|A'$, wobei zu beachten ist, dass damit die (meist weniger wesentliche) Einschränkung des Bildbereichs von B auf B' nicht zum Ausdruck kommt.

1.B.4 Definition Sei $f : A \to B$ eine Abbildung.

(1) f heißt injektiv, wenn es zu jedem $y \in B$ höchstens ein $x \in A$ gibt mit $f(x) = y$.

(2) f heißt surjektiv, wenn es zu jedem $y \in B$ (wenigstens) ein $x \in A$ gibt mit $f(x) = y$.

(3) f heißt bijektiv, wenn es zu jedem $y \in B$ genau ein $x \in A$ gibt mit $f(x) = y$.

Offenbar gilt: Genau dann ist f injektiv, wenn für alle $x, x' \in A$ aus $f(x) = f(x')$ stets $x = x'$ folgt, wenn also verschiedene Argumente stets verschiedene Bilder unter f haben. Dies heißt, dass jede Faser von f einelementig oder leer ist. Genau dann ist f surjektiv, wenn Bild $f = B$ ist, d.h. wenn keine Faser von f leer ist. *Genau dann ist f bijektiv, wenn f injektiv und surjektiv ist.* Ist $f : A \to B$ eine surjektive Abbildung, so spricht man auch von einer Abbildung von A auf B. Eine bijektive Abbildung einer Menge A auf sich selbst heißt eine Permutation von A. Die Menge der Permutationen von A wird mit $\mathfrak{S}(A)$ bezeichnet. Für die Menge $\mathfrak{S}(\{1,\ldots,n\})$ der Permutationen der Menge $\{1,\ldots,n\}$ der natürlichen Zahlen x mit $1 \leq x \leq n$ schreibt man auch $\mathfrak{S}_n$.

1.B.5 Beispiel Die Elemente f in $\mathfrak{S}_n$ gibt man bequem mit einer W e r t e t a b e l l e

$$\begin{pmatrix} 1 & 2 & \cdots & n \\ f(1) & f(2) & \cdots & f(n) \end{pmatrix}$$

an, bei der man überdies die erste Zeile weglässt, wenn deutlich ist, dass die Argumente in ihrer natürlichen Reihenfolge aufgeführt sind. So beschreibt $\begin{pmatrix} 1 & 2 & 3 \\ 2 & 3 & 1 \end{pmatrix}$ oder kurz (2 3 1) die Permutation $1 \mapsto 2$, $2 \mapsto 3$, $3 \mapsto 1$ aus $\mathfrak{S}_3$.

1.B.6 Beispiel Die Abbildung $\mathbb{R} \to \mathbb{R}$ mit $x \mapsto x^2$ ist weder injektiv noch surjektiv. Die Abbildung $\mathbb{R}_+ \to \mathbb{R}$ mit $x \mapsto x^2$ ist injektiv aber nicht surjektiv. Die Abbildung $\mathbb{R} \to \mathbb{R}_+$ mit $x \mapsto x^2$ ist surjektiv aber nicht injektiv. Schließlich ist die Abbildung $\mathbb{R}_+ \to \mathbb{R}_+$ mit $x \mapsto x^2$ bijektiv.

1.B.7 Definition Sei $f : A \to B$ eine bijektive Abbildung. Die Abbildung $B \to A$, die jedem $y \in B$ das (eindeutig bestimmte) Element $x \in A$ mit $f(x) = y$ zuordnet, heißt die zu f i n v e r s e A b b i l d u n g oder die U m k e h r a b b i l d u n g von f und wird mit f^{-1} bezeichnet.

Bijektive Abbildungen heißen auch u m k e h r b a r e Abbildungen. Für eine solche Abbildung $f : A \to B$ ist definitionsgemäß $f^{-1}\big(f(x)\big) = x$ für alle $x \in A$ und $f\big(f^{-1}(y)\big) = y$ für alle $y \in B$. Ist f bijektiv, so ist auch f^{-1} bijektiv und es gilt

$$(f^{-1})^{-1} = f.$$

Ist $\Gamma(f)\,(\subseteq A \times B)$ der Graph der bijektiven Abbildung $f : A \to B$, so ist der Graph $\Gamma(f^{-1})\,(\subseteq B \times A)$ der zu f inversen Abbildung $f^{-1} : B \to A$ offensichtlich das Bild von $\Gamma(f)$ unter der Abbildung $(x, y) \mapsto (y, x)$ von $A \times B$ auf $B \times A$, die die Komponenten vertauscht.

Wenn f bijektiv ist, so stimmen für eine Teilmenge $B' \subseteq B$ das Bild von B' unter $f^{-1} : B \to A$ und das Urbild von B' unter $f : A \to B$ überein, so dass die gemeinsame Bezeichnung $f^{-1}(B')$ nicht zu Missverständnissen führt.

1.B.8 Beispiel (1) Die Umkehrabbildung der bijektiven Funktion $\mathbb{R}_+ \to \mathbb{R}_+$ mit $x \mapsto x^2$ ist die Quadratwurzelfunktion $\mathbb{R}_+ \to \mathbb{R}_+$ mit $x \mapsto \sqrt{x}$.

(2) Sei $a \in \mathbb{R}_+^\times$, $a \neq 1$. Die Umkehrabbildung der bijektiven Exponentialfunktion $\mathbb{R} \to \mathbb{R}_+^\times$ mit $x \mapsto a^x$ ist die Logarithmusfunktion $\mathbb{R}_+^\times \to \mathbb{R}$ mit $x \mapsto \log_a x$.

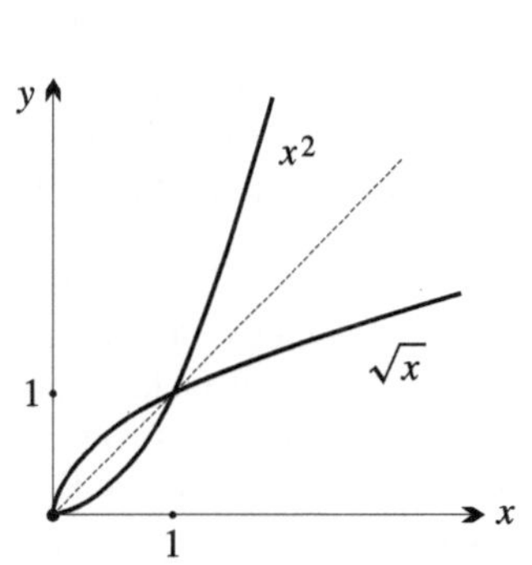

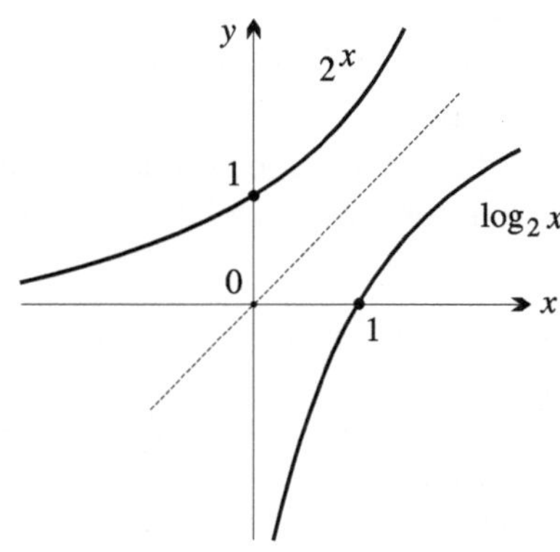

1.B.9 Definition A, B und C seien Mengen, $f : A \to B$ und $g : B \to C$ seien Abbildungen. Dann heißt die Abbildung $A \to C$ mit $x \mapsto g\big(f(x)\big)$ die Komposition oder Hintereinanderschaltung von f und g. Sie wird mit $g \circ f$ oder kurz mit gf bezeichnet.

Man beschreibt diese Situation übersichtlich mit dem folgenden Diagramm:

$$
\begin{array}{ccc}
A & \xrightarrow{\;\;gf\;\;} & C \\
& {}_f\searrow \quad \nearrow_g & \\
& B &
\end{array}
$$

Zwei Abbildungen f und g lassen sich zunächst nur dann hintereinander schalten, wenn der Wertebereich von f und der Definitionsbereich von g übereinstimmen. Allerdings lässt sich die Komposition bereits dann ausführen, wenn Bild f eine Teilmenge des Definitionsbereichs von g ist.

Trivialerweise ist $\mathrm{id}_B \circ f = f = f \circ \mathrm{id}_A$ für jede Abbildung $f : A \to B$. Ist f bijektiv, so ist $f^{-1}f = \mathrm{id}_A$ und $ff^{-1} = \mathrm{id}_B$. Durch diese Gleichungen ist f^{-1} eindeutig bestimmt. Allgemeiner gilt die folgende Aussage, deren Beweis wir dem Leser überlassen.

1.B.10 Satz *Seien $f : A \to B$ und $g : B \to A$ Abbildungen mit $gf = \mathrm{id}_A$ und $fg = \mathrm{id}_B$. Dann sind f und g bijektiv, und es gilt $f^{-1} = g$, $g^{-1} = f$.*

Grundlegend ist ferner die Assoziativität des Hintereinanderschaltens von Abbildungen:

1.B.11 Satz *Seien $f : A \to B$, $g : B \to C$ und $h : C \to D$ Abbildungen. Dann ist $(hg)f = h(gf)$.*

B e w e i s. Für alle $a \in A$ gilt: $\big((hg)f\big)(a) = (hg)\big(f(a)\big) = h\big(g(f(a))\big) = h\big((gf)(a)\big) = \big(h(gf)\big)(a)$. Also ist wie behauptet $(hg)f = h(gf)$. $\qquad\bullet$

Nach 1.B.11 kann man beim Komponieren von Abbildungen die Klammern weglassen. Dies ist die A s s o z i a t i v i t ä t der Komposition von Abbildungen. Sie gilt natürlich auch für die Hintereinanderschaltung von mehr als drei Abbildungen, so dass also für Abbildungen $f_1, \ldots, f_n$, bei denen der Wertebereich einer jeden Abbildung mit dem Definitionsbereich der jeweils vorhergehenden übereinstimmt, die Komposition $f_1 \cdots f_n$ wohldefiniert ist. Insbesondere ist für eine positive natürliche Zahl n das n-malige Hintereinanderschalten ein- und derselben Abbildung $f : A \to A$ definiert. Wir bezeichnen diese Abbildung kurz mit f^n und setzen noch $f^0 := \mathrm{id}_A$.

1.B.12 Bemerkung Bei Funktionen mit Werten in $\mathbb{R}$ oder $\mathbb{C}$ bedeutet f^n allerdings gewöhnlich die Funktion $x \mapsto (f(x))^n$, die von der soeben eingeführten n-fachen Komposition $x \mapsto f(\cdots(f(x))\cdots)$, falls diese überhaupt definiert ist, im allgemeinen verschieden ist. Beispielsweise ist das Quadrat der Identität die Funktion $x \mapsto x^2 = x \cdot x$, die Komposition der Identität mit sich selbst ist jedoch wieder die Identität $x \mapsto x$.

1.B.13 Beispiel Auch wenn die Kompositionen $f \circ g$ und $g \circ f$ beide definiert sind, stimmen sie in der Regel nicht überein. Für die Funktionen $f : x \mapsto x + 1$ und $g : x \mapsto x^2$ von $\mathbb{R}$ in $\mathbb{R}$ etwa ist $f \circ g : x \mapsto x^2 + 1$ und $g \circ f : x \mapsto (x + 1)^2 = x^2 + 2x + 1$. *Für die Komposition von Abbildungen gilt also nicht generell ein Vertauschungsgesetz.*

Sind $f : A \to B$ und $g : B \to C$ injektiv (bzw. surjektiv bzw. bijektiv), so gilt dies auch für $gf : A \to C$. Im bijektiven Fall notieren wir explizit:

1.B.14 Satz *Sind $f : A \to B$ und $g : B \to C$ bijektive Abbildungen, so ist $gf : A \to C$ bijektiv mit $(gf)^{-1} = f^{-1}g^{-1}$.*

B e w e i s. In der Tat ist $(f^{-1}g^{-1})(gf) = f^{-1}(g^{-1}g)f = f^{-1}\,\mathrm{id}_B\,f = f^{-1}f = \mathrm{id}_A$ und $(gf)(f^{-1}g^{-1}) = g(ff^{-1})g^{-1} = g\,\mathrm{id}_B\,g^{-1} = gg^{-1} = \mathrm{id}_C$.   ●

Aufgaben

1. Man skizziere die Graphen der folgenden Funktionen $\mathbb{R} \to \mathbb{R}$:

a) $x \mapsto \{x\} := x - [x]$ (S ä g e z a h n k u r v e) .

b) $x \mapsto \begin{cases} x - [x], & \text{falls } [x] \le x < [x] + \frac{1}{2}, \\ [x] + 1 - x, & \text{falls } [x] + \frac{1}{2} \le x < [x] + 1 \end{cases}$

(A b s t a n d   z u r   n ä c h s t e n   g a n z e n   Z a h l).

c) $x \mapsto \begin{cases} 0, & \text{falls } x \le 0, \\ 1, & \text{falls } x > 0 \end{cases}$ (H e a v i s i d e - F u n k t i o n) .

d) $x \mapsto \lceil x \rceil$, vgl. Beispiel 1.B.2 (4).

e) $x \mapsto x|x| = (\text{Sign } x)x^2$.   **f)** $x \mapsto x + |x - 1|$.   **g)** $x \mapsto |x^2 - 4|$.

2. Es seien f, g und h die durch $f(x) := 1/(1 + x^2)$, $g(x) := |x|$ und $h(x) := x + 1$ definierten Funktionen von $\mathbb{R}$ in sich. Man bilde die Kompositionen fg, fh, gh, gf, hg, hf und prüfe, welche dieser Funktionen übereinstimmen.

3. Für welche $a, b, c \in \mathbb{R}$ ist die Funktion $f : \mathbb{R} \to \mathbb{R}$ mit $f(x) := ax^2 + bx + c$ bijektiv?

4. Man prüfe, welche der folgenden Abbildungen von $\mathbb{R} \times \mathbb{R}$ in sich (wobei jeweils der Wert für $(x, y) \in \mathbb{R} \times \mathbb{R}$ angegeben ist) injektiv bzw. surjektiv bzw. bijektiv ist. Im bijektiven Fall gebe man die Umkehrabbildung an.

$$(y, 3); \ (x + y^2, y + 2); \ (xy, x + 1); \ (xy, x + y); \ (2x^2 - y, x + y);$$
$$(x - y, x^2 - y^2); \ (xy, x^2 - y^2); \ \left(x/\sqrt{1 + x^2 + y^2}\,, \ y/\sqrt{1 + x^2 + y^2}\,\right).$$

Die entsprechende Aufgabe löse man für die Abbildung von $\mathbb{R} \times \mathbb{R} - \{(0, 0)\}$ in sich mit $(x, y) \mapsto \left(x/(x^2 + y^2)\,, \ y/(x^2 + y^2)\right)$.

5. Seien $a, b, c, d \in \mathbb{R}$ und $f : \mathbb{R} \to \mathbb{R}, g : \mathbb{R} \to \mathbb{R}$ die durch $f(x) := ax + b, g(x) := cx + d$ definierten Funktionen. Unter welchen Bedingungen ist $f \circ g = g \circ f$?

6. Die Fasern reellwertiger Funktionen heißen auch N i v e a u m e n g e n. Man skizziere die Niveaumengen folgender Funktionen $\mathbb{R} \times \mathbb{R} \to \mathbb{R}$ zu den Werten $-2, -1, 0, 1$ und 2:

a) $(x, y) \mapsto xy$. **b)** $(x, y) \mapsto |x - 1| + |y + 2|$. **c)** $(x, y) \mapsto |y - x|$.

d) $(x, y) \mapsto x^2 - 4x + y^2$. **e)** $(x, y) \mapsto \sqrt[3]{x + 1} - \sqrt{|y|}$. **f)** $(x, y) \mapsto xy - (x + y)$.

7. Seien $f : A \to B$ und $g : B \to C$ Abbildungen.

a) Ist gf injektiv, so ist f injektiv. **b)** Ist gf surjektiv, so ist g surjektiv.

c) Ist gf bijektiv, so ist f injektiv und g surjektiv. (Man gebe ein Beispiel dafür, dass gf bijektiv, aber weder f noch g bijektiv ist.)

d) Ist gf bijektiv und ist f (bzw. g) bijektiv, so ist auch g (bzw. f) bijektiv.

8. Man beweise 1.B.10.

9. a) Seien $f : A \to B$, $g : B \to C$ und $h : C \to D$ Abbildungen. Sind gf und hg bijektiv, so sind f, g und h bijektiv.

b) Seien $f : A \to B$, $g : B \to A$ und $h : A \to B$ Abbildungen. Aus $gf = \mathrm{id}_A$ und $hg = \mathrm{id}_B$ folgt $f = h$, d.h. die Bijektivität von g und $g^{-1} = f = h$.

10. Für eine Abbildung $f : A \to B$ sind äquivalent: (1) f ist injektiv. (2) Für alle Mengen C und alle Abbildungen $g_1 : C \to A$ und $g_2 : C \to A$ folgt aus $fg_1 = fg_2$ bereits $g_1 = g_2$. Ist überdies $A \neq \emptyset$, so sind diese beiden Bedingungen äquivalent zu: (3) Es gibt eine Abbildung $g : B \to A$ mit $gf = \mathrm{id}_A$.

11. Für eine Abbildung $f : A \to B$ sind äquivalent: (1) f ist surjektiv. (2) Für alle Mengen D und alle Abbildungen $h_1 : B \to D$ und $h_2 : B \to D$ folgt aus $h_1 f = h_2 f$ bereits $h_1 = h_2$. (3) Es gibt eine Abbildung $h : B \to A$ mit $fh = \mathrm{id}_B$. (Eine solche Abbildung h heißt ein Schnitt zu f.)

12. Seien $f : A \to B$ eine Abbildung und $f_* : \mathfrak{P}(A) \to \mathfrak{P}(B)$, $f^* : \mathfrak{P}(B) \to \mathfrak{P}(A)$ die von f induzierten Abbildungen $A' \mapsto f(A')$, $A' \subseteq A$, bzw. $B' \mapsto f^{-1}(B')$, $B' \subseteq B$.

a) Äquivalent sind: (1) f ist injektiv. (2) f_* ist injektiv. (3) f^* ist surjektiv.

b) Äquivalent sind: (1) f ist surjektiv. (2) f_* ist surjektiv. (3) f^* ist injektiv.

c) Ist f bijektiv, so sind f_* und f^* zueinander inverse bijektive Abbildungen.

13. Sei $f : A \to B$ eine Abbildung.

a) Für alle $A' \subseteq A$ ist $f^{-1}(f(A')) \supseteq A'$. **b)** Für alle $B' \subseteq B$ ist $f(f^{-1}(B')) \subseteq B'$.

c) Für alle $A', A'' \subseteq A$ ist $f(A' \cup A'') = f(A') \cup f(A'')$, $f(A' \cap A'') \subseteq f(A') \cap f(A'')$ und $f(A' - A'') \supseteq f(A') - f(A'')$.

d) Für alle $B', B'' \subseteq B$ ist $f^{-1}(B' \cup B'') = f^{-1}(B') \cup f^{-1}(B'')$, $f^{-1}(B' \cap B'') = f^{-1}(B') \cap f^{-1}(B'')$ und $f^{-1}(B' - B'') = f^{-1}(B') - f^{-1}(B'')$.

e) Äquivalent sind: (1) f ist surjektiv. (2) Für alle $B' \subseteq B$ ist $f\big(f^{-1}(B')\big) = B'$.

f) Äquivalent sind: (1) f ist injektiv. (2) Für alle $A' \subseteq A$ ist $f^{-1}(f(A')) = A'$. (3) Für alle $A', A'' \subseteq A$ ist $f(A' \cap A'') = f(A') \cap f(A'')$. (4) Für alle $A', A'' \subseteq A$ mit $A' \cap A'' = \emptyset$ ist $f(A') \cap f(A'') = \emptyset$. (5) Für alle $A', A'' \subseteq A$ ist $f(A' - A'') = f(A') - f(A'')$.

14. Seien $f : A \to B$ und $g : B \to C$ Abbildungen. Für alle $A' \subseteq A$ bzw. $C' \subseteq C$ gilt $(gf)(A') = g\big(f(A')\big)$ und $(gf)^{-1}(C') = f^{-1}\big(g^{-1}(C')\big)$.

15. Seien A, B Mengen, $B \neq \emptyset$. Genau dann gibt es eine surjektive Abbildung von A auf B, wenn es eine injektive Abbildung von B in A gibt.

1.C Familien

Es ist häufig zweckmäßig, Elemente einer Menge durch Indizes zu kennzeichnen. Wir gehen kurz auf die damit verbundenen allgemeinen Sprechweisen ein.

Sei $f : I \to A$ eine Abbildung. Dann sagen wir, die Menge Bild f wird vermöge f durch I indiziert, und nennen I die zugehörige Indexmenge. Für $i \in I$ schreiben wir statt $f(i)$ häufig f_i und sprechen statt von der Abbildung $f : I \to A$ von der Familie $(f_i)_{i \in I}$ oder f_i, $i \in I$. Solche Familien heißen auch I-Tupel (von Elementen aus A). Im I-Tupel $(f_i)_{i \in I}$ heißt das Element f_i die i-te Komponente. Wir betonen, dass für Indizes i, j mit $i \neq j$ die Komponenten f_i und f_j übereinstimmen dürfen. Ist speziell I die Menge $\mathbb{N}$ der natürlichen Zahlen, so sind die Familien mit der Indexmenge $I = \mathbb{N}$ die (unendlichen) Folgen $(f_n)_{n \in \mathbb{N}}$ oder $(f_0, f_1, f_2, \ldots)$. Bei $I = \{1, 2, \ldots, n\}$ handelt es sich um die endlichen Folgen $(f_1, f_2, \ldots, f_n)$, die gewöhnlich n-Tupel genannt werden; 2-Tupel lassen sich mit Paaren identifizieren; 3-Tupel heißen Tripel usw.

Ist $(A_i)_{i \in I}$ eine Familie von Mengen A_i mit $I \neq \emptyset$, so heißt

$$\bigcap_{i \in I} A_i := \{x \mid x \in A_i \text{ für alle } i \in I\}$$

der Durchschnitt und

$$\bigcup_{i \in I} A_i := \{x \mid x \in A_i \text{ für wenigstens ein } i \in I\}$$

die Vereinigung der Mengen A_i, $i \in I$. Für eine endliche Folge $A_1, \ldots, A_n$ von Mengen schreiben wir auch

$$A_1 \cap \cdots \cap A_n = \bigcap_{i=1}^{n} A_i \quad \text{bzw.} \quad A_1 \cup \cdots \cup A_n = \bigcup_{i=1}^{n} A_i$$

für ihren Durchschnitt bzw. ihre Vereinigung. Die Vereinigung der leeren Mengenfamilie ($I = \emptyset$) setzen wir gleich $\emptyset$. Den Durchschnitt für die leere Mengenfamilie definieren wir nur, wenn eine feste Menge A vorgegeben ist, von der alle zu betrachtenden Mengen Teilmengen sind. In diesem Fall ist der Durchschnitt über die leere Mengenfamilie gleich A.

Sei weiter $(A_i)_{i \in I}$ eine Familie von Mengen und $A := \bigcup_{i \in I} A_i$ ihre Vereinigung. Dann heißt die Menge der I-Tupel $(a_i)_{i \in I}$ von Elementen aus A mit $a_i \in A_i$ für alle $i \in I$ das kartesische Produkt oder das Kreuzprodukt der Mengen A_i. Es wird mit

$$\prod_{i \in I} A_i$$

bezeichnet. Für $I = \{1, \ldots, n\}$ sind auch die Schreibweisen $A_1 \times \cdots \times A_n = \prod_{i=1}^{n} A_i$ gebräuchlich. Für zwei Mengen A, B erhalten wir so das bereits früher eingeführte Produkt $A \times B$.

Im Fall $A_i = A$ für alle $i \in I$ ist das Produkt $\prod_{i \in I} A_i$ einfach die Menge aller Abbildungen von I in A und wird mit A^I oder $\mathrm{Abb}\,(I, A)$ bezeichnet. Bei $I = \{1, \ldots, n\}$ ist A^I die Menge der n-Tupel von Elementen aus A und wird mit A^n bezeichnet. Es ist also $A^n = \big\{(a_1, \ldots, a_n) \mid a_i \in A,\ i = 1, \ldots, n\big\}$.

Zum Kreuzprodukt $\prod_{i \in I} A_i$ gehören die **kanonischen Projektionen**, und zwar heißt für ein $j \in I$ die Abbildung $\prod_i A_i \to A_j$, die einem I-Tupel $(a_i) \in \prod_i A_i$ die j-te Komponente a_j zuordnet, die **j-te Projektion**. Im Fall $A_i = A$ für alle $i \in I$ ordnet die j-te Projektion einem $f \in A^I$ (das ist eine Abbildung $f : I \to A$) den Wert $f(j)$ von f an der Stelle j zu.

Sei weiter I eine Menge. Für eine Teilmenge $J \subseteq I$ bezeichnen wir mit e_J die Funktion $I \to \{0, 1\}$ mit

$$e_J(i) := \begin{cases} 1, & \text{falls } i \in J, \\ 0, & \text{falls } i \notin J. \end{cases}$$

e_J heißt die **Indikatorfunktion** von J (bzgl. I).[1] Ist $J = \{j\}$, $j \in I$, eine einelementige Teilmenge, so schreiben wir kürzer e_j für $e_{\{j\}}$. Es ist also e_j das I-Tupel, das an der Stelle j den Wert 1 und an allen übrigen Stellen den Wert 0 hat:

$$e_j = (\delta_{ij})_{i \in I}\,,$$

wobei δ_{ij} das so genannte **Kroneckersymbol** ist, das durch

$$\delta_{ij} := \begin{cases} 1, & \text{falls } i = j, \\ 0, & \text{falls } i \neq j, \end{cases}$$

definiert ist. Für $I = \{1, \ldots, n\}$ und $j = 1, \ldots, n$ ist e_j das n-Tupel

$$e_j = (0, \ldots, 0, 1, 0, \ldots, 0)\,,$$

wobei die Eins an der j-ten Stelle steht. Häufig notiert man die e_j und generell n-Tupel auch als Spalten, vgl. dazu Bd. 2.

Aufgaben

1. Seien A_i, $i \in I$, und B_j, $j \in J$, Familien von Mengen mit $I \neq \emptyset \neq J$. Dann gilt:

a) $\displaystyle \Big(\bigcap_{i \in I} A_i\Big) \cup \Big(\bigcap_{j \in J} B_j\Big) = \bigcap_{(i,j) \in I \times J} (A_i \cup B_j)\,,$ $\displaystyle \Big(\bigcap_{i \in I} A_i\Big) \cup \Big(\bigcup_{j \in J} B_j\Big) = \bigcap_{i \in I} \Big(\bigcup_{j \in J} A_i \cup B_j\Big).$

b) $\displaystyle \Big(\bigcup_{i \in I} A_i\Big) \cap \Big(\bigcup_{j \in J} B_j\Big) = \bigcup_{(i,j) \in I \times J} (A_i \cap B_j)\,,$ $\displaystyle \Big(\bigcup_{i \in I} A_i\Big) \cap \Big(\bigcap_{j \in J} B_j\Big) = \bigcup_{i \in I} \Big(\bigcap_{j \in J} A_i \cap B_j\Big).$

c) $\displaystyle \Big(\bigcup_{i \in I} A_i\Big) - \Big(\bigcup_{j \in J} B_j\Big) = \bigcup_{i \in I} \Big(\bigcap_{j \in J} (A_i - B_j)\Big)\,,$ $\displaystyle \Big(\bigcup_{i \in I} A_i\Big) - \Big(\bigcap_{j \in J} B_j\Big) = \bigcup_{(i,j) \in I \times J} (A_i - B_j)\,.$

Ist A eine weitere Menge, so ist $\displaystyle A - \Big(\bigcup_{j \in J} B_j\Big) = \bigcap_{j \in J} (A - B_j)$ und $\displaystyle A - \Big(\bigcap_{j \in J} B_j\Big) = \bigcup_{j \in J} (A - B_j)\,.$

Insbesondere ist das Komplement einer Vereinigung gleich dem Durchschnitt der Komplemente und das Komplement eines Durchschnitts gleich der Vereinigung der Komplemente.

---

[1] Einige Autoren nennen Indikatorfunktionen auch **charakteristische Funktionen**. Neben e_J sind die Bezeichnungen χ_J, $\mathbf{1}_J$ u. ä. üblich.

2. Seien $f : A \to B$ eine Abbildung und A_i, $i \in I$, bzw. B_j, $j \in J$, Familien von Teilmengen A_i von A bzw. B_j von B. Es gilt:

a) $f\left(\bigcup_{i\in I} A_i\right) = \bigcup_{i\in I} f(A_i)$ und $f\left(\bigcap_{i\in I} A_i\right) \subseteq \bigcap_{i\in I} f(A_i)$.

b) $f^{-1}\left(\bigcup_{i\in I} B_i\right) = \bigcup_{i\in I} f^{-1}(B_i)$ und $f^{-1}\left(\bigcap_{i\in I} B_i\right) = \bigcap_{i\in I} f^{-1}(B_i)$.

3. Seien A, I und J Mengen. Die Abbildung $f \mapsto \big(j \mapsto (i \mapsto f(i,j))\big)$ ist eine bijektive Abbildung von $A^{I \times J}$ auf $(A^I)^J$.

4. Sei I eine Menge. Die Abbildung $J \mapsto e_J$, die einer Teilmenge $J \subseteq I$ die Indikatorfunktion e_J von J zuordnet, ist eine bijektive Abbildung der Potenzmenge $\mathfrak{P}(I)$ von I auf die Menge $\{0,1\}^I$ aller Abbildungen von I in $\{0,1\}$.

5. Seien I eine Menge und J, K Teilmengen von I mit den Komplementen J' und K' in I.

a) Man beweise die folgenden Gleichungen über Indikatorfunktionen (die als Funktionen mit Werten in $\mathbb{Z}$ zu verstehen sind):

$$e_{J \cap K} = e_J e_K, \quad e_{J \cup K} = e_J + e_K - e_J e_K, \quad e_{J-K} = e_J(1 - e_K).$$

Insbesondere erhält man $e_{J'} = 1 - e_J$ und $e_{J \triangle K} = e_J + e_K - 2 e_J e_K$.

b) Allgemein seien $K_1 := J \cap K$, $K_2 := J \cap K'$, $K_3 := J' \cap K$, $K_4 := J' \cap K'$. Dann gebe man für jede der 16 Teilmengen $S \subseteq \{1,2,3,4\}$ die Indikatorfunktion von $\bigcup_{i \in S} K_i$ (mit Hilfe der Indikatorfunktionen von J und K) an.

1.D Relationen

Wer mit wem verheiratet ist, lässt sich am einfachsten und klarsten durch Angabe der Menge der Ehepaare beschreiben. Generell definiert man:

1.D.1 Definition Seien A und B Mengen. Eine Relation zwischen A und B ist eine Teilmenge R von $A \times B$. Bei $A = B$ sprechen wir von einer Relation auf der Menge A.

Ist R eine Relation zwischen A und B und ist $(x,y) \in R$, so schreibt man auch suggestiver $x R y$. Häufig benutzt man statt eines Buchstabens - wie etwa R - spezielle Symbole, die bereits bestimmte Eigenschaften dieser Relation andeuten. Beispielsweise beschreibt das Gleichheitszeichen = die Gleichheitsrelation (auf einer Menge A), also die Diagonale $\Delta_A = \{(a,a) \mid a \in A\}$ in $A \times A$. Für $x, y \in A$ ist nämlich $x = y$ äquivalent zu $(x,y) \in \Delta_A$. Die Diagonale lässt sich auch als Graph der Identität interpretieren. In dieser Weise definiert jede Abbildung $f : A \to B$ eine Relation zwischen A und B, nämlich ihren Graphen $\Gamma_f \subseteq A \times B$.

1.D.2 Bemerkung (Graphen) Eine Relation R auf einer Menge A heißt gelegentlich auch ein gerichteter Graph auf A. Man veranschaulicht einen solchen gerichteten Graphen in der Weise, dass man die Elemente von A durch Ecken in der Ebene (oder im Raume) repräsentiert und zwei Ecken P, Q mit einem Pfeil von P nach Q verbindet, falls das zu (P,Q) gehörige Paar aus $A \times A$ in R liegt. Repräsentieren sowohl

(P, Q) als auch (Q, P) Paare in R, so verbindet man P und Q einfach mit einer Linie statt mit einem Doppelpfeil und spricht von einer K a n t e . Gehört (P, P) zu R, so heftet man an die Ecke P eine S c h l i n g e . Das folgende Diagramm etwa stellt die Relation $\{(C, C), (C, D), (D, E), (E, G), (G, E), (G, D)\}$ auf der Menge $\{C, D, E, F, G\}$ dar.

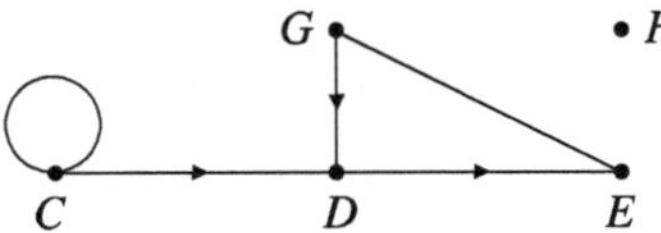

Ist die Relation R s y m m e t r i s c h , d.h. gehört mit (P, Q) stets auch (Q, P) zu R, so enthält der Graph keine Pfeile und man spricht von einem u n g e r i c h t e t e n   G r a p h e n . Ein ungerichteter Graph ohne Schlingen heißt ein G r a p h schlechthin.[1]) Ein solcher Graph auf einer Menge A ist durch eine Teilmenge K der Menge der zweielementigen Teilmengen $\{P, Q\}$, $P, Q \in A$, $P \neq Q$, von A bestimmt. Zwei Ecken P, Q, $P \neq Q$, des Graphen sind genau dann mit einer Kante verbunden, wenn $\{P, Q\}$ zu K gehört. Beispielsweise ist der folgende Graph durch die Menge aller 10 zweielementigen Teilmengen der Eckenmenge $\{C, D, E, F, G\}$ definiert.

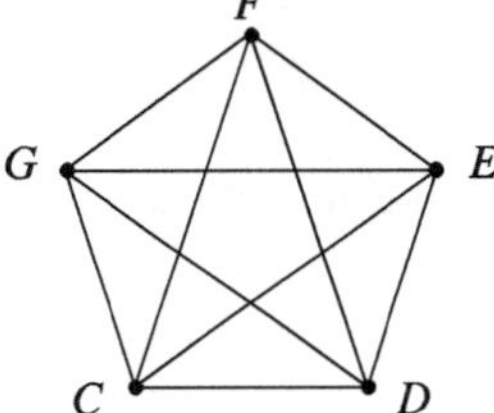

Wir gehen auf zwei wichtige Typen von Relationen näher ein.

1.D.3 Definition A sei eine Menge und $\leq$ eine Relation auf A. Dann heißt $\leq$ eine O r d n u n g (s r e l a t i o n) auf A, wenn gilt:

(1) Für alle $a \in A$ ist $a \leq a$. (R e f l e x i v i t ä t)
(2) Für alle $a, b \in A$ folgt aus $a \leq b$ und $b \leq a$ stets $a = b$. (A n t i s y m m e t r i e)
(3) Für alle $a, b, c \in A$ folgt aus $a \leq b$ und $b \leq c$ stets $a \leq c$. (T r a n s i t i v i t ä t)

Gilt zusätzlich noch die Bedingung:

(4) Für alle $a, b \in A$ ist stets $a \leq b$ oder $b \leq a$,

so heißt $\leq$ eine v o l l s t ä n d i g e oder t o t a l e   O r d n u n g (s r e l a t i o n) .

Eine total geordnete Menge heißt auch eine K e t t e . Bei einer Ordnungsrelation $\leq$ schreibt man statt „$a \leq b$ und $a \neq b$" kürzer $a < b$, sowie statt $a \leq b$ (bzw. $a < b$) auch $b \geq a$ (bzw. $b > a$) und nennt die so definierte Ordnungsrelation $\geq$ die zu $\leq$ e n t g e g e n g e s e t z t e   O r d n u n g . Zwei Elemente $a, b \in A$ heißen bzgl. der Ordnung $\leq$ v e r g l e i c h b a r , wenn $a \leq b$ oder $a \geq b$ ist. Ein Element $a_0 \in A$ heißt ein g r ö ß t e s   E l e m e n t , wenn $a \leq a_0$ für alle $a \in A$ gilt und ein

---

[1]) Die Terminologie für Graphen ist in der Literatur nicht einheitlich.

m a x i m a l e s Element, wenn $a \leq a_0$ für alle mit a_0 vergleichbaren $a \in A$ gilt. Entsprechend sind k l e i n s t e und m i n i m a l e Elemente definiert. Gilt $a \leq b \leq c$ oder $a \geq b \geq c$ für $a, b, c \in A$, so sagen wir, dass b z w i s c h e n a und c liegt. Sind $a_1, \ldots, a_n$, $n \in \mathbb{N}^*$, Elemente einer total geordneten Menge, so bezeichnen Max $(a_1, \ldots, a_n)$ bzw. Min $(a_1, \ldots, a_n)$ das größte bzw. kleinste Element unter den $a_1, \ldots, a_n$. Die Existenz dieser Elemente zeigt man leicht durch Induktion über n (vgl. dazu Abschnitt 2.A, Aufg. 10).

1.D.4 Beispiel Die natürliche Ordnung $\leq$ ist eine totale Ordnung auf $\mathbb{R}$ und damit auf jeder Teilmenge von $\mathbb{R}$. Es gibt in $\mathbb{R}$ weder ein größtes noch ein kleinstes Element.

1.D.5 Beispiel Sei A eine Menge. Auf der Potenzmenge $\mathfrak{P}(A)$ von A definiert die Inklusion $\subseteq$ eine Ordnung, die keine totale Ordnung ist, wenn A mindestens zwei verschiedene Elemente enthält. Sind nämlich $a, b \in A$ verschiedene Elemente, so sind $\{a\}, \{b\} \in \mathfrak{P}(A)$ nicht vergleichbar. A ist das größte Element in $\mathfrak{P}(A)$, und $\emptyset$ das kleinste. In $\mathfrak{P}(A) - \{\emptyset\}$ sind genau die einelementigen Teilmengen $\{a\}$, $a \in A$, die minimalen Elemente.

1.D.6 Bemerkung (H a s s e - D i a g r a m m e) Bei der Veranschaulichung einer Ordnung mit Hilfe eines gerichteten Graphen, dessen Ecken Punkte der Zeichenebene sind, benutzt man im Allgemeinen folgende Vereinfachungen: Man achtet darauf, dass die Pfeile stets von unten nach oben verlaufen. Dann kann man die Pfeilspitzen weglassen. Außerdem streicht man alle Schlingen und alle die Verbindungslinien, die sich auf Grund der Transitivität der Ordnungsrelation erschließen lassen.

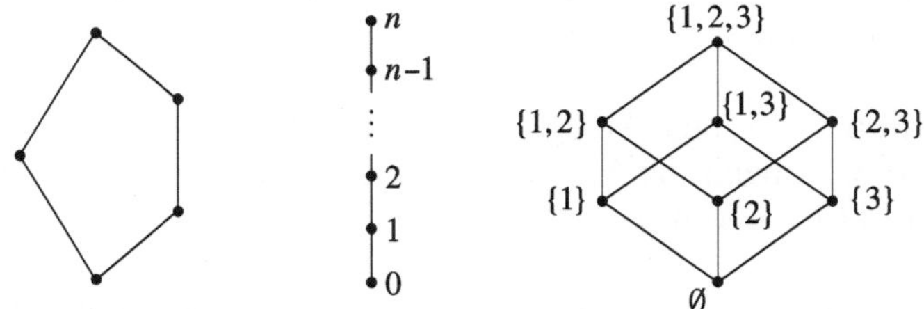

Ein solches Diagramm für eine Ordnungsrelation nennt man ein H a s s e - D i a g r a m m . Ein typisches Beispiel für ein Hasse-Diagramm ist etwa die obige linke Figur. Die beiden anderen Hasse-Diagramme sind die für die natürliche Ordnung auf der Menge $\{0, 1, \ldots, n\}$ bzw. für die Inklusion auf der Menge $\mathfrak{P}\bigl(\{1, 2, 3\}\bigr)$.

1.D.7 Beispiel (P r o d u k t o r d n u n g und l e x i k o g r a p h i s c h e O r d n u n g) Sei A_i, $i \in I$, eine Familie geordneter Mengen. Auf dem Kreuzprodukt $\prod_{i \in I} A_i$ wird durch die Vorschrift $(a_i)_{i \in I} \leq (b_i)_{i \in I}$ genau dann, wenn $a_i \leq b_i$ für alle $i \in I$, offensichtlich eine Ordnung definiert, die die P r o d u k t o r d n u n g auf $\prod_{i \in I} A_i$ heißt. Insbesondere trägt für eine geordnete Menge A und eine beliebige Menge I die Menge aller Abbildungen von I in A die Produktordnung. Für zwei Abbildungen $f, g : I \to A$ ist dabei $f \leq g$ genau dann, wenn für alle $i \in I$ die Werte $f(i)$ und $g(i)$ die Bedingung $f(i) \leq g(i)$ erfüllen.

Seien $A_1, \ldots, A_n$ geordnete Mengen. Dann wird auf dem Produkt $A_1 \times \cdots \times A_n$ durch die Vorschrift $(a_1, \ldots, a_n) \leq (b_1, \ldots, b_n)$ genau dann, wenn $(a_1, \ldots, a_n) = (b_1, \ldots, b_n)$ ist oder wenn $(a_1, \ldots, a_n) \neq (b_1, \ldots, b_n)$ ist und für den kleinsten Index i mit $a_i \neq b_i$ die Relation $a_i < b_i$ gilt, ebenfalls eine Ordnung definiert. Sie heißt die l e x i k o g r a p h i s c h e

Ordnung auf $A_1 \times \cdots \times A_n$. Bezüglich der lexikographischen Ordnung ist $(1, 2) < (2, 1)$. (Im Lexikon steht das Wort „ab" vor „ba"!) Bezüglich der Produktordnung sind $(1, 2)$ und $(2, 1)$ aber nicht vergleichbar. Sind alle $A_1, \ldots, A_n$ vollständig geordnet, so ist es auch $A_1 \times \cdots \times A_n$ bezüglich der lexikographischen Ordnung.

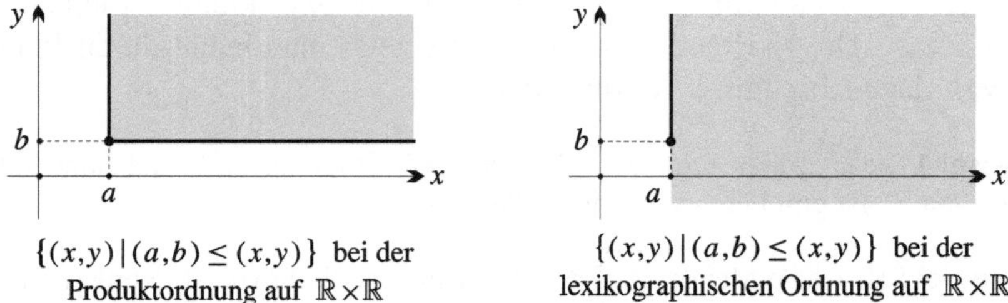

$\{(x,y)\,|\,(a,b) \le (x,y)\}$ bei der
Produktordnung auf $\mathbb{R} \times \mathbb{R}$

$\{(x,y)\,|\,(a,b) \le (x,y)\}$ bei der
lexikographischen Ordnung auf $\mathbb{R} \times \mathbb{R}$

Das Identifizieren von Dingen, die man in einer gegebenen Situation nicht unterscheiden möchte, wird durch den Begriff der Äquivalenzrelation erfasst:

1.D.8 Definition A sei eine Menge und $\sim$ eine Relation auf A. Dann heißt $\sim$ eine Äquivalenzrelation auf A, wenn gilt:

(1) Für alle $a \in A$ ist $a \sim a$.   (Reflexivität)
(2) Für alle $a, b \in A$ folgt aus $a \sim b$ stets $b \sim a$.   (Symmetrie)
(3) Für alle $a, b, c \in A$ folgt aus $a \sim b$ und $b \sim c$ stets $a \sim c$. (Transitivität)

Zwei Elemente $a, b \in A$ heißen äquivalent (bzgl. der Äquivalenzrelation $\sim$), wenn $a \sim b$ und damit auch $b \sim a$ gilt.

1.D.9 Definition A sei eine Menge und $\sim$ eine Äquivalenzrelation auf A. Für ein Element $a \in A$ heißt die Menge der zu a äquivalenten Elemente aus A die Äquivalenzklasse von a.

Wir bezeichnen im Allgemeinen die Äquivalenzklasse von a mit $[a]$ oder $\bar{a}$ (oder in ähnlicher Weise). Es ist also $[a] = \{x \in A \mid x \sim a\}$. Der Übergang von den Elementen a zu ihren Äquivalenzklassen $[a]$ ist ein (durch die jeweilige Äquivalenzrelation präzisierter) Abstraktionsprozess.

Wir notieren die wesentlichen Eigenschaften der Äquivalenzklassen:

1.D.10 Satz *Sei $\sim$ eine Äquivalenzrelation auf der Menge A.*
(1) *Für jedes $a \in A$ ist $a \in [a]$ und insbesondere $[a] \neq \emptyset$. Es ist $A = \bigcup_{a \in A} [a]$.*
(2) *Für alle $a, b \in A$ sind die folgenden drei Aussagen äquivalent:*

$$(\alpha)\ [a] = [b]. \qquad (\beta)\ [a] \cap [b] \neq \emptyset. \qquad (\gamma)\ a \sim b.$$

Beweis. (1) ergibt sich aus $a \sim a$. Zum Beweis von (2) führen wir einen Ringschluss durch: $(\alpha) \Rightarrow (\beta)$: Bei $[a] = [b]$ ist $a \in [a] = [b]$, also $a \in [a] \cap [b]$.

$(\beta) \Rightarrow (\gamma)$: Sei $c \in [a] \cap [b]$, d.h. $c \sim a$ und $c \sim b$. Aus $a \sim c$ und $c \sim b$ folgt aber wegen der Transitivität $a \sim b$.

$(\gamma) \Rightarrow (\alpha)$: Wegen der Symmetrie genügt es, $[a] \subseteq [b]$ zu zeigen. Sei $x \in [a]$, also $x \sim a$. Zusammen mit $a \sim b$ folgt $x \sim b$, also $x \in [b]$.   •

Die Äquivalenzklassen bezüglich einer Äquivalenzrelation auf einer Menge A bilden eine Zerlegung der Menge A. Dabei heißt eine Menge von Teilmengen von A eine Z e r l e g u n g von A, wenn die Teilmengen paarweise disjunkt sind und ihre Vereinigung ganz A ergibt. Etwas allgemeiner heißt eine Familie A_i, $i \in I$, von Teilmengen von A eine Z e r l e g u n g von A, wenn gilt: $A_i \cap A_j = \emptyset$ für $i \neq j$ und $\bigcup_{i \in I} A_i = A$. In diesem Fall schreiben wir auch $A = \biguplus_{i \in I} A_i$.[2]) *Die Zerlegungen A_i, $i \in I$, von A entsprechen bijektiv den Abbildungen $f : A \to I$:* Die Zerlegung A_i, $i \in I$, definiert die Abbildung f mit $f(a) := i$, falls $a \in A_i$, und die Abbildung f definiert umgekehrt die Zerlegung $A_i := f^{-1}(i)$, $i \in I$, von A. Genau dann ist $A_i \neq \emptyset$ für alle $i \in I$, wenn f surjektiv ist. Gilt $\bigcup_{i \in I} A_i = A$, ohne dass notwendigerweise $A_i \cap A_j = \emptyset$ ist für alle $i \neq j$, so heißt die Familie A_i, $i \in I$, eine Ü b e r d e c k u n g von A.

Sei weiter $\sim$ eine Äquivalenzrelation auf der Menge A. Die Menge $\overline{A}$ der Äquivalenzklassen heißt der Q u o t i e n t e n r a u m von A bzgl. $\sim$ und wird auch mit $A/\!\sim$ bezeichnet. Die surjektive Abbildung $a \mapsto [a]$ von A auf $\overline{A}$, die einem Element $a \in A$ seine Äquivalenzklasse $[a] \in \overline{A}$ bzgl. $\sim$ zuordnet, heißt die k a n o n i s c h e P r o j e k t i o n von A auf $\overline{A}$. Ihre Fasern sind genau die Äquivalenzklassen. Man sagt daher auch, $\overline{A}$ entstehe aus A durch I d e n t i f i z i e r e n der bzgl. $\sim$ äquivalenten Elemente. Ein Element einer Äquivalenzklasse heißt ein R e p r ä s e n t a n t dieser Äquivalenzklasse. Wählt man aus jeder Äquivalenzklasse genau einen Repräsentanten, so bilden diese zusammen ein v o l l e s R e p r ä s e n t a n t e n s y s t e m oder einen F u n d a m e n t a l b e r e i c h für die Menge aller Äquivalenzklassen.

1.D.11 Beispiel Auf jeder Menge A ist die Gleichheit eine Äquivalenzrelation. Ihre Äquivalenzklassen sind die einelementigen Mengen $\{a\}$, $a \in A$. Sie ist die einzige Äquivalenzrelation, die auch eine Ordnungsrelation ist.

1.D.12 Beispiel (K o n g r u e n z r e l a t i o n e n) Sei n eine positive natürliche Zahl. Zwei ganze Zahlen a und b heißen k o n g r u e n t m o d u l o n, wenn ihre Differenz durch n teilbar ist. Man schreibt dann

$$a \equiv b \bmod n \quad \text{oder} \quad a \equiv b \,(n).$$

Diese Relation ist, wie man leicht prüft, eine Äquivalenzrelation. Zwei ganze Zahlen sind genau dann kongruent modulo n, wenn sie bei der Division durch n denselben Rest (zwischen 0 und $n-1$) lassen. Die Zahlen $0, \ldots, n-1$ bilden also ein volles Repräsentantensystem. Es gibt genau n Äquivalenzklassen, die so genannten R e s t k l a s s e n m o d u l o n. Die Menge dieser Restklassen bezeichnet man im Allgemeinen mit $\mathbb{Z}/\mathbb{Z}n$. Im Fall $n = 2$ ist die Restklasse $\overline{0} = [0]$ die Menge der geraden Zahlen und die Restklasse $\overline{1} = [1]$ die Menge der ungeraden Zahlen.[3])

---

[2]) Wir verlangen nicht – wie manche Autoren dies tun –, dass alle $A_i \neq \emptyset$ sind.

[3]) Die Kongruenzrelationen wurden erstmals systematisch von C. F. Gauß in den „Disquisitiones arithmeticae" (1801) benutzt.

Ganz allgemein schreibt man für eine reelle Zahl $T \neq 0$

$$a \equiv b \bmod T \quad \text{oder} \quad a \equiv b\,(T)\,,$$

wenn a und b reelle Zahlen sind, deren Differenz $b - a$ ein *ganzzahliges* Vielfaches von T ist. Hierbei handelt es sich um eine Äquivalenzrelation auf $\mathbb{R}$. Beweis! Für $a \in \mathbb{R}$ enthält die Äquivalenzklasse $\overline{a} = a + \mathbb{Z}T$ von a genau die Elemente $a + kT$, $k \in \mathbb{Z}$. T und $|T|$ definieren dieselbe Relation. Die Zahlen des Intervalls $[\,0\,,|T|\,[\, := \{x \in \mathbb{R} \mid 0 \leq x < |T|\}$ bilden ein volles Repräsentantensystem für die Menge $\mathbb{R}/\mathbb{Z}T$ der Äquivalenzklassen. Der eindeutig bestimmte Repräsentant von $\overline{a} = a + \mathbb{Z}T$ in $[\,0\,,|T|\,[$ ist $a - [a/|T|\,] \cdot |T|$, wo $[-]$ hier die Gauß-Klammer bezeichnet. Man definiert die Funktionen $x \mapsto x\,\mathrm{DIV}\,T$ und $x \mapsto x\,\mathrm{MOD}\,T$ auf $\mathbb{R}$ durch die Gleichung

$$x = (x\,\mathrm{DIV}\,T) \cdot T + (x\,\mathrm{MOD}\,T)\,, \quad x\,\mathrm{DIV}\,T \in \mathbb{Z},\ 0 \leq x\,\mathrm{MOD}\,T\ < |T|\,,$$

also $x\,\mathrm{DIV}\,T = \mathrm{Sign}\,T \cdot [x/|T|\,]$. (Man beachte, dass der "ganzzahlige Quotient" $x\,\mathrm{DIV}\,T$ vom ganzen Teil $[x/T]$ verschieden sein kann. Nämlich wann?)

Bei $T = n \in \mathbb{N}^*$ ist $\mathbb{Z}/\mathbb{Z}n$ die Menge derjenigen Äquivalenzklassen in $\mathbb{R}/\mathbb{Z}n$, die einen ganzzahligen Repräsentanten besitzen.

Aufgaben

1. Sei $f : A \to B$ eine Abbildung. Die Relation $\sim$ mit $x \sim y$ genau dann, wenn $f(x) = f(y)$, ist eine Äquivalenzrelation auf A. Die zugehörigen Äquivalenzklassen sind genau die *nichtleeren* Fasern von f.

2. Jede Zerlegung einer Menge A in *nichtleere* Teilmengen definiert eine Äquivalenzrelation, deren Äquivalenzklassen genau die Mengen der gegebenen Zerlegung von A sind.

3. Man gebe jeweils Beispiele von Relationen an, die zwei der drei Eigenschaften einer Äquivalenzrelation erfüllen, nicht jedoch die dritte. (Um für alle drei Fälle ein Gegenbeispiel anzugeben, braucht man eine Menge mit mindestens drei Elementen. Wie viele Relationen gibt es auf einer Menge mit n Elementen und wie viele davon sind reflexiv bzw. symmetrisch, vgl. 2.B.2 und 2.B.3? Für die Anzahl der Äquivalenzrelationen vgl. 2.B, Aufg. 14.)

4. Auf der Menge $\mathbb{N}^*$ der positiven natürlichen Zahlen sei $|$ die Teilbarkeitsrelation, d.h. es gelte $x \mid y$ genau dann, wenn x ein Teiler von y ist. Man zeige, dass $|$ eine Ordnungsrelation auf $\mathbb{N}^*$ mit 1 als kleinstem Element ist. Auf $\mathbb{N}^* - \{1\}$ sind genau die Primzahlen die minimalen Elemente bezüglich $|$. Man zeichne die Hasse-Diagramme für die Menge der Teiler von 12 bzw. von 30. Die Ketten in $\mathbb{N}^*$ bzgl. $|$ entsprechen bijektiv den endlichen oder unendlichen Folgen $(q_0, q_1, q_2, \ldots)$ mit $q_n \in \mathbb{N}^*$ und $q_n \geq 2$ bei $n \geq 1$. Die zugehörige Kette $\{q_0, q_0 q_1, q_0 q_1 q_2, \ldots\}$ ist genau dann maximal, wenn die Folge unendlich und $q_0 = 1$ ist sowie die übrigen q_n Primzahlen sind, vgl. Abschnitt 2.D.

5. Sei $\preceq$ eine reflexive und transitive Relation auf der Menge A. Dann wird durch $a \sim b$ genau dann, wenn $a \preceq b$ und $b \preceq a$, eine Äquivalenzrelation $\sim$ auf A definiert. Auf der Menge $\overline{A}$ der Äquivalenzklassen von A bezüglich $\sim$ ist durch $[a] \leq [b]$ genau dann, wenn $a \preceq b$, eine Ordnungsrelation wohldefiniert. (Es ist insbesondere zu zeigen, dass die $\leq$-Beziehung für zwei Äquivalenzklassen nicht von den zur Definition benutzten Repräsentanten abhängt. Das Problem, eine solche U n a b h ä n g i g k e i t   v o n   d e r   W a h l   d e r   R e p r ä s e n t a n t e n zu verifizieren, ist typisch für das Rechnen mit Äquivalenzklassen.)

2 Die natürlichen Zahlen

2.A Vollständige Induktion

Man erreicht jede natürliche Zahl, ausgehend von 0, durch wiederholtes Addieren von 1. Es gilt also: Ist M eine Teilmenge der Menge $\mathbb{N}$ der natürlichen Zahlen mit den Eigenschaften: (1) $0 \in M$; (2) für alle $n \in M$ ist auch $n+1 \in M$, so ist $M = \mathbb{N}$. Auf dieser Eigenschaft der natürlichen Zahlen beruht das Prinzip der vollständigen Induktion:

2.A.1 Vollständige Induktion *Jeder natürlichen Zahl $n \in \mathbb{N}$ sei eine Aussage $A(n)$ zugeordnet. Folgende Bedingungen seien erfüllt:*

(1) $A(0)$ gilt. (Induktionsanfang)

(2) Für jedes $n \in \mathbb{N}$ folgt aus der Gültigkeit von $A(n)$ stets auch die Gültigkeit von $A(n+1)$. (Induktionsschluss)

Dann gilt $A(n)$ für alle $n \in \mathbb{N}$.

Beweis. Sei $M := \{n \in \mathbb{N} \mid A(n)$ gilt$\} \subseteq \mathbb{N}$. Nach Voraussetzung (1) ist $0 \in M$, und nach Voraussetzung (2) enthält M mit jedem n auch $n + 1$. Also ist $M = \mathbb{N}$, und das ist die Behauptung. •

Beim Induktionsschluss von n auf $n+1$ gemäß 2.A.1 (2) nennt man die Gültigkeit von $A(n)$ die Induktionsvoraussetzung und die Gültigkeit von $A(n+1)$ die Induktionsbehauptung. Natürlich kann man beim Induktionsschluss auch von $n - 1$ auf n schließen, $n \geq 1$. Häufig wird die folgende Variante benutzt: Sei $n_0 \in \mathbb{N}$, und jeder natürlichen Zahl $n \geq n_0$ sei eine Aussage $A(n)$ zugeordnet. Gilt dann $A(n_0)$ und folgt für jedes $n \geq n_0$ aus der Gültigkeit von $A(n)$ stets auch die von $A(n+1)$, so gilt $A(n)$ für alle $n \geq n_0$. Um dies einzusehen, betrachte man die Menge $M := \{n \in \mathbb{N} \mid n < n_0\} \cup \{n \in \mathbb{N} \mid n \geq n_0$ und $A(n)$ gilt $\}$.

Bevor wir einige Beispiele zur vollständigen Induktion besprechen, erklären wir kurz den Gebrauch von Summen- und Produktzeichen. Sei a_i, $i \in I$, eine endliche Familie von Zahlen. Dann bezeichnen wir mit

$$\sum_{i \in I} a_i \quad \text{bzw.} \quad \prod_{i \in I} a_i$$

die Summe bzw. das Produkt aller dieser Zahlen a_i. Für eine endliche Folge $a_m, a_{m+1}, \ldots, a_n$ schreibt man auch

$$\sum_{i=m}^{n} a_i = a_m + a_{m+1} + \cdots + a_n \quad \text{bzw.} \quad \prod_{i=m}^{n} a_i = a_m a_{m+1} \cdots a_n$$

für ihre Summe bzw. ihr Produkt. Für die leere Indexmenge ist die Summe definitionsgemäß gleich 0 und das Produkt gleich 1. Enthält $I = \{i\}$ nur ein Element i, so sind Summe und Produkt gleich a_i. Natürlich ändern sich Summe und Produkt nicht beim U m i n d i z i e r e n , d.h. ist $\sigma : J \to I$ eine bijektive Abbildung, so ist $\sum_{j \in J} a_{\sigma(j)} = \sum_{i \in I} a_i$, bzw. $\prod_{j \in J} a_{\sigma(j)} = \prod_{i \in I} a_i$. Beispielsweise erhält man $\sum_{j=m-k}^{n-k} a_{j+k} = \sum_{i=m}^{n} a_i$ durch Verschieben der Indexmenge um $k \in \mathbb{Z}$. Bei Gelegenheit benutzen wir weitere selbstverständliche Rechenregeln für Summe und Produkt. Ist etwa I die disjunkte Vereinigung von I' und I'', gilt also $I = I' \uplus I''$, so ist $\sum_{i \in I} a_i = \sum_{i \in I'} a_i + \sum_{i \in I''} a_i$; speziell ist $\sum_{i=1}^{n} a_i = \sum_{i=1}^{m} a_i + \sum_{i=m+1}^{n} a_i$, falls $1 \leq m \leq n$ ist.

2.A.2 Beispiel (Einige a r i t h m e t i s c h e   R e i h e n) Für alle $n \in \mathbb{N}$ ist

$$\sum_{k=1}^{n} k = 1 + 2 + \cdots + n = \frac{n(n+1)}{2}.$$

Wir beweisen dies durch Induktion über n. Der Induktionsanfang für $n = 0$ gilt, da $\sum_{k=1}^{0} k$ als leere Summe gleich 0 ist und ebenfalls $0(0+1)/2 = 0$ gilt. Beim Induktionsschluss von n auf $n+1$ dürfen wir $\sum_{k=1}^{n} k = n(n+1)/2$ voraussetzen und haben $\sum_{k=1}^{n+1} k = (n+1)(n+2)/2$ zu zeigen. Es ist aber

$$\sum_{k=1}^{n+1} k = \left(\sum_{k=1}^{n} k\right) + (n+1) = \frac{n(n+1)}{2} + (n+1) = \frac{(n+1)(n+2)}{2}.$$

Ähnlich beweist man die folgenden Formeln (Übung):

$$\sum_{k=1}^{n} k^2 = \frac{n(n+1)(2n+1)}{6}, \qquad \sum_{k=1}^{n} k^3 = \left(\frac{n(n+1)}{2}\right)^2 = \left(\sum_{k=1}^{n} k\right)^2.$$

2.A.3 Beispiel (E n d l i c h e   g e o m e t r i s c h e   R e i h e) Für jede reelle (oder komplexe) Zahl $q \neq 1$ und jedes $n \in \mathbb{N}$ gilt

$$\sum_{k=0}^{n} q^k = 1 + q + \cdots + q^n = \frac{q^{n+1} - 1}{q - 1}.$$

Für $n = 0$ steht auf beiden Seiten der Gleichung 1. Der Schluss von n auf $n+1$ ergibt sich aus

$$\sum_{k=0}^{n+1} q^k = \left(\sum_{k=0}^{n} q^k\right) + q^{n+1} = \frac{q^{n+1} - 1}{q - 1} + q^{n+1}$$

$$= \frac{q^{n+1} - 1 + q^{n+1}(q - 1)}{q - 1} = \frac{q^{n+2} - 1}{q - 1}.$$

Für $q = 1$ ist natürlich $\sum_{k=0}^{n} q^k = \sum_{k=0}^{n} 1 = n + 1$.

Aus dem Induktionsprinzip ergibt sich die folgende grundlegende Eigenschaft von $\mathbb{N}$.

2.A.4 Satz *Sei M eine nichtleere Teilmenge von $\mathbb{N}$. Dann enthält M ein kleinstes Element (d.h. ein Element m_0 mit $m_0 \leq m$ für alle $m \in M$).*

B e w e i s . Für $n \in \mathbb{N}$ sei $A(n)$ die folgende Aussage: Enthält M eine natürliche Zahl m mit $m \leq n$, so besitzt M ein kleinstes Element. Wir zeigen die Gültigkeit der Aussage $A(n)$ durch Induktion über n, womit auch die Behauptung 2.A.4 bewiesen ist.

$A(0)$ gilt: Enthält M eine natürliche Zahl $m \leq 0$, so ist notwendigerweise $m = 0$ und 0 das kleinste Element von M. Beim Schluss von n auf $n + 1$ nehmen wir die Gültigkeit von $A(n)$ an. Enthält M sogar ein Element $m \leq n$, so auch ein kleinstes Element nach Induktionsvoraussetzung. Andernfalls enthält M die Zahl $n + 1$, da M ja nach Voraussetzung ein Element $m \leq n + 1$ enthält. In diesem Fall ist $n + 1$ das kleinste Element von M. $\qquad\qquad\bullet$

Die Aussage 2.A.4 erlaubt folgendes Induktionsschema für den Beweis der Gültigkeit aller Aussagen $A(n)$, $n \in \mathbb{N}$: Für jedes $n \in \mathbb{N}$ beweist man die Gültigkeit von $A(n)$ *unter der Voraussetzung*, dass $A(m)$ gilt für alle $m < n$. Sei dann nämlich $M := \{n \in \mathbb{N} \mid A(n)$ gilt nicht$\}$. Wäre $M \neq \emptyset$, so enthielte M nach 2.A.4 ein kleinstes Element m_0. Für alle $m < m_0$ gilt $A(m)$ und somit nach dem, was bewiesen wurde, auch $A(m_0)$. Widerspruch!

In diesem Zusammenhang erwähnen wir noch die Möglichkeit, Folgen $(a_n)_{n\in\mathbb{N}}$ rekursiv zu definieren. Seien dazu A eine Menge und $(h_n)_{n\in\mathbb{N}^*}$ eine Folge von Abbildungen $h_n : A^n \to A$. Gibt man dann ein Element $a_0 \in A$ vor (R e k u r - s i o n s a n f a n g), so werden die weiteren Glieder der Folge $(a_n)_{n\in\mathbb{N}}$ durch

$$a_1 = h_1(a_0), \ a_2 = h_2(a_0, a_1), \ \ldots, \ a_n = h_n(a_0, a_1, \ldots, a_{n-1}), \ \ldots$$

r e k u r s i v gewonnen. Häufig hängt der Wert a_n nur vom vorhergehenden Folgenglied a_{n-1} ab, und oft ist dabei h_n immer dieselbe Abbildung $h : A \to A$. Das Rekursionsschema vereinfacht sich dann zu

$$a_0, \ a_1 = h(a_0), \ a_2 = h(a_1), \ \ldots, \ a_n = h(a_{n-1}), \ \ldots .$$

Offenbar ist in diesem Fall $a_n = h^n(a_0)$ für alle $n \in \mathbb{N}$. Gelegentlich werden wir weitere Rekursionsschemata, soweit sie sich von selbst verstehen oder sich leicht auf obiges Schema zurückführen lassen, kommentarlos benutzen. Bereits obige Summen und Produkte $\sum_{i=1}^{n} a_i$ und $\prod_{i=1}^{n} a_i$ sind – streng genommen – rekursiv zu definieren:

$$\sum_{i=1}^{0} a_i = 0, \quad \sum_{i=1}^{n} a_i = \left(\sum_{i=1}^{n-1} a_i\right) + a_n \ ; \quad \prod_{i=1}^{0} a_i = 1, \quad \prod_{i=1}^{n} a_i = \left(\prod_{i=1}^{n-1} a_i\right) a_n \ .$$

2.A.5 Beispiel (F i b o n a c c i - F o l g e) Die rekursiv definierte Folge $(f_n)_{n\in\mathbb{N}}$ mit $f_0 = 0$, $f_1 = 1$, $f_n = f_{n-1} + f_{n-2}$, $n \geq 2$, heißt die F i b o n a c c i - F o l g e und f_n die n-te F i b o n a c c i - Z a h l . Die ersten Glieder der Fibonacci-Folge sind also $0, 1, 1, 2, 3, 5, 8, 13,$ $21, 34, 55, \ldots$. Für die n-te Fibonacci-Zahl gilt die explizite Darstellung

$$f_n = \frac{1}{\sqrt{5}}\left(\left(\frac{1+\sqrt{5}}{2}\right)^n - \left(\frac{1-\sqrt{5}}{2}\right)^n\right) \quad (\text{B i n e t s c h e F o r m e l}).$$

Wir beweisen sie durch Induktion über n. Für $n = 0$ und $n = 1$ ist die Formel offenbar richtig. Der Induktionsschluss auf $n \geq 2$ ergibt sich aus

$$
\begin{aligned}
f_n &= f_{n-1} + f_{n-2} = \\
&= \frac{1}{\sqrt{5}}\left(\left(\frac{1+\sqrt{5}}{2}\right)^{n-1} - \left(\frac{1-\sqrt{5}}{2}\right)^{n-1}\right) + \frac{1}{\sqrt{5}}\left(\left(\frac{1+\sqrt{5}}{2}\right)^{n-2} - \left(\frac{1-\sqrt{5}}{2}\right)^{n-2}\right) \\
&= \frac{1}{\sqrt{5}}\left(\left(\frac{1+\sqrt{5}}{2}\right)^{n-2}\left(\frac{1+\sqrt{5}}{2}+1\right) - \left(\frac{1-\sqrt{5}}{2}\right)^{n-2}\left(\frac{1-\sqrt{5}}{2}+1\right)\right) \\
&= \frac{1}{\sqrt{5}}\left(\left(\frac{1+\sqrt{5}}{2}\right)^{n-2}\left(\frac{1+\sqrt{5}}{2}\right)^2 - \left(\frac{1-\sqrt{5}}{2}\right)^{n-2}\left(\frac{1-\sqrt{5}}{2}\right)^2\right) \\
&= \frac{1}{\sqrt{5}}\left(\left(\frac{1+\sqrt{5}}{2}\right)^{n} - \left(\frac{1-\sqrt{5}}{2}\right)^{n}\right).
\end{aligned}
$$

Man setzt $\Phi := (1+\sqrt{5})/2$, vgl. auch 4.F, Aufg. 13. Dann ist $(1-\sqrt{5})/2 = -\Phi^{-1}$ und $f_n = (\Phi^n - (-1)^n \Phi^{-n})/\sqrt{5}$.

Im vorliegenden Abschnitt haben wir vorgegebene Aussagen mit Hilfe der vollständigen Induktion verifiziert. Interessanter und wichtiger ist es natürlich, Methoden zu entwickeln, mit denen man solche Ergebnisse gewinnen kann. (Für einige der vorstehenden Formeln geschieht das in Beispiel 12.C.8 und 12.C, Aufg. 12.) Weniger künstliche Anwendungen des Induktionsprinzips werden uns im Laufe dieses Kurses noch genügend viele begegnen.

Aufgaben

1. Man beweise die am Ende von Beispiel 2.A.2 angegebenen Formeln.

2. Für alle $n \in \mathbb{N}$ gilt:

a) $\displaystyle\sum_{k=1}^{n}(-1)^{k-1}k = \frac{1}{4}\left(1 + (-1)^{n-1}(2n+1)\right).$

b) $\displaystyle\sum_{k=1}^{n}(-1)^{k-1}k^2 = (-1)^{n+1}\cdot\frac{n(n+1)}{2}.$ **c)** $\displaystyle\sum_{k=1}^{n}(2k-1) = n^2.$

d) $\displaystyle\sum_{k=1}^{n}(2k-1)^2 = \frac{n}{3}(4n^2-1).$ **e)** $\displaystyle\sum_{k=1}^{n}k(k+1) = \frac{1}{3}n(n+1)(n+2).$

3. Für alle $n \in \mathbb{N}$ gilt:

a) $\displaystyle\sum_{k=1}^{n}\frac{1}{k(k+1)} = 1 - \frac{1}{n+1}.$ **b)** $\displaystyle\sum_{k=1}^{n}\frac{1}{4k^2-1} = \frac{1}{2}\left(1 - \frac{1}{2n+1}\right).$

c) $\displaystyle\sum_{k=1}^{n}\frac{1}{k(k+1)(k+2)} = \frac{1}{4} - \frac{1}{2(n+1)(n+2)}.$

d) $\displaystyle\sum_{k=1}^{n}\frac{k-1}{k(k+1)(k+2)} = \frac{1}{4} - \frac{2n+1}{2(n+1)(n+2)}.$

4. Für alle $n \geq 1$ gilt:

a) $\displaystyle\prod_{k=2}^{n}\left(1 - \frac{1}{k^2}\right) = \frac{1}{2}\left(1 + \frac{1}{n}\right)$. **b)** $\displaystyle\prod_{k=2}^{n}\left(1 - \frac{2}{k(k+1)}\right) = \frac{1}{3}\left(1 + \frac{2}{n}\right)$.

c) $\displaystyle\prod_{k=2}^{n}\frac{k^3 - 1}{k^3 + 1} = \frac{2}{3}\left(1 + \frac{1}{n(n+1)}\right)$.

5. Für alle $n \in \mathbb{N}$ und alle $q \in \mathbb{R}$, $q \neq 1$, gilt:

a) $\displaystyle\prod_{k=0}^{n}(1 + q^{2^k}) = \frac{q^{2^{n+1}} - 1}{q - 1}$. **b)** $\displaystyle\sum_{k=1}^{n} kq^k = \frac{nq^{n+2} - (n+1)q^{n+1} + q}{(q - 1)^2}$.

6. Für alle $n \in \mathbb{N}$ gilt:

a) 5 teilt $2^{n+1} + 3 \cdot 7^n$. **b)** 3 teilt $n^3 + 2n$. **c)** 6 teilt $n^3 - n$.

d) 7 teilt $5^{2n+1} + 2^{2n+1}$. **e)** 30 teilt $n^5 - n$. **f)** 3 teilt $2^{2n} - 1$.

g) 15 teilt $3n^5 + 5n^3 + 7n$. **h)** 133 teilt $11^{n+2} + 12^{2n+1}$. **i)** 5 teilt $3^{n+1} + 2^{3n+1}$.

7. Für die rekursiv definierten Folgen (a_n) in a), b), c) beweise man jeweils die angegebene explizite Darstellung.

a) $a_0 = 2$, $a_n = 2 - a_{n-1}^{-1}$, $n \geq 1$. Dann ist $a_n = (n+2)/(n+1)$ für alle $n \in \mathbb{N}$.

b) $a_0 = 0$, $a_1 = 1$, $a_n = \frac{1}{2}(a_{n-1} + a_{n-2})$, $n \geq 2$. Dann ist $a_n = \frac{2}{3}\left(1 - (-1)^n \frac{1}{2^n}\right)$ für alle $n \in \mathbb{N}$.

c) $a_0 = 1$, $a_n = 1 + a_{n-1}^{-1}$, $n \geq 1$. Dann ist $a_n = f_{n+2}/f_{n+1}$ für alle $n \in \mathbb{N}$, wobei f_k für $k \in \mathbb{N}$ die k-te Fibonacci-Zahl ist.

8. Die Folge (a_n) sei rekursiv definiert durch $a_0 = 1$, $a_n = \sum_{k=0}^{n-1} a_k$, $n \geq 1$.

a) Es ist $a_n = 2^{n-1}$ für alle $n \geq 1$.

b) Die Anzahl der endlichen Folgen (variabler Länge) positiver natürlicher Zahlen mit Summe n ist gleich a_n. (Beispielsweise hat man $a_3 = 4$ und $3 = 2 + 1 = 1 + 2 = 1 + 1 + 1$. - Für den Fall, dass die Folgenlänge fest vorgegeben ist, vgl. 2.B, Aufg. 19.)

9. Man beweise durch Induktion die folgenden Gleichungen für die Fibonacci-Zahlen f_n, $n \in \mathbb{N}$:

a) Es ist $f_{n+m} = f_{n-1}f_m + f_n f_{m+1}$ für alle $m \geq 0$ und alle $n \geq 1$. Speziell ist $f_{2n} = f_n(f_{n-1} + f_{n+1}) = f_{n+1}^2 - f_{n-1}^2$ für alle $n \geq 1$.

b) Für alle $n \geq 1$ ist $f_n^2 = f_{n-1}f_{n+1} + (-1)^{n+1}$.

c) Für $\Phi = (1 + \sqrt{5})/2$ gilt $\Phi^n = f_{n-1} + f_n \Phi$, $n \in \mathbb{N}^*$. (Durch diese Gleichung lassen sich die Fibonacci-Zahlen f_n für alle $n \in \mathbb{Z}$ definieren. Es gilt dann $f_n = f_{n-1} + f_{n-2}$ und $f_n = (-1)^{n+1} f_{-n}$ für alle $n \in \mathbb{Z}$.)

10. Seien $a_1, \ldots, a_n$, $n \in \mathbb{N}^*$, Elemente einer total geordneten Menge. Man beweise durch Induktion über n die Existenz von Min $(a_1, \ldots, a_n)$ und Max $(a_1, \ldots, a_n)$.

2.B Endliche Mengen

Wir wollen in diesem Abschnitt einige Anzahlformeln für endliche Mengen herleiten. Diese gehören zur elementaren K o m b i n a t o r i k und werden immer wieder gebraucht. Umfassender informiert etwa das Buch „Enumerative Combinatorics", Vol. 1, von R. P. Stanley.

Sei $n \in \mathbb{N}$. Prototyp für eine endliche Menge mit n Elementen ist die Menge $\{1, \ldots, n\} = \{x \in \mathbb{N} \mid 1 \leq x \leq n\}$ der ersten n positiven natürlichen Zahlen. Wir sagen, eine Menge A sei eine e n d l i c h e M e n g e mit n Elementen, wenn es eine bijektive Abbildung $\{1, \ldots, n\} \to A$ gibt, wenn sich also die Elemente von A mit den Zahlen $1, \ldots, n$ durchnummerieren lassen, wobei verschiedene Elemente verschiedene Nummern bekommen. Es ist dann $A = \{a_1, \ldots, a_n\}$ mit $a_i \neq a_j$ für $i \neq j$. Die Zahl n ist dabei eindeutig bestimmt[1]) und heißt die E l e m e n t e z a h l oder die K a r d i n a l z a h l von A. Sie wird mit $|A|$ oder Kard A bezeichnet. Es ist $|\emptyset| = 0$. Ist $A \to B$ eine bijektive Abbildung, so ist A genau dann endlich, wenn B endlich ist. In diesem Fall ist $|A| = |B|$.

Ist die Menge A zerlegt in die endlichen Teilmengen $A_1, \ldots, A_m$ (die paarweise disjunkt sind), so ist $A = \biguplus_{i=1}^{m} A_i$ ebenfalls endlich und es gilt:

$$|A| = \sum_{i=1}^{m} |A_i| = |A_1| + \cdots + |A_m|.$$

Sind $A_1, \ldots, A_m$ beliebige endliche Mengen, so ist das Kreuzprodukt $\prod_{i=1}^{m} A_i = A_1 \times \cdots \times A_m$ ebenfalls endlich, und es gilt

$$\left| \prod_{i=1}^{m} A_i \right| = \prod_{i=1}^{m} |A_i| = |A_1| \cdots |A_m|.$$

Beim Beweis der letzten Gleichung (durch Induktion über m) können wir ohne Beschränkung der Allgemeinheit annehmen, dass $m = 2$ ist. Es ist aber $A_1 \times A_2$ die Vereinigung der paarweise disjunkten Mengen $\{a\} \times A_2$, $a \in A_1$, und folglich $|A_1 \times A_2| = \sum_{a \in A_1} |A_2| = |A_1| \cdot |A_2|$.

Für jede endliche Menge A und jedes $m \in \mathbb{N}$ folgt insbesondere $|A^m| = |A|^m$. Es ist A^m die Menge der m-Tupel von Elementen aus A, d.h. die Menge der Abbildungen von $\{1, \ldots, m\}$ in A. Die Menge $\{1, \ldots, m\}$ durch eine beliebige Menge I mit m Elementen ersetzend, erhält man:

---

[1]) Man beweist durch Induktion über n: Ist $f : \{1, \ldots, n\} \to \{1, \ldots, p\}$ bijektiv für $n, p \in \mathbb{N}$, so ist $n = p$. Beim Induktionsschluss von n nach $n+1$ folgt die Induktionsbehauptung im Fall $f(n+1) = p$ unmittelbar aus der Induktionsvoraussetzung. Andernfalls sei $m := f^{-1}(p) \leq n$ und σ die Permutation von $\{1, \ldots, n, n+1\}$ mit $m \mapsto n+1$, $n+1 \mapsto m$ und $k \mapsto k$ für $m \neq k \neq n+1$. Dann ist $f \circ \sigma : \{1, \ldots, n, n+1\} \to \{1, \ldots, p\}$ bijektiv mit $(f \circ \sigma)(n+1) = f(m) = p$, und man ist im bereits erwähnten trivialen Fall.

2.B.1 Satz *Sind I und A endliche Mengen mit m bzw. n Elementen, so ist die Menge A^I der Abbildungen von I in A endlich mit n^m Elementen. Es ist also $|A^I| = |A|^{|I|}$.*

Sei I eine Menge. Die Abbildung, die jeder Teilmenge $J \subseteq I$ die Indikatorfunktion e_J zuordnet, ist eine bijektive Abbildung der Potenzmenge $\mathfrak{P}(I)$ auf die Menge $\{0, 1\}^I$. Aus 2.B.1 ergibt sich daher:

2.B.2 Korollar *Sei I eine endliche Menge mit m Elementen. Dann ist $\mathfrak{P}(I)$ eine endliche Menge mit 2^m Elementen. Es gilt also $|\mathfrak{P}(I)| = 2^{|I|}$.*

Die folgende Aussage gibt die Anzahl der *injektiven* Abbildungen zwischen endlichen Mengen an.

2.B.3 Satz *Sind I und A endliche Mengen mit m bzw. n Elementen, so gibt es genau*

$$[n]_m := \prod_{k=0}^{m-1} (n - k) = n(n - 1) \cdots (n - m + 1)$$

injektive Abbildungen von I in A.

B e w e i s . Wir beweisen die Aussage durch Induktion über m. Für $m = 0$ ist I leer, und es gibt genau eine Abbildung von I in A (nämlich die leere Abbildung); $[n]_0$ ist als leeres Produkt ebenfalls 1. Ferner ist die Aussage auch für $m = 1$ selbstverständlich: Es gibt n injektive Abbildungen von $I = \{i\}$ in A, und es ist $[n]_1 = n$.

Beim Schluss von m auf $m + 1$ Elemente sei nun I eine Menge mit $m + 1$ Elementen. Sei zunächst $m \leq n$ und sei i_0 ein festes Element aus I. Nach Induktionsvoraussetzung gibt es $[n]_m$ injektive Abbildungen von $I' := I - \{i_0\}$ in A. Ist $f : I' \to A$ eine solche Abbildung, so gibt es $n - m$ injektive Abbildungen von I in A, deren Beschränkung auf I' mit f übereinstimmt: Als Bild von i_0 kommt nämlich wegen der Injektivität nur noch eines der $n - m$ Elemente in $A - f(I')$ in Frage. Insgesamt gibt es daher $[n]_m (n - m) = [n]_{m+1}$ injektive Abbildungen von I in A. Ist aber $m > n$, so gibt es nach Induktionsvoraussetzung keine injektiven Abbildungen von I' in A und damit erst recht keine von I in A. Außerdem ist in diesem Fall mit $[n]_m = 0$ auch $[n]_{m+1} = [n]_m (n - m) = 0$. $\qquad \bullet$

Das Symbol $[n]_m$ heißt v e r a l l g e m e i n e r t e F a k u l t ä t oder a b s t e i g e n d e F a k t o r i e l l e . Man definiert es für eine beliebige (reelle oder komplexe) Zahl α und jedes $m \in \mathbb{N} :$ [2])

$$[\alpha]_m := \prod_{k=0}^{m-1} (\alpha - k) = \alpha(\alpha - 1) \cdots (\alpha - m + 1).$$

---

[2]) Häufig verwendet man auch die so genannte a u f s t e i g e n d e F a k t o r i e l l e oder das P o c h h a m m e r -Symbol $(\alpha)_m := [\alpha + m - 1]_m = \alpha(\alpha + 1) \cdots (\alpha + m - 1)$.

2.B.4 Bemerkung (Kombinatorisches Prinzip) Für $I = \{1, \ldots, m\}$ ergibt sich aus 2.B.3: Ist A eine Menge mit n Elementen, so gibt es genau $[n]_m$ Tupel $(a_1, \ldots, a_m)$ mit paarweise verschiedenen Elementen $a_i \in A$, $i = 1, \ldots, m$. Dies ist ein Spezialfall des folgenden allgemeinen kombinatorischen Prinzips: Gegeben sei eine Menge $C \subseteq A^m$ von m-Tupeln. Ferner gebe es natürliche Zahlen $n_1, \ldots, n_m$ mit folgenden Eigenschaften: Ist $k < m$ und $(a_1, \ldots, a_k)$ Anfang einer Folge aus C, so gibt es genau n_{k+1} Elemente $a_{k+1} \in A$, für die $(a_1, \ldots, a_k, a_{k+1})$ ebenfalls Anfang einer Folge aus C ist. Dann hat C genau $n_1 \cdots n_m$ Elemente. Man beweist auch dies leicht durch Induktion über m. Beim Induktionsschluss von $m - 1$ auf m wendet man die Induktionsvoraussetzung auf die Menge $C' := \big\{(a_1, \ldots, a_{m-1}) \in A^{m-1} \mid \text{es gibt ein } a_m \in A \text{ mit } (a_1, \ldots, a_{m-1}, a_m) \in C\big\}$ an.

2.B.5 Beispiel Seien B und C endliche Mengen mit $|B| > |C|$. Dann gibt es natürlich - wie bereits erwähnt - keine injektive Abbildung von B in C. Für jede Abbildung $f : B \to C$ gibt es also Elemente $b, b' \in B$ mit $b \neq b'$ aber $f(b) = f(b')$. Diese Aussage ist auch als (Dirichletsches) Schubfachprinzip bekannt: Verteilt man $m := |B|$ Gegenstände auf $n := |C|$ Schubfächer und ist $m > n$, so befindet sich in wenigstens einem Fach mehr als ein Gegenstand. Ist allgemeiner $m > nr$, $r \in \mathbb{N}$, so befinden sich in wenigstens einem Fach mehr als r Gegenstände.

Seien nun B und C endliche Mengen mit gleich vielen Elementen. Für eine Abbildung $f : B \to C$ sind äquivalent: (1) *f ist injektiv.* (2) *f ist surjektiv.* (3) *f ist bijektiv.*

Ist nämlich f injektiv, so hat $f(B)$ gleich viele Elemente wie B und damit wie C, schöpft also C ganz aus. Ist umgekehrt f nicht injektiv, so hat $f(B)$ weniger Elemente als B und damit als C. Dann ist $f(B) \neq C$ und f nicht surjektiv.

Aus 2.B.3 folgt direkt:

2.B.6 Korollar *B und C seien endliche Mengen mit der gleichen Elementezahl $|B| = |C| = n$. Dann gibt es genau*

$$n! := [n]_n = \prod_{k=1}^{n} k = 1 \cdots n$$

bijektive Abbildungen von B auf C. Insbesondere gibt es genau $n!$ Permutationen der n-elementigen Menge B.

Für $n \in \mathbb{N}$ liest man n-Fakultät für die Zahl $n!$. Man kann $n!$ rekursiv durch $0! = 1$ und $n! = n\big((n-1)!\big)$ bestimmen. Für natürliche Zahlen m und n mit $m \leq n$ ist offenbar

$$[n]_m = \frac{n!}{(n-m)!} \, .$$

2.B.7 Bemerkung Für größere Werte von n verwendet man für $n!$ die wichtige Abschätzung

$$\sqrt{2\pi n}\Big(\frac{n}{e}\Big)^n e^{1/(12n+1)} < n! < \sqrt{2\pi n}\Big(\frac{n}{e}\Big)^n e^{1/12n} \, .$$

Insbesondere hat man die gute Näherung

$$n! \sim \sqrt{2\pi n} \left(\frac{n}{e}\right)^n .$$

Dabei ist $e = 2,718281828\ldots$ die Basis der natürlichen Logarithmen.[3] Wir werden diese so genannte S t i r l i n g s c h e F o r m e l später beweisen, vgl. Beispiel 18.B.2.

2.B.8 Satz *Sei A eine endliche Menge mit n Elementen. Für jede natürliche Zahl $m \leq n$ ist dann*

$$\binom{n}{m} := \frac{[n]_m}{[m]_m} = \frac{n!}{m!\,(n-m)!} = \frac{n(n-1)\cdots(n-m+1)}{1\cdot 2\cdots m}$$

die Anzahl der m-elementigen Teilmengen von A.

B e w e i s . Sei $I := \{1,\ldots,m\}$. Jede m-elementige Teilmenge von A ist Bild einer injektiven Abbildung $I \to A$. Zwei solche Abbildungen f und g haben genau dann dasselbe Bild, wenn es eine Permutation σ von I gibt mit $f = g\sigma$. Folglich haben nach 2.B.6 je $[m]_m = m!$ dieser Abbildungen dasselbe Bild. Da es nach 2.B.3 insgesamt $[n]_m$ injektive Abbildungen von $I \to A$ gibt, folgt die Behauptung. $\bullet$

Die Zahlen $\binom{n}{m}$ – sprich: n über m –[4]) in 2.B.8 heißen B i n o m i a l k o e f f i z i e n t e n . Man definiert sie für beliebige (reelle oder komplexe) Zahlen α und jedes $m \in \mathbb{N}$:

$$\binom{\alpha}{m} := \frac{[\alpha]_m}{m!} = \frac{\alpha(\alpha-1)\cdots(\alpha-m+1)}{1\cdot 2\cdots m}\ .$$

Ferner setzt man noch $\binom{\alpha}{m} = 0$ für negative ganze Zahlen m. Aus diesen Definitionen ergeben sich unmittelbar folgende Rechenregeln:

2.B.9 *Für beliebige α und alle $m \in \mathbb{Z}$ gilt:*

(1) $\binom{\alpha}{0} = 1$.   (2) $\binom{\alpha}{m+1} = \binom{\alpha}{m}\cdot\frac{\alpha-m}{m+1} = \binom{\alpha-1}{m}\cdot\frac{\alpha}{m+1}$, $m \neq -1$.

(3) $\binom{-\alpha}{m} = (-1)^m\binom{m+\alpha-1}{m}$.   (4) $\binom{\alpha+1}{m} = \binom{\alpha}{m} + \binom{\alpha}{m-1}$.

2.B.10 Bemerkung (1) Die Werte $\binom{\alpha}{m}$, $m \in \mathbb{N}$, berechnet man bei festem α im Allgemeinen am schnellsten rekursiv mit 2.B.9 (2). Für $\alpha \in \mathbb{N}$ und $\alpha \geq m \geq 0$ sieht man diese Rekursion auch direkt kombinatorisch ein: Sind $\mathfrak{P}_m$ bzw. $\mathfrak{P}_{m+1}$ die Menge der m- bzw. $(m+1)$-elementigen Teilmengen von $I := \{1,\ldots,\alpha\}$ und ist $\mathfrak{X}_m$ die Menge der Paare (C,c) mit $C \in \mathfrak{P}_m$, $c \in I-C$, so ist $\mathfrak{X}_m \to \mathfrak{P}_{m+1}$, $(C,c) \mapsto C \cup \{c\}$, eine surjektive Abbildung, deren Fasern alle genau $m+1$ Elemente enthalten. Wegen $|\mathfrak{X}_m| = \binom{\alpha}{m}\cdot(\alpha-m)$ ergibt sich die Rekursion $\binom{\alpha}{m}\cdot\frac{\alpha-m}{m+1} = \binom{\alpha}{m+1}$ mit der Schäferregel aus Aufg. 6.

---

[3]) Wir verwenden die asymptotische Gleichheit $\sim$ in folgendem Sinne: Sind (a_n) und (b_n) Folgen reeller (oder komplexer) Zahlen, so bedeutet $a_n \sim b_n$, dass die Folge (a_n/b_n) für hinreichend große n definiert ist (d.h. $b_n \neq 0$ ist für hinreichend große n) und gegen 1 konvergiert, vgl. 5.B, Aufg. 5.

[4]) im Englischen: n choose m

Sind n, m und $n - m$ große natürliche Zahlen, so liefert die Stirlingsche Formel die Approximation

$$\binom{n}{m} = \frac{n!}{m!\,(n-m)!} \approx \frac{1}{\sqrt{2\pi n x(1-x)}\,\left(x^x(1-x)^{1-x}\right)^n}\,, \qquad x := \frac{m}{n}\,.$$

Die Funktion $x^x(1-x)^{(1-x)}$ im Intervall $[0, 1]$ wird sehr gut durch den unteren Halbkreisbogen $1 - \sqrt{x(1-x)}$ des Kreises mit Mittelpunkt $(1/2, 1)$ und Radius $1/2$ approximiert. Der Logarithmus ihres Kehrwerts, also $-x \ln x - (1-x) \ln (1-x)$, heißt die B o l t z m a n n - G i b b s - E n t r o p i e (-Funktion).

(2) (P a s c a l s c h e s D r e i e c k) Die Formel aus 2.B.9 (4) liefert eine Methode zur Berechnung der Binomialkoeffizienten $\binom{n}{m}$, wobei m und n natürliche Zahlen sind. Dazu ordnet man diese Binomialkoeffizienten in der Form des so genannten P a s c a l s c h e n D r e i e c k s an:

$$
\begin{array}{ccccccc}
 & & & 1 & & & \\
 & & 1 & & 1 & & \\
 & 1 & & 2 & & 1 & \\
1 & & 3 & & 3 & & 1
\end{array}
$$

$$\iddots \qquad\qquad\qquad\qquad\qquad\qquad \ddots$$

$$\binom{n}{0} \cdots\cdots \binom{n}{m-1} \binom{n}{m} \cdots\cdots\cdots\cdots\cdots \binom{n}{n}$$

$$\binom{n+1}{0} \cdots\cdots\cdots \binom{n+1}{m} \cdots\cdots\cdots\cdots\cdots\cdots \binom{n+1}{n+1}$$

Man erhält darin die Binomialkoeffizienten $\binom{n+1}{m}$ in der $(n + 1)$-ten Zeile, indem man diese Zeile mit 1 beginnt und dann jeweils zwei benachbarte Binomialkoeffizienten der n-ten Reihe (die bereits berechnet worden sind) addiert.

(3) Für natürliche Zahlen n und m mit $m \leq n$ folgt aus der Definition unmittelbar $\binom{n}{m} = \binom{n}{n-m}$, so dass man in diesem Fall zur Berechnung von $\binom{n}{m}$ die Zahl m durch $n - m$ ersetzen kann. Mit Hilfe von 2.B.8 sieht man diese Gleichung auch in folgender Weise ein: Hat die Menge A n Elemente, so ist die Abbildung $B \longmapsto A - B$ eine bijektive Abbildung der Menge der m-elementigen Teilmengen B von A auf die Menge der $(n - m)$-elementigen Teilmengen von A.

Übrigens lässt sich auch die Formel in 2.B.9 (4) für $\alpha = n \in \mathbb{N}$ mit 2.B.8 beweisen. Dazu sei A eine $(n + 1)$-elementige Menge und $a \in A$ ein festes Element. Die $\binom{n+1}{m}$ m-elementigen Teilmengen von A sind dann einerseits die $\binom{n}{m}$ m-elementigen Teilmengen von $A - \{a\}$ und andererseits die $\binom{n}{m-1}$ Mengen $B \uplus \{a\}$, wobei B die $(m - 1)$-elementigen Teilmengen von $A - \{a\}$ durchläuft.

2.B.11 Beispiel Sei A eine endliche Menge mit n Elementen. Nach 2.B.8 besitzt A dann für jede natürliche Zahl m mit $0 \leq m \leq n$ genau $\binom{n}{m}$ Teilmengen mit m Elementen, also $\sum_{m=0}^{n} \binom{n}{m}$ Teilmengen insgesamt. Mit 2.B.2 ergibt sich daher

$$\sum_{m=0}^{n} \binom{n}{m} = 2^n\,,$$

was man auch leicht durch Induktion unter Verwendung von 2.B.9 (4) bestätigt.

2.B.12 Beispiel *Seien m und n natürliche Zahlen. Die Anzahl der m-Tupel $(x_1, \ldots, x_m)$ natürlicher Zahlen mit $\sum_{i=1}^{m} x_i \leq n$ ist gleich $\binom{n+m}{m}$.* B e w e i s. Die Abbildung

$$(x_1, x_2, \ldots, x_m) \longmapsto \{x_1 + 1, x_1 + x_2 + 2, \ldots, x_1 + \cdots + x_m + m\}$$

ist eine bijektive Abbildung dieser Menge von m-Tupeln auf die Menge der m- elementigen Teilmengen der Menge $\{1, 2, \ldots, n + m\}$.

Die Anzahl der m-Tupel $(x_1, \ldots, x_m)$ natürlicher Zahlen mit $\sum_{i=1}^{m} x_i = n$ ist gleich $\binom{n+m-1}{m-1}$, wenn man hier ausnahmsweise $\binom{-1}{-1} := 1$ setzt.

Zum Beweis hat man nur zu bemerken, dass $(x_1, \ldots, x_{m-1}, x_m) \longmapsto (x_1, \ldots, x_{m-1})$ bei $m \geq 1$ eine bijektive Abbildung der Menge der m-Tupel $(x_1, \ldots, x_m)$ mit $\sum_{i=1}^{m} x_i = n$ auf die Menge der $(m-1)$-Tupel $(x_1, \ldots, x_{m-1})$ mit $\sum_{i=1}^{m-1} x_i \leq n$ ist.

Die Anzahl der m-Tupel $(x_1, \ldots, x_m) \in \mathbb{N}^m$ mit $\sum_{i=1}^{m} x_i = n$ kann auch interpretiert werden als die Anzahl der Möglichkeiten, n Gegenstände auf m Fächer zu verteilen, falls zwei solche Verteilungen identifiziert werden, wenn sie durch eine Permutation der Gegenstände auseinander hervorgehen. (Vgl. auch Aufg. 14c) und 19, sowie 6.B, Aufg. 14.)

2.B.13 Beispiel Seien $A_1, \ldots, A_r$ paarweise disjunkte endliche Mengen mit $m_1, \ldots, m_r$ Elementen und $A := \biguplus_{i=1}^{r} A_i$. Die Anzahl der Permutationen $\sigma \in \mathfrak{S}(A)$ mit $\sigma(A_i) = A_i$ für $i = 1, \ldots, r$ ist offenbar gleich $m_1! \cdots m_r!$. Allgemein setzt man für ein r-Tupel $m = (m_1, \ldots, m_r)$ natürlicher Zahlen $m! := m_1! \cdots m_r!$.

2.B.14 Beispiel (P o l y n o m i a l k o e f f i z i e n t e n) A sei eine endliche Menge mit n Elementen, und $m = (m_1, \ldots, m_r)$ sei ein r-Tupel natürlicher Zahlen mit $\sum_{i=1}^{r} m_i = n$. *Die Anzahl der Abbildungen $f : A \to \{1, \ldots, r\}$, die genau m_i Elemente auf i abbilden, $i = 1, \ldots, r$, ist*

$$\binom{n}{m} := \frac{n!}{m!} = \frac{n!}{m_1! \cdots m_r!}.$$

B e w e i s. Die gesuchte Anzahl ist offenbar gleich der Anzahl der Zerlegungen $(A_1, \ldots, A_r)$ von A mit (paarweise disjunkten) Teilmengen $A_i \subseteq A$, für die $|A_i| = m_i$ gilt, $i = 1, \ldots, r$. Nach dem in 2.B.4 formulierten kombinatorischen Prinzip ist diese Anzahl aber gleich

$$\binom{n}{m_1}\binom{n - m_1}{m_2} \cdots \binom{n - m_1 - \cdots - m_{r-1}}{m_r}$$

$$= \frac{n!}{m_1! (n - m_1)!} \cdot \frac{(n - m_1)!}{m_2! (n - m_1 - m_2)!} \cdots \frac{(n - m_1 - \cdots - m_{r-1})!}{m_r! (n - m_1 - \cdots - m_r)!}$$

$$= \frac{n!}{m_1! m_2! \cdots m_r!} = \binom{n}{m}. \qquad \bullet$$

Es gibt also $\binom{32}{10, 10, 10, 2} = 2753294408504640$ mögliche Kartenverteilungen beim Skatspiel. Die Zahlen $\binom{n}{m}$ heißen M u l t i n o m i a l k o e f f i z i e n t e n oder auch P o l y n o m i a l k o e f - f i z i e n t e n . Bei $r = 2$ ergeben sich die Binomialkoeffizienten. Für eine Zahl α und ein r-Tupel $m = (m_1, \ldots, m_r) \in \mathbb{N}^r$ setzt man (mit $|m| := m_1 + \cdots + m_r$):

$$\binom{\alpha}{m} = \binom{\alpha}{m_1, \ldots, m_r} = \frac{[\alpha]_{|m|}}{m!} = \frac{\alpha(\alpha - 1) \cdots (\alpha - |m| + 1)}{m_1! \cdots m_r!}.$$

Eine wichtige Anwendung des Rechnens mit den Binomialkoeffizienten ist der binomische Lehrsatz:

2.B.15 Binomischer Lehrsatz *Für reelle (oder komplexe) Zahlen a und b und jede natürliche Zahl n gilt*

$$(a+b)^n = \sum_{m=0}^{n} \binom{n}{m} a^m b^{n-m} = \sum_{m=0}^{n} \binom{n}{m} a^{n-m} b^m$$

$$= a^n + na^{n-1}b + \binom{n}{2} a^{n-2}b^2 + \cdots + nab^{n-1} + b^n .$$

B e w e i s (durch Induktion über n). Für $n \leq 2$ ist dies wohlbekannt (und trivial). Der Schluss von n auf $n+1$ ergibt sich mit 2.B.9 (4) folgendermaßen:

$$(a+b)^{n+1} = (a+b)^n(a+b) = \sum_{m=0}^{n} \binom{n}{m} a^m b^{n-m}(a+b)$$

$$= \sum_{m=0}^{n} \binom{n}{m} a^{m+1}b^{n-m} + \sum_{m=0}^{n} \binom{n}{m} a^m b^{n+1-m}$$

$$= \sum_{m=1}^{n+1} \binom{n}{m-1} a^m b^{n+1-m} + \sum_{m=0}^{n} \binom{n}{m} a^m b^{n+1-m}$$

$$= \sum_{m=0}^{n+1} \left(\binom{n}{m-1} + \binom{n}{m} \right) a^m b^{n+1-m} = \sum_{m=0}^{n+1} \binom{n+1}{m} a^m b^{n+1-m} . \quad \bullet$$

Der binomische Lehrsatz lässt sich auch weniger formal beweisen: Seien zunächst $a_1, \ldots, a_n, b_1, \ldots, b_n$ beliebige reelle oder komplexe Zahlen. Dann ist offenbar

$$\prod_{i=1}^{n}(a_i + b_i) = \sum_{H} a^H b^{H'} ,$$

wobei H alle Teilmengen von $\{1, \ldots, n\}$ durchläuft und H' jeweils das Komplement von H in $\{1, \ldots, n\}$ ist; ferner haben wir $a^H := \prod_{i \in H} a_i$ und analog $b^{H'} := \prod_{i \in H'} b_i$ gesetzt. Ist nun $a_1 = \cdots = a_n = a$ und $b_1 = \cdots = b_n = b$, so ist $a^H = a^{|H|}$ und $b^{H'} = b^{n-|H|}$. Ferner gibt es genau $\binom{n}{m}$ Teilmengen H von $\{1, \ldots, n\}$ mit $|H| = m$. Daraus folgt 2.B.15.

Mit einem völlig analogen Argument erhält man unter Benutzung von Beispiel 2.B.14 die folgende Verallgemeinerung des Binomialsatzes.

2.B.16 Polynomialsatz *Für reelle (oder komplexe) Zahlen $a_1, \ldots, a_r$ und jede natürliche Zahl n gilt*

$$(a_1 + \cdots + a_r)^n = \sum_{m} \binom{n}{m} a^m .$$

Dabei durchläuft m alle r-Tupel $m = (m_1, \ldots, m_r)$ natürlicher Zahlen mit $|m| = m_1 + \cdots + m_r = n$, und für jedes solche m haben wir

$$a^m := \prod_{i=1}^{r} a_i^{m_i} = a_1^{m_1} \cdots a_r^{m_r}$$

gesetzt. $\binom{n}{m}$ *sind die Polynomialkoeffizienten aus obigem Beispiel* 2.B.14.

Allgemeiner gilt für beliebige reelle oder komplexe Zahlen $a_{\rho i}$, $1 \le \rho \le r$, $1 \le i \le n$,

$$\prod_{i=1}^{n}(a_{1i} + \cdots + a_{ri}) = \sum_{(\rho_1,\ldots,\rho_n)\in\{1,\ldots,r\}^n} a_{\rho_1 1} \cdots a_{\rho_n n} = \sum_{(H_1,\ldots,H_r)} a_1^{H_1} \cdots a_r^{H_r},$$

wobei zuletzt über alle Zerlegungen $(H_1, \ldots, H_r)$ von $\{1, \ldots, n\}$ zu summieren ist und $a_\rho^{H_\rho} := \prod_{i \in H_\rho} a_{\rho i}$ gesetzt wurde.

Aufgaben

1. a) $2^n \le n!$ für alle $n \in \mathbb{N}$, $n \ne 1, 2, 3$. **b)** $n^2 \le 2^n$ für alle $n \in \mathbb{N}$, $n \ne 3$.

c) $3^n \le (n+1)!$ für alle $n \in \mathbb{N}$, $n \ne 1, 2, 3$. **d)** $(n+1)^2 \le 3^n$ für alle $n \in \mathbb{N}$, $n \ne 1$.

e) $n^3 \le 2^n$ für alle $n \in \mathbb{N}$, $n \ge 10$. **f)** $n! \le n^{n-1}$ für alle $n \in \mathbb{N}$, $n \ge 1$.

2. a) $\binom{-1}{n} = (-1)^n$. **b)** $\binom{-\frac{1}{2}}{n} = (-1)^n \dfrac{1 \cdot 3 \cdots (2n-1)}{2 \cdot 4 \cdots 2n} = \left(\dfrac{-1}{4}\right)^n \binom{2n}{n}$, $n \in \mathbb{N}$.

c) $\binom{\frac{1}{2}}{n} = \dfrac{1}{2n}\binom{-\frac{1}{2}}{n-1} = \dfrac{(-1)^{n-1}}{2n} \dfrac{1 \cdot 3 \cdots (2n-3)}{2 \cdot 4 \cdots (2n-2)} = \dfrac{-1}{2n-1}\left(\dfrac{-1}{4}\right)^n \binom{2n}{n}$, $n \in \mathbb{N}^*$.

3. Für alle $\alpha \in \mathbb{R}$ (oder $\mathbb{C}$) und $n \in \mathbb{N}$ gilt:

a) $\alpha\binom{\alpha-1}{n} = (n+1)\binom{\alpha}{n+1}$. **b)** $n\binom{\alpha}{n} + (n+1)\binom{\alpha}{n+1} = \alpha\binom{\alpha}{n}$.

c) $\dfrac{\alpha+1+n}{\alpha+1}\binom{\alpha+1}{n} = \dfrac{\alpha+n}{\alpha}\binom{\alpha}{n} + \dfrac{\alpha+n-1}{\alpha}\binom{\alpha}{n-1}$, $\alpha \ne 0, -1$.

4. Man beweise durch Induktion für alle $n \in \mathbb{N}$:

a) $\displaystyle\sum_{k=0}^{n} k \cdot (k!) = (n+1)! - 1$. **b)** $\displaystyle\sum_{k=0}^{n} 2^{n-k}\binom{n+k}{k} = 4^n$. (Vgl. auch Aufg. 21.)

c) $\displaystyle\sum_{k=m}^{n} \binom{k}{m} = \binom{n+1}{m+1}$, $m \in \mathbb{N}$, $m \le n$.

d) $\displaystyle\sum_{k=0}^{n} \binom{\alpha+k}{k} = \binom{\alpha+n+1}{n}$, $\displaystyle\sum_{k=0}^{n}(-1)^k\binom{\alpha}{k} = (-1)^n\binom{\alpha-1}{n}$, $\alpha \in \mathbb{R}$ (oder $\mathbb{C}$).

5. a) Sei A eine nichtleere Menge mit n Elementen. Die Anzahl der Teilmengen von A mit gerader Elementezahl ist gleich der Anzahl der Teilmengen von A mit ungerader Elementezahl. (Sei $a \in A$ fest. Jedem $B \subseteq A$ ordne die Teilmenge $B \cup \{a\}$, falls $a \notin B$, bzw. $B - \{a\}$, falls $a \in B$, zu.)

b) Es ist $\displaystyle\sum_{m=0}^{n}(-1)^m\binom{n}{m} = 0$ für $n \in \mathbb{N}^*$. (Man verwende a) oder $(1-1)^n = 0$.)

c) Es ist $\displaystyle\sum_{k=0}^{n} \binom{2n+1}{2k} = 4^n = \sum_{k=0}^{n} \binom{2n+1}{2k+1}$ für $n \in \mathbb{N}$.

d) Es ist $\displaystyle\sum_{k=0}^{n} \binom{2n}{2k} = \frac{4^n}{2} = \sum_{k=0}^{n-1} \binom{2n}{2k+1}$ für $n \in \mathbb{N}^*$.

6. Sei $f : A \to B$ eine Abbildung von endlichen Mengen.

a) Es ist $|A| = \sum_{y \in B} |f^{-1}(y)|$. Haben speziell alle Fasern von f die gleiche Elementezahl m, so gilt $|A| = m\,|B|$ (S c h ä f e r r e g e l) [5]).

b) Ist f surjektiv, so ist $|B| = \sum_{x \in A} |f^{-1}(f(x))|^{-1}$.

7. Sei A eine Menge mit n Elementen und B eine Teilmenge von A mit k Elementen. Die Anzahl der m-elementigen Teilmengen von A, die B umfassen, ist $\binom{n-k}{m-k}$.

8. Für natürliche Zahlen m, n mit $m \le n$ zeige man $\sum_{k=0}^{m} \binom{n}{k}\binom{n-k}{m-k} = 2^m \binom{n}{m}$. (Man berechne die Summe der Anzahlen in Aufgabe 7, wo B alle k-elementigen Teilmengen von A durchläuft, auf zweierlei Weise, oder man benutze die Formel $\binom{n}{k}\binom{n-k}{m-k} = \binom{n}{m}\binom{m}{k}$.)

9. a) Für $m, n, k \in \mathbb{N}$ beweise man $\sum_{j=0}^{k} \binom{m}{j}\binom{n}{k-j} = \binom{m+n}{k}$. (Man zähle die k-elementigen Teilmengen einer $(m+n)$-elementigen Menge $\{x_1, \ldots, x_m, y_1, \ldots, y_n\}$ auf zweierlei Weise. - Übrigens gilt die angegebene Identität auch für beliebige reelle oder komplexe Zahlen m, n, was man mit Hilfe des Identitätssatzes für Polynome aus obigem Spezialfall gewinnt oder direkt mit Hilfe der Binomialreihen erhält. Wir kommen darauf in Beispiel 13.C.7 (3) zurück.)

b) Für $n \in \mathbb{N}$ ist $\displaystyle\sum_{j=0}^{n} \binom{n}{j}^2 = \binom{2n}{n}$.

10. Sei V ein Verein mit n Mitgliedern.

a) Die Anzahl der Möglichkeiten, einen Vorstand aus m Vereinsmitgliedern und daraus einen $1., 2., \ldots, k$-ten Vorsitzenden zu wählen, ist $\binom{n}{m} \cdot [m]_k = \dfrac{n!}{k!(n-m)!}$.

b) Die Anzahl der Möglichkeiten, einen $1., 2., \ldots, k$-ten Vorsitzenden zu wählen und die Menge dieser Vorsitzenden zu einem Vorstand zu ergänzen, ist $[n]_k \cdot 2^{n-k}$.

11. Man zeige (mit Hilfe von Aufg. 10):

a) $\displaystyle\sum_{m=1}^{n} m \binom{n}{m} = n\,2^{n-1}$ für $n \in \mathbb{N}$.   **b)** $\displaystyle\sum_{m=k}^{n} [m]_k \binom{n}{m} = [n]_k\,2^{n-k}$ für $k, n \in \mathbb{N},\ k \le n$.

12. Mit einem Alphabet aus m Buchstaben ($m \ge 2$) lassen sich m^n Wörter mit genau n Buchstaben und $(m^{n+1} - m)/(m-1)$ Wörter mit (mindestens einem und) höchstens n Buchstaben bilden. (Es gibt also $2(2^n - 1)$ Wörter mit höchstens n Buchstaben über dem zweielementigen Morsealphabet $-, \cdot$.)

13. Die Anzahl der Relationen auf einer endlichen Menge mit n Elementen ist 2^{n^2}.

---

[5]) n Schafe haben zusammen $4n$ Beine. Es kann gelegentlich durchaus bequemer sein, zunächst die Beine statt der Schafe zu zählen, vgl. etwa den Beweis zu 2.B.8.

14. Sei A eine endliche Menge mit n Elementen. Die Anzahl der Äquivalenzrelationen auf A heißt die n-te B e l l s c h e   Z a h l β_n.

a) Die Zahlen β_n genügen dem Rekursionsschema $\beta_0 = 1$, $\beta_{n+1} = \sum_{k=0}^{n} \binom{n}{k}\beta_k$.

b) Sei $\beta_{m,n} := \sum_{i=0}^{m} \binom{m}{i}\beta_{n-i}$, $0 \le m \le n$. Dann ist $\beta_{0,n} = \beta_n$, $\beta_{0,n+1} = \beta_{n,n}$ und $\beta_{m+1,n+1} = \beta_{m,n} + \beta_{m,n+1}$ für alle $m, n \in \mathbb{N}$, $m \le n$.

c) Mit b) bestätige man die folgende Tabelle:

n	0	1	2	3	4	5	6	7	8	9	10
β_n	1	1	2	5	15	52	203	877	4140	21147	115975

(Die Bellsche Zahl β_n lässt sich auch interpretieren als die Anzahl der Möglichkeiten, n Gegenstände auf n Fächer zu verteilen, falls zwei solche Verteilungen identifiziert werden, wenn sie durch eine Permutation der Fächer auseinander hervorgehen. So gibt es beispielsweise für eine Frau und einen Mann nur 2 ($= \beta_2$) und nicht 4 ($= 2^2$) wesentlich verschiedene Möglichkeiten, die Betten eines Doppelzimmers zu belegen. Bei n Gegenständen und m Fächern ist die entsprechende Anzahl $\beta(n, m) := \sum_{k=0}^{m} S(n, k)$, wobei die $S(n, k)$ die Stirlingschen Zahlen zweiter Art sind, vgl. 12.C, Aufg. 13. Die $\beta(n, m)$ erfüllen die Anfangsbedingungen $\beta(0, m) = 1$ für $m \in \mathbb{N}$ und $\beta(n, 0) = 0$ für $n \in \mathbb{N}^*$ sowie die Rekursionsgleichung $\beta(n+1, m+1) = \sum_{k=0}^{n} \binom{n}{k}\beta(k, m)$, $n, m \in \mathbb{N}$. Zur Berechnung der $\beta(n, m)$ benutze man die Hilfszahlen $\beta_k(n, m) := \sum_{i=0}^{k} \binom{k}{i}\beta(n - i, m)$, für die $\beta_{k+1}(n + 1, m) = \beta_k(n, m) + \beta_k(n + 1, m)$, $\beta_0(n, m) = \beta(n, m)$ und $\beta_n(n, m) = \beta(n + 1, m + 1)$ gilt.)

15. Sei A eine Menge mit n Elementen.

a) Die Anzahl der Paare (B, C) disjunkter Teilmengen B, C von A ist 3^n.

b) Die Anzahl der m-Tupel paarweise disjunkter Teilmengen von A ist $(m + 1)^n$. (Der Fall $m = 1$ ist 2.B.2.)

16. Seien $n, r \in \mathbb{N}$. Dann gilt $\sum_m \binom{n}{m} = r^n$, wo m die Menge der r-Tupel $(m_1, \dots, m_r)$ natürlicher Zahlen mit $m_1 + \cdots + m_r = n$ durchläuft. (Man verwende $r^n = (1 + \cdots + 1)^n$ oder Aufg. 15b).)

17. Für reelle (oder komplexe) Zahlen $\alpha \neq 0, -1, -2, \dots$ und alle $m, n \in \mathbb{N}$ gilt:

a) $\displaystyle \sum_{k=0}^{n} \frac{(-1)^k}{\alpha + k} \binom{n}{k} = \frac{n!}{[\alpha + n]_{n+1}}$. Insbesondere ist $\dfrac{(m+n+1)!}{m!\, n!} = (m+1) \dbinom{m+n+1}{n}$ ein

Teiler von $\mathrm{kgV}(m+1, \dots, m+n+1)$ ($= \mathrm{kgV}(1, \dots, m+n+1)$, falls $m \le n+1$), vgl. 2.D.

b) $\displaystyle \sum_{k=0}^{n} (-1)^k \frac{[\beta + k - 1]_k}{[\alpha + k - 1]_k} \binom{n}{k} = \frac{[\alpha - \beta + n - 1]_n}{[\alpha + n - 1]_n}$, $\beta \in \mathbb{R}$ (oder $\mathbb{C}$).

18. Das Produkt von k aufeinander folgenden ganzen Zahlen ist durch $k!$ teilbar.

19. Sei $m \in \mathbb{N}^*$. Die Anzahl der Folgen $(a_1, \dots, a_m)$ der Länge m positiver natürlicher Zahlen a_i mit Summe n ist $\binom{n-1}{m-1}$. (Vgl. Beispiel 2.B.12.)

20. Seien $n, k \in \mathbb{N}$ mit $k \le n$. Dann ist die Anzahl der k-elementigen Teilmengen A der n-elementigen Menge $\{1, \dots, n\}$, die für kein $x \in A$ auch den Nachfolger $x + 1$ enthalten, gleich $\binom{n-k+1}{k}$. (Man benutze einen ähnlichen Kunstgriff wie beim Beweis in Beispiel 2.B.12.)

21. Sei $n \in \mathbb{N}$. M bezeichne die Menge der mindestens $(n+1)$-elementigen Teilmengen einer $(2n+1)$-elementigen Menge $A := \{x_1, \ldots, x_{2n+1}\}$, und für $k = 0, \ldots, n$ sei $M_k \subseteq M$ die Menge derjenigen Teilmengen von A, die genau n der Elemente $x_1, \ldots, x_{n+k}$ sowie das Element x_{n+k+1} enthalten. (Außerdem können in den Teilmengen von A, die Elemente von M_k sind, also noch einige der Elemente $x_{n+k+2}, \ldots, x_{2n+1}$ liegen.) Man löse Aufg. 4b) noch einmal, indem man die Elemente von $M = \biguplus_{k=0}^{n} M_k$ auf zweierlei Weise zählt.

2.C Abzählbare Mengen

Die einfachsten unendlichen Mengen sind die Mengen, deren Elemente sich mit Hilfe der natürlichen Zahlen nummerieren lassen: $a_0, a_1, a_2, \ldots$.

2.C.1 Definition Sei A eine Menge.

(1) A heißt (höchstens) **abzählbar**, wenn A leer ist oder eine surjektive Abbildung von $\mathbb{N}$ auf A existiert.
(2) A heißt **abzählbar unendlich**, wenn es eine bijektive Abbildung von $\mathbb{N}$ auf A gibt.
(3) A heißt **überabzählbar**, wenn A nicht abzählbar ist.

A ist genau dann abzählbar, wenn es eine injektive Abbildung von A in $\mathbb{N}$ gibt, vgl. 1.B, Aufg. 15. Bilder und Teilmengen abzählbarer Mengen sind wieder abzählbar. Jede abzählbare Menge ist entweder endlich oder abzählbar unendlich.

2.C.2 Lemma $\mathbb{N} \times \mathbb{N}$ *ist abzählbar.*

Beweis. Die Abbildung $g : \mathbb{N} \times \mathbb{N} \longrightarrow \mathbb{N}$ mit $(m, n) \longmapsto 2^m(2n+1) - 1$ ist bijektiv. Offenbar gibt nämlich m an, wie oft $g(m, n) + 1$ den Faktor 2 enthält, und $2n+1$ ist der ungerade Restfaktor.   •

2.C.3 Bemerkung Man erkennt die Abzählbarkeit von $\mathbb{N} \times \mathbb{N}$ auch leicht mit Hilfe des ersten oder Cauchyschen Diagonalverfahrens, bei dem die Paare $(m, n) \in \mathbb{N} \times \mathbb{N}$ nacheinander in den Diagonalen gemäß dem folgenden Schema abgezählt werden:

$$
\begin{array}{cccccc}
(0,0) & (1,0) & (2,0) & (3,0) & \cdots \\
 & \swarrow & \swarrow & \swarrow \\
(0,1) & (1,1) & (2,1) & & \cdots \\
 & \swarrow & \swarrow \\
(0,2) & (1,2) & & \cdots \\
 & \swarrow \\
(0,3) & & \cdots
\end{array}
$$

2.C.4 Satz *Die Vereinigung abzählbar vieler abzählbarer Mengen ist abzählbar.*

B e w e i s . Seien A_i, $i \in I$, abzählbare Mengen mit der abzählbaren Indexmenge I und A ihre Vereinigung. Wir können ohne weiteres annehmen, dass I und alle A_i nichtleer sind. Dann gibt es surjektive Abbildungen $f_i : \mathbb{N} \to A_i$, $i \in I$, und $h : \mathbb{N} \to I$. Die Abbildung $\mathbb{N} \times \mathbb{N} \to A$ mit $(m, n) \mapsto f_{h(m)}(n)$ ist surjektiv. Da $\mathbb{N} \times \mathbb{N}$ nach 2.C.2 abzählbar ist, gilt dies auch für A. $\qquad\bullet$

2.C.5 Korollar *Sind $A_1, \ldots, A_n$ endlich viele abzählbare Mengen, so ist auch $A_1 \times \cdots \times A_n$ abzählbar.*

B e w e i s . Man führt die Aussage durch Induktion auf den Fall $n = 2$ zurück. $A_1 \times A_2 = \bigcup_{a \in A_1} (\{a\} \times A_2)$ ist aber als abzählbare Vereinigung abzählbarer Mengen abzählbar. $\qquad\bullet$

2.C.6 Korollar *Die Menge $\mathbb{Q}$ der rationalen Zahlen ist abzählbar.*

B e w e i s . $\mathbb{Z}$ ist abzählbar als Vereinigung der abzählbaren Mengen $\mathbb{N}$ und $-\mathbb{N} := \{-n \mid n \in \mathbb{N}\}$. Daher ist auch $\mathbb{Z} \times (\mathbb{Z} - \{0\})$ abzählbar. Die Abbildung $(a, b) \longmapsto a/b$ von $\mathbb{Z} \times (\mathbb{Z} - \{0\})$ auf $\mathbb{Q}$ ist surjektiv. Folglich ist $\mathbb{Q}$ ebenfalls abzählbar. $\qquad\bullet$

2.C.7 Beispiel *Sei A eine abzählbare Menge. Dann ist die Menge $\mathfrak{E}(A)$ der endlichen Teilmengen von A ebenfalls abzählbar.* Für $n \in \mathbb{N}^*$ ist die Menge der nichtleeren Teilmengen von A mit höchstens n Elementen das Bild der Abbildung von A^n in $\mathfrak{P}(A)$ mit $(a_1, \ldots, a_n) \longmapsto \{a_1, \ldots, a_n\}$ und daher abzählbar (vgl. 2.C.5). Nun folgt die Behauptung unmittelbar aus 2.C.4. – Eine explizite bijektive Abbildung $\mathfrak{E}(\mathbb{N}) \to \mathbb{N}$ ist $E \mapsto \sum_{n \in E} 2^n$, vgl. Beispiel 2.D.6.

Die volle Potenzmenge einer abzählbar unendlichen Menge ist nicht abzählbar. Dies ist ein Spezialfall des folgenden Satzes von G. Cantor:

2.C.8 Satz *A sei eine Menge. Dann gibt es keine surjektive Abbildung von A auf die Potenzmenge $\mathfrak{P}(A)$ von A.*

B e w e i s . Sei $f : A \to \mathfrak{P}(A)$ eine beliebige Abbildung. Wir betrachten die Teilmenge $B := \{a \in A \mid a \notin f(a)\}$ von A und behaupten, dass B nicht zum Bild von f gehört. Angenommen, es sei $B = f(b)$ mit einem $b \in A$. Ist $b \in B$, so folgt nach Definition von B sofort der Widerspruch $b \notin f(b) = B$. Ist aber $b \notin B = f(b)$, so liefert die Definition von B den Widerspruch $b \in B$. $\qquad\bullet$

2.C.9 Bemerkung Das im Beweis von 2.C.8 verwandte Beweisprinzip ist das z w e i t e oder C a n t o r s c h e   D i a g o n a l v e r f a h r e n . Identifiziert man die Elemente $J \in \mathfrak{P}(A)$ mit ihren Indikatorfunktionen $e_J \in \{0, 1\}^A$, so ist die Funktion $e := e_B$ im Beweis von 2.C.8 durch

$$e(a) := \begin{cases} 1, & \text{falls } f(a)(a) = 0, \\ 0, & \text{falls } f(a)(a) = 1, \end{cases}$$

d.h. mit Hilfe der „Diagonalwerte" $f(a)(a)$, $a \in A$, definiert. Konstruktionsgemäß ist $e(a) \neq f(a)(a)$ für alle $a \in A$, also gewiss $e = e_B \notin \text{Bild } f$. 2.C.8 zeigt, dass zum Beispiel die Mengen $\mathbb{N}$, $\mathfrak{P}(\mathbb{N})$, $\mathfrak{P}(\mathfrak{P}(\mathbb{N}))$, ... fortlaufend wesentlich größer werden. B. Russell konstruierte mit dem Cantorschen Diagonalverfahren die folgende nach ihm benannte Antinomie: Sei R die Menge aller der Mengen, die sich nicht selbst als Element enthalten. Dann führt sowohl die Annahme $R \in R$ wie auch die Annahme $R \notin R$ wie im Beweis von 2.C.8 zum Widerspruch. Die Bildung von solchen Mengen wie R ist also nicht erlaubt.

2.C.10 Beispiel *Seien A eine überabzählbare Menge und B eine abzählbare Teilmenge von A. Dann gibt es eine bijektive Abbildung von A auf $A - B$.* Beweis. Mit A ist auch $A - B$ überabzählbar. Sei C eine abzählbar unendliche Teilmenge von $A - B$. Dann sind $B \cup C$ und C beide abzählbar unendlich, es gibt also eine bijektive Abbildung $g : B \cup C \longrightarrow C$. Dann definieren wir die bijektive Abbildung $f : A \longrightarrow A - B$ durch $f(x) := x$ für $x \notin B \cup C$ und $f(x) := g(x)$ für $x \in B \cup C$.

Die Menge $\mathbb{R}$ der reellen Zahlen ist ebenfalls nicht abzählbar. Es gibt nämlich, wie wir gleich zeigen werden, eine bijektive Abbildung von $\mathfrak{P}(\mathbb{N})$ auf $\mathbb{R}$. Allgemein heißen zwei Mengen A und B g l e i c h m ä c h t i g oder v o n g l e i c h e r M ä c h t i g k e i t, wenn es eine bijektive Abbildung von A auf B gibt. Man schreibt dann $|A| = |B|$ oder auch Kard $A =$ Kard B. $\mathfrak{P}(\mathbb{N})$ und $\mathbb{R}$ sind also gleichmächtig. Man nennt die Mächtigkeit von $\mathbb{R}$ die M ä c h t i g k e i t d e s K o n t i n u u m s und bezeichnet sie im Anschluss an Cantor mit $\aleph$. [1]) Die Mächtigkeit von $\mathbb{N}$ heißt $\aleph_0$.

2.C.11 Satz *Die Mengen $\mathfrak{P}(\mathbb{N})$ und $\mathbb{R}$ sind gleichmächtig, d.h. es gibt eine bijektive Abbildung von $\mathfrak{P}(\mathbb{N})$ auf $\mathbb{R}$.*

B e w e i s. Sei $\mathcal{U}$ die Menge der von $\mathbb{N}$ verschiedenen unendlichen Teilmengen von $\mathbb{N}$. Nach den Beispielen 2.C.7 und 2.C.10 sind $\mathcal{U}$ und $\mathfrak{P}(\mathbb{N})$ gleichmächtig. Die Abbildung $\mathcal{U} \to \,]0, 1[:= \{x \in \mathbb{R} \mid 0 < x < 1\}$ mit $A \mapsto \sum_{n \in A} 1/2^{n+1} = \sum_{n=0}^{\infty} e_A(n)/2^{n+1}$ ist bijektiv, da jedes $x \in \,]0, 1[$, wie wir in Beispiel 4.F.12 sehen werden, eine eindeutige unendliche Dualbruchentwicklung besitzt. [2]) Weiter ist $\mathbb{R}$ gleichmächig zum Intervall $]0, 1[$. Die Abbildung $x \longmapsto x/(1 + |x|)$ bildet nämlich $\mathbb{R}$ zunächst bijektiv auf das offene Intervall $] - 1, 1[$ ab, das wiederum durch die Abbildung $x \longmapsto \frac{1}{2}(x + 1)$ bijektiv auf $]0, 1[$ abgebildet wird. Insgesamt erhalten wir, dass $\mathfrak{P}(\mathbb{N})$ und $\mathbb{R}$ gleichmächtig sind.   ●

2.C.12 Bemerkung Die gegenüber 2.C.11 etwas schwächere Aussage, dass $\mathbb{R}$ überabzählbar ist, erhält man auch, indem man eine Variante des Cantorschen Diagonalverfahrens etwa in folgender Weise auf die Dezimalbrüche anwendet: Mit $\mathbb{R}$ wäre das Intervall $[0, 1]$ ebenfalls abzählbar. Nehmen wir an,

$$0, a_{11}a_{12}a_{13}a_{14} \ldots$$
$$0, a_{21}a_{22}a_{23}a_{24} \ldots$$
$$0, a_{31}a_{32}a_{33}a_{34} \ldots$$
$$0, a_{41}a_{42}a_{43}a_{44} \ldots$$
$$\ldots\ldots\ldots\ldots$$

---

[1]) $\aleph$ $(=$ Aleph$)$ ist der erste Buchstabe des hebräischen Alphabets.

[2]) Wir erinnern daran, dass e_A die Indikatorfunktion von $A \subseteq \mathbb{N}$ ist (vgl. 1.C).

sei eine Abzählung dieser Zahlen, die als endlicher oder unendlicher Dezimalbruch mit den Ziffern $a_{ij} \in \{0, 1, \ldots, 9\}$ dargestellt sind. Dann kommt beispielsweise die Zahl $0, a_1 a_2 a_3 a_4 \ldots$ mit $a_i := 4$, falls $a_{ii} \neq 4$, und $a_i := 6$, falls $a_{ii} = 4$, in dieser Abzählung nicht vor. Widerspruch!

2.C.13 Beispiel *Ist I nichtleer und abzählbar, so hat $\mathbb{R}^I$ die Mächtigkeit des Kontinuums.* Beweis. Nach 2.C.11 und 1.C, Aufg. 4 genügt es zu zeigen, dass $(\{0, 1\}^{\mathbb{N}})^I$ und $\{0, 1\}^{\mathbb{N}}$ gleichmächtig sind. Nach 1.C, Aufg. 3 sind aber $(\{0, 1\}^{\mathbb{N}})^I$ und $\{0, 1\}^{\mathbb{N} \times I}$ gleichmächtig, und nach 2.C.5 $\mathbb{N} \times I$ und $\mathbb{N}$ und somit auch $\{0, 1\}^{\mathbb{N} \times I}$ und $\{0, 1\}^{\mathbb{N}}$ gleichmächtig. – *Die Räume* $\mathbb{R}, \mathbb{R}^2, \mathbb{R}^3, \ldots$ *und auch der Folgenraum $\mathbb{R}^{\mathbb{N}}$ haben also alle die gleiche Mächtigkeit* $\aleph$.

2.C.14 Beispiel Sei A eine Teilmenge der x-Achse in der (x, y)-Koordinatenebene $\mathbb{R} \times \mathbb{R}$. Jedem Punkt $a \in A$ soll ein Kreis [3]) angeheftet werden, der in der oberen Halbebene liegt und die x-Achse in a berührt, so dass je zwei dieser Kreise keinen gemeinsamen Punkt haben. Unter welchen Bedingungen an A ist diese Aufgabe lösbar?

Seien K_1 und K_2 zwei Kreise mit den Radien R_1 und R_2, die in der oberen Halbebene liegen und die x-Achse berühren. Der Abstand ihrer Berührpunkte auf der x-Achse sei d. Nach dem Satz des Pythagoras berühren sich die Kreise, wenn $d = 2\sqrt{R_1 R_2}$ ist. Genau dann haben sie also keinen Punkt gemeinsam, wenn $d > 2\sqrt{R_1 R_2}$ ist. [4])

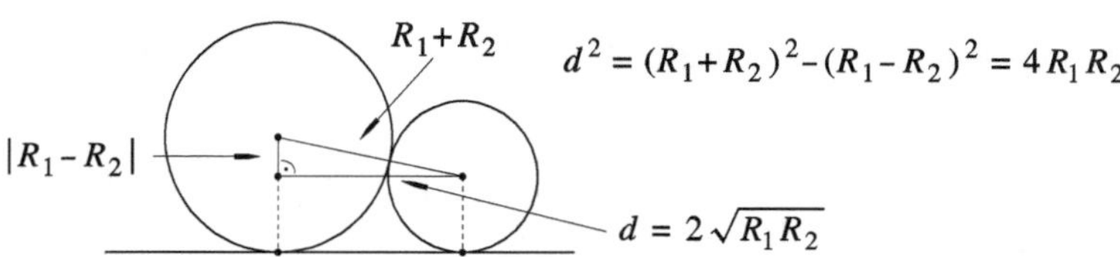

Sei nun etwa $A = \mathbb{Q}$. Wählen wir für jede rationale Zahl p/q (wobei $q > 0$ minimal gewählt sei) den Radius $1/3q^2$, so schneiden sich die zugehörigen Kreise paarweise nicht. Sind nämlich p/q und r/s zwei verschiedene rationale Zahlen mit $p, q, r, s \in \mathbb{Z}$, $q, s > 0$, so ist

$$d = \left| \frac{p}{q} - \frac{r}{s} \right| = \frac{|ps - qr|}{qs} \geq \frac{1}{qs} > \frac{2}{3} \cdot \frac{1}{qs} = 2 \sqrt{\frac{1}{3q^2} \cdot \frac{1}{3s^2}} \, .$$

(Wählt man für p/q jeweils den Radius $1/2q^2$, so können sich die Kreise berühren, und zwar tun sie dies genau dann, wenn $\left| \frac{p}{q} - \frac{r}{s} \right| = \frac{1}{qs}$, d.h. $ps - qr = \pm 1$ ist. Ein Paar $p/q, r/s$ von Brüchen mit dieser Eigenschaft heißt ein F a r e y - P a a r.) [5])

---

[3]) Unter einem Kreis wollen wir hier (und in den Aufgaben) eine Kreisscheibe mit positivem Radius einschließlich ihrer Peripherie verstehen.

[4]) Der Leser sollte die Ungleichung $R_1 + R_2 \geq 2\sqrt{R_1 R_2}$ für das arithmetische und geometrische Mittel „sehen" (wobei das Gleichheitszeichen nur für $R_1 = R_2$ gilt).

[5]) Die Abschätzung $|b - c| \geq 1/qs$ (oder besser $|b - c| \geq 1/\mathrm{kgV}(q, s)$) für *verschiedene* rationale Zahlen b, c mit Nennern $q, s \in \mathbb{N}^*$ wird sehr häufig benutzt. Wir geben dafür hier noch das folgende einfache Beispiel für eine so genannte d i o p h a n t i s c h e A p p r o x i m a t i o n, wie sie oft Grundlage für Irrationalitäts- und sogar Transzendenzbeweise ist (vgl. dazu auch das Beispiel 4.F.13 über Kettenbrüche): Aus

$$0 < \left(1 - \sqrt{2}\right)^{2^m} = p_m - q_m\sqrt{2} < 1/2^{2^m}$$

Generell ist die anfangs gestellte Aufgabe immer dann lösbar, wenn A abzählbar ist. Ist nämlich $a_0, a_1, a_2, \ldots$ eine Abzählung der Elemente von A, so wählt man rekursiv den Radius R_i zum Punkt a_i so klein, dass sich der Kreis mit Berührpunkt a_i mit keinem der schon konstruierten Kreise mit den Berührpunkten $a_0, a_1, \ldots, a_{i-1}$ schneidet.

Gibt es umgekehrt eine Lösung für die gegebene Menge A, so ist A notwendigerweise abzählbar. Insbesondere ist die gestellte Aufgabe für $A = \mathbb{R}$ nicht lösbar. Es genügt nach Korollar 2.C.4 zu zeigen, dass $A \cap [n, n+1]$ für jedes $n \in \mathbb{Z}$ abzählbar ist. Sei A_q für $q \in \mathbb{N}$, $q \geq 1$, die Menge der Punkte in $A \cap [n, n+1]$, für die der Radius des zugehörigen Kreises $\geq 1/q$ ist. In A_q liegen dann wegen obiger Schnittbedingung nur endlich viele Punkte (nämlich höchstens $(q+1)/2$). Folglich ist $A \cap [n, n+1] = \bigcup_{q \geq 1} A_q$ nach 2.C.4 abzählbar. – Die Idee dieses Verfahrens, die Abzählbarkeit von A zu zeigen, liegt vielen Abzählbarkeitsbeweisen zugrunde; vgl. auch Aufg. 9.

2.C.15 Bemerkung (B e r n s t e i n s c h e r   Ä q u i v a l e n z s a t z) Seien A und B Mengen. Gibt es eine injektive Abbildung $A \to B$, so schreibt man $|A| \leq |B|$ oder Kard $A \leq$ Kard B und sagt, die Mächtigkeit von A sei höchstens so groß wie die von B. Es gilt $|A| \leq |A|$, und aus $|A| \leq |B|$ und $|B| \leq |C|$ für Mengen A, B, C folgt $|A| \leq |C|$. Vollständig gerechtfertigt wird die Benutzung des $\leq$-Zeichens in dem hier beschriebenen Zusammenhang aber erst durch den folgenden Satz:

2.C.16 Bernsteinscher Äquivalenzsatz *A und B seien Mengen. Aus $|A| \leq |B|$ und $|B| \leq |A|$ folgt $|A| = |B|$, d.h. die Gleichmächtigkeit von A und B.*

B e w e i s . Seien $f : A \to B$ und $g : B \to A$ injektive Abbildungen. Zu $x \in A$ setzen wir $x_0 := x$; $x_1 := g^{-1}(x_0)$, falls $x_0 \in$ Bild g; $x_2 := f^{-1}(x_1)$, falls $x_1 \in$ Bild f, usw. Wir definieren $\ell(x) := n$, falls sich die so gewonnene Folge $x_0, x_1, \ldots, x_n$ nicht mehr verlängern lässt, und $\ell(x) := \infty$, falls auf die angegebene Weise eine unendliche Folge konstruiert werden kann. Sei

$$A_0 := \{x \in A \mid \ell(x) \text{ gerade}\}, \quad A_1 := \{x \in A \mid \ell(x) \text{ ungerade}\}, \quad A_\infty := \{x \in A \mid \ell(x) = \infty\}.$$

Dann ist $A = A_0 \uplus A_1 \uplus A_\infty$. Analog ist $B = B_0 \uplus B_1 \uplus B_\infty$ mit entsprechend definierten Mengen $B_0, B_1, B_\infty \subseteq B$. Es ist $f(A_1) \subseteq B_0$, $f(A_0) = B_1$ und $f(A_\infty) = B_\infty$, ferner $g(B_0) = A_1$. Somit ist die Abbildung $h : A \to B$ mit

$$h(x) := \begin{cases} f(x), & \text{falls } x \in A_0 \cup A_\infty, \\ g^{-1}(x), & \text{falls } x \in A_1, \end{cases}$$

bijektiv, und A und B sind gleichmächtig.   ●

Die folgende Aussage ist eine typische Anwendung des Bernsteinschen Äquivalenzsatzes: *Die Menge $C = C_{\mathbb{R}}(\mathbb{R})$ der stetigen Funktionen $\mathbb{R} \to \mathbb{R}$ hat die Mächtigkeit des Kontinuums.* B e w e i s . Die Abbildung $\mathbb{R} \to C$, die jeder reellen Zahl a die konstante Funktion a

---

und $p_{m+1} - q_{m+1}\sqrt{2} = (p_m - q_m\sqrt{2})^2 = p_m^2 + 2q_m^2 - 2p_m q_m\sqrt{2}$, also $p_1 = 3$, $q_1 = 2$ sowie $p_{m+1} = p_m^2 + 2q_m^2 \in \mathbb{N}^*$ und $q_{m+1} = 2p_m q_m \in \mathbb{N}^*$, folgt nicht nur die Irrationalität von $\sqrt{2}$, sondern es ergeben sich auch die ausgezeichneten Näherungen

$$\sqrt{2} \approx \frac{p_m}{q_m} \qquad \text{mit} \qquad 0 < \frac{p_m}{q_m} - \sqrt{2} < \frac{1}{q_m 2^{2^m}}, \; m \in \mathbb{N}^*.$$

Ähnlich kann man für jede Wurzel $\sqrt{n}$, $n \in \mathbb{N}^*$ keine Quadratzahl, schließen.

zuordnet, ist injektiv. Also ist $|\mathbb{R}| = \aleph \leq |C|$. Die Abbildung $C \to \mathbb{R}^{\mathbb{Q}}$, die jeder stetigen Funktion $f : \mathbb{R} \to \mathbb{R}$ ihre Beschränkung $f|\mathbb{Q}$ auf $\mathbb{Q}$ zuordnet, ist ebenfalls injektiv, da eine stetige Funktion bereits durch ihre Werte auf $\mathbb{Q}$ eindeutig bestimmt ist (vgl. 10.B, Aufg. 15). Wegen $|\mathbb{R}^{\mathbb{Q}}| = \aleph$, vgl. Beispiel 2.C.13, gilt also auch $|C| \leq \aleph$. Mit dem Bernsteinschen Äquivalenzsatz ergibt sich insgesamt $|C| = \aleph$, wie behauptet. Wir bemerken, dass die Menge $\mathbb{R}^{\mathbb{R}}$ aller Abbildungen von $\mathbb{R}$ in sich wegen $\{0, 1\}^{\mathbb{R}} \subseteq \mathbb{R}^{\mathbb{R}}$ nach 2.C.8 eine größere Mächtigkeit als $\mathbb{R}$ hat. Aus $|\mathbb{R}| = |\{0, 1\}^{\mathbb{N}}|$ und $|\mathbb{N} \times \mathbb{R}| = |\mathbb{R}|$, vgl. Aufg. 8, folgt sogar $|\mathbb{R}^{\mathbb{R}}| = |\{0, 1\}^{\mathbb{N} \times \mathbb{R}}| = |\{0, 1\}^{\mathbb{R}}|\ (= |\mathfrak{P}(\mathbb{R})|)$.

Aufgaben

1. Man zeige, dass die im Beweis von 2.C.11 benutzte Abbildung $x \longmapsto x/(1 + |x|)$ von $\mathbb{R}$ in $]-1, 1[$ bijektiv ist.

2. Man begründe, dass die Menge $\mathbb{R}$ aller reellen Zahlen und die Menge $\mathbb{R} - \mathbb{Q}$ der irrationalen Zahlen gleichmächtig sind. (Beispiel 2.C.10.)

3. Für eine Menge A sind äquivalent: (1) A ist unendlich (d.h. nicht endlich). (2) Es gibt eine echte Teilmenge von A, die zu A gleichmächtig ist. (3) Es gibt eine injektive Abbildung $A \to A$, die nicht surjektiv ist. (4) Es gibt eine surjektive Abbildung $A \to A$, die nicht injektiv ist. (R. Dedekind hat diese Charakterisierung unendlicher Mengen zu ihrer Definition benutzt.)

4. Die Menge der (unendlichen) Folgen mit Elementen aus einer mindestens zweielementigen Menge ist überabzählbar.

5. Sei $f : A \longrightarrow B$ eine Abbildung. Ist B abzählbar und sind alle Fasern von f abzählbar, so ist auch A abzählbar.

6. Die durch das Cauchysche Diagonalverfahren definierte bijektive Abbildung $\mathbb{N} \times \mathbb{N} \longrightarrow \mathbb{N}$ wird explizit durch $(m, n) \longmapsto \frac{1}{2}(m + n + 1)(m + n) + n$ gegeben. Man beweise direkt, dass diese Abbildung bijektiv ist.

7. In Verallgemeinerung von Aufgabe 6 zeige man, dass für $k \geq 1$ die Abbildung $\mathbb{N}^k \to \mathbb{N}$ mit

$$(m_1, m_2, \dots, m_k) \mapsto \binom{m_1}{1} + \binom{m_1 + m_2 + 1}{2} + \cdots + \binom{m_1 + \cdots + m_k + k - 1}{k}$$

bijektiv ist.

8. Die Mengen $\mathbb{R}$ und $\mathbb{R} \times \mathbb{N}$ sind gleichmächtig. (Man zeige dies konstruktiv ohne Benutzung des Bernsteinschen Äquivalenzsatzes.)

9. Eine Menge von Kreisen (wie in Fußnote 3) der Ebene $\mathbb{R}^2$, die sich paarweise nicht schneiden, ist notwendigerweise abzählbar. (In jedem Kreis liegt ein Punkt $(x, y) \in \mathbb{Q}^2$, und $\mathbb{Q}^2$ ist abzählbar.)

10. Seien $B \subseteq \mathbb{R}^2$ eine abzählbare Menge und R_n, $n \in \mathbb{N}$, eine Folge positiver reeller Zahlen mit $\lim R_n = 0$.[6]) Dann gibt es eine Folge K_n paarweise disjunkter Kreise (wie in Fußnote 3) in $\mathbb{R}^2$ mit den Radien R_n, $n \in \mathbb{N}$, deren Vereinigung B umfasst. (Wählt man zum Beispiel $B := \mathbb{Q}^2$, so gibt es keinen Kreis mehr, der ganz im Komplement von $\bigcup_{n \in \mathbb{N}} K_n$ liegt. Es ist jedoch nicht möglich, die ganze Ebene $\mathbb{R}^2$ mit paarweise disjunkten Kreisen zu überdecken, vgl. 4.G, Aufg. 21.)

11. Die Menge der Polynomfunktionen mit rationalen Koeffizienten ist abzählbar, die der Polynomfunktionen mit beliebigen reellen (oder komplexen) Koeffizienten hat die Mächtigkeit des Kontinuums.

12. Ein Barbier behauptet, er rasiere genau die Männer seines Dorfes, die sich nicht selbst rasieren. Man zeige, dass der Barbier mit dieser Aussage lügt. (Vgl. 2.C.8.)

2.D Primfaktorzerlegung

Wir behandeln in diesem Abschnitt die multiplikative Struktur der Menge $\mathbb{N}^*$ der positiven natürlichen Zahlen.

Sind $a, b \in \mathbb{N}^*$, so heißt a ein T e i l e r von b (oder b ein V i e l f a c h e s von a), wenn es ein $c \in \mathbb{N}^*$ mit $b = ac$ gibt. Wir sagen dann, b sei durch a t e i l b a r oder a t e i l e b, und schreiben $a|b$. In analoger Weise sind diese Teilbarkeitsbegriffe in $\mathbb{Z}$ definiert.

2.D.1 Definition Eine natürliche Zahl p heißt P r i m z a h l oder p r i m, wenn $p \geq 2$ ist und 1 und p die einzigen Teiler von p in $\mathbb{N}$ sind.

Ist n eine natürliche Zahl ≥ 2, so ist die kleinste natürliche Zahl $p \geq 2$, die n teilt, offenbar eine Primzahl. Daraus ergibt sich sofort die folgende Aussage, die schon von Euklid auf diese Weise bewiesen wurde:

2.D.2 Satz *Es gibt unendlich viele Primzahlen.*

B e w e i s. Angenommen, es gäbe nur endlich viele Primzahlen, etwa $p_1, \ldots, p_r$. Dann ist $p_1 \cdots p_r + 1$ eine natürliche Zahl ≥ 2, die, wie wir soeben bemerkt haben, einen Primteiler p besitzt. Diese Primzahl p ist von $p_1, \ldots, p_r$ verschieden, da p sonst auch 1 teilte. Widerspruch!   ●

2.D.3 Beispiel Die Folge der Primzahlen beginnt mit

$$2, 3, 5, 7, 11, 13, 17, 19, 23, \ldots \,.$$

Die größte Primzahl, die zur Zeit (Sept. 2009) explizit bekannt ist, ist die Zahl $2^{43\,112\,609} - 1$. Dies ist eine Zahl mit $[\log_{10} 2^{43\,112\,609}] + 1 = [43\,112\,609 \cdot \log_{10} 2] + 1 = 12\,978\,189$ Stellen. Sie ist von der Form $M(p) = 2^p - 1$, wobei p selbst prim ist. Solche Zahlen $M(p)$ heißen

---

[6]) Zu jedem $\varepsilon > 0$ gibt es also ein $n_0 \in \mathbb{N}$ mit $R_n \leq \varepsilon$ für alle $n \geq n_0$, vgl. 4.E.1.

M e r s e n n e - Z a h l e n . Alle sehr großen bekannten Primzahlen sind Mersenne- oder damit verwandte Zahlen. Dies liegt daran, dass es hierfür relativ bequeme Primzahltests gibt. Für eine Mersenne-Zahl $M(p)$ zum Beispiel gibt es den so genannten L u c a s - T e s t : Man bildet rekursiv die Folge r_k, $k \geq 1$, wobei $r_1 = 4$ und r_{k+1} für $k \geq 1$ der kleinste nichtnegative Rest bei der Division von $r_k^2 - 2$ durch $M(p)$ ist, vgl 2.D.5. *Genau dann ist $M(p)$, $p \geq 3$ prim, eine Primzahl, wenn $r_{p-1} = 0$ ist.*[1]) Die kleinste Mersenne-Zahl, die keine Primzahl ist, ist $M(11) = 2047 = 23 \cdot 89$.

2.D.4 *Jede positive natürliche Zahl ist Produkt von Primzahlen.*

B e w e i s . Die Aussage gilt für die Zahl 1, die als leeres Produkt von Primzahlen dargestellt wird. Sei nun n eine natürliche Zahl ≥ 2, und die Behauptung gelte für alle kleineren natürlichen Zahlen. Dann besitzt n einen Primteiler p, und es ist $n = pm$ mit einem $m \in \mathbb{N}^*$, das sich nach Induktionsvoraussetzung in der Form $m = p_1 \cdots p_r$ mit Primzahlen p_i, $i = 1, \ldots, r$, schreiben lässt. Dann ist auch $n = pp_1 \cdots p_r$ Produkt von Primzahlen.   •

Wir wollen zeigen, dass die Primfaktorzerlegung einer natürlichen Zahl gemäß 2.D.4 bis auf die Reihenfolge der Faktoren eindeutig ist. Dazu erinnern wir an die Division mit Rest und den daraus abgeleiteten Euklidischen (Divisions-)Algorithmus.

2.D.5 Division mit Rest *Seien a und b ganze Zahlen mit $b > 0$. Dann gibt es eindeutig bestimmte ganze Zahlen q und r mit*

$$a = qb + r \quad und \quad 0 \leq r < b.$$

B e w e i s . Die Existenz von q und r beweist man bei $a \geq 0$ durch Induktion über a, indem man bei $a \geq b$ die Induktionsvoraussetzung auf $a - b$ anwendet: Aus $a - b = \tilde{q}b + r$, $\tilde{q} \in \mathbb{Z}$, $0 \leq r < b$, erhält man $a = qb + r$ mit $q := \tilde{q} + 1$. Ist $a < 0$, so hat man $-a = q'b + r'$ mit $0 \leq r' < b$ und

$$a = \begin{cases} (-q' - 1)b + (b - r') & \text{bei } r' \neq 0\,, \\ (-q')b & \text{bei } r' = 0\,. \end{cases}$$

Zum Nachweis der Eindeutigkeit sei auch $a = q_1 b + r_1$ mit $0 \leq r_1 < b$. Dann ist $0 = a - a = (q - q_1)b + (r - r_1)$, also b ein Teiler von $|r_1 - r| < b$. Es folgt $r = r_1$ und dann $q = q_1$.   •

Die Zahl r in 2.D.5 ist der (kleinste nichtnegative) R e s t von a bei der Division durch b. Wegen $\frac{a}{b} = q + \frac{r}{b}$ ist ferner q der g a n z e T e i l von $\frac{a}{b}$, d.h. $q = [\frac{a}{b}]$, wobei $[-]$ die Gauß-Klammer ist. Mit den Bezeichnungen am Ende von Beispiel 1.D.12 ist $q = a\,\mathrm{DIV}\,b$ und $r = a\,\mathrm{MOD}\,b$.

---

[1]) Für einen Beweis vergleiche man etwa [35], Teil 1, V.A.10.

2.D.6 Beispiel (g-al-Entwicklung) Sei g eine natürliche Zahl ≥ 2. Zu jeder natürlichen Zahl $n \geq 1$ gibt es dann eindeutig bestimmte natürliche Zahlen r und $a_0, \ldots, a_r$ mit $a_r \neq 0$ und $0 \leq a_i < g$ sowie

$$n = a_0 + a_1 g + \cdots + a_r g^r = \sum_{i=0}^{r} a_i g^i \ .$$

Man gewinnt die Ziffern a_i dieser so genannten g-al-Entwicklung von n rekursiv durch fortlaufende Division mit Rest nach dem folgenden Schema, bei dem $q_0 := n$ ist:

$$q_0 = q_1 g + a_0, \ 0 \leq a_0 < g \ ,$$
$$q_1 = q_2 g + a_1, \ 0 \leq a_1 < g \ ,$$
$$\cdots\cdots\cdots\cdots\cdots\cdots$$
$$q_{r-1} = q_r g + a_{r-1}, \ 0 \leq a_{r-1} < g \ ,$$
$$q_r = a_r, \ 0 < a_r < g \ .$$

Die Eindeutigkeit der Division mit Rest liefert die Eindeutigkeit dieser Ziffern. Man schreibt auch kurz $n = (a_r \ldots a_0)_g$. Bei $g = 2$ bzw. $g = 3$ bzw. $g = 10$ bzw. $g = 16$ spricht man von der Dual- bzw. Trial- bzw. Dezimal- bzw. Hexa- oder Sedezimalentwicklung von n. Im letzten System werden die Ziffern $10, \ldots, 15$ üblicherweise mit den Buchstaben A, $\ldots$,F bezeichnet. Aus der g-al-Entwicklung $n = a_0 + a_1 g + \cdots + a_r g^r$ berechnet man umgekehrt die Zahl n gewöhnlich am schnellsten rekursiv durch

$$n_0 = a_r \ ,$$
$$n_1 = n_0 g + a_{r-1} \ (= a_r g + a_{r-1}) \ ,$$
$$\cdots\cdots\cdots\cdots\cdots\cdots$$
$$n_{r-1} = n_{r-2} g + a_1 \ (= a_r g^{r-1} + a_{r-1} g^{r-2} + \cdots + a_2 g + a_1) \ ,$$
$$n_r = n_{r-1} g + a_0 = n \ .$$

Dies ist ein Spezialfall des so genannten Hornerschen Schemas, vgl. Beispiel 11.A.14.

Recht häufig wird auch folgende Verallgemeinerung der g-al-Entwicklung benutzt: Sei h_j, $j \in \mathbb{N}^*$, eine Folge natürlicher Zahlen > 1 und sei $g_i := \prod_{j=1}^{i} h_j$, $i \in \mathbb{N}$ (also $g_0 = 1$). Dann besitzt jedes $n \in \mathbb{N}$ eine eindeutige Darstellung $n = \sum_{i \in \mathbb{N}} a_i g_i$ mit $0 \leq a_i < h_{i+1}$ für alle i und $a_i = 0$ für fast alle i. Die a_i sind rekursiv durch $q_0 = n$, $q_i = q_{i+1} h_{i+1} + a_i$, $0 \leq a_i < h_{i+1}$, bestimmt, und umgekehrt ist $n = n_r$ mit der Rekursion $n_0 = a_r$, $n_{i+1} = n_i h_{r-i} + a_{r-i-1}$, falls $a_i = 0$ ist für $i > r$. Bei der g-al-Entwicklung ist $h_j = g$ für alle $j \geq 1$. Das altbabylonische Sexagesimalsystem ist eigentlich das gemischte System mit $h_1 = 10$, $h_2 = 6$; $h_3 = 10$, $h_4 = 6$; $\ldots$, aus dem man durch Zusammenfassen von je zwei Ziffern das reine Sexagesimalsystem mit $g = h_{2k-1} h_{2k} = 60$, $k \in \mathbb{N}^*$, gewinnt. Die Mayas besaßen wohl ein reines 20er-System.

Für $a, b \in \mathbb{N}^*$ heißt $d \in \mathbb{N}^*$ der größte gemeinsame Teiler von a und b, wenn d ein gemeinsamer Teiler von a und b ist und wenn jeder andere gemeinsame Teiler von a und b ein Teiler von d ist. Er ist eindeutig bestimmt durch a und b und wird mit

$$\mathrm{ggT}(a, b)$$

bezeichnet. Ist $\mathrm{ggT}(a, b) = 1$, ist also 1 der einzige gemeinsame Teiler von a und b in $\mathbb{N}^*$, so heißen a und b teilerfremd. a und b sind genau dann teilerfremd, wenn sie keinen gemeinsamen Primteiler besitzen. Haben a, b den größten gemeinsamen Teiler d, so sind a/d und b/d offenbar teilerfremd. Ist ferner p eine Primzahl und

$b \in \mathbb{N}^*$ eine nicht durch p teilbare Zahl, so sind p und b teilerfremd. Die Existenz und ein (schnelles) Berechnungsverfahren von $\mathrm{ggT}(a, b)$ liefert der E u k l i d i s c h e   A l g o r i t h m u s . Man setzt $r_0 := a$ und $r_1 := b$ und führt nacheinander die folgenden Divisionen mit Rest aus:

$$r_0 = q_1 r_1 + r_2, \; 0 < r_2 < r_1 \,,$$
$$r_1 = q_2 r_2 + r_3, \; 0 < r_3 < r_2 \,,$$
$$\dots\dots\dots\dots\dots\dots\dots$$
$$r_{k-1} = q_k r_k + r_{k+1}, \; 0 < r_{k+1} < r_k \,,$$
$$r_k = q_{k+1} r_{k+1} \,.$$

Das Verfahren endet also, falls r_{k+1} ein Teiler von r_k ist. Da die Reste sukzessive kleiner werden, tritt dieser Fall sicher nach endlich vielen Schritten ein.

2.D.7 Satz *Es ist* $\mathrm{ggT}(a, b) = r_{k+1}$.

B e w e i s . Zunächst ist $r_{k+1} = \mathrm{ggT}(r_k, r_{k+1})$, da r_{k+1} Teiler von r_k ist. Es genügt also zu zeigen, dass für jedes i mit $1 \leq i \leq k$ gilt: Existiert $\mathrm{ggT}(r_i, r_{i+1})$, so auch $\mathrm{ggT}(r_{i-1}, r_i)$ und beide sind gleich. Aus der Gleichung $r_{i-1} = q_i r_i + r_{i+1}$ folgt aber, dass die Zahlen r_i und r_{i+1} dieselben gemeinsamen Teiler haben wie die Zahlen r_{i-1} und r_i. $\bullet$

Parallel zum Euklidischen Algorithmus lassen sich die Reste r_i in der Form

$$r_i = s_i a + t_i b$$

mit $s_i, t_i \in \mathbb{Z}$, $i = 0, \dots, k + 1$, darstellen. Insbesondere ist

$$r_{k+1} = \mathrm{ggT}(a, b) = s_{k+1} a + t_{k+1} b$$

mit den ganzen Zahlen s_{k+1} und t_{k+1}. Dazu setzt man rekursiv

$$s_0 = 1, \; t_0 = 0; \;\; s_1 = 0, \; t_1 = 1; \;\; s_{i+1} = s_{i-1} - q_i s_i \,, \; t_{i+1} = t_{i-1} - q_i t_i \,,$$

$i = 1, \dots, k$. Dann ist in der Tat $r_0 = s_0 a + t_0 b$, $r_1 = s_1 a + t_1 b$ und $r_{i+1} = r_{i-1} - q_i r_i = s_{i-1} a + t_{i-1} b - q_i s_i a - q_i t_i b = s_{i+1} a + t_{i+1} b$, $i = 1, \dots, k$. Wir halten noch einmal fest:

2.D.8 Lemma von Bezout *Sind a und b positive natürliche Zahlen, so gibt es ganze Zahlen s und t mit $\mathrm{ggT}(a, b) = sa + tb$. — Speziell: Sind a und b teilerfremde positive natürliche Zahlen, so gibt es ganze Zahlen s und t mit $1 = sa + tb$.*

2.D.9 Beispiel Sei $a := 36667$ und $b := 12247$. Dann erhält man

$$36667 = 2 \cdot 12247 + 12173$$
$$12247 = 1 \cdot 12173 + 74$$
$$12173 = 164 \cdot 74 + 37$$
$$74 = 2 \cdot 37 \,.$$

Die s_i und t_i ergeben sich aus folgender Tabelle:

i	0	1	2	3	4
q_i		2	1	164	
s_i	1	0	1	-1	165
t_i	0	1	-2	3	-494

Es ist also $37 = \mathrm{ggT}(36667, 12247) = 165 \cdot 36667 - 494 \cdot 12247$.

Eine direkte Folgerung des Lemmas von Bezout ist:

2.D.10 Lemma von Euklid *Teilt eine Primzahl p ein Produkt $b_1 \cdots b_r$ positiver natürlicher Zahlen, so teilt p wenigstens einen der Faktoren b_i.*

B e w e i s . Ohne Einschränkung der Allgemeinheit sei $r = 2$ (Induktion über r). Nach Voraussetzung ist $b_1 b_2 = pc$ mit einem $c \in \mathbb{N}^*$. Nehmen wir an, p teile nicht b_1. Dann sind p und b_1 teilerfremd, und es gibt nach 2.D.8 Zahlen $s, t \in \mathbb{Z}$ mit $1 = sp + tb_1$. Es folgt $b_2 = spb_2 + tb_1b_2 = p(sb_2 + tc)$, d.h. p teilt b_2. $\bullet$

Trivialerweise können unter den natürlichen Zahlen ≥ 2 nur Primzahlen die in 2.D.10 angegebene Teilbarkeitseigenschaft besitzen. Wie der Beweis der folgenden Eindeutigkeitsaussage zeigt, ist sie die wesentliche Eigenschaft der Primzahlen. Im Hinblick auf die definierende Eigenschaft in 2.D.1 nennt man die Primzahlen häufig u n z e r l e g b a r e   Z a h l e n, vgl. Aufg. 34.

2.D.11 Hauptsatz der elementaren Zahlentheorie *Jede positive natürliche Zahl lässt sich bis auf die Reihenfolge der Faktoren eindeutig als Produkt von Primzahlen darstellen.*

B e w e i s . Wir haben wegen 2.D.4 nur noch die Eindeutigkeit zu zeigen. Seien

$$n = p_1 \cdots p_r = q_1 \cdots q_s$$

Darstellungen von $n \in \mathbb{N}^*$ als Produkt von Primzahlen $p_1, \ldots, p_r$ bzw. $q_1, \ldots, q_s$. Durch Induktion über n zeigen wir, dass $r = s$ und nach Umnummerieren $p_i = q_i$, $i = 1, \ldots, r$, ist. Sei $r \geq 1$. Dann teilt p_1 das Produkt $q_1 \cdots q_s$ und damit nach 2.D.10 einen der Faktoren. Wir können nach Umnummerierung annehmen, dass p_1 ein Teiler von q_1 ist. Da q_1 prim ist, ist notwendigerweise $p_1 = q_1$, und es folgt $p_2 \cdots p_r = q_2 \cdots q_s =: m$. Die Induktionsvoraussetzung, angewandt auf $m < n$, liefert dann die Behauptung des Satzes. $\bullet$

Sei $n \in \mathbb{N}^*$. In der Primfaktorzerlegung von n fasst man gleiche Primfaktoren zu Potenzen zusammen. Man erhält so die k a n o n i s c h e   P r i m f a k t o r z e r l e g u n g

$$n = \prod_{p \in P} p^{\alpha_p}.$$

In diesem Produkt ist P die Menge aller Primzahlen, und die V i e l f a c h h e i t e n $\alpha_p \in \mathbb{N}$ sind nur für endlich viele $p \in P$ von 0 verschieden, so dass bei obigem

Produkt auch nur endlich viele Faktoren $\neq 1$ zu berücksichtigen sind. Im konkreten Fall notiert man nur diese wesentlichen Faktoren, beispielsweise ist $1001 = 7 \cdot 11 \cdot 13$ und $10200 = 2^3 \cdot 3 \cdot 5^2 \cdot 17$.

Sind

$$a = \prod_{p \in P} p^{\alpha_p} \quad \text{und} \quad b = \prod_{p \in P} p^{\beta_p}$$

die kanonischen Primfaktorzerlegungen zweier Zahlen $a, b \in \mathbb{N}^*$, so ist a genau dann ein Teiler von b, wenn $\alpha_p \leq \beta_p$ für alle $p \in P$ ist. Daraus ergibt sich für den größten gemeinsamen Teiler die Darstellung

$$\mathrm{ggT}(a, b) = \prod_{p \in P} p^{\mathrm{Min}\,(\alpha_p, \beta_p)} \,,$$

wobei Min (x, y) das Minimum von x und y bezeichnet. Setzt man entsprechend Max (x, y) für das Maximum von x und y, so ist

$$\mathrm{kgV}(a, b) = \prod_{p \in P} p^{\mathrm{Max}\,(\alpha_p, \beta_p)}$$

das k l e i n s t e   g e m e i n s a m e   V i e l f a c h e von a und b. Dies ist definitionsgemäß dasjenige gemeinsame Vielfache von a und b, das jedes andere gemeinsame Vielfache von a und b teilt.

Für eine ganze Zahl $a \in \mathbb{Z}$, $a \neq 0$, erhält man eine kanonische Primfaktorzerlegung, indem man bei $a < 0$ die Primfaktorzerlegung von $|a| = -a$ mit dem Vorzeichen -1 versieht. Für eine von 0 verschiedene rationale Zahl $x = a/b$, $a, b \in \mathbb{Z} - \{0\}$, bekommt man durch Zusammenfassen der Primfaktorzerlegungen von a und b die k a n o n i s c h e   D a r s t e l l u n g

$$x = \varepsilon \prod_{p \in P} p^{\alpha_p}$$

mit durch x eindeutig bestimmten Exponenten $\alpha_p \in \mathbb{Z}$, von denen nur endlich viele $\neq 0$ sind, und dem Vorzeichen $\varepsilon \in \{1, -1\}$ von x. Genau dann ist x eine ganze Zahl, wenn alle Exponenten α_p nichtnegativ sind. Haben a und b keinen gemeinsamen Primfaktor, so heißt a/b eine g e k ü r z t e   D a r s t e l l u n g von x. Aus einer beliebigen Darstellung $x = a'/b'$, $a', b' \in \mathbb{Z}$, $b' \neq 0$, lässt sich eine solche Darstellung $x = a/b$, $a := a'/\mathrm{ggT}(a', b')$, $b := b'/\mathrm{ggT}(a', b')$, durch Kürzen immer gewinnen und ist bis auf die Vorzeichen von a und b eindeutig bestimmt. Zur Normierung wählt man meist $b > 0$.

2.D.12 Beispiel Seien a und n natürliche Zahlen ≥ 2. Genau dann gibt es eine rationale Zahl x mit $x^n = a$, wenn a schon die n-te Potenz einer natürlichen Zahl ist. Mit anderen Worten: *Ist a nicht die n-te Potenz einer natürlichen Zahl, so ist $\sqrt[n]{a}$ irrational.* [2] B e w e i s . Wir können $x > 0$ annehmen. Ist dann $x = \prod p^{\alpha_p}$ die kanonische Darstellung von x, so ist $a = x^n = \prod p^{n\alpha_p} \in \mathbb{N}^*$ die kanonische Darstellung von a. Daraus folgt $n\alpha_p \geq 0$ und somit $\alpha_p \geq 0$ für alle $p \in P$, d.h. $x \in \mathbb{N}^*$, wie behauptet.

---

[2] Bei $n = 2$ vgl. dazu auch Fußnote 5 in Abschnitt 2.C.

Aufgaben

1. Zu je zwei ganzen Zahlen a, b mit $b \neq 0$ gibt es ganze Zahlen q und r mit $a = qb + r$ und $|r| \leq \frac{1}{2}|b|$. Ist b ungerade, so sind q und r eindeutig bestimmt; ist b gerade, so gibt es bei $|r| = \frac{1}{2}|b|$ zwei Möglichkeiten. (r heißt der a b s o l u t   k l e i n s t e   R e s t modulo b.)

2. a) (B a c h e t s c h e s   G e w i c h t s p r o b l e m) Mit einer Balkenwaage lässt sich jedes Gewicht $n \in \mathbb{N}$ mit $n \leq 2^{r+1} - 1$ auswiegen, wenn der Gewichtssatz $1, 2, 2^2, \ldots, 2^r$ zur Verfügung steht. Dabei sollen die Gewichte nur auf eine der beiden Waagschalen gelegt werden. Es gibt keinen anderen Gewichtssatz mit $\leq r + 1$ Gewichtsstücken, mit dem dies möglich ist.

b) Mit einer Balkenwaage lässt sich jedes Gewicht $n \in \mathbb{N}$ mit $n \leq \frac{1}{2}(3^{r+1} - 1)$ auswiegen, wenn der Gewichtssatz $1, 3, 3^2, \ldots, 3^r$ zur Verfügung steht. Dabei dürfen auf *beide* Waagschalen Gewichtsstücke gelegt werden. Es gibt keinen anderen Gewichtssatz mit $\leq r + 1$ Gewichtsstücken, mit dem dies möglich ist.

3. Man bestimme die Dual- und Sedezimalentwicklung von 10^6. Welche Dezimalzahl ist $(\text{ABCDEF})_{16}$? Wie gewinnt man generell die Sedezimalentwicklung aus der Dualentwicklung und umgekehrt?

4. Für $n \in \mathbb{N}^*$ sind die Primteiler von $n! + 1$ alle $> n$. (Dies zeigt erneut, dass es unendlich viele Primzahlen gibt. Es ist unbekannt, ob unendlich viele der $n! + 1$ selber prim sind. – Ist $m \in \mathbb{N}^*$, $m > 1$, $m \neq 4$, vorgegeben, so ist die größte Primzahl $\leq m$ die kleinste Zahl $n \in \mathbb{N}^*$ derart, dass $n!$ von allen $k \in \mathbb{N}^*$ mit $k \leq m$ geteilt wird. Oder etwas anders formuliert: Für $n \in \mathbb{N}^*$, $n \neq 3$, wird $n!$ von allen $k \in \mathbb{N}^*$ mit $k < p$ geteilt, wo p die kleinste Primzahl $> n$ ist. Zum bequemen Beweis benutze man das (von Tschebyschew bewiesene) B e r t r a n d s c h e   P o s t u l a t : Ist $n \in \mathbb{N}^*$, so gibt es eine Primzahl q mit $n < q \leq 2n$.)

5. Für $n \in \mathbb{N}^*$ ist keine der n Zahlen $(n+1)! + 2, \ldots, (n+1)! + n + 1$ prim. (Es gibt also beliebig große Primzahllücken.)

6. Man zeige für $a = 3, 4, 6$, dass es in der Folge $an + (a - 1)$, $n \in \mathbb{N}$, unendlich viele Primzahlen gibt, indem man ähnlich wie bei 2.D.2 mit $ap_1 \cdots p_r + (a - 1)$ argumentiert. (Generell gilt: Sind a, b teilerfremde positive natürliche Zahlen, so gibt es unendlich viele Primzahlen der Form $an + b$, $n \in \mathbb{N}$ (S a t z   v o n   D i r i c h l e t).)

7. Seien $n, r \in \mathbb{N}^*$, $n \geq 2$. Besitzt n keinen Primteiler $\leq \sqrt[r+1]{n}$, so ist n Produkt von höchstens r (nicht notwendig verschiedenen) Primzahlen. Insbesondere ist n prim, wenn n keinen Primteiler $\leq \sqrt{n}$ besitzt.

8. Wegen $m^4 + 4^m = (m^2 - 2^{(m+1)/2} \cdot m + 2^m)(m^2 + 2^{(m+1)/2} \cdot m + 2^m)$ für ungerades $m \in \mathbb{N}^*$ ist $n^4 + 4^n$ für $n \in \mathbb{N}$, $n \geq 2$, nie prim.

9. Seien $a, n \in \mathbb{N}$ mit $a, n \geq 2$. Ist $a^n - 1$ prim, so ist $a = 2$ und n prim, also $a^n - 1$ eine Mersennesche Primzahl, vgl. Beispiel 2.D.3.

10. Seien $a, n \in \mathbb{N}^*$ mit $a \geq 2$. Ist $a^n + 1$ prim, so ist a gerade und n eine Potenz von 2. (Die Zahlen $F_m := 2^{2^m} + 1$, $m \in \mathbb{N}$, heißen F e r m a t s c h e   Z a h l e n . $F_0 = 3$, $F_1 = 5$, $F_2 = 17$, $F_3 = 257$, $F_4 = 65\,537$ sind prim. Ob es weitere Fermatsche Primzahlen gibt, ist unbekannt. Wegen $F_{m+1} = 2 + F_0 \cdots F_m$ (Beweis !) sind zwei verschiedene Fermatsche Zahlen teilerfremd. Man weiß auch nicht, ob es unendlich viele Primzahlen der Form $a^2 + 1$ gibt.)

11. Für $a, m, n \in \mathbb{N}^*$ mit $a \geq 2$ und $d := \mathrm{ggT}(m, n)$ ist $\mathrm{ggT}(a^m - 1, a^n - 1) = a^d - 1$. (Man kann leicht auf den Fall $d = 1$ reduzieren. Dann sind die Zahlen $(a^m - 1)/(a - 1) = a^{m-1} + \cdots + a + 1$ und $(a^n - 1)/(a - 1) = a^{n-1} + \cdots + a + 1$ teilerfremd.)

12. a) Man bestimme die kanonische Primfaktorzerlegung von $81\,057\,226\,635\,000$.

b) Ist $n = p_1^{\alpha_1} \cdots p_r^{\alpha_r}$ die Primfaktorzerlegung der positiven natürlichen Zahl n mit paarweise verschiedenen Primzahlen $p_1, \ldots, p_r$, so ist $T(n) := (\alpha_1 + 1) \cdots (\alpha_r + 1)$ die Anzahl der Teiler von n in $\mathbb{N}^*$. Wie viele Teiler hat die in a) angegebene Zahl?

13. a) Sei $a \in \mathbb{N}^*$. Für wie viele $x \in \mathbb{N}^*$ ist $x(x+a)$ eine Quadratzahl? Man bestimme diese x für $a \in \{15, 30, 60, 120\}$.

b) Sei $n \in \mathbb{N}^*$. Die Anzahl der Paare $(u, v) \in \mathbb{N}^2$ mit $u^2 - v^2 = n$ ist $\lceil T(n)/2 \rceil$, falls n ungerade, $\lceil T(n/4)/2 \rceil$, falls $4 \mid n$, und gleich 0 sonst. Man gebe alle Darstellungen von $u^2 - v^2 = 1000$ mit $u, v \in \mathbb{N}$ an. Die Anzahl der (paarweise inkongruenten) rechtwinkligen Dreiecke mit positiven ganzzahligen Seitenlängen, deren eine Kathete gleich der vorgegebenen Zahl $a \in \mathbb{N}^*$ ist, ist $\lfloor T(a^2)/2 \rfloor$, falls a ungerade, und $\lfloor T(a^2/4)/2 \rfloor$, falls a gerade. ($T(-)$ bezeichnet die Anzahl der Teiler, vgl. Aufg. 12b). – Schwieriger ist die Aufgabe, zu vorgegebener ganzzahliger *Hypotenusen*länge $c > 0$ die Anzahl der entsprechenden rechtwinkligen Dreiecke zu finden, d.h. die Anzahl der Paare $(a, b) \in (\mathbb{N}^*)^2$ mit $a \leq b$ und $a^2 + b^2 = c^2$. Man benötigt dazu die Ergebnisse von Bd. 2, 10.A, Aufg. 33, 34 zum Zwei-Quadrate-Satz. Die gesuchte Anzahl ist $\lfloor T'(c^2)/2 \rfloor$, wobei $T'(c^2)$ die Anzahl derjenigen natürlichen Teiler von c^2 sei, deren Primteiler alle $\equiv 1 \bmod 4$ sind. Für $c = 39 = 3 \cdot 13$ gibt es also (bis auf Kongruenz) genau ein solches Dreieck, bei $c = 65 = 5 \cdot 13$ jedoch 4 und bei $c = 57 = 3 \cdot 19$ keins.)

c) Man bestimme alle Paare $(a, b) \in (\mathbb{N}^*)^2$ mit $(a^2 + b^2)/ab \in \mathbb{N}^*$.

14. a) Sei $n \in \mathbb{N}^*$. Die Vielfachheit, mit der die Primzahl p in $n\,!$ auftritt, ist

$$\left[\frac{n}{p}\right] + \left[\frac{n}{p^2}\right] + \left[\frac{n}{p^3}\right] + \cdots .$$

(Wegen $[x/m] = [\,[x]/m\,]$ für alle $x \in \mathbb{R}$ und alle $m \in \mathbb{N}^*$ berechnet man die Summanden bequem rekursiv. Man beweist leicht, dass für jedes $g \in \mathbb{N}^*$, $g \geq 2$, die Gleichung $\sum_{i \geq 1}[n/g^i] = \left(n - \sum_{i \geq 0} a_i\right)/(g - 1)$ gilt, wobei die a_i die Ziffern in der g-al Entwicklung von n sind, vgl. Beispiel 2.D.6. Insbesondere ist also n modulo $g - 1$ kongruent zur Q u e r s u m m e $\sum_{i \geq 0} a_i$ von n. Bei $g = 10$ spricht man von der N e u n e r p r o b e. – Man zeige allgemeiner: Ist n_i, $i \in I$, eine endliche Familie positiver natürlicher Zahlen, so kommt die Primzahl p im Produkt $\prod_{i \in I} n_i$ mit der Vielfachheit $\sum_{k \in \mathbb{N}^*} v_k$ vor, wobei v_k für $k \in \mathbb{N}^*$ die Anzahl der $i \in I$ ist, für die n_i durch p^k teilbar ist.)

b) Seien $n, k \in \mathbb{N}^*$, $k \leq n$. Jede Primzahlpotenz, die $\binom{n}{k}$ teilt, ist $\leq n$. (Man benutze a).)

c) Für jede Primzahlpotenz $p^\alpha > 1$ und jedes $k \in \mathbb{N}^*$, $1 \leq k \leq p^\alpha$, ist $p^{\alpha - \beta}$ die größte Potenz von p, die $\binom{p^\alpha}{k}$ teilt, falls p^β die größte Potenz von p ist, die k teilt.

15. a) Man bestimme die kanonische Primfaktorzerlegung von $50\,!$.

b) Man bestimme die kanonische Primfaktorzerlegung des Produkts $1 \cdot 3 \cdot 5 \cdots 99$ der ersten 50 ungeraden Zahlen.

c) Man bestimme die kanonische Primfaktorzerlegung des kleinsten gemeinsamen Vielfachen $\mathrm{kgV}(1, 2, 3, \ldots, 50)$ der ersten 50 positiven natürlichen Zahlen.

16. Seien $n, k \in \mathbb{N}^*$ teilerfremd. Man zeige, dass $\binom{n}{k}$ durch n und $\binom{n-1}{k-1}$ durch k teilbar ist. (Man denke an die Formel $k\binom{n}{k} = n\binom{n-1}{k-1}$. – Vgl. auch das Ende von 13.C, Aufg. 26.)

17. Sei p eine Primzahl. Für $r, k \in \mathbb{N}$ mit $r < k < p$ ist $\binom{p+r}{k}$ durch p teilbar. Insbesondere ist $\binom{p}{k}$ für $0 < k < p$ durch p teilbar.

18. Sei p Primzahl. Durch Induktion über n beweise man den K l e i n e n F e r m a t s c h e n S a t z : Für jede natürliche Zahl n ist p Teiler von $n^p - n$, d.h. $n^p \equiv n$ modulo p. (Man verwende Aufg. 17.)

19. Für jede natürliche Zahl n ist $n^8 - n^2$ durch $4 \cdot 7 \cdot 9 = 252$ teilbar. (Man diskutiere auch noch einmal die Teilbarkeitsaussagen aus 2.A, Aufg. 6.)

20. Seien $r \in \mathbb{N}^*$, $m = (m_1, \ldots, m_r) \in \mathbb{N}^r$ und $n := \sum_{i=1}^{r} m_i$. Alle Primzahlen p, für die Max $(m_1, \ldots, m_r) < p \leq n$ gilt, teilen $\binom{n}{m} = n!/m_1! \cdots m_r!$.

21. Das Produkt zweier teilerfremder natürlicher Zahlen a und b ist genau dann die n-te Potenz einer natürlichen Zahl $(n \in \mathbb{N}^*)$, wenn dies für a und b einzeln gilt.

22. Seien $a, b \in \mathbb{N}^*$. Dann ist $\mathrm{ggT}(a, b) \cdot \mathrm{kgV}(a, b) = ab$. (Dies liefert über den Euklidischen Algorithmus ein bequemes Verfahren zur Berechnung des kgV.)

23. Sei $v \in \mathbb{N}^*$ ein gemeinsames Vielfaches der Zahlen $a_1, \ldots, a_n \in \mathbb{N}^*$, $n \geq 1$.

a) Äquivalent sind: (1) Es ist $\mathrm{kgV}(a_1, \ldots, a_n) = v$. (2) Es ist $\mathrm{ggT}(v/a_1, \ldots, v/a_n) = 1$. (3) Es gibt ganze Zahlen $s_1, \ldots, s_n$ mit $\dfrac{1}{v} = \dfrac{s_1}{a_1} + \cdots + \dfrac{s_n}{a_n}$. (kgV und ggT von ganzen Zahlen $b_1, \ldots, b_n$ werden sinngemäß wie im Fall $n = 2$ erklärt. Gilt $\mathrm{ggT}(b_1, \ldots, b_n) = 1$, so heißen $b_1, \ldots, b_n$ t e i l e r f r e m d . Dieser Begriff ist wohl zu unterscheiden von dem der paarweisen Teilerfremdheit.)

b) Sei $a := a_1 \cdots a_n$. Äquivalent sind: (1) Die Zahlen $a_1, \ldots, a_n$ sind paarweise teilerfremd. (2) Es ist $\mathrm{kgV}(a_1, \ldots, a_n) = a$. (3) Die Zahlen $a/a_1, \ldots, a/a_n$ sind teilerfremd.

24. Seien $a_1, \ldots, a_n \in \mathbb{N}^*$. Dann gibt es Zahlen $u_1, \ldots, u_n \in \mathbb{Z}$ mit $\mathrm{ggT}(a_1, \ldots, a_n) = u_1 a_1 + \cdots + u_n a_n$. Insbesondere sind $a_1, \ldots, a_n$ genau dann teilerfremd, wenn es ganze Zahlen $u_1, \ldots, u_n$ gibt mit $1 = u_1 a_1 + \cdots + u_n a_n$. (Man gewinnt die Koeffizienten $u_1, \ldots, u_n$ algorithmisch durch sukzessives Anwenden des vor 2.D.8 beschriebenen Verfahrens unter Ausnutzung der Beziehung

$$\mathrm{ggT}(a_1, \ldots, a_{n-1}, a_n) = \mathrm{ggT}(\mathrm{ggT}(a_1, \ldots, a_{n-1}), a_n) \,.$$

Dieser Algorithmus liefert häufig dem Betrage nach unverhältnismäßig große Koeffizienten $u_1, \ldots, u_n$. Besser ist es, etwa folgendermaßen vorzugehen: Man nummeriere zunächst so, dass a_1 minimal unter den a_i ist, und gehe dann zum Tupel $(a_1, r_2, \ldots, r_n)$ über, wobei r_j der Rest von a_j bei der Division von a_j durch a_1 ist, streiche die Nullen unter den r_j und rechne mit dem neuen Tupel wie zu Beginn. Dabei hat man zu kontrollieren, wie die Koeffizienten der konstruierten Tupel sich als Linearkombinationen der $a_1, \ldots, a_n$ darstellen lassen, beginnend mit $a_i = \sum_{k=1}^{n} \delta_{ik} a_k$. Man vergleiche hierzu auch den Beweis des Elementarteilersatzes 8.C.11 in Band 2.) Man bestimme ganze Zahlen u_1, u_2, u_3 mit $1 = u_1 \cdot 88 + u_2 \cdot 152 + u_3 \cdot 209$.

25. Seien $a_1, \ldots, a_n \in \mathbb{N}^*$ teilerfremd. Dann gibt es eine Zahl $f \in \mathbb{N}$ derart, dass jede natürliche Zahl $b \geq f$ eine Darstellung $b = u_1 a_1 + \cdots + a_n a_n$ mit *natürlichen* Zahlen $u_1, \ldots, u_n$ hat. Bei $n = 2$ ist $f := (a_1 - 1)(a_2 - 1)$ die kleinste derartige Zahl; in diesem Fall gibt es genau $f/2$ natürliche Zahlen c, die keine Darstellung der Form $u_1 a_1 + u_2 a_2$, $u_1, u_2 \in \mathbb{N}$, besitzen. (Für $0 \le c \le f - 1$ ist genau eine der Zahlen c und $f - 1 - c$ in der angegebenen Form darstellbar.)

26. Seien $a, b \in \mathbb{N}^*$ und $d := \mathrm{ggT}(a, b) = sa + tb$ mit $s, t \in \mathbb{Z}$. Genau dann gilt auch $d = s'a + t'b$ für $s', t' \in \mathbb{Z}$, wenn es ein $k \in \mathbb{Z}$ gibt mit $s' = s - k\frac{b}{d}$, $t' = t + k\frac{a}{d}$.

27. a) Sei $p_1 = 2$, $p_2 = 3$, $p_3 = 5$, ... die (unendliche) Folge der Primzahlen. Ferner sei A eine abzählbare Menge mit einer Abzählung $A = \{a_1, a_2, a_3, \ldots\}$, $a_i \neq a_j$ für $i \neq j$. Dann wird durch

$$(a_{i_1}, \ldots, a_{i_n}) \mapsto p_1^{i_1} \cdots p_n^{i_n}$$

eine injektive Abbildung der Menge $\mathrm{W}(A) := \biguplus_{n \in \mathbb{N}} A^n$ der Folgen (beliebiger endlicher Länge) von Elementen aus A – man nennt solche Folgen auch W ö r t e r über dem A l p h a b e t A – in die Menge $\mathbb{N}^*$ der positiven natürlichen Zahlen gegeben. (Eine solche Kodierung der Wörter über A heißt eine G ö d e l i s i e r u n g (nach K. Gödel). Die dabei einem Wort zugeordnete natürliche Zahl heißt die G ö d e l n u m m e r dieses Wortes.)

b) Seien A das endliche Alphabet $\{a_1, a_2, \ldots, a_g\}$ mit g Buchstaben, $g \ge 2$, und $a_0 \notin A$ ein weiterer Buchstabe. Ein Wort $W = (a_{i_1}, \ldots, a_{i_n})$ über A identifizieren wir nach Auffüllen mit a_0 mit der unendlichen Folge $(a_{i_1}, \ldots a_{i_n}, a_0, a_0, \ldots)$. Man zeige: Die Abbildung $(a_{i_\nu})_{\nu \in \mathbb{N}^*} \mapsto \sum_{\nu=1}^{\infty} i_\nu g^{\nu - 1}$ ist eine bijektive Abbildung der Menge der Wörter über A auf die Menge $\mathbb{N}$ der natürlichen Zahlen und insbesondere eine Gödelisierung. (Es handelt sich um eine Variante der g-al-Entwicklung, vgl. Beispiel 2.D.6.)

28. Seien $a, b \in \mathbb{Q}_+^\times$ zwei positive rationale Zahlen. Genau dann ist $\sqrt{a} + \sqrt{b}$ rational, wenn sowohl a als auch b Quadrat einer rationalen Zahl ist.

29. a) Sei $x := a/b \in \mathbb{Q}$ ein *gekürzter* Bruch, $a, b \in \mathbb{Z}$, $b > 0$. Es gelte $a_n x^n + \cdots + a_1 x + a_0 = 0$ mit ganzen Zahlen $a_0, \ldots, a_n$ und $a_n \neq 0$, $n \ge 1$, d.h. x sei Nullstelle der Polynomfunktion $a_n t^n + \cdots + a_0$. Dann ist a ein Teiler von a_0 und b ein Teiler von a_n. Insbesondere ist $x \in \mathbb{Z}$, wenn der höchste Koeffizient $a_n = 1$ ist (L e m m a v o n G a u ß).

b) Man bestimme sämtliche rationalen Nullstellen der Polynomfunktionen $t^3 + \frac{3}{4}t^2 + \frac{3}{2}t + 3$ bzw. $3t^7 + 4t^6 - t^5 + t^4 + 4t^3 + 5t^2 - 4$.

30. a) Seien $x, y \in \mathbb{Q}_+^\times$ und $y = c/d$ eine gekürzte Darstellung von y mit $c, d \in \mathbb{N}^*$. Genau dann ist x^y rational, wenn x die d-te Potenz einer rationalen Zahl ist.

b) Außer dem Paar $(2, 4)$ gibt es kein Paar (x, y) positiver *rationaler* Zahlen mit $x < y$ und $x^y = y^x$. (Man beachte, dass es zu jeder *reellen* positiven Zahl x mit $1 < x < e$ genau eine reelle Zahl $y > x$ gibt mit $x^y = y^x$. Dann ist notwendigerweise $y > e$. Zum Beweis dieser Aussagen beachte man, dass $x^y = y^x$ äquivalent mit $(\ln x)/x = (\ln y)/y$ ist, und diskutiere die Funktion $(\ln x)/x$ auf $\mathbb{R}_+^\times$. Für Exponential- und Logarithmusfunktion siehe die Abschnitte 11.C, 12.E und 13.C.)

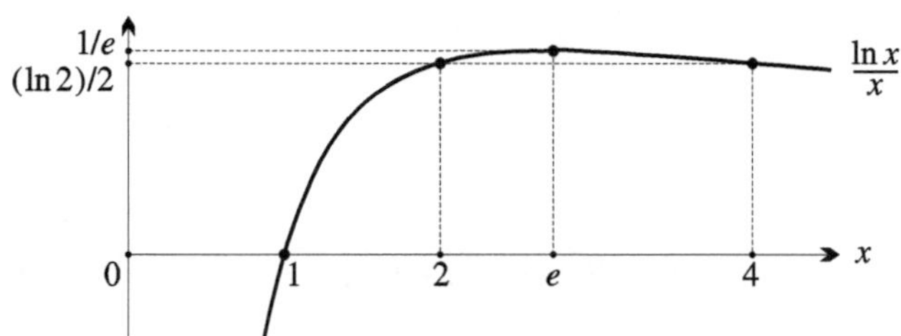

31. Seien $x \in \mathbb{Q}_+^{\times}$ und a eine natürliche Zahl ≥ 2, die nicht von der Form b^d mit $b, d \in \mathbb{N}^*$, $d \geq 2$, ist. Dann ist $\log_a x$ ganzzahlig oder irrational. (Bemerkung. Ist die Zahl $\log_a x$ irrational, so ist sie nach dem Satz von Gelfond-Schneider, vgl. 13.C, Fußnote 10, sogar transzendent.)

32. Seien $m, n \in \mathbb{N}^*$ teilerfremd. Die Folge $a_0, a_1, \ldots$ sei rekursiv durch $a_0 = n$, $a_{i+1} = a_0 \cdots a_i + m$, $i \in \mathbb{N}$, definiert. Für $i \geq 1$ ist $a_{i+1} = (a_i - m)a_i + m = a_i^2 - ma_i + m$.

a) Es ist $\mathrm{ggT}(a_i, a_j) = 1$ für alle $i, j \in \mathbb{N}$ mit $i \neq j$. Die Primteiler der a_i, $i \in \mathbb{N}$, liefern unendlich viele verschiedene Primzahlen. (Die a_i eignen sich gut zum Testen von Primfaktorisierungsverfahren.)

b) Für alle $i \in \mathbb{N}$ ist $\dfrac{1}{a_0} + \dfrac{m}{a_1} + \cdots + \dfrac{m^i}{a_i} = \dfrac{m+1}{n} - \dfrac{m^{i+1}}{a_{i+1} - m}$. Man folgere (vgl. 6.A) $\sum_{i=0}^{\infty} \dfrac{m^i}{a_i} = \dfrac{m+1}{n}$.

c) Für $m = 2$ und $n = 1$ ist $a_{i+1} = F_i = 2^{2^i} + 1$, $i \in \mathbb{N}$. (Vgl. Aufg. 10.) Aus b) folgt $\sum_{i=0}^{\infty} 2^i / F_i = 1$.

33. Für jedes $s \geq 2$ ist $(m_s, n_s) := \left(2(2^{s-1}-1), 2^{s+1}(2^{s-1}-1)\right)$ ein Paar (m, n) von positiven natürlichen Zahlen derart, dass $m < n$ ist und m und n sowie $m+1$ und $n+1$ jeweils dieselben Primteiler haben. (Es gibt weitere solche Paare (m, n), z. B. $(75, 1215)$, vgl. Makowski: Ens. Math. **14**, 193 (1968).)

34. Die Eindeutigkeit der Zerlegung einer positiven natürlichen Zahl als Produkt von unzerlegbaren Zahlen gemäß 2.D.11 ist weit weniger selbstverständlich als die Existenz einer solchen Zerlegung, vgl. 2.D.4 und die Bemerkung vor 2.D.11. Sei etwa $q \in \mathbb{N}^*$ eine beliebige Primzahl (z.B. $q := 2$ oder $q := 123456789\,^3$)) und $N := \mathbb{N}^* - \{q\}$. N ist multiplikativ abgeschlossen, und jedes Element in N ist Produkt unzerlegbarer Elemente von N; eine solche Zerlegung ist aber im Allgemeinen nicht mehr eindeutig. Man zeige genauer: Die unzerlegbaren Elemente in N sind neben den gewöhnlichen Primzahlen $p \neq q$ und deren Produkten pq mit q die beiden Elemente $q_2 := q^2$ und $q_3 := q^3$. Das Element $n := q^6 \in N$ hat die beiden wesentlich verschiedenen Zerlegungen $n = q_2 \cdot q_2 \cdot q_2 = q_3 \cdot q_3$ als Produkt unzerlegbarer Elemente von N. Das unzerlegbare Element q_3 teilt in N das Produkt $q_2 \cdot q_2 \cdot q_2$, aber keinen der Faktoren. Ebenso teilt q_2 in N das Produkt $q_3 \cdot q_3$, aber nicht q_3 (vgl. aber 2.D.10). Ähnlich hat $m := pq^3 = (pq)q^2$ in N zwei wesentlich verschiedene Zerlegungen (p Primzahl $\neq q$).

---

^{3}) Man prüfe mit dem Programm in Beispiel 3.A.4, dass es sich hierbei wirklich um eine Primzahl handelt. Ist auch 12345678901 prim?

3 Ein Grundkurs in C

Der Leser sollte in der Lage sein, einfachere Programme für Rechnungen auf dem Computer in einer der gängigen Programmiersprachen selber zu schreiben. Wir stellen hier (im Wesentlichen an Hand einiger Programmbeispiele) die Sprache C in der Normierung von ANSI-C (= American National Standards Institute C) vor, die für die meisten Betriebssysteme frei verfügbar ist, und gehen davon aus, dass die nötige Software bereits auf dem Rechner installiert ist. C wurde in den 70er Jahren von D. Ritchie als Weiterentwicklung der Sprachen B und BCPL konzipiert. Wir konzentrieren uns auf diejenigen Teile der Sprache, die für das Programmieren von mathematischen Prozeduren gebraucht werden. Schon deshalb kann die nachfolgende kurze Einführung nicht ein Handbuch über C ersetzen. Gewisse Befehle hängen von der gewählten Version (und insbesondere auch vom Betriebssystem) ab. Wir kennzeichnen solche Befehle mit einem *; konkret geben wir die Befehle für Linux mit dem GNU-C-Compiler an. Am einfachsten wird es sein, diese Einführung direkt am Computer zu verfolgen.

Das mit einem Editor geschriebene Programm, der so genannte Quellcode (engl. source code), wird zunächst in einer Textdatei gespeichert. Der Dateiname sollte die Gestalt `programmname.c` haben. Dieses Programm wird dann vom Rechner in einen Objektcode (engl. object code) übersetzt oder compiliert und als solcher unter dem Namen `programmname.o` abgespeichert. Dies geschieht mit dem folgenden (versionsabhängigen) Befehl*:

```
gcc␣-c␣-o␣programmname.o␣programmname.c
```

Dabei bezeichnet ␣ ein (obligatorisches) Leerzeichen. Innerhalb der Sprache werden wir das Leerzeichen in der Regel nicht extra kennzeichnen, auch wenn es obligatorisch ist. Wir bemerken, dass auf Groß- und Kleinschreibung – insbesondere auch in den Programmen – zu achten ist. Das Compilieren ist ein Zwischenschritt und liefert noch nicht das ausführbare Programm. Zunächst werden beim Compilieren in einer Vorverarbeitung (engl. preprocessing) alle Kommentare im Programm gelöscht und alle so genannten Direktiven ausgeführt.

Ein Kommentar hat keine Auswirkungen auf das Programm, er erhöht lediglich die Lesbarkeit des Programms. Man bemühe sich, Programme so zu gestalten, dass sie auch für Fremde leicht lesbar sind. Es gibt zwei Möglichkeiten, einen Kommentar in einem C-Programm (an einer beliebigen Stelle) unterzubringen: Er kann erstens zwischen /* und */ stehen, unabhängig von Zeilenanfang oder -ende, und darf sich dann über mehrere Zeilen erstrecken, wobei man die Zwischenzeilen zur Erhöhung der Übersichtlichkeit noch mit einem einfachen Stern beginnen lassen darf (aber nicht muss). Zweitens kann ein Kommentar durch //

begonnen werden. Dann ist der gesamte folgende Text bis zum Ende der Zeile Kommentar. Mehrere Zeilen im Quellcode können grundsätzlich zu einer einzigen Zeile vereinigt werden, indem ein \ (= backslash) an das Ende einer Programmzeile gesetzt wird, wodurch diese Zeile mit der nächsten verbunden wird. Dadurch wird die mögliche Zeilenlänge praktisch unbegrenzt.

Eine Direktive (engl. directive) besteht aus einer Zeile und beginnt mit einem # (= sharp), wobei für die Zeilenlänge das gerade Gesagte gilt. Die wichtigsten Direktiven werden wir in den Programmbeispielen vorstellen.

Nach der Vorverarbeitung wird das Programm beim Compilierungsprozess in den maschinennahen Objektcode überführt. Dieser ist unabhängig vom Layout des Quellcodes. Der Programmierer kann also beim Schreiben des Programms seinen Vorstellungen von Übersichtlichkeit folgen, solange er nur die Syntaxregeln beachtet.

Im nächsten Schritt wird der Objektcode mit dem so genannten Binder (engl. linker) in ein lauffähiges Programm transformiert. Dies geschieht mit dem folgenden Befehl*:

```
gcc␣-o␣programmname␣programmname.o
```

Das Ergebnis ist eine Datei, die unter dem Namen `programmname` aufgerufen und benutzt werden kann. Der Binder erweitert den Objektcode um die im Programm verwendeten Funktionen, die nicht im Programm definiert werden, sondern aus den vorhandenen, in den Direktiven erwähnten Bibliotheken (engl. libraries) übernommen werden. Solche Bibliotheken enthalten vom System oder vom Benutzer gelieferte Funktionen und Variable.

In C wird der Terminus „Funktion" nicht nur in dem engeren mathematischen Sinn gemäß Abschnitt 1.B benutzt. Er umfasst auch Routinen, Prozeduren usw. Ein und derselbe Funktionsname (engl. identifier) kann in drei verschiedenen Zusammenhängen auftreten, die sorgfältig zu unterscheiden sind: beim Deklarieren, beim Definieren und beim Aufrufen dieser Funktion. Die Deklaration (engl. declaration) erfolgt durch Angabe des von der Funktion zurückgegebenen Datentyps vor dem Funktionsnamen und durch Angabe der Datentypen ihrer Argumente hinter dem Funktionsnamen in runden Klammern ( ), jeweils durch Kommata getrennt. Die Definition (engl. definition) einer Funktion beginnt wie die Deklaration, wobei allerdings für die Argumente nach dem Datentyp jeweils auch der Name der Variablen angegeben wird. Der so genannte Funktionsrumpf (engl. body), der die eigentliche Definition der Funktion enthält, steht dann dahinter in geschweiften Klammern { } . Schließlich erfolgt der Aufruf (engl. call) einer Funktion durch Angabe des Funktionsnamens gefolgt von den konkreten Argumenten, wobei jeweils auf den korrekten Datentyp geachtet werden muss. Die Einzelheiten werden an Hand der Programmbeispiele erläutert.

3.A Einige Programmbeispiele

3.A.1 Beispiel (B e r e c h n u n g v o n B i n o m i a l k o e f f i z i e n t e n · G r u n d l e g e n d e
B e f e h l e v o n C) Das folgende C-Programm dient zur Berechnung des Binomialkoeffizienten $c(n, m) := \binom{n}{m}$, $n, m \in \mathbb{N}$, mit Hilfe der Iteration $c(n, m{+}1) = c(n, m) \cdot (n{-}m)/(m{+}1)$. [1]
Wir werden dieses Programm und die darin benutzten Befehle anschließend ausführlich
kommentieren. Die Zeilennummern gehören **nicht** zum Programm und dürfen nicht im
Quellcode erscheinen. Sie dienen nur zum bequemeren Verweisen.

```
01 /* Berechnung des Binomialkoeffizienten c(n,m)
02  * fuer natuerliche Zahlen n,m */
03 #include <stdlib.h>
04 #include <stdio.h>
05 int main( ) {
06     unsigned int n,m,c,i;
07     printf("\nBerechnung des Binomialkoeffizienten \
08 c(n,m)\n\n");
09     printf("n = ");
10     scanf("%u",&n);
11     printf("m = ");
12     scanf("%u",&m);
13     c=0;
14     if (m<=n) {
15        c=1;
16        for (i=0; i<m; i=i+1) {
17        c=c*(n-i)/(i+1);
18        }
19     }
20     printf("c(%u,%u) = %u\n",n,m,c);
21     exit(EXIT_SUCCESS);
22 }
```

Die Zeilen 01 und 02 stellen einen K o m m e n t a r dar. Wie bereits oben bemerkt, ist
er mit `/*` zu beginnen und mit `*/` zu beenden. Der Stern `*` zu Beginn der Zeile
02 ist überflüssig und dient nur der Übersichtlichkeit. Bei der Vorverarbeitung wird der
Kommentar ersatzlos gestrichen. Er darf (bis auf `*/` in dieser Reihenfolge) beliebige
Zeichen enthalten. Kommentare kann man nicht schachteln.

Die Zeilen 03 und 04 enthalten D i r e k t i v e n. Eine Direktive der Form

```
#include <dateiname>
```

---

[1] Wir vermeiden hier den Terminus „Rekursion", da dieser beim Programmieren eine spe-
ziellere Bedeutung besitzt, auf die wir in Beispiel 3.A.3 eingehen werden.

(mit dem Dateinamen in spitzen Klammern < >) bindet bei der Vorverarbeitung die Datei `dateiname` ein, die sich in einem der C-Version bekannten Verzeichnis befinden muss. Hier sind es die Dateien `stdlib.h` und `stdio.h`. Die erste der beiden ist die S t a n d a r d - L i b r a r y – H e a d e r - D a t e i , die zweite die S t a n d a r d - I n p u t / O u t p u t - H e a d e r - D a t e i . (Header-Dateien werden in der Regel mit dem Suffix `.h` gekennzeichnet.) Sie enthalten Funktionsdeklarationen, die beim Aufbau eines Programms und insbesondere für die Ein- und Ausgabe ständig gebraucht werden. Von den Funktionen der ersten Datei benutzt das vorliegende Programm nur die `exit` - Funktion und deren Argument in Zeile 21, von denen der zweiten nur `printf` und `scanf`. Es gibt aber viele weitere, die der Leser bei Bedarf der Online-Hilfe oder einem Handbuch entnehmen mag. Beim Compilieren wird unter anderem überprüft, ob die aufgerufenen Funktionen vorher im Programm oder aber in den eingebundenen Dateien deklariert sind. Beim Binden werden dann die entsprechenden Funktionsdefinitionen selbst übernommen. Header-Dateien von Routinen, die nicht zum normalen Umfang von C gehören sondern vom Benutzer selbst erstellt wurden oder aus anderen Quellen stammen, werden mit einer Direktive der Form

```
#include "dateiname"
```

(mit dem Dateinamen in A n f ü h r u n g s z e i c h e n (engl. q u o t e s)) " " eingebunden. Sie werden im Verzeichnis des Quellcodes gesucht. Für das Binden sind dann noch zusätzlich Objektdateien anzugeben, die die (compilierten) Definitionen dieser Routinen enthalten. Zu Einzelheiten verweisen wir auf den Anfang von Beispiel 3.A.3.

In Zeile 05 beginnt die Deklaration und Definition der so genannten H a u p t f u n k t i o n

```
main
```

des vorliegenden Programms. Diese muss in jedem C-Programm genau einmal vorkommen. Sie ist der zentrale Teil und wird beim Benutzen des Programms als Erstes aufgerufen. Zunächst wird sie durch

```
int main (  )
```

deklariert. Hinter dem Funktionsnamen stehen in runden Klammern (in beliebigem Abstand) die Datentypen der Argumente. Die Argumentliste ist hier leer, später werden kompliziertere Funktionsdeklarationen auftreten, siehe Beispiel 3.A.2. Die runden Klammern dürfen auch bei leerem Argument nicht fehlen, da sie Funktionen charakterisieren. Genauer ist das leere Argument mit `void` zu kennzeichnen. `void` ist ein Datentyp und auch bei Funktionsdeklarationen und -definitionen für den Datentyp der Rückgabe zu verwenden, wenn die Funktion keinen Ausgabewert liefert. Hinter der Deklaration steht die Definition der Hauptfunktion, die stets in geschweiften Klammern eingefasst ist. Eröffnet wird die Definition mit der Klammer { in Zeile 05, geschlossen wird sie mit der Klammer } in Zeile 22. Solch ein Klammerpaar definiert grundsätzlich einen so genannten B l o c k . Blöcke können vielfach ineinander geschachtelt sein. Durch passendes Einrücken der geschweiften Klammern und der zugehörigen Blöcke (wie in der obigen Auflistung und auch den folgenden) versucht man, solche Schachtelungen übersichtlich zu gestalten. Im vorliegenden Programm enthält der Funktionsblock noch zwei weitere ineinander geschachtelte Anweisungsblöcke. Für den innersten befinden sich die Klammern in den Zeilen 16 und 18, für den mittleren in den Zeilen 14 und 19. Übrigens ist es zweckmäßig, das gesamte Programm als einen Anweisungsblock aufzufassen, bei dem die Klammern weggelassen sind.

Wie bei jeder Funktionsdeklaration und -definition steht vor dem Funktionsnamen der D a t e n t y p der Rückgabe, hier der Typ

```
int
```

für eine ganze Zahl aus einem Bereich, der das $\mathbb{Z}$-Intervall $[-2^{15}+1\,,2^{15}-1]$ umfasst. Der wahre Umfang ist in der Regel größer (und kann wie bei anderen Datentypen mit Hilfe der Header-Dateien `limits.h` bzw. `float.h` abgefragt werden). Der Datentyp

`unsigned int` (oder `unsigned`)

(mit obligatorischem Leerzeichen!) aus Zeile 06 steht für eine natürliche Zahl aus einem Intervall, das $[0\,,2^{16}-1]$ umfasst. Für größere Umfänge stehen die Datentypen

`long` (oder `long int`) bzw. `unsigned long`

zur Verfügung. Reelle Zahlen werden vom Datentyp

`float` bzw. `double` (oder `long float`) bzw. `long double`

repräsentiert, wobei `double` und `long double` eine größere Genauigkeit gewährleisten.[2]) Reelle Zahlen sind Dezimalzahlen in Gleitpunktdarstellung (das Komma ist also durch einen Punkt wie im Angelsächsischen zu ersetzen, der nicht fehlen darf). Außerdem kann eine reelle Zahl in E x p o n e n t i a l d a r s t e l l u n g angegeben werden, d.h. als reelle Zahl a in Gleitpunktdarstellung, gefolgt von `e` oder `E` und einer ganzen Zahl b ohne Leerräume dazwischen (was dann $a \cdot 10^b$ darstellt). Darüber hinaus sei hier der Datentyp

`char`

für Buchstaben erwähnt. Ein Buchstabe als solcher wird in einfache Anführungszeichen `' '` eingeschlossen und gemäß der ASCII (= <u>A</u>merican <u>S</u>tandard <u>C</u>ode for <u>I</u>nformation <u>I</u>nterchange)-Tabelle durch eine ganze Zahl codiert, die zwischen 0 und 127 liegt.

Der Rumpf der Hauptfunktion `main` beginnt in Zeile 06 mit der D e k l a r a t i o n d e r V a r i a b l e n `n,m,c` und `i` als Variablen für natürliche Zahlen. Variablen vom gleichen Typ dürfen hinter dem Datentyp (hier `unsigned int`) in beliebiger Anzahl notiert werden, jeweils durch ein Komma getrennt. Das S e m i k o l o n `;` beendet diese Deklaration und ist grundsätzlich am Ende einer jeden A n w e i s u n g zu setzen. Als N a m e (engl. i d e n t i f i e r) für Variablen und Funktionen sind in C Wörter mit (mindestens einem und) höchstens 31 Buchstaben erlaubt. Dabei muss der erste Buchstabe ein Buchstabe des Alphabets `A,a,B,b,C,c,...` oder der U n t e r s t r i c h (engl. u n d e r s c o r e) `_` sein. An den übrigen Positionen sind darüber hinaus die Ziffern `0,1,2,...,9` erlaubt, aber kein Leerzeichen. Verboten als Namen sind auch die so genannten S c h l ü s s e l w ö r t e r (engl. k e y w o r d s), die eine feste Bedeutung in der Sprache haben. Dies sind (mindestens) die folgenden, wobei die von uns erläuterten Schlüsselwörter fett gedruckt sind:

`auto`	**`default`**	**`float`**	`register`	**`struct`**	`volatile`
`break`	**`do`**	**`for`**	**`return`**	**`switch`**	**`while`**
`case`	**`double`**	`goto`	`short`	**`typedef`**	
`char`	**`else`**	**`if`**	`signed`	`union`	
`const`	`enum`	**`int`**	**`sizeof`**	**`unsigned`**	
`continue`	`extern`	**`long`**	`static`	**`void`**	

Der Rechner reserviert für jede Variable den nötigen Speicherplatz entsprechend der Deklaration. Die Variablendeklaration gilt immer nur in dem Anweisungsblock, in dem sie erfolgt.

---

[2]) Für noch größere Zahlbereiche und Genauigkeiten stehen Großzahl-Arithmetiken in frei verfügbaren Bibliotheken zur Verfügung, beispielsweise die GNU MultiPrecision Library unter `www.swox.com/gmp`.

Ist eine Variable im vorliegenden Block nicht deklariert, wählt der Rechner die Deklaration im ersten umfassenderen Block, der sie enthält. In diesem Sinne sind alle Variablen ohne zusätzliche Modifikation l o k a l e   V a r i a b l e n, wobei man eine Variable, die im gesamten Programm gültig ist, eine g l o b a l e   V a r i a b l e nennt. Auf Variablen mit anderen Gültigkeitsbereichen, insbesondere die externen Variablen, gehen wir nicht ein.

Nach dem D e k l a r a t i o n s t e i l beginnt der A n w e i s u n g s t e i l in den Programmzeilen 07 und 08 mit einem A u s g a b e b e f e h l, der mit Hilfe der in der Header-Datei `stdio.h` deklarierten Funktion

```
printf
```

gegeben wird und die Ausgabe auf dem Bildschirm (= Standard-Output) besorgt. Beim Binden wird diese Funktion aus der festen C-Standard-Bibliothek in das Programm übernommen. Das erste Argument für die Funktion `printf` ist stets eine Zeichenkette oder ein so genannter S t r i n g. Ein String wird gekennzeichnet durch Anführungszeichen `"` `"` am Anfang und am Ende. In einem String darf jedes Zeichen (einschließlich des Leerzeichens) benutzt werden. Allerdings haben die Zeichen

```
\       '       "       ?       %
```

besondere Bedeutungen. Sollen sie als Buchstaben einer Zeichenkette benutzt werden, so ist ihnen ein `\` voranzustellen, außer bei `%`, dem ein weiteres `%` vorausgehen muss.

In Zeile 07 und 08 besitzt `printf` einen String als einziges Argument, der dann auf dem Bildschirm ausgegeben wird, allerdings ohne die dreimal auftretende Teilsequenz

```
\n
```

(der Backslash am Ende von Zeile 07 verbindet diese Zeile mit der nachfolgenden zu einer einzigen). `\n` veranlasst vielmehr jedes Mal den Übergang an den Anfang der nächsten Zeile. Im vorliegenden Fall wird also am Anfang einer neuen Zeile der Text „Berechnung des Binomialkoeffizienten $c(n, m)$" gefolgt von einer Leerzeile ausgegeben, sowie anschließend an den Anfang der nächsten Zeile gesprungen. Neben `\n` haben in einem String die Teilsequenzen

```
\a , \b , \f , \r , \t , \v , \0
```

eine besondere Bedeutung, auf die wir hier aber nicht eingehen wollen. (Beispielsweise erzeugt `\a` ein akustisches Signal.)

Auch die Zeilen 09 und 11 rufen die Funktion `printf` auf, wobei das Argument wiederum nur ein String ist. Auf dem Bildschirm wird also „ n = " bzw. „ m = " geschrieben. Die Funktion `printf` mit mehreren Argumenten wird später erklärt, vgl. Zeile 20. Der Rückgabewert der `printf`-Funktion ist die Anzahl der ausgedruckten Zeichen (als `int`), er wird in der Regel nicht benutzt.

Die Zeilen 10 und 12 sind E i n g a b e b e f e h l e, die unter Verwendung der Funktion

```
scanf
```

gegeben werden, die wie `printf` in der Header-Datei `stdio.h` deklariert ist. Zur Dateneingabe durch den Benutzer mit Hilfe der Tastatur (= Standard-Input) wird der Programmablauf unterbrochen. Wie bei `printf` beginnt die Argumentfolge in `scanf` immer mit einem String (gekennzeichnet durch die Anführungszeichen zu Beginn und am Ende), hier `%u`. In diesem so genannten Kontrollstring wird festgelegt, wie die vom Benutzer eingegebenen Daten zu interpretieren sind. Die auf diesen Kontrollstring folgenden Argumente sind Speicheradressen, hier nur `&n`, in denen die Daten dann gespeichert werden.

Ein Kontrollstring ist eine Zeichenkette (mit oder ohne Leerzeichen). Sie enthält Teilketten, die mit dem Prozentzeichen

%

beginnen und in der Regel ohne Leerzeichen dazwischen ein weiteres Zeichen enthalten. Die wichtigsten geben wir hier an:

d   (d.h. `%d`) interpretiert die Eingabe (bis zum nächsten Leerzeichen) als ganze Zahl (in Dezimalform);

u   interpretiert die Eingabe als natürliche Zahl;

f   interpretiert die Eingabe als reelle Zahl (vom Typ `float` in Dezimalform mit Gleitpunkt (kein Komma!));

e   interpretiert die Eingabe als reelle Zahl (vom Typ `float`) in Exponentialdarstellung; es werden auch Eingaben wie bei f akzeptiert;

c   interpretiert die Eingabe als ein Zeichen vom Typ `char` (einschließlich des Leerzeichens);

s   interpretiert die Eingabe, beginnend mit dem nächsten Nicht-Leerzeichen, als Zeichenkette (= String) bis zum darauf folgenden Leerzeichen;

Die Datentypen `long`, `unsigned long`, `double` und `long double` für lange Zahlen sind im Kontrollstring mit

`ld, lu, lf, le`   bzw.   `Lf, Le`

hinter dem Prozentzeichen zu spezifizieren. Ferner sind für reelle Zahlen die Spezifikationen

`g , lg , Lg`

möglich, die dem Computer überlassen, ob er die entsprechende Spezifikation mit f oder e wählt, wobei die kürzere und/oder übersichtlichere Darstellung bevorzugt wird. Die Ein- und auch die Ausgabe lassen sich mit dem Kontrollstring noch feiner beeinflussen, worauf wir aber nicht eingehen wollen.

Die nach dem Kontrollstring folgenden Argumente der Funktion `scanf` sind Adressen, durch Kommata getrennt, in denen die Eingabe gespeichert wird. Sie werden in der Form

`&variablenname`

angegeben. Der Variablenname muss (für einen kontrollierbaren Ablauf) eine Variable bezeichnen, deren Typ im Kontrollstring an der entsprechenden Stelle spezifiziert ist. Diese Konformität wird aber nicht überprüft. Den Operator

`&`

sollte man grundsätzlich als „Adresse von" lesen. Bei der Eingabe von mehreren Argumenten sind numerische Argumente durch ein Leerzeichen oder einen Zeilensprung zu trennen. Strings mit Leerzeichen können also nicht ohne Weiteres eingegeben werden. Am Ende eines Strings fügt der Computer automatisch das so genannte Nullzeichen `\0` (mit dem ASCII-Code 0) hinzu. Um einen kontrollierten Programmablauf zu gewährleisten, ist es wichtig, dass für eine zu speichernde Zeichenkette vorher ausreichend Speicherplatz reserviert wurde, da es sonst zu so genannten Buffer-Overflows kommen kann, bei denen der Speicher in unvorhersehbarer Weise „überläuft". Bei mit c spezifizierten Eingaben wird auch das Leerzeichen gelesen. Die Interpretation der Leerzeichen bei der

Eingabe (insbesondere bei verfeinerten Kontrollstrings) kann sehr subtil sein. Auch können Leerzeichen im Kontrollstring zu verschiedenen Interpretationen führen.

Die Zeilen 13 bis 19 bilden den Kern des Programms. Mit ihm wird die Berechnung des Binomialkoeffizienten durchgeführt. Zunächst wird in Zeile 13 der `unsigned int`-Variablen `c` der Wert 0 mit dem **Z u w e i s u n g s o p e r a t o r**

$$=$$

zugewiesen. Er wird grundsätzlich von rechts nach links gelesen und weist der linksstehenden Variablen den Wert auf der rechten Seite zu.

Zeile 14 enthält die **b e d i n g t e   V e r z w e i g u n g**

```
if.
```

Hinter `if` muss in runden Klammern ( ) eine Bedingung stehen. Ist diese wahr (d.h. ist ihr (Wahrheits-)Wert $\neq 0$), so wird der nachfolgende Block (eingeschlossen durch geschweifte Klammern { } , hier in den Zeilen 14 bzw. 19) abgearbeitet. Andernfalls wird der Block bei der Programmausführung übersprungen. Eine `if-else-`**V e r z w e i g u n g** fügt hinter den `if`-Block noch einen `else`-Block

```
else {...}
```

an, der abgearbeitet wird, falls die `if`-Bedingung nicht erfüllt ist (also den Wahrheitswert 0 hat). Ist diese aber erfüllt, wird der `else`-Block (nach Abarbeiten des `if`-Blocks) übersprungen.

Im vorliegenden Fall wird die `if`-Bedingung durch den **V e r g l e i c h** `m<=n` gegeben, d.h. diese Bedingung hat einen Wert $\neq 0$ genau dann, wenn der aktuelle Wert von `m` kleiner-gleich dem aktuellen Wert von `n` ist. An **V e r g l e i c h s o p e r a t i o n e n** stehen zur Verfügung:

`<`	kleiner
`>`	größer
`==`	gleich (man beachte den Unterschied zum Zuweisungsoperator `=`)
`!=`	ungleich
`<=`	kleiner-gleich
`>=`	größer-gleich.

Verglichen werden numerische Größen vom gleichen Typ. Sind im Programm die zu vergleichenden Größen von verschiedenem Typ, so werden sie von C in natürlicher Weise zunächst in Werte gleichen Typs verwandelt. Insbesondere werden, wenn nötig, Größen vom Typ `char` in ganze Zahlen vom Typ `int` gemäß ASCII verwandelt. Die Bedingungen `'0'==48` und `'\0'==0` sind wahr, die Bedingung `'0'==0` ist falsch.

Mehrere Bedingungen dürfen gemäß den Standardregeln der Aussagenlogik mit

`&&`	und
`||`	oder
`!`	nicht

verknüpft werden. Der Übersichtlichkeit wegen sollte man dabei immer Klammern setzen, auch wenn diese zur Identifizierung nicht immer nötig sind.

Zeile 15 enthält wieder eine einfache Wertzuweisung. Die Zeilen 16 bis 18 beschreiben eine `for`-**S c h l e i f e**. Diese hat folgende Syntax: Hinter

```
for
```

stehen in runden Klammern drei Ausdrücke, durch ; getrennt. Gewöhnlich initialisiert der erste Ausdruck die Variable, die die Schleife kontrolliert. Der zweite Ausdruck ist eine Bedingung. Ist deren Wahrheitswert $\neq 0$, so wird der nachfolgende Block (der wieder in geschweiften Klammern { } , hier in den Zeilen 16 und 18, steht) ausgeführt. Andernfalls wird die Schleife abgebrochen, d.h. mit der Anweisung nach dem Block fortgefahren. Wurden die Anweisungen des Blocks ausgeführt, so wird der dritte Ausdruck in den runden Klammern hinter `for` , der eine Anweisung – hier eine Wertzuweisung – ist, benutzt. Häufig, wie auch im vorliegenden Beispiel, dient sie der Anpassung der Kontrollvariablen. Die Anweisung wird ausgeführt und anschließend die Bedingung im zweiten Ausdruck geprüft. Die Ausdrücke in den Klammern hinter `for` dürfen leer sein, die Semikolons dürfen nicht fehlen. Der erste und dritte Ausdruck in der `for` -Schleife dürfen auch mehrere Anweisungen enthalten, die allerdings nicht wie sonst durch ein Semikolon, sondern durch ein Komma zu trennen sind (K o m m a - O p e r a t o r).

Die Wertzuweisung `i=i+1` in Zeile 16, die den Wert der Kontrollvariablen um 1 erhöht (und übrigens durch `i++` abgekürzt werden darf [3]), benutzt die Addition. Die gewöhnlichen a r i t h m e t i s c h e n O p e r a t o r e n (Addition, Subtraktion, Multiplikation, Division) werden mit

$$+ , - , * , /$$

angegeben. Dabei wird mit den üblichen Klammerkonventionen gerechnet. Im Zweifelsfall setze man (runde) Klammern. Für ganzzahlige Datentypen ist das Ergebnis der Division der ganzzahlige Quotient bei der D i v i s i o n m i t R e s t, wobei der Rest durch den Operator

$$\%$$

gegeben wird. Dabei ist für ganze Zahlen a, b, $b \neq 0$, stets $a/b = \lfloor \frac{a}{b} \rfloor$, falls $\frac{a}{b} \geq 0$, und $a/b = \lceil \frac{a}{b} \rceil$, falls $\frac{a}{b} < 0$. Der Operator $\%$ ist dann durch die Gültigkeit der Gleichung

$$a = (a/b) * b + (a\%b)$$

charakterisiert. Mit den arithmetischen Operationen ist auch die Zeile 17 erklärt. Die Klammern in den Zeilen 18 und 19 schließen Blöcke ab.

Zeile 20 benutzt wieder die Funktion

```
printf
```

der C-Bibliothek `stdio` . Hier dient sie aber nicht nur der Ausgabe eines Strings sondern auch der Ausgabe der aktuellen Werte von Variablen. Gesteuert wird diese Ausgabe wie bei der Eingabe durch einen K o n t r o l l s t r i n g, der unmittelbar hinter der runden Klammer beginnt und mit Anführungszeichen " " umschlossen ist. Er enthält wie bei dem Kontrollstring für die Funktion `scanf` Zeichenketten, die mit % beginnen und von den oben angegebenen Buchstabenketten `d`, `u`, `f`, `c`, `s`, `ld`, `lu`, `lf`, `le`, `Lf`, `Le`, `g`, `lg`, `Lg` gefolgt werden und dieselbe Spezifikation für die Ausgabe bewirken wie dort für die Eingabe. Außerdem kann der Kontrollstring beliebige Strings enthalten, die dann an den entsprechenden Plätzen auf dem Bildschirm ausgegeben werden. Die dem Kontrollstring folgenden Argumente werden durch Kommata getrennt und gemäß den Spezifikationen im Kontrollstring auf dem Bildschirm ausgegeben. Wie schon oben bei der Funktion `scanf` erwähnt, kann das Ausgabeformat durch weitere Spezifikationen hinter % strenger kontrolliert werden. Im vorliegenden Fall wird auf dem Bildschirm mit dem Ausgabebefehl in

---

[3] In diesem Sinne ist auch die Bezeichnung C++ für den (C umfassenden) objektorientierten Nachfolger der funktionalen Programmiersprache C zu verstehen.

Zeile 20 die Zeile $"c(n, m) = c"$ mit den natürlichen Zahlen n, m, c aus den entsprechenden Speichern ausgegeben und anschließend an den Beginn einer neuen Zeile gesprungen.

Der Befehl

```
exit
```

aus der C-Bibliothek `stdlib` in Zeile 21 beendet beim Aufruf sofort die Programmausführung. Er darf an jeder Stelle eines Programms stehen und erfordert als Argument in runden Klammern eine ganze Zahl. In der Regel ist dies eine der Konstanten `EXIT_SUCCESS` oder `EXIT_FAILURE`, die ebenfalls in der Header-Datei `stdlib.h` definiert sind und zwar als 0 bzw. 1. Im ersten Fall handelt es sich um einen regulären Abbruch, im zweitem Fall um einen irregulären auf Grund eines unerwünschten Zustands.

Die letzte Zeile 22 enthält die Klammer `}`, die den Block der `main`-Funktion abschließt. *Mit dem Beenden der* `main`*-Funktion ist die Ausführung eines jeden C-Programms abgeschlossen.* In der Regel wird ein Funktionsaufruf mit einem `return`-Befehl beendet, vgl. Beispiel 3.A.2.

Wegen $\binom{n}{m} = \binom{n}{n-m}$ für $0 \leq m \leq n$ kann man bei $m > n - m \geq 0$ zur Beschleunigung die Zahl m durch $n - m$ ersetzen. Man fügt dazu zwischen Zeile 14 und 15 die Zeile

```
if (n-m<m) { m=n-m; }
```

ein. (Man vergesse nicht das Semikolon hinter der Anweisung!) Allerdings ist dann auch in der Ausgabe m durch $n - m$ ersetzt. Damit in der Ausgabe die ursprüngliche Aufgabe erkennbar bleibt, kann man in Zeile 06 eine zusätzliche `unsigned int`-Variable, etwa die Hilfsvariable `copy_m`, einführen, sowie zwischen Zeile 12 und 13 die Wertzuweisung

```
copy_m=m;
```

einfügen und im letzten `printf`-Aufruf `m` durch `copy_m` ersetzen.

Ferner kann man das ursprüngliche Programm auch zur Berechnung der Binomialkoeffizienten $\binom{n}{m}$ für *reelle n* (und natürliche m) benutzen. Man hat dann nur den Datentyp von `n` und der Laufvariablen `c` in `float` (oder `double`) zu verwandeln. Deswegen sind die Zeilen 06, 10, 15 und 20 zu ersetzen durch

```
06     float n,c; unsigned int m,i;
10     scanf("%f",&n);
15       c=1.0;
20     printf("c(%f,%u) = %f\n",n,m,c);
```

Außerdem sind die Zeilen 13, 14 und 19 zu streichen. Die Gleitpunktzahlvariable `c` vom Typ `float` dürfte man in Zeile 15 auch in der Form `c=1.` initialisieren. Die Initialisierung `c=1` ohne den Gleitpunkt wird aber ebenfalls akzeptiert.

3.A.2 Beispiel (Berechnung der verallgemeinerten Fakultät · Funktionsdeklaration und -definition) Das folgende Programm berechnet die verallgemeinerte Fakultät (= absteigende Faktorielle) $[n]_m$ für reelle Zahlen n und natürliche Zahlen m.

```
01 /* Berechnung der verallgemeinerten Fakultaet [n]_m
02  * fuer reelle Zahlen n und natuerliche Zahlen m */
03 #include <stdlib.h>
04 #include <stdio.h>
05 double gen_fact(double,unsigned int);
```

```
06 int main( ) {
07    double n;
08    unsigned int m;
09    printf("\nBerechnung der verallgemeinerten Fakultaet \
10 [n]_m\n\n");
11    printf("n = ");
12    scanf("%lf",&n);
13    printf("m = ");
14    scanf("%u",&m);
15    printf("[%lf]_%u = %lf\n",n,m,gen_fact(n,m));
16    exit(EXIT_SUCCESS);
17 }
18 /* Berechnung der verallgemeinerten Fakultaet [n]_m */
19 double gen_fact(double n, unsigned int m) {
20    double c;
21    unsigned int i;
22    c=1.0;
23    for (i=0; i<m; i=i+1) {
24       c=c*(n-i);
25    }
26    return (c);
27 }
```

Das Programm benutzt die Funktion `gen_fact`, die im Programm deklariert und definiert wird. Sie hat als Argument eine reelle Zahl vom Typ `double` sowie eine natürliche Zahl vom Typ `unsigned int` und als Rückgabewert eine reelle Zahl vom Typ `double`. Dies wird durch die Deklaration in Zeile 05 gesagt. Generell hat die D e k l a r a t i o n einer Funktion die folgende Gestalt: Zunächst wird der Datentyp des Rückgabewerts angegeben, dann nach einem Leerzeichen der Funktionsname und schließlich in runden Klammern die Datentypen der Argumente, durch Kommata getrennt. Wie schon weiter oben erklärt, sind die runden Klammern auch dann zu setzen, wenn die Argumentliste leer ist. Die D e f i n i t i o n der Funktion `gen_fact` erfolgt in den Zeilen 19 bis 27. Dazu wird zunächst wie bei der Deklaration verfahren, zusätzlich werden den Argumenten aber Namen gegeben, die damit als lokale Variablen für die Funktionsberechnung zur Verfügung stehen. Im Definitionsblock von `gen_fact` (Zeile 20 bis 26 sowie die zugehörigen Klammern in Zeile 19 bzw. 27) wird eine Laufvariable `c` vom Typ `double` eingeführt, deren Endwert mit der Anweisung

```
return (c);
```

in Zeile 26 als Funktionswert zurückgegeben wird, wobei die runden Klammern um den Rückgabewert fakultativ sind. *Mit dem Erreichen eines* `return` *ist ein Funktionsaufruf stets beendet.*

Aufgerufen wird die Funktion in dem Ausgabebefehl von Zeile 15. Bei diesem A u f r u f müssen die aktuellen Argumente den richtigen Datentyp haben. Ansonsten versteht sich das Programm von selbst.

3.A.3 Beispiel (Schnelles Potenzieren · Iterationen und Rekursionen)
Seien x eine (reelle) Zahl und $n \in \mathbb{N}$. Bei $x > 0$ lässt sich die Potenz x^n innerhalb von C mit der Mathematik-Bibliothek berechnen. Man hat dazu die Direktive

```
#include <math.h>
```

zu Beginn eines Programms einzufügen. Der Aufruf

```
pow(x,n)
```

liefert dann die Potenz x^n. Bei dieser Funktion haben beide Argumente und der Rückgabewert den Datentyp `double`. Es wird $e^{n \ln x}$ (oder ein ähnlicher Ausdruck) berechnet, wodurch Rundungsfehler entstehen können, die gelegentlich vermieden werden müssen, etwa beim Rechnen mit ganzen Zahlen. Somit interessiert ein Verfahren zur direkten Berechnung einer Potenz. Überdies hat man auch andere mathematische Objekte, wie etwa Abbildungen (oder später Matrizen) zu potenzieren, wofür dieses Verfahren dann in analoger Weise angewandt werden kann.

In naiver Weise wird die Potenz x^n für ganze Zahlen x und natürliche Zahlen n durch die Funktion `pow_naiv` geliefert, deren nachfolgendes Programm sich von selbst versteht. Der Deklaration folgt unmittelbar die Definition.

```
01  int pow_naiv(int, int);
02  int pow_naiv(int x, int n) {
03     int p,i;
04     p=1;
05     for (i=0; i<n; i=i+1) {
06        p=p*x;
07     }
08     return (p);
09  }
```

Diese Funktion kann in ein beliebiges C-Programm eingebunden werden. Dazu ist zunächst eine so genannte Header-Datei, etwa `dateiname.h`, anzulegen, in der Funktionen deklariert sind, u. a. die Funktion `pow_naiv` wie oben in Zeile 01. Sie wird mit einer Direktive der Form

```
#include "dateiname.h"
```

eingebunden. Diese Direktive erlaubt das Compilieren eines jeden Programms, in dem die Funktion `pow_naiv` korrekt aufgerufen wird. Zum Binden dieses Programms muss dann noch eine Objektdatei, z.B. `dateiname.o`, vorliegen, in der sich u. a. die (compilierte) Definition der Funktion `pow_naiv` findet. Diese Objektdatei kann etwa folgendermaßen angelegt werden: Man bindet zunächst mit `#include "dateiname.h"` die Header-Datei in eine Datei `dateiname.c` ein und fügt die Definition der Funktion `pow_naiv` an, d. h. die Zeilen 02 bis 09 des obigen Programms.

Mit dem Befehl*

```
gcc -c -o dateiname.o dateiname.c
```

wird dann die gewünschte Objektdatei `dateiname.o` generiert. Um diese in ein Programm `programmname` einzubinden, ist der folgende Befehl* aufzurufen:

```
gcc -o programmname programmname.o dateiname.o
```

Man sollte vermeiden, dass Header-Dateien mehrfach eingebunden werden. Dies lässt sich unter Benutzung der Direktive

```
#define name ausdruck
```

erreichen. Sie ersetzt bei der Vorverarbeitung jedes Auftreten von `name` ab dieser Stelle durch `ausdruck`. Dabei kann `ausdruck` auch leer sein. Durch `#undef name` kann die Definition von `name` wieder aufgehoben werden.

Die Direktiven `#ifdef name`, `#ifndef name` und `#endif` sollte man zusammen sehen. Sie haben folgende Wirkung: Wenn `name` im Fall von `#ifdef name` bereits definiert bzw. bei `#ifndef name` nicht definiert ist, werden die nachfolgenden Programmzeilen bis zum dazugehörenden `#endif` gelesen und abgearbeitet (wobei Schachtelungen möglich sind), andernfalls wird gleich hinter das zugehörige `#endif` gesprungen.

An den Anfang der Header-Datei schreibt man nun die Zeilen

```
#ifndef DATEINAME_H
#define DATEINAME_H
```

und an ihr Ende setzt man die Zeile:

```
#endif
```

Damit erreicht man, dass alles zwischen `#ifndef DATEINAME_H` und `#endif` höchstens einmal gelesen wird.

Das naive Potenzieren ist zeitlich sehr aufwendig. Die Anzahl der Multiplikationen, die man, da eine Multiplikation relativ viel Zeit kostet, möglichst klein halten sollte, ist viel zu hoch. Ist z.B. der Exponent $n = 2^k$ eine Zweierpotenz, so zeigt

$$x^{2^k} = (\cdots (x^2)^2 \cdots)^2 \,,$$

dass k-maliges Quadrieren zum Berechnen von x^n reicht. Ist allgemein

$$n = \sum\nolimits_{k=0}^{r} a_k 2^k \,, \qquad a_k \in \{0, 1\} \,,$$

die Dualzahlentwicklung von n (vgl. Beispiel 2.D.6), so ist

$$x^n = \prod\nolimits_{k=0}^{r} x^{a_k 2^k} = \prod\nolimits_{k,\, a_k = 1} x^{2^k} \,,$$

woraus sich folgende C-Funktion `pow_quick_it` für s c h n e l l e s P o t e n z i e r e n ableitet.

```
01 int pow_quick_it(int,int);
02 int pow_quick_it(int x, int n) {
03    int p,q;
04    p=1; q=x;
05    if (n==0) {
06       return (1);
07    }
08    while (n>=2) {
09       if (n%2==1) {
10          p=p*q;
11       }
12       n=n/2;
```

```
13        q=q*q;
14    }
15    return (p*q);
16 }
```

Als neues Element enthält es eine `while` - S c h l e i f e in den Zeilen 08 bis 14, die für
Iterationen benutzt wird, deren Anzahl nicht von vornherein angegeben werden soll, sondern
von den Rechnungen selbst beeinflusst wird. In runden Klammern ( ) hinter `while`
steht eine Bedingung. Ist sie wahr (ihr Wahrheitswert also $\neq 0$), so wird der nachfolgende
Block ausgeführt und zu dieser Bedingung zurückgesprungen. Ist die Bedingung falsch (ihr
Wahrheitswert also 0), so wird dieser Block bei der Programmausführung übersprungen.
Man kann die Anweisung

```
while (bedingung) {...}
```

also durch

```
for ( ;bedingung; ) {...}
```

ersetzen. Eine `do` - `while` -Schleife hat die Gestalt:

```
do {...} while (bedingung);
```

Hier wird der Wahrheitswert der Bedingung erst nach wenigstens einmaligem Ausführen des
`do` - Blocks geprüft und an den Anfang dieses Blocks zurückgesprungen, falls die Bedingung
wahr ist. (Man vergesse nicht das Semikolon ; am Ende.)

Im vorliegenden Programm sind (bei $n \geq 1$) die Werte der Variablen `q` nach Durchlaufen
der `while` - Schleifen der Reihe nach die Potenzen

$$x = x^{2^0}, \ x^2 = x^{2^1}, \ x^{2^2}, \ \dots, \ x^{2^r},$$

falls $n = \sum_{k=0}^{r} a_k 2^k$ mit $a_r = 1$ ist. Die Werte der Variablen `p` sind dann

$$1, \ x^{a_0}, \ \dots, x^{a_0 + a_1 2 + \dots + a_{r-1} 2^{r-1}}.$$

Ausgegeben wird zum Schluss das Produkt des letzten `p` - und `q` - Werts, also x^n.

Das Programm berechnet die x-Potenzen $x^{a_0 + a_1 2 + \dots + a_{k-1} 2^{k-1}}$ i t e r a t i v (daher `it` im Funktionsnamen). Die Programmiersprache C erlaubt aber auch r e k u r s i v e Berechnungen.
Für Potenzen kann dies mit der folgenden Funktion `pow_quick_rec` geschehen:

```
01 int pow_quick_rec(int, int);
02 int pow_quick_rec(int x, int n) {
03    int p;
04    if (n==0) {
05       return (1);
06    }
07    if (n%2==1) {
08       return (x*pow_quick_rec(x,n-1));
09    }
10    p=pow_quick_rec(x,n/2);
11    return (p*p);
12 }
```

Im Block dieser Funktion wird sie selbst wieder aufgerufen. Sie muss also unbedingt zuvor deklariert worden sein. Ferner muss sie beim mehrfachen Aufrufen schließlich einen Schritt erreichen, bei dem der Wert direkt ausgegeben wird. (Andernfalls ergäbe sich eine Endlos-Schleife.) Mit diesem Wert wird dann der Rekursionsweg zurückverfolgt. Durch rekursive Elemente werden Funktionsdefinitionen häufig sehr übersichtlich. Die Ausführung erfordert aber vom Computer in der Regel einen beträchtlichen und nicht unmittelbar sichtbaren internen Verwaltungsaufwand (der schnell zu Speicherproblemen führen kann). Beim Berechnen der Potenz x^5 zum Beispiel werden sukzessive die Potenzen x^4, x^2, x^1, x^0 aufgerufen. $x^0 = 1$ wird direkt zurückgegeben. Damit wird dann $x^1 = x \cdot 1$, $x^2 = x^1 \cdot x^1$, $x^4 = x^2 \cdot x^2$ und schließlich $x^5 = x \cdot x^4$ berechnet.

Auch das naive Potenzieren lässt sich rekursiv programmieren:

```
01 int pow_naiv_rec(int, int);
02 int pow_naiv_rec(int x, int n) {
03    if (n==0) {
04        return (1);
05    }
06    return (x*pow_naiv_rec(x,n-1));
07 }
```

Die folgenden beiden Programme berechnen die n-te Fibonacci-Zahl f_n, $n \in \mathbb{N}$, (vgl. Beispiel 2.A.5) mit Hilfe der Rekursionsgleichung $f_n = f_{n-1} + f_{n-2}$, $n \geq 2$, und den Anfangsbedingungen $f_0 = 0$, $f_1 = 1$, einmal iterativ und das andere Mal rekursiv. Der Leser überlege, dass das rekursive Verfahren einen überdimensional großen Aufwand erfordert und hier nicht zu empfehlen ist.

```
01 int fib_it(int);
02 int fib_it(int n) {
03    int i,f0,f1,f;
04    f0=0; f1=1;
05    switch (n) {
06        case 0: return (f0);
07        case 1: return (f1);
08        default:
09            for (i=2; i<=n; i=i+1) {
10                f=f0+f1;
11                f0=f1;
12                f1=f;
13            }
14            return (f);
15    }
16 }
```

```
01 int fib_rec(int);
02 int fib_rec(int n) {
03    switch(n) {
04        case 0: return (0);
```

```
05          case 1: return (1);
06          default: return (fib_rec(n-1)+fib_rec(n-2));
07      }
08  }
```

Beide Programme benutzen die `switch-case-Anweisung` in den Zeilen 05 bis 15 bzw. 03 bis 07. Sie eignet sich für **Fallunterscheidungen** und hat folgende Syntax: Hinter `switch` steht zunächst in runden Klammern `( )` ein Ausdruck, der einen ganzzahligen Wert hat. In dem nachfolgenden Block in geschweiften Klammern `{ }` stehen Anweisungen, wie für einen konkreten Wert dieses Ausdrucks zu verfahren ist. Die Fälle werden durch

```
case ganzezahl:
```

eingeleitet, wobei `ganzezahl` den jeweiligen Wert des Ausdrucks angibt. Mit

```
default:
```

können alle Fälle, die nicht einzeln angegeben sind, zusammengefasst werden. Auch wenn `default` nicht am Ende der Liste steht, wird dieser Fall erst abgearbeitet, wenn *alle* Einzelfälle als nicht zutreffend erkannt worden sind. Hat der Rechner den zutreffenden Fall erreicht (gibt es einen solchen Fall nicht, so wird die `switch`-Anweisung beendet), so werden *alle* im Programm folgenden Fälle unabhängig von ihrem Zutreffen abgearbeitet, falls die Anweisungen nicht etwas anderes besagen. Durch einen `break`-Befehl

```
break;
```

kann die `switch`-Anweisung an jeder Stelle verlassen werden. In dieser Weise kann der `break`-Befehl auch in `for`-, `while`- und `do-while`-Schleifen benutzt werden. Mit `continue;` lässt sich in solchen Schleifen der direkte Sprung zum nächsten Schleifendurchlauf (ohne Beenden der aktuellen Schleife) befehlen.

Die Formel $\Phi^n = f_{n-1} + f_n\Phi$, $\Phi = (1 + \sqrt{5})/2$, freilich, vgl. 2.A, Aufg. 9c), legt es nahe, f_n mit Hilfe des schnellen Potenzierens zu berechnen. Dies leistet offenbar die Funktion `fib_quick` mit dem folgenden Programm:

```
01 int fib_quick(int);
02 int fib_quick(int n) {
03     int f0,f1,q0,q1,r;
04     f0=1; f1=0;
05     q0=0; q1=1;
06     if (n==0) {
07         return (0);
08     }
09     while (n>=2) {
10         if (n%2==1) {
11             r=f0;
12             f0=r*q0+f1*q1;
13             f1=r*q1+f1*(q0+q1);
14         }
15         n=n/2;
16         r=q0;
```

```
17          q0=r*r+q1*q1;
18          q1=(2*r+q1)*q1;
19      }
20      return (f0*q1+f1*(q0+q1));
21 }
```

Zum Verständnis des Programms beachte man die Gleichung

$$(a + b\Phi)(c + d\Phi) = (ac + bd) + \big(ad + b(c + d)\big)\Phi, \qquad a, b, c, d \in \mathbb{Z},$$

und speziell $(a + b\Phi)^2 = (a^2 + b^2) + (2a + b)b\Phi$. Zurückgegeben wird der Koeffizient f_n von $\Phi^n = f_{n-1} + f_n\Phi$ (mit $f_{-1} := 1$). Die Werte q_{0k} und q_{1k} von `q0` bzw. `q1` sind der Reihe nach die Koeffizienten in der Darstellung $\Phi^{2^k} = q_{0k} + q_{1k}\Phi$. (Es ist also $q_{0k} = f_{2^k-1}$, $q_{1k} = f_{2^k}$.) Die Variable `r` ist eine Hilfsvariable. Ohne diese Variable hätten die Zuweisungen für `f0` bzw. `q0` in den Zeilen 12 und 17 die Gestalt `f0=f0*q0+f1*q1;` bzw. `q0=f0*f0+q1*q1;`. Dann wären aber mit dem neuen Wert für `f0` bzw. `q0` die Zuweisungen `f1=f0*q1+f1*(q0+q1);` für `f1` und entsprechend für `q1` in den Zeilen 13 und 18 nicht mehr korrekt. (Dies zu übersehen ist ein typischer Anfängerfehler.)

3.A.4 Beispiel (Primfaktorisierung · Feld- und Zeigervariablen) Das folgende C-Programm berechnet (in recht naiver Weise) die kanonische Primfaktorzerlegung einer positiven natürlichen Zahl n. Es wird zunächst geprüft, ob n durch eine der Primzahlen $p \leq 31$ teilbar ist, gegebenenfalls der p-Exponent bestimmt und durch die größte p-Potenz, die n teilt, dividiert. Dann werden nur noch diejenigen Zahlen > 31 auf Teilbarkeit getestet, die teilerfremd zu $30 = 2 \cdot 3 \cdot 5$ sind (Man spricht daher auch vom 30er-Sieb.) Dies sind die Zahlen $p = 30\ell + q$, wobei $\ell \geq 1$ und q eine der Zahlen 7, 11, 13, 17, 19, 23, 29, 31 ist (die modulo 30 ein volles Repräsentantensystem für die zu 30 teilerfremden Zahlen bilden). Die acht Zahlen für festes ℓ werden in einem Schleifendurchlauf geprüft, und zwar so lange wie die erste Zahl $30\ell + 7 \leq \sqrt{n}$ ist, da eine Zahl n, die keine Teiler $\leq \sqrt{n}$ besitzt, prim ist, vgl. die Zeilen 19 bis 24.

```
01 /*Primzahlzerlegung einer positiven natuerlichen Zahl n*/
02 #include <stdlib.h>
03 #include <stdio.h>
04 void div_potenz(unsigned int *, unsigned int);
05 int main( ) {
06     unsigned int n,i,l;
07     unsigned int r[3]= {2,3,5},
08         q[8]= {7,11,13,17,19,23,29,31};
09     printf("\nBerechnung der Primfaktorzerlegung \
10 von n\n\n");
11     printf("n = ");
12     scanf("%u",&n);
13     if (n!=1) {
14         printf("Die Primfaktoren von %u sind:\n\n",n);
15         for (i=0; i<3; i=i+1) {
16             div_potenz(&n,r[i]);
17         }
```

```
18        l=0;
19        do {
20            for (i=0; i<8;i=i+1) {
21                div_potenz(&n,30*l+q[i]);
22            }
23            l=l+1;
24        } while ((30*l+7)*(30*l+7)<=n);
25        if (n>1) {
26            printf("%u Exp.: 1\n",n);
27        }
28    }
29    exit(EXIT_SUCCESS);
30 }
31 /* Pruefen, ob p|x, Bestimmen und Herausdividieren der
32  * groessten p-Potenz */
33 void div_potenz(unsigned int *x, unsigned int p) {
34     unsigned int e=0;
35     while (*x%p==0) {
36         e=e+1;
37         *x=*x/p;
38     }
39     if (e>0) {
40         printf("%u Exp.: %u\n",p,e);
41     }
42 }
```

Wir benutzen in diesem Programm die F e l d - (oder i n d i z i e r t e n) V a r i a b l e n r bzw. q, die in den Zeilen 07, 08 deklariert und gleichzeitig initialisiert werden. Der F e l d (engl. a r r a y)- N a m e ist ein gewöhnlicher Variablenname (mit Typangabe bei der Deklaration). Die Anzahl der Indizes, die eine solche Variable haben kann, ist (fast) beliebig. Der Umfang eines jeden Index wird in eckigen Klammern [ ] hinter dem Feldnamen deklariert: $[v_1] [v_2] \ldots [v_s]$ (D i m e n s i o n i e r u n g des Feldes), wobei die $v_k \in \mathbb{N}$ besagen, dass der k-te Index der Feldvariablen die v_k Werte $0, 1, \ldots, v_k-1$ annehmen kann. (Man achte auf diese Zählung!) s ist die D i m e n s i o n des Feldes. Jede einzelne Feldvariable wird durch den Feldnamen aufgerufen, gefolgt von den Indizes, die einzeln in eckigen Klammern anzugeben sind (und im deklarierten Bereich liegen müssen).

Im Programm haben wir die Initialisierung der Felder r und q direkt bei der Deklaration vorgenommen. *Dies ist auch für gewöhnliche Variablen möglich* (wie das in Zeile 34 für die Variable e geschieht). Bei Feldvariablen ist eine kumulative Initialisierung *nur* bei der Deklaration möglich, und zwar in geschweiften Klammern, durch Kommata getrennt, in der Reihenfolge gemäß der lexikographischen Ordnung des Multi-Index. [4] Im vorliegenden Programm werden $r[0], r[1], r[2]$ der Reihe nach mit 2, 3, 5 initialisiert (Die Variable

---

[4]) Die geschweiften Klammern sind also keine Mengenklammern, sondern zeigen eine *Folge* von Objekten an.

r[3] gibt es nicht!) und q[0],...,q[7] mit 7, 11, 13, 17, 19, 23, 29, 31. Eine einzelne Feldvariable kann wie eine gewöhnliche Variable initialisiert werden.

In der Deklaration einer Funktion, deren Argumente ein ganzes Feld umfassen, genügt es, den Variablentyp mit so vielen eckigen Klammerpaaren [ ] anzugeben, wie die Dimension des Feldes angibt. Bei der Definition einer Funktion mit einem Feld als Argument ist die genaue Dimensionierung des Feldes anzugeben (falls seine Dimension > 1 ist).

Die in den Zeilen 33 bis 42 definierte Funktion div_potenz entscheidet, ob die übergebene Zahl p als Faktor in der aktuellen Zahl x auftritt (bei Ablauf des Gesamtprogramms ist dann p notwendigerweise prim), bestimmt die größte p-Potenz, die x teilt und dividiert sie aus. Ferner gibt sie den Wert von p und den dazugehörigen Exponenten auf dem Bildschirm aus, vgl. Zeile 40. Die Rückgabe der Funktion ist leer; dies wird durch den Rückgabedatentyp void kenntlich gemacht. Neben der Bildschirmausgabe verändert die Funktion div_potenz gegebenenfalls den Wert der Zahl im Speicher der Variablen n.

Solche Aufgaben werden vorteilhaft mit so genannten Zeigervariablen (engl. pointers) erledigt, die ein wesentliches Moment der Programmiersprache C darstellen. Sie erlauben eine indirekte Adressierung des Speichers. Im vorliegenden Fall handelt es sich um die in Zeile 33 durch unsigned int *x deklarierte Variable x als eines der Argumente der Funktion div_potenz, deren Deklaration bereits in Zeile 04 gegeben wird. Die Deklaration einer Zeigervariablen hat vor dem Variablennamen einen Datentyp, gefolgt von einem Stern * (mit oder ohne Leerraum). *Der Wert einer Zeigervariablen ist eine Speicheradresse,* wobei der Inhalt des zugehörigen Speichers den Datentyp der Zeigervariablen (im vorliegenden Fall unsigned int) hat. In der Regel wird eine Speicheradresse nur indirekt – wie bereits früher erwähnt – durch

&variablenname

benannt, das ist die Speicheradresse, in der der Wert der Variable variablenname gespeichert ist. Der Typ dieser Variablen hat mit dem Typ der Zeigervariablen übereinzustimmen, ihre Werte werden aber gegebenenfalls in den notwendigen Datentyp umgewandelt. Der Inhalt des Speichers, auf den die Zeigervariable zeigervariablenname zeigt, wird durch

*zeigervariablenname

gegeben, und zwar ist er vom Typ wie in der Deklaration von zeigervariablenname angegeben. Mit dieser Beschreibung der Zeigervariablen ist die Routine div_potenz der Zeilen 33 bis 42 zusammen mit den bisherigen Erläuterungen verständlich.

Wir betonen, dass auch Felder Zeiger sind. In einem Feld

$$\texttt{datentyp feldname}[\nu_1]\,...\,[\nu_s]$$

hat die Variable feldname als Wert die *Adresse* des ersten Feldelements. Der Inhalt dieser Speicheradresse ist vom Typ datentyp. Der Wert der einzelnen Feldvariablen feldname[i1]...[is] ist der Inhalt des entsprechenden Speichers und damit selbst vom Typ datentyp. Bei einem eindimensionalen Feld der Form datentyp x[ν] bezeichnet (x+i) die Adresse des i-ten Feldelements. *(x+i) und x[i] haben also dieselbe Bedeutung, nämlich den aktuellen Wert der Variablen x[i]. Bei mehrdimensionalen Feldern kann man in ähnlicher Weise auf die einzelnen Variablen zugreifen.

3.A.5 Beispiel (Arithmetik rationaler Zahlen · Verbundvariablen) Rationale Zahlen haben ganze Zahlen als Zähler bzw. Nenner und sind deshalb von einem Datentyp, der mit den bis jetzt bekannten einfachen Datentypen nicht unmittelbar deklariert werden kann. Zur Deklaration solcher Daten benutzt man vorteilhaft eine sogenannte Verbund- oder struct-Variable. Dies ist einfach ein Tupel von Variablendeklarationen in geschweiften Klammern, wobei die Reihenfolge wichtig ist, insbesondere wenn mit der Deklaration bereits eine Initialisierung verbunden werden soll. So ist

```
struct { int z; int n; };
```

ein Datentyp, bestehend aus zwei Daten vom einfachen Datentyp int , die mit z und n benannt sind. Dies ist typischerweise der Datentyp einer rationalen Zahl mit Zähler z und Nenner n. Mit

```
struct ratzahl { int z; int n; };
```

lässt sich diesem Datentyp der Name struct ratzahl geben. Noch kürzer lässt er sich durch

```
typedef struct { int z; int n; } ratzahl;
```

mit dem Namen ratzahl versehen. Auf diese Weise kann man mit typedef einem beliebigen Datentyp einen Namen geben:

```
typedef datentyp name;
```

Durch ratzahl r; wird schließlich die Verbundvariable r vom Typ ratzahl deklariert. Dasselbe hätte auch direkt durch den Befehl struct { int z; int n; } r; geschehen können. Beim Definieren von neuen Datentypen dürfen wieder Verbundvariablen benutzt werden. Auf diese Weise lassen sich in C sehr komplexe Datentypen konstruieren.

In einer Verbundvariablen ruft man die einzelnen Bestandteile auf, indem man hinter dem Namen der Verbundvariablen den Namen des Bestandteils schreibt, getrennt durch einen Punkt, wobei Schachtelungen durch Iterieren dieses Prozesses Rechnung getragen wird. Beispielsweise bezeichnen die Variablen r.z und r.n vom Typ int den „Zähler“ bzw. „Nenner“ der oben deklarierten Variablen r vom Typ ratzahl . Die folgenden C-Funktionen ratzahl_add und ratzahl_mul berechnen die Summe bzw. das Produkt zweier rationaler Zahlen und geben beide das Ergebnis in gekürzter Form mit positivem Nenner zurück. Will man sie benutzen, muss zuvor der Datentyp ratzahl wie oben definiert sein und die Funktion ratzahl_std , die anschließend besprochen wird, eingebunden sein.

```
01 ratzahl ratzahl_add(ratzahl, ratzahl);
02 ratzahl ratzahl_add(ratzahl r, ratzahl s) {
03    rat_zahl t;
04    t.z=r.z*s.n+s.z*r.n;
05    t.n=r.n*s.n;
06    return (ratzahl_std(t));
07 }
```

```
01 ratzahl ratzahl_mul(ratzahl, ratzahl);
02 ratzahl ratzahl_mul(ratzahl r, ratzahl s) {
03    rat_zahl t;
04    t.z=r.z*s.z;
05    t.n=r.n*s.n;
06    return (ratzahl_std(t));
07 }
```

Man sieht, dass Verbundvariable wie gewöhnliche Variablen behandelt werden, insbesondere als Argumente und Rückgabewerte von Funktionen. Die beiden letzten Programme benutzen die Funktion `ratzahl_std` als Subroutine. Sie verwandelt eine rationale Zahl in dieselbe Zahl, aber in gekürzter Darstellung mit positivem Nenner.

```
01 ratzahl ratzahl_std(ratzahl);
02 int ggt(int, int);
03 ratzahl ratzahl_std(ratzahl r) {
04    int d;
05    if (r.n==0) {
06       printf("Nenner ist null.\n");
07       exit(EXIT_FAILURE);
08    }
09    if (r.n<0) {
10       r.z=-r.z;
11       r.n=-r.n;
12    }
13    d=ggt(r.z,r.n);
14    r.z=r.z/d;
15    r.n=r.n/d;
16    return (r);
17 }
18 /* Berechnung des groessten gemeinsamen Teilers */
19 int ggt(int a, int b) {
20    int r;
21    a=abs(a); b=abs(b);
22    while(b!=0) {
23       r=a;
24       a=b;
25       b=r%b;
26    }
27    return (a);
28 }
```

Bei der Definition der Funktion `ratzahl_std` haben wir in Zeile 07 die Routine `exit` aus der C-Bibliothek `stdlib` mit dem Argument `EXIT_FAILURE` benutzt, wodurch ein irregulärer Abbruch auf Grund des Auftretens von 0 als Nenner hervorgerufen wird.

In der C-Bibliothek `stdlib` befindet sich auch die durch `int abs(int);` deklarierte Funktion `abs` . Ihre Rückgabe ist der Absolutwert des Arguments. In der Mathematikbibliothek `math` befinden sich die Absolutbetragsfunktionen `fabs` und `labs` mit den Deklarationen `double fabs(double);` bzw. `long labs(long);` für Gleitpunktzahlen bzw. große ganze Zahlen. Die Funktion `abs` wurde in dem obigen Programm bei der Definition der Funktion `ggt` benutzt, die den (nicht-negativen) größten gemeinsamen Teiler zweier ganzer Zahlen a, b zurückgibt. `ggt` implementiert den euklidischen Algorithmus, vgl. Satz 2.D.7. Als Variante zu den Zeilen 22 bis 26 des Programms ist die folgende divisionsfreie Version des euklidischen Algorithmus möglich:

```
22    while (b!=0) {
23       if (a<b) { r=a; a=b; b=r; }
24                      //Vertauschen der Werte von a und b
25       a=a-b;
26    }
```

Sie beruht auf der so genannten W e c h s e l w e g n a h m e , die auch für positive *reelle* Zahlen a, b definiert ist und für solche Zahlen genau dann mit $b = 0$ abbricht, wenn diese kommensurabel sind, d.h. ihr Quotient rational ist. Sie wurde bereits von Euklid im zehnten Buch seiner „Elemente" beschrieben, vgl. Beispiel 4.F.13 über Kettenbrüche. Das wohl berühmteste Beispiel für eine nicht abbrechende Wechselwegnahme ist das Paar $(a, b) = (\Phi, 1)$ des Goldenen Schnitts mit $\Phi = \left(1 + \sqrt{5}\right)/2$. Bei der ersten Subtraktion ergibt sich dabei nach Vertauschen das zum Ausgangspaar proportionale Paar $(1, \Phi - 1) = (1, 1/\Phi)$, so dass die Wechselwegnahme nie abbricht, vgl. auch Beispiel 14.C.10. (Dieser Irrationalitätsbeweis für Φ war angeblich schon den Pythagoreern bekannt (vgl. von Fritz, K.: The discovery of incommensurability by Hippasus of Metapontum, Ann.Math. **46**,242-264(1945)) und führte zu einer Krise in der griechischen Mathematik, vgl. auch 4.F, Aufg. 13.)

3.A.6 Beispiel (P a s c a l s c h e s   D r e i e c k · D y n a m i s c h e   S p e i c h e r r e s e r v i e r u n g) Das folgende Programm berechnet fortlaufend die ersten $m + 1$ Zeilen des Pascalschen Dreiecks. Der benötigte Speicherplatz hängt vom variablen Parameter m ab und kann daher nicht von vornherein angemessen festgelegt werden. Zur Lösung solcher Speicherprobleme ist unter anderem die Funktion `malloc` (= <u>m</u>emory <u>alloc</u>ation) geeignet, die sich in der C-Bibliothek `stdlib` befindet.

```
01 /* Berechnung der ersten m+1 Zeilen
02  * des Pascalschen Dreiecks */
03 #include <stdlib.h>
04 #include <stdio.h>
05 int main( ) {
06    int m,*s,n,*p,r,t;
07    printf("\nBerechnung der ersten m+1 Zeilen \
08 des Pascalschen Dreiecks\n\n");
09    printf("m = ");
10    scanf("%d",&m);
11    printf("\n");
12    s=(int*)malloc((m+1)*sizeof(int));
13    if (s==NULL) {
14       printf("Nicht genuegend Speicher vorhanden.\n");
15       exit(EXIT_FAILURE);
16    }
17    for (n=0; n<=m; n++) {
18       printf("n = %d:",n);
19       for (p=s, r=0; p<s+n; p++) {
20          t=*p;
21          *p=r+t;
22          r=t;
```

```
23            printf(" %d",*p);
24       }
25       *p=1;
26       printf(" %d\n",*p);
27    }
28    free((void*)s);
29    exit(EXIT_SUCCESS);
30 }
```

Wie bereits erwähnt ist das wesentlich Neue am obigen Programm das Benutzen der Funktion

```
malloc
```

aus der C-Bibliothek `stdlib`. Ihr Argument ist der gewünschte Speicherplatz in Bytes (1 Byte = 8 Bits). Der Operator

```
sizeof
```

gibt zu einem Datentyp die Anzahl der Bytes zurück, die zum Speichern eines Werts dieses Typs notwendig sind, hier die Anzahl der Bytes für eine `int`-Zahl. Diese wird multipliziert mit der maximal nötigen Anzahl $m+1$ der zu speichernden Werte für eine Zeile des Pascalschen Dreiecks. Der Rückgabewert der `malloc`-Funktion ist formal ein Zeiger auf eine Adresse für den leeren Datentyp `void`, d.h. vom Typ `void*`. Er zeigt also auf die erste Adresse des reservierten Speicherplatzes, wobei sichergestellt ist, dass dahinter mindestens der geforderte Speicherplatz zur Verfügung steht. Kann allerdings der geforderte Speicherplatz nicht reserviert werden, so gibt `malloc` den Wert `NULL` zurück, worauf wir noch eingehen werden. Durch den so genannten U m w a n d l u n g s (engl. c a s t) - O p e r a t o r

```
(int*)
```

wird das Ergebnis als Zeiger auf Speicher für `int`-Werte interpretiert. Damit sind Speicherplätze für Werte vom Typ `int` reserviert. Diese werden fortlaufend „durchnummeriert", wobei die erste Adresse der Wert der `malloc`-Funktion ist. In Zeile 12 wir dieser Wert der Zeigervariablen `s` zugewiesen. Man kann dann mit `s` umgehen wie mit einem eindimensionalen Feld, dessen Umfang nicht bereits bei der Deklaration festgelegt wurde, sondern vom Programmablauf dynamisch gesteuert wird, vgl. das Ende von Beispiel 3.A.4. Mit `malloc` lässt sich auch der Umfang einer Feldvariablen `datentyp feldname[ ]` durch eine Zuweisung der Form

```
feldname = (datentyp*)malloc(m*sizeof(datentyp));
```

oder mit der Funktion `calloc` durch eine Zuweisung

```
feldname = (datentyp*)calloc(m,sizeof(datentyp));
```

im Nachhinein festlegen, wenn das Feld m Variable umfassen soll. Dabei reserviert

```
calloc
```

im vorliegenden Fall m Speicher für Daten vom Typ `datentyp` *und* initialisiert sie mit 0. Der Rückgabewert der Funktion ist wie bei `malloc` die Adressse des ersten reservierten Speicherplatzes.

Ein Umwandlungsoperator hat grundsätzlich die Gestalt `(datentyp)ausdruck` und verwandelt den mit `ausdruck` bezeichneten Wert in einen vom Typ `datentyp` (direct cast), wobei die nahe liegenden Umwandlungsregeln verwendet werden. Allerdings ist nicht jeder Datentyp in jeden anderen umwandelbar. Der Umwandlungsoperator wird vielfach vom System auch ohne Anweisung angewandt (indirect cast), um Datentypen anzupassen.

Die symbolische Konstante `NULL` ist in der Header-Datei `stdlib.h` definiert (und zwar als 0). Hat ein Zeiger den Wert `NULL`, so zeigt er auf "Nichts". In unserem Fall wird in Zeile 13 der Zeiger `s` mit `NULL` verglichen. Die Bedingung `s==NULL` ist also genau dann wahr, wenn nicht genügend Speicherplatz zur Verfügung gestellt werden konnte. Dann wird die Meldung „Nicht genuegend Speicher vorhanden" ausgegeben, vgl. Zeile 14, und der Programmablauf mit `exit(EXIT_FAILURE);` in Zeile 15 auf Grund eines unerwünschten Zustands beendet.

In den Zeilen 17 bis 27 werden die Binomialkoeffizienten in der n-ten Zeile des Pascalschen Dreiecks berechnet und ausgegeben (wobei die Zählung mit $n = 0$ beginnt). Dabei wird die Formel $\binom{n}{k} = \binom{n-1}{k-1} + \binom{n-1}{k}$ benutzt. Man berechnet also die Koeffizienten der Polynomfunktion $(x+1)^n$ aus denen von $(x+1)^{n-1}$, $n \in \mathbb{N}^*$, mit Hilfe der Gleichung $(x+1)^n = (x+1)(x+1)^{n-1} = x(x+1)^{n-1} + (x+1)^{n-1}$. Man beachte, dass der Wert $\binom{n-1}{k-1}$ beim vorhergehenden Durchlauf der Schleife (bzw. der Initialisierung) im Speicher mit der Adresse `p-1` stand und in der Variablen `r` gesichert wurde. Der Wert $\binom{n-1}{k}$ steht zu Beginn des aktuellen Schleifendurchlaufs im Speicher mit der Adresse `p` und wird in `t` gesichert. Der Wert von $\binom{n}{k}$ wird dann in Zeile 21 dem Speicher mit der Adresse `p` zugewiesen. Der Randwert $\binom{n}{n} = 1$ wird in Zeile 25 und Zeile 26 gesondert gesetzt und ausgegeben.

Mit der zur C-Bibliothek `stdlib` gehörenden Anweisung `free` in Zeile 28 wird der durch die `malloc`-Funktion reservierte Speicherplatz, dessen erste Speicheradresse immer noch der Wert von `s` ist, wieder zur allgemeinen Verwendung freigegeben. Die Rückgabe ist vom Typ `void`. Das Argument der `free`-Funktion ist vom Datentyp `void*`; daher wird hier das Argument `s` vor der Anwendung von `free` in den Datentyp `void*` umgewandelt. Allerdings würde das System dies auch von selbst tun. Analog wird mit `free` auch der durch `calloc` oder `realloc` gebundene Speicherplatz wieder freigegeben.

Die Funktion

`realloc`

aus `stdlib` erlaubt die Anpassung eines bereits reservierten Speicherbereichs an einen sich wandelnden Bedarf. Ihr erstes Argument ist vom Typ `void*`, ihr zweites der gewünschte Speicherplatz in Bytes. Sie erhöht bzw. verringert einen vorher reservierten Speicherplatz, der mit dem im ersten Argument angegebenen Zeiger beginnt, auf die im zweiten Argument angegebene Größe. Der Rückgabewert vom Typ `void*` ist wieder die erste Adresse des neu reservierten Speicherplatzes, wobei sichergestellt ist, dass der Inhalt der ersten Speicherplätze von den zuvor reservierten Speicherplätzen übernommen wird, soweit der neu reservierte Speicher dies zulässt. Kann der neu angeforderte Speicherplatz nicht allokiert werden, so ist der Rückgabewert `NULL`.

So könnte man im letzten Programm beim Berechnen der n-ten Zeile des Pascalschen Dreiecks den dafür nötigen Speicherplatz von $n+1$ `int`-Zahlen neu festlegen. Man ersetze dazu die sechs Zeilen 12 bis 17 durch die folgenden sieben Zeilen (und lasse die übrigen unverändert):

```
12      s=(int*)malloc(0);
13      for (n=0; n<=m; n++) {
14          s=(int*)realloc((void*)s,(n+1)*sizeof(int));
15          if (s==NULL) {
16              printf("Nicht genuegend Speicher vorhanden.\n");
```

```
17              exit(EXIT_FAILURE);
18         }
```

Die neue Zeile 12 dient zur Initialisierung des Speicherplatzes.

Zum Schluss geben wir noch einmal zusammenfassend all das an, was nach dieser Einführung in die Programmiersprache C beherrscht werden oder bekannt sein soll:

(1) Der Umgang mit den verschiedenen Typen von Variablen wie

   einfachen Variablen, Feldvariablen, Zeigervariablen, Verbundvariablen

und deren Deklaration,

(2) die Deklaration und Definition von Funktionen einschließlich des `return`-Befehls, insbesondere die Bedeutung der `main`-Funktion,

(3) die Wertzuweisung `=` und die Rechenoperationen `+ - * / %`

(4) die Zeichen `#  < >  "  "  '  '  ( )  { }  ;  ,  %  \  /*  *  */  //`

(5) die Vergleichsoperationen `<   >   ==   !=   <=   >=`

(6) die logischen Verknüpfungen `&&   ||   !`

(7) die Operatoren `*` (Inhalt einer Adresse)   `&` (Adresse einer Variablen)

(8) die Standardfunktionen `scanf` und `printf` für die formatierte Ein- und Ausgabe mit der Syntax der Kontrollstrings und die Funktion `exit` zum Beenden eines Programms,

(9) die Verzweigungen `if   if...else   switch...case...default`

(10) die Schleifen mit `for   while   do...while`

(11) die Möglichkeiten iterativen und rekursiven Programmaufbaus,

(12) die C-Bibliotheken `stdio`, `stdlib`, `math` mit ihren wichtigsten Funktionen,

(13) die Speicherreservierung mit den Funktionen `malloc`, `calloc`, `realloc` und deren (spätere) Freigabe mit `free`

(14) die Bedeutung von Compilieren und Binden, insbesondere beim Übernehmen von Funktionen aus Bibliotheken.

Zu einem vollständigeren Überblick über C müssen wir auf die einschlägigen Handbücher verweisen, von denen wir exemplarisch das folgende nennen: Kernighan, B. W., Ritchie, D. M.: Programmieren in C, München, Wien 1990.

Aufgaben

Wir geben hier nur einige einfache Programmieraufgaben. Im weiteren Verlauf des Lehrbuchs geben wir immer wieder Gelegenheit, das Programmieren zu üben. Wir empfehlen dem Leser, dies auch zu tun; denn erfahrungsgemäß werden dabei auch die mathematischen Hintergründe oft klarer.

1. Man schreibe ein C-Programm, das zu gegebenem $N \in \mathbb{N}$ die $2N+1$ Fibonacci-Zahlen f_0; f_1, f_{-1}; $\ldots$; f_N, f_{-N} berechnet und ausgibt. (Für f_n mit $n < 0$ siehe 2.A, Aufg. 9c).)

2. Man schreibe ein C-Programm, das die Bellschen Zahlen $\beta_0, \ldots, \beta_N$ bis zu einem vorgegebenen $N \in \mathbb{N}$ berechnet und ausgibt, und benutze dazu die Hinweise in 2.B, Aufg. 14.

3. Man schreibe ein C-Programm, das für eine in Dezimaldarstellung gegebene Zahl deren Ziffern in der g-al-Darstellung bestimmt und umgekehrt aus den Ziffern der g-al-Darstellung die Zahl in Dezimaldarstellung berechnet ($g \in \mathbb{N}$, $g \geq 2$; vgl. Beispiel 2.D.6). Man behandle dieses Problem insbesondere für das Hexadezimalsystem ($g = 16$), wobei die Ziffern $10, \ldots, 15$ durch die Buchstaben A, $\ldots$, F repräsentiert werden.

4. Man bestimme die Primfaktorzerlegung der natürlichen Zahlen N zwischen 999 999 900 und 1 000 000 000. Um auch größere Zahlen faktorisieren zu können, schreibe man ein Programm mit Hilfe einer Großzahl-Arithmetik, vgl. Fußnote 2.

5. Man schreibe ein C-Programm, das zu gegebenem $n \in \mathbb{N}^*$ und ganzen Zahlen $a_1, \ldots, a_n$ eine Darstellung $\mathrm{ggT}(a_1, \ldots, a_n) = u_1 a_1 + \cdots + u_n a_n$ mit ganzen Zahlen $u_1, \ldots, u_n$ liefert. (Man benutze Feldvariablen und beachte die Hinweise in 2.D, Aufg. 24.)

6. Man definiere den Datentyp `kompzahl` durch

```
typedef struct { double re; double im; } kompzahl;
```

und schreibe mit diesem Datentyp C-Routinen für die Arithmetik komplexer Zahlen. (Vgl. Beispiel 3.A.5 für ein analoges Problem mit rationalen Zahlen. – Zu den komplexen Zahlen siehe §5.) Man schreibe auch Funktionen `kompabs` und `arg` mit den Deklarationen `double kompabs (kompzahl);` bzw. `double arg (kompzahl);` , die den Betrag und das Argument (im Intervall $[0, 2\pi[$) einer komplexen Zahl z berechnen (Polarkoordinaten von z). Dabei benutze man die Quadratwurzelfunktion `sqrt` und die modifizierte Arcustangens-Funktion `atan2` aus der C-Bibliothek `math` , deren Header-Datei mit `#include <math.h>` einzubinden ist. (Die Funktion `atan2` hat zwei Argumente vom Typ `double` und gibt den Arcustangens des Quotienten von erstem und zweitem Argument zurück. Sie wurde eingeführt, um die vorliegende Aufgabe bequem lösen zu können.)

7. Man schreibe ein C-Programm, das N gegebene reelle Zahlen (möglichst effizient) der Größe nach ordnet.

II REELLE UND KOMPLEXE ZAHLEN

4 Die reellen Zahlen

Bislang haben wir die reellen Zahlen rein intuitiv und in elementarer Weise benutzt. Wir stellen in diesem Paragraphen diejenigen Eigenschaften der reellen Zahlen zusammen, die (nebst den daraus gezogenen Folgerungen) im Weiteren allein verwandt werden. Auf eine Konstruktion von $\mathbb{R}$ aus elementareren Objekten wie etwa den rationalen Zahlen gehen wir nur am Rande ein (vgl. die Bemerkung in 4.G, Aufg. 23).

4.A Die Körperaxiome

Die erste Gruppe von Axiomen beschreibt die algebraischen Eigenschaften der reellen Zahlen.

4.A.1 Auf der Menge $\mathbb{R}$ der reellen Zahlen sind die Addition $(x, y) \mapsto x + y$ und die Multiplikation $(x, y) \longmapsto x \cdot y$ als Abbildungen von $\mathbb{R} \times \mathbb{R}$ in $\mathbb{R}$ erklärt, und es existieren in $\mathbb{R}$ das Nullelement 0 und das Einselement 1, die voneinander verschieden sind. Für alle $x, y, z \in \mathbb{R}$ gelten die folgenden Rechenregeln:

(1) Assoziativität der Addition:
$$(x + y) + z = x + (y + z).$$

(2) Eigenschaft des Nullelements:
$$0 + x = x = x + 0.$$

(3) Existenz des Negativen: Es gibt eine reelle Zahl $-x$ mit
$$(-x) + x = 0 = x + (-x).$$

(4) Kommutativität der Addition:
$$x + y = y + x.$$

(5) Assoziativität der Multiplikation:
$$(x \cdot y) \cdot z = x \cdot (y \cdot z).$$

(6) Eigenschaft des Einselements:

$$1 \cdot x = x = x \cdot 1.$$

(7) Existenz des Inversen: Ist $x \neq 0$, so gibt es eine reelle Zahl x^{-1} mit

$$x^{-1} \cdot x = 1 = x \cdot x^{-1}.$$

(8) Kommutativität der Multiplikation:

$$x \cdot y = y \cdot x.$$

(9) Distributivität:

$$x \cdot (y + z) = (x \cdot y) + (x \cdot z), \quad (y + z) \cdot x = (y \cdot x) + (z \cdot x).$$

Zur Vereinfachung der Schreibweise vereinbart man, dass grundsätzlich die Multiplikation Priorität vor der Addition hat (Punktrechnung vor Strichrechnung!). Ferner lassen wir häufig, wenn dies nicht zu Missverständnissen führt, den Malpunkt · weg. Die Distributivgesetze (9) lauten dann kurz

$$x(y + z) = xy + xz, \quad (y + z)x = yx + zx.$$

Wegen der Kommutativität der Multiplikation folgt natürlich das zweite aus dem ersten. Das Nullelement 0 heißt auch kurz die Null und das Einselement 1 die Eins.

Eine beliebige Menge K mit einem Nullelement und einem davon verschiedenen Einselement, auf der eine Addition und eine Multiplikation mit den obigen Eigenschaften (1) bis (9) erklärt sind, heißt ein Körper. *Die reellen Zahlen bilden somit einen Körper.* Dies gilt offenbar auch für die rationalen Zahlen und – wie wir in §5 sehen werden – für die komplexen Zahlen, jeweils mit der gewöhnlichen Addition und Multiplikation.

Häufig erfüllen Addition und Multiplikation nicht sämtliche Axiome (1) bis (9). Fordert man zum Beispiel nicht die Kommutativität der Multiplikation, so spricht man von einem Divisionsbereich oder Schiefkörper. Verzichtet man überdies darauf, dass alle Elemente $\neq 0$ bezüglich der Multiplikation ein Inverses besitzen, so handelt es sich um einen Ring. Ein typisches Beispiel dafür ist die Menge $\mathbb{Z}$ der ganzen Zahlen mit der gewöhnlichen Addition und Multiplikation, in der nur 1 und -1 ein Inverses besitzen. Ein Ring, bei dem wie in diesem Fall die Multiplikation noch kommutativ ist, heißt ein kommutativer Ring. Als Ring wird auch der so genannte Nullring zugelassen, der nur das Nullelement enthält, in dem also 0 und 1 nicht verschieden sind.

Mit einfachen Folgerungen aus den Axiomen für einen Körper (oder Ring) beschäftigen wir uns in 4.C. Hier erwähnen wir bereits:

4.A.2 Satz *Sei A ein Ring. Dann ist* $0 \cdot x = 0 = x \cdot 0$ *für alle* $x \in A$.

Beweis. Nach (9) ist $0 \cdot x = (0 + 0) \cdot x = 0 \cdot x + 0 \cdot x$. Damit ergibt sich
$0 = 0 \cdot x + (-0 \cdot x) = (0 \cdot x + 0 \cdot x) + (-0 \cdot x) = 0 \cdot x + \big(0 \cdot x + (-0 \cdot x)\big) = 0 \cdot x + 0 = 0 \cdot x$.
Analog gewinnt man $x \cdot 0 = 0$.   ●

4.A.3 Beispiel (Der Körper mit zwei Elementen) Auf der zweielementigen
Menge $K := \{0, 1\}$ definieren wir die Addition und die Multiplikation durch die folgenden
Verknüpfungstafeln:

$+$	0	1		$\cdot$	0	1
0	0	1		0	0	0
1	1	0		1	0	1

Dann ist K ein Körper mit 0 als Nullelement und 1 als Einselement, wie der Leser leicht durch
elementweises Prüfen der Axiome (1) bis (9) bestätigt. Mit 4.A.2 folgt, dass die Addition
und die Multiplikation eines Körpers, der nur die beiden Elemente 0 und 1 enthält, eindeutig
bestimmt sind. Man spricht daher, die spezielle Natur dieser Elemente ignorierend, von *dem*
Körper mit zwei Elementen.

4.A.4 Beispiel (Restklassenringe von $\mathbb{Z}$) Sei $n \in \mathbb{N}^*$. Bereits in Beispiel 1.D.12
haben wir die n-elementige Menge

$$\mathbb{Z}/\mathbb{Z}n$$

der Restklassen modulo n beschrieben. Auf dieser lassen sich in natürlicher Weise eine
Addition und eine Multiplikation so definieren, dass $\mathbb{Z}/\mathbb{Z}n$ ein kommutativer Ring wird.
Seien dazu $[a]$ und $[b]$ zwei Restklassen modulo n mit den Repräsentanten $a, b \in \mathbb{Z}$. Dann
setzt man

$$[a] + [b] := [a + b].$$

Man addiert also repräsentantenweise. Zu zeigen ist, dass das Ergebnis $[a + b]$ unabhängig
von der Wahl der speziellen Repräsentanten a und b ist. Ist aber $[a] = [a']$ und $[b] = [b']$, so
gilt $a' = a + rn$ und $b' = b + sn$ mit $r, s \in \mathbb{Z}$ und folglich $a' + b' = (a + b) + (r + s)n$, also
$[a+b] = [a'+b']$. Entsprechend entnimmt man der Gleichung $a'b' = ab + (as + rb + rsn)n$,
dass durch

$$[a] \cdot [b] := [ab]$$

eine Multiplikation auf $\mathbb{Z}/\mathbb{Z}n$ wohldefiniert ist. Aus der Gültigkeit der Axiome eines kommutativen Rings für $\mathbb{Z}$ folgt unmittelbar die Gültigkeit der entsprechenden Axiome für $\mathbb{Z}/\mathbb{Z}n$.
Die Null in $\mathbb{Z}/\mathbb{Z}n$ ist die Restklasse $[0]$ und die Eins die Restklasse $[1]$. Man nennt $\mathbb{Z}/\mathbb{Z}n$
den Restklassenring von $\mathbb{Z}$ modulo n.

Sehr leicht lassen sich die $n \in \mathbb{N}^*$ charakterisieren, für die $\mathbb{Z}/\mathbb{Z}n$ ein Körper ist:

4.A.5 Satz *Sei $n \in \mathbb{N}^*$. Genau dann ist der Restklassenring $\mathbb{Z}/\mathbb{Z}n$ ein Körper, wenn n eine
Primzahl ist.*

Beweis. Sei n eine Primzahl. Wir haben zu zeigen, dass jede Restklasse $[a] \neq [0]$ ein
Inverses $[b]$ mit $[a][b] = [1]$, d.h. mit $[ab] = [1]$ besitzt. Da wir den Repräsentanten a in $[a]$
beliebig wählen können, können wir $0 < a < n$ annehmen. Da n prim ist, gilt $\mathrm{ggT}(a, n) = 1$
und nach dem Lemma 2.D.8 von Bezout gibt es ganze Zahlen s, t mit $1 = sa + tn$. Es folgt
$[1] = [sa]$ in $\mathbb{Z}/\mathbb{Z}n$, und $[s]$ ist die gesuchte inverse Restklasse $[b]$.

Sei nun n keine Primzahl und $n > 1$. Dann gibt es Zahlen $a, b \in \mathbb{N}^*$ mit $0 < a < n$,
$0 < b < n$ und $ab = n$. Es folgt $[a][b] = [ab] = [n] = [0]$, aber $[a] \neq [0]$ und
$[b] \neq [0]$. Nehmen wir an, $[a]$ besitze ein Inverses $[c]$ mit $[c][a] = [1]$. Dann ergibt sich
$[b] = [1][b] = [c][a][b] = [c][0] = [c \cdot 0] = [0]$, und dies widerspricht $[b] \neq 0$. Also
besitzt $[a]$ (und analog $[b]$) kein Inverses. $\mathbb{Z}/\mathbb{Z}n$ ist kein Körper. $\bullet$

$\mathbb{Z}/\mathbb{Z}1$ ist der Nullring. Im Fall $n = 2$ erhalten wir in $\mathbb{Z}/\mathbb{Z}2$ den Körper mit zwei Elementen. Da [0] die Klasse der geraden Zahlen und [1] die Klasse der ungeraden Zahlen ist, geben die Verknüpfungstafeln aus Beispiel 4.A.3 einfach die bekannten Rechenregeln für Paritäten wieder:

$$\text{gerade} + \text{gerade} = \text{gerade} = \text{ungerade} + \text{ungerade}\,,$$
$$\text{ungerade} + \text{gerade} = \text{ungerade}\,;$$
$$\text{gerade} \cdot \text{gerade} = \text{gerade} = \text{ungerade} \cdot \text{gerade}\,,$$
$$\text{ungerade} \cdot \text{ungerade} = \text{ungerade}\,.$$

Bei $n = 5$ und $n = 6$ gewinnen wir die folgenden Tafeln für die Addition und die Multiplikation, wobei wir die Restklasse $[a]$ der Einfachheit halber wieder mit a bezeichnen:

$n = 5:$

+	0	1	2	3	4
0	0	1	2	3	4
1	1	2	3	4	0
2	2	3	4	0	1
3	3	4	0	1	2
4	4	0	1	2	3

·	0	1	2	3	4
0	0	0	0	0	0
1	0	1	2	3	4
2	0	2	4	1	3
3	0	3	1	4	2
4	0	4	3	2	1

$n = 6:$

+	0	1	2	3	4	5
0	0	1	2	3	4	5
1	1	2	3	4	5	0
2	2	3	4	5	0	1
3	3	4	5	0	1	2
4	4	5	0	1	2	3
5	5	0	1	2	3	4

·	0	1	2	3	4	5
0	0	0	0	0	0	0
1	0	1	2	3	4	5
2	0	2	4	0	2	4
3	0	3	0	3	0	3
4	0	4	2	0	4	2
5	0	5	4	3	2	1

$\mathbb{Z}/\mathbb{Z}5$ ist ein Körper. In $\mathbb{Z}/\mathbb{Z}6$ besitzen nur die Restklassen 1 und 5 ein Inverses bezüglich der Multiplikation, vgl. 4.C, Aufg. 9.

4.A.6 Bemerkung Im vorliegenden ersten Band dieses Lehrbuchs werden außer den Körpern $\mathbb{Q}$, $\mathbb{R}$ und $\mathbb{C}$ und dem Ring $\mathbb{Z}$ keine anderen Ringe oder Körper eine größere Rolle spielen. Diese gewinnen erst im zweiten Band, in dem die Algebra stärker betont wird, an Bedeutung. Dem Leser sollte aber die Existenz solcher ihm zunächst vielleicht fremd erscheinenden Strukturen, wie sie etwa im letzten Beispiel beschrieben wurden, bewusst sein.

Aufgaben

1. Sei α eine positive rationale Zahl, die nicht das Quadrat einer rationalen Zahl ist (beispielsweise $\alpha = 2$). Dann ist $\mathbb{Q}[\sqrt{\alpha}] := \{a + b\sqrt{\alpha} \mid a, b \in \mathbb{Q}\} \subseteq \mathbb{R}$ mit der gewöhnlichen Addition und Multiplikation reeller Zahlen ein Körper. (Man hat insbesondere zu bestätigen, dass Summe und Produkt von Elementen aus $\mathbb{Q}[\sqrt{\alpha}]$ wieder in $\mathbb{Q}[\sqrt{\alpha}]$ liegen.)

2. a) Man begründe, dass die Potenzmenge $\mathfrak{P}(A)$ einer Menge A, versehen mit der Vereinigung als Addition und dem Durchschnitt als Multiplikation, niemals ein Körper ist, gleichgültig, welche Elemente in $\mathfrak{P}(A)$ man als Null- bzw. Einselement wählt.

b) Man zeige, dass $\mathfrak{P}(A)$ jedoch mit der symmetrischen Differenz $\triangle$ als Addition und dem Durchschnitt $\cap$ als Multiplikation ein (kommutativer) Ring mit $\emptyset$ als Null- und A als Einselement ist. Dieser heißt der M e n g e n r i n g zu A. Ist $|A| = 1$, so handelt es sich um den Körper mit zwei Elementen, andernfalls ist der Mengenring zu A kein Körper. (Zur Verifikation der Axiome benutzt man vorteilhafterweise die Rechenregeln für Indikatorfunktionen, vgl. 1.C, Aufg. 5.)

3. K sei ein Körper und L eine Menge mit einer bijektiven Abbildung $f : K \to L$. Dann ist L ein Körper mit $f(0)$ als Nullelement und $f(1)$ als Einselement, falls man für $x, y \in L$ setzt:

$$x + y := f\big(f^{-1}(x) + f^{-1}(y)\big) \ , \quad x \cdot y := f\big(f^{-1}(x) \cdot f^{-1}(y)\big) .$$

(Man sagt, man habe die Körperstruktur von K mit Hilfe von f auf L übertragen.) Man notiere explizit die Addition und die Multiplikation für die Körperstruktur auf $\mathbb{R}$, die durch Übertragen der üblichen Körperstruktur von $\mathbb{R}$ vermöge der bijektiven Abbildung $f : \mathbb{R} \to \mathbb{R}$ entsteht für $f(x) := 2x - 1$ bzw. für $f(x) := x^3$.

4. Man zeige, dass die Kommutativität der Addition aus den übrigen Körperaxiomen (sogar schon aus den übrigen Ringaxiomen) folgt. (In 4.A.1 hätte man also auf Bedingung (4) verzichten können.)

5. Man berechne das Inverse von $[40]$ im Restklassenkörper $\mathbb{Z}/\mathbb{Z}97$. (Man schreibe ein Computer-Programm, das solche Aufgaben löst.)

6. Das Quadrat einer ungeraden Zahl hat bei Division durch 8 stets den Rest 1. (Man rechne in $\mathbb{Z}/\mathbb{Z}8$.)

4.B Gruppen

Addition und Multiplikation reeller Zahlen genügen, wie die Axiome in 4.A.1 zeigen, ähnlichen Rechengesetzen. Wir wollen diese daher zunächst getrennt und in etwas abstrakterer Weise besprechen.

4.B.1 Definition A sei eine Menge. Unter einer Verknüpfung auf A versteht man eine Abbildung $A \times A \to A$.

Addition und Multiplikation reeller Zahlen sind Verknüpfungen auf $\mathbb{R}$. Für beliebige Verknüpfungen verwenden wir das neutrale Verknüpfungszeichen $*$ und schreiben suggestiv

$$a * b$$

für das Bild $*(a, b)$ von (a, b) unter der gegebenen Verknüpfung $*$. Allerdings lassen wir das Verknüpfungszeichen häufig ganz weg und benutzen die multiplikative Schreibweise ab für $a * b$. Dann spricht man im allgemeinen von einer Multiplikation und nennt ab das Produkt von a und b. Entsprechend heißt bei Verwendung des Summenzeichens $+$ als Verknüpfungszeichen die Verknüpfung eine Addition und $a + b$ die Summe von a und b: additive Schreibweise.

4.B.2 Definition G sei eine Menge mit einer Verknüpfung, die wir multiplikativ schreiben wollen. Ferner sei ein Element $e \in G$ gegeben. Dann heißt G eine Gruppe mit dem neutralen Element e, wenn gilt:

(1) Assoziativität: Für alle $x, y, z \in G$ ist $(xy)z = x(yz)$.

(2) Eigenschaft des neutralen Elements: Für alle $x \in G$ ist

$$ex = x = xe.$$

(3) Existenz des Inversen: Zu jedem $x \in G$ gibt es ein $x' \in G$ mit

$$x'x = e = xx'.$$

Gilt zusätzlich die

(4) Kommutativität: Für alle $x, y \in G$ ist $xy = yx$,

so heißt G eine abelsche oder kommutative Gruppe.

Sind in der obigen Definition nur die Bedingungen (1) und (2) erfüllt, so heißt G ein Monoid bzw. ein abelsches oder ein kommutatives Monoid, falls auch noch (4) gilt. Zur Kennzeichnung einer Gruppe bzw. eines Monoids gehört nicht nur die Angabe der Menge G, sondern auch die Festlegung der Verknüpfung. Das neutrale Element e braucht nicht eigens aufgeführt werden. Es ist eindeutig bestimmt: Erfüllen nämlich $e, \tilde{e} \in G$ beide die Bedingung (2) in 4.B.2, so ist $e = e\tilde{e} = \tilde{e}$.

Das Element x' wie in 4.B.2 (3) ist durch $x \in G$ eindeutig bestimmt und heißt das zu x inverse Element. Erfüllt nämlich auch x'' die Bedingung (3) für das gegebene Element $x \in G$, so ist $x' = x'e = x'(xx'') = (x'x)x'' = ex'' = x''$.

Bei multiplikativer Schreibweise bezeichnet man das Inverse zu $x \in G$ mit x^{-1}. Für alle $x, y \in G$ ist

$$(x^{-1})^{-1} = x \qquad \text{und} \qquad (xy)^{-1} = y^{-1}x^{-1}$$

Die zweite dieser Gleichungen ergibt sich dabei aus

$$(xy)(y^{-1}x^{-1}) = x\big(y(y^{-1}x^{-1})\big) = x\big((yy^{-1})x^{-1}\big) = x(ex^{-1}) = xx^{-1} = e$$

und analog $(y^{-1}x^{-1})(xy) = e$. Überdies ist offenbar $e^{-1} = e$.

Bei additiver Schreibweise, die üblicherweise nur für kommutative Verknüpfungen benutzt wird, heißt das zu x inverse Element das Negative von x und wird mit $-x$ bezeichnet. Das neutrale Element heißt dann das Nullelement 0. Wir bemerken noch, dass bei multiplikativer Schreibweise das neutrale Element häufig als Einselement 1 bezeichnet wird.

4.B.3 Beispiel Sei K ein Körper. Dann sind $(K, +)$ und $(K - \{0\}, \cdot)$ abelsche Gruppen. Sie heißen die additive bzw. die multiplikative Gruppe von K. Die multiplikative Gruppe von K bezeichnet man auch einfach mit $K^{\times}$. Zum Beweis, dass $K^{\times}$ eine Gruppe ist, haben wir noch nachzutragen, dass das Produkt zweier Elemente $x, y \neq 0$ aus K wieder $\neq 0$ ist. Wir tun dies in 4.C.2. Hingegen ist $(K, \cdot)$ zwar ein Monoid aber keine Gruppe, da $0 \cdot x = 0$ ist für alle $x \in K$ und daher 0 kein Inverses bezüglich der Multiplikation besitzt.

Umgekehrt ist eine Menge K mit einer Addition $+$ und einer Multiplikation $\cdot$ ein Körper, wenn $(K, +)$ und $(K - \{0\}, \cdot)$ abelsche Gruppen sind (wobei 0 das neutrale Element von $(K, +)$ bezeichnet) und die Distributivgesetze gelten. Das Assoziativ- und Kommutativgesetz für die Multiplikation in ganz K (und nicht nur in $K - \{0\}$) folgen dabei aus $0 \cdot x = 0 = x \cdot 0$ für alle $x \in K$.

4.B.4 Beispiel Sei A eine Menge. Die Menge A^A aller Abbildungen von A in sich ist mit der Hintereinanderschaltung von Abbildungen als Verknüpfung ein Monoid mit der Identität id_A als neutralem Element. Die Menge $\mathfrak{S}(A)$ der Permutationen von A ist bezüglich der Hintereinanderschaltung als Verknüpfung sogar eine Gruppe. Das inverse Element zu einer Permutation $\sigma \in \mathfrak{S}(A)$ ist die zu σ inverse Abbildung σ^{-1}. Die Permutationsgruppen $\mathfrak{S}(A)$ endlicher Mengen A sind wichtige endliche Gruppen, also Gruppen mit endlich vielen Elementen. Übrigens heißt die Anzahl $|G|$ der Elemente einer endlichen Gruppe G auch die Ordnung dieser Gruppe. Nach 2.B.6 ist die Ordnung von $\mathfrak{S}(A)$ gleich $n!$, wenn A eine endliche Menge mit n Elementen ist.

4.B.5 Beispiel $(\mathbb{Z}, +)$ ist eine kommutative Gruppe, $(\mathbb{Z}, \cdot)$ ein kommutatives Monoid. Die ganzen Zahlen 1 und -1 bilden eine (kommutative) Gruppe bezüglich der Multiplikation. Allgemein gehören zu einem Ring $A = (A, +, \cdot)$ die (kommutative) additive Gruppe $(A, +)$ und das multiplikative Monoid $(A, \cdot)$.

Sei G ein Monoid. Eine Teilmenge $H \subseteq G$, die das neutrale Element e von G und mit je zwei Elementen x, y auch das Produkt xy enthält, ist selbst ein Monoid mit der von G induzierten Verknüpfung. Man nennt eine solche Teilmenge ein Untermonoid von G. Ist G sogar eine Gruppe und $H \subseteq G$ ein Untermonoid, das mit jedem x auch das dazu inverse Element x^{-1} enthält, so ist H ebenfalls eine Gruppe. H heißt dann eine Untergruppe von G.

Sind $x_1, \ldots, x_n$ Elemente eines Monoids G, so ist $p = x_1 x_2 \cdots x_n$ rekursiv definiert durch

$$p_0 = e, \quad p_{i+1} = p_i x_{i+1}, \quad i = 0, \ldots, n-1,$$

und $p := p_n$. Denselben Wert p erzielt man auch bei einer beliebigen anderen Klammerung anstelle der hier verwandten Linksklammerung. Dieses Allgemeine Assoziativgesetz folgt aus 4.B.2 (1) durch Induktion über n (vgl. beispielsweise [35], Teil 1, 8.1). Bei multiplikativer Schreibweise verwendet man zur Bezeichnung dieses mehrfachen Produkts das Produktzeichen

$$\prod_{i=1}^{n} x_i = x_1 \cdots x_n$$

und bei additiver Schreibweise für die mehrfache Summe das Summenzeichen

$$\sum_{i=1}^{n} x_i = x_1 + \cdots + x_n .$$

Offenbar gilt

$$(x_1 \cdots x_n)^{-1} = x_n^{-1} \cdots x_1^{-1} .$$

Ist die Verknüpfung überdies kommutativ, so hängt das Produkt $x_1 \cdots x_n$ auch nicht von der Reihenfolge der Elemente $x_1, \ldots, x_n$ ab: Allgemeines Kommutativgesetz. In diesem Fall sind für eine beliebige endliche Familie x_i, $i \in I$, von Elementen aus G das Produkt

$$\prod_{i \in I} x_i$$

und bei additiver Schreibweise die Summe

$$\sum_{i \in I} x_i$$

erklärt als das Produkt bzw. die Summe, die man erhält, wenn man die Elemente der Familie x_i, $i \in I$, in irgendeiner Weise mit den Zahlen $1, \ldots, n := |I|$ indiziert. Allgemein ist das Produkt $\prod_{i \in I} x_i$ bei einer endlichen Indexmenge I bereits dann definiert, wenn die Elemente x_i, $i \in I$, paarweise kommutieren, wobei definitionsgemäß zwei Elemente x, y eines Monoids kommutieren oder vertauschbar sind, wenn $xy = yx$ gilt.

4.B.6 Beispiel Durch Umklammern erhält man

$$\sum_{(i,j) \in I \times J} x_{ij} = \sum_{i \in I} \left(\sum_{j \in J} x_{ij} \right) = \sum_{j \in J} \left(\sum_{i \in I} x_{ij} \right);$$

speziell ist

$$\sum_{\substack{1 \le i \le m \\ 1 \le j \le n}} x_{ij} = \sum_{i=1}^{m}\left(\sum_{j=1}^{n} x_{ij}\right) = \sum_{j=1}^{n}\left(\sum_{i=1}^{m} x_{ij}\right).$$

Die letzten Gleichungen überblickt man gut mit dem folgenden Schema:

$$
\begin{array}{l|l}
x_{11} + x_{12} + \cdots + x_{1n} & \sum_{j=1}^{n} x_{1j} \\[2mm]
+\, x_{21} + x_{22} + \cdots + x_{2n} & +\sum_{j=1}^{n} x_{2j} \\[2mm]
\vdots & \vdots \\[2mm]
+\, x_{m1} + x_{m2} + \cdots + x_{mn} & +\sum_{j=1}^{n} x_{mj} = \sum_{i=1}^{m}\left(\sum_{j=1}^{n} x_{ij}\right) \\[1mm]
\hline
\sum_{i=1}^{m} x_{i1} + \sum_{i=1}^{m} x_{i2} + \cdots + \sum_{i=1}^{m} x_{in} & \\[2mm]
= \sum_{j=1}^{n}\left(\sum_{i=1}^{m} x_{ij}\right) &
\end{array}
$$

Produkte mit gleichen Faktoren schreibt man als Potenzen. Für $x \in G$ und $n \in \mathbb{N}$ ist x^n das n-fache Produkt von x mit sich selbst. Ist G eine Gruppe, so definiert man x^{-n} als $(x^{-1})^n = (x^n)^{-1}$. Bei additiver Schreibweise hat man entsprechend die Vielfachen nx.

Es gelten die folgenden elementaren Rechenregeln:

$$x^{m+n} = x^m x^n, \quad (x^m)^n = x^{mn},$$

für *kommutierende* Elemente x, y ferner

$$(xy)^m = x^m y^m,$$

jeweils für alle $m, n \in \mathbb{N}$ und bei Gruppen sogar für alle $m, n \in \mathbb{Z}$. Bei additiver Schreibweise lauten diese Regeln:

$$(m + n)x = mx + nx, \quad n(mx) = (mn)x = (nm)x, \quad m(x + y) = mx + my.$$

In Gruppen lassen sich Gleichungen der Form $ax = b$ und $ya = b$ stets eindeutig lösen:

4.B.7 Satz *Sei G eine Gruppe. Zu gegebenen Elementen a, b aus G gibt es eindeutig bestimmte Elemente x und y aus G mit*

$$ax = b \quad und \quad ya = b,$$

und zwar ist

$$x = a^{-1}b \quad und \quad y = ba^{-1}.$$

B e w e i s . Wegen $a(a^{-1}b) = (aa^{-1})b = eb = b$ und $(ba^{-1})a = b(a^{-1}a) = be = b$ erfüllen $x := a^{-1}b$ und $y := ba^{-1}$ die angegebenen Gleichungen. Sind umgekehrt x bzw. y Lösungen dieser Gleichungen, so folgt durch Multiplikation mit a^{-1} von links sofort $a^{-1}b = a^{-1}(ax) = (a^{-1}a)x = ex = x$ und analog durch Multiplikation mit a^{-1} von rechts $ba^{-1} = y$.   ●

Bei einer additiv geschriebenen abelschen Gruppe heißt die Lösung $x = b + (-a)$ der Gleichung $a + x = b$ die **Differenz** von b und a und wird mit $b - a$ bezeichnet. Es ist $-(a + b) = (-a) + (-b) = -a - b$.

Aus 4.B.7 folgt insbesondere die **Kürzungsregel**: Sind a_1, a_2, c Elemente einer Gruppe mit $a_1 c = a_2 c$ oder mit $c a_1 = c a_2$, so ist $a_1 = a_2$. In einem Monoid gelten die Kürzungsregeln im allgemeinen nicht, wie schon das triviale Beispiel $x \cdot 0 = 0 = 0 \cdot x$ für alle Elemente x eines Körpers zeigt. (0 darf man nicht kürzen!)

Aufgaben

1. Sei A eine Menge. Hat A mindestens zwei Elemente, so ist das Monoid A^A nicht kommutativ. Hat A mindestens drei Elemente, so ist die Permutationsgruppe $\mathfrak{S}(A)$ nicht kommutativ.

2. a) In einer Gruppe ist das neutrale Element e das einzige Element x mit $x^2 = x$. (Man nennt in einem Monoid ein Element x mit $x^2 = x$ **idempotent**.)

b) Für ein Element x eines Monoids gilt $x^2 = e$ genau dann, wenn x zu sich selbst invers ist. (Vgl. Aufg. 5. – Man nennt ein Element x mit $x^2 = e$ **involutorisch**.)

3. G sei eine Gruppe.

a) Gilt $x^2 = e$ für alle $x \in G$, so ist G abelsch.

b) Gilt $(xy)^2 = x^2 y^2$ für alle $x, y \in G$, so ist G abelsch.

4. In einer Gruppe G gelte $x^2 = e$, $xy = a$ und $yx = b$ für die Elemente $x, y, a, b \in G$. Dann ist $y^2 = ba$.

5. Sei G ein Monoid. Ein Element $x \in G$ heißt **invertierbar**, wenn es ein $x' \in G$ mit $x'x = e = xx'$ gibt. In diesem Fall ist das **Inverse** x' durch x eindeutig bestimmt und wird (bei multiplikativer Schreibweise) mit x^{-1} bezeichnet. $G^\times$ sei die Menge aller invertierbaren Elemente von G.

a) Es ist $e \in G^\times$.

b) Sind $x, y \in G^\times$, so ist auch $xy \in G^\times$ und es gilt $(xy)^{-1} = y^{-1} x^{-1}$.

c) $G^\times$ ist mit der von G induzierten Verknüpfung eine Gruppe.

d) Genau dann ist G eine Gruppe, wenn $G = G^\times$ ist.

(Die Gruppe $G^\times$ heißt die **Gruppe der invertierbaren Elemente** von G. Beispielsweise ist in einem Körper K bezüglich der Multiplikation $K^\times = K - \{0\}$. Für das Monoid A^A der Abbildungen von A in sich ist $(A^A)^\times = \mathfrak{S}(A)$.)

6. Sei G ein Monoid, in dem jede Gleichung der Form $ax = b$ mit $a, b \in G$ lösbar ist. Dann ist G eine Gruppe.

7. Seien G ein Monoid und $x \in G$ ein Element mit $x^d = e$ für ein $d \in \mathbb{N}^*$. Dann ist $x \in G^\times$ und für alle $m, n \in \mathbb{Z}$ gilt $x^m = x^n$, wenn m und n kongruent modulo d sind.

8. Für $a, b \in \mathbb{R}$ sei $f_{a,b} : \mathbb{R} \to \mathbb{R}$ durch $f_{a,b}(x) := ax + b$, $x \in \mathbb{R}$, definiert. Dann ist $G := \{f_{a,b} \mid a, b \in \mathbb{R}, \ a \neq 0\}$ mit der Hintereinanderschaltung als Verknüpfung eine nicht kommutative Gruppe. (Es handelt sich um die so genannte affine Gruppe $A_1(\mathbb{R})$, vgl. Bd. 2, Abschnitt 7.A.)

9. Sei $T \in \mathbb{R}^{\times}$. Dann ist die Menge $\mathbb{Z}T := \{nT \mid n \in \mathbb{Z}\}$ der ganzzahligen Vielfachen von T eine Untergruppe der additiven Gruppe von $\mathbb{R}$, und auf der Menge $\mathbb{R}/\mathbb{Z}T$ der Äquivalenzklassen modulo T (vgl. Beispiel 1.D.12) ist durch $\overline{x} + \overline{y} := \overline{x + y}$, $x, y \in \mathbb{R}$, eine Addition wohldefiniert, bezüglich der $\mathbb{R}/\mathbb{Z}T$ eine Gruppe ist. (Vgl. auch Beispiel 4.A.4. – Eine Multiplikation mit $\overline{x} \cdot \overline{y} = \overline{xy}$ lässt sich auf $\mathbb{R}/\mathbb{Z}T$ *nicht* definieren.)

10. Sei G eine endliche Gruppe mit n Elementen und $(a_1, \ldots, a_n) \in G^n$. Dann gibt es Indizes r, s mit $0 \leq r < s \leq n$ und $a_{r+1} \cdots a_s = e_G$. (Die $n+1$ Produkte $a_1 \cdots a_s$, $s = 0, \ldots, n$, können nicht paarweise verschieden sein.)

4.C Ringe und Körper

Sei $A = (A, +, \cdot)$ ein Ring. Die abelsche Gruppe $A = (A, +)$ heißt die additive Gruppe und das Monoid $(A, \cdot)$ das multiplikative Monoid von A. Ist A ein kommutativer Ring, so ist letzteres ebenfalls abelsch. Die Gruppe $A^{\times} = (A^{\times}, \cdot)$ der bezüglich der Multiplikation invertierbaren Elemente von A (vgl. 4.B, Aufg. 5) heißt die Einheitengruppe. Ihre Elemente sind die Einheiten in A. Ist A ein Körper (oder allgemeiner ein Divisionsbereich) K, so ist die Einheitengruppe $K^{\times}$ gleich $K - \{0\}$ und heißt auch die multiplikative Gruppe von K. Für alle diese Strukturen gelten also die einschlägigen Rechenregeln aus Abschnitt 4.B.

Mit Hilfe der Distributivgesetze ergeben sich weitere Rechenregeln. Zunächst haben wir das Allgemeine Distributivgesetz: Sind x_i, $i \in I$, und y_j, $j \in J$, endliche Familien von Elementen eines Ringes, so gilt

$$\Big(\sum_{i \in I} x_i\Big)\Big(\sum_{j \in J} y_j\Big) = \sum_{(i,j) \in I \times J} x_i y_j \,.$$

Den Spezialfall

$$\Big(\sum_{i=1}^{m} x_i\Big)\Big(\sum_{j=1}^{n} y_j\Big) = \sum_{\substack{1 \leq i \leq m \\ 1 \leq j \leq n}} x_i y_j$$

überblickt man wieder gut mit dem folgenden Schema:

$$
\begin{array}{l|l}
x_1 y_1 + x_1 y_2 + \cdots + x_1 y_n & x_1 \sum_{j=1}^{n} y_j \\[4pt]
{} + x_2 y_1 + x_2 y_2 + \cdots + x_2 y_n & + x_2 \sum_{j=1}^{n} y_j \\[4pt]
\qquad\qquad \vdots & \qquad \vdots \\[4pt]
{} + x_m y_1 + x_m y_2 + \cdots + x_m y_n & + x_m \sum_{j=1}^{n} y_j \\[4pt]
\hline
& = \Big(\sum_{i=1}^{n} x_i\Big)\Big(\sum_{j=1}^{n} y_j\Big)
\end{array}
$$

Aus den Distributivgesetzen folgen auch die **Vorzeichenregeln**:

4.C.1 Satz *A sei ein Ring. Dann gilt für alle $x, y, z \in A$:*

(1) $x(-y) = (-x)y = -(xy)$.   (2) $(-x)(-y) = xy$.

(3) $x(y - z) = xy - xz$ *und* $(y - z)x = yx - zx$.

Beweis. (1) Es ist $xy + x(-y) = x(y + (-y)) = x \cdot 0 = 0$. Daraus folgt $x(-y) = -(xy)$. Analog zeigt man $(-x)y = -(xy)$.

(2) folgt durch zweimaliges Anwenden von (1).

(3) Es ist $x(y - z) = x(y + (-z)) = xy + x(-z) = xy + (-xz) = xy - xz$.   ●

Für Körper gilt die folgende bereits erwähnte Regel:

4.C.2 *Seien x und y Elemente eines Körpers K. Aus $xy = 0$ folgt dann $x = 0$ oder $y = 0$.*

Beweis. Aus $xy = 0$ und $x \neq 0$ folgt $y = 1 \cdot y = (x^{-1}x)y = x^{-1}(xy) = x^{-1} \cdot 0 = 0$.   ●

Allgemeiner liefert 4.C.2 (mit 4.C.1 (3)) die **Kürzungsregel**: In jedem Körper (sogar jedem Divisionsbereich) gilt: *Aus $xy = xz$ (oder $yx = zx$) und $x \neq 0$ folgt $y = z$.*

Aus dem Allgemeinen Distributivgesetz und den Vorzeichenregeln ergibt sich noch die folgende Rechenregel für die Vielfachenbildung: Für alle Elemente x, y eines Ringes A und alle $m, n \in \mathbb{Z}$ ist

$$(mx)(ny) = (mn)(xy).$$

Überdies ist $nx = (n1_A)x$, wobei wir der Deutlichkeit halber mit 1_A das Einselement in A bezeichnet haben. [1]) Für zwei *vertauschbare* Elemente x, y des Ringes A (für die also $xy = yx$ ist) und für $n \in \mathbb{N}$ hat man ferner

$$(x - y)(x^n + x^{n-1}y + \cdots + xy^{n-1} + y^n) = x^{n+1} - y^{n+1},$$

wie man durch Ausmultiplizieren der linken Seite unmittelbar sieht. Speziell erhält man für $x = 1$ die Summenformel für die **endliche geometrische Reihe**:

$$(1 - y)(1 + y + \cdots + y^{n-1} + y^n) = 1 - y^{n+1}.$$

Ferner gilt für vertauschbare Elemente $x, y \in A$ der schon in 2.B.15 bewiesene **Binomialsatz**

$$(x + y)^n = \sum_{m=0}^{n} \binom{n}{m} x^m y^{n-m}$$

---

[1]) Es ist üblich, das Element $n1_A \in A$ für $n \in \mathbb{Z}$ kurz mit n zu bezeichnen, falls dies nicht zu Missverständnissen führen kann.

und allgemeiner für paarweise vertauschbare Elemente $x_1, \ldots, x_r \in A$ der Polynomialsatz 2.B.16

$$(x_1 + \cdots + x_r)^n = \sum_{m \in \mathbb{N}^r,\, |m|=n} \binom{n}{m} x^m,$$

wobei $|m| = m_1 + \cdots + m_r$ und $x^m = x_1^{m_1} \cdots x_r^{m_r}$ für $m = (m_1, \ldots, m_r)$ gesetzt wurde.

Schließlich verwendet man in einem Körper K für xy^{-1}, $y \neq 0$, häufig die Bruchschreibweise

$$\frac{x}{y} := x/y := xy^{-1} = y^{-1}x.$$

Die Rechenregeln für die Inversenbildung liefern dann die folgenden Rechenregeln für Brüche:

$$\frac{x}{y} + \frac{x'}{y'} = \frac{xy' + x'y}{yy'}, \quad \frac{x}{y} \cdot \frac{x'}{y'} = \frac{xx'}{yy'}, \quad 1 \Big/ \left(\frac{y}{y'}\right) = \left(\frac{y}{y'}\right)^{-1} = \frac{y'}{y}$$

für alle $x, y, x', y' \in K$ mit $y, y' \neq 0$. Allgemeiner benutzt man die Bruchschreibweise $\frac{x}{y} = x/y$ in beliebigen *kommutativen* Ringen für das Element $xy^{-1} = y^{-1}x$, falls nur y eine Einheit in A ist.

Aufgaben

1. Seien A ein Ring mit dem Einselement 1_A und n eine ganze Zahl. Ist $n1_A = 0$, so ist $nx = 0$ für alle $x \in A$.

2. Seien A ein Ring und $x \in A$ ein Element mit $x^{n+1} = 0$ für ein $n \in \mathbb{N}$. Dann ist $1 - x$ invertierbar bezüglich der Multiplikation mit $1 + x + \cdots + x^n$ als Inversem. (Ein Element $x \in A$ mit $x^{n+1} = 0$ für ein $n \in \mathbb{N}$ heißt nilpotent ; ein Element aus A der Form $1 - x$ mit nilpotentem x heißt unipotent . Die Aufgabe zeigt also: *Unipotente Elemente sind Einheiten* .)

3. Sei A ein kommutativer Ring $\neq \{0\}$, in dem jede Gleichung der Form $ax + b = 0$ mit $a, b \in A$, $a \neq 0$, lösbar ist. Dann ist A ein Körper.

4. Für nicht notwendig vertauschbare Elemente x, y eines Ringes gilt

$$\sum_{m=0}^{n} x^{n-m} (x - y) y^m = x^{n+1} - y^{n+1}.$$

5. Ein Element x eines Ringes A heißt idempotent (oder auch eine Projektion), wenn $x^2 = x$ (und damit $x^n = x$ für alle $n \in \mathbb{N}^*$) ist. Für zwei idempotente Elemente $x, y \in A$ gilt:

a) Ist $xy = yx$, so sind xy, $x+y-xy$ und $(x-y)^2$ ebenfalls idempotent. Ist A kommutativ, so wird durch $x * y := (x - y)^2$ eine Gruppenstruktur auf der Menge Idp (A) der idempotenten Elemente von A definiert (mit 0 als neutralem Element), bzgl. der jedes Element zu sich selbst invers ist.

b) Genau dann ist $x + y$ idempotent, wenn $xy = yx$ und $2xy = 0$ ist.

c) Genau dann ist $x - y$ idempotent, wenn $xy = yx$ und $2(1 - x)y = 0$ ist. (Man führt dies leicht auf b) zurück.)

d) $1 - 2x$ ist involutorisch, d.h. zu sich selbst invers (bzgl. der Multiplikation in A). Ist A kommutativ, so ist $\varphi : x \mapsto 1 - 2x$ eine Abbildung der Gruppe $\mathrm{Idp}\,(A)$ (vgl. a)) in die Gruppe $\mathrm{Inv}\,(A) \subseteq A^{\times}$ der involutorischen Elemente von A mit $\varphi(x * y) = \varphi(x)\varphi(y)$ [2], die bei $2 = 1_A + 1_A \in A^{\times}$ bijektiv ist.

6. Für ein Element x eines Ringes A sind äquivalent: (1) x ist eine Einheit. (2) Es gibt genau ein so genanntes R e c h t s i n v e r s e s $y \in A$ mit $xy = 1$. (3) Es gibt genau ein so genanntes L i n k s i n v e r s e s $z \in A$ mit $zx = 1$.

7. Seien A ein Ring und p eine Primzahl mit $p \cdot 1_A = 0$. Für beliebige vertauschbare Elemente $x, y \in A$ gilt dann $(x + y)^p = x^p + y^p$. (Man benutze 2.D, Aufg. 17 und den Binomialsatz.)

8. Man beweise die so genannte P o l a r i s a t i o n s f o r m e l : Für $n \in \mathbb{N}^*$ und beliebige paarweise kommutierende Elemente $x_1, \dots, x_n$ eines Ringes gilt

$$2^{n-1}n!\, x_1 \cdots x_n = \sum_{\varepsilon} \varepsilon_2 \cdots \varepsilon_n (x_1 + \varepsilon_2 x_2 + \cdots + \varepsilon_n x_n)^n \,,$$

wobei auf der rechten Seite über alle Vorzeichentupel $\varepsilon = (\varepsilon_2, \dots, \varepsilon_n) \in \{1, -1\}^{n-1}$ zu summieren ist. (Bei $n = 2$ handelt es sich um die Formel $4x_1x_2 = (x_1 + x_2)^2 - (x_1 - x_2)^2$, die das Multiplizieren auf zweimaliges Quadrieren zurückführt.)

Ähnlich zeige man die Formel

$$(-1)^n n!\, x_1 \cdots x_n = \sum_{H \subseteq \{1, \dots, n\}} (-1)^{|H|} x_H^{\,n} = \sum_{e} (-1)^{e_1 + \cdots + e_n} (e_1 x_1 + \cdots + e_n x_n)^n$$

(mit $x_H := \sum_{i \in H} x_i$ für $H \subseteq \{1, \dots, n\}$), die $2x_1x_2 = (x_1 + x_2)^2 - x_1^2 - x_2^2$ verallgemeinert. Dabei durchläuft e alle Tupel $(e_1, \dots, e_n) \in \{0, 1\}^n$.

9. Sei $n \in \mathbb{N}^*$. Die Restklasse $[a] \in \mathbb{Z}/\mathbb{Z}n$, $a \in \mathbb{Z}$, ist genau dann eine Einheit im Restklassenring $\mathbb{Z}/\mathbb{Z}n$, wenn a und n teilerfremd sind. (Vgl. den Beweis von 4.A.5. – Mit Aufg. 15b) aus 5.C ergibt sich: *Die Anzahl der Einheiten in $\mathbb{Z}/\mathbb{Z}n$ ist $\varphi(n)$, wobei φ die Eulersche Funktion ist.* Man kann dies natürlich auch als Definition der Eulerschen Funktion φ nehmen.)

---

[2] φ ist also ein Gruppenhomomorphismus, vgl. Bd. 2.

4.D Angeordnete Körper

Neben den gerade behandelten algebraischen Eigenschaften besitzen die reellen Zahlen eine natürliche Ordnungsstruktur. Sie entspricht der Anordnung der Punkte auf einer Geraden unseres Anschauungsraumes (nachdem eine Richtung ausgezeichnet wurde).[1]) Die Ordnungsstruktur auf $\mathbb{R}$ wird durch folgende Axiome präzisiert:

4.D.1 Auf $\mathbb{R}$ ist eine totale Ordnung $\leq$ gegeben (vgl. 1.D.3) derart, dass für alle $x, y, z \in \mathbb{R}$ gilt:

(1) Monotonie der Addition : Aus $x \leq y$ folgt $x + z \leq y + z$.

(2) Monotonie der Multiplikation : Aus $x \leq y$ und $0 \leq z$ folgt $xz \leq yz$.

Aus diesen Axiomen ergeben sich natürlich sofort die entsprechenden Rechenregeln für echte Ungleichungen:

(1) Aus $x < y$ folgt $x + z < y + z$.

(2) Aus $x < y$ und $0 < z$ folgt $xz < yz$.

Allgemein nennt man einen Körper K mit einer totalen Ordnung, die den Bedingungen (1) und (2) aus 4.D.1 (mit K statt $\mathbb{R}$) genügt, einen angeordneten Körper. Beispielsweise ist auch $\mathbb{Q}$ mit der natürlichen Ordnung ein angeordneter Körper.

Aus den Monotoniegesetzen folgen die üblichen Regeln für das Rechnen mit Ungleichungen.

4.D.2 *Sei K ein angeordneter Körper. Für alle $v, w, x, y, z \in K$ gilt:*

(1) Aus $x \leq y$ und $v < w$ folgt $x + v < y + w$.

(2) Aus $x \leq y$ folgt $-x \geq -y$. – Insbesondere folgt aus $x \leq 0$ stets $-x \geq 0$ und aus $0 \leq y$ stets $0 \geq -y$.

(3) Aus $x \leq y$ und $z \leq 0$ folgt $xz \geq yz$. – Insbesondere folgt aus $y \geq 0$ und $z \leq 0$ stets $yz \leq 0$ und aus $x \leq 0$ und $z \leq 0$ stets $xz \geq 0$.

(4) Es ist $x^2 \geq 0$, also $x^2 > 0$, falls $x \neq 0$ ist. – Insbesondere ist $1 = 1^2 > 0$.

(5) Aus $x > 0$ folgt $1/x > 0$.

(6) Aus $0 < x \leq y$ folgt $1/x \geq 1/y$.

---

[1]) Wir benutzen die Darstellung der reellen Zahlen als Punkte einer Geraden zunächst nur zur Veranschaulichung und gehen in Band 2 ausführlicher darauf ein. Insbesondere benutzen wir diese geometrische Interpretation nicht als Beweismittel.

B e w e i s. (1) Aus 4.D.1 (1) folgt $x + v \leq y + v < y + w$.

(2) Aus 4.D.1 (1) folgt $-x = y + (-y - x) \geq x + (-y - x) = -y$.

(3) Aus (2) folgt $-z \geq 0$ und mit 4.D.1 (2) $-xz \leq -yz$, also $xz \geq yz$ wiederum nach (2).

(4) Bei $x \geq 0$ folgt die Behauptung aus 4.D.1 (2), bei $x \leq 0$ aus (3).

(5) $x > 0$, aber $1/x < 0$ ergibt mit (3) den Widerspruch $1 = x \cdot (1/x) < 0$ zu (4).

(6) Nach 4.D.1 (2) ist $xy > 0$ und somit $1/xy > 0$ wegen (5). Mit 4.D.1 (2) ergibt sich $1/x = \frac{1}{xy} \cdot y \geq \frac{1}{xy} \cdot x = 1/y$.   ●

Ein Element x eines angeordneten Körpers K heißt p o s i t i v, wenn $x > 0$ ist, und n e g a t i v, wenn $x < 0$ ist. Man nennt wie bei den reellen Zahlen

$$\text{Sign } x := \begin{cases} 1, & \text{falls } x > 0, \\ 0, & \text{falls } x = 0, \\ -1, & \text{falls } x < 0, \end{cases}$$

das V o r z e i c h e n oder S i g n u m von x. Das Vorzeichen ist multiplikativ, d.h. es ist $\text{Sign } xy = \text{Sign } x \cdot \text{Sign } y$ für alle $x, y \in K$. Aus $0 < 1$ folgt (durch vollständige Induktion) die Positivität aller Vielfachen $n = n \cdot 1 \in K, n \in \mathbb{N}^*$, und mit 4.D.2 (5) dann auch die Positivität der Stammbrüche $1/n, n \in \mathbb{N}^*$.

4.D.3 Definition K sei ein angeordneter Körper. Für $x \in K$ heißt

$$|x| := \begin{cases} x, & \text{falls } x \geq 0, \\ -x, & \text{falls } x < 0, \end{cases}$$

der (A b s o l u t -) B e t r a g von x.

Offenbar ist $|x| = x \cdot \text{Sign } x$. Ferner gilt für alle $x, y \in K$:

(1) $|x| = \text{Max}(x, -x)$.   (2) $|x| = |-x|$.

(3) Es ist $|x| \geq 0$, und $|x| = 0$ gilt genau dann, wenn $x = 0$ ist.

(4) $|xy| = |x||y|$, und $|x/y| = |x|/|y|$, falls $y \neq 0$.

Wir erinnern daran, dass mit $\text{Max}(x_1, \ldots, x_n)$ bzw. $\text{Min}(x_1, \ldots, x_n)$ das kleinste bzw. größte unter den Elementen $x_1, \ldots, x_n \in K, n \in \mathbb{N}^*$, bezeichnet wird.

Von besonderer Bedeutung ist die Dreiecksungleichung:

4.D.4 Dreiecksungleichung   *Für Elemente x, y eines angeordneten Körpers gilt*

$$|x + y| \leq |x| + |y| \quad und \quad |x - y| \geq ||x| - |y||.$$

B e w e i s. Wegen $x \leq |x|$ und $y \leq |y|$ ist $x + y \leq |x| + |y|$, und ebenso ist $-(x + y) \leq |x| + |y|$ wegen $-x \leq |x|$ und $-y \leq |y|$. Es ergibt sich $|x + y| = \text{Max}(x + y, -(x + y)) \leq |x| + |y|$. Mit der schon bewiesenen ersten Ungleichung folgt $|x| = |(x - y) + y| \leq |x - y| + |y|$, also $|x| - |y| \leq |x - y|$. Vertauscht man x und y, so erhält man $|y| - |x| \leq |y - x| = |x - y|$. Insgesamt bekommt man $|x - y| \geq \text{Max}(|x| - |y|, |y| - |x|) = ||x| - |y||$.   ●

Für $x, y \in K$ heißt $d(x, y) := |y - x|$ der Abstand von x und y. Wir führen noch die folgenden Bezeichnungen für Intervalle ein: Seien a und b Elemente eines angeordneten Körpers K mit $a \le b$. Dann heißen

$[a, b] := \{x \in K \mid a \le x \le b\}$ das abgeschlossene Intervall,

$]a, b[:= \{x \in K \mid a < x < b\}$ das offene Intervall,

$[a, b[:= \{x \in K \mid a \le x < b\}$ und

$]a, b] := \{x \in K \mid a < x \le b\}$ die halboffenen Intervalle,

die durch a und b bestimmt sind. Die Differenz $b - a$ der Intervallgrenzen a, b heißt die Länge dieser Intervalle. Ein Intervall enthält mit je zwei Elementen auch stets alle Elemente, die zwischen diesen beiden Elementen liegen. Für $a, \varepsilon \in K$ mit $\varepsilon > 0$ ist

$$]a - \varepsilon, a + \varepsilon[= \{x \in K \mid |x - a| < \varepsilon\},$$
$$[a - \varepsilon, a + \varepsilon] = \{x \in K \mid |x - a| \le \varepsilon\}.$$

Wir nennen diese Intervalle die offene bzw. die abgeschlossene ε-Umgebung von a. Sie haben die Länge 2ε.

Eine Umgebung von a schlechthin ist eine Teilmenge von K, die solch eine (offene oder abgeschlossene) ε-Umgebung von a mit einem $\varepsilon > 0$ enthält. Diese ε-Umgebung enthält auch alle ε'-Umgebungen von a mit $0 < \varepsilon' < \varepsilon$.

Gelegentlich ist es bequem, K durch Hinzufügen zweier verschiedener Elemente ∞ und $-\infty$ (die nicht schon in K liegen) zu einer geordneten Menge $\overline{K}$ mit größtem und kleinstem Element zu ergänzen. Wir setzen also

$$-\infty \le x \le \infty$$

für alle $x \in \overline{K} := K \cup \{-\infty, \infty\}$. Dann sind die obigen Intervalle auch definiert, wenn die Intervallgrenzen a und b in $\overline{K}$ liegen. Ist $-\infty$ oder ∞ Grenze eines Intervalls, so sprechen wir von einem unendlichen oder unbeschränkten Intervall, andernfalls von einem endlichen oder beschränkten. Für das Rechnen mit ∞ und $-\infty$ vereinbaren wir grundsätzlich folgende Regeln:

(1) $x + \infty := \infty + x := \infty$ für alle $x \in \overline{K}, x \neq -\infty$.

(2) $x + (-\infty) := (-\infty) + x := -\infty$ für alle $x \in \overline{K}, x \neq \infty$.

(3) $x \cdot \infty := \infty \cdot x := \infty$, $x \cdot (-\infty) := (-\infty) \cdot x := -\infty$ für alle $x \in \overline{K}, x > 0$.

(4) $x \cdot \infty := \infty \cdot x := -\infty$, $x \cdot (-\infty) := (-\infty) \cdot x := \infty$ für alle $x \in \overline{K}, x < 0$.

(5) $0 \cdot \infty := \infty \cdot 0 := 0 \cdot (-\infty) := (-\infty) \cdot 0 := 0$.

Es sind also nur die Summen von $-\infty$ und ∞ bzw. von ∞ und $-\infty$ nicht definiert. [2]

Beschränkte Intervalle sind beschränkte Mengen im Sinne der folgenden Definition:

---

[2] Wir bemerken, dass häufig auch die Produkte von 0 mit $\pm\infty$ nicht festgesetzt werden.

4.D.5 Definition Sei K ein angeordneter Körper. Eine Teilmenge A von K heißt **nach oben beschränkt**, wenn es ein $S \in K$ gibt mit $x \leq S$ für alle $x \in A$. Sie heißt **nach unten beschränkt**, wenn es ein $s \in K$ gibt mit $x \geq s$ für alle $x \in A$. Sie heißt **beschränkt**, wenn sie nach oben und nach unten beschränkt ist.

Eine Zahl S (bzw. s) wie in der vorangehenden Definition heißt eine **obere** (bzw. **untere**) **Schranke** von A in K.

Eine Menge $A \subseteq K$ ist genau dann nach oben bzw. nach unten beschränkt wenn sie Teilmenge eines Intervalls $]-\infty, S]$ bzw. $[s, \infty[$ mit $S, s \in K$ ist. Sie ist beschränkt, wenn sie Teilmenge eines endlichen Intervalls $[s, S] \subseteq K$ ist. Dann ist sie auch Teilmenge eines Intervalls der Form $[-R, R]$ mit einem $R \geq 0$ aus K, d.h. es ist $|x| \leq R$ für alle $x \in A$.

Aufgaben

Falls nichts anderes gesagt wird, liegen in den folgenden Aufgaben die Elemente in einem angeordneten Körper K, beispielsweise im Körper der reellen Zahlen.

1. Man stelle jeweils fest, für welche x bzw. x, y die angegebenen Ungleichungen gelten.

a) $1/|x-2| > 1/(1+|x-1|)$, $x \neq 2$. **b)** $(2-|x-1|)/|x-4| \geq 1/2$, $x \neq 4$.

c) $(|x|-1)/(x^2-1) \geq 1/2$, $x \neq \pm 1$. **d)** $2(x+y)^2 \leq y(3x+2y)^2$.

2. a) Ist $x \geq 0$, so folgt $x \geq (3x/(3+x))^2$.

b) Ist $x \geq 1$, so folgt $x \geq ((3x+1)/(3+x))^2$.

3. Für alle $m, n \in \mathbb{N}$ gilt: **a)** Aus $0 \leq x < y$ und $n > 0$ folgt $0 \leq x^n < y^n$.

b) Aus $1 \leq x$ und $m \leq n$ folgt $x^m \leq x^n$. **c)** Aus $0 \leq x \leq 1$ und $m \leq n$ folgt $x^m \geq x^n$.

4. a) $(x/y) + (y/x) \geq 2$, falls $x, y > 0$. **b)** $2xy \leq (x+y)^2/2 \leq x^2 + y^2$.

c) $xy + xz + yz \leq x^2 + y^2 + z^2$. **d)** $(x+y)(y+z)(z+x) \geq 8xyz$, falls $x, y, z \geq 0$.

5. Für alle $n \in \mathbb{N}$ gilt $(1 + (x/y))^n + (1 + (y/x))^n \geq 2^{n+1}$, falls $x, y > 0$.

6. Für alle $n \in \mathbb{N}^*$ gilt $((x+y)/2)^n \leq (x^n + y^n)/2 \leq (x+y)^n/2$, falls $x, y \geq 0$.

7. Für alle x, y mit $x + y \geq 0$ gilt:

a) $x^3 + y^3 \geq xy(x+y)$. **b)** $(x/y^2) + (y/x^2) \geq 1/x + 1/y$, falls $x, y \neq 0$.

8. Für alle x, y, z mit $x + y \geq 0$, $x + z \geq 0$, $y + z \geq 0$ gilt:

$$x^3 + y^3 + z^3 \geq \frac{1}{3}(x^2 + y^2 + z^2)(x + y + z).$$

9. Es ist $\text{Max}\,(x, y) = \frac{1}{2}\big(x + y + |x - y|\big)$ und $\text{Min}\,(x, y) = \frac{1}{2}\big(x + y - |x - y|\big)$.

10. Sei $n \in \mathbb{N}^*$. Für alle $x_1, \ldots, x_n, y_1, \ldots, y_n$ mit $y_1, \ldots, y_n > 0$ gilt:

$$\mathrm{Min}\left(\frac{x_1}{y_1}, \ldots, \frac{x_n}{y_n}\right) \leq \frac{x_1 + \cdots + x_n}{y_1 + \cdots + y_n} \leq \mathrm{Max}\left(\frac{x_1}{y_1}, \ldots, \frac{x_n}{y_n}\right).$$

11. a) $|x| \leq |x + y| + |y|$. **b)** $|x + y|/(1 + |x + y|) \leq |x|/(1 + |x|) + |y|/(1 + |y|)$.
c) Aus $|x| \leq 1$, $|y| \leq 1$ folgt $|x + y| \leq 1 + xy$.

12. Aus $x = y + z$ und $xz \leq 0$ folgt $x = \theta y$ mit $0 \leq \theta \leq 1$. (Diese triviale Aussage liefert häufig wichtige Fehlerabschätzungen.)

13. Es gilt $\prod_{i=1}^{n}(1 + x_i) \geq 1 + x_1 + \cdots + x_n$, falls alle $x_i \geq 0$ sind oder falls $0 \geq x_i \geq -1$ für alle i ist. Insbesondere erhält man $(1 + x)^n \geq 1 + nx$ für alle x mit $x \geq -1$ und alle $n \in \mathbb{N}$. (Bernoullische Ungleichungen)

14. a) Bei $0 \leq x_i \leq 1$, $i = 1, \ldots, n$, gilt $\prod_{i=1}^{n}(1 - x_i) \leq 1/(1 + x_1 + \cdots + x_n)$. Gilt $0 < x_i$ für wenigstens ein i, so ist die Ungleichung echt. Insbesondere ist $(1 - x)^n < 1/(1 + nx)$ für alle $n \in \mathbb{N}^*$, falls $0 < x \leq 1$ ist.
b) Es ist $\prod_{i=1}^{n}(1 + x_i) \leq 1/(1 - \sum_{i=1}^{n} x_i)$, falls alle $x_i \geq 0$ sind und $\sum_{i=1}^{n} x_i < 1$ ist. Wann ist die Ungleichung echt?

15. Es gilt $\prod_{i=1}^{n}(1 + x_i) \geq \frac{2^n}{n+1}(1 + x_1 + \cdots + x_n)$, falls alle $x_i \geq 1$ sind. Insbesondere erhält man $(1 + x)^n \geq \frac{2^n}{n+1}(1 + nx)$ für $x \geq 1$ und $n \in \mathbb{N}$.

16. Für alle x mit $0 \leq x$ und alle $n \geq 2$ gilt $(1 + x)^n \geq \frac{1}{4}n^2 x^2$.

17. Für alle x, y mit $(x, y) \neq (0, 0)$ und alle positiven geraden natürlichen Zahlen n gilt $x^n + x^{n-1}y + \cdots + xy^{n-1} + y^n > 0$.

18. Bei $x_1, \ldots, x_n > 0$ gilt $(x_1 + \cdots + x_n)(1/x_1 + \cdots + 1/x_n) \geq n^2$. (Vgl. Aufg. 23.)

19. Für alle $x_1, \ldots, x_n$ mit $x_1, \ldots, x_n > 0$ und $\prod_{i=1}^{n} x_i = 1$ gilt $\prod_{i=1}^{n}(1 + x_i) \geq 2^n$. Genau dann gilt dabei das Gleichheitszeichen, wenn $x_1 = \cdots = x_n = 1$ ist. (Beim Schluss von $n \geq 1$ auf $n + 1$ sei x_n die kleinste und x_{n+1} die größte der Zahlen $x_1, \ldots, x_{n+1}$. Dann wende man die Induktionsvoraussetzung auf $x_1, \ldots, x_{n-1}, x_n x_{n+1}$ an.)

20. Für alle $x_1, \ldots, x_n$ mit $x_1, \ldots, x_n > 0$ und $\prod_{i=1}^{n} x_i = 1$ gilt $\sum_{i=1}^{n} x_i \geq n$. Genau dann gilt dabei das Gleichheitszeichen, wenn $x_1 = \cdots = x_n = 1$ ist. (Man verwende den Hinweis zu Aufg. 19.)

21. Für alle $x_1, \ldots, x_n$ mit $x_1, \ldots, x_n > 0$ und $\sum_{i=1}^{n} x_i = n$ gilt $\prod_{i=1}^{n} x_i \leq 1$. Genau dann gilt dabei das Gleichheitszeichen, wenn $x_1 = \cdots = x_n = 1$ ist. (Man kann dies auf Aufg. 20 zurückführen oder aber noch einmal einen ähnlichen Induktionsbeweis wie in Aufg. 19 (die Induktionsvoraussetzung auf $x_1, \ldots, x_{n-1}, x_n + x_{n+1} - 1$ anwendend) führen.)

22. Sei $n \in \mathbb{N}^*$. Für alle $x_1, \ldots, x_n$ mit $x_1, \ldots, x_n > 0$ gilt

$$\left(\frac{x_1 + \cdots + x_n}{n}\right)^n \geq x_1 \cdots x_n \geq \left(\frac{n}{\frac{1}{x_1} + \cdots + \frac{1}{x_n}}\right)^n.$$

Das Gleichheitszeichen gilt jeweils genau dann, wenn $x_1 = \cdots = x_n$ ist.
(Für positive reelle Zahlen $x_1, \ldots, x_n$ nennt man

$$a := \frac{x_1 + \cdots + x_n}{n}, \quad g := \sqrt[n]{x_1 \cdots x_n} \quad \text{und} \quad h := n \Big/ \left(\frac{1}{x_1} + \cdots + \frac{1}{x_n}\right)$$

das arithmetische, geometrische [3]) bzw. harmonische Mittel der $x_1, \ldots, x_n$.
Es ist also $a \geq g \geq h$. – Zum Beweis der ersten Ungleichung kann man Aufg. 21 auf
$x_1/a, \ldots, x_n/a$ oder (bei $K = \mathbb{R}$) Aufg. 20 auf $x_1/g, \ldots, x_n/g$ anwenden oder folgendermaßen durch Induktion schließen: Es genügt, für a und $b := (x_1 + \cdots + x_{n+1})/(n+1)$ die
Ungleichung $b^{n+1} \geq a^n x_{n+1} = a^n\big((n+1)b - na\big)$ oder $(b/a)^{n+1} \geq (n+1)(b/a) - n$, d.h.
$0 \leq x^{n+1} - (n+1)x + n = (x-1)\big((x^n - 1) + \cdots + (x-1)\big) = (x-1)^2(x^{n-1} + 2x^{n-2} + \cdots + n)$
für $x > 0$ zu zeigen. Die zweite Ungleichung folgt aus der ersten.

Eine Folge positiver reeller Zahlen heißt a r i t h m e t i s c h bzw. g e o m e t r i s c h bzw.
h a r m o n i s c h , wenn jedes Glied der Folge (vom Anfangsglied abgesehen) das arithmetische
bzw. geometrische bzw. harmonische Mittel der beiden benachbarten Glieder ist. Eine
Folge ist genau dann arithmetisch, wenn die Folge der Kehrwerte harmonisch ist. Aus
der arithmetischen Folge 1, 2, 3, ... der positiven natürlichen Zahlen ergibt sich so die
harmonische Folge 1, $\frac{1}{2}$, $\frac{1}{3}$, ... der Stammbrüche.

Die Bezeichnung „harmonisches Mittel" hat folgenden Ursprung: Bei konstanter Spannung
ist die Frequenz des Tons einer Saite umgekehrt proportional zur Länge ihres schwingenden
Teils, vgl. Bd. 2, Beispiel 20.E.4 (1). Liefern also die Saitenlängen x bzw. y, $x < y$, Töne
mit den Frequenzen ν bzw. μ, $\nu > \mu$, so wird das Mittel dieser Töne, d.h. der Ton mit
dem arithmetischen Mittel $(\nu + \mu)/2$ als Frequenz, durch eine Saitenlänge geliefert, die das
harmonische Mittel h von x und y ist. Dieses Mittel h lässt sich auch durch die Proportion
$(y - h) : (h - x) = y : x$ charakterisieren, wie das bereits in der Antike geschehen ist.
Beispielsweise ist die (reine) Quinte das (arithmetische) Mittel von Grundton und Oktave.
Daher greift man $2/(\frac{1}{1} + \frac{1}{1/2}) = 2/3$ der Saite ab, um die Quinte zu erzeugen. Die (reine)
Große Terz ist das Mittel von Grundton und Quinte. Wie greift man sie auf der Saite ab?

0   x $h\ g\ a$ y

Soll das Tonintervall $\nu : \mu$ durch die Frequenz γ so geteilt werden, dass die beiden dadurch
gebildeten Teilintervalle $\nu : \gamma$ und $\gamma : \mu$ übereinstimmen, so ist für γ das geometrische Mittel $\sqrt{\mu\nu}$ der Frequenzen ν und μ zu wählen und für die Saitenlänge das geometrische Mittel g
der Saitenlängen x, y. Bei der Oktave $\nu : \mu = 2 : 1$ ergibt sich so das Intervall $\sqrt{2} : 1$. Dies
ist bei temperierter Stimmung der Tritonus (= verminderte Quinte = übermäßige Quart), der
in der klassischen Harmonielehre (als „diabolus in musica") zu den Dissonanzen zählt. Beispiele: Martinshorn oder (abwärts) das Hagen-Motiv in den ersten beiden Aufzügen der „Göt-
terdämmerung". Der Halbton „reine Quinte" : „temperierter Tritonus" $= \frac{3}{2} : \sqrt{2} = \frac{3}{4}\sqrt{2} =$
$1,06066\ldots$ ist eine gute Näherung des temperierten Halbtons $\sqrt[12]{2} : 1 = 1,05946\ldots$.)

23. Für alle $x_1, \ldots, x_n$, $y_1, \ldots, y_n$ gilt die C a u c h y - S c h w a r z s c h e   U n g l e i c h u n g

$$\left(\sum_{i=1}^{n} x_i y_i\right)^2 \leq \left(\sum_{i=1}^{n} x_i^2\right)\left(\sum_{i=1}^{n} y_i^2\right).$$

(Man benutze $(\sum_{i=1}^{n} x_i^2)(\sum_{i=1}^{n} y_i^2) = (\sum_{i=1}^{n} x_i y_i)^2 + \sum_{1 \leq i < j \leq n} (x_i y_j - x_j y_i)^2$ oder addiere im
Fall $K = \mathbb{R}$ und $x := \sum_{i=1}^{n} x_i^2 > 0$, $y := \sum_{i=1}^{n} y_i^2 > 0$ die n Ungleichungen $x_i y_i / \sqrt{xy} \leq$
$(x_i^2/x + y_i^2/y)/2$.)

---

[3]) Zur Existenz n-ter Wurzeln in $\mathbb{R}$ vgl. Beispiel 4.F.9.

24. Für alle $x_1, \ldots, x_n$ gilt $\left(\sum_{i=1}^{n} x_i \right)^2 \leq n \sum_{i=1}^{n} x_i^2$.

25. Sei n eine positive natürliche Zahl. Dann gilt:

a) $\left(\sum_{k=1}^{n} 1/k \right)^2 < 2n$.   **b)** $\left(\sum_{k=n+1}^{2n} 1/k \right)^2 < 1/2$.

26. Für alle $x_1, \ldots, x_n, \; y_1, \ldots, y_n \in \mathbb{R}$ gilt

$$\sqrt{\sum_{i=1}^{n} (x_i + y_i)^2} \; \leq \; \sqrt{\sum_{i=1}^{n} x_i^2} \; + \; \sqrt{\sum_{i=1}^{n} y_i^2}$$

(Minkowskische Ungleichung). (Zum Beweis quadriere man beide Seiten und benutze die Cauchy-Schwarzsche Ungleichung aus Aufg. 23.)

27. Die Vereinigung endlich vieler beschränkter Teilmengen von K ist wieder beschränkt.

28. Sei $f: \mathbb{R} \to \mathbb{R}$ die Funktion $x \mapsto (x-1)x(x+1)$. Man skizziere auf der Zahlengeraden die Punktmengen $\{x \in \mathbb{R} \mid f(x) \geq 0\}$ und $\{x \in \mathbb{R} \mid f(x) \leq 0\}$.

29. Man skizziere für die folgenden Funktionen $f: \mathbb{R}^2 \to \mathbb{R}$ in der Zahlenebene $\mathbb{R}^2$ jeweils die Menge der Punkte (x, y) mit $f(x, y) > 1$ bzw. $= 1$ bzw. < 1:

a) $f(x, y) = |x - y|$.   **b)** $f(x, y) = x^2 y^2$.   **c)** $f(x, y) = x^2 + xy + 1$.

30. Man skizziere die Menge $\{(x, y) \in \mathbb{R}^2 \mid x^2 \leq y \leq x^4\} \subseteq \mathbb{R}^2$.

31. Man skizziere die Menge der Paare $(x, y) \in \mathbb{R}^2$, für die $xy > x + y$ bzw. $xy = x + y$ bzw. $xy < x + y$ ist.

32. Seien $k, n \in \mathbb{N}^*$, $k \leq n$. Für je k der positiven Zahlen $x_1, \ldots, x_n$ sei das Produkt ≥ 1. Dann ist auch $x_1 \cdots x_n \geq 1$.

4.E Der Begriff der konvergenten Folge

Mit den bisher angegebenen Axiomen 4.A.1 und 4.D.1 für angeordnete Körper sind die reellen Zahlen noch nicht vollständig charakterisiert. Beispielsweise erfüllen auch die rationalen Zahlen alle diese Bedingungen. Es ist aber $\mathbb{Q} \neq \mathbb{R}$. In $\mathbb{R}$ gibt es etwa ein Element, dessen Quadrat gleich 2 ist, in $\mathbb{Q}$ jedoch nicht, vgl. Beispiel 2.D.12. Für das noch fehlende Vollständigkeitsaxiom verwenden wir den fundamentalen Begriff der konvergenten Folge in einem angeordneten Körper, den wir nun entwickeln. In diesem Abschnitt bezeichnet K stets einen angeordneten Körper.

4.E.1 Definition Eine Folge $(x_n) = (x_n)_{n \in \mathbb{N}}$ von Elementen aus K heißt k o n v e r - g e n t (in K), wenn es ein $x \in K$ gibt mit folgender Eigenschaft: Zu jedem (noch so kleinen) positiven $\varepsilon \in K$ gibt es ein $n_0 \in \mathbb{N}$ mit $|x_n - x| \leq \varepsilon$ für alle natürlichen Zahlen $n \geq n_0$.

Dieses Element x ist durch die Folge (x_n) eindeutig bestimmt. Wäre nämlich $x' \in K$ ein weiteres davon verschiedenes Element mit der entsprechenden Eigenschaft, so wäre $\varepsilon_0 := \frac{1}{3}|x - x'| > 0$ und es gäbe natürliche Zahlen n_0 und n_0' mit $|x_n - x| \leq \varepsilon_0$ für alle $n \geq n_0$ und $|x_n - x'| \leq \varepsilon_0$ für alle $n \geq n_0'$. Dann erhält man mit einem $n \geq \mathrm{Max}\,(n_0, n_0')$ den Widerspruch

$$|x - x'| = |x - x_n + x_n - x'| \leq |x_n - x| + |x_n - x'|$$

$$\leq \varepsilon_0 + \varepsilon_0 = \frac{2}{3}|x - x'| < |x - x'|.$$

$$\underbrace{\quad}_{x-\varepsilon_0} \quad \bullet_{x} \quad \underbrace{\quad}_{x+\varepsilon_0} \quad \underbrace{\quad}_{x'-\varepsilon_0} \quad \bullet_{x'} \quad \underbrace{\quad}_{x'+\varepsilon_0}$$

Das somit durch die konvergente Folge (x_n) gemäß Definition 4.E.1 eindeutig bestimmte Element x heißt der **G r e n z w e r t** oder der **L i m e s** der Folge (x_n). Wir bezeichnen ihn mit

$$\lim x_n = \lim_{n \to \infty} x_n \, .$$

Ist x der Limes von (x_n), so beschreiben wir diese Situation auch kurz durch

$$x_n \to x \qquad \text{oder} \qquad x_n \xrightarrow{\;n \longrightarrow \infty\;} x$$

und sagen, (x_n) **k o n v e r g i e r e   g e g e n** x. Genau dann konvergiert (x_n) gegen x, wenn die Folge $(x_n - x)$ gegen 0 konvergiert. Eine konvergente Folge mit dem Grenzwert 0 heißt eine **N u l l f o l g e**. Eine Folge, die nicht konvergiert, heißt **d i v e r g e n t**.

Eine konstante Folge (x_n) mit dem Wert $x_n = x$ für alle n konvergiert offenbar gegen x.

Wir sagen, dass eine Zahl x durch die Zahl y **b i s   a u f   e i n e n   F e h l e r** $\leq \varepsilon$ **a p p r o x i m i e r t** wird, wenn $|y - x| \leq \varepsilon$ ist. Zu gegebenem $\varepsilon > 0$ approximieren somit die Glieder einer gegen x konvergierenden Folge ab einer Stelle n_0 die Zahl x bis auf einen Fehler $\leq \varepsilon$. Dabei ist für praktische Anwendungen natürlich die **G ü t e   d e r   A p p r o x i m a t i o n** wichtig, die Frage also, ab welchem n_0 die Glieder der Folge sich von x dem Betrage nach um höchstens ε unterscheiden. Auf solche Probleme gehen wir später gelegentlich ein. Für den Konvergenzbegriff selbst spielt diese Konvergenzgeschwindigkeit keine Rolle.

Eine Folge (x_n) hat genau dann den Grenzwert x, wenn in jeder Umgebung von x **f a s t   a l l e** Glieder der Folge, d.h. alle mit höchstens endlich vielen Ausnahmen liegen.[1])

4.E.2 Bemerkung Der obige Beweis für die Eindeutigkeit des Grenzwertes beruht darauf, dass in den disjunkten ε_0-Umgebungen von x bzw. x' nicht gleichzeitig fast alle Glieder der Folge (x_n) liegen können.

---

[1]) Die äußerst nützliche Sprechweise "fast alle" = "alle mit einer endlichen Anzahl von Ausnahmen" wurde wohl erstmals in dem im Vorwort erwähnten Lehrbuch „Grundzüge der Differential- und Integralrechnung " von G. Kowalewski verwendet, vgl. loc. cit., p.13.

Aus der Definition 4.E.1 ergibt sich sofort:

4.E.3 *Sei* (x_n) *eine in* K *konvergente Folge.*
(1) Dann ist auch jede Teilfolge $(x_{n_k})_{k\in\mathbb{N}}$ *konvergent mit demselben Grenzwert wie die Folge* (x_n).
(2) Ändert man endlich viele Glieder der Folge, so bleibt die Folge konvergent mit demselben Grenzwert.

Dabei ist $(x_{n_k})_{k\in\mathbb{N}}$ eine T e i l f o l g e von (x_n), wenn die Folge $(n_k)_{k\in\mathbb{N}}$ der Indizes streng monoton wachsend ist, d.h. wenn $n_k < n_{k+1}$ für alle $k \in \mathbb{N}$ ist. Aus 4.E.3 (1) folgt zum Beispiel, dass eine Folge, die eine nicht konvergente Teilfolge oder zwei Teilfolgen mit verschiedenen Grenzwerten besitzt, nicht konvergent sein kann.

4.E.4 Definition Sei (x_n) eine Folge in K.
(1) Die Folge (x_n) heißt nach o b e n (bzw. nach u n t e n) b e s c h r ä n k t, wenn es ein S (bzw. s) in K gibt mit $x_n \leq S$ (bzw. $x_n \geq s$) für alle $n \in \mathbb{N}$.
(2) Die Folge (x_n) heißt b e s c h r ä n k t, wenn sie nach oben und nach unten beschränkt ist.

Eine Folge (x_n) ist also genau dann nach oben bzw. nach unten beschränkt bzw. beschränkt schlechthin, wenn für die Menge $\{x_n \mid n \in \mathbb{N}\}$ der Folgenglieder Entsprechendes gilt.

Ändert man nur endlich viele Glieder einer Folge ab, so ändert sich ihr Verhalten in Bezug auf Beschränktheit natürlich nicht. Da in jeder ε-Umgebung des Grenzwertes einer konvergenten Folge fast alle Glieder dieser Folge liegen, ergibt sich:

4.E.5 *Jede konvergente Folge ist beschränkt.*

Selbstverständlich ist nicht umgekehrt jede beschränkte Folge konvergent.

4.E.6 Rechenregeln für Limiten *Seien* (x_n) *und* (y_n) *konvergente Folgen mit den Grenzwerten* x *bzw.* y. *Dann gilt:*
(1) Die Summenfolge $(x_n + y_n)$ *konvergiert, und es ist*

$$\lim (x_n + y_n) = \lim x_n + \lim y_n = x + y.$$

(2) Die Produktfolge $(x_n y_n)$ *konvergiert, und es ist*

$$\lim (x_n y_n) = (\lim x_n)(\lim y_n) = xy.$$

Insbesondere gilt $\lim (\lambda x_n) = \lambda \cdot \lim x_n = \lambda x$ *für alle* $\lambda \in K$.
(3) Ist $y_n \neq 0$ *für alle* $n \in \mathbb{N}$ *und ist* $y \neq 0$, *so konvergiert auch die Quotientenfolge* (x_n / y_n) *und es ist*

$$\lim \frac{x_n}{y_n} = \frac{\lim x_n}{\lim y_n} = \frac{x}{y}.$$

Insbesondere ist dann $\lim 1/y_n = 1/y$.

B e w e i s . (1) Sei $\varepsilon > 0$ vorgegeben. Zu $\varepsilon' := \varepsilon/2$ gibt es dann $n_1, n_2 \in \mathbb{N}$ mit $|x_n - x| \le \varepsilon'$ bzw. $|y_n - y| \le \varepsilon'$ für alle $n \ge n_1$ bzw. $n \ge n_2$. Für alle $n \ge n_0 := \mathrm{Max}\,(n_1, n_2)$ gilt dann:

$$|(x_n + y_n) - (x + y)| = |(x_n - x) + (y_n - y)| \le |x_n - x| + |y_n - y| \le \varepsilon' + \varepsilon' = \varepsilon\,.$$

(2) Sei $\varepsilon > 0$ vorgegeben. Es ist $|x_n y_n - xy| = |x_n y_n - x_n y + x_n y - xy| \le |x_n y_n - x_n y| + |x_n y - xy| = |x_n||y_n - y| + |x_n - x||y|$. Nach 4.E.5 gibt es ein $R > 0$ mit $|x_n| \le R$ für alle $n \in \mathbb{N}$. Wählen wir zu $\varepsilon' := \varepsilon/(2\,\mathrm{Max}\,(R, |y|))$ ein n_0 mit $|x_n - x| \le \varepsilon'$ und $|y_n - y| \le \varepsilon'$ für alle $n \ge n_0$, so folgt für diese n:

$$|x_n y_n - xy| \le |x_n|\,|y_n - y| + |x_n - x||y| \le R\varepsilon' + \varepsilon'|y| \le \varepsilon/2 + \varepsilon/2 = \varepsilon\,.$$

(3) Wegen (2) genügt es, den in (3) angegebenen Spezialfall zu zeigen. Sei nun $\varepsilon > 0$ vorgegeben. Es ist

$$\left| \frac{1}{y_n} - \frac{1}{y} \right| = \left| \frac{y - y_n}{y y_n} \right| = \frac{|y_n - y|}{|y|} \cdot \frac{1}{|y_n|}\,.$$

Da $\lim y_n = y \neq 0$ ist, liegen in der $(|y|/2)$-Umgebung von 0 nur endlich viele Glieder der Folge (y_n). Wegen $y_n \neq 0$ für alle n gibt es daher ein $r > 0$ mit $|y_n| \ge r$, also mit $1/|y_n| \le 1/r$ für alle n. Wählen wir jetzt zu $\varepsilon' := \varepsilon r |y|$ ein n_0 mit $|y_n - y| \le \varepsilon'$ für alle $n \ge n_0$, so gilt für diese n:

$$\left| \frac{1}{y_n} - \frac{1}{y} \right| = \frac{|y_n - y|}{|y|} \cdot \frac{1}{|y_n|} \le \frac{\varepsilon'}{|y|} \cdot \frac{1}{r} = \varepsilon\,. \qquad \bullet$$

Eine weitere nützliche Rechenregel ist:

4.E.7 *Ist (x_n) eine konvergente Folge mit Grenzwert x, so ist auch $(|x_n|)$ konvergent und es gilt* $\lim |x_n| = |\lim x_n| = |x|$.

B e w e i s . Die Behauptung folgt aus $||x_n| - |x|| \le |x_n - x|$. $\qquad\bullet$

Zur Bestimmung von Grenzwerten verwendet man häufig das folgende Kriterium:

4.E.8 Einschließungskriterium *Es seien (x_n), (y_n) und (z_n) Folgen. Für (fast) alle $n \in \mathbb{N}$ gelte $x_n \le y_n \le z_n$. Sind die Folgen (x_n) und (z_n) konvergent mit dem gleichen Grenzwert y, so ist auch (y_n) konvergent mit Grenzwert y.*

B e w e i s . Sei $\varepsilon > 0$ vorgegeben. In der ε-Umgebung um y liegen dann nach Voraussetzung sowohl fast alle Glieder der Folge (x_n) als auch fast alle Glieder der Folge (z_n), also auch fast alle Glieder der Folge (y_n). $\qquad\bullet$

Neben den bisher betrachteten (im eigentlichen Sinne) konvergenten Folgen sind häufig (divergente) Folgen zu betrachten, die im uneigentlichen Sinne gegen ∞ oder $-\infty$ konvergieren.

4.E.9 Definition Eine Folge (x_n) in K k o n v e r g i e r t (u n e i g e n t l i c h) gegen ∞ (bzw. $-\infty$), wenn es zu jedem $s \in K$ ein $n_0 \in \mathbb{N}$ gibt mit $x_n \ge s$ (bzw. $x_n \le s$) für alle $n \ge n_0$.

Genau dann konvergiert die Folge (x_n) gegen ∞, wenn $(-x_n)$ gegen $-\infty$ konvergiert. Natürlich sind Folgen, die gegen ∞ bzw. $-\infty$ konvergieren, nach oben bzw. nach unten unbeschränkt. Man sagt, dass (x_n) dem Betrage nach gegen ∞ konvergiert, wenn die Folge $(|x_n|)$ der Beträge gegen ∞ konvergiert. Wenn im folgenden von konvergenten Folgen gesprochen wird, sind in der Regel nur die im eigentlichen Sinne konvergenten Folgen gemeint. Ist auch uneigentliche Konvergenz zugelassen, so werden wir dies gewöhnlich explizit erwähnen.

Mit den am Ende von 4.D festgelegten Konventionen (1)–(4) für das Rechnen mit $\pm\infty$ gelten die Grenzwertrechenregeln weiter. Die Konvention $0 \cdot (\pm\infty) = 0$ hat allerdings *keine* Entsprechung bei den Grenzwertrechenregeln. In $\mathbb{R}$ beispielsweise ist $\lim 1/n = 0$, aber $\lim b_n/n$ hängt wesentlich von der Folge (b_n) ab. Man betrachte für (b_n) etwa die Folgen $(\sqrt{n})$, (n), (n^2), vgl. 4.F.6.

Aufgaben

Falls nichts anderes gesagt wird, liegen in den folgenden Aufgaben die Elemente in einem festen angeordneten Körper K, beispielsweise im Körper der reellen Zahlen.

1. Sei (x_n) eine konvergente Folge mit $s \geq x_n$ (bzw. $s \leq x_n$) für fast alle $n \in \mathbb{N}$. Dann ist auch $s \geq \lim x_n$ (bzw. $s \leq \lim x_n$).

2. Sei (x_n) eine konvergente Folge mit einem positiven (bzw. negativen) Grenzwert. Dann sind fast alle Glieder der Folge positiv (bzw. negativ).

3. Sei (x_n) eine Folge mit den Teilfolgen (x_{n_k}) und (x_{m_k}) derart, dass jedes Glied x_n in wenigstens einer der beiden Teilfolgen auftritt (d.h. dass jeder Index n in einer der beiden Indexfolgen (n_k) und (m_k) auftritt). Genau dann konvergiert die Folge (x_n), wenn jede der beiden Teilfolgen gegen ein und denselben Grenzwert konvergiert (der dann natürlich gleich $\lim x_n$ ist).

4. Genau dann ist (x_n) eine Nullfolge, wenn $(|x_n|)$ eine Nullfolge ist.

5. Seien (x_n) eine Nullfolge und (y_n) eine beschränkte Folge. Dann ist auch $(x_n y_n)$ eine Nullfolge.

6. a) Eine Folge mit ausschließlich positiven (bzw. ausschließlich negativen) Gliedern konvergiert genau dann (uneigentlich) gegen ∞ (bzw. $-\infty$), wenn die Folge der Kehrwerte eine Nullfolge ist. Genau dann ist eine Folge, deren Glieder alle von 0 verschieden sind, eine Nullfolge, wenn die Folge der Kehrwerte dem Betrag nach gegen ∞ konvergiert.

b) Sei $\lim x_n = \infty$ und $\lim y_n = a \in \overline{K} - \{0\}$. Dann ist $\lim x_n y_n = \infty$, falls $a > 0$ ist, und $\lim x_n = -\infty$, falls $a < 0$ ist.

c) Die Folge (x_n) konvergiere (uneigentlich) gegen ∞, und die Folge (y_n) sei nach unten beschränkt. Dann konvergiert $(x_n + y_n)$ auch (uneigentlich) gegen ∞.

7. Die Folgen $(x_n + y_n)$ und $(x_n - y_n)$ seien konvergent mit den Grenzwerten α bzw. β. Dann konvergieren (x_n), (y_n) und $(x_n y_n)$ ebenfalls, und es gilt $\lim x_n = (\alpha + \beta)/2$, $\lim y_n = (\alpha - \beta)/2$, $\lim x_n y_n = (\alpha^2 - \beta^2)/4$.

8. Sei $(x_n)_{n \in \mathbb{N}}$ eine (nicht notwendig eigentlich) konvergente Folge. Für jede Permutation σ von $\mathbb{N}$ ist dann auch die Folge $(x_{\sigma(n)})_{n \in \mathbb{N}}$ konvergent mit demselben Grenzwert.

9. Für welche konvergenten Folgen lässt sich die Stelle $n_0 \in \mathbb{N}$ in der Definition 4.E.1 unabhängig von ε (> 0) wählen ?

4.F Konvergente Folgen und Vollständigkeit

In diesem Abschnitt bezeichnet K wieder einen angeordneten Körper. Im Anschluss an C. Carathéodory werden wir das Vollständigkeitsaxiom mit Hilfe monotoner Folgen formulieren. Wir definieren daher zunächst:

4.F.1 Definition Es sei (x_n) eine Folge in K.

(1) Die Folge (x_n) heißt m o n o t o n   w a c h s e n d (bzw.   e c h t oder s t r e n g   m o n o t o n   w a c h s e n d), wenn für alle $n \in \mathbb{N}$ gilt: Es ist $x_n \leq x_{n+1}$ (bzw. $x_n < x_{n+1}$).

(2) Die Folge (x_n) heißt m o n o t o n   f a l l e n d (bzw. e c h t oder s t r e n g   m o n o t o n   f a l l e n d), wenn für alle $n \in \mathbb{N}$ gilt: Es ist $x_n \geq x_{n+1}$ (bzw. $x_n > x_{n+1}$).

Eine Folge heißt m o n o t o n, wenn sie monoton wachsend oder monoton fallend ist. Genau dann ist (x_n) monoton wachsend, wenn $(-x_n)$ monoton fallend ist.

Wir können nun das Vollständigkeitsaxiom formulieren, dessen Gültigkeit für die Zahlengerade intuitiv erwartet wird.

4.F.2 Vollständigkeitsaxiom In $\mathbb{R}$ ist jede beschränkte monotone Folge konvergent.

Wegen der Vorbemerkung zu 4.F.2 hätte es genügt, die Konvergenz von beschränkten monoton wachsenden Folgen zu fordern.

4.F.3 Bemerkung Mit dem Vollständigkeitsaxiom und den Axiomen für einen angeordneten Körper ist die Struktur von $\mathbb{R}$ eindeutig bestimmt. Dies soll folgendes bedeuten: Sei K ein angeordneter Körper, in dem das Vollständigkeitsaxiom erfüllt ist. Dann gibt es eine (sogar eindeutig bestimmte) bijektive Abbildung $f : \mathbb{R} \to K$, für die folgendes gilt: Für alle $x, y \in \mathbb{R}$ ist $f(x + y) = f(x) + f(y)$ und $f(xy) = f(x)f(y)$; ferner gilt $f(x) \leq f(y)$ genau dann, wenn $x \leq y$ gilt. Es geht also K aus $\mathbb{R}$ einfach dadurch hervor, dass die Struktur von $\mathbb{R}$ mittels f auf K übertragen wird. Für den Nachweis, dass ein angeordneter Körper, in dem Axiom 4.F.2 gilt, überhaupt existiert, siehe die Bemerkung zu 4.G, Aufg. 23 oder auch [34], §§14, 15 bzw. [35], Teil 1, §33, Beispiel 5. Zur Eindeutigkeitsaussage über f vergleiche 11.C, Aufg. 7.

Ein angeordneter Körper, in dem das Vollständigkeitsaxiom 4.F.2 gilt, heißt ein r e e l l e r   Z a h l k ö r p e r. Die vorstehende Bemerkung rechtfertigt diese Sprechweise; die Eindeutigkeitsaussage erlaubt es sogar, von *dem* Körper $\mathbb{R}$ der reellen Zahlen zu sprechen.

Eine erste wichtige Konsequenz aus dem Vollständigkeitsaxiom ist die folgende Aussage:

4.F.4 Satz *Die Folge der natürlichen Zahlen ist unbeschränkt.*

B e w e i s . Die Folge $(n)_{n \in \mathbb{N}}$ ist monoton wachsend. Wäre sie beschränkt, so hätte sie nach 4.F.2 einen Grenzwert x. In der ε-Umgebung von x mit $\varepsilon := 1/3$ liegt aber höchstens eine natürliche Zahl. Widerspruch! $\qquad\bullet$

4.F.5 Bemerkung Ein angeordneter Körper K, in dem 4.F.4 gilt, wobei die natürlichen Zahlen n durch die Vielfachen $n \cdot 1_K$ des Einselementes 1_K von K zu ersetzen sind, heißt ein a r c h i m e d i s c h a n g e o r d n e t e r K ö r p e r . Auch für einen solchen Körper gilt sinngemäß das weiter unten folgende Korollar 4.F.6.

Der Leser betrachte Satz 4.F.4 nicht als selbstverständlich. Es lassen sich leicht angeordnete Körper angeben, die nicht archimedisch angeordnet sind. Sei etwa k ein beliebiger angeordneter Körper (z.B. $k = \mathbb{Q}$ oder $k = \mathbb{R}$) und $K := k(x) = \{f/g \mid f, g \in k[x],\ g \neq 0\}$ der Körper der rationalen Funktionen in einer Variablen über k (vgl. 11.B oder Bd. 2, 10.A). Sind dann f_1/g_1, $f_2/g_2 \in k(x)$, wobei wir ohne weiteres annehmen können, dass die Nennerpolynome g_1 bzw. g_2 positive Leitkoeffizienten haben, so setzen wir $f_1/g_1 < f_2/g_2$ genau dann, wenn $f_2 g_1 - f_1 g_2$ einen positiven Leitkoeffizienten hat. Der Leser prüft sofort, dass dadurch eine vollständige Ordnung auf K wohldefiniert ist, mit der K ein angeordneter Körper ist. *K ist aber nicht archimedisch angeordnet,* da z.B. $n < x$ für alle $n \in \mathbb{N}$ ist. Man bestimme (etwa für $k = \mathbb{Q}$ oder $k = \mathbb{R}$) die $h \in k(x)$, für die die Potenzen $h^n, n \in \mathbb{N}$, eine Nullfolge in $k(x)$ bilden.

4.F.6 Korollar *Seien ε und x, y positive reelle Zahlen. Dann gilt:*

(1) *Es gibt ein $n \in \mathbb{N}^*$ mit $1/n \leq \varepsilon$.*

(2) *Es gibt ein $n \in \mathbb{N}$ mit $n\varepsilon \geq x$.*

(3) *Falls $y > 1$ ist, gibt es ein $n \in \mathbb{N}$ mit $y^n \geq x$.*

(4) *Falls $y < 1$ ist, gibt es ein $n \in \mathbb{N}$ mit $y^n \leq \varepsilon$.*

B e w e i s . (1) Da die Menge der natürlichen Zahlen nicht nach oben beschränkt ist, gibt es zu $1/\varepsilon$ ein $n \in \mathbb{N}^*$ mit $n \geq 1/\varepsilon$, d.h. mit $1/n \leq \varepsilon$.

(2) Zu x/ε gibt es ein $n \in \mathbb{N}$ mit $n \geq x/\varepsilon$, d.h. mit $n\varepsilon \geq x$.

(3) Es ist $y = 1 + h$ mit einem $h > 0$. Dann ist $y^n = (1+h)^n = 1 + nh + \cdots + h^n \geq 1 + nh \geq x$ für alle $n \in \mathbb{N}^*$ mit $n \geq (x - 1)/h$.

(4) Wegen $0 < y < 1$ ist $1/y > 1$. Nach (3) gibt es also ein n mit $(1/y)^n \geq 1/\varepsilon$, d.h. mit $y^n \leq \varepsilon$. $\qquad\bullet$

Da die Folge $(1/n)$ der Stammbrüche monoton fallend ist, besagt 4.F.6 (1), dass *die Folge $(1/n)$ eine Nullfolge ist.* Um zu prüfen, ob eine Folge (x_n) reeller Zahlen konvergiert, genügt es daher, die definierende Eigenschaft 4.E.1 zu bestätigen, wenn ε ein beliebiger Stammbruch ist. Generell genügt es, für ε die Werte einer Nullfolge mit positiven Gliedern zu nehmen.

Sei $x \in \mathbb{R}$ und $|x| < 1$. Da die Folge $|x^n| = |x|^n$ monoton fallend ist, ergibt sich aus 4.F.6 (4), dass *die Folge* $(|x^n|)$ *und somit auch* (x^n) *eine Nullfolge ist.*

Aus 4.F.4 folgt: Ist $x \in \mathbb{R}$, $x \geq 0$, so gibt es eine natürliche Zahl m mit $m \leq x < m + 1$. Ist $x \in \mathbb{R}$ und $x < 0$, so gibt es entsprechend eine natürliche Zahl m mit $m < -x \leq m + 1$, d.h. $-(m + 1) \leq x < -m$. Zu einer beliebigen reellen Zahl x gibt es daher stets eine (eindeutig bestimmte) ganze Zahl $[x]$ mit $[x] \leq x < [x] + 1$. Sie heißt der g a n z e T e i l von x. Wie wir schon erwähnten, heißt die Funktion [ ] auch die G a u ß - K l a m m e r , gelegentlich spricht man vom G a u ß - S y m b o l .

4.F.7 Intervallschachtelung *Es seien* (a_n) *eine monoton wachsende und* (b_n) *eine monoton fallende Folge reeller Zahlen mit folgenden Eigenschaften:*

(1) Es ist $a_n \leq b_n$ *für alle* $n \in \mathbb{N}$. *(2) Es ist* $\lim (b_n - a_n) = 0$.

Dann gibt es genau eine reelle Zahl x *mit* $a_n \leq x \leq b_n$ *für alle* $n \in \mathbb{N}$. *Es ist* $x = \lim a_n = \lim b_n$.

B e w e i s . Die Folgen (a_n) und (b_n) sind auch beschränkt, also nach 4.F.2 konvergent. Wegen $0 = \lim (b_n - a_n) = \lim b_n - \lim a_n$ haben (a_n) und (b_n) den gleichen Grenzwert x. Aus der Monotonie der Folgen (a_n) und (b_n) ergibt sich $a_n \leq x \leq b_n$ für alle n. Ist x' eine weitere solche Zahl, so gilt $|x - x'| \leq b_n - a_n$ für alle n und daher notwendigerweise $|x - x'| = 0$, d.h. $x = x'$.   •

Seien (a_n) und (b_n) Folgen reeller Zahlen wie in 4.F.7. $I_n := [a_n , b_n]$, $n \in \mathbb{N}$, ist dann eine Folge von Intervallen, für die

$$I_0 \supseteq I_1 \supseteq I_2 \supseteq \cdots \supseteq I_n \supseteq I_{n+1} \supseteq \cdots$$

gilt und deren Längen eine Nullfolge bilden. Man nennt eine solche Folge von abgeschlossenen Intervallen eine I n t e r v a l l s c h a c h t e l u n g . Nach 4.F.7 gibt es genau eine Zahl x, die in jedem der Intervalle I_n liegt. Diese Zahl x heißt d i e durch die Intervallschachtelung definierte Zahl . Es ist

$$a_0 \leq a_1 \leq a_2 \leq \cdots \leq x \leq \cdots \leq b_2 \leq b_1 \leq b_0$$

und $x = \lim a_n = \lim b_n$. Der Mittelpunkt $(a_n + b_n)/2$ des Intervalls I_n approximiert die Zahl x bis auf einen Fehler, der höchstens gleich der halben Intervalllänge $(b_n - a_n)/2$ ist. Eine Folge (x_n) reeller Zahlen konvergiert genau dann, wenn es eine Intervallschachtelung I_n, $n \in \mathbb{N}$, gibt derart, dass für jedes $n \in \mathbb{N}$ außerhalb I_n nur endlich viele Glieder der Folge liegen.

4.F.8 Beispiel (Ü b e r a b z ä h l b a r k e i t v o n $\mathbb{R}$) Wir wollen noch den ersten Beweis für die Überabzählbarkeit von $\mathbb{R}$ aus der Arbeit „ Über eine Eigenschaft des Inbegriffs aller reellen algebraischen Zahlen" von G. Cantor im Journal für die reine und angew. Math. **74**, 258 - 262 (1874) bringen (vgl. auch 11.A, Aufg. 4) : Angenommen die Folge r_0, r_1, r_2, ... enthielte alle reellen Zahlen. Im Widerspruch dazu konstruieren wir schrittweise eine Intervallschachtelung $[a_n , b_n]$, $n \in \mathbb{N}$, die eine reelle Zahl definiert, welche in der angegebenen Folge sicher nicht vorkommt. Wir wählen $[a_0, b_0]$ so, dass $r_0 \notin [a_0, b_0]$ ist, und $[a_{n+1}, b_{n+1}] \subseteq [a_n, b_n]$ so, dass $r_{n+1} \notin [a_{n+1}, b_{n+1}]$ liegt. Dabei ist darauf zu achten, dass die Intervalllängen gegen 0 konvergieren. Beispielsweise drittele man jeweils die Intervalle $[a_n, b_n]$. In wenigstens einem der äußeren Drittel liegt dann r_{n+1} nicht, und ein solches Drittel liefert das nächste Intervall $[a_{n+1}, b_{n+1}]$. (Nach Aufg. 21 kann man darauf verzichten, dass die Intervalllängen gegen 0 gehen. Für eine Verallgemeinerung vgl. 10.B, Aufg. 25.)

4.F.9 Beispiel (B a b y l o n i s c h e s oder H e r o n i s c h e s W u r z e l z i e h e n) Sei a eine positive reelle Zahl. Die Folge (x_n) sei rekursiv definiert durch

$$x_{n+1} = \frac{1}{2}\left(x_n + \frac{a}{x_n}\right), \qquad x_0 > 0 \;\; \text{beliebig, etwa} \;\; x_0 := a \, .$$

Dann ist die Folge (x_n) *konvergent mit* $\lim x_n = \sqrt{a}$, d.h. für $x := \lim x_n$ ist $x^2 = a$ und $x > 0$. B e w e i s. Offenbar sind alle $x_n > 0$. Ferner gilt $x_{n+1}^2 \geq a$ für alle $n \geq 0$, da das Quadrat des arithmetischen Mittels $\frac{1}{2}(x_n + a/x_n)$ von x_n und a/x_n mindestens so groß ist wie das Produkt $x_n \cdot a/x_n = a$, vgl. 4.D, Aufg. 4b). Der Vollständigkeit halber geben wir den einfachen Beweis dafür an: Es ist

$$x_{n+1}^2 - a = \left(\frac{1}{2}\left(x_n + \frac{a}{x_n}\right)\right)^2 - a = \frac{1}{4}\left(x_n - \frac{a}{x_n}\right)^2 \geq 0 \, .$$

Die Folge x_n, $n \geq 1$, ist wegen

$$x_n - x_{n+1} = x_n - \frac{1}{2}\left(x_n + \frac{a}{x_n}\right) = \frac{1}{2}\left(x_n - \frac{a}{x_n}\right) = \frac{1}{2x_n}(x_n^2 - a) \geq 0$$

monoton fallend. Da sie durch 0 nach unten beschränkt ist, konvergiert sie nach 4.F.2 gegen ein $x \in \mathbb{R}$ mit $x \geq 0$. Wegen $x_{n+1}^2 \geq a$ ist $x^2 \geq a > 0$ und folglich sogar $x > 0$. Aus der Rekursionsgleichung und den Rechenregeln für Limiten ergibt sich nun

$$x = \lim x_{n+1} = \frac{1}{2}\left(\lim x_n + \frac{a}{\lim x_n}\right) = \frac{1}{2}\left(x + \frac{a}{x}\right),$$

d.h. $x^2 = a$. Um einen Eindruck von der Güte der Approximation von $\sqrt{a}$ durch die x_n zu bekommen, schätzen wir für $n \geq 1$ in folgender Weise ab:

$$x_{n+1} - \sqrt{a} = \frac{1}{2}\left(x_n + \frac{a}{x_n}\right) - \sqrt{a} = \frac{1}{2x_n}\left(x_n - \sqrt{a}\right)^2 \leq \frac{1}{2\sqrt{a}}\left(x_n - \sqrt{a}\right)^2 .$$

Der Fehler $x_{n+1} - \sqrt{a}$ beim $(n+1)$-ten Schritt, $n \geq 1$, ist also bis auf den Faktor $1/2\sqrt{a}$ höchstens so groß wie das Quadrat des Fehlers beim n-ten Schritt, d.h. die Anzahl der korrekten Stellen hinter dem Komma verdoppelt sich annähernd bei jedem Schritt. Ferner ist

$$0 \leq x_n - \sqrt{a} = \frac{x_n^2 - a}{x_n + \sqrt{a}} \leq \frac{1}{2\sqrt{a}}(x_n^2 - a) \, , \qquad n \geq 1 \, .$$

Man spricht hier von q u a d r a t i s c h e r K o n v e r g e n z.

Generell sagen wir, dass die konvergente Folge (x_n) mit $x := \lim x_n$ von der Ordnung $k > 1$ gegen x konvergiert, wenn es eine Konstante $C \geq 0$ mit $|x_{n+1} - x| \leq C|x_n - x|^k$ für alle $n \geq 0$ gibt. Gilt $|x_{n+1} - x| \leq c|x_n - x|$ für genügend große n mit einer Konstanten $c \in \mathbb{R}$, $0 \leq c < 1$, so spricht man von l i n e a r e r K o n v e r g e n z. Entsprechend sagen wir, dass die Intervallschachtelung $I_n = [a_n, b_n]$, $n \in \mathbb{N}$, für die Zahl x eine K o n v e r g e n z - o r d n u n g $k > 1$ hat, wenn $b_{n+1} - a_{n+1} \leq C(b_n - a_n)^k$ mit einer Konstanten $C \geq 0$ für alle $n \geq 0$ gilt. Die lineare Konvergenz von Intervallschachtelungen ist analog zur linearen Konvergenz von Folgen definiert.

Das Babylonische Verfahren ist das Standardverfahren zum Wurzelziehen und wird gewöhnlich auch in Computern benutzt.

Ganz ähnlich zeigt man, dass für beliebiges $k \in \mathbb{N}^*$ die rekursiv definierte Folge (x_n) mit $x_0 > 0$ beliebig und

$$x_{n+1} = \frac{1}{k}\Big((k-1)x_n + \frac{a}{x_n^{k-1}}\Big)$$

für $n \geq 1$ monoton fallend gegen $\sqrt[k]{a}$ konvergiert. Insbesondere ist dadurch auch die Existenz der k-ten Wurzel für positive reelle Zahlen bewiesen. Bei der letzten Rekursion wird die Näherung x_{n+1} als das arithmetische Mittel der Kantenlängen $x_n, \ldots, x_n, a/x_n^{k-1}$ eines k-dimensionalen Quaders vom Volumen a bestimmt.

4.F.10 Beispiel (Intervallschachtelungen für die Eulersche Zahl e und für die Eulersche Konstante γ) Die Folgen

$$a_n := \Big(1 + \frac{1}{n}\Big)^n \quad \text{und} \quad b_n := \Big(1 + \frac{1}{n}\Big)^{n+1},$$

$n \in \mathbb{N}^*$, definieren eine Intervallschachtelung. Beweis. Für alle $n \geq 1$ ist offenbar $a_n < b_n$. Ferner ist a_n streng monoton wachsend: Die Ungleichung

$$\Big(1 + \frac{1}{n}\Big)^n < \Big(1 + \frac{1}{n+1}\Big)^{n+1}$$

ist nämlich der Reihe nach äquivalent zu den folgenden:

$$\Big(\frac{n+1}{n}\Big)^n < \Big(\frac{n+2}{n+1}\Big)^{n+1}, \quad \frac{n+1}{n+2} = 1 - \frac{1}{n+2} < \Big(\frac{n(n+2)}{(n+1)^2}\Big)^n = \Big(1 - \frac{1}{(n+1)^2}\Big)^n.$$

Mit 4.D, Aufg. 13, angewandt auf $x := -1/(n+1)^2$, erhalten wir aber

$$\Big(1 - \frac{1}{(n+1)^2}\Big)^n \geq 1 - \frac{n}{(n+1)^2} > 1 - \frac{1}{n+2}.$$

Die Folge (b_n) ist streng monoton fallend, da die Ungleichung

$$\Big(1 + \frac{1}{n}\Big)^{n+1} > \Big(1 + \frac{1}{n+1}\Big)^{n+2}$$

äquivalent ist zu der Ungleichung

$$\frac{n+1}{n+2} > \Big(\frac{n^2 + 2n}{n^2 + 2n + 1}\Big)^{n+1} = \Big(1 - \frac{1}{(n+1)^2}\Big)^{n+1},$$

die sich mit 4.D, Aufg. 14a), angewandt auf $x := 1/(n+1)^2$, ergibt. Schließlich ist $\lim (b_n - a_n) = \lim a_n/n = 0$. Die durch diese Intervallschachtelung definierte Zahl heißt die Eulersche Zahl e. Es ist also

$$e = \lim_{n\to\infty}\Big(1 + \frac{1}{n}\Big)^n = 2{,}71828182845904523536\ldots.$$

Zum schnellen Berechnen von e ist diese Intervallschachtelung kaum geeignet, da die Länge des n-ten Intervalls $[a_n, b_n]$ immer noch $a_n/n \geq a_1/n = 2/n$ ist. Die Mitten $(a_n + b_n)/2$, $n \in \mathbb{N}^*$, sind jedoch recht günstig, vgl. 13.C, Aufg. 14a) für eine Fehlerabschätzung.

Bei Benutzung des Logarithmus $\ln$ zur Basis e erhalten wir aus den Ungleichungen

$$\Big(1 + \frac{1}{n}\Big)^n < e \quad \text{bzw.} \quad e < \Big(1 + \frac{1}{n-1}\Big)^n$$

die Ungleichungen $\ln\Big(1 + \frac{1}{n}\Big) < \frac{1}{n}$ bzw. $\frac{1}{n} < \ln\Big(1 + \frac{1}{n-1}\Big)$ für $n \geq 2$. Mit $H_n := \sum_{\nu=1}^{n} \frac{1}{\nu}$

ist die Folge

$$c_n := \sum_{v=1}^{n}\left(\frac{1}{v} - \ln\left(1 + \frac{1}{v}\right)\right) = \sum_{v=1}^{n}\left(\frac{1}{v} - \ln(v+1) + \ln v\right) = H_n - \ln(n+1),$$

$n \in \mathbb{N}^*$, also monoton wachsend und die Folge

$$d_n := 1 + \sum_{v=2}^{n}\left(\frac{1}{v} - \ln\left(1 + \frac{1}{v-1}\right)\right) = H_n - \ln n,$$

$n \in \mathbb{N}^*$, monoton fallend. Wegen $d_n - c_n = \ln(n+1) - \ln n = \ln(1 + \frac{1}{n}) < \frac{1}{n}$ bilden sie ebenfalls eine Intervallschachtelung. Die dadurch definierte Zahl

$$\gamma := \lim_{n\to\infty}(H_n - \ln n) = 0,577215664490153286060\ldots$$

heißt die **Eulersche** oder **Mascheronische Konstante**. Es ist also $H_n = \ln n + \gamma + \rho_n$ mit einer monoton fallenden Nullfolge $(\rho_n)_{n\in\mathbb{N}^*}$ und insbesondere $H_n \sim \ln n$ für $n \to \infty$. – Die Zahl e ist irrational (vgl. 6.A, Aufg. 15c)), ja sogar transzendent, d.h. nicht Nullstelle einer Polynomfunktion $\neq 0$ mit Koeffizienten in $\mathbb{Z}$. Man weiß nicht, ob γ irrational ist.

4.F.11 Beispiel (**Intervallschachtelung für die Kreiszahl** π) Wie wir später begründen werden, ist der Flächeninhalt eines Kreises in der Zahlenebene $\mathbb{R}^2$ wohldefiniert. Der Einheitskreis $K := \{(x, y) \in \mathbb{R}^2 \mid x^2 + y^2 \leq 1\}$ hat nach Definition den Flächeninhalt π.

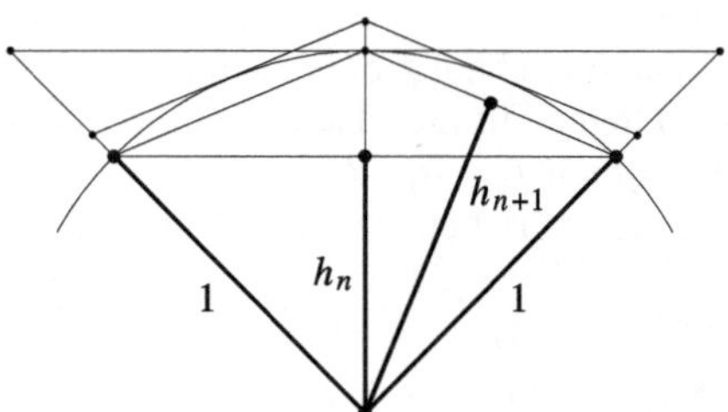

Für $n \in \mathbb{N}^*$ sei f_n der Flächeninhalt des einbeschriebenen regelmäßigen 2^{n+1}-Ecks und ferner F_n der Flächeninhalt des umbeschriebenen regelmäßigen 2^{n+1}-Ecks von K. Dann ist $f_n < \pi < F_n$. Schließlich sei h_n die Länge der Höhe eines der Teildreiecke, das gebildet wird vom Mittelpunkt des Kreises und zwei benachbarten Ecken des einbeschriebenen 2^{n+1}-Ecks. Es gilt die Rekursion

$$h_1 = \frac{1}{2}\sqrt{2}, \qquad h_{n+1}^2 = \frac{1}{2}(h_n + 1),$$

$n \in \mathbb{N}^*$, wie man durch mehrfaches Anwenden des Satzes von Pythagoras sieht. Ferner gilt

$$f_n = h_n f_{n+1} = h_n^2 F_n$$

für $n \geq 1$, woraus sich die Rekursion

$$f_{n+1} = \sqrt{f_n F_n}, \quad F_{n+1} = \frac{2 f_{n+1} F_n}{f_{n+1} + F_n}$$

mit den Anfangsbedingungen $f_1 = 2$, $F_1 = 4$ ergibt. Die Folgen (f_n) und (F_n) bilden eine Intervallschachtelung. Denn es gilt stets $f_n < f_{n+1} < F_{n+1} < F_n$, und außerdem ist

$$\frac{1}{f_{n+1}} - \frac{1}{F_{n+1}} = \frac{1}{\sqrt{f_n F_n}} - \frac{1}{2}\Big(\frac{1}{\sqrt{f_n F_n}} + \frac{1}{F_n}\Big) = \frac{1}{2}\Big(\frac{1}{\sqrt{f_n F_n}} - \frac{1}{F_n}\Big)$$

$$\le \frac{1}{2}\Big(\frac{1}{2}\big(\frac{1}{f_n} + \frac{1}{F_n}\big) - \frac{1}{F_n}\Big) = \frac{1}{4}\Big(\frac{1}{f_n} - \frac{1}{F_n}\Big) \le \cdots \le \frac{1}{4^n}\Big(\frac{1}{f_1} - \frac{1}{F_1}\Big) = \frac{1}{4^{n+1}},$$

also $F_{n+1} - f_{n+1} \le f_{n+1} F_{n+1}/4^{n+1} = f_{n+2}^2/4^{n+1} < 10/4^{n+1}$. Die durch diese Intervallschachtelung definierte reelle Zahl ist die K r e i s z a h l π. Beim n-ten Schritt approximiert die Mitte $\frac{1}{2}(f_n + F_n)$ die Zahl π mit einem Fehler $< \frac{1}{2}(F_n - f_n) < 5/4^n$. (Das gewichtete Mittel $\frac{1}{3}(f_n + 2F_n)$ ist allerdings wesentlich günstiger, vgl. in 18.C das Ende von Aufg. 5.)

Beispielsweise ergibt sich

$$f_{12} = 3{,}1415923\ldots < \pi < F_{12} = 3{,}1415928\ldots .$$

Setzen wir $c_n := 2h_n$, so ist $c_1 = \sqrt{2}$ und $c_{n+1} = \sqrt{2 + c_n}$ für $n \in \mathbb{N}^*$, also

$$c_n = \sqrt{2 + \sqrt{2 + \cdots + \sqrt{2}}}\,,$$

wobei in c_n insgesamt n Wurzelzeichen auftreten. Wir erhalten

$$\frac{2}{\pi} = \lim_{n\to\infty} \frac{2}{f_{n+1}} = \lim_{n\to\infty} (h_1 \cdots h_n) = \lim_{n\to\infty} \Big(\frac{c_1}{2} \cdots \frac{c_n}{2}\Big) =: \prod_{n=1}^{\infty} \frac{c_n}{2}\,.$$

Diese Produktdarstellung für π stammt von Vieta. – Siehe hierzu auch Bemerkung 14.B.10.

Die K r e i s z a h l π heißt gelegentlich auch L u d o l p h s c h e   Z a h l nach Ludolph van Ceulen (1540-1610), der 1596 die 20 ersten Dezimalstellen hinter dem Komma für π publizierte, vgl. Tafel 5, und zur Berechnung die ein- und umbeschriebenen $15 \cdot 2^{35}$-Ecke benutzte, allerdings deren Umfänge. Für die Flächen ist die Rekursion dieselbe wie oben, nur die Anfangswerte sind jetzt durch $f_1 = a_{15}$, $F_1 = A_{15}$ zu ersetzen, wobei a_{15} und A_{15} die Flächeninhalte des ein- bzw. umbeschriebenen regelmäßigen 15-Ecks sind. Für die $15 \cdot 2^n$-Ecke gilt dann $F_{n+1} - f_{n+1} < 10(a_{15}^{-1} - A_{15}^{-1})/4^n < 1/(7 \cdot 4^n)$, also $F_{36} - f_{36} < 2/10^{22}$. Zur Bestimmung von $a_{15} = \frac{15}{2}\sin\frac{2\pi}{15}$ und $A_{15} = \frac{15}{2}\sin\frac{2\pi}{15}\big/\big(1+\cos\frac{2\pi}{15}\big)$ rechnet man (heute) am bequemsten komplex mit $\cos\frac{2\pi}{15} + \mathrm{i}\sin\frac{2\pi}{15} = \zeta_{15}$, vgl. 5.C, speziell Beispiel 5.C.3. Es ist

$$\zeta_{15} = \zeta_{15}^{16} = (\zeta_{15}^5 \zeta_{15}^3)^2 = \zeta_3^2 \zeta_5^2 = \frac{-1-\mathrm{i}\sqrt{3}}{2} \cdot \frac{-1-\sqrt{5}+\mathrm{i}\sqrt{2(5-\sqrt{5})}}{4} =$$

$$= \frac{1}{8}\Big(1+\sqrt{5}+\sqrt{6(5-\sqrt{5})}\Big) + \frac{\mathrm{i}}{8}\Big(\sqrt{3}\,(1+\sqrt{5}) - \sqrt{2(5-\sqrt{5})}\Big)\,.$$

(Man kann auch $2\pi/15 = (2\pi/5 + 2\pi/5) - 2\pi/3$ und die Additionstheoreme für die trigonometrischen Funktionen benutzen.)   Später hat van Ceulen mit den regelmäßigen 2^{62}-Ecken π sogar bis auf 35 Dezimalstellen hinter dem Komma berechnet. – Übrigens geht die hier vorgestellte Methode zur Schachtelung von π bereits auf Archimedes (ca. 287-212 v. Chr.) zurück. Man vgl. auch das in 18.C, Aufg. 5 beschriebene Verfahren zur Konvergenzbeschleunigung.

4.F.12 Beispiel (g-a l-E n t w i c k l u n g   r e e l l e r   Z a h l e n$)$ Sei g eine natürliche Zahl ≥ 2. Ferner sei x eine nichtnegative reelle Zahl. Es ist $x = [x] + r$ mit $0 \le r < 1$. Für den Rest r geben wir eine kanonische r definierende Intervallschachtelung an. Dazu zerlegen wir das Intervall $[0\,, 1[$ in g gleichlange Intervalle $[i/g\,, (i+1)/g\,[$, $i = 0,\ldots,g-1$, und definieren die Ziffer z_1 durch $r \in [z_1/g\,, (z_1+1)/g\,[$. Dann zerlegen wir dieses letzte

Intervall wiederum in g gleich lange Intervalle und definieren die Ziffer z_2 durch

$$r \in \left[\frac{z_1}{g} + \frac{z_2}{g^2} \, , \, \frac{z_1}{g} + \frac{z_2 + 1}{g^2} \right[\, .$$

So fortfahrend erhalten wir eine Folge von Ziffern $z_n \in \{0, 1, \ldots, g - 1\}$ derart, dass für alle $n \in \mathbb{N}^*$ gilt:

$$r \in \left[\sum_{i=1}^{n} \frac{z_i}{g^i} \, , \, \left(\sum_{i=1}^{n} \frac{z_i}{g^i} \right) + \frac{1}{g^n} \right[\, .$$

Die Folgen dieser Intervallenden ergeben eine r definierende Intervallschachtelung. Man nennt diese Darstellung die g-al-Entwicklung von r. Insbesondere ist

$$r = \sum_{i=1}^{\infty} \frac{z_i}{g^i} := \lim_{n \to \infty} \sum_{i=1}^{n} \frac{z_i}{g^i} \, .$$

Verwendet man für den ganzen Teil $[x]$ von x die g-al-Entwicklung $[x] = \sum_{i=0}^{m} a_i g^i$ gemäß 2.D.6, so erhält man insgesamt die g-a l - E n t w i c k l u n g

$$x = (a_m \ldots a_0, z_1 z_2 z_3 \ldots)_g$$

von x. Die darin auftretenden Z i f f e r n sind nach Konstruktion durch x eindeutig bestimmt. Es ist $(a_m \ldots a_0, z_1 \ldots z_k)_g = [x g^k]/g^k$ für $k \in \mathbb{N}$, vgl. Aufg. 24. Die Ziffern z_i, $i \geq 1$, hinter dem Komma ergeben sich auch rekursiv mit dem Schema $z_0 = 0$, $r_0 = r$,

$$z_i = [r_{i-1} g] \, , \quad r_i = r_{i-1} g - z_i \, ,$$

$i \geq 1$. Ist dabei r eine rationale Zahl $r = a/b$, so gehören alle Reste r_i zu den b verschiedenen Brüchen $0/b, 1/b, \ldots, (b-1)/b$ und müssen sich wiederholen. *Die g-al-Entwicklungen rationaler Zahlen sind daher periodisch.* Umgekehrt ist jede Zahl mit einer periodischen g-al-Entwicklung rational, vgl. 6.A.18. Gewöhnlich wählt man die D e z i m a l e n t w i c k - l u n g ($g = 10$). Im Beweis von 2.C.11 wurde die D u a l e n t w i c k l u n g ($g = 2$) benutzt, wobei allerdings ein endlicher Dualbruch $x = (0, z_1 \ldots z_m 00 \ldots)_2$ mit $z_m = 1$ und $z_i = 0$ für alle $i > m$ jeweils durch den unendlichen Dualbruch $(0, z_1 \ldots z_{m-1} 011 \ldots)_2$ mit $z_m = 0$ und $z_i = 1$ für alle $i > m$, der denselben Wert x hat, ersetzt wurde.

In obigem Algorithmus ist es nicht möglich, dass fast alle Ziffern z_n gleich $g - 1$ sind. Wären nämlich ab einer Stelle $n_0 + 1$ alle z_n gleich $g - 1$, so läge r von da ab bei jedem Schritt jeweils im letzten der g Teilintervalle und wäre daher bereits beim n_0-ten Schritt im $(z_{n_0} + 1)$-ten Teilintervall als Randpunkt enthalten.

Umgekehrt beschreibt jede Ziffernfolge z_n, $n \in \mathbb{N}^*$, bei der nicht fast alle Ziffern gleich $g - 1$ sind, eine Intervallschachtelung der obigen Form, die genau eine Zahl $r \in [0, 1[$ definiert.

Aus der g-al-Entwicklung folgt insbesondere, dass *jede reelle Zahl Grenzwert einer Folge rationaler Zahlen ist.* Man sagt, die Menge der rationalen Zahlen liege d i c h t in der Menge der reellen Zahlen.

4.F.13 Beispiel (K e t t e n b r ü c h e) Sehr gute rationale Näherungen einer reellen Zahl x liefert die K e t t e n b r u c h e n t w i c k l u n g von x. Diese ist eine Verallgemeinerung des Euklidischen Algorithmus aus Abschnitt 2.D und wird im wesentlichen ebenfalls schon von Euklid beschrieben und zwar im X. Buch von Euklids „Elementen".

Seien $a, b \in \mathbb{R}$ mit $b > 0$. Wir setzen $r_{-1} := a$, $r_0 := b$ und definieren die Quotienten $q_i \in \mathbb{N}$ und die Reste r_i für $i \geq 0$ rekursiv durch

$$r_{i-1} = q_i r_i + r_{i+1}, \qquad 0 < r_{i+1} < r_i .$$

Das Verfahren stoppt, falls der Rest 0 wird, andernfalls erhält man zwei unendliche Folgen (q_i), (r_i). Definieren wir

$$x_i := \frac{r_{i-1}}{r_i} ,$$

so ist $x_0 = x := a/b$ und die x_i und q_i sind durch

$$x_0 = x, \; q_0 = [x_0] \; ; \; x_i = q_i + \frac{1}{x_{i+1}}, \; q_{i+1} = [x_{i+1}]$$

rekursiv bestimmt. Die q_i hängen also allein vom Quotienten $x = a/b$ ab. Für jedes i, für das x_i noch definiert ist, ist x der **K e t t e n b r u c h**

$$x = q_0 + \cfrac{1}{q_1 + \cfrac{1}{\ddots + \cfrac{1}{q_{i-1} + \frac{1}{x_i}}}} .$$

Man schreibt kurz

$$x = [q_0, q_1, \ldots, q_{i-1}, x_i] .$$

Ist x_{i+1} nicht mehr definiert, so ist $x_i = [x_i] = q_i \geq 2$ und x die rationale Zahl $x = [q_0, \ldots, q_i]$. Ist umgekehrt x eine rationale Zahl, so stoppt die Kettenbruchentwicklung. *Die Kettenbruchentwicklung von $x = a/b$ ist also genau dann endlich, wenn x rational ist.* Mit Euklid nennt man die Zahlen a, b dann **k o m m e n s u r a b e l** .

Im allgemeinen Fall heißt, falls q_i noch definiert ist, der Bruch $[q_0, \ldots, q_i]$ der i-te **N ä h e - r u n g s b r u c h** von x und q_i der i-te **T e i l n e n n e r** .

Der i-te Näherungsbruch lässt sich leicht rekursiv berechnen. Es ist nämlich

$$[q_0, \ldots, q_i] = \frac{a_i}{b_i} ,$$

wobei der i-te **N ä h e r u n g s z ä h l e r** a_i und der i-te **N ä h e r u n g s n e n n e r** b_i nach folgendem Rekursionsschema bestimmt werden:

$$a_{-2} = 0, \; a_{-1} = 1; \; a_i = q_i a_{i-1} + a_{i-2} ;$$

$$b_{-2} = 1, \; b_{-1} = 0; \; b_i = q_i b_{i-1} + b_{i-2}$$

für $i \geq 0$. Man beachte, dass wegen $b_{-1} = 0$ der Nenner q_0 zur Berechnung der Näherungsnenner $b_i, i \geq 1$, nicht benutzt wird. Man beweist das Rekursionsschema leicht durch Induktion: Für $i = 0$ ist $a_0 = q_0$ und $b_0 = 1$, also $[q_0] = a_0/b_0$. Beim Schluss von i auf $i + 1$ hat

$$[q_0, \ldots, q_{i+1}] = \left[q_0, \ldots, q_{i-1}, \; q_i + \frac{1}{q_{i+1}}\right]$$

nach Induktionsvoraussetzung eine Darstellung a_i'/b_i', wobei die $a_0', \ldots, a_i'$ bzw. $b_0', \ldots, b_i'$ nach obigem Schema zur Folge $q_0, \ldots, q_{i-1}, \; q_i + \frac{1}{q_{i+1}}$ berechnet werden. Es ist offenbar $a_j = a_j'$ und $b_j = b_j'$ für $j \leq i - 1$, ferner

$$q_{i+1} a_i' = q_{i+1}\big((q_i + 1/q_{i+1})a_{i-1} + a_{i-2}\big) = (q_{i+1}q_i + 1)a_{i-1} + q_{i+1}a_{i-2}$$

$$= q_{i+1}(q_i a_{i-1} + a_{i-2}) + a_{i-1} = q_{i+1}a_i + a_{i-1} = a_{i+1}$$

und analog $q_{i+1}b_i' = b_{i+1}$ und daher wie behauptet $[q_0, \ldots, q_{i+1}] = a_{i+1}/b_{i+1}$. Aus dem

Rekursionsschema ergibt sich ferner mittels einer trivialen Induktion

$$a_{i+1}b_i - a_i b_{i+1} = (-1)^i \quad \text{bzw.} \quad \frac{a_{i+1}}{b_{i+1}} - \frac{a_i}{b_i} = \frac{(-1)^i}{b_i b_{i+1}} \, ,$$

$i \geq 0$. Ist bei der Kettenbruchentwicklung x_{i+1} noch definiert, so erhält man aus $x = [q_0, \ldots, q_i, x_{i+1}]$ speziell die folgende A p p r o x i m a t i o n s f o r m e l :

$$x - \frac{a_i}{b_i} = \frac{(-1)^i}{b_i \, (x_{i+1}b_i + b_{i-1})} \, .$$

Mit $x_{i+1} > 1$ folgt

$$\left| x - \frac{a_i}{b_i} \right| = \frac{1}{b_i \, (x_{i+1}b_i + b_{i-1})} < \frac{1}{b_i \, (b_i + b_{i-1})} \, .$$

Wegen $q_i \geq 1$ für $i \geq 0$ ist bei einem unendlichen Kettenbruch, also einer irrationalen Zahl x, die Folge der Näherungsnenner b_i monoton und unbeschränkt. Daher ist insbesondere

$$x = \lim_{i \to \infty} \frac{a_i}{b_i} = \lim_{i \to \infty} [q_0, \ldots, q_i] \, .$$

Überdies sind die Näherungsbrüche a_i / b_i wegen $a_i b_{i-1} - a_{i-1} b_i = (-1)^{i-1}$ gekürzt. Genauer liefert die Approximationsformel: *Die Folgen*

$$\frac{a_{2j}}{b_{2j}} \, , \; j \in \mathbb{N}, \quad \text{und} \quad \frac{a_{2j+1}}{b_{2j+1}} \, , \; j \in \mathbb{N},$$

von Näherungsbrüchen der Zahl x definieren eine Intervallschachtelung für die Zahl x. Die Länge des j-ten Intervalls ist

$$\frac{a_{2j+1}}{b_{2j+1}} - \frac{a_{2j}}{b_{2j}} = \frac{1}{b_{2j}b_{2j+1}} \, .$$

Die Näherungsbrüche a_i / b_i der Kettenbruchentwicklung von x sind sogar b e s t e N ä h e - r u n g e n von x in folgendem Sinn: *Ist c/d eine rationale Zahl mit $c \in \mathbb{Z}$, $d \in \mathbb{N}^*$ und $|x - c/d| < |x - a_i/b_i|$, so ist $d > b_i$,* d.h. jede rationale Zahl, die x besser approximiert als a_i / b_i, hat einen größeren Nenner als a_i / b_i. Denn bei $|x - c/d| < |x - a_i/b_i|$ mit $d \leq b_i$ ist a_{i+1}/b_{i+1} noch definiert und $c/d \neq a_{i+1}/b_{i+1}$, woraus der Widerspruch

$$\frac{1}{b_i b_{i+1}} \leq \frac{1}{d b_{i+1}} \leq \left| \frac{c}{d} - \frac{a_{i+1}}{b_{i+1}} \right| \leq \left| \frac{c}{d} - x \right| + \left| x - \frac{a_{i+1}}{b_{i+1}} \right|$$

$$< \left| \frac{a_i}{b_i} - x \right| + \left| x - \frac{a_{i+1}}{b_{i+1}} \right| = \left| \frac{a_i}{b_i} - \frac{a_{i+1}}{b_{i+1}} \right| = \frac{1}{b_i b_{i+1}}$$

folgt.

Gute Näherungen werden häufig auch durch die so genannten N e b e n n ä h e r u n g s b r ü c h e $[q_0, \ldots, q_{i-1}, q] = (q a_{i-1} + a_{i-2}/(q b_{i-1} + b_{i-2}), \, 1 \leq q < q_i \; (i \geq 1)$ geliefert.

Für die Kettenbruchentwicklung von π hat man

$$\pi = [3, 7, 15, 1, 292, 1, 1, 1, 2, 1, 3, 1, 14, 2, 1, 1, 2, 2, 2, 2, 1, 84, \ldots]$$

und damit die Schachtelung

$$[3] = \frac{3}{1} < [3, 7, 15] = \frac{333}{106} < \pi < [3, 7, 15, 1] = \frac{355}{113} < [3, 7] = \frac{22}{7} \, ,$$

wovon die Brüche $[3, 7] = 22/7$ und $[3, 7, 15, 1] = 355/113$ besonders günstige Näherungen im Verhältnis zur Nennergröße 7 bzw. 113 sind, da die nächsten Teilnenner 15 bzw. 292 der Kettenbruchentwicklung relativ groß sind. In der Kettenbruchentwicklung von π ist keine Regelmäßigkeit bekannt. Für e hat man hingegen nach Euler, vgl. etwa [35], Teil 1, 2. Aufl., Anhang 2.C, die Teilnenner $q_0 = 2$, $q_{3j-1} = 2j$ für $j \geq 1$ und $q_i = 1$ sonst, d.h. es ist:

$$e = [2, 1, 2, 1, 1, 4, 1, 1, 6, 1, 1, 8, 1, 1, 10, \ldots].$$

Umgekehrt sieht man übrigens leicht, dass zu einer beliebigen endlichen Folge ganzer Zahlen $q_0, \ldots, q_n$ mit $n \geq 1$, $q_1, \ldots, q_{n-1} \geq 1$ und $q_n \geq 2$ bzw. zu einer beliebigen unendlichen Folge $q_0, q_1, \ldots$ von ganzen Zahlen mit $q_i \geq 1$ für $i \geq 1$ ein $x \in \mathbb{R}$ gehört, dessen Kettenbruchentwicklung gerade diese q_i als Teilnenner hat. Im ersten Fall ist x die rationale Zahl $[q_0, \ldots, q_n]$, andernfalls ist $x = \lim_{i \to \infty}[q_0, \ldots, q_i]$.

Aufgaben

1. Man untersuche die Folgen

$$\frac{(n+1)(n^2-1)}{(2n+1)(3n^2+1)} \, ; \quad \frac{n+1}{n^2+1} \, ; \quad \frac{4^n+1}{5^n} \, ; \quad \frac{1}{n^2} + (-1)^n \frac{n^2}{n^2+1}$$

auf Konvergenz und bestimme gegebenenfalls den Grenzwert.

2. Seien $t \longmapsto f(t) := \sum_{i=0}^{k} a_i t^i$ und $t \longmapsto g(t) := \sum_{j=0}^{m} b_j t^j$ Polynomfunktionen mit $a_i, b_j \in \mathbb{R}$, $a_k \neq 0$, $b_m \neq 0$. Für alle $n \geq n_0$ sei $g(n) \neq 0$. Dann ist die Folge $f(n)/g(n)$, $n \geq n_0$, definiert und es gilt:

$$\lim_{n \to \infty} \frac{f(n)}{g(n)} = \begin{cases} 0, & \text{falls } k < m, \\ a_m/b_m, & \text{falls } k = m, \\ \infty, & \text{falls } k > m \text{ und } a_k/b_m > 0, \\ -\infty, & \text{falls } k > m \text{ und } a_k/b_m < 0. \end{cases}$$

3. Man berechne $\lim_{n \to \infty}(n - \sqrt{n})/(n + \sqrt{n} + 1)$ und $\lim_{n \to \infty}(\sqrt{n} + 1)/(n + 1)$.

4. Man berechne die folgenden Grenzwerte:

$$\lim_{n \to \infty} \left(\sqrt{n+1} - \sqrt{n} \right) ; \quad \lim_{n \to \infty} \sqrt{n} \left(\sqrt{n+a} - \sqrt{n} \right), \ a \in \mathbb{R}, \ n \geq |a| ;$$

$$\lim_{n \to \infty} \left(\frac{1}{\sqrt{n+1}} - \frac{1}{\sqrt{n}} \right) n ; \quad \lim_{n \to \infty} \left(\sqrt{n + \sqrt{n}} - \sqrt{n - \sqrt{n}} \right) ; \quad \lim_{n \to \infty} n \left(\sqrt{1 + \frac{1}{n}} - 1 \right), \ n \geq 1 .$$

5. Sei $a > 0$. Dann gilt $\lim_{n \to \infty} \sqrt[n]{a} = 1$. (Bei $a \geq 1$ schreibe man $\sqrt[n]{a} = 1 + h_n$ und verwende die Bernoullische Ungleichung (4.D, Aufg. 13) oder nutze aus, dass bei $a \geq 1$ die Folge monoton fallend ist, also gegen ein $x \geq 1$ konvergiert, andererseits $x = \lim \sqrt[n]{a} = \lim(\sqrt[2n]{a})^2 = x^2$ ist.)

6. Man zeige $\lim \sqrt[n]{n} = 1$. (Man kann ähnlich wie bei Aufg. 5 vorgehen. Für $n \geq 3$ ist die Folge monoton fallend.)

7. Sei (x_n) eine Folge von 0 verschiedener reeller Zahlen.

a) Gibt es eine reelle Zahl q mit $0 < q < 1$ und $|x_{n+1}/x_n| \leq q$ für fast alle n, so ist $\lim x_n = 0$.

b) Gibt es eine reelle Zahl q mit $q > 1$ und $|x_{n+1}/x_n| \geq q$ für fast alle n, so ist $\lim |x_n| = \infty$.

c) Man zeige $\lim_{n\to\infty} \binom{n}{k}/2^n = 0$ für jedes $k \in \mathbb{N}$.

8. Seien $a_1, \ldots, a_m \in \mathbb{R}_+, m \geq 1$. Dann gilt

$$\lim_{n\to\infty} \sqrt[n]{a_1^n + \cdots + a_m^n} = \mathrm{Max}\,(a_1, \ldots, a_m)\,.$$

9. Sei (x_n) eine (evtl. uneigentlich) konvergente Folge reeller Zahlen mit $\lim x_n = x \in \overline{\mathbb{R}}$.

a) Die Folge $a_n := \frac{1}{n}(x_1 + \cdots + x_n)$, $n \geq 1$, der arithmetischen Mittel konvergiert ebenfalls gegen x.

b) Sei $x_n > 0$ für alle n. Die Folge $h_n := \dfrac{n}{\dfrac{1}{x_1} + \cdots + \dfrac{1}{x_n}}$, $n \geq 1$, der harmonischen Mittel konvergiert ebenfalls gegen x. (Dies folgt aus a).)

c) Sei $x_n > 0$ für alle n. Dann konvergiert auch die Folge $g_n := \sqrt[n]{x_1 \cdots x_n}$ der geometrischen Mittel gegen x. (Man verwende 4.D, Aufg. 22. Durch Übergang zu Logarithmen folgt die Aussage übrigens direkt aus a) wegen der Stetigkeit von ln und exp.)

d) Mit Hilfe von c) löse man noch einmal die Aufgaben 5 und 6 und beweise überdies $\lim_{n\to\infty} \sqrt[n]{n!} = \infty$ sowie $\lim_{n\to\infty} \sqrt[n]{n!}/n = 1/e$. (Die beiden letzten Grenzwertaussagen ergeben sich allerdings auch aus der Stirlingschen Formel, vgl. Beispiel 18.B.2. Diese liefert sogar die schärfere Aussage $\lim_{n\to\infty} n!/\sqrt{2\pi n}(n/e)^n = 1$.)

e) Man zeige an Hand von Gegenbeispielen, dass die Umkehrungen der Aussagen in a), b), c) nicht allgemein richtig sind.

f) Sei (x_n) eine Folge positiver reeller Zahlen, für die die Folge (x_{n+1}/x_n) gegen x konvergiert. Dann konvergiert die Folge $(\sqrt[n]{x_n})$ ebenfalls gegen x.

10. Sei (x_n) eine (eventuell uneigentlich) konvergente Folge reeller Zahlen mit $\lim x_n = x$. Dann ist auch die Folge $2^{-n} \sum_{m=0}^n \binom{n}{m} x_m$, $n \in \mathbb{N}$, konvergent mit Grenzwert x.

11. Seien (x_n) und (y_n) Folgen in $\mathbb{R}$ mit $y_n > 0$ und $\lim_{n\to\infty}(y_0 + \cdots + y_n) = \infty$. Konvergiert dann die Folge (x_n/y_n) gegen a, so auch die Folge

$$\left(\frac{x_0 + \cdots + x_n}{y_0 + \cdots + y_n}\right).$$

12. a) $\lim_{n\to\infty} \left(1 - (1/n^2)\right)^n = 1$. (Man benutze die Bernoullische Ungleichung.)

b) $\lim_{n\to\infty} \left(1 - (1/n)\right)^n = 1/e$. (Diese Folge ist übrigens monoton wachsend.)

c) $\lim_{n\to\infty} \left(1 + (1/n^2)\right)^n = 1$. (Man beachte $\left(1 + (1/n^2)\right)^{n^2} \to e$.)

13. Man zeige, dass die Folge f_{n+1}/f_n, $n \geq 1$, der Quotienten aufeinander folgender Fibonacci-Zahlen gegen $\Phi := (1 + \sqrt{5})/2$ konvergiert. (Bemerkung. Wird eine Strecke im Verhältnis des G o l d e n e n   S c h n i t t s geteilt, d.h. verhält sich die Gesamtstrecke zur größeren Teilstrecke a wie diese zur kleineren Teilstrecke b, so ist $(a + b)/a = a/b =$

$\Phi = 1 + \Phi^{-1} = \Phi^2 - 1.$ [1]) – Übrigens ist f_{n+1}/f_n der $(n-1)$-te Näherungsbruch der Kettenbruchentwicklung von $\Phi = [1, 1, 1, \dots]$.)

14. Man untersuche die folgenden rekursiv definierten Folgen (x_n) auf Konvergenz und berechne gegebenenfalls ihre Grenzwerte.

a) $x_{n+1} = x_n^2 + \frac{1}{4}$, $n \in \mathbb{N}$, mit $0 \le x_0 \le \frac{1}{2}$.

b) $x_0 = 0$, $x_{n+1} = \frac{1}{2}(a + x_n^2)$, $n \in \mathbb{N}$, mit $0 \le a \le 1$.

c) $x_0 = 0$, $x_{n+1} = \frac{1}{2}(a - x_n^2)$, $n \in \mathbb{N}$, mit $0 \le a \le 1$.

d) $x_0 = 2$, $x_{n+1} = 2 - 1/x_n$, $n \in \mathbb{N}$.

e) $x_0 = 0$, $x_{n+1} = \sqrt{a + x_n}$, $n \in \mathbb{N}$, mit $a > 0$. (Für $a = 2$ erhält man die Folge (c_n) aus Beispiel 4.F.11.)

f) $x_{n+1} = 2x_n - ax_n^2$, $n \in \mathbb{N}$, mit $a \in \mathbb{R}$, $a > 0$ und $0 < x_0 < 2/a$.

g) $x_{n+1} = (x_n + 2)/(x_n + 1)$ mit $x_0 \ge 0$.

h) $x_{n+1} = \frac{1}{3}(x_n^2 + 2)$ mit x_0 beliebig.

(Man kontrolliere die Ergebnisse mit einem Computer.)

15. a) Die Folge (x_n) sei rekursiv definiert durch $x_0 = a$, $x_1 = b$ sowie $x_{n+2} = (x_n + x_{n+1})/2$ mit $a, b \in \mathbb{R}$. Dann ist $\lim x_n = (a + 2b)/3$. (Man untersuche die Teilfolgen (x_{2n}) und (x_{2n+1}) gesondert.)

b) Die Folge (x_n) sei rekursiv definiert durch $x_0 = a$, $x_1 = 1$, $x_{n+2} = \sqrt{x_n x_{n+1}}$ mit $a \in \mathbb{R}_+^\times$. Dann gilt $\lim x_n = \sqrt[3]{a}$.

16. Sei $a \ge 1$. Für die rekursiv definierte Folge (x_n) mit

$$x_0 = a, \quad x_{n+1} = a + \frac{1}{x_n},$$

$n \in \mathbb{N}$, zeige man die Konvergenz und berechne den Grenzwert. (Vgl. auch das Beispiel 4.F.13 über Kettenbrüche.)

17. Seien $a, b > 0$. Die rekursiv definierten Folgen (a_n) und (b_n) mit $a_0 = a$, $b_0 = b$ und

$$a_{n+1} = \frac{2a_n b_n}{a_n + b_n} = \text{harmonisches Mittel von } a_n, b_n,$$

$$b_{n+1} = \frac{a_n + b_n}{2} = \text{arithmetisches Mittel von } a_n, b_n$$

bilden ab $n = 1$ eine Intervallschachtelung für das geometrische Mittel $\sqrt{ab}$ von a und b. (Man beachte, dass $a_n b_n = ab$ ist für alle $n \in \mathbb{N}$. Die Folge (x_n) aus Beispiel 4.F.9 ergibt sich als die Folge (b_n), wenn wir $a_0 = a/x_0$ und $b_0 = x_0$ setzen. Wir haben hier wegen $0 \le b_{n+1} - a_{n+1} = (b_n - a_n)^2/2(a_n + b_n)$ quadratische Konvergenz der Intervallschachtelung.)

---

[1]) Φ wie $\Phi\varepsilon\iota\delta\iota\alpha\varsigma$. Die Zahl Φ wird häufig auch mit τ bezeichnet. – Für $\alpha := \pi/5$ folgen aus $(4\cos^2\alpha - 1 - 2\cos\alpha)\sin\alpha = \sin 3\alpha - \sin 2\alpha = 0$ die Gleichungen $4\cos^2\alpha - 2\cos\alpha - 1 = 0$ und $2\cos\alpha = 2\cos(\pi/5) = \Phi$. *Somit lassen sich $\cos(\pi/5)$ und folglich das regelmäßige Zehneck (sowie das regelmäßige Fünfeck) mit dem Goldenen Schnitt konstruieren. Vgl. die Darstellung von ζ_5 in 5.C, Aufg. 3.*

18. Seien $a, b > 0$. Die rekursiv definierten Folgen (a_n) und (b_n) mit $a_0 = a$, $b_0 = b$ und

$$a_{n+1} = \frac{a_n + b_n}{2} = \text{arithmetisches Mittel von } a_n, b_n,$$

$$b_{n+1} = \sqrt{a_n b_n} = \text{geometrisches Mittel von } a_n, b_n$$

bilden ab $n = 1$ eine Intervallschachtelung $[b_n, a_n]$, $n \in \mathbb{N}^*$. (Die dadurch definierte Zahl $M(a, b)$ heißt das arithmetisch-geometrische Mittel von a und b. Wegen

$$0 \leq a_{n+1} - b_{n+1} = (a_n - b_n)^2 / 2 \left(a_n + b_n + 2\sqrt{a_n b_n} \right)$$

hat man auch hier quadratische Konvergenz der Intervallschachtelung. – Übrigens definiert die analog mit den harmonischen und geometrischen Mitteln gebildete Intervallschachtelung die Zahl $1/M(1/a, 1/b)$.)

19. Man beweise, dass die am Schluss von Beispiel 4.F.9 rekursiv definierte Folge (x_n) gegen $\sqrt[k]{a}$ konvergiert, wobei für $n \geq 1$ die folgende Fehlerabschätzung gilt:

$$0 \leq x_n - \sqrt[k]{a} \leq \frac{1}{k(\sqrt[k]{a})^{k-1}} (x_n^k - a) .$$

20. Sei $a \in \mathbb{R}_+^\times$. Die rekursiv definierte Folge (x_n) mit $x_0 > 0$ beliebig und

$$x_{n+1} = \frac{x_n^2 + 3a}{3x_n^2 + a} x_n$$

konvergiert monoton gegen $\sqrt{a}$, wobei wegen $x_{n+1} - \sqrt{a} = (x_n - \sqrt{a})^3 / (3x_n^2 + a)$ sogar kubische Konvergenz vorliegt.

21. Seien (a_n) eine monoton wachsende und (b_n) eine monoton fallende Folge reeller Zahlen mit $a_n \leq b_n$ für alle $n \in \mathbb{N}$ und $a := \lim a_n$, $b := \lim b_n$. Dann ist $\bigcap_{n=0}^{\infty} [a_n, b_n] = [a, b]$.

22. **a)** Man bestimme die Dual- und Trialentwicklungen von $1/7$, $1/8$, $1/9$, $1/10$.

b) Man bestimme die g-al-Entwicklungen von $a/(g - 1)$ und $a/(g + 1)$. Außerdem bestätige man $1/(g - 1)^2 = (0, \overline{012 \ldots g - 3 \, g - 1})_g$, wobei sich die Folge der überstrichenen Ziffern periodisch wiederholt.

23. In jedem Intervall von $\mathbb{R}$ (mit mehr als einem Punkt) liegen unendlich viele rationale und unendlich viele irrationale Zahlen. Man folgere, dass auch die Menge der irrationalen Zahlen dicht in $\mathbb{R}$ liegt.

24. Für $x \in \mathbb{R}$ konvergiert die Folge rationaler Zahlen $[nx]/n$, $n \geq 1$, gegen x. (Vgl. auch Beispiel 4.F.12.)

25. Die Produktdarstellung $2/\pi = \prod_{n=1}^{\infty} c_n/2$ von Vieta (vgl. Beispiel 4.F.11) lässt sich folgendermaßen interpretieren: Einem Kreis mit Radius $r_0 = 1$ werde ein Quadrat umbeschrieben und diesem ein Kreis mit Radius $r_1 = \sqrt{2}$, diesem ein reguläres Achteck, diesem wiederum ein Kreis mit Radius r_2, diesem ein Sechzehneck usw. Dann konvergiert die Folge (r_n) der so gewonnenen Kreisradien gegen $\pi/2$. (Vgl. auch Beispiel 18.B.3.)

26. Für $a, b \in \mathbb{N}^*$ ist $[a, b, a, b, a, b, \ldots] = (ab + \sqrt{a^2 b^2 + 4ab})/2b$ (vgl. Beispiel 4.F.13).

27. Für $n \in \mathbb{N}^*$ ist $\sqrt{n^2 + 1} = [n, 2n, 2n, 2n, \ldots]$, $\sqrt{n^2 + 2} = [n, n, 2n, n, 2n, \ldots]$, $\sqrt{(n + 1)^2 - 1} = [n, 1, 2n, 1, 2n, \ldots]$ (vgl. Beispiel 4.F.13).

28. Man schreibe Computer-Programme für die Rekursionen in den Beispielen 4.F.9, 4.F.12, 4.F.13 und für die Aufgaben 17, 18, 20, wobei das Ende der Rechnung etwa durch die vorgegebene Genauigkeit bestimmt werde.

29. Für $x \in \mathbb{R}$, $x \geq 1$, sei $H_x := H_{[x]} = \sum_{n \in \mathbb{N}^*,\, n \leq x} \frac{1}{n}$. Nach 4.F.10 ist $H_x = \ln x + \gamma + \frac{c_x}{x}$ mit $|c_x| < 2$.

a) Seien y_k, x_k, $k \in \mathbb{N}^*$, Folgen in $\mathbb{R}_+^\times$ mit $\lim_k y_k = \lim_k x_k = \infty$ derart, dass $x := \lim_k \frac{y_k}{x_k}$ in $\mathbb{R}_+^\times$ existiert. Dann ist $\lim_{k \to \infty}(H_{y_k} - H_{x_k}) = \ln x$. Beispiel: Für $x_k := k$, $y_k := 2k$, $k \in \mathbb{N}^*$, ergibt sich

$$\ln 2 = \lim_{k \to \infty} \sum_{n=k+1}^{2k} \frac{1}{n} = \lim_{k \to \infty} \sum_{n=1}^{2k} (-1)^{n-1}\frac{1}{n} = \lim_{k \to \infty} \sum_{n=1}^{k} (-1)^{n-1}\frac{1}{n} =: \sum_{n=1}^{\infty} (-1)^{n-1}\frac{1}{n}.$$

(Man benutze die Stetigkeit des Logarithmus: Konvergiert die Folge $x_k \in \mathbb{R}_+^\times$ gegen $x \in \mathbb{R}_+^\times$, so konvergiert $\ln x_k$ gegen $\ln x$, vgl. 11.C. – Anwendung: Für $n \in \mathbb{N}^*$ sei $U(n) - G(n)$ die Differenz der Anzahl $U(n)$ der ungeraden und der Anzahl $G(n)$ der geraden Teiler von n. Es ist $\sum_{m=1}^{n}(U(m) - G(m)) = \sum_{k,\ell \in \mathbb{N}^*,\, k\ell \leq n}(-1)^{k-1} = \sum_{k \leq \sqrt{n}}(-1)^{k-1}[n/k] + \sum_{\ell < \sqrt{n}}\left(\sum_{\sqrt{n} < k \leq n/\ell}(-1)^{d-1}\right)$, also ist $\sum_{m=1}^{n}(U(m)-G(m)) - \sum_{k=1}^{[\sqrt{n}]}(-1)^{k-1}\frac{n}{k}$ dem Betrage nach $\leq \left|\sum_{k \leq \sqrt{n}}(-1)^k \{n/k\}\right| + \left|\sum_{\ell < \sqrt{n}}\left(\sum_{\sqrt{n} < k \leq n/\ell}(-1)^{k-1}\right)\right| \leq \sqrt{n} + \sqrt{n}$ (für $t \in \mathbb{R}$ sei $\{t\} := t - [t]$) und folglich

$$\lim_{n \to \infty} \frac{1}{n} \sum_{m=1}^{n}(U(m) - G(m)) = \sum_{k=1}^{\infty}(-1)^{k-1}\frac{1}{k} = \ln 2.$$

Die Anzahl der ungeraden Teiler einer natürlichen Zahl übertrifft die Anzahl der geraden Teiler im Mittel um $\ln 2$. (Für $n = \prod_{p \in P} p^{\alpha_p}$ ist $U(n) - G(n) = (1 - \alpha_2)\prod_{p > 2}(1 + \alpha_p)$.))

b) Für $x \in \mathbb{R}_+^\times$ ist $\lim_{n \to \infty}(H_{n^x} - x H_n) = (1 - x)\gamma$. Beispiel: Für $x := \frac{1}{2}$ ergibt sich $\lim_n (2H_{\sqrt{n}} - H_n) = \gamma$. (Anwendung: Es ist

$$H_n = \frac{1}{n} \sum_{k=1}^{n}\left[\frac{n}{k}\right] + \frac{1}{n} \sum_{k=1}^{n}\left\{\frac{n}{k}\right\} \qquad (\{t\} := t - [t] \ \text{ für } t \in \mathbb{R}),$$

und $\sum_{k=1}^{n}[n/k]$ ist die Anzahl der Paare $(k, \ell) \in (\mathbb{N}^*)^2$ mit $k\ell \leq n$. Für jedes solche Paar ist $k \leq \sqrt{n}$ oder $\ell \leq \sqrt{n}$, folglich

$$\sum_{k=1}^{n}\left[\frac{n}{k}\right] = 2\sum_{k=1}^{[\sqrt{n}]}\left[\frac{n}{k}\right] - \left[\sqrt{n}\right]^2 = 2nH_{\sqrt{n}} - 2C_n\left[\sqrt{n}\right] - \left[\sqrt{n}\right]^2$$

mit $0 \leq C_n < 1$. Mit $\lim_n (2H_{\sqrt{n}} - H_n) = \gamma$ erhält man schließlich

$$\lim_{n \to \infty} \frac{1}{n} \sum_{k=1}^{n}\left\{\frac{n}{k}\right\} = \lim_{n \to \infty}\left(H_n - 2H_{\sqrt{n}} + 2C_n\frac{\left[\sqrt{n}\right]}{n} + \frac{\left[\sqrt{n}\right]^2}{n}\right) = -\gamma + 1 = 0{,}42278\ldots.$$

Im (aller)ersten Moment könnte man meinen, dieser Grenzwert müsste $\frac{1}{2}$ sein. – Der Leser bemerke ferner, dass $\sum_{k=1}^{n}[n/k]$ gleich der Summe $\sum_{m=1}^{n}T(m)$ der Anzahlen der Teiler der Zahlen $1, \ldots, n$ ist. Es folgt

$$\frac{1}{n} \sum_{m=1}^{n} T(m) = \sum_{k=1}^{n}\frac{1}{k} - \frac{1}{n} \sum_{k=1}^{n}\left\{\frac{n}{k}\right\} = \ln n + 2\gamma - 1 + o(1).$$

Insbesondere ist die mittlere Anzahl der Teiler einer Zahl $n \in \mathbb{N}^*$ *für* $n \to \infty$ *asymptotisch gleich* $\ln n$. (Es gibt aber immer wieder n mit nur zwei Teilern.) Man vgl. auch Teil a), aus dem übrigens $\lim_{n \to \infty} \frac{1}{n} \sum_{k=1}^{n}(-1)^{k-1}\left\{\frac{n}{k}\right\} = 0$ folgt.)

4.G Folgerungen aus der Vollständigkeit

Vielfach ist es zweckmäßig, neben den Grenzwerten auch Häufungspunkte von Folgen zu betrachten.

4.G.1 Definition Sei (x_n) eine Folge reeller Zahlen. Ein Punkt $x \in \mathbb{R}$ heißt H ä u f u n g s p u n k t von (x_n), wenn in jeder (noch so kleinen) Umgebung von x unendlich viele Glieder der Folge liegen.

Eine konvergente Folge hat ihren Grenzwert offenbar als einzigen Häufungspunkt. Die Folge $(-1)^n$, $n \in \mathbb{N}$, hat die beiden Häufungspunkte 1 und -1. Die Folge $n + (-1)^n n$, $n \in \mathbb{N}$, hat den einzigen Häufungspunkt 0, ist aber nicht konvergent. Ist (x_n) eine Folge, in der jede rationale Zahl vorkommt – solche Folgen gibt es nach 2.C.6 –, so ist die Menge der Häufungspunkte von (x_n) ganz $\mathbb{R}$.

4.G.2 Lemma *Sei (x_n) eine Folge in $\mathbb{R}$ und $x \in \mathbb{R}$. Genau dann ist x ein Häufungspunkt von (x_n), wenn (x_n) eine gegen x konvergierende Teilfolge besitzt.*

B e w e i s . Besitzt (x_n) eine gegen x konvergierende Teilfolge, so liegen in jeder Umgebung von x fast alle Glieder der Teilfolge und damit sicher unendlich viele Glieder von (x_n).

Sei umgekehrt x ein Häufungspunkt von (x_n). Wir konstruieren rekursiv eine gegen x konvergierende Teilfolge (x_{n_k}) von (x_n). Sei $n_0 := 0$. Sind $n_0, \ldots, n_k$ definiert, so wählt man n_{k+1} so, dass $n_{k+1} > n_k$ und $|x_{n_{k+1}} - x| \leq 1/(k+1)$ ist. Dies ist möglich, da in der $(1/(k+1))$-Umgebung von x unendlich viele Glieder der Folge (x_n) liegen. Da $1/k$, $k \geq 1$, eine Nullfolge ist, konvergiert (x_{n_k}) gegen x.   ●

Die wichtigste Existenzaussage über Häufungspunkte ist der folgende Satz:

4.G.3 Satz von Weierstraß-Bolzano *Jede beschränkte Folge reeller Zahlen besitzt einen Häufungspunkt.*

B e w e i s . Sei (x_n) eine beschränkte Folge. Dann liegen alle Glieder in einem beschränkten Intervall $[a, b] \subseteq \mathbb{R}$. Zur Bestimmung eines Häufungspunktes von (x_n) konstruieren wir eine Intervallschachtelung $[a_n, b_n]$, $n \in \mathbb{N}$, derart, dass in jedem Intervall dieser Folge unendlich viele Glieder der Folge (x_n) liegen. Dann ist die durch diese Intervallschachtelung definierte Zahl x Häufungspunkt von (x_n).

Eine solche Intervallschachtelung geben wir mit dem so genannten I n t e r v a l l -h a l b i e r u n g s v e r f a h r e n an. Dazu setzen wir $a_0 = a$, $b_0 = b$. Sind a_n und b_n gewählt, so liegen in dem Intervall $[a_n, b_n]$ nach Konstruktion unendlich viele Glieder der Folge (x_n). Dies gilt dann auch für mindestens eines der beiden Teilintervalle $[a_n, (a_n + b_n)/2]$ und $[(a_n + b_n)/2, b_n]$, dessen Endpunkte wir dann für a_{n+1} und b_{n+1} nehmen. Gilt dies für beide Teilintervalle, so nehmen wir aus Gründen der Eindeutigkeit die „linke" Hälfte $[a_n , (a_n + b_n)/2]$. Wegen $b_n - a_n = (b - a)/2^n$ handelt es sich um eine Intervallschachtelung.   •

Wir verwenden den Satz von Weierstraß-Bolzano zum Beweis des Cauchyschen Konvergenzkriteriums.

4.G.4 Definition Eine Folge (x_n) reeller Zahlen heißt eine C a u c h y - F o l g e, wenn es zu jedem $\varepsilon \in \mathbb{R}$, $\varepsilon > 0$, ein $n_0 \in \mathbb{N}$ gibt mit $|x_m - x_n| \leq \varepsilon$ für alle $m, n \geq n_0$.

(x_n) ist offenbar genau dann eine Cauchy-Folge, wenn es zu jedem $\varepsilon > 0$ ein $n_0 \in \mathbb{N}$ gibt mit $|x_n - x_{n_0}| \leq \varepsilon$ für alle $n \geq n_0$. Cauchy-Folgen sind beschränkt. Ferner gilt:

4.G.5 Lemma *Jede konvergente Folge ist eine Cauchy-Folge.*

B e w e i s . Sei x der Grenzwert der Folge (x_n). Zu $\varepsilon > 0$ gibt es ein $n_0 \in \mathbb{N}$ mit $|x_n - x| \leq \varepsilon/2$ für alle $n \geq n_0$. Für alle $m, n \geq n_0$ gilt dann

$$|x_m - x_n| = |x_m - x + x - x_n| \leq |x_m - x| + |x_n - x| \leq \frac{\varepsilon}{2} + \frac{\varepsilon}{2} = \varepsilon . \qquad •$$

4.G.6 Lemma *Jede Cauchy-Folge mit einem Häufungspunkt ist konvergent.*

B e w e i s . Sei x ein Häufungspunkt der Cauchy-Folge (x_n). Zu $\varepsilon > 0$ gibt es ein n_0 mit $|x_m - x_n| \leq \varepsilon/2$ für alle $m, n \geq n_0$. Ferner gibt es ein x_{m_0} mit $m_0 \geq n_0$ und $|x_{m_0} - x| \leq \varepsilon/2$, da x Häufungspunkt der Folge (x_n) ist und folglich in der $(\varepsilon/2)$-Umgebung von x unendlich viele x_n liegen. Für alle $n \geq n_0$ folgt

$$|x_n - x| = |x_n - x_{m_0} + x_{m_0} - x| \leq |x_n - x_{m_0}| + |x_{m_0} - x| \leq \frac{\varepsilon}{2} + \frac{\varepsilon}{2} = \varepsilon . \qquad •$$

Aus dem Satz 4.G.3 von Weierstraß-Bolzano und den vorstehenden Lemmata folgt:

4.G.7 Cauchysches Konvergenzkriterium *Eine Folge reeller Zahlen konvergiert genau dann, wenn sie eine Cauchy-Folge ist.*

Zum Beweis, dass eine Cauchy-Folge (x_n) reeller Zahlen konvergiert, lässt sich auch direkt das Intervallschachtelungskriterium 4.F.7 benutzen: Sei $[a_0, b_0]$, $a_0 < b_0$, ein abgeschlossenes Intervall, das fast alle Glieder der Folge (x_n) enthält. Zur rekursiven Konstruktion des Intervalls $[a_{n+1}, b_{n+1}]$ wird das Intervall $[a_n, b_n]$ ge-drittelt. In (wenigstens) einem der beiden Randdrittel liegen nur endlich viele Glieder der Folge. (Warum?) Die beiden anderen Drittel zusammen bilden das Intervall $[a_{n+1}, b_{n+1}]$ der Länge $2(b_n - a_n)/3$.

Zum Abschluss dieses Paragraphen besprechen wir noch einige Begriffe, die sich auf Teilmengen reeller Zahlen beziehen.

4.G.8 Definition Sei $A \subseteq \mathbb{R}$ eine nach oben (bzw. nach unten) beschränkte Teilmenge von $\mathbb{R}$. Eine kleinste obere (bzw. größte untere) Schranke von A heißt dann die o b e r e G r e n z e oder das S u p r e m u m (bzw. die u n t e r e G r e n z e oder das I n f i m u m) von A und wird mit

$$\operatorname{Sup} A \quad (\text{bzw.} \ \operatorname{Inf} A)$$

bezeichnet.

Obere und untere Grenzen sind offenbar eindeutig bestimmt, wenn sie existieren. Genau dann ist $S \in \mathbb{R}$ obere Grenze von $A \subseteq \mathbb{R}$, wenn gilt:

(1) S ist obere Schranke von A.

(2) Für jede obere Schranke S' von A ist $S \leq S'$.

Die Bedingung (2) ist äquivalent zur folgenden:

(2′) Zu jedem $\varepsilon > 0$ gibt es ein $x \in A$ mit $S - \varepsilon < x$.

Entsprechendes gilt für untere Grenzen.

Sind $a, b \in \mathbb{R}$, $a < b$, so sind a die untere und b die obere Grenze der Intervalle $[a, b]$, $]a, b[$, $[a, b[$ und $]a, b]$. Die Menge $\{1/n \mid n \in \mathbb{N}^*\}$ der Stammbrüche hat 0 als untere und 1 als obere Grenze. Der folgende Satz sichert die Existenz von oberen und unteren Grenzen:

4.G.9 Satz von der oberen und unteren Grenze *Jede nichtleere nach oben (bzw. nach unten) beschränkte Menge reeller Zahlen besitzt eine obere Grenze (bzw. untere Grenze) in* $\mathbb{R}$.

B e w e i s . Sei S eine obere Schranke der nach oben beschränkten Teilmenge A von $\mathbb{R}$, und sei $a \in A$. Zur Konstruktion der oberen Grenze benutzen wir wieder das Intervallhalbierungsverfahren. Wir konstruieren die Intervalle $[a_n, b_n]$ so, dass wenigstens ein Element von A in $[a_n, b_n]$ liegt und dass b_n obere Schranke von A ist. Dann ist klar, dass die durch diese Intervallschachtelung definierte Zahl die obere Grenze von A ist. Wir setzen $a_0 = a$, $b_0 = S$. Sind a_n und b_n schon definiert, so sei

$$a_{n+1} = \begin{cases} a_n, & \text{falls } \frac{1}{2}(a_n + b_n) \text{ obere Schranke von } A, \\ \frac{1}{2}(a_n + b_n) & \text{sonst;} \end{cases}$$

$$b_{n+1} = \begin{cases} \frac{1}{2}(a_n + b_n), & \text{falls } \frac{1}{2}(a_n + b_n) \text{ obere Schranke von } A, \\ b_n & \text{sonst.} \end{cases}$$

Es ist also $[a_{n+1}, b_{n+1}]$ die „linke" bzw. „rechte" Hälfte von $[a_n, b_n]$ je nachdem, ob der Mittelpunkt von $[a_n, b_n]$ obere Schranke von A ist oder nicht.

Den Fall der unteren Grenze behandelt man analog oder führt ihn durch Betrachten der Menge $-A := \{-x \mid x \in A\}$ auf den bereits behandelten Fall der oberen Grenze zurück, vgl. Aufg. 3. $\qquad\bullet$

Es ist bequem, für eine nicht nach oben (bzw. nicht nach unten) beschränkte Teilmenge A von $\mathbb{R}$ das Supremum von A gleich ∞ (bzw. das Infimum von A gleich $-\infty$) zu setzen. Mit dieser Konvention *existieren für jede Teilmenge A von $\mathbb{R}$ Supremum und Infimum in $\overline{\mathbb{R}} = \mathbb{R} \cup \{\infty, -\infty\}$.*[1])

4.G.10 Definition Seien A eine Teilmenge von $\mathbb{R}$ und $x \in \mathbb{R}$.

(1) Der Punkt x heißt ein B e r ü h r p u n k t von A, wenn in jeder Umgebung von x wenigstens ein Element von A liegt.

(2) Der Punkt x heißt ein H ä u f u n g s p u n k t von A, wenn in jeder Umgebung von x unendlich viele Elemente von A liegen.

(3) Der Punkt x heißt ein i n n e r e r   P u n k t von A, wenn A eine Umgebung von x ist.

(4) Die Menge A heißt a b g e s c h l o s s e n , wenn jeder Berührpunkt von A zu A gehört.

(5) Die Menge A heißt o f f e n , wenn jeder Punkt von A ein innerer Punkt von A ist.

Offenbar ist ein Punkt $x \in \mathbb{R}$ bereits dann ein Häufungspunkt der Teilmenge $A \subseteq \mathbb{R}$, wenn in jeder Umgebung von x ein Punkt von A liegt, der von x verschieden ist. Die Menge der Berührpunkte von A in $\mathbb{R}$ bezeichnen wir mit $\overline{A}$ und die Menge der inneren Punkte von A mit $\mathring{A}$. Ein Punkt $x \in \mathbb{R}$ ist offenbar genau dann ein Berührpunkt von A, wenn es eine Folge x_n, $n \in \mathbb{N}$, von Elementen von A gibt mit $x = \lim x_n$, und genau dann ein Häufungspunkt, wenn die Folgenglieder x_n überdies von x verschieden gewählt werden können.

Aus den Definitionen folgt unmittelbar:

4.G.11 Satz *Für jede Teilmenge A von $\mathbb{R}$ gilt:*

(1) *Jeder Häufungspunkt von A ist ein Berührpunkt von A, und jeder Berührpunkt von A, der nicht zu A gehört, ist ein Häufungspunkt von A.*

(2) *Es ist $\mathring{A} \subseteq A \subseteq \overline{A}$. Genau dann ist $A = \overline{A}$, wenn A abgeschlossen ist, und genau dann ist $A = \mathring{A}$, wenn A offen ist.*

(3) *Genau dann ist A offen (bzw. abgeschlossen) in $\mathbb{R}$, wenn das Komplement $\mathbb{R} - A$ von A in $\mathbb{R}$ abgeschlossen (bzw. offen) in $\mathbb{R}$ ist.*

Beispiele für abgeschlossene (bzw. offene) Teilmengen von $\mathbb{R}$ sind die abgeschlossenen (bzw. offenen) Intervalle. Die halboffenen Intervalle $]a\,,b]$ und $[a\,,b[$, $a, b \in \mathbb{R}, a < b$, sind weder offen noch abgeschlossen.

---

[1]) Für die leere Menge ist $-\infty$ das Supremum und ∞ das Infimum.

4.G.12 Bemerkung Die in 4.G.10 eingeführten topologischen Begriffe beziehen sich hier immer auf ganz $\mathbb{R}$ (bzw. ab dem nächsten Paragraphen auch auf ganz $\mathbb{C}$) als Grundraum. Auf die entsprechenden Begriffe für einen beliebigen topologischen Raum, insbesondere auch für eine beliebige Teilmenge von $\mathbb{R}$ (bzw. $\mathbb{C}$) als Grundraum gehen wir erst in den Bänden 2 und 3 ein.

Offenbar ist das Supremum (bzw. Infimum) einer nach oben (bzw. unten) beschränkten Teilmenge von $\mathbb{R}$ ein Berührpunkt dieser Menge. Es gilt also:

4.G.13 Satz *Jede nichtleere beschränkte abgeschlossene Menge enthält ihr Infimum und ihr Supremum, d.h. ein kleinstes und ein größtes Element.*

4.G.14 Lemma *Die Menge der Häufungspunkte einer Folge reeller Zahlen ist abgeschlossen.*

B e w e i s . Sei x ein Berührpunkt der Menge der Häufungspunkte der Folge (x_n). In jeder offenen ε-Umgebung von x liegt dann ein Häufungspunkt y von (x_n). Da diese ε-Umgebung auch eine Umgebung von y ist, liegen darin unendlich viele Glieder der Folge (x_n). Daher ist x Häufungspunkt von (x_n). $\qquad\bullet$

Sei (x_n) eine beschränkte Folge reeller Zahlen. Nach dem Satz 4.G.3 von Weierstraß-Bolzano ist die Menge ihrer Häufungspunkte nichtleer und natürlich ebenfalls beschränkt. Wegen 4.G.14 ist sie abgeschlossen und besitzt folglich ein kleinstes und ein größtes Element. Diese Häufungspunkte (die bei konvergenten Folgen übereinstimmen) heißen der L i m e s   i n f e r i o r bzw. der L i m e s   s u p e r i o r der Folge und werden mit

$$\liminf x_n \quad \text{bzw.} \quad \limsup x_n$$

bezeichnet. Übrigens ist der Häufungspunkt, den wir im Beweis des Satzes von Weierstraß-Bolzano konstruiert haben, der Limes inferior.

Für eine beliebige Folge (x_n) in $\mathbb{R}$ zählen wir $-\infty$ bzw. ∞ zu den Häufungspunkten von (x_n), wenn eine Teilfolge von (x_n) existiert, die gegen $-\infty$ bzw. gegen ∞ konvergiert. *Auf diese Weise besitzt jede Folge reeller Zahlen in* $\overline{\mathbb{R}} = \mathbb{R} \cup \{-\infty, \infty\}$ *einen kleinsten und einen größten Häufungspunkt, d.h. einen Limes inferior und einen Limes superior.* Beispielsweise ist ∞ der Limes inferior und der Limes superior der Folge $n, n \in \mathbb{N}$, der natürlichen Zahlen.

Aufgaben

1. Man bestimme alle Häufungspunkte sowie Limes inferior und Limes superior der Folge $(-1)^n/2 + (-1)^{n(n+1)/2}/3$.

2. Man gebe eine Folge an, für die die Menge der Häufungspunkte die Menge der natürlichen Zahlen ist.

3. Sei $A \subseteq \mathbb{R}$, $A \neq \emptyset$, und $-A := \{-x \mid x \in A\}$. Genau dann ist A nach unten beschränkt, wenn $-A$ nach oben beschränkt ist. In diesem Falle gilt Inf $A = -\text{Sup}\,(-A)$.

4. Seien $A, B \subseteq \mathbb{R}$, $A \neq \emptyset$, $B \neq \emptyset$. Dann setzt man

$$A + B := \{x + y \mid x \in A, y \in B\} \;(\text{M i n k o w s k i - S u m m e}),$$
$$A \cdot B := \{xy \mid x \in A, y \in B\}.$$

a) Genau dann ist $A + B$ nach oben (bzw. nach unten) beschränkt, wenn A und B beide nach oben (bzw. nach unten) beschränkt sind. In diesem Falle ist

$$\text{Sup}\,(A + B) = \text{Sup}\,A + \text{Sup}\,B \;(\text{bzw.}\;\; \text{Inf}\,(A + B) = \text{Inf}\,A + \text{Inf}\,B).$$

b) Ist $A \neq \{0\} \neq B$, so ist $A \cdot B$ genau dann beschränkt, wenn A und B beide beschränkt sind.

c) Sind A und B beschränkt und ist $A, B \subseteq \mathbb{R}_+$, so gilt $\text{Sup}\,(A \cdot B) = (\text{Sup}\,A) \cdot (\text{Sup}\,B)$.

5. Man beweise den folgenden Satz vom D e d e k i n d s c h e n S c h n i t t : Sind A und B nichtleere Teilmengen von $\mathbb{R}$ mit $a < b$ für alle $a \in A$ und alle $b \in B$, so gibt es eine reelle Zahl x mit $a \leq x \leq b$ für alle $a \in A$, $b \in B$. - Ist überdies $A \cup B = \mathbb{R}$, so ist diese reelle Zahl x eindeutig bestimmt und es gilt $x = \text{Sup}\,A = \text{Inf}\,B$. (Man sagt in diesem Fall, x werde durch den so genannten Dedekindschen Schnitt (A, B) definiert.)

6. Seien $A \subseteq \mathbb{R}$ und $x \in \mathbb{R}$.

a) Genau dann ist x Häufungspunkt von A, wenn in jeder Umgebung von x ein von x verschiedener Punkt von A liegt.

b) Genau dann ist x ein Häufungspunkt von A, wenn es eine gegen x konvergierende Folge mit paarweise verschiedenen Gliedern aus A gibt.

c) Genau dann ist x ein Berührpunkt von A, wenn es eine gegen x konvergierende Folge von Elementen aus A gibt.

7. Die Menge der Häufungspunkte einer Teilmenge A von $\mathbb{R}$ ist abgeschlossen.

8. Sei $A \subseteq \mathbb{R}$. Dann sind $\overline{A}$ abgeschlossen und $\mathring{A}$ offen in $\mathbb{R}$. (Man nennt $\overline{A}$ die a b g e - s c h l o s s e n e H ü l l e und $\mathring{A}$ den i n n e r e n oder o f f e n e n K e r n von A.)

9. Für $A, B \subseteq \mathbb{R}$ gilt $\overline{A \cup B} = \overline{A} \cup \overline{B}$, $(A \cap B)^\circ = \mathring{A} \cap \mathring{B}$, ferner $\overline{A \cap B} \subseteq \overline{A} \cap \overline{B}$ und $(A \cup B)^\circ \supseteq \mathring{A} \cup \mathring{B}$. Man zeige an Hand von Beispielen, dass die beiden letzten Inklusionen echt sein können.

10. Man bestimme $\overline{A}$ und $\mathring{A}$ für folgende Teilmengen A von $\mathbb{R}$:

$\{1/n \mid n \in \mathbb{N}^*\}$, $\mathbb{N}$, $\mathbb{Q}$, $\mathbb{R} - \mathbb{Q}$,

$[a, b]$, $]a, b[$, $[a, b[$, $]a, b]$ mit $a, b \in \mathbb{R}$, $a < b$,

$\{a/g^n \mid a \in \mathbb{Z}, n \in \mathbb{N}\}$ mit $g \in \mathbb{N}$, $g \geq 2$ fest.

11. Jede (unendliche) Folge reeller Zahlen enthält eine (unendliche) monotone Teilfolge.

12. Eine Folge reeller Zahlen ist genau dann konvergent, wenn sie beschränkt ist und genau einen Häufungspunkt besitzt. – Man beweise damit noch einmal das Cauchysche Konvergenzkriterium (unter Verwendung des Satzes von Weierstraß-Bolzano).

13. Sei (x_n) eine beschränkte Folge reeller Zahlen. Dann ist

$$\limsup x_n = \lim_{n \to \infty} \left(\mathrm{Sup}\{x_m \mid m \geq n\} \right) \ , \quad \liminf x_n = \lim_{n \to \infty} \left(\mathrm{Inf}\{x_m \mid m \geq n\} \right).$$

14. Sei (x_n) eine beschränkte Folge reeller Zahlen. Dann gilt:

$$\begin{aligned}
\limsup x_n &= \mathrm{Inf}\,\{x \in \mathbb{R} \mid x \geq x_n \text{ für fast alle } n\} \\
&= \mathrm{Sup}\,\{x \in \mathbb{R} \mid x \leq x_n \text{ für unendlich viele } n\}\,, \\
\liminf x_n &= \mathrm{Sup}\,\{x \in \mathbb{R} \mid x \leq x_n \text{ für fast alle } n\} \\
&= \mathrm{Inf}\,\{x \in \mathbb{R} \mid x \geq x_n \text{ für unendlich viele } n\}\,.
\end{aligned}$$

15. Seien (x_n) und (y_n) beschränkte Folgen reeller Zahlen.

a) Es gilt

$$\begin{aligned}
\liminf x_n + \liminf y_n &\leq \liminf (x_n + y_n) \leq \limsup x_n + \liminf y_n \\
&\leq \limsup (x_n + y_n) \leq \limsup x_n + \limsup y_n\,.
\end{aligned}$$

b) Die Formeln aus a) gelten auch, wenn das Pluszeichen durch das Malzeichen ersetzt wird und überdies alle x_n und y_n nichtnegativ sind.

16. Eine Teilmenge von $\mathbb{R}$ heißt p e r f e k t , wenn sie gleich der Menge ihrer Häufungspunkte ist. Eine perfekte Menge ist notwendigerweise abgeschlossen. Man zeige, dass jede nichtleere perfekte Menge überabzählbar ist. [2]) (Man kann ähnlich wie in Beispiel 4.F.8 schließen.)

17. Sei $A \subseteq \mathbb{R}$. Ein Punkt $x \in \mathbb{R}$ heißt V e r d i c h t u n g s p u n k t oder K o n d e n s a - t i o n s p u n k t von A, wenn in jeder Umgebung von x überabzählbar viele Elemente von A liegen.

a) Jede überabzählbare Teilmenge A von $\mathbb{R}$ besitzt wenigstens einen Verdichtungspunkt. (Man kann auf den Fall reduzieren, dass A beschränkt ist, und dann wie bei 4.G.3 schließen.)

b) Die Menge der Verdichtungspunkte von A ist perfekt. Sie ist insbesondere überabzählbar, wenn A selbst überabzählbar ist, vgl. Aufg. 16.

c) Jede abgeschlossene Teilmenge von $\mathbb{R}$ ist die disjunkte Vereinigung einer abzählbaren und einer perfekten Menge. Diese Zerlegung ist eindeutig. (Jeder Punkt einer perfekten Menge in $\mathbb{R}$ ist ein Kondensationspunkt dieser Menge.)

18. Eine Teilmenge $A \subseteq \mathbb{R}$ ist genau dann ein Intervall, wenn A mit je zwei Zahlen auch alle Zahlen, die zwischen diesen liegen, enthält.

19. Sei $A \subseteq \mathbb{R}$.

a) Zwei Punkte $a, b \in A$ mögen äquivalent heißen, wenn das abgeschlossene Intervall mit a und b als Endpunkten ganz zu A gehört. Man zeige, dass dadurch eine Äquivalenzrelation auf A definiert wird, deren Äquivalenzklassen Intervalle sind. Diese heißen die Z u s a m - m e n h a n g s k o m p o n e n t e n von A. Sind alle diese Komponenten von A einpunktig, so heißt A t o t a l u n z u s a m m e n h ä n g e n d . Beispielsweise sind $\mathbb{R} - \mathbb{Q}$ und $\mathbb{Q}$ (sowie jede andere abzählbare Teilmenge von $\mathbb{R}$) total unzusammenhängend. Jede Menge $A \subseteq \mathbb{R}$ hat höchstens abzählbar viele Zusammenhangskomponenten mit mehr als einem Punkt.

---

[2]) Man kann zeigen, dass eine nichtleere perfekte Teilmenge $A \subseteq \mathbb{R}$ die Mächtigkeit des Kontinuums hat, vgl. etwa [35], Teil 1, §6, Aufg. 6.

b) Ist A offen, so ist A disjunkte Vereinigung abzählbar vieler offener Intervalle (nämlich der Zusammenhangskomponenten von A).

c) Ist A abgeschlossen, so sind alle Zusammenhangskomponenten von A abgeschlossene Intervalle. (Es können jedoch überabzählbar viele sein, vgl. d).)

d) (C a n t o r s c h e s   D i s k o n t i n u u m) Sei $C_0 := [0, 1]$ und $C_1 := C_0 - \,]1/3, 2/3[$. Allgemein entstehe C_{n+1} aus C_n dadurch, dass aus jeder Zusammenhangskomponente von C_n das offene mittlere Drittel herausgenommen wird, $n \in \mathbb{N}$.

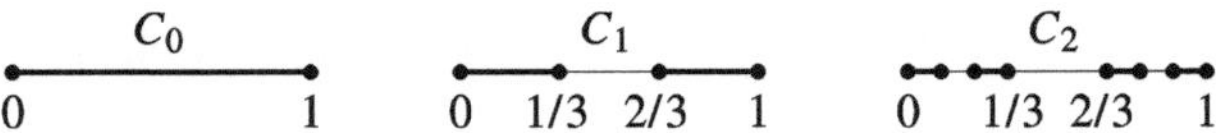

$C := \bigcap_{n=0}^{\infty} C_n$ heißt das C a n t o r s c h e   D i s k o n t i n u u m oder die C a n t o r s c h e   W i s c h m e n g e. Man zeige: (1) Eine Zahl $x \in [0, 1]$ gehört genau dann zu C, wenn x eine Trialentwicklung (vgl. Beispiel 4.F.12) besitzt, in der die Ziffer 1 nicht vorkommt.[3] (2) C ist eine perfekte (abgeschlossene) total unzusammenhängende Teilmenge von $\mathbb{R}$, die (wie jede nichtleere perfekte Menge) die Mächtigkeit des Kontinuums besitzt.

20. Sei A eine nichtleere Teilmenge von $\mathbb{R}$, die gleichzeitig offen und abgeschlossen ist. Dann ist $A = \mathbb{R}$. (Man betrachte eine Zusammenhangskomponente von A.)

21. a) $\mathbb{R}$ lässt sich nicht als disjunkte Vereinigung von abzählbar vielen abgeschlossenen beschränkten Intervallen darstellen. (Sei $\mathbb{R} = \biguplus_{n \in \mathbb{N}} [a_n, b_n]$. Dann ist $\mathbb{R} - \biguplus_{n \in \mathbb{N}}]a_n, b_n[$ perfekt im Widerspruch zu Aufg. 16. – Zur Illustration betrachte man folgendes Beispiel: $\overline{I}_0, \overline{I}_1, \overline{I}_2, \ldots$ sei die Liste aller offenen Intervalle, vereinigt mit ihren Randpunkten, die bei der Konstruktion des Cantorschen Diskontinuums in Aufg. 19d) aus den Mengen C_n, $n \in \mathbb{N}$, der Reihe nach herausgenommen werden. Dann ist $\bigcup_{n \in \mathbb{N}} \overline{I}_n$ *nicht* das volle (offene) Einheitsintervall $]0, 1[$. Welche Zahlen fehlen?)

b) Allgemeiner als a) gilt sogar: $\mathbb{R}$ lässt sich nicht als disjunkte Vereinigung von abzählbar vielen abgeschlossenen und beschränkten (d.h. kompakten) Teilmengen von $\mathbb{R}$ darstellen. (Man führt dies auf a) zurück: Sei etwa $\mathbb{R} = \biguplus_{n \in \mathbb{N}} K_n$ mit beschränkten abgeschlossenen Mengen K_n. Man kann dabei annehmen, dass jedes $K_n \neq \emptyset$ ist und in einer Zusammenhangskomponente der offenen Menge $\mathbb{R} - \bigcup_{k=0}^{n-1} K_k$ liegt, da in jedem Fall nach dem Satz von Weierstraß-Bolzano nur endlich viele dieser Zusammenhangskomponenten K_n treffen. Sei $a_n := \operatorname{Inf} K_n$ und $b_n := \operatorname{Sup} K_n$. Man konstruiert nun abgeschlossene beschränkte Intervalle I_n rekursiv in folgender Weise: $I_0 = [a_0, b_0]$; $I_n := I_{n-1}$, falls $K_n \subseteq \bigcup_{k=0}^{n-1} I_k$, bzw. $I_n := [a_n, b_n]$ sonst. Dann ist $\mathbb{R}$ die disjunkte Vereinigung der verschiedenen Intervalle in der Folge $I_0, I_1, I_2, \ldots$. – Eine entsprechende Aussage gilt auch für $\mathbb{R}^m$, $m \geq 2$. Eine Zerlegung von $\mathbb{R}^m$ in abgeschlossene beschränkte Mengen induziert nämlich eine ebensolche Zerlegung einer jeden Geraden von $\mathbb{R}^m$. Für eine weitere Verallgemeinerung vergleiche Bd. 3 (2 te Aufl.), 2.A, Aufg. 3b). – Das Ergebnis der vorliegenden Aufgabe wird seit Z e n o n   v o n   E l e a gern als Argument gegen den Atomismus benutzt. Will man das Kontinuum atomistisch beschreiben, so hat man notwendigerweise überabzählbare Mengen zuzulassen. Dies ist eine der großen Entdeckungen Cantors. Er schreibt 1884 (in einem Brief an Mittag-Leffler): „Ich glaube [...], dass die Gesammtheit der Körperatome von der ersten Mächtigkeit, die Gesammtheit der Aetheratome von der zweiten Mächtigkeit ist [...]."

---

[3]) Es ist also zugelassen, dass ab einer Stelle alle Ziffern von x gleich 2 sind, z.B. ist $1/3 = (0, 1)_3 = (0, 0222\ldots)_3 \in C$.

Wir verdanken diesen Hinweis J. S u c k . – Unter der ersten Mächtigkeit versteht Cantor in seinem Brief die Mächtigkeit $\aleph_0$ von $\mathbb{N}$ und unter der zweiten die kleinste überabzählbare Kardinalzahl $\aleph_1$. Dass $\aleph_1$ mit der Mächtigkeit $\aleph$ von $\mathbb{R}$ übereinstimmt, ist die so genannte K o n t i n u u m s h y p o t h e s e , die von Cantor aber nicht bewiesen wurde und – wie wir heute wissen – im Rahmen der üblichen axiomatischen Mengenlehre weder widerlegt noch bewiesen werden kann (S a t z   v o n K. G ö d e l bzw. S a t z   v o n P.J. C o h e n).)

22. a) Sei $x = a/b$ mit teilerfremden ganzen Zahlen $a, b, b > 0$. Dann besitzt die Folge $nx - [nx]$, $n \in \mathbb{N}$, genau die b Häufungspunkte $0, 1/b, \ldots, (b-1)/b$.

b) Sei $x \in \mathbb{R}$ irrational. Dann ist die Menge der Häufungspunkte der Folge $x_n := nx - [nx]$, $n \in \mathbb{N}$, das abgeschlossene Einheitsintervall $[0, 1]$. (Man gehe etwa folgendermaßen vor: (1) (x_n) besitzt einen Häufungspunkt in $[0, 1]$. (2) (x_n) besitzt 0 oder 1 als Häufungspunkt. (3) (x_n) besitzt jeden Punkt aus $[0, 1]$ als Häufungspunkt. – Mit der Kettenbruchentwicklung von x, vgl. Beispiel 4.F.13, lässt sich die Aufgabe konstruktiv lösen. Man gebe für $\Phi = (1 + \sqrt{5})/2$ aus 4.F, Aufg. 13 ein möglichst kleines $n \in \mathbb{N}$ mit $|n\Phi - [n\Phi] - \frac{1}{2}| \leq 10^{-6}$ an.)

23. In der Potenzmenge $\mathfrak{P}(\mathbb{N})$ von $\mathbb{N}$ gibt es überabzählbare Ketten, also überabzählbare Teilmengen, die (bezüglich der Inklusion) vollständig geordnet sind. (B. K a u p – Dies ist vielleicht überraschend und auf jeden Fall überraschend einfach zu beweisen. Man denke daran, dass auch $\mathbb{Q}$ abzählbar ist.) Darüber hinaus gibt es in $\mathfrak{P}(\mathbb{N})$ überabzählbare Teilmengen, deren Elemente paarweise fast disjunkt sind, wobei hier zwei Mengen fast disjunkt heißen mögen, wenn ihr Durchschnitt endlich ist.

Bemerkung. Wir erwähnen in diesem Zusammenhang die K o n s t r u k t i o n d e r r e e l l e n Z a h l e n nach R. Dedekind, die auch den ersten Teil der vorliegenden Aufgabe löst und sich an die Idee der Dedekindschen Schnitte anlehnt, vgl. Aufg. 5. Jede reelle Zahl α bestimmt den so genannten Dedekindschen Abschnitt $A_\alpha := \{x \in \mathbb{Q} \mid x < \alpha\}$ in $\mathbb{Q}$, wobei generell unter einem D e d e k i n d s c h e n A b s c h n i t t (in $\mathbb{Q}$) eine nichtleere, nach oben beschränkte Teilmenge von $\mathbb{Q}$ ohne größtes Element verstanden wird, die mit jedem Element alle kleineren Elemente von $\mathbb{Q}$ enthält. Andererseits ist jeder solche Abschnitt A in $\mathbb{Q}$ der Abschnitt zu einer reellen Zahl, nämlich $A = A_{\text{Sup} A}$, vgl. 4.G.9. Die Menge $\mathbb{R}$ der reellen Zahlen lässt sich demnach mit der Menge der Dedekindschen Abschnitte in $\mathbb{Q}$ identifizieren. Man kann also im Anschluss an Dedekind umgekehrt die Menge $\mathbb{R}$ als die Menge der Dedekindschen Abschnitte *definieren*, was allein mit Hilfe von $\mathbb{Q}$ möglich ist. Dann ist $\mathbb{R} \subseteq \mathfrak{P}(\mathbb{Q})$ und die Ordnung auf $\mathbb{R}$ ist die von $\mathfrak{P}(\mathbb{Q})$ induzierte Inklusion. Der Satz 4.G.9 über die Existenz der oberen Grenze Sup $\mathfrak{A}$ für eine nach oben beschränkte, nicht leere Teilmenge $\mathfrak{A} \subseteq \mathbb{R}$ ist dann klar: Sup $\mathfrak{A} = \bigcup_{A \in \mathfrak{A}} A$, insbesondere auch die Gültigkeit des Carathéodoryschen Vollständigkeitsaxioms 4.F.2: Ist $A_0 \subseteq A_1 \subseteq A_2 \subseteq \cdots$ eine nach oben beschränkte, monoton wachsende Folge in $\mathbb{R}$, so ist $\lim_{n \to \infty} A_n = \bigcup_{n \in \mathbb{N}} A_n$. (Diese „einfachen" Beweise werden erst dadurch möglich, dass seit Cantor unendliche Vereinigungen von Mengen keine Sorgen mehr bereiten.) Die Addition in $\mathbb{R}$ ist einfach die Minkowski-Summe

$$A + B = \{x + y \mid x \in A, \, y \in B\}, \qquad A, B \in \mathbb{R}.$$

Allein die Multiplikation ist etwas mühsamer. Vielleicht ist es am besten, sie zunächst nur für *positive* reelle Zahlen zu definieren, und zwar durch

$$A \cdot B = \mathbb{Q}_- \cup \{xy \mid x \in A \cap \mathbb{Q}_+^\times, \, y \in B \cap \mathbb{Q}_+^\times\}, \qquad A, B \in \mathbb{R}_+^\times,$$

und sie dann kanonisch auszudehnen. Die Einzelheiten können wir dem Leser überlassen.

5 Die komplexen Zahlen

5.A Konstruktion der komplexen Zahlen

Da in $\mathbb{R}$ wie in jedem angeordneten Körper das Quadrat eines beliebigen Elements nichtnegativ ist, hat die Gleichung $x^2 + 1 = 0$ keine reelle Lösung x. Wir suchen einen Körper K, der $\mathbb{R}$ als Teilkörper umfasst und in dem $x^2 + 1 = 0$ eine Lösung hat. Um die folgende Konstruktion eines solchen Körpers zu motivieren, überlegen wir zunächst einige Eigenschaften, die K notwendigerweise haben muss.

Sei $i \in K$ mit $i^2 = -1$. Wegen $\mathbb{R} \subseteq K$ enthält K dann auch alle Elemente der Form $a + bi$, $a, b \in \mathbb{R}$. Zwei solche Elemente $a + bi$ und $a' + b'i$ sind genau dann gleich, wenn $a = a'$ und $b = b'$ ist. Aus $a + bi = a' + b'i$ folgt nämlich bei $b \neq b'$ der Widerspruch $i = (a - a')/(b' - b) \in \mathbb{R}$. Also ist $b = b'$ und dann auch $a = a'$. *Diese Elemente $a + bi$, $a, b \in \mathbb{R}$, bilden bereits einen Körper K'.* Denn es ist

$$(a + bi) + (c + di) = (a + c) + (b + d)i \in K',$$

$$(a + bi) \cdot (c + di) = ac + bdi^2 + adi + bci = (ac - bd) + (ad + bc)i \in K'$$

für alle $a, b, c, d \in \mathbb{R}$. Ferner gilt $-(a + bi) = (-a) + (-b)i \in K'$ und

$$\frac{1}{a + bi} = \frac{a - bi}{(a + bi)(a - bi)} = \frac{a}{a^2 + b^2} + \frac{-b}{a^2 + b^2}\, i \in K',$$

wobei für das Inverse $a + bi \neq 0$, d.h. $a \neq 0$ oder $b \neq 0$ sei.

Um einen Körper K bzw. K' der gewünschten Art zu finden, betrachten wir statt der Elemente $a + bi$, die das noch unbekannte i enthalten, die Paare $(a, b) \in \mathbb{R} \times \mathbb{R}$ und *definieren* gemäß obiger Vorüberlegung

$$(a, b) + (c, d) := (a + c, b + d)$$
$$(a, b) \cdot (c, d) := (ac - bd, ad + bc)$$

für alle $(a, b), (c, d) \in \mathbb{R} \times \mathbb{R}$. *Dann ist $\mathbb{R} \times \mathbb{R}$ mit dieser Addition und Multiplikation ein Körper* mit dem Nullelement $0 = (0, 0)$ und dem Einselement $1 = (1, 0)$. Das Negative zu (a, b) ist $(-a, -b)$ und das Inverse zu $(a, b) \neq (0, 0)$ ist $\left(a/(a^2 + b^2),\, -b/(a^2 + b^2)\right)$. Die Gültigkeit der in 4.A.1 zusammengestellten Körperaxiome für diese Addition und Multiplikation beweist man leicht mit Hilfe der entsprechenden Axiome für $\mathbb{R}$.

In diesem Körper finden wir den Körper $\mathbb{R}$ in natürlicher Weise wieder. Dazu betrachten wir die Einbettung ι von $\mathbb{R}$ in $\mathbb{R} \times \mathbb{R}$ mit $a \mapsto (a, 0)$. Diese Abbildung respektiert die Verknüpfungen von $\mathbb{R}$ bzw. $\mathbb{R} \times \mathbb{R}$, d.h. es gilt $\iota(a + b) = (a + b, 0) = (a, 0) + (b, 0) = \iota(a) + \iota(b)$ und $\iota(ab) = (ab, 0) = (a, 0)(b, 0) = \iota(a)\,\iota(b)$. Wir ersetzen daher jedes Element $\iota(a) = (a, 0)$ durch die reelle Zahl a und rechnen mit einem solchen Element $a \in \mathbb{R}$ wie mit dem Element $(a, 0)$. Setzen wir noch

$$\mathrm{i} := (0, 1),$$

so ist $\mathrm{i}^2 := (0, 1)(0, 1) = (-1, 0) = -1,$

$$(a, b) = (a, 0) + (0, b) = (a, 0) + (b, 0)(0, 1) = a + b\,\mathrm{i}$$

und

$$(a + b\,\mathrm{i}) + (c + d\,\mathrm{i}) = (a + c) + (b + d)\,\mathrm{i},$$
$$(a + b\,\mathrm{i}) \cdot (c + d\,\mathrm{i}) = (ac - bd) + (ad + bc)\,\mathrm{i}.$$

Für das Rechnen mit dem Computer sei noch bemerkt, dass wegen

$$(a + b\,\mathrm{i}) \cdot (c + d\,\mathrm{i}) = (ac - bd) + \big((a + b)(c + d) - ac - bd\big)\,\mathrm{i}$$

das Produkt mit drei statt vier Multiplikationen (und fünf statt zwei Additionen bzw. Subtraktionen) reeller Zahlen berechnet werden kann.

5.A.1 Definition (1) Der K ö r p e r $\mathbb{C}$ d e r k o m p l e x e n Z a h l e n ist der oben konstruierte Körper mit den Elementen $z = a + b\,\mathrm{i} = (a, b)$, $a, b \in \mathbb{R}$.

(2) Das Element $\mathrm{i} := (0, 1)$ heißt die i m a g i n ä r e E i n h e i t , die Elemente $a = (a, 0)$, $a \in \mathbb{R}$, heißen r e e l l , die Elemente $b\,\mathrm{i} = (0, b)$, $b \in \mathbb{R}$, heißen r e i n - i m a g i n ä r .

(3) Für $z = a + b\,\mathrm{i} \in \mathbb{C}$, $a, b \in \mathbb{R}$, heißen

$$\operatorname{Re} z := a \quad \text{bzw.} \quad \operatorname{Im} z := b$$

der R e a l t e i l bzw. der I m a g i n ä r t e i l von z.

Natürlich lässt sich auf $\mathbb{C}$ keine Ordnung definieren, mit der $\mathbb{C}$ ein angeordneter Körper wird, da in angeordneten Körpern Quadrate stets ≥ 0 sind, in $\mathbb{C}$ aber $\mathrm{i}^2 = -1$ ist. Wenn im folgenden Zahlen der Größe nach verglichen werden, so handelt es sich stets um reelle Zahlen, auch wenn dies nicht ausdrücklich gesagt wird.

Da auch $(-\mathrm{i})^2 = -1$ ist, sind i und $-\mathrm{i}$ grundsätzlich gleichberechtigt. Dies begründet die Wichtigkeit der Abbildung

$$z = a + b\,\mathrm{i} \mapsto \bar{z} := a - b\,\mathrm{i},$$

$a, b \in \mathbb{R}$. $\bar{z}$ heißt die zu z k o n j u g i e r t − k o m p l e x e Z a h l , und die Abbildung $z \mapsto \bar{z}$ von $\mathbb{C}$ in sich heißt die k o m p l e x e K o n j u g a t i o n . Sie hat folgende wichtigen Eigenschaften:

5.A.2 Satz *Seien $z, w \in \mathbb{C}$. Dann gilt:*

(1) Es ist $\overline{z + w} = \bar{z} + \bar{w}$, $\overline{zw} = \bar{z} \cdot \bar{w}$.

(2) Es ist $\overline{(\bar{z})} = z$. Insbesondere ist $z \mapsto \bar{z}$ eine zu sich selbst inverse bijektive Abbildung von $\mathbb{C}$ auf sich.

(3) *Es ist $z \cdot \bar{z} = a^2 + b^2$ mit $a = \operatorname{Re} z$, $b = \operatorname{Im} z$. Für $z = a + b\,\mathrm{i} \neq 0$ gilt daher*

$$z^{-1} = \frac{\bar{z}}{z \cdot \bar{z}} = \frac{\bar{z}}{a^2 + b^2}\,.$$

(4) *Es ist* $\operatorname{Re} z = \frac{1}{2}(z + \bar{z})$, $\operatorname{Im} z = \frac{1}{2\mathrm{i}}(z - \bar{z})$.

B e w e i s . Diese Rechenregeln folgen unmittelbar aus den Definitionen. Wir beschränken uns auf den Nachweis der Multiplikativität der komplexen Konjugation: Für $z = a + b\,\mathrm{i}$, $w = c + d\,\mathrm{i}$, $a, b, c, d \in \mathbb{R}$, ist

$$\bar{z} \cdot \bar{w} = (a - b\,\mathrm{i})(c - d\,\mathrm{i}) = (ac - bd) - (ad + bc)\,\mathrm{i} = \overline{zw}\,. \qquad \bullet$$

Aus 5.A.2 (4) folgt, dass ein $z \in \mathbb{C}$ genau dann reell ist, wenn $z = \bar{z}$ ist, und genau dann rein-imaginär, wenn $z = -\bar{z}$ ist. Für eine komplexe Zahl z mit $z\bar{z} = 1$ ist $z^{-1} = \bar{z}$.

Die komplexen Zahlen sind definitionsgemäß Paare reeller Zahlen. Sie lassen sich nach Auszeichnung eines kartesischen Koordinatensystems in einer Ebene unseres Anschauungsraumes mit den Punkten einer solchen Ebene in der üblichen Weise identifizieren (worauf wir in Band 2 noch genauer eingehen werden). Werden die Punkte einer Ebene in diesem Sinne als komplexe Zahlen interpretiert, so spricht man von der k o m p l e x e n oder G a u ß s c h e n Z a h l e n e b e n e . Nach dem Satz des Pythagoras ist $z \cdot \bar{z} = a^2 + b^2$ das Quadrat des Abstands des Punktes $z = a + b\,\mathrm{i} = (a, b)$ vom Nullpunkt.

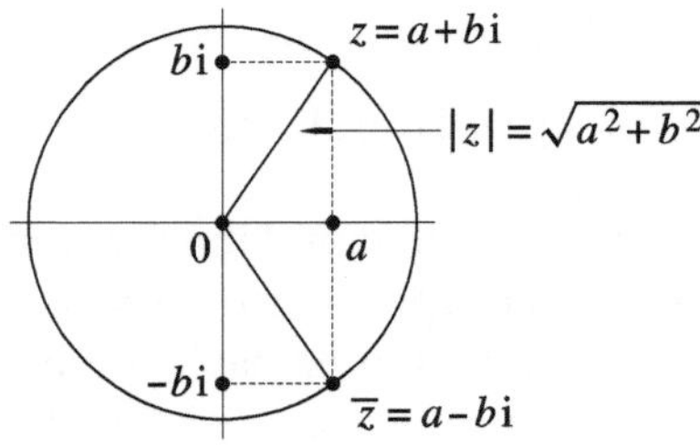

Den Abstand

$$|z| := \sqrt{z \cdot \bar{z}} = \sqrt{a^2 + b^2}$$

selbst nennt man den B e t r a g der komplexen Zahl z [1] . Wenn z reell ist, stimmt dieser Betrag mit dem Betrag von z als reeller Zahl überein.

Die Menge der komplexen Zahlen z mit einem festen Betrag r ist der Kreis mit Radius r um den Nullpunkt. Das Innere dieses Kreises ist die Menge der $z \in \mathbb{C}$ mit $|z| < r$. Dementsprechend ist der Kreis mit dem Radius r um den Punkt $z_0 \in \mathbb{C}$ bzw. sein Inneres die Menge der $z \in \mathbb{C}$ mit $|z - z_0| = r$ bzw. mit $|z - z_0| < r$. Es ist $|\bar{z}| = |z|$. Ferner gilt:

---

[1] Das Quadrat $|z|^2 = z \cdot \bar{z} = a^2 + b^2$ heißt auch die N o r m von z.

5.A.3 Satz *Seien $z, w \in \mathbb{C}$.*

(1) *Es ist $|z| \geq 0$; genau dann ist $|z| = 0$, wenn $z = 0$ ist.*

(2) *Es ist* $\mathrm{Max}\left(|\operatorname{Re} z|, |\operatorname{Im} z|\right) \leq |z| \leq |\operatorname{Re} z| + |\operatorname{Im} z|$.

(3) *Es ist $|zw| = |z|\,|w|$.*

(4) *Es ist $|z + w| \leq |z| + |w|$* (D r e i e c k s u n g l e i c h u n g).

(5) *Es ist $|z - w| \geq \left||z| - |w|\right|$.*

B e w e i s . (1) ist trivial.

(2) Ist $z = a + b\,\mathrm{i}$, $a, b \in \mathbb{R}$, so ist $|z| = \sqrt{a^2 + b^2} \geq \sqrt{a^2} = |a|$ und analog $|z| \geq |b|$ sowie $|z| = \sqrt{|a|^2 + |b|^2} \leq \sqrt{|a|^2 + 2|a||b| + |b|^2} = |a| + |b|$.

(3) ergibt sich aus $|zw| = \sqrt{zw\,\overline{zw}} = \sqrt{z\bar{z}\,w\overline{w}} = \sqrt{z\bar{z}}\sqrt{w\overline{w}} = |z|\,|w|$.

(4) Die Dreiecksungleichung folgt aus

$$|z + w|^2 = (z + w)(\bar{z} + \overline{w}) = z\bar{z} + z\overline{w} + \bar{z}w + w\overline{w} = z\bar{z} + 2\operatorname{Re}(z\overline{w}) + w\overline{w}$$

$$\leq z\bar{z} + 2|z\overline{w}| + w\overline{w} = |z|^2 + 2|z|\,|w| + |w|^2 = \left(|z| + |w|\right)^2.$$

Aus (4) ergibt sich (5) wie im Reellen, vgl. 4.D.4. $\quad\bullet$

Die Dreiecksungleichung 5.A.3 (4) folgt übrigens auch direkt aus der Minkowskischen Ungleichung, vgl. 4.D, Aufg. 26.

5.A.4 Beispiel (Q u a d r a t i s c h e   G l e i c h u n g e n) Nach Konstruktion von $\mathbb{C}$ besitzt die Zahl -1 die beiden Quadratwurzeln i und $-$i in $\mathbb{C}$. Damit lässt sich in $\mathbb{C}$ nun jede quadratische Gleichung lösen. Zunächst bestätigt man durch Quadrieren, dass jede komplexe Zahl $z = a + b\,\mathrm{i}$, $a, b \in \mathbb{R}$, die Quadratwurzeln

$$\sqrt{z} := \frac{1}{\sqrt{2}}\left(\varepsilon\sqrt{|z| + a} + \mathrm{i}\sqrt{|z| - a}\right) \quad \text{und} \quad -\sqrt{z}$$

besitzt, wobei $\varepsilon := \mathrm{Sign}\, b$ bei $b \neq 0$ und $\varepsilon := 1$ bei $b = 0$ ist. Für $z = 0$ sind beide Zahlen gleich 0. Die quadratische Gleichung $x^2 + px + q = 0$, $p, q \in \mathbb{C}$, hat dann wegen

$$x^2 + px + q = \left(x + \frac{1}{2}(p - \sqrt{p^2 - 4q})\right)\left(x + \frac{1}{2}(p + \sqrt{p^2 - 4q})\right)$$

genau die Lösungen

$$x_1 = \frac{1}{2}(-p + \sqrt{p^2 - 4q}) \quad \text{und} \quad x_2 = \frac{1}{2}(-p - \sqrt{p^2 - 4q}),$$

da im Körper $\mathbb{C}$ ein Produkt genau dann 0 ist, wenn wenigstens einer seiner Faktoren gleich 0 ist. Diese so genannte B a b y l o n i s c h e   L ö s u n g s f o r m e l für quadratische Gleichungen gilt in einem Körper K mit $2_K = 1_K + 1_K \neq 0$ immer dann, wenn die D i s k r i m i n a n t e $p^2 - 4q$ Quadrat eines Elementes von K ist. (Andernfalls hat die quadratische Gleichung keine Lösung in K.)

In $\mathbb{C}$ besitzt sogar jede Polynomgleichung

$$x^n + c_{n-1}x^{n-1} + \cdots + c_1 x + c_0 = 0,$$

$c_i \in \mathbb{C}$, $n \geq 1$, eine Lösung $x \in \mathbb{C}$. Dies ist die Aussage des F u n d a m e n t a l s a t z e s d e r   A l g e b r a ; vgl. 11.A.7. Im Fall $n \geq 5$ lassen sich für die Lösungen keine expliziten Formeln (die neben den Grundrechenarten nur Wurzelausdrücke benutzen) mehr angeben (S a t z   v o n   A b e l - R u f f i n i).

Aufgaben

1. Man bestimme Real- und Imaginärteil, den Betrag und die konjugiert-komplexe Zahl zu

$$\frac{1}{1+i} \; ; \quad \frac{2-i}{2+i} \; ; \quad \frac{3+4i}{1+2i} \; ; \quad (2+i)^n, \; n \in \mathbb{Z} \; ; \quad \left(\frac{1-i}{1+i}\right)^n, \; n \in \mathbb{Z}.$$

2. a) Man bestimme die Quadratwurzeln von i, $8 - 6i$, $3 - 4i$.

b) Man bestimme die vierten Wurzeln von $-i$, $-1 + i$.

c) Man löse die Gleichungen $x^2 + (1 - 4i)x - 5 + i = 0$ und $x^2 + (2i - 3)x + 1 + 2i = 0$ sowie $x^2 - (2 + 2i)x + 3 - 2i = 0$ und $x^2 + (2 - 6i)x + 3 - 18i = 0$.

d) Man schreibe ein Computer-Programm, das die Lösungen einer quadratischen Gleichung $rx^2 + sx + t = 0$, $r, s, t \in \mathbb{C}$, berechnet. (Die komplexen Zahlen sollen dabei durch ihre Real- und Imaginärteile ein- und ausgegeben werden.)

3. Man gebe die Lösungen $x \in \mathbb{C}$ der biquadratischen Gleichung $x^4 + px^2 + q = 0$ mit $p, q \in \mathbb{C}$ an.

4. Man gebe die Lösungen $x \in \mathbb{C}$ der so genannten selbstreziproken Gleichung vierten Grades $x^4 + rx^3 + sx^2 + rx + 1 = 0$ mit $r, s \in \mathbb{C}$ an. ($y := x + x^{-1}$ erfüllt eine quadratische Gleichung. – Allgemein gibt es für beliebige Gleichungen dritten und vierten Grades explizite Lösungsformeln von Tartaglia/Cardano bzw. Ferrari, vgl. etwa [34], Satz 36.6 und 36.7, oder [35], Teil 2, §54, Aufg. 41, 42.)

5. Man skizziere die folgenden Punktmengen in der Gaußschen Zahlenebene $\mathbb{C}$.

a) $\{z \in \mathbb{C} \mid |z + 1| \leq |z - 1|\}$.   **b)** $\{z \in \mathbb{C} \mid 1 < |z - 3i| < 7\}$.

c) $\{z \in \mathbb{C} \mid |z^2 - z| \leq 1\}$.   **d)** $\{z \in \mathbb{C} \mid z\bar{z} + z + \bar{z} < 0\}$.

e) $\{z \in \mathbb{C} \mid z\bar{z} - 2z - 2\bar{z} = 2\}$.   **f)** $\{z \in \mathbb{C} \mid |z - i| + |z + i| \leq 3\}$.

6. Jede komplexe Zahl vom Betrag 1 hat die Gestalt $z/\bar{z}$ mit einem $z \in \mathbb{C}^\times$, das bis auf einen Faktor $r \in \mathbb{R}^\times$ eindeutig bestimmt ist, d.h. die Gestalt

$$\frac{s^2 - t^2}{s^2 + t^2} + i\frac{2st}{s^2 + t^2}$$

mit einem Paar $(s, t) \neq (0, 0)$ reeller Zahlen (das bis auf einen Faktor aus $\mathbb{R}^\times$ eindeutig bestimmt ist).

7. Sind die Realteile von $z, w \in \mathbb{C}$ beide positiv oder beide negativ, so gilt die Ungleichung $|(z - w)/(z + \bar{w})| < 1$.

8. Sind $z, w \in \mathbb{C}$ mit $|z| < 1$, $|w| < 1$, so ist auch $|(z + w)/(1 + \bar{z}w)| < 1$. Diese letzte Ungleichung gilt auch, wenn z und w beide dem Betrage nach > 1 sind.

9. Seien $c_0, \ldots, c_{n-1}$ *reelle* Zahlen, $n \geq 1$. Ist $z \in \mathbb{C}$ Lösung der Polynomgleichung $x^n + c_{n-1}x^{n-1} + \cdots + c_1 x + c_0 = 0$, so auch die konjugiert-komplexe Zahl $\bar{z}$.

10. Sind $z_1, \ldots, z_n$ von 0 verschiedene komplexe Zahlen mit $|z_1 + \cdots + z_n| = |z_1| + \cdots + |z_n|$, so ist $z_i/z_j \in \mathbb{R}_+^{\times}$ für alle $i, j = 1, \ldots, n$.

5.B Konvergente Folgen komplexer Zahlen

Wir können die Betragsfunktion auf $\mathbb{C}$ benutzen, um Grenzwertbegriffe, die wir in 4.E bis 4.G für reelle Zahlen eingeführt haben, auch für komplexe Zahlen zu definieren. Für $z_0 \in \mathbb{C}$ und $\varepsilon \in \mathbb{R}$, $\varepsilon > 0$, heißen

$$\mathrm{B}(z_0; \varepsilon) := \{z \in \mathbb{C} \mid |z - z_0| < \varepsilon\} \quad \text{bzw.} \quad \overline{\mathrm{B}}(z_0; \varepsilon) := \{z \in \mathbb{C} \mid |z - z_0| \leq \varepsilon\}$$

die **o f f e n e** bzw. die **a b g e s c h l o s s e n e** ε-**U m g e b u n g** von z_0. Dies sind die Kreisscheiben mit dem Mittelpunkt z_0 und dem Durchmesser 2ε, einmal ohne und das andere Mal mit Peripherie.

Eine **U m g e b u n g** von z_0 schlechthin ist eine Teilmenge von $\mathbb{C}$, die solch eine (offene oder abgeschlossene) ε-Umgebung von z_0 mit einem (reellen) $\varepsilon > 0$ enthält.

Eine Teilmenge $A \subseteq \mathbb{C}$ heißt **b e s c h r ä n k t**, wenn sie ganz in einer Kreisscheibe liegt, d.h. wenn es ein $R \geq 0$ mit $|z| \leq R$ für alle $z \in A$ gibt. Genau dann ist die Menge $A \subseteq \mathbb{C}$ beschränkt, wenn die Mengen $\{\mathrm{Re}\, z \mid z \in A\}$ und $\{\mathrm{Im}\, z \mid z \in A\}$ der Real- bzw. Imaginärteile beschränkte Mengen in $\mathbb{R}$ sind. Eine Folge heißt **b e s c h r ä n k t**, wenn die Menge ihrer Elemente beschränkt ist. Wie in 4.E.1 definiert man:

5.B.1 Definition Eine Folge (z_n) von Elementen aus $\mathbb{C}$ heißt **k o n v e r g e n t** (in $\mathbb{C}$), wenn es ein $z \in \mathbb{C}$ gibt mit folgender Eigenschaft: Zu jedem (noch so kleinen) positiven $\varepsilon \in \mathbb{R}$ gibt es ein $n_0 \in \mathbb{N}$ mit $|z_n - z| \leq \varepsilon$ für alle natürlichen Zahlen $n \geq n_0$.

Wie im reellen Fall beweist man, dass der **G r e n z w e r t** oder **L i m e s**

$$z = \lim_{n \to \infty} z_n$$

der konvergenten Folge (z_n) eindeutig bestimmt ist. Er ist dadurch charakterisiert, dass in jeder seiner Umgebungen fast alle Folgenglieder z_n liegen. Genau dann konvergiert die Folge (z_n) gegen z, wenn die Folge $(|z_n - z|)$ eine Nullfolge in $\mathbb{R}$ ist. Sind alle z_n reell, so kann die Folge (z_n) nur dann in $\mathbb{C}$ konvergent sein, wenn sie bereits in $\mathbb{R}$ konvergent ist, und für die Bestimmung des Grenzwerts ist es dann gleichgültig, ob man sie als Folge in $\mathbb{R}$ oder als Folge in $\mathbb{C}$ betrachtet. *Ferner übertragen sich die Rechenregeln 4.E.6 und 4.E.7 für Limiten (einschließlich ihrer Beweise wortwörtlich) auf den komplexen Fall.* Man kann sie freilich auch aus den Rechenregeln im Reellen formal herleiten mit Hilfe des folgenden Kriteriums:

5.B.2 *Seien (z_n) eine Folge in $\mathbb{C}$, $z_n = a_n + \mathrm{i}\,b_n$, a_n, $b_n \in \mathbb{R}$, und $z = a + \mathrm{i}\,b \in \mathbb{C}$, $a, b \in \mathbb{R}$. Dann gilt: Genau dann konvergiert die Folge (z_n) gegen z, wenn die Folge (a_n) der Realteile gegen a konvergiert und die Folge (b_n) der Imaginärteile gegen b. – Es gilt also für konvergente Folgen (z_n)*

$$\lim z_n = \lim (\operatorname{Re} z_n) + \mathrm{i} \lim (\operatorname{Im} z_n).$$

B e w e i s . Die Behauptung ergibt sich unmittelbar aus den Abschätzungen

$$|a_n - a| = |\operatorname{Re}(z_n - z)| \le |z_n - z| \quad \text{und analog} \quad |b_n - b| \le |z_n - z|$$

sowie umgekehrt aus $|z_n - z| = |(a_n - a) + \mathrm{i}(b_n - b)| \le |a_n - a| + |b_n - b|$. •

C a u c h y - F o l g e n werden im Komplexen wie in $\mathbb{R}$ definiert. Analog zu 5.B.2 gilt, dass *eine Folge (z_n) komplexer Zahlen genau dann eine Cauchy-Folge ist, wenn die Folgen ihrer Real- bzw. Imaginärteile Cauchy-Folgen reeller Zahlen sind.* Daraus folgt mit 4.G.7:

5.B.3 Cauchysches Konvergenzkriterium *Eine Folge komplexer Zahlen konvergiert genau dann, wenn sie eine Cauchy-Folge ist.*

Ein Punkt $z \in \mathbb{C}$ heißt H ä u f u n g s p u n k t der Folge (z_n) in $\mathbb{C}$, wenn in jeder (noch so kleinen) Umgebung von z unendlich viele Glieder der Folge liegen, was wiederum damit äquivalent ist, dass eine Teilfolge von (z_n) gegen z konvergiert. Der Satz 4.G.3 von Weierstraß-Bolzano gilt auch im Komplexen:

5.B.4 Satz von Weierstraß-Bolzano *Jede beschränkte Folge komplexer Zahlen besitzt einen Häufungspunkt.*

B e w e i s . Wir zeigen, dass jede beschränkte Folge (z_n) in $\mathbb{C}$ eine konvergente Teilfolge besitzt. Mit (z_n) sind erst recht die reellen Folgen $(\operatorname{Re} z_n)$ und $(\operatorname{Im} z_n)$ beschränkt. Nach 4.G.3 besitzt somit $(\operatorname{Re} z_n)$ eine konvergente Teilfolge. Es gibt also eine Teilfolge von (z_n), für die die Folge der Realteile konvergiert. Wir können daher von vornherein annehmen, dass $(\operatorname{Re} z_n)$ konvergiert. Wählen wir dann die Teilfolge so, dass auch noch die Folge der Imaginärteile konvergiert, so erhalten wir eine konvergente Teilfolge von (z_n). •

Die Definitionen aus 4.G.10 für B e r ü h r p u n k t , H ä u f u n g s p u n k t , i n n e r e r P u n k t und a b g e s c h l o s s e n e bzw. o f f e n e T e i l m e n g e n werden wörtlich ins Komplexe übernommen. Ebenso gelten die Aussagen von 4.G.11, wenn man dort $\mathbb{R}$ durch $\mathbb{C}$ ersetzt. Dabei ist die a b g e s c h l o s s e n e H ü l l e $\overline{A}$ wieder die

Menge der Berührpunkte und der i n n e r e oder o f f e n e K e r n $\mathring{A}$ die Menge der inneren Punkte von $A \subseteq \mathbb{C}$. Für eine Teilmenge A von $\mathbb{R}$ hat man zwischen den Begriffen bzgl. $\mathbb{R}$ und bzgl. $\mathbb{C}$ zu unterscheiden. Bei $A \subseteq \mathbb{R}$ ist natürlich stets $\mathring{A} = \emptyset$ bzgl. $\mathbb{C}$; die abgeschlossene Hülle $\overline{A}$ aber ist in beiden Fällen die gleiche. Gilt $A \subseteq A' \subseteq \overline{A}$, so heißt A d i c h t in A'.

Aufgaben

1. Sei (z_n) eine konvergente Folge komplexer Zahlen.

a) Die Folge $(z_{n+1} - z_n)$ der Differenzen benachbarter Glieder ist eine Nullfolge.

b) Ist $\lim z_n \neq 0$, so ist $z_n \neq 0$ für fast alle n und die Folge (z_{n+1}/z_n) der Quotienten benachbarter Glieder konvergiert gegen 1.

c) Man zeige an Hand von Beispielen, dass eine Folge (z_n) nicht konvergent sein muss, wenn für sie die Bedingungen aus a) oder b) oder sogar beide erfüllt sind.

2. Sei $z \in \mathbb{C}$.

a) Genau dann ist (z^n) eine Nullfolge, wenn $|z| < 1$ ist. Genau dann ist (z^n) konvergent, wenn $|z| < 1$ oder $z = 1$ ist.

b) Genau dann konvergiert die Folge $\dfrac{1}{n+1} \sum_{k=0}^{n} z^k$, $n \in \mathbb{N}$, wenn $|z| \leq 1$ ist. Ist $|z| \leq 1$ und $z \neq 1$, so ist der Grenzwert 0, für $z = 1$ ist der Grenzwert 1.

3. Man bestimme die Häufungspunkte bzw. gegebenenfalls den Grenzwert der Folgen

$$\left(\frac{(n + \mathrm{i})^2}{n^2 + \mathrm{i}} \right); \quad \left(\frac{\mathrm{i}^n}{1 + \mathrm{i}n} \right); \quad ((-\mathrm{i})^n); \quad \left(\left(\frac{1 + \mathrm{i}}{2 + \mathrm{i}} \right)^n \right).$$

4. Eine Folge (z_n) komplexer Zahlen k o n v e r g i e r t definitionsgemäß g e g e n ∞, wenn die Folge $(|z_n|)$ der Beträge gegen ∞ konvergiert im Sinne von 4.E.9. Man übertrage 4.F, Aufg. 2 auf Polynomfunktionen mit komplexen Koeffizienten a_i, b_j. (Schließt man die uneigentliche Konvergenz in $\mathbb{C}$ ein, so liegt der Grenzwert einer konvergenten komplexen Zahlenfolge also in $\overline{\mathbb{C}} := \mathbb{C} \cup \{\infty\}$.)

5. Seien (z_n) und (w_n) Folgen komplexer Zahlen. Es sei $w_n \neq 0$ für fast alle n. Dann heißt (z_n) zu (w_n) a s y m p t o t i s c h g l e i c h, wenn die (für fast alle n definierte) Folge (z_n/w_n) gegen 1 konvergiert, d.h. wenn die Folge $((z_n - w_n)/w_n)$ der r e l a t i v e n F e h l e r eine Nullfolge ist. Wir schreiben dann $z_n \sim w_n$.

a) Die asymptotische Gleichheit ist eine Äquivalenzrelation auf der Menge der Folgen komplexer Zahlen, deren Glieder fast alle ungleich 0 sind.

b) Es gebe ein $s > 0$ mit $|w_n| \geq s$ für fast alle n. Ist die Folge $(z_n - w_n)$ der a b s o l u t e n F e h l e r eine Nullfolge, so sind (z_n) und (w_n) asymptotisch gleich.

c) Ist die Folge (w_n) beschränkt und sind (z_n) und (w_n) asymptotisch gleich, so ist die Folge der absoluten Fehler eine Nullfolge.

d) Die Folgen $n!$, $n \in \mathbb{N}$, und $\sqrt{2\pi n}(\frac{n}{e})^n$, $n \in \mathbb{N}$, sind asymptotisch gleich. (Stirlingsche Formel – Die Folge der absoluten Fehler $n! - \sqrt{2\pi n}\,(\frac{n}{e})^n$, $n \in \mathbb{N}$, konvergiert freilich gegen ∞, vgl. Beispiel 18.B.2.)

6. Man zeige, dass die abgeschlossene Kreisscheibe $\overline{B}(z_0; \varepsilon)$, $z_0 \in \mathbb{C}$, $\varepsilon > 0$, die abgeschlossene Hülle der offenen Kreisscheibe $B(z_0; \varepsilon)$ ist.

7. Man konstruiere eine Folge komplexer Zahlen, die jede komplexe Zahl als Häufungspunkt hat. Man zeige allgemein: Ist $A \subseteq \mathbb{C}$ eine beliebige nichtleere abgeschlossene Teilmenge, so gibt es eine Folge (z_n) von Punkten $z_n \in A$, für die die Menge der Häufungspunkte ganz A ist. (Jede Menge $A \subseteq \mathbb{C}$ besitzt eine abzählbare Teilmenge, die dicht in A ist.)

8. Es ist $\overline{\mathbb{C} - \mathbb{R}} = \mathbb{C}$.

9. Die Menge $\{z \in \mathbb{C} \mid |z^2 - 1| \leq 1\}$ ist abgeschlossen. Man skizziere diese Menge und zeige, dass $\{z \in \mathbb{C} \mid |z^2 - 1| < 1\}$ ihr innerer Kern ist. Man betrachte allgemeiner die Menge $\{z \in \mathbb{C} \mid |z^2 - 1| \leq r\}$ in Abhängigkeit von $r \in \mathbb{R}_+^{\times}$ (wobei man die Fälle $r < 1$, $r = 1$ und $r > 1$ unterscheide) und ersetze ferner $z^2 - 1$ durch ein beliebiges quadratisches Polynom $z^2 + pz + q = (z - a)(z - b)$. (Die Lösung wird durch die Benutzung von Polarkoordinaten (vgl. den nächsten Abschnitt) übersichtlicher.)

10. Sei $A \subseteq \mathbb{C}$ beschränkt und abgeschlossen. Dann ist auch $\{|z| \mid z \in A\} \subseteq \mathbb{R}$ beschränkt und abgeschlossen. Insbesondere gibt es, falls $A \neq \emptyset$ ist, Elemente $u, v \in A$ mit $|u| \leq |z| \leq |v|$ für alle $z \in A$. – Generell ist $\{|z| \mid z \in A\}$ abgeschlossen, wenn A abgeschlossen ist. Man gebe eine abgeschlossene Menge A in $\mathbb{C}$ an, für die weder die Menge $\{\operatorname{Re} z \mid z \in A\}$ noch die Menge $\{\operatorname{Im} z \mid z \in A\}$ abgeschlossen ist.

11. Eine unendliche beschränkte Menge $A \subseteq \mathbb{C}$ hat wenigstens einen Häufungspunkt.

12. Sei z_n, $n \in \mathbb{N}$, eine Folge komplexer Zahlen. Dann ist $\bigcap_{n \in \mathbb{N}} \overline{\{z_m \mid m \geq n\}}$ die Menge ihrer Häufungspunkte.

5.C Polarkoordinatendarstellung komplexer Zahlen

Die Addition komplexer Zahlen lässt sich in der Gaußschen Zahlenebene leicht veranschaulichen. Für Punkte $z = a + \mathrm{i}\,b$, $w = c + \mathrm{i}\,d \in \mathbb{C} = \mathbb{R}^2$ ist der Punkt $z + w = (a + c) + \mathrm{i}\,(b + d)$ der vierte Eckpunkt des durch 0, z und w bestimmten Parallelogramms (falls diese drei Punkte nicht auf einer Geraden liegen). Wir können $z + w$ auch beschreiben als den Punkt, der aus z durch Verschieben um w hervorgeht (oder aus w durch Verschieben um z).

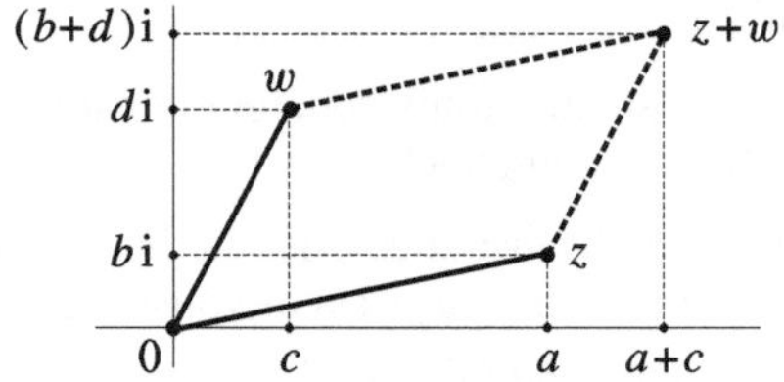

Mit Hilfe der Polarkoordinatendarstellung ergibt sich eine übersichtliche geometrische Beschreibung der Multiplikation komplexer Zahlen. Dazu brauchen wir die folgenden Eigenschaften der trigonometrischen Funktionen Sinus und Kosinus, auf die wir später eingehen werden:

(1) Die Additionstheoreme: Für beliebige $\varphi, \psi \in \mathbb{R}$ ist

$$\sin(\varphi + \psi) = \sin\varphi \, \cos\psi + \cos\varphi \, \sin\psi \, ,$$

$$\cos(\varphi + \psi) = \cos\varphi \, \cos\psi - \sin\varphi \, \sin\psi \, .$$

(2) Die Funktionen sin und cos sind periodisch mit der Periode 2π, d.h. für beliebiges $\varphi \in \mathbb{R}$ ist $\sin(\varphi + 2\pi) = \sin\varphi$, $\cos(\varphi + 2\pi) = \cos\varphi$.

(3) Zu jedem Punkt $(a, b) \in \mathbb{R}^2$ mit $a^2 + b^2 = 1$ gibt es ein eindeutig bestimmtes $\varphi \in [0, 2\pi[$ mit

$$a = \cos\varphi \, , \quad b = \sin\varphi \, ,$$

und umgekehrt liegt der Punkt $(\cos\varphi, \sin\varphi)$ stets auf dem E i n h e i t s k r e i s $\left\{ (a, b) \in \mathbb{R}^2 \mid a^2 + b^2 = 1 \right\}$. Zum Punkt $(a, b) = (1, 0)$ gehört der Wert $\varphi = 0$. Generell ist φ die Länge des Bogens vom Punkt $(1, 0)$ zum Punkt (a, b) auf dem entgegen dem Uhrzeigersinn durchlaufenen Einheitskreis, vgl. Bemerkung 14.B.10.

Wegen der Periodizität von sin und cos gilt $(\sin\varphi, \cos\varphi) = (\sin\varphi', \cos\varphi')$ für $\varphi, \varphi' \in \mathbb{R}$ genau dann, wenn $\varphi - \varphi'$ ein ganzzahliges Vielfaches von 2π ist.

Sei nun z eine komplexe Zahl $\neq 0$. Dann ist auch $r := |z| \neq 0$ und somit z/r eine komplexe Zahl vom Betrag 1, d.h. es ist $z/r = a + bi$ mit $a, b \in \mathbb{R}$ und $a^2 + b^2 = 1$. Folglich gibt es genau ein $\varphi \in [0, 2\pi[$ mit $a = \cos\varphi$, $b = \sin\varphi$. Für z erhalten wir so die P o l a r k o o r d i n a t e n d a r s t e l l u n g

$$z = r\,(\cos\varphi + \mathrm{i}\,\sin\varphi) \, .$$

Ist auch $z = r'(\cos\varphi' + \mathrm{i}\,\sin\varphi')$ mit $r' > 0$, so ist $|z| = r'\sqrt{\cos^2\varphi' + \sin^2\varphi'} = r'$, also $r = r'$, und dann $\varphi' - \varphi = 2k\pi$ mit $k \in \mathbb{Z}$.

Die Zahl φ oder jede Zahl φ', die sich von φ um ein ganzzahliges Vielfaches von 2π unterscheidet, heißt A r g u m e n t von z und wird mit Arg z bezeichnet. Der H a u p t w e r t des Arguments von z ist das im Intervall $[0, 2\pi[$ liegende Argument von z. Gelegentlich wählen wir den Hauptwert aus dem Intervall $]-\pi, \pi]$, worauf wir dann aber stets hinweisen werden. [1]) Für $z = 0$ lassen wir jede reelle Zahl als Argument zu. Mit dem Argument Arg z erhält die Polarkoordinatendarstellung einer beliebigen komplexen Zahl z die Form

$$z = |z|\,\big(\cos(\mathrm{Arg}\,z) + \mathrm{i}\,\sin(\mathrm{Arg}\,z)\big) \, .$$

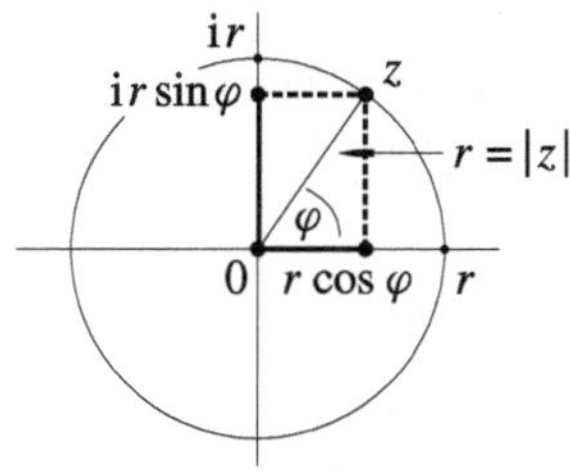

---

[1]) Am elegantesten ist es, das Argument als Klasse in $\mathbb{R}/\mathbb{Z}2\pi$ aufzufassen (vgl. Beispiel 1.D.12 sowie 4.B, Aufg. 9) und je nach Bedarf Repräsentanten zu wählen.

Seien nun

$$z = r\,(\cos\varphi + \mathrm{i}\,\sin\varphi), \quad w = s\,(\cos\psi + \mathrm{i}\,\sin\psi)$$

die Polarkoordinatendarstellungen zweier komplexer Zahlen z, w. Dann ist

$$\begin{aligned}
zw &= rs\,(\cos\varphi + \mathrm{i}\,\sin\varphi)\,(\cos\psi + \mathrm{i}\,\sin\psi)\\
&= rs\,\big((\cos\varphi\cos\psi - \sin\varphi\sin\psi) + \mathrm{i}\,(\sin\varphi\cos\psi + \cos\varphi\sin\psi)\big)\\
&= rs\,\big(\cos(\varphi + \psi) + \mathrm{i}\,\sin(\varphi + \psi)\big).
\end{aligned}$$

Wir haben bewiesen:

5.C.1 Satz *Seien $z, w \in \mathbb{C}$. Für die Polarkoordinaten von zw gilt dann*

$$|zw| = |z|\,|w|, \quad \operatorname{Arg} zw = \operatorname{Arg} z + \operatorname{Arg} w.$$

Man multipliziert also komplexe Zahlen, indem man ihre Beträge multipliziert und ihre Argumente addiert.

Die Multiplikation mit einer komplexen Zahl $z \neq 0$ beschreibt demnach in der Gaußschen Zahlenebene eine Drehung um den Nullpunkt mit dem Drehwinkel $\operatorname{Arg} z$, gefolgt von einer Streckung mit dem Streckungsfaktor $|z|$ und 0 als Streckungszentrum. Natürlich können die Drehung und die Streckung auch in umgekehrter Reihenfolge ausgeführt werden. Wir gehen auf diese geometrischen Begriffe im nächsten Band ausführlich ein. Als Folgerung zu 5.C.1 notieren wir:

5.C.2 Moivresche Formel *Sei $z = r\,(\cos\varphi + \mathrm{i}\,\sin\varphi)$ die Polarkoordinatendarstellung der komplexen Zahl $z \neq 0$. Für jedes $n \in \mathbb{Z}$ ist dann*

$$z^n = r^n\,(\cos n\varphi + \mathrm{i}\,\sin n\varphi)$$

die Polarkoordinatendarstellung der n-ten Potenz von z.

Satz 5.C.1 legt es nahe, mit Euler die reelle e-Funktion durch $e^{\mathrm{i}\varphi} := \cos\varphi + \mathrm{i}\,\sin\varphi$ und

$$e^{\rho + \mathrm{i}\varphi} := e^{\rho}\,e^{\mathrm{i}\varphi} = e^{\rho}\,(\cos\varphi + \mathrm{i}\,\sin\varphi), \qquad \rho, \varphi \in \mathbb{R},$$

nach $\mathbb{C}$ fortzusetzen. Nach 5.C.1 gilt dann $e^{z+w} = e^z\,e^w$ für alle $z, w \in \mathbb{C}$. Vgl. auch Abschnitt 12.E für einen direkten Zugang zur komplexen e-Funktion.

5.C.3 Beispiel (Einheitswurzeln) Sei $n \in \mathbb{N}^*$. Jede komplexe Zahl z mit $z^n = 1$ heißt eine n-te Einheitswurzel. In $\mathbb{R}$ gibt es bei ungeradem n nur 1 und bei geradem n nur 1 und -1 als n-te Einheitswurzeln. *In $\mathbb{C}$ hingegen gibt es genau die n (paarweise verschiedenen) n-ten Einheitswurzeln*

$$\cos\frac{2\pi}{n}k + \mathrm{i}\,\sin\frac{2\pi}{n}k, \; k = 0, \ldots, n-1.$$

Beweis. Die angegebenen Zahlen sind wegen 5.C.2 n-te Einheitswurzeln. Ist umgekehrt $r(\cos\varphi + \mathrm{i}\,\sin\varphi)$ die Polarkoordinatendarstellung einer n-ten Einheitswurzel, so ist $r^n = 1$, also $r = 1$, und $n\varphi = 2\pi k$ mit $k \in \mathbb{Z}$, also $\varphi = 2\pi k/n$. Ändert man k um ein ganzzahliges Vielfaches von n, so erhält man dieselbe komplexe Zahl. Daher ergeben sich für $k = 0, \ldots, n-1$ alle Lösungen. $\qquad\bullet$

Die n-ten Einheitswurzeln bilden bezüglich der Multiplikation eine Gruppe der Ordnung n. Setzt man

$$\zeta_n := \cos\frac{2\pi}{n} + i\sin\frac{2\pi}{n}\,, \quad \text{so ist} \quad \zeta_n^k = \cos\frac{2\pi}{n}k + i\sin\frac{2\pi}{n}k\,, \ k \in \mathbb{Z}\,,$$

und die Potenzen $1 = \zeta_n^0$, ζ_n, $\zeta_n^2, \ldots, \zeta_n^{n-1}$ sind bereits alle n-ten Einheitswurzeln. Es ist $\zeta_n^k = \zeta_n^m$ für $k, m \in \mathbb{Z}$ genau dann, wenn $k \equiv m \bmod n$ ist. Die n-ten Einheitswurzeln bilden die Eckpunkte eines regelmäßigen n-Ecks, dessen Umkreis der Einheitskreis ist. Die Multiplikation mit ζ_n^k beschreibt eine Drehung um den Nullpunkt (entgegen dem Uhrzeigersinn) mit Drehwinkel $2\pi k/n = k \cdot 360°/n$, $k \in \mathbb{N}$.

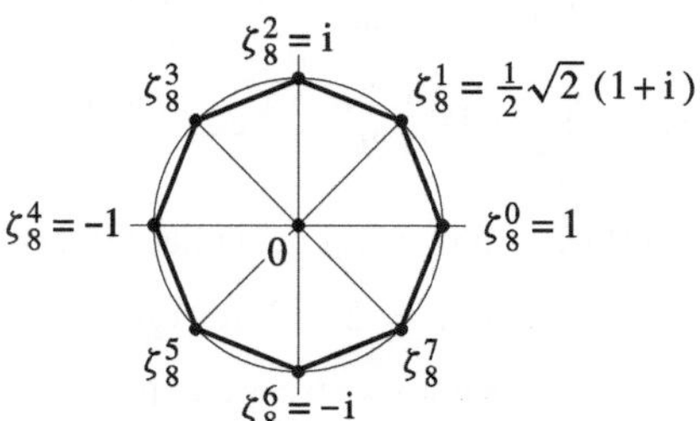

Für die Polynomfunktion $x^n - 1$ ergibt sich die Darstellung

$$x^n - 1 = \prod_{k=0}^{n-1}(x - \zeta_n^k)\,,$$

vgl. Beispiel 11.A.10. Jede n-te Einheitswurzel ζ, deren Potenzen alle n-ten Einheitswurzeln ergeben, heißt eine p r i m i t i v e n-t e E i n h e i t s w u r z e l. Es sind dies genau die Einheitswurzeln ζ_n^k mit ggT$(n, k) = 1$, vgl. Aufg. 15b). Genau dann ist eine komplexe Zahl ζ eine primitive n-te Einheitswurzel, wenn $\zeta^n = 1$, aber $\zeta^k \neq 1$ für $k = 1, \ldots, n-1$ gilt. Die primitiven 8-ten Einheitswurzeln sind beispielsweise ζ_8, ζ_8^3, ζ_8^5, ζ_8^7.

5.C.4 Beispiel (n-t e W u r z e l n) Seien $n \in \mathbb{N}^*$ und $w \in \mathbb{C}$. Ist $w = 0$, so hat die Gleichung $z^n = w$ nur die Lösung $z = 0$. Sei nun $w \neq 0$ und $w = r\,(\cos\varphi + i\sin\varphi)$ die Polarkoordinatendarstellung von w. Nach 5.C.2 ist $z_0 = \sqrt[n]{r}\,\big(\cos\frac{\varphi}{n} + i\sin\frac{\varphi}{n}\big)$ eine Lösung von $z^n = w$, d.h. eine n-te Wurzel von w. Da der Quotient zweier Lösungen z von $z^n = w$ offenbar eine n-te Einheitswurzel ist, *sind die n paarweise verschiedenen Zahlen*

$$z_k := \zeta_n^k z_0 = \sqrt[n]{r}\,\Big(\cos\frac{\varphi + 2k\pi}{n} + i\sin\frac{\varphi + 2k\pi}{n}\Big)\,, \quad k = 0, \ldots, n-1,$$

sämtliche n-ten Wurzeln von w. Sie bilden die Eckpunkte eines regelmäßigen n-Ecks, dessen Umkreis der Kreis um 0 mit Radius $\sqrt[n]{r}$ ist. Man bezeichnet die Funktion

$$r\,(\cos\varphi + i\sin\varphi) \longmapsto \sqrt[n]{r}\,\Big(\cos\frac{\varphi}{n} + i\sin\frac{\varphi}{n}\Big)\,, \quad r > 0\,, \ -\pi < \varphi < \pi,$$

die auf der g e s c h l i t z t e n E b e n e $\mathbb{C} - \mathbb{R}_-$ definiert ist, als den H a u p t z w e i g $w \mapsto \sqrt[n]{w}$ der Wurzelfunktion. Sie bildet $\mathbb{C} - \mathbb{R}_-$ bijektiv auf den offenen Sektor $\{s\,(\cos\psi + i\sin\psi) \mid s > 0, -\pi/n < \psi < \pi/n\}$ ab. Für $a = |a|\,(\cos\pi + i\sin\pi) \in \mathbb{R}_-^\times$ wählen wir $\sqrt[n]{|a|}\,\big(\cos\frac{\pi}{n} + i\sin\frac{\pi}{n}\big)$ als n-te Hauptwurzel.

5.C.5 Beispiel (Tschebyschew-Polynome) Für $\varphi \in \mathbb{R}$ und $n \in \mathbb{N}$ ist

$$\cos n\varphi + \mathrm{i} \sin n\varphi = (\cos \varphi + \mathrm{i} \sin \varphi)^n = \sum_{m=0}^{n} \binom{n}{m} \mathrm{i}^m \sin^m \varphi \, \cos^{n-m} \varphi =$$

$$= \sum_{k=0}^{[\frac{n}{2}]} \binom{n}{2k}(-1)^k \sin^{2k}\varphi \, \cos^{n-2k}\varphi + \mathrm{i} \sum_{k=0}^{[\frac{(n-1)}{2}]} \binom{n}{2k+1}(-1)^k \sin^{2k+1}\varphi \, \cos^{n-2k-1}\varphi \,.$$

Durch Vergleich von Real- und Imaginärteil erhält man

$$\cos n\varphi = \sum_{k}(-1)^k \binom{n}{2k}(\cos^{n-2k}\varphi)(1 - \cos^2\varphi)^k \,,$$

$$\sin n\varphi = \sum_{k}(-1)^k \binom{n}{2k+1} \cos^{n-2k-1}\varphi \, \sin^{2k+1}\varphi \,.$$

Insbesondere ist $\cos n\varphi$ ein Polynom in $\cos \varphi$. Man hat die explizite Darstellung

$$\cos n\varphi = 2^{n-1} T_n(\cos \varphi) \,,$$

mit den so genannten (normierten) Tschebyschew-Polynomen

$$T_0(x) := 2 \qquad \text{und} \qquad T_n(x) := \sum_{k=0}^{[n/2]} \left(-\frac{1}{4}\right)^k \frac{n}{n-k} \binom{n-k}{k} x^{n-2k} \,, \quad n \geq 1 \,.$$

Zum Beweis der zuletzt angegebenen Darstellung von $\cos n\varphi$ bemerkt man zunächst, dass

$$\cos (n+2)\varphi = \cos 2\varphi \, \cos n\varphi - 2\cos \varphi \, \sin \varphi \, \sin n\varphi$$
$$= (2\cos^2 \varphi - 1) \cos n\varphi + 2\cos \varphi \, \big(\cos (n+1)\varphi - \cos \varphi \, \cos n\varphi\big)$$
$$= 2\cos \varphi \, \cos (n+1)\varphi - \cos n\varphi$$

ist. Daher genügt es zu zeigen, dass die Polynome T_n der folgenden Rekursion genügen:

$$T_0 = 2, \quad T_1 = x, \quad T_{n+2} = x T_{n+1} - \frac{1}{4} T_n \,.$$

Dies bestätigt man aber leicht durch Einsetzen.

Einige Autoren nennen die Polynome

$$\widetilde{T}_n := 2^{n-1} T_n \,, \quad n \in \mathbb{N} \,,$$

Tschebyschew-Polynome. Es ist $\cos n\varphi = \widetilde{T}_n(\cos \varphi)$. Insbesondere gilt also $\widetilde{T}_n(1) = 1$, $\widetilde{T}_n(-1) = (-1)^n$ und $\widetilde{T}_n(0) = (-1)^{n/2}$, falls n gerade, und $\widetilde{T}_n(0) = 0$, falls n ungerade ist. Die $\widetilde{T}_n$ genügen der Rekursion

$$\widetilde{T}_0 = 1, \quad \widetilde{T}_1 = x, \quad \widetilde{T}_{n+2} = 2x \widetilde{T}_{n+1} - \widetilde{T}_n$$

und haben ganzzahlige Koeffizienten. *Ferner gilt für beliebige $z \neq 0$ und $n \in \mathbb{N}$ die Gleichung*

$$\frac{z^n + z^{-n}}{2} = \widetilde{T}_n\Big(\frac{z + z^{-1}}{2}\Big) \,.$$

Beweis. Wegen $(z + z^{-1})(z^{n+1} + z^{-(n+1)}) = (z^{n+2} + z^{-(n+2)}) + (z^n + z^{-n})$ gilt $z^n + z^{-n} = F_n(z + z^{-1})$ mit Polynomen F_n, die durch die Rekursion $F_0 = 2$, $F_1 = x$, $F_{n+2} = x F_{n+1} - F_n$ bestimmt sind. Diese Rekursion erfüllen aber offenbar auch die Polynome $2\widetilde{T}_n(x/2)$. $\quad\bullet$

Die Identität $(z^n + z^{-n})/2 = \widetilde{T}_n\big((z + z^{-1})/2\big)$ lässt sich aber auch folgendermaßen beweisen: Seien $\varphi \in \mathbb{R}$ und $z := \cos\varphi + \mathrm{i}\sin\varphi$. Dann gilt wegen der Moivreschen Formel und wegen $z^{-1} = \overline{z}$ die Gleichung $(z^n + z^{-n})/2 = \cos n\varphi = \widetilde{T}_n(\cos\varphi) = \widetilde{T}_n\big((z + z^{-1})/2\big)$, woraus sich die Behauptung mit dem Identitätssatz für Polynome 11.A.5 ergibt.

Definitionsgemäß ist $\widetilde{T}_n\big(\cos((2k+1)\pi/2n)\big) = \cos((2k+1)\pi/2) = 0$ für $k \in \mathbb{Z}$, d.h. die Polynome $\widetilde{T}_n$ *und* T_n *haben die n verschiedenen reellen Nullstellen*

$$\cos\frac{2k+1}{2n}\pi\,,\quad k = 0,\ldots,n-1,$$

die alle im Intervall $\,]-1,1[\,$ *liegen.* Bei $n \geq 1$ folgt (vgl. 11.A.3)

$$T_n = \prod_{k=0}^{n-1}\left(x - \cos\frac{2k+1}{2n}\pi\right).$$

Eine Liste der ersten 11 Tschebyschew-Polynome findet man in Tafel 1.

5.C.6 Beispiel (J o u k o w s k i - F u n k t i o n) Wir betrachten die häufig auftretende komplexe Funktion

$$f(z) := \frac{1}{2}(z + z^{-1})\,,$$

die auf $\mathbb{C}^{\times} = \mathbb{C} - \{0\}$ definiert ist und auch die J o u k o w s k i - F u n k t i o n heißt. Für $z = r\,(\cos\varphi + \mathrm{i}\sin\varphi)$, $r > 0$, ist $z^{-1} = r^{-1}(\cos\varphi - \mathrm{i}\sin\varphi)$ und folglich

$$f(z) = \frac{1}{2}\,(r + r^{-1})\cos\varphi + \frac{\mathrm{i}}{2}\,(r - r^{-1})\sin\varphi\,.$$

Insbesondere ist das f-Bild des Kreises mit dem Radius r um den Nullpunkt die Ellipse mit 0 als Mittelpunkt und den Halbachsenlängen

$$\frac{1}{2}\,(r + r^{-1})\quad\text{bzw.}\quad\frac{1}{2}\,|r - r^{-1}|\,,$$

die bei $r = 1$ zu der (doppelt durchlaufenen) Strecke von $+1$ bis -1 entartet. Die Kreise mit den Radien r und r^{-1} haben dieselbe Bildellipse; bei $r > 1$ wird sie im selben Sinne wie der Kreis durchlaufen, bei $r < 1$ im entgegengesetzten Sinne. Auf der o b e r e n H a l b e b e n e $H := \{z \in \mathbb{C} \mid \operatorname{Im} z > 0\}$ ist f also injektiv. Das Bild $f(H)$ ist die doppelt geschlitzte Ebene $\mathbb{C} - \{a \in \mathbb{R} \mid |a| \geq 1\}$. Der Wert der Umkehrfunktion an der Stelle $w \in f(H)$ ergibt sich durch Lösen der quadratischen Gleichung $w = (z + z^{-1})/2$, d.h. $z^2 - 2zw + 1 = 0$ zu

$$z = w + \sqrt{w^2 - 1} = w + \mathrm{i}\sqrt{1 - w^2} = w + \mathrm{i}\sqrt{1 - w}\,\sqrt{1 + w}.$$

Für die beiden Wurzeln im letzten Ausdruck ist jeweils der Hauptzweig zu wählen, vgl. Beispiel 5.C.4. Dass dieser in der Tat das korrekte Vorzeichen liefert, prüft der Leser leicht. Es genügt übrigens (aus Stetigkeitsgründen), dies für einen einzigen Wert zu bestätigen, und für $w = 0$ ergibt sich $z = \mathrm{i}$.

Mit der Funktion f übersieht man auch die Funktion $g(z) := \frac{1}{2}(z - z^{-1})$ auf $\mathbb{C}^{\times}$. Wegen $f(\mathrm{i}z) = \mathrm{i}\,g(z)$ für alle $z \in \mathbb{C}^{\times}$ ist nämlich das Diagramm

$$
\begin{array}{ccc}
\mathbb{C}^{\times} & \xrightarrow{\ g\ } & \mathbb{C} \\
{\scriptstyle \mathrm{i}}\big\downarrow & & \big\downarrow{\scriptstyle \mathrm{i}} \\
\mathbb{C}^{\times} & \xrightarrow{\ f\ } & \mathbb{C}
\end{array}
$$

kommutativ, wobei i die Multiplikation mit i auf $\mathbb{C}^\times$ bzw. $\mathbb{C}$ bezeichnet, d.h. die Drehung um 0 mit dem Winkel $\pi/2$. So ist etwa g auf der r e c h t e n H a l b e b e n e $\{z \in \mathbb{C} \mid \operatorname{Re} z > 0\}$ injektiv mit dem Bild $\mathbb{C} - \{a\,\mathrm{i} \mid a \in \mathbb{R},\ |a| \geq 1\}$ und der Umkehrfunktion

$$w \longmapsto \mathrm{i}\,w \longmapsto f^{-1}(\mathrm{i}\,w) \longmapsto -\mathrm{i}\,f^{-1}(\mathrm{i}\,w) = w + \sqrt{1 - \mathrm{i}\,w}\,\sqrt{1 + \mathrm{i}\,w}\,.$$

Aufgaben

1. Man stelle die komplexen Zahlen aus 5.A, Aufg. 1 in Polarkoordinaten dar.

2. a) Sei $n \in \mathbb{N}^*$. Die von 1 verschiedenen n-ten Einheitswurzeln sind genau die $n-1$ Lösungen x der Gleichung $x^{n-1} + \cdots + x + 1 = 0$. Es folgt $\sum_{\nu=0}^{n-1} z^\nu = \prod_{\nu=1}^{n-1}(z - \zeta_n^\nu)$ für alle $z \in \mathbb{C}$. (Vgl. 11.A.3.)

b) Seien $m, n \in \mathbb{N}^*$. Für welche $x \in \mathbb{C}$ ist sowohl $x^n = 1$ als auch $x^m = 1$.

3. Mit den Bezeichnungen von Beispiel 5.C.3 ist

$$\zeta_1 = 1, \quad \zeta_2 = -1, \quad \zeta_3 = \frac{1}{2}(-1 + \mathrm{i}\sqrt{3})\,, \quad \zeta_4 = \mathrm{i}\,,$$

$$\zeta_5 = \frac{\sqrt{2}}{4}\left(\sqrt{3 - \sqrt{5}} + \mathrm{i}\sqrt{5 + \sqrt{5}}\right) = \frac{1}{4}\left(\sqrt{5} - 1 + \mathrm{i}\sqrt{2(5 + \sqrt{5})}\right),$$

$$\zeta_6 = \frac{1}{2}(1 + \mathrm{i}\sqrt{3}) = \zeta_3 + 1 = \sqrt{\zeta_3}\,, \quad \zeta_8 = \frac{\sqrt{2}}{2}(1 + \mathrm{i}) = \sqrt{\mathrm{i}}\,.$$

(Zur Berechnung von ζ_5 benutze man Aufg. 2a) und 5.A, Aufg. 4. – Man bestimme auch ζ_{10} und ζ_{12}. Für ζ_{15} siehe auch das Ende von Beispiel 4.F.11.)

4. Man gebe die Real- und Imaginärteile *aller* 3-ten, 5-ten und 6-ten Einheitswurzeln an.

5. a) Man stelle $-\mathrm{i}$; $1 - \mathrm{i}\sqrt{3}$; $\sqrt{3} - \mathrm{i}$; $1 - \mathrm{i}$ in Polarkoordinaten dar.

b) Man skizziere in der Zahlenebene die Punkte $(-1 + \mathrm{i})^n$, $(3\mathrm{i}/4)^n$, $n \in \mathbb{N}$.

c) Man berechne $\sqrt{1 + \sqrt{-3}} + \sqrt{1 - \sqrt{-3}}$. (Aufgabe von Leibniz an Huygens)

6. Man gebe sämtliche n-ten Wurzeln von z an, und zwar sowohl in Polarkoordinaten als auch mit Real- und Imaginärteil, für die folgenden z und n:

a) $z = -1 + \mathrm{i}$, $n = 3$. **b)** $z = 2 - 3\mathrm{i}$, $n = 5$. **c)** $z = 1 + \mathrm{i}$, $n = 7$. **d)** $z = 4(-\sqrt{3} + \mathrm{i})$, $n = 6$.

(Man schreibe ein Computer-Programm, das diese Aufgabe löst.)

7. Seien z, w komplexe Zahlen mit $|z| = |w| = r$, $\operatorname{Arg} z = \alpha$, $\operatorname{Arg} w = \beta$.

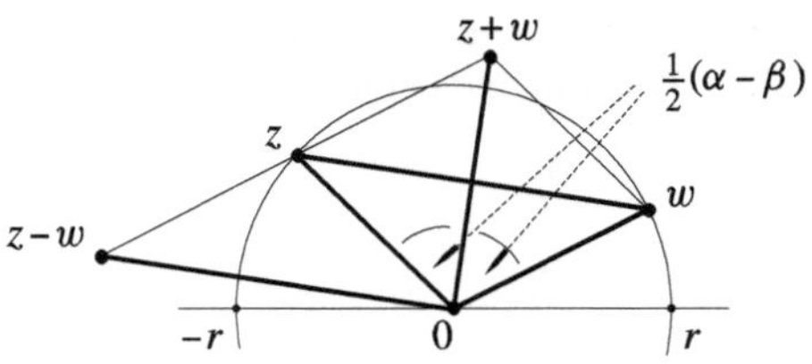

Es ist
$$z \pm w = r\left((\cos\alpha + i\sin\alpha) \pm (\cos\beta + i\sin\beta)\right) = r\left(e^{i\alpha} \pm e^{i\beta}\right)$$
$$= r\left(e^{i(\alpha-\beta)/2} \pm e^{-i(\alpha-\beta)/2}\right) e^{i(\alpha+\beta)/2}$$
$$= \begin{cases} 2r\cos\frac{\alpha-\beta}{2}\left(\cos\frac{\alpha+\beta}{2} + i\sin\frac{\alpha+\beta}{2}\right) & \text{für } z+w, \\ 2ri\sin\frac{\alpha-\beta}{2}\left(\cos\frac{\alpha+\beta}{2} + i\sin\frac{\alpha+\beta}{2}\right) & \text{für } z-w. \end{cases}$$

Man bestimme $|z \pm w|$ und $\mathrm{Arg}\,(z \pm w)$. (Man beachte das Vorzeichen von $\cos(\alpha-\beta)/2$ bzw. $\sin(\alpha-\beta)/2$.) Mit den Identitäten $(\cos\alpha + i\sin\alpha) + 1 = 2\cos\frac{\alpha}{2}(\cos\frac{\alpha}{2} + i\sin\frac{\alpha}{2})$ und $(\cos\alpha + i\sin\alpha) - 1 = 2i\sin\frac{\alpha}{2}(\cos\frac{\alpha}{2} + i\sin\frac{\alpha}{2})$ für $\beta = 0$ gewinne man Formeln für $\sum_{k=0}^{n}\binom{n}{k}\cos k\alpha$, $\sum_{k=0}^{n}\binom{n}{k}\sin k\alpha$, $\sum_{k=0}^{n}(-1)^{n-k}\binom{n}{k}\cos k\alpha$, $\sum_{k=0}^{n}(-1)^{n-k}\binom{n}{k}\sin k\alpha$, $n \in \mathbb{N}$.

8. a) Für $n \in \mathbb{N}$ zeige man (durch Betrachten von $(1+i)^n$)
$$\sum_{k=0}^{[n/2]}(-1)^k\binom{n}{2k} = \sqrt{2}^{\,n}\cos\left(n\frac{\pi}{4}\right), \qquad \sum_{k=0}^{[(n-1)/2]}(-1)^k\binom{n}{2k+1} = \sqrt{2}^{\,n}\sin\left(n\frac{\pi}{4}\right).$$

b) Für $n \in \mathbb{N}$ ist $(x + iy)^n = P_n(x,y) + iQ_n(x,y)$ mit
$$P_n(x,y) = \sum_{k\geq 0}(-1)^k\binom{n}{2k}x^{n-2k}y^{2k} = \prod_{k=0}^{n-1}\left(x - y\cot\frac{(2k+1)\pi}{2n}\right),$$
$$Q_n(x,y) = \sum_{k\geq 0}(-1)^k\binom{n}{2k+1}x^{n-2k-1}y^{2k+1} = ny\prod_{k=1}^{n-1}\left(x - y\cot\frac{k\pi}{n}\right).$$

9. Für $\varphi \in \mathbb{R}, \varphi \neq k\pi, k \in \mathbb{Z}$, und $n \in \mathbb{N}^*$ gilt $\dfrac{\sin n\varphi}{\sin\varphi} = 2^{n-1}U_{n-1}(\cos\varphi)$, wobei die Polynome U_n durch
$$U_n(x) := \sum_{k=0}^{[n/2]}\left(-\frac{1}{4}\right)^k\binom{n-k}{k}x^{n-2k}$$

definiert sind. Sie genügen der Rekursion $U_0 = 1$, $U_1 = x$, $U_{n+2} = xU_{n+1} - \frac{1}{4}U_n$, die sich von der der Tschebyschew-Polynome T_n nur in der Anfangsbedingung für $n = 0$ unterscheidet. (Die U_n heißen (n o r m i e r t e) T s c h e b y s c h e w - P o l y n o m e z w e i t e r A r t .) Man bestimme $U_0, \ldots, U_5$, vgl. auch Tafel 2. Es ist
$$U_n(x) = \prod_{k=1}^{n}\left(x - \cos\frac{k\pi}{n+1}\right) \quad \text{und} \quad U_{2n}(x) = \prod_{k=1}^{n}\left(x^2 - \cos^2\frac{k\pi}{2n+1}\right).$$

Man folgere (unter Benutzung von $\sin\varphi \sim \varphi$ für $\varphi \to 0$):
$$n+1 = 2^n U_n(1) = 2^n\prod_{k=1}^{n}\left(1 - \cos\frac{k\pi}{n+1}\right),$$
$$2n+1 = 2^{2n}U_{2n}(1) = 2^{2n}\prod_{k=1}^{n}\sin^2\frac{k\pi}{2n+1} = 2^{2n}\prod_{k=1}^{n}\sin^2\frac{2k\pi}{2n+1} = 2^{2n}\prod_{k=1}^{2n}\sin\frac{k\pi}{2n+1}.$$

10. Für $\varphi \in \mathbb{R}$ und $n, m \in \mathbb{N}$ gilt
$$\cos^n\varphi = \frac{1}{2^n}\sum_{k=0}^{n}\binom{n}{k}\cos(n-2k)\varphi, \quad \sin^{2m}\varphi = \frac{1}{2^{2m}}\sum_{k=0}^{2m}(-1)^{m+k}\binom{2m}{k}\cos(2m-2k)\varphi,$$

$$\sin^{2m+1}\varphi = \frac{1}{2^{2m+1}} \sum_{k=0}^{2m+1} (-1)^{m+k} \binom{2m+1}{k} \sin(2m+1-2k)\varphi \,.$$

(Mit $z = \cos\varphi + i\sin\varphi$ ist $\cos\varphi = (z + z^{-1})/2$, $\sin\varphi = (z - z^{-1})/2i$.)

11. Für $\varphi \in \mathbb{R}$, $\varphi \neq 2m\pi$, $m \in \mathbb{Z}$, und $n \in \mathbb{N}$ gilt

$$\sum_{k=0}^{n} \cos k\varphi = \frac{\sin(n+1)\frac{\varphi}{2}}{\sin\frac{\varphi}{2}} \cos n\frac{\varphi}{2} = \frac{1}{2} + \frac{\sin(n+\frac{1}{2})\varphi}{2\sin\frac{\varphi}{2}} \,,$$

$$\sum_{k=0}^{n} \sin k\varphi = \frac{\sin(n+1)\frac{\varphi}{2}}{\sin\frac{\varphi}{2}} \sin n\frac{\varphi}{2} = \frac{\cos\frac{\varphi}{2} - \cos(n+\frac{1}{2})\varphi}{2\sin\frac{\varphi}{2}} \,.$$

(Mit $z := \cos\varphi + i\sin\varphi$ betrachte man $\sum_{k=0}^{n} z^k$ oder beachte $\cos k\varphi = \frac{1}{2}(e^{ik\varphi} + e^{-ik\varphi})$, $\sin k\varphi = \frac{1}{2i}(e^{ik\varphi} - e^{-ik\varphi})$.)

12. Aus dem Ergebnis von Aufg. 11 folgere man für $\varphi \in \mathbb{R}$, $\varphi \neq m\pi$, $m \in \mathbb{Z}$, und $n \in \mathbb{N}$ unter Verwendung von $\sin^2 k\varphi + \cos^2 k\varphi = 1$ und $\cos^2 k\varphi - \sin^2 k\varphi = \cos 2k\varphi$ die Gleichungen

$$\sum_{k=0}^{n} \cos^2 k\varphi = \frac{n+1}{2} + \frac{\cos n\varphi \sin(n+1)\varphi}{2\sin\varphi} = \frac{2n+3}{4} + \frac{\sin(2n+1)\varphi}{4\sin\varphi} \,,$$

$$\sum_{k=0}^{n} \sin^2 k\varphi = \frac{n+1}{2} - \frac{\cos n\varphi \sin n+1)\varphi}{2\sin\varphi} = \frac{2n+1}{4} - \frac{\sin(2n+1)\varphi}{4\sin\varphi} \,.$$

13. Sei $n \in \mathbb{N}^*$ und $\zeta \in \mathbb{C}$ eine n-te Einheitswurzel. Äquivalent sind: (1) ζ ist eine primitive n-te Einheitswurzel. (2) Für jeden Teiler $d \in \mathbb{N}^*$ von n mit $d \neq n$ gilt $\zeta^d \neq 1$. (3) Für jeden Primteiler p von n gilt $\zeta^{n/p} \neq 1$.

14. Seien $n, m \in \mathbb{N}^*$ und ζ bzw. η eine n-te bzw. m-te Einheitswurzel. Dann ist $\zeta\eta$ eine nm-te Einheitswurzel. Genau dann ist $\zeta\eta$ eine primitive nm-te Einheitswurzel, wenn ζ und η jeweils primitiv sind und n und m teilerfremd sind. Sind n und m teilerfremd, so hat jede nm-te Einheitswurzel die Gestalt $\zeta\eta$ mit einer eindeutig bestimmten n-ten Einheitswurzel ζ und einer eindeutig bestimmten m-ten Einheitswurzel η. (Zum Beweis der letzten Behauptung sei ξ eine nm-te Einheitswurzel und $1 = rn + sm$, vgl. 2.D.8. Dann ist $\xi = \zeta\eta$ mit $\zeta := \xi^{sm}$, $\eta := \xi^{rn}$.)

15. Sei ζ eine primitive n-te Einheitswurzel, $n \in \mathbb{N}^*$.

a) Für $k \in \mathbb{N}^*$ ist ζ^k eine primitive m-te Einheitswurzel mit $m := n/\mathrm{ggT}(n, k)$.

b) Die verschiedenen primitiven n-ten Einheitswurzeln sind genau die komplexen Zahlen ζ^k mit $k \in \mathbb{N}^*, k \leq n$ und $\mathrm{ggT}(n, k) = 1$. (Bemerkung. Man bezeichnet die Anzahl der primitiven n-ten Einheitswurzeln mit $\varphi(n)$, und φ heißt die E u l e r s c h e   F u n k t i o n . Nach Aufg. 14 ist $\varphi(nm) = \varphi(n)\varphi(m)$ für teilerfremde $n, m \in \mathbb{N}^*$. Daraus ergibt sich für ein $n \in \mathbb{N}^*$ mit der Primfaktorzerlegung $n = p_1^{\alpha_1} \cdots p_r^{\alpha_1}$, $\alpha_\rho > 0$, die so genannte E u l e r s c h e   F o r m e l

$$\varphi(n) = \varphi(p_1^{\alpha_1}) \cdots \varphi(p_r^{\alpha_r}) = p_1^{\alpha_1 - 1}(p_1 - 1) \cdots p_r^{\alpha_r - 1}(p_r - 1) = n \prod_{p|n} \left(1 - \frac{1}{p}\right),$$

da für eine Primzahlpotenz p^α, $\alpha > 0$, offenbar $\varphi(p^\alpha) = p^\alpha - p^{\alpha-1}$ ist. Beispielsweise gibt es $\varphi(360) = 360 \cdot \frac{1}{2} \cdot \frac{2}{3} \cdot \frac{4}{5} = 96$ primitive 360-te Einheitswurzeln. Da ferner für jeden Teiler d von n eine primitive d-te Einheitswurzel auch eine n-te Einheitswurzel ist und eine n-te Einheitswurzel umgekehrt eine primitive d-te Einheitswurzel für (genau) einen Teiler d von n ist, gilt

$$n = \sum_{d\mid n} \varphi(d) \,,$$

wobei d die Teiler von n durchläuft. Daraus lässt sich ebenfalls leicht die obige Eulersche Formel gewinnen, vgl. 6.B, Aufg. 8d).)

16. Seien $n, m \in \mathbb{N}^*$. Mit den Bezeichnungen von Beispiel 5.C.3 gilt: $\zeta_n\zeta_m$ ist eine primitive k-te Einheitswurzel mit $k := nm/\mathrm{ggT}(nm, n+m)$.

17. Sei **a)** Sei $n \in \mathbb{N}$, $n \geq 2$. Die Summe aller n-ten Einheitswurzeln ist gleich 0.

b) Sei $n \in \mathbb{N}$, $n \geq 1$. Das Produkt aller n-ten Einheitswurzeln ist gleich $(-1)^{n-1}$.

18. Für $n \in \mathbb{N}^*$ ist $\sum_{n=0}^{n-1} \zeta_{2n}^k = 2/(1 - \zeta_{2n})$, vgl. Beispiel 5.C.3.

19. Für $n \in \mathbb{N}$ ist $n+1 = 2^n \prod_{k=1}^n \sin(k\pi/n+1) = 2^{2n} \prod_{k=1}^n \sin^2(k\pi/2(n+1))$ und ferner $2n+1 = 2^{2n} \prod_{k=1}^n \sin^2(k\pi/2n+1)$. (Aufg. 2a) und 7. Vgl. auch Aufg. 9.)

20. Man bestimme die Bilder der Kreise $\{z \in \mathbb{C} \mid |z-a| = r\}$, $r > 0$, $a \in \mathbb{C}$, und (reellen) Geraden $a + \mathbb{R}b$, $a, b \in \mathbb{C}$, $b \neq 0$, unter der Inversenbildung $z \mapsto z^{-1}$ auf $\mathbb{C}^\times$. Man betrachte auch die so genannte I n v e r s i o n oder S p i e g e l u n g a m E i n h e i t s k r e i s $z \mapsto \overline{z}^{-1} = z/|z|^2$.

21. Die Bilder der Strahlen $r\,(\cos\varphi + \mathrm{i}\sin\varphi)$, $r > 0$, φ konstant, unter der Joukowski-Funktion $z \mapsto (z + z^{-1})/2$ sind die Hyperbeläste

$$\frac{a^2}{\cos^2\varphi} - \frac{b^2}{\sin^2\varphi} = 1, \quad \mathrm{Sign}\,a = \mathrm{Sign}\,\cos\varphi\,,$$

die bei $\cos\varphi = 0$ zu der imaginären Achse $\mathbb{R}\,\mathrm{i}$ und bei $\cos\varphi = \pm 1$ zu den Strahlen $\{a \in \mathbb{R} \mid a \leq 1\}$ bzw. $\{a \in \mathbb{R} \mid a \geq -1\}$ entarten.

22. Die Joukowski-Funktion $z \mapsto (z + z^{-1})/2$ ist auf der Menge $\{z \in \mathbb{C} \mid |z| > 1\}$ injektiv mit $D := \mathbb{C} - \{a \in \mathbb{R} \mid |a| \leq 1\}$ als Bild. Man gebe die Umkehrfunktion an. (Das Problem besteht darin, in $z = w + \sqrt{w^2 - 1}$, $w \in D$, die Wurzel so zu bestimmen, dass $|z| > 1$ ist.)

23. a) Die Funktion $T : u \mapsto (u - 1)/(u + 1)$ ist auf $\mathbb{C} - \{-1\}$ injektiv mit dem Bild $\mathbb{C} - \{1\}$. Die Umkehrfunktion ist dort $w \longmapsto (1 + w)/(1 - w)$. Das T-Bild von $\mathbb{C} - \mathbb{R}_-$ ist $\mathbb{C} - \{a \in \mathbb{R} \mid |a| \geq 1\}$.

b) Die Funktion $h : z \longmapsto (z^2 - 1)/(z^2 + 1)$ ist, beschränkt auf die rechte Halbebene $\{z \in \mathbb{C} \mid \mathrm{Re}\,z > 0\}$, injektiv mit $\mathbb{C} - \{a \in \mathbb{R} \mid |a| \geq 1\}$ als Bild. Die Umkehrfunktion ist dort $w \mapsto \sqrt{(1 + w)/(1 - w)}$ (mit dem Hauptzweig der Wurzelfunktion).

24. Sei $a \in \mathbb{C}^\times$, $\sqrt{a}$ eine der Quadratwurzeln von a sowie $g_a : \mathbb{C}^\times \to \mathbb{C}$ die Funktion

$$g_a(z) := \frac{1}{2}\Big(z + \frac{a}{z}\Big) = \sqrt{a}\,f\Big(\frac{z}{\sqrt{a}}\Big)\,,$$

wo f die Joukowski-Funktion bezeichnet, vgl. Beispiel 5.C.6. Dann konvergiert die Iteration $z_{n+1} = g_a(z_n)$ des Babylonischen Wurzelziehens, vgl. Beispiel 4.F.9, bei beliebigem Startwert $z_0 \in \mathbb{C}$, der nicht auf der Geraden $g := \mathbb{R}\,\mathrm{i}\sqrt{a}$ liegt, gegen eine Quadratwurzel aus a, und zwar gegen diejenige, die in derselben durch g bestimmten Halbebene liegt wie z_0.

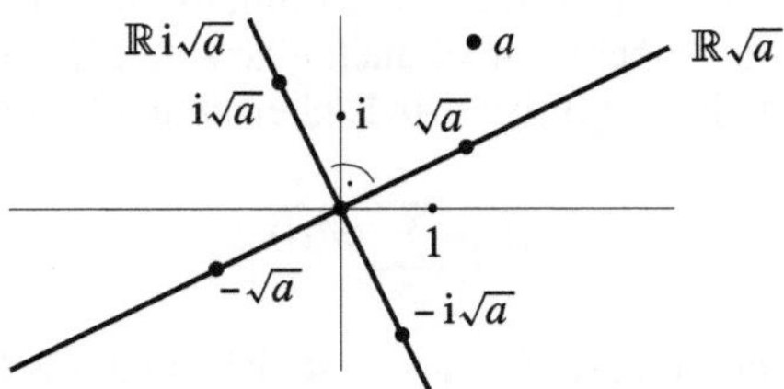

Für $a \notin \mathbb{R}_-$ und $z_0 := a$ bekommt man so immer den Wert $\sqrt{a}$ des Hauptzweigs der Quadratwurzelfunktion, vgl. Beispiel 5.C.4. Was passiert bei $z_0 \in \mathbb{R}\,\mathrm{i}\sqrt{a}$? (Ohne Einschränkung sei $a = 1$. – Das Babylonische Wurzelziehen für k-te Wurzeln, vgl. das Ende von Beispiel 4.F.9, hat im Komplexen bei $k \geq 3$ ein sehr viel unübersichtlicheres Konvergenzverhalten als im obigen Fall $k = 2$.)

6 Reihen

6.A Konvergenzkriterien für Reihen

Reihen sind nichts anderes als Folgen, unter einem anderen Gesichtspunkt betrachtet. Sei (x_n) eine Folge reeller oder komplexer Zahlen. Um zu untersuchen, wie sich die Folge von Glied zu Glied ändert, betrachtet man die Differenzen

$$a_0 := x_0 , \quad a_1 := x_1 - x_0 , \quad \ldots , \quad a_n := x_n - x_{n-1} , \quad \ldots .$$

Es ist dann $x_n = a_0 + a_1 + \cdots + a_n$.[1]) Die Folge (x_n) ist also die Reihe $\sum_{k=0}^{\infty} a_k$ im Sinne der folgenden Definition.

6.A.1 Definition Sei (a_n) eine Folge reeller oder komplexer Zahlen. Dann heißt die Folge (x_n) der P a r t i a l s u m m e n

$$x_n := \sum_{k=0}^{n} a_k = a_0 + a_1 + \cdots + a_n ,$$

$n \in \mathbb{N}$, die (u n e n d l i c h e) R e i h e der $a_n, n \in \mathbb{N}$. Sie wird mit

$$\sum_{k=0}^{\infty} a_k ,$$

kurz auch mit $\sum_k a_k$ oder $\sum a_k$, bezeichnet. – Konvergiert die Folge (x_n), so heißt die Reihe k o n v e r g e n t und ihr Grenzwert die S u m m e der Reihe. Er wird ebenfalls mit $\sum_{k=0}^{\infty} a_k$ bezeichnet.

Trivial ist das folgende *notwendige* Kriterium für die Konvergenz von Reihen.

6.A.2 *Konvergiert die Reihe $\sum_n a_n$, so ist (a_n) eine Nullfolge.*

B e w e i s . Bezeichnet (x_n) die Folge der Partialsummen und ist (x_n) konvergent, so ist $\lim a_n = \lim (x_n - x_{n-1}) = \lim x_n - \lim x_{n-1} = 0$.   •

---

[1]) Dieser Gesichtspunkt kann auch in anderen Situationen nützlich sein. Will man etwa in einem Computer die ersten n Primzahlen $p_1 = 2$, $p_2 = 3$, $\ldots$, p_n speichern, so ist es weit weniger aufwändig, die Differenzen $d_1 := p_1 = 2$, $d_2 := p_2 - p_1 = 1$, $\ldots$, $d_n := p_n - p_{n-1}$ einzugeben an Stelle der Primzahlen selbst. (Da überdies alle d_k bis auf d_2 gerade sind, kann man sie noch bequem halbieren.) Oder: Wegen $n^2 - (n-1)^2 = 2n - 1$ generiert man die Folge n^2, $n \in \mathbb{N}$, der Quadratzahlen bequem, mit 0 beginnend, durch sukzessives Addieren der ungeraden natürlichen Zahlen: $n^2 = \sum_{k=1}^{n} (2k - 1)$, $n \in \mathbb{N}$.

Umgekehrt ist die Reihe $\sum a_n$ aber keineswegs schon dann konvergent, wenn die Folge (a_n) eine Nullfolge ist.

6.A.3 Beispiel (H a r m o n i s c h e   R e i h e) *Die harmonische Reihe $\sum_{n=1}^{\infty} 1/n$ ist divergent.* Ihre Partialsummen H_k sind nämlich wegen

$$H_{2^n} = 1 + \frac{1}{2} + \left(\frac{1}{3} + \frac{1}{4}\right) + \left(\frac{1}{5} + \frac{1}{6} + \frac{1}{7} + \frac{1}{8}\right) + \cdots + \left(\frac{1}{2^{n-1}+1} + \cdots + \frac{1}{2^n}\right)$$

$$\geq 1 + \frac{1}{2} + \left(\frac{1}{4} + \frac{1}{4}\right) + \left(\frac{1}{8} + \frac{1}{8} + \frac{1}{8} + \frac{1}{8}\right) + \cdots + \left(\frac{1}{2^n} + \cdots + \frac{1}{2^n}\right)$$

$$= 1 + \frac{1}{2} + \frac{1}{2} + \frac{1}{2} + \cdots + \frac{1}{2} = 1 + \frac{n}{2}$$

nicht beschränkt. Nach Beispiel 4.F.10 ist übrigens $H_k = \ln k + \gamma + \rho_k$ mit einer monoton fallenden Nullfolge (ρ_k), vgl. auch Beispiel 18.B.4.

Aus der Divergenz der harmonischen Reihe lässt sich folgendes Ergebnis ableiten: *Gleichartige Ziegel lassen sich ohne Mörtel so aufeinander legen, dass dabei ein beliebig großer Überhang erreicht wird.* Dazu überlegen wir, welcher Überhang mit n Steinen bei folgender Bauweise erreicht werden kann:

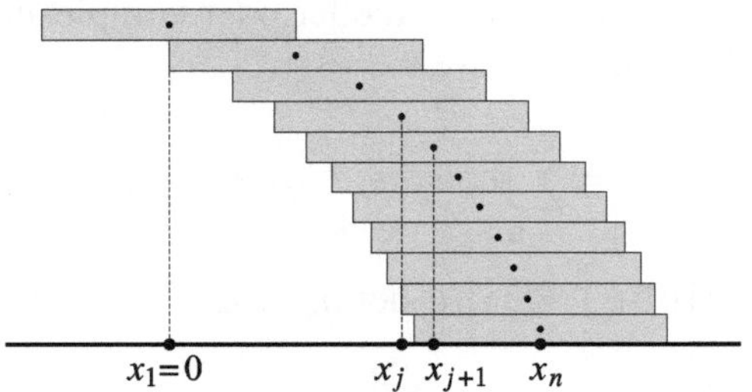

Jeder Stein habe die Länge 2. Wir nummerieren die Ziegelsteine von oben nach unten. Die x-Koordinate des Mittelpunktes des j-ten Steins sei x_j, und es sei $x_1 = 0$. Damit der Turm nicht kippt, muss für jedes j der Schwerpunkt der obersten j Steine oberhalb des $(j+1)$-ten Steins liegen, d.h. es muss

$$x_{j+1} - 1 \leq \frac{1}{j} \sum_{m=1}^{j} x_m, \quad j = 1, \ldots, n-1,$$

gelten. Wir zeigen durch Induktion über n, dass daraus

$$x_{j+1} \leq \sum_{k=1}^{j} \frac{1}{k}, \quad j = 1, \ldots, n-1,$$

folgt. Der Induktionsanfang $n = 1$ ist trivial. Beim Schluss von n auf $n+1$ gelten schon die ersten $n-1$ Ungleichungen. Aus $x_{n+1} - 1 \leq \frac{1}{n} \sum_{m=1}^{n} x_m$ folgt somit

$$x_{n+1} \leq 1 + \frac{1}{n} \sum_{m=1}^{n} \sum_{k=1}^{m-1} \frac{1}{k} = 1 + \frac{1}{n} \sum_{k=1}^{n-1} \sum_{m=k+1}^{n} \frac{1}{k}$$

$$= 1 + \frac{1}{n} \sum_{k=1}^{n-1} \frac{n-k}{k} = 1 + \left(\sum_{k=1}^{n-1} \frac{1}{k}\right) - \frac{n-1}{n} = \sum_{k=1}^{n} \frac{1}{k}.$$

Umgekehrt folgt für $0 < \lambda \leq 1$ aus $x_{j+1} := \lambda \sum_{k=1}^{j} \frac{1}{k}$, $j = 1, \ldots, n-1$:

$$\frac{1}{j}\sum_{m=1}^{j} x_m = \frac{\lambda}{j}\sum_{m=1}^{j}\sum_{k=1}^{m-1}\frac{1}{k} = \frac{\lambda}{j}\sum_{k=1}^{j-1}\frac{j-k}{k} = \lambda\left(\sum_{k=1}^{j}\frac{1}{k}\right) - \lambda = x_{j+1} - \lambda \geq x_{j+1} - 1\,,$$

so dass bei dieser Wahl der x_j die Schwerpunktsbedingungen erfüllt sind. Der Überhang kann also bei n Steinen maximal $x_n = \sum_{k=1}^{n-1}\frac{1}{k} = H_{n-1}$ sein und wird mit wachsendem n beliebig groß. Wegen $x_n - \ln n < \gamma < x_n - \ln(n-1)$, vgl. 4.F.10, ist $n - 1 < e^{x_n}/e^{\gamma} = e^{x_n} \cdot 0,561459\ldots < n$. Für einen Überhang ≥ 10 braucht man also mindestens 12367 und höchstens 12368 Steine der Länge 2. [2])

6.A.4 Beispiel (T e l e s k o p r e i h e n) Wegen $\dfrac{1}{k(k+1)} = \dfrac{1}{k} - \dfrac{1}{k+1}$ gilt

$$\sum_{k=1}^{n}\frac{1}{k(k+1)} = \left(1 - \frac{1}{2}\right) + \left(\frac{1}{2} - \frac{1}{3}\right) + \cdots + \left(\frac{1}{n-1} - \frac{1}{n}\right) + \left(\frac{1}{n} - \frac{1}{n+1}\right) = 1 - \frac{1}{n+1}\,,$$

$n \in \mathbb{N}^*$, und somit $\sum_{k=1}^{\infty}\dfrac{1}{k(k+1)} = 1$. In ähnlicher Weise lässt sich gelegentlich auch bei anderen Reihen leicht die Summe berechnen. Man spricht von T e l e s k o p r e i h e n.

Besonders wichtig sind die geometrischen Reihen:

6.A.5 Geometrische Reihe *Sei $x \in \mathbb{C}$. Die Reihe $\sum_{n=0}^{\infty} x^n$ konvergiert genau dann, wenn $|x| < 1$ ist. Es ist dann $\sum_{n=0}^{\infty} x^n = \dfrac{1}{1-x}$.*

B e w e i s. Ist $|x| \geq 1$, so ist (x^n) sicherlich keine Nullfolge und daher $\sum x^n$ divergent. Sei nun $|x| < 1$. Dann gilt

$$\sum_{n=0}^{k} x^n = \frac{1 - x^{k+1}}{1 - x} = \frac{1}{1-x} - \frac{x^{k+1}}{1-x}\,.$$

Da (x^{k+1}) eine Nullfolge ist, ergibt sich die Behauptung. $\bullet$

Aus den Rechenregeln 4.E.6 für Limiten erhält man unmittelbar die folgenden Rechenregeln für Reihen.

6.A.6 *Für konvergente Reihen $\sum a_n$ und $\sum b_n$ und ein beliebiges $\lambda \in \mathbb{C}$ sind auch $\sum(a_n + b_n)$ und $\sum \lambda a_n$ konvergent, und es gilt:*

$$\sum_{n=0}^{\infty}(a_n + b_n) = \sum_{n=0}^{\infty} a_n + \sum_{n=0}^{\infty} b_n\,, \quad \sum_{n=0}^{\infty}\lambda a_n = \lambda \sum_{n=0}^{\infty} a_n\,.$$

---

[2]) In der Tat benötigt man 12368 Steine, man benutze die Darstellung von γ in Beispiel 18.B.4. Handelt es sich um goldene Steine, so mag diese Genauigkeit von Bedeutung sein. Wie viele Steine braucht man für einen Überhang ≥ 20?

B e w e i s . Die Partialsummen der Reihe $\sum(a_n+b_n)$ (bzw. $\sum \lambda a_n$) entstehen durch Addition der Partialsummen der Reihen $\sum a_n$ und $\sum b_n$ (bzw. durch Multiplikation der Partialsummen von $\sum a_n$ mit λ).   ●

In der Situation von 6.A.6 ist die Reihe $\sum a_n b_n$ im Allgemeinen nicht konvergent. Beispielsweise folgt aus dem Leibniz-Kriterium 6.A.8 weiter unten, dass die Reihe $\sum a_n$ mit $a_n := (-1)^n/\sqrt{n}$ konvergiert, wohingegen die Reihe $\sum a_n^2$ die divergente harmonische Reihe ist.

Wir geben zunächst zwei einfache Konvergenzkriterien für Reihen mit reellen Gliedern an.

6.A.7 Satz *Sei (a_n) eine Folge nichtnegativer reeller Zahlen. Genau dann konvergiert die Reihe $\sum a_n$, wenn die Folge ihrer Partialsummen beschränkt ist.*

B e w e i s . Wegen $a_n \geq 0$ ist die Folge der Partialsummen von $\sum a_n$ monoton wachsend. Genau dann ist sie also konvergent, wenn sie beschränkt ist.   ●

6.A.8 Leibniz-Kriterium *Sei (a_n) eine monoton fallende Nullfolge reeller Zahlen. Dann ist die alternierende Reihe $\sum_{n=0}^{\infty}(-1)^n a_n = a_0 - a_1 + a_2 - \cdots$ konvergent, und für ihre Summe gilt*

$$s_{2k+1} \leq \sum_{n=0}^{\infty}(-1)^n a_n \leq s_{2k},$$

$k \in \mathbb{N}$, wo $s_m = \sum_{n=0}^{m}(-1)^n a_n$, die m-te Partialsumme ist. Insbesondere gilt die Fehlerabschätzung

$$\left| \sum_{n=0}^{\infty}(-1)^n a_n - s_m \right| \leq a_{m+1}.$$

B e w e i s . Nach Voraussetzung ist $a_n \geq 0$ für alle n. Wir zeigen, dass die Folgen (s_{2k+1}) und (s_{2k}) eine Intervallschachtelung bilden (die dann notwendigerweise die Summe der Reihe definiert). Es ist aber

$$s_{2k+1} = s_{2k} + (-1)^{2k+1} a_{2k+1} = s_{2k} - a_{2k+1} \leq s_{2k},$$
$$s_{2k+3} = s_{2k+1} + (a_{2k+2} - a_{2k+3}) \geq s_{2k+1},$$
$$s_{2k+2} = s_{2k} - (a_{2k+1} - a_{2k+2}) \leq s_{2k}.$$

Schließlich ist $s_{2k} - s_{2k+1} = a_{2k+1}$, $k \in \mathbb{N}$, eine Nullfolge.   ●

6.A.9 Beispiel Die a l t e r n i e r e n d e h a r m o n i s c h e R e i h e $\sum_{n=0}^{\infty}(-1)^n/(n+1)$ und die L e i b n i z - R e i h e $\sum_{n=0}^{\infty}(-1)^n/(2n+1)$ konvergieren nach 6.A.8. Wie wir später sehen werden, sind ihre Summen $\ln 2$ bzw. $\pi/4$, für die erste vgl. auch 4.F, Aufg. 29. Die Konvergenz dieser Reihen ist aber sehr schlecht; sie ist, wie man sich leicht überlegt, nicht besser, als die Abschätzungen in 6.A.8 angeben. – Der Beweis von 6.A.8 zeigt, dass das Leibniz-Kriterium völlig mit dem Intervallschachtelungsprinzip 4.F.7 äquivalent ist: Ist $I_k := [b_k, c_k]$, $k \in \mathbb{N}$, eine Intervallschachtelung $I_0 \supseteq I_1 \supseteq \cdots$ mit $\lim_k(c_k - b_k) = 0$, so sind die Glieder der Folge $c_0, b_0, c_1, b_1, c_2, b_2, \ldots$ die Partialsummen einer alternierenden Reihe $\sum(-1)^n a_n$, bei der a_n, $n \in \mathbb{N}^*$, eine monoton fallende Nullfolge ist.

Das Cauchysche Konvergenzkriterium 5.B.3, für Reihen formuliert, lautet:

6.A.10 Cauchysches Konvergenzkriterium *Die Reihe $\sum_{k=0}^{\infty} a_k$ komplexer Zahlen konvergiert genau dann, wenn es zu jedem (noch so kleinen) $\varepsilon > 0$ ein $n_0 \in \mathbb{N}$ gibt mit $|\sum_{k=m}^{n} a_k| \leq \varepsilon$ für alle $n \geq m \geq n_0$.*

B e w e i s . Ist x_n die n-te Partialsumme von $\sum a_k$, so ist $x_n - x_{m-1} = \sum_{k=m}^{n} a_k$ für $n \geq m$. •

Als Folgerung erhalten wir sofort:

6.A.11 Korollar *Sei (a_k) eine Folge komplexer Zahlen. Konvergiert die Reihe $\sum |a_k|$, so konvergiert auch die Reihe $\sum a_k$.*

B e w e i s . Wegen $|\sum_{k=m}^{n} a_k| \leq \sum_{k=m}^{n} |a_k|$ folgt die Aussage aus 6.A.10. •

6.A.12 Definition Eine Reihe $\sum a_k$ heißt a b s o l u t   k o n v e r g e n t , wenn die Reihe $\sum |a_k|$ konvergiert.

Das Korollar 6.A.11 lautet nun: *Absolut konvergente Reihen sind konvergent*, und für die Summe der absolut konvergenten Reihe $\sum a_k$ gilt natürlich $|\sum_{k=0}^{\infty} a_k| \leq \sum_{k=0}^{\infty} |a_k|$. Wie etwa die alternierende harmonische Reihe $\sum (-1)^n/(n+1)$ aus Beispiel 6.A.9 zeigt, ist aber eine konvergente Reihe im Allgemeinen nicht absolut konvergent. Einfach ist:

6.A.13 *Es seien (a_k) und (b_k) Folgen komplexer Zahlen. Konvergiert die Reihe $\sum a_k$ absolut und ist die Folge (b_k) beschränkt, so konvergiert auch die Reihe $\sum a_k b_k$ absolut.*

B e w e i s . Sei $|b_k| \leq S$ für alle $k \in \mathbb{N}$. Dann ist $\sum_{k=0}^{n} |a_k b_k| \leq \sum_{k=0}^{n} |a_k| S \leq S \sum_{k=0}^{\infty} |a_k|$. Die Behauptung folgt nun aus 6.A.7. •

Sehr häufig beweist man die Konvergenz von Reihen durch Vergleich mit bekannten Reihen.

6.A.14 Majorantenkriterium *Es seien $\sum b_k$ eine konvergente Reihe reeller Zahlen $b_k \geq 0$ und $\sum a_k$ eine Reihe komplexer Zahlen. Gilt $|a_k| \leq b_k$ für alle $k \in \mathbb{N}$, so ist auch $\sum a_k$ konvergent, und zwar sogar absolut. Es ist $|\sum_{k=0}^{\infty} a_k| \leq \sum_{k=0}^{\infty} b_k$.*

B e w e i s . Nach Voraussetzung ist $\sum_{k=m}^{n} |a_k| \leq \sum_{k=m}^{n} b_k$, woraus unter Verwendung von 6.A.10 die Behauptung folgt. •

Für die Konvergenzaussage von 6.A.14 genügt es natürlich, dass die Abschätzung $|a_k| \leq b_k$ für fast alle k gilt. Man nennt dann die Reihe $\sum b_k$ eine k o n v e r - g e n t e   M a j o r a n t e zur Reihe $\sum a_k$. Umgekehrt kann man durch Vergleich mit einer bekannten divergenten Reihe gelegentlich auf die Divergenz einer vorgelegten Reihe schließen. Ist etwa $0 \leq b_k \leq c_k$ für fast alle k und divergiert die Reihe $\sum b_k$ nichtnegativer reeller Zahlen, so divergiert selbstverständlich auch die Reihe $\sum c_k$. In diesem Fall heißt $\sum b_k$ eine (d i v e r g e n t e)   M i n o r a n t e zu $\sum c_k$.

6.A.15 Beispiel Wegen $\dfrac{1}{k^2} < \dfrac{1}{(k-1)k}$ für $k \geq 2$ ist die nach 6.A.4 konvergente Teleskopreihe $\sum_{k=2}^{\infty} \dfrac{1}{(k-1)k}$ eine konvergente Majorante zu $\sum_{k=1}^{\infty} \dfrac{1}{k^2}$, und es gilt

$$\sum_{k=1}^{\infty} \frac{1}{k^2} = 1 + \sum_{k=2}^{\infty} \frac{1}{k^2} < 1 + \sum_{k=2}^{\infty} \frac{1}{(k-1)k} = 1 + 1 = 2\,.$$

Später zeigen wir die von Euler gefundene Formel $\sum_{k=1}^{\infty} \dfrac{1}{k^2} = \dfrac{\pi^2}{6}$, vgl. 12.A.13. Aus der Divergenz der harmonischen Reihe $\sum \dfrac{1}{k}$ folgt wegen $\dfrac{1}{k} \leq \dfrac{1}{\sqrt{k}}$ die Divergenz von $\sum \dfrac{1}{\sqrt{k}}$.

Das folgende besonders wichtige Kriterium erhält man durch Vergleich mit der geometrischen Reihe.

6.A.16 Quotientenkriterium *Es sei* $\sum_{k=0}^{\infty} a_k$ *eine Reihe komplexer Zahlen mit* $a_k \neq 0$ *für fast alle k. Ferner gebe es eine reelle Zahl q mit $0 < q < 1$ und* $\left|\dfrac{a_{k+1}}{a_k}\right| \leq q$ *für fast alle $k \in \mathbb{N}$. Dann ist die Reihe* $\sum_{k=0}^{\infty} a_k$ *absolut konvergent. Insbesondere konvergiert* $\sum a_k$ *absolut, wenn die Folge der Quotienten* $\left|\dfrac{a_{k+1}}{a_k}\right|$ *gegen eine Zahl < 1 konvergiert.*

B e w e i s. Sei $|a_{k+1}| \leq q\,|a_k|$ für $k \geq k_0$. Dann gilt für $m \geq k_0$:

$$|a_m| \leq q\,|a_{m-1}| \leq \cdots \leq q^{m-k_0}|a_{k_0}|\,.$$

Da die geometrische Reihe $|a_{k_0}|q^{-k_0} \sum q^m$ wegen $0 < q < 1$ nach 6.A.5 konvergiert, liefert das Majorantenkriterium die Behauptung. $\bullet$

Gilt in der Situation von 6.A.16 für die Quotienten die Ungleichung $\left|\dfrac{a_{k+1}}{a_k}\right| \geq 1$ *für fast alle k, so ist die Reihe* $\sum a_k$ *natürlich divergent.*

6.A.17 Beispiel Die Reihen $\sum_{k=0}^{\infty} k^n a^k$ sind für beliebiges $n \in \mathbb{N}$ und beliebiges $a \in \mathbb{C}$ mit $|a| < 1$ konvergent. Bei $a \neq 0$ konvergiert nämlich

$$\left|\frac{(k+1)^n a^{k+1}}{k^n a^k}\right| = \left(1 + \frac{1}{k}\right)^n |a|$$

für $k \to \infty$ gegen $|a| < 1$.

Nicht immer lässt sich das Konvergenzverhalten einer Reihe mit dem Quotientenkriterium entscheiden. Die Reihen $\sum \dfrac{1}{k}$ und $\sum \dfrac{1}{k^2}$ erfüllen beide nicht die Bedingung des Quotientenkriteriums. Zwar sind die Quotienten

$$\frac{1}{k+1}\bigg/\frac{1}{k} = \frac{k}{(k+1)} \quad \text{bzw.} \quad \frac{1}{(k+1)^2}\bigg/\frac{1}{k^2} = \frac{k^2}{(k+1)^2}$$

kleiner als 1, konvergieren aber gegen 1. Die erste Reihe divergiert, die zweite konvergiert.

6.A.18 Beispiel (g-a l - B r ü c h e) Sei $g \in \mathbb{N}$, $g \geq 2$. Die Konvergenz eines g-al-Bruchs

$$\sum_{n=1}^{\infty} \frac{z_n}{g^n}, \quad z_n \in \{0, 1, \ldots, g-1\},$$

vgl. 4.F.12, folgt sofort aus der Konvergenz der majorisierenden geometrischen Reihe

$$\sum_{n=1}^{\infty} \frac{g-1}{g^n} = \frac{g-1}{g} \sum_{n=0}^{\infty} \frac{1}{g^n} = 1.$$

Ist die Ziffernfolge $(z_n)_{n\in\mathbb{N}^*}$ ab einer Stelle $\mu + 1 \in \mathbb{N}^*$ periodisch mit der Periodenlänge $\lambda \geq 1$, d.h. ist $z_{n+\lambda} = z_n$ für alle $n \geq \mu + 1$, so ergibt sich als Wert die rationale Zahl

$$r = \sum_{n=1}^{\mu} \frac{z_n}{g^n} + \frac{z_{\mu+1}g^{\lambda-1} + \cdots + z_{\mu+\lambda}}{g^{\mu+\lambda}} \sum_{n=0}^{\infty} \left(\frac{1}{g^\lambda}\right)^n$$

$$= \frac{1}{g^\mu}\left(z_1 g^{\mu-1} + \cdots + z_\mu + \frac{1}{g^\lambda - 1}(z_{\mu+1}g^{\lambda-1} + \cdots + z_{\mu+\lambda})\right)$$

und überdies für r die Darstellung $r = m/g^\mu(g^\lambda - 1)$ mit $m = c(g^\lambda - 1) + d$, $c :=$ $z_1 g^{\mu-1} + \cdots + z_\mu < g^\mu$, $d := z_{\mu+1}g^{\lambda-1} + \cdots + z_{\mu+\lambda} < g^\lambda - 1$. Ist $r = a/b$ die gekürzte Darstellung von r mit teilerfremden natürlichen Zahlen a, b, $0 < a < b$, und sind $g = \prod_p p^{\alpha_p}$ und $b = \prod_p p^{\beta_p}$ die Primfaktorzerlegungen von g und b, so ist g^μ ein Vielfaches von $b_1 := \prod_{p|g} p^{\beta_p}$ und $g^\lambda - 1$ ein Vielfaches von $b_2 := \prod_{p \nmid g} p^{\beta_p}$, also $\mu \geq \text{Max}\,(\lceil \beta_p/\alpha_p \rceil, p|g)$ und $\lambda \geq \text{Ord}_{b_2}\,g$, wobei $\text{Ord}_{b_2}\,g$ die kleinste positive natürliche Zahl n mit $b_2|(g^n - 1)$, d.h. mit $g^n \equiv 1 \bmod b_2$ ist. *Somit ist* $\text{Max}\,(\lceil \beta_p/\alpha_p \rceil, p|g)$ *die kleinste Vorperiodenlänge und* $\text{Ord}_{b_2}\,g$ *die kleinste Periodenlänge in der g-al-Entwicklung des (gekürzten) Bruches* a/b. Brüche mit Vorperiodenlänge 0, d.h. mit $\text{ggT}(b, g) = 1$ heißen rein-periodisch. $\text{Ord}_{b_2}\,g$ ist wegen $g^{\varphi(b_2)} \equiv 1 \bmod b_2$ ein Teiler von $\varphi(b_2)$, man vgl. in Bd. 2 die Folgerungen zu Korollar 6.A.21 am Ende von Beispiel 6.A.18. So haben alle Brüche $a/175$, $0 < a < 175$, $\text{ggT}\,(a, 175) = 1$, im Dezimalsystem die Vorperiodenlänge 2 und die Periodenlänge 6 $(= \varphi(7))$. Welches sind die Werte dafür im Hexadezimalsystem $(g = 16)$? Welche Brüche $1/b$ und wie viele Brüche a/b mit teilerfremden natürlichen Zahlen a, b, $0 < a < b$, insgesamt sind im Dezimalsystem rein-periodisch mit minimaler Periodenlänge 4? Man betrachte auch noch einmal 4.F, Aufg. 22.

6.A.19 Beispiel (R i e m a n n s c h e Z e t a - F u n k t i o n) *Die Reihe* $\sum_{n=1}^{\infty} 1/n^s$ *konvergiert für* $s \in \mathbb{R}$, $s > 1$, *und divergiert für* $s \in \mathbb{R}$, $s \leq 1$. Die harmonische Reihe ist eine divergente Minorante für alle diese Reihen mit $s \leq 1$, bei $s > 1$ hat man

$$\sum_{n=1}^{2^{k+1}-1} \frac{1}{n^s} = 1 + \left(\frac{1}{2^s} + \frac{1}{3^s}\right) + \cdots + \left(\frac{1}{(2^k)^s} + \cdots + \frac{1}{(2^{k+1}-1)^s}\right)$$

$$\leq 1 + \left(\frac{1}{2^s} + \frac{1}{2^s}\right) + \cdots + \left(\frac{1}{(2^k)^s} + \cdots + \frac{1}{(2^k)^s}\right)$$

$$= 1 + 2 \cdot \frac{1}{2^s} + \cdots + 2^k \frac{1}{(2^k)^s} < \sum_{m=0}^{\infty} \left(\frac{1}{2^{s-1}}\right)^m = \frac{2^{s-1}}{2^{s-1}-1}.$$

Folglich sind die Partialsummen von $\sum 1/n^s$ für $s > 1$ beschränkt, und die Reihe ist somit konvergent. Man setzt für $s > 1$

$$\zeta(s) := \sum_{n=1}^{\infty} \frac{1}{n^s}$$

und bezeichnet die Funktion $s \mapsto \zeta(s)$ als R i e m a n n s c h e   Z e t a - F u n k t i o n. Das hier verwandte Rechnen mit den Potenzen n^s werden wir später ausführlich begründen. Die Potenzen $1/n^s$ sind sogar für alle komplexen Zahlen s definiert, vgl. Abschnitt 13.C. Wegen $|1/n^s| = 1/n^{\operatorname{Re} s}$, konvergiert die Reihe $\sum 1/n^s$ für alle $s \in \mathbb{C}$ mit $\operatorname{Re} s > 1$. Für eine weitere Ausdehnung der ζ-Funktion vgl. Beispiel 18.B.4.

6.A.20 Abelsche partielle Summation *Seien $a_0, \ldots, a_n$ und $b_0, \ldots, b_n$ komplexe Zahlen. Setzen wir dann $A_m := \sum_{k=0}^{m} a_k$ für $m = 0, \ldots, n$, so ist*

$$\sum_{k=0}^{n} a_k b_k = \sum_{k=0}^{n-1} A_k (b_k - b_{k+1}) + A_n b_n \, .$$

B e w e i s. Mit $A_{-1} := 0$ gilt

$$\sum_{k=0}^{n} a_k b_k = \sum_{k=0}^{n} (A_k - A_{k-1}) b_k = \sum_{k=0}^{n} A_k b_k - \sum_{k=0}^{n} A_{k-1} b_k$$

$$= \sum_{k=0}^{n} A_k b_k - \sum_{k=0}^{n-1} A_k b_{k+1} = \sum_{k=0}^{n-1} A_k (b_k - b_{k+1}) + A_n b_n \, . \qquad \bullet$$

6.A.21 Abelsches Konvergenzkriterium *Es seien $\sum a_k$ eine konvergente Reihe komplexer Zahlen und (b_k) eine monotone und beschränkte Folge reeller Zahlen. Dann ist auch die Reihe $\sum a_k b_k$ konvergent.*

B e w e i s. Mit $A_m := \sum_{k=0}^{m} a_k$ ist nach 6.A.20

$$\sum_{k=0}^{n} a_k b_k = \sum_{k=0}^{n-1} A_k (b_k - b_{k+1}) + A_n b_n \, .$$

Da die Folge (A_n) der Partialsummen konvergiert und $\sum (b_k - b_{k+1})$ wegen der Monotonie der Folge (b_k) absolut konvergiert, konvergiert nach 6.A.13 auch die Reihe $\sum A_k (b_k - b_{k+1})$. Wegen der Konvergenz der Folge $(A_n b_n)$ ist die Folge $\sum_{k=0}^{n} a_k b_k$, $n \in \mathbb{N}$, dann ebenfalls konvergent. $\qquad \bullet$

6.A.22 Dirichletsches Konvergenzkriterium *Es sei (a_k) eine Folge komplexer Zahlen. Die Folge der Partialsummen $A_m = \sum_{k=0}^{m} a_k$, $m \in \mathbb{N}$, sei beschränkt, und die Folge (b_k) sei eine monotone Nullfolge reeller Zahlen. Dann ist die Reihe $\sum a_k b_k$ konvergent.*

B e w e i s. Nach 6.A.20 ist $\sum_{k=0}^{n} a_k b_k = \sum_{k=0}^{n-1} A_k (b_k - b_{k+1}) + A_n b_n$. Die Folge $(A_n b_n)$ konvergiert gegen 0, und die Reihe $\sum A_k (b_k - b_{k+1})$ konvergiert nach 6.A.13 (aus denselben Gründen wie im Beweis von 6.A.21). Daraus ergibt sich die Behauptung. $\qquad \bullet$

Übrigens entspricht in der Integralrechnung der abelschen partiellen Summation die partielle Integration, die zu analogen Konvergenzkriterien für Integrale führt, vgl. Beispiel 17.A.14.

Schließlich gehen wir noch kurz auf unendliche Produkte ein. Sei (a_k) eine Folge komplexer Zahlen. Dann verstehen wir unter dem u n e n d l i c h e n   P r o d u k t

$$\prod_{k=0}^{\infty}(1 + a_k)$$

die Folge der P a r t i a l p r o d u k t e $x_n := \prod_{k=0}^{n}(1+a_k)$, $n \in \mathbb{N}$. Es heißt k o n - v e r g e n t, wenn es ein $n_0 \in \mathbb{N}$ gibt, so dass $\prod_{k=n_0}^{\infty}(1 + a_k)$ gegen einen *von* 0 *verschiedenen* Grenzwert y konvergiert. In diesem Fall wird auch der Grenzwert $x = \lim x_n = y \prod_{k=0}^{n_0-1}(1 + a_k)$ mit $\prod_{k=0}^{\infty}(1 + a_k)$ bezeichnet. Ein konvergentes unendliches Produkt ist genau dann 0, wenn einer der Faktoren $1 + a_k$ gleich 0 ist. Das C a u c h y s c h e   K o n v e r g e n z k r i t e r i u m für unendliche Produkte lautet:

6.A.23 Satz *Genau dann konvergiert* $\prod(1+a_k)$, *wenn zu jedem* $\varepsilon > 0$ *ein* $n_0 \in \mathbb{N}$ *existiert mit* $\left| \prod_{k=m}^{n}(1+a_k) - 1 \right| \le \varepsilon$ *für alle* $n \ge m \ge n_0$.

B e w e i s . Sei wieder $x_n := \prod_{k=0}^{n}(1 + a_k)$. Die angegebene Bedingung ist notwendig. Zum Beweis können wir gleich annehmen, dass $x = \lim x_n \ne 0$ ist. Dann ist $\prod_{k=m}^{n}(1 + a_k) - 1 = (x_n - x_{m-1})/x_{m-1}$ dem Betrage nach beliebig klein für hinreichend große $n, m, n \ge m$.

Sei umgekehrt die angegebene Bedingung erfüllt. Dann sind natürlich die Faktoren $1 + a_k$ ab einem Index von 0 verschieden. Wir können daher gleich annehmen, dass alle $1 + a_k \ne 0$ sind. Dann liefert die Voraussetzung $|x_n - x_{m-1}| \le \varepsilon |x_{m-1}|$ für $n \ge m \ge n_0$ und insbesondere wegen $|x_n| \le (\varepsilon + 1)|x_{m-1}|$ die Beschränktheit der Folge (x_m). Insgesamt erhält man mit dem Cauchyschen Konvergenzkriterium für Folgen die Konvergenz von (x_n). Wäre $x = \lim x_n = 0$, so ergäbe sich $|x_{m-1}| = |x - x_{m-1}| \le \varepsilon |x_{m-1}|$, was bei $\varepsilon < 1$ ein Widerspruch ist. $\quad\bullet$

Damit ergibt sich leicht das folgende Konvergenzkriterium für Produkte:

6.A.24 Satz *Konvergiert die Reihe* $\sum a_k$ *absolut, so konvergiert auch das Produkt* $\prod(1+a_k)$.

B e w e i s . Die Dreiecksungleichung (nach Ausmultiplizieren der Produkte und Wegheben der 1) sowie 4.D, Aufg. 14b) liefern für alle $n \ge m$ mit $\sum_{k=m}^{n}|a_k| \le \frac{1}{2}$ die Abschätzungen

$$\left| \prod_{k=m}^{n}(1 + a_k) - 1 \right| \le \prod_{k=m}^{n}(1 + |a_k|) - 1 \le \frac{1}{1 - \sum_{k=m}^{n}|a_k|} - 1$$

$$= \frac{\sum_{k=m}^{n} |a_k|}{1 - \sum_{k=m}^{n} |a_k|} \leq 2 \sum_{k=m}^{n} |a_k|,$$

woraus mit 6.A.23 die Behauptung folgt.   ●

Es sei bemerkt, dass im allgemeinen aus der Konvergenz von $\sum a_k$ nicht die von $\prod(1+a_k)$ folgt und umgekehrt, vgl. hierzu Aufg. 25. Konvergiert aber $\prod(1+|a_k|)$, so konvergiert wegen $\prod(1+|a_k|) \geq 1+\sum|a_k|$ auch $\sum|a_k|$ und damit $\prod(1+a_k)$.

Die Ungleichung $1 + a \leq \exp a$ für $a \in \mathbb{R}$ liefert übrigens die häufig nützlichen Abschätzungen $\prod_{k=1}^{n}(1 + a_k) \leq \exp\left(\sum_{k=1}^{n} a_k\right)$ für $a_k \in \mathbb{R}$, $a_k \geq -1$, sowie $\left|\prod_{k=1}^{n}(1 + z_k) - 1\right| \leq \exp\left(\sum_{k=1}^{n} |z_k|\right) - 1$ für $z_k \in \mathbb{C}$. Aus $\left(1 + \frac{k}{n}\right)^n \leq e^k$ erhält man $\binom{n}{k}\left(\frac{k}{n}\right)^k < e^k$ oder $\binom{n}{k} < \left(\frac{en}{k}\right)^k$ für $k, n \in \mathbb{N}^*$, $k \leq n$.

Aufgaben

1. Man untersuche die folgenden Reihen auf Konvergenz bzw. Divergenz:

$$\sum_{n=2}^{\infty} \frac{1}{\sqrt[3]{n^2 - 1}} ; \quad \sum_{n=1}^{\infty} \frac{1}{n \sqrt[n]{n}} ; \quad \sum_{n=1}^{\infty} \frac{n-1}{n(n+1)} ; \quad \sum_{n=1}^{\infty} \sqrt[n+1]{a}\left(\sqrt[n(n+1)]{a} - 1\right), a > 0;$$

$$\sum_{n=0}^{\infty} (-1)^n \frac{\sqrt{n}}{n+1} ; \quad \sum_{n=1}^{\infty} \frac{(2n)!}{2^n (n!)^2} ; \quad \sum_{n=0}^{\infty} \frac{(n!)^2}{(2n)!} 3^n ; \quad \sum_{n=1}^{\infty} \frac{n^n}{n! 3^n} ; \quad \sum_{n=0}^{\infty} (-1)^n \frac{(n+1)^{n-1}}{n^n} ;$$

$$\sum_{n=1}^{\infty} \left(\frac{n}{n+1}\right)^{n^2} ; \quad \sum_{n=1}^{\infty} (-1)^n(\sqrt{n+1} - \sqrt{n}) ; \quad \sum_{n=1}^{\infty} \frac{\sqrt{n} + (-1)^n}{n} ; \quad \sum_{n=0}^{\infty} \frac{2^n + n}{3^n}.$$

2. Für welche $z \in \mathbb{C}$ konvergieren die folgenden Reihen:

$$\sum_{n=1}^{\infty} \frac{z^n}{n^2} ; \quad \sum_{n=0}^{\infty} n! \, z^n ; \quad \sum_{n=1}^{\infty} \frac{n!}{n^n} z^n ; \quad \sum_{n=0}^{\infty} \frac{z^n}{1 + |z|^n} ; \quad \sum_{n=0}^{\infty} \frac{z^n}{1 + z^{2n}} ; \quad \sum_{n=0}^{\infty} \binom{n}{k} \frac{z^n}{n!} , \, k \in \mathbb{N}.$$

3. Man berechne die Summen der folgenden Teleskopreihen:

$$\sum_{n=1}^{\infty} \frac{1}{4n^2 - 1} ; \quad \sum_{n=0}^{\infty} \frac{1}{9n^2 + 15n + 4} ; \quad \sum_{n=0}^{\infty} \frac{1}{4n^2 + 8n + 3} ; \quad \sum_{n=1}^{\infty} \frac{2n+1}{n^2(n+1)^2} ;$$

$$\sum_{n=1}^{\infty} \frac{1}{n^2 + kn} , \, k \in \mathbb{N}^* ; \quad \sum_{n=1}^{\infty} \frac{1}{n(n+1)(n+2)} ; \quad \sum_{n=1}^{\infty} \frac{n}{(n+1)(n+2)(n+3)} ;$$

$$\sum_{n=0}^{\infty} \frac{n}{(n+1)!} ; \quad \sum_{n=1}^{\infty} \frac{1}{n(n+1)(n+2)(n+3)} ; \quad \sum_{n=1}^{\infty} \frac{4n+1}{(2n-1)2n(2n+1)(2n+2)}.$$

Für $k \in \mathbb{N}^*$ zeige man generell (etwa mit 2.B, Aufg. 17a) und 2.B, Aufg. 4d))

$$\sum_{n=1}^{\infty} \frac{1}{n(n+1)(n+2)\cdots(n+k)} = \frac{1}{k \cdot k!}.$$

(Vergleiche auch die allgemeineren Ergebnisse in Beispiel 16.B.7.)

4. Man beweise das so genannte W u r z e l k r i t e r i u m : Sei (a_n) eine Folge komplexer Zahlen. Gibt es eine reelle Zahl q mit $0 < q < 1$ und $\sqrt[n]{|a_n|} \leq q$ für fast alle n, so ist die Reihe $\sum a_n$ absolut konvergent. (Liefert das Quotientenkriterium die Konvergenz einer Reihe, so auch das Wurzelkriterium, im Allgemeinen jedoch nicht umgekehrt. Beweis bzw. Gegenbeispiel!)

5. Man beweise das so genannte K o n d e n s a t i o n s k r i t e r i u m von Cauchy: Ist (a_n) eine monoton fallende Nullfolge reeller Zahlen, so konvergiert $\sum a_n$ genau dann, wenn $\sum 2^n a_{2^n}$ konvergiert. Als Anwendung untersuche man, für welche $s \in \mathbb{R}$ die Reihe $\sum_{n=2}^{\infty} 1/n(\ln n)^s$ konvergiert.

6. Sei (a_n) eine monoton fallende Nullfolge reeller Zahlen. Konvergiert die Reihe $\sum a_n$, so ist die Folge (na_n) eine Nullfolge.

7. Es sei (a_n) eine Folge komplexer Zahlen und $q \in \mathbb{R}$ mit $0 < q < 1$. Es gelte $a_n \neq 0$ und $|a_{n+1}/a_n| \leq q$ für alle $n \geq n_0$. Für die Summe x der nach dem Quotientenkriterium konvergenten Reihe $\sum a_n$ gilt dann für alle $n \geq n_0 - 1$ die Fehlerabschätzung

$$\left| x - \sum_{k=0}^{n} a_k \right| \leq \frac{|a_{n+1}|}{1 - q} \, .$$

8. Sei (a_n) eine Folge positiver reeller Zahlen.

a) Genau dann konvergiert die Reihe $\sum a_n$, wenn $\sum a_n/(1 + a_n)$ konvergiert.

b) Die Reihe $\sum a_n/(1 + n^2 a_n)$ ist konvergent.

c) Ist (a_n) monoton fallend und ist die Reihe $\sum a_n/(1 + na_n)$ konvergent, so konvergiert auch $\sum a_n$.

d) Ist (a_n) monoton wachsend und beschränkt, so konvergiert $\sum(\frac{a_{n+1}}{a_n} - 1)$.

e) Ist $\sum a_n$ konvergent, so auch $\sum a_n/\sqrt[n]{a_n}$.

9. Seien (a_n) und (b_n) Folgen komplexer Zahlen, wobei $b_n \neq 0$ sei für fast alle n. Konvergiert dann die Folge $(|a_n/b_n|)$ gegen eine positive reelle Zahl, so ist $\sum a_n$ absolut konvergent genau dann, wenn $\sum b_n$ absolut konvergent ist. Man zeige an einem Beispiel, dass die Aussage bei einfacher Konvergenz im Allgemeinen nicht gilt. (Bemerkung. Es sei $a_n \neq 0$ und $b_n \neq 0$ für alle n und ferner sogar $\lim a_n/b_n = c \neq 0$. Die Reihe $\sum a_n$ konvergiere absolut. Dann ist

$$\sum_n a_n = \sum_n (a_n - cb_n) + c \sum_n b_n = \sum_n \left(1 - c\,\frac{b_n}{a_n}\right)a_n + c \sum_n b_n \, .$$

Ist nun die Summe $\sum b_n$ bekannt, so ist die Berechnung der Summe $\sum a_n$ zurückgeführt auf die Berechnung der Summe $\sum_n (1 - cb_n/a_n)a_n$. Da aber $(1 - cb_n/a_n)$ eine Nullfolge ist, konvergiert die letzte Reihe im allgemeinen schneller als die Ausgangsreihe. Man führe diese Konvergenzbeschleunigung durch mit der Reihe $\sum_{n=1}^{\infty} 1/n^2$ und der Vergleichsreihe $\sum_{n=1}^{\infty} 1/n(n + 1)$ und benutze dann noch die Reihe $\sum_{n=1}^{\infty} 1/n(n + 1)(n + 2)$, vgl. Aufg. 3.)

10. Seien (a_n) und (b_n) Folgen komplexer Zahlen.

a) Konvergieren die Reihen $\sum |a_n|^2$ und $\sum |b_n|^2$, so konvergiert die Reihe $\sum a_n b_n$ absolut und es gilt die Cauchy-Schwarzsche Ungleichung

$$\left| \sum_{n=0}^{\infty} a_n b_n \right| \leq \left(\sum_{n=0}^{\infty} |b_n|^2 \right)^{1/2} \left(\sum_{n=0}^{\infty} |b_n|^2 \right)^{1/2} \, .$$

(Zum Nachweis der absoluten Konvergenz genügt schon die einfache Ungleichung $|a_n b_n| \le \frac{1}{2}\left(|a_n|^2 + |b_n|^2\right)$.)

b) Konvergiert die Reihe $\sum_{n=1}^{\infty} |a_n|^2$, so konvergiert die Reihe $\sum_{n=1}^{\infty} a_n/n$ absolut.

c) Für $c_n \in \mathbb{R}_+^\times$, $n \in \mathbb{N}^*$, ist eine der Reihen $\sum_{n=1}^{\infty} c_n$ und $\sum_{n=1}^{\infty} 1/(n^2 c_n)$ divergent.

11. Sei $s \in \mathbb{R}$, $s > 1$. Dann gilt:

a) $\sum\limits_{n=1}^{\infty} \dfrac{(-1)^{n-1}}{n^s} = (1 - 2^{1-s})\zeta(s)$. (Die linke Seite konvergiert sogar für alle $s > 0$.)

b) $\sum\limits_{n=0}^{\infty} \dfrac{1}{(2n+1)^s} = (1 - 2^{-s})\zeta(s)$.

c) Sei $s = a + b\,\mathrm{i}$ eine komplexe Zahl mit $a = \mathrm{Re}\,s \le 1$. Dann divergiert die Reihe $\sum_{n=1}^{\infty} \left(\cos(b \ln n)\right)/n^a$. (Für $0 < c < d$ gibt es mindestens $\left[e^d(1 - e^{c-d})\right]$ Zahlen $n \in \mathbb{N}^*$ mit $c \le \ln n \le d$.) Es folgt die Divergenz der ζ-Reihe (vgl. 14.E, Aufg. 2)

$$\sum_{n=1}^{\infty} \frac{1}{n^s} = \sum_{n=1}^{\infty} \frac{1}{n^a}\left(\cos(b \ln n) - \mathrm{i}\sin(b \ln n)\right).$$

12. Die Reihe $\sum_{n=0}^{\infty} z^n/n^n$ konvergiert für alle $z \in \mathbb{C}$. Man berechne die Summe für $z = \mathrm{i}$ und $z = 1 + 2\mathrm{i}$ bis auf einen Fehler, der dem Betrag nach $\le 10^{-4}$ ist.

13. Sei a_n, $n \in \mathbb{N}$, eine Folge komplexer Zahlen. Ferner sei (n_k) eine streng monoton wachsende Folge natürlicher Zahlen, und es sei $n_{-1} := -1$. Für $b_k := \sum_{n=n_{k-1}+1}^{n_k} a_n$, $k \in \mathbb{N}$, gilt dann:

a) Ist $\sum_{n=0}^{\infty} a_n$ konvergent, so auch $\sum_{k=0}^{\infty} b_k$ und beide Summen sind gleich.

b) Ist $\sum_{k=0}^{\infty} b_k$ konvergent und ist $c_k := \sum_{n=n_{k-1}+1}^{n_k} |a_n|$, $k \in \mathbb{N}$, eine Nullfolge, so konvergiert auch $\sum_{n=0}^{\infty} a_n$.

14. Seien $p, q \in \mathbb{N}^*$. Die Folge a_n, $n \in \mathbb{N}^*$, entstehe aus der Folge $(1/n)$ dadurch, dass jeweils p aufeinanderfolgende Glieder mit 1 und die nächsten q Glieder mit -1 multipliziert werden. Genau dann konvergiert $\sum_{n=1}^{\infty} a_n$, wenn $p = q$ ist. (Man berechne die Summe für $p = q = 2$ unter Benutzung von Beispiel 6.A.9; für $p = q \ge 3$ vgl. 16.B, Aufg. 18.)

15. Sei a_n, $n \in \mathbb{N}^*$, eine Folge positiver natürlicher Zahlen.

a) Es ist $\sum_{n=1}^{\infty} a_n/(1 + a_1) \cdots (1 + a_n) = 1$. (Teleskopreihe.)

b) Sei c_n, $n \in \mathbb{N}^*$, eine Folge natürlicher Zahlen mit $c_n \le a_n$ und $c_n \ne a_n$ für unendlich viele n. Dann ist $\sum_{n=1}^{\infty} c_n/(1 + a_1) \cdots (1 + a_n)$ konvergent, und die Summe ist eine reelle Zahl x mit $0 \le x < 1$.

c) Zu jeder reellen Zahl x mit $0 \le x < 1$ gibt es eine eindeutig bestimmte Folge (c_n) wie in b), für die die angegebene Reihe gegen x konvergiert. Genau dann sind fast alle $c_n = 0$, wenn x rational ist und x eine (nicht notwendig gekürzte) Darstellung a/b mit $a, b \in \mathbb{N}$ besitzt, wobei b von der Form $b = (1 + a_1) \cdots (1 + a_n)$ ist. (Ist $a_n := g - 1$ mit einem $g \in \mathbb{N}$, $g \ge 2$, so erhält man die übliche g-al-Entwicklung, vergleiche Beispiel 4.F.12. Ein weiteres interessantes Beispiel erhält man, wenn man $a_n := n$ für alle $n \in \mathbb{N}^*$ setzt. In diesem Fall ist x genau dann rational, wenn fast alle $c_n = 0$ sind. Daher ist beispielsweise $\sum_{n=1}^{\infty} 1/(n+1)!$ irrational. Wie wir in 12.E.3 sehen werden, ist diese Zahl gleich $e - 2$.)

16. Man beweise folgendes Konvergenzkriterium von Dubois-Reymond: Es seien (a_k) und (b_k) Folgen komplexer Zahlen. Die Reihe $\sum a_k$ konvergiere und die Reihe $\sum(b_k - b_{k+1})$ konvergiere absolut. Dann konvergiert auch $\sum a_k b_k$. (Man benutze 6.A.20.)

17. Man beweise mit Hilfe des Dirichletschen Konvergenzkriteriums 6.A.22 noch einmal das Leibniz-Kriterium 6.A.8.

18. Die Reihe $\sum_{n=1}^{\infty} a_n$ komplexer Zahlen sei beschränkt. Dann ist $\sum_{n=1}^{\infty} a_n/n$ konvergent. – Konvergiert $\sum_{n=1}^{\infty} a_n/n$, so ist $\frac{1}{n} \sum_{k=1}^{n} a_k$, $n \in \mathbb{N}^*$, eine Nullfolge. (Mit Abelscher partieller Summation gemäß 6.A.20 erhält man

$$\sum_{k=1}^{n} a_k = \sum_{k=1}^{n} \frac{a_k}{k} \cdot k = -\sum_{k=1}^{n-1} A_k + A_n n \,,$$

$A_k := \sum_{m=1}^{k} a_m/m$. Nun benutze man 4.F, Aufg. 9a). – Allgemein erhält man mit 4.F, Aufg. 11: Ist b_n, $n \in \mathbb{N}^*$, eine streng monoton wachsende Folge in $\mathbb{R}_+^{\times}$ mit $\lim b_n = \infty$ und konvergiert $\sum_{n=1}^{\infty} a_n/b_n$, so ist $\frac{1}{b_n} \sum_{k=1}^{n} a_k$, $n \in \mathbb{N}^*$, eine Nullfolge.)

19. Die Reihe $\sum a_n$ komplexer Zahlen sei konvergent. Dann konvergieren auch die Reihen $\sum a_n(1 + \frac{1}{n})^n$ und $\sum a_n \sqrt[n]{n}$.

20. Die Reihen $\sum_{k=1}^{\infty} z^k/k$ bzw. $\sum_{k=0}^{\infty} z^{2k+1}/(2k+1)$ konvergieren genau für alle $z \in \mathbb{C}$ mit $|z| \leq 1$, $z \neq 1$, bzw. mit $|z| \leq 1$, $z \neq \pm 1$. (Bei $|z| = 1$ verwende man 6.A.22.)

21. Sei $\varphi \in \mathbb{R}$. Man beweise die Konvergenz folgender Reihen (vgl. 13.C.5):

$$\sum_{k=1}^{\infty} \frac{\sin k\varphi}{k} \;;\; \sum_{k=1}^{\infty} \frac{\cos k\varphi}{k} \,,\; \varphi \neq 2m\pi, \; m \in \mathbb{Z};$$

$$\sum_{k=0}^{\infty} \frac{\sin(2k+1)\varphi}{2k+1} \;;\; \sum_{k=0}^{\infty} \frac{\cos(2k+1)\varphi}{2k+1} \,,\; \varphi \neq m\pi, \; m \in \mathbb{Z}.$$

22. Man bestimme alle $z \in \mathbb{C}$, für die folgende Reihen konvergieren:

$$\sum_{n=1}^{\infty} \frac{1}{2n+1} \left(\frac{z-1}{z+1}\right)^{2n+1} \;;\; \sum_{n=0}^{\infty} \frac{1}{n} \left(\frac{z-1}{z+1}\right)^{n} \,.$$

23. Sind die a_k, $k \in \mathbb{N}$, alle reell und alle nichtnegativ oder alle nichtpositiv und konvergiert das Produkt $\prod(1 + a_k)$, so konvergiert auch die Reihe $\sum a_k$.

24. a) Man untersuche die folgenden Produkte auf Konvergenz:

$$\prod_{n=1}^{\infty} \left(1 + \frac{z}{n}\right), \; z \in \mathbb{C}; \quad \prod_{n=1}^{\infty} \left(1 - \frac{z}{n^3}\right), \; z \in \mathbb{C}; \quad \prod_{n=1}^{\infty} \sqrt[n]{a}, \; a \in \mathbb{R}_+^{\times}.$$

(Beim ersten Produkt ist für $z = 1$ das n-te Partialprodukt gleich $n + 1$. Mit 6.A.24 ergibt sich damit ein neuer Beweis für die Divergenz der harmonischen Reihe.)

b) Man berechne die folgenden Teleskopprodukte:

$$\prod_{n=2}^{\infty} \left(1 - \frac{1}{n^2}\right); \quad \prod_{n=2}^{\infty} \left(1 - \frac{2}{n(n+1)}\right); \quad \prod_{n=1}^{\infty} \left(1 + \frac{1}{n(n+2)}\right); \quad \prod_{n=2}^{\infty} \frac{n^3 - 1}{n^3 + 1} \,.$$

(Vgl. auch 2.A, Aufg. 4. – Übrigens ist $\prod_{n=2}^{\infty}(1 + \frac{1}{n^2}) = \frac{1}{2\pi}\sinh\pi$ nach 12.A.13.)

c) Für $q \in \mathbb{C}$, $|q| < 1$, berechne man $\prod_{n=0}^{\infty}(1 + q^{2^n})$. (Man verwende 2.A, Aufg. 5a); das Produkt lässt sich allerdings auch durch „Ausmultiplizieren" direkt als geometrische Reihe interpretieren.)

25. Sei (ε_k) eine Nullfolge reeller Zahlen mit $\varepsilon_k \neq -1$ und $\sum \varepsilon_k^2 = \infty$ (beispielsweise $\varepsilon_k := 1/\sqrt{k+1}$).

a) Für $a_k := (-1)^k \varepsilon_{[k/2]}$ ist $\sum_{k=0}^{\infty} a_k = 0$, aber $\prod_k (1 + a_k)$ divergiert.

b) Für (a_k) mit $a_{2m} := \varepsilon_m$, $a_{2m+1} := -\varepsilon_m/(1 + \varepsilon_m)$ ist $\prod_{k=0}^{\infty}(1 + a_k) = 1$, aber $\sum_k a_k$ divergiert.

(Bemerkung. Die Voraussetzung über die Divergenz der Reihe $\sum \varepsilon_k^2$ in den obigen Beispielen ist übrigens nicht zufällig. Es gilt nämlich: Ist (a_k) eine Folge komplexer Zahlen, für die $\sum_k |a_k|^2$ konvergiert, so konvergiert das Produkt $\prod_k (1 + a_k)$ genau dann, wenn die Reihe $\sum_k a_k$ konvergiert, vgl. 13.C, Aufg. 16.)

26. Eine weitere Illustration der Divergenz der harmonischen Reihe, vgl. Beispiel 6.A.3, ist das folgende Problem: Eine Schnecke bewege sich tagsüber von einem Ende eines beliebig dehnbaren Gummibandes der Länge l zum anderen und lege dabei pro Tag die Längeneinheit zurück, worauf in der folgenden Nacht das Band jeweils um l_0 gedehnt wird. Man untersuche, ob und gegebenenfalls im Laufe welchen Tages die Schnecke das andere Ende des Bandes erreicht. (Solange die Schnecke wandert, ist ihre Entfernung vom Ausgangspunkt am Abend des n-ten Tages gleich nH_n. Man betrachte insbesondere den Fall $\ell = \ell_0$. – Für eine kontinuierliche Variante vgl. 19.C, Aufg. 11b).)

27. Sei (q_n) eine beliebige Folge reeller Zahlen mit $0 < q_n < 1$ für alle n.

a) Die (Teleskop-)Reihe $\sum_{n=0}^{\infty} q_0 \cdots q_n (1 - q_{n+1})$ konvergiert.

b) Man beweise die folgende Verallgemeinerung des Quotientenkriteriums: Reihen $\sum_{n=0}^{\infty} a_n$ komplexer Zahlen mit $a_n \neq 0$ und

$$\left|\frac{a_{n+1}}{a_n}\right| \leq q_n \frac{1 - q_{n+1}}{1 - q_n}$$

für (fast) alle n sind absolut konvergent.

c) Die Reihe $\displaystyle\sum_{n=0}^{\infty} \frac{a\,(a+1)\cdots(a+n)}{c\,(c+1)\cdots(c+n)}$ konvergiert für $a, c \in \mathbb{R}_+^{\times}$ und $c > a + 1$.

6.B Summierbarkeit

Bei Folgen sind das Konvergenzverhalten und im konvergenten Fall der Grenzwert unabhängig von der Reihenfolge der Folgenglieder. Ohne weiteres lässt sich der Konvergenzbegriff auf beliebige unendliche Familien reeller oder komplexer Zahlen ausdehnen: Die unendliche Familie a_i, $i \in I$, k o n v e r g i e r t   g e g e n a, wenn in jeder Umgebung von a fast alle Glieder der Familie liegen. Bei einer Reihe $\sum_{k=0}^{\infty} a_k$ dagegen hängen im Allgemeinen sowohl das Konvergenzverhalten als auch im konvergenten Fall die Summe von der Reihenfolge der Glieder a_k ab.

6.B.1 Beispiel Sei x die (von 0 verschiedene) Summe der alternierenden harmonischen Reihe. Dann ist

$$x = \left(1 - \frac{1}{2} + \frac{1}{3} - \frac{1}{4}\right) + \left(\frac{1}{5} - \frac{1}{6} + \frac{1}{7} - \frac{1}{8}\right) + \cdots,$$

$$\frac{1}{2}x = \left(\frac{1}{2} - \frac{1}{4}\right) + \left(\frac{1}{6} - \frac{1}{8}\right) + \cdots,$$

und durch Addition gewinnt man

$$\frac{3}{2}x = \left(1 + \frac{1}{3} - \frac{1}{2}\right) + \left(\frac{1}{5} + \frac{1}{7} - \frac{1}{4}\right) + \cdots$$

$$= 1 + \frac{1}{3} - \frac{1}{2} + \frac{1}{5} + \frac{1}{7} - \frac{1}{4} + \frac{1}{9} + \frac{1}{11} - \frac{1}{6} + \cdots.$$

(Man kann hier die Klammern offenbar weglassen, vgl. 6.A, Aufg. 13.) Die letzte Reihe entsteht aber aus der Ausgangsreihe durch Umordnen. Indem man in geeigneter Weise umordnet, lässt sich sogar erreichen, dass die neue Reihe gegen eine beliebige vorgegebene reelle Zahl konvergiert oder auch divergiert, vergleiche die Aufgaben 11 und 12.

Um diese Schwierigkeiten zu vermeiden, führen wir im Anschluss an N. Bourbaki den Summierbarkeitsbegriff ein, bei dem nach Definition von vornherein klar ist, dass die Summierbarkeit und gegebenenfalls die Summe unabhängig von der Reihenfolge der Summanden sind.

Sei a_i, $i \in I$, eine Familie komplexer Zahlen. Für eine *endliche* Teilmenge H von I setzen wir

$$a_H := \sum_{i \in H} a_i$$

und nennen a_H die P a r t i a l s u m m e zur Indexmenge H. Mit $\mathfrak{E}(I)$ bezeichnen wir die Menge aller endlichen Teilmengen von I.

6.B.2 Definition Die Familie a_i, $i \in I$, komplexer Zahlen heißt s u m m i e r b a r , wenn es eine komplexe Zahl z mit folgender Eigenschaft gibt: Zu jedem (noch so kleinen) $\varepsilon > 0$ gibt es ein $H_0 \in \mathfrak{E}(I)$ mit $|a_H - z| \leq \varepsilon$ für alle $H \in \mathfrak{E}(I)$ mit $H \supseteq H_0$.

Das Element z in 6.B.2 *ist wieder eindeutig bestimmt:* Hat nämlich auch z' die analoge Eigenschaft wie z und ist $z \neq z'$, so gibt es zu $\varepsilon := |z - z'|/3$ endliche Teilmengen H_0 und H_0' von I mit $|a_H - z| \leq \varepsilon$ und $|a_H - z'| \leq \varepsilon$ für $H := H_0 \cup H_0' \in \mathfrak{E}(I)$. Daraus folgt der Widerspruch

$$|z - z'| \leq |z - a_H| + |a_H - z'| \leq \varepsilon + \varepsilon = \frac{2}{3}|z - z'|.$$

Ist die Familie a_i, $i \in I$, summierbar, so heißt die eindeutig bestimmte Zahl z gemäß 6.B.2 die S u m m e der a_i, $i \in I$, und wird mit

$$\sum_{i \in I} a_i,$$

kurz auch mit $\sum_i a_i$ oder $\sum a_i$, bezeichnet. Offenbar hängen, wie angekündigt, Summierbarkeit und Summe nicht von der Indizierung ab. Genauer: Ist $\sigma : J \to I$ eine bijektive Abbildung, so ist die Familie a_i, $i \in I$, genau dann summierbar, wenn die Familie $a_{\sigma(j)}$, $j \in J$, summierbar ist, und dann ist $\sum_{i \in I} a_i = \sum_{j \in J} a_{\sigma(j)}$. Bei endlichem I ist die hier definierte Summe natürlich die gewöhnliche Summe der a_i.

Ist a_n, $n \in \mathbb{N}$, eine summierbare Folge komplexer Zahlen, so ist die Reihe $\sum_{n=0}^{\infty} a_n$ offenbar konvergent, und es gilt: $\sum_{n=0}^{\infty} a_n = \sum_{n \in \mathbb{N}} a_n$. Umgekehrt folgt aus der Konvergenz der Reihe $\sum_{n=0}^{\infty} a_n$ noch nicht die Summierbarkeit von a_n, $n \in \mathbb{N}$, wie Beispiel 6.B.1 zeigt.

Analog zu 6.A.6 beweist man: *Sind a_i, $i \in I$, und b_i, $i \in I$, summierbare Familien, so sind auch $a_i + b_i$, $i \in I$, und λa_i, $i \in I$, für $\lambda \in \mathbb{C}$ summierbar und es gilt*

$$\sum_{i \in I}(a_i + b_i) = \sum_{i \in I} a_i + \sum_{i \in I} b_i, \quad \sum_{i \in I} \lambda a_i = \lambda \sum_{i \in I} a_i.$$

Ist ferner a_j, $j \in J$, eine weitere summierbare Familie, deren Indexmenge J zu I disjunkt ist, so ist a_k, $k \in I \uplus J$, summierbar mit

$$\sum_{k \in I \uplus J} a_k = \sum_{i \in I} a_i + \sum_{j \in J} a_j.$$

Genau dann ist die Familie a_i, $i \in I$, summierbar, wenn die Familien $\operatorname{Re} a_i$, $i \in I$, und $\operatorname{Im} a_i$, $i \in I$, summierbar sind. In diesem Fall ist

$$\sum_{i \in I} a_i = \left(\sum_{i \in I} \operatorname{Re} a_i\right) + \mathrm{i}\left(\sum_{i \in I} \operatorname{Im} a_i\right).$$

Sei a_i, $i \in I$, summierbar. Für jedes $\varepsilon > 0$ ist dann $|a_i| > \varepsilon$ nur für endlich viele $i \in I$. Daraus folgt, *dass die Menge der Indizes i mit $a_i \neq 0$ abzählbar ist.* Diese Menge ist nämlich die Vereinigung der abzählbar vielen endlichen Mengen $I_n := \{i \in I \mid |a_i| > 1/n\}$, $n \in \mathbb{N}^*$.

Um ein Cauchy-Kriterium für die Summierbarkeit übersichtlich formulieren zu können, definieren wir:

6.B.3 Definition Eine Familie a_i, $i \in I$, komplexer Zahlen heißt eine C a u c h y - F a m i l i e , wenn es zu jedem $\varepsilon > 0$ ein $H_0 \in \mathfrak{E}(I)$ gibt mit $|a_E| \leq \varepsilon$ für alle $E \in \mathfrak{E}(I)$ mit $E \cap H_0 = \emptyset$.

Damit gilt:

6.B.4 Cauchysches Summierbarkeitskriterium *Eine Familie komplexer Zahlen ist genau dann summierbar, wenn sie eine Cauchy-Familie ist.*

B e w e i s . Sei zunächst a_i, $i \in I$, summierbar mit Summe z und sei $\varepsilon > 0$ vorgegeben. Dann gibt es ein $H_0 \in \mathfrak{E}(I)$ mit $|a_H - z| \leq \varepsilon/2$ für alle $H \in \mathfrak{E}(H)$ mit $H \supseteq H_0$. Ist dann $E \cap H_0 = \emptyset$ für ein $E \in \mathfrak{E}(I)$, so folgt mit $H := E \cup H_0$

$$|a_E| = |a_H - a_{H_0}| \leq |a_H - z| + |z - a_{H_0}| \leq \frac{\varepsilon}{2} + \frac{\varepsilon}{2} = \varepsilon .$$

Es ist nun umgekehrt zu zeigen, dass eine Cauchy-Familie a_i, $i \in I$, summierbar ist. Sei (ε_n) eine monoton fallende Nullfolge positiver reeller Zahlen. Es gibt nach Voraussetzung eine Folge (H_n) endlicher Teilmengen H_n von I mit $|a_E| \leq \varepsilon_n$, falls $E \in \mathfrak{E}(I)$, $E \cap H_n = \emptyset$. Indem wir H_n durch $\bigcup_{k=0}^{n} H_k$ ersetzen, können wir annehmen, dass $H_0 \subseteq H_1 \subseteq H_2 \subseteq \cdots$ ist.

Wir zeigen, dass die Folge a_{H_n}, $n \in \mathbb{N}$, eine Cauchy-Folge ist und daher gegen eine Zahl z konvergiert. Sei dazu $\varepsilon > 0$ vorgegeben und $\varepsilon_{n_0} \leq \varepsilon$. Für $n \geq m \geq n_0$ gilt dann $|a_{H_n} - a_{H_m}| = |a_{H_n - H_m}| \leq \varepsilon_{n_0} \leq \varepsilon$ wegen $(H_n - H_m) \cap H_{n_0} = \emptyset$. Abschließend zeigen wir, dass a_i, $i \in I$, summierbar mit Summe z ist. Sei dazu wieder $\varepsilon > 0$ und n so gewählt, dass $\varepsilon_n \leq \varepsilon/2$ und $|a_{H_n} - z| \leq \varepsilon/2$ ist. Wegen $a_H - a_{H_n} = a_{H - H_n}$ und $(H - H_n) \cap H_n = \emptyset$ gilt dann für alle $H \supseteq H_n$:

$$|a_H - z| \leq |a_H - a_{H_n}| + |a_{H_n} - z| \leq \varepsilon_n + \frac{\varepsilon}{2} \leq \varepsilon . \qquad \bullet$$

Da eine Teilfamilie einer Cauchy-Familie wieder eine Cauchy-Familie ist, folgt aus 6.B.4:

6.B.5 Korollar *Jede Teilfamilie einer summierbaren Familie komplexer Zahlen ist summierbar.*

Wegen $|a_E| \leq \sum_{i \in E} |a_i|$ für $E \in \mathfrak{E}(I)$ ist mit $|a_i|$, $i \in I$, auch a_i, $i \in I$, selbst eine Cauchy-Familie, und man erhält:

6.B.6 Korollar *Es sei a_i, $i \in I$, eine Familie komplexer Zahlen. Ist dann die Familie $|a_i|$, $i \in I$, summierbar, so auch a_i, $i \in I$.*

Wir nennen eine Familie a_i, $i \in I$, a b s o l u t oder n o r m a l s u m m i e r b a r , wenn $|a_i|$, $i \in I$, summierbar ist. 6.B.6 besagt, dass *jede absolut summierbare Familie auch summierbar* ist. Wir werden gleich sehen, dass hier (anders als bei 6.A.11) auch die Umkehrung gilt. Zunächst haben wir:

6.B.7 Majorantenkriterium *Seien b_i, $i \in I$, eine summierbare Familie nichtnegativer reeller Zahlen und a_i, $i \in I$, eine Familie komplexer Zahlen. Gilt $|a_i| \leq b_i$ für alle $i \in I$, so ist auch $\sum a_i$ summierbar und $|\sum_{i \in I} a_i| \leq \sum_{i \in I} b_i$.*

Der Aussage 6.A.7 über Reihen mit nichtnegativen Gliedern entspricht:

6.B.8 Satz *Eine Familie a_i, $i \in I$, nichtnegativer reeller Zahlen ist genau dann summierbar, wenn die Familie a_H, $H \in \mathfrak{E}(I)$, der Partialsummen beschränkt ist. In diesem Fall ist $\sum_{i \in I} a_i = \mathrm{Sup}\,\{a_H \mid H \in \mathfrak{E}(I)\}$.*

B e w e i s . Natürlich ist ganz allgemein die Familie a_H, $H \in \mathfrak{E}(I)$, beschränkt, wenn a_i, $i \in I$, summierbar ist.

Sei nun $a_i \geq 0$ für alle $i \in I$ und $S := \mathrm{Sup}\,\{a_H \mid H \in \mathfrak{E}(I)\} \in \mathbb{R}$. Zu $\varepsilon > 0$ gibt es dann ein $H_0 \in \mathfrak{E}(I)$ mit $a_{H_0} \geq S - \varepsilon$. Für alle $H \in \mathfrak{E}(I)$ mit $H \supseteq H_0$ gilt $S - \varepsilon \leq a_{H_0} \leq a_H \leq S$, also $|a_H - S| \leq \varepsilon$.   ●

Wir können jetzt leicht die Umkehrung zu 6.B.6 beweisen.

6.B.9 Satz *Jede summierbare Familie komplexer Zahlen ist absolut summierbar.*

B e w e i s . Sei a_i, $i \in I$, zunächst eine summierbare Familie reeller Zahlen. Setzen wir $I_+ := \{i \in I \mid a_i \geq 0\}$ und $I_- := \{i \in I \mid a_i < 0\}$, so sind dann die Teilfamilien a_i, $i \in I_+$, und a_i, $i \in I_-$, summierbar. Folglich ist auch $|a_i| = -a_i$, $i \in I_-$, summierbar und insgesamt $|a_i|$, $i \in I_+ \cup I_- = I$.

Sei nun a_i, $i \in I$, eine beliebige summierbare Familie komplexer Zahlen. Dann sind die Familien $\mathrm{Re}\,a_i$, $i \in I$, und $\mathrm{Im}\,a_i$, $i \in I$, summierbar und folglich auch $|\mathrm{Re}\,a_i|$, $i \in I$, und $|\mathrm{Im}\,a_i|$, $i \in I$. Wegen $|a_i| \leq |\mathrm{Re}\,a_i| + |\mathrm{Im}\,a_i|$ ist schließlich die Familie $|a_i|$, $i \in I$, summierbar.   ●

Für Familien *reeller* Zahlen a_i, $i \in I$, ist in natürlicher Weise der Begriff der uneigentlichen Summierbarkeit erklärt. Zunächst sei $a_i \geq 0$ für alle $i \in I$. Dann definieren wir

$$\sum_{i \in I} a_i = \infty,$$

falls die Familie a_H, $H \in \mathfrak{E}(I)$, nicht beschränkt ist. Analog sei $\sum a_i = -\infty$, falls alle $a_i \leq 0$ sind und $\{a_H \mid H \in \mathfrak{E}(I)\}$ nicht beschränkt ist. Ist nun a_i, $i \in I$, eine beliebige Familie reeller Zahlen, so setzen wir (wie im Beweis von 6.B.9)

$$I_+ := \{i \in I \mid a_i \geq 0\}, \quad I_- := \{i \in I \mid a_i < 0\}$$

und sagen, dass a_i, $i \in I$, u n e i g e n t l i c h s u m m i e r b a r ist, wenn eine der Summen

$$a_+ := \sum_{i \in I_+} a_i \quad \text{bzw.} \quad a_- := \sum_{i \in I_-} a_i$$

in $\mathbb{R}$ liegt. In diesem Fall definieren wir

$$\sum_{i \in I} a_i := a_+ + a_- .$$

In nahe liegender Weise erweitert man die uneigentliche Summierbarkeit auf Familien a_i, $i \in I$, mit $a_i \in \overline{\mathbb{R}} = \mathbb{R} \cup \{\infty, -\infty\}$.

Für die Summierbarkeit im engeren Sinne fassen wir noch einmal zusammen: *Ist a_i, $i \in I$, eine Familie komplexer Zahlen, so sind folgende Aussagen äquivalent: (1) a_i, $i \in I$, ist summierbar. (2) a_i, $i \in I$, ist eine Cauchy-Familie. (3) $|a_i|$, $i \in I$, ist summierbar. (4) Die Familie der Partialsummen $\sum_{i \in H} |a_i|$, $H \in \mathfrak{E}(I)$, ist beschränkt. (5) Die Familien $\mathrm{Re}\, a_i$, $i \in I$, und $\mathrm{Im}\, a_i$, $i \in I$, sind summierbar.*

Die Äquivalenz von (1) und (3) liefert speziell den folgenden Zusammenhang zwischen summierbaren Folgen und konvergenten Reihen:

6.B.10 Satz *Eine Folge a_n, $n \in \mathbb{N}$, komplexer Zahlen ist genau dann summierbar, wenn die Reihe $\sum_{n=0}^{\infty} a_n$ absolut konvergent ist.*

Man nennt diese Aussage den Umordnungssatz für absolut konvergente Reihen. Allgemeiner ist die folgende Aussage:

6.B.11 Großer Umordnungssatz *Sei a_i, $i \in I$, eine summierbare Familie komplexer Zahlen. Ferner sei I_j, $j \in J$, eine Zerlegung der Indexmenge I mit paarweise disjunkten Teilmengen $I_j \subseteq I$, deren Vereinigung ganz I ist. Dann ist jede der Teilfamilien a_i, $i \in I_j$, summierbar und mit*

$$s_j := \sum_{i \in I_j} a_i$$

gilt: Die Familie s_j, $j \in J$, ist ebenfalls summierbar, und es ist

$$\sum_{i \in I} a_i = \sum_{j \in J} s_j = \sum_{j \in J} \Big(\sum_{i \in I_j} a_i \Big) .$$

Beweis. Sei $s := \sum_{i \in I} a_i$, und sei $\varepsilon > 0$ vorgegeben. Wir suchen ein $F_0 \in \mathfrak{E}(J)$ mit $|s_F - s| \le \varepsilon$ für alle $F \in \mathfrak{E}(J)$ mit $F \supseteq F_0$. Nach Voraussetzung gibt es ein $H_0 \in \mathfrak{E}(I)$ mit $|a_H - s| \le \varepsilon/2$ für alle $H \in \mathfrak{E}(I)$ mit $H \supseteq H_0$. Jedes der endlich vielen Elemente von H_0 liegt in einem I_j. Daher gibt es eine endliche Teilmenge $F_0 \subseteq J$, so dass $H_0 \subseteq \bigcup_{j \in F_0} I_j$ ist.

Sei nun $F \supseteq F_0$ mit $|F| = n \in \mathbb{N}^*$. Da s_j, $j \in F$, die Summe der Familie a_i, $i \in I_j$, ist, gibt es ein $H_j' \in \mathfrak{E}(I_j)$ mit

$$|a_{H_j'} - s_j| \le \frac{\varepsilon}{2n} \quad \text{und} \quad H_j' \supseteq H_0 \cap I_j .$$

Dann gilt

$$|s_F - s| = \Big| \sum_{j \in F} s_j - s \Big| \le \sum_{j \in F} |s_j - a_{H_j'}| + \Big| \sum_{j \in F} a_{H_j'} - s \Big| \le n \frac{\varepsilon}{2n} + \frac{\varepsilon}{2} = \varepsilon ,$$

da $H := \bigcup_{j \in F} H'_j$ die disjunkte Vereinigung der H'_j, also $a_H = \sum_{j \in F} a_{H'_j}$ ist, und da H nach Konstruktion H_0 umfasst, also $|a_H - s| \leq \varepsilon/2$ ist. $\quad\bullet$

Die Aussage 6.B.11 heißt oft auch das Große Assoziativgesetz. Für Anwendungen ist folgende Bemerkung nützlich:

6.B.12 Lemma *Die Situation sei dieselbe wie in 6.B.11 mit der Ausnahme, dass die Summierbarkeit der Familie a_i, $i \in I$, nicht vorausgesetzt wird. Dann ist a_i, $i \in I$, summierbar, falls jede der Familien $|a_i|$, $i \in I_j$, und auch noch die Familie $t_j := \sum_{i \in I_j} |a_i|$, $j \in J$, summierbar ist.*

B e w e i s. Für jede endliche Teilmenge $H \subseteq I$ ist offenbar $\sum_{i \in H} |a_i| \leq \sum_{j \in J} t_j$. Die Behauptung folgt daher aus 6.B.8 und 6.B.6. $\quad\bullet$

Eine einfache Anwendung des Großen Umordnungssatzes ist:

6.B.13 Großes Distributivgesetz *Seien a_i, $i \in I$, und b_j, $j \in J$, summierbare Familien komplexer Zahlen. Dann ist auch die Familie $a_i b_j$, $(i, j) \in I \times J$, summierbar, und es gilt*

$$\sum_{(i,j) \in I \times J} a_i b_j = \left(\sum_{i \in I} a_i\right)\left(\sum_{j \in J} b_j\right).$$

B e w e i s. Jede endliche Teilmenge H von $I \times J$ liegt in einer endlichen Teilmenge $F \times G$ mit $F \in \mathfrak{E}(I)$, $G \in \mathfrak{E}(J)$. Dann ist

$$\sum_{(i,j) \in H} |a_i b_j| \leq \sum_{i \in F,\, j \in G} |a_i|\,|b_j| = \left(\sum_{i \in F} |a_i|\right)\left(\sum_{j \in G} |b_j|\right) \leq \left(\sum_{i \in I} |a_i|\right)\left(\sum_{j \in J} |b_j|\right).$$

Nach 6.B.9 ist die rechte Seite dieser Ungleichung endlich. Also ist die Familie $a_i b_j$, $(i, j) \in I \times J$, nach 6.B.8 und 6.B.6 summierbar. Aus 6.B.11 folgt nun

$$\sum_{(i,j) \in I \times J} a_i b_j = \sum_{i \in I}\left(\sum_{j \in J} a_i b_j\right) = \sum_{i \in I}\left(a_i \sum_{j \in J} b_j\right) = \left(\sum_{i \in I} a_i\right)\left(\sum_{j \in J} b_j\right). \quad\bullet$$

Speziell für Folgen erhält man noch:

6.B.14 Cauchy-Produkt *Seien a_n, $n \in \mathbb{N}$, und b_n, $n \in \mathbb{N}$, summierbare Folgen komplexer Zahlen (d.h. die Reihen $\sum a_n$ und $\sum b_n$ seien absolut konvergent). Dann ist auch die Folge c_n, $n \in \mathbb{N}$, mit*

$$c_n := \sum_{i=0}^{n} a_i b_{n-i} = a_0 b_n + a_1 b_{n-1} + \cdots + a_{n-1} b_1 + a_n b_0$$

summierbar (d.h. die Reihe $\sum c_n$ absolut konvergent), und es gilt

$$\sum_{n=0}^{\infty} c_n = \left(\sum_{n=0}^{\infty} a_n\right)\left(\sum_{n=0}^{\infty} b_n\right).$$

B e w e i s . Es gilt $\sum_{(m,n)} a_m b_n = (\sum_m a_m)(\sum_n b_n)$ nach dem Großen Distributivgesetz. Aus 6.B.11 folgt

$$\sum_{(m,n)} a_m b_n = \sum_j \Big(\sum_{m+n=j} a_m b_n \Big) = \sum_j c_j \, . \qquad\bullet$$

Die Reihe $\sum c_n$ in 6.B.14 heißt das C a u c h y - P r o d u k t der Reihen $\sum a_n$ und $\sum b_n$.

Bei den im Folgenden zu besprechenden unendlichen Produkten verwenden wir die folgenden Bezeichnungen: Für eine Familie a_i, $i \in I$, und eine endliche Teilmenge $H \subseteq I$ sei

$$a^H := \prod_{i \in H} a_i \, , \quad (1+a)^H := \prod_{i \in H} (1+a_i) \, .$$

6.B.15 Definition Die Familie $1+a_i$, $i \in I$, komplexer Zahlen heißt m u l t i p l i z i e r b a r , wenn es eine endliche Teilmenge $I_0 \subseteq I$ und eine komplexe Zahl $u \neq 0$ gibt mit folgender Eigenschaft: Zu jedem $\varepsilon > 0$ existiert ein $H_0 \in \mathfrak{E}(I - I_0)$ derart, dass für alle $H \in \mathfrak{E}(I - I_0)$ mit $H \supseteq H_0$ gilt: $|(1+a)^H - u| \leq \varepsilon$. Die Zahl $u(1+a)^{I_0}$ heißt dann das P r o d u k t $\prod_{i \in I} (1+a_i)$ der Familie $1+a_i$, $i \in I$.

Das Cauchy-Kriterium, das ganz analog zu 6.B.4 bewiesen wird (vgl. auch 6.A.23), lautet hier:

6.B.16 Cauchysches Multiplizierbarkeitskriterium *Genau dann ist die Familie* $1+a_i$, $i \in I$, *komplexer Zahlen multiplizierbar, wenn es zu jedem* $\varepsilon > 0$ *ein* $H_0 \in \mathfrak{E}(I)$ *mit* $|(1+a)^E - 1| \leq \varepsilon$ *für alle* $E \in \mathfrak{E}(I)$ *mit* $E \cap H_0 = \emptyset$ *gibt.*

Anders als bei Reihen $\sum_{k=0}^\infty a_k$ mit zugehörigen Produkten $\prod_{k=0}^\infty (1+a_k)$, vgl. 6.A, Aufg. 25, hat man den folgenden einfachen Zusammenhang zwischen Summierbarkeit und Multiplizierbarkeit.

6.B.17 Satz *Die Familie* $1+a_i$, $i \in I$, *ist genau dann multiplizierbar, wenn die Familie* a_i, $i \in I$, *summierbar ist.*

B e w e i s . Sei zunächst a_i, $i \in I$, summierbar. Dann ist $\sum |a_i| < \infty$, und die Konvergenz von $\prod(1+a_i)$ ergibt sich mit dem Cauchy-Kriterium ganz wie bei 6.A.24.

Sei nun umgekehrt $1+a_i$, $i \in I$, multiplizierbar. Zum Nachweis der Summierbarkeit von a_i, $i \in I$, benutzen wir der Einfachheit halber die Logarithmus- und die Exponentialfunktion im Komplexen mit

$$\ln z = \ln |z| + \mathrm{i}\, \mathrm{Arg}\, z \, , \quad \mathrm{Arg}\, z \in \,]{-\pi}, \pi[\, ,$$

$$e^z = e^{\mathrm{Re}\, z} \left(\cos (\mathrm{Im}\, z) + \mathrm{i} \sin (\mathrm{Im}\, z) \right) ,$$

vgl. Abschnitt 13.C. Insbesondere verwenden wir die folgenden Aussagen:

(1) Es gilt das Additionstheorem $\ln zw = \ln z + \ln w$ für komplexe Zahlen $z, w \in \mathbb{C} - \mathbb{R}_-$, für die $|\mathrm{Arg}\, z + \mathrm{Arg}\, w| < \pi$ ist (wobei die Argumente $\mathrm{Arg}\, z$, $\mathrm{Arg}\, w$ ebenfalls in $]-\pi, \pi[$ zu wählen sind).

(2) Zu jedem $\varepsilon > 0$ gibt es ein $\delta > 0$ mit $|\ln z| \leq \varepsilon$, falls nur $|z - 1| \leq \delta$ ist. (Dies ist die Stetigkeit von $\ln$ im Punkt $z_0 = 1$.)

(3) Es ist $e^{\ln z} = z$ für alle $z \in \mathbb{C} - \mathbb{R}_-$.

(4) Es ist $|e^z - 1| \leq e^{|z|} - 1 \leq |z| e^{|z|}$ für alle $z \in \mathbb{C}$, vgl. 12.E, Aufg. 12.

Zum Nachweis der Summierbarkeit der $|a_i|$, $i \in I$, können wir gleich annehmen, dass für *alle* $H \in \mathfrak{E}(I)$ gilt: $|(1 + a)^H - 1| < 1$. Für diese H ist nach (1) dann $\ln (1 + a)^H = \sum_{i \in H} \ln (1 + a_i)$. Wegen (2) erfüllt die Familie $\ln (1 + a_i)$, $i \in I$, daher das Cauchysche Summierbarkeitskriterium und ist summierbar (übrigens mit $\ln \prod (1 + a_i)$ als Summe). Mit (3) und (4) erhält man

$$|a_i| = |e^{\ln(1+a_i)} - 1| \leq |\ln(1 + a_i)|\, e^{|\ln(1+a_i)|}.$$

Aus der Summierbarkeit von $|\ln(1 + a_i)|$, $i \in I$, (und der Beschränktheit von $e^{|\ln(1+a_i)|}$, $i \in I$) folgt nun die Summierbarkeit von $|a_i|$, $i \in I$.   •

Es sei bemerkt, dass die Formel $\ln \prod (1 + a_i) = \sum \ln(1 + a_i)$ im allgemeinen schon für endliche Familien a_i nicht gilt (auch dann nicht, wenn beide Seiten definiert sind). Ferner lässt sich für reelle Familien a_i, $i \in I$, der Satz 6.B.17 ganz leicht beweisen, indem man 6.A.24 bzw. 6.A, Aufg. 23 auf die Teilfamilien mit $a_i \geq 0$ bzw. mit $a_i < 0$ anwendet.

Der Große Umordnungssatz 6.B.11 gilt analog für unendliche Produkte. Beweis!

Aufgaben

1. a) Seien $z_1, \ldots, z_r \in \mathbb{C}$ mit $|z_i| < 1$ für $i = 1, \ldots, r$. Wir setzen wie allgemein üblich $z^m = z_1^{m_1} \cdots z_r^{m_r}$ für $m := (m_1, \ldots, m_r) \in \mathbb{N}^r$. Dann ist die Familie z^m, $m \in \mathbb{N}^r$, summierbar, und es gilt

$$\sum_{m \in \mathbb{N}^r} z^m = \frac{1}{1 - z_1} \cdots \frac{1}{1 - z_r}.$$

b) Man folgere für $w \in \mathbb{C}$, $|w| < 1$, und alle $r \in \mathbb{N}^*$:

$$\frac{1}{(1 - w)^r} = \sum_{k=0}^{\infty} \binom{k + r - 1}{r - 1} w^k.$$

c) Man verwende b), um die Summen der folgenden Reihen zu berechnen:

$$\sum_{n=0}^{\infty} \left(\frac{2}{3}\right)^n \,;\quad \sum_{n=0}^{\infty} \frac{n}{(1 + \mathrm{i})^n} \,;\quad \sum_{n=0}^{\infty} \frac{n^2}{2^n} \,;\quad \sum_{n=0}^{\infty} \frac{n^3}{(3\mathrm{i})^n} \,;\quad \sum_{n=0}^{\infty} \frac{n^4 \mathrm{i}^n}{(\sqrt{2})^n}.$$

2. a) Die Familie $a_{m,n} := m^{-n}$, $m, n \in \mathbb{N} - \{0, 1\}$, hat die Summe $\sum_{n=2}^{\infty}(\zeta(n) - 1) = 1$.

b) Sei $Q := \{m^n \mid m, n \in \mathbb{N} - \{0, 1\}\}$ die Menge der echten Potenzen natürlicher Zahlen. Dann ist die Familie $1/(q - 1)$, $q \in Q$, summierbar mit Summe 1.

(Die Ergebnisse von a) und b) widersprechen sich nicht.)

3. Für $(m, n) \in \mathbb{N}^* \times \mathbb{N}^*$ sei

$$a_{m,n} := \begin{cases} 1/(m^2 - n^2), & \text{falls } m \neq n\,, \\ 0, & \text{falls } m = n\,. \end{cases}$$

Dann gilt: Für jedes feste $m \in \mathbb{N}^*$ ist die Familie $(a_{m,n})_{n \in \mathbb{N}^*}$ summierbar, und für jedes feste $n \in \mathbb{N}^*$ ist die Familie $(a_{m,n})_{m \in \mathbb{N}^*}$ summierbar. Ferner existieren die Summen

$$\sum_{m \in \mathbb{N}^*} \Big(\sum_{n \in \mathbb{N}^*} a_{m,n} \Big) \ \text{ und } \ \sum_{n \in \mathbb{N}^*} \Big(\sum_{m \in \mathbb{N}^*} a_{m,n} \Big),$$

sind jedoch verschieden. Man begründe, weshalb der Große Umordnungssatz hier nicht anwendbar ist.

4. Man untersuche die folgenden Familien auf Summierbarkeit und bestimme gegebenenfalls die Summe:

a) $a_{m,n} := 1/(m + n + 1)$, $m, n \in \mathbb{N}$.

b) $a_{m,n} := mnw^{m+n}$, $m, n \in \mathbb{N}$, für festes $w \in \mathbb{C}$.

5. Für $w \in \mathbb{C}$ mit $|w| < 1$ und $g \in \mathbb{N}$, $g \geq 2$, gilt

$$\frac{1}{1 - w} = \prod_{n \in \mathbb{N}} \Big(\sum_{k=0}^{g-1} w^{kg^n} \Big).$$

6. Die Familie $1 + a_i$, $i \in \mathbb{N}$, ist genau dann multiplizierbar, wenn a^H, $H \in \mathfrak{E}(I)$, summierbar ist. In diesem Falle gilt

$$\prod_{i \in I} (1 + a_i) = \sum_{H \in \mathfrak{E}(I)} a^H.$$

7. Sei a_i, $i \in I$, eine summierbare Familie komplexer Zahlen. I_n, $n \in \mathbb{N}$, sei eine Folge von Teilmengen von I mit $I_0 \subseteq \cdots \subseteq I_n \subseteq I_{n+1} \subseteq \cdots$ und $\bigcup_{n=0}^{\infty} I_n = I$. (Man nennt in diesem Fall I_n, $n \in \mathbb{N}$, eine A u s s c h ö p f u n g von I und schreibt $I_n \uparrow I$.) Dann gilt

$$\sum_{i \in I} a_i = \lim_{n \to \infty} \Big(\sum_{i \in I_n} a_i \Big).$$

8. a) Seien $A \subseteq P$ eine endliche Teilmenge der Menge P der Primzahlen und $N(A)$ die Menge der natürlichen Zahlen $n \in \mathbb{N}^*$, deren Primteiler alle zu A gehören. Dann ist für jedes $s \in \mathbb{R}$ mit $s > 0$ (oder jedes $s \in \mathbb{C}$ mit $\operatorname{Re} s > 0$)

$$\prod_{p \in A} (1 - p^{-s})^{-1} = \sum_{n \in N(A)} \frac{1}{n^s}\,.$$

b) Für $s \in \mathbb{R}$, $s > 1$, (oder allgemeiner für $s \in \mathbb{C}$, $\operatorname{Re} s > 1$,) gilt:

$$\prod_{p \in P} (1 - p^{-s})^{-1} = \zeta(s) \quad (\text{F o r m e l v o n E u l e r})\,.$$

Insbesondere hat die ζ-Funktion keine Nullstelle für $\operatorname{Re} s > 1$.

c) Das Produkt $\prod_{p \in P} \left(1 - \frac{1}{p}\right)^{-1}$ ist divergent. Man folgere, dass auch die Summe $\sum_{p \in P} \frac{1}{p}$ divergiert. (S a t z   v o n   E u l e r – Bemerkung. *Die Folge*

$$\sum_{p \in P, p \le n} \frac{1}{p} - \ln \ln n , \quad n \ge 2,$$

konvergiert gegen die Konstante

$$\beta := \gamma + \sum_{p \in P} \left(\frac{1}{p} + \ln \left(1 - \frac{1}{p} \right) \right) = 0,261497\ldots$$

(S a t z   v o n   M e r t e n s). Man vgl. damit das Ergebnis $\lim_{n \to \infty} \left(\sum_{k=1}^{n} \frac{1}{k} - \ln n \right) = \gamma$ aus Beispiel 4.F.10. Einen Beweis des Satzes von Mertens (mit Mitteln des vorliegenden Bandes) findet man etwa in dem äußerst empfehlenswerten Lehrbuch Hardy, G.H.; Wright, E.M.: An Introduction to the Theory of Numbers, Oxford.)

d) Man folgere aus b): Für $s \in \mathbb{R}$, $s > 1$, (oder allgemeiner für $s \in \mathbb{C}$, $\mathrm{Re}\, s > 1$,) gilt

$$\frac{1}{\zeta(s)} = \prod_{p \in P} (1 - p^{-s}) = \sum_{n \in \mathbb{N}^*} \frac{\mu(n)}{n^s} ,$$

wobei $\mu(n) := (-1)^r$ ist, falls n keine mehrfachen Primfaktoren besitzt und r die Anzahl der Primfaktoren von n ist, und $\mu(n) := 0$ sonst. (Bemerkung. μ heißt die M ö b i u s - F u n k t i o n. Sie hat offenbar die folgende wichtige Eigenschaft:

$$\sum_{d \mid n} \mu(d) = \begin{cases} 1, & \text{falls } n = 1, \\ 0 & \text{sonst}, \end{cases}$$

vgl. 2.B, Aufg. 5a). Darauf beruht die so genannte M ö b i u s s c h e   U m k e h r f o r m e l : Ist $f(n)$, $n \in \mathbb{N}^*$, eine Folge komplexer Zahlen und setzt man $g(n) := \sum_{d \mid n} f(d)$, $n \in \mathbb{N}^*$, so ist

$$f(n) = \sum_{d \mid n} \mu\left(\frac{n}{d}\right) g(d) = \sum_{d \mid n} \mu(d)\, g\left(\frac{n}{d}\right)$$

wegen

$$\sum_{d \mid n} \mu\left(\frac{n}{d}\right) g(d) = \sum_{\substack{(d,d') \\ dd' \mid n}} \mu(d')\, f(d) = \sum_{d \mid n} \left(\sum_{d' \mid \frac{n}{d}} \mu(d') \right) f(d) = f(n) .$$

Für die Eulersche Funktion φ ergibt sich speziell aus $n = \sum_{d \mid n} \varphi(d)$ noch einmal die Eulersche Formel aus 5.C, Aufg. 15b)

$$\varphi(n) = n \sum_{d \mid n} \frac{\mu(d)}{d} = n \prod_{p \in P, p \mid n} \left(1 - \frac{1}{p}\right) .)$$

e) Für $s \in \mathbb{R}$ mit $s > 1$ (oder allgemeiner für $s \in \mathbb{C}$ mit $\mathrm{Re}\, s > 1$) ist

$$\zeta^2(s) = \prod_{p \in P} (1 - p^{-s})^{-2} = \sum_{n \in \mathbb{N}^*} \frac{T(n)}{n^s} , \quad \frac{\zeta(s)}{\zeta(2s)} = \prod_{p \in P} (1 + p^{-s}) = \sum_{n \in \mathbb{N}^*} \frac{|\mu(n)|}{n^s} ,$$

$$\frac{\zeta^2(s)}{\zeta(2s)} = \prod_{p\in P} \frac{p^s+1}{p^s-1} = \sum_{n\in\mathbb{N}^*} \frac{2^{\omega(n)}}{n^s},$$

wobei $T(n)$ die Anzahl der Teiler $d \in \mathbb{N}^*$ von $n \in \mathbb{N}^*$ ist und $\omega(n)$ die Anzahl der *verschiedenen* Primteiler von n. (Für $s = 2$ etwa ergibt sich mit Beispiel 13.C.11 (oder Beispiel 18.A.7) die überraschende (?) Formel $\prod_{p\in P}(p^2+1)/(p^2-1) = 5/2$. Man beachte: Nach 6.A, Aufg. 24b) ist $\prod_{n\geq 2}(n^2+1)/(n^2-1) = (\sinh\pi)/\pi = (e^\pi - e^{-\pi})/2\pi$.)

9. Sei $f(n)$, $n \in \mathbb{N}^*$, eine Folge komplexer Zahlen mit $\sum_{n\in\mathbb{N}^*} 2^{\omega(n)}|f(n)| < \infty$, wobei $\omega(n)$ für $n \in \mathbb{N}^*$ die Anzahl der verschiedenen Primteiler von n ist. Ferner sei $g(m) := \sum_{n\in\mathbb{N}^*} f(mn)$ für $m \in \mathbb{N}^*$. Dann gilt die Umkehrformel $f(1) = \sum_{m\in\mathbb{N}^*} \mu(m)g(m)$. (Man wende auf die (nach Voraussetzung) summierbare Familie $a_{m,n} := \mu(m)f(n)$, $(m,n) \in \mathbb{N}^* \times \mathbb{N}^*$, $m|n$, den Großen Umordnungssatz und die in Aufg. 8d) angegebene Summatoreigenschaft der Möbius-Funktion μ an. – Zwei Beispiele, die die bewiesene Umkehrformel allerdings nur für solche Folgen $f(n)$, $n \in \mathbb{N}^*$, benutzen, deren Glieder fast alle verschwinden, die aber interessante Interpretationen der ζ-Werte $\zeta(r)$, $r \in \mathbb{N}^*$, $r \geq 2$, liefern:

(1) Sei $r \in \mathbb{N}^*$, $r \geq 2$, und $V_r(n)$ für $n \in \mathbb{N}^*$ die Anzahl der teilerfremden r-Tupel positiver natürlicher Zahlen $\leq n$. Dann ist

$$\lim_{n\to\infty} \frac{V_r(n)}{n^r} = \frac{1}{\zeta(r)} .$$

Man sagt, *die Wahrscheinlichkeit dafür, dass ein r-Tupel positiver natürlicher Zahlen teilerfremd ist, sei* $1/\zeta(r)$, vgl. Beispiel 7.A.11. Zum Beweis sei $S(\delta)$ für $\delta > 0$ die Anzahl der Tupel $(\delta a_1, \dots, \delta a_r) \in \,]0,1]^r$ mit teilerfremden $a_1, \dots, a_r \in \mathbb{N}^*$ und $N(\delta) = [1/\delta]^r$ die Anzahl aller Tupel $(\delta a_1, \dots, \delta a_r) \in \,]0,1]^r$ mit $a_1, \dots, a_r \in \mathbb{N}^*$. Dann ist $N(\delta) = \sum_{d\in\mathbb{N}^*} S(d\delta)$, also $S(\delta) = \sum_{d\in\mathbb{N}^*} \mu(d)N(d\delta)$ und

$$\frac{V_r(n)}{n^r} = \frac{S(1/n)}{n^r} = \sum_{d\in\mathbb{N}^*} \frac{\mu(d)}{d^r}\Big(\frac{d}{n}\Big)^r N\Big(\frac{d}{n}\Big) = \frac{1}{\zeta(r)} - \sum_{d\in\mathbb{N}^*} \frac{\mu(d)}{d^r}\Big(1 - \Big(\frac{d}{n}\Big)^r N\Big(\frac{d}{n}\Big)\Big) \xrightarrow{n\to\infty} \frac{1}{\zeta(r)} .$$

($V_r(n) = \sum_{d\in\mathbb{N}^*} \mu(d)[n/d]^r$ beweist man auch leicht direkt mit der Siebformel 7.A.12. – Für $r = 2$ ist offenbar $V_2(n) + 1 = 2\sum_{k=1}^n \varphi(k)$ mit der Eulerschen Funktion φ. (Vgl. 5.C, Aufg. 15b). Das teilerfremde Paar $(1,1)$ wird auf der rechten Seite doppelt gezählt.) Es folgt

$$\frac{1}{n}\sum_{k=1}^n \varphi(k) = \frac{V_2(n)}{2n} + \frac{1}{2n} \sim \frac{n}{2\zeta(2)} = \frac{3n}{\pi^2}$$

(wegen $\zeta(2) = \pi^2/6$, vgl. etwa Beispiel 13.C.11 oder 14.E.3). Man sagt, $\varphi(n)$ *habe die mittlere Größenordnung* $3n/\pi^2$. Oder: *Die Anzahl* $\sum_{k=1}^n \varphi(k)$ *der nichtnegativen rationalen Zahlen* <1 *mit einem (positiven) Nenner* $\leq n$ *ist für* $n \to \infty$ *asymptotisch gleich* $3n^2/\pi^2$.)

(2) Sei $r \in \mathbb{N}^*$, $r \geq 2$. Eine Zahl $m \in \mathbb{N}^*$ heiße r-p o t e n z f r e i, wenn m außer 1 keine r-te Potenz einer natürlichen Zahl als Teiler besitzt. [1]) Für $n \in \mathbb{N}^*$ sei $P_r(n)$ die Anzahl der r-potenzfreien Zahlen $m \in \mathbb{N}^*$ mit $m \leq n$. Dann ist

$$\lim_{n\to\infty} \frac{P_r(n)}{n} = \frac{1}{\zeta(r)} .$$

Man sagt, *die Wahrscheinlichkeit dafür, dass eine positive natürliche Zahl r-potenzfrei ist, sei* $1/\zeta(r)$, vgl. Beispiel 7.A.11. Zum Beweis sei $F(\delta)$ für $\delta > 0$ die Anzahl der $\delta a \in \,]0,1]$

---

[1]) Bei $r = 2$ spricht man von q u a d r a t f r e i e n Zahlen.

mit r-potenzfreiem $a \in \mathbb{N}^*$ und $M(\delta) = [1/\delta]$ die Anzahl aller $\delta a \in]0, 1]$, $a \in \mathbb{N}^*$. Dann ist $M(\delta) = \sum_{d \in \mathbb{N}^*} F(d^r \delta)$, also $F(\delta) = \sum_{d \in \mathbb{N}^*} \mu(d) M(d^r \delta)$ und

$$\frac{P_r(n)}{n} = \frac{F(1/n)}{n} = \sum_{d \in \mathbb{N}^*} \frac{\mu(d)}{d^r} \frac{d^r}{n} M\left(\frac{d^r}{n}\right) \xrightarrow{n \to \infty} \frac{1}{\zeta(r)} \, .$$

($P_r(n) = \sum_{d \in \mathbb{N}^*} \mu(d)[n/d^r]$ beweist man auch leicht direkt mit der Siebformel 7.A.12.)

10. Die Grenzwerte

$$\lim_{n \to \infty} \left(\sum_{k \in \mathbb{N}^*} \frac{n}{(n+k)(n+k+1)} \right) \quad \text{und} \quad \sum_{k \in \mathbb{N}^*} \left(\lim_{n \to \infty} \frac{n}{(n+k)(n+k+1)} \right)$$

existieren, sind aber verschieden.

11. Sei $(a_n)_{n \in \mathbb{N}}$ eine Nullfolge reeller Zahlen, die weder eigentlich noch uneigentlich summierbar ist. Dann gibt es zu jedem $r \in \mathbb{R}$ eine Permutation σ von $\mathbb{N}$ mit $\sum_{n=0}^{\infty} a_{\sigma(n)} = r$. Außerdem kann man erreichen, dass die Reihe $\sum a_{\sigma(n)}$ gegen ∞ bzw. $-\infty$ uneigentlich konvergiert. (R i e m a n n)

12. Seien (r_n) und (s_n) monoton steigende Folgen natürlicher Zahlen, $n \in \mathbb{N}^*$. Es gelte $r_n + s_n = n$ für alle $n \in \mathbb{N}^*$. Die Reihe $\sum_{k=1}^{\infty} a_k$ sei so beschaffen, dass unter den ersten n Gliedern genau die ersten r_n Glieder der Reihe $\sum_{k=1}^{\infty} 1/(2k-1)$ und die ersten s_n Glieder der Reihe $\sum_{k=1}^{\infty} -1/2k$ vorkommen. Mit $H_n = \sum_{k=1}^{n} 1/k$ ist

$$\sum_{k=1}^{n} a_k = \sum_{k=1}^{r_n} \frac{1}{2k-1} - \sum_{k=1}^{s_n} \frac{1}{2k} = H_{2r_n} - \frac{1}{2}(H_{r_n} + H_{s_n})$$

die n-te Partialsumme und $\sum_{k=1}^{\infty} a_k = \frac{1}{2} \ln 4t$, falls $t := \lim (r_n/s_n) \in \overline{\mathbb{R}}_+ = \mathbb{R}_+ \cup \{\infty\}$ existiert. (Man benutze Beispiel 4.F.10 und die Stetigkeit des Logarithmus, vgl. 11.C.) Insbesondere ist

$$\sum_{k=1}^{\infty} a_k = \frac{1}{2} \ln \frac{4p}{1-p} \, ,$$

falls $\lim (r_n/n) = p$ ist, z.B. bei $r_n := [pn]$, $p \in [0, 1]$. Es ergibt sich (mit $p = 1/2$)

$$\sum_{k=1}^{\infty} \frac{(-1)^{k-1}}{k} = \ln 2$$

für die alternierende harmonische Reihe, aus der man mit dem gewonnenen Ergebnis durch *explizites* Umordnen jeden Wert $x \in \overline{\mathbb{R}}$ gewinnen kann, z.B. ($p = 1/5$)

$$0 = \sum_{k=1}^{\infty} \left(\frac{1}{2k-1} - \frac{1}{2}\left(\frac{1}{4k-3} + \frac{1}{4k-2} + \frac{1}{4k-1} + \frac{1}{4k} \right) \right) .$$

In Beispiel 6.B.1 ist übrigens $p = 2/3$.

13. Sei $z \in \mathbb{C}$, $|z| < 1$. Man zeige:

a) Die Familie z^{mn}, $m, n, \in \mathbb{N}^*$, ist summierbar, und es gilt

$$\sum_{m,n \geq 1} z^{mn} = \sum_{n=1}^{\infty} T(n) z^n = \sum_{n=1}^{\infty} \frac{z^n}{1-z^n} = \sum_{n=1}^{\infty} \frac{1+z^n}{1-z^n} z^{n^2} \, ,$$

wobei $T(n)$ die Anzahl der Teiler $k \in \mathbb{N}^*$ von n ist, vgl. 2.D, Aufg. 12b). (Für die letzte Gleichung summiere man nach folgendem Schema:

$$
\begin{array}{c|cc}
(1,1) & (1,2) & (1,3) \;\cdots \\
\cline{1-1}
(2,1) & (2,2) & (2,3) \;\cdots \\
\cline{2-2}
(3,1) & (3,2) & (3,3) \;\cdots \\
\;\vdots & \;\vdots & \;\vdots \quad \ddots \quad .)
\end{array}
$$

b) Es ist $z = \displaystyle\sum_{n=1}^{\infty} \mu(n) \, \frac{z^n}{1-z^n}$, wobei μ die Möbius-Funktion ist, vgl. Aufg. 8d).

c) Es ist $\displaystyle\frac{z}{(1-z)^2} = \sum_{n=1}^{\infty} nz^n = \sum_{n=1}^{\infty} \varphi(n) \, \frac{z^n}{1-z^n}$, wobei φ die Eulersche Funktion ist.

d) Es ist $\displaystyle\sum_{n=1}^{\infty} \sigma(n) \, z^n = \sum_{n=1}^{\infty} \frac{nz^n}{1-z^n}$, wobei $\sigma(n)$ für $n \in \mathbb{N}^*$ die Summe der Teiler $d \in \mathbb{N}^*$ von n ist.

e) Es ist $\displaystyle\frac{z}{1-z} = \sum_{n=0}^{\infty} \frac{z^{2^n}}{1+z^{2^n}}$.

14. Für $n \in \mathbb{N}$ bezeichne $P(n)$ die Anzahl der P a r t i t i o n e n von n, d.h. der Folgen $(\nu_1, \ldots, \nu_n) \in \mathbb{N}^n$ mit $n = \nu_1 \cdot 1 + \cdots + \nu_n \cdot n$. Für alle $z \in \mathbb{C}$, $|z| < 1$, gilt

$$
\sum_{n \in \mathbb{N}} P(n) \, z^n = \Big(\prod_{n \in \mathbb{N}^*} (1 - z^n) \Big)^{-1} .
$$

(Bemerkung. Nach Euler gilt für $|z| < 1$ die Darstellung

$$
f(z) := \prod_{n \in \mathbb{N}^*} (1 - z^n) = 1 + \sum_{n=1}^{\infty} (-1)^n \left(z^{(3n-1)n/2} + z^{(3n+1)n/2} \right) = \sum_{n \in \mathbb{Z}} (-1)^n \, z^{(3n+1)n/2} ,
$$

vgl. etwa [35], Teil 2, Satz 63.1. Durch Invertieren dieser Potenzreihe gemäß Beispiel 12.C.7 berechnet man leicht rekursiv die Zahlen $P(n)$, $n \in \mathbb{N}$, z.B.

n	0	1	2	3	4	5	6	7	8	9	10	11	12	13	14	15
$P(n)$	1	1	2	3	5	7	11	15	22	30	42	56	77	101	135	176

.

$P(n)$ kann für $n \in \mathbb{N}$ auch interpretiert werden als die Anzahl der Möglichkeiten, n Gegenstände auf n Fächer zu verteilen, falls zwei solche Verteilungen identifiziert werden, wenn sie durch eine Permutation sowohl der Gegenstände als auch der Fächer auseinander hervorgehen. Bei n Gegenständen und m Fächern ist die entsprechende Zahl die Anzahl $p(n, m)$ der n-Tupel $(\nu_1, \ldots, \nu_n) \in \mathbb{N}^n$ mit $\nu_1 \cdot 1 + \cdots + \nu_n \cdot n = n$ und $\nu_1 + \cdots + \nu_n \leq m$. Die Zahlen $p(n, m)$ erfüllen die Rekursion $p(n, m) = p(n, m - 1) + p(n - m, m)$ mit den Anfangsbedingungen $p(0, m) = 1$ für $m \in \mathbb{N}$, $p(n, 0) = 0$ für $n \in \mathbb{N}^*$ und $p(n, m) = 0$ für $n < 0$, womit sie sich leicht berechnen lassen. Man bemerke, dass $p(n, m)$ auch die Anzahl der m-Tupel $(\mu_1, \ldots, \mu_m) \in \mathbb{N}^m$ mit $\mu_1 \cdot 1 + \cdots + \mu_m \cdot m = n$ ist (Beweis!). Für alle $z \in \mathbb{C}$ mit $|z| < 1$ ist

$$
\sum_{n \in \mathbb{N}} p(n, m) \, z^n = \frac{1}{(1-z)(1-z^2) \cdots (1-z^m)} \quad .)
$$

15. Für alle $z \in \mathbb{C}$, $|z| < 1$, gilt

$$\prod_{n \in \mathbb{N}^*} (1 + z^n) = \prod_{n \in \mathbb{N}^*} \frac{1 - z^{2n}}{1 - z^n} = \frac{f(z^2)}{f(z)} = \left(\prod_{m \in \mathbb{N}^*} (1 - z^{2m-1}) \right)^{-1} = \sum_{n \in \mathbb{N}} Q(n)\, z^n \,,$$

wobei $f(z)$ dieselbe Bedeutung wie in Aufgabe 14 hat und $Q(n)$ die Anzahl der Folgen $\nu_1, \nu_3, \nu_5, \ldots$ natürlicher Zahlen mit $n = \nu_1 \cdot 1 + \nu_3 \cdot 3 + \nu_5 \cdot 5 + \cdots$ ist. Es folgt: Für $n \in \mathbb{N}$ ist $Q(n)$ gleich der Anzahl der Darstellungen von n als Summe *verschiedener* positiver natürlicher Zahlen (die Reihenfolge der Summanden nicht berücksichtigend). Mit der Bemerkung von Aufg. 14 lassen sich die $Q(n)$, $n \in \mathbb{N}$, leicht rekursiv berechnen, z.B.

n	0	1	2	3	4	5	6	7	8	9	10	11	12	13	14	15
$Q(n)$	1	1	1	2	2	3	4	5	6	8	10	12	15	18	22	27

16. Seien X eine abzählbare vollständig geordnete Menge und r_x, $x \in X$, eine summierbare Familie *positiver* reeller Zahlen mit Summe $S \in \mathbb{R}_+$.

a) Die Abbildung $x \mapsto \sum_{y < x} r_y$ ist eine (injektive) streng monotone Abbildung von X in $\mathbb{R}$. (Jede abzählbare totale Ordnung lässt sich also bis auf Isomorphie als Teilmenge von $\mathbb{R}$ realisieren. Man beweist leicht direkt, dass dies sogar in $\mathbb{Q}$ möglich ist. Keinesfalls lässt sich *jede* total geordnete Menge mit einer Mächtigkeit, die höchstens so groß ist wie die des Kontinuums, *ordnungstreu* in $\mathbb{R}$ einbetten. Beispiel ?)

b) Sei X sogar w o h l g e o r d n e t, d.h. jede nichtleere Teilmenge von X besitze ein kleinstes Element. $X \times [0, 1[$ trage die lexikographische Ordnung (vgl. Beispiel 1.D.7) . Dann ist die Abbildung

$$(x, t) \mapsto \left(\sum_{y < x} r_y \right) + t r_x$$

eine ordnungstreue bijektive Abbildung von $X \times [0, 1[$ auf $[0, S[$. (Zum Beweis der Surjektivität betrachte man das kleinste Element der Menge $\{ x \in X \mid \sum_{y \leq x} r_y > s \}$, wo $s \in [0, S[$ ist. – Wir bemerken, dass jede wohlgeordnete Teilmenge von $\mathbb{R}$ abzählbar ist. Beweis !)

III WAHRSCHEINLICHKEITSRECHNUNG

In zwei Teilen wollen wir die grundlegenden Begriffe und Methoden der Wahrscheinlichkeitsrechnung und Statistik darstellen. Hier beschränken wir uns auf diskrete Wahrscheinlichkeitsräume. Die allgemeine Theorie entwickeln wir im dritten Band auf der Grundlage der Maßtheorie.

Gelegentlich (besonders in den Beispielen) benutzen wir im vorliegenden Kapitel schon Methoden und Ergebnisse der Analysis, die erst im weiteren Verlauf dieses Bandes besprochen werden.

7 Diskrete Wahrscheinlichkeitsräume

7.A Der Begriff des diskreten Wahrscheinlichkeitsraumes

Wir beginnen mit einigen Beispielen.

7.A.1 Beispiel (L a p l a c e - R ä u m e) Das Werfen eines Würfels ist ein Z u f a l l s e x -
p e r i m e n t . Das Ergebnis, eine der sechs Augenzahlen 1,2,3,4,5,6, ist nicht mit Sicherheit
voraussagbar. Wir erwarten vielmehr jedes der sechs möglichen Resultate mit einer gewissen Wahrscheinlichkeit, die mit einer (reellen) Zahl zwischen 0 und 1 quantifiziert wird. Handelt es sich um einen korrekten Würfel, so erscheint jede der Augenzahlen mit der gleichen Wahrscheinlichkeit 1/6. Die Menge $\Omega = \{1, 2, 3, 4, 5, 6\}$ aller möglichen Ergebnisse nennen wir den E r e i g n i s r a u m , seine Elemente auch E l e m e n t a r e r e i g n i s s e . Die W a h r s c h e i n l i c h k e i t s f u n k t i o n P ordnet jedem Elementarereignis $\omega \in \Omega$ seine W a h r s c h e i n l i c h k e i t $P(\omega) = 1/6$ zu.

Beim Werfen einer Münze sind zwei Ergebnisse möglich, Wappen oder Zahl. Identifizieren wir diese mit den Zahlen 0 und 1, so ist der Ereignisraum $\Omega = \{0, 1\}$, und im Allgemeinen werden wir beiden Elementarereignissen die gleiche Wahrscheinlichkeit 1/2 zusprechen.

Hat generell ein Zufallsexperiment n mögliche Ausgänge ($n \in \mathbb{N}^*$), die alle gleichwahrscheinlich sind, so besteht der Ereignisraum Ω aus n Elementen und die Wahrscheinlichkeitsfunktion P auf Ω ist konstant mit $P(\omega) = 1/n$ für alle $\omega \in \Omega$. Man spricht in diesem Fall von einem L a p l a c e - E x p e r i m e n t bzw. einem L a p l a c e - R a u m (mit n Elementarereignissen) .

7.A.2 Beispiel (U r n e n m o d e l l) In einer Urne befinden sich gleichartige Kugeln mit r verschiedenen Farben $\omega_1, \ldots, \omega_r$, und zwar jeweils N_i Kugeln der Farbe ω_i , $i = 1, \ldots, r$. Insgesamt enthält die Urne also $N := N_1 + \cdots + N_r$ Kugeln. Es sei $N \geq 1$. Das blinde Ziehen einer Kugel ist ein Zufallsexperiment, wobei die möglichen Ausgänge durch die Farben $\omega_1, \ldots, \omega_r$ repräsentiert werden. Der Ereignisraum ist die Menge $\Omega := \{\omega_1, \ldots, \omega_r\}$. Für das Elementarereignis ω_i wird man $P(\omega_i) = N_i/N$ als Wahrscheinlichkeit nehmen, $i = 1, \ldots, r$. Die Wahrscheinlichkeitsfunktion $P : \Omega \to [0, 1]$ ist daher im Allgemeinen nicht mehr konstant. Die Summe aller Wahrscheinlichkeiten ist aber 1:

$$\sum_{\omega \in \Omega} P(\omega) = \sum_{i=1}^{r} P(\omega_i) = \sum_{i=1}^{r} \frac{N_i}{N} = \frac{1}{N} \left(\sum_{i=1}^{r} N_i \right) = 1 \,.$$

Dieses U r n e n m o d e l l ist ein Spezialfall der folgenden Konstruktion: Gegeben ist eine nichtleere endliche Menge A mit einer Äquivalenzrelation. (Im obigen Fall ist A die Menge der Kugeln in der Urne, und die Äquivalenzklassen werden von den Kugeln gleicher Farbe gebildet.) Der Ereignisraum Ω ist die Menge $\overline{A}$ der Äquivalenzklassen. Für jede einzelne Äquivalenzklasse $\omega \in \Omega$ ist $P(\omega) := |\omega|/|A|$ der Quotient aus der Anzahl der Elemente in ω und der Gesamtzahl der Elemente in A.

Ein weiteres Beispiel dazu ist das Würfeln mit zwei Würfeln, wenn wir uns dabei für die Summe der Augenzahlen interessieren. Jedes der Elementarereignisse $\omega \in \Omega = \{2, \ldots, 12\}$ setzt sich zusammen aus den Augenpaaren (α, β) mit $\alpha + \beta = \omega$. Die Wahrscheinlichkeit $P(\omega)$ ist die Anzahl dieser Augenpaare, dividiert durch 36, die Anzahl aller möglichen Augenpaare. Für $\omega = 2, \ldots, 12$ erhalten wir der Reihe nach die Wahrscheinlichkeiten $P(\omega) = 1/36, 1/18, 1/12, 1/9, 5/36, 1/6, 5/36, 1/9, 1/12, 1/18, 1/36$. Es ist $P(9) = 1/9 > P(10) = 1/12$, obwohl es sowohl für $9 = 3+6 = 4+5$ als auch für $10 = 4+6 = 5+5$ genau zwei Möglichkeiten gibt, diese Zahlen als Summe zweier Augenzahlen zwischen 1 und 6 zu realisieren. Für die Bestimmung der Wahrscheinlichkeiten hat man aber die Reihenfolge der Summanden zu berücksichtigen, vgl. auch Aufg. 5.

7.A.3 Beispiel Ein Glücksrad sei in n Sektoren geteilt:

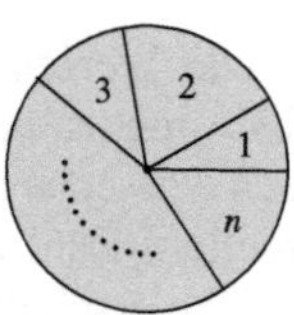

Nimmt der i-te Sektor das p_i-fache des Vollkreises ein, $i = 1, \ldots, n$, so ist die Wahrscheinlichkeit, dass das Rad beim zufälligen Drehen im i-ten Sektor stoppt, gleich p_i. Wir können also dieses Zufallsexperiment mit dem Ereignisraum $\Omega = \{1, \ldots, n\}$ und der Wahrscheinlichkeitsfunktion $P : \Omega \to [0, 1]$ mit $P(i) = p_i$ für $i = 1, \ldots, n$ beschreiben. Wieder ist $\sum_{i \in \Omega} P(i) = 1$.

7.A.4 Beispiel In den ersten drei Beispielen war der Ereignisraum Ω stets endlich. Dies ist bei folgendem Experiment nicht der Fall. Ein Würfel werde beliebig oft geworfen. Wir interessieren uns dafür, wann zum ersten Mal die Sechs erscheint. Das Ereignis, dass dies beim $(n + 1)$-ten Wurf geschieht, identifizieren wir mit der Zahl $n \in \mathbb{N}$, das Ereignis, dass die Sechs niemals erscheint, mit ∞. Der Ereignisraum $\Omega := \overline{\mathbb{N}} = \mathbb{N} \cup \{\infty\}$ ist jetzt unendlich. Zum Berechnen der Wahrscheinlichkeit $P(n)$, $n \in \mathbb{N}$, bemerken wir zunächst, dass diese völlig unabhängig ist vom Ausgang der Würfe $n + 2$, $n + 3$, ... Somit ist $P(n)$ die Wahrscheinlichkeit, dass beim $(n + 1)$-maligen Würfeln die ersten n Würfe keine Sechs ergeben, während der letzte Wurf eine Sechs liefert. Das Ereignis ω wird also durch die Gesamtheit der $(n + 1)$-Tupel $(\alpha_1, \ldots, \alpha_n, \alpha_{n+1})$ mit $\alpha_1, \ldots, \alpha_n \in \{1, \ldots, 5\}$ und $\alpha_{n+1} = 6$ gegeben. Übernehmen wir das in 7.A.2 beschriebene Verfahren, so wird $P(\omega) = |\omega|/6^{n+1} = 5^n/6^{n+1}$, da es insgesamt 6^{n+1} mögliche $(n + 1)$-Tupel aus den Zahlen $1, \ldots, 6$ gibt. Wir erhalten also

$$P(n) = \frac{1}{6}\left(\frac{5}{6}\right)^n,$$

$n \in \mathbb{N}$. Nun ist die Summe dieser Wahrscheinlichkeiten bereits gleich 1:

$$\sum_{n \in \mathbb{N}} P(n) = \frac{1}{6}\sum_{n \in \mathbb{N}}\left(\frac{5}{6}\right)^n = \frac{1}{6}\left(1/\left(1 - \frac{5}{6}\right)\right) = 1.$$

Für das Ereignis ∞, dass die Sechs nie geworfen wird, bleibt daher nur die Wahrscheinlichkeit 0 übrig, wenn die Summe aller Wahrscheinlichkeiten wieder 1 sein soll. Es ist also zu beachten, *dass ein Ereignis die Wahrscheinlichkeit* 0 *haben kann, ohne unmöglich zu sein.*

7.A.5 Beispiel Ein Schütze schieße auf eine Zielscheibe, die wir mit einer Ebene unseres Anschauungsraumes identifizieren. Der Ereignisraum Ω bei diesem Zufallsexperiment ist die Menge der Punkte der Ebene. Hier interessiert etwa die Wahrscheinlichkeit, dass die Einschüsse einen bestimmten Abstand vom Ziel nicht überschreiten. Dieses Experiment wird angemessen durch einen Wahrscheinlichkeitsraum beschrieben, der im Gegensatz zu den Räumen der vorangegangenen Beispiele nicht mehr diskret ist und erst im dritten Band behandelt wird. Doch gelangt man auch in diesen allgemeinen Situationen durch D i s k r e t i s i e r e n häufig zu diskreten Wahrscheinlichkeitsräumen. Ist beispielsweise die Zielscheibe in höchstens abzählbar viele Felder zerlegt und fragt man nach den Wahrscheinlichkeiten, dass ein bestimmtes Feld oder ein Feld aus einer vorgegebenen Menge von Feldern getroffen wird, so erhält man in natürlicher Weise einen diskreten Wahrscheinlichkeitsraum im Sinne der unten folgenden Definition 7.A.6. Die Glücksräder in 7.A.3 wurden ähnlich konstruiert. Auch das Beispiel 7.A.4 wurde durch solch einen Diskretisierungsprozess gewonnen. Der Ausgangsraum in diesem Beispiel ist der Raum $\{1, \ldots, 6\}^{\mathbb{N}^*}$ aller Folgen der Zahlen 1 bis 6, der kein diskreter Wahrscheinlichkeitsraum ist; jede einzelne Folge darin hat die Wahrscheinlichkeit 0, vgl. Bd. 3.

Die in den Beispielen 7.A.1 bis 7.A.4 beschriebenen Wahrscheinlichkeitsräume sind diskrete Wahrscheinlichkeitsräume im Sinne der folgenden Definition.

7.A.6 Definition Ein d i s k r e t e r W a h r s c h e i n l i c h k e i t s r a u m (Ω, P) ist eine Menge Ω, zusammen mit einer (summierbaren) Funktion $P : \Omega \to [0, 1]$, für die

$$\sum_{\omega \in \Omega} P(\omega) = 1$$

gilt. Die Elemente von Ω heißen die E l e m e n t a r e r e i g n i s s e , Ω heißt der E r e i g n i s r a u m und P die W a h r s c h e i n l i c h k e i t s f u n k t i o n oder die (W a h r s c h e i n l i c h k e i t s -) V e r t e i l u n g . Für $\omega \in \Omega$ heißt $P(\omega)$ die W a h r s c h e i n l i c h k e i t von ω.

Sei $\Omega = (\Omega, P)$ ein diskreter Wahrscheinlichkeitsraum. Nach Abschnitt 6.B ist dann höchstens für abzählbar viele Elementarereignisse $\omega \in \Omega$ die Wahrscheinlichkeit $P(\omega)$ von 0 verschieden. Ist die Anzahl der $\omega \in \Omega$ mit $P(\omega) \neq 0$ sogar endlich, so heißt $\Omega = (\Omega, P)$ ein **endlicher Wahrscheinlichkeitsraum**. Auf einer endlichen Menge $\Omega \neq \emptyset$ sind die Wahrscheinlichkeitsverteilungen die Ω-Tupel $(p_\omega)_{\omega \in \Omega} \in \mathbb{R}_+^\Omega$ mit $\sum_\omega p_\omega = 1$. Sie bilden das so genannte $(|\Omega|-1)$-dimensionale **Standardsimplex** in $\mathbb{R}^\Omega$. Das Standardsimplex in $\mathbb{R}^{n+1}$, $n \in \mathbb{N}$, bezeichnet man mit $\triangle_n$. (Vgl. auch Band 2.)

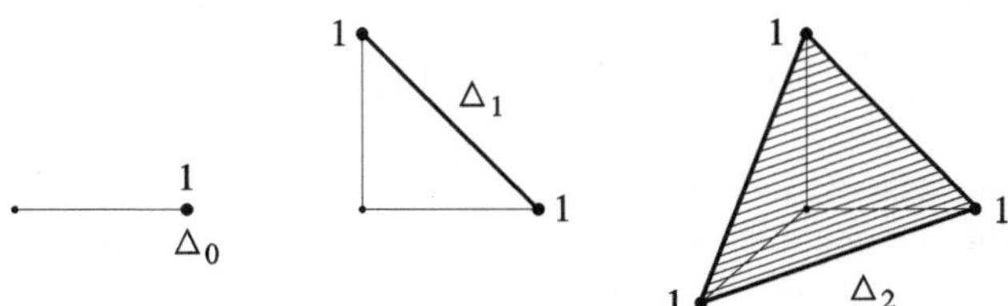

Ausgehend von den Elementarereignissen kommt man zu den zusammengesetzten Ereignissen und deren Wahrscheinlichkeiten. Beim Würfeln mit einem Würfel beispielsweise ist das Ereignis: „Eine gerade Zahl wird gewürfelt" , identisch mit dem Ereignis: „Die gewürfelte Augenzahl liegt in der Menge $\{2, 4, 6\}$" . In diesem Sinne ist jedes Ereignis als eine Teilmenge des Ereignisraumes Ω auffassbar, und umgekehrt lässt sich jede Teilmenge von Ω als ein Ereignis interpretieren. Wir definieren somit:

7.A.7 Definition Sei Ω ein Ereignisraum. Eine Teilmenge $A \subseteq \Omega$ heißt ein **Ereignis** (in Ω).

Die Elementarereignisse $\omega \in \Omega$ identifizieren wir mit den einelementigen Teilmengen $\{\omega\} \subseteq \Omega$. Die Menge aller Ereignisse in Ω ist die Potenzmenge $\mathfrak{P}(\Omega)$ von Ω. Für das Ereignis, das der Teilmenge $A \subseteq \Omega$ entspricht, verwendet man auch die Sprechweisen „A tritt ein" oder ähnliche. Dann nennt man $\Omega - A$ das **Komplementärereignis** „A tritt nicht ein". Entsprechend lassen sich auch andere mengentheoretische Operationen in $\mathfrak{P}(\Omega)$ umgangssprachlich beschreiben. Sind etwa $A, B \subseteq \Omega$, so ist

$$A \cap B \text{ das Ereignis: } \text{„}A \text{ und } B \text{ treten ein"},$$

$$A \cup B \text{ das Ereignis: } \text{„}A \text{ oder } B \text{ tritt ein"},$$

$$A - B \text{ das Ereignis: } \text{„}A \text{ tritt ein, } B \text{ aber nicht"}.$$

7.A.8 Definition Seien (Ω, P) ein diskreter Wahrscheinlichkeitsraum und $A \subseteq \Omega$ ein Ereignis in Ω. Dann heißt die Summe

$$P(A) := \sum_{\omega \in A} P(\omega)$$

aller Wahrscheinlichkeiten der Elementarereignisse $\omega \in A$ die **W a h r s c h e i n -
l i c h k e i t** des Ereignisses A. [1])

Mit der Definition 7.A.8 ist die Funktion P auf Ω zu einer Funktion

$$P : \mathfrak{P}(\Omega) \to [0, 1]$$

auf der Potenzmenge $\mathfrak{P}(\Omega)$ von Ω fortgesetzt. Von nun an fassen wir P stets als diese Fortsetzung auf. Für sie notieren wir die folgenden trivialen, aber wesentlichen Eigenschaften:

7.A.9 Satz *Sei* (Ω, P) *ein diskreter Wahrscheinlichkeitsraum.*
(1) *Für alle Ereignisse* $A \subseteq \Omega$ *ist* $0 \le P(A) \le 1$.
(2) *Es ist* $P(\Omega) = 1$.
(3) *Sind* $A_i \subseteq \Omega$, $i \in I$, *paarweise disjunkte Ereignisse, so ist*

$$P\left(\biguplus_{i \in I} A_i\right) = \sum_{i \in I} P(A_i).$$

B e w e i s . (1) und (2) sind selbstverständlich. (3) ist ein Spezialfall des Großen Umordnungssatzes 6.B.11.   ●

Ω heißt das **s i c h e r e   E r e i g n i s** und $\emptyset$ das **u n m ö g l i c h e   E r e i g n i s**. Ein Ereignis $A \subseteq \Omega$ mit $P(A) = 1$ bzw. $P(A) = 0$ heißt **f a s t   s i c h e r** bzw. **f a s t   u n m ö g l i c h**. Da in der Aussage 7.A.9 (3) von vornherein nur für abzählbar viele $i \in I$ die Wahrscheinlichkeiten $P(A_i)$ von 0 verschieden sein können, ist 7.A.9 (3) im Wesentlichen eine Aussage über die Wahrscheinlichkeit *abzählbar* vieler disjunkter Ereignisse. Für abzählbare Indexmengen I nennt man die Aussage 7.A.9 (3) die **σ - A d d i t i v i t ä t** und für endliche I die **A d d i t i v i t ä t** der Wahrscheinlichkeitsfunktion $P : \mathfrak{P}(\Omega) \to [0, 1]$.

Die Gleichung $P(\Omega - A) = 1 - P(A)$ für die Wahrscheinlichkeit des Komplementärereignisses $\Omega - A$ zum Ereignis $A \subseteq \Omega$ und die Ungleichung $P(A) \le P(B)$ für Ereignisse $A, B \subseteq \Omega$ mit $A \subseteq B$ sind triviale Folgerungen aus der Additivität von P. Genauer ergeben sich für zwei beliebige Ereignisse $A, B \subseteq \Omega$ aus den Zerlegungen

$$A \cup B = A \uplus (B - A) \quad \text{und} \quad B = (A \cap B) \uplus (B - A)$$

die Gleichungen

$$P(A \cup B) = P(A) + P(B - A) \quad \text{und} \quad P(B) = P(A \cap B) + P(B - A),$$

also

$$P(A \cup B) = P(A) + P(B) - P(A \cap B).$$

Die letzte Formel lässt sich leicht auf die Vereinigung von mehr als zwei (aber endlich vielen) Ereignissen verallgemeinern:

---

[1]) Man verwechsele $P(A)$ hier nicht mit dem Bild $\{P(\omega) \mid \omega \in A\}$ von A unter P.

7.A.10 Siebformel *Seien $A_1, \ldots, A_n \subseteq \Omega$. Für $k \in \mathbb{N}$ mit $1 \le k \le n$ sei*

$$p_k := \sum_{1 \le i_1 < \cdots < i_k \le n} P(A_{i_1} \cap \cdots \cap A_{i_k}).$$

Dann ist

$$P(A_1 \cup \cdots \cup A_n) = \sum_{k=1}^{n} (-1)^{k-1} p_k.$$

B e w e i s (durch Induktion über n). Der Fall $n \le 1$ ist trivial, und der Fall $n = 2$ ist in der Vorbemerkung behandelt worden. Beim Schluss von n auf $n + 1$ liefert der Fall $n = 2$ zunächst

$$P(A_1 \cup \cdots \cup A_n \cup A_{n+1}) = P\big((A_1 \cup \cdots \cup A_n) \cup A_{n+1}\big) =$$

$$= P(A_1 \cup \cdots \cup A_n) + P(A_{n+1}) - P\big((A_1 \cap A_{n+1}) \cup \cdots \cup (A_n \cap A_{n+1})\big).$$

Nach Induktionsvoraussetzung ist

$$P(A_1 \cup \cdots \cup A_n) = \sum_{k=1}^{n} (-1)^{k-1} \sum_{1 \le i_1 < \cdots < i_k \le n} P(A_{i_1} \cap \cdots \cap A_{i_k}),$$

$$P\big((A_1 \cap A_{n+1}) \cup \cdots \cup (A_n \cap A_{n+1})\big) =$$

$$= \sum_{m=1}^{n} (-1)^{m-1} \sum_{1 \le j_1 < \cdots < j_m \le n} P(A_{j_1} \cap \cdots \cap A_{j_m} \cap A_{n+1}).$$

Setzt man dies oben ein, so ergibt sich die Siebformel für $n + 1$ statt n.   •

7.A.11 Beispiel Wir greifen die Laplace–Räume aus Beispiel 7.A.1 auf: Ein diskreter Wahrscheinlichkeitsraum $\Omega = (\Omega, P)$ heißt ein L a p l a c e – R a u m, wenn die Elementarereignisse $\omega \in \Omega$ alle die gleiche Wahrscheinlichkeit haben. Dann ist notwendigerweise Ω endlich und $P(\omega) = 1/|\Omega|$ für alle $\omega \in \Omega$. Für ein beliebiges Ereignis $A \subseteq \Omega$ ist daher

$$P(A) = \sum_{\omega \in A} P(\omega) = \frac{|A|}{|\Omega|} = \frac{\text{Anzahl der für } A \text{ günstigen Fälle}}{\text{Anzahl der möglichen Fälle}},$$

falls wir einen Fall, d.h. ein Elementarereignis $\omega \in \Omega$, g ü n s t i g f ü r A nennen, wenn $\omega \in A$ ist. Die Siebformel 7.A.10 ist für Laplace–Räume äquivalent mit der folgenden Anzahlformel:

7.A.12 Satz *Seien $A_1, \ldots, A_n$ endliche Mengen. Für jedes $k \in \mathbb{N}$ mit $1 \le k \le n$ sei*

$$N_k := \sum_{1 \le i_1 < \cdots < i_k \le n} |A_{i_1} \cap \cdots \cap A_{i_k}|.$$

Dann ist

$$|A_1 \cup \cdots \cup A_n| = \sum_{k=1}^{n} (-1)^{k-1} N_k.$$

7.A.13 Beispiel (K u m u l a t i o n) Die folgende Konstruktion verallgemeinert Beispiel 7.A.2. Sei (Ω, P) ein diskreter Wahrscheinlichkeitsraum. Ferner sei eine Äquivalenzrelation auf Ω gegeben, für die $\overline{\Omega}$ die Menge der Äquivalenzklassen ist. Auf $\overline{\Omega}$ wird dann durch $[\omega] \mapsto \overline{P}([\omega]) := \sum_{x \in [\omega]} P(x)$ offensichtlich eine Wahrscheinlichkeitsverteilung $\overline{P}$ definiert. Man sagt, $(\overline{\Omega}, \overline{P})$ entstehe aus (Ω, P) durch K u m u l a t i o n oder A g g r e g a t i o n . Dieses Verfahren empfiehlt sich immer dann, wenn die Elementarereignisse in Ω unter einem bestimmten Aspekt betrachtet werden, der eben durch die gegebene Äquivalenzrelation präzisiert wird. Es wird häufig (und meist stillschweigend) zum Vereinfachen der betrachteten Situation eingesetzt. Auch das in Beispiel 7.A.5 erwähnte Diskretisieren ist solch ein Kumulieren.

Ist Ω zerlegt in die beiden Äquivalenzklassen A und $B = \Omega - A$, so wird $\overline{\Omega} = \{A, B\}$ ein Raum mit nur zwei Elementarereignissen. In diesem Fall steht die Alternative: „A tritt ein" bzw. „A tritt nicht ein", zur Diskussion.

7.A.14 Beispiel (B e r n o u l l i - R ä u m e) Allgemein heißt ein Wahrscheinlichkeitsraum Ω mit nur zwei Elementarereignissen ein B e r n o u l l i - R a u m (nach Jacob Bernoulli) . Das eine der beiden Ereignisse interpretiert man dabei häufig als „ E r f o l g " und identifiziert es mit der Zahl 1, das andere, das man mit der Zahl 0 identifiziert, entsprechend als „ F e h l s c h l a g ". Der Bernoulli-Raum $\Omega = \{0, 1\}$ ist also völlig durch die E r f o l g s w a h r s c h e i n l i c h k e i t $p = P(1)$ bestimmt. Die Wahrscheinlichkeit für einen Fehlschlag ist $q = P(0) = 1 - p$.

7.A.15 Beispiel (S t a b d i a g r a m m e · H i s t o g r a m m e) Eine diskrete Wahrscheinlichkeitsverteilung P auf $\Omega := \mathbb{R}$ veranschaulicht man häufig mit einem S t a b d i a g r a m m : Über jedem Punkt $\omega \in \Omega$, für den $P(\omega) > 0$ ist, zeichnet man einen Stab der Länge $P(\omega)$ oder besser einen Stab, dessen Länge zu $P(\omega)$ proportional ist. Ist $\Omega = \mathbb{Z}$, so sind auch H i s t o g r a m m e gebräuchlich: Zu jedem Punkt $\omega \in \mathbb{Z}$ mit $P(\omega) > 0$ zeichnet man ein Rechteck, dessen Höhe zu $P(\omega)$ proportional und dessen Grundseite das Intervall von $\omega - \frac{1}{2}$ bis $\omega + \frac{1}{2}$ ist. So hat man etwa für die Verteilung der Augenzahlen beim Würfeln mit einem Würfel bzw. mit zwei Würfeln die folgenden Stabdiagramme und Histogramme:

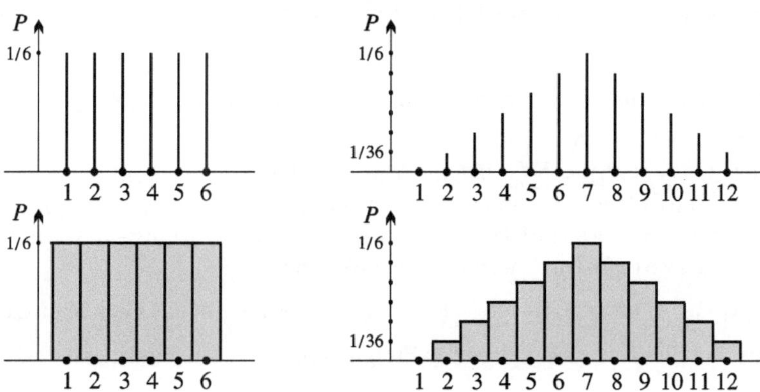

7.A.16 Beispiel (V e r t e i l u n g s f u n k t i o n e n) Eine übersichtliche Beschreibung einer (diskreten) Wahrscheinlichkeitsverteilung P auf $\Omega = \mathbb{R}$ liefert häufig auch die V e r t e i l u n g s f u n k t i o n $F = F_P$ zu P, die durch

$$F(x) = F_P(x) := \sum_{\omega < x} P(\omega) = P\big(]-\infty, x[\big),$$

$x \in \mathbb{R}$, definiert ist.[2] Diese Funktion ist monoton wachsend und konstant auf jedem Intervall, das keinen Punkt ω mit $P(\omega) > 0$ enthält. In einem Punkt ω mit $P(\omega) > 0$ springt die Verteilungsfunktion F_P um $P(\omega)$, vgl. dazu auch Beispiel 10.B.15. Die Verteilungsfunktionen zu den beiden Würfelbeispielen in Beispiel 7.A.15 haben die folgenden Graphen:

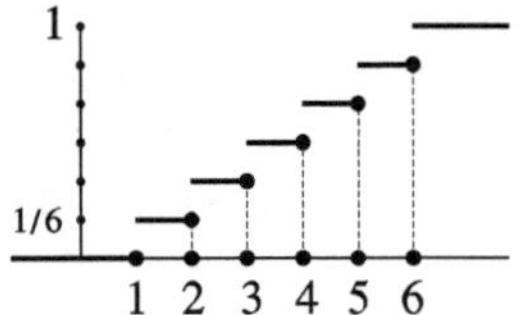
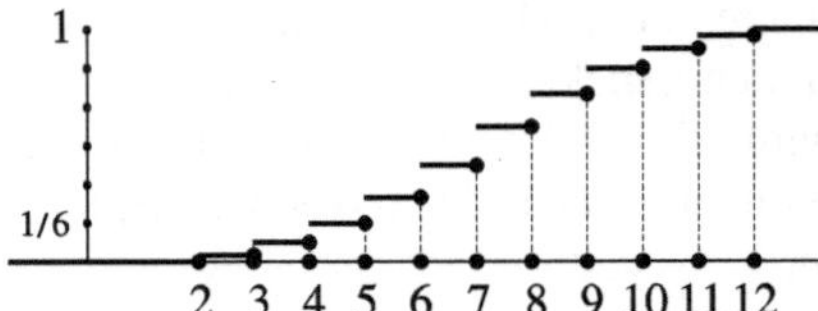

Aufgaben

1. Seien $A_1, \ldots, A_n \subseteq \Omega$ Ereignisse im Ereignisraum Ω, $n \geq 1$. Ferner sei $k \leq n$ eine natürliche Zahl. Man beschreibe die folgenden Ereignisse mengentheoretisch:

a) Jedes der Ereignisse $A_1, \ldots, A_n$ tritt ein.

b) Wenigstens eines der Ereignisse $A_1, \ldots, A_n$ tritt ein.

c) Keines der Ereignisse $A_1, \ldots, A_n$ tritt ein.

d) Wenigstens k der Ereignisse $A_1, \ldots, A_n$ treten ein.

e) Höchstens k der Ereignisse $A_1, \ldots, A_n$ treten ein.

f) Genau k der Ereignisse $A_1, \ldots, A_n$ treten ein.

2. Seien $A, B, C, A_1, \ldots, A_n \subseteq \Omega$ Ereignisse im Ereignisraum Ω. Die folgenden Ereignisse beschreibe man umgangssprachlich: $A \cap (B - C)$, $A \cup (B - C)$, $(A - B) - C$, $A - (B - C)$, $A_1 \triangle \cdots \triangle A_n$.

3. Seien (Ω, P) ein (diskreter) Wahrscheinlichkeitsraum und $A_1, \ldots, A_n \subseteq \Omega$ Ereignisse. Man beweise:

a) Es ist $P(A_1 \cup \cdots \cup A_n) \leq \sum_{i=1}^{n} P(A_i)$. Das Gleichheitszeichen gilt genau dann, wenn $P(A_i \cap A_j) = 0$ ist für alle i, j mit $i \neq j$. (Man sagt dann, dass die Ereignisse A_i sich paarweise f a s t   s i c h e r   a u s s c h l i e ß e n. Zwei Ereignisse s c h l i e ß e n   s i c h   (s i c h e r) a u s oder sind u n v e r e i n b a r, wenn sie disjunkt sind.)

b) Es ist $P(A_1 \cap \cdots \cap A_n) \geq 1 - \sum_{i=1}^{n}\left(1 - P(A_i)\right)$. Wann gilt das Gleichheitszeichen?

c) Die Wahrscheinlichkeit, dass keines der Ereignisse $A_1, \ldots, A_n$ eintritt, ist

$$P\left((\Omega - A_1) \cap \cdots \cap (\Omega - A_n)\right) = \sum_{k=0}^{n} (-1)^k p_k,$$

wobei $p_0 := 1$ gesetzt ist und die übrigen p_k wie in 7.A.10 definiert sind.

---

[2] Einige Autoren definieren die Verteilungsfunktion F allerdings in folgender Weise: $F(x) := \sum_{\omega \leq x} P(\omega) = P\left(]-\infty, x]\right)$.

d) Mit den Bezeichnungen von 7.A.10 gilt

$$P(A_1 \cup \cdots \cup A_n) \leq \sum_{k=1}^{m} (-1)^{k-1} p_k \quad \text{für ungerade } m \leq n,$$

$$P(A_1 \cup \cdots \cup A_n) \geq \sum_{k=1}^{m} (-1)^{k-1} p_k \quad \text{für gerade } m \leq n.$$

(Induktion über n.)

4. Gegeben seien die vier Würfel $W_0, \ldots, W_3$ mit den Augenzahlen $(0, 0, 4, 4, 4, 4)$ bzw. $(1, 1, 1, 5, 5, 5)$ bzw. $(2, 2, 2, 2, 6, 6)$ bzw. $(3, 3, 3, 3, 3, 3)$. Zwei Spieler S und T wählen nacheinander je einen Würfel und würfeln damit. Gewonnen hat derjenige, der die höhere Augenzahl wirft. (Man beachte, dass S und T nicht die gleiche Augenzahl werfen können.) Man bestätige die folgende Tabelle für die Wahrscheinlichkeiten p_{ij}, dass der Spieler T gewinnt, falls S den Würfel W_i und T dann den Würfel W_j wählt, $i \neq j$:

S \ T	W_0	W_1	W_2	W_3
W_0	$-$	$2/3$	$5/9$	$1/3$
W_1	$1/3$	$-$	$2/3$	$1/2$
W_2	$4/9$	$1/3$	$-$	$2/3$
W_3	$2/3$	$1/2$	$1/3$	$-$

Man überzeuge sich, dass T, nachdem S gewählt hat, stets einen Würfel so wählen kann, dass die Wahrscheinlichkeit für einen Gewinn $> 1/2$ ist. Die auf der Menge $\{W_0, W_1, W_2, W_3\}$ definierte Relation $<$ mit $W_i < W_j$ genau dann, wenn $i \neq j$ ist und der Spieler mit dem Würfel W_j mit einer Wahrscheinlichkeit $> 1/2$ gegen den Spieler mit dem Würfel W_i gewinnt, ist nicht transitiv. (Überlegenheit ist nicht notwendig transitiv.) Ihr Graph ist

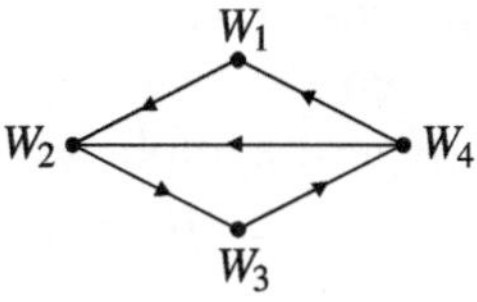

5. Was ist wahrscheinlicher, mit drei Würfeln die Augenzahl 9 oder die Augenzahl 10 zu erreichen? (Aufgabe von Galilei – Vgl. das Ende von Beispiel 7.A.2.)

7.B Produkte von Wahrscheinlichkeitsräumen

Es werden m Zufallsexperimente hintereinander ausgeführt. $\Omega_1, \ldots, \Omega_m$ seien die Ereignisräume für die einzelnen Experimente. Dann repräsentiert das kartesische Produkt

$$\Omega := \Omega_1 \times \cdots \times \Omega_m$$

den Ereignisraum für dieses mehrfache Experiment. Das m-Tupel

$$\omega = (\omega_1, \ldots, \omega_m)$$

beschreibt das Gesamtexperiment, dessen Ausgang beim i-ten Experiment gleich ω_i ist. Man denke etwa an m Glücksräder, die nacheinander gedreht werden. Welche Wahrscheinlichkeit hat dann der Ausgang $\omega = (\omega_1, \ldots, \omega_m)$, d.h. wie groß ist die Wahrscheinlichkeit, dass für jedes i das i-te Rad die Farbe ω_i zeigt? Das erste Rad zeigt die Farbe ω_1 mit der Wahrscheinlichkeit $P_1(\omega_1)$. Die Forderung, dass das zweite Rad die Farbe ω_2 zeigt, verringert die Wahrscheinlichkeit auf das $P_2(\omega_2)$-fache von $P_1(\omega_1)$, also auf $P_1(\omega_1)P_2(\omega_2)$. So fortfahrend erhalten wir für $P(\omega)$ den Wert $P_1(\omega_1) \cdots P_m(\omega_m)$. Dies führt zu folgender Definition:

7.B.1 Definition Seien $\Omega_1, \ldots, \Omega_m$ diskrete Wahrscheinlichkeitsräume mit den Wahrscheinlichkeitsfunktionen $P_1, \ldots, P_m$. Dann heißt der Wahrscheinlichkeitsraum $\Omega := \Omega_1 \times \cdots \times \Omega_m$ mit der durch

$$P(\omega_1, \ldots, \omega_m) := P_1(\omega_1) \cdots P_m(\omega_m),$$

$\omega_i \in \Omega_i$, $i = 1, \ldots, m$, definierten Wahrscheinlichkeitsfunktion das P r o d u k t der Räume $(\Omega_1, P_1), \ldots, (\Omega_m, P_m)$.

Nach dem Großen Distributivgesetz 6.B.13 ist die Funktion P in der obigen Definition in der Tat eine Wahrscheinlichkeitsverteilung auf $\Omega_1 \times \cdots \times \Omega_m = \Omega$. Sie heißt das P r o d u k t der Verteilungen $P_1, \ldots, P_m$ und wird auch mit $P_1 \otimes \cdots \otimes P_m$ bezeichnet. Das Große Distributivgesetz impliziert generell die P r o d u k t r e g e l

$$P(A_1 \times \cdots \times A_m) = P_1(A_1) \cdots P_m(A_m)$$

für beliebige Ereignisse $A_i \subseteq \Omega_i$, $i = 1, \ldots, m$. Sind die Ω_i, $i = 1, \ldots, m$, Laplace–Räume, so auch ihr Produkt.

Den Produktraum wählt man immer dann als Modell für das Hintereinanderausführen (oder auch das gleichzeitige Ausführen) mehrerer Zufallsexperimente, wenn diese sich nicht gegenseitig beeinflussen, d.h. wenn der Ausgang des einen Experiments jeweils unabhängig vom Ausgang der übrigen ist. Stimmen alle Ω_i überein, so beschreibt der Produktraum das mehrmalige Ausführen ein und desselben Zufallsexperiments ohne gegenseitige Beeinflussung. Ein typisches Beispiel dafür ist das m-malige Ziehen einer Kugel aus einer Urne wie in Beispiel 7.A.2, *wobei jede Kugel sofort wieder zurückgelegt wird* (und die Kugeln dann jeweils gut gemischt werden).

7.B.2 Beispiel (B i n o m i a l v e r t e i l u n g e n) Sei $\Omega = \{0, 1\}$ ein Bernoulli-Raum mit der Erfolgswahrscheinlichkeit $p = P(1)$ und der Fehlschlagswahrscheinlichkeit $q = P(0) = 1 - p$. Wird ein solches Zufallsexperiment mehrmals unabhängig voneinander wiederholt, so spricht man von einem B e r n o u l l i - E x p e r i m e n t. Ist etwa n die Anzahl der Versuche, so ist der Produktraum Ω^n der zugehörige Wahrscheinlichkeitsraum. Das Ergebnis eines jeden Experiments ist eine Folge in $\{0, 1\}$ der Länge n, deren Wahrscheinlichkeit $p^k q^{n-k} = p^k(1 - p)^{n-k}$ ist, wenn k die Anzahl der Einsen, d.h. die Anzahl der Erfolge im vorliegenden Experiment ist. Die Wahrscheinlichkeit dafür, dass die Anzahl der Erfolge genau k ist, ist somit

$$\beta(k; n, p) := \binom{n}{k} p^k q^{n-k} = \binom{n}{k} p^k (1 - p)^{n-k},$$

da es genau $\binom{n}{k}$ Folgen der Länge n gibt, die genau k Einsen enthalten, vgl. 2.B.8.

Bei festen Parametern n, p ist $k \mapsto \beta(k; n, p)$ eine endliche Wahrscheinlichkeitsverteilung auf $\mathbb{N}$. Sie heißt die B e r n o u l l i - V e r t e i l u n g oder die B i n o m i a l v e r t e i l u n g m i t d e n P a r a m e t e r n n, p.

Die Wahrscheinlichkeit, keinen einzigen Erfolg zu haben, ist $\beta(0; n, p) = (1 - p)^n$ und die, wenigstens einen Erfolg zu haben, $1 - (1 - p)^n$. Fragen wir danach, wie oft das Experiment zu wiederholen ist, damit die Wahrscheinlichkeit für wenigstens einen Erfolg $> 1/2$ ist, so erhalten wir aus der Bedingung $(1 - p)^n < 1/2$ die Ungleichung $n > -\ln 2 / \ln(1 - p)$ oder

$$n > \frac{\ln 2}{p} \Big/ \Big(1 + \frac{p}{2} + \frac{p^2}{3} + \cdots\Big) = \frac{\ln 2}{p}\Big(1 - \frac{p}{2} - \frac{p^2}{12} - \cdots\Big) \sim \frac{\ln 2}{p}$$

für $p \to 0$, vgl. das Ende von Beispiel 12.C.7. Bei kleinem p ist der Schwellenwert für n also ungefähr proportional zum Kehrwert von p. Beispielsweise ist die Wahrscheinlichkeit, am 29. Februar Geburtstag zu haben, gleich $p = 1/(1 + 4 \cdot 365) = 1/1461$, und der korrekte Wert für die Mindestanzahl zufällig auszuwählender Personen, damit die Wahrscheinlichkeit, dass wenigstens eine der Personen am 29. Februar Geburtstag hat, $> 1/2$ ist, ist sogar gleich $n = [1461 \cdot \ln 2] + 1 = 1013$. Bei größerem p hat man genauer zu rechnen, wie die Aufgabe des Chevalier de Méré (Aufg. 4) demonstriert.

Wir werden später weitere gute Approximationen für die Binomialverteilungen angeben, für große n und kleine p zum Beispiel die Poisson-Verteilungen in Beispiel 7.C.7. Für kleine n (etwa $n \leq 30$) sollte man aber im Allgemeinen die Werte direkt berechnen oder in Tabellen nachschlagen. Wegen $\beta(k; n, p) = \beta(n - k; n, 1 - p)$ (Der Erfolg des einen ist der Fehlschlag des anderen !) genügt es, die Werte für $0 \leq p \leq 0,5$ zu tabellieren.

7.B.3 Beispiel (G a l t o n s c h e s B r e t t) Das Histogramm für die Binomialverteilung

$$\beta(k; n, \tfrac{1}{2}) = \binom{n}{k}\Big(\frac{1}{2}\Big)^n, \ k \in \mathbb{Z},$$

lässt sich bei gegebenem n mit dem so genannten G a l t o n s c h e n B r e t t experimentell realisieren. Auf einem solchen Brett sind von oben nach unten n Nagelreihen mit jeweils $1, 2, \ldots$ bzw. n Nägeln angebracht. Benachbarte Nägel einer Reihe haben jeweils denselben festen Abstand. Jeder Nagel (mit Ausnahme der Nägel der letzten Reihe) ist in der Mitte über zwei Nägeln der folgenden Reihe eingeschlagen. Direkt über dem einzigen Nagel der ersten Reihe befindet sich ein Trichter. Wirft man eine Kugel in diesen Trichter und lässt sie die Nagelreihe durchlaufen, so weicht sie einem Nagel in jeder Reihe nach rechts oder links aus, jeweils mit der Wahrscheinlichkeit 1/2. Nummeriert man die $n + 1$ Ausgänge

der untersten Reihe mit 0 bis n durch, so fällt die Kugel also genau dann durch den k-ten
Ausgang, wenn sie k-mal nach rechts (und folglich $(n-k)$-mal nach links) ausgewichen ist.
Die Wahrscheinlichkeit dafür ist $\beta(k; n, 1/2)$.

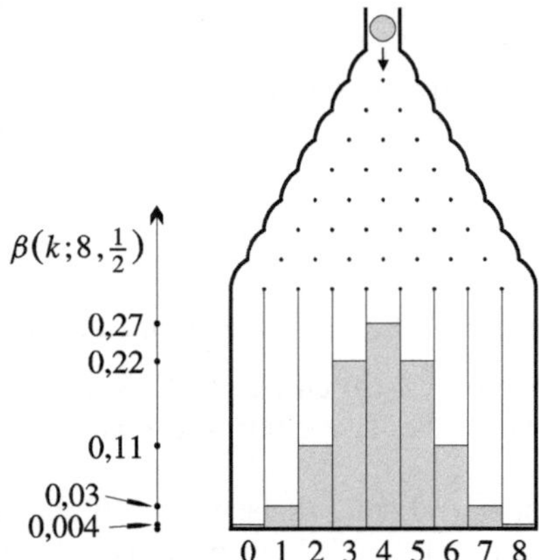

Lässt man nun sehr viele Kugeln durch das Brett laufen, so erwartet man in einem Fach
unter dem Ausgang mit der Nummer k eine Kugelzahl, die zu $\beta(k; n, 1/2)$ proportional
ist; die Höhe dieses Kugelhaufens ist daher ein Maß für $\beta(k; n, 1/2)$. In welcher Weise
die zuletzt ausgesprochene Erwartung präzisiert werden kann, behandeln wir im nächsten
Paragraphen. Grundsätzlich können sich ja zum Beispiel alle Kugeln zufälligerweise im
nullten Fach sammeln.

7.B.4 Beispiel (P o l y n o m i a l v e r t e i l u n g e n) Die Polynomialverteilungen sind Verallgemeinerungen der Binomialverteilungen. Sie ergeben sich, wenn ein Zufallsexperiment
mit einem Wahrscheinlichkeitsraum $\Omega = \{\omega_1, \ldots, \omega_r, \omega_{r+1}\}$, $r + 1 = |\Omega| \geq 2$, mehrmals
wiederholt wird. $p_1, \ldots, p_r, p_{r+1} = 1 - (p_1 + \cdots + p_r)$ seien die Wahrscheinlichkeiten der Elementarereignisse $\omega_1, \ldots \omega_r, \omega_{r+1}$. Wird dieses Experiment n-mal unabhängig
voneinander wiederholt, so ist die Wahrscheinlichkeit für ein Elementarereignis gleich

$$p_1^{k_1} \cdots p_r^{k_r} p_{r+1}^{k_{r+1}} = p_1^{k_1} \cdots p_r^{k_r} p_{r+1}^{n-(k_1+\cdots+k_r)},$$

wenn darin genau k_i-mal das Ergebnis ω_i vorkommt, $i = 1, \ldots, r + 1$. Die Wahrscheinlichkeit, dass genau k_i-mal das Ergebnis ω_i erzielt wird, $n = k_1 + \cdots + k_{r+1}$, ist also

$$\binom{n}{k_1, \ldots, k_{r+1}} p_1^{k_1} \cdots p_{r+1}^{k_{r+1}} = \binom{n}{k_1, \ldots, k_r} p_1^{k_1} \cdots p_r^{k_r} p_{r+1}^{n-(k_1+\cdots+k_r)},$$

da nach 2.B.14 in genau $\binom{n}{k_1,\ldots,k_{r+1}} = \binom{n}{k_1,\ldots,k_r}$ n-Tupeln genau k_i-mal das Element ω_i vorkommt, $i = 1, \ldots, r + 1$. Die dadurch definierten Verteilungen auf $\mathbb{N}^{r+1}$ bzw. $\mathbb{N}^r$ heißen
P o l y n o m i a l - oder M u l t i n o m i a l v e r t e i l u n g e n. Ihre Parameter sind n und
$p_1, \ldots, p_{r+1}$ bzw. n und $p_1, \ldots, p_r$.

Aufgaben

1. Eine (ideale) Münze werde n-mal geworfen. Wie groß ist die Wahrscheinlichkeit, dass die Anzahl der geworfenen Wappen gerade ist?

2. Zwei Schützen treffen mit der Wahrscheinlichkeit p_1 bzw. p_2 das Ziel. Beide schießen je einmal gleichzeitig, ohne sich zu stören. Wie groß ist die Wahrscheinlichkeit, dass das Ziel wenigstens einmal getroffen wird?

3. a) Eine (faire) Münze werde $2m$-mal geworfen. Die Wahrscheinlichkeit dafür, dass gleich oft Wappen und Zahl geworfen wird, ist $\binom{2m}{m}2^{-2m} \sim 1/\sqrt{\pi m}$ (für $m \to \infty$).

b) Sei Ω ein Laplace-Raum mit n Elementen. Die Wahrscheinlichkeit dafür, dass beim nm-maligen Ausführen des Zufallsexperiments Ω jedes Elementarereignis aus Ω genau m-mal auftritt, ist gleich $(nm)!/(m\,!)^n n^{nm} \sim \sqrt{n/(2\pi m)^{n-1}}$ (für $m \to \infty$).

4. Die Wahrscheinlichkeit, bei 4 Würfen mit einem Würfel mindestens eine Sechs zu werfen, ist größer als $1/2$; die Wahrscheinlichkeit, bei 24 Würfen mit zwei Würfeln mindestens einen Sechser–Pasch (d.h. eine Doppelsechs) zu werfen, ist kleiner als $1/2$. (Aufgabe des Chevalier de Méré – Vgl. Beispiel 7.B.2.)

5. a) Seien $\Omega = \{\omega_1, \ldots, \omega_n\}$ ein n-elementiger Wahrscheinlichkeitsraum und P mit $P(\omega_i) = p_i$, $i = 1, \ldots, n$, die zugehörige Wahrscheinlichkeitsfunktion. Das Experiment Ω werde m-mal ausgeführt. Die Wahrscheinlichkeit, dass die m Ergebnisse übereinstimmen, ist $\sum_{i=1}^{n} p_i^m$.

b) Zwei Personen werfen eine Münze je n-mal. Die Wahrscheinlichkeit, dass beide die gleiche Anzahl Wappen erzielen, ist $\sum_{k=0}^{n}(\beta(k; n, 1/2))^2 = \binom{2n}{n}2^{-2n} \sim 1/\sqrt{\pi n}$. Man zeige auch rein kombinatorisch, dass diese Wahrscheinlichkeit mit der in Aufg. 3a), dort m durch n ersetzend, identisch ist.

6. Ein (idealer) Würfel wird n-mal geworfen, $n \in \mathbb{N}^*$. Die Wahrscheinlichkeit, dass beim n-ten Wurf zum m-ten Mal eine Sechs geworfen wird ($1 \le m \le n$) ist gleich $\binom{n-1}{n-m}5^{n-m}6^{-n}$.

7. Sei $\Omega = \{0, 1\}$ ein Bernoulli-Raum mit $P(1) = p$. Das Bernoulli-Experiment Ω werde $(n+m)$-mal hintereinander ausgeführt. Die Wahrscheinlichkeit dafür, dass beim $(n+m)$-ten Experiment zum m-ten Male die 1 auftritt, ist gleich $\binom{n+m-1}{n}p^m(1-p)^n = \binom{-m}{n}p^m(p-1)^n$.

8. Eine Person hat zwei Schachteln mit je n Streichhölzern. Um ein Streichholz zu entnehmen, wählt sie jedes Mal zufällig eine der beiden Schachteln. Die Wahrscheinlichkeit dafür, dass die Person eine leere Schachtel wählt, während in der anderen Schachtel noch m Streichhölzer sind, ist $\binom{2n-m}{n}2^{-2n+m}$ (S. Banach).

9. Auf ein Ziel werde n-mal geschossen. Die Wahrscheinlichkeit zu treffen sei p. Dann ist die Wahrscheinlichkeit, dass das Ziel wenigstens einmal getroffen wird, gleich $1-(1-p)^n \approx 1 - e^{-np}$ (für große n und kleine p, vgl. Satz 7.C.8).

10. Bei der Fabrikation eines Werkstücks sei p die Wahrscheinlichkeit dafür, dass das produzierte Werkstück fehlerhaft ist. Die Wahrscheinlichkeit, dass unter n Werkstücken höchstens m fehlerhaft sind, ist gleich $\sum_{k=0}^{m} \binom{n}{k}p^k(1-p)^{n-k}$. (Es ist also auch nützlich, die Summen $f(m; n, p) := \sum_{k=0}^{m} \beta(k; n, p)$ zu tabellieren.)

11. a) Für die Werte der Binomialverteilung gelten die Rekursionen

$$\beta(k; 0, p) = \delta_{k,0}; \quad \beta(k; n+1, p) = (1 - p)\beta(k; n, p) + p\beta(k - 1; n, p),$$

sowie bei $p \neq 1$

$$\beta(0; n, p) = (1 - p)^n; \quad \beta(k + 1; n, p) = \frac{n - k}{k + 1} \frac{p}{1 - p} \beta(k; n, p),$$

$k = 0, \ldots, n - 1$. Der Wert von $\beta(k; n, p)$ ist bei festem n für $k = [p(n + 1)]$ am größten.

b) Die Wahrscheinlichkeiten $f(m; n, p) := \sum_{k=0}^{m} \beta(k; n, p)$ dafür, dass bei einem Bernoulli–Experiment die Anzahl der Erfolge höchstens m ist, erfüllen die Rekursion

$$f(m; 0, p) = 1; \quad f(m; n + 1, p) = (1 - p)f(m; n, p) + pf(m-1; n, p)$$

(wobei $f(-1; n, p) = 0$ gesetzt sei). Die Funktion $p \mapsto f(m; n, p)$ ist für $0 \leq m \leq n$ auf $[0, 1]$ monoton fallend.

c) Man schreibe ein Computer-Programm, das zu vorgegebenen p und N mit Hilfe der Rekursionen aus a) und b) die Werte $\beta(k; n, p)$, $0 \leq k \leq n \leq N$, und $f(m; n, p)$, $0 \leq m \leq n \leq N$ berechnet.

12. Ein Spieler A spielt abwechselnd gegen B und C, wobei er mit den Wahrscheinlichkeiten b und c, $b < c$, gewinnt. Er hat dreimal zu spielen, muss dabei zweimal unmittelbar hintereinander gewinnen und darf den ersten Gegner wählen. Gegen welchen Spieler sollte er zuerst spielen? (Zuerst das Unangenehme!)

13. Vorgelegt seien die folgenden drei Glücksräder, von jedem ein Exemplar:

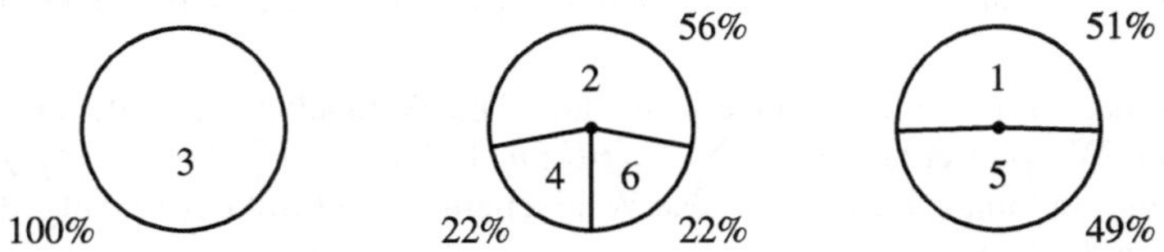

Derjenige gewinnt, der die größte Zahl erreicht. [1])

a) Zwei Spieler S und T dürfen nacheinander ein Glücksrad wählen, um gegeneinander zu spielen. Welche Wahl trifft der erste Spieler S?

b) Drei Spieler S, T und U dürfen nacheinander ein Glücksrad wählen, um gegeneinander zu spielen (U hat natürlich keine Wahl mehr). Welche Wahl trifft S?

7.C Beispiele

Wir wollen in diesem Abschnitt die bisher eingeführten Begriffe an weiteren Beispielen, die zum Teil grundsätzliche Bedeutung haben, erläutern. Dabei benutzen wir gelegentlich Resultate aus späteren Abschnitten dieses Bandes.

7.C.1 Beispiel (Hypergeometrische Verteilungen) In einer Urne befinden sich N Kugeln, von denen m Kugeln weiß und die übrigen $N - m$ Kugeln schwarz sind. Es wird eine Menge von n Kugeln aus der Urne entnommen. Gesucht ist die Wahrscheinlichkeit

---

[1]) Aus: Moscovich, I.: Mind Benders · Games of Chance, Penguin Books. – Wir unterstellen, dass jeder der an einem Spiel beteiligten Spieler gewinnen möchte.

dafür, dass genau k dieser Kugeln weiß sind. Wir beschreiben dieses Experiment mit einem Laplace–Raum, dessen Elementarereignisse die $\binom{N}{n}$ möglichen n-elementigen Teilmengen der Menge aller Kugeln sind. Es gibt genau $\binom{m}{k}\binom{N-m}{n-k}$ solcher n-elementigen Teilmengen mit k weißen, d.h. mit $n-k$ schwarzen Kugeln. Die gesuchte Wahrscheinlichkeit ist also

$$h(k; N, m, n) := \frac{\binom{m}{k}\binom{N-m}{n-k}}{\binom{N}{n}} = \frac{\binom{n}{k}\binom{N-n}{m-k}}{\binom{N}{m}}.$$

Das zweite Gleichheitszeichen sieht man folgendermaßen ein: Gegeben seien eine Menge X (von Kugeln) mit N Elementen und natürliche Zahlen k, m, n. Die Anzahl der Paare (A, B) von Teilmengen $A, B \subseteq X$ mit $|A| = m$, $|B| = n$ und $|A \cap B| = k$ ist einerseits gleich

$$\binom{N}{m}\binom{m}{k}\binom{N-m}{n-k},$$

wenn man zunächst A wählt und dazu passende B, und andererseits

$$\binom{N}{n}\binom{n}{k}\binom{N-n}{m-k},$$

wenn man umgekehrt zunächst B wählt und dazu passende A.

Bei festen Parametern N, m, n definieren die Werte $h(k; N, m, n)$ eine Wahrscheinlichkeitsverteilung auf $\mathbb{N}$. Sie heißt die **hypergeometrische Verteilung** zu diesen Parametern.

Beispielsweise ist die Wahrscheinlichkeit für k Richtige beim Lotto „n aus N" gleich $h(k; N, n, n)$. Für $N = 49$ und $n = 6$ bekommt man die folgenden Näherungswerte:

k	0	1	2	3	4	5	6
$h(k)$	$4,36 \cdot 10^{-1}$	$4,13 \cdot 10^{-1}$	$1,32 \cdot 10^{-1}$	$1,77 \cdot 10^{-2}$	$9,69 \cdot 10^{-4}$	$1,84 \cdot 10^{-5}$	$7,15 \cdot 10^{-8}$.

Natürlich erhält man die Wahrscheinlichkeiten $h(k; N, m, n)$ auch dann, wenn man die n Kugeln nacheinander ohne Zurücklegen aus der Urne zieht. Legt man jedoch jede gezogene Kugel sofort wieder zurück, so ist die Wahrscheinlichkeit dafür, dass man bei n-maligem Ziehen genau k weiße Kugeln erhält, gleich dem Wert $\beta(k; n, m/N)$ der Binomialverteilung mit den Parametern n und $p := m/N$. Dann handelt es sich nämlich um ein Bernoulli-Experiment, bei dem die Wahrscheinlichkeit für das Ziehen einer weißen Kugel gleich m/N ist. Ist N groß im Vergleich zu n, so ist $h(k; N, m, n) \approx \beta(k; n, m/N)$. (Genauer gilt: Sind m_i, $i \in \mathbb{N}$, und N_i, $i \in \mathbb{N}$, Folgen positiver natürlicher Zahlen mit $m_i \leq N_i$, $\lim_{i \to \infty} m_i = \lim_{i \to \infty} N_i = \infty$ und $\lim_{i \to \infty} m_i/N_i = p$, $0 < p < 1$, so ist $\lim_{i \to \infty} h(k; N_i, m_i, n)/\beta(k; n, p) = 1$ für alle $k, n \in \mathbb{N}$ mit $k \leq n$. Beweis !)

7.C.2 Beispiel In Verallgemeinerung von Beispiel 7.C.1 betrachten wir eine Urne mit N Kugeln, die die paarweise verschiedenen Farben $\omega_1, \dots, \omega_r$ haben, und zwar gebe es N_i Kugeln der Farbe ω_i, $N = N_1 + \cdots + N_r$. Gezogen werden nacheinander n Kugeln ohne Zurücklegen. *Die Wahrscheinlichkeit, eine feste Farbfolge, bei der n_i-mal die Farbe ω_i vorkommt, $n = n_1 + \cdots + n_r$, zu erhalten, ist dann*

$$[N_1]_{n_1} \cdots [N_r]_{n_r}/[N]_n.$$

B e w e i s . Sei K die Menge aller Kugeln in der Urne. Das Ziehen von n Kugeln ohne Zurücklegen entspricht einer injektiven Abbildung $\{1, \dots, n\} \to K$. Jeder solchen Zugfolge schreiben wir die gleiche Wahrscheinlichkeit zu. Es liegt also ein Laplace-Raum mit

$[N]_n$ Elementen vor, vgl. 2.B.3. Sei $C_i \subseteq \{1, \ldots, n\}$ die Menge der Stellen, an denen die vorgegebene Farbfolge die Farbe ω_i hat und sei $K_i \subseteq K$ die Menge der Kugeln mit der Farbe ω_i. Genau die injektiven Abbildungen $f : \{1, \ldots, n\} \to K$ mit $f(C_i) \subseteq K_i$ sind dann in dem gesuchten Ereignis enthalten. Dieses hat also genau so viele Elemente wie die Menge der r-Tupel $(f_1, \ldots, f_r)$ von injektiven Abbildungen $f_i : C_i \to K_i$, $i = 1, \ldots, r$. Das ergibt die Behauptung. $\qquad\qquad\bullet$

Werden alle N Kugeln gezogen, so ergibt sich die Wahrscheinlichkeit für eine bestimmte Farbfolge zu $N_1! \cdots N_r!/N!$. Insbesondere gibt der Polynomialkoeffizient

$$\binom{N}{N_1, \ldots, N_r} = \frac{N!}{N_1! \cdots N_r!}$$

die Anzahl aller möglichen Farbfolgen für die N Kugeln an.

Die Wahrscheinlichkeit, beim Ziehen von n Kugeln ohne Zurücklegen genau n_i Kugeln der Farbe ω_i (in beliebiger Reihenfolge) zu erhalten, ist

$$\frac{n!}{n_1! \cdots n_r!} \cdot \frac{[N_1]_{n_1} \cdots [N_r]_{n_r}}{[N]_n} = \frac{\binom{N_1}{n_1} \cdots \binom{N_r}{n_r}}{\binom{N}{n}}.$$

Für $r = 2$ erhalten wir so die hypergeometrischen Verteilungen aus Beispiel 7.C.1.

Sei wieder r beliebig. Wird jede gezogene Kugel sofort wieder zurückgelegt, so erhält man als Wahrscheinlichkeit für eine feste Farbfolge der Länge n, in der n_i-mal die Farbe ω_i auftritt, analog

$$\frac{N_1^{n_1} \cdots N_r^{n_r}}{N^n} = \left(\frac{N_1}{N}\right)^{n_1} \cdots \left(\frac{N_r}{N}\right)^{n_r} = p_1^{n_1} \cdots p_r^{n_r}.$$

Dabei ist $p_i := N_i/N$ die Wahrscheinlichkeit, bei einmaligem Ziehen eine Kugel der Farbe ω_i zu gewinnen. Entsprechend ist

$$\binom{n}{n_1, \ldots, n_r} p_1^{n_1} \cdots p_r^{n_r}$$

die Wahrscheinlichkeit, beim Ziehen mit sofortigem Zurücklegen genau n_i Kugeln der Farbe ω_i zu ziehen. Dies sind natürlich Polynomialverteilungen, vgl. Beispiel 7.B.4.

7.C.3 Beispiel Gegeben sei eine N-elementige Menge K und eine r-elementige Menge S, deren Elemente $s_1, \ldots, s_r$ wir als Schubfächer interpretieren. Eine Verteilung der N Elemente von K auf diese r Schubfächer ist dann eine Abbildung $K \to S$. Jeder solchen Verteilung geben wir dieselbe Wahrscheinlichkeit, so dass ein Laplace–Raum mit r^N Elementen vorliegt. Die Wahrscheinlichkeit dafür, dass im Fach s_i genau N_i Elemente aus K liegen, ist dann gleich

$$\binom{N}{N_1, \ldots, N_r} r^{-N},$$

wie man unter Verwendung von 2.B.14 oder mit dem vorangehenden Beispiel sieht.

Wir wollen die Wahrscheinlichkeit $p_0 = p_0(N, r)$ bestimmen, dass alle Fächer belegt sind. Es ist $p_0 = s/r^N$, wobei s die Anzahl der surjektiven Abbildungen $K \to S$ ist. Wir bezeichnen mit A das Komplementärereignis, dass wenigstens ein Fach nicht belegt ist, und benutzen dann die Siebformel 7.A.10. Es ist $A = A_1 \cup \cdots \cup A_r$, wobei A_i das Ereignis ist, dass das Fach s_i nicht belegt ist. Für Zahlen $i_1, \ldots, i_k$ mit $1 \leq i_1 < \cdots < i_k \leq r$ ist $A_{i_1} \cap \cdots \cap A_{i_k}$ das Ereignis, dass die Fächer $s_{i_1}, \ldots, s_{i_k}$ nicht belegt sind. Die Elemente von

$A_{i_1} \cap \cdots \cap A_{i_k}$ entsprechen damit den Abbildungen von K in $S - \{s_{i_1}, \ldots, s_{i_k}\}$; somit ist $|A_{i_1} \cap \cdots \cap A_{i_k}| = (r-k)^N$ und $P(A_{i_1} \cap \cdots \cap A_{i_k}) = \big((r-k)/r\big)^N$. Nach 7.A.10 ergibt sich nun

$$p_0(N, r) = 1 - P(A) = 1 - \sum_{k=1}^{r} (-1)^{k-1} \binom{r}{k} \Big(1 - \frac{k}{r}\Big)^N = \sum_{k=0}^{r} (-1)^k \binom{r}{k} \Big(1 - \frac{k}{r}\Big)^N.$$

Die Anzahl der surjektiven Abbildungen einer N-elementigen Menge auf eine r-elementige Menge ist also

$$s = r^N p_0(N, r) = \sum_{k=0}^{r} (-1)^k \binom{r}{k} (r-k)^N = \sum_{k=0}^{r} (-1)^{r-k} \binom{r}{k} k^N.$$

Es ist $s = r!\, S(N, r)$ mit den Stirlingschen Zahlen zweiter Art $S(N, r)$, vgl. 12.C, Aufg. 13. Für $N = r$ ergibt sich

$$r! = \sum_{k=0}^{r} (-1)^k \binom{r}{k} (r-k)^r = \sum_{k=0}^{r} (-1)^{r-k} \binom{r}{k} k^r.$$

Die Wahrscheinlichkeit $p_m = p_m(N, r)$, dass genau m Fächer nicht belegt sind, $m = 0, \ldots, r$, ist offenbar

$$p_m(N, r) = \binom{r}{m} p_0(N, r-m) \Big(1 - \frac{m}{r}\Big)^N.$$

7.C.4 Beispiel (Maxwell-Boltzmann-Statistik · Bose-Einstein-Statistik · Fermi-Dirac-Statistik) N gleichartige (physikalische) Teilchen sind auf r Zellen zu verteilen, die wir hier als (unabhängige physikalische) gleichwahrscheinliche Elementarzustände interpretieren wollen. Bei klassischen Teilchen ist jede der r^N möglichen Zellenbelegungen (physikalisch) unterscheidbar und ebenfalls gleichwahrscheinlich. Man sagt, klassische Teilchen gehorchen der klassischen oder Maxwell-Boltzmann-Statistik. Die Wahrscheinlichkeit dafür, dass in der Zelle i genau N_i Teilchen liegen, ist also für Teilchen, die der klassischen Statistik genügen, gleich

$$\binom{N}{N_1, \ldots, N_r} r^{-N}.$$

Bei der Bose-Einstein-Statistik hingegen werden zwei Zellenbelegungen (physikalisch) nicht unterschieden, wenn die Anzahlen N_i der Teilchen in den einzelnen Zellen jeweils Zelle für Zelle übereinstimmen. Der Ereignisraum kann mit den n-Tupeln $(N_i)_{1 \le i \le r}$ natürlicher Zahlen mit $N_1 + \cdots + N_r = N$ identifiziert werden. Nach 2.B.12 gibt es $\binom{N+r-1}{r-1}$ solche Zustände. Die Bose-Einstein-Statistik belegt definitionsgemäß jeden dieser Zustände mit der gleichen Wahrscheinlichkeit; diese ist dann notwendigerweise

$$\binom{N+r-1}{r-1}^{-1}.$$

Teilchen, die dieser Statistik gehorchen, heißen Bosonen. Zu ihnen gehören beispielsweise die Photonen (allgemeiner die kräftevermittelnden Teilchen), Mesonen (allgemeiner Teilchen mit einer geraden Anzahl von Quarks), Kerne mit gerader Nukleonenzahl und die meisten Atome und Moleküle.

Für Teilchen mit Fermi-Dirac-Statistik gilt das Pauli-Prinzip: In jeder Zelle darf sich höchstens ein Teilchen befinden. Notwendigerweise ist also $r \ge N$. Zwei Belegungen, bei denen die gleichen Zellen besetzt sind, sind (physikalisch) ununterscheidbar und definitionsgemäß gleichwahrscheinlich. Der Ereignisraum lässt sich mit den N-elementigen Teilmengen der Menge aller r Zellen identifizieren, hat also $\binom{r}{N}$ Elemente. Jeder Zustand hat daher die Wahrscheinlichkeit

$$\binom{r}{N}^{-1}.$$

Teilchen mit diesem statistischen Verhalten heißen F e r m i o n e n . Zu ihnen gehören beispielsweise die Elektronen und Neutrinos (allgemeiner die Leptonen), Protonen und Neutronen (allgemeiner Teilchen mit einer ungeraden Anzahl von Quarks) und Kerne mit ungerader Nukleonenzahl.

7.C.5 Beispiel Es werden n verschiedene Briefe zufällig in die n zugehörigen Briefumschläge gesteckt. Wir wollen die Wahrscheinlichkeit $p_0(n)$ bestimmen, dass kein Brief in den richtigen Briefumschlag gelangt. Dazu nummerieren wir die Briefe und die zugehörigen Umschläge jeweils mit den Zahlen $1, \ldots, n$. Die möglichen Verteilungen der Briefe auf die Umschläge entsprechen dann den Permutationen der Menge $\{1, \ldots, n\}$. Wir nehmen wieder an, dass jede dieser Verteilungen gleichwahrscheinlich ist. Dann liegt ein Laplace-Raum mit n! Elementarereignissen vor. Um $p_0(n)$ zu berechnen, bestimmen wir die Wahrscheinlichkeit des Komplementärereignisses A, dass wenigstens ein Brief in den richtigen Umschlag gelangt. A entspricht der Menge der Permutationen $\sigma \in \mathfrak{S}_n$, die wenigstens einen Fixpunkt besitzen, d.h. für die es ein $i \in \{1, \ldots, n\}$ gibt mit $\sigma(i) = i$. Definieren wir für $i \in \{1, \ldots, n\}$ das Ereignis A_i als die Menge der $\sigma \in \mathfrak{S}_n$ mit $\sigma(i) = i$, so ist $A = A_1 \cup \cdots \cup A_n$. Wir verwenden nun die Siebformel 7.A.10. Für k Zahlen $i_1, \ldots, i_k$ mit $1 \leq i_1 < \cdots < i_k \leq n$ ist $A_{i_1} \cap \cdots \cap A_{i_k}$ die Menge der Permutationen $\sigma \in \mathfrak{S}_n$ mit $\sigma(i_\kappa) = i_\kappa$, $\kappa = 1, \ldots, k$. Diese Menge identifiziert sich in kanonischer Weise mit der Menge der Permutationen von $\{1, \ldots, n\} - \{i_1, \ldots, i_k\}$. Daher ist

$$P(A_{i_1} \cap \cdots \cap A_{i_k}) = \frac{(n-k)!}{n!} .$$

7.A.10 liefert

$$p_0(n) = 1 - P(A) = 1 - \sum_{k=1}^{n} (-1)^{k-1} \binom{n}{k} \frac{(n-k)!}{n!} = \sum_{k=0}^{n} (-1)^k \frac{1}{k!} .$$

Nach 12.E.3 wird diese Summe bereits für kleine n gut durch die Zahl $1/e$ approximiert. Somit ist $p_0(n) \approx 1/e = 0,367879\ldots$.

Die Wahrscheinlichkeit $p_m(n)$, dass genau m Briefe in den richtigen Umschlag gelangen, ist offenbar

$$p_m(n) = \binom{n}{m} p_0(n-m) \frac{(n-m)!}{n!} = \frac{1}{m!} p_0(n-m) \approx \frac{e^{-1}}{m!} ,$$

wobei die letzte Approximation für hinreichend großes $n - m$ gilt.

7.C.6 Beispiel (G e o m e t r i s c h e   V e r t e i l u n g e n · P a s c a l - V e r t e i l u n g e n) Nach Beispiel 7.A.4 ist die Wahrscheinlichkeit dafür, dass beim Würfeln mit einem idealen Würfel beim $(n+1)$-ten Wurf zum ersten Mal die Sechs erscheint, gleich $5^n/6^{n+1}$. Allgemeiner ist bei einem beliebig oft wiederholten Bernoulli-Experiment mit der Erfolgswahrscheinlichkeit $p > 0$ und der Misserfolgswahrscheinlichkeit $q = 1 - p$ die Wahrscheinlichkeit dafür, dass beim $(n+1)$-ten Experiment zum ersten Mal ein Erfolg eintritt, gleich pq^n. Die Wahrscheinlichkeitsverteilung $P : \mathbb{N} \to [0, 1]$ mit

$$P(n) := pq^n,$$

$n \in \mathbb{N}$, heißt die geometrische Verteilung zum Parameter p.

Generell ist bei festem $r \in \mathbb{N}^*$

$$P_r(n) := \binom{n+r-1}{n} p^r q^n$$

offenbar die Wahrscheinlichkeit dafür, dass beim $(n+r)$-ten Experiment zum r-ten Mal ein Erfolg eintritt. Die zugehörige Verteilung auf $\mathbb{N}$ heißt die Pascal-Verteilung zu den Parametern p und r. Man beachte, dass nach 6.B, Aufg. 1b)

$$\sum_{n=0}^{\infty} \binom{n+r-1}{n} p^r q^n = p^r \frac{1}{(1-q)^r} = 1$$

ist.

7.C.7 Beispiel (Poisson-Verteilungen) Die Werte

$$\beta(k; n, p) = \binom{n}{k} p^k (1-p)^{n-k}$$

der Binomialverteilung mit den Parametern n und p sind für große n mühsam zu berechnen. Der folgende Satz gibt für kleine Erfolgswahrscheinlichkeiten p und große n eine brauchbare Approximation von $\beta(k; n, p)$.

7.C.8 Satz von Poisson *Für festes $\lambda \in \mathbb{R}_+$ und festes $k \in \mathbb{N}$ gilt*

$$\lim_{n \to \infty} \beta\left(k; n, \frac{\lambda}{n}\right) = \frac{\lambda^k}{k!} e^{-\lambda}.$$

B e w e i s . Es ist (für $n \neq \lambda$)

$$\beta\left(k; n, \frac{\lambda}{n}\right) = \frac{n(n-1)\cdots(n-k+1)}{n^k} \frac{\lambda^k}{k!} \left(1 - \frac{\lambda}{n}\right)^{n-k}$$

$$= \left(1 - \frac{1}{n}\right) \cdots \left(1 - \frac{k-1}{n}\right) \frac{\lambda^k}{k!} \left(1 - \frac{\lambda}{n}\right)^n \left(1 - \frac{\lambda}{n}\right)^{-k}.$$

Die Faktoren $1 - \frac{1}{n}, \ldots, 1 - \frac{k-1}{n}$ und $(1 - \frac{\lambda}{n})^{-k}$ konvergieren für $n \to \infty$ gegen 1. Nach 12.E.3 ist $\lim (1 - \frac{\lambda}{n})^n = e^{-\lambda}$. Daraus folgt die Behauptung. $\bullet$

Man wendet 7.C.8 bei nicht zu großem p (etwa $p \leq 0{,}1$) und großem n (etwa $n \geq 10$) an, indem man $\beta(k; n, p)$ einfach durch $\lambda^k e^{-\lambda}/k!$ mit $\lambda := np$ ersetzt. Die Funktion $k \mapsto \pi(k; \lambda)$ mit

$$\pi(k; \lambda) := \begin{cases} \lambda^k e^{-\lambda}/k!, & \text{falls } k \in \mathbb{N}, \\ 0 & \text{sonst} \end{cases}$$

ist wegen $e^\lambda = \sum_{k=0}^{\infty} \lambda^k/k!$ (vgl. 12.E), also

$$\sum_{k=0}^{\infty} \pi(k; \lambda) = \sum_{k=0}^{\infty} \frac{\lambda^k}{k!} e^{-\lambda} = 1,$$

selbst eine Wahrscheinlichkeitsverteilung. Diese Verteilung heißt die Poisson-Verteilung zum Parameter λ. Dieser Parameter λ ist auch der Mittelwert $\sum_{k=0}^{\infty} k\,\pi(k; \lambda) = e^{-\lambda} \sum_{k=1}^{\infty} \lambda^k/(k-1)!$, den wir im nächsten Paragraphen als Erwartungswert interpretieren (vgl. 8.B.10).

7.C.9 Beispiel (S e l t e n e   E r e i g n i s s e) Die Poisson-Verteilungen approximieren im Sinne von 7.C.8 die Binomialverteilungen. Man benutzt sie generell als Verteilungen für s e l t e n e   E r e i g n i s s e. Präzisiert wird das durch die folgende Überlegung, für die wir mehr als bisher auf später zu behandelnde Begriffe und Ergebnisse vorgreifen:

Für $k \in \mathbb{N}$ sei $p(k, t)$ die Wahrscheinlichkeit, dass in einem Zeitintervall der Länge t genau k Ereignisse eines bestimmten Typs stattfinden. Dabei seien folgende Bedingungen erfüllt:

(1) Es ist

$$\lim_{\substack{t \to 0 \\ t > 0}} \frac{p(1, t)}{t} = \alpha\,,$$

d.h. die Wahrscheinlichkeit für genau ein Ereignis in einem Zeitintervall der Länge t ist $\sim \alpha t$ für $t \to 0$.

(2) Es ist

$$\lim_{\substack{t \to 0 \\ t > 0}} \frac{1}{t} \sum_{k \geq 2} p(k, t) = 0\,,$$

d.h. die Wahrscheinlichkeit für mehr als ein Ereignis in einem sehr kleinen Zeitintervall der Länge t ist vernachlässigbar im Verhältnis zur Länge t des Intervalls.

(3) Die Ereignisse in disjunkten Zeitintervallen beeinflussen sich nicht gegenseitig, d.h. die Wahrscheinlichkeit, dass k Ereignisse in der Vereinigung zweier disjunkter Zeitintervalle der Längen t_1 und t_2 stattfinden, ist gleich

$$\sum_{k_1 + k_2 = k} p(k_1, t_1)\, p(k_2, t_2) = p(0, t_1)\, p(k, t_2) + \cdots + p(k, t_1)\, p(0, t_2)\,.$$

(Man nimmt also an, dass die Zufallsvariablen, die die Anzahlen der Ereignisse in disjunkten Zeitintervallen angeben, stochastisch unabhängig sind, vgl. 9.B.)

7.C.10 Satz *Unter den angegebenen Bedingungen gilt*

$$p(k, t) = \frac{(\alpha t)^k}{k!}\, e^{-\alpha t}$$

für alle $k \in \mathbb{N}$ und alle $t \geq 0$, d.h. die Anzahl der Ereignisse in einem Zeitintervall der Länge t ist Poisson-verteilt mit dem Parameter $\lambda := \alpha t$.

B e w e i s. Sei $0 \leq t_0 < t_1$. Nach Bedingung (3) gilt dann

$$p(k, t_1) = p(0, t_1 - t_0)\, p(k, t_0) + p(1, t_1 - t_0)\, p(k - 1, t_0) + \sum_{\kappa = 2}^{k} p(\kappa, t_1 - t_0)\, p(k - \kappa, t_0)\,.$$

Wegen $p(0, t_1 - t_0) = 1 - p(1, t_1 - t_0) - \sum_{\kappa = 2}^{\infty} p(\kappa, t_1 - t_0)$ erhält man

$$\frac{p(k, t_1) - p(k, t_0)}{t_1 - t_0} = \frac{p(1, t_1 - t_0)}{t_1 - t_0}\left(p(k - 1, t_0) - p(k, t_0)\right)$$

$$+ \frac{1}{t_1 - t_0} \sum_{\kappa = 2}^{\infty} p(\kappa, t_1 - t_0)\left(p(k - \kappa, t_0) - p(k, t_0)\right)$$

(mit $p(\nu, t) := 0$ für $\nu < 0$). Mit (1) und (2) folgert man daraus unter Verwendung von $|p(k - \kappa, t_0) - p(k, t_0)| \leq 1$

$$\lim_{t_1 \to t_0} \frac{p(k, t_1) - p(k, t_0)}{t_1 - t_0} = \alpha\big(p(k-1, t_0) - p(k, t_0)\big) .$$

Daher erfüllen die Funktionen $t \mapsto p(k, t)$ für $k \geq 0$ die linearen Differenzialgleichungen erster Ordnung

$$p'(k, t) = \alpha\big(p(k-1, t) - p(k, t)\big)$$

mit den Anfangsbedingungen $p(0, 0) = 1$, $p(k, 0) = 0$ für $k > 0$. Diese lassen sich mit 19.B.1 (vgl. auch Beispiel 19.D.1) sukzessive lösen. Man erhält

$$p'(0, t) = -\alpha p(0, t) \ , \quad p(0, t) = e^{-\alpha t} ,$$
$$p'(1, t) = -\alpha p(1, t) + \alpha e^{-\alpha t} \ , \quad p(1, t) = \alpha t e^{-\alpha t} ,$$

$$\cdots\cdots\cdots\cdots\cdots\cdots\cdots\cdots\cdots\cdots\cdots\cdots\cdots$$

$$p'(k, t) = -\alpha p(k, t) + \alpha \frac{(\alpha t)^{k-1}}{(k-1)!} e^{-\alpha t} \ , \quad p(k, t) = \frac{(\alpha t)^k}{k!} e^{-\alpha t} . \qquad \bullet$$

Die obige Bedingung (1) bedeutet wegen $p(1, 0) = 0$ die Differenzierbarkeit von $p(1, t)$ in $t = 0$. Man kann auf diese Voraussetzung verzichten, da sie sich aus (2) und (3) in folgender Weise ergibt: Nach (3) ist $p(0, t_1 + t_2) = p(0, t_1)\, p(0, t_2)$ für $t_1, t_2 \geq 0$. Daraus folgt wegen $0 \leq p(0, t_2) \leq 1$ sofort, dass $p(0, t)$ monoton fallend ist. Außerdem ist $p(0, 0) = 1$. Daraus ergibt sich ähnlich wie in 11.C.2, vgl. auch 11.C, Aufg. 5 und 6, dass $p(0, t) = e^{-\alpha t}$ mit einem $\alpha \geq 0$ ist. Dann folgt die Differenzierbarkeit von $p(1, t)$ direkt aus

$$p(1, t) = 1 - e^{-\alpha t} - \sum_{\kappa=2}^{\infty} p(\kappa, t)$$

und Bedingung (2).

Um ein Beispiel zu geben, wie gut die Poisson-Verteilungen die Häufigkeit seltener Ereignisse beschreiben, betrachten wir die folgenden gemessenen Werte für die Anzahl k der Impulse, die bei 1000 Messungen in jeweils 3 Sekunden in einem Geigerzähler registriert wurden. (A und $H = A/1000$ bezeichnen die Anzahl bzw. die Häufigkeit der Messungen zu gegebenem k.)

k	0	1	2	3	4	5	6	7	≥ 8
A	154	287	242	180	92	27	12	6	0
H	$0,154$	$0,287$	$0,242$	$0,180$	$0,092$	$0,027$	$0,012$	$0,006$	0
$\pi(k; \lambda)$	$0,143$	$0,278$	$0,271$	$0,175$	$0,085$	$0,033$	$0,011$	$0,003$	$0,001$.

Dabei wurde für λ der Mittelwert aus den gemessenen Impulszahlen pro Zeitintervall gewählt: $\lambda = 1, 943$. Schon der Augenschein zeigt, dass es auf Grund der Daten angemessen ist, diese Impulszahlen als Poisson-verteilt mit dem angegebenen Parameter anzusehen. Dies quantitativ zu begründen, ist ein typisches Problem der Statistik. Wir verweisen dazu auf die Behandlung des χ^2-Anpassungstests in Bd. 3, Beispiel 20.B.6.

Satz 7.C.10 lässt sich natürlich auch dann anwenden, wenn t keine Zeitvariable ist, sondern Längen, Flächen, Volumina usw. misst. Dies gilt etwa für die Anzahl der Luftblasen in einer Glasmasse, die Anzahl der Teilchen in einer Suspension, die Anzahl der sichtbaren Sterne in einem Raumwinkel oder die Anzahl der Druckfehler auf einer einzelnen Seite eines Buches.

Aufgaben

1. Ein Skatspiel mit 32 Blatt wird an drei Spieler V, M, H nach gründlichem Mischen verteilt. Jeder Spieler erhält 10 Karten, 2 Karten bleiben als Skat auf dem Tisch liegen. Wie groß ist die Wahrscheinlichkeit, dass

a) jeder Spieler genau einen Buben erhält und ein Bube im Skat liegt,

b) jeder Spieler mindestens einen Buben erhält,

c) ein Spieler alle Buben erhält,

d) der Spieler V genau k Buben erhält, $0 \leq k \leq 4$.

2. In einer Urne befinden sich N weiße und N schwarze Kugeln. Es werden $2k$ Kugeln gezogen. Dann ist die Wahrscheinlichkeit, dass unter diesen $2k$ Kugeln gleich viele schwarze wie weiße sind, gleich

a) $\binom{N}{k}^2 \binom{2N}{2k}^{-1} \sim \sqrt{N/\pi k(N-k)}$ (für $k \to \infty$ und $N-k \to \infty$), falls die bereits gezogenen Kugeln nicht wieder zurückgelegt werden,

b) $\binom{2k}{k} 2^{-2k} \sim 1/\sqrt{\pi k}$ (für $k \to \infty$), falls die gezogenen Kugeln jedes Mal wieder zurückgelegt werden.

(Welche der beiden Wahrscheinlichkeiten ist größer? Lässt sich das a priori entscheiden?)

3. In einer Urne befinden sich M weiße und N schwarze Kugeln, $M \geq 1$. Zwei Spieler ziehen nacheinander eine Kugel ohne Zurücklegen. Gewonnen hat derjenige, der zuerst eine weiße Kugel zieht. Wie groß ist die Wahrscheinlichkeit, dass der Spieler gewinnt, der die erste Kugel zieht?

4. Es setzen sich zufällig d Damen und h Herren ($h > 0$) um einen runden Tisch mit $n := d + h$ Plätzen. Die Wahrscheinlichkeit, dass es keine zwei Damen gibt, die nebeneinander sitzen, ist $\binom{h}{d}/\binom{n-1}{d}$.

5. In einer Warenprobe von insgesamt N Stücken befinden sich m fehlerhafte. Wie groß ist die Wahrscheinlichkeit, dass bei einer zufälligen Auswahl von n Stücken die Anzahl der fehlerhaften höchstens k ist?

6. Aus einer Menge von n Ehepaaren werden k Personen zufällig ausgewählt, $0 \leq k \leq 2n$.

a) Die Wahrscheinlichkeit dafür, dass darunter kein Ehepaar ist, ist gleich $2^k \binom{n}{k}/\binom{2n}{k}$.

b) Die Wahrscheinlichkeit dafür, dass sich darunter genau m Ehepaare befinden ist gleich $2^{k-2m} \binom{n-m}{k-2m}\binom{n}{m}/\binom{2n}{k}$, wo $0 \leq 2m \leq k$ ist.

7. In einer Urne befinden sich $N = N_1 + \cdots + N_r$ Kugeln der paarweise verschiedenen Farben $\omega_1, \ldots, \omega_r$, und zwar N_i Kugeln der Farbe ω_i. Es werden nacheinander n Kugeln gezogen, $n \leq N$.

a) Die Wahrscheinlichkeit, dass alle Kugeln verschieden gefärbt sind, ist

$$\binom{N}{n}^{-1} \sum_{1 \leq i_1 < \cdots < i_n \leq r} N_{i_1} \cdots N_{i_n},$$

falls die gezogenen Kugeln nicht wieder zurückgelegt werden.

b) Die Wahrscheinlichkeit, dass alle Kugeln verschieden gefärbt sind, ist

$$\frac{n!}{N^n} \sum_{1 \leq i_1 < \cdots < i_n \leq r} N_{i_1} \cdots N_{i_n} \,,$$

falls die gezogenen Kugeln jedes Mal sofort wieder zurückgelegt werden.

c) Die Wahrscheinlichkeit, dass alle Kugeln die gleiche Farbe haben, ist

$$\binom{N}{n}^{-1} \sum_{i=1}^{r} \binom{N_i}{n} = \left([N]_n\right)^{-1} \sum_{i=1}^{r} [N_i]_n \,,$$

falls die gezogenen Kugeln nicht wieder zurückgelegt werden.

d) Die Wahrscheinlichkeit, dass alle Kugeln die gleiche Farbe haben, ist

$$\frac{1}{N^n} \sum_{i=1}^{r} N_i^n \,,$$

falls die gezogenen Kugeln jedes Mal sofort wieder zurückgelegt werden.

8. N gleichartige Teilchen werden auf r Zellen verteilt, $N, r \in \mathbb{N}^*$. Wie groß ist die Wahrscheinlichkeit, dass jede Zelle mit höchstens einem Teilchen belegt ist, wenn

a) die Teilchen der klassischen Maxwell-Boltzmann-Statistik gehorchen,

b) die Teilchen Bosonen sind, d.h. der Bose–Einstein–Statistik gehorchen?

c) Im Fall $r = N$ sind die beiden Wahrscheinlichkeiten in a) und b) für $N \to \infty$ asymptotisch gleich $\sqrt{2\pi N}\, e^{-N}$ bzw. gleich $\sqrt{4\pi N}\, 4^{-N}$.

9. N gleichartige Teilchen werden auf r Zellen verteilt, $N, r \in \mathbb{N}^*$. Ferner seien $i_0, M \in \mathbb{N}$ mit $1 \leq i_0 \leq r$ und $0 \leq M \leq N$. Die Wahrscheinlichkeit dafür, dass in der i_0-ten Zelle genau m Teilchen liegen, ist

a) bei klassischen Teilchen gleich $\binom{N}{M}(r-1)^{N-M} r^{-N}$,

b) bei Bosonen gleich $\binom{N-M+r-2}{r-2} / \binom{N+r-1}{r-1}$.

10. N gleichartige Teilchen werden auf r Zellen verteilt, $N, r \in \mathbb{N}^*$. Seien $r_0, \ldots, r_N$ natürliche Zahlen mit $r_0 + \cdots + r_N = r$ und $1 \cdot r_1 + \cdots + N r_N = N$. Die Wahrscheinlichkeit dafür, dass genau r_i Zellen i Teilchen enthalten, $i = 0, \ldots, N$, ist

a) bei klassischen Teilchen gleich $\binom{r}{r_0, \ldots, r_N} N! \, (0!)^{-r_0} \cdots (N!)^{-r_N} r^{-N}$,

b) bei Bosonen gleich $\binom{r}{r_0, \ldots, r_N} / \binom{N+r-1}{r-1}$.

11. Man beweise die Formel für $p_m(N, r)$ am Ende von Beispiel 7.C.3.

12. Man beweise die Formel für $p_m(n)$ am Ende von Beispiel 7.C.5.

13. Es haben n Personen an der Garderobe jeweils einen Mantel deponiert. Die Rückgabe der Mäntel erfolge rein zufällig. Wie groß ist die Wahrscheinlichkeit, dass mindestens k Personen ihren eigenen Mantel erhalten? Für große n und kleine k ist diese Wahrscheinlichkeit ungefähr gleich $1 - e^{-1} \sum_{m=0}^{k-1} 1/m!$.

14. Die Karten zweier gleichartiger Kartenspiele mit jeweils n Karten werden zufällig zu Paaren zusammengelegt. Wie groß ist die Wahrscheinlichkeit dafür, dass die Anzahl der

Paare mit zwei gleichen Karten $\leq k$ ist? Für große n und kleine k ist diese Wahrscheinlichkeit ungefähr gleich $e^{-1} \sum_{m=0}^{k} 1/m!$.

15. Bei einem Tanz, an dem n Ehepaare teilnehmen, werden die Tanzpaare zufällig zusammengestellt. Die Anzahl der Ehepaare, die zusammen tanzen, ist ungefähr Poisson-verteilt mit Parameter 1.

16. Die Wahrscheinlichkeit, dass ein Physikstudent ein sehr guter Physiker wird, sei 2%. Wie groß ist die Wahrscheinlichkeit, dass aus den 100 Hörern einer Physikvorlesung wenigstens zwei sehr gute Physiker hervorgehen? [1]) (Man benutze eine Poisson-Verteilung.)

17. Die Produktion einer Schraubenfabrik enthalte 1,5% Ausschuss. Wie viele Schrauben muss eine Schachtel enthalten, damit mit einer Wahrscheinlichkeit $\geq 95\%$ mindestens 100 gute Schrauben in der Schachtel sind? (Man benutze die Poisson-Approximation der Binomialverteilung.)

18. Sei $h(k)$ der Wert der hypergeometrischen Verteilung mit den Parametern N, m, n an der Stelle $k \in \mathbb{Z}$. Dann gilt die Rekursion

$$h(0) = \binom{N-m}{n} \Big/ \binom{N}{n}, \quad h(k+1) = \frac{(m-k)(n-k)}{(k+1)(N-m-n+k+1)}\, h(k)$$

für $k = 0, \ldots, n-1$. Es folgt, dass $h(k)$ für den Wert $k := \left[(m+1)(n+1)/(N+2)\right]$ maximal ist.

19. Sei $p := (p_1, \ldots, p_r) \in \big([0,1]\big)^r$ mit $p_1 + \cdots + p_r \leq 1$ und $q := 1 - (p_1 + \cdots + p_r)$. Für ein r-Tupel $k = (k_1, \ldots, k_r) \in \mathbb{N}^r$ (mit $k_1 + \cdots + k_r \leq n$) sei

$$\beta(k\,;n\,,p) := \binom{n}{k}\, p^k q^{n-|k|}$$

der Wert der Polynomialverteilung mit den Parametern n und p. Für beliebige $k \in \mathbb{N}^r$ und $\lambda := (\lambda_1, \ldots, \lambda_r) \in \mathbb{R}_+^r$ zeige man

$$\lim_{n\to\infty} \beta(k\,;n\,,\frac{\lambda}{n}) = e^{-(\lambda_1 + \cdots + \lambda_r)}\, \frac{\lambda^k}{k!}\,,$$

wobei $\lambda/n := (\lambda_1/n, \ldots, \lambda_r/n)$ gesetzt wurde. (Die Werte der Polynomialverteilung mit den Parametern n, $p_1, \ldots, p_r$ werden also durch die Werte der Produktverteilung der Poisson-Verteilungen mit den Parametern np_i, $i = 1, \ldots, r$, approximiert.)

20. Für das Auftreten von Ereignissen eines bestimmten Typs in einem Zeitintervall der Länge t seien dieselben Voraussetzungen (1), (2), (3) wie bei Satz 7.C.10 erfüllt. Sei $\tau > 0$ fest. Mit $q(t)$ bezeichnen wir die Wahrscheinlichkeit, dass je zwei der Ereignisse, die in einem Zeitintervall der Länge t stattfinden, einen zeitlichen Abstand $> \tau$ haben. Dann gilt $q(t) = e^{-\alpha t}(1 + \alpha t)$ für $0 \leq t \leq \tau$ und allgemein

$$q(t) = e^{-\alpha t} \sum_{m=0}^{n} \frac{\alpha^m \big(t - (m-1)\tau\big)^m}{m!} \quad \text{für} \quad (n-1)\tau \leq t \leq n\tau.$$

(Bei $t \geq \tau > \Delta t > 0$ gilt $q(t + \Delta t) = q(t)\, p(0, \Delta t) + q(t - \tau)\, p(0, \tau)\, p(1, \Delta t) + R$ mit $0 \leq R \leq q(t - \tau)\big(p(1, \Delta t)\big)^2$, woraus die lineare Differenzialgleichung erster Ordnung

---

[1]) Die Zahlen sind fiktiv. Wir hoffen natürlich, dass die wahren Werte höher sind.

$q'(t) = -\alpha q(t) + \alpha q(t-\tau)e^{-\alpha\tau}$, $t \geq \tau$, folgt, die man sukzessive für die Intervalle $[\tau, 2\tau]$, $[2\tau, 3\tau], \ldots, [(n-1)\tau, n\tau]$ löst.)

21. Seien $m, n \in \mathbb{N}^*$ mit $m < n$ und $n \geq 3$. Einer Person werden nacheinander n verschiedene ihr zuvor unbekannte ganze Zahlen in einer zufälligen Reihenfolge vorgelegt, aus denen sie gemäß folgender Strategie eine auswählt: Sie beobachtet die ersten m vorgelegten Zahlen und wählt dann unter den folgenden die erste, die größer ist als die ersten m Zahlen (falls überhaupt noch eine solche erscheint). (Man denke etwa an einen Heiratsmarkt, auf dem einer heiratswilligen Frau *nacheinander* n heiratsfähige Männer vorgestellt werden.)

a) Die Wahrscheinlichkeit dafür, dass die Person die größte unter den vorgelegten Zahlen wählt, ist

$$p(m; n) = \frac{m}{n} \sum_{k=m}^{n-1} \frac{1}{k}.$$

b) Bei gegebenem n ist $p(m; n)$ genau für $m = m_n$ mit $\sum_{k=m_n+1}^{n-1} \frac{1}{k} < 1 < \sum_{k=m_n}^{n-1} \frac{1}{k}$ am größten.[2]) (Man betrachte die Differenzen $p(m+1; n) - p(m; n)$.)

c) Für $n \to \infty$ ist $m_n \sim n/e$ und $p(m_n; n) \sim 1/e$, wobei m_n dieselbe Bedeutung wie in Teil b) hat. (Man benutze Beispiel 4.F.10.)

22. Sei $k \in \mathbb{N}$. Zwei Spieler S, T führen ein Bernoulli-Experiment mit Erfolgswahrscheinlichkeit p und Fehlschlagswahrscheinlichkeit $q = 1 - p$ aus, $0 < p < 1$. Bei Erfolg gewinnt S, bei Fehlschlag T einen Punkt. Gewonnen hat derjenige Spieler, der zuerst $\geq k+1$ Punkte mit einem Vorsprung von 2 Punkten erreicht. (Bei $k = 20$ handelt es sich um einen Tischtennissatz.) Man zeige: S gewinnt mit der Wahrscheinlichkeit

$$P_k(p) := p^{k+1}\left(\binom{2k}{k}\frac{pq^k}{1-2pq} + \sum_{\mu=0}^{k-1}\binom{k+\mu}{\mu}q^\mu\right).$$

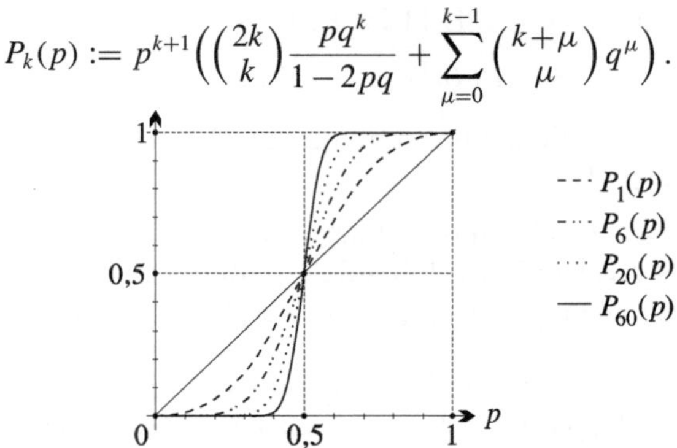

(Es ist $P_k(p) = 1 - P_k(q)$. Nach 6.B, Aufg. 1b) oder Beispiel 13.C.7 (2) ist übrigens

$$\sum_{\mu=0}^{k-1}\binom{k+\mu}{\mu}q^\mu = \frac{1}{p^{k+1}} - \sum_{\mu=k}^{\infty}\frac{(k+1)_\mu}{(1)_\mu}q^\mu = \frac{1}{p^{k+1}} - \binom{2k}{k}q^k F(2k+1, 1; k+1; q),$$

wo F eine hypergeometrische Reihe ist, vgl. Beispiel 13.C.13 und 13.C, Aufg. 22b).) Mit welcher Wahrscheinlichkeit gewinnt S bei 2 bzw. 3 Gewinnsätzen statt einem? Wie groß ist $P_k(p)$, wenn zum Gewinn eines Satzes ein Vorsprung von s Punkten nötig ist? (Der Fall $s = 1$ ist einfach.)

---

[2]) Man beachte, dass $\sum_{k=m}^{n-1} 1/k$ für die angegebenen m, n niemals ganzzahlig ist. (Zum Beweis betrachte man andernfalls die größte Zweierpotenz unter den Nennern $m, \ldots, n-1$.)

8 Erwartungswert und Varianz

8.A Erwartungswert und Varianz einer Zufallsvariablen

Im Folgenden sei (Ω, P) stets ein diskreter Wahrscheinlichkeitsraum.

8.A.1 Definition Eine Abbildung $X : \Omega \to \Omega'$ von Ω in die Menge Ω' heißt eine Zufallsvariable oder Zufallsgröße auf Ω mit Werten in Ω'.[1])

Sei $X : \Omega \to \Omega'$ eine Zufallsvariable. Für $\omega' \in \Omega'$ ist

$$P(X = \omega') := P\big(X^{-1}(\omega')\big) = \sum_{X(\omega)=\omega'} P(\omega)$$

die Wahrscheinlichkeit dafür, dass X den Wert ω' annimmt. Allgemein ist

$$P(X \in A') := P\big(X^{-1}(A')\big) = \sum_{X(\omega)\in A'} P(\omega)$$

für $A' \subseteq \Omega'$ die Wahrscheinlichkeit dafür, dass der Wert von X in A' liegt. Nach dem Großen Umordnungssatz 6.B.11 ist $P_X : \Omega' \to [0, 1]$ mit

$$P_X(\omega') := P(X = \omega')$$

eine diskrete Wahrscheinlichkeitsverteilung auf Ω'. Sie heißt die Verteilung der Zufallsvariablen X.

Im Fall $\Omega' = \mathbb{R}$ bzw. $\Omega' = \mathbb{C}$ spricht man von einer reellen bzw. einer komplexen Zufallsvariablen. Für solche Zufallsvariablen ist der Erwartungs- oder Mittelwert eine wichtige Invariante. Er ist allerdings nicht immer definiert.

8.A.2 Beispiel Bei einer Lotterie mit N Losen ($N \in \mathbb{N}^*$) seien $G_1, \ldots, G_n \in \mathbb{R}$ die möglichen Gewinne, wobei für jedes $i = 1, \ldots, n$ genau N_i Lose den Gewinn G_i bringen. Der Mittelwert für den Gewinn beim Ziehen eines Loses ist dann

$$E = \frac{N_1 G_1 + \cdots + N_n G_n}{N} = p_1 G_1 + \cdots + p_n G_n \,.$$

$p_i := N_i / N$ ist die Wahrscheinlichkeit dafür, ein Los mit dem Gewinn G_i zu ziehen. E ist der Erwartungswert der Zufallsvariablen X, die jedem Los seinen Gewinn zuordnet. Besitzt die Lotterie unendlich viele Lose und ist p_G die Wahrscheinlichkeit dafür, ein Los mit dem Gewinn G zu ziehen, so braucht der Mittelwert $\sum_{G \in \mathbb{R}} p_G G$ natürlich nicht zu existieren (auch nicht im uneigentlichen Sinne, wenn negative Gewinne, also Verluste mit positiver Wahrscheinlichkeit auftreten können).

---

[1]) In der Wahl großer lateinischer Buchstaben am Ende des Alphabets zur Bezeichnung von Zufallsvariablen folgen wir einer in der Stochastik üblichen Konvention.

Im Folgenden betrachten wir reelle und komplexe Zufallsvariablen nebeneinander und benutzen das Symbol

$$\mathbb{K}$$

als gemeinsame Bezeichnung für die Körper $\mathbb{R}$ und $\mathbb{C}$.

8.A.3 Definition Sei $X : \Omega \to \mathbb{K}$ eine $\mathbb{K}$-wertige Zufallsvariable. Ist die Familie $X(\omega)P(\omega)$, $\omega \in \Omega$, summierbar, so heißt X eine Z u f a l l s v a r i a b l e m i t E r w a r t u n g s w e r t und

$$\mathrm{E}(X) := \sum_{\omega \in \Omega} X(\omega)P(\omega)$$

heißt der E r w a r t u n g s w e r t von X.

Statt Erwartungswert sagt man auch M i t t e l w e r t. Nach dem Großen Umordnungssatz 6.B.11 (und 6.B.12) existiert $\mathrm{E}(X)$ genau dann, wenn $xP_X(x)$, $x \in \mathbb{K}$, summierbar ist, und in diesem Fall ist

$$\mathrm{E}(X) = \sum_{x \in \mathbb{K}} xP_X(x) .$$

Somit ist $\mathrm{E}(X)$ *der Erwartungswert von* $\mathrm{id}_{\mathbb{K}}$ *bezüglich der Verteilung* P_X *auf* $\mathbb{K}$. *Insbesondere hängen die Existenz und der Wert von* $\mathrm{E}(X)$ *nur von der Verteilung* P_X *von* X *ab.* Nach 6.B.6 und 6.B.9 existiert $\mathrm{E}(X)$ genau dann, wenn $\mathrm{E}(|X|)$ existiert. Es ist $|\mathrm{E}(X)| \leq \mathrm{E}(|X|)$. Für einen Laplace-Raum Ω mit n Elementen ist

$$\mathrm{E}(X) = \frac{1}{n} \sum_{\omega \in \Omega} X(\omega)$$

das arithmetische Mittel der Werte von X. Für reelle Zufallsvariablen X und Y ist der Erwartungswert in folgendem Sinne monoton: Ist $X \leq Y$ und existieren $\mathrm{E}(X)$ und $\mathrm{E}(Y)$, so ist $\mathrm{E}(X) \leq \mathrm{E}(Y)$. Für eine komplexe Zufallsvariable X ist $\mathrm{E}(\overline{X}) = \overline{\mathrm{E}(X)}$, wo $\overline{X}$ die zu X konjugiert-komplexe Zufallsvariable $\omega \mapsto \overline{X(\omega)}$ ist.

8.A.4 Linearität des Erwartungswertes *Seien* X *und* Y $\mathbb{K}$-*wertige Zufallsvariable mit Erwartungswert und seien* $a, b \in \mathbb{K}$. *Dann besitzt auch die Zufallsvariable* $aX + bY$ *einen Erwartungswert, und es ist*

$$\mathrm{E}(aX + bY) = a\mathrm{E}(X) + b\mathrm{E}(Y) .$$

B e w e i s. Mit den Familien $X(\omega)P(\omega)$, $\omega \in \Omega$, und $Y(\omega)P(\omega)$, $\omega \in \Omega$, ist auch $aX(\omega)P(\omega) + bY(\omega)P(\omega) = \big(aX(\omega) + bY(\omega)\big)P(\omega)$, $\omega \in \Omega$, summierbar, und es gilt

$$\mathrm{E}(aX + bY) = \sum_{\omega} \big(aX(\omega) + bY(\omega)\big)P(\omega)$$

$$= a\sum_{\omega} X(\omega)P(\omega) + b\sum_{\omega} Y(\omega)P(\omega) = a\mathrm{E}(X) + b\mathrm{E}(Y) . \qquad \bullet$$

Ist eine Zufallsvariable konstant oder fast sicher konstant, d.h. konstant auf einer Teilmenge der Wahrscheinlichkeit 1, so ist ihr Erwartungswert gleich dem Wert dieser Konstanten. Im Allgemeinen aber streuen die Werte einer Zufallsvariablen $X : \Omega \to \mathbb{K}$ um den Erwartungswert $E(X)$. Um ein Maß für diese Streuung zu gewinnen, betrachten wir die so genannte z e n t r i e r t e V a r i a b l e $X - E(X)$, deren Erwartungswert 0 ist. Ihr Absolutbetrag $|X - E(X)|$ heißt die A b w e i c h u n g der Variablen X und der Erwartungswert

$$E(|X - E(X)|) = \sum_{\omega \in \Omega} |X(\omega) - E(X)| P(\omega)$$

(der stets existiert, wenn $E(X)$ existiert) die m i t t l e r e A b w e i c h u n g von X. Zum Rechnen ist dieses Streumaß aber unhandlich. Sehr viel wichtiger ist der folgende von Gauß eingeführte Begriff der Varianz bzw. Streuung.

8.A.5 Definition Sei $X : \Omega \to \mathbb{K}$ eine Zufallsvariable mit Erwartungswert. Existiert der Erwartungswert des Quadrats $|X - E(X)|^2$ der Abweichung, so heißt dieser Erwartungswert

$$V(X) := E(|X - E(X)|^2) = \sum_{\omega \in \Omega} |X(\omega) - E(X)|^2 P(\omega)$$

die V a r i a n z von X und

$$\sigma(X) := \sqrt{V(X)}$$

die S t r e u u n g oder S t a n d a r d a b w e i c h u n g von X.

Existiert $E(|X - E(X)|^2)$ nicht, so sagt man auch, X habe unendliche Varianz. *Genau dann ist die Varianz $V(X)$ gleich 0, wenn X fast sicher konstant (gleich $E(X)$) ist.* Die folgende Aussage ist ein übersichtliches Kriterium für die Existenz von Erwartungswert *und* Varianz.

8.A.6 Satz *Für eine Zufallsvariable $X : \Omega \to \mathbb{K}$ sind äquivalent:*

(1) *Der Erwartungswert $E(X)$ und die Varianz $V(X)$ existieren.*

(2) *Der Erwartungswert $E(|X|^2)$ von $|X|^2$ existiert.*

In diesem Fall gilt $V(X) = E(|X|^2) - |E(X)|^2$.

B e w e i s . Aus (1) folgt (2): Existiert $E(X)$, so gilt

$$|X - E(X)|^2 = (X - E(X))(\overline{X} - \overline{E(X)}) = |X|^2 - E(X)\overline{X} - \overline{E(X)}X + |E(X)|^2 .$$

Existiert überdies $E(|X - E(X)|^2)$, so auch $E(|X|^2)$ und es folgt mit 8.A.4

$$V(X) = E(|X - E(X)|^2) = E(|X|^2) - E(X)E(\overline{X}) - \overline{E(X)}E(X) + |E(X)|^2$$
$$= E(|X|^2) - |E(X)|^2 .$$

Aus (2) folgt (1): Nach dem folgenden Lemma 8.A.7 existieren mit $E(|X|^2)$ auch $E(|X|)$ und damit $E(|X - E(X)|^2)$.   ●

8.A.7 Lemma *Sei $\alpha \in \mathbb{R}_+$. Existiert für eine Zufallsvariable $X : \Omega \to \mathbb{K}$ der Erwartungswert $\mathrm{E}(|X|^\alpha)$, so auch der Erwartungswert $\mathrm{E}(|X|^\beta)$ für alle $\beta \in \mathbb{R}_+$ mit $\beta \le \alpha$.*

B e w e i s . Es ist $|X|^\beta \le 1 + |X|^\alpha$, also $\mathrm{E}(|X|^\beta) \le 1 + \mathrm{E}(|X|^\alpha)$. $\qquad\bullet$

Wegen $\mathrm{V}(X) \ge 0$ ergibt sich aus 8.A.6 die Ungleichung $|\mathrm{E}(X)|^2 \le \mathrm{E}(|X|^2)$, wobei das Gleichheitszeichen nur dann gilt, wenn X fast sicher konstant ist. Wir notieren noch zwei Existenzaussagen:

8.A.8 Lemma *Existieren für die $\mathbb{K}$-wertigen Zufallsvariablen X und Y auf Ω die Erwartungswerte $\mathrm{E}(|X|^2)$ und $\mathrm{E}(|Y|^2)$, so existiert auch der Erwartungswert $\mathrm{E}(|XY|)$.*

B e w e i s . Es ist $|XY| \le \frac{1}{2}\big(|X|^2 + |Y|^2\big)$. $\qquad\bullet$

8.A.9 Lemma *Existieren für die $\mathbb{K}$-wertigen Zufallsvariablen X und Y auf Ω jeweils Erwartungswert und Varianz, so gilt dies auch für $X + Y$.*

B e w e i s . Es ist $|X + Y|^2 \le \big(|X| + |Y|\big)^2 = |X|^2 + 2|XY| + |Y|^2$. Mit 8.A.6 und 8.A.8 folgt die Behauptung. $\qquad\bullet$

Sind X und Y $\mathbb{K}$-wertige Zufallsvariablen mit Erwartungswert und (endlicher) Varianz, so existiert nach 8.A.8 der Erwartungswert

$$\mathrm{C}(X, Y) := \mathrm{E}\big((X - \mathrm{E}(X)) \, \overline{(Y - \mathrm{E}(Y))}\big) = \mathrm{E}(X\overline{Y}) - \mathrm{E}(X)\,\mathrm{E}(\overline{Y}).$$

Er heißt die K o v a r i a n z von X und Y. Es ist $\mathrm{C}(X, Y) = \overline{\mathrm{C}(Y, X)}$ und $\mathrm{C}(X, X) = \mathrm{V}(X)$. Sind X_i, $i \in I$, und Y_j, $j \in J$, endliche Familien $\mathbb{K}$-wertiger Zufallsvariablen mit Erwartungswert und Varianz, so ist

$$\mathrm{C}\Big(\sum_{i \in I} a_i X_i , \sum_{j \in J} b_j Y_j\Big) = \sum_{(i,j) \in I \times J} a_i \overline{b}_j \, \mathrm{C}(X_i, Y_j)$$

und insbesondere

$$\mathrm{V}\Big(\sum_{i \in I} a_i X_i\Big) = \sum_{i \in I} |a_i|^2 \mathrm{V}(X_i) + \sum_{i \ne j} a_i \overline{a}_j \, \mathrm{C}(X_i, X_j).$$

Speziell ist $\mathrm{V}(\sum_{i \in I} X_i) = \sum_{i \in I} \mathrm{V}(X_i)$, *wenn die Kovarianzen* $\mathrm{C}(X_i, X_j)$, $i \ne j$, *alle verschwinden, d.h. die Variablen* X_i, $i \in I$, *paarweise unkorreliert sind.* Dabei heißen zwei Variablen X und Y auf Ω u n k o r r e l i e r t , wenn $\mathrm{C}(X, Y) = 0$ ist. *Genau dann sind X und Y unkorreliert, wenn* $\mathrm{E}(X\overline{Y}) = \mathrm{E}(X)\mathrm{E}(\overline{Y})$ *ist.* Wichtig ist die folgende Ungleichung:

8.A.10 Satz *Für $\mathbb{K}$-wertige Zufallsvariablen X und Y auf Ω mit Erwartungswert und Varianz gilt*

$$|\mathrm{C}(X, Y)| \le \sigma(X)\,\sigma(Y).$$

B e w e i s. Die Behauptung ergibt sich aus der folgenden allgemeinen Ungleichung 8.A.11, angewandt auf $X - \mathrm{E}(X)$ bzw. $Y - \mathrm{E}(Y)$.　　　　　　　　　•

8.A.11 Cauchy-Schwarzsche Ungleichung *Für die* $\mathbb{K}$-*wertigen Zufallsvariablen* X *und* Y *auf* Ω *mögen* $\mathrm{E}(|X|^2)$ *und* $\mathrm{E}(|Y|^2)$ *existieren. Dann gilt*

$$|\mathrm{E}(X\overline{Y})|^2 \le \mathrm{E}(|X|^2)\,\mathrm{E}(|Y|^2).$$

B e w e i s. Ist $\mathrm{E}(|Y|^2) = 0$, so ist $P(\{\omega \in \Omega \mid Y(\omega) \ne 0\}) = 0$ und daher auch $\mathrm{E}(X\overline{Y}) = 0$. Sei also $a := \mathrm{E}(|Y|^2) \ne 0$. Ersetzen wir Y durch $Y/\sqrt{a}$, so können wir $\mathrm{E}(|Y|^2) = 1$ annehmen und haben dann $|\mathrm{E}(X\overline{Y})|^2 \le \mathrm{E}(|X|^2)$ zu zeigen. Es ist aber

$$0 \le \mathrm{E}(|X - \mathrm{E}(X\overline{Y})\,Y|^2) =$$
$$= \mathrm{E}(|X|^2 - \overline{\mathrm{E}(X\overline{Y})}\,X\overline{Y} - \mathrm{E}(X\overline{Y})\,\overline{X}Y + |\mathrm{E}(X\overline{Y})|^2\,|Y|^2)$$
$$= \mathrm{E}(|X|^2) - |\mathrm{E}(X\overline{Y})|^2.　　　　　　　　　•$$

Der Beweis zeigt, *dass bei* $\mathrm{E}(|Y|^2) \ne 0$ *in der Cauchy-Schwarzschen Ungleichung genau dann das Gleichheitszeichen gilt, wenn* $X = cY$ *mit einem* $c \in \mathbb{K}$ *fast sicher gilt.*

Sind X und Y Zufallsvariablen mit positiver (endlicher) Streuung, so heißt

$$\rho(X, Y) := \frac{\mathrm{C}(X, Y)}{\sigma(X)\sigma(Y)} = \mathrm{E}\Big(\frac{X - \mathrm{E}(X)}{\sigma(X)} \cdot \frac{\overline{Y - \mathrm{E}(Y)}}{\sigma(Y)}\Big)$$

der K o r r e l a t i o n s k o e f f i z i e n t v o n X u n d Y. Nach 8.A.10 ist sein Betrag ≤ 1. Sind X und Y unkorreliert, so ist $\rho(X, Y) = 0$. Ist $|\rho(X, Y)| = 1$, so heißt dies, dass in 8.A.10 das Gleichheitszeichen gilt. Nach dem Zusatz zum Beweis von 8.A.11 *ist dies (bei* $\sigma(Y) \ne 0$*) genau dann der Fall, wenn es Konstanten* $c, d \in \mathbb{K}$ *gibt derart, dass fast sicher* $X = cY + d$ *ist.*

Ist X eine $\mathbb{K}$-wertige Zufallsvariable mit positiver (endlicher) Streuung, so heißt die Variable

$$\frac{X - \mathrm{E}(X)}{\sigma(X)},$$

deren Erwartungswert 0 und deren Streuung 1 ist, die z u X g e h ö r e n d e z e n - t r i e r t e u n d n o r m i e r t e V a r i a b l e.

Wir beschließen diesen Abschnitt mit dem Beweis einer häufig benutzten Unglei- chung, die die Wahrscheinlichkeit der Abweichung einer Zufallsvariablen vom Er- wartungswert mit Hilfe der Varianz abschätzt.

8.A.12 Tschebyschewsche Ungleichung *Sei* X *eine* $\mathbb{K}$-*wertige Zufallsvariable mit dem Erwartungswert* $\mu = \mathrm{E}(X)$ *und der Streuung* $\sigma = \sigma(X)$. *Dann gilt für jedes* $a \in \mathbb{R}_+^\times$ *die Ungleichung*

$$P(|X - \mu| \ge a) \le \frac{\sigma^2}{a^2}.$$

Der B e w e i s ergibt sich aus dem folgenden Lemma, angewandt auf die Variable $Y := |X - \mu|$ und $b := 2$. •

8.A.13 Lemma *Sei Y eine Zufallsvariable mit Werten in $\mathbb{R}_+$. Für $a, b \in \mathbb{R}_+^\times$ gilt dann $P(Y \geq a) \leq \mathrm{E}(Y^b)/a^b$.*

B e w e i s. $P(Y \geq a)$ ist definitionsgemäß die Wahrscheinlichkeit des Ereignisses $A := \{\omega \in \Omega \mid Y(\omega) \geq a\}$. Es ist $Y \geq ae_A$, wobei e_A die Indikatorfunktion von A ist. Daraus folgt $Y^b \geq a^b e_A^b = a^b e_A$ und somit $\mathrm{E}(Y^b) \geq \mathrm{E}(a^b e_A) = a^b \mathrm{E}(e_A) = a^b P(A)$, *da der Erwartungswert der Indikatorfunktion e_A gleich der Wahrscheinlichkeit des Ereignisses A ist.* •

Für $b = 1$ heißt die Ungleichung in Lemma 8.A.13 auch die M a r k o w s c h e U n g l e i c h u n g.

Die Abschätzung in der Tschebyschewschen Ungleichung ist im Allgemeinen sehr grob. Ihr Vorteil liegt darin, dass sie ohne weitere Voraussetzungen über X gilt. Als Anwendung beweisen wir das so genannte schwache Gesetz der großen Zahlen.

Ein Bernoulli-Experiment mit der Erfolgswahrscheinlichkeit $p = P(1)$ werde n-mal unabhängig voneinander wiederholt. Die Zufallsvariable X gebe die Anzahl der Erfolge an. X ist binomialverteilt, d.h. die Verteilung von X ist eine Binomialverteilung:

$$P(X = k) = \beta(k\,;\,n\,,\,p) = \binom{n}{k} p^k (1 - p)^{n-k}\,,$$

$k \in \mathbb{N}$, vgl. Beispiel 7.B.2. Wir können X als Summe der Zufallsvariablen X_i, $i = 1, \ldots, n$, darstellen, wobei X_i den Wert 1 hat, wenn der Ausgang des i-ten Experiments ein Erfolg ist, und den Wert 0 sonst. Wegen $\mathrm{E}(X_i) = p$ für $i = 1, \ldots, n$ ist

$$\mathrm{E}(X) = \sum_{i=1}^n \mathrm{E}(X_i) = np\,.$$

Für die Kovarianzen gilt

$$\mathrm{C}(X_i, X_j) = \mathrm{E}(X_i X_j) - \mathrm{E}(X_i)\,\mathrm{E}(X_j) = \begin{cases} p - p^2 = p(1 - p)\,, & \text{falls } i = j, \\ p^2 - p^2 = 0\,, & \text{falls } i \neq j. \end{cases}$$

Die X_i, $i = 1, \ldots, n$, sind also paarweise unkorreliert, und wegen $X_i^2 = X_i$ folgt mit den Bemerkungen vor 8.A.10

$$\mathrm{V}(X) = \sum_{i=1}^n \mathrm{V}(X_i) = np(1 - p)\,.$$

Die Variable X/n, die die relative Erfolgshäufigkeit angibt, hat den Erwartungswert $\mathrm{E}(X)/n = p$ und die Varianz $\mathrm{V}(X)/n^2 = p(1 - p)/n$. Aus 8.A.12 folgt daher:

8.A.14 Schwaches Gesetz der großen Zahlen *Es sei p die Erfolgswahrscheinlichkeit für ein Bernoulli-Experiment. Wird dieses n-mal unabhängig ausgeführt, so gilt für die relative Häufigkeit X/n der Erfolge und jedes $a \in \mathbb{R}_+^\times$*

$$P\left(\left|\frac{X}{n} - p\right| \geq a\right) = \sum_{k \in \mathbb{N},\, |\frac{k}{n} - p| \geq a} \binom{n}{k} p^k (1 - p)^{n-k} \leq \frac{p(1 - p)}{a^2 n}\,.$$

8.A.14 besagt: Falls man n nur genügend groß wählt, wird die Wahrscheinlichkeit dafür, dass die relative Häufigkeit der Erfolge vom „erwarteten" Wert p um eine feste (beliebig kleine) positive Zahl a oder mehr abweicht, kleiner als jede noch so kleine positive Zahl ε. Man hat nur $n \geq p(1 - p)/a^2\varepsilon$ zu wählen. Wegen $p(1 - p) \leq 1/4$ ist jedes $n \geq 1/4a^2\varepsilon$ groß genug. Mit Hilfe des Zentralen Grenzwertsatzes (siehe Band 3) lassen sich günstigere Werte angeben. Satz 8.A.14 ist der Hauptsatz in der „Ars conjectandi" von Jacob Bernoulli (1654 - 1705), die 1713 posthum herausgegeben wurde.

Aufgaben

1. Sei $n \in \mathbb{N}^*$. Die reelle Zufallsvariable X nehme jeden Wert $k \in \{1, \ldots, n\}$ mit der Wahrscheinlichkeit $1/n$ an. Dann hat X den Erwartungswert $(n + 1)/2$ und die Varianz $(n^2 - 1)/12$. Man bestimme auch die mittlere Abweichung von X.

2. Seien $A, N \in \mathbb{N}^*$ mit $2^N \leq A < 2^{N+1}$. Ein Spieler wirft N-mal nacheinander eine (ideale) Münze. Er gewinnt 2^{i+1} Euro, falls die ersten i Würfe Wappen und der $(i + 1)$-te Wurf Zahl zeigen, $0 \leq i < N$. Wirft er jedoch N-mal Wappen, so erhält er A Euro. Wie groß ist der zu erwartende Gewinn für den Spieler? Welcher Wert ergibt sich bei $A = 10^6$? (P e t e r s b u r g e r S p i e l – Mit A oder N konvergiert auch der zu erwartende Gewinn gegen ∞. Das P e t e r s b u r g e r P a r a d o x o n besteht darin, dass für große N und insbesondere im Grenzfall $N = \infty$ der Spieler kaum bereit sein wird, den zu erwartenden Gewinn auch einzusetzen. Für eine Diskussion dieses Problems vgl. [31], Abschnitt X.4.)

3. Sei (Ω, P) der Wahrscheinlichkeitsraum mit $\Omega = \mathbb{N}^*$ und $P(n) = 1/2^n$.

a) Für die Zufallsvariable $X : \Omega \to \mathbb{R}$ mit $X(n) := \sqrt{2^n}$ existiert der Erwartungswert $\mathrm{E}(X)$, aber nicht $\mathrm{E}(X^2)$ und damit nicht $\mathrm{V}(X)$. Man berechne $\mathrm{E}(X)$.

b) Für die Zufallsvariablen $X = Y$ auf Ω mit $n \mapsto \sqrt[4]{2^n}$ existieren die Erwartungswerte und Varianzen, für XY existiert die Varianz jedoch nicht.

4. Seien (Ω, P) und (Ω', P') Wahrscheinlichkeitsräume und $X : \Omega \to \Omega'$ eine Zufallsvariable, deren Verteilung P_X mit P' übereinstimmt. Für jede Zufallsvariable $X' : \Omega' \to \mathbb{K}$ gilt dann $\mathrm{E}(X') = \mathrm{E}(X' \circ X)$ und $\mathrm{V}(X') = \mathrm{V}(X' \circ X)$, wobei jeweils der Wert auf der einen Seite genau dann existiert, wenn dies für den Wert auf der anderen Seite gilt.

5. Für eine Zufallsvariable $X : \Omega \to \mathbb{K}$ und $a, b \in \mathbb{K}$ ist $\mathrm{E}(aX + b) = a\mathrm{E}(X) + b$ und $\mathrm{V}(aX + b) = |a|^2\mathrm{V}(X)$ (wobei die Existenz von $\mathrm{E}(X)$ bzw. die von $\mathrm{V}(X)$ vorausgesetzt werde).

6. Für eine Zufallsvariable $X : \Omega \to \mathbb{K}$ mit Erwartungswert und endlicher Varianz gilt $\mathrm{E}(|X - a|^2) \geq \mathrm{V}(X)$, $a \in \mathbb{K}$. Das Gleichheitszeichen gilt genau dann, wenn a gleich dem Erwartungswert $\mathrm{E}(X)$ von X ist.

7. Aus der Ungleichung $|\mathrm{E}(X)|^2 \leq \mathrm{E}(|X|^2)$ für eine $\mathbb{C}$-wertige Zufallsvariable X folgere man für beliebige nichtnegative reelle Zahlen $p_1, \ldots, p_n$ mit $p_1 + \cdots + p_n = 1$ und beliebige komplexe Zahlen $x_1, \ldots, x_n$ die Ungleichung $|\sum_{i=1}^n p_i x_i|^2 \leq \sum_{i=1}^n p_i |x_i|^2$. Insbesondere ist $|\sum_{i=1}^n x_i|^2 \leq n \sum_{i=1}^n |x_i|^2$.

8. $X : \Omega \to \mathbb{R}_+^{\times}$ sei eine reelle Zufallsvariable, deren Werte alle positiv sind. Dann ist $E(X)E(1/X) \geq 1$. Man folgere: Für beliebige positive reelle Zahlen $x_1, \ldots, x_n$ und nicht-negative reelle Zahlen $p_1, \ldots, p_n$ mit $p_1 + \cdots + p_n = 1$ gilt

$$\left(\sum_{i=1}^{n} p_i x_i \right) \left(\sum_{i=1}^{n} \frac{p_i}{x_i} \right) \geq 1 .$$

Insbesondere ist $\left(\sum_{i=1}^{n} x_i \right) \left(\sum_{i=1}^{n} 1/x_i \right) \geq n^2$, vgl. 4.D, Aufg. 18.

9. Sei $X : \Omega \to \mathbb{K}$ eine Zufallsvariable mit Erwartungswert und endlicher Varianz. Dann gilt $E(|X - E(X)|) \leq \sigma(X)$. Die mittlere Abweichung ist also höchstens so groß wie die Streuung.

10. Es sei $\Omega = \{\omega_1, \ldots, \omega_r\}$ ein r-elementiger Wahrscheinlichkeitsraum mit $P(\omega_i) = p_i$. Das Experiment Ω werde n-mal ausgeführt. $X_i : \Omega^n \to \mathbb{R}$ sei die Zufallsvariable, die angibt, wie oft dabei das Elementarereignis ω_i eintritt. Für beliebige positive reelle Zahlen a_i und alle s mit $1 \leq s \leq r$ gilt dann

$$P\left(\left| \frac{X_1}{n} - p_1 \right| < a_1, \ldots, \left| \frac{X_s}{n} - p_s \right| < a_s \right) \geq 1 - \sum_{i=1}^{s} \frac{p_i (1 - p_i)}{a_i^2 n} .$$

11. Eine beschränkte $\mathbb{K}$-wertige Zufallsvariable besitzt einen Erwartungswert und endliche Varianz.

8.B Beispiele

Wir illustrieren die im vorigen Abschnitt eingeführten Begriffe an weiteren Beispielen, wobei wir gelegentlich wieder auf Ergebnisse der Analysis zurückgreifen, die erst später bewiesen werden.

8.B.1 Beispiel Seien $A \subseteq \Omega$ ein Ereignis im (diskreten) Wahrscheinlichkeitsraum $\Omega = (\Omega, P)$ und e_A die Indikatorfunktion von A. *Der Erwartungswert von e_A ist die Wahrscheinlichkeit $P(A)$ von A, die Varianz ist* $V(e_A) = E(e_A^2) - E(e_A)^2 = P(A)(1 - P(A))$. Wahrscheinlichkeiten als Erwartungswerte zu interpretieren, ist eine wichtige Methode zu ihrer Berechnung.

Als Anwendung berechnen wir die Wahrscheinlichkeit für das Ereignis B_m, dass genau m der Ereignisse $A_1, \ldots, A_n \subseteq \Omega$ eintreten. Sei e_i die Indikatorfunktion von A_i. Für $J \subseteq \{1, \ldots, n\}$ setzen wir $e_J := \prod_{j \in J} e_j$. Dies ist die Indikatorfunktion von $\bigcap_{j \in J} A_j$. Sei I eine feste Teilmenge von $\{1, \ldots, n\}$ mit $|I| = m$. Das Ereignis B_I, dass genau die m Ereignisse A_i mit $i \in I$ eintreten, ist $\bigcap_{i \in I} A_i \cap \bigcap_{j \notin I}(\Omega - A_j)$.

Seine Indikatorfunktion ist also

$$\prod_{i \in I} e_i \prod_{j \notin I}(1 - e_j) = \sum_{J \supseteq I}(-1)^{|J - I|} e_J .$$

Da die Ereignisse B_I, $|I| = m$, paarweise disjunkt sind, ist die Indikatorfunktion des betrachteten Ereignisses B_m gleich

$$e_{B_m} = \sum_{|I|=m} \sum_{J \supseteq I} (-1)^{|J-I|} e_J = \sum_J \sum_{I \subseteq J,\, |I|=m} (-1)^{|J-I|} e_J = \sum_{J,\, |J| \geq m} (-1)^{|J|-m} \binom{|J|}{m} e_J .$$

Folglich ist die gesuchte Wahrscheinlichkeit

$$P(B_m) = \mathrm{E}(e_{B_m}) = \sum_{k=m}^n (-1)^{k-m} \binom{k}{m} \sum_{|J|=k} \mathrm{E}(e_J) = \sum_{k=m}^n (-1)^{k-m} \binom{k}{m} p_k ,$$

wobei die p_k dieselbe Bedeutung wie in der Siebformel 7.A.10 haben. Die Wahrscheinlichkeit dafür, dass mindestens m der Ereignisse $A_1, \dots , A_n$ eintreten, ist

$$\sum_{\mu=m}^n P(B_\mu) = \sum_{m \leq \mu \leq k \leq n} (-1)^{k-\mu} \binom{k}{\mu} p_k = \sum_{k=m}^n \left(\sum_{\mu=m}^k (-1)^{k-\mu} \binom{k}{\mu} \right) p_k$$

$$= \sum_{k=m}^n (-1)^{k-m} \binom{k-1}{m-1} p_k$$

wegen

$$\sum_{\mu=m}^k (-1)^{k-\mu} \binom{k}{\mu} = (-1)^{k-m} \left(\binom{k}{m} - \binom{k}{m+1} + \cdots + (-1)^{k-m} \binom{k}{k} \right)$$

$$= (-1)^{k-m} \left(\binom{k-1}{m-1} + \binom{k-1}{m} - \binom{k-1}{m} - \binom{k-1}{m+1} + \cdots \right)$$

$$= (-1)^{k-m} \binom{k-1}{m-1} .$$

Für $m = 1$ ergibt das letzte Resultat die Siebformel 7.A.10.

8.B.2 (Erzeugende Funktionen) Sei $X : \Omega \to \mathbb{R}$ eine reelle Zufallsvariable auf dem diskreten Wahrscheinlichkeitsraum (Ω, P). Für ein $t \in \mathbb{R}_+^\times$ ist dann auch t^X eine solche Zufallsvariable. Mit

$$\psi(t) = \psi_X(t)$$

bezeichnen wir ihren Erwartungswert, falls dieser existiert. Dies ist sicherlich für $t = 1$ der Fall: $\psi_X(1) = 1$. Generell ist

$$\psi_X(t) = \mathrm{E}\big(t^X\big) = \sum_{x \in \mathbb{R}} t^x P_X(x) .$$

Die Funktion ψ_X heißt die erzeugende Funktion von X. Sie hängt nur von der Verteilung $P = P_X$ von X ab. Für eine beliebige diskrete Verteilung P auf $\mathbb{R}$ setzt man dementsprechend $\psi_P = \psi_{\mathrm{id}_\mathbb{R}}$, also $\psi_P(t) = \sum_{x \in \mathbb{R}} t^x P(x)$. Der Definitionsbereich von ψ ist stets ein Intervall in $\mathbb{R}_+^\times$. Ist nämlich ψ für $t_1, t_2 \in \mathbb{R}_+^\times$ mit $t_1 < t_2$ definiert, so liegt $t^x P(x)$ für alle $t \in [t_1, t_2]$ zwischen $t_1^x P(x)$ und $t_2^x P(x)$. Es ist also $t^x P(x) \leq (t_1^x + t_2^x) P(x)$. (Nach dem Weierstraßschen M–Test 12.A.6 ist $t^x P(x)$, $x \in \mathbb{R}$, auf $[t_1, t_2]$ folglich sogar gleichmäßig summierbar.) Ist P auf $\mathbb{N}$ konzentriert (d.h. ist $P(x) = 0$ für $x \notin \mathbb{N}$), so ist $\psi(t) = \sum_{n \in \mathbb{N}} t^n P(n)$ eine Potenzreihe, die für alle $t \in \mathbb{C}$ mit $|t| \leq 1$ konvergiert, vgl. Abschnitt 12.B.

Der Identitätssatz für Potenzreihen 12.C.1 zeigt dann, dass die Verteilung P durch ihre erzeugende Funktion ψ bestimmt ist. Dies gilt immer, wenn ψ nicht nur für $t = 1$ definiert ist, wie sich unmittelbar aus der Theorie der Fourier- bzw. Laplace-Transformationen ergibt (vgl. Band 3). Für eine endliche Verteilung P auf $\mathbb{R}$ ist diese Aussage einfach zu gewinnen, vgl. 13.C, Aufg. 25b).

Existiert die Summe $\sum_{x \in \mathbb{R}} x\, t^{x-1} P_X(x)$, die aus $\psi_X(t) = \sum_x t^x P_X(x)$ durch gliedweises Differenzieren der Summanden entsteht, auf einem nichttrivialen Intervall, das den Punkt $t = 1$ enthält, so stellt diese Summe nach Satz 14.E.1 auf diesem Intervall die Ableitung $\psi'_X(t)$ von $\psi_X(t)$ dar. Insbesondere ist dann

$$\psi'_X(1) = \sum_{x \in \mathbb{R}} x P_X(x) = \mathrm{E}(X)$$

der Erwartungswert von X. Existiert auch noch die durch zweimaliges gliedweises Differenzieren entstehende Summe $\sum_{x \in \mathbb{R}} x(x-1)\, t^{x-2} P_X(x)$ auf einem nichttrivialen Intervall, das 1 enthält, so ist wiederum nach 14.E.1

$$\psi''_X(1) = \sum_{x \in \mathbb{R}} x(x-1) P_X(x) = \sum_{x \in \mathbb{R}} x^2 P_X(x) - \sum_{x \in \mathbb{R}} x P_X(x)$$

$$= \mathrm{E}(X^2) - \mathrm{E}(X) = \mathrm{V}(X) + \mathrm{E}(X)\,(\mathrm{E}(X) - 1)\,.$$

Wir notieren diese Formeln, mit deren Hilfe sich Erwartungswert und Varianz einer Zufallsvariablen häufig bequem bestimmen lassen.

8.B.3 Satz *Existieren für die Zufallsvariable X mit der erzeugenden Funktion ψ_X sowohl $\sum_x x t^x P_X(x)$ als auch $\sum_x x^2 t^x P_X(x)$ auf einem nichttrivialen Intervall, das den Punkt $t = 1$ enthält, so gilt*

$$\mathrm{E}(X) = \psi'(1)\,, \quad \mathrm{V}(X) = \psi''_X(1) + \psi'_X(1)\,\bigl(1 - \psi'_X(1)\bigr)\,.$$

Die erzeugende Funktion ψ_X lässt sich auch für eine komplexe Zufallsvariable X definieren. 8.B.3 gilt dann völlig analog. Man hat $|t^x| = t^{\mathrm{Re}\,x}$ für $t > 0$ und $x \in \mathbb{C}$ zu benutzen.

Die Markowsche Ungleichung in 8.A.13 (mit $b = 1$) liefert die so genannten Tschernow-Schranken

$$P(X \ge a) = P(t^X \ge t^a) \le \psi_X(t)/t^a \quad \text{für} \quad t \ge 1\,,$$

$$P(X \le a) = P(t^X \ge t^a) \le \psi_X(t)/t^a \quad \text{für} \quad t \le 1$$

($t \in \mathbb{R}_+^\times$ jeweils aus dem Definitionsbereich von ψ_X).

Gelegentlich werden andere erzeugende Funktionen benutzt, etwa $\mu_X(t) := \psi_X(e^t) = \mathrm{E}\bigl(\exp(tX)\bigr)$ an Stelle von ψ_X. Für eine Zufallsvariable X, deren Verteilung auf $\mathbb{N}$ konzentriert ist, ist häufig auch die exponentielle erzeugende Funktion von X nützlich, die durch

$$\sum_{n \in \mathbb{N}} \frac{t^n}{n!} P_X(n)$$

definiert ist.

8.B.4 Bemerkung (Charakteristische Funktionen) Sei $X : \Omega \to \mathbb{R}$ eine reelle Zufallsvariable. Für jedes $t \in \mathbb{R}$ existiert dann der Erwartungswert der Zufallsvariablen $\exp(itX)$ mit $\omega \longmapsto \exp\big(itX(\omega)\big) = \cos\big(tX(\omega)\big) + i\sin\big(tX(\omega)\big)$, $\omega \in \Omega$, da $|\exp(ix)| = 1$ ist für alle $x \in \mathbb{R}$. Die Funktion

$$\chi(t) = \chi_X(t) := \mathrm{E}\big(\exp(itX)\big) = \sum_{x \in \mathbb{R}} \exp(itx)\, P_X(x)$$

heißt die charakteristische Funktion von X. Es ist $\chi(0) = 1$ und $|\chi(t)| \le 1$ für alle $t \in \mathbb{R}$. Die Funktion χ ist im Wesentlichen die Fourier-Transformierte $\widehat{P}$ der Verteilung P von X, worauf wir in Band 3 eingehen werden, und zwar ist $\chi(t) = \sqrt{2\pi}\,\widehat{P}(-t)$, $t \in \mathbb{R}$.[1]) Insbesondere folgt daraus, dass die Verteilung P auch durch die charakteristische Funktion χ bestimmt ist. Dies kann zum Identifizieren von Verteilungen sehr nützlich sein.

8.B.5 Seien $X_i : \Omega_i \to \mathbb{K}$, $i = 1, \dots, m$, $\mathbb{K}$-wertige Zufallsvariablen auf den (diskreten) Wahrscheinlichkeitsräumen (Ω_i, P_i), $i = 1, \dots, m$. Auf dem Produktraum $\Omega = \Omega_1 \times \cdots \times \Omega_m$ (mit der Produktverteilung $P = P_1 \otimes \cdots \otimes P_m$) definieren diese die Zufallsvariablen

$$(\omega_1, \dots, \omega_m) \longmapsto X_1(\omega_1) + \cdots + X_m(\omega_m)$$

bzw.

$$(\omega_1, \dots, \omega_m) \longmapsto X_1(\omega_1) \cdots X_m(\omega_m)\,,$$

die wir im Unterschied zur gewöhnlichen Summe und zum gewöhnlichen Produkt von Funktionen mit

$$X_1 \oplus \cdots \oplus X_m \quad \text{bzw.} \quad X_1 \otimes \cdots \otimes X_m$$

bezeichnen wollen. $X_1 \oplus \cdots \oplus X_m$ bzw. $X_1 \otimes \cdots \otimes X_m$ ist die Summe bzw. das Produkt der Variablen $X_i' := X_i p_i$, wobei $p_i : \Omega \to \Omega_i$ die i-te Projektion ist, $i = 1, \dots, m$. Ist X_i eine Zufallsvariable mit Erwartungswert bzw. mit Erwartungswert und Varianz, so gilt dies auch für X_i', und es ist $\mathrm{E}(X_i) = \mathrm{E}(X_i')$ bzw. $\mathrm{V}(X_i) = \mathrm{V}(X_i')$. Dies folgt unmittelbar aus der Gleichheit $P_{X_i} = P_{X_i'}$ der Verteilungen von X_i und X_i', vgl. 8.A, Aufg. 4.

8.B.6 Satz *Seien $X_i : \Omega_i \to \mathbb{K}$, $i = 1, \dots, m$, Zufallsvariablen mit Erwartungswert. Dann besitzen auch $X_1 \oplus \cdots \oplus X_m$ und $X_1 \otimes \cdots \otimes X_m$ einen Erwartungswert, und es ist*

$$\mathrm{E}(X_1 \oplus \cdots \oplus X_m) = \sum_{i=1}^{m} \mathrm{E}(X_i)\,, \quad \mathrm{E}(X_1 \otimes \cdots \otimes X_m) = \prod_{i=1}^{m} \mathrm{E}(X_i)\,.$$

Besitzen die X_i überdies eine endliche Varianz, so gilt dies auch für die Zufallsvariablen $X_1 \oplus \cdots \oplus X_m$ und $X_1 \otimes \cdots \otimes X_m$ und es ist

$$\mathrm{V}(X_1 \oplus \cdots \oplus X_m) = \sum_{i=1}^{m} \mathrm{V}(X_i)\,,$$

---

[1]) Der Zusammenhang zwischen χ und $\widehat{P}$ hängt von der Definition der Fourier-Transformierten ab, die in der Literatur nicht ganz einheitlich ist.

$$V(X_1 \otimes \cdots \otimes X_m) = \prod_{i=1}^{m} E(|X_i|^2) - \prod_{i=1}^{m} E(|X_i|)^2 \,.$$

Im Fall $\mathbb{K} = \mathbb{R}$ gelten für die erzeugende bzw. charakteristische Funktion der Variablen $X_1 \oplus \cdots \oplus X_m$ die Gleichungen

$$\psi_{X_1 \oplus \cdots \oplus X_m}(t) = \prod_{i=1}^{m} \psi_{X_i}(t) \,, \quad \chi_{X_1 \oplus \cdots \oplus X_m}(t) = \prod_{i=1}^{m} \chi_{X_i}(t) \,.$$

Die erste Gleichung gilt für die $t \in \mathbb{R}$, für die alle ψ_{X_i}, $i = 1, \ldots, m$, definiert sind, und bleibt auch für $\mathbb{C}$-wertige Zufallsvariablen gültig.

B e w e i s . Es ist

$$E(X_1 \oplus \cdots \oplus X_m) = E(X_1' + \cdots + X_m') = E(X_1') + \cdots + E(X_m')$$
$$= E(X_1) + \cdots + E(X_m) \,.$$

Für eine beliebige Teilmenge $J \subseteq \{1, \ldots, m\}$ ergibt sich mit 6.B.13

$$E\Big(\prod_{j \in J} X_j'\Big) = \sum_{(\omega_1, \ldots, \omega_m) \in \Omega} \Big(\prod_{j \in J} X_j(\omega_j) \, P_j(\omega_j)\Big) \prod_{i \notin J} P_i(\omega_i)$$
$$= \prod_{j \in J} \Big(\sum_{\omega_j \in \Omega_j} X_j(\omega_j) \, P_j(\omega_j)\Big) = \prod_{j \in J} E(X_j) \,.$$

Insbesondere ist also $E(X_1 \otimes \cdots \otimes X_m) = E(X_1' \cdots X_m') = \prod_{i=1}^{m} E(X_i)$. Es folgt ferner

$$V(X_1 \oplus \cdots \oplus X_m) = V(X_1' + \cdots + X_m') = \sum_{i=1}^{m} V(X_i') = \sum_{i=1}^{m} V(X_i)$$

wegen

$$C(X_i', X_j') = E(X_i' \overline{X_j'}) - E(X_i') E(\overline{X_j'})$$
$$= E(X_i') E(\overline{X_j'}) - E(X_i') E(\overline{X_j'}) = 0$$

für $i \neq j$ und

$$V(X_1 \otimes \cdots \otimes X_m) = E\big(|X_1 \otimes \cdots \otimes X_m|^2\big) - E\big(|X_1 \otimes \cdots \otimes X_m|\big)^2$$
$$= E\big(|X_1|^2 \otimes \cdots \otimes |X_m|^2\big) - E\big(|X_1| \otimes \cdots \otimes |X_m|\big)^2$$
$$= \prod_{i} E(|X_i|^2) - \prod_{i} E(|X_i|)^2 \,.$$

Schließlich gilt $t^{X_1 \oplus \cdots \oplus X_m} = t^{X_1} \otimes \cdots \otimes t^{X_m}$ bzw. $\exp\big(it(X_1 \oplus \cdots \oplus X_m)\big) = \exp(it X_1) \otimes \cdots \otimes \exp(it X_m)$, woraus auch die Behauptung über die erzeugenden bzw. charakteristischen Funktionen folgt. $\bullet$

Die Verteilung der Zufallsvariablen $X_1 \oplus \cdots \oplus X_m$ ist offenbar die Verteilung

$$x \longmapsto \sum_{x_1+\cdots+x_m=x} P_{X_1}(x_1) \cdots P_{X_m}(x_m) \, ,$$

$x \in \mathbb{K}$. Sie heißt die F a l t u n g der Verteilungen $P_{X_1}, \ldots, P_{X_m}$ und wird mit

$$P_{X_1} * \cdots * P_{X_m}$$

bezeichnet.

8.B.7 Beispiel Als einfaches Beispiel betrachten wir das m-malige Würfeln (bzw. das gleichzeitige Würfeln mit m Würfeln). Gibt die Zufallsvariable X die Augenzahl beim einmaligen Würfeln an, so hat X die erzeugende Funktion $\psi_X(t) = (t + t^2 + \cdots + t^6)/6$. Die Summe der Augenzahlen beim m-maligen Würfeln ist dann die m-fache Summe $X \oplus \cdots \oplus X$, ihre erzeugende Funktion also nach 8.B.6

$$\psi(t) = \left(\frac{1}{6}(t + \cdots + t^6)\right)^m = \frac{t^m}{6^m}\left(\frac{1 - t^6}{1 - t}\right)^m .$$

Der Koeffizient von t^k, $k \in \mathbb{N}$, in $\psi(t)$ ist die Wahrscheinlichkeit p_k dafür, dass beim m-maligen Würfeln die Summe der Augenzahlen gleich k ist. Aus

$$6^m \psi(t)\,(1 - t)^m = t^m(1 - t^6)^m$$

ergibt sich die folgende Rekursionsgleichung für die Zahlen $\pi_k := 6^m p_k$, $k \geq m$:

$$\pi_{k+1} = \binom{m}{1}\pi_k - \binom{m}{2}\pi_{k-1} + \cdots + (-1)^{m-1}\binom{m}{m}\pi_{k+1-m} + \varepsilon_{k+1}$$

mit

$$\varepsilon_{k+1} := \begin{cases} \binom{m}{(k + 1 - m)/6}(-1)^{(k+1-m)/6}, & \text{falls } 6 \,|\, (k + 1 - m), \\[2mm] \qquad\qquad 0 & \text{sonst} \end{cases}$$

und den Anfangsbedingungen $\pi_k = 0$ für $k < m$ und $\pi_m = 1$. Man beachte die Symmetrie $\pi_{m+k} = \pi_{6m-k}$. Der Erwartungswert für die Augenzahlen ist natürlich $mE(X) = 7m/2$, die Varianz $mV(X) = 35m/12$. (Die Streuung ist also zu $\sqrt{m}$ proportional.)

8.B.8 (B i n o m i a l v e r t e i l u n g e n) Die Zufallsvariable X sei binomialverteilt mit den Parametern n und p, also

$$P(X = k) = \beta(k\,;\,n\,,\,p) = \binom{n}{k}p^k(1 - p)^{n-k} \, ,$$

$k \in \mathbb{N}$. Die erzeugende Funktion ist

$$\psi_X(t) = \sum_{k=0}^{n}\binom{n}{k}t^k p^k(1 - p)^{n-k} = \left((1 - p) + pt\right)^n .$$

Dies folgt mit 8.B.6 auch sofort daraus, dass $X = Y \oplus \cdots \oplus Y$ die n-fache Summe einer Zufallsvariablen Y ist, die den Wert 1 mit der Wahrscheinlichkeit p und den Wert 0 mit der Wahrscheinlichkeit $1 - p$ annimmt, also die erzeugende Funktion

$\psi_Y = (1 - p) + pt$ hat. Diese Darstellung von X haben wir bereits beim Beweis von 8.A.14 benutzt, um den Erwartungswert $E(X) = np$ und die Varianz $V(X) = np(1 - p)$ übersichtlich zu berechnen.

8.B.9 (Hypergeometrische Verteilungen) Die Zufallsvariable X sei hypergeometrisch verteilt mit den Parametern N, m, n, also

$$P(X = k) = \binom{m}{k}\binom{N - m}{n - k}\Big/\binom{N}{n},$$

$k \in \mathbb{N}$, vgl. Beispiel 7.C.1. Wir erinnern daran, dass die Anzahl der weißen Kugeln beim n-maligen Ziehen ohne Zurücklegen aus einer Urne, die m weiße und $N - m$ schwarze Kugeln enthält, diese Verteilung hat. Demgemäß ist $X = X_1 + \cdots + X_n$, wobei X_i den Wert 1 hat, falls beim i-ten Zug eine weiße Kugel gezogen wird, und den Wert 0 sonst. Dann ist $E(X_i)$ die Wahrscheinlichkeit, beim i-ten Zug eine weiße Kugel zu ziehen, also $E(X_i) = m/N$ und

$$E(X) = \sum_{i=1}^{n} E(X_i) = \frac{mn}{N}.$$

Um die Varianz $V(X)$ zu bestimmen, benutzen wir die Formel von 8.A.10 und haben die Kovarianzen $C(X_i, X_j) = E(X_i X_j) - E(X_i)\,E(X_j)$ für $i \neq j$ zu berechnen. Es ist aber $E(X_i X_j)$ die Wahrscheinlichkeit, beim i-ten und j-ten Zug eine weiße Kugel zu ziehen, also $E(X_i X_j) = m(m - 1)/N(N - 1)$ bei $i \neq j$. Wegen $V(X_i) = E(X_i) - E(X_i)^2$ folgt

$$\begin{aligned}
V(X) &= \sum_{i=1}^{n} V(X_i) + \sum_{i \neq j} C(X_i, X_j) \\
&= n\left(\frac{m}{N} - \frac{m^2}{N^2}\right) + n(n - 1)\left(\frac{m(m - 1)}{N(N - 1)} - \frac{m^2}{N^2}\right) \\
&= n\,\frac{m}{N}\left(1 - \frac{m}{N}\right)\left(1 - \frac{n - 1}{N - 1}\right).
\end{aligned}$$

Es sei dem Leser empfohlen, diese Werte von $E(X)$ und $V(X)$ mit Hilfe der erzeugenden Funktion ψ_X auf Grund von 8.B.3 herzuleiten.

8.B.10 (Poisson-Verteilungen) Die Zufallsvariable X sei Poisson-verteilt mit dem Parameter λ, also

$$P(X = k) = \pi(k; \lambda) = \frac{\lambda^k}{k!}\,e^{-\lambda},$$

$k \in \mathbb{N}$, vgl. Beispiel 7.C.7. Die erzeugende Funktion ist

$$\psi_X(t) = \sum_{k=0}^{\infty} \frac{t^k \lambda^k}{k!}\,e^{-\lambda} = e^{\lambda(t-1)}.$$

Es folgt wegen $\psi_X'(t) = \lambda e^{\lambda(t-1)}$, $\psi_X''(t) = \lambda^2 e^{\lambda(t-1)}$ nach 8.B.3

$$\mathrm{E}(X) = \psi_X'(1) = \lambda \;,\quad \mathrm{V}(X) = \psi_X''(1) + \lambda(1-\lambda) = \lambda\,.$$

Der Parameter λ ist also sowohl der Erwartungswert als auch die Varianz der Poisson-verteilten Zufallsgröße X.

Die Zufallsvariablen $X_1, \ldots, X_m$ seien Poisson-verteilt mit $\lambda_1, \ldots, \lambda_m$ als Parametern. Dann hat $X_1 \oplus \cdots \oplus X_m$ nach 8.B.6 die erzeugende Funktion

$$\prod_{i=1}^{m} \psi_{X_i}(t) = \prod_{i=1}^{m} e^{\lambda_i(t-1)} = e^{(\lambda_1 + \cdots + \lambda_m)(t-1)}\,.$$

Die Zufallsvariable $X_1 \oplus \cdots \oplus X_m$ ist somit ebenfalls Poisson-verteilt, und zwar mit dem Parameter $\lambda_1 + \cdots + \lambda_m$.

Die charakteristische Funktion von X ist übrigens

$$\chi(t) = \sum_{k=0}^{\infty} \frac{e^{itk}\lambda^k}{k!} e^{-\lambda} = \exp\left(\lambda(e^{it} - 1)\right)\,.$$

8.B.11 (Pascal-Verteilungen · Negative Binomialverteilungen)
Die Zufallsvariable X sei Pascal-verteilt mit den Parametern $p \in \,]0,1[$ und $r \in \mathbb{N}^*$, also

$$P(X = k) = \binom{k+r-1}{k} p^r(1-p)^k = (-1)^k \binom{-r}{k} p^r(1-p)^k,$$

$k \in \mathbb{N}$, vgl. Beispiel 7.C.6. Die erzeugende Funktion ist

$$\psi_X(t) = \sum_{k=1}^{\infty} (-t)^k \binom{-r}{k} p^r(1-p)^k = \frac{p^r}{\left(1 - (1-p)t\right)^r}\,,$$

wobei wir die Binomialreihe 13.C.6, vgl. auch Beispiel 13.C.7 (2) und 6.B, Aufg. 1b), benutzt haben. $\psi_X(t)$ ist definiert für alle $|t| < 1/(1-p)$. Setzen wir $q := 1 - p$, so ist

$$\psi_X'(t) = \frac{rp^r q}{(1 - qt)^{r+1}}\,,\quad \psi_X''(t) = \frac{r(r+1)p^r q^2}{(1 - qt)^{r+2}}\,,$$

also nach 8.B.3

$$\mathrm{E}(X) = \psi_X'(1) = \frac{rq}{p}\,,\quad \mathrm{V}(X) = \frac{r(r+1)q^2}{p^2} + \frac{rq}{p}\left(1 - \frac{rq}{p}\right) = \frac{rq}{p^2}\,.$$

Im Fall einer geometrischen Verteilung, also bei $r = 1$, ergibt sich speziell $\mathrm{E}(X) = q/p$, $\mathrm{V}(X) = q/p^2$. Man nennt eine Zufallsvariable X, deren Werte in $\mathbb{N}$ liegen, negativ binomialverteilt mit den Parametern $p \in \,]0,1[$ und $r \in \mathbb{R}_+^\times$, wenn ihre erzeugende Funktion $p^r/(1-qt)^r$ mit $q := 1 - p$ ist. Es ist dann wie oben

$$P(X = k) = \binom{k+r-1}{k} p^r q^k = (-1)^k \binom{-r}{k} p^r q^k,$$

$k \in \mathbb{N}$, und man hat $\mathrm{E}(X) = rq/p$, $\mathrm{V}(X) = rq/p^2$; der so genannte Variabilitätskoeffizient $\sigma(X)/\mathrm{E}(X)$ ist also $1/\sqrt{rq}$.

8.B.12 Beispiel Wir greifen die Situation von Beispiel 7.C.3 auf und übernehmen die dortigen Bezeichnungen. Wir wollen den Erwartungswert für die Anzahl der Schubfächer, die beim Verteilen von N Elementen auf r Schubfächer belegt sind, bestimmen.[2] Auf dem Laplace–Raum Ω der Abbildungen $K \to S$ betrachten wir die Zufallsvariable X, die jedem $f : K \to S$ die Anzahl $X(f) := |f(K)|$ der belegten Schubfächer zuordnet. Der gesuchte Erwartungswert ist $\mathrm{E}(X) = \sum_{m=0}^{r} mq_m$, wobei q_m die Wahrscheinlichkeit dafür ist, dass genau m Fächer belegt sind. Mit der letzten Formel in Beispiel 7.C.3 lässt sich $q_m = p_{r-m}(N, r)$ explizit angeben; die Berechnung von $\mathrm{E}(X)$ auf diese Weise ist aber recht mühsam.

Einfacher zum Ziel führt die folgende schon mehrmals benutzte Methode: Für $i = 1, \dots, r$ sei X_i die Zufallsvariable auf Ω mit

$$X_i(f) := \begin{cases} 1, & \text{falls } i \in f(K), \\ 0 & \text{sonst.} \end{cases}$$

Offenbar ist $X = \sum_{i=1}^{r} X_i$ und somit $\mathrm{E}(X) = \sum_{i=1}^{r} \mathrm{E}(X_i)$. Es ist aber $\mathrm{E}(X_i)$ die Wahrscheinlichkeit dafür, dass $i \in f(K)$, d.h. das i-te Fach belegt ist. Diese Wahrscheinlichkeit ist gleich

$$1 - \frac{(r-1)^N}{r^N} = 1 - \left(1 - \frac{1}{r}\right)^N.$$

Für den gesuchten Erwartungswert erhält man also

$$\mathrm{E}(X) = r\left(1 - \left(1 - \frac{1}{r}\right)^N\right).$$

Der relative Anteil der belegten Fächer ist demnach im Mittel gleich $\mathrm{E}(X/r) = 1 - (1 - \frac{1}{r})^N$. Bei $N = r$ ist

$$\mathrm{E}\left(\frac{X}{r}\right) = 1 - \left(1 - \frac{1}{r}\right)^r = 1 - \frac{1}{e} + \frac{1}{2er} + O\left(\frac{1}{r^2}\right)$$

für $r \to \infty$, wobei wir die Beziehung $(1 + x/r)^r = e^x(1 - x^2/2r) + O(1/r^2)$ benutzt haben, vgl. 13.C, Aufg. 14b).[3] Bei großem r sind in diesem Fall also im Durchschnitt ca. $63{,}21 \dots \%$ der Fächer belegt.

Um die Varianz von X zu berechnen, benötigen wir wegen $\mathrm{V}(X) = \sum_{i,j} \mathrm{C}(X_i, X_j)$ die Kovarianzen $\mathrm{C}(X_i, X_j) = \mathrm{E}(X_i X_j) - \mathrm{E}(X_i)\,\mathrm{E}(X_j)$. Für $i \neq j$ ist

$$\mathrm{E}(X_i X_j) = 1 - 2\left(1 - \frac{1}{r}\right)^N + \left(1 - \frac{2}{r}\right)^N$$

die Wahrscheinlichkeit dafür, dass sowohl das i-te als auch das j-te Fach belegt sind. Es folgt

$$\mathrm{V}(X) = r\left(\left(1 - \frac{1}{r}\right)^N - \left(1 - \frac{2}{r}\right)^N\right) + r^2\left(\left(1 - \frac{2}{r}\right)^N - \left(1 - \frac{1}{r}\right)^{2N}\right).$$

Bei $N = r$ ergibt sich für die Varianz des relativen Anteils der belegten Fächer

$$\mathrm{V}\left(\frac{X}{r}\right) = \frac{1}{r^2}\mathrm{V}(X) = \left(1 - \frac{2}{e}\right)\frac{1}{er} + O\left(\frac{1}{r^2}\right) = \frac{0{,}0972\cdots}{r} + O\left(\frac{1}{r^2}\right).$$

---

[2] Das Experiment lässt sich auch folgendermaßen interpretieren: Ein Laplace-Experiment mit r Ausgängen wird N-mal unabhängig voneinander wiederholt. Wie groß ist der Erwartungswert für die Anzahl der *verschiedenen* Ergebnisse?

[3] Für das Landau-Symbol O sei auf Abschnitt 10.A verwiesen.

8.B.13 Beispiel (R u n s) Seien Ω ein diskreter Wahrscheinlichkeitsraum und $m \in \mathbb{N}^*$. Ein (maximaler) R u n in einer Folge $\omega = (\omega_1, \ldots, \omega_m) \in \Omega^m$ ist eine konstante Teilfolge $(\omega_i, \omega_{i+1}, \ldots, \omega_j)$ von ω mit $\omega_{i-1} \neq \omega_i$ (falls $i > 1$) und $\omega_{j+1} \neq \omega_j$ (falls $j < n$). Seine Länge ist $j - i + 1$. Offenbar ist die Anzahl der Runs in ω um 1 größer als die Anzahl der Wechsel in ω, wobei ein W e c h s e l ein Paar $(j, j + 1)$ mit $j < m$ und $\omega_j \neq \omega_{j+1}$ ist. Ist X die Anzahl der Runs, so ist $X = 1 + X_1 + \cdots + X_{m-1}$, wobei X_j den Wert 1 hat, wenn $(j, j + 1)$ ein Wechsel ist, und 0 sonst. $E(X_j)$ ist die Wahrscheinlichkeit, dass $(j, j + 1)$ ein Wechsel ist, also $E(X_j) = 1 - \sum_{\omega \in \Omega} P(\omega)^2$, wenn wir Ω^m mit der Produktverteilung versehen. Der Erwartungswert für die Anzahl der Runs ist also

$$E(X) = m - (m - 1)\pi_2 \, ,$$

wobei generell $\pi_\nu := \sum_{\omega \in \Omega} P(\omega)^\nu$, $\nu \in \mathbb{N}^*$, gesetzt werde. Wegen

$$C(X_i, X_j) = E(X_i X_j) - E(X_i)E(X_j) = \begin{cases} (1 - \pi_2)\pi_2 \, , & \text{falls } i = j, \\ \pi_3 - \pi_2^2 \, , & \text{falls } |i - j| = 1, \\ \quad 0 & \text{sonst} \end{cases}$$

hat die zugehörige Varianz bei $m \geq 2$ den Wert

$$V(X) = \sum C(X_i, X_j) = (m - 1)(1 - \pi_2)\pi_2 + 2(m - 2)(\pi_3 - \pi_2^2)$$

$$= (m - 1)\pi_2 - (3m - 5)\pi_2^2 + 2(m - 2)\pi_3 \, .$$

Ist speziell Ω ein Laplace-Raum mit n Elementen, so erhält man

$$E(X) = \frac{m(n - 1) + 1}{n} = m - \frac{m - 1}{n} \, , \quad V(X) = \frac{(n - 1)(m - 1)}{n^2} = \frac{E(X) - 1}{n} \, .$$

Es ist $\pi_\nu \geq 1/n^{\nu-1}$ für alle $\nu \in \mathbb{N}^*$ und jeden Raum Ω mit $n \in \mathbb{N}^*$ Elementarereignissen, wobei im Fall $\nu > 1$ das Gleichheitszeichen nur für einen Laplace-Raum gilt, vgl. 14.C, Aufg. 3. Somit gilt stets $E(X) \leq (m(n - 1) + 1)/n$ für einen Raum Ω mit n Elementen.[4] Lässt sich auch die Varianz generell mit der Varianz für einen Laplace-Raum abschätzen?

8.B.14 Beispiel (G e b u r t s t a g s p r o b l e m) Sei Ω ein diskreter Wahrscheinlichkeitsraum. Gefragt ist nach der Wahrscheinlichkeit r_m dafür, dass beim m-maligen unabhängigen Ausführen dieses Zufallsexperimentes die Ergebnisse paarweise verschieden sind. Ist Ω die Menge der Jahrestage, so handelt es sich um die Wahrscheinlichkeit, dass unter m zufällig ausgewählten Personen keine zwei am gleichen Tag Geburtstag haben.

Das betrachtete Ereignis enthält genau die Folgen $(\omega_1, \ldots, \omega_m) \in \Omega^m$ mit $\omega_i \neq \omega_j$ für $i \neq j$. Zwei solche Folgen, die sich nur in der Reihenfolge ihrer Glieder unterscheiden, haben dieselbe Wahrscheinlichkeit. Daher ist

$$r_m = m \, ! \sum_{H \in \mathfrak{E}_m(\Omega)} \left(\prod_{\omega \in H} P(\omega) \right),$$

wobei $\mathfrak{E}_m(\Omega)$ die Menge der m-elementigen Teilmengen von Ω ist. Nach 6.B, Aufg. 6 ist daher für jedes $t \in \mathbb{C}$

---

[4] Eine aus dem Stegreif niedergeschriebene zufällige 0-1-Folge der (nicht zu kleinen) Länge m enthält in der Regel mehr als $(m + 1)/2$ Runs, was ein Indiz dafür ist, dass es schwer fällt, die einzelnen Glieder einer solchen Folge wirklich unabhängig voneinander zu wählen. Beim Werfen einer Münze ist das Ergebnis ein anderes.

$$f(t) := \sum_{m=0}^{\infty} \frac{r_m}{m!}\, t^m = \prod_{\omega \in \Omega}\left(1 + P(\omega)t\right).$$

($f : \mathbb{C} \to \mathbb{C}$ ist also eine ganze analytische Funktion mit $r_m = f^{(m)}(0)$, $m \in \mathbb{N}$, vgl. 13.B.5 und auch Beispiel 13.C.11. Ist Ω ein endlicher Wahrscheinlichkeitsraum, so ist f natürlich eine Polynomfunktion. Will der Leser größere Vorgriffe auf spätere Kapitel vermeiden, so betrachte er im Weiteren nur diesen Fall.)

Wir führen nun das Experiment Ω beliebig oft aus und betrachten die Anzahl X der Versuche bis zur Wiederholung wenigstens eines Ergebnisses $\omega \in \Omega$. Dann ist $X = \sum_{m=0}^{\infty} X_m$, wobei X_m den Wert 1 hat, wenn die Ergebnisse der ersten m Versuche paarweise verschieden sind, und 0 sonst. Also ist der Erwartungswert gleich

$$E = \mathrm{E}(X) = \sum_{m=0}^{\infty} \mathrm{E}(X_m) = \sum_{m=0}^{\infty} r_m = \int_0^{\infty} f(t)\, e^{-t}\, dt = 1 + \int_0^{\infty} f'(t) e^{-t}\, dt \ \in \overline{\mathbb{R}}_+.$$

Die letzten Gleichheitszeichen folgen aus $\int_0^{\infty} t^m e^{-t}\, dt = m!$, vgl. 17.B.1 (2), und daraus, dass in $f(t)e^{-t} = \sum_{m=0}^{\infty} r_m t^m e^{-t}/m!$ und $f'(t)e^{-t} = \sum_{m=0}^{\infty} r_{m+1} t^m e^{-t}/m!$ Integration und Summation vertauscht werden können, da alle Summanden nichtnegativ sind.[5]) Bei endlichem Erwartungswert erhält man für die Varianz $\mathrm{V}(X) = \mathrm{E}(X^2) - \mathrm{E}(X)^2$

$$V := \mathrm{V}(X) = \mathrm{E}(X^2) - \mathrm{E}(X)^2 = 2 \sum_{m=0}^{\infty} (m+1) r_m - \mathrm{E}(X)(1 + \mathrm{E}(X)) \in \overline{\mathbb{R}}_+$$

wegen $X_k X_m = X_m$ für alle $k \le m$, d.h.

$$X^2 + X = 2 \sum_{m=0}^{\infty} \sum_{k \le m} X_k X_m = 2 \sum_{m=0}^{\infty} (m+1) X_m.$$

Nun ist

$$t f(t) = \sum_{m=0}^{\infty} \frac{r_m}{m!}\, t^{m+1} \quad \text{und} \quad (tf)' = f + tf' = \sum_{m=0}^{\infty} \frac{(m+1) r_m}{m!}\, t^m$$

und somit

$$V = 2 \int_0^{\infty} (tf)' e^{-t}\, dt - \mathrm{E}(X)\left(1 + \mathrm{E}(X)\right) = 2 \int_0^{\infty} t f' e^{-t}\, dt + \mathrm{E}(X)\left(1 - \mathrm{E}(X)\right).$$

Ist Ω ein Laplace-Raum mit n Elementen, so bezeichnen wir die gesuchte Wahrscheinlichkeit r_m mit $r_m^{(n)}$. Dafür ist

$$f(t) = f_n(t) = \left(1 + \frac{t}{n}\right)^n, \quad r_m^{(n)} = m! \binom{n}{m} n^{-m} = \left(1 - \frac{1}{n}\right) \cdots \left(1 - \frac{m-1}{n}\right),$$

also

$$\mathrm{E}(X) = E_n = \int_0^{\infty} \left(1 + \frac{t}{n}\right)^n e^{-t}\, dt.$$

Wir werden später zeigen, dass

$$E_n \sim \sqrt{\pi n/2}\,, \quad \text{genauer} \quad E_n = \sqrt{\pi n/2} + (2/3) + O(1/\sqrt{n})$$

---

[5]) Man verwendet hier den Satz von der monotonen Konvergenz, vgl. Band 3.

für $n \to \infty$ gilt, vgl. Beispiel 17.B.13. Bemerkenswert ist ferner, dass für jeden anderen Wahrscheinlichkeitsraum mit n Elementen die Ungleichung $r_m \le r_m^{(n)}$ gilt, vgl. 14.A, Aufg. 23. Die Wahrscheinlichkeit r_m ist also bei Gleichverteilung (und für $n \ge m \ge 2$ nur dann) am größten, im Fall $n = m$ handelt es sich dabei bis auf den Faktor $n\,!$ um die Ungleichung

$$\prod_{\omega \in \Omega} P(\omega) \le \frac{1}{n^n} = \Big(\frac{\sum_{\omega \in \Omega} P(\omega)}{n}\Big)^n$$

zwischen geometrischem und arithmetischem Mittel der Zahlen $P(\omega)$, $\omega \in \Omega$, vgl. 4.D, Aufg. 22. Für die Varianz ergibt sich bei Gleichverteilung

$$V(X) = V_n = 2\int_0^\infty t f_n' e^{-t}\, dt + E_n(1 - E_n) = 2n\int_0^\infty (f_n - f_n') e^{-t}\, dt + E_n(1 - E_n)$$

$$= 2n + E_n(1 - E_n) \sim 2n - \frac{\pi n}{2} = \frac{4 - \pi}{2}\, n\,,$$

für die Streuung $\sigma_n \sim \sqrt{(4 - \pi)n/2}$. Der so genannte Variabilitätskoeffizient σ_n/E_n ist asymptotisch gleich $\sqrt{(4 - \pi)/\pi}$.

Wir wollen noch die Anzahl $m = m_p$ der Versuche bestimmen, die nötig ist, damit die Wahrscheinlichkeit, dass wenigstens ein Ergebnis doppelt auftritt, $\ge p$ ist, wobei $p \in\ ]0, 1[$ vorgegeben ist. Gesucht ist also die kleinste Zahl $m \in \mathbb{N}^*$ mit $1 - r_m \ge p$ oder $r_m \le q :=$ $1 - p$. Wir betrachten wieder den Fall eines Laplace-Raumes mit n Elementen. Es handelt sich dann um die Auflösung der Gleichung

$$\ln r_m = \sum_{\nu=0}^{m-1} \ln\,(n - m + 1 + \nu) - m \ln n = \ln q$$

nach m. Für eine Näherungslösung bei großem n benutzen wir die Darstellung

$$\ln r_m = \Big(n - m + \frac{1}{2}\Big) \ln \frac{n}{n - m + 1} - m + 1 + O\Big(\frac{1}{n - m}\Big)$$

für $n - m \to \infty$, die mit der Eulerschen Summenformel im Verlauf von Beispiel 18.B.2 gewonnen wird. Entsprechend dem obigen Wurzelgesetz $E_n \sim \sqrt{\pi n/2}$ für den Erwartungswert E_n setzen wir den gesuchten Wert für m in der Form $m = \alpha_1 u + \alpha_0$ mit $u := \sqrt{n}$ an und versuchen die Konstanten α_1 und α_0 so zu bestimmen, dass $\ln r_m = \ln q + O(1/n)$ für $n \to \infty$ gilt. Es ist

$$-\ln r_m = \Big(n - m + \frac{1}{2}\Big) \ln \Big(1 - \frac{m - 1}{n}\Big) + m - 1 + O\Big(\frac{1}{n}\Big)$$

$$= \frac{1}{2}\alpha_1^2 + \alpha_1\Big(\alpha_0 - \frac{1}{2} + \frac{1}{6}\alpha_1^2\Big)\frac{1}{u} + O\Big(\frac{1}{n}\Big)$$

wegen

$$\ln \Big(1 - \frac{m - 1}{n}\Big) = -\sum_{k=0}^\infty \frac{1}{k + 1}\Big(\frac{m - 1}{n}\Big)^{k+1} = -\sum_{k=0}^\infty \frac{1}{(k + 1)u^{k+1}}\Big(\alpha_1 + \frac{\alpha_0 - 1}{u}\Big)^{k+1}$$

$$= -\alpha_1 \frac{1}{u} - \Big(\alpha_0 - 1 + \frac{\alpha_1^2}{2}\Big)\frac{1}{u^2} - \Big((\alpha_0 - 1)\alpha_1 + \frac{\alpha_1^3}{3}\Big)\frac{1}{u^3} + O\Big(\frac{1}{n^2}\Big).$$

Damit bekommt man $\alpha_1 = \sqrt{2\ln\,(1/q)}$ und $\alpha_0 = \frac{1}{2} - \frac{1}{3}\ln\,(1/q)$, also

$$m_p \approx \sqrt{2n \ln \frac{1}{1-p}} + \left(\frac{1}{2} - \frac{1}{3} \ln \frac{1}{1-p}\right).$$

Für $p = q = 1/2$ erhält man speziell

$$m_{1/2} \approx \sqrt{2n \ln 2} + \left(\frac{1}{2} - \frac{1}{3} \ln 2\right).$$

Ist $n = 365$ die Anzahl der möglichen Geburtstage, so ergeben sich beispielsweise die Werte $m_{1/2} \approx 22,76\ldots$, $m_{9/10} \approx 40,73\ldots$, $m_{99/100} \approx 56,94\ldots$. In der Tat ist genau in einer Gesellschaft mit mindestens 23 bzw. mindestens 41 bzw. mindestens 57 Personen die Wahrscheinlichkeit, dass wenigstens 2 Personen den gleichen Geburtstag haben, $> 50\%$ bzw. $> 90\%$ bzw. $> 99\%$. Für den Erwartungswert E_{365} der Anzahl der Personen, die man sukzessive auszuwählen hat, bis sich ein Geburtstag wiederholt, ergibt sich nach Obigem die Näherung

$$E_{365} \approx \sqrt{365\pi/2} + (2/3) = 24,611\ldots ,$$

der genaue Wert ist $24,616\ldots$. Für eine Verallgemeinerung vgl. Aufg. 18.

8.B.15 Beispiel (Ein W a r t e p r o b l e m) Wir betrachten ein Zufallsexperiment mit m gleichwahrscheinlichen Ausgängen, $m \geq 1$, das beliebig oft (unabhängig voneinander) ausgeführt werde. Wir suchen die Wahrscheinlichkeit $P(n)$ dafür, dass nach $n+k$ Versuchen zum ersten Mal k verschiedene Ausgänge beobachtet werden, wobei $k \in \mathbb{N}^*$ eine feste Zahl $\leq m$ ist.

Offenbar ist die Wahrscheinlichkeit, dass einer der m möglichen Ausgänge nie vorkommt, gleich 0. Wir betrachten daher nur noch solche Ereignisfolgen, bei denen alle m möglichen Ausgänge wenigstens einmal auftreten. Die Menge aller dieser Ereignisfolgen ist ein nichtdiskreter Wahrscheinlichkeitsraum Ω, dessen Wahrscheinlichkeitsverteilung wir erst im dritten Band definieren und behandeln können. Auf Ω betrachten wir die $\mathbb{N}$-wertige Zufallsvariable X, deren Wert für eine Ereignisfolge $\omega \in \Omega$ gleich n ist, wenn beim $(n+k)$-ten Versuch zum ersten Mal k verschiedene Ausgänge beobachtet werden. Die Verteilung P_X von X ist diskret mit $P_X(n) = P(X = n) = P(n)$. Es ist $X = X_1 + \cdots + X_{k-1}$, wobei die $\mathbb{N}^{k-1}$-wertige Zufallsvariable $\omega \mapsto (X_1(\omega), \ldots, X_{k-1}(\omega))$ für $\omega \in \Omega$ den Wert $(n_1, \ldots, n_{k-1})$ hat, falls beim $(n_1 + \cdots + n_j + j + 1)$-ten Experiment zum ersten Mal $j + 1$ verschiedene Ausgänge vorgekommen sind, $j = 1, \ldots, k - 1$. Die X_j sind offenbar geometrisch verteilt mit den Parametern $p_j = (m - j)/m$, denn X_j gibt die Anzahl der Versuche, vermindert um 1, an, die nötig sind, um einen Ausgang zu erhalten, der von bereits beobachteten $j - 1$ Ausgängen verschieden ist. Ferner ist

$$P(n) = \sum_{\substack{(n_1,\ldots,n_{k-1})\in\mathbb{N}^{k-1} \\ n_1+\cdots+n_{k-1}=n}} P_1(n_1) \cdots P_{k-1}(n_{k-1}),$$

wobei P_j für $j = 1, \ldots, k - 1$ die Verteilung von X_j ist. Die Verteilung P von X ist die Faltung $P_1 * \cdots * P_{k-1}$ der Verteilungen von $X_1, \ldots, X_{k-1}$. Daher ist die erzeugende Funktion ψ von X das Produkt der erzeugenden Funktionen ψ_j der X_j, vgl. 8.B.6. Nach 8.B.11 ist $\psi_j(t) = p_j/(1 - q_j t) = (m - j)/(m - jt)$ mit $q_j := 1 - p_j = j/m$. Es folgt

$$\psi(t) = \frac{(m - 1)(m - 2) \cdots (m - k + 1)}{(m - t)(m - 2t) \cdots (m - (k - 1)t)}.$$

Zerlegt man $\psi(t)$ gemäß 11.B.2 in Partialbrüche, so gewinnt man leicht eine Darstellung von $\psi(t) = \sum P(n)t^n$ als Potenzreihe in t und damit explizite Formeln für $P(n)$. Ferner ist nach 8.B.11

$$E(X) = E(X_1) + \cdots + E(X_{k-1}) = \frac{q_1}{p_1} + \cdots + \frac{q_{k-1}}{p_{k-1}}$$

$$= \frac{1}{p_1} + \cdots + \frac{1}{p_{k-1}} - (k-1) = m\Big(\sum_{i=m-(k-1)}^{m} \frac{1}{i}\Big) - k\,,$$

$$V(X) = V(X_1) + \cdots + V(X_{k-1}) = \frac{q_1}{p_1^2} + \cdots + \frac{q_{k-1}}{p_{k-1}^2} = m^2\Big(\sum_{i=m-(k-1)}^{m} \frac{1}{i^2}\Big) - m\Big(\sum_{i=m-(k-1)}^{m} \frac{1}{i}\Big).$$

Für $k = m$ erhält man (unter Verwendung von Beispiel 18.B.4 und $\zeta(2) = \pi^2/6$)

$$E = m(H_m - 1) = (\gamma - 1 + \ln m)\,m + \frac{1}{2} + O\Big(\frac{1}{m}\Big)\,,$$

$$V = m^2\Big(\sum_{i=1}^{m} \frac{1}{i^2}\Big) - mH_m = \frac{\pi^2}{6}m^2 - (1 + \gamma + \ln m)\,m + O\Big(\frac{1}{m}\Big)\,,$$

wobei H_m die m-te Partialsumme der harmonischen Reihe ist. Beim Würfeln mit $m = 6$ ergibt sich $E = 8{,}7$, d.h. man muss im Schnitt $14{,}7$-mal würfeln, um alle Augenzahlen wenigstens einmal geworfen zu haben. Die Streuung ist dabei $\sigma = \sqrt{V} = \sqrt{53{,}69} = 7{,}327\ldots\,.$

8.B.16 Beispiel (Ein weiteres W a r t e p r o b l e m) Wir wollen noch ein ähnliches Warteproblem untersuchen und betrachten ein Bernoulli-Experiment, das beliebig oft ausgeführt werde. Die Wahrscheinlichkeit für Erfolg sei p, $0 < p < 1$. Wir suchen die Wahrscheinlichkeit p_n dafür, dass nach $n + k$ Versuchen zum ersten Mal k Erfolge unmittelbar hintereinander beobachtet werden, $k \in \mathbb{N}^*$ fest gewählt. (Der Fall $k = 1$ führt auf die geometrische Verteilung aus 8.B.11.) Es ist $p_0 = p^k$. Ferner gilt für jedes $n > 0$ mit $q := 1 - p$

$$p_n = qp_{n-1} + qpp_{n-2} + \cdots + qp^{k-1}p_{n-k}\,,$$

wobei noch $p_j = 0$ gesetzt ist für $j < 0$. Unter den ersten k Versuchen muss nämlich bei $n > 0$, also $n + k > k$, ein Misserfolg sein, wenn beim $(n + k)$-ten Versuch zum ersten Mal k Erfolge nacheinander aufgetreten sind. Ist der erste Misserfolg an der i-ten Stelle, was mit der Wahrscheinlichkeit qp^{i-1} passiert, so ist die Wahrscheinlichkeit, dass dann beim $(n+k)$-ten Versuch zum ersten Mal k Erfolge nacheinander aufgetreten sind, noch $qp^{i-1}p_{n-i}$. Für die erzeugende Funktion $\psi = \psi(t) = \sum p_n t^n$ ergibt sich aus der Rekursion und der Anfangsbedingung die Gleichung

$$\psi - qt\psi - qpt^2\psi - \cdots - qp^{k-1}t^k\psi = p_0 = p^k\,,$$

also

$$\psi(t) = \frac{p^k}{1 - qt - qpt^2 - \cdots - qp^{k-1}t^k}\,, \qquad \psi'(1) = \frac{1 - p^k(kq + 1)}{qp^k}$$

und

$$\psi''(1) = -k(k+1) + 2\frac{\big(1 - p^k(kq + 1)\big)\big(1 - (k+1)qp^k\big)}{q^2 p^{2k}}\,.$$

Mit 8.B.3 erhält man für den Erwartungswert und die Varianz

$$E = \frac{1}{qp^k} - \frac{1}{q} - k\,, \quad V = \frac{1}{q^2 p^{2k}} - \frac{2k+1}{qp^k} - \frac{p}{q^2}\,.$$

Für die Koeffizienten von $\psi(t)$ und damit für die Werte p_n selbst gewinnt man bei nicht zu kleinem n auf folgende Weise gute Näherungen: Mit $\tau := pt$ hat der Nenner von ψ die Gestalt

$$1 - \frac{q}{p}\,(\tau + \tau^2 + \cdots + \tau^k)\,.$$

Dieses Polynom hat genau eine positive reelle Nullstelle λ. Sie ist einfach und durch $\lambda + \cdots + \lambda^k = p/q$ bestimmt. Jede andere Nullstelle hat einen Betrag, der größer ist als λ. (Vgl. 12.C, Aufg. 7, wo Gleichungen dieses Typs diskutiert werden.) Die Partialbruchzerlegung von ψ hat nach 11.B.2 die Gestalt

$$\psi(t) = \frac{\beta}{1 - \frac{p}{\lambda}t} + \cdots \,, \quad \beta := \frac{p^{k+1}(1 - \lambda)}{\lambda - (k + 1)q\lambda^{k+1}}\,,$$

wobei die nicht näher gekennzeichneten Summanden zu den von λ/p verschiedenen Nullstellen des Nennerpolynoms von ψ gehören. Es folgt für $n \to \infty$ die asymptotische Entwicklung (vgl. Beispiel 12.C.8)

$$p_n \sim \beta\Big(\frac{p}{\lambda}\Big)^n = \frac{p^k(1 - \lambda)}{1 - (k + 1)q\lambda^k}\Big(\frac{p}{\lambda}\Big)^{n+1}\,.$$

8.B.17 Beispiel (Ein R u i n - P r o b l e m) Zwei Spieler A und B mit den Startkapitalien a bzw. b, $a, b \in \mathbb{N}$, $a + b > 0$, führen ein Bernoulli-Experiment mit der Erfolgswahrscheinlichkeit p, $0 < p < 1$, aus. Bei Erfolg erhält A den Gewinn 1 von B, andernfalls erhält B den Gewinn 1 von A. Die Spieler spielen so lange, bis einer der beiden beim Kapital 0 angelangt ist. Wir wollen die Wahrscheinlichkeit dafür berechnen, dass A verliert.

Während des Spiels bleibt die Gesamtsumme $a + b$ des Kapitals der beiden Spieler konstant. Wir bezeichnen mit p_n die Wahrscheinlichkeit, dass A verliert, falls bei dieser Gesamtsumme das Anfangskapital von A gleich n ist. Dann ist offenbar

$$p_0 = 1, \quad p_{a+b} = 0, \quad p_n = qp_{n-1} + pp_{n+1} \text{ für } 0 < n < a + b\,.$$

(Man betrachte die Situation nach dem ersten Schritt.) Diese Rekursion (für alle n betrachtet) definiert eine Folge (p_n). Nach 12.C, Aufg. 5 ist bei $p \neq 1/2$

$$p_n = \frac{1}{\beta - \alpha}\,(c\alpha^n + d\beta^n)$$

mit Konstanten c und d, wobei $\alpha = 1$ und $\beta = q/p$ die beiden Nullstellen des Polynoms $px^2 - x + q$ sind. Bei $p = q = 1/2$ ist p_n eine arithmetische Folge $p_n = c + dn$. Aus $p_0 = 1$ und $p_{a+b} = 0$ ergeben sich die Konstanten c und d zu

$$c = \Big(\frac{q}{p}\Big)^{a+b}\Big(1 - \frac{q}{p}\Big)\Big/\Big(1 - \big(\frac{q}{p}\big)^{a+b}\Big)\,, \quad d = -\Big(1 - \frac{q}{p}\Big)\Big/\Big(1 - \big(\frac{q}{p}\big)^{a+b}\Big)$$

bzw. zu $c = 1, d = -1/(a + b)$. Die gesuchte Wahrscheinlichkeit ist somit

$$p_a = \Big(\big(\frac{p}{q}\big)^b - 1\Big)\Big/\Big(\big(\frac{p}{q}\big)^{a+b} - 1\Big)$$

bzw. $p_a = b/(a + b)$. Der zweite Wert (für $p = q = 1/2$) ist übrigens der Grenzwert des ersten für $p/q \to 1$. Die Wahrscheinlichkeit, dass B in der betrachteten Situation verliert, ist analog

$$\Big(\big(\frac{q}{p}\big)^a - 1\Big)\Big/\Big(\big(\frac{q}{p}\big)^{a+b} - 1\Big)$$

bzw. $a/(a+b)$. Da die Summe beider Wahrscheinlichkeiten jeweils 1 ist, ist die Wahrscheinlichkeit dafür, dass das Spiel niemals endet, gleich 0, was a priori nicht ganz selbstverständlich ist.

Um die mittlere Spieldauer zu berechnen, bezeichne p_{nm} die Wahrscheinlichkeit, dass beim Gesamtkapital $a + b$ der beiden Spieler und dem Anfangskapital n von A das Spiel genau nach dem m-ten Schritt beendet ist. Dann gilt für $0 < n < a + b$ und $m > 0$ offenbar

$$p_{nm} = q\, p_{n-1,m-1} + p\, p_{n+1,m-1}\,.$$

Für die mittlere Spieldauer $E_n = \sum_m m\, p_{nm}$ ergibt sich daraus wegen $\sum_m p_{nm} = 1$ für alle n mit $0 < n < a+b$

$$E_n = q\, E_{n-1} + p\, E_{n+1} + 1\,.$$

Ferner ist $E_0 = E_{a+b} = 0$. Die Rekursion für die E_n unterscheidet sich von der für die p_n nur um die Konstante 1 (und in den Randbedingungen). Man löst sie ebenfalls mit der Potenzreihenmethode aus Beispiel 12.C.8 (vgl. die Bemerkung im Anschluss an Satz 12.C.9) und erhält für die gesuchte mittlere Spieldauer

$$E_a = \begin{cases} \dfrac{a\, p_a - b(1 - p_a)}{q - p}\,, & \text{falls } p \neq q\,, \\[2mm] ab\,, & \text{falls } p = q = \tfrac{1}{2}\,. \end{cases}$$

Die erzeugenden Funktionen $\psi_n(t) = \sum_{m=0}^{\infty} p_{nm} t^m$ lassen sich ebenfalls leicht mit 12.C, Aufg. 5 bestimmen. Wegen $p_{n,0} = 0$ für $0 < n < a + b$ erfüllen sie die Gleichungen

$$\psi_n(t) = q\, t\, \psi_{n-1}(t) + p\, t\, \psi_{n+1}(t)$$

mit den Randbedingungen $\psi_0 = \psi_{a+b} = 1$. Ganz analog zur obigen Berechnung der Wahrscheinlichkeit p_a erhält man

$$\psi_a(t) = \frac{\alpha^a(t)\left(\beta^{a+b}(t) - 1\right) - \beta^a(t)\left(\alpha^{a+b}(t) - 1\right)}{\beta^{a+b}(t) - \alpha^{a+b}(t)}\,.$$

$\alpha(t)$ und $\beta(t)$ sind dabei die beiden Lösungen $(1 \pm \sqrt{1 - 4pqt^2})/2pt$ der Gleichung $pt\,x^2 - x + qt = 0$. Man beachte, dass $\psi_a(t)$ eine rationale Funktion in t ist. Es ist $E_a = \psi_a'(1)$, und mit $\psi_a''(1)$ erhält man auch die Varianz $V_a = \psi_a''(1) + \psi_a'(1)\left(1 - \psi_a'(1)\right)$, vgl. 8.B.3. Im Fall $p = q = 1/2$ ist

$$\psi_a(t) = \frac{t^a\,(1 + \sqrt{1 - t^2}\,)^b + t^b\,(1 + \sqrt{1 - t^2}\,)^a}{t^{a+b} + (1 + \sqrt{1 - t^2}\,)^{a+b}}$$

und $E_a = ab$ (wie bereits oben erwähnt) sowie $V_a = ab(a^2 + b^2 - 2)/3$, wie der Leser mit etwas Mühe [6]) bestätigen wird. Ist darüber hinaus $a = b$, so ergibt sich $E_a = a^2$ und $V_a = 2a^2(a^2 - 1)/3$. Der Variabilitätskoeffizient $\sqrt{V_a}/E_a$ ist dann also für $a \to \infty$ asymptotisch gleich $\sqrt{2/3}$.

Wir bemerken, dass dieses Beispiel auch mit der Theorie der Markow-Ketten behandelt werden kann. Wir gehen darauf in Band 2, Abschnitt 18.C ein.

---

[6]) Man beachte, dass $\sqrt{1 - t^2}$ im Punkt $t = 1$ nicht differenzierbar ist.

Aufgaben

1. Wie groß ist die mittlere Trefferzahl beim Lotto „6 aus 49"? Wie groß ist die zugehörige Streuung?

2. Wie groß ist beim Skatspiel der Erwartungswert und die Streuung für die Anzahl der Buben, die ein bestimmter Spieler beim Austeilen der Karten erhält?

3. Wie groß ist die Streuung der Gesamtaugenzahl beim Würfeln mit N (idealen) Würfeln.

4. Aus einem Schlüsselbund mit n Schlüsseln, $n \geq 1$, soll der einzige für ein Schloss passende Schlüssel gezogen werden, wobei die gezogenen Schlüssel (unvernünftigerweise) wieder zurückgelegt werden. Man gebe die Verteilung für die Anzahl der Versuche an und bestimme Erwartungswert und Varianz. Wie lautet die Antwort, wenn die bereits ausprobierten Schlüssel nicht wieder zurückgelegt werden?

5. Werden n verschiedene Briefe zufällig in die n zugehörigen Briefumschläge gesteckt, so sind Mittelwert und Streuung für die Anzahl der Briefe im richtigen Umschlag gleich 1.

6. Die Anzahl der Unfälle auf einem Straßenabschnitt, die sich freitags zwischen 16 und 18 Uhr ereignen, sei Poisson–verteilt mit Erwartungswert 7,3. Wie groß ist die Wahrscheinlichkeit, dass dort im angegebenen Zeitraum

a) genau 6, **b)** mehr als 12, **c)** weniger als 4 Unfälle stattfinden?

7. Die mittlere Anzahl der Fehler auf einer Druckseite eines Buches sei Poisson–verteilt mit Erwartungswert λ. Wie groß ist die Wahrscheinlichkeit, dass in einem Buch mit n Seiten mindestens eine Seite mehr als k Druckfehler enthält, $n, k \in \mathbb{N}$?

8. Die Wahrscheinlichkeit dafür, dass der Wert einer Poisson-verteilten Zufallsvariablen mit Erwartungswert λ gerade ist, ist gleich $(1 + e^{-2\lambda})/2$, also für $\lambda \to \infty$ erwartungsgemäß asymptotisch gleich $1/2$.

9. Ein Rosinenbrötchen von $50\,\mathrm{g}$ soll mit der Wahrscheinlichkeit $\geq 0,90$ (bzw. $\geq 0,99$) mindestens 8 Rosinen enthalten. Wie viele Rosinen muss der Bäcker einem Brötchenteig von $50\,\mathrm{kg}$ hinzufügen (wobei er anschließend den Teig noch einmal gut durchknetet)? (Man nehme an, dass die Anzahl der Rosinen in einem Brötchen Poisson-verteilt ist. Es ist eine Gleichung wie in 14.D, Aufg. 9 zu lösen.)

10. Es werden N Bosonen auf r Zellen verteilt, $N, r \in \mathbb{N}^*$. Der Erwartungswert und die Varianz für die Anzahl X der belegten Zellen sind dann $Nr/(N+r-1)$ bzw. $N(N-1)r(r-1)/(N+r-1)^2(N+r-2)$. (Bei der Varianz sei $N+r \geq 3$.) Für $N = r$ sind Erwartungswert und Varianz des relativen Anteils X/r der belegten Fächer gleich $\frac{1}{2} + \frac{1}{4r} + O(\frac{1}{r^2})$ bzw. $\frac{1}{8r} + O(\frac{1}{r^2})$ (für $r \to \infty$), vgl. auch Beispiel 8.B.12.

11. Es werden N gleichartige Teilchen auf r Zellen verteilt, $N, r \in \mathbb{N}^*$. Der Erwartungswert für die Anzahl der Zellen mit genau M Teilchen ist

a) bei klassischen Teilchen gleich $\binom{N}{M}(r-1)^{N-M}/r^{N-1}$,

b) bei Bosonen gleich $r\binom{N-M+r-2}{r-2}/\binom{N+r-1}{r-1}$.

Man berechne auch die zugehörigen Varianzen.

12. In einer Urne befinden sich insgesamt $M + N$ Kugeln, davon $M \geq 1$ weiße und N schwarze. Aus der Urne werden nacheinander ohne Zurücklegen Kugeln gezogen. Der Erwartungswert für die Anzahl der Kugeln, die gezogen werden müssen, um zum ersten Male eine weiße Kugel zu bekommen, ist

$$M \sum_{k=1}^{N+1} \frac{\binom{N}{k-1}}{\binom{M+N}{k}} .$$

13. In der Situation von Beispiel 8.B.15 seien k verschiedene mögliche Ausgänge des Zufallsexperiments fest vorgegeben. Für $n \in \mathbb{N}$ sei $Q(n)$ die Wahrscheinlichkeit dafür, dass nach $n + k$ Versuchen zum ersten Mal die k vorgegebenen Ausgänge beobachtet worden sind. Man bestimme die erzeugende Funktion für die Verteilung Q sowie Erwartungswert und Varianz für die Anzahl n der überflüssigen Versuche.

14. Bei einem Bernoulli-Experiment mit Erfolgswahrscheinlichkeit p, $0 < p < 1$, sei X die Anzahl der Versuche, bis zum ersten Mal r Erfolge beobachtet worden sind, $r \geq 1$ fest. Es ist also

$$P(X = n) = \binom{n-1}{n-r} p^r (1 - p)^{n-r},$$

$n \geq r$. Dann ist der Erwartungswert für die Variable r/X, die die Erfolgsrate angibt, gleich

$$r \left(\frac{p}{q}\right)^r \int_p^1 \frac{(1-t)^{r-1}}{t^r} dt = \sum_{v=1}^{r-1} (-1)^{v+1} \frac{r}{r-v} \left(\frac{p}{q}\right)^v + (-1)^{r+1} r \left(\frac{p}{q}\right)^r \ln \frac{1}{p} .$$

(Man werte das Integral durch mehrfache partielle Integration aus.)

15. Aus einer Gesellschaft von m Ehepaaren und n Einzelpersonen werden k Personen willkürlich ausgewählt, $0 \leq k \leq N := 2m + n \geq 2$. Dann ist der Erwartungswert für die Anzahl der Ehepaare unter den ausgewählten Personen gleich $mk(k-1)/N(N-1)$. Man berechne auch die Varianz.

16. (Schiefe einer Zufallsvariablen) Sei X eine reelle Zufallsvariable mit Erwartungswert und endlicher aber nicht verschwindender Streuung. Dann ist der Erwartungswert $\gamma(X)$ der Variablen $\big((X - \mathrm{E}(X))/\sigma(X)\big)^3$, falls dieser existiert, ein Maß für die Asymmetrie von X um den Erwartungswert $\mathrm{E}(X)$ von X. Er heißt die Schiefe von X. Existieren die Summen $\sum_{x \in \mathbb{R}} x^n t^x P_X(x)$ für $n = 1, 2, 3$ auf einem nichttrivialen Intervall, das den Punkt $t = 1$ enthält, so gilt für die Schiefe

$$\gamma(X) = \big(\mathrm{E}(X^3) - 3\mathrm{E}(X)\,\mathrm{V}(X) - \mathrm{E}(X)^3\big)/\sigma(X)^3$$
$$= \big(\psi'''(1) + \big(\mathrm{E}(X) - 1\big)\big(\mathrm{E}(X)\,(2 - \mathrm{E}(X)) - 3\mathrm{V}(X)\big)\big)/\sigma(X)^3,$$

wobei $\psi = \psi_X$ die erzeugende Funktion von X ist. Man bestimme die Schiefe der Binomial-, Poisson- und Pascal-Verteilungen.

17. Die Ziffern eines Dezimalbruchs hinter dem Komma werden unabhängig voneinander jede mit der gleichen Wahrscheinlichkeit $1/10$ gewählt.

a) Wie viele Ziffern müssen im Mittel gewählt werden, bis zum ersten Mal zehnmal unmittelbar aufeinander folgend die Ziffer 1 erschienen ist? (Vgl. Beispiel 8.B.16.)

b) Wie viele Ziffern müssen im Mittel gewählt werden, bis zum ersten Mal die Ziffernfolge 0123456789 erschienen ist? (Übrigens: In der Dezimalbruchentwicklung von $\pi = 3{,}14\ldots$

erscheint die Folge 0123456789 erstmals vollständig an der 17 387 594 889 sten Nachkommastelle (mit der „9" an dieser Stelle), vgl. J.M. Borwein, Math. Int. **20**, Number 1, 14-15 (1998). Ist dies im Rahmen des zu erwartenden Wertes? – Zur schnellen Berechnung von π siehe Beispiel 17.C.10.)

18. Die vorliegende Aufgabe diskutiert als ein weiteres Warteproblem eine Verallgemeinerung des in Beispiel 8.B.14 behandelten Geburtstagsproblems. Es werden wieder Resultate aus späteren Abschnitten benutzt. Ω bezeichnet einen diskreten Wahrscheinlichkeitsraum.

a) Für $m, n, k \in \mathbb{N}$ bezeichne $R(m, n; k)$ die Anzahl derjenigen Abbildungen einer m-elementigen Menge in eine n-elementige Menge, deren Fasern alle höchstens k Elemente enthalten. (Es ist also $R(m, n; 1) = [n]_m$, vgl. 2.B.3.) Man zeige

$$R(m, n + 1; k) = \sum_{i=0}^{k} \binom{m}{i} R(m - i, n; k)$$

und folgere für $n, k \in \mathbb{N}$

$$\sum_{m \in \mathbb{N}} \frac{R(m, n; k)}{m!} t^m = \big(g_k(t)\big)^n,$$

wobei $g_k(t) := \sum_{i=0}^{k} t^i / i! = 1 + t + \cdots + t^k / k!$ die gestutzte Exponentialreihe vom Grad k ist (die in 14.D, Aufg. 8 ein wenig studiert wird).[7]

b) Sei Ω ein Laplace-Raum mit n Elementen. Für $m, k \in \mathbb{N}$ sei $r_{m,k}^{(n)}$ die Wahrscheinlichkeit dafür, dass beim m-maligen unabhängigen Ausführen des Experiments Ω jedes Elementarereignis höchstens k-mal erscheint. Dann ist

$$f_{n,k}(t) := \sum_{m \in \mathbb{N}} \frac{r_{m,k}^{(n)}}{m!} t^m = \big(g_k(t/n)\big)^n.$$

Bei beliebigem Ω gilt mit den entsprechenden Wahrscheinlichkeiten $r_{m,k}^{(\Omega)}$

$$f_{\Omega,k}(t) := \sum_{m \in \mathbb{N}} \frac{r_{m,k}^{(\Omega)}}{m!} t^m = \prod_{\omega \in \Omega} g_k\big(P(\omega)t\big).$$

Ähnlich wie in 14.A, Aufg. 23 zeige man $r_{m,k}^{(\Omega)} \leq r_{m,k}^{(n)}$ für alle m, k, falls Ω endlich mit n Elementarereignissen ist.

c) Das Experiment Ω werde beliebig oft unabhängig voneinander ausgeführt. Für $k \in \mathbb{N}$ ist der Erwartungswert für die Anzahl der Versuche, die nötig sind, bis wenigstens ein Elementarereignis $(k + 1)$-mal erschienen ist, gleich

$$E_{\Omega,k} := \sum_{m \in \mathbb{N}} r_{m,k}^{(\Omega)} = \int_0^\infty f_{\Omega,k}(t) e^{-t} dt$$

und insbesondere gleich

$$E_{n,k} := \int_0^\infty \big(g_k(t/n)\big)^n e^{-t} dt = n \int_0^\infty \big(g_k(t)\big)^n e^{-nt} dt$$

---

[7] Bezeichnet $T(m, n; k)$ die Anzahl der Abbildungen einer m-elementigen in eine n-elementige Menge, deren Fasern alle *mindestens* k Elemente enthalten, so ist $\sum_{m \in \mathbb{N}} \frac{T(m,n;k)}{m!} t^m = \big(e^t - g_{k-1}(t)\big)^n$. Für $T(m, n; 1)$ vgl. das Ende von Beispiel 7.C.3.

für einen Laplace-Raum mit n Elementen. Bei beliebigem Ω mit $|\Omega| = n$ ist $E_{\Omega,k} \leq E_{n,k}$.

d) Mit der Substitution $s : \mathbb{R}_+ \to \mathbb{R}_+$, $s = s(t) = t - \ln g_k(t)$, ergibt sich

$$E_{n,k} = n \int_0^\infty e^{-ns} dt = n \int_0^\infty e^{-ns} \frac{dt}{ds} ds = n \int_0^\infty \frac{k!\,g_k(t)}{t^k} e^{-ns} ds \,,$$

vgl. Beispiel 17.B.13 für den Fall $k = 1$. Es ist $s \sim t$ für $t \to \infty$ (oder $s \to \infty$) und folglich $s^\alpha \sim t^\alpha$ für $t \to \infty$ (oder $s \to \infty$) und alle $\alpha \in \mathbb{R}$. Ferner gibt es Koeffizienten $c_{\nu,k} \in \mathbb{Q}$, $\nu \geq -k$, mit

$$\frac{k!\,g_k(t)}{t^k} = \sum_{\nu=-k}^\ell c_{\nu,k} \big((k+1)!\,s\big)^{\nu/(k+1)} + O\big(s^{(\ell+1)/(k+1)}\big)$$

für $s \to 0$ und alle $\ell \geq -k$. Dabei ist $c_{-k,k} = k!$. Mit 17.B, Aufg. 12 folgere man

$$E_{n,k} = \sum_{\nu=-k}^\ell c_{\nu,k} \big((k+1)!\big)^{\nu/(k+1)} \cdot \Gamma\Big(\frac{k+1+\nu}{k+1}\Big) \cdot n^{-\nu/(k+1)} + O\big(n^{(\ell+1)/(k+1)}\big)$$

für $\ell \geq -k$ und $n \to \infty$, insbesondere ($\ell = -k$)

$$E_{n,k} \sim \sqrt[k+1]{(k+1)!} \cdot \Gamma\Big(1 + \frac{1}{k+1}\Big) \cdot n^{k/(k+1)} \,.$$

(Zur Gamma-Funktion Γ vgl. generell Abschnitt 17.B.) Die zur letzten Näherung analoge Approximation für beliebiges Ω ist

$$E_{\Omega,k} \approx \sqrt[k+1]{(k+1)!} \cdot \Gamma\Big(1 + \frac{1}{k+1}\Big) \cdot \pi_{k+1}^{-1/(k+1)} \,,$$

wobei π_ν für $\nu \in \mathbb{N}^*$ wie in Beispiel 8.B.13 die Potenzsumme $\sum_{\omega \in \Omega} P(\omega)^\nu$ bezeichnet. Diese Approximation ergibt sich, wenn man alle π_ν für $\nu \geq k+2$ gegenüber π_{k+1} vernachlässigt. (Für die Potenzsummen vgl. auch Beispiel 13.C.11.)

Man bestimme explizit die (zehn) Koeffizienten $c_{\nu,k}$ mit $-4 \leq -k < \nu \leq 0$ (am besten mit einem Computerprogramm). Zur Kontrolle sei die Entwicklung

$$E_{n,2} = \sqrt[3]{6}\,\Gamma(4/3)\,n^{2/3} - \frac{1}{4}\sqrt[3]{6^2}\,\Gamma(5/3)\,n^{1/3} + \frac{3}{4} + O(n^{-1/3})$$

angegeben. (Wir benutzen wieder die Funktionalgleichung $\Gamma(x+1) = x\,\Gamma(x)$. – Man beachte ferner $\sqrt[k+1]{(k+1)!} \sim (k+1)/e$ sowie $\Gamma\big(1 + \frac{1}{k+1}\big) = 1 - \frac{\gamma}{k+1} + O\big(\frac{1}{(k+1)^2}\big)$ für $k \to \infty$, vgl. 4.F, Aufg. 9d) bzw. die Bemerkung im Anschluss an 17.B.7. Für die Werte $\Gamma(\mu/(k+1))$, $\mu \in \mathbb{N}^*$, mit $k = 1, 2, 3, 5$ vgl. in Bd. 3, Abschnitt 16.A das Beispiel 16.A.15 und dort auch die Aufgabe 4.)

9 Stochastische Unabhängigkeit

9.A Bedingte Wahrscheinlichkeiten

Wir haben bereits von der Unabhängigkeit bzw. der gegenseitigen Bedingtheit von Ereignissen in einem Wahrscheinlichkeitsraum gesprochen. Diese Begriffe sollen nun präzisiert werden.

Seien (Ω, P) ein (diskreter) Wahrscheinlichkeitsraum und $A \subseteq \Omega$ ein fest gewähltes Ereignis mit $P(A) > 0$. Dann induziert P auf A in natürlicher Weise eine Wahrscheinlichkeitsfunktion P_A, indem man für ein beliebiges Ereignis $B \subseteq A$

$$P_A(B) := \frac{P(B)}{P(A)}$$

setzt. (A, P_A) ist ein Wahrscheinlichkeitsraum, bei dem die Wahrscheinlichkeiten relativ zu A gemessen werden, A also als sicheres Ereignis angenommen wird.

Ist $B \subseteq \Omega$ ein beliebiges Ereignis in Ω, so lässt sich $P(B|A) := P_A(A \cap B) = P(A \cap B)/P(A)$ als die Wahrscheinlichkeit dafür interpretieren, dass B eintritt *unter der Voraussetzung, dass A schon eingetreten ist.*

9.A.1 Definition In der vorstehenden Situation heißt

$$P(B|A) = \frac{P(A \cap B)}{P(A)}$$

die b e d i n g t e W a h r s c h e i n l i c h k e i t von B unter der Bedingung A.

Definitionsgemäß gilt dann $P(B|A)P(A) = P(A \cap B)$. Man wird nun B als unabhängig von A ansehen, wenn das Eintreten von A die Wahrscheinlichkeit des Eintretens von B nicht beeinflusst, d.h. wenn $P(B|A) = P(B)$ ist. Dies ist genau dann der Fall, wenn $P(A)P(B) = P(A \cap B)$ ist. Wir definieren also:

9.A.2 Definition Zwei Ereignisse A und B in einem Wahrscheinlichkeitsraum (Ω, P) heißen (s t o c h a s t i s c h) u n a b h ä n g i g, wenn $P(A \cap B) = P(A)P(B)$ ist. — Eine Familie A_i, $i \in I$, von Ereignissen in Ω heißt s t o c h a s t i s c h u n a b h ä n g i g, wenn die Gleichung $P(\bigcap_{i \in J} A_i) = \prod_{i \in J} P(A_i)$ für jede endliche Teilmenge J von I gilt.

Wir betonen, dass diese Definition auch gilt, wenn eine der auftretenden Wahrscheinlichkeiten gleich 0 ist. Ist A fast unmöglich, d.h. $P(A) = 0$, so sind A und B stochastisch unabhängig für jedes Ereignis $B \subseteq \Omega$.

Es sei ferner erwähnt, dass die stochastische Unabhängigkeit von je zwei Ereignissen einer Familie A_i, $i \in I$, noch nicht die stochastische Unabhängigkeit der ganzen Familie impliziert, vgl. Aufg. 2.

Der Beweis der folgenden Aussage ergibt sich unmittelbar aus der Definition der bedingten Wahrscheinlichkeit mit Hilfe vollständiger Induktion über n:

9.A.3 *Seien $A_1, \ldots, A_n$ Ereignisse in Ω mit $P(A_1 \cap \cdots \cap A_n) \neq 0$. Dann ist*

$$P(A_1 \cap \cdots \cap A_n) = P(A_1)\, P(A_2|A_1)\, P(A_3|A_1 \cap A_2) \cdots P(A_n|A_1 \cap \cdots \cap A_{n-1}).$$

Ebenso einfach sind die folgenden beiden Formeln:

9.A.4 Regel von der totalen Wahrscheinlichkeit *Sei A_i, $i \in I$, eine Zerlegung von Ω mit $P(A_i) > 0$ für alle $i \in I$. Dann gilt für jedes $B \subseteq \Omega$*

$$P(B) = \sum_{i \in I} P(B|A_i)\, P(A_i).$$

B e w e i s . Die A_i sind nach Voraussetzung paarweise disjunkt und ihre Vereinigung ist Ω. (Wegen $P(A_i) > 0$ ist I daher übrigens abzählbar.) Dann ist B die Vereinigung der paarweise disjunkten Mengen $A_i \cap B$, $i \in I$, und es folgt $P(B) = \sum_{i \in I} P(A_i \cap B) = \sum_{i \in I} P(B|A_i)\, P(A_i)$.   ●

9.A.5 Formel von Bayes *Die Voraussetzungen seien dieselben wie in 9.A.4. Ferner sei $P(B) > 0$. Dann gilt für jedes $j \in I$*

$$P(A_j|B) = \frac{P(B|A_j)\, P(A_j)}{\sum_{i \in I} P(B|A_i)\, P(A_i)}.$$

B e w e i s . Setzt man in $P(A_j|B) = P(A_j \cap B)/P(B) = P(B|A_j)\, P(A_j)/P(B)$ für $P(B)$ die Formel aus 9.A.4 ein, so erhält man die Behauptung.   ●

Man interpretiert die Bayessche Formel häufig folgendermaßen: Ist B eingetreten, so kann man die Wahrscheinlichkeit dafür, dass A_j die Ursache für B ist, mit 9.A.5 aus den bedingten Wahrscheinlichkeiten $P(B|A_i)$ und den absoluten Wahrscheinlichkeiten $P(A_i)$ berechnen. Man nennt deshalb die Formel von Bayes auch die F o r m e l   v o n   d e r   W a h r s c h e i n l i c h k e i t   d e r   U r s a c h e n .

9.A.6 Beispiel (1) Gegeben seien n radioaktive Präparate. Die Anzahl der Impulse, die ein Geigerzähler beim i-ten Präparat innerhalb eines festen Zeitraums misst, sei Poisson-verteilt mit dem Parameter (= mittlere Impulszahl) λ_i. Für ein zufällig ausgewähltes Präparat werden m Impulse registriert. Wie groß ist die Wahrscheinlichkeit, dass es sich um das j-te Präparat handelt? Hierbei ist B das Ereignis, dass m Impulse gemessen werden und A_i ist das Ereignis, dass das i-te Präparat gewählt wurde. Es ist $P(A_i) = 1/n$ und $P(B|A_i) = \lambda_i^m e^{-\lambda_i}/m!$. Nach der Formel von Bayes ist für $j = 1, \ldots, n$ die gesuchte Wahrscheinlichkeit gleich

$$P(A_j|B) = \lambda_j^m e^{-\lambda_j} \Big/ \sum_{i=1}^{n} \lambda_i^m e^{-\lambda_i}.$$

(2) Beliebt ist folgende Illustration der Formel von Bayes: In einer Bevölkerungsgruppe sei die Wahrscheinlichkeit, mit einer bestimmten Krankheit infiziert zu sein, gleich p. Die Testverfahren liefern bei Infektion mit Wahrscheinlichkeit t_{++} und bei Nichtinfektion mit Wahrscheinlichkeit t_{--} das korrekte Ergebnis. Wie groß ist die Wahrscheinlichkeit p_+, dass bei positivem Testergebnis wirklich eine Infektion vorliegt? Es ist $\Omega = A_+ \uplus A_-$, wobei A_+ und A_- die Ereignisse „infiziert" bzw. „nicht infiziert" bezeichnen. B sei das Ereignis „positives Testergebnis". Mit 9.A.5 ist dann

$$p_+ = P(A_+|B) = \frac{P(B|A_+)\,P(A_+)}{P(B|A_+)\,P(A_+) + P(B|A_-)\,P(A_-)}$$

$$= \frac{t_{++}\,p}{t_{++}\,p + (1-t_{--})(1-p)} = \left(1 + \frac{1-t_{--}}{t_{++}}\,\frac{1-p}{p}\right)^{-1}.$$

Bei Max $(t_{++}, t_{--}) < 1-p$, eine Voraussetzung, die vielfach noch realistisch ist, ist $p_+ < \frac{1}{2}$, ein Ergebnis, das dem involvierten medizinischen Personal häufig nicht bewusst ist. Sind die Werte für Tbc etwa $p = 1\%_0$, $t_{++} = 95\%$, $t_{--} = 96\%$, so ist p_+ nur gleich $95/4091 \approx 2{,}3\%$. – Allerdings ist zu berücksichtigen, dass eine Person, die sich einem solchen Test unterzieht, häufig zu einer Risikogruppe gehört, für die die Infektionswahrscheinlichkeit von vornherein sehr viel höher ist. Ist etwa im letzten Beispiel $p = 5\%$ bei sonst gleichen Werten, so ergibt sich bereits $p_+ = 5/9 \approx 55{,}6\%$. – Bei n (unabhängigen) Tests mit positivem Ergebnis ist die entsprechende Wahrscheinlichkeit $p_{n+} = \left(1 + \left(\frac{1-t_{--}}{t_{++}}\right)^n \cdot \frac{1-p}{p}\right)^{-1}$. Beweis! Sie konvergiert für $n \to \infty$ gegen 1, falls $t_{++} + t_{--} > 1$ ist. – Bei Dopingtests wird häufig bereits nach einem positiven Test Doping unterstellt. Mit welcher Berechtigung?

9.A.7 Beispiel (Bedingte Ketten · Markow-Ketten) Seien (Ω_i, P_i), $i = 1, \ldots, m$, Wahrscheinlichkeitsräume und $\Omega := \Omega_1 \times \cdots \times \Omega_m$ der Produktraum mit der Produktverteilung $P := P_1 \otimes \cdots \otimes P_m$. Für jedes i sei A_i' ein Ereignis in Ω_i. Dann sind die Ereignisse A_i, dass beim i-ten Versuch das Ergebnis in A_i' liegt, $i = 1, \ldots, m$, stochastisch unabhängig. Man hat nämlich für eine Teilmenge J von $I := \{1, \ldots, m\}$ die Darstellung $\bigcap_{i \in J} A_i = B_1 \times \cdots \times B_m$ mit $B_i := \Omega_i$ für $i \notin J$ und $B_i = A_i'$ für $i \in J$ und somit

$$P\left(\bigcap_{i \in J} A_i\right) = \prod_{i=1}^m P_i(B_i) = \prod_{i \in J} P_i(A_i') = \prod_{i \in J} P(A_i).$$

Die Produktverteilung P auf Ω ist gerade so definiert, dass die einzelnen Experimente Ω_i voneinander unabhängig werden.

Ganz analog lassen sich auf dem Produkt Ω Wahrscheinlichkeitsverteilungen definieren, bei denen der Ausgang des i-ten Experiments in vorgegebener Weise abhängt von den Ausgängen der ersten $i - 1$ Experimente: Seien für jedes i mit $1 \leq i \leq m$ und jedes $(i - 1)$-Tupel $\omega := (\omega_1, \ldots, \omega_{i-1}) \in \Omega_1 \times \cdots \times \Omega_{i-1}$ die Übergangswahrscheinlichkeiten $P_\omega : \Omega_i \to [0, 1]$ vorgegeben, wobei $P_\omega(\omega_i)$ die Wahrscheinlichkeit dafür ist, dass beim i-ten Experiment das Ergebnis ω_i ist, *falls* die ersten $i - 1$ Experimente das Ergebnistupel $(\omega_1, \ldots, \omega_{i-1})$ liefern. Insbesondere ist für den Fall $i = 1$ eine Anfangsverteilung $P_0 : \Omega_1 \to [0, 1]$ definiert. Man sieht sofort, dass dann durch

$$P(\omega_1, \ldots, \omega_m) := P_0(\omega_1)\, P_{\omega_1}(\omega_2) \cdots P_{(\omega_1, \ldots, \omega_{m-1})}(\omega_m)$$

eine Wahrscheinlichkeitsverteilung auf Ω definiert wird. Ist $\Omega' := \Omega_1 = \cdots = \Omega_m$ und hängen die Übergangsverteilungen P_ω für jedes $\omega = (\omega_1, \ldots, \omega_{i-1})$ nur von dem Ergebnis ω_{i-1} des vorhergehenden Experiments ab, d.h. gilt für $i \geq 2$ und alle $\omega_1, \ldots, \omega_i \in \Omega'$

$$P_{(\omega_1,\dots,\omega_{i-1})}(\omega_i) = p_{\omega_{i-1}\omega_i}$$

mit festen Zahlen $p_{\xi\eta}$, ξ, $\eta \in \Omega'$, so spricht man von M a r k o w - K e t t e n . Die Wahrscheinlichkeitsverteilung P auf $\Omega = \Omega'^m$ ist dann bestimmt durch die Anfangsverteilung P_0 und die „Matrix" $(p_{\xi\eta})$ der Übergangswahrscheinlichkeiten. Man stellt diese Matrix häufig durch einen Graphen dar, dessen Ecken die Punkte von Ω' sind und bei dem ein Punktepaar (ξ, η) durch einen Pfeil verbunden ist, an dem die Übergangswahrscheinlichkeit $p_{\xi\eta}$ notiert wird, wenn diese Übergangswahrscheinlichkeit > 0 ist. (Bei $\xi = \eta$ ist dieser Pfeil natürlich eine Schlinge.)

Beispielsweise repräsentiert der folgende Graph (mit $p + q = 1$) die danebenstehende Matrix, bei der das Element in der i-ten Zeile und j-ten Spalte die Übergangswahrscheinlichkeit p_{ij} ist:

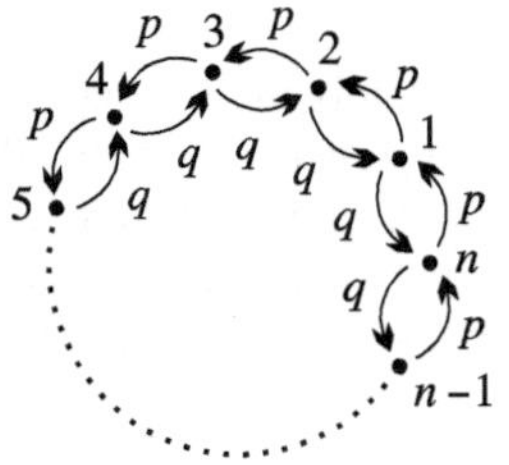

$$\begin{pmatrix}
0 & p & 0 & \cdots & 0 & q \\
q & 0 & p & \cdots & 0 & 0 \\
0 & q & 0 & \cdots & 0 & 0 \\
\vdots & \vdots & \vdots & \ddots & \vdots & \vdots \\
0 & 0 & 0 & \cdots & 0 & p \\
p & 0 & 0 & \cdots & q & 0
\end{pmatrix},$$

Das Rechnen mit Markow-Ketten kann erst angemessen behandelt werden, wenn der Matrizen-Kalkül zur Verfügung steht, vgl. Bd. 2.

Aufgaben

1. Seien A_i, $i \in I$, und B_i, $i \in I$, Ereignisse im Wahrscheinlichkeitsraum Ω. Für alle $i \in I$ gelte: Es ist $A_i = B_i$ oder $A_i = \Omega - B_i$. Dann sind die Ereignisse A_i, $i \in I$, genau dann stochastisch unabhängig, wenn dies für die Ereignisse B_i, $i \in I$, gilt. Speziell gilt: Sind die Ereignisse $A_1, \dots, A_m$ stochastisch unabhängig, so ist die Wahrscheinlichkeit dafür, dass keines dieser Ereignisse eintritt gleich dem Produkt $\prod_{i=1}^m \big(1 - P(A_i)\big)$, vgl. auch 7.A, Aufg. 3c). (Ein Beispiel: Seien $n \in \mathbb{N}^*$ und $p_1, \dots, p_m$ die verschiedenen Primteiler von n. Auf dem Laplace-Raum $\Omega := \{1, 2, \dots, n\}$ sind die Ereignisse A_i, dass ein $x \in \{1, \dots, n\}$ durch p_i teilbar ist, $i = 1, \dots, m$, stochastisch unabhängig. Daher sind auch die Komplementärereignisse $B_i := \Omega - A_i$, $i = 1, \dots, m$, stochastisch unabhängig, und man erhält

$$P\Big(\bigcap_{i=1}^m B_i\Big) = \prod_{i=1}^m P(B_i) = \prod_{i=1}^m \big(1 - P(A_i)\big) = \prod_{i=1}^m \Big(1 - \frac{1}{p_i}\Big).$$

Da $\bigcap_{i=1}^m B_i$ die Menge der zu n teilerfremden natürlichen Zahlen zwischen 1 und n ist, ist dies die Eulersche Formel in 5.C, Aufg. 15b).)

2. Ein idealer Würfel werde unabhängig zweimal geworfen. A sei das Ereignis, dass die erste gewürfelte Augenzahl gerade ist, B sei das Ereignis, dass die zweite gewürfelte Augenzahl ungerade ist, und C sei das Ereignis, dass die Summe der Augenzahlen gerade ist. Dann sind die Ereignisse A, B und C paarweise stochastisch unabhängig, aber nicht insgesamt stochastisch unabhängig.

3. B sei ein Ereignis im Wahrscheinlichkeitsraum (Ω, P) mit $0 < P(B) < 1$. Für ein beliebiges Ereignis $A \subseteq \Omega$ sind die Ereignisse A und B genau dann stochastisch unabhängig, wenn die bedingten Wahrscheinlichkeiten $P(A|B)$ und $P(A|(\Omega - B))$ übereinstimmen.

4. Eine Urne enthält genau eine Kugel, von der bekannt ist, dass sie schwarz oder weiß ist. Dann wird eine weiße Kugel hinzugelegt und eine der beiden Kugeln gezogen. Sie ist weiß. Wie groß ist die Wahrscheinlichkeit, dass die in der Urne verbliebene Kugel ebenfalls weiß ist? (Aufgabe von Ch. L. Dodgson alias Lewis Carroll – Das Ergebnis ist 2/3.)

5. Eine Familie habe zwei Kinder.

a) Mindestens eines davon sei ein Junge. Wie groß ist die Wahrscheinlichkeit, dass beide Kinder Jungen sind?

b) Das ältere Kind sei ein Mädchen. Wie groß ist die Wahrscheinlichkeit, dass beide Kinder Mädchen sind?

c) Jemand trifft auf der Straße eines der Kinder. Es ist ein Junge. Wie groß ist die Wahrscheinlichkeit, dass beide Kinder Jungen sind?

(Die Wahrscheinlichkeiten dafür, dass ein Junge bzw. Mädchen geboren wird, seien gleich, ebenso dafür, dass ein Junge bzw. Mädchen auf die Straße geht. – Die Antworten sind der Reihe nach 1/3, 1/2, 1/2.)

6. Die Produktion eines bestimmten Werkstücks wird in einer Fabrik von drei Maschinen M_1, M_2 und M_3 übernommen. Die Maschine M_i stellt $q_i \%$ der Gesamtproduktion her, $q_i > 0$, $q_1 + q_2 + q_3 = 100$. Von der Produktion der Maschine M_i ist $\alpha_i \%$ Ausschuss, $i = 1, 2, 3$. Aus der Gesamtproduktion werde zufällig ein Werkstück ausgewählt, das sich als fehlerhaft herausstellt. Wie groß ist die Wahrscheinlichkeit p_i, dass dieses Werkstück von der Maschine M_i stammt, $i = 1, 2, 3$?

7. (Pólyas Urnenmodell) In einer Urne befinden sich zu Beginn $M_w > 0$ weiße und $M_s > 0$ schwarze Kugeln. Nach jedem Zug werden die gezogenen Kugeln zurückgelegt und c weitere Kugeln der gezogenen Farbe hinzugelegt, $c \geq -1$.

a) Die Wahrscheinlichkeit, dass bei n-maligem Ziehen genau m weiße Kugeln gezogen werden, ist

$$\binom{n}{m} \cdot \frac{M_s(M_s + c) \cdots \left(M_s + (n - m - 1)c\right) M_w(M_w + c) \cdots \left(M_w + (m - 1)c\right)}{(M_s + M_w)(M_s + M_w + c) \cdots (M_s + M_w + (n - 1)c)}.$$

b) Die Wahrscheinlichkeit, dass bei n-maligem Ziehen wenigstens einmal eine weiße Kugel gezogen wird, ist

$$1 - \frac{M_s(M_s + c) \cdots (M_s + (n - 1)c)}{(M_s + M_w)(M_s + M_w + c) \cdots (M_s + M_w + (n - 1)c)}.$$

Für $n \to \infty$ konvergiert diese Wahrscheinlichkeit bei $c \geq 0$ gegen 1.

8. Zwei Spieler A und B werfen eine ideale Münze. Zahl bedeutet einen Gewinnpunkt für A, Wappen bedeutet einen Gewinnpunkt für B. Gewonnen hat derjenige, der zuerst $n > 0$ Gewinnpunkte für sich verbuchen kann. Er erhält dann den gesamten Einsatz. Wegen höherer Gewalt muss das Spiel beim Stande von $n - a$ Gewinnpunkten für A und $n - b$ Gewinnpunkten für B abgebrochen werden, $0 < a, b \leq n$. Dann ist der Gewinn gerechterweise im Verhältnis $p_A : (1 - p_A)$ mit

$$p_A := \sum_{v=0}^{b-1} \binom{v+a-1}{v} \frac{1}{2^{v+a}} = \frac{1}{2^{a+b-1}} \sum_{\mu=0}^{b-1} \binom{a+b-1}{\mu}$$

aufzuteilen. (Diese **Aufgabe von Fermat-Pascal** war eines der Ausgangsprobleme bei der Entwicklung der Wahrscheinlichkeitsrechnung. – Die Gleichheit der beiden Ausdrücke für p_A liefert übrigens die Gleichung

$$\sum_{v=0}^{s} 2^{s-v} \binom{r+v}{v} = \sum_{\mu=0}^{s} \binom{r+s+1}{\mu}$$

für alle $r, s \in \mathbb{N}$, die 2.B, Aufg. 4b) verallgemeinert.)

9. In einer Gruppe von n Autofahrern sei p_i die Wahrscheinlichkeit dafür, dass die i-te Person im Laufe eines Jahres mindestens einen Unfall hat, $i = 1, \ldots, n$. Es sei $p_i > 0$ für wenigstens ein i.

a) Die Wahrscheinlichkeit dafür, dass ein zufällig herausgegriffener Fahrer einen Unfall hat, ist $p := \frac{1}{n} \sum_{i=1}^{n} p_i$.

b) Die Wahrscheinlichkeit dafür, dass ein zufällig herausgegriffener Fahrer im zweiten Jahr einen Unfall hat unter der Voraussetzung, dass er im ersten Jahr einen Unfall hatte, ist $\left(\sum_{i=1}^{n} p_i^2\right) \big/ \left(\sum_{i=1}^{n} p_i\right) \geq p$, wobei das Gleichheitszeichen nur dann gilt, wenn alle p_i untereinander gleich sind. (Versicherungsgesellschaften kennen das Ergebnis.)

10. An einem Spielautomaten werde ein Spiel mit der Wahrscheinlichkeit p gewonnen. Verliert ein Spieler ein Spiel, so gilt das nächste Spiel allerdings automatisch als gewonnen. Dann ist $p_n := (1 - (p - 1)^{n+1})/(2 - p)$ die Wahrscheinlichkeit, mit der man beim n-ten Spiel gewinnt. Man berechne auch $\lim_{n \to \infty} p_n$.

11. Seien $X : \Omega \to \mathbb{K}$ eine Zufallsvariable und $A \subseteq \Omega$ ein Ereignis mit $P(A) \neq 0$. Dann heißt der Erwartungswert von $X | A$ bzgl. der bedingten Wahrscheinlichkeitsfunktion P_A auf A der **bedingte Erwartungswert von** X **unter der Bedingung** A (falls er existiert).

a) Ist $X = e_B$ die Indikatorfunktion eines Ereignisses $B \subseteq \Omega$, so ist $\mathrm{E}(X|A) = P(B|A)$.

b) Ist A_i, $i \in I$, eine Zerlegung von Ω mit $P(A_i) > 0$ für alle $i \in I$, so gilt $\mathrm{E}(X) = \sum_{i \in I} \mathrm{E}(X|A_i)P(A_i)$, wobei die eine Seite dieser Gleichung genau dann existiert, wenn dies für die andere Seite gilt (**Satz vom totalen Erwartungswert**).

12. Die Wahrscheinlichkeit dafür, dass ein Student im ersten Semester das vorliegende Buch mit Verständnis lesen kann, ist 1/2. Ist dies der Fall, so ist die Wahrscheinlichkeit, dass er das Examen besteht, gleich 3/4. Andernfalls ist diese Wahrscheinlichkeit gleich 1/4.[1] Wie groß ist die Wahrscheinlichkeit, dass er das Examen besteht? Nach Jahren erfährt man von einem Studenten, dass er das Examen bestanden hat. Wie groß ist die Wahrscheinlichkeit, dass er das vorliegende Buch mit Gewinn lesen konnte?

13. Seien (Ω, P) ein diskreter Wahrscheinlichkeitsraum und $A \subseteq \Omega$ ein Ereignis mit $P(A) > 0$. Das Experiment Ω werde beliebig oft und unabhängig voneinander wiederholt. Für ein $\omega \in A$ ist die Wahrscheinlichkeit dafür, dass ω als erstes (Elementar–)Ereignis

---

[1] Die Zahlen sind fiktiv. Wir hoffen natürlich, dass die wahren Werte höher sind.

erscheint, das zu A gehört, die relative Wahrscheinlichkeit $P_A(\omega) = P(\omega)/P(A)$. (Auf diesem Ergebnis beruht das folgende Verfahren, das auch mit einer unfairen Münze einen fairen Losentscheid zwischen zwei Kontrahenten S und T ermöglicht: Die Münze wird paarweise geworfen, bis ein Nicht-Pasch erscheint. S hat gewonnen, wenn dies das Paar (Wappen, Zahl) ist, andernfalls gewinnt T. Wie viele Doppelwürfe sind im Mittel nötig, bis eine Entscheidung gefallen ist?)

14. Unter den $n + 1$ Losen einer Lotterie ($n \geq 2$) befinden sich n Nieten und ein Gewinn. Gezogen wird nach einem der folgenden Verfahren:

(1) Nach dem ersten Zug darf man das gezogene Los öffnen und ein anderes wählen.

(2) Nach dem ersten Zug, aber vor Öffnen des gezogenen Loses zeigt der Losverkäufer (der die Nieten unter den Losen erkennen kann) auf eine Niete unter den nicht gezogenen Losen. Danach kann man sich neu für eines der Lose entscheiden.

(3) Wie Verfahren (2) mit dem Unterschied, dass es sich bei der Niete, auf die der Losverkäufer hinweist, auch um das bereits gezogene Los handeln kann (falls dies eine Niete ist).

Man gebe für jedes der Verfahren eine Strategie an, um die Wahrscheinlichkeit für einen Gewinn möglichst groß zu machen, und bestimme diese maximale Wahrscheinlichkeit. Mit anderen Worten: Bis zu welchem Einsatz lohnt sich das Spiel, wenn der Gewinn G Euro beträgt? (Vgl. Beispiel 9.A.7. – Die maximalen Gewinnwahrscheinlichkeiten sind der Reihe nach $2/(n+1)$ (bei nochmaligem Ziehen, falls eine Niete gezogen wurde), $n/(n^2-1)$ (bei nochmaligem Ziehen aus dem Rest ohne die gezeigte Niete), $1/n$ (bei nochmaligem Ziehen aus dem Rest, falls der Losverkäufer auf die gezogene Niete gezeigt hat). – Die Aufgabe zum Verfahren (2) ist bei $n = 2$ das so genannte Q u i z m a s t e r - oder Z i e g e n - p r o b l e m. (Die Ziege steht für eine Niete.) Wählt man in diesem Fall stets nach Zeigen der Niete das dritte Los, so gewinnt man genau dann, wenn man zunächst eine Niete gezogen hatte. Und dafür ist die Wahrscheinlichkeit 2/3. Wählt man das dritte Los aber nur mit Wahrscheinlichkeit $p < 1$, so ist die Wahrscheinlichkeit für Gewinn nur $\frac{2}{3}p + \frac{1}{3}(1 - p) = \frac{1}{3}(1 + p) < \frac{2}{3}$. – Man behandele auch allgemeiner den Fall, dass es m Gewinne, also insgesamt $n + m$ Lose gibt.)

9.B Stochastisch unabhängige Zufallsvariablen

Der Begriff der stochastischen Unabhängigkeit lässt sich von Ereignissen auf Zufallsvariable übertragen. Seien dazu $X_i : \Omega \to \Omega_i$, $i = 1, \ldots, m$, Zufallsvariablen auf dem (diskreten) Wahrscheinlichkeitsraum $\Omega = (\Omega, P)$.

9.B.1 Definition Die Zufallsvariablen $X_1, \ldots, X_m$ heißen s t o c h a s t i s c h u n - a b h ä n g i g, wenn für beliebige Ereignisse $A_i \subseteq \Omega_i$, $i = 1, \ldots, m$, die Ereignisse

$$(X_i \in A_i) := X_i^{-1}(A_i),$$

$i = 1, \ldots, m$, in Ω stochastisch unabhängig sind (im Sinne von 9.A.2). — Eine beliebige Familie von Zufallsvariablen heißt s t o c h a s t i s c h u n a b h ä n g i g, wenn jede endliche Teilfamilie stochastisch unabhängig ist.

Die Zufallsvariablen $X_1, \ldots, X_m$ sind also genau dann stochastisch unabhängig, wenn für beliebige Ereignisse $A_i \subseteq \Omega_i$, $i = 1, \ldots, m$, gilt

$$P(X_i \in A_i \mid i = 1, \ldots, m) = P(X_1 \in A_1) \cdots P(X_m \in A_m).$$

(Indem man in diesen Gleichungen einige der A_i gleich Ω_i setzt, erhält man die volle definierende Bedingung für die stochastische Unabhängigkeit.) Betrachtet man die zusammengesetzte Variable $X = (X_1, \ldots, X_m)$ von Ω in $\Omega_1 \times \cdots \times \Omega_m$ mit

$$X(\omega) := \big(X_1(\omega), \ldots, X_m(\omega)\big),$$

so ergibt sich aus dem Gesagten die folgende Charakterisierung der stochastischen Unabhängigkeit:

9.B.2 Satz *Die Zufallsvariablen $X_i : \Omega \to \Omega_i$, $i = 1, \ldots, m$, sind genau dann stochastisch unabhängig, wenn die Verteilung P_X der zusammengesetzten Variablen $X = (X_1, \ldots, X_m)$ gleich dem Produkt der Verteilungen P_{X_i} der einzelnen Variablen ist, d.h. wenn gilt:*

$$P_X = P_{X_1} \otimes \cdots \otimes P_{X_m}.$$

Die Verteilung P_X der zusammengesetzten Variablen $X = (X_1, \ldots, X_m)$ heißt die **gemeinsame Verteilung** der $X_1, \ldots, X_m$, und die Verteilungen $P_{X_1}, \ldots, P_{X_m}$ heißen die **Rand-** oder **Marginalverteilungen** von X.

Seien $X_1, \ldots, X_m$ stochastisch unabhängige $\mathbb{K}$-wertige Zufallsvariablen $\Omega \to \mathbb{K}$ und $X = (X_1, \ldots, X_m)$ die zusammengesetzte Zufallsvariable $\Omega \to \mathbb{K}^m$. Dann ist $P_X = P_{X_1} \otimes \cdots \otimes P_{X_m}$. Die Summe $X_1 + \cdots + X_m$ bzw. das Produkt $X_1 \cdots X_m$ sind die Kompositionen $S \circ X$ bzw. $M \circ X$, wobei S bzw. M die Summenabbildung $(t_1, \ldots, t_m) \mapsto t_1 + \cdots + t_m$ bzw. die Produktabbildung $(t_1, \ldots, t_m) \mapsto t_1 \cdots t_m$ auf $\mathbb{K}^m$ sind, d.h. die Funktion $\mathrm{id}_{\mathbb{K}} \oplus \cdots \oplus \mathrm{id}_{\mathbb{K}}$ bzw. die Funktion $\mathrm{id}_{\mathbb{K}} \otimes \cdots \otimes \mathrm{id}_{\mathbb{K}}$ auf $\mathbb{K}^m$ im Sinne von 8.B.5. Aus 8.B.6 folgt daher:

9.B.3 Satz *Seien $X_1, \ldots, X_m$ stochastisch unabhängige Zufallsvariablen mit Erwartungswert. Dann besitzt auch ihr Produkt einen Erwartungswert, und es ist*

$$\mathrm{E}(X_1 \cdots X_m) = \mathrm{E}(X_1) \cdots \mathrm{E}(X_m).$$

Besitzen die X_i überdies eine endliche Varianz, so gilt dies auch für die Summe der X_i, und es ist

$$\mathrm{V}(X_1 + \cdots + X_m) = \mathrm{V}(X_1) + \cdots + \mathrm{V}(X_m).$$

Für die erzeugende bzw. charakteristische Funktion von $X_1 + \cdots + X_m$ gilt

$$\psi_{X_1 + \cdots + X_m}(t) = \prod_{i=1}^{m} \psi_{X_i}(t) \ , \quad \chi_{X_1 + \cdots + X_m}(t) = \prod_{i=1}^{m} \chi_{X_i}(t).$$

Die erste dieser Gleichungen gilt für die $t \in \mathbb{R}_+^{\times}$, für die alle ψ_{X_i}, $i = 1, \ldots, m$, definiert sind, für die zweite sei $\mathbb{K} = \mathbb{R}$. Die Verteilung von $X_1 + \cdots + X_m$ ist die Faltung der Verteilungen der X_i, $i = 1, \ldots, m$:

$$P_{X_1 + \cdots + X_m} = P_{X_1} * \cdots * P_{X_m}.$$

9.B.4 Beispiel Die $\mathbb{K}$-wertigen Zufallsvariablen X und Y auf Ω seien stochastisch unabhängig mit endlicher Varianz. Da mit X und Y auch X und $\overline{Y}$ stochastisch unabhängig sind, ist $\mathrm{E}(X\overline{Y}) = \mathrm{E}(X)\mathrm{E}(\overline{Y})$ nach 9.B.3. Daher verschwindet die Kovarianz $\mathrm{C}(X, Y) = \mathrm{E}(X\overline{Y}) - \mathrm{E}(X)\mathrm{E}(\overline{Y})$. *Die Gleichung*

$$\mathrm{V}(X_1 + \cdots + X_m) = \mathrm{V}(X_1) + \cdots + \mathrm{V}(X_m)$$

für Zufallsvariable $X_1, \ldots, X_m$ *mit endlicher Varianz gilt somit bereits dann, wenn die* $X_1, \ldots, X_m$ *paarweise stochastisch unabhängig sind.* Wir betonen aber, dass aus dem Verschwinden der Kovarianz $\mathrm{C}(X, Y)$ von X und Y im Allgemeinen nicht auf die stochastische Unabhängigkeit der Zufallsvariablen X und Y geschlossen werden kann, vgl. jedoch Aufg. 2.

9.B.5 Beispiel Die Zufallsvariablen $X_i : \Omega \to \mathbb{K}$ seien stochastisch unabhängig, $i = 1, \ldots, m$. Ferner sei $Y := X_1 + \cdots + X_m$ die Summe der $X_1, \ldots, X_m$.

(1) Sind die X_i binomialverteilt mit den Parametern n_i und p_i, $i = 1, \ldots, m$, so hat Y nach 9.B.3 und 8.B.8 die erzeugende Funktion

$$\psi_Y(t) = \prod_{i=1}^{m} \big((1 - p_i) + p_i t\big)^{n_i}.$$

Eine Verteilung mit solch einer erzeugenden Funktion heißt eine g e m i s c h t e   B i n o m i a l v e r t e i l u n g. Insbesondere ist Y binomialverteilt mit den Parametern $n_1 + \cdots + n_m$ und p, wenn die Erfolgswahrscheinlichkeiten $p_1, \ldots, p_m$ alle übereinstimmen, und zwar gleich p sind.

(2) Sind die X_i Poisson-verteilt mit den Parametern λ_i, $i = 1, \ldots, m$, so ist nach 9.B.3 und 8.B.10 auch Y Poisson-verteilt, und zwar mit dem Parameter $\lambda := \lambda_1 + \cdots + \lambda_m$.

(3) Besitzen die X_i jeweils eine negative Binomialverteilung mit den Parametern $p \in {]0, 1[}$ und $r_i \in \mathbb{R}_+^\times$, $i = 1, \ldots, m$, so ist auch Y negativ binomialverteilt, und zwar mit den Parametern p und $r := r_1 + \cdots + r_m$. Dies folgt wiederum aus 9.B.3 mit 8.B.11:

$$\psi_Y(t) = \prod_{i=1}^{m} \psi_{X_i}(t) = \prod_{i=1}^{m} \frac{p^{r_i}}{\big(1 - (1-p)t\big)^{r_i}} = \frac{p^r}{\big(1 - (1-p)t\big)^r}.$$

Aufgaben

1. Seien A_i, $i \in I$, Ereignisse im Wahrscheinlichkeitsraum Ω. Genau dann sind die A_i, $i \in I$, stochastisch unabhängig, wenn die Indikatorfunktionen e_{A_i}, $i \in I$, stochastisch unabhängige Zufallsvariable auf Ω sind. (Vgl. 9.A, Aufg. 1.)

2. Die Ereignisse A, B im Wahrscheinlichkeitsraum Ω sind genau dann stochastisch unabhängig, wenn die Indikatorfunktionen e_A und e_B unkorreliert sind, d.h. wenn die Kovarianz $\mathrm{C}(e_A, e_B)$ verschwindet.

3. A und B seien Ereignisse im Wahrscheinlichkeitsraum Ω mit den Wahrscheinlichkeiten p bzw. r, $0 < p, r < 1$. Nach Aufg. 2 ist der Korrelationskoeffizient

$$\rho(A, B) := \rho(e_A, e_B) = \frac{\mathrm{C}(e_A, e_B)}{\sigma(e_A)\,\sigma(e_B)}$$

der Indikatorfunktionen e_A und e_B ein quantitatives Maß für die stochastische Abhängigkeit der Ereignisse A und B. Er heißt auch der K o r r e l a t i o n s k o e f f i z i e n t v o n A u n d B und ist genau dann 0, wenn A und B stochastisch unabhängig sind. Die Komplementärereignisse $\Omega - A$ bzw. $\Omega - B$ bezeichnen wir mit A' bzw. B'.

a) Es ist $\rho(A, B) = (P(A \cap B) - pr)/\sqrt{p(1 - p)r(1 - r)}$.

b) Sind die Wahrscheinlichkeiten der vier Ereignisse $A \cap B, A \cap B', A' \cap B, A' \cap B'$ der Reihe nach a, b, c, d, so ist $a + b + c + d = 1$ und der Korrelationskoeffizient von A und B ist $\rho(A, B) = (ad - bc)/\sqrt{(a + b)(a + c)(b + d)(c + d)}$.

c) Ist Ω ein Laplace-Raum und $\alpha := |A \cap B|, \beta := |A \cap B'|, \gamma := |A' \cap B|, \delta := |A' \cap B'|$, so gilt $\rho(A, B) = (\alpha\delta - \beta\gamma)/\sqrt{(\alpha + \beta)(\alpha + \gamma)(\beta + \delta)(\gamma + \delta)}$.

d) Genau dann ist $\rho(A, B) = 1$, wenn $P(A \triangle B) = 0$ ist. Man sagt dann, die Ereignisse A und B seien P- g l e i c h und schreibt $A \overset{P}{=} B$. Dann ist auch $A' \overset{P}{=} B'$.

e) Genau dann ist $\rho(A, B) = -1$, wenn $A \overset{P}{=} B'$ ist.

f) Die Zahlen a, b, c, d bzw. $\alpha, \beta, \gamma, \delta$ aus b) bzw. c) gibt man übersichtlich in einer so genannten V i e r f e l d e r t a f e l an:

	A	A'				A	A'
B	a	c	bzw.		B	α	γ
B'	b	d			B'	β	δ

Die Individuen einer Population (die wir als Laplace-Raum auffassen) werden auf die beiden Eigenschaften A bzw. B untersucht. Dabei ergebe sich folgende Vierfeldertafel:

	A	nicht A
B	587	224
nicht B	128	87

Man berechne den Korrelationskoeffizienten (mit einem Computer-Programm) und begutachte die Abhängigkeit der beiden Eigenschaften A und B. (Bilden die beobachteten Individuen nur einen Teil der Population, so ist es ein Problem der Statistik, aus dem gewonnenen Ergebnis auf die Gesamtpopulation zu schließen. Wir gehen darauf in Band 3 ein.)

4. Sei $X_i : \Omega \to \Omega_i$, $i \in I$, eine Familie stochastisch unabhängiger Zufallsvariablen. Ferner sei $f_i : \Omega_i \to \Omega_i'$, $i \in I$, eine Familie von Abbildungen. Dann sind auch die Zufallsvariablen $f_i \circ X_i$, $i \in I$, stochastisch unabhängig.

5. Sei X_n, $n \in \mathbb{N}^*$, eine Folge von stochastisch unabhängigen $\mathbb{K}$-wertigen Zufallsvariablen mit den gleichen Erwartungswerten $\mathrm{E}(X_n) = \mu$ und den gleichen (endlichen) Streuungen $\sigma(X_n) = \sigma$. Für die Variablen

$$Y_N := \frac{1}{N} \sum_{n=1}^{N} X_n \, , \ N \geq 1, \quad \text{und} \quad S_N^2 := \frac{1}{N - 1} \sum_{n=1}^{N} |X_n - Y_N|^2 , \ N \geq 2 ,$$

zeige man:

a) Es ist $\mathrm{E}(Y_N) = \mu$, $\mathrm{E}(S_N^2) = \sigma^2$ und $\mathrm{V}(Y_N) = \sigma^2/N$.

b) (S c h w a c h e s G e s e t z d e r g r o ß e n Z a h l e n) Für $a > 0$ ist

$$P\big(|Y_N - \mu| \geq a\big) \leq \frac{\sigma^2}{a^2 N} \, .$$

Insbesondere ist $\lim_{N \to \infty} P(|Y_N - \mu| \geq a) = 0$ für $a > 0$. (Man vgl. dazu 8.A.13.)

6. Das Erkennen bzw. Übersehen eines Druckfehlers in einem Text werde als ein Bernoulli-Experiment aufgefasst. Zwei Korrekteure lesen unabhängig voneinander einen längeren Text (mit vielen Fehlern) und finden dabei a bzw. b Druckfehler, wobei c Druckfehler von beiden gefunden worden seien. Dann sind ca. $(a - c)(b - c)/c$ Druckfehler von beiden Korrekteuren übersehen worden. Man verallgemeinere dieses Ergebnis für mehr als zwei unabhängige Korrekteure. (Diese Aufgabe wurde aus gegebenem Anlass aufgenommen.)

IV STETIGKEIT

10 Stetige Funktionen

Wir betrachten sowohl Funktionen mit Werten in $\mathbb{R}$ als auch mit Werten in $\mathbb{C}$. Um eine bequeme Sprechweise zu haben, verwenden wir wieder das Symbol

$$\mathbb{K}$$

als gemeinsame Bezeichnung für die Körper $\mathbb{R}$ und $\mathbb{C}$. Im Fall $\mathbb{K} = \mathbb{R}$ ist dann $\overline{\mathbb{K}} = \overline{\mathbb{R}} = \mathbb{R} \cup \{\infty, -\infty\}$, und im Fall $\mathbb{K} = \mathbb{C}$ ist $\overline{\mathbb{K}} = \overline{\mathbb{C}} := \mathbb{C} \cup \{\infty\}$.

Stetige Funktionen sind dadurch charakterisiert, dass kleine Änderungen der Argumente nur zu kleinen Änderungen der Funktionswerte führen. Beispielsweise hängt in diesem Sinne der Flächeninhalt $f(x) = x^2$ eines Quadrats stetig von der Länge x der Seite ab. Erlaubt man nämlich beim Flächeninhalt eine Abweichung vom Sollwert $f(a) = a^2$, die dem Betrag nach höchstens gleich $\varepsilon > 0$ ist, so wird dies etwa erreicht, wenn die Seite vom Sollwert a um höchstens $\delta := \mathrm{Min}\left(1, \varepsilon/(2|a| + 1)\right)$ abweicht; denn aus $|x - a| \le \delta$ folgt $|x| \le |a| + 1$ und

$$|f(x) - f(a)| = |x^2 - a^2| = |x - a|\,|x + a| \le \delta\big(|x| + |a|\big) \le \delta(2|a| + 1) \le \varepsilon.$$

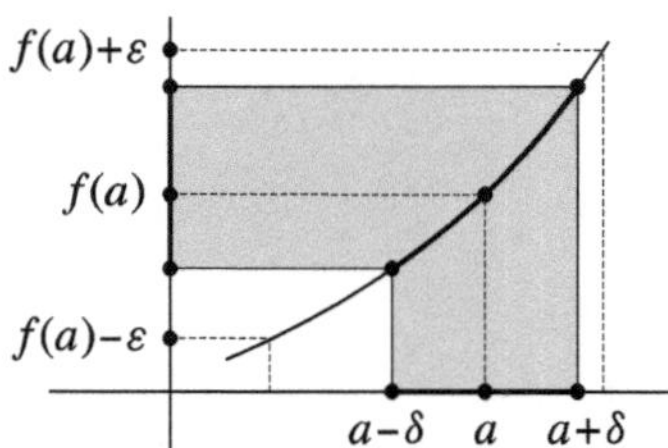

In dieser Situation sagt man, dass die Funktion f im Punkt a den Grenzwert $a^2 = f(a)$ habe oder dass f in a stetig sei. Wir besprechen im nächsten Abschnitt zunächst allgemein Grenzwerte von Funktionen.

10.A Grenzwerte von Funktionen

Im Folgenden sei D stets eine Teilmenge von $\mathbb{C}$ (insbesondere darf D also auch eine Teilmenge von $\mathbb{R}$ sein).

10.A.1 Definition Seien $f : D \to \mathbb{K}$ eine Funktion und a ein Berührpunkt von D. Die Zahl $c \in \mathbb{K}$ heißt dann G r e n z w e r t oder L i m e s von f im Punkt a, wenn es zu jedem (noch so kleinen) $\varepsilon > 0$ ein $\delta > 0$ gibt, so dass gilt: Es ist $|f(x) - c| \leq \varepsilon$ für alle $x \in D$ mit $|x - a| \leq \delta$.

Der Grenzwert c von f in a ist, falls er überhaupt existiert, eindeutig bestimmt. Ist nämlich auch $c' \neq c$ Grenzwert von f in a, so gibt es zu $\varepsilon := |c' - c|/3$ ein $\delta > 0$ und ein $\delta' > 0$, so dass für alle $x \in D$ gilt: Aus $|x - a| \leq \delta$ folgt $|f(x) - c| \leq \varepsilon$ und aus $|x - a| \leq \delta'$ folgt $|f(x) - c'| \leq \varepsilon$. Da a Berührpunkt von D ist, gibt es nun ein $x \in D$ mit $|x - a| \leq \mathrm{Min}\,(\delta, \delta')$. Für solch ein x ergibt sich der Widerspruch

$$|c' - c| \leq |c' - f(x)| + |f(x) - c| \leq \varepsilon + \varepsilon = \tfrac{2}{3}\,|c' - c|.$$

Man bezeichnet den somit eindeutig bestimmten Grenzwert c von f in a, falls er existiert, mit

$$\lim_{x \to a,\, x \in D} f(x) \quad \text{oder kurz mit} \quad \lim_{x \to a} f(x).$$

Ist $a \in D$ und existiert $c = \lim_{x \to a} f(x)$, so ist notwendigerweise $c = f(a)$.

10.A.2 Satz *Es seien $f : D \to \mathbb{K}$ eine Funktion, a ein Berührpunkt von D und c ein Element von $\mathbb{K}$. Folgende Aussagen sind äquivalent:*

(1) *Es ist $\lim_{x \to a} f(x) = c$.*

(2) *Zu jeder Umgebung V von c in $\mathbb{K}$ gibt es eine Umgebung U von a, für die gilt:* $f(U \cap D) \subseteq V$.

(3) *Es gilt $\lim_{n \to \infty} f(x_n) = c$ für jede Folge (x_n) in D mit $\lim_{n \to \infty} x_n = a$.*

B e w e i s . Aus (1) folgt (2): Sei V eine Umgebung von c. Dann gibt es eine ε-Umgebung von c, die ganz in V liegt. Zu diesem $\varepsilon > 0$ gibt es wegen (1) definitionsgemäß ein $\delta > 0$ mit $|f(x) - c| \leq \varepsilon$ für alle $x \in D$, $|x - a| \leq \delta$. Für die δ-Umgebung U von a gilt dann $f(U \cap D) \subseteq V$.

Aus (2) folgt (3): Sei (x_n) eine Folge mit $x_n \in D$ und $\lim x_n = a$, und sei V eine Umgebung von c. Nach (2) gibt es eine Umgebung U von a mit $f(U \cap D) \subseteq V$. Wegen $\lim x_n = a$ und $x_n \in D$ liegen fast alle Glieder der Folge (x_n) in $U \cap D$ und damit fast alle Glieder der Folge $(f(x_n))$ in V. Dies war zu zeigen.

Aus (3) folgt (1): Angenommen, (1) sei falsch. Dann gibt es ein $\varepsilon_0 > 0$, zu dem es kein δ im Sinne von Definition 10.A.1 gibt, d.h. insbesondere: Zu $n \in \mathbb{N}^*$ gibt es ein $x_n \in D$, für das zwar $|x_n - a| \leq 1/n$ ist, aber $|f(x_n) - c| > \varepsilon_0$. Die so erhaltene Folge (x_n) in D konvergiert gegen a, aber $(f(x_n))$ konvergiert nicht gegen c. Widerspruch. $\bullet$

Das Cauchysche Kriterium lautet hier:

10.A.3 Cauchysches Konvergenzkriterium für Grenzwerte *Seien $f : D \to \mathbb{K}$ eine Funktion und a ein Berührpunkt von D. Genau dann existiert $\lim_{x \to a} f(x)$, wenn es zu jedem $\varepsilon > 0$ ein $\delta > 0$ gibt mit $|f(x) - f(x')| \leq \varepsilon$ für alle $x, x' \in D$ mit $|x - a| \leq \delta$ und $|x' - a| \leq \delta$.*

Beim B e w e i s von 10.A.3 verifiziert man 10.A.2 (3) mit Hilfe des Cauchyschen Konvergenzkriteriums für Folgen, wobei man noch folgende Bemerkung benutzt: *Konvergiert $(f(x_n))$ für jede Folge (x_n) in D mit* $\lim x_n = a$, *so immer gegen ein und denselben Grenzwert, der dann gleich* $\lim_{x \to a} f(x)$ *ist.* Sind nämlich (x_n) und (x_n') zwei Folgen in D, die gegen a konvergieren, so betrachtet man einfach die gemischte Folge $x_0, x_0', x_1, x_1', \ldots$, die ebenfalls gegen a konvergiert.

Natürlich kann man 10.A.3 analog zu 10.A.2 (2) auch mit Umgebungen formulieren: Genau dann existiert $\lim_{x \to a} f(x)$, wenn es zu jeder Umgebung V von 0 in $\mathbb{K}$ eine Umgebung U von a gibt mit $f(x) - f(x') \in V$ für alle $x, x' \in U \cap D$. Die folgenden Rechenregeln ergeben sich mit dem Folgenkriterium 10.A.2 (3) unmittelbar aus den entsprechenden Rechenregeln für Limiten von Folgen:

10.A.4 Rechenregeln für Limiten von Funktionen *Seien f und g $\mathbb{K}$-wertige Funktionen auf D. Für $a \in \overline{D}$ mögen die Limiten* $\lim_{x \to a} f(x)$ *und* $\lim_{x \to a} g(x)$ *existieren. Dann gilt:*

(1) *Die Summe $f + g$ hat einen Limes in a, und es ist*

$$\lim_{x \to a} (f + g)(x) = \lim_{x \to a} f(x) + \lim_{x \to a} g(x).$$

(2) *Das Produkt fg hat einen Limes in a, und es ist*

$$\lim_{x \to a} (fg)(x) = \left(\lim_{x \to a} f(x) \right) \left(\lim_{x \to a} g(x) \right).$$

Insbesondere hat λf für jedes $\lambda \in \mathbb{K}$ einen Limes, und es ist

$$\lim_{x \to a} (\lambda f)(x) = \lambda \lim_{x \to a} f(x).$$

(3) *Ist $g(x) \neq 0$ für alle $x \in D$ und ist* $\lim_{x \to a} g(x) \neq 0$, *so hat der Quotient f/g einen Limes in a, und es ist*

$$\lim_{x \to a} \left(\frac{f}{g} \right)(x) = \frac{\lim_{x \to a} f(x)}{\lim_{x \to a} g(x)}.$$

Neben den (eigentlichen) Grenzwerten definiert man analog zu 4.E.9 u n e i g e n t - l i c h e G r e n z w e r t e $\lim_{x \to a} f(x) = \pm\infty$ für reellwertige Funktionen f sowie analog zu 5.B, Aufg. 4, $\lim_{x \to a} f(x) := \lim_{x \to a} |f(x)| = \infty$ für komplexwertige Funktionen f. Man beachte, dass für reellwertige Funktionen der uneigentliche Limes $\lim_{x \to a} |f(x)| = \infty$ existieren kann, ohne dass $\lim_{x \to a} f(x)$ existiert, etwa für $f(x) := 1/x$ auf $\mathbb{R}^\times$ und $a := 0$. Die Rechenregeln 10.A.4 für Limiten übertragen sich auf uneigentliche Grenzwerte, wobei man wie bei Folgen den Fall eines Produkts, bei dem ein Faktor den Grenzwert 0 hat, auszuschließen hat.

Neben den Grenzwerten einer Funktion $f : D \to \mathbb{K}$, bei denen sich das Argument x einer festen Zahl $a \in \overline{D}$ nähert, ist auch das Grenzverhalten von $f(x)$ für andere Bewegungen von x interessant. Besonders wichtig ist das V e r h a l t e n i m U n - e n d l i c h e n : Für einen nach oben unbeschränkten Definitionsbereich $D \subseteq \mathbb{R}$ sagt man, es sei $\lim_{x\to\infty} f(x) = c \in \mathbb{K}$, wenn es zu jedem $\varepsilon > 0$ ein $S \in \mathbb{R}$ gibt mit $|f(x) - c| \leq \varepsilon$ für alle $x \in D$, $x \geq S$. Analog definiert man $\lim_{x\to-\infty} f(x)$ für nach unten unbeschränktes $D \subseteq \mathbb{R}$. Für einen unbeschränkten Definitionsbereich $D \subseteq \mathbb{C}$ setzt man noch $\lim_{x\to\infty} f(x) = \lim_{|x|\to\infty} f(x) = c \in \mathbb{K}$, wenn es zu jedem $\varepsilon > 0$ ein $S \in \mathbb{R}$ gibt mit $|f(x) - c| \leq \varepsilon$ für alle $x \in D, |x| \geq S$. Die Kriterien 10.A.2 und 10.A.3 sowie die Rechenregeln 10.A.4 übertragen sich sofort auf diese Situationen. Schließlich lassen sich auch für das Verhalten im Unendlichen uneigentliche Limiten definieren.

10.A.5 Beispiel (Links-und rechtsseitige Limiten) Sei $D \subseteq \mathbb{R}$. Ferner seien $f : D \to \mathbb{K}$ eine Funktion und $a \in \mathbb{R}$ eine reelle Zahl, die Häufungspunkt der Menge $D_{<a} := D \cap]-\infty, a[$ ist. Dann heißt der Grenzwert von $f|D_{<a}$ im Punkt a der links-seitige Grenzwert von f in a und wird mit

$$\lim_{x\to a-} f(x) = \lim_{x\to a,\, x<a} f(x) \quad \text{oder mit} \quad f(a-)$$

bezeichnet. Analog definiert man den rechtsseitigen Grenzwert

$$f(a+) = \lim_{x\to a+} f(x) = \lim_{x\to a,\, x>a} f(x),$$

falls a Häufungspunkt von $D_{>a} := D \cap]a, \infty[$ ist. Existieren beide Werte, so heißt die Differenz $f(a+) - f(a-)$ die Sprunghöhe von f in a und a eine Sprungstelle von f.

Sei a Häufungspunkt von $D_{<a}$ und $D_{>a}$. Genau dann existiert $f(a-)$ (bzw. $f(a+)$), wenn $\lim_{n\to\infty} f(x_n)$ existiert für jede streng monoton steigende (bzw. jede streng monoton fallende) Folge (x_n) in D mit $\lim x_n = a$, vgl. Aufg. 2. Genau dann existiert $\lim_{x\to a} f(x)$, wenn beide einseitigen Grenzwerte $f(a-)$ und $f(a+)$ existieren und übereinstimmen, die Sprunghöhe in a also 0 ist, und überdies $f(a-) = f(a+) = f(a)$ ist, falls a zu D gehört.

Beispielsweise hat die Vorzeichenfunktion Sign x in $a \neq 0$ die Sprunghöhe 0 und in $a = 0$ die Sprunghöhe 2. Die Gaußklammer $[x]$ hat für alle $a \notin \mathbb{Z}$ die Sprunghöhe 0 und für $a \in \mathbb{Z}$ die Sprunghöhe 1.

Zum Vergleich des Grenzverhaltens zweier Funktionen werden die Landauschen Symbole O (lies: Groß-O) und o (lies: Klein-o) benutzt. Sind f und g $\mathbb{K}$-wertige Funktionen auf D und ist $a \in \overline{D}$, so schreibt man

$$f = O(g) \quad \text{bzw.} \quad f = o(g)$$

für $x \to a, x \in D$, wenn es eine Umgebung U von a gibt derart, dass die Funktion g auf $U \cap D$ nirgends verschwindet und f/g auf $U \cap D$ beschränkt ist bzw. $\lim_{x\to a,\, x\in U\cap D} f(x)/g(x) = 0$ ist.[1] Entsprechend definiert man die Symbole O und o für $x \to \pm\infty$ bei $D \subseteq \mathbb{R}$ und für $x \to \infty$ bei $D \subseteq \mathbb{C}$. Schließlich benutzt man Schreibweisen wie $f = h + O(g)$ für $f - h = O(g)$ usw.

10.A.6 Beispiel Aus $f = o(g)$ folgt $f = O(g)$. Die Funktion f ist genau dann auf $U \cap D$ beschränkt für eine Umgebung U von a, wenn $f = O(1)$ ist, wohingegen $f = o(1)$

---

[1] Eine Funktion heißt beschränkt, wenn die Menge ihrer Werte beschränkt ist.

mit $\lim_{x \to a} f(x) = 0$ äquivalent ist. Man kann $O(g)$ bzw. $o(g)$ durch $gO(1)$ bzw. $go(1)$ definieren und braucht dann nicht vorauszusetzen, dass g auf $U \cap D$ für eine geeignete Umgebung U von a nicht verschwindet.

10.A.7 Beispiel (Asymptotische Gleichheit) Seien f und g $\mathbb{K}$-wertige Funktionen auf D und $a \in \overline{D}$. Dann heißen f und g asymptotisch gleich in a, wenn es eine Umgebung U von a derart gibt, dass g auf $U \cap D$ nirgends verschwindet und $\lim_{x \to a} f/g = 1$ ist. Wir schreiben dann $f \sim g$ für $x \to a, x \in D$. Die Definition der asymptotischen Gleichheit im Unendlichen können wir dem Leser überlassen.

Man spricht in diesem Zusammenhang häufig genauer von *multiplikativer* asymptotischer Gleichheit. *Additive* asymptotische Gleichheit liegt vor, wenn der entsprechende Grenzwert von $f - g$ gleich 0 ist. Man vergleiche den Spezialfall von Folgen (d.h. $D = \mathbb{N}$), der bereits in 5.B, Aufg. 5 behandelt wurde.

Beispielsweise besagt der so genannte Primzahlsatz, dass

$$\pi(x) \sim \frac{x}{\ln x}$$

ist für $x \to \infty$, wobei $\pi(x)$ für $x \in \mathbb{R}, x \geq 1$, die Anzahl der Primzahlen $\leq x$ ist. Ist also $p_n, n \in \mathbb{N}^*$, die n-te Primzahl, so ist $n = \pi(p_n) \sim p_n / \ln p_n$, woraus

$$p_n \sim n \ln p_n \sim n \ln n$$

folgt, da $\ln p_n \sim \ln n + \ln \ln p_n \sim \ln n$ ist. (Man beachte $\ln x = o(x)$ für $x \to \infty$.) So ist etwa $p_{664579} = 9999991$ die größte Primzahl $\leq 10^7$ und $10^7 / \ln 10^7 \approx 620421$ bzw. $664579 \cdot \ln 664579 \approx 8909950$.

Aufgaben

1. Seien $D := \{1/n \,|\, n \in \mathbb{N}^*\}$ und $f : D \to \mathbb{K}$ eine Funktion. Genau dann existiert $\lim_{x \to 0} f(x)$, wenn die Folge $(f(1/n))$ konvergiert. In diesem Fall ist der Grenzwert dieser Folge gleich $\lim_{x \to 0} f(x)$.

2. Seien $D \subseteq \mathbb{R}$ und $a \in \overline{D}$. Für eine Funktion $f : D \to \mathbb{K}$ existiert $\lim_{x \to a} f(x)$ genau dann, wenn der Limes $\lim_{n \to \infty} f(x_n)$ für jede monotone Folge (x_n) in D mit $\lim_{n \to \infty} x_n = a$ existiert und stets derselbe ist.

3. Seien $D \subseteq \mathbb{C}$ und $a \in \overline{D}$. Genau dann existiert der Grenzwert von $f : D \to \mathbb{K}$ im Punkt a, wenn es eine Umgebung U von a gibt derart, dass die Beschränkung $f|(D \cap U)$ einen Grenzwert in a besitzt. In diesem Fall stimmen beide Grenzwerte überein.

4. Seien $D = D_1 \cup \cdots \cup D_n \subseteq \mathbb{C}$ und $a \in \overline{D} \ (= \overline{D_1} \cup \cdots \cup \overline{D_n})$. Genau dann existiert der Grenzwert von $f : D \to \mathbb{K}$ in a, wenn für alle i mit $a \in \overline{D_i}$ die Grenzwerte der Beschränkungen $f|D_i$ existieren und übereinstimmen.

5. Es ist $\lim_{z \to 0, z \neq 0} 1/z = \infty$, Re $1/z$ und Im $1/z$ besitzen aber auch im uneigentlichen Sinn keinen Grenzwert im Punkt 0. (Man versuche, sich eine Vorstellung von den keineswegs trivialen Graphen der Funktionen Re $1/z = (\cos \varphi)/r$ und Im $1/z = -(\sin \varphi)/r$ zu machen (mit $z = r (\cos \varphi + \mathrm{i} \sin \varphi)$ und $r > 0$).)

6. Man bestätige folgende Rechenregeln für die Landauschen Symbole:

a) Aus $f_1 = O(g)$ und $f_2 = O(g)$ folgt $f_1 + f_2 = O(g)$.

b) Aus $f_1 = O(g_1)$ und $f_2 = O(g_2)$ folgt $f_1 f_2 = O(g_1 g_2)$.

c) Aus $f_1 = O(g_1)$ und $f_2 = o(g_2)$ folgt $f_1 f_2 = o(g_1 g_2)$.

d) $f = O(g)$ (bzw. $f = o(g)$) ist äquivalent mit $|f| = O(|g|)$ (bzw. $|f| = o(|g|)$).

e) Aus $f_1 = O(g_1)$ und $f_2 = O(g_2)$ folgt $f_1 + f_2 = O\big(\mathrm{Max}\,(|g_1|, |g_2|)\big)$.

f) Aus $f = O(g)$ (bzw. $f = o(g)$) folgt $af = O(g)$ (bzw. $af = o(g)$) für jedes $a \in \mathbb{K}$.

7. Man bestätige folgende Rechenregeln für asymptotische Gleichheit:

a) Sei $f \sim g$. Genau dann gilt $h = o(g)$, wenn $f + h \sim g$ ist.

b) Aus $f_1 \sim g_1$ und $f_2 \sim g_2$ folgt $f_1 f_2 \sim g_1 g_2$.

c) Aus $f \sim g$ folgt $g \sim f$.

d) Aus $f \sim g$ und $g \sim h$ folgt $f \sim h$.

10.B Stetige Funktionen

Sei wieder $D \subseteq \mathbb{C}$ und $f : D \to \mathbb{K}$ eine $\mathbb{K}$-wertige Funktion auf D.

10.B.1 Definition Die Funktion f heißt s t e t i g im Punkt $a \in D$, wenn

$$\lim_{x \to a,\, x \in D} f(x) = f(a)$$

ist. f heißt s t e t i g (in D), wenn f in jedem Punkt von D stetig ist.

Nach der Definition des Grenzwerts $\lim_{x \to a} f(x)$ und nach 10.A.2 gilt:

10.B.2 Satz *Für $f : D \to \mathbb{K}$ und $a \in D$ sind äquivalent:*

(1) f ist stetig in a.

(2) Zu jedem (noch so kleinen) $\varepsilon > 0$ gibt es ein $\delta > 0$ mit $|f(x) - f(a)| \le \varepsilon$ für alle $x \in D$ mit $|x - a| \le \delta$.

(3) Zu jeder Umgebung V von $f(a)$ in $\mathbb{K}$ gibt es eine Umgebung U von a mit $f(U \cap D) \subseteq V$.

(4) Es gilt $\lim_{n \to \infty} f(x_n) = f(a)$ für jede Folge (x_n) in D mit $\lim_{n \to \infty} x_n = a$.

Ist $f : D \to \mathbb{K}$ im Punkt $a \in D$ stetig, so ist für jedes $D' \subseteq D$ mit $a \in D'$ trivialerweise auch die Beschränkung $f | D' : D' \to \mathbb{K}$ im Punkt a stetig. Insbesondere folgt aus der Stetigkeit von f auf ganz D die Stetigkeit der Beschränkung $f | D'$ von f auf D'. Umgekehrt folgt aus der Stetigkeit von $f | D'$ in $a \in D'$ im Allgemeinen natürlich noch nicht die Stetigkeit der Funktion $f : D \to \mathbb{K}$ in a. Es gilt jedoch, vgl. 10.A, Aufg. 3:

10.B.3 *Es seien $f : D \to \mathbb{K}$ eine Funktion und U eine Umgebung von $a \in D$. Ist dann $f|(U \cap D)$ stetig in a, so ist auch f stetig in a.*

Wegen 10.B.3 sagt man, die Stetigkeit sei eine l o k a l e E i g e n s c h a f t. Ähnlich elementare Aussagen über stetige Funktionen werden im Folgenden häufig auch ohne Beweis verwendet. Wir erwähnen exemplarisch folgende Konsequenz aus der Stetigkeit reellwertiger Funktionen.

10.B.4 *Es seien $f : D \to \mathbb{R}$ eine im Punkt $a \in D$ stetige Funktion und c eine reelle Zahl mit $f(a) > c$. Dann gibt es eine Umgebung U von a mit $f(x) > c$ für alle $x \in U \cap D$.*

B e w e i s. Zu der Umgebung $V := \,]c, \infty[$ von $f(a)$ gibt es wegen der Stetigkeit von f in a eine Umgebung U von a mit $f(U \cap D) \subseteq V$.   •

10.B.5 Beispiel (1) *Konstante Funktionen sind offenbar stetig.*

(2) *Die Identität $x \mapsto x$ ist stetig.*

(3) *Die Betragsfunktion $x \mapsto |x|$ ist stetig.* Dies folgt aus $|\,|x| - |a|\,| \le |x - a|$.

(4) Die Gauß-Klammer $x \mapsto [x]$, $x \in \mathbb{R}$, ist genau in den Punkten $a \in \mathbb{Z}$ nicht stetig. Für $a \in \mathbb{Z}$ gilt $\lim_{n \to \infty}(a - (1/n)) = a$, aber $\lim_{n \to \infty}[a - (1/n)] = a - 1 \ne a = [a]$.

(5) Die Vorzeichenfunktion $x \mapsto \operatorname{Sign} x$, $x \in \mathbb{R}$, ist genau im Punkt $a = 0$ nicht stetig.

(6) Die so genannte D i r i c h l e t - F u n k t i o n

$$x \mapsto \begin{cases} 1, & \text{falls } x \in \mathbb{Q}, \\ 0, & \text{falls } x \in \mathbb{R} - \mathbb{Q}, \end{cases}$$

ist in keinem Punkt $x \in \mathbb{R}$ stetig.

(7) Eine Kugel stoße senkrecht auf eine Wand und werde elastisch reflektiert. Die Geschwindigkeit v als Funktion der Zeit ist dann eine stetige Funktion, die vor der Reflektion den Wert v_0 und nach der Reflektion den Wert $-v_0$ hat. Der Graph von v hat etwa folgende Gestalt:

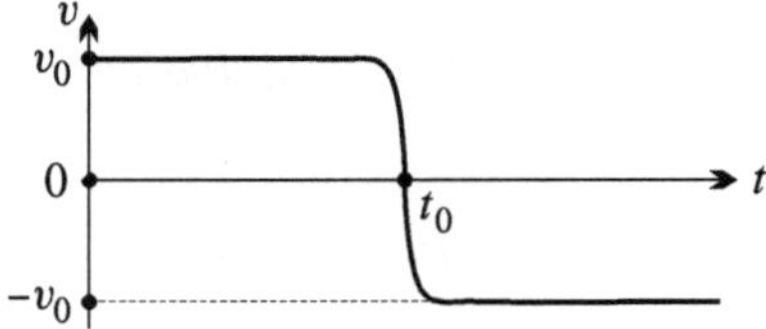

Häufig ist es jedoch nützlich, die Situation zu idealisieren und den Geschwindigkeitsverlauf durch die unstetige Funktion mit dem folgenden Graphen zu beschreiben:

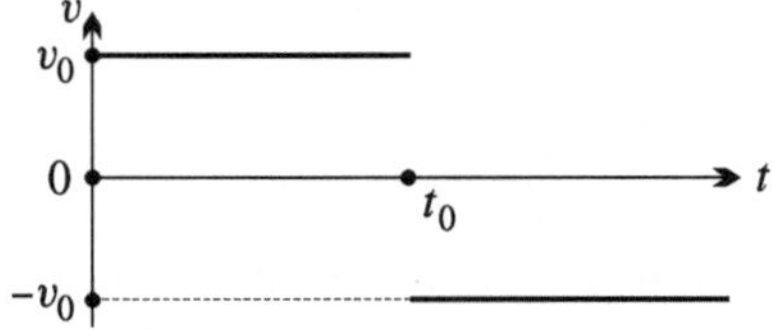

Diese Funktion hat also im Punkt t_0 eine Sprungstelle mit der Sprunghöhe $-2v_0$, vgl. Beispiel 10.A.5.

Die Rechenregeln 10.A.4 für Limiten von Funktionen liefern sofort die folgenden Rechenregeln für stetige Funktionen:

10.B.6 Rechenregeln für stetige Funktionen *Die Funktionen $f : D \to \mathbb{K}$ und $g : D \to \mathbb{K}$ seien im Punkt $a \in D$ stetig. Dann gilt:*

(1) Die Summe $f + g$ ist stetig in a.

(2) Das Produkt fg ist stetig in a. – Insbesondere ist λf für jedes $\lambda \in \mathbb{K}$ stetig in a.

(3) Ist $g(x) \neq 0$ für alle $x \in D$, so ist der Quotient f/g stetig in a.

Wir bezeichnen mit

$$\mathrm{C}_{\mathbb{K}}(D) \quad \text{oder kurz mit} \quad \mathrm{C}(D)$$

die Menge aller $\mathbb{K}$-wertigen stetigen Funktionen auf D. Nach 10.B.6 gehören mit f und g auch die Funktionen $f + g$; fg; λf, $\lambda \in \mathbb{K}$; f/g zu $\mathrm{C}(D)$, wobei für f/g natürlich vorauszusetzen ist, dass g in D nirgends verschwindet.

10.B.7 Beispiel (Polynomfunktionen · Rationale Funktionen) Da die Identität $x \mapsto x$ auf D stetig ist, gilt dies auch für die Potenzen $x \mapsto x^n$, $n \in \mathbb{N}$, und dann für alle Funktionen f der Form

$$f : x \mapsto a_0 + a_1 x + \cdots + a_n x^n = \sum_{k=0}^{n} a_k x^k \,,$$

$x \in D$, wobei die Koeffizienten $a_0, \ldots, a_n$ in $\mathbb{K}$ liegen. (Bei $D \not\subseteq \mathbb{R}$ ist als Wertebereich $\mathbb{K} = \mathbb{C}$ zu wählen.) Diese Funktionen heißen Polynomfunktionen (manchmal auch kurz Polynome) auf D. Die Koeffizienten einer Polynomfunktion f sind eindeutig bestimmt, wenn D unendlich ist. Wir gehen darauf in Abschnitt 11.A sowie allgemeiner in Band 2 ein.

Quotienten f/g von Polynomfunktionen f und g auf D mit $g(x) \neq 0$ für alle $x \in D$ heißen rationale Funktionen, gelegentlich auch gebrochen-rationale Funktionen. Sie sind nach 10.B.6 (3) ebenfalls stetig.

Die Polynom- bzw. rationalen Funktionen werden ausführlicher in den Abschnitten 11.A bzw. 11.B besprochen.

Durch Einsetzen stetiger Funktionen in stetige Funktionen erhält man wieder stetige Funktionen, genauer:

10.B.8 Satz *Es seien $f : D \to \mathbb{K}$ und $g : D' \to \mathbb{K}$ Funktionen mit $f(D) \subseteq D'$. Ist f stetig in $a \in D$ und ist g stetig in $f(a)$, so ist die Komposition $g \circ f : D \to \mathbb{K}$ ebenfalls stetig in a. – Insbesondere ist $g \circ f$ stetig auf ganz D, wenn f stetig auf D und g stetig auf D' sind.*

Beweis. Zum Beweis verwenden wir 10.B.2 (4): Sei (x_n) eine Folge in D mit $\lim x_n = a$. Aus der Stetigkeit von f in a folgt $\lim f(x_n) = f(a)$, und aus der Stetigkeit von g in $f(a)$ folgt $\lim g\big(f(x_n)\big) = g\big(f(a)\big)$. Insgesamt ergibt sich

$$\lim \, (g \circ f)(x_n) = \lim g\big(f(x_n)\big) = g\big(f(a)\big) = (g \circ f)(a) \,. \qquad \bullet$$

Zum Schluss dieses Abschnitts beweisen wir einen Fortsetzungssatz für stetige Funktionen.

10.B.9 Satz *Seien $f : D \to \mathbb{K}$ eine stetige Funktion und $\widetilde{D}$ eine D umfassende Teilmenge von $\overline{D}$, d.h. D liege dicht in $\widetilde{D}$. In jedem Punkt $x \in \widetilde{D} - D$ existiere der Grenzwert*

$$\widetilde{f}(x) := \lim_{y \to x} f(y)\,.$$

Setzt man noch $\widetilde{f}(x) := f(x)$ für $x \in D$, so ist $\widetilde{f}$ eine stetige Fortsetzung von f nach $\widetilde{D}$.

B e w e i s . Seien $a \in \widetilde{D}$ und $\varepsilon > 0$ vorgegeben. Es gibt dann ein $\delta > 0$ mit $|f(x) - \widetilde{f}(a)| \leq \varepsilon/2$ für alle $x \in D$ mit $|x - a| \leq \delta$.

Für $x \in D$, $|x - a| \leq \delta$, gilt also schon $|\widetilde{f}(x) - \widetilde{f}(a)| \leq \varepsilon$. Wir zeigen, dass dies auch für alle $\widetilde{x} \in \widetilde{D}$ mit $|\widetilde{x} - a| \leq \delta/2$ gilt. Es gibt zu solch einem $\widetilde{x}$ ein $x \in D$ mit $|\widetilde{x} - x| \leq \delta/2$ und $|\widetilde{f}(\widetilde{x}) - f(x)| \leq \varepsilon/2$. Dann ist $|x - a| \leq \delta$ und folglich $|f(x) - \widetilde{f}(a)| \leq \varepsilon/2$, woraus sich die Behauptung in folgender Weise ergibt:

$$|\widetilde{f}(\widetilde{x}) - \widetilde{f}(a)| \leq |\widetilde{f}(\widetilde{x}) - f(x)| + |f(x) - \widetilde{f}(a)| \leq \frac{\varepsilon}{2} + \frac{\varepsilon}{2} = \varepsilon\,. \qquad \bullet$$

10.B.10 Beispiel (S c h w a n k u n g e i n e r F u n k t i o n) Mit dem Begriff der Schwankung lässt sich die Stetigkeit einer Funktion charakterisieren bzw. ihre Unstetigkeit in gewissem Sinne quantifizieren. Sei $f : D \to \mathbb{K}$ eine beliebige Funktion ($D \subseteq \mathbb{C}$). Dann heißt

$$S(f) := S(f\,;\, D) := \operatorname{Sup}\big\{|f(x) - f(y)| \mid x, y \in D\big\} \in \overline{\mathbb{R}}_+$$

die (g l o b a l e) S c h w a n k u n g v o n f auf D. Sie ist genau dann endlich, wenn f auf D beschränkt ist. Für $a \in \overline{D}$ heißt

$$S_a(f) := S_a(f\,;\, D) := \operatorname{Inf}\big(S(f\,;\, U \cap D)\big)_U\,,$$

wobei U die Menge aller Umgebungen von a durchläuft, die S c h w a n k u n g v o n f i m P u n k t a . Das Cauchy-Kriterium 10.A.3 besagt, dass die Schwankung $S_a(f)$ genau dann 0 ist, wenn der Grenzwert $\lim_{x \to a} f(x)$ existiert. *Insbesondere ist f im Punkt $a \in D$ genau dann stetig, wenn $S_a(f) = 0$ ist.* Die Definition der Schwankung im Unendlichen überlassen wir dem Leser.

10.B.11 Beispiel (H ö l d e r - u n d L i p s c h i t z - s t e t i g e F u n k t i o n e n) Eine Funktion $f : D \to \mathbb{K}$ heißt H ö l d e r - s t e t i g m i t d e m E x p o n e n t e n $\alpha > 0$, wenn es eine Konstante $L > 0$ gibt mit $|f(x) - f(x')| \leq L|x - x'|^\alpha$ für alle $x, x' \in D$. Dabei benutzen wir allgemeine Potenzen, wie sie in 11.C. definiert werden. Da diese Potenzfunktionen für $\alpha > 0$ auf $\mathbb{R}_+$ stetig sind und im Nullpunkt verschwinden, sind Hölder-stetige Funktionen stetig. Hölder-stetige Funktionen f mit dem Exponenten 1 heißen L i p s c h i t z - s t e t i g . Zu Lipschitz-stetigen Funktionen gibt es also eine so genannte L i p s c h i t z - K o n s t a n t e $L > 0$ mit $|f(x) - f(x')| \leq L|x - x'|$ für alle $x, x' \in D$. Hölder-Exponenten $\alpha > 1$ sind wenig interessant, vgl. 14.A, Aufg. 2.

Gibt es zu einem Punkt $a \in \overline{D}$ eine Umgebung U von a derart, dass $f|U \cap D$ Hölder– (bzw. Lipschitz-) stetig ist, so heißt f in a l o k a l H ö l d e r - (bzw. l o k a l L i p s c h i t z -) s t e t i g .

Schließlich heißt f im Punkt $a \in D$ Hölder$-$ (bzw. Lipschitz$-$)stetig, wenn eine Umgebung U von a und eine Konstante $L > 0$ existieren mit $|f(x) - f(a)| \leq L|x - a|^\alpha$ (bzw. $\leq L|x - a|$) für alle $x \in U \cap D$, wenn also $f(x) = f(a) + O(|x - a|^\alpha)$ (bzw. $f(x) = f(a) + O(|x - a|)$) für $x \to a$ gilt. (Hier ist auch der Fall $\alpha > 1$ interessant.)

10.B.12 Beispiel (Kontrahierende Funktionen) Eine Funktion $f : D \to \mathbb{K}$ mit $|f(x) - f(x')| < |x - x'|$ für alle $x, x' \in D$, $x \neq x'$, heißt kontrahierend. Kontrahierende Funktionen sind insbesondere Lipschitz-stetig mit einer Lipschitz-Konstanten $L \leq 1$. Ist f sogar Lipschitz-stetig mit einer Lipschitz-Konstanten $L < 1$, so heißt f stark kontrahierend. L heißt in diesem Fall auch ein Kontraktionsfaktor. Für stark kontrahierende Funktionen f auf einer *abgeschlossenen* Menge D ($\subseteq \mathbb{C}$) mit $f(D) \subseteq D$ gilt folgender Fixpunktsatz, der ein Spezialfall des in Bd. 3 zu behandelnden allgemeinen Banachschen Fixpunktsatzes ist. Ein Punkt $x \in D$ heißt ein Fixpunkt von f, wenn $f(x) = x$ ist.

10.B.13 Satz *Sei $f : D \to D$ eine stark kontrahierende Funktion der nichtleeren abgeschlossenen Teilmenge $D \subseteq \mathbb{C}$ in sich. Dann besitzt f genau einen Fixpunkt x. Ist $x_0 \in D$ ein beliebiger Punkt in D, so konvergiert die Folge*

$$x_0, \ x_1 = f(x_0), \dots, x_n = f(x_{n-1}) = f^n(x_0), \dots$$

gegen den einzigen Fixpunkt x von f und es ist

$$|x - x_n| \leq \frac{1}{1 - L}|x_{n+1} - x_n| \leq L^n \frac{1}{1 - L}|x_1 - x_0|$$

für alle $n \in \mathbb{N}$, wenn L ein Kontraktionsfaktor von f ist.

Beweis. Sei $L < 1$ Kontraktionsfaktor von f. Sind x und x' Fixpunkte von f, so ist $|x - x'| = |f(x) - f(x')| \leq L|x - x'|$, also $|x - x'| = 0$ und $x = x'$.

Sei $x_0 \in D$ beliebig und $x_n := f^n(x_0)$, $n \in \mathbb{N}$. Dann gilt für $n \in \mathbb{N}^*$

$$|x_{n+1} - x_n| = |f(x_n) - f(x_{n-1})| \leq L|x_n - x_{n-1}|$$

und folglich $|x_{n+1} - x_n| \leq L^n|x_1 - x_0|$ für $n \in \mathbb{N}$. Wir erhalten

$$|x_n - x_m| \leq \sum_{i=0}^{n-m-1} |x_{m+i+1} - x_{m+i}| \leq L^m \frac{1 - L^{n-m}}{1 - L}|x_1 - x_0|$$

für alle $m, n \in \mathbb{N}$ mit $m \leq n$. Somit ist x_n, $n \in \mathbb{N}$, eine Cauchy-Folge in D und daher konvergent mit einem Grenzwert $x := \lim x_n$ in D (da D abgeschlossen ist). Wegen

$$x = \lim x_n = \lim x_{n+1} = \lim f(x_n) = f(\lim x_n) = f(x)$$

ist x Fixpunkt von f. Ferner folgt $|x - x_0| = |\lim x_n - x_0| = \lim |x_n - x_0| \leq |x_1 - x_0|/(1 - L)$. Wenden wir diese Ungleichung mit x_n statt x_0 als Anfangswert an, so erhalten wir die erste Ungleichung in 10.B.13 und wegen $|x_{n+1} - x_n| \leq L^n|x_1 - x_0|$ auch die zweite. $\bullet$

10.B.13 kann zur Lösung der Gleichung $f(x) = x$ durch sukzessive Approximation benutzt werden. Dieses Verfahren ist selbstkorrigierend: Eventuelle Rundungs- oder Rechenfehler setzen sich nicht fort. Will man den Fixpunkt x bis auf einen Fehler $\leq \varepsilon$ bestimmen: $|x - x_n| \leq \varepsilon$, so kann man die a posteriori-Abschätzung $L|x_n - x_{n-1}|/(1 - L) \leq \varepsilon$ als Abbruchbedingung wählen. Man kann aber auch zu Beginn die Schrittzahl n mit der a priori-Abschätzung $|x - x_n| \leq L^n|x_1 - x_0|/(1 - L)$ durch die Bedingung $L^n |x_1 - x_0| / (1 - L) \leq \varepsilon$ begrenzen, um einen Fehler $\leq \varepsilon$ zu garantieren. Zur Bestimmung einer Lipschitz-Konstanten L hilft häufig die folgende Aussage, die unmittelbar aus dem Mittelwertsatz der Differenzialrechnung folgt und die der Leser beim Behandeln von Beispielen zur Vermeidung unnötig komplizierter Abschätzungen bereits benutzen sollte: *Ist* $f : D \to \mathbb{C}$ *eine differenzierbare Funktion* f *auf dem Intervall* $D \subseteq \mathbb{R}$ *oder auf der (offenen) konvexen Menge* $D \subseteq \mathbb{C}$ *und besitzt* f *eine beschränkte Ableitung* f'*, so ist* f *Lipschitz-stetig mit der Lipschitz-Konstanten* $L := \mathrm{Sup}\,\{|f'(t)| \mid t \in D\}$ (aber mit keiner kleineren), vgl. 14.A.9.

Soll etwa zu gegebenem $y > e$ die Gleichung

$$y = \frac{x}{\ln x}$$

mit $x > e$ gelöst werden, so handelt es sich um die Fixpunktgleichung $x = y \ln x$. Die Funktion $f(t) = y \ln t$ hat die Ableitung $f'(t) = y/t$ und ist daher auf jedem Intervall $[a, \infty[$, $a > y$, stark kontrahierend. Wegen $f(y) = y \ln y > y$ bildet f überdies ein solches Intervall in sich ab, falls nur a nahe genug an y liegt. Mit dem Startwert $x_0 = y \ln y = f(y)$ ergibt sich daher nach 10.B.13 als einzige Lösung der Grenzwert der (monoton wachsenden) Folge

$$x_0 = y \ln y, \quad x_1 = y \ln x_0 = y \ln y + y \ln \ln y, \quad x_2 = y \ln x_1, \ldots .$$

Übrigens ist asymptotisch $x(y) = x = y \ln x \sim y \ln y = x_0(y)$ für $y \to \infty$, wie bereits am Ende von Beispiel 10.A.7 bemerkt wurde. Für $y = 10^6$ erhält man etwa:

n	0	1	2	3	4
$x_n \cdot 10^{-6}$	$13,8155$	$16,4413$	$16,6153$	$16,6258$	$16,6265$

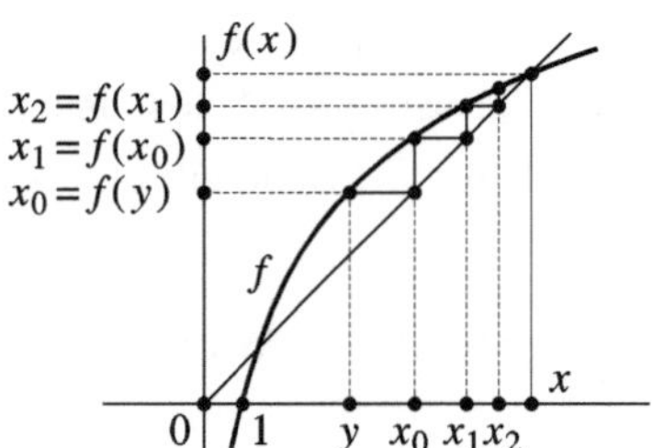

Man vergleiche auch Aufg. 28b).

10.B.14 Beispiel (Einseitig stetige Funktionen) Seien $D \subseteq \mathbb{R}$ und $a \in D$. Dann heißt eine Funktion $f : D \to \mathbb{K}$ in a linksseitig (bzw. rechtsseitig) stetig, wenn $f|(D \cap\,]-\infty, a])$ (bzw. $f|(D \cap [a, \infty[)$) im Punkt a stetig ist. Genau dann ist f stetig in a, wenn f in a sowohl links- als auch rechtsseitig stetig ist.

10.B.15 Beispiel (Monotone Funktionen) Sei $I \subseteq \mathbb{R}$ ein Intervall mit mehr als einem Punkt. Eine reellwertige Funktion $f : I \to \mathbb{R}$ heißt monoton wachsend (bzw. monoton fallend), wenn für alle $x, x' \in I$ mit $x < x'$ gilt $f(x) \leq f(x')$ (bzw. $f(x) \geq f(x')$). Gilt für diese x, x' sogar $f(x) < f(x')$ (bzw. $f(x) > f(x')$), so heißt f streng monoton wachsend (bzw. streng monoton fallend).

Sei nun $f : I \to \mathbb{R}$ monoton (wachsend oder fallend). Für einen inneren Punkt a von I existieren dann sowohl der linksseitige Grenzwert $f(a-)$ als auch der rechtsseitige Grenzwert

$f(a+)$. Dies folgt mit 10.A, Aufg. 2. Die Sprunghöhe $f(a+) - f(a-)$ ist bei monoton wachsenden Funktionen stets ≥ 0 und bei monoton fallenden Funktionen stets ≤ 0. Ihr Absolutbetrag ist gleich der Schwankung $S_a(f)$ von f in a. Genau dann ist f also stetig in a, wenn die Sprunghöhe in a gleich 0 ist. Nur in abzählbar vielen Punkten $a \in I$ kann $S_a(f) \neq 0$ sein, vgl. Aufg. 22, und somit hat f nur abzählbar viele Unstetigkeitsstellen. *Ersetzt man $f(a)$ in jedem Punkt $a \in \mathring{I}$ durch $f(a-)$ (bzw. durch $f(a+)$), so erhält man eine linksseitig (bzw. rechtsseitig) stetige Funktion auf $\mathring{I}$.* Schließlich existieren auch für die Randpunkte $c < d$ von I in $\overline{\mathbb{R}}$ die (eventuell uneigentlichen) Grenzwerte $f(c+)$ und $f(d-)$. Gehört ein Randpunkt zu I, so ist f dort stetig, wenn der Funktionswert mit dem entsprechenden einseitigen Grenzwert übereinstimmt.

Wichtige Beispiele linksseitig stetiger monotoner Funktionen sind die Verteilungsfunktionen $F : \mathbb{R} \to \mathbb{R}$ zu (diskreten) Wahrscheinlichkeitsverteilungen P auf $\mathbb{R}$, vgl. Beispiel 7.A.16. In diesem Fall ist für alle $a \in \mathbb{R}$ die Sprunghöhe $S_a(F)$ gleich der Wahrscheinlichkeit $P(a)$, vgl. auch Aufg. 22.

Aufgaben

1. Man untersuche, ob die folgenden Limiten von Funktionen existieren, und bestimme gegebenenfalls ihre Werte:

a) $\lim\limits_{x\to 1} \dfrac{x^n - 1}{x^m - 1}$, $m, n \in \mathbb{Z} - \{0\}$. (Wie lautet das Ergebnis für den Grenzübergang $x \to \zeta$, wobei ζ eine beliebige $|m|$-te Einheitswurzel ist?)

b) $\lim\limits_{x\to 1} \dfrac{\sqrt{x + 3} - 2}{x - 1}$. **c)** $\lim\limits_{\substack{x\to 0 \\ x>0}} \sqrt{\dfrac{1}{x} + 1} \left(\sqrt{\dfrac{1}{x} + a} - \sqrt{\dfrac{1}{x} + b} \right)$, $a, b \in \mathbb{R}$.

d) $\lim\limits_{\substack{x\to 0 \\ x>0}} \dfrac{\sqrt{1 + \frac{1}{x}} - \sqrt{\frac{1}{x}}}{\sqrt{x}}$. **e)** $\lim\limits_{x\to 1} \dfrac{1}{x - 1} \left(\dfrac{3}{x^2 + 5} - \dfrac{1}{x^2 + 1} \right)$.

2. Man untersuche, in welchen Punkten die folgenden Funktionen $\mathbb{R} \to \mathbb{R}$ stetig sind:

a) $x \mapsto \begin{cases} -x, & \text{falls } x < 0 \text{ oder } x > 1, \\ x^2 & \text{sonst.} \end{cases}$

b) $x \mapsto \begin{cases} x^2 + 2x + 1, & \text{falls } -1 \leq x \leq 0, \\ 1 - x & \text{sonst.} \end{cases}$

c) $x \mapsto \begin{cases} x, & \text{falls } x \in \mathbb{Q}, \\ 1 - x & \text{sonst.} \end{cases}$

d) $x \mapsto \begin{cases} 2x^2, & \text{falls } x \in \mathbb{Q}, \\ x^3 + x & \text{sonst.} \end{cases}$

3. Für welche Wahl von $a, b \in \mathbb{C}$ sind die folgenden Funktionen $\mathbb{R} \to \mathbb{C}$ stetig:

a) $x \mapsto \begin{cases} 1 + x^2, & \text{falls } x \leq 1, \\ ax - x^3, & \text{falls } 1 < x \leq 2, \\ bx^2 & \text{sonst.} \end{cases}$

b) $x \mapsto \begin{cases} x^2 + a, & \text{falls } x \leq 1, \\ b\,\mathrm{i}x + 1 & \text{sonst.} \end{cases}$

4. Sei $D := \{1/n \mid n \in \mathbb{N}^*\} \cup \{0\}$. Genau dann ist $f : D \to \mathbb{K}$ stetig, wenn die Folge $a_n := f(1/n)$, $n \in \mathbb{N}^*$, gegen $f(0)$ konvergiert.

5. Sei $a \in \overline{D}$, $a \notin D$. Genau dann existiert für eine Funktion $f : D \to \mathbb{K}$ der Limes $\lim_{x \to a} f(x)$, wenn f sich zu einer in a stetigen Funktion $\overline{f} : D \cup \{a\} \to \mathbb{K}$ fortsetzen lässt. In diesem Fall ist notwendigerweise $\overline{f}(a) = \lim_{x \to a} f(x)$.

6. Welche der stetigen Funktionen $z \mapsto \overline{z}/z$ auf $\mathbb{C} - \{0\}$ bzw. $z \mapsto (\overline{z} - 1)/(z - 1)$ auf $S^1 - \{1\}$ sind stetig fortsetzbar nach $\mathbb{C}$ bzw. nach $S^1 = \{z \in \mathbb{C} \mid |z| = 1\}$?

7. Sei D die Vereinigung von beliebig vielen offenen oder von endlich vielen abgeschlossenen Mengen D_i, $i \in I$. Eine Funktion $f : D \to \mathbb{K}$ ist genau dann stetig, wenn die Beschränkungen $f|D_i$, $i \in I$, alle stetig sind. (Man zeige an Beispielen, dass f im allgemeinen auf $D = D_1 \cup D_2$ nicht stetig zu sein braucht, wenn $f|D_1$ und $f|D_2$ stetig sind.)

8. Sei $A \subseteq \mathbb{K}$. Die Indikatorfunktion $e_A : \mathbb{K} \to \mathbb{K}$ ist genau in den Punkten aus $\overline{A} - \mathring{A}$ nicht stetig. (Übrigens heißt $\mathrm{Rd}\,A := \overline{A} - \mathring{A}$ der R a n d von A.)

9. Die Funktion $f : \mathbb{R} \to \mathbb{R}$ mit

$$f(x) := \begin{cases} 0, & \text{falls } x \notin \mathbb{Q}, \\ 1/b, & \text{falls } x = a/b,\ a, b \in \mathbb{Z},\ b > 0,\ \mathrm{ggT}(a, b) = 1, \end{cases}$$

ist genau in den irrationalen Punkten stetig.

10. Sei $D \subseteq \mathbb{R}$. Eine Funktion $f : D \to \mathbb{K}$ ist genau dann im Punkt $a \in D$ stetig, wenn für jede streng monotone Folge (x_n) mit $x_n \in D - \{a\}$ und $\lim x_n = a$ gilt $\lim f(x_n) = f(a)$. (Vgl. 10.A, Aufg. 2.)

11. Zu den folgenden Funktionen $f : D \to \mathbb{R}$ und den Punkten $x_0 := 0$, $x_1 := 1$, $x_2 := 2$ gebe man für jedes $\varepsilon > 0$ explizit ein $\delta(x_i ; \varepsilon) > 0$ an, so dass gilt: $|f(x) - f(x_i)| \le \varepsilon$, falls $|x - x_i| \le \delta(x_i; \varepsilon)$ und $x \in D$.

a) $D := \,]-1, \infty[$, $f(x) := x/\sqrt{x + 1}$.   **b)** $D := \mathbb{R}$, $f(x) := (x^2 + 1)/(x^2 - 2x + 5)$.

12. Seien $f, g : D \to \mathbb{K}$ stetig. Dann sind $|f| : x \mapsto |f(x)|$ und im Fall $\mathbb{K} = \mathbb{R}$ auch $\mathrm{Max}\,(f, g) : x \mapsto \mathrm{Max}\,(f(x), g(x))$ bzw. $\mathrm{Min}\,(f, g) : x \mapsto \mathrm{Min}\,(f(x), g(x))$ stetig.

13. Seien $g(x) = a_n x^n + \cdots + a_0$, $a_n \neq 0$, das Zählerpolynom und $h(x) = b_m x^m + \cdots + b_0$, $b_m \neq 0$, das Nennerpolynom einer rationalen Funktion $f = g/h$. Dann ist $f \sim a_n b_m^{-1} x^{n-m}$ für $|x| \to \infty$.

14. Sei $f : D \to \mathbb{C}$ eine komplexwertige Funktion. Dann heißen die reellwertigen Funktionen $x \mapsto \mathrm{Re}\,f(x)$ bzw. $x \mapsto \mathrm{Im}\,f(x)$ der R e a l - bzw. der I m a g i n ä r t e i l von f und werden mit $\mathrm{Re}\,f$ bzw. $\mathrm{Im}\,f$ bezeichnet. Man zeige: Für $a \in \overline{D}$ existiert $\lim_{x \to a} f(x)$ genau dann, wenn $\lim_{x \to a} \mathrm{Re}\,f(x)$ und $\lim_{x \to a} \mathrm{Im}\,f(x)$ existieren. In diesem Fall ist

$$\lim_{x \to a} f(x) = \lim_{x \to a} \mathrm{Re}\,f(x) + \mathrm{i} \lim_{x \to a} \mathrm{Im}\,f(x).$$

Insbesondere ist f genau dann im Punkt $a \in D$ stetig, wenn $\mathrm{Re}\,f$ und $\mathrm{Im}\,f$ im Punkt a stetig sind.

15. Zwei stetige $\mathbb{K}$-wertige Funktionen auf D stimmen bereits dann überein, wenn ihre Beschränkungen auf eine in D dichte Teilmenge $D' \subseteq D$ übereinstimmen. Beispielsweise sind zwei stetige Funktionen von $\mathbb{R}$ in $\mathbb{K}$ bereits dann gleich, wenn ihre Werte für rationale Argumente übereinstimmen.

16. a) Die Funktionen $f : D \to \mathbb{K}$ und $g : D \to \mathbb{K}$ seien Hölder-stetig mit dem Exponenten $\alpha > 0$. Dann sind auch $f + g$ und λf, $\lambda \in \mathbb{K}$, Hölder-stetig mit demselben Exponenten. Ferner ist fg lokal Hölder-stetig mit demselben Exponenten, ebenso f/g (falls g nirgendwo verschwindet).

b) Sind $f : D \to \mathbb{K}$ und $g : D' \to \mathbb{K}$ Hölder-stetig mit den Exponenten α bzw. β und ist $f(D) \subseteq D'$, so ist die Komposition $gf : D \to \mathbb{K}$ Hölder-stetig mit dem Exponenten $\alpha\beta$.

17. a) Polynomfunktionen sind lokal Lipschitz-stetig.

b) Sei $0 < \alpha < 1$. Dann ist die Funktion $x \mapsto x^\alpha$ von $\mathbb{R}_+$ in $\mathbb{R}_+$ im Nullpunkt nicht Lipschitz-stetig. Sie ist jedoch auf jedem Intervall $[a, \infty[$, $a > 0$, Lipschitz-stetig.

18. Seien $0 \in D$ und $f : D \to \mathbb{K}$ eine im Nullpunkt Hölder-stetige Funktion mit $f(0) = 0$ und dem Exponenten $\alpha > 0$. Für jede summierbare Familie x_i, $i \in I$, in D ist dann auch die Familie $|f(x_i)|^{1/\alpha}$, $i \in I$, summierbar. Insbesondere ist $f(x_i)$, $i \in I$, mit x_i, $i \in I$, summierbar, wenn f im Nullpunkt Lipschitz-stetig ist.

19. Seien $f : D \to \mathbb{K}$ und $g : D' \to \mathbb{K}$ Funktionen mit $f(D) \subseteq D'$. Ferner existiere für $a \in \overline{D}$ der Grenzwert $a' := \lim_{x \to a} f(x)$. Es sei $a' \in D'$, und g sei in a' stetig. Dann existiert auch $\lim_{x \to a} g(f(x))$ und ist gleich $g(a')$.

20. a) Sei $f : D \to \mathbb{K}$ stetig auf der abgeschlossenen Menge $D \subseteq \mathbb{K}$. Für jede abgeschlossene Menge $A \subseteq \mathbb{K}$ ist dann die Urbildmenge $f^{-1}(A)$ ebenfalls abgeschlossen. Insbesondere ist die Menge der Nullstellen von f abgeschlossen.

b) Sei $f : D \to \mathbb{K}$ stetig auf der offenen Menge D in $\mathbb{R}$ (oder $\mathbb{C}$). Für jede offene Menge $A \subseteq \mathbb{K}$ ist dann die Urbildmenge $f^{-1}(A)$ ebenfalls offen in $\mathbb{R}$ (oder $\mathbb{C}$).

21. Eine monotone Funktion $f : I \to \mathbb{R}$ ist in einem inneren Punkt a des Intervalls I genau dann links- (bzw. rechts-)seitig stetig, wenn es *eine* monoton wachsende (bzw. monoton fallende) Folge (x_n) in $I - \{a\}$ gibt mit $\lim x_n = a$ und $\lim f(x_n) = f(a)$.

22. Sei $f : I \to \mathbb{R}$ eine monotone Funktion auf dem offenen Intervall $I \subseteq \mathbb{R}$. Für alle $a, b \in I$, $a < b$, gilt

$$\sum_{x \in]a,b[} |h(x)| \le |f(b) - f(a)|,$$

wobei $h(x)$ die Sprunghöhe von f in x bezeichnet. Insbesondere folgt, dass die Menge der echten Sprungstellen $x \in I$ (mit $h(x) \ne 0$) abzählbar ist.

23. Sei $h(x)$, $x \in \mathbb{R}$, eine summierbare Familie reeller Zahlen. Dann ist die Funktion $H(t) := \sum_{x < t} h(x)$ linksseitig stetig und hat in jedem Punkt $x \in \mathbb{R}$ eine Sprungstelle mit Sprunghöhe $h(x)$. Insbesondere sind die Unstetigkeitsstellen von H genau die Punkte $x \in \mathbb{R}$ mit $h(x) \ne 0$.

24. Sei $f : D \to \mathbb{K}$ eine Funktion.

a) Für jedes $r \in \mathbb{R}_+$ ist die Menge der Punkte $a \in \overline{D}$ mit $S_a(f) \ge r$ abgeschlossen.

b) Die Menge der Punkte $a \in \overline{D}$, in denen $\lim_{x \to a} f(x)$ nicht existiert, ist die Vereinigung von abzählbar vielen abgeschlossenen Mengen. Insbesondere ist die Menge der Unstetigkeitsstellen einer Funktion f auf einer abgeschlossenen Menge D ($= \overline{D}$) stets die Vereinigung abzählbar vieler abgeschlossener Mengen.

25. Man beweise den so genannten B a i r e s c h e n D i c h t e s a t z : Sei U_n, $n \in \mathbb{N}$, eine Folge dichter offener Mengen in $\mathbb{K}$. Dann ist der Durchschnitt $\bigcap_{n \in \mathbb{N}} U_n$ ebenfalls noch dicht in $\mathbb{K}$ und überabzählbar. (U_n durch $\bigcap_{k \le n} U_k$ ersetzend, kann man annehmen, dass (U_n) monoton abnimmt. Im Fall $\mathbb{K} = \mathbb{R}$ findet man zu jedem Intervall $[a, b]$, $a < b$, sukzessiv Intervalle $[a_n, b_n] \subseteq U_n$ mit $a_n < b_n$ und

$$[a, b] \supseteq [a_0, b_0] \supseteq \cdots \supseteq [a_n, b_n] \supseteq [a_{n+1}, b_{n+1}] \supseteq \cdots .$$

Im Fall $\mathbb{K} = \mathbb{C}$ schließt man entsprechend mit abgeschlossenen Kreisscheiben.)

26. Es gibt keine Funktion $f : \mathbb{R} \to \mathbb{R}$, deren Unstetigkeitsstellen genau die irrationalen Zahlen sind. (Dies folgt mit den Aufgaben 24b) und 25.)

27. Sei $f : D \to D$ eine stetige Funktion. Konvergiert für ein $x_0 \in D$ die Folge $x_n = f^n(x_0) = f(x_{n-1})$ für $n \to \infty$ gegen einen Punkt $x \in D$, so ist dieses x notwendigerweise ein Fixpunkt von f.

28. Sei $f : [a, b] \to [a, b]$, $a, b \in \mathbb{R}$, $a < b$, eine monoton wachsende Funktion.

a) f besitzt einen Fixpunkt (nämlich $\mathrm{Sup}\,\{x \in [a, b] \mid x \le f(x)\}$). (Eine monoton fallende Funktion $[a, b] \to [a, b]$ hat im Allgemeinen keinen Fixpunkt. Beispiel!)

b) Ist f überdies stetig, so konvergiert jede rekursiv definierte Folge (x_n) mit $x_0 \in [a, b]$ beliebig und $x_{n+1} = f(x_n)$, $n \in \mathbb{N}$, gegen einen Fixpunkt von f. Bei $x_0 = a$ konvergiert (x_n) gegen den kleinsten, bei $x_0 = b$ gegen den größten Fixpunkt von f. (Für monoton fallende stetige Funktionen $g : [a, b] \to [a, b]$ lässt sich ein Fixpunkt (der nach 10.C.4 existiert) im Allgemeinen nicht mit einer solchen Rekursion bestimmen, wie das triviale Beispiel $x \mapsto 1 - x$ auf $[0, 1]$ zeigt. Hat aber die Komposition $g \circ g$ (die monoton wachsend ist) nur einen Fixpunkt (der dann notwendigerweise mit dem von g übereinstimmt), so konvergiert die Folge (x_n) auch jetzt gegen diesen Fixpunkt. Beweis !)

29. Sei $f(x) := ax + b$, $a, b \in \mathbb{C}$, $|a| < 1$. Welche Folge liefert das Verfahren der sukzessiven Approximation in 10.B.13 für den Fixpunkt $x = b/(1 - a)$ von f, wenn man mit $x_0 = b$ startet?

30. Man begründe (mit Hilfe einer Abschätzung der Ableitung, vgl. die Bemerkung nach 10.B.13), dass die folgenden Funktionen f stark kontrahierend sind, und bestimme durch sukzessive Approximation eine Lösung der Gleichung $f(x) = x$.

a) $f(x) = (1 - x^3)/4$ auf $[0, 1]$. (Der Fixpunkt ist eine Nullstelle von $x^3 + 4x - 1$.)

b) $f(x) = \frac{1}{2}(x - e^x) + 1$ auf $[0, 1/2]$. (Der Fixpunkt ist die Nullstelle von $e^x + x - 2$.)

c) $f(x) = \cos x$ auf $[0, 1]$.

d) $f(x) = M + \varepsilon \sin x$ auf $\mathbb{R}$, $M \in \mathbb{R}$, $\varepsilon \in [0, 1[$. (Die Gleichung $x = M + \varepsilon \sin x$ heißt die K e p l e r s c h e G l e i c h u n g . Man wähle exemplarisch einige Werte für M und ε (etwa $M = \pi/4$, $\pi/2$, $3\pi/4$ und $\varepsilon = 1/10$, $1/4$, $1/2$, $3/4$) und starte mit $x_0 = M$. Bei Benutzung der Potenzreihendarstellung von $\sin x$, vgl. Abschnitt 12.E, erhält man (in Potenzen von ε):

$$x_1 = M + \varepsilon \sin M,$$
$$x_2 = M + \varepsilon \sin (M + \varepsilon \sin M) = M + \varepsilon \sin M + \varepsilon^2 (\sin 2M)/2 + \cdots,$$
$$x_3 = M + \varepsilon \sin x_2 = M + \varepsilon \sin M + \varepsilon^2 (\sin 2M)/2 + \varepsilon^3 (3 \sin 3M - \sin M)/8 + \cdots$$

usw.

Als geschlossenen Ausdruck für x erwähnen wir die für alle $M \in \mathbb{R}$ und $\varepsilon \in [0, 1[$ gültige, von F. W. B e s s e l gefundene Darstellung

$$x = M + 2 \cdot \sum_{n=1}^{\infty} \frac{J_n(n\varepsilon)}{n} \sin nM \,,$$

in der die J_n, $n \in \mathbb{N}^*$, die Bessel-Funktionen sind, vgl. Bd. 3, Beispiel 17.E.1.

B e w e i s (mit Hilfsmitteln aus Bd. 2 und Bd. 3): Die Ableitung dx/dM ist (bei festem ε) eine gerade periodische Funktion mit der Periode 2π und besitzt nach Bd. 2, 19.C.4 und Bd. 3, Beispiel 17.E.1 die Fourier-Entwicklung

$$\frac{dx}{dM} = \frac{a_0}{2} + \sum_{n=1}^{\infty} a_n \cos nM$$

mit $a_n := \dfrac{1}{\pi} \displaystyle\int_0^{2\pi} \dfrac{dx}{dM} \cos nM \, dM = \dfrac{1}{\pi} \displaystyle\int_0^{2\pi} \cos(nx - n\varepsilon \sin x) \, dx = 2J_n(n\varepsilon)$, woraus durch

Integration wegen $x(0) = 0$ die Behauptung folgt. $\qquad\qquad\qquad\qquad\qquad\bullet$

Die Keplersche Gleichung hat große Bedeutung beim Studium der Bewegung eines Planeten um die Sonne. Hat dessen (Ellipsen-)Bahn die Halbachsenlängen A, B mit $0 < B \leq A$ und die E x z e n t r i z i t ä t $\varepsilon := \sqrt{A^2 - B^2}/A$ und ist t die Zeit seit dem letzten Periheldurchgang, so hat der Strahl Sonne – Planet in diesem Zeitraum die Fläche $AB\pi t/T$ überstrichen (Flächensatz = 2. Keplersches Gesetz). Dabei ist T die Umlaufszeit des Planeten. Vgl. auch Beispiel 19.C.5 (2).

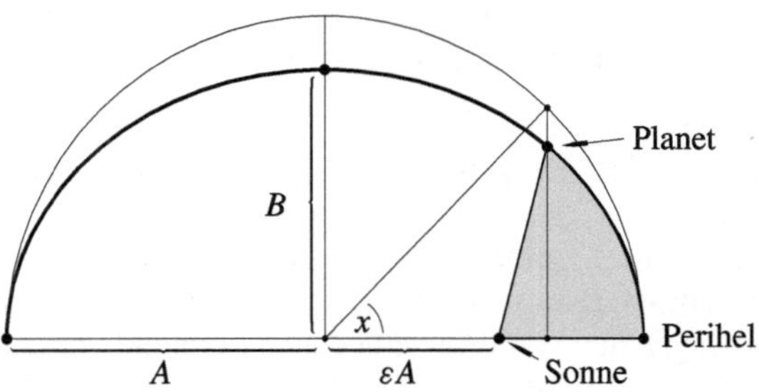

Ist x, wie in der Zeichnung angedeutet, die so genannte e x z e n t r i s c h e A n o m a l i e , so ist bei $\varepsilon \leq \cos x$ (und $0 \leq x \leq \pi$) diese Fläche andererseits gleich

$$\frac{1}{2}(A \cos x - A\varepsilon) \cdot B \sin x + \frac{B}{A}\left(\frac{A^2 x}{2} - \frac{A^2}{2} \cos x \, \sin x \right) = \frac{AB}{2}(x - \varepsilon \sin x)$$

(vgl. 16.C, Aufg. 3 oder auch Bemerkung 16.B.10). *Die exzentrische Anomalie x erfüllt also die Keplersche Gleichung $x - \varepsilon \sin x = M$ mit der* m i t t l e r e n A n o m a l i e $M := 2\pi t/T$ *zur Zeit t.*[1]*) Dies gilt auch für die x mit $\varepsilon > \cos x$ (und $0 \leq x \leq \pi$) sowie für $x > \pi$, wie ähnliche Rechnungen zeigen.)

e) $f(x) = (x + 2)/(x + 1)$ auf $[1, 2]$. (Der Fixpunkt ist $\sqrt{2}$.)

f) $f(x) = \sqrt{1 + x}$ auf $[0, 2]$. (Der Fixpunkt ist die Zahl φ aus 4.F, Aufg. 13.)

---

[1]) Der Winkel zwischen den Strahlen Sonne – Perihel und Sonne – Planet heißt die w a h r e A n o m a l i e (zur Zeit t).

g) $f(x) = a + \arctan x = a + \frac{\pi}{2} - \arctan(1/x)$ auf $[a, \infty[$, wobei $a > 0$ ist. (Der Fixpunkt x erfüllt die Gleichung $x = \tan(x - a)$ mit $x \in \,]a, a + (\pi/2)[$.

Man betrachte insbesondere den Fall $a = k\pi$, $k \in \mathbb{N}^*$, d.h. die Gleichung $x = \tan x$. Als Startwert benutze man $x_0 := a + \frac{\pi}{2}$.

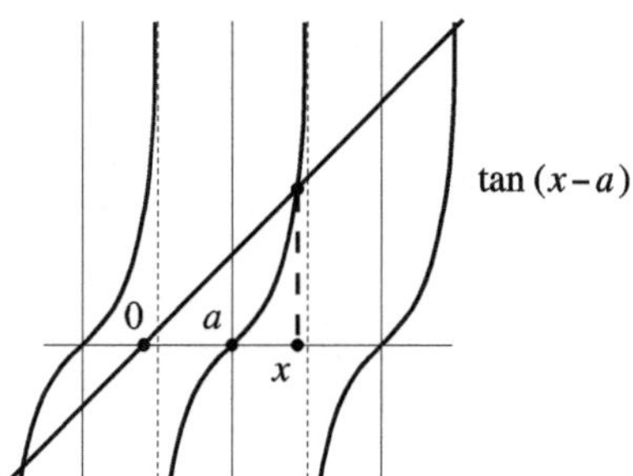

Benutzt man die Potenzreihendarstellung von arctan, vgl. Abschnitt 14.B, so erhält man für *große a* (in Potenzen von $1/x_0$):

$$x_1 = x_0 - \frac{1}{x_0} + \cdots, \quad x_2 = x_0 - \arctan\left(\frac{1}{x_1}\right) = x_0 - \frac{1}{x_0} - \frac{2}{3x_0^3} + \cdots,$$

$$x_3 = x_0 - \arctan\left(\frac{1}{x_2}\right) = x_0 - \frac{1}{x_0} - \frac{2}{3x_0^3} - \frac{13}{15x_0^5} + \cdots$$

usw., vgl. auch Beispiel 12.C.10. Für *kleine a* besitzt der Fixpunkt x eine Potenzreihenentwicklung in $a^{1/3}$, vgl. ebenfalls Beispiel 12.C.10.)

31. Für $r \in [0, 4]$ ist $f(x) := rx(1 - x)$ eine Funktion von $[0, 1]$ in sich; bei $r \in [0, 1[$ ist sie stark kontrahierend. (Für $r \in [0, 1[$ und jeden Anfangswert $x_0 \in [0, 1]$ konvergiert die iterierte Folge (x_n) mit $x_{n+1} = f(x_n)$ also gegen 0. Dies gilt übrigens auch noch für $r = 1$. Bei $r \in \,]1, 2]$ definiert f eine monoton wachsende Abbildung des Intervalls $[0, 1/2]$ in sich; für jeden Anfangswert $x_0 \in \,]0, 1[$ konvergiert die obige Folge (x_n) dann (ab $n = 1$ monoton wachsend) gegen den von 0 verschiedenen Fixpunkt von f, vgl. auch Aufg. 28b). Bei $r \in \,]2, 3[$ und einem Anfangswert x_0, der sich um weniger als $(3 - r)/2r$ vom Fixpunkt $(r - 1)/r$ von f unterscheidet, konvergiert die Folge (x_n) noch gegen diesen Fixpunkt. Man untersuche schließlich experimentell das Verhalten der iterierten Folge (x_n) für andere Startwerte und für Parameterwerte $r \in [3, 4]$. – Für $r \in \,]1, 3]$ und $x_0 \in \,]0, 1[$ konvergiert (x_n) übrigens stets gegen $(r - 1)/r$. – Bei den durch die Funktionen $f : [0, 1] \to [0, 1]$ definierten „diskreten dynamischen Systemen" handelt es sich um diskrete Varianten der Verhulstschen Differenzialgleichung aus 19.C, Aufg. 6. Für Parameterwerte $r \in \,]3, 4]$ sind die (rein-periodischen) Punkte x_0 mit einer Periode $k \geq 2$ interessant. Dies sind Fixpunkte der k-fach iterierten Abbildung $f^k = f \circ \cdots \circ f$.

In diesem Zusammenhang seien die folgenden Begriffe erwähnt: Eine Abbildung $g : X \to X$ einer beliebigen Menge X in sich heißt ein d i s k r e t e s   d y n a m i s c h e s   S y s t e m auf X. Für einen Punkt $x_0 \in X$ heißt die durch Iteration gewonnene Folge $x_n = g^n(x_0)$ mit $x_{n+1} = g(x_n)$, $n \in \mathbb{N}$, die B a h n - F o l g e mit dem Startwert x_0 und die Menge $\{x_n \mid n \in \mathbb{N}\}$ ihrer Punkte die B a h n oder der O r b i t zu x_0.[2]) Sind die Punkte x_n, $n \in \mathbb{N}$, *nicht*

---

[2]) Ist g bijektiv, so heißt $\{x_n = g^n(x_0) \mid n \in \mathbb{N}\}$ häufig die H a l b b a h n und die Menge $\{x_n = g^n(x_0) \mid n \in \mathbb{Z}\}$ die B a h n zu x_0.

paarweise verschieden, so gibt es eindeutig bestimmte Zahlen $m, l \in \mathbb{N}$ mit $m < l$ derart, dass die Punkte $x_0, \ldots, x_{l-1}$ paarweise verschieden sind und $x_l = x_m$ ist. In diesem Fall ist $x_{n+pk} = x_n$ für $k := l - m$ und alle $n \geq m$ sowie alle $p \in \mathbb{N}$, und die Bahn zu x_0 enthält genau die l Punkte $x_0, \ldots, x_{l-1}$. Man nennt $x_0, \ldots, x_{m-1}$ die V o r p e r i o d e, $x_m, \ldots, x_{l-1} = x_{m+k-1}$ die P e r i o d e und (m, k) den T y p von x_0 bzgl. g. Ist die Bahn unendlich, so gibt man x_0 den Typ $(\infty, 0)$. Ist $k > 0$, so heißt x_0 p e r i o d i s c h mit der P e r i o d e n l ä n g e k und r e i n - p e r i o d i s c h, wenn überdies $m = 0$ ist. Ist g injektiv, so ist jeder periodische Punkt rein-periodisch. Ist x_0 vom Typ $(m, k) \in \mathbb{N} \times \mathbb{N}^*$ und $q \in \mathbb{N}^*$, so ist x_0 bezüglich des dynamischen Systems, das durch die q-te Iterierte $g^q : X \to X$ gegeben wird, vom Typ $(\lceil m/q \rceil, k/ \mathrm{ggT}(k, q))$. (Beweis! Zu $\lceil - \rceil$ siehe Beispiel 1.B.2.) Insbesondere sind die k Punkte $x_m, \ldots, x_{m+k-1}$ der Periode von x_0 paarweise verschiedene Fixpunkte von g^k. Umgekehrt sind die Fixpunkte von g^q rein-periodische Punkte von g mit einer Periodenlänge, die ein Teiler von q ist. Bezeichnet also $\mathrm{Per}_k(g)$ für $k \in \mathbb{N}^*$ die Menge der rein-periodischen Punkte von g mit Periodenlänge k und $\mathrm{Fix}(g^k)$ die Menge der Fixpunkte von g^k, so ist $\mathrm{Fix}(g^q) = \biguplus_{d|q} \mathrm{Per}_d(g)$. Ist $\mathrm{Fix}(g^q)$ eine endliche Menge, so ist $|\mathrm{Fix}(g^q)| = \sum_{d|q} |\mathrm{Per}_d(g)|$ und mit der Möbiusschen Umkehrformel erhält man

$$\sum_{d|k} \mu(d) \left|\mathrm{Fix}(g^{k/d})\right| = \left|\mathrm{Per}_k(g)\right| \equiv 0 \ \mathrm{mod} \ k \, ,$$

vgl. 6.B, Aufg. 8d). Ist z.B. $a \in \mathbb{N}$, $a \geq 2$, und $g : \mathbb{C} \to \mathbb{C}$ die Funktion $z \mapsto z^a$, so ergibt sich für ein $k \in \mathbb{N}^*$ mit den paarweise verschiedenen Primteilern $p_1, \ldots, p_r$ wegen $\left|\mathrm{Fix}(g^{k/d})\right| = a^{k/d}$ die Formel

$$\sum_{i=0}^{r} (-1)^i \sum_{1 \leq j_1 < \cdots < j_i \leq r} a^{k/p_{j_1} \cdots p_{j_i}} = \left|\mathrm{Per}_k(g)\right| \equiv 0 \ \mathrm{mod} \ k \, ,$$

was für eine Primzahl $k = p$ der Kleine Fermatsche Satz $a^p - a \equiv 0 \ \mathrm{mod} \ p$ ist, vgl. 2.D, Aufg. 18, und als eine Verallgemeinerung davon aufgefasst werden kann.)

32. Man gebe eine Funktion $[0, 1] \to [0, 1]$ an, die kontrahierend aber nicht stark kontrahierend ist.

33. Man skizziere den Graphen einer Funktion $f : [-1, 1] \to \mathbb{R}$, die außerhalb des Nullpunkts stetig und im Nullpunkt unstetig ist, dort aber keine Sprungstelle besitzt.

34. Man beweise folgende Verallgemeinerung des Banachschen Fixpunktsatzes 10.B.13: Sei $f : D \to D$ eine Funktion auf der nichtleeren abgeschlossenen Menge $D \subseteq \mathbb{C}$. Zu jedem $n \in \mathbb{N}$ gebe es ein $L_n \in \mathbb{R}_+$ mit $|f^n(x) - f^n(x')| \leq L_n |x - x'|$ für alle $x, x' \in D$. Dabei sei $M := \sum_{n \in \mathbb{N}} L_n < \infty$. (In 10.B.13 ist $L_n = L^n$ mit $0 \leq L < 1$.) Dann besitzt f genau einen Fixpunkt x. Ist $x_0 \in D$ ein beliebiger Punkt in D, so konvergiert die Folge $x_{n+1} := f^{n+1}(x_0) = f(x_n)$, $n \in \mathbb{N}$, gegen x und es ist

$$|x - x_n| \leq \left(\sum_{i=n}^{\infty} L_i \right) |x_1 - x_0| \quad \mathrm{bzw.} \quad |x - x_n| \leq M |x_{n+1} - x_n| \leq L_n M |x_1 - x_0| \, .$$

10.C Der Zwischenwertsatz

Obwohl die Stetigkeit eine lokale Eigenschaft ist, erlaubt sie Rückschlüsse auf den globalen Verlauf einer stetigen Funktion. In diesem Abschnitt beschränken wir uns auf reelle Funktionen. Der folgende Satz wurde zuerst von B. Bolzano im Jahr 1817 bewiesen.

10.C.1 Nullstellensatz *Es sei* $f : [a, b] \to \mathbb{R}$ *eine stetige reellwertige Funktion auf dem abgeschlossenen Intervall* $[a, b] \subseteq \mathbb{R}$. *Haben* $f(a)$ *und* $f(b)$ *verschiedene Vorzeichen, so besitzt* f *eine Nullstelle* x_0 *im Intervall* $[a, b]$, *d.h. es gibt ein* $x_0 \in [a, b]$ *mit* $f(x_0) = 0$.

Beweis. Es genügt, den Fall $f(a) \leq 0$ und $f(b) \geq 0$ zu betrachten. Wir verwenden das Intervallhalbierungsverfahren und definieren eine Intervallschachtelung $[a_n, b_n]$, $n \in \mathbb{N}$, in $[a, b]$ mit folgenden Eigenschaften:

(1) $f(a_n) \leq 0 \leq f(b_n)$ für alle $n \in \mathbb{N}$;

(2) $b_{n+1} - a_{n+1} = (b_n - a_n)/2$.

Dann ist die durch diese Intervallschachtelung definierte Zahl $x_0 \in [a, b]$ eine Nullstelle von f: Es ist nämlich $x_0 = \lim a_n$ und wegen der Stetigkeit von f folglich $f(x_0) = f(\lim a_n) = \lim f(a_n) \leq 0$. Analog ist $f(x_0) = f(\lim b_n) = \lim f(b_n) \geq 0$, also insgesamt $f(x_0) = 0$. Wir definieren a_n und b_n rekursiv durch $a_0 = a$, $b_0 = b$ und

$$
a_{n+1} = \begin{cases} \frac{1}{2}(a_n + b_n), & \text{falls } f\!\left(\frac{1}{2}(a_n + b_n)\right) \leq 0, \\ a_n & \text{sonst}, \end{cases}
$$

$$
b_{n+1} = \begin{cases} b_n, & \text{falls } f\!\left(\frac{1}{2}(a_n + b_n)\right) \leq 0, \\ \frac{1}{2}(a_n + b_n) & \text{sonst}. \end{cases}
$$

Dann sind die obigen Eigenschaften (1) und (2) für a_n und b_n offenbar erfüllt. $\bullet$

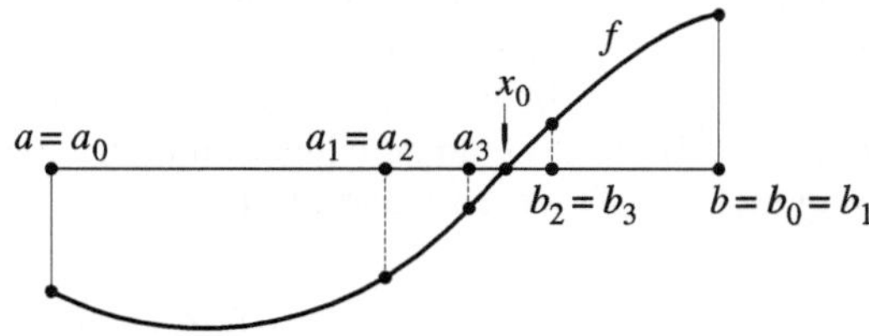

Eine unmittelbare Folgerung des Nullstellensatzes ist:

10.C.2 Zwischenwertsatz *Es sei* $f : [a, b] \to \mathbb{R}$ *eine stetige reellwertige Funktion. Zu jedem Wert* $c \in \mathbb{R}$ *zwischen* $f(a)$ *und* $f(b)$ *gibt es dann ein* $x_0 \in [a, b]$ *mit* $f(x_0) = c$.

B e w e i s . Wie f ist auch die Funktion $g : [a, b] \to \mathbb{R}$ mit $g(x) := f(x) - c$ stetig. Da c zwischen $f(a)$ und $f(b)$ liegt, liegt 0 zwischen $g(a) = f(a) - c$ und $g(b) = f(b) - c$. Nach 10.C.1 besitzt g eine Nullstelle $x_0 \in [a, b]$. Dann ist $f(x_0) = c$. $\bullet$

10.C.3 Beispiel (R e g u l a f a l s i) Das im Beweis des Nullstellensatzes verwandte Intervallhalbierungsverfahren liefert eine einfache und zuverlässige Methode zur Approximation von Nullstellen einer stetigen Funktion f, bei der die Länge des Intervalls, in dem die zu konstruierende Nullstelle liegt, bei jedem Schritt halbiert wird. Die im folgenden beschriebene R e g u l a f a l s i liefert eine gelegentlich schneller gegen eine Nullstelle von f konvergierende Folge. Die Grundidee ist, f im Intervall $[a, b]$ linear durch die Sekante

$$h(x) := \frac{f(b) - f(a)}{b - a}(x - a) + f(a)$$

zu den Punkten $(a, f(a))$ und $(b, f(b))$ des Graphen von f zu interpolieren und deren Nullstelle

$$a - \frac{b - a}{f(b) - f(a)} f(a) = \frac{af(b) - bf(a)}{f(b) - f(a)} = b - \frac{a - b}{f(a) - f(b)} f(b)$$

als Approximation einer Nullstelle von f zu nehmen.

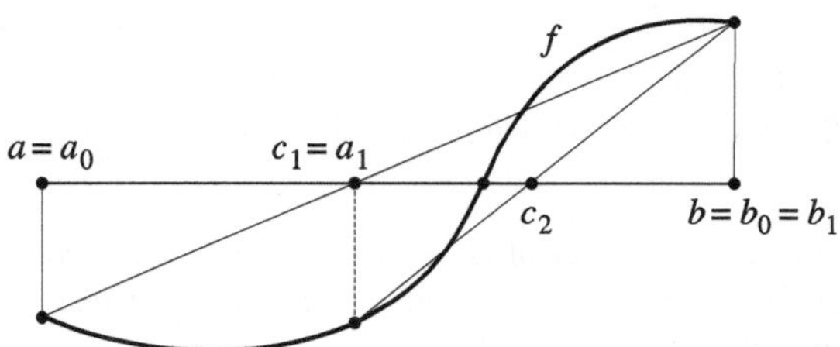

Bei $f(a) < 0 < f(b)$ erhält man so das folgende Rekursionsschema für die Intervallenden a_n und b_n und die Nullstellen c_n der zugehörigen Sekanten: Sei $a_0 = a$; $b_0 = b$;

$$c_{n+1} = a_n - \frac{b_n - a_n}{f(b_n) - f(a_n)} f(a_n) ;$$

$$a_{n+1} = \begin{cases} c_{n+1}, & \text{falls } f(c_{n+1}) \le 0, \\ a_n & \text{sonst}; \end{cases} \qquad b_{n+1} = \begin{cases} b_n, & \text{falls } f(c_{n+1}) \le 0, \\ c_{n+1} & \text{sonst}. \end{cases}$$

Wir zeigen: *Die Folge (c_n) konvergiert gegen eine Nullstelle von f.* Nach Konstruktion ist stets $f(a_n) \le 0$, $f(b_n) \ge 0$, und die monotonen Folgen (a_n) und (b_n) konvergieren gegen Werte $\alpha, \beta \in [a, b]$ mit $f(\alpha) \le 0 \le f(\beta)$. (Im Allgemeinen ist $\alpha < \beta$, also $[a_n, b_n]$, $n \in \mathbb{N}$, keine Intervallschachtelung.) Außerdem ist offenbar die Folge (s_n) der Sekantensteigungen $s_n := \big(f(b_n) - f(a_n)\big)/(b_n - a_n)$ monoton wachsend, vgl. die folgenden beiden Skizzen.

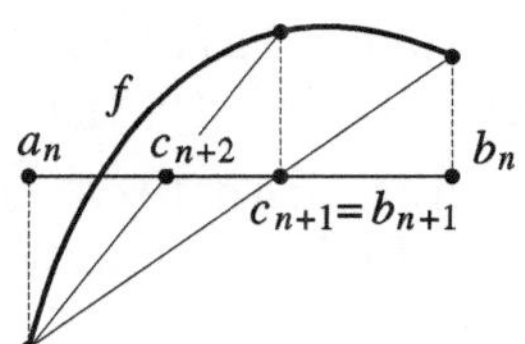

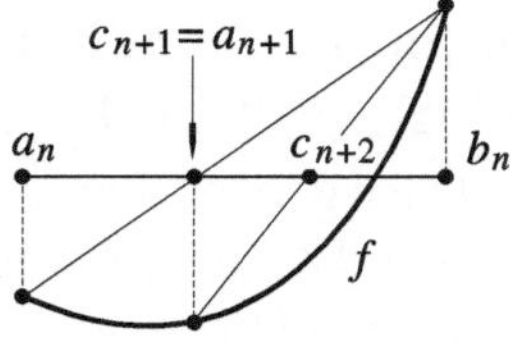

Daher ist die Folge $(1/s_n)$ monoton fallend und positiv, also konvergent. Somit konvergiert auch die Folge $(c_{n+1}) = (a_n - f(a_n)/s_n)$ und zwar gegen α oder β, etwa gegen α. Im Fall $\alpha = \beta$ ist natürlich $f(\alpha) = f(\beta) = 0$. Andernfalls ist $(1/s_n)$ sicher keine Nullfolge, und die Rechenregeln für Limiten liefern wieder $f(\alpha) = 0$. – Für eine Variante mit einer Fehlerabschätzung vgl. 14.D, Aufg. 12.

10.C.4 Satz *Jede stetige Funktion f, die ein abgeschlossenes Intervall $[a, b] \subseteq \mathbb{R}$ in sich abbildet, besitzt einen Fixpunkt, d.h. ein $x_0 \in [a, b]$ mit $f(x_0) = x_0$.*

B e w e i s . Die Hilfsfunktion $g : [a, b] \to \mathbb{R}$ mit $g(x) := f(x) - x$ ist ebenfalls stetig. Wegen $a \le f(a)$ und $f(b) \le b$ ist $g(a) = f(a) - a \ge 0$ und $g(b) = f(b) - b \le 0$. Nach dem Zwischenwertsatz besitzt g somit eine Nullstelle x_0 in $[a, b]$. Diese ist ein Fixpunkt von f.   •

Zur Berechnung eines Fixpunktes von f in Spezialfällen vergleiche man 10.B.13 und Aufg. 28b) in Abschnitt 10.B.

10.C.5 Beispiel Eine leichte Folgerung aus dem Zwischenwertsatz ist ferner: *Zu jeder stetigen Funktion $f : S^1 \to \mathbb{R}$ auf der Einheitskreislinie $S^1 := \{z \in \mathbb{C} \mid |z| = 1\}$ gibt es antipodale Punkte $z_0, -z_0 \in S^1$ mit $f(z_0) = f(-z_0)$.* B e w e i s . Mit f ist auch die Funktion $g : [-1, 1] \to \mathbb{R}$, $x \mapsto f\left(x + \mathrm{i}\sqrt{1-x^2}\right) - f\left(-x - \mathrm{i}\sqrt{1-x^2}\right)$, stetig, da $x \mapsto \sqrt{1-x^2}$ stetig ist, vgl. Beispiel 10.C.10. Überdies ist $g(1) = -g(-1)$. Nach dem Zwischenwertsatz hat also g eine Nullstelle $x_0 \in [-1, 1]$, und für $z_0 := x_0 + \mathrm{i}\sqrt{1-x_0^2} \in S^1$ gilt $f(z_0) = f(-z_0)$.   •

Beispielsweise gibt es auf jedem Großkreis der Erdoberfläche zwei antipodale Punkte, an denen zu einem gegebenen Zeitpunkt dieselbe Temperatur herrscht (wenn man unterstellt, dass die Temperatur stetig vom Ort abhängt).

Eine analoge Aussage wie oben über die Existenz antipodaler Punkte mit gleichem Funktionswert gilt natürlich für Funktionen auf einer beliebigen Kreislinie in der komplexen Zahlenebene. Es gibt daher keine injektive stetige Abbildung $D \to \mathbb{R}$ einer Menge $D \subseteq \mathbb{C}$, die eine Kreislinie enthält. Hingegen gibt es sogar bijektive Abbildungen $\mathbb{C} \to \mathbb{R}$, da $\mathbb{R}$ und $\mathbb{C} = \mathbb{R} \times \mathbb{R}$ gleichmächtig sind, vgl. Beispiel 2.C.13. Nach dem Gesagten können diese Abbildungen nicht stetig sein.

Die obige Aussage lässt sich auf Sphären höherer Dimension verallgemeinern, worauf wir in Band 3 und Band 4 eingehen werden.

Bevor wir zeigen, dass injektive stetige reellwertige Funktionen auf Intervallen in $\mathbb{R}$ streng monoton sind, wiederholen wir die Definition aus Beispiel 10.B.15.

10.C.6 Definition Sei $f : I \to \mathbb{R}$ eine reellwertige Funktion auf dem Intervall $I \subseteq \mathbb{R}$.

(1) f heißt m o n o t o n   w a c h s e n d (bzw. m o n o t o n   f a l l e n d), wenn für alle $x, y \in I$ mit $x \le y$ stets $f(x) \le f(y)$ (bzw. stets $f(x) \ge f(y)$) ist.

(2) f heißt s t r e n g   oder   e c h t   m o n o t o n   w a c h s e n d (bzw. s t r e n g   oder   e c h t   m o n o t o n   f a l l e n d), wenn für alle $x, y \in I$ mit $x < y$ stets $f(x) < f(y)$ (bzw. stets $f(x) > f(y)$) ist.

Zusammenfassend sprechen wir auch kurz von m o n o t o n e n Funktionen bzw. von s t r e n g oder e c h t m o n o t o n e n Funktionen. Genau dann ist f monoton wachsend, wenn $-f$ monoton fallend ist. Es genügt daher meist, sich auf einen Monotonietyp zu beschränken. Wie bereits angekündigt gilt:

10.C.7 Lemma *Eine reellwertige stetige Funktion auf einem Intervall $I \subseteq \mathbb{R}$ ist genau dann injektiv, wenn sie streng monoton ist.*

B e w e i s . Wenn f streng monoton ist, ist f natürlich injektiv (unabhängig davon, ob f stetig ist oder nicht). Sei umgekehrt f injektiv. Wir betrachten zunächst den Fall, dass I ein abgeschlossenes Intervall $[a, b]$, $a < b$, ist. Sei etwa $f(a) < f(b)$. Dann haben wir zu zeigen, dass f streng monoton wachsend ist. Wir zeigen als erstes, dass $f([a, b]) \subseteq [f(a), f(b)]$ ist. Sei $a < x < b$. Wäre $f(x) < f(a)$ (bzw. $f(x) > f(b)$), so gäbe es nach dem Zwischenwertsatz im Intervall $[x, b]$ (bzw. $[a, x]$) eine weitere Stelle, an der f den Wert $f(a)$ (bzw. $f(b)$) annimmt im Widerspruch zur Injektivität von f.

Sind nun $x, y \in [a, b]$, $x < y$, beliebig, so ist zunächst nach dem soeben Bewiesenen $f(a) \leq f(x) < f(b)$. Wenden wir diesen Schluss auf das Intervall $[x, b]$ an, so folgt $f(x) < f(y) \leq f(b)$.

Sei das Intervall I jetzt beliebig, und es gebe zwei Punkte $x_1, x_2 \in I$, $x_1 < x_2$, für die etwa $f(x_1) < f(x_2)$ ist. Dann ist f streng monoton wachsend. Sind nämlich $x, y \in I$, $x < y$, so gibt es ein abgeschlossenes Intervall $[a, b] \subseteq I$, das die Punkte x_1, x_2, x, y enthält. Nach dem Bewiesenen ist $f|[a, b]$ streng monoton und wegen $f(x_1) < f(x_2)$ sogar streng monoton wachsend. Also ist $f(x) < f(y)$. $\quad\bullet$

Für monotone Funktionen wird die Stetigkeit bereits durch die Gültigkeit des Zwischenwertsatzes charakterisiert. Wir sagen, eine Funktion $f : I \to \mathbb{R}$ auf einem Intervall $I \subseteq \mathbb{R}$ g e n ü g e d e m Z w i s c h e n w e r t s a t z , wenn f auf jedem Intervall $[x, y] \subseteq I$ alle Werte zwischen $f(x)$ und $f(y)$ annimmt.

10.C.8 Satz *Sei $f : I \to \mathbb{R}$ eine reellwertige monotone Funktion auf dem Intervall $I \subseteq \mathbb{R}$, die dem Zwischenwertsatz genüge. Dann ist f stetig.*

B e w e i s . Wir können uns auf den Fall beschränken, dass f monoton wachsend ist. Seien $a \in I$ und $\varepsilon > 0$ vorgegeben. Wir nehmen an, dass a kein Randpunkt von I ist, und überlassen die kleinen Modifikationen, die im anderen Fall nötig sind, dem Leser. Seien $x_1, y_1 \in I$ mit $x_1 < a < y_1$. Dann ist $f(x_1) \leq f(a) \leq f(y_1)$. Ist $f(x_1) < f(a) - \varepsilon$, so gibt es ein $x_2 \in \,]x_1, a[$ mit $f(x_2) = f(a) - \varepsilon$, da f nach Voraussetzung dem Zwischenwertsatz genügt. In jedem Fall gibt es also ein $x \in I$, $x < a$, mit $f(a) - \varepsilon \leq f(x) \leq f(a)$. Analog gibt es ein $y \in I$, $a < y$, mit $f(a) \leq f(y) \leq f(a) + \varepsilon$. Wegen der Monotonie von f liegt dann $f([x, y])$ in der ε-Umgebung von $f(a)$. $\quad\bullet$

Man beachte, dass eine *monotone* Funktion $f : I \to \mathbb{R}$ auf dem Intervall $I \subseteq \mathbb{R}$ genau dann dem Zwischenwertsatz genügt, wenn das Bild $f(I)$ ebenfalls ein Intervall ist. – Zu 10.C.8 vgl. man auch Beispiel 10.B.15.

10.C.9 Umkehrsatz *Sei f eine reellwertige stetige und streng monotone Funktion auf dem Intervall $I \subseteq \mathbb{R}$. Dann ist $J := f(I)$ ebenfalls ein Intervall in $\mathbb{R}$, und die Umkehrfunktion $f^{-1} : J \to I$ zur bijektiven Funktion $f : I \to J$ ist ebenfalls stetig und streng monoton (vom gleichen Monotonietyp).*

B e w e i s. Um zu zeigen, dass J ein Intervall ist, genügt es zu zeigen, dass J mit je zwei Punkten $x' < y'$ das ganze Intervall $[x', y']$ enthält. Dies folgt aber aus der Gültigkeit des Zwischenwertsatzes für die stetige Funktion f.

Mit f ist natürlich auch f^{-1} streng monoton, und zwar vom selben Monotonietyp. Ferner genügt die Funktion f^{-1} wegen $f^{-1}(J) = I$ dem Zwischenwertsatz. Ausführlicher: Sind $x', y' \in J$, $x' = f(x)$, $y' = f(y)$ mit $x, y \in I$, und liegt c zwischen $x = f^{-1}(x')$ und $y = f^{-1}(y')$, so ist $c \in I$ und $c = f^{-1}(f(c))$, wobei $f(c)$ zwischen $f(x) = x'$ und $f(y) = y'$ liegt. Nach 10.C.8 ist f^{-1} also auch stetig. $\bullet$

10.C.10 Beispiel (W u r z e l f u n k t i o n e n) Sei $n \in \mathbb{N}^*$. Ist n ungerade, so ist die Funktion $f : x \mapsto x^n$ auf ganz $\mathbb{R}$ streng monoton wachsend. Da die Werte von f weder nach oben noch nach unten beschränkt sind, liefert 10.C.9:

(1) $f(\mathbb{R}) = \mathbb{R}$. (2) $f^{-1} : \mathbb{R} \to \mathbb{R}$ ist stetig und streng monoton wachsend.

Man bezeichnet die Umkehrfunktion f^{-1} mit $x \mapsto \sqrt[n]{x}$.

Ist n gerade, so ist $f : x \mapsto x^n$ auf $\mathbb{R}_+$ streng monoton wachsend. Da die Werte von f nicht nach oben beschränkt sind, liefert 10.C.9:

(1) $f(\mathbb{R}_+) = \mathbb{R}_+$. (2) $f^{-1} : \mathbb{R}_+ \to \mathbb{R}_+$ ist stetig und streng monoton wachsend.

Man bezeichnet auch in diesem Fall die Umkehrfunktion f^{-1} mit $x \mapsto \sqrt[n]{x}$.

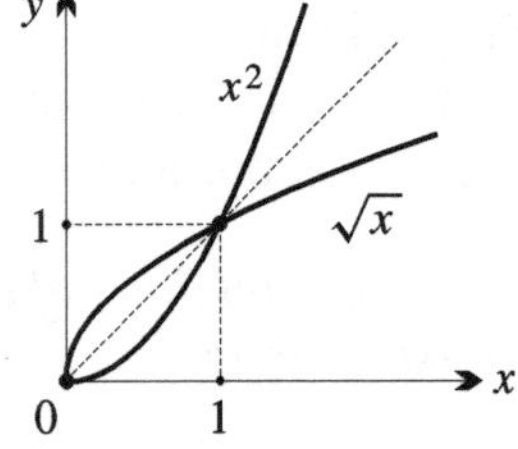

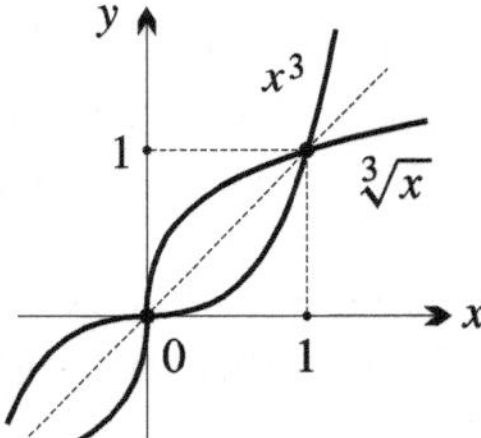

Aufgaben

1. Sei $f : [a, b] \to \mathbb{R}$ eine stetige Funktion mit $f(a)f(b) < 0$. Man schreibe Computer-Programme, die eine Nullstelle von f mit Hilfe des Intervallhalbierungsverfahrens (gemäß Beweis zu 10.C.1) bzw. der Regula falsi (Beispiel 10.C.3) approximieren. (Man beachte, dass beim Intervallhalbierungsverfahren die halbe Länge $(b-a)/2^{n+1}$ des n-ten Teilintervalls stets eine Schranke für den Fehler ist, falls man die Mitte dieses Intervalls als Approximation der Nullstelle wählt. Bei der Regula falsi ist es im Allgemeinen schwieriger, eine Fehlerabschätzung anzugeben, was ein Nachteil dieses Verfahrens ist. Gelegentlich wählt man für den Abbruch der Rechnung die Bedingung, dass für die Näherung x_0' der Nullstelle x_0 die Ungleichung $|f(x_0')| \leq \varepsilon$ gilt, wobei $\varepsilon > 0$ vorgegeben ist.)

2. Man berechne alle Nullstellen der folgenden Funktionen (etwa bis auf einen Fehler $\leq$ 10^{-5}) mit den Programmen aus Aufg. 1 und vergleiche die Güte der beiden Verfahren.

a) $x^3 - 3x + 1$ auf $\mathbb{R}$. **b)** $x^3 - 2x - 5$ auf $\mathbb{R}$.

c) $\ln x - (x - 2)^2$ auf $\mathbb{R}_+^{\times}$. **d)** $e^x + x - 2$ auf $\mathbb{R}$.

e) $x - \tan x$ auf $](2k-1)\pi/2\,,\,(2k+1)\pi/2[\,,\,k = 1, 2, 3, \ldots$. (Vgl. 10.B, Aufg. 30g) und Beispiel 12.C.10.)

3. Eine stetige Funktion $f : [a, b] \to \mathbb{R}$, die in $[a, b]$ überhaupt eine Nullstelle besitzt, hat dort sowohl eine kleinste als auch eine größte Nullstelle. (Man vergleiche 10.B, Aufg. 20a).) Insbesondere hat f in $[a, b]$ eine größte und kleinste Nullstelle, wenn $f(a)f(b) < 0$ ist.

4. Eine Funktion $f : D \to \mathbb{K}$ heißt l o k a l k o n s t a n t , wenn es zu jedem $a \in D$ eine Umgebung U von a gibt, so dass $f|U \cap D$ konstant ist. Man zeige: Ist D ein Intervall in $\mathbb{R}$ und f lokal konstant, so ist f konstant.

5. a) Eine stetige Funktion f auf einem Intervall $I \subseteq \mathbb{R}$, deren Werte alle rational sind, ist konstant.

b) Sei $A \subseteq \mathbb{K}$ eine Teilmenge mit $A \neq \emptyset$ und $A \neq \mathbb{K}$. Dann ist $\mathrm{Rd}\, A = \overline{A} - \mathring{A} \neq \emptyset$. (Sei $x_0 \in A$ und $y_0 \in \mathbb{K} - A$. Man betrachte die Funktion $t \mapsto e_A(x_0 + t(y_0 - x_0))$ auf dem Einheitsintervall $[0, 1]$ und beachte 10.B, Aufg. 8.)

6. Es seien $f : [a, b] \to \mathbb{R}$ und $g : [a, b] \to \mathbb{R}$ stetige Funktionen mit $f(a) \leq g(a)$ und $f(b) \geq g(b)$. Dann gibt es ein $x_0 \in [a, b]$ mit $f(x_0) = g(x_0)$. (Man schließe wie in 10.C.4.)

7. Es sei $f : [a, b] \to \mathbb{R}$ eine stetige Funktion mit $f(a) = f(b)$. Zu jedem $n \in \mathbb{N}^*$ gibt es dann ein $x_n \in [a, b - (b - a)/n]$ mit $f(x_n) = f(x_n + (b - a)/n)$. (Der Fall $n = 2$ entspricht der Aussage in 10.C.5.) Ist $f(x) \geq f(a) = f(b)$ für alle $x \in [a, b]$, so gibt es zu jedem $c \in [0, b - a]$ ein $x_0 \in [a, b - c]$ mit $f(x_0) = f(x_0 + c)$.

8. Seien $I \subseteq \mathbb{R}$ ein Intervall und $f : I \to \mathbb{R}$ eine stetige Funktion. Dann ist $f(I) \neq \mathbb{R} - \{0\}$.

9. Seien $I \subseteq \mathbb{R}$ ein Intervall und $f : I \to \mathbb{R}$ eine stetige Funktion. Zu $x_1, \ldots, x_n \in I$ und $t_1, \ldots, t_n \in \mathbb{R}_+$ mit $t_1 + \cdots + t_n = 1$ gibt es dann ein $x_0 \in I$ mit

$$f(x_0) = t_1 f(x_1) + \cdots + t_n f(x_n)\,.$$

10. Sei $f : [a, b] \to \mathbb{R}$ eine stetige Funktion mit $f(a) \leq 0$ und $f(b) > 0$. Man beweise den Nullstellensatz 10.C.1 für f in folgender Weise: Die Menge der Zahlen $x \in [a, b]$ mit $f(x) \leq 0$ ist nicht leer und abgeschlossen, ihr größtes Element x_0 ist $< b$ und eine Nullstelle von f.

11. Sei $W \subseteq \mathbb{R}$ dicht in $\mathbb{R}$, d.h. $\overline{W} = \mathbb{R}$. Die Funktion $f : I \to \mathbb{R}$ auf dem Intervall $I \subseteq \mathbb{R}$ genüge dem Zwischenwertsatz. Für jede konvergente Folge (a_n) in I mit einem Grenzwert $a \in I$, für die $(f(a_n))$ eine konstante Folge in W ist, gelte $f(a) = f(a_n)$, $n \in \mathbb{N}$. Dann ist f stetig.

12. Die Funktion $f : I \to \mathbb{R}$ auf dem abgeschlossenen Intervall $I \subseteq \mathbb{R}$ genüge dem Zwischenwertsatz, und die Fasern von f seien abgeschlossen. Dann ist f stetig.

13. Man gebe eine Funktion $f : I \to \mathbb{R}$ auf einem Intervall $I \subseteq \mathbb{R}$ an, die dem Zwischenwertsatz genügt, aber dort nicht stetig ist.

14. Man beweise die Stetigkeit der Umkehrfunktion in 10.C.9 mit Hilfe des Satzes von Weierstraß-Bolzano, ohne 10.C.8 zu verwenden.

15. Sei $f :]a, b[\to \mathbb{R}$, $-\infty \le a < b \le \infty$, eine linksseitig stetige und monoton wachsende Funktion mit $A := f(a+) = \lim_{t \to a, t>a} f(t)$, $B := f(b-) = \lim_{t \to b, t<b} f(t) \in \overline{\mathbb{R}}$. Die Funktion $h :]A, B[\to]a, b[$ sei definiert durch

$$h(s) := \text{Sup}\,\{t \in \,]a, b[\mid f(t) \le s\} \in \,]a, b[\,.$$

a) h ist monoton wachsend und rechtsseitig stetig.

b) Genau dann ist h im Punkt $s_0 \in \,]A, B[$ stetig, wenn f den Wert s_0 höchstens einmal annimmt.

c) Für alle $t \in \,]a, b[$ und $s \in \,]A, B[$ gilt: Genau dann ist $t \le h(s)$, wenn $f(t) \le s$ ist.

d) Ist f streng monoton wachsend und stetig, so ist h die Umkehrfunktion zu f.

(h ersetzt in gewisser Weise die Umkehrfunktion zu f, falls f das Intervall $]a, b[$ nicht bijektiv auf $]A, B[$ abbildet. Ist $f : \mathbb{R} \to \mathbb{R}$ beispielsweise die Verteilung der Höhen auf der Erdoberfläche, d.h. ist $f(t)$, $t \in \mathbb{R}$, die Gesamtfläche der Punkte der Erdoberfläche, die eine Höhe $< t$ relativ zum Meeresspiegel haben, so heißt h die h y p s o g r a p h i s c h e   K u r v e . Mit ihrer Hilfe beschreibt man gewöhnlich die Verteilung der Höhen auf der Erdoberfläche.

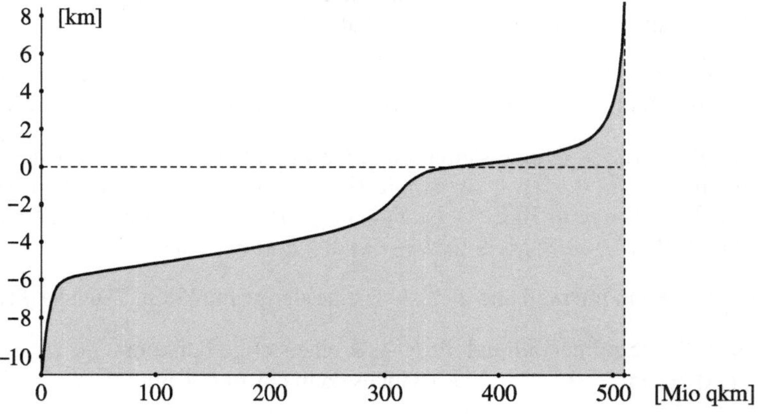

Wir notieren einige explizite Werte von $h(s)$, wobei s in Mill. qkm und $h(s)$ in km angegeben wird: [1])

s	4,5	88,5	207,5	278,5	303	318	333,5	362
$h(s)$	−6	−5	−4	−3	−2	−1	−0,2	0

s	443	470	494	504	507	509,5	510
$h(s)$	0,5	1	2	3	4	5	8

Weitere wichtige Beispiele für linksseitig stetige, monoton wachsende Funktionen f, für die die zugehörigen Funktionen h eine große Bedeutung haben, sind die Verteilungsfunktionen F_P zu den Wahrscheinlichkeitsverteilungen P auf $\mathbb{R}$. Wir kommen darauf in Band 3 zurück. Man bestimme die Funktionen h zu den Verteilungsfunktionen aus Beispiel 7.A.16.)

---

[1]) Nach H. Louis: Allgemeine Geomorphologie. Berlin 1968

10.D Stetige Funktionen auf kompakten Mengen

Wir nennen eine Teilmenge K von $\mathbb{K}$ k o m p a k t, wenn sie abgeschlossen und beschränkt ist. Eine Teilmenge K von $\mathbb{R}$ ist genau dann kompakt in $\mathbb{R}$, wenn sie kompakt in $\mathbb{C}$ ist. Die entscheidende Eigenschaft kompakter Mengen wird in folgendem Satz beschrieben:

10.D.1 Satz *Sei K eine Teilmenge von $\mathbb{K}$. Genau dann ist K kompakt, wenn folgendes gilt: Jede Folge von Elementen aus K besitzt eine Teilfolge, die gegen ein Element aus K konvergiert.*

B e w e i s . Sei K kompakt und (x_n) eine Folge in K. Wie K ist dann auch (x_n) beschränkt, besitzt also nach dem Satz von Weierstraß-Bolzano eine konvergente Teilfolge. Da K abgeschlossen ist, liegt deren Grenzwert in K.

Sei umgekehrt die angegebene Bedingung für die Folgen in K erfüllt. Dann ist K beschränkt. Andernfalls gäbe es nämlich eine Folge (x_n) in K mit $|x_n| \geq n, n \in \mathbb{N}$. Diese Folge besäße offenbar keine konvergente Teilfolge. K ist auch abgeschlossen. Dazu ist zu zeigen, dass der Grenzwert x einer beliebigen konvergenten Folge (x_n) mit Elementen aus K ebenfalls in K liegt. Da nach Voraussetzung der Grenzwert einer Teilfolge von (x_n) in K liegt und dieser mit x übereinstimmt, liegt x in K. •

In Band 3 werden wir den Begriff der Kompaktheit in allgemeinerem Rahmen diskutieren. Der Hauptsatz dieses Abschnitts ist die folgende Aussage:

10.D.2 Satz *Sei $f : K \to \mathbb{K}$ eine stetige Funktion auf der kompakten Menge K. Dann ist auch* Bild $f = f(K)$ *kompakt.*

B e w e i s . Sei $f(x_n), n \in \mathbb{N}$, mit $x_n \in K$ eine Folge von Elementen aus $f(K)$. Nach 10.D.1 gibt es zu (x_n) eine konvergente Teilfolge (x_{n_k}) mit $x := \lim_{k \to \infty} x_{n_k} \in K$. Wegen der Stetigkeit von f gilt dann $\lim_{k \to \infty} f(x_{n_k}) = f(x) \in f(K)$, d.h. die vorgelegte Folge $(f(x_n))$ besitzt eine konvergente Teilfolge $(f(x_{n_k}))$, deren Grenzwert in $f(K)$ liegt.   •

10.D.2 besagt insbesondere, dass jede stetige Funktion auf einer kompakten Menge beschränkt ist, d.h. dass ihr Bild beschränkt ist. Die folgenden Korollare, die auf K. Weierstraß zurückgehen, geben über die Beschränktheit stetiger Funktionen auf kompakten Mengen hinaus zusätzliche Informationen.

10.D.3 Korollar *Sei $f : K \to \mathbb{R}$ eine stetige reellwertige Funktion auf der nichtleeren kompakten Menge K. Dann gibt es Elemente $x_1, x_2 \in K$ derart, dass für alle $x \in K$ gilt: $f(x_1) \leq f(x) \leq f(x_2)$.*

B e w e i s . Da $f(K)$ eine kompakte Teilmenge von $\mathbb{R}$ ist, ist sie beschränkt. Da sie außerdem abgeschlossen und nichtleer ist, enthält sie nach 4.G.13 ihr Infimum $f(x_1)$ und ihr Supremum $f(x_2)$.   •

Wir können 10.D.3 auch folgendermaßen formulieren: *Eine stetige reellwertige Funktion auf einem nichtleeren Kompaktum nimmt ihr globales Maximum und ihr globales Minimum an.*

10.D.4 Korollar *Sei $f : [a, b] \to \mathbb{R}$ eine stetige reellwertige Funktion auf dem abgeschlossenen Intervall $[a, b] \subseteq \mathbb{R}$, $a \leq b$. Dann ist $f\big([a, b]\big)$ ebenfalls ein abgeschlossenes und beschränktes Intervall in $\mathbb{R}$.*

B e w e i s . Das Intervall $[a, b]$ ist kompakt. Daher nimmt die Funktion f ihr globales Maximum und ihr globales Minimum an und nach dem Zwischenwertsatz auch alle Werte dazwischen.   •

10.D.5 Korollar *Sei $f : K \to \mathbb{K}$ eine stetige Funktion auf der nichtleeren kompakten Menge K. Dann gibt es Elemente $x_1, x_2 \in K$ mit $|f(x_1)| \leq |f(x)| \leq |f(x_2)|$ für alle $x \in K$.*

B e w e i s . Die Aussage folgt aus 10.D.3, angewandt auf die stetige Funktion $x \mapsto |f(x)|$.   •

10.D.6 Beispiel In den vorstehenden Aussagen ist die Kompaktheit des Definitionsbereichs der stetigen Funktion f wesentlich: Die Funktion $x \mapsto 1/x$ auf dem beschränkten Intervall $]0, 1[$ beispielsweise ist stetig, aber ihr Bild ist unbeschränkt. Das Bild der stetigen Funktion $x \mapsto x$ auf $]0, 1[$ ist beschränkt, aber das Supremum 1 und das Infimum 0 der Funktionswerte sind nicht selbst Funktionswerte.

Die Funktion $f :]0, 1[\to \mathbb{R}$ mit $f(x) := 1/x$ ist stetig. Zu jedem Punkt $a \in]0, 1[$ und jedem $\varepsilon > 0$ gibt es also ein $\delta > 0$, so dass für alle $x \in]0, 1[$ mit $|x - a| \leq \delta$ gilt $|(1/x) - (1/a)| \leq \varepsilon$. Dieses δ hängt dabei nicht nur von ε ab (was selbstverständlich ist), sondern auch wesentlich von a. Je näher a an 0 liegt, desto kleiner ist δ zu wählen. Sicherlich muss $\delta < a$ sein. Insbesondere gibt es zu vorgegebenem $\varepsilon > 0$ kein $\delta > 0$, mit dem die Stetigkeitsbedingung für *alle* $a \in]0, 1[$ erfüllt ist. Die Funktion f ist somit nicht gleichmäßig stetig im Sinne der folgenden Definition.

10.D.7 Definition Eine Funktion $f : D \to \mathbb{K}$ heißt g l e i c h m ä ß i g   s t e t i g (in D), wenn es zu jedem (noch so kleinen) $\varepsilon > 0$ ein $\delta > 0$ gibt, so dass für alle $x, y \in D$ mit $|x - y| \leq \delta$ gilt: $|f(x) - f(y)| \leq \varepsilon$.

Man beachte, dass die gleichmäßige Stetigkeit von f eine globale Eigenschaft ist, die entscheidend auch vom Definitionsbereich D ($\subseteq \mathbb{C}$) abhängt. *Natürlich sind gleichmäßig stetige Funktionen stetig.* In einem wichtigen Fall gilt auch die Umkehrung:

10.D.8 Satz *Jede stetige Funktion $f : K \to \mathbb{K}$ auf einer kompakten Menge K ist sogar gleichmäßig stetig.*

B e w e i s . Angenommen, die Aussage sei falsch. Dann gibt es ein $\varepsilon_0 > 0$ und dazu Folgen x_n, $n \in \mathbb{N}^*$, und y_n, $n \in \mathbb{N}^*$, in K, für die zwar $|x_n - y_n| \leq 1/n$ ist, aber $|f(x_n) - f(y_n)| > \varepsilon_0$. Da K kompakt ist, gibt es eine konvergente Teilfolge (x_{n_k}) von (x_n) mit $x := \lim_{k \to \infty} x_{n_k} \in K$. Dann ist offenbar auch $\lim_{k \to \infty} y_{n_k} = x$ und wegen der Stetigkeit von f folglich

$$\lim_{k \to \infty} \left(f(x_{n_k}) - f(y_{n_k}) \right) = \lim_{k \to \infty} f(x_{n_k}) - \lim_{k \to \infty} f(y_{n_k}) = f(x) - f(x) = 0$$

im Widerspruch zu $|f(x_{n_k}) - f(y_{n_k})| > \varepsilon_0$ für alle k.   ●

Als Anwendung des Begriffs der gleichmäßigen Stetigkeit bringen wir noch den folgenden Fortsetzungssatz:

10.D.9 Satz *Jede gleichmäßig stetige Funktion $f : D \to \mathbb{K}$ lässt sich zu einer (eindeutig bestimmten) stetigen Funktion auf dem Abschluss $\overline{D}$ von D fortsetzen. Die Fortsetzung $\overline{D} \to \mathbb{K}$ ist ebenfalls gleichmäßig stetig.*

B e w e i s . Nach 10.B.9 genügt es zu zeigen, dass für jedes $x \in \overline{D}$ der Grenzwert $\lim_{y \to x} f(y)$ existiert. Wegen der gleichmäßigen Stetigkeit von f sind aber die Voraussetzungen des Cauchyschen Konvergenzkriteriums 10.A.3 für Grenzwerte erfüllt. Den Beweis des Zusatzes überlassen wir dem Leser.   ●

Für die Existenz einer stetigen Fortsetzung $\overline{D} \to \mathbb{K}$ genügt es natürlich in 10.D.9 vorauszusetzen, dass zu jedem $x \in \overline{D}$ eine Umgebung U von x existiert derart, dass $f|(D \cap U)$ gleichmäßig stetig ist.

Aufgaben

1. Es gibt keine stetige surjektive Funktion $f : [0, 1] \to [0, 1[$.

2. Sei $n \in \mathbb{N}$, $n \geq 2$. Es gibt auf dem abgeschlossenen Intervall $[a, b] \subseteq \mathbb{R}$ keine stetige reellwertige Funktion, die jeden ihrer Werte genau n-mal annimmt.

3. Man zeige, dass es keine stetige bijektive Abbildung $f : [a, b] \to S^1$, $a, b \in \mathbb{R}$, eines abgeschlossenen Intervalls auf den Einheitskreis gibt.

4. Man zeige, dass es keine stetige bijektive Abbildung $f : \mathbb{R} \to S^1$ gibt.

5. Sei $f : D \to \mathbb{R}$ eine stetige Funktion auf der kompakten Teilmenge $D \neq \emptyset$ von $\mathbb{C}$. Ferner sei $E := \{\mathrm{Re}\, z \mid z \in D\} \subseteq \mathbb{R}$. Dann ist E kompakt, und für jedes $x \in E$ ist die Menge $D_x := \{z \in D \mid \mathrm{Re}\, z = x\}$ ebenfalls kompakt. Ferner ist die Funktion $g : E \to \mathbb{R}$ mit $g(x) := \mathrm{Sup}\, \{f(z) \mid z \in D_x\}$ h a l b s t e t i g n a c h o b e n , d.h. zu jedem $a \in E$ und jedem $\varepsilon > 0$ gibt es eine Umgebung U von a mit $g(x) \leq g(a) + \varepsilon$ für alle $x \in E \cap U$ [1]), und es gilt $\mathrm{Sup}\, \{f(z) \mid z \in D\} = \mathrm{Sup}\, \{g(x) \mid x \in E\}$. Ist D überdies konvex (d.h. enthält D mit je zwei Punkten deren Verbindungsstrecke), so ist $g : E \to \mathbb{R}$ sogar stetig.

---

[1]) Analog ist die H a l b s t e t i g k e i t n a c h u n t e n definiert.

6. Seien D kompakt und $f : D \to \mathbb{K}$ eine stetige injektive Funktion. Dann ist die Umkehrabbildung $f^{-1} : f(D) \to D$ ebenfalls stetig. Man zeige an Hand eines Beispiels, dass die Aussage bei beliebigem $D \subseteq \mathbb{C}$ im allgemeinen falsch ist.

7. Sei $f : D \to D$ eine kontrahierende Abbildung der kompakten Menge $D \neq \emptyset$ in sich, vgl. Beispiel 10.B.12. Dann besitzt f genau einen Fixpunkt (man betrachte eine Stelle, an der $|f(x) - x|$ minimal wird), und für jeden Punkt $x_0 \in D$ konvergiert die Folge (x_n) in D mit $x_{n+1} = f(x_n)$, $n \in \mathbb{N}$, gegen diesen Fixpunkt. (Die Kompaktheit von D ist dabei wesentlich. Man gebe eine abgeschlossene Menge $D \neq \emptyset$ in $\mathbb{C}$ an mit einer kontrahierenden Abbildung $f : D \to D$ ohne Fixpunkt. (Man wähle etwa $D = \mathbb{R}$.))

8. Sei $f : \mathbb{R} \to \mathbb{R}$ stetig. Ein Punkt $x \in \mathbb{R}$ heißt ein **Schattenpunkt** für f, wenn es ein $y > x$ in $\mathbb{R}$ gibt mit $f(y) > f(x)$. Die Punkte $a, b \in \mathbb{R}$, $a < b$, seien keine Schattenpunkte, aber das offene Intervall $]a, b[$ enthalte nur Schattenpunkte für f. Dann ist $f(x) < f(b)$ für alle $x \in]a, b[$ und $f(a) = f(b)$. (Man betrachte eine Stelle in $[x, b]$, an der $f|[x, b]$ das Maximum annimmt. – In [14] heißt diese Aussage das **Sonnenaufgangslemma** .)

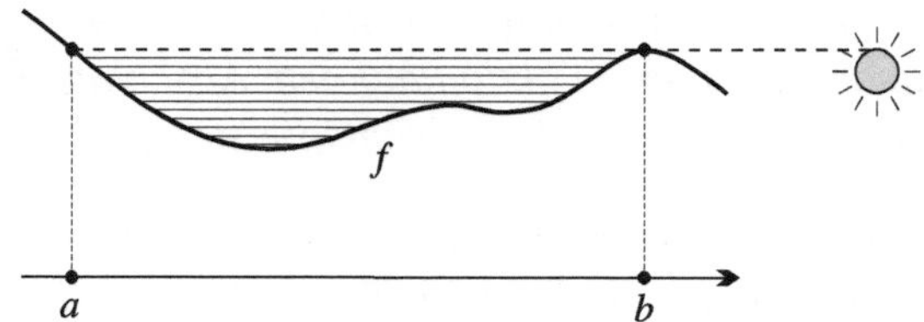

9. Eine gleichmäßig stetige Funktion $f : D \to \mathbb{K}$ auf einer beschränkten Menge $D \subseteq \mathbb{C}$ ist beschränkt.

10. Man gebe ein Beispiel einer beschränkten stetigen Funktion auf einem beschränkten Intervall $I \subseteq \mathbb{R}$, die nicht gleichmäßig stetig ist. (Man skizziere den Graphen einer solchen Funktion.)

11. Sei $\alpha \in \mathbb{R}_+$. Die Funktion $x \mapsto x^\alpha$ auf $\mathbb{R}_+$ ist genau dann gleichmäßig stetig, wenn $\alpha \leq 1$ ist.

12. Sei $\alpha \in \mathbb{R}$. Die Funktion $x \mapsto x^\alpha$ auf $[1, \infty[$ ist genau dann gleichmäßig stetig, wenn $\alpha \leq 1$ ist.

13. a) Jede Hölder-stetige und insbesondere jede Lipschitz-stetige Funktion $f : D \to \mathbb{K}$ ist gleichmäßig stetig.

b) Die Funktionen $x \mapsto x^\alpha$ auf $[0, 1]$ sind für $\alpha \geq 0$ gleichmäßig stetig, aber bei $0 < \alpha < 1$ nicht Lipschitz-stetig.

14. Jede beschränkte monotone stetige Funktion $f : I \to \mathbb{R}$ auf einem Intervall $I \subseteq \mathbb{R}$ ist gleichmäßig stetig.

15. Eine stetige Funktion $f : D \to \mathbb{K}$ auf einer abgeschlossenen unbeschränkten Menge $D \subseteq \mathbb{C}$ ist gleichmäßig stetig, falls $\lim_{x \to \infty} f(x)$ (in $\mathbb{K}$) existiert. Ist $D \subseteq \mathbb{R}$ abgeschlossen und D nach oben und unten unbeschränkt, so genügt die Existenz der Limiten $\lim_{x \to -\infty} f(x)$ und $\lim_{x \to \infty} f(x)$.

16. Eine Funktion $f : D \to \mathbb{C}$ heißt **lokal beschränkt**, wenn zu jedem Punkt $x \in D$ eine Umgebung U von x existiert, für die $f | D \cap U$ beschränkt ist. Man zeige: Ist $f : D \to \mathbb{C}$ lokal beschränkt und D kompakt, so ist f beschränkt.

17. Seien I_1, I_2 Intervalle in $\mathbb{R}$ mit $I_1 \cap I_2 \neq \emptyset$. Eine Funktion $f : I_1 \cup I_2 \to \mathbb{C}$ ist bereits dann gleichmäßig stetig, wenn ihre Beschränkungen $f|I_1$ und $f|I_2$ gleichmäßig stetig sind.

18. Seien K und L kompakte Teilmengen von $\mathbb{K}$. Dann ist auch ihre so genannte M i n - k o w s k i - S u m m e

$$K + L := \{x + y \mid x \in K, y \in L\}$$

kompakt.

19. Seien K eine kompakte Teilmenge und U eine offene Teilmenge von $\mathbb{K}$ mit $K \subseteq U$. Dann gibt es ein $\varepsilon > 0$ derart, dass der ε-Schlauch

$$K_\varepsilon := \bigcup_{x \in K} \overline{B}(x\,;\varepsilon) = K + \overline{B}(0\,;\varepsilon)$$

um K (der nach Aufg. 18 ebenfalls kompakt ist) noch ganz in U liegt. (Andernfalls gibt es Folgen x_n, $n \in \mathbb{N}^*$, und y_n, $n \in \mathbb{N}^*$, in $\mathbb{K}$ mit $x_n \in K$ und $y_n \notin U$ und $|x_n - y_n| \leq 1/n$.)

11 Polynom-, Exponential- und Logarithmusfunktionen

11.A Polynomfunktionen

Eine $\mathbb{K}$-wertige Funktion f der Form

$$f(x) = a_0 + a_1 x + \cdots + a_{n-1} x^{n-1} + a_n x^n$$

mit festen Koeffizienten $a_0, \ldots, a_n \in \mathbb{K}$ heißt eine Polynomfunktion über $\mathbb{K}$. Im Fall $\mathbb{K} = \mathbb{C}$ ist der Definitionsbereich $\mathbb{R}$ oder $\mathbb{C}$; im Fall $\mathbb{K} = \mathbb{R}$ ist der Definitionsbereich $\mathbb{R}$. Polynomfunktionen sind stetig, vgl. Beispiel 10.B.7. Häufig ist es bequem, die Koeffizienten a_ν für alle $\nu \in \mathbb{N}$ zu definieren, indem man $a_\nu := 0$ für $\nu > n$ setzt. Dann kann man $f(x) = \sum_{\nu=0}^\infty a_\nu x^\nu = \sum_{\nu \in \mathbb{N}} a_\nu x^\nu$ schreiben. Statt Polynomfunktion sagen wir häufig auch einfach Polynom (vgl. aber Band 2, wo zwischen Polynomen und Polynomfunktionen unterschieden werden muss). Die Menge aller Polynomfunktionen mit Koeffizienten in $\mathbb{K}$ wird mit $\mathbb{K}[x]$ (oder auch $\mathbb{K}[t]$, wenn die Variable t ist) bezeichnet. Summe und Produkt von Polynomfunktionen aus $\mathbb{K}[x]$ sind offenbar wieder Polynomfunktionen aus $\mathbb{K}[x]$. Daher ist $\mathbb{K}[x]$ ein kommutativer Ring.

Ist $a_n \neq 0$, aber $a_\nu = 0$ für $\nu > n$, so ist

$$f(x) = a_n x^n \left(\frac{a_0}{a_n x^n} + \frac{a_1}{a_n x^{n-1}} + \cdots + \frac{a_{n-1}}{a_n x} + 1 \right) \sim a_n x^n$$

für $|x| \to \infty$. Insbesondere gibt es bei $n \geq 1$ zu jeder reellen Zahl $S \geq 0$ ein $R \geq 0$ mit

$$|f(x)| \geq S, \quad \text{falls} \quad |x| \geq R.$$

Bei $\mathbb{K} = \mathbb{R}$ folgt ferner

$$\lim_{x \to \infty} f(x) = \operatorname{Sign}(a_n) \cdot \infty, \quad \lim_{x \to -\infty} f(x) = (-1)^n \operatorname{Sign}(a_n) \cdot \infty.$$

Schließlich ergibt sich, dass die Koeffizienten a_ν, $\nu \in \mathbb{N}$, eindeutig durch f bestimmt sind. Aus $f(x) = \sum a_\nu x^\nu = \sum b_\nu x^\nu$ (für alle x) folgt nämlich, dass $\sum (a_\nu - b_\nu) x^\nu$ die Nullfunktion ist, was wegen des oben angegebenen asymptotischen Verhaltens nur möglich ist, wenn $a_\nu - b_\nu = 0$ für alle ν ist. Insbesondere ist bei $f \neq 0$ der größte Index n, für den der Koeffizient a_n von 0 verschieden ist, durch f eindeutig bestimmt. Er heißt der Grad von f und wird mit Grad f bezeichnet. Der zugehörige Koeffizient a_n heißt der Leitkoeffizient von f. Ist dieser gleich 1, so heißt f normiert. Der Nullfunktion ordnen wir noch den Grad $-\infty$ zu. Die konstanten Funktionen sind die Polynomfunktionen vom Grad ≤ 0. Für den Grad hat man offenbar die folgenden Rechenregeln.

11.A.1 *Für Polynome f, g gilt*

$$\text{Grad}\,(f + g) \leq \text{Max}\,(\text{Grad}\,f, \text{Grad}\,g)\,, \quad \text{Grad}\,(fg) = \text{Grad}\,f + \text{Grad}\,g\,.$$

Das Produkt zweier Polynomfunktionen $\neq 0$ ist wegen der zweiten Gradformel in 11.A.1 ebenfalls von 0 verschieden. Insbesondere kann man daher Polynome $\neq 0$ in Gleichungen kürzen, d.h. aus $fh = gh$, also $(f - g)h = 0$, und $h \neq 0$ folgt $f = g$ für beliebige Polynomfunktionen f, g, h.

Die obige Eindeutigkeitsaussage für die Koeffizienten einer Polynomfunktion lässt sich wesentlich verschärfen. Dazu studieren wir zunächst die Nullstellen von Polynomfunktionen. Grundlegend ist das folgende Lemma:

11.A.2 Lemma *Sei $\alpha \in \mathbb{K}$ eine Nullstelle der Polynomfunktion $f \in \mathbb{K}[x]$. Dann ist f in $\mathbb{K}[x]$ durch $x - \alpha$ teilbar, d.h. es gibt eine Polynomfunktion $g \in \mathbb{K}[x]$ mit $f = (x - \alpha)g$.*

B e w e i s . Es ist $f(x) = f(x) - f(\alpha) = \sum_{v \geq 0} a_v\,(x^v - \alpha^v) = (x - \alpha)\,g(x)$ mit $g(x) = \sum_{v \geq 1} a_v\,(x^{v-1} + x^{v-2}\alpha + \cdots + x\alpha^{v-2} + \alpha^{v-1})\,.$ •

11.A.3 Satz *Sei $f \in \mathbb{K}[x]$ ein Polynom $\neq 0$. Dann gibt es paarweise verschiedene $\alpha_1, \ldots, \alpha_r \in \mathbb{K}, r \geq 0$, natürliche Zahlen $n_1, \ldots, n_r \in \mathbb{N}^*$ und ein Polynom $g \in \mathbb{K}[x]$, das keine Nullstelle in $\mathbb{K}$ besitzt, mit*

$$f = (x - \alpha_1)^{n_1} \cdots (x - \alpha_r)^{n_r} g\,.$$

Dabei sind die Faktoren $(x - \alpha_i)^{n_i}$, $i = 1, \ldots, r$, und g (bis auf die Reihenfolge) eindeutig bestimmt.

B e w e i s . Die Existenz der angegebenen Darstellung von f folgt mit 11.A.2 sofort durch Induktion über Grad f, wobei gleiche Faktoren der Form $(x - \alpha)$ noch zu Potenzen zusammengefasst werden. Auch die Eindeutigkeit beweist man durch Induktion über Grad f. Seien dazu

$$f = (x - \alpha_1)^{n_1} \cdots (x - \alpha_r)^{n_r} g = (x - \beta_1)^{m_1} \cdots (x - \beta_s)^{m_s} h$$

zwei Darstellungen der im Satz betrachteten Form. Hat f keine Nullstelle in $\mathbb{K}$, so ist notwendigerweise $r = s = 0$ und $f = g = h$. Besitzt f die Nullstelle $\alpha \in \mathbb{K}$, so ist

$$0 = f(\alpha) = (\alpha - \alpha_1)^{n_1} \cdots (\alpha - \alpha_r)^{n_r} g(\alpha) = (\alpha - \beta_1)^{m_1} \cdots (\alpha - \beta_s)^{m_s} h(\alpha)$$

und daher α eine der Zahlen $\alpha_1, \ldots, \alpha_r$ sowie eine der Zahlen $\beta_1, \ldots, \beta_s$, etwa $\alpha = \alpha_1 = \beta_1$. Nach Kürzen von $x - \alpha = x - \alpha_1 = x - \beta_1$ erhält man die Eindeutigkeit durch Anwenden der Induktionsvoraussetzung auf den Quotienten $f/(x - \alpha)$.   •

Die Elemente $\alpha_1, \ldots, \alpha_r$ in Satz 11.A.3 sind die paarweise verschiedenen Nullstellen von f in $\mathbb{K}$. Die Exponenten $n_1, \ldots, n_r$ nennt man ihre V i e l f a c h h e i t e n (oder Ordnungen). Die übrigen Elemente aus $\mathbb{K}$ kann man als Nullstellen der Vielfachheit 0 von f auffassen. Die Summe $n_1 + \cdots + n_r$ ist die Anzahl der Nullstellen von f in $\mathbb{K}$, mit Vielfachheiten gerechnet. Natürlich ist $n_1 + \cdots + n_r + \text{Grad } g = \text{Grad } f$. Dies bedeutet:

11.A.4 Korollar *Ein Polynom $f \in \mathbb{K}[x]$ vom Grad $n \geq 0$ hat höchstens n Nullstellen in $\mathbb{K}$ (auch dann, wenn man diese mit ihren Vielfachheiten zählt).*

11.A.4 besagt insbesondere, dass ein Polynom vom Grad $\leq n$ mit mehr als n Nullstellen notwendigerweise das Nullpolynom ist. Daraus folgt die angekündigte Eindeutigkeitsaussage:

11.A.5 Identitätssatz für Polynome *Stimmen die Werte zweier Polynome f und g aus $\mathbb{K}[x]$ vom Grad $\leq n$ an mehr als n Stellen überein, so ist $f = g$.*

Beweis. Nach Voraussetzung ist $f - g$ ein Polynom vom Grad $\leq n$ mit mehr als n Nullstellen und daher das Nullpolynom. $\bullet$

Aus dem Identitätssatz folgt, dass es höchstens ein Polynom $f \in \mathbb{K}[x]$ vom Grad $< n$ gibt, das an paarweise verschiedenen Stellen $a_1, \ldots, a_n \in \mathbb{K}$ vorgeschriebene Werte $b_1, \ldots, b_n \in \mathbb{K}$ annimmt. Ein solches Polynom gibt es aber auch: Mit den Polynomen

$$g_i := \frac{(x - a_1) \cdots (x - a_{i-1})(x - a_{i+1}) \cdots (x - a_n)}{(a_i - a_1) \cdots (a_i - a_{i-1})(a_i - a_{i+1}) \cdots (a_i - a_n)},$$

$i = 1, \ldots, n$, vom Grad $n - 1$ gilt nämlich $g_i(a_j) = \delta_{ij}$ für $i, j = 1, \ldots, n$ (wo δ_{ij} das Kronecker-Symbol ist). Daher ist

$$f = b_1 g_1 + \cdots + b_n g_n$$

die Lösung des gestellten Interpolationsproblems. Man nennt diese Darstellung die Lagrangesche Interpolationsformel. Zum Rechnen bequemer ist häufig die so genannte Newton-Interpolation: Bei diesem Verfahren bestimmt man sukzessiv Polynome f_i vom Grad $< i$, die an den Stellen $a_1, \ldots, a_i$ bereits die geforderten Werte $b_1, \ldots, b_i$ annehmen. Offenbar tun dies die folgenden rekursiv definierten Polynome:

$$f_1 = b_1, \quad f_{i+1} = f_i + \bigl(b_{i+1} - f_i(a_{i+1})\bigr) \frac{(x - a_1) \cdots (x - a_i)}{(a_{i+1} - a_1) \cdots (a_{i+1} - a_i)},$$

$i = 1, \ldots, n - 1$. Zur algorithmischen Behandlung dieser Rekursion und für Verallgemeinerungen (Hermite-Interpolation) verweisen wir auf Abschnitt 15.B.

Im Fall $\mathbb{K} = \mathbb{R}$ kann das in 11.A.3 auftretende Polynom g einen positiven Grad haben. Zum Beispiel haben das Polynom $x^2 + 1$ und seine Potenzen keine Nullstellen in $\mathbb{R}$. Die Werte eines Polynoms $f \in \mathbb{R}[x]$ ungeraden Grades hingegen haben wegen des eingangs besprochenen asymptotischen Verhaltens für $x \to -\infty$ bzw. $x \to +\infty$ verschiedene Vorzeichen. Mit dem Nullstellensatz 10.C.1 erhält man also:

11.A.6 Satz *Ein Polynom $f \in \mathbb{R}[x]$ ungeraden Grades hat wenigstens eine Nullstelle in $\mathbb{R}$.*

Bei $\mathbb{K} = \mathbb{C}$ ist der Faktor g in 11.A.3 stets konstant. Es gilt nämlich:

11.A.7 Fundamentalsatz der Algebra *Jedes nicht konstante Polynom $f \in \mathbb{C}[x]$ besitzt eine Nullstelle in $\mathbb{C}$.*

B e w e i s . Sei $f(z) = a_n z^n + \cdots + a_0$ mit $a_i \in \mathbb{C}, a_n \neq 0, n \geq 1$. Wegen $\lim_{z \to \infty} f(z) = \infty$ gibt es ein $R \geq 0$, so dass $|f(z)| \geq |a_0| = |f(0)|$ ist für alle $z \in \mathbb{C}$ mit $|z| \geq R$. Außerdem ist die abgeschlossene Kreisscheibe $\overline{B}(0\,;R) = \{z \in \mathbb{C} \mid |z| \leq R\}$ kompakt. Nach 10.D.5 gibt es daher ein $z_0 \in \overline{B}(0\,;R)$ mit $|f(z_0)| \leq |f(z)|$ für alle $z \in \overline{B}(0;R)$. Dann ist $|f(z_0)| \leq |f(z)|$ für alle $z \in \mathbb{C}$ wegen $|f(z_0)| \leq |f(0)| \leq |f(z)|$ für $|z| \geq R$.

Wir zeigen, dass $f(z_0) = 0$ ist. Dazu nehmen wir an, es sei $f(z_0) \neq 0$, und konstruieren dann ein $z \in \mathbb{C}$ mit $|f(z)| < |f(z_0)|$, was einen Widerspruch zur Wahl von z_0 ergibt. Es ist

$$f(z) = \sum_{k=0}^{n} a_k \left(z_0 + (z - z_0)\right)^k = \sum_{k=0}^{n} a_k \sum_{m=0}^{k} \binom{k}{m} z_0^{k-m} (z - z_0)^m$$

$$= \sum_{m=0}^{n} \sum_{k=m}^{n} \binom{k}{m} a_k z_0^{k-m} (z - z_0)^m = \sum_{m=0}^{n} b_m (z - z_0)^m$$

mit $b_m := \sum_{k=m}^{n} \binom{k}{m} a_k z_0^{k-m} \in \mathbb{C}$, also $b_0 = f(z_0)$, und $b_n = a_n \neq 0$. Man hat daher eine Darstellung

$$f(z) = b_0 + b_s (z - z_0)^s + \cdots + b_n (z - z_0)^n \,,$$

wobei $s \geq 1$ und $b_s \neq 0$ ist.

Um ein z mit $|f(z)| < |f(z_0)|$ zu bestimmen, wählen wir zunächst ein $x_0 \in \mathbb{C}$ mit $x_0^s = -b_0/b_s$, vgl. Beispiel 5.C.4. Für $z - z_0 := r x_0$, $r \in \mathbb{R}_+^\times$, ist dann

$$f(z) = b_0(1 - r^s) + r^{s+1} g(r)$$

mit einer Polynomfunktion g und folglich

$$|f(z)| \leq |b_0| (1 - r^s) + r^{s+1} |g(r)| = |b_0| - r^s \big(|b_0| - r|g(r)|\big) < |b_0| = |f(z_0)| \,,$$

falls überdies noch $r < 1$ und $r\,|g(r)| < |b_0|$ ist, was wegen $\lim_{r \to 0} r\,g(r) = 0$ stets erreicht werden kann. $\bullet$

Der obige Beweis geht im Wesentlichen auf J.R. Argand (1806) zurück. Die Grundidee dazu findet sich bereits bei d'Alembert (1748). 11.A.7 und 11.A.3 ergeben:

11.A.8 Satz *Zu einem Polynom $f \neq 0$ aus $\mathbb{C}[x]$ mit dem Leitkoeffizienten a gibt es (bis auf die Reihenfolge) eindeutig bestimmte, paarweise verschiedene komplexe Zahlen $\alpha_1, \ldots, \alpha_r$ mit Vielfachheiten $n_1, \ldots, n_r \in \mathbb{N}^*$, so dass gilt:*

$$f = a\,(x - \alpha_1)^{n_1} \cdots (x - \alpha_r)^{n_r} \,.$$

Die Aussage von 11.A.8 liefert auch eine gegenüber 11.A.3 feinere Zerlegung reeller Polynome $\neq 0$. Ist nämlich $f \in \mathbb{R}[x] \subseteq \mathbb{C}[x]$ ein Polynom $\neq 0$, das über $\mathbb{C}$ die Zerlegung

$$f = a\,(x - \alpha_1)^{n_1} \cdots (x - \alpha_r)^{n_r}\,,$$

$a \in \mathbb{R}$, $\alpha_1, \ldots, \alpha_r \in \mathbb{C}$, gemäß 11.A.8 hat, so erhält man durch Konjugieren (wobei f unverändert bleibt) die Darstellung

$$f = a\,(x - \overline{\alpha}_1)^{n_1} \cdots (x - \overline{\alpha}_r)^{n_r}\,.$$

Die Eindeutigkeitsaussage in 11.A.8 zeigt, dass für jede Nullstelle $\alpha \in \mathbb{C} - \mathbb{R}$ von f auch $\overline{\alpha}$ eine Nullstelle von f ist und zwar mit derselben Vielfachheit wie α. Da

$$(x - \alpha)(x - \overline{\alpha}) = x^2 - 2(\operatorname{Re}\alpha)\,x + |\alpha|^2 \in \mathbb{R}[x]$$

ein normiertes quadratisches Polynom ohne reelle Nullstellen ist, erhält man die folgende reelle Version von 11.A.8:

11.A.9 Satz *Zu einem Polynom $f \neq 0$ aus $\mathbb{R}[x]$ mit dem Leitkoeffizienten a gibt es (jeweils bis auf die Reihenfolge eindeutig bestimmt) paarweise verschiedene reelle Zahlen $\alpha_1, \ldots, \alpha_s$ mit Vielfachheiten $n_1, \ldots, n_s \in \mathbb{N}^*$ sowie paarweise verschiedene reelle normierte quadratische Polynome $q_1, \ldots, q_t$ ohne Nullstellen in $\mathbb{R}$ mit Vielfachheiten $m_1, \ldots, m_t \in \mathbb{N}^*$, so dass gilt:*

$$f = a\,(x - \alpha_1)^{n_1} \cdots (x - \alpha_s)^{n_s} q_1^{m_1} \cdots q_t^{m_t}\,.$$

11.A.10 Beispiel Aus der komplexen Darstellung

$$x^n - 1 = \prod_{k=0}^{n-1} (x - \zeta_n^k)$$

mit $\zeta_n^k = \cos(2\pi k/n) + \mathrm{i} \sin(2\pi k/n)$ ergibt sich die reelle Faktorzerlegung

$$x^n - 1 = \begin{cases} (x - 1)(x + 1) \displaystyle\prod_{k=1}^{(n-2)/2} \left(x^2 - 2\left(\cos\dfrac{2\pi k}{n}\right)x + 1\right), & \text{falls } n \text{ gerade,} \\[2em] (x - 1) \displaystyle\prod_{k=1}^{(n-1)/2} \left(x^2 - 2\left(\cos\dfrac{2\pi k}{n}\right)x + 1\right), & \text{falls } n \text{ ungerade.} \end{cases}$$

11.A.11 Bemerkung Der obige Beweis des Fundamentalsatzes der Algebra liefert kaum eine Möglichkeit, die Nullstellen eines Polynoms mit vertretbarem Aufwand genügend genau zu approximieren. Zu diesem schwierigen numerischen Problem werden wir auch später keine allgemeinen Verfahren angeben. Man wird die für beliebige stetige oder differenzierbare Funktionen entwickelten Methoden (etwa das später zu besprechende Newton-Verfahren) einsetzen. Zur Bestimmung der reellen Nullstellen reeller Polynome kann man auch das Intervallhalbierungsverfahren gemäß 10.C.1 oder die Regula falsi gemäß 10.C.3 verwenden. Rationale Nullstellen von Polynomen mit ganzzahligen Koeffizienten findet man mit 2.D, Aufg. 29.

11.A.12 Beispiel *Die Nullstellen eines Polynoms hängen stetig von den Koeffizienten ab.* Wir beweisen dazu die folgende Aussage, die wir in Bd. 2, Lemma 18.B.9 verschärfen werden.

11.A.13 Satz *Sei $n \in \mathbb{N}^*$. Das normierte Polynom $f = a_0 + a_1 x + \cdots + x^n \in \mathbb{C}[x]$ besitze die Nullstellen $\alpha_1, \ldots, \alpha_n$ (mehrfache Nullstellen mehrfach notiert). Dann gibt es zu jedem $\varepsilon > 0$ ein $\delta > 0$ derart, dass die Nullstellen aller normierten Polynome $g = b_0 + b_1 x + \cdots + x^n \in \mathbb{C}[x]$ mit $|b_i - a_i| \leq \delta$ für $i = 0, \ldots, n - 1$ in der Vereinigung der offenen ε–Umgebungen $\mathrm{B}(\alpha_j ; \varepsilon)$, $j = 1, \ldots, n$, liegen.*

B e w e i s . Sei $\varepsilon > 0$ vorgegeben. Wählen wir dann zunächst $\delta \leq 1/n$, so ist jede Nullstelle β von g offenbar dem Betrage nach $\leq c := |a_0| + \cdots + |a_{n-1}| + 1$, vgl. Aufg. 3a). Überdies sei δ noch $< \varepsilon^n / nc^{n-1}$. Dann gilt die Behauptung. Wäre nämlich β eine Nullstelle von g mit $|\beta - \alpha_j| \geq \varepsilon$ für alle $j = 1, \ldots, n$, so erhielte man den Widerspruch

$$\varepsilon^n \leq |\beta - \alpha_1| \cdots |\beta - \alpha_n| = |f(\beta)| = |f(\beta) - g(\beta)|$$

$$\leq \sum_{\nu=0}^{n-1} |a_\nu - b_\nu| \, |\beta|^\nu \leq n\delta c^{n-1} < \varepsilon^n \, . \qquad \bullet$$

11.A.14 Beispiel (H o r n e r - S c h e m a) Zur Berechnung der Werte eines Polynoms $f = a_0 + a_1 x + \cdots + a_n x^n$ an einer Stelle a verwendet man zweckmäßigerweise das so genannte H o r n e r - S c h e m a . Dazu definiert man rekursiv eine Folge von Polynomen

$$f_0 = a_n$$
$$f_1 = a_{n-1} + f_0 x = a_{n-1} + a_n x$$
$$\cdots\cdots\cdots\cdots$$
$$f_{k+1} = a_{n-k-1} + f_k x = a_{n-k-1} + \cdots + a_{n-1} x^k + a_n x^{k+1}$$
$$\cdots\cdots\cdots\cdots$$
$$f_n = a_0 + f_{n-1} x = f \, ,$$

woraus sich für den Wert $f(a) = f_n(a)$ das Rekursionsschema

$$f_0(a) = a_n \, , \quad f_{k+1}(a) = a_{n-k-1} + f_k(a)a \, ,$$

$k = 0, \ldots, n - 1$, ergibt. Eine Ergänzung hierzu findet man in 11.B, Aufg. 6.

Aufgaben

1. Man gebe die Zerlegung der folgenden Polynome in $\mathbb{C}[x]$ gemäß 11.A.8 und in $\mathbb{R}[x]$ gemäß 11.A.9 an:

$$x^3 + 1; \quad x^4 - 5; \quad x^4 + 1; \quad x^5 + 2x^4 + 2x^3 + 4x^2 + x + 1;$$

$$x^4 + x^2 + 1; \quad x^3 - 2x^2 + 2x - 1; \quad x^n + 1, \ n \in \mathbb{N}^*; \quad x^{2n} + a, \ n \in \mathbb{N}^*, \ a \in \mathbb{R}_+^\times .$$

2. Sei $n \in \mathbb{N}^*$. Das Polynom $f \in \mathbb{C}[x]$ vom Grad $< n$, das an den n-ten Einheitswurzeln $1, \zeta_n, \ldots, \zeta_n^{n-1}$ die vorgegebenen Werte $b_0, \ldots, b_{n-1}$ hat, ist

$$f = a_0 + a_1 x + \cdots + a_{n-1} x^{n-1}$$

mit $a_\nu := \frac{1}{n} \sum_{k=0}^{n-1} b_k \zeta_n^{-\nu k}$. Insbesondere hat man für $\nu = 0, \ldots, n - 1$ die Abschätzung $|a_\nu| \leq \mathrm{Max}\,(|b_0|, \ldots, |b_{n-1}|)$. (Zur Berechnung der a_ν verwendet man etwa die Schnelle Fourier-Transformation aus Bd. 2.)

3. Sei $f = a_0 + a_1 x + \cdots + a_{n-1} x^{n-1} + x^n$ ein normiertes Polynom aus $\mathbb{C}[x]$. Dann gelten für jede Nullstelle α von f in $\mathbb{C}$ die Abschätzungen:

a) $|\alpha| \le \mathrm{Max}\,(1, |a_0| + \cdots + |a_{n-1}|)$. **b)** $|\alpha| \le \mathrm{Max}\,(|a_0|, 1 + |a_1|, \ldots, 1 + |a_{n-1}|)$.

c) $|\alpha| \le 2R$ mit $R := \mathrm{Max}\,(|a_\nu|^{1/(n-\nu)}, \nu = 0, \ldots, n-1)$. (Cauchysche Nullstellenabschätzung – Aus $|\alpha| > 2R$ und $f(\alpha) = 0$ folgt der Widerspruch

$$|\alpha|^n = |a_0 + \cdots + a_{n-1}\alpha^{n-1}| \le \sum_{\nu=0}^{n-1} R^{n-\nu}|\alpha|^\nu = R\left(|\alpha|^n - R^n\right)\big/\left(|\alpha| - R\right) < |\alpha|^n.)$$

4. Eine komplexe Zahl z heißt a l g e b r a i s c h , wenn sie Nullstelle eines von 0 verschiedenen Polynoms mit rationalen Koeffizienten ist, andernfalls heißt z t r a n s z e n d e n t . Man zeige: Die Menge $\overline{\mathbb{Q}}$[1]$)$ der algebraischen Zahlen in $\mathbb{C}$ ist abzählbar. Insbesondere ist die Menge $\mathbb{C} - \overline{\mathbb{Q}}$ der transzendenten Zahlen überabzählbar. (Dies ist das Hauptergebnis der in Beispiel 4.F.8 zitierten Arbeit von G. Cantor aus dem Jahr 1874, die den Beginn der Mengenlehre markiert. – Zum Beweis beachte man 2.C, Aufg. 11.)

11.B Rationale Funktionen

Die Quotienten von Polynomfunktionen sind die r a t i o n a l e n   F u n k t i o n e n . Sie sind überall definiert und stetig mit Ausnahme der endlich vielen Nullstellen des (von 0 verschiedenen) Nennerpolynoms, wobei man durch Kürzen erreichen kann, dass Zähler und Nenner keine gemeinsame Nullstelle haben. Summe und Produkt rationaler Funktionen sind wieder rational, außerdem ist der Kehrwert einer von 0 verschiedenen rationalen Funktion rational. Ein wichtiges Rechenverfahren zur Behandlung rationaler Funktionen ist die Division mit Rest für Polynome:

11.B.1 Division mit Rest *Seien f und g Polynome in $\mathbb{K}[x]$, $g \neq 0$. Dann gibt es eindeutig bestimmte Polynome q und r mit*

$$f = qg + r \quad und \quad \mathrm{Grad}\,r < \mathrm{Grad}\,g\,.$$

B e w e i s . Die Existenz von q und r beweist man durch Induktion über Grad f. Im Fall $n := \mathrm{Grad}\,f < m := \mathrm{Grad}\,g$ setzt man $q := 0$ und $r := f$. Sei nun $n \ge m$ und $f = a_n x^n + \cdots + a_0$ sowie $g = b_m x^m + \cdots + b_0$ mit $a_n \neq 0$ und $b_m \neq 0$. Dann ist $f_0 := f - (a_n/b_m)\,x^{n-m} g$ ein Polynom kleineren Grades als f. Nach Induktionsvoraussetzung gibt es Polynome q_0 und r_0 mit $f_0 = q_0 g + r_0$ und Grad $r_0 < \mathrm{Grad}\,g$. Daraus ergibt sich

$$f = \left(\frac{a_n}{b_m}x^{n-m} + q_0\right)g + r_0$$

und somit die Behauptung, wenn man

$$q := \frac{a_n}{b_m}x^{n-m} + q_0\,, \quad r := r_0$$

---

[1]$)$ Der Querstrich bezeichnet hier nicht den topologischen Abschluss (sondern den algebraischen, vgl. Bd. 2, 10.A, Aufg. 20b)).

setzt. Zum Nachweis der Eindeutigkeit sei auch $f = q_1 g + r_1$ und Grad $r_1 <$ Grad g. Dann ist $0 = f - f = (q - q_1)g + (r - r_1)$. Bei $q \neq q_1$ wäre Grad $g \leq$ Grad $(q - q_1)g = $ Grad $(r - r_1) <$ Grad g. Widerspruch! Also ist $q = q_1$ und dann auch $r = r_1$. $\bullet$

Der Existenzbeweis zu 11.B.1 ist konstruktiv und liefert das bekannte Verfahren zur Gewinnung des Quotienten q und des Restes r zweier Polynome f und g. Überdies gilt der Beweis wörtlich für Polynome mit Koeffizienten in einem beliebigen Körper, worauf wir in Band 2 zurückkommen werden.

Aus der Division mit Rest folgt noch einmal sehr einfach, dass eine Polynomfunktion f genau dann die Nullstelle α hat, wenn f von $x - \alpha$ (ohne Rest) geteilt wird, d.h. wenn es eine Polynomfunktion q gibt mit $f(x) = q(x)(x - \alpha)$. Ist nämlich $f(x) = q(x)(x - \alpha) + r(x)$ mit Grad $r(x) <$ Grad $(x - \alpha)$, d.h. mit $r \in \mathbb{K}$ konstant, so ist $f(\alpha) = 0$ genau dann, wenn diese Konstante gleich 0 ist.

In der Situation von 11.B.1 hat man für die rationale Funktion f/g also die Darstellung

$$\frac{f}{g} = q + \frac{r}{g}$$

mit einem Polynom q. Der Rest r/g mit Grad $r <$ Grad g lässt sich übersichtlicher schreiben, wenn man eine Darstellung von g als Produkt von Linearfaktoren

$$g = a(x - \alpha_1)^{n_1} \cdots (x - \alpha_r)^{n_r}$$

hat. Nach 11.A.8 existiert über $\mathbb{C}$ stets eine solche Darstellung (und ist überdies im Wesentlichen eindeutig).

11.B.2 Partialbruchzerlegung *Seien f und g Polynome mit Grad $f <$ Grad g und $g = (x - \alpha_1)^{n_1} \cdots (x - \alpha_r)^{n_r}$, $\alpha_i \neq \alpha_j$ für $i \neq j$, $n_i \in \mathbb{N}^*$. Dann gibt es eine Darstellung*

$$\frac{f}{g} = \frac{\alpha_{11}}{(x - \alpha_1)} + \frac{\alpha_{12}}{(x - \alpha_1)^2} + \cdots + \frac{\alpha_{1n_1}}{(x - \alpha_1)^{n_1}}$$

$$+ \cdots\cdots\cdots\cdots\cdots\cdots\cdots\cdots\cdots\cdots$$

$$+ \frac{\alpha_{r1}}{(x - \alpha_r)} + \frac{\alpha_{r2}}{(x - \alpha_r)^2} + \cdots + \frac{\alpha_{rn_r}}{(x - \alpha_r)^{n_r}}$$

mit eindeutig bestimmten $\alpha_{ik} \in \mathbb{K}$.

B e w e i s . Wir verwenden Induktion über $n := $ Grad $g = n_1 + \cdots + n_r$. Der Fall $n \leq 1$ ist trivial. Zur Bestimmung von $\alpha := \alpha_{rn_r}$ brauchen wir eine Darstellung

$$\frac{f}{g} = \frac{\alpha}{(x - \alpha_r)^{n_r}} + \frac{\tilde{f}}{\tilde{g}}$$

mit $\widetilde{g} := (x-\alpha_1)^{n_1}(x-\alpha_2)^{n_2}\cdots(x-\alpha_r)^{n_r-1}$, Grad $\widetilde{f} < n-1$. Diese Darstellung ist äquivalent mit

$$f = \alpha(x - \alpha_1)^{n_1} \cdots (x - \alpha_{r-1})^{n_{r-1}} + (x - \alpha_r)\widetilde{f}.$$

Setzen wir $x = \alpha_r$, so ergibt sich

$$\alpha = \frac{f(\alpha_r)}{(\alpha_r - \alpha_1)^{n_1} \cdots (\alpha_r - \alpha_{r-1})^{n_{r-1}}}.$$

Bei dieser Wahl von α hat das Polynom $f - \alpha\,(x-\alpha_1)^{n_1}\cdots(x-\alpha_{r-1})^{n_{r-1}}$ offenbar die Nullstelle α_r und somit die Form $(x - \alpha_r)\widetilde{f}$ mit Grad $\widetilde{f} < n-1$. Die Induktionsvoraussetzung, angewandt auf $\widetilde{f}/\widetilde{g}$, liefert nun die Existenz der α_{ik} und, da α und $\widetilde{f}$ eindeutig bestimmt sind, deren Eindeutigkeit. $\qquad\qquad\bullet$

Dieser Beweis, der wieder für jeden Körper gültig bleibt, ist konstruktiv und liefert sukzessiv die Koeffizienten $\alpha_{rn_r}, \ldots, \alpha_{r1}, \ldots, \alpha_{1n_1}, \ldots, \alpha_{11}$. Insbesondere erhält man für eine einfache Nullstelle α_i, d.h. $n_i = 1$, die Darstellung

$$\alpha_{i1} = \frac{f(\alpha_i)}{(\alpha_i - \alpha_1)^{n_1}\cdots(\alpha_i - \alpha_{i-1})^{n_{i-1}}(\alpha_i - \alpha_{i+1})^{n_{i+1}}\cdots(\alpha_i - \alpha_r)^{n_r}} = \frac{f(\alpha_i)}{g'(\alpha_i)}$$

(wobei wir hier schon die Ableitung g' des Nennerpolynoms benutzen). Dies liefert im Fall $n_1 = \cdots = n_r = 1$ die Partialbruchzerlegung

$$\frac{f}{g} = \sum_{i=1}^{r} \frac{f(\alpha_i)}{g'(\alpha_i)} \cdot \frac{1}{(x - \alpha_i)}.$$

Bei nicht einfachen Nullstellen lassen sich die Koeffizienten α_{ik} mit höheren Ableitungen beschreiben, vgl. 13.B, Aufg. 10.

Wir betrachten noch kurz die Partialbruchzerlegung einer rationalen Funktion f/g mit $f, g \in \mathbb{R}[x]$, Grad $f <$ Grad g. Dazu wählen wir (bei normiertem g) die Darstellung

$$g = (x - \alpha_1)^{n_1} \cdots (x - \alpha_s)^{n_s} q_1^{m_1} \cdots q_t^{m_t}$$

gemäß 11.A.9. Dabei ist $q_j = (x - \beta_j)(x - \overline{\beta}_j)$ mit einer nicht reellen Nullstelle $\beta_j \in \mathbb{C}$. In der komplexen Partialbruchzerlegung von f/g nach 11.B.2 sind dann auch die Koeffizienten von

$$\frac{1}{(x - \beta_j)^k} \quad \text{und} \quad \frac{1}{(x - \overline{\beta}_j)^k}$$

zueinander konjugiert, was aus der Eindeutigkeitsaussage in 11.B.2 durch Konjugieren folgt. Zusammengefasst liefern sie einen Summanden des Typs

$$\frac{\beta}{(x - \beta_j)^k} + \frac{\overline{\beta}}{(x - \overline{\beta}_j)^k} = \frac{\beta(x - \overline{\beta}_j)^k + \overline{\beta}(x - \beta_j)^k}{q_j^k} = \frac{p}{q_j^k}$$

in der Partialbruchzerlegung von f/g mit einem Zähler $p \in \mathbb{R}[x]$. Schreibt man diesen in der Form

$$p = p_0 + p_1 q_j + \cdots + p_{k-1} q_j^{k-1}$$

mit reellen Polynomen p_i vom Grade ≤ 1, vgl. Aufg. 5, so erhält man

$$\frac{p}{q_j^k} = \frac{p_{k-1}}{q_j} + \cdots + \frac{p_0}{q_j^k} \,.$$

Insgesamt ergibt sich:

11.B.3 Reelle Partialbruchzerlegung *Es seien f und g reelle Polynome mit Grad $f <$ Grad g und der Faktorzerlegung*

$$g = (x - \alpha_1)^{n_1} \cdots (x - \alpha_s)^{n_s} q_1^{m_1} \cdots q_t^{m_t}$$

von g gemäß 11.A.9. Dann gibt es eine Darstellung

$$\frac{f}{g} = \frac{\alpha_{11}}{(x - \alpha_1)} + \cdots + \frac{\alpha_{1n_1}}{(x - \alpha_1)^{n_1}} + \cdots + \frac{\alpha_{s1}}{(x - \alpha_s)} + \cdots + \frac{\alpha_{sn_s}}{(x - \alpha_s)^{n_s}}$$
$$+ \frac{p_{11}}{q_1} + \cdots + \frac{p_{1m_1}}{q_1^{m_1}} + \cdots + \frac{p_{t1}}{q_t} + \cdots + \frac{p_{tm_t}}{q_t^{m_t}}$$

mit $\alpha_{ik} \in \mathbb{R}$ und reellen linearen Polynomen p_{jl}.

Übrigens sind auch die α_{ik} und p_{jl} in 11.B.3 eindeutig bestimmt. Beweis!

11.B.4 Beispiel Wir bestimmen die Partialbruchzerlegung der rationalen Funktion

$$h(x) := \frac{x^6 + 1}{x^4 - x^2 - 2x + 2} \,.$$

Division mit Rest liefert

$$h(x) = (x^2 + 1) + \frac{f(x)}{g(x)}$$

mit $f(x) := 2x^3 - x^2 + 2x - 1$ und $g(x) := x^4 - x^2 - 2x + 2$. Der Nenner hat die Zerlegung

$$g(x) := (x - 1)^2 (x^2 + 2x + 2) = (x - 1)^2 \big(x - (-1 + \mathrm{i})\big)\big(x - (-1 - \mathrm{i})\big) \,.$$

Die komplexe Partialbruchzerlegung von f/g hat daher die Form

$$\frac{f(x)}{g(x)} = \frac{\alpha}{x - 1} + \frac{\beta}{(x - 1)^2} + \frac{\gamma}{x - (-1 + \mathrm{i})} + \frac{\overline{\gamma}}{x - (-1 - \mathrm{i})} \,.$$

Wir verwenden das Verfahren des Beweises von 11.B.2, um $\gamma, \overline{\gamma}, \beta, \alpha$ zu bestimmen. Es ist

$$\gamma = \frac{f(-1 + \mathrm{i})}{g'(-1 + \mathrm{i})} = \frac{1 + 8\mathrm{i}}{8 + 6\mathrm{i}} = \frac{1}{50}(28 + 29\mathrm{i}) \,, \quad \overline{\gamma} = \frac{1}{50}(28 - 29\mathrm{i}) \,,$$

$$\beta = \frac{f(1)}{1^2 + 2 \cdot 1 + 2} = \frac{2}{5} \,, \quad \alpha = \frac{\widetilde{f}(1)}{1^2 + 2 \cdot 1 + 2} = \frac{22}{25} \,,$$

wo

$$\frac{\widetilde{f}}{(x - 1)(x^2 + 2x + 2)} := \frac{f}{g} - \frac{\beta}{(x - 1)^2}$$

ist. Als reelle Partialbruchzerlegung ergibt sich

$$\frac{f(x)}{g(x)} = \frac{\alpha}{x-1} + \frac{\beta}{(x-1)^2} + \frac{\gamma\left(x-(-1-i)\right) + \overline{\gamma}\left(x-(-1+i)\right)}{x^2+2x+2}$$

$$= \frac{\alpha}{x-1} + \frac{\beta}{(x-1)^2} + \frac{\delta x + \varepsilon}{x^2+2x+2}\,,$$

$$\alpha = \frac{22}{25}\,,\ \beta = \frac{2}{5}\,,\ \delta = \frac{28}{25}\,,\ \varepsilon = -\frac{1}{25}\,.$$

Die Koeffizienten α, β, γ, $\overline{\gamma}$ hätte man auch so bestimmen können, dass man beide Seiten der diese Koeffizienten definierenden Gleichung mit $g(x)$ multipliziert, die Koeffizienten der Potenzen von x vergleicht und das so gewonnene lineare Gleichungssystem löst. Dieses Verfahren ist vor allem dann sinnvoll, wenn der Grad des Nenners g nicht zu groß ist.

Aufgaben

1. Man schreibe ein Computer-Programm, das die Division mit Rest ausführt.

2. Man bestimme den Quotienten q und den Rest r bei der Division von $x^m - 1$ durch $x^n - 1$ für $m, n \in \mathbb{N}^*$.

3. Man bestimme die Partialbruchzerlegungen folgender rationaler Funktionen:

$$\frac{2x^3 - x^2 - 10x + 19}{x^2 + x - 6}\ ;\quad \frac{x^3 - 17x^2 - 39x - 15}{(x-1)(x-2)((x+2)^2+1)}\ ;\quad \frac{1}{x^4 - x^3 - x + 1}\ ;$$

$$\frac{3x^4 - 9x^3 + 4x^2 - 34x + 1}{(x-2)^2(x+3)^2}\ ;\quad \frac{x}{(x-1)(x^2+4)}\ ;\quad \frac{2x^2 + 2x + 3}{2x^3 - 11x^2 + 18x - 9}\ ;$$

$$\frac{1}{x^6 + 2x^4 + x^2}\ ;\quad \frac{x^5 - x^4 + x + 1}{x^3 + 2}\ ;\quad \frac{x^2 - 2 + 2}{(x^4 - 1)^2}\ ;\quad \frac{1}{x^5 + 3x^4 + 4x^3 + 2x^2}\ ;$$

$$\frac{1}{x^3 + 1}\ ;\quad \frac{1}{x^4 + 1}\ ;\quad \frac{1}{x^n - 1}\,,\ n \in \mathbb{N}^*\ ;\quad \frac{1}{x^n + 1}\,,\ n \in \mathbb{N}^*\ ;\quad \frac{1}{(x^2+1)^n}\,,\ n \in \mathbb{N}^*\ ;$$

$$\frac{1}{(x - \alpha_1) \cdots (x - \alpha_r)}\,,\quad \alpha_1, \ldots, \alpha_r \in \mathbb{C}\ \text{paarweise verschieden}$$

$$(\text{für } \alpha_\rho := \rho - 1\ (\text{oder } \alpha_\rho := 1 - \rho)\,,\ \rho = 1, \ldots, r,\ \text{vgl. 2.B, Aufg. 17a})\,.$$

4. Kennt man alle Koeffizienten α_{ik} bis auf einen in der Partialbruchzerlegung gemäß 11.B.2, so gewinnt man den letzten durch Betrachten des Wertes von f/g an einer Stelle, die keine Nullstelle von g ist.

5. Sei g ein Polynom vom Grad $n \geq 1$. Zu jedem Polynom $f \neq 0$ gibt es dann eindeutig bestimmte Polynome $p_0, \ldots, p_r$ mit

$$f = p_0 + p_1 g + \cdots + p_r g^r\,,\quad p_r \neq 0\ \text{und}\ \mathrm{Grad}\,p_i < n\,.$$

(Diese Entwicklung entspricht der g-al-Entwicklung natürlicher Zahlen.)

6. Seien $f \in \mathbb{K}[x]$ ein Polynom vom Grad n und $a \in \mathbb{K}$. Dann gibt es ein eindeutig bestimmtes Polynom $p \in \mathbb{K}[x]$ und ein $p_0 \in \mathbb{K}$ mit $f = p_0 + p \cdot (x - a)$. Es ist

$$p = b_{n-1} + b_{n-2}x + \cdots + b_0 x^{n-1} \quad \text{und} \quad p_0 = f(a) = b_n,$$

wobei die Koeffizienten $b_0, \ldots, b_{n-1}$ und b_n die Werte $f_0(a), \ldots, f_{n-1}(a)$ und $f_n(a)$ im Horner-Schema zur Berechnung von $f(a)$ gemäß Beispiel 11.A.14 sind. Setzt man dieses Verfahren fort mit dem Polynom p statt f, so gewinnt man sukzessive die Koeffizienten $p_0, \ldots, p_n \in \mathbb{K}$ der Darstellung

$$f = p_0 + p_1(x - a) + \cdots + p_n(x - a)^n$$

gemäß Aufg. 5 (mit $g := x - a$). Diese Darstellung heißt die T a y l o r - E n t w i c k l u n g von f in a. Es ist $p_k = f^{(k)}(a)/k\,!$, vgl. 13.B.5. Man schreibe ein Computer-Programm für dieses so genannte v o l l s t ä n d i g e H o r n e r - S c h e m a. (Für Verallgemeinerungen vgl. man Abschnitt 15.B.) Man entwickle das Polynom $x^4 - 3x^3 + 5x^2 - x + 2$ mit dem vollständigen Horner-Schema um $a = 2$ und $a = -1$.

11.C Reelle Exponential- und Logarithmusfunktionen

Sei a eine für das weitere fest gewählte positive reelle Zahl.

Zu jeder rationalen Zahl $x \in \mathbb{Q}$ ist dann die Potenz a^x in natürlicher Weise erklärt: Ist $x = p/q$ mit $p, q \in \mathbb{Z}$, $q > 0$, so setzt man

$$a^x := \sqrt[q]{a^p}\,.$$

Aus den Rechenregeln für Potenzen mit ganzen Exponenten folgt sofort, dass a^x unabhängig von der gewählten Darstellung $x = p/q$ ist. Ferner übertragen sich die üblichen Potenzrechenregeln: Für $x, y \in \mathbb{Q}$ ist

(1) $a^{x+y} = a^x a^y$, (2) $(a^x)^y = a^{xy}$, (3) $(ab)^x = a^x b^x$,

wobei in (3) auch b eine positive reelle Zahl ist. Die Funktion $x \mapsto a^x$ ist auf $\mathbb{Q}$ monoton, und zwar für $a > 1$ streng monoton wachsend und für $0 < a < 1$ streng monoton fallend (sowie für $a = 1$ konstant gleich 1). Dies folgt direkt aus (1) und aus $a^y > 1$ (bzw. < 1) für $y > 0$ und $a > 1$ (bzw. $y > 0$ und $a < 1$).

Die Funktion $x \mapsto a^x$ auf $\mathbb{Q}$ lässt sich zu einer stetigen Funktion auf $\mathbb{R}$ fortsetzen. B e w e i s. Nach 10.D.9 genügt es zu zeigen, dass die Funktion $x \mapsto a^x$ auf jedem Intervall $\{x \in \mathbb{Q} \mid |x| \le m\}$, $m \in \mathbb{N}^*$, gleichmäßig stetig ist. Wir beschränken uns auf den Fall $a \ge 1$. Es ist aber für $x, y \in \mathbb{Q}$ mit $-m \le y \le x \le m$ und $|x - y| \le 1/n$, $n \in \mathbb{N}^*$,

$$|a^x - a^y| = a^y(a^{x-y} - 1) \le a^m(a^{x-y} - 1) \le a^m(a^{1/n} - 1)\,.$$

Da die Folge $a^{1/n} = \sqrt[n]{a}$, $n \in \mathbb{N}^*$, gegen 1 konvergiert, vgl. 4.F, Aufg. 5, folgt die Behauptung. – Die so stetig nach $\mathbb{R}$ fortgesetzte Funktion heißt die E x p o n e n - t i a l f u n k t i o n z u r B a s i s a und wird ebenfalls mit

$$x \mapsto a^x$$

bezeichnet. Auch für sie gelten die obigen Potenzregeln (1), (2) und (3). Dies folgt sofort aus den Rechenregeln für Limiten. Ist beispielsweise $x = \lim x_n$ und $y = \lim y_n$ mit $x_n, y_n \in \mathbb{Q}$, so ist

$$a^{x+y} = a^{\lim(x_n+y_n)} = \lim a^{x_n+y_n} = \lim a^{x_n} a^{y_n}$$
$$= (\lim a^{x_n})(\lim a^{y_n}) = a^{\lim x_n} a^{\lim y_n} = a^x a^y \,.$$

Außerdem übertragen sich die Monotonieeigenschaften der Exponentialfunktionen von $\mathbb{Q}$ auf $\mathbb{R}$. Die Graphen dieser Funktionen haben die folgende Gestalt:

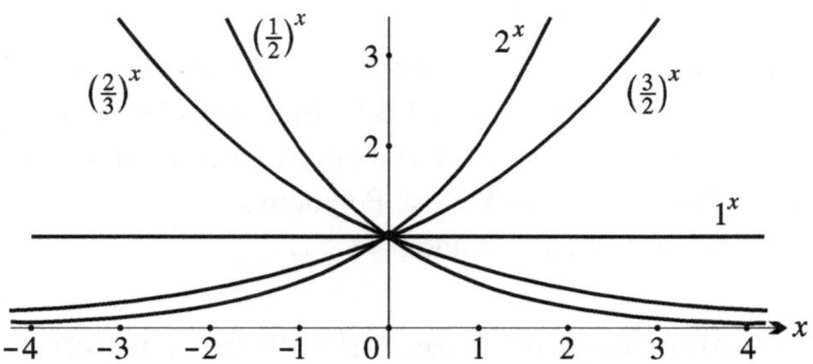

Für $a \neq 1$ ist die Exponentialfunktion streng monoton, und ihr Bild ist (nach dem Zwischenwertsatz 10.C.2) ganz $\mathbb{R}_+^\times$. Die nach 10.C.9 ebenfalls stetige und streng monotone Umkehrfunktion $\mathbb{R}_+^\times \to \mathbb{R}$ heißt die L o g a r i t h m u s f u n k t i o n (oder kurz der L o g a r i t h m u s) z u r B a s i s a und wird mit

$$x \mapsto \log_a x$$

bezeichnet. Aus den Rechenregeln für die Exponentialfunktionen ergeben sich die folgenden Rechenregeln für die Logarithmusfunktionen (zur Basis $a > 0$, $a \neq 1$):

(1) $\log_a xy = \log_a x + \log_a y$, $x, y > 0$, (2) $\log_a x^y = y \log_a x$, $y \in \mathbb{R}$, $x > 0$.

Setzt man in (2) $x := b$ mit einem $b > 0$, $b \neq 1$, ferner $y := \log_b x$, so erhält man

$$\log_a x = (\log_a b)(\log_b x) \,,$$

$x > 0$, womit sich die Logarithmen zu einer Basis $b > 0$, $b \neq 1$, aus den Logarithmen zur Basis a berechnen lassen. Speziell ist

$$\log_b a = 1 \big/ \log_a b \,.$$

Die Graphen der Logarithmusfunktionen ergeben sich aus denen der Exponentialfunktionen:

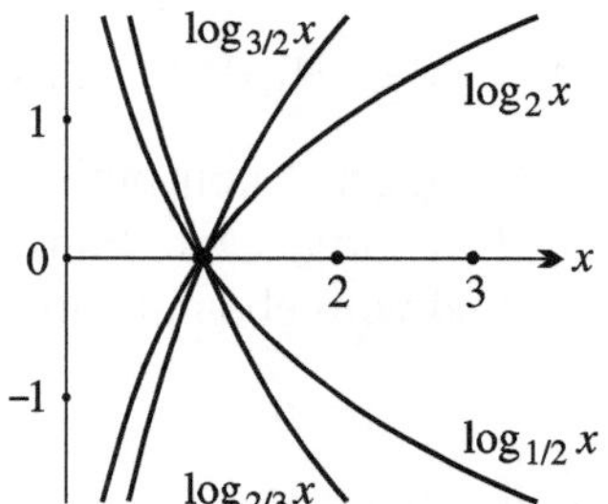

Die Exponentialfunktion zur Basis $e = 2,718\ldots$, vgl. 4.F.10, spielt eine besondere Rolle, wie wir später sehen werden. (Vgl. auch Aufg. 8 für einen ersten Hinweis auf diese exzeptionelle Rolle.) Man nennt sie daher häufig die Exponential-funktion schlechthin. Vielfach schreibt man

$$\exp x$$

für e^x. Die Umkehrfunktion $\log_e$ heißt der natürliche Logarithmus. Wir bezeichnen ihn in der Regel mit

$$x \mapsto \ln x \,.$$

Es ist

$$a^x = e^{x \ln a} = \exp\left(x \ln a\right)$$

für alle $x \in \mathbb{R}$ und alle $a > 0$.

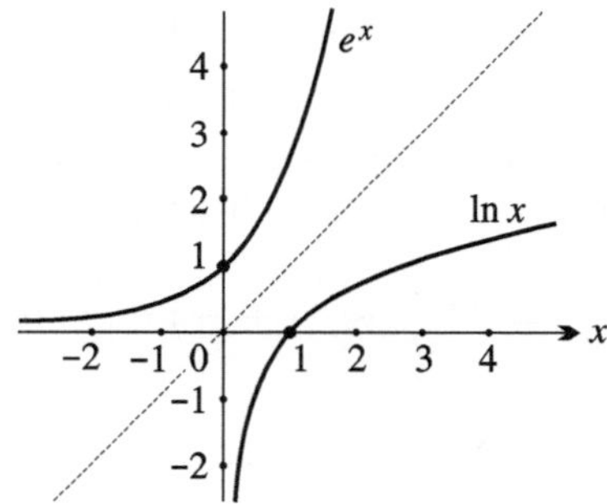

11.C.1 Beispiel Sei $a > 1$. Durch wiederholtes Quadrieren gewinnt man die Potenzen a^{2^ν}, $\nu \in \mathbb{N}$, und durch wiederholtes Quadratwurzelziehen die Werte $a^{1/2^\nu}$, $\nu \in \mathbb{N}$. Ist dann $x \in \mathbb{R}_+$ und $(p_r \ldots p_0, q_1 q_2 \ldots)_2$ die Dualentwicklung von x (vgl. Beispiel 4.F.12), so ist

$$a^x = a^{[x]}\, a^{x-[x]} = \left(\prod_{\rho,\, p_\rho=1} a^{2^\rho} \right)\left(\prod_{\nu,\, q_\nu=1} a^{1/2^\nu} \right).$$

Diese Berechnung von a^x ist bei $x = [x] \in \mathbb{N}$ das bereits in Beispiel 3.A.3 angegebene Verfahren des schnellen Potenzierens. Bei $x \in\,]0, 1[$ kann a^x durch geeignete Produkte der Quadratwurzeln $a^{1/2^\nu}$ beliebig genau approximiert werden. Für $n \in \mathbb{N}^*$ und $x = \sum_{\nu=1}^{\infty} q_\nu/2^\nu$ ist zum Beispiel

$$0 \le x - \sum_{\nu=1}^{n} q_\nu/2^\nu < 1/2^n$$

und folglich

$$0 \le a^x - \prod_{\nu=1}^{n} a^{q_\nu/2^\nu} < a\,(a^{1/2^n} - 1)\,.$$

Auf diese Weise wurden die ersten Exponential- und Logarithmentafeln zur Basis $a = 10$ berechnet. H. Briggs benutzte dafür im 17. Jh. die Wurzeln $10^{1/2^\nu}$, $\nu = 1, \ldots, 54$, und konn-te somit die Werte 10^x für alle $x \in\,]0, 1[$ mit einem Fehler $< 10\,(10^{1/2^{54}} - 1) < 1,3 \cdot 10^{-15}$ angeben, d.h. 14-stellige Logarithmentafeln gewinnen.

Für $\alpha \in \mathbb{R}$ ist die Potenzfunktion $x \mapsto x^\alpha := \exp(\alpha \ln x)$ auf $\mathbb{R}_+^\times$ ebenfalls stetig. Ist $\alpha > 0$, so lässt sich diese Funktion offenbar stetig in den Nullpunkt fortsetzen, indem man $0^\alpha := 0$ setzt.

11.C.2 Satz *Die Exponentialfunktionen sind die einzigen von der Nullfunktion verschiedenen stetigen Funktionen $f : \mathbb{R} \to \mathbb{R}$, die für alle $x, y \in \mathbb{R}$ dem folgenden Additionstheorem genügen:*

$$f(x + y) = f(x)\, f(y)\,.$$

B e w e i s . Sei $f(x_0) \neq 0$. Aus $f(x_0) = f(x_0 + 0) = f(x_0) f(0)$ folgt $f(0) = 1$. Wegen $1 = f(0) = f(x + (-x)) = f(x) f(-x)$ ist dann $f(x) \neq 0$ für alle $x \in \mathbb{R}$. Aus $f(x) = f((x/2) + (x/2)) = (f(x/2))^2$ folgt sogar $f(x) > 0$. Sei nun $a := f(1)$. Wir zeigen dann $f(x) = a^x$ für alle $x \in \mathbb{R}$. Wegen der Stetigkeit von f und der Exponentialfunktion genügt es, dies für alle $x \in \mathbb{Q}$ zu zeigen.

Für $n \in \mathbb{N}$ gilt $f(n) = f(1 + \cdots + 1) = f(1) \cdots f(1) = a^n$. Ferner ist $f(-n) = f(n)^{-1} = a^{-n}$ wegen $f(n) f(-n) = f(n + (-n)) = f(0) = 1$. Ist schließlich p/q eine rationale Zahl mit $p, q \in \mathbb{Z}$, $q > 0$, so ist

$$\left(f\!\left(\frac{p}{q}\right) \right)^q = f\!\left(\frac{p}{q} + \cdots + \frac{p}{q}\right) = f(p) = a^p\,,$$

also wie behauptet $f(p/q) = \sqrt[q]{a^p} = a^{p/q}$. $\qquad\bullet$

Es sei bemerkt, dass es (sogar bijektive) nicht-stetige Funktionen $f : \mathbb{R} \to \mathbb{R}_+^\times$ gibt, die dem Additionstheorem $f(x + y) = f(x)\, f(y)$ genügen, vgl. Aufg. 5 und die Bemerkungen dazu.

11.C.3 Beispiel Aus 11.C.2 folgt, dass *die Logarithmusfunktionen die einzigen nicht konstanten stetigen Funktionen $g : \mathbb{R}_+^\times \to \mathbb{R}$ sind, die der Funktionalgleichung*

$$g(xy) = g(x) + g(y)$$

genügen. Ist nämlich g solch eine Funktion und ist $g(x) \neq 0$ für ein x, so werden die Werte $g(x^n) = ng(x)$, $n \in \mathbb{Z}$, beliebig groß und beliebig klein. Nach dem Zwischenwertsatz gibt es dann ein $a \in \mathbb{R}_+^\times$ mit $g(a) = 1$. Wegen $g(1) = g(1 \cdot 1) = g(1) + g(1)$ ist $g(1) = 0$, so dass $a \neq 1$ ist. Setzen wir nun $h(x) := a^x$ für $x \in \mathbb{R}$, so genügt die stetige Funktion $f : \mathbb{R} \to \mathbb{R}_+^\times$ mit $f(x) := (hgh)(x)$ dem Additionstheorem der Exponentialfunktionen:

$$\begin{aligned}
f(x + y) &= h\big(g(h(x + y))\big) = h\big(g(h(x)h(y))\big) = h\big(g(h(x)) + g(h(y))\big) \\
&= h\big(g(h(x))\big) \cdot h\big(g(h(y))\big) = f(x)f(y)\,.
\end{aligned}$$

Daher gibt es ein $b > 0$ mit $f(x) = b^x$ für alle x. Wegen $g(a) = 1$ ist $b = f(1) = h\big(g(h(1))\big) = a^1 = a$, also $hgh = f = h$. Da h bijektiv ist, muss $hg = \mathrm{id}_{\mathbb{R}_+^\times}$ und $gh = \mathrm{id}_{\mathbb{R}}$ sein, d.h. g ist, wie behauptet, die Umkehrung zu $h : x \mapsto a^x$.

Aufgaben

1. Sei $a \in \mathbb{R}_+^\times, a \neq 1$. Die Funktion $x \mapsto a^x$ auf $\mathbb{R}$ ist streng monoton wachsend, falls $a > 1$ ist, und streng monoton fallend, falls $a < 1$ ist. Es gilt

$$\lim_{x \to \infty} a^x = \begin{cases} \infty, & \text{falls } a > 1, \\ 0, & \text{falls } a < 1; \end{cases} \qquad \lim_{x \to -\infty} a^x = \begin{cases} 0, & \text{falls } a > 1, \\ \infty, & \text{falls } a < 1. \end{cases}$$

2. Sei $a \in \mathbb{R}_+^\times, a \neq 1$. Die Funktion $x \mapsto \log_a x$ auf $\mathbb{R}_+^\times$ ist streng monoton wachsend, falls $a > 1$ ist, und streng monoton fallend, falls $a < 1$ ist. Es gilt

$$\lim_{x \to \infty} \log_a x = \begin{cases} \infty, & \text{falls } a > 1, \\ -\infty, & \text{falls } a < 1; \end{cases} \qquad \lim_{x \to 0, x > 0} \log_a x = \begin{cases} -\infty, & \text{falls } a > 1, \\ \infty, & \text{falls } a < 1. \end{cases}$$

3. Sei $a \in \mathbb{R}$, $a > 1$, und $n \in \mathbb{N}^*$. Dann gilt $\lim_{x \to \infty} x^n/a^x = 0$, d.h. $x^n = o(a^x)$ für $x \to \infty$. (Wegen $x^n/a^x = \left(x/(\sqrt[n]{a})^x\right)^n$ genügt es, den Fall $n = 1$ und dabei wegen $a^x = 2^{(\log_2 a)x}$ den Fall $a = 2$ zu betrachten. Für $x \geq 4$ ist aber $2^x \geq 2^{[x]} \geq [x]^2 \geq x^2/2$.)

4. Seien $a \in \mathbb{R}$, $a > 1$, und $\alpha \in \mathbb{R}_+^\times$. Es gilt:

a) $\lim_{x \to \infty}(\log_a x)/x^\alpha = 0$, also $\log_a x = o(x^\alpha)$ für $x \to \infty$. (Man benutze Aufg. 3.)

b) $\lim_{x \to 0, \, x > 0} x^\alpha \log_a x = 0$, also $\log_a x = o(x^{-\alpha})$ für $x \to 0$.

c) Die Funktion $f : [0, 1/2] \to \mathbb{R}$ mit $f(x) := 1/\log_a x$ für $x > 0$ und $f(0) = 0$ ist stetig, aber im Nullpunkt nicht Hölder-stetig.

5. Sei $f : \mathbb{R} \to \mathbb{R}$ eine Funktion, die der so genannten Cauchyschen Funktionalgleichung $f(x + y) = f(x) + f(y)$ für alle $x, y \in \mathbb{R}$ genügt. Beispiele solcher additiven Funktionen sind die Abbildungen $\lambda_a : x \mapsto ax$ mit einem festen $a \in \mathbb{R}$.

a) Ist f stetig, so ist $f = \lambda_a$ mit einem $a \in \mathbb{R}$. (Man schließe wie bei 11.C.2.)

b) Ist f monoton, so ist $f = \lambda_a$ mit einem $a \in \mathbb{R}$.

c) Ist f in einer Umgebung von 0 beschränkt, so ist $f = \lambda_a$ mit einem $a \in \mathbb{R}$.

(Teil a) und b) folgen aus c). Umgekehrt beweist man c) am bequemsten durch Zurückführen auf a). – Bemerkung. Es gibt (sogar bijektive) nicht-stetige additive Funktionen $f : \mathbb{R} \to \mathbb{R}$. Dies folgt aus der Existenz Hamelscher Basen von $\mathbb{R}$ über $\mathbb{Q}$, vgl. Bd. 2. – Aus b) folgt aber: Ist $f : \mathbb{R}_+ \to \mathbb{R}_+$ eine Funktion mit $f(x + y) = f(x) + f(y)$ für alle $x, y \in \mathbb{R}_+$, so ist $f = \lambda_a | \mathbb{R}_+$ mit einem $a \in \mathbb{R}_+$ (denn durch $\tilde{f}(x - y) := f(x) - f(y)$, $x, y \in \mathbb{R}_+$, ist eine Fortsetzung $\tilde{f} : \mathbb{R} \to \mathbb{R}$ von f nach $\mathbb{R}$ wohldefiniert, die der Cauchyschen Funktionalgleichung genügt *und überdies monoton ist*). Dieses Ergebnis rechtfertigt die knappe Angabe „1 kg : a Euro" auf Preistafeln in Geschäften, ohne neben der Additivität noch die Stetigkeit der Preisfunktion a priori unterstellen zu müssen.)

6. a) Man beweise mit Aufg. 5 noch einmal 11.C.2 und das Ergebnis von 11.C.3, wobei man die Voraussetzung der Stetigkeit auch durch eine Monotoniebedingung ersetzen kann.

b) Die einzigen stetigen oder monotonen Funktionen $h : \mathbb{R}_+^\times \to \mathbb{R}_+^\times$ mit $h(xy) = h(x)\,h(y)$ sind die Potenzfunktionen $x \mapsto x^\alpha, \alpha \in \mathbb{R}$.

7. Die einzige von der Nullfunktion verschiedene Funktion $f : \mathbb{R} \to \mathbb{R}$ mit

$$f(x + y) = f(x) + f(y), \quad f(xy) = f(x)\,f(y)$$

für alle $x, y \in \mathbb{R}$ ist die Identität $x \mapsto x$. (Aus $f(x) = \left(f(\sqrt{x})\right)^2 \geq 0$ für alle $x \geq 0$ folgere man die Monotonie von f und wende dann Aufg. 5b) an. – Eine bijektive Abbildung

$f : \mathbb{R} \to \mathbb{R}$ mit den angegebenen Eigenschaften heißt ein (Körper-) A u t o m o r p h i s m u s von $\mathbb{R}$. Das Ergebnis der Aufgabe zeigt, *dass $\mathbb{R}$ außer der Identität keine Automorphismen besitzt.* Daraus folgt insbesondere die Eindeutigkeit der in Bemerkung 4.F.3 angegebenen (isomorphen) Abbildung $f : \mathbb{R} \to K$ von Körpern. Ist nämlich auch $g : \mathbb{R} \to K$ solch eine Abbildung, so ist $g^{-1} f$ ein Automorphismus von $\mathbb{R}$, also die Identität, und es folgt $f = g$.)

8. Die reelle Exponentialfunktion $\exp x$ lässt sich in gleicher Weise wie ihr spezieller Wert $\exp 1 = e = \lim\limits_{n \to \infty} \left(1 + \frac{1}{n}\right)^n$ auch direkt einführen, nämlich durch $\exp x = \lim\limits_{n \to \infty} \left(1 + \frac{x}{n}\right)^n$. Dies verdeutlicht vielleicht schon ihren besonderen Charakter und soll in dieser Aufgabe beschrieben werden.

a) Für $x \in \mathbb{R}$, $|x| < 1$, und $n \in \mathbb{N}^*$ gilt

$$\left| \left(1 + \frac{x}{n}\right)^n - 1 \right| \le \left(1 + \frac{|x|}{n}\right)^n - 1 \le \frac{1}{1 - |x|} - 1 = \frac{|x|}{1 - |x|}\,.$$

(Die zweite Abschätzung ist sehr grob. Die erste gilt sogar für *alle* $x \in \mathbb{C}$.)

b) Für $x \in \mathbb{R}^\times$ mit $x + n_0 \ge 0$ für ein $n_0 \in \mathbb{N}^*$ ist die Folge $\left(1 + \frac{x}{n}\right)^n$, $n \ge n_0$, streng monoton wachsend. (Man schließe wie in Beispiel 4.F.10. – Ist $x > 0$ ein jährlicher Zinssatz und beträgt der Zinssatz für ein n-tel des Jahres x/n, $n \in \mathbb{N}^*$, so wächst ein Kapital $K_0 > 0$ nach einem Jahr auf $K_0 \left(1 + \frac{x}{n}\right)^n$, falls das bereits verzinste Kapital jeweils nach einem n-tel des Jahres neu verzinst wird (Zinseszins). Dies macht die Monotonie für $x > 0$ „anschaulich“. Bei $x < 0$ finde man eine ähnliche Interpretation mit einem Zerfallsprozess.)

c) Für $x > 0$ und $n \in \mathbb{N}^*$ ist

$$\left(1 + \frac{x}{n}\right)^n \le \left(1 + \frac{\lceil x \rceil}{n}\right)^n \le \left(1 + \frac{\lceil x \rceil}{n \lceil x \rceil}\right)^{n \lceil x \rceil} = \left(1 + \frac{1}{n}\right)^{n \lceil x \rceil} < e^{\lceil x \rceil}\,.$$

d) Für $x \in \mathbb{R}$ konvergiert die Folge $\left(1 + \frac{x}{n}\right)^n$, $n \in \mathbb{N}^*$. (Man benutze b) und c).) – Sei

$$\exp^* x := \lim\limits_{n \to \infty} \left(1 + \frac{x}{n}\right)^n \quad (> 0)\,.$$

e) Für $x, y \in \mathbb{R}$ ist $\exp^*(x + y) = \exp^* x \, \exp^* y$. (Mit Hilfe von a) erkennt man leicht, dass $\left(1 + \frac{x}{n}\right)^n \left(1 + \frac{y}{n}\right)^n / \left(1 + \frac{x+y}{n}\right)^n$ gegen 1 konvergiert.)

f) Die Funktion $\exp^*$ ist auf $\mathbb{R}$ streng monoton wachsend und stetig. (Benutze e) und a).)

g) Es ist $\exp^* x = \exp x = e^x$ für alle $x \in \mathbb{R}$. (Man verwende 11.C.2, vgl. auch Aufg. 5.)

(Bemerkung. Mit dem Satz von Dini (vgl. 12.A, Aufg. 14) und b) folgt, dass $\left(1 + \frac{x}{n}\right)^n$ lokal gleichmäßig gegen $\exp x$ konvergiert. Dies gilt auch im Komplexen, wird dort aber wohl am schnellsten durch direkten Vergleich mit der Exponentialreihe $\sum_k x^k / k!$ bewiesen, vgl. Satz 12.E.2. – Zur vorliegenden Aufgabe vgl. auch Kap. 22 ("Algebra") aus den "Feynman Vorlesungen über Physik", Bd. I.)

9. a) Seien a, b reelle Zahlen > 1. Die Folgen $q_i \in \mathbb{N}$, $c_i \in \mathbb{R}_+^\times$, $i \in \mathbb{N}$, seien rekursiv durch

$$c_{-2} = b\,, \quad c_{-1} = a\,; \quad c_{i-1}^{q_i} \le c_{i-2} < c_{i-1}^{q_i + 1}\,, \quad c_i = c_{i-2} / c_{i-1}^{q_i}$$

bestimmt, wobei das Verfahren stoppt, falls $c_i = 1$ ist. (c_i ist stets ≥ 1.) $\log_a b$ hat dann die Kettenbruchentwicklung (vgl. Beispiel 4.F.13)

$$\log_a b = [q_0, q_1, q_2, \dots]\,.$$

b) Man berechne $q_0, \ldots, q_5$ für $\log_{10} 2$, $\log_2 10 = 1 + \log_2 5$ (diese Werte haben Bedeutung beim Vergleich von Dual- und Dezimalentwicklungen), $\ln 10 = \log_e 10$, $\log_{10} e$ (man benutze einen Computer), $\log_2 3 = 1 + \log_2 (3/2)$. (Der letzte Wert spielt eine Rolle bei der Entwicklung von Tonleitersystemen, die (neben der Oktave $2:1$) die reine Quinte $3:2 = \frac{3}{2} : 1$ zum Leitintervall wählen. Der vierte Näherungsbruch $\log_2 \frac{3}{2} \approx [0, 1, 1, 2, 2] = \frac{7}{12}$ (also $2^{7/12} \approx \frac{3}{2}$ oder $2^7 \approx (3/2)^{12}$) identifiziert 12 Quintensprünge mit 7 Oktavensprüngen und liefert den klassischen Quintenzirkel, vgl. auch 12.E, Fußnote 1. Die dritte Näherung $\log_2 \frac{3}{2} \approx [0, 1, 1, 2]$ ($= [0, 1, 1, 1, 1]$) $= \frac{3}{5}$ identifiziert 5 Quinten mit 3 Oktaven. Dies geschieht im pentatonischen System, das im klassischen System (z. B.) mit den Quinten c, g, d', a', e" und der fehlerhaften (kleinen) Sexte e", c'" simuliert wird. (Seine Töne sind also c, d, e, g, a.) Bei temperierter pentatonischer Stimmung ist eine Quinte das Intervall $2^{3/5} : 1$ gegenüber dem Intervall $2^{7/12} : 1$ ($< 2^{3/5} : 1$) bei klassischer temperierter Stimmung. Die reine Quinte $\frac{3}{2} : 1$ selbst liegt (natürlich) dazwischen. Was für Tonleitersysteme liefern der fünfte Näherungsbruch von $\log_2 \frac{3}{2}$ und seine Nebennäherungsbrüche ?)

12 Funktionenfolgen und Potenzreihen

12.A Konvergenz von Funktionenfolgen

Wir betrachten die Folge (f_n) der Funktionen $f_n : x \mapsto x^n$ auf dem Einheitsintervall $[0, 1] \subseteq \mathbb{R}$. Für jedes einzelne $x \in [0, 1]$ konvergiert die Folge $f_n(x) = x^n$, $n \in \mathbb{N}$, der Funktionswerte, und zwar gegen

$$f(x) := \lim_{n \to \infty} f_n(x) = \begin{cases} 0, & \text{falls } x \in [0, 1[\,, \\ 1, & \text{falls } x = 1\,. \end{cases}$$

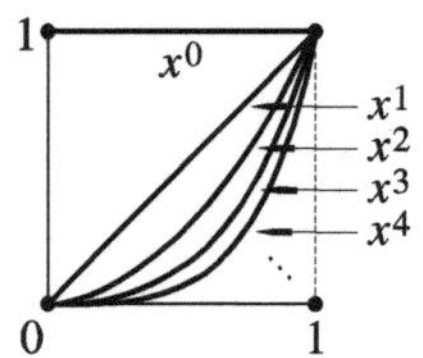

Die Grenzfunktion f ist nicht mehr stetig, obwohl die Glieder der Folge (f_n) alle stetig sind. Wir wollen solche mit der Konvergenz von Funktionenfolgen zusammenhängende Phänomene in diesem Paragraphen näher untersuchen. Dazu definieren wir zunächst ganz allgemein:

12.A.1 Definition Seien D eine (beliebige) Menge und (f_n) eine Folge von Funktionen $f_n : D \to \mathbb{K}$ auf D mit Werten in $\mathbb{K}$.

(1) Die Folge (f_n) heißt (p u n k t w e i s e) k o n v e r g e n t (auf D), wenn es eine Funktion $f : D \to \mathbb{K}$ mit $\lim f_n(x) = f(x)$ für alle $x \in D$ gibt, d.h. wenn es zu jedem $x \in D$ und jedem $\varepsilon > 0$ ein (von x und ε abhängendes) $n_0 \in \mathbb{N}$ gibt mit $|f_n(x) - f(x)| \leq \varepsilon$ für alle $n \geq n_0$.

(2) Die Folge (f_n) heißt g l e i c h m ä ß i g k o n v e r g e n t (auf D), wenn es eine Funktion $f : D \to \mathbb{K}$ gibt, so dass zu jedem $\varepsilon > 0$ ein (nur von ε aber nicht von x abhängendes) $n_0 \in \mathbb{N}$ existiert mit $|f_n(x) - f(x)| \leq \varepsilon$ für alle $x \in D$ und alle $n \geq n_0$.

Konvergiert die Funktionenfolge (f_n) gleichmäßig, so konvergiert sie natürlich erst recht punktweise. Die Funktion f mit $f(x) = \lim f_n(x)$ heißt die G r e n z f u n k - t i o n oder der L i m e s der Folge (f_n). Man schreibt

$$f = \lim_{n \to \infty} f_n = \lim f_n\,.$$

Die gleichmäßige Konvergenz von (f_n) gegen die Grenzfunktion f bedeutet, dass sich bei gegebenem $\varepsilon > 0$ von einem gewissen Index n_0 an die Funktionen f_n auf dem ganzen Definitionsbereich D dem Betrage nach von f nur um höchstens

ε unterscheiden. Anders gesagt: Die Funktionen f_n, $n \geq n_0$, approximieren die Grenzfunktion f *auf ganz* D bis auf einen Fehler $\leq \varepsilon$.

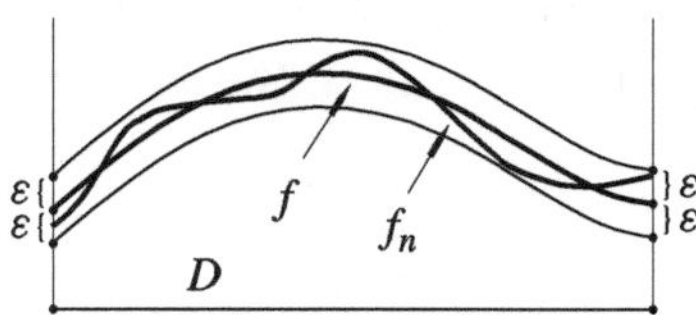

Umgekehrt folgt aus punktweiser Konvergenz nicht gleichmäßige Konvergenz. Die eingangs betrachtete Funktionenfolge (x^n) auf $[0, 1]$ konvergiert punktweise, aber nicht gleichmäßig. Dies prüft man leicht, folgt jedoch auch aus 12.A.8. Sie konvergiert aber gleichmäßig auf jedem Intervall $[0, 1-r]$, $0 < r < 1$. Beweis!

Analog zum Cauchyschen Konvergenzkriterium für Zahlenfolgen gilt das Cauchysche Kriterium für die gleichmäßige Konvergenz von Funktionenfolgen:

12.A.2 Cauchysches Kriterium für gleichmäßige Konvergenz *Sei* $f_n : D \to \mathbb{K}$, $n \in \mathbb{N}$, *eine Folge von Funktionen. Genau dann konvergiert* (f_n) *gleichmäßig, wenn es zu jedem* $\varepsilon > 0$ *ein* $n_0 \in \mathbb{N}$ *gibt mit*

$$|f_n(x) - f_m(x)| \leq \varepsilon$$

für alle $n, m \geq n_0$ *und alle* $x \in D$.

Bei Überlegungen zur gleichmäßigen Konvergenz ist die folgende Begriffsbildung sehr praktisch:

12.A.3 Definition Für eine $\mathbb{K}$-wertige Funktion $f : D \to \mathbb{K}$ heißt

$$\|f\|_D := \|f\| := \mathrm{Sup}\,\{|f(x)| \mid x \in D\} \in \overline{\mathbb{R}}_+$$

die Supremumsnorm oder Tschebyschew-Norm von f auf D.

Aus den üblichen Rechenregeln für Beträge ergeben sich die folgenden Rechenregeln für die Supremumsnorm:

12.A.4 *Für Funktionen* $f : D \to \mathbb{K}$ *und* $g : D \to \mathbb{K}$ *gilt:*

(1) *Es ist* $\|f\|_D \geq 0$. *Genau dann gilt* $\|f\|_D = 0$, *wenn* f *die Nullfunktion ist.*

(2) *Es ist* $\|fg\|_D \leq \|f\|_D \|g\|_D$. *Speziell ist* $\|\lambda f\|_D = |\lambda| \, \|f\|_D$ *für* $\lambda \in \mathbb{K}$.

(3) *Es gilt die Dreiecksungleichung* $\|f + g\|_D \leq \|f\|_D + \|g\|_D$.

Die Definition und das Cauchy-Kriterium für die gleichmäßige Konvergenz von Folgen von Funktionen $f_n : D \to \mathbb{K}$ lassen sich mit der Supremumsnorm folgendermaßen ausdrücken:

(1) *Genau dann konvergiert die Folge* (f_n) *gleichmäßig gegen die Grenzfunktion* $f : D \to \mathbb{K}$, *wenn für fast alle* n *die Supremumsnorm* $\|f_n - f\|_D < \infty$ *ist und* $\lim_{n \to \infty} \|f_n - f\|_D = 0$ *gilt.*

(2) *Genau dann konvergiert* (f_n) *gleichmäßig, wenn es zu jedem* $\varepsilon > 0$ *ein* $n_0 \in \mathbb{N}$ *gibt mit* $\|f_n - f_m\|_D \leq \varepsilon$ *für alle* $n, m \geq n_0$.

Für eine Folge (f_n) von Funktionen $f_n : D \to \mathbb{K}$ heißt die Folge der Partialsummen $\sum_{n=0}^{k} f_n$, $k \in \mathbb{N}$, die **Reihe** der f_n, $n \in \mathbb{N}$. Sie wird ebenso wie die Grenzfunktion (falls diese existiert) mit

$$\sum_{n=0}^{\infty} f_n$$

bezeichnet. Ist die Konvergenz der Partialsummen gleichmäßig, so sagt man, die Reihe konvergiere **gleichmäßig**. Ein wichtiges Kriterium für die gleichmäßige Konvergenz von Funktionenreihen ist der folgende so genannte **Weierstraßsche** M-Test:

12.A.5 Kriterium von Weierstraß *Gegeben seien eine Folge von Funktionen* f_n : $D \to \mathbb{K}$ *und eine Folge nichtnegativer reeller Zahlen* M_n, $n \in \mathbb{N}$, *mit folgenden Eigenschaften:*

(1) *Für fast alle* n *gilt* $\|f_n\|_D \leq M_n$.

(2) *Die Reihe* $\sum M_n$ *konvergiert.*

Dann konvergiert die Reihe $\sum f_n$ *gleichmäßig auf D.*

Beweis. Zu $\varepsilon > 0$ gibt es ein n_0 mit $\|f_n\|_D \leq M_n$ und $\sum_{k=m}^{n} M_k \leq \varepsilon$ für alle $n \geq m \geq n_0$. Dann gilt für alle $n \geq m \geq n_0$

$$\|\sum_{k=m}^{n} f_k\|_D \leq \sum_{k=m}^{n} \|f_k\|_D \leq \sum_{k=m}^{n} M_k \leq \varepsilon.$$

Daher erfüllt die Reihe $\sum f_n$ das Cauchysche Kriterium 12.A.2 für gleichmäßige Konvergenz.   ●

Unter den Voraussetzungen von 12.A.5 konvergiert sogar die Reihe $\sum |f_n|$ gleichmäßig wegen $\||f_n|\|_D = \|f_n\|_D$. *Insbesondere ist die Reihe* $\sum f_n(x)$ *für jedes* $x \in D$ *absolut konvergent* und damit summierbar. Allgemein heißt eine Familie f_i, $i \in I$, von Funktionen $f_i : D \to \mathbb{K}$ (**punktweise**) **summierbar**, wenn für jedes $x \in D$ die Familie $f_i(x)$, $i \in I$, summierbar ist. Ist $f(x) := \sum f_i(x)$ für jedes $x \in D$, so heißt die Funktion $x \mapsto f(x)$ auf D die **Summe** der f_i und man schreibt

$$f = \sum_{i \in I} f_i.$$

Die Familie f_i, $i \in I$, heißt **gleichmäßig summierbar** mit Summe f, wenn es zu jedem $\varepsilon > 0$ eine endliche Teilmenge H_0 von I gibt mit $\|f_H - f\|_D \leq \varepsilon$ für alle endlichen Teilmengen H von I mit $H \supseteq H_0$. Dabei ist $f_H := \sum_{i \in H} f_i$.

Analog zu 6.B.4 gilt ein Cauchy-Kriterium für die gleichmäßige Summierbarkeit. Ferner haben wir auch hier den Weierstraßschen M-Test:

12.A.6 Kriterium von Weierstraß *Eine Familie von Funktionen $f_i : D \to \mathbb{K}$, $i \in I$, ist gleichmäßig summierbar, wenn es eine Familie nichtnegativer reeller Zahlen M_i, $i \in I$, mit folgenden Eigenschaften gibt:*

(1) Für fast alle $i \in I$ gilt $\| f_i \|_D \leq M_i$.

(2) Die Familie M_i, $i \in I$, ist summierbar.

Der Weierstraßsche M-Test legt die folgende Definition nahe.

12.A.7 Definition Eine Familie $f_i : D \to \mathbb{K}$, $i \in I$, von beschränkten Funktionen heißt n o r m a l   s u m m i e r b a r, wenn die Familie $\| f_i \|_D$, $i \in I$, nichtnegativer reeller Zahlen summierbar ist.

Nach 12.A.6 ist jede normal summierbare Familie gleichmäßig summierbar. Eine Folge $f_n : D \to \mathbb{K}$, $n \in \mathbb{N}$, ist genau dann normal summierbar, wenn die Reihe $\sum \| f_n \|_D$ konvergiert. Man sagt dann auch, die Funktionenreihe $\sum f_n$ k o n v e r - g i e r e   n o r m a l   (a u f D).

Bei gleichmäßiger Konvergenz überträgt sich die Stetigkeit von Funktionen auf die Grenzfunktion:

12.A.8 Satz *Seien $D \subseteq \mathbb{C}$ und $f_n : D \to \mathbb{K}$, $n \in \mathbb{N}$, eine gleichmäßig konvergente Folge stetiger Funktionen. Dann ist auch die Grenzfunktion $f = \lim f_n$ stetig.*

B e w e i s . Seien $a \in D$ und $\varepsilon > 0$ vorgegeben. Dann gibt es ein $n \in \mathbb{N}$ und ein $\delta > 0$ mit $\| f_n - f \|_D \leq \varepsilon/3$ sowie mit $|f_n(x) - f_n(a)| \leq \varepsilon/3$ für alle $x \in D$, $|x - a| \leq \delta$. Für diese x gilt dann

$$|f(x) - f(a)| \leq |f(x) - f_n(x)| + |f_n(x) - f_n(a)| + |f_n(a) - f(a)| \leq \varepsilon . \quad \bullet$$

Aus 12.A.8 ergibt sich sofort, dass *eine gleichmäßig konvergente Reihe stetiger Funktionen eine stetige Summenfunktion hat.* Analog zu 12.A.8 beweist man:

12.A.9 Satz *Ist $f_i : D \to \mathbb{K}$, $i \in I$, eine gleichmäßig summierbare Familie stetiger Funktionen auf $D \subseteq \mathbb{C}$, so ist auch ihre Summe $\sum f_i$ stetig.*

Da die Stetigkeit eine lokale Eigenschaft ist, genügt es für die Stetigkeit einer Grenz- funktion die lokal gleichmäßige Konvergenz im Sinne der folgenden Definition zu fordern:

12.A.10 Definition Eine Folge $f_n : D \to \mathbb{K}$, $n \in \mathbb{N}$, von Funktionen heißt auf $D \subseteq \mathbb{C}$ l o k a l   g l e i c h m ä ß i g   k o n v e r g e n t, wenn es zu jedem Punkt $a \in D$ eine Umgebung U gibt, so dass die Folge $f_n|U \cap D$, $n \in \mathbb{N}$, gleichmäßig auf $U \cap D$ konvergiert.

12.A.11 Korollar *Eine lokal gleichmäßig konvergente Folge stetiger Funktionen hat eine stetige Grenzfunktion.*

Entsprechend definiert man die l o k a l   g l e i c h m ä ß i g e   S u m m i e r b a r k e i t ; 12.A.11 gilt dafür analog.

12.A.12 Beispiel (D o p p e l f o l g e n s a t z) Sei a_{mn}, $m, n \in \mathbb{N}$, eine Doppelfolge reeller oder komplexer Zahlen mit folgenden Eigenschaften:

(1) Für jedes n konvergiert die Folge $(a_{mn})_{m \in \mathbb{N}}$.

(2) Zu jedem $\varepsilon > 0$ gibt es ein $n_0 \in \mathbb{N}$ mit $|a_{mn} - a_{mp}| \leq \varepsilon$ für alle $n, p \geq n_0$ und alle m.

Für jedes m konvergiert dann auch die Folge $(a_{mn})_{n \in \mathbb{N}}$. Außerdem konvergieren die beiden Grenzwertfolgen $(\lim_{m \to \infty} a_{mn})_{n \in \mathbb{N}}$ und $(\lim_{n \to \infty} a_{mn})_{m \in \mathbb{N}}$, und es gilt:

$$\lim_{n \to \infty} (\lim_{m \to \infty} a_{mn}) = \lim_{m \to \infty} (\lim_{n \to \infty} a_{mn}).$$

Dies lässt sich leicht unter Verwendung von 12.A.8 beweisen. Man betrachtet dazu auf der Punktmenge $D := \{1/(m+1) \mid m \in \mathbb{N}\} \cup \{0\}$ die Funktionenfolge (f_n) mit

$$f_n(1/(m+1)) := a_{mn}, \quad f_n(0) := \lim_{m \to \infty} a_{mn}.$$

Wegen (1) ist jede der Funktionen f_n stetig, und wegen (2) konvergiert die Funktionenfolge (f_n) auf $D - \{0\}$ und damit auch auf D gleichmäßig, vgl. Aufg. 10. Die Stetigkeit der Grenzfunktion $\lim f_n$ liefert nun die Behauptung.

Übrigens ergibt sich aus dem Doppelfolgensatz umgekehrt auch sofort 12.A.8.

12.A.13 Beispiel (P r o d u k t d a r s t e l l u n g e n   d e s   S i n u s   u n d   K o s i n u s) Als Beispiel zum Doppelfolgensatz leiten wir die Produktdarstellungen von Sinus und Kosinus her: Wir benutzen die asymptotische Beziehung $\sin x \sim x$ für $x \to 0$, die besagt, dass der Sinus im Nullpunkt differenzierbar ist mit der Ableitung 1, und gehen aus von den Formeln

$$\frac{\sin x}{\sin(x/(2m+1))} = 2^{2m} U_{2m}\left(\cos \frac{x}{2m+1}\right) = 2^{2m} \prod_{k=1}^{m}\left(\cos^2 \frac{x}{2m+1} - \cos^2 \frac{k\pi}{2m+1}\right)$$

$$= 2^{2m} \prod_{k=1}^{m}\left(\sin^2 \frac{k\pi}{2m+1} - \sin^2 \frac{x}{2m+1}\right)$$

$$= 2^{2m} \prod_{k=1}^{m} \sin^2 \frac{k\pi}{2m+1} \prod_{k=1}^{m}\left(1 - \frac{\sin^2(x/(2m+1))}{\sin^2(k\pi/(2m+1))}\right)$$

$$= (2m+1) \prod_{k=1}^{m}\left(1 - \frac{\sin^2(x/(2m+1))}{\sin^2(k\pi/(2m+1))}\right),$$

die sich unter Verwendung der Tschebyschewschen Polynome zweiter Art aus 5.C, Aufg. 9 ergeben und sogar für alle $x \in \mathbb{C}$ gelten. Wir definieren die Doppelfolge (a_{mn}) durch

$$a_{mn} := \begin{cases} \prod_{k=1}^{n}\left(1 - \dfrac{\sin^2(x/(2m+1))}{\sin^2(k\pi/(2m+1))}\right), & \text{falls } n \leq m, \\ a_{mm}, & \text{falls } n > m. \end{cases}$$

Dann gilt Bedingung (1) aus 12.A.12: Wegen $\sin x \sim x$ für $x \to 0$ ist nämlich

$$\lim_{m \to \infty} a_{mn} = \prod_{k=1}^{n}\left(1 - \frac{x^2}{k^2 \pi^2}\right).$$

Bedingung (2) aus 12.A.12 ergibt sich für $p \leq n$ aus

$$|a_{mn} - a_{mp}| \leq |a_{mp}| \left(\prod_{k=p+1}^{m} \left(1 + \left|\frac{\sin^2(x/(2m+1))}{\sin^2(k\pi/(2m+1))}\right|\right) - 1\right),$$

der Existenz einer Konstanten $C > 0$ mit

$$\left|\frac{\sin^2(x/(2m+1))}{\sin^2(k\pi/(2m+1))}\right| \leq C \frac{|x|^2}{k^2\pi^2}$$

für alle $k, m \in \mathbb{N}^*$ mit $k \leq m$ (wiederum wegen $\sin x \sim x$) sowie der Konvergenz des Produktes $\prod_{k=1}^{\infty}(1 + C|x|^2/k^2\pi^2)$. Der Doppelfolgensatz aus Beispiel 12.A.12 lässt sich also anwenden und liefert

$$\frac{\sin x}{x} = \lim_{m\to\infty} \frac{\sin x}{(2m+1)\sin(x/(2m+1))} = \lim_{m\to\infty} a_{mm}$$

$$= \lim_{m\to\infty}(\lim_{n\to\infty} a_{mn}) = \lim_{n\to\infty}(\lim_{m\to\infty} a_{mn}) = \prod_{k=1}^{\infty}\left(1 - \frac{x^2}{k^2\pi^2}\right).$$

Wir notieren dies als S a t z   v o n   E u l e r : *Für alle $x \in \mathbb{C}$ gelten die Produktdarstellungen*

$$\sin x = x \prod_{k=1}^{\infty}\left(1 - \frac{x^2}{k^2\pi^2}\right), \quad \cos x = \prod_{k=0}^{\infty}\left(1 - \frac{4x^2}{(2k+1)^2\pi^2}\right).$$

Die Produktdarstellung des Kosinus ergibt sich dabei wegen $\cos x = \sin 2x/2\sin x$ aus der des Sinus. Die Konvergenz dieser Produkte ist offenbar auf jeder beschränkten Teilmenge von $\mathbb{C}$ gleichmäßig, vgl. Aufg. 23.

Übrigens folgt aus der Produktdarstellung des Sinus die Gleichung

$$\frac{\sin x}{x} = 1 - \frac{x^2}{\pi^2}\left(\sum_{k=1}^{\infty}\frac{1}{k^2}\right) + O(x^4)$$

(für $x \to 0$). Da andererseits, wie wir bald sehen werden, $(\sin x)/x = 1 - x^2/6 + O(x^4)$ ist, erhält man die bekannte Summenformel

$$\sum_{k=1}^{\infty}\frac{1}{k^2} = \frac{\pi^2}{6},$$

vgl. auch das Ende von Beispiel 13.C.11 bzw. Beispiel 14.E.3. Für $x = \pi/2$ ergibt sich mit $\sin \pi/2 = 1$

$$\frac{2}{\pi} = \prod_{k=1}^{\infty}\left(1 - \frac{1}{(2k)^2}\right) = \lim_{n\to\infty} \frac{1 \cdot 3}{2 \cdot 2} \cdot \frac{3 \cdot 5}{4 \cdot 4} \cdots \frac{(2m-1)(2m+1)}{2m \cdot 2m}$$

$$= \lim_{m\to\infty}\left(\frac{1 \cdot 3 \cdots (2m-1)}{2 \cdot 4 \cdots (2m)}\right)^2 \cdot (2m+1)$$

oder

$$\sqrt{\pi} = \lim_{m\to\infty} \frac{1}{\sqrt{m}} \frac{2 \cdot 4 \cdots (2m)}{1 \cdot 3 \cdots (2m-1)}.$$

Dies ist die so genannte W a l l i s s c h e   P r o d u k t d a r s t e l l u n g von $\sqrt{\pi}$, die wir in Beispiel 16.B.6 (4) noch einmal ableiten werden.

Wir zeigen als nächstes, dass sich jede stetige Funktion auf einem abgeschlossenen beschränkten Intervall zu beliebig vorgegebenem $\varepsilon > 0$ bis auf einen globalen Fehler $\leq \varepsilon$ durch Polynome approximieren lässt. Die stetige Abhängigkeit einer physikalischen Größe von einer anderen lässt sich also auf einem abgeschlossenen und beschränkten Intervall stets durch eine Polynomfunktion (genügend hohen Grades) beschreiben, falls man einen Fehler $\varepsilon > 0$ toleriert, der beliebig klein vorgegeben werden kann.

12.A.14 Weierstraßscher Approximationssatz *Jede stetige $\mathbb{K}$-wertige Funktion $f : [a, b] \to \mathbb{K}$ auf dem kompakten Intervall $[a, b]$ ist Grenzfunktion einer gleichmäßig konvergenten Folge von Polynomfunktionen (mit Koeffizienten aus $\mathbb{K}$).*

B e w e i s . Der folgende Beweis stammt von S. Bernstein und gibt explizit eine Folge von Polynomfunktionen an, die gleichmäßig gegen f konvergiert. Er benutzt das Schwache Gesetz der großen Zahlen 8.A.14: Für jedes $x \in [0, 1]$, jedes $a > 0$ und jedes $n \in \mathbb{N}^*$ ist

$$\sum_{m \in \mathbb{N}, |\frac{m}{n} - x| \geq a} \binom{n}{m} x^m (1 - x)^{n-m} \leq \frac{x(1 - x)}{a^2 n} \leq \frac{1}{4a^2 n} \, .$$

Beim Beweis von 12.A.14 können wir uns auf den Fall $[a, b] = [0, 1]$ beschränken, indem wir im allgemeinen Fall statt der Funktion f die stetige Funktion $x \mapsto f(a(1 - x) + bx)$ auf dem Intervall $[0, 1]$ betrachten und die gewonnenen approximierenden Polynome auf das Intervall $[a, b]$ zurücktransformieren. Wir zeigen dann, dass die zu f gehörenden so genannten B e r n s t e i n p o l y n o m e

$$B_n(x) := \sum_{m=0}^{n} f\left(\frac{m}{n}\right)\binom{n}{m} x^m (1 - x)^{n-m} \, , \qquad n \in \mathbb{N}^*,$$

auf $[0, 1]$ gleichmäßig gegen f konvergieren.

Sei $\varepsilon > 0$ vorgegeben. Wegen der gleichmäßigen Stetigkeit von f (vgl. 10.D.8) gibt es ein $\delta > 0$ mit $|f(x) - f(y)| \leq \varepsilon/2$ für $x, y \in [0, 1]$, $|x - y| \leq \delta$. Ferner gibt es nach 10.D.2 ein $M > 0$ mit $|f(x)| \leq M$ für alle $x \in [0, 1]$. Für alle $n \geq M/\delta^2 \varepsilon$ gilt dann wegen $\sum_{m=0}^{n} \binom{n}{m} x^m (1 - x)^{n-m} = 1$ die Abschätzung

$$|f(x) - B_n(x)| = \left| \sum_{m=0}^{n} \left(f(x) - f\left(\frac{m}{n}\right)\right)\binom{n}{m} x^m (1 - x)^{n-m} \right|$$

$$\leq \sum_{m \in \mathbb{N}, \, |\frac{m}{n} - x| < \delta} \left| f(x) - f\left(\frac{m}{n}\right) \right| \binom{n}{m} x^m (1 - x)^{n-m}$$

$$+ \sum_{m \in \mathbb{N}, \, |\frac{m}{n} - x| \geq \delta} \left| f(x) - f\left(\frac{m}{n}\right) \right| \binom{n}{m} x^m (1 - x)^{n-m}$$

$$\leq \frac{\varepsilon}{2} \cdot 1 + 2M \frac{1}{4\delta^2 n} \leq \frac{\varepsilon}{2} + \frac{\varepsilon}{2} = \varepsilon \, . \qquad \bullet$$

Für einen Beweis von 12.A.14, der ohne Rückgriff auf wahrscheinlichkeitstheoretische Überlegungen auskommt, verweisen wir auf Aufg. 17. Man beachte, dass alle Bernsteinpolynome $B_n(x)$ an den Intervallenden dieselben Werte wie f annehmen.

12.A.15 Bemerkung Der Weierstraßsche Approximationssatz lässt sich ganz analog auch für stetige Funktionen in mehreren reellen Veränderlichen beweisen. Man benutzt dazu die Polynomialverteilungen und das Schwache Gesetz der großen Zahlen aus 8.A, Aufg. 10. Es gilt: Sei

$$\triangle := \Big\{ (x_1, \ldots, x_r) \in \mathbb{R}^r_+ \mid \sum_{i=1}^{r} x_i \leq 1 \Big\}$$

und $f : \triangle \to \mathbb{K}$ stetig. *Dann konvergieren die Bernsteinpolynome*

$$B_n(x_1, \ldots, x_r) := \sum_{m \in \mathbb{N}^r, \, |m| \leq n} f\Big(\frac{m_1}{n}, \ldots, \frac{m_r}{n}\Big) \binom{n}{m} x_1^{m_1} \cdots x_r^{m_r} \big(1 - (x_1 + \cdots + x_r)\big)^{n-|m|},$$

$n \in \mathbb{N}^*$, *gleichmäßig auf* $\triangle$ *gegen* f. Mittels affiner Transformationen gewinnt man daraus die gleichmäßige Approximierbarkeit stetiger Funktionen durch Polynome für beliebige abgeschlossene Simplexe in $\mathbb{R}^r$. Da eine beliebige abgeschlossene und beschränkte Menge $K \subseteq \mathbb{R}^r$ Teilmenge eines solchen Simplex $\triangle'$ ist und da sich jede stetige Funktion $f : K \to \mathbb{K}$ zu einer stetigen Funktion auf $\triangle'$ fortsetzen lässt, gilt der Weierstraßsche Approximationssatz dann auch für K. Der zuletzt benutzte Fortsetzungssatz ist für geometrisch einfache Mengen K wie Quader oder Kugeln natürlich trivial; für den allgemeinen Fall verweisen wir auf das Kapitel über Topologie in Band 3, insbesondere auf Beispiel 1.C.10.

Ferner erwähnen wir, dass der Weierstraßsche Approximationssatz sich darüber hinaus wesentlich verallgemeinern lässt zum so genannten Satz von Stone-Weierstraß, auf den wir ebenfalls in Band 3, eingehen, vgl. dort Satz 3.B.5.

Schließlich sei bemerkt, dass die oben benutzte Folge der Bernsteinpolynome im Allgemeinen nur sehr langsam gegen f konvergiert. Wir werden bald Verfahren kennen lernen, die zumindest in Spezialfällen bessere Ergebnisse liefern.

Aufgaben

1. Man untersuche folgende Funktionenfolgen auf gleichmäßige bzw. lokal gleichmäßige Konvergenz.

a) $\sqrt[n]{x}$, $n \in \mathbb{N}$, auf $D := [a, \infty[$, wobei $a \in \mathbb{R}_+$ ist.

b) $1/(1 + x^2)^n$, $n \in \mathbb{N}$, auf $\mathbb{R}$. **c)** $(1 - x^{2n})/(1 + x^{2n})$, $n \in \mathbb{N}$, auf $\mathbb{R}$.

d) $1/(1 + nx^2)$, $n \in \mathbb{N}$, auf $\mathbb{R}$. **e)** $xe^{-x/n}/n$, $n \in \mathbb{N}^*$, auf $\mathbb{R}_+$.

f) nxe^{-nx^2}, $n \in \mathbb{N}$, auf $\mathbb{R}$. **g)** $[nx]/n$, $n \in \mathbb{N}^*$, auf $\mathbb{R}$.

h) $(1 - x)^k x^n$, $n \in \mathbb{N}$, auf $[0, 1]$ für $k \in \mathbb{N}$ fest.

i) $nx(1 - x^2)^n$, $n \in \mathbb{N}$, auf $[0, 1]$. **j)** $nx/(1 + n^2x^2)$, $n \in \mathbb{N}$, auf $\mathbb{R}$.

2. Man untersuche folgende Funktionenreihen auf gleichmäßige bzw. lokal gleichmäßige Konvergenz.

a) $\sum_{n=1}^{\infty} x/n^2(1 + |x|)$ auf $\mathbb{C}$.

b) $\sum_{n=1}^{\infty} 1/(x^2 + n^2)$ auf $\mathbb{R}$ bzw. auf $\mathbb{C} - \{ik \mid k \in \mathbb{Z}, k \neq 0\}$.

c) $\sum_{n=1}^{\infty} 1/n(x + n)$ auf $\mathbb{R} - \{-k \mid k \in \mathbb{N}^*\}$ bzw. auf $\mathbb{C} - \{-k \mid k \in \mathbb{N}^*\}$.

d) $\sum_{n=1}^{\infty} 1/n^{\alpha} \sin(nx)$ auf $\mathbb{R}$ (mit $\alpha > 1$ fest) .

3. Sei a_t, $t \in \mathbb{K}$, eine Familie komplexer Zahlen. Die Exponentialfunktion $z \mapsto e^z$ auf $\mathbb{C}$ sei hier durch $e^{x+iy} = e^x e^{iy} = e^x (\cos y + i \sin y)$, $x, y \in \mathbb{R}$, erklärt, vgl. 12.E.

a) Ist die Familie $a_t e^{-st}$, $t \in \mathbb{K}$, summierbar für $s = s_1$ und $s = s_2$ mit $s_1, s_2 \in \mathbb{R}$ und $s_1 \leq s_2$, so ist diese Familie auf dem abgeschlossenen Intervall $[s_1, s_2]$ gleichmäßig summierbar.

b) Ist $\mathbb{K} = \mathbb{R}$ und ist die Familie $a_t e^{-st}$, $t \in \mathbb{R}$, summierbar für $s = s_1$ und $s = s_2$ mit $\operatorname{Re} s_1 \leq \operatorname{Re} s_2$, so ist diese Familie gleichmäßig summierbar auf dem abgeschlossenen Streifen $\{s \in \mathbb{C} \mid \operatorname{Re} s_1 \leq \operatorname{Re} s \leq \operatorname{Re} s_2\}$.

c) Ist $a_t = 0$ für $\operatorname{Re} t < 0$ und ist die Familie $a_t e^{-st}$, $t \in \mathbb{K}$, summierbar für $s = s_1 \in \mathbb{R}$, so ist diese Familie gleichmäßig summierbar auf $[s_1, \infty[$.

d) Ist $a_t = 0$ für $t \notin \mathbb{R}_+$ und ist die Familie $a_t e^{-st}$, $t \in \mathbb{R}_+$, summierbar für $s = s_1$, so ist diese Familie auf dem abgeschlossenen Halbraum $\{s \in \mathbb{C} \mid \operatorname{Re} s \geq \operatorname{Re} s_1\}$ gleichmäßig summierbar.

e) Ist $\mathbb{K} = \mathbb{R}$ und ist $a_t, t \in \mathbb{R}$, summierbar, so ist die Familie $a_t e^{ixt}, t \in \mathbb{R}$, gleichmäßig summierbar auf dem abgeschlossenen oberen Halbraum $\{x \in \mathbb{C} \mid \operatorname{Im} x \geq 0\}$.

(Bemerkung. In den Fällen c) und d) heißt das Infimum der Zahlen $\operatorname{Re} s$, für die die Familie $a_t e^{-st}$, $t \in \mathbb{K}$, summierbar ist, die S u m m i e r b a r k e i t s a b s z i s s e der Familie. – Zu dieser Aufgabe vergleiche man auch 8.B.2 und die Bemerkung 8.B.4 aus der Wahrscheinlichkeitsrechnung sowie die Aufg. 2 in 14.E über Dirichlet-Reihen.)

4. Seien $f_1, \ldots, f_r$ beschränkte $\mathbb{K}$-wertige Funktionen auf D und $(a_{1n}), \ldots, (a_{rn})$ konvergente Folgen in $\mathbb{K}$. Dann ist die Funktionenfolge $g_n : D \to \mathbb{K}$, $n \in \mathbb{N}$, mit $g_n := \sum_{j=1}^{r} a_{jn} f_j$ gleichmäßig konvergent.

5. Es sei $f : \mathbb{R} \to \mathbb{R}$ eine stetige Funktion mit $|f(x)| \leq q|x|$ für alle $x \in \mathbb{R}$ mit einem festen $q, 0 < q < 1$. Die Reihe $\sum f_n$, wobei $f_n = f \circ \cdots \circ f$ die n-te Iterierte von f ist, ist gleichmäßig konvergent auf jeder beschränkten Menge $D \subseteq \mathbb{R}$.

6. Sei $\Gamma := \{a + bi \mid a, b \in \mathbb{Z}\}$ das so genannte Standardgitter in $\mathbb{C}$. Für $n \in \mathbb{N}$, $n \geq 3$, ist die Familie $z \mapsto (z - w)^{-n}$, $w \in \Gamma$, auf $\mathbb{C} - \Gamma$ lokal gleichmäßig summierbar. Die Familie $z \mapsto (z - w)^{-n}$, $w \in \mathbb{Z}$, ist für jedes $n \in \mathbb{N}$, $n \geq 2$, auf $\mathbb{C} - \mathbb{Z}$ lokal gleichmäßig summierbar.

7. Sei $D = D_1 \cup \cdots \cup D_r$. Die Folge $f_n : D \to \mathbb{K}, n \in \mathbb{N}$, konvergiert genau dann gleichmäßig, wenn die Folgen $f_n | D_j, n \in \mathbb{N}$, der Beschränkungen der f_n auf die einzelnen Teilmengen D_j von D alle gleichmäßig konvergieren.

8. Seien $f_n : D \to \mathbb{K}, n \in \mathbb{N}$, und $g_n : D \to \mathbb{K}, n \in \mathbb{N}$, gleichmäßig konvergente Folgen von Funktionen.

a) Die Folge $f_n + g_n$, $n \in \mathbb{N}$, ist ebenfalls gleichmäßig konvergent.

b) Die Folge $f_n g_n$, $n \in \mathbb{N}$, ist gleichmäßig konvergent, falls $\lim f_n$ und $\lim g_n$ beschränkt sind. (Man zeige an Hand eines Beispiels, dass man auf diese Beschränktheitsbedingung nicht ohne weiteres verzichten kann.)

9. Sei $f_n : D \to \mathbb{K}$, $n \in \mathbb{N}$, eine gleichmäßig konvergente Folge von Funktionen.

a) Für jede Abbildung $g : D' \to D$ ist auch die Folge $f_n \circ g : D' \to \mathbb{K}, n \in \mathbb{N}$, gleichmäßig konvergent.

b) Es gelte $f_n(D) \subseteq D''$ für alle $n \in \mathbb{N}$, und $h : D'' \to \mathbb{K}$ sei gleichmäßig stetig. Dann ist auch $h \circ f_n$, $n \in \mathbb{N}$, gleichmäßig konvergent.

10. Sei $f_n : D \to \mathbb{K}$, $n \in \mathbb{N}$, eine Folge von stetigen Funktionen auf $D \subseteq \mathbb{C}$. Ferner sei D' dicht in D. Genau dann ist f_n, $n \in \mathbb{N}$, gleichmäßig konvergent, wenn die Folge $f_n|D'$, $n \in \mathbb{N}$, gleichmäßig konvergent ist.

11. Sei $f_n : D \to \mathbb{K}$, $n \in \mathbb{N}$, eine gleichmäßig konvergente Folge gleichmäßig stetiger Funktionen. Dann ist auch die Grenzfunktion gleichmäßig stetig.

12. Sei K kompakt (in $\mathbb{K}$). Genau dann konvergiert eine Funktionenfolge auf K gleichmäßig, wenn sie auf K lokal gleichmäßig konvergiert. (Bei der nicht trivialen Richtung führe man mit dem Satz von Weierstraß-Bolzano einen Widerspruchsbeweis.)

13. Sei a_{mn}, $(m, n) \in \mathbb{N} \times \mathbb{N}$, eine summierbare Familie komplexer Zahlen. Man beweise die Formel

$$\sum_{m=0}^{\infty} \left(\sum_{n=0}^{\infty} a_{mn} \right) = \sum_{n=0}^{\infty} \left(\sum_{m=0}^{\infty} a_{mn} \right)$$

mit dem Doppelfolgensatz aus Beispiel 12.A.12 (ohne den Großen Umordnungssatz zu benutzen).

14. Sei K kompakt (in $\mathbb{K}$). Die Funktionenfolge $f_n : K \to \mathbb{R}$, $n \in \mathbb{N}$, stetiger Funktionen sei monoton fallend, d.h. für jedes $x \in K$ sei die Folge der Funktionswerte $(f_n(x))$ monoton fallend. Die Folge (f_n) konvergiere punktweise gegen eine *stetige* Funktion $f : K \to \mathbb{R}$. Dann konvergiert die Folge (f_n) notwendigerweise gleichmäßig gegen f. (S a t z   v o n   D i n i – Beim Beweis betrachte man einen Häufungspunkt einer Folge (x_n), wobei die Funktion $f_n - f$ in x_n das globale Maximum annehme.)

15. I sei ein kompaktes Intervall in $\mathbb{R}$ und $f_n : I \to \mathbb{R}$, $n \in \mathbb{N}$, sei eine Folge monotoner Funktionen, die punktweise gegen die *stetige* Funktion f konvergiert. Dann ist auch f monoton, und die Konvergenz ist gleichmäßig. (Diese Aussage gilt auch auf einem nicht kompakten Intervall I, wenn für die Randpunkte $a, b \in \overline{\mathbb{R}}$ folgende Bedingungen erfüllt sind: Die Grenzwerte $u_n := \lim_{x \to a} f_n(x)$, $v_n := \lim_{x \to b} f_n(x)$, $u := \lim_{x \to a} f(x)$, $v := \lim_{x \to b} f(x)$ sind endlich, und es ist $u = \lim u_n$, $v = \lim v_n$.)

16. Die rekursiv definierte Folge $f_n : [0, 1] \to \mathbb{R}$ von Polynomfunktionen mit $f_0 = 0$ und

$$f_{n+1}(x) = f_n(x) + \frac{1}{2} \left(x - f_n^2(x) \right)$$

konvergiert monoton wachsend und gleichmäßig gegen die Funktion $x \mapsto \sqrt{x}$. (Man verwende den Satz von Dini aus Aufg. 14. – Die Aufgabe liefert eine konkrete Folge von Polynomen, die gleichmäßig auf $[0, 1]$ gegen $\sqrt{x}$ konvergiert. Mit diesem Ergebnis lässt sich ein neuer Beweis des Weierstraßschen Approximationssatzes geben, vgl. Aufg. 17.)

17. Für $\alpha := (a_0, \ldots, a_n) \in \mathbb{R}^{n+1}$ mit $a_0 < \cdots < a_n$ und $\beta := (b_0, \ldots, b_n) \in \mathbb{K}^{n+1}$ sei $L_{\alpha,\beta} : [a_0, a_n] \to \mathbb{K}$ die Funktion, die auf jedem der Teilintervalle $[a_{k-1}, a_k]$, $k = 1, \ldots, n$, linear ist und für die $L_{\alpha,\beta}(a_k) = b_k$ ist, $k = 0, \ldots, n$. Eine Funktion von diesem Typ heißt s t ü c k w e i s e   l i n e a r oder eine   l i n e a r e   S p l i n e - F u n k t i o n (mit Knickstellen höchstens in $a_1, \ldots, a_{n-1}$). Offenbar ist $cL_{\alpha,\beta} + c'L_{\alpha,\beta'} = L_{\alpha,c\beta+c'\beta'}$ für $c, c' \in \mathbb{K}$ und $\beta, \beta' \in \mathbb{K}^{n+1}$.

a) $L_{\alpha,\beta}$ lässt sich in der Form

$$L_{\alpha,\beta}(x) = \sum_{k=0}^{n} c_k |x - a_k|$$

mit konstanten Koeffizienten $c_k \in \mathbb{K}$ schreiben. (Ist $n = 1$, d.h. hat $L = L_{\alpha,\beta}$ keine Knickstellen, so ist $L = (b_1|x - a_0| + b_0|x - a_1|)/(a_1 - a_0)$. Generell ist

$$L - \frac{1}{2} \sum_{k=1}^{n-1} \left(\frac{b_{k+1} - b_k}{a_{k+1} - a_k} - \frac{b_k - b_{k-1}}{a_k - a_{k-1}} \right) |x - a_k|$$

eine lineare Spline-Funktion ohne Knickstellen in $[a_0, a_n]$ und folglich durch $|x - a_0|$ und $|x - a_n|$ darstellbar. – Übrigens sind die Koeffizienten $c_0, \ldots, c_n$ eindeutig bestimmt. Mit Begriffen der Linearen Algebra (vgl. Band 2) kann man das Ergebnis auch so formulieren: Die Funktionen $|x - a_0|, \ldots, |x - a_n|$ bilden eine Basis des (trivialerweise) $(n+1)$-dimensionalen $\mathbb{K}$-Vektorraums der Funktionen $L_{\alpha,\beta}$, $\beta \in \mathbb{K}^{n+1}$. Am einfachsten beweist man die lineare Unabhängigkeit der Funktionen $|x - a_i|$, $i = 0, \ldots, n$. In einer Relation $\sum_i c_i |x - a_i| = 0$ diskutiert man zunächst $c_1, \ldots, c_{n-1}$ zu 0: $\sum_{i \neq j} c_i |x - a_i|$ ist auf $[a_{j-1}, a_{j+1}]$ linear, $c_j |x - a_j|$ bei $c_j \neq 0$ aber nicht.)

b) Jede stückweise lineare Funktion $L_{\alpha,\beta} : [a_0, a_n] \to \mathbb{K}$ ist Limes einer gleichmäßig konvergenten Folge von Polynomfunktionen. (Wegen a) genügt es, dies für die Funktionen $|x - a_k| = \sqrt{(x - a_k)^2}$ zu zeigen. Dies ergibt sich aber mit Aufg. 16 oder auch unter Benutzung der Taylorreihe von $\sqrt{1 + x}$, vgl. Beispiel 13.C.7 (1).)

c) Sei $f : [a, b] \to \mathbb{K}$ eine stetige Funktion. Für $n \in \mathbb{N}^*$ sei $L_n : [a, b] \to \mathbb{K}$ die stückweise lineare Funktion, die durch die Werte $L_n(a_k) = f(a_k)$ an den Stützstellen $a_k := a + \frac{k}{n}(b - a)$, $k = 0, \ldots, n$, bestimmt ist. Man zeige, dass die Folge L_n gleichmäßig gegen f konvergiert (f ist gleichmäßig stetig!), und folgere, dass f Limes einer gleichmäßig konvergenten Folge von Polynomfunktionen ist. (Dies ist ein neuer *Beweis für den Weierstraßschen Approximationssatz* 12.A.14.)

18. Zu jeder stetigen Funktion $f : I \to \mathbb{K}$ auf einem beliebigen Intervall $I \subseteq \mathbb{R}$ gibt es eine Folge von Polynomfunktionen, die auf I lokal gleichmäßig gegen f konvergiert.

19. a) Es sei $I \subseteq \mathbb{R}$ ein kompaktes Intervall und $g : I \to \mathbb{R}$ eine streng monotone stetige Funktion. Mit $\mathbb{K}[g]$ bezeichnen wir die Menge der Funktionen der Form

$$a_k g^k + \cdots + a_1 g + a_0,$$

$a_0, \ldots, a_k \in \mathbb{K}$, $k \in \mathbb{N}$. Zu jeder stetigen Funktion $f : I \to \mathbb{K}$ gibt es dann eine Folge von Funktionen aus $\mathbb{K}[g]$, die gleichmäßig gegen f konvergiert. (Sei $J := g(I)$. Auf die stetige Funktion $f \circ g^{-1} : J \to \mathbb{K}$ wende man den Weierstraßschen Approximationssatz an.)

b) Sei $I \subseteq \mathbb{R}$ ein kompaktes Intervall und $g : I \to \mathbb{K}$ eine stetige Funktion, die keine Nullstelle in I besitzt. $g \mathbb{K}[t]$ sei die Menge der Funktionen gh, $h \in \mathbb{K}[t]$. Zu jeder stetigen Funktion $f : I \to \mathbb{K}$ gibt es eine Folge von Funktionen aus $g \mathbb{K}[t]$, die gleichmäßig gegen f konvergiert.

20. Sei f eine beschränkte $\mathbb{K}$-wertige Funktion auf dem Intervall $[0, 1]$, die im Punkt $a \in [0, 1]$ stetig ist. Dann konvergiert die Folge (B_n) der Bernsteinpolynome zu f (vgl. den Beweis von 12.A.14) im Punkt a gegen $f(a)$.

21. Ist $h : [0, 1] \to \mathbb{R}$ monoton, so ist auch jedes Bernsteinpolynom zu h (vgl. den Beweis von 12.A.14) monoton (vom selben Monotonietyp). Insbesondere ist jede monotone stetige Funktion $[a, b] \to \mathbb{R}$ Grenzfunktion einer gleichmäßig konvergenten Folge monotoner Polynomfunktionen. (Es genügt zu zeigen, dass die Funktionen $p \mapsto f(m; n, p)$ aus 7.B, Aufg. 11b) auf $[0, 1]$ für alle $m, n \in \mathbb{N}$ mit $0 \leq m \leq n$ monoton fallend sind. Dies ergibt sich aber unmittelbar aus der dort angegebenen Rekursion durch Induktion über n.)

22. Mit Hilfe der Abelschen partiellen Summation 6.A.20 beweise man das folgende Abelsche Kriterium für gleichmäßige Konvergenz: Seien $\sum_{k=0}^{\infty} f_k$ eine gleichmäßig konvergente Reihe von Funktionen $f_k : D \to \mathbb{K}$ und $g_k : D \to \mathbb{R}$ eine punktweise monotone und gleichmäßig beschränkte Folge von Funktionen. Dann konvergiert die Reihe $\sum_{k=0}^{\infty} f_k g_k$ auf D gleichmäßig. Insbesondere konvergiert $\sum_{k=0}^{\infty} a_k g_k$ gleichmäßig auf D für jede in $\mathbb{K}$ konvergente Reihe $\sum_{k=0}^{\infty} a_k$. Man formuliere und beweise auch zu 6.A.22 bzw. zu 6.A, Aufg. 16 analoge Kriterien von Dirichlet bzw. Dubois-Reymond für die gleichmäßige Konvergenz.

23. Sei $f_k : D \to \mathbb{K}, k \in \mathbb{N}$, eine Funktionenfolge. Man sagt, das Produkt $\prod_{k=0}^{\infty}(1 + f_k)$ k o n v e r g i e r e   g l e i c h m ä ß i g auf D, wenn zu jedem $\varepsilon > 0$ ein n_0 existiert derart, dass $\|1 - \prod_{k=m}^{n}(1 + f_k)\| \leq \varepsilon$ für alle $n \geq m \geq n_0$ ist. Ist $f_i : D \to \mathbb{K}, i \in I$, eine Familie von Funktionen, so heißt $1 + f_i, i \in I$, g l e i c h m ä ß i g   m u l t i p l i z i e r b a r , wenn zu jedem $\varepsilon > 0$ eine endliche Teilmenge $H_0 \subseteq I$ mit $\|1 - (1 + f)^E\| \leq \varepsilon$ für alle $E \in \mathfrak{E}(I)$ mit $E \cap H_0 = \emptyset$ existiert. (Man beachte: Aus der gleichmäßigen Konvergenz des Produkts $\prod_{k=0}^{\infty}(1 + f_k)$ folgt nicht notwendigerweise, dass die Folge $\prod_{k=0}^{n}(1 + f_k)$, $n \in \mathbb{N}$, der Partialprodukte gleichmäßig konvergiert. Allerdings ergibt sich dies, wenn die f_k beschränkt sind.) Sind die $f_k, k \in \mathbb{N}$, bzw. die $f_i, i \in I$, stetig und konvergiert $\prod_{k=0}^{\infty}(1 + f_k)$ gleichmäßig bzw. ist $1 + f_i, i \in I$, gleichmäßig multiplizierbar, so sind auch $\prod_{k=0}^{\infty}(1 + f_k)$ bzw. $\prod_{i \in I}(1 + f_i)$ stetig. Man beweise den Weierstraßschen M-Test für gleichmäßige Multiplizierbarkeit: Ist $\|f_i\|_D \leq M_i, i \in I$, und $M_i, i \in I$, summierbar, so ist $1 + f_i, i \in I$, gleichmäßig multiplizierbar.

12.B Potenzreihen

Eine besonders wichtige und übersichtliche Klasse von Folgen von Polynomfunktionen bilden die Potenzreihen.

12.B.1 Definition Es seien (a_n) eine Folge in $\mathbb{K}$ und $a \in \mathbb{K}$. Dann heißt die Reihe

$$\sum_{n=0}^{\infty} a_n(x - a)^n$$

der Polynomfunktionen $x \mapsto a_n(x - a)^n$ die P o t e n z r e i h e mit den K o e f f i z i - e n t e n a_n und dem E n t w i c k l u n g s p u n k t a.

Beispielsweise ist die g e o m e t r i s c h e   R e i h e $\sum x^n$ eine Potenzreihe mit dem Entwicklungspunkt 0. Wie wir wissen, konvergiert sie für $x \in \mathbb{C}$ mit $|x| < 1$ gegen die Grenzfunktion $x \mapsto 1/(1 - x)$ und divergiert für alle x mit $|x| \geq 1$. Die Menge der Punkte $x \in \mathbb{C}$, in denen diese Potenzreihe konvergiert, ist also das Innere des Einheitskreises. In ähnlicher Weise verhalten sich alle Potenzreihen. Zunächst beweisen wir:

12.B.2 Lemma *Seien $a_n, n \in \mathbb{N}$, eine Folge in $\mathbb{K}$ und $a, b \in \mathbb{K}$. Die Folge $a_n(b-a)^n$, $n \in \mathbb{N}$, sei beschränkt. Dann ist die Potenzreihe $\sum_{n=0}^{\infty} a_n(x-a)^n$ auf jeder abgeschlossenen Kreisscheibe $\overline{B}(a\,;r)$ mit einem Radius $r < |b-a|$ um a gleichmäßig und auch absolut konvergent. Es gilt sogar: Die Reihe $\sum a_n(x-a)^n$ ist auf $\overline{B}(a\,;r)$ für jedes $r < |b-a|$ normal konvergent.*

Beweis. Für $|x-a| \le r$ gilt

$$|a_n(x-a)^n| \le |a_n|\, r^n = |a_n(b-a)^n| \left(\frac{r}{|b-a|}\right)^n \le M\left(\frac{r}{|b-a|}\right)^n,$$

wobei M eine obere Schranke für $|a_n(b-a)^n|$, $n \in \mathbb{N}$, ist. Da die geometrische Reihe $\sum (r/|b-a|)^n$ konvergiert, ergibt sich die Behauptung aus dem Kriterium von Weierstraß 12.A.5 bzw. 12.A.6.   •

12.B.3 Satz *Sei $\sum a_n(x-a)^n$ eine Potenzreihe mit $a_n, a \in \mathbb{K}$. Dann gibt es ein $R \in \overline{\mathbb{R}}_+$ mit der folgenden Eigenschaft: Für jedes $x \in \mathbb{K}$ mit $|x-a| < R$ konvergiert die Potenzreihe und für jedes $x \in \mathbb{K}$ mit $|x-a| > R$ divergiert sie. Es gilt sogar: Auf jeder Kreisscheibe $\overline{B}(a\,;r)$ mit $r < R$ konvergiert die Potenzreihe normal und insbesondere gleichmäßig. Auf der offenen Kreisscheibe $B(a\,;R)$ konvergiert sie also lokal gleichmäßig.*

Beweis. Für $x = a$ konvergiert die Potenzreihe. Sei R das Supremum der reellen Zahlen $|x-a|$, so dass die Potenzreihe an der Stelle x konvergiert. Ist die Menge dieser Zahlen unbeschränkt, so sei $R := \infty$. Sei nun $r < R$. Dann gibt es eine Stelle $b \in \mathbb{K}$ mit $r < |b-a| < R$, an der die Potenzreihe konvergiert. Also konvergiert sie nach 12.B.2 normal auf $\overline{B}(a\,;r)$. Ist hingegen $|x-a| > R$, so divergiert die Potenzreihe an der Stelle x nach Definition von R.   •

12.B.4 Definition Die Zahl R in 12.B.3 heißt der K o n v e r g e n z r a d i u s der Potenzreihe $\sum a_n(x-a)^n$. Die Menge der $x \in \mathbb{K}$ mit $|x-a| < R$ heißt der K o n - v e r g e n z k r e i s (bzw. im Fall $\mathbb{K} = \mathbb{R}$ auch das K o n v e r g e n z i n t e r v a l l) der Potenzreihe. Ist $R > 0$, so heißt die Potenzreihe k o n v e r g e n t, andernfalls d i v e r g e n t.

Aus 12.B.3 und 12.A.11 folgt:

12.B.5 Satz *Sei $\sum a_n(x-a)^n$ eine Potenzreihe mit dem positiven Konvergenzradius R. Dann ist die Funktion $x \mapsto \sum a_n(x-a)^n$ auf dem Konvergenzkreis $B(a\,;R)$ stetig.*

Das Konvergenzverhalten einer Potenzreihe auf dem Rand ihres Konvergenzkreises ist von Fall zu Fall verschieden.

12.B.6 Beispiel Die Potenzreihen $\sum_{n=0}^{\infty} x^n$, $\sum_{n=1}^{\infty} x^n/n$ und $\sum_{n=1}^{\infty} x^n/n^2$ haben alle den Entwicklungspunkt 0 und den Konvergenzradius 1. Die erste Reihe konvergiert für kein x

mit $|x| = 1$, die zweite Reihe konvergiert für alle $x \neq 1$ mit $|x| = 1$, vgl. 12.B.9. Die dritte Reihe konvergiert, wie man durch Vergleich mit der Reihe $\sum 1/n^2$ feststellt, auf dem abgeschlossenen Einheitskreis normal; insbesondere konvergiert sie für alle x mit $|x| = 1$.

Das Verhalten der durch eine Potenzreihe definierten Funktion in einem Randpunkt des Konvergenzkreises, in dem die Reihe noch konvergiert, wird durch den folgenden Satz beschrieben.

12.B.7 Abelscher Grenzwertsatz *Sei $\sum a_n(x-a)^n$ eine konvergente Potenzreihe mit dem Konvergenzradius $R < \infty$. In einem Punkt b auf dem Rand des Konvergenzkreises sei die Reihe konvergent. Dann konvergiert sie gleichmäßig auf jeder Teilmenge D von $\mathrm{B}(a\,;R)$, auf der $|b-x|/(R-|x-a|)$ beschränkt bleibt. Insbesondere ist in dieser Situation die Grenzfunktion auf $D \cup \{b\}$ stetig. – Beispiele für solche Teilmengen D sind der Radius von a nach b (auf dem $|b-x|/\big(R-|x-a|\big)$ konstant gleich 1 ist) oder allgemeiner jede Teilmenge von $\mathrm{B}(a\,;R)$ der folgenden Form:*

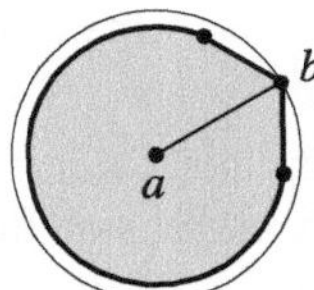

B e w e i s . Nach dem Cauchy-Kriterium für die gleichmäßige Konvergenz ist zu gegebenem $\varepsilon > 0$ ein n_0 zu finden mit $|\sum_{k=m}^{n} a_k(x-a)^k| \leq \varepsilon$ für $n \geq m \geq n_0$ und alle $x \in D$. Mit Abelscher partieller Summation, vgl. 6.A.20, erhält man

$$\sum_{k=m}^{n} a_k(x-a)^k = \sum_{k=m}^{n} a_k(b-a)^k q^k = \sum_{k=m}^{n-1} A_k(q^k - q^{k+1}) + A_n q^n\,,$$

wobei $A_k := \sum_{j=m}^{k} a_j(b-a)^j$ und $q := (x-a)/(b-a)$ gesetzt wurde.

Da die Potenzreihe im Punkt b konvergiert, können wir n_0 so groß wählen, dass stets $|A_k| \leq \varepsilon'$ ist, falls $\varepsilon' > 0$ vorgegeben ist. Für $x \in D$ folgt

$$\left|\sum_{k=m}^{n} a_k(x-a)^k\right| \leq \varepsilon'\,|1-q| \sum_{k=m}^{\infty} |q|^k + \varepsilon' q^n \leq \varepsilon'\,\frac{|1-q|}{1-|q|} + \varepsilon'$$

$$= \varepsilon'\left(\frac{|b-x|}{R-|x-a|} + 1\right) \leq \varepsilon'\,(M+1) = \varepsilon\,,$$

wobei M eine obere Schranke für die Werte von $|b-x|/(R-|x-a|)$ auf D ist und $\varepsilon' := \varepsilon/(M+1)$ gesetzt wurde.

Aus schreibtechnischen Gründen erläutern wir nur im Fall $a = 0$ und $b = 1$, dass die in 12.B.7 angegebene Beschränktheitsbedingung für die dort skizzierten Mengen D erfüllt ist. In diesem Fall lässt sich die Menge $D \cap U$ in einer geeigneten Umgebung U von 1 bis auf den Punkt $b = 1$ in der Form

$$\{x \in \mathbb{C} \mid |\operatorname{Im} x| \leq C(1-\operatorname{Re} x)\,, 0 < 1-\operatorname{Re} x \leq \varepsilon\}$$

schreiben. Dabei sind ε und C positive Konstanten; ε sei $\leq$ Min $(1, 1/2C^2)$ gewählt. Es genügt dann zu zeigen, dass

$$\frac{|1-x|}{1-|x|} = \frac{|1-x|\,(1+|x|)}{1-|x|^2} \leq 2\,\frac{|1-x|}{1-|x|^2}$$

auf dieser Menge beschränkt bleibt. Setzen wir $x = \alpha + i\beta$, $\alpha, \beta \in \mathbb{R}$, so ist

$$\frac{|1-x|}{1-|x|^2} = \frac{\sqrt{(1-\alpha)^2+\beta^2}}{1-\alpha^2-\beta^2} = \frac{\sqrt{1+(\beta/(1-\alpha))^2}}{1+\alpha-\beta^2/(1-\alpha)} \leq 2\sqrt{1+C^2}$$

wegen $\alpha \geq 0$ und $\beta^2/(1-\alpha) \leq C^2(1-\alpha) \leq C^2\varepsilon \leq 1/2$.   •

12.B.8 Beispiel Die Potenzreihe $\sum_{n=1}^{\infty} x^n/n$ konvergiert, wie sofort mit 6.A.22 folgt, für alle Punkte $x \neq 1$ auf dem Rand $\{x \mid |x| = 1\}$ des Konvergenzkreises B(0 ; 1). Auf jeden dieser Punkte lässt sich also der Abelsche Grenzwertsatz anwenden. Wir werden bald zeigen (vgl. Beispiel 13.C.4), dass für $|x| < 1$ gilt

$$\sum_{n=1}^{\infty} \frac{x^n}{n} = -\ln(1-x).$$

Diese Gleichung gilt dann auch noch für alle x mit $x \neq 1$ und $|x| = 1$ wegen der Stetigkeit der Logarithmusfunktion. Insbesondere ergibt sich für $x = -1$

$$\sum_{n=1}^{\infty} \frac{(-1)^{n-1}}{n} = \ln 2.$$

Schärfer als der Abelsche Grenzwertsatz gilt für die Reihe $\sum x^n/n$ sogar:

12.B.9 Satz *Die Reihe $\sum_{n=1}^{\infty} x^n/n$ konvergiert gleichmäßig auf jeder Menge der Form* $\overline{B}(0 ; 1) - B(1 ; r)$, *wobei $r > 0$ beliebig klein gewählt werden kann.*

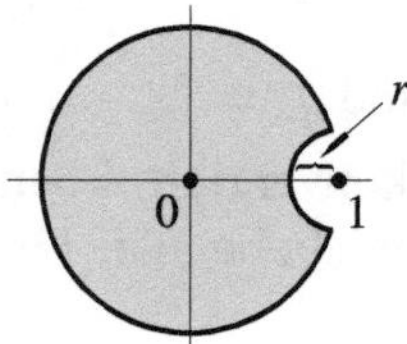

B e w e i s. Wir verwenden wieder Abelsche partielle Summation. Sei $\varepsilon > 0$ vorgegeben. Für alle $n \geq m \geq 2/\varepsilon r$ und alle $x \in \overline{B}(0; 1) - B(1; r)$ gilt

$$\left| \sum_{k=m}^{n} \frac{x^k}{k} \right| = \left| \sum_{k=m}^{n-1} \left(\sum_{j=m}^{k} x^j \right)\left(\frac{1}{k} - \frac{1}{k+1} \right) + \left(\sum_{j=m}^{n} x^j \right)\frac{1}{n} \right|$$

$$\leq \left| \sum_{k=m}^{n-1} \frac{x^{k+1}-x^m}{x-1}\left(\frac{1}{k} - \frac{1}{k+1} \right) \right| + \left| \frac{x^{n+1}-x^m}{x-1} \right| \frac{1}{n}$$

$$\leq \frac{2}{|x-1|}\left(\frac{1}{m} - \frac{1}{n} + \frac{1}{n} \right) = \frac{2}{m|x-1|} \leq \frac{2}{mr} \leq \varepsilon.   •$$

Zu einer Verallgemeinerung von 12.B.9 vergleiche man 13.C.16.

Aufgaben

1. Zu jedem $R \in \overline{\mathbb{R}}_+$ gebe man eine Potenzreihe mit Konvergenzradius R an.

2. Man berechne die Konvergenzradien folgender Potenzreihen:

$$\sum_{n=0}^{\infty} \frac{x^n}{n^n} \ ; \quad \sum_{n=0}^{\infty} \binom{2n}{n} x^n \ ; \quad \sum_{n=1}^{\infty} \frac{x^n}{2^n n^2} \ ; \quad \sum_{n=1}^{\infty} \frac{2^n}{n} x^{3n} \ ; \quad \sum_{n=1}^{\infty} x^{n!} \ ;$$

$$\sum_{n=2}^{\infty} \frac{1}{\ln n} x^n \ ; \quad \sum_{n=0}^{\infty} \frac{n^3 x^n}{n!} \ ; \quad \sum_{n=0}^{\infty} \frac{n!}{n^n} (x-1)^n \ ; \quad \sum_{n=0}^{\infty} \frac{x^{n^2}}{3^n} \ ;$$

$$\sum_{n=0}^{\infty} \frac{x^{n^2}}{(n!)^2} \ ; \quad \sum_{n=1}^{\infty} (\sqrt{n})^{\sqrt{n}} x^n \ ; \quad \sum_{n=0}^{\infty} n! \, x^n \ ; \quad \sum_{n=2}^{\infty} \frac{1}{(\ln n)^n} (x+5)^n \ .$$

3. Seien P und Q Polynome $\neq 0$ vom Grade p bzw. q. Es gibt ein $n_0 \in \mathbb{N}$ mit $Q(n) \neq 0$ für $n \geq n_0$. Die Potenzreihe $\sum_{n=n_0}^{\infty} \big(P(n)/Q(n)\big) x^n$ hat den Konvergenzradius 1. Ist $q \geq p+2$, so konvergiert die Reihe noch für alle x auf dem Rand des Konvergenzkreises. Ist $q \geq p+1$, so konvergiert sie noch für $x = -1$. Ist $q \leq p$, so konvergiert die Potenzreihe in keinem Punkt auf dem Rand des Einheitskreises. (Vgl. auch Beispiel 16.B.7.)

4. Sei $\sum a_n x^n$ eine Potenzreihe mit Koeffizienten $a_n \in \mathbb{C}$.

a) $\sum a_n x^n$ und $\sum |a_n| x^n$ haben den gleichen Konvergenzradius.

b) Ist (b_n) eine beschränkte Folge mit $\liminf |b_n| > 0$, so haben $\sum a_n x^n$ und $\sum a_n b_n x^n$ den gleichen Konvergenzradius.

5. Die Konvergenzradien der Potenzreihen $\sum a_n x^n$ und $\sum b_n x^n$ seien R_1 bzw R_2. Dann ist der Konvergenzradius der Potenzreihe $\sum a_n b_n x^n$ sicher nicht kleiner als $R_1 R_2$.

6. a) Die Reihe $\sum a_n$, $a_n \in \mathbb{C}$, konvergiere absolut. Dann konvergiert die Potenzreihe $\sum a_n x^n$ normal und insbesondere absolut und gleichmäßig auf dem abgeschlossenen Einheitskreis $\overline{\mathrm{B}}(0\,;1)$.

b) Sei a_n, $n \in \mathbb{N}$, eine monotone Nullfolge in $\mathbb{R}_+$. Dann konvergiert $\sum a_n x^n$ gleichmäßig auf jeder Menge $\overline{\mathrm{B}}(0\,;1) - \mathrm{B}(1\,;r)$, $r > 0$. (Vgl. 12.B.9.)

7. Die Funktion f werde im Kreis $\mathrm{B}(a\,;r_0)$ durch die Potenzreihe $\sum a_n (x-a)^n$ (mit einem Konvergenzradius $\geq r_0$) dargestellt. Zu jedem $k \in \mathbb{N}$ und jedem $r < r_0$ gibt es dann eine Konstante $M(k\,;r)$ mit $|f(x) - \sum_{n=0}^{k} a_n (x-a)^n| \leq M(k\,;r) |x-a|^{k+1}$ für alle $x \in \overline{\mathrm{B}}(a\,;r)$. Insbesondere ist $f(x) = \sum_{n=0}^{k} a_n (x-a)^n + O\big((x-a)^{k+1}\big)$ für $x \to a$.

8. Für die Koeffizienten der Potenzreihe $\sum a_n x^n$ gelte $a_n \neq 0$ für fast alle $n \in \mathbb{N}$. Konvergiert die Folge $|a_n/a_{n+1}|$, $n \in \mathbb{N}$ genügend groß, so ist der Grenzwert dieser Folge der Konvergenzradius der Potenzreihe. Dies gilt auch, wenn die Folge (uneigentlich) gegen ∞ konvergiert.

9. Der Konvergenzradius der Potenzreihe $\sum_{n=0}^{\infty} a_n (x-a)^n$ ist

$$R = \frac{1}{\limsup \sqrt[n]{|a_n|}} \ ,$$

wo für $\limsup \sqrt[n]{|a_n|} = 0$ die Formel als $R = 1/0 = \infty$ und bei unbeschränkter Folge $\left(\sqrt[n]{|a_n|}\right)$ als $R = 1/\infty = 0$ zu lesen ist. (Formel von Hadamard – Man benutze das Wurzelkriterium aus 6.A, Aufg. 4.)

10. Seien $f(x) = \sum_n a_n x^n$ eine konvergente Potenzreihe mit Konvergenzradius $R > 0$ und $0 < r < R$. Sei $|f(x)| \leq M$ für alle $x \in \mathbb{C}$ mit $|x| = r$. Dann ist $|a_n| \leq M/r^n$ für alle $n \in \mathbb{N}$. (Cauchysche Ungleichungen – Ohne Einschränkung sei $r = 1$. Mit 11.A, Aufg. 2 folgere man dann $|a_n| \leq M + \varepsilon$ für jedes $\varepsilon > 0$.)

11. Sei $f(x) = \sum_n a_n x^n$ eine konvergente Potenzreihe mit Koeffizienten $a_n \in \mathbb{R}_+$ und endlichem Konvergenzradius $R > 0$. Dann gilt

$$f(R-) = \lim_{\substack{x \to R \\ 0 < x < R}} f(x) = \sum_{n=0}^{\infty} a_n R^n \quad \left(\in \mathbb{R}_+ \cup \{\infty\}\right).$$

12.C Rechnen mit Potenzreihen

Sei $\sum a_n(x - a)^n$ eine (konvergente) Potenzreihe mit Konvergenzradius $R > 0$. Dann definiert diese Potenzreihe nach 12.B.5 eine stetige Funktion

$$f : x \mapsto \sum_{n=0}^{\infty} a_n(x - a)^n$$

auf dem Konvergenzkreis $B(a\,;R)$. Den üblichen Operationen für Funktionen entsprechen dabei Operationen für Potenzreihen, die wir in diesem Abschnitt besprechen wollen.

Zunächst zeigen wir, dass die Funktion f die Potenzreihe $\sum a_n(x - a)^n$ (d.h. die Koeffizienten a_n) eindeutig bestimmt. Dies ergibt sich sofort aus dem folgenden schärferen Resultat:

12.C.1 Identitätssatz für Potenzreihen *Seien* $f = \sum a_n(x - a)^n$ *und* $g = \sum b_n(x - a)^n$ *konvergente Potenzreihen mit demselben Entwicklungspunkt a. Gibt es dann eine Folge (x_k) mit $x_k \neq a$ für alle k und $\lim x_k = a$ derart, dass für alle $k \in \mathbb{N}$ beide Potenzreihen in x_k konvergieren und $f(x_k) = g(x_k)$ ist, so ist $a_n = b_n$ für alle $n \in \mathbb{N}$.*

Beweis. Wir können annehmen, dass $a = 0$ ist und dass alle x_k in den Konvergenzkreisen von f und g liegen. Angenommen, es gäbe ein n_0 mit $a_{n_0} \neq b_{n_0}$. Wir wählen n_0 minimal. Dann gilt

$$0 = (f - g)(x_k) = \sum_{n=n_0}^{\infty} (a_n - b_n)x_k^n = x_k^{n_0} \sum_{n=0}^{\infty} (a_{n_0+n} - b_{n_0+n})\, x_k^n \,.$$

Bezeichnet h die durch die Potenzreihe $\sum_{n=0}^{\infty}(a_{n_0+n} - b_{n_0+n})\,x^n$ beschriebene Funktion, so ist $h(x_k) = 0$ wegen $x_k \neq a = 0$. Nach 12.B.5 ist h stetig. Es folgt der Widerspruch $a_{n_0} - b_{n_0} = h(0) = \lim_{k \to \infty} h(x_k) = 0$.   •

Wegen des Identitätssatzes können wir also konvergente Potenzreihen und die durch sie beschriebenen Funktionen identifizieren und mit demselben Symbol bezeichnen. Einfach zu behandeln sind Summe und Produkt von Potenzreihen.

12.C.2 Satz *Seien* $f = \sum a_n(x-a)^n$ *und* $g = \sum b_n(x-a)^n$ *Potenzreihen mit demselben Entwicklungspunkt a und den Konvergenzradien R bzw. S. Dann gilt:*

(1) Die Summe $f + g = \sum_{n=0}^{\infty}(a_n + b_n)(x-a)^n$ *ist eine Potenzreihe mit einem Konvergenzradius* $\geq \mathrm{Min}\,(R, S)$. *Sie stellt für* $|x-a| < \mathrm{Min}\,(R, S)$ *die Funktion* $f + g$ *dar.*

(2) Das (Cauchy-)Produkt $fg = \sum_{n=0}^{\infty} c_n(x-a)^n$ *mit* $c_n := \sum_{k=0}^{n} a_k b_{n-k}$ *ist eine Potenzreihe mit einem Konvergenzradius* $\geq \mathrm{Min}\,(R, S)$. *Sie stellt für* $|x - a| < \mathrm{Min}\,(R, S)$ *die Funktion* fg *dar.*

B e w e i s . (1) ist selbstverständlich, (2) ergibt sich aus 6.B.14, da die Potenzreihen f und g für $|x - a| < \mathrm{Min}\,(R, S)$ absolut konvergieren. $\bullet$

Die durch die konvergente Potenzreihe $\sum a_n(x-a)^n$ beschriebene Funktion f lässt sich in einer Umgebung eines jeden Punktes b ihres Konvergenzkreises $B(a\,;\,R)$ durch eine Potenzreihe mit dem Entwicklungspunkt b darstellen. Genauer gilt:

12.C.3 Entwickeln von Potenzreihen *Sei* $f = \sum a_n(x-a)^n$ *eine konvergente Potenzreihe mit Entwicklungspunkt a und Konvergenzradius R. Ferner sei b ein Punkt mit* $|b-a| < R$. *Dann gibt es eine konvergente Potenzreihe* $\sum b_n(x-b)^n$ *mit dem Entwicklungspunkt b und einem Konvergenzradius* $\geq R - |b-a|$ *derart dass* $f(x) = \sum_{n=0}^{\infty} b_n(x-b)^n$ *für alle x mit* $|x-b| < R - |b-a|$ *gilt. Für* $k \in \mathbb{N}$ *ist dabei*

$$b_k = \sum_{n=k}^{\infty} \binom{n}{k} a_n (b-a)^{n-k}.$$

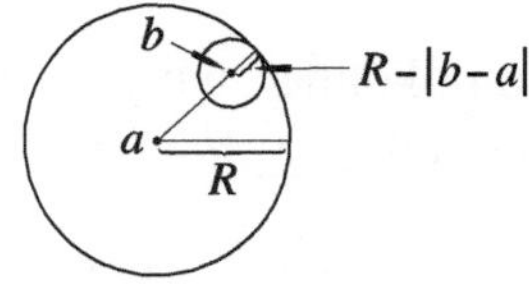

B e w e i s . Ohne Einschränkung sei $a = 0, b \neq 0$. Wir betrachten ein x mit $|x-b| < R-|b|$. Dafür ist $|x| < R$ und folglich

$$f(x) = \sum_{n=0}^{\infty} a_n x^n = \sum_{n=0}^{\infty} a_n\big((x-b) + b\big)^n = \sum_{n=0}^{\infty} a_n \left(\sum_{k=0}^{\infty} \binom{n}{k}(x-b)^k b^{n-k} \right).$$

Die Familie $a_n \binom{n}{k} (x-b)^k b^{n-k}$, $n, k \in \mathbb{N}$, ist summierbar; denn es ist

$$\sum_{n=0}^{\infty} |a_n| \left(\sum_{k=0}^{\infty} \binom{n}{k} |x-b|^k |b|^{n-k} \right) = \sum_{n=0}^{\infty} |a_n| \left(|x-b| + |b| \right)^n < \infty ,$$

da $|x-b| + |b| < R$ ist, vgl. 6.B.12. Nach dem Großen Umordnungssatz 6.B.11 ist daher

$$f(x) = \sum_{k=0}^{\infty} \left(\sum_{n=0}^{\infty} \binom{n}{k} a_n b^{n-k} \right) (x-b)^k . \qquad \bullet$$

Sind $f = \sum a_n (x-a)^n$ und $g = \sum b_n (x-b)^n$ konvergente Potenzreihen mit $a_0 = f(a) = b$, so ist die Komposition $g \circ f$ (wegen der Stetigkeit von f) in einer Umgebung von a definiert. Sie wird ebenfalls durch eine konvergente Potenzreihe beschrieben. Zur genaueren Beschreibung dieses Sachverhalts empfiehlt sich die folgende Begriffsbildung: Seien $f = \sum a_n (x-a)^n$ eine beliebige Potenzreihe und $t \in \mathbb{R}_+$. Dann heißt

$$\|f\|_t := \sum_{n=0}^{\infty} |a_n| t^n \in \overline{\mathbb{R}}_+$$

die t-N o r m von f. Offenbar ist der Konvergenzradius von f gleich dem Supremum der $t \in \mathbb{R}_+$ mit $\|f\|_t < \infty$. Wegen 12.C.2 gelten die folgenden Rechenregeln für Potenzreihen f und g mit demselben Entwicklungspunkt:

(1) $\|f + g\|_t \le \|f\|_t + \|g\|_t$,   (2) $\|fg\|_t \le \|f\|_t \|g\|_t$,

wobei fg in (2) wieder das Cauchy-Produkt von f und g ist. Ferner gilt trivialerweise:

(3) $\|f\|_s \le \|f\|_t$ für $0 \le s \le t$.

12.C.4 Einsetzen von Potenzreihen $f = \sum a_n (x-a)^n$ und $g = \sum b_n (x-b)^n$ *seien konvergente Potenzreihen mit den Konvergenzradien R bzw. S. Es sei $a_0 = f(a) = b$. Gilt $\|f-b\|_t < S$ für ein $t \in \mathbb{R}_+^{\times}$, so gibt es eine konvergente Potenzreihe $h = \sum c_n (x-a)^n$ mit Konvergenzradius $\ge t$ und $g(f(x)) = h(x)$ für alle x mit $|x-a| \le t$. Es ist $\|h\|_t \le \|g\|_{\|f-b\|_t}$.*

B e w e i s . Ohne Einschränkung können wir $a = b = 0$ annehmen. Es ist dann auch $a_0 = 0$. Für $|x| \le t$ ist $|f(x)| \le \sum |a_n||x|^n = \|f\|_{|x|} \le \|f\|_t < S$, so dass

$$g(f(x)) = \sum_{n=0}^{\infty} b_n \left(\sum_{m=0}^{\infty} a_m x^m \right)^n$$

gilt. Nach 12.C.2 (2) hat man konvergente Potenzreihenentwicklungen

$$f(x)^n = \left(\sum_{m=0}^{\infty} a_m x^m \right)^n = \sum_{m=0}^{\infty} c_{m,n} x^m$$

mit $\| f^n \|_t \leq \| f \|_t^n$. Wegen $a_0 = 0$ ist $c_{m,n} = 0$ für $m < n$. Ferner ist die Familie $b_n c_{m,n} x^m$, $n, m \in \mathbb{N}$, wegen

$$\sum_{n=0}^{\infty} |b_n| \sum_{m=0}^{\infty} |c_{m,n} x|^m \leq \sum_{n=0}^{\infty} |b_n| \, \| f \|_t^n = \| g \|_{\| f \|_t} < \infty$$

summierbar, vgl. 6.B.12. Daher kann man umordnen und erhält

$$g\big(f(x)\big) = \sum_{m=0}^{\infty} \Big(\sum_{n=0}^{\infty} b_n c_{m,n} \Big) x^m = h(x)$$

mit der Potenzreihe

$$h(x) = \sum_{m=0}^{\infty} c_m x^m , \quad c_m := \sum_{n=0}^{\infty} b_n c_{m,n} = \sum_{n=0}^{m} b_n c_{m,n} .$$

Die Aussage über die t-Norm von h ist dabei mitbewiesen worden. $\qquad\bullet$

12.C.4 besagt insbesondere, dass der Konvergenzradius von h in der dort beschriebenen Situation mindestens R ist, wenn $S = \infty$ ist.

Mit 12.C.4 lässt sich sehr einfach beweisen:

12.C.5 Invertieren von Potenzreihen *Sei $f = \sum a_n (x - a)^n$ eine konvergente Potenzreihe mit $a_0 = f(a) \neq 0$. Dann gibt es eine konvergente Potenzreihe $\sum b_n (x - a)^n$ mit*

$$\frac{1}{f(x)} = \sum_{n=0}^{\infty} b_n (x - a)^n$$

für x in einer genügend kleinen Umgebung von a.

B e w e i s . Indem wir $(1/a_0) f$ betrachten, können wir $a_0 = 1$ annehmen. Es ist dann

$$\frac{1}{f(x)} = \frac{1}{1 - \big(1 - f(x)\big)} = g\big(1 - f(x)\big)$$

mit der geometrischen Reihe $g(x) := 1/(1 - x) = \sum x^n$. $\qquad\bullet$

Mit 12.C.2 (2) ergibt sich, dass auch Quotienten f/g von konvergenten Potenzreihen f, g mit demselben Entwicklungspunkt a und mit $g(a) \neq 0$ konvergente Potenzreihen mit dem Entwicklungspunkt a sind.

Als weiteres grundlegendes Rechenverfahren für Potenzreihen betrachten wir noch das U m k e h r e n   v o n   P o t e n z r e i h e n : Sei $f = \sum a_n (x - a)^n$ eine konvergente Potenzreihe mit Koeffizienten $a_n \in \mathbb{K}$ und Entwicklungspunkt $a \in \mathbb{K}$. Dann beschreibt f im Konvergenzkreis (bei $\mathbb{K} = \mathbb{C}$) bzw. im Konvergenzintervall (bei $\mathbb{K} = \mathbb{R}$) eine $\mathbb{K}$-wertige Funktion f mit $b := f(a) = a_0$. Wir können im Weiteren annehmen, dass $a = 0$ sowie $a_0 = b = 0$ ist, also f die folgende Darstellung hat:

$$f(x) = a_1 x + a_2 x^2 + a_3 x^3 + \cdots .$$

Setzen wir zunächst voraus, dass f in einer offenen Umgebung U von 0 in $\mathbb{K}$ eine injektive Funktion ist mit einem Bild V, das ebenfalls eine offene Umgebung von 0 in $\mathbb{K}$ ist. [1]) Dann ist die Umkehrabbildung $f^{-1}: V \to U$ definiert, und es stellt sich die Frage, ob auch $g := f^{-1}$ in einer Umgebung von $0 = f(0)$ durch eine Potenzreihe

$$g(x) = b_1 x + b_2 x^2 + b_3 x^3 + \cdots$$

beschrieben werden kann. Nehmen wir dies an, so erhalten wir aus $f\big(g(x)\big) = \sum a_n g^n(x)$ unter Verwendung von 12.C.4 durch Koeffizientenvergleich die Gleichungen

$$a_1 b_1 = 1$$
$$a_1 b_2 + a_2 b_1^2 = 0$$
$$a_1 b_3 + 2 a_2 b_1 b_2 + a_3 b_1^3 = 0$$
$$\dots\dots\dots\dots\dots\dots \ .$$

Insbesondere ist notwendigerweise $a_1 \neq 0$, und die Koeffizienten b_1, b_2, b_3, $\ldots$ von g lassen sich sukzessive aus den Koeffizienten a_1, a_2, a_3, $\ldots$ von f berechnen:

$$b_1 = a_1^{-1}$$
$$b_2 = -a_1^{-1} a_2 b_1^2$$
$$b_3 = -a_1^{-1}(2 a_2 b_1 b_2 + a_3 b_1^3)$$
$$\dots\dots\dots\dots\dots\dots \ .$$

Wir wollen nun umgekehrt zeigen, dass im Fall $a_1 \neq 0$ die Funktion f in einer (genügend kleinen) offenen Umgebung U von 0 injektiv ist mit offenem Bild $f(U)$ und dass die Umkehrabbildung in einer Umgebung des Punktes $f(0) = 0$ ebenfalls durch eine konvergente Potenzreihe beschrieben wird. [2]) Die Hauptaufgabe besteht darin, die oben nach der angegebenen Rekursion durch f *definierte* Potenzreihe $g = b_1 x + b_2 x^2 + b_3 x^3 + \cdots$ als konvergent zu erweisen. Dabei können wir offenbar annehmen, dass $a_1 = 1$ ist.

Wir schreiben $f = x + x^2 h(x)$ mit einer konvergenten Potenzreihe h. Es sei $S := \|h\|_s < \infty$ für ein $s \in \mathbb{R}_+^\times$. Die oben definierte Potenzreihe g erfüllt die Gleichung $x = g + g^2 h\big(g(x)\big)$ und damit die Fixpunktgleichung

$$g = x - g^2 h\big(g(x)\big) \ .$$

An das Verfahren der sukzessiven Approximation beim Banachschen Fixpunktsatz (vgl. Beispiel 10.B.12) denkend, definieren wir rekursiv konvergente Potenzreihen g_n durch

$$g_1 = x \ , \quad g_{n+1} = x - g_n^2 h\big(g_n(x)\big) \ .$$

---

[1]) Die Offenheit von $V = f(U)$ in $\mathbb{K}$ folgt im Reellen aus 10.C.9 und gilt auch im Komplexen, vgl. Satz 12.D.9.

[2]) Man beachte, dass $a_1 = f'(0)$ die Ableitung von f an der Stelle 0 ist, vgl. 13.B.1.

Für alle $t \in \mathbb{R}_+^\times$ mit $t \leq \frac{1}{2}T$, $T := \text{Min}\,(s\,,\,1/2S)$, hat man dann $\|g_n\|_t \leq T$. Dies gilt nämlich für $n = 1$, und beim Schluss von n auf $n + 1$ erhält man

$$\|g_{n+1}\|_t \leq t + \|g_n\|_t^2 \cdot \|h\|_{\|g_n\|_t} \leq \tfrac{1}{2}T + T^2 S \leq T\,.$$

Durch Induktion über n sieht man außerdem sofort, dass für alle $n \in \mathbb{N}^*$ die Koeffizienten von g und g_n bis zur Potenz x^n (ja sogar bis zur Potenz x^{2n-1}) übereinstimmen. Dann gilt aber auch $\|g\|_t \leq T$ für alle $t \leq \frac{1}{2}T$, vgl. Aufg. 16. Jetzt können wir beweisen:

12.C.6 Umkehren von Potenzreihen *Sei $f = \sum_{n=1}^{\infty} a_n x^n$ eine konvergente Potenzreihe in $\mathbb{K}$. Es sei $a_1 \neq 0$. Dann gibt es offene Umgebungen U und V von 0 in $\mathbb{K}$ derart, dass f eine bijektive Abbildung von U auf V definiert und die zugehörige Umkehrabbildung[3]) $f^{-1} : V \to U$ in einer Umgebung des Nullpunkts wieder durch eine konvergente Potenzreihe $\sum_{n=1}^{\infty} b_n x^n$ mit $b_1 = a_1^{-1} \neq 0$ (und Koeffizienten aus $\mathbb{K}$) beschrieben wird.*

B e w e i s . Nach der Vorbemerkung gibt es eine konvergente Potenzreihe $g = b_1 x + b_2 x^2 + \cdots$ mit $f\big(g(x)\big) = x$. Wir behaupten, dass dafür auch $g\big(f(x)\big) = x$ gilt. In der Tat gibt es nach der Vorbemerkung, angewandt auf g, eine konvergente Potenzreihe h mit $g\big(h(x)\big) = x$. Es folgt $f(x) = f\big(g(h(x))\big) = h(x)$.

Nach Satz 12.C.4 existieren offene Umgebungen U_1 und V_1 von 0 derart, dass die Kompositionen $g \circ f$ bzw. $f \circ g$ auf U_1 bzw. V_1 definiert und dort jeweils gleich der Identität sind. Wir setzen $U := U_1 \cap V_1$ und $V := f(U_1 \cap V_1) = g^{-1}(U_1 \cap V_1)$. Dann sind U und V offene Umgebungen von 0 in $\mathbb{K}$, und $f : U \to V$ und $g : V \to U$ sind zueinander inverse Abbildungen. $\bullet$

Wir werden 12.C.6 in Band 3 mit dem Satz über implizite Funktionen (für den analytischen Fall) wesentlich verallgemeinern.

Sei $f = \sum_{n=0}^{\infty} a_n (x - a)^n$ eine Potenzreihe mit Entwicklungspunkt a. Für $m \in \mathbb{N}$ heißt das Polynom $\sum_{n=0}^{m} a_n (x - a)^n$ die E n t w i c k l u n g v o n f b i s z u r O r d n u n g m . Ist f konvergent, so gilt

$$f(x) = \sum_{n=0}^{m} a_n (x - a)^n + O\big((x - a)^{m+1}\big)$$

und insbesondere $f(x) = \sum_{n=0}^{m} a_n (x - a)^n + o\big((x - a)^m\big)$ für $x \to a$, vgl. auch 12.B, Aufg. 7.

Um Summe und Produkt zweier Potenzreihen f und g bis zur Ordnung m zu berechnen, genügt es, die Reihen f und g bis zur Ordnung m zu kennen. Eine analoge Bemerkung gilt für das Einsetzen gemäß 12.C.4, das Invertieren gemäß 12.C.5 und auch für das Umkehren gemäß 12.C.6.

Häufig kommt es beim Rechnen mit Potenzreihen auf Konvergenzaussagen nicht an. Für jede Folge (a_n) in $\mathbb{K}$ ist die Potenzreihe $\sum a_n x^n$ definiert und heißt die

---

[3]) Man verwechsele die Umkehrabbildung f^{-1} nicht mit dem Kehrwert $1/f$.

e r z e u g e n d e F u n k t i o n von (a_n). Auch im nicht konvergenten Fall liefern die vorstehend besprochenen Operationen mit Potenzreihen (vom Umentwickeln 12.C.3 abgesehen, das dann keinen Sinn hat) Methoden zur Untersuchung der Folge (a_n).

Sowohl die konvergenten wie auch alle Potenzreihen mit Koeffizienten in $\mathbb{K}$ und festem Entwicklungspunkt $a \in \mathbb{K}$ bilden jeweils einen Ring. Wir nennen diese Ringe den k o n v e r g e n t e n P o t e n z r e i h e n r i n g $\mathbb{K}\langle\!\langle x - a \rangle\!\rangle$ bzw. den f o r m a - l e n P o t e n z r e i h e n r i n g $\mathbb{K}[\![x - a]\!]$ mit Entwicklungspunkt a. In beiden Fällen ist die Multiplikation durch das Cauchy-Produkt gegeben.

12.C.7 Beispiel (B e r e c h n u n g d e s K e h r w e r t s e i n e r P o t e n z r e i h e) Sei

$$f = 1 + \sum_{n=1}^{\infty} a_n x^n$$

eine Potenzreihe mit konstantem Term $f(0) = a_0 = 1$. Dann ist

$$\frac{1}{f} = 1 + \sum_{n=1}^{\infty} b_n x^n$$

ebenfalls eine Potenzreihe mit konstantem Term 1, deren n-ter Koeffizient b_n nur von den Koeffizienten $a_1, \ldots, a_n$ abhängt. Mit Hilfe des Polynomialsatzes 2.B.16 ergibt sich aus der Gleichung

$$\frac{1}{f} = \frac{1}{\left(1 - (1 - f)\right)} = \sum_{m=0}^{\infty} (1 - f)^m = \sum_{m=0}^{\infty} \left(\sum_{k=1}^{\infty} -a_k x^k \right)^m$$

zwar die explizite Darstellung

$$b_n = L_n(a_1, \ldots, a_n) = \sum_{\nu \in \mathbb{N}^n,\, \nu_1 + 2\nu_2 + \cdots + n\nu_n = n} (-1)^{|\nu|} \binom{|\nu|}{\nu} a^\nu$$

$\bigl(|\nu| = \nu_1 + \cdots + \nu_n\bigr)$, $n \in \mathbb{N}$, meist ist es aber vorteilhafter, die aus der Gleichung

$$1 = \left(1 + \sum_{n=1}^{\infty} a_n x^n\right)\left(1 + \sum_{n=1}^{\infty} b_n x^n\right) = 1 + \sum_{n=1}^{\infty} \left(\sum_{\nu=0}^{n} a_\nu b_{n-\nu}\right) x^n$$

resultierende Rekursion

$$b_n + \sum_{\nu=1}^{n} a_\nu b_{n-\nu} = 0, \quad n \in \mathbb{N}^*,$$

mit der Anfangsbedingung $b_0 = 1$ zu benutzen. Für die Reihe

$$f := \frac{-\ln(1-x)}{x} = \sum_{n=0}^{\infty} \frac{x^n}{n+1} = 1 + \frac{x}{2} + \frac{x^2}{3} + \frac{x^3}{4} + \frac{x^4}{5} + \cdots,$$

vgl. 12.B.8, ergibt sich beispielsweise

$$\frac{1}{f} = \frac{-x}{\ln(1-x)} = \left(\sum_{n=0}^{\infty} \frac{x^n}{n+1}\right)^{-1} = 1 - \frac{x}{2} - \frac{x^2}{12} - \frac{x^3}{24} - \frac{19x^4}{720} - \frac{3x^5}{160} - \cdots.$$

Man zeige induktiv, dass für dieses f die Koeffizienten b_n der Potenzreihe von $1/f$ für $n > 0$ negativ sind. Z.B. gilt $c_n := -b_n \geq 1/n^2(n+1)$ für $n \geq 1$. Der Konvergenzradius von $1/f$ ist 1. Der Abelsche Grenzwertsatz liefert $\sum_{n=1}^{\infty} c_n = 1$ und $\sum_{n=1}^{\infty}(-1)^{n-1}c_n = -1 + (1/\ln 2)$.

12.C.8 Beispiel (Potenzreihenentwicklung rationaler Funktionen)
Sei f/g eine rationale Funktion mit Polynomfunktionen f und g, wobei der Nenner g im Nullpunkt nicht verschwinde. Ohne Einschränkung der Allgemeinheit sei $g(0) = 1$. Division mit Rest liefert eine Darstellung $f/g = q + r/g$ mit Polynomfunktionen q und r und Grad $r <$ Grad g. Für die Potenzreihenentwicklung

$$\frac{f}{g} = \sum_{k=0}^{\infty} a_k x^k$$

können wir also gleich $f = r$, d.h. Grad $f <$ Grad g annehmen. Die Zerlegung des Nenners in Linearfaktoren schreiben wir in der Form

$$g = (1 - \beta_1 x)^{n_1} \cdots (1 - \beta_r x)^{n_r}$$

mit paarweise verschiedenen $\beta_1, \ldots, \beta_r \in \mathbb{C}^{\times}$ (die die Kehrwerte der Nullstellen von g sind). Ferner können wir annehmen, dass f und g keine gemeinsame Nullstelle haben. Nach 11.B.2 hat f/g eine Partialbruchzerlegung

$$\frac{f}{g} = \frac{\beta_{11}}{(1 - \beta_1 x)} + \cdots + \frac{\beta_{1n_1}}{(1 - \beta_1 x)^{n_1}} + \cdots + \frac{\beta_{r1}}{(1 - \beta_r x)} + \cdots + \frac{\beta_{rn_r}}{(1 - \beta_r x)^{n_r}}.$$

Daraus gewinnt man dann sofort die Potenzreihe von f/g, da für beliebige $\beta \in \mathbb{C}^{\times}$ und $n \in \mathbb{N}^*$ gilt (vgl. Aufg. 4b) oder auch 6.B, Aufg. 1b)):

$$\frac{1}{(1 - \beta x)^n} = \sum_{k=0}^{\infty} \binom{k+n-1}{n-1} \beta^k x^k.$$

Es ist also

$$a_k = P_1(k)\beta_1^k + \cdots + P_r(k)\beta_r^k,$$

wobei die P_ρ Polynome vom Grade $n_\rho - 1$ sind, $\rho = 1, \ldots, r$. Der Leitkoeffizient von P_ρ ist $\beta_{\rho n_\rho}/(n_\rho - 1)!$ mit

$$\beta_{\rho n_\rho} = f(1/\beta_\rho) \Big/ \prod_{\sigma \neq \rho} \Big(1 - \frac{\beta_\sigma}{\beta_\rho}\Big)^{n_\sigma}.$$

Hat β_1 die Eigenschaft, dass für alle $\rho > 1$ gilt: $|\beta_\rho| \leq |\beta_1|$ und $n_\rho < n_1$, falls $|\beta_\rho| = |\beta_1|$ ist, so ergibt sich für $k \to \infty$ die asymptotische Beziehung

$$a_k \sim \beta_{1n_1} k^{n_1 - 1} \beta_1^k / (n_1 - 1)!.$$

Insbesondere ist dann $\displaystyle\lim_{k \to \infty} \frac{a_k}{a_{k+1}} = \frac{1}{\beta_1}$ *diejenige Nullstelle* $1/\beta_1$ *des Polynoms* g, *deren* Betrag unter den Beträgen aller seiner Nullstellen $1/\beta_1, \ldots, 1/\beta_r$ minimal ist. Die Konvergenz ist besonders günstig, wenn $|\beta_\rho| < |\beta_1|$ ist für alle $\rho > 1$. Dieses Verfahren zur Bestimmung einer Nullstelle von Polynomen ist von Bernoulli angegeben worden. Besitzt das Polynom $h = d_0 + \cdots + d_{n-1}x^{n-1} + x^n$, $d_0 \neq 0$, eine betragsmäßig größte Nullstelle α derart, dass alle anderen Nullstellen vom Betrag $|\alpha|$ eine kleinere Ordnung als α haben, so kann man zur Berechnung von α die vorstehende Methode auf das reziproke Polynom $x^n h(1/x) = 1 + d_{n-1}x + \cdots + d_0 x^n$ anwenden, dessen Nullstellen gerade die Inversen der Nullstellen von h sind (jeweils mit derselben Vielfachheit).

Für die Koeffizienten a_k der Potenzreihenentwicklung $f/g = \sum a_k x^k$ ergibt sich bei $g(x) = 1 + c_1 x + \cdots + c_n x^n$ aus $f = (\sum a_k x^k) g$ die Rekursionsgleichung

$$a_k + c_1 a_{k-1} + \cdots + c_n a_{k-n} = 0 \,,$$

$k \geq n$, und die Anfangswerte $a_0, \ldots, a_{n-1}$ hängen mit den Koeffizienten von $f = \sum_{k=0}^{n-1} b_k x^k$ durch die Gleichungen

$$b_k = a_k + c_1 a_{k-1} + \cdots + c_k a_0 \,,$$

$k = 0, \ldots, n-1$, zusammen $(c_0 = 1)$. Wir haben also bewiesen:

12.C.9 Satz *Seien $c_1, \ldots, c_n \in \mathbb{C}$, $c_n \neq 0$, und gelte*

$$g := 1 + c_1 x + \cdots + c_n x^n = (1 - \beta_1 x)^{n_1} \cdots (1 - \beta_r x)^{n_r}$$

mit paarweise verschiedenen $\beta_1, \ldots, \beta_r \in \mathbb{C}^\times$. Die Folgen a_k, $k \in \mathbb{N}$, die der Rekursionsgleichung

$$a_k + c_1 a_{k-1} + \cdots + c_n a_{k-n} = 0 \,, \quad k \geq n \,,$$

genügen, sind genau die Folgen

$$P_1(k) \beta_1^k + \cdots + P_r(k) \beta_r^k \,, \quad k \in \mathbb{N} \,,$$

mit Polynomfunktionen $P_\rho \in \mathbb{C}[x]$ vom Grade $< n_\rho$, $\rho = 1, \ldots, r$.

Gilt in Satz 12.C.9 die Rekursionsgleichung nur für alle $k \geq n + n_0$ mit einem $n_0 \in \mathbb{N}$, so sind zu den angegebenen Lösungsfolgen noch die Folgen (a_k) mit $a_k = 0$ für $k \geq n_0$ zu addieren. Ist $f = \sum_{k=0}^\infty b_k x^k$ eine *beliebige* Potenzreihe, so sind die erzeugenden Funktionen der Folgen (a_k), die der Rekursionsgleichung

$$a_k + c_1 a_{k-1} + \cdots + c_n a_{k-n} = b_k \,, \quad k \geq n \,,$$

genügen, die Potenzreihen $\dfrac{f + f_1}{g} = \dfrac{f}{g} + \dfrac{f_1}{g}$, wobei f_1 ein Polynom vom Grade $< n$ ist. Wir betrachten einige explizite Beispiele:

(1) Die Fibonacci-Folge (f_k) mit $f_0 = 0$, $f_1 = 1$ und $f_k = f_{k-1} + f_{k-2}$, $k \geq 2$, hat als erzeugende Funktion die rationale Funktion

$$\frac{x}{1 - x - x^2} = \frac{x}{(1 - \Phi x)(1 + x/\Phi)} = \frac{1}{\sqrt{5}} \left(\frac{1}{1 - \Phi x} - \frac{1}{1 + x/\Phi} \right),$$

$\Phi := (1 + \sqrt{5})/2$, woraus die Binetschen Formeln

$$f_k = \frac{1}{\sqrt{5}} \left(\Phi^k + (-1)^{k+1} \Phi^{-k} \right),$$

$k \in \mathbb{N}$, und die asymptotische Gleichheit $f_k \sim \Phi^k / \sqrt{5}$ für $k \to \infty$ folgen, vgl. 2.A.5.

Ein ähnliches Beispiel bilden die Rekursionen

$$T_0(t) = 2 \,, \quad T_1(t) = t \,, \quad T_{n+2}(t) = t\, T_{n+1}(t) - \tfrac{1}{4} T_n(t)$$

und

$$U_0(t) = 1 \,, \quad U_1(t) = t \,, \quad U_{n+2}(t) = t\, U_{n+1}(t) - \tfrac{1}{4} U_n(t)$$

für die Tschebyschew-Polynome erster bzw. zweiter Art (vgl. Beispiel 5.C.5 bzw. 5.C, Aufg. 9). Sie ergeben die Potenzreihenentwicklungen

$$\frac{2-tx}{1-2t\,\frac{x}{2}+(\frac{x}{2})^2} = \sum_{n=0}^{\infty} T_n(t)\,x^n \,, \qquad \frac{1}{1-2t\,\frac{x}{2}+(\frac{x}{2})^2} = \sum_{n=0}^{\infty} U_n(t)\,x^n$$

oder

$$\frac{1-tx}{1-2tx+x^2} = \sum_{n=0}^{\infty} 2^{n-1} T_n(t)\,x^n \,, \qquad \frac{1}{1-2tx+x^2} = \sum_{n=0}^{\infty} 2^n U_n(t)\,x^n \,.$$

Letztere gelten für $t \in \mathbb{R}$, $|t| \le 1$, und $x \in \mathbb{C}$, $|x| < 1$. Ersetzt man t durch $\cos\varphi$, so folgen wegen $2^{n-1} T_n(\cos\varphi) = \cos n\varphi$ und $2^n \sin\varphi\, U_n(\cos\varphi) = \sin(n+1)\varphi$ (vgl. loc. cit.) die „Fourier-Entwicklungen“

$$\frac{1-x\cos\varphi}{1-2x\cos\varphi+x^2} = \sum_{n=0}^{\infty} x^n \cos n\varphi \,, \qquad \frac{x\sin\varphi}{1-2x\cos\varphi+x^2} = \sum_{n=0}^{\infty} x^n \sin n\varphi$$

für alle $\varphi \in \mathbb{R}$ und alle $x \in \mathbb{C}$ mit $|x| < 1$. Man gewinnt diese freilich auch direkt aus der geometrischen Reihe

$$\sum_{n=0}^{\infty} x^n (\cos\varphi + \mathrm{i} \sin\varphi)^n = \frac{1}{1-x(\cos\varphi + \mathrm{i} \sin\varphi)}$$

für $x \in \mathbb{R}$, $|x| < 1$, und $\varphi \in \mathbb{R}$ durch Trennen von Real- und Imaginärteil.

(2) Sei $a = (a_k)_{k\in\mathbb{N}}$ eine Folge komplexer Zahlen. Die D i f f e r e n z e n f o l g e zu a ist die Folge Δa mit $(\Delta a)_k := a_{k+1} - a_k$, $k \in \mathbb{N}$. Für die erzeugenden Funktionen $f = \sum a_k x^k$ und $\Delta f := \sum (\Delta a)_k x^k$ gilt $x(\Delta f) = f - xf - f(0)$, also

$$f = \frac{f(0)}{1-x} + \frac{x\Delta f}{1-x} \,.$$

Dies liefert durch Iteration für alle $k \in \mathbb{N}$:

$$f = \sum_{n=0}^{k} \frac{(\Delta^n f)(0)x^n}{(1-x)^{n+1}} + \frac{x^{k+1}\Delta^{k+1} f}{(1-x)^{k+1}} \,.$$

Es folgt

$$f = \frac{1}{1-x} F\left(\frac{x}{1-x}\right) \quad \text{mit} \quad F := \sum_{k=0}^{\infty} (\Delta^k a)_0 x^k \,.$$

Unter Verwendung der Gleichung $\dfrac{x^n}{(1-x)^{n+1}} = \displaystyle\sum_{k=0}^{\infty} \binom{k}{n} x^k$ aus Aufg. 11 erhält man für alle $k \in \mathbb{N}$ die Formeln

$$a_k = \sum_{n=0}^{k} (\Delta^n a)_0 \binom{k}{n} \,,$$

die f und die Folgenglieder a_k durch die Anfangsglieder $(\Delta^n a)_0$ der iterierten Differenzenfolgen beschreiben.

(a_k) heißt eine a r i t h m e t i s c h e   F o l g e   d e r   O r d n u n g $\le m$, wenn $\Delta^{m+1} a = 0$ ist. Dies ist genau dann der Fall, wenn $f = \sum a_k x^k$ eine rationale Funktion der Form $f = \dfrac{h}{(1-x)^{m+1}}$ mit einem Polynom h vom Grade $\le m$ ist. Äquivalent dazu ist, dass sich die a_k in der Form

$$a_k = \sum_{n=0}^{m} (\Delta^n a)_0 \binom{k}{n} = P(k),$$

mit einem Polynom P vom Grade $\leq m$ darstellen lassen. Im Fall $a_k = k^m$, $k \in \mathbb{N}$, heißen die Zahlen

$$S(m, n) := \frac{(\Delta^n a)_0}{n!}, \quad 0 \leq n \leq m,$$

Stirlingsche Zahlen zweiter Art. (Für alle anderen $(m, n) \in \mathbb{Z}^2$ setzt man $S(m, n) := 0$.) Sie lassen sich auch durch die Polynomgleichungen

$$x^m = \sum_{n=0}^{m} n! \, S(m, n) \binom{x}{n}$$

mit den Binomialpolynomen $\binom{x}{n} = x(x-1) \cdots (x - n + 1)/n!$ definieren. Wegen $(n+1)\binom{x}{n+1} = x\binom{x}{n} - n\binom{x}{n}$ ist

$$x^{m+1} = \sum_{n=0}^{m} n! \, S(m, n) \, x \binom{x}{n} = \sum_{n=0}^{m+1} n! \left(n \, S(m, n) + S(m, n - 1) \right) \binom{x}{n}.$$

Es ergibt sich die Rekursion

$$S(0, n) = \delta_{0,n}, \quad S(m + 1, n) = n \, S(m, n) + S(m, n - 1),$$

die es gestattet, die Stirlingzahlen leicht zu berechnen. Übrigens heißen die für $0 \leq n \leq m$ durch

$$\binom{x}{m} = \frac{1}{m!} \sum_{n=0}^{m} (-1)^{m-n} s(m, n) \, x^n$$

(und durch $s(m, n) := 0$ sonst) definierten (natürlichen) Zahlen $s(m, n)$ die Stirlingschen Zahlen erster Art. Sie erfüllen offenbar die Rekursion

$$s(0, n) = \delta_{0,n}, \quad s(m + 1, n) = m \, s(m, n) + s(m, n - 1).$$

Da jedes Binomialpoynom $\binom{x}{n}$, $n \in \mathbb{N}$, die ganzen Zahlen in sich abbildet, folgt noch: *Für eine Polynomfunktion $P = \sum_{n=0}^{m} c_n x^n = \sum_{n=0}^{m} d_n \binom{x}{n} \in \mathbb{C}[x]$ vom Grade $\leq m \in \mathbb{N}$ sind äquivalent: (1) $P(k) \in \mathbb{Z}$ für alle $k \in \mathbb{Z}$. (2) $P(k) \in \mathbb{Z}$ für $k = 0, 1, \ldots, m$. (3) $P(k) \in \mathbb{Z}$ für $m + 1$ aufeinanderfolgende ganze Zahlen $k = k_0, k_0 + 1, \ldots, k_0 + m$. (4) $d_n \in \mathbb{Z}$ für $n = 0, \ldots, m$. (Beweis.) Insbesondere bildet eine Polynomfunktion $P \in \mathbb{C}[x]$ genau dann $\mathbb{Z}$ in sich ab, wenn P sich in der Form $\sum_{n \in \mathbb{N}} d_n \binom{x}{n}$ mit ganzzahligen Koeffizienten d_n (von denen fast alle verschwinden) darstellen lässt. Diese Polynome bilden einen Unterring von* $\mathbb{C}[x]$. Es ist $\binom{x}{m}\binom{x}{n} = \sum_{\ell=0}^{m} \binom{\ell + n}{\ell, \ell + n - m, m - \ell}\binom{x}{\ell + n}$ für $0 \leq m \leq n$, was man etwa zunächst für $x \in \mathbb{N}$ durch Betrachten der Identität $(1+s)^x (1+t)^x = \left(1 + (s + t + st)\right)^x$ gewinnt und dann für alle x mit dem Identitätssatz 11.A.5.

(3) Sei $a = (a_k)_{k \in \mathbb{N}}$ wieder eine beliebige Folge komplexer Zahlen. Dann heißt die Folge Sa mit $(Sa)_k := \sum_{n=0}^{k-1} a_n$ die Summenfolge zu a. Wegen $(Sa)_0 = 0$ und $\Delta(Sa) = a$ gilt für die erzeugende Funktion Sf von Sa nach (2) die Gleichung $Sf = xf/(1 - x)$, und man hat für alle $k \in \mathbb{N}$:

$$(Sa)_k = \sum_{n=0}^{k-1} (\Delta^n a)_0 \binom{k}{n+1}.$$

Speziell für eine arithmetische Folge a der Ordnung $\leq m$ folgt die Summenformel

$$(Sa)_k = \sum_{n=0}^{k-1} a_n = \sum_{n=0}^{m} (\Delta^n a)_0 \binom{k}{n+1}.$$

Bei $a_k = k^m$ ergibt sich mit den Stirlingschen Zahlen zweiter Art

$$\sum_{n=0}^{k} n^m = \sum_{i=0}^{m} i!\, S(m,i) \binom{k+1}{i+1}.$$

Man erhält dieses Ergebnis auch direkt mit 2.B, Aufg. 4c) durch Summation aus der Formel

$$n^m = \sum_{i=0}^{m} i!\, S(m,i) \binom{n}{i},$$

die sich aus der Polynomidentität $x^m = \sum_{i=0}^{m} i!\, S(m,i) \binom{x}{i}$ von oben ergibt, aber auch kombinatorisch als Abzählung aller Abbildungen $\{1,\dots,m\} \to \{1,\dots,n\}$ interpretiert werden kann, vgl. Aufg. 13 und Beispiel 7.C.3. Beispielsweise ist

$$\sum_{n=0}^{k} n^4 = \binom{k+1}{2} + 14\binom{k+1}{3} + 36\binom{k+1}{4} + 24\binom{k+1}{5}.$$

12.C.10 Beispiel Wir betrachten ein Beispiel, das die in diesem Abschnitt besprochenen Operationen für Potenzreihen in mehrfacher Weise benutzt. Das Rechnen mit Potenzreihen gehört zu den Standardkalkülen der Mathematik und sollte vom Leser beherrscht werden, vgl. auch Aufg. 1.

Wir zeigen, dass die Lösung der Gleichung

$$x = y - \arctan x^{-1}$$

aus 10.B, Aufg. 30g) für große $y \in \mathbb{R}$ (sogar für alle $y > \pi/2$) eine Darstellung

$$x = y - g(y^{-1}) = y - \frac{1}{y} - \frac{2}{3y^3} - \frac{13}{15y^5} - \frac{146}{105y^7} - \frac{781}{315y^9} - \frac{16328}{3465y^{11}} - \cdots$$

mit einer konvergenten Potenzreihe $g(z) = \sum_{n=1}^{\infty} b_n z^n$ hat. Mit $z := y^{-1}$ und $w := x^{-1}$ ist die angegebene Gleichung nämlich äquivalent zu

$$z = \frac{1}{x\,(1 + x^{-1}\arctan x^{-1})} = w\,(1 + H(w)),$$

wobei $1 + H(w)$ die Potenzreihenentwicklung von $1/(1 + w\arctan w)$ ist. Daraus folgt mit 12.C.6 die Darstellung $w = z(1 + G(z))$ mit einer Potenzreihe $G(z)$ und schließlich

$$x = w^{-1} = \frac{1}{z\,(1 + G(z))} = y\,(1 - y^{-1}g(y^{-1})),$$

wobei $1 - zg(z) = 1/(1 + G(z))$ der Kehrwert der Reihe $1 + G(z)$ ist.

Nachdem die Existenz der behaupteten Potenzreihenentwicklung gesichert ist, findet man ihre Koeffizienten am einfachsten durch Koeffizientenvergleich. Sei wieder $z = y^{-1}$. Es ist

$$\frac{1}{z} - g(z) = \frac{1}{z} - \arctan\left(\frac{z}{1 - zg(z)}\right),$$

$$g(z) = \arctan\frac{z}{1 - zg(z)} \quad \text{bzw.} \quad (1 - zg(z))\tan g(z) = z.$$

H und dann auch G sind gerade Funktionen. Daher ist g ungerade, d.h. in der Potenzreihe von g verschwinden die Koeffizienten b_{2k}. Setzt man die bekannte Potenzreihenentwicklung von tan ein (vgl. Beispiel 12.E.7), so gewinnt man durch Koeffizientenvergleich rekursiv die Koeffizienten von $g(z)$. Die Rechnungen lassen sich aber vereinfachen, wenn wir die Ableitung g' von g benutzen [4], die nach 13.B.1 die Potenzreihendarstellung $\sum_{n=1}^{\infty} n b_n z^{n-1}$ hat. Die erste der obigen Identitäten ergibt durch Differenziation die Gleichung

$$ g' = \frac{1 + z^2 g'}{(1 - zg)^2} \cdot \frac{1}{1 + \frac{z^2}{(1-zg)^2}} = \frac{1 + z^2 g'}{(1 - zg)^2 + z^2} $$

und somit die „einfache Differenzialgleichung" $(1 - zg)^2 g' = 1$.

Setzen wir $c_k := b_{2k+1}$, $k \in \mathbb{N}$, also $zg = \sum_{k=0}^{\infty} c_k z^{2(k+1)}$ und $g' = \sum_{k=0}^{\infty} (2k + 1) c_k z^{2k}$, so erhalten wir für die c_k die Rekursionsgleichung

$$ 0 = (2k + 1) c_k + (2k - 1) c_{k-1} d_1 + \cdots + c_0 d_k , $$

$k > 0$, mit der Anfangsbedingung $c_0 = 1$, wobei die d_k die Koeffizienten von $(1 - zg)^2 = 1 + \sum_{k=1}^{\infty} d_k z^{2k}$ sind: $d_1 = -2c_0$, $d_2 = -2c_1 + c_0^2$, ...,

$$ d_{2m+1} = 2\left(-c_{2m} + c_0 c_{2m-1} + \cdots + c_{m-1} c_m\right) , $$

$$ d_{2m+2} = 2\left(-c_{2m+1} + c_0 c_{2m} + \cdots + c_{m-1} c_{m+1}\right) + c_m^2 , \quad \ldots , $$

also $c_0 = 1$, $c_1 = 2/3$, $c_2 = 13/15$, $c_3 = 146/105$, $c_4 = 781/315$, $c_5 = 16328/3465$ usw.

Wir wollen noch begründen, dass der Konvergenzradius R von g gleich $2/\pi$ ist (und dass $g(2/\pi) = \pi/2$ ist). [5] Aus $g' = (1 - zg)^{-2} = (\sum_{n=0}^{\infty} z^n g^n)^2$ folgt durch Induktion sofort, dass alle Koeffizienten von g positiv sind. Insbesondere ist $zg = z^2 + \frac{2}{3} z^4 + \cdots$ auf $[0, R[$ streng monoton wachsend. Wegen $zg < 1$ auf $[0, R[$ ist $R < 1$. Sei $c := \lim_{t \to R-} g(t)$ $(< \infty)$. Aus $(1 - tg(t)) \tan g(t) = t$ folgt $c \leq \pi/2$. Wäre $c < \pi/2$, so folgte $(1 - Rc) \tan c = R$ und die Gleichung $(1 - zg) \tan g = z$ besäße nach dem Umkehrsatz für analytische Funktionen 12.D.10 (oder nach 12.C.6) in einer Umgebung von R eine analytische Auflösung g mit $g(R) = c$. Dies ist nach 12.D, Aufg. 12 nicht möglich. Also ist $c = \pi/2$. Dann muss aber $1 - Rc = 0$ und $R = 2/\pi$ sein.

Schließlich bemerken wir, dass die Lösung $x > 0$ der Gleichung $x = a + \arctan x$ aus 10.B, Aufg. 30g) für *kleine* positive a eine Darstellung $x = h(a^{1/3})$ mit einer konvergenten Potenzreihe $h(z) = \sum_{n=1}^{\infty} a_n z^n$ besitzt. Es ist ja für $x \in [0, 1[$ nach Abschnitt 14.B

$$ x = a + \arctan x = a + x - x^3 \left(\frac{1}{3} - \frac{x^2}{5} + \frac{x^4}{7} - \frac{x^6}{9} + \cdots \right) , $$

also gilt mit $z := a^{1/3}$

$$ z = \frac{x}{\sqrt[3]{3}} \left(1 - \frac{3x^2}{5} + \frac{3x^4}{7} - \frac{x^6}{3} + \cdots \right)^{1/3} . $$

Auf der rechten Seite steht aber eine konvergente Potenzreihe, vgl. Beispiel 13.C.9. Die gesuchte Reihe h ist die Umkehrreihe dazu, die nach 12.C.6 existiert und konvergent ist und die Umkehrfunktion $x = h(z)$ für kleine z als Funktion von z darstellt. Da z eine ungerade Funktion von x ist, ist auch umgekehrt x eine ungerade Funktion von z. Die Koeffizienten von $h = a_1 z + a_3 z^3 + \cdots$ gewinnt man etwa aus

$$ z^3 = \frac{h^3}{3} - \frac{h^5}{5} + \frac{h^7}{7} - \frac{h^9}{9} + \cdots $$

rekursiv durch Koeffizientenvergleich. Man berechne auf diese Weise a_1, a_3 und a_5.

---

[4] Dies ist ein häufig angewandter Kunstgriff.
[5] Wir benutzen dazu einige Ergebnisse, die wir erst später beweisen werden.

Aufgaben

1. Seien $f = \sum a_n x^n$ und $g = \sum b_n x^n$ Potenzreihen. Man schreibe jeweils ein Computer-Programm, das Folgendes leistet:

a) Berechnung des Cauchy-Produkts von f und g bis zur Ordnung m, falls f und g bis zur Ordnung m bekannt sind.

b) Berechnung des Quotienten f/g bis zur Ordnung m, falls $b_0 \neq 0$ ist und f und g bis zur Ordnung m bekannt sind.

c) Berechnung der Komposition $g \circ f$ bis zur Ordnung m, falls $a_0 = 0$ ist und f und g bis zur Ordnung m bekannt sind.

d) Berechnung der Umkehrung f^{-1} von f bis zur Ordnung m, falls $a_0 = 0$ und $a_1 \neq 0$ ist und f bis zur Ordnung m bekannt ist. (Vgl. 12.C.6.)

(Falls a_n und b_n rationale Zahlen sind, gilt dies auch für die in a),b),c) und d) zu berechnenden Koeffizienten. Man modifiziere das Programm für diesen Fall so, dass diese Koeffizienten mit ganzzahligen Zählern und Nennern ausgegeben werden. Ferner berücksichtige man auch den Fall, dass a_n und b_n komplexe Zahlen sein können. – Zu speziellen Methoden beim Rechnen mit Potenzreihen verweisen wir auf die einschlägige Literatur, etwa auf [21], Vol. 2.)

2. Das Cauchy-Produkt der Potenzreihen $f = \sum a_n x^n / n!$ und $g = \sum b_n x^n / n!$ ist die Reihe $fg = \sum c_n x^n / n!$ mit

$$c_n = \sum_{k=0}^{n} \binom{n}{k} a_k b_{n-k} \,.$$

Insbesondere sind alle c_n ganzzahlig, wenn alle a_n und b_n ganzzahlig sind. Ist $a_0 = 1$ und sind die a_n ganzzahlig, so hat die Potenzreihe von $1/f$ die Gestalt

$$\frac{1}{f} = \sum \frac{d_n}{n!} x^n$$

mit ganzzahligen d_n. (Ist (a_n) eine Folge von Elementen in $\mathbb{K}$, so heißt die Potenzreihe $\sum a_n x^n / n!$ die e x p o n e n t i e l l e   e r z e u g e n d e   F u n k t i o n zu (a_n).)

3. Es seien $\sum a_n$ und $\sum b_n$ konvergente Reihen reeller oder komplexer Zahlen. Das Cauchy-Produkt $\sum c_n$ mit $c_n = a_n b_0 + \cdots + a_0 b_n$ der beiden Reihen sei ebenfalls konvergent. Dann gilt

$$\left(\sum_{n=0}^{\infty} a_n \right) \left(\sum_{n=0}^{\infty} b_n \right) = \sum_{n=0}^{\infty} c_n \,.$$

(Man benutze den Abelschen Grenzwertsatz für die Potenzreihen $\sum a_n x^n$, $\sum b_n x^n$ und $\sum c_n x^n$ im Punkt $x = 1$.)

4. a) Sei $f = \sum a_n x^n$ eine Potenzreihe. Dann ist (vgl. Beispiel 12.C.8 (3))

$$\frac{f}{1-x} = \sum_{n=0}^{\infty} b_n x^n \ \text{ mit } \ b_n := \sum_{k=0}^{n} a_k \,.$$

b) Man berechne die Potenzreihe $(1-x)^{-k}$, $k \in \mathbb{N}^*$, als k-faches Cauchy-Produkt von $(1-x)^{-1} = \sum x^n$ mit sich selbst, vgl. 6.B, Aufg. 1b).

5. a) Die Folge (a_k) erfülle die Rekursionsgleichung $a_{k+2} = d_0 a_k + d_1 a_{k+1}$, $k \geq 0$. Ferner sei $x^2 - d_1 x - d_0 = (x - \alpha)(x - \beta)$. Dann ist

$$a_k = \frac{1}{\beta - \alpha} \left((a_0\beta - a_1)\alpha^k + (-a_0\alpha + a_1)\beta^k \right),$$

$k \in \mathbb{N}$, falls $\alpha \neq \beta$, und $a_k = a_0\alpha^k + (a_1 - a_0\alpha)\, k\alpha^{k-1}$, $k \in \mathbb{N}$, falls $\alpha = \beta$. (Man vergleiche Beispiel 12.C.8.)

b) Man bestimme alle Folgen (a_k), die die inhomogene Rekursionsgleichung $a_{k+1} = qa_k + r$, $k \geq 0$, erfüllen.

6. Seien $f, g \in \mathbb{C}[x]$ Polynome ohne gemeinsame (komplexe) Nullstelle mit $g(0) \neq 0$. Der Konvergenzradius der Potenzreihe $f/g \in \mathbb{C}\langle\!\langle x \rangle\!\rangle$ ist das Infimum der Beträge der Nullstellen von g.

7. Sei $g = c_0 + c_1 x + \cdots + c_n x^n \in \mathbb{R}[x]$ ein Polynom mit $c_0 < 0$ und $c_1, \ldots, c_n \geq 0$. Ferner sei der größte gemeinsame Teiler der Indizes i mit $c_i > 0$ gleich 1.

a) g hat genau eine positive Nullstelle α. (Diese Nullstelle ist übrigens einfach, wie man am leichtesten durch Betrachten der Ableitung g' erkennt.)

b) Jede von α verschiedene reelle oder komplexe Nullstelle von g hat einen Betrag, der größer ist als α. (Für eine Nullstelle β von g mit $|\beta| \leq \alpha$ gilt

$$-c_0 = c_1\beta + \cdots + c_n\beta^n \leq c_1|\beta| + \cdots + c_n|\beta|^n \leq c_1\alpha + \cdots + c_n\alpha^n = -c_0,$$

woraus $\alpha = \beta$ folgt, vgl. 5.A, Aufg. 10. – Folgerung. Jede reelle oder komplexe Nullstelle eines Polynoms $f = a_0 + \cdots + a_n x^n \in \mathbb{R}[x]$, für das $a_0 \geq \cdots \geq a_n > 0$ gilt und für das der größte gemeinsame Teiler der Indizes $i \in \{1, \ldots, n+1\}$ mit $a_{i-1} \neq a_i$ gleich 1 ist ($a_{n+1} := 0$), hat einen Betrag > 1. (Man betrachte $g := (x - 1)f = -a_0 + \sum_{i=1}^{n+1}(a_{i-1} - a_i)x^i$.) Allgemeiner sei a_n, $n \in \mathbb{N}$, eine monoton fallende Folge nichtnegativer reeller Zahlen mit $a_0 > 0$. Dann hat die Potenzreihe $f(x) = \sum_{n=0}^{\infty} a_n x^n$ einen Konvergenzradius ≥ 1, und es ist $f(x) \neq 0$ für alle $x \in \mathbb{C}$ mit $|x| < 1$. Ferner lässt sich f zu einer stetigen Funktion auf $\overline{\mathrm{B}}(0\,;1) - \{1\}$ fortsetzen, die dort ebenfalls nicht verschwindet, wenn für den Fall, dass $\lim a_n = 0$ ist, der größte gemeinsame Teiler der $n \in \mathbb{N}^*$ mit $a_{n-1} \neq a_n$ gleich 1 ist.)

c) Man schreibe ein Computer-Programm, das zu vorgegebenen $c_0, \ldots, c_n$ die Nullstelle α mit der Methode von Bernoulli aus Beispiel 12.C.8 berechnet, und teste es etwa an der Gleichung $x^n + \cdots + x = c$, $c > 0$, für $n = 2, 3, 4, \ldots$, $c = 1/2, 1, 2, \ldots$.

8. Seien $m_1, \ldots, m_t$ positive natürliche Zahlen und sei c_k für $k \in \mathbb{N}$ die Anzahl der Lösungen $(k_1, \ldots, k_t) \in \mathbb{N}^t$ von $k_1 m_1 + \cdots + k_t m_t = k$. (Ohne Einschränkung kann man $d := \mathrm{ggT}(m_1, \ldots, m_t) = 1$ annehmen. Sonst betrachte man das Tupel $m_1/d, \ldots, m_t/d$.)

a) Es ist $\dfrac{1}{(1 - x^{m_1}) \cdots (1 - x^{m_t})} = \displaystyle\sum_{k=0}^{\infty} c_k x^k$ für $|x| < 1$.

Wendet man auf die linke Seite Partialbruchzerlegung an, so erhält man explizite Formeln für die c_k. Man führe dies für $t = 3$, $m_1 = 1$, $m_2 = 2$, $m_3 = 3$ aus.

b) Ist $t \geq 1$ und sind die $m_1, \ldots, m_t$ teilerfremd, so gilt

$$c_k \sim \frac{1}{m_1 \cdots m_t} \frac{k^{t-1}}{(t-1)!}$$

für $k \to \infty$. (Vgl. Beispiel 12.C.8.)

9. Sei $f = \sum a_k x^k \in \mathbb{K}[\![x]\!]$. Die Potenzreihe $F = \sum (\Delta^k a)_0\, x^k$, vgl. das Beispiel 12.C.8, habe den Konvergenzradius $S > 0$. Dann gilt: Für alle x mit $|x| < S/(1+S)$ $(:= 1$ bei $S = \infty)$ ist $f(x) = \dfrac{1}{1-x}\, F\!\left(\dfrac{x}{1-x}\right)$. Insbesondere hat f einen Konvergenzradius $\geq S/(1+S)$. (Man kann 12.C.4 verwenden.)

10. Seien $f = \sum a_k x^k \in \mathbb{K}[\![x]\!]$ und $F = \sum (\Delta^k a)_0\, x^k$, vgl. Beispiel 12.C.8. Aus der Identität $(1-x)f = F\big(x/(1-x)\big)$ folgere man

$$F = \frac{1}{1+x}\, f\!\left(\frac{x}{1+x}\right) = \sum_{k=0}^{\infty} a_k\, \frac{x^k}{(1+x)^{k+1}}\,,$$

also

$$(\Delta^k a)_0 = \sum_{n=0}^{k} (-1)^{k-n} a_k \binom{k}{n}\,,$$

$k \in \mathbb{N}$. Hat f einen Konvergenzradius $R > 0$, so gilt

$$F(x) = \frac{1}{1+x}\, f\!\left(\frac{x}{1+x}\right)$$

für alle $|x| < R/(1+R)$. Insbesondere hat F einen Konvergenzradius $\geq R/(1+R)$.

11. Für $m \in \mathbb{N}$ ist $\sum_{k=0}^{\infty} \binom{k}{m} x^k = x^m/(1-x)^{m+1}$.

12. Sei $q \in \mathbb{C}^{\times}$. Ist $a = (a_k)$ eine Folge, so sei $\Delta_q a$ definiert als die Folge mit den Gliedern $(\Delta_q a)_k := a_{k+1} - q a_k$, $k \in \mathbb{N}$. Für die erzeugenden Funktionen $f = \sum a_k x^k$ und $(\Delta_q f) := \sum (\Delta_q a)_k x^k$ gilt dann

$$f = \frac{f(0)}{1-qx} + \frac{x\Delta_q f}{1-qx} = \sum_{n=0}^{k} \frac{(\Delta_q^n f)(0)\, x^n}{(1-qx)^{n+1}} + \frac{x^{k+1}\Delta_q^{k+1} f}{(1-qx)^{k+1}} = \frac{F_q\big(x/(1-qx)\big)}{1-qx}$$

mit $F_q := \sum_{k=0}^{\infty} (\Delta_q^k a)_0\, x^k$. Die Folge a heißt eine g e o m e t r i s c h e F o l g e d e r O r d n u n g $\leq m$ m i t d e m Q u o t i e n t e n q, wenn $\Delta_q^{m+1} a = 0$ ist, $m \in \mathbb{N}$.[6] Dies ist genau dann der Fall, wenn f eine rationale Funktion der Form

$$f = \frac{h}{(1-qx)^{m+1}}$$

mit einem Polynom h vom Grad $\leq m$ ist. Dann ist

$$a_k = \sum_{n=0}^{m} (\Delta_q^n a)_0 \binom{k}{n} q^{k-n} = P(k) q^k$$

mit einem Polynom P vom Grad $\leq m$. Man entwickle auch eine Formel für die Elemente der Summenfolge Sa, vgl. 12.C.8 (3), speziell für den Fall $a = (a_k)$ mit $a_k := k^m q^k$.

13. Die Stirlingsche Zahl 2. Art $S(m,n)$ ist die Anzahl der Zerlegungen einer m-elementigen Menge in genau n nichtleere Teilmengen, d.h. die Anzahl der Äquivalenzrelationen auf einer m-elementigen Menge mit genau n Äquivalenzklassen, vgl. auch das Ende von Beispiel 7.C.3. Speziell ist $\sum_{n=0}^{m} S(m,n)$ gleich der m-ten Bellschen Zahl β_m, vgl. 2.B, Aufg. 14.

---

[6] Die Folge q^k, $k \in \mathbb{N}$, ist also geometrisch von 0-ter Ordnung.

14. Für die Stirlingschen Zahlen 2. Art gilt folgende Summenformel für $m \in \mathbb{N}$:

$$S(m + 1, n) = \sum_{k=0}^{m} \binom{m}{k} S(k, n-1) \,.$$

15. Seien $f(x) = \sum_{k=0}^{\infty} a_k x^k$ eine Potenzreihe mit Koeffizienten in $\mathbb{C}$ und ζ_n eine primitive n-te Einheitswurzel, $n \in \mathbb{N}^*$. Für $m = 0, \dots, n-1$ ist $\dfrac{1}{n} \sum_{\nu=0}^{n-1} \zeta_n^{\nu m} f(\zeta_n^{\nu} x) = \sum_{k=0}^{\infty} a_{nk+m} \, x^{nk+m}$. (Vgl. 11.A, Aufg. 2.)

16. Für jedes $n \in \mathbb{N}$ sei a_{mn}, $m \in \mathbb{N}$, eine konvergente Folge in $\mathbb{K}$ mit $a_n := \lim_{m \to \infty} a_{mn}$. Ferner seien $t, T \in \mathbb{R}_+^{\times}$ sowie $f_m := \sum_{n=0}^{\infty} a_{mn} x^n$ und $f := \sum_{n=0}^{\infty} a_n x^n$. Gilt dann $\|f_m\|_t \le T$ für alle $m \in \mathbb{N}$, so ist auch $\|f\|_t \le T$. (Wäre $\|f\|_t > T$, so gäbe es ein n_0 mit $\sum_{n=0}^{n_0} |a_n| t^n > T$.)

12.D Analytische Funktionen

Funktionen, die lokal durch Potenzreihen beschrieben werden, heißen analytische Funktionen. In diesem Abschnitt sei D stets eine offene Menge in $\mathbb{C}$ oder ein (nicht notwendig offenes) Intervall in $\mathbb{R}$ mit mehr als einem Punkt. Dann definieren wir:

12.D.1 Definition Eine Funktion $f : D \to \mathbb{K}$ heißt a n a l y t i s c h im Punkt $a \in D$, wenn es eine Umgebung U von a gibt und eine konvergente Potenzreihe $\sum a_k (x - a)^k$ mit

$$f(x) = \sum_{k=0}^{\infty} a_k (x - a)^k$$

für alle $x \in U \cap D$. – f heißt a n a l y t i s c h in D, wenn f in jedem Punkt von D analytisch ist.

Ist D eine offene Menge $\ne \emptyset$ in $\mathbb{C}$ und f in keiner Umgebung von a konstant, so hat man in obiger Definition notwendigerweise $\mathbb{K} = \mathbb{C}$ zu nehmen, vgl. Aufg. 4b). Analytische Funktionen auf offenen Mengen $D \subseteq \mathbb{C}$ heißen auch k o m p l e x - a n a l y t i s c h e   F u n k t i o n e n ; ist $D \subseteq \mathbb{R}$ ein Intervall, so sprechen wir von r e e l l - a n a l y t i s c h e n   F u n k t i o n e n (auch dann, wenn der Wertebereich $\mathbb{C}$ ist).

Sei $f : D \to \mathbb{K}$ in $a \in D$ analytisch. Dann ist f nach 12.B.5 in a stetig. Ferner ist die Potenzreihe $\sum a_k (x-a)^k$, die f in einer Umgebung von a beschreibt, nach dem Identitätssatz 12.C.1 für Potenzreihen eindeutig bestimmt. Sie heißt die P o t e n z - r e i h e n e n t w i c k l u n g   v o n f u m a. Verschwindet f in keiner Umgebung von a identisch, so sind nicht alle Koeffizienten a_k gleich 0. Der kleinste Index k mit $a_k \ne 0$ heißt die N u l l s t e l l e n o r d n u n g $v(a) = v(a\,;f)$ von f in a. Es gilt dann

$$f(x) = (x - a)^{v(a)} g(x) \,,$$

wobei g eine in a analytische Funktion ist, die in a nicht verschwindet, und es gibt folglich eine Umgebung U von a derart, dass f in $(U \cap D) - \{a\}$ keine Nullstelle besitzt. Allgemeiner sagt man, f habe in a eine b-Stelle der Ordnung k, wenn $f - b$ in a eine Nullstelle der Ordnung k hat.

Summe und Produkt von in $a \in D$ analytischen Funktionen sind nach 12.C.2 wieder in a analytisch. Die Menge aller auf D analytischen $\mathbb{K}$-wertigen Funktionen ist also ein Ring, den wir mit

$$\mathrm{C}^{\omega}_{\mathbb{K}}(D)$$

bezeichnen. Er umfasst den Ring $\mathbb{K}[x]$ der Polynomfunktionen auf D. Nach 12.C.5 ist auch der Quotient f/g zweier in D analytischer Funktionen f und g wieder analytisch, falls g in D nirgends verschwindet. Ferner liefert die Komposition analytischer Funktionen nach 12.C.4 wieder eine analytische Funktion. Entsprechendes gilt auf Grund von 12.C.6 auch für die Umkehrung bijektiver analytischer Funktionen $f : D \to D'$, falls der Koeffizient a_1 in der Potenzreihenentwicklung von f um a (das ist die Ableitung von f in a, vgl. 13.B.1) für jedes $a \in D$ von 0 verschieden ist. Es sei bemerkt, dass dies für offene Mengen $D, D' \subseteq \mathbb{C}$ bei bijektivem $f : D \to D'$ automatisch erfüllt ist, für analytische Funktionen auf offenen Intervallen in $\mathbb{R}$ aber nicht. So ist die Abbildung $x \mapsto x^3$ von $\mathbb{R}$ auf sich bijektiv; die Umkehrfunktion $x \mapsto \sqrt[3]{x}$ ist im Nullpunkt aber nicht analytisch.

Der Identitätssatz 12.C.1 für Potenzreihen liefert einen Identitätssatz für analytische Funktionen. Zunächst beweisen wir ein Lemma:

12.D.2 Lemma *Seien f und g analytische Funktionen auf D. Die Strecke $[a, b] := \{a + t(b - a) \mid 0 \le t \le 1\}$ von $a \in D$ nach $b \in D$ liege ganz in D. Ferner sei $f(x_n) = g(x_n)$ für eine Folge (x_n) in D mit $x_n \ne a$ für alle $n \in \mathbb{N}$ und $\lim x_n = a$. Dann stimmen die Potenzreihenentwicklungen von f und g um alle Punkte der Strecke $[a, b]$ überein.*

Beweis. Nach 12.C.1 stimmen die Potenzreihenentwicklungen von f und g um a überein. Sei nun A die Menge der $t \in [0, 1]$, für die die Potenzreihenentwicklungen von f und g um alle Punkte $a + \tau(b - a)$, $0 \le \tau \le t$, übereinstimmen. 0 gehört zu A. Ist ferner $t \in A$ und $t < 1$, so gibt es wegen der Eindeutigkeit der Potenzreihenentwicklung ein $t' > t$ mit $t' \in A$. Sei nun $t_0 := \mathrm{Sup}\, A$. Es besitzen f und g eine Potenzreihenentwicklung um $a + t_0(b - a)$. Da f und g für alle Punkte $a + \tau(b - a)$ mit $0 \le \tau < t_0$ dieselbe Potenzreihenentwicklung haben, stimmen beide Funktionen für diese Punkte überein. Nach dem Identitätssatz für Potenzreihen stimmen folglich die Potenzreihenentwicklungen von f und g auch um $a + t_0(b - a)$ überein. Dann ist notwendigerweise $t_0 = 1$. $\bullet$

Aus 12.D.2 ergibt sich unmittelbar folgendes: Sind f und g analytisch in D und enthält D den Streckenzug $[a_0, a_1, \ldots, a_m] := \bigcup_{j=0}^{m-1} [a_j, a_{j+1}]$, so stimmen die Potenzreihenentwicklungen von f und g um alle Punkte dieses Streckenzuges überein, falls sie nur in a_0 übereinstimmen. Insbesondere stimmen diese Potenzreihenentwicklungen in allen Punkten von D überein (d.h. f und g sind identisch in D), wenn sie in $a \in D$ übereinstimmen und wenn jeder Punkt $b \in D$ sich durch einen ganz in D liegenden Streckenzug mit a verbinden lässt. Ist D ein Intervall in $\mathbb{R}$, so ist dies trivialerweise erfüllt. Für offene Mengen $D \subseteq \mathbb{C}$ definieren wir:

12.D.3 Definition Eine offene nichtleere Menge $D \subseteq \mathbb{C}$ heißt ein G e b i e t in $\mathbb{C}$, wenn es zu je zwei Punkten $a, b \in D$ einen Streckenzug $[a_0, \ldots, a_m] \subseteq D$ mit $a_0 = a$ und $a_m = b$ gibt.

Beispielsweise sind alle nichtleeren k o n v e x e n offenen Mengen Gebiete, da sie definitionsgemäß mit je zwei Punkten deren Verbindungsstrecke enthalten. Allgemeiner sind nichtleere sternförmige offene Mengen Gebiete. Dabei heißt eine Menge $M \subseteq \mathbb{C}$ s t e r n f ö r m i g b z g l. s, wenn M mit jedem Punkt b auch die Verbindungsstrecke $[s, b]$ enthält.

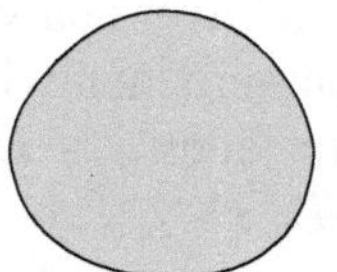
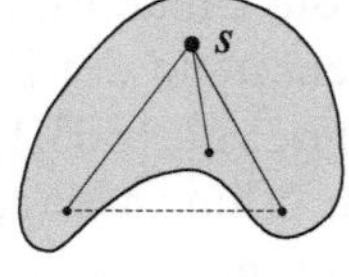
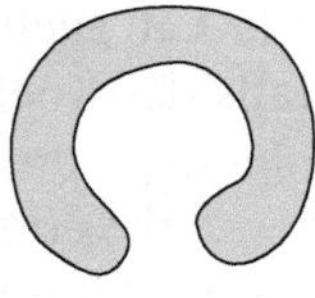
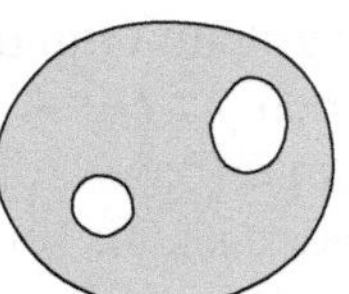

konvexes Gebiet   sternförmiges, nicht   nicht sternförmige Gebiete
                  konvexes Gebiet

Übrigens sind zwei Punkte a, b einer offenen Menge $D \subseteq \mathbb{C}$ bereits dann mit einem Streckenzug verbindbar, wenn es einen Weg in D gibt mit Anfangspunkt a und Endpunkt b. Ein solcher W e g ist definiert als eine stetige Funktion $\gamma :$ $[u, v] \to D$ auf einem Intervall $[u, v] \subseteq \mathbb{R}$ mit $\gamma(u) = a$ und $\gamma(v) = b$. Das Bild $K := \{\gamma(t) \mid t \in [u, v]\}$ eines solchen Weges ist nämlich nach 10.D.2 kompakt. Folglich gibt es nach 10.D, Aufg. 19 ein $\varepsilon > 0$ mit $\bigcup_{x \in K} \overline{B}(x ; \varepsilon) \subseteq D$. Ist dann $\delta > 0$ so gewählt, dass $|\gamma(t) - \gamma(t')| \leq \varepsilon$ ist für alle $t, t' \in [u, v]$ mit $|t - t'| \leq \delta$, vgl. 10.D.8, so liegt für jede Folge $t_0, \ldots, t_m$ mit $u = t_0 < t_1 < \cdots < t_m = v$ und $t_{k+1} - t_k \leq \delta$, $k = 0, \ldots, m - 1$, der Streckenzug $[\gamma(t_0), \gamma(t_1), \ldots, \gamma(t_m)]$ ganz in D und verbindet a und b. Wir kommen darauf in Band 3 im Rahmen der Topologie ausführlich zurück.

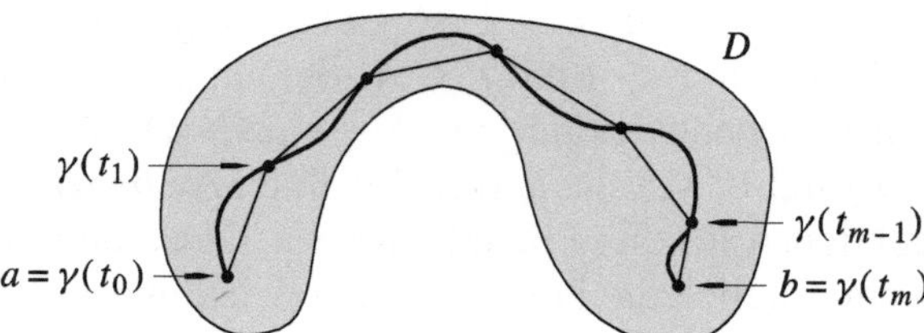

Aus 12.D.2 folgt nun:

12.D.4 Identitätssatz für analytische Funktionen *Sei D ein Intervall in $\mathbb{R}$ oder ein Gebiet in $\mathbb{C}$. Zwei analytische Funktionen auf D stimmen bereits dann auf ganz D überein, wenn sie auf einer Teilmenge von D übereinstimmen, die wenigstens einen Häufungspunkt in D besitzt.*

Eine konvergente Potenzreihe $f = \sum a_n(x-a)^n$ mit dem Konvergenzradius R (>0) definiert auf dem Konvergenzkreis $B(a\,;R)$ eine analytische Funktion. Dies ergibt sich sofort aus dem Entwicklungssatz 12.C.3, in dem die Potenzreihenentwicklung von $f(x) = \sum a_n(x-a)^n$ um jeden Punkt $b \in B(a\,;R)$ explizit angegeben ist. Ist $R = \infty$ (und $\mathbb{K} = \mathbb{C}$), so ist $B(a\,;R) = \mathbb{C}$. In diesem Fall heißt $f:\mathbb{C} \to \mathbb{C}$ eine **ganze (analytische) Funktion**.

12.D.5 Bemerkung *Ist $f : D \to \mathbb{C}$ eine komplex-analytische Funktion auf der offenen Menge $D \subseteq \mathbb{C}$ und ist $B(a\,;r)$ ein Kreis, der ganz in D liegt, so konvergiert die Potenzreihe von f um a auf diesem Kreis, d.h. ihr Konvergenzradius ist $\geq r$. Insbesondere wird jede komplex-analytische Funktion $\mathbb{C} \to \mathbb{C}$ durch eine Potenzreihe $f = \sum a_n x^n$ mit dem Konvergenzradius ∞ beschrieben und ist somit eine ganze analytische Funktion.*

Wir werden diesen Satz in Band 3 beweisen. Allerdings lässt sich das Ergebnis nach Weierstraß auch elementar gewinnen. [1]) Es genügt folgendes zu zeigen: Konvergiert die Potenzreihenentwicklung $\sum_n a_n(x-a)^n$ von f um a im Kreis $B(a\,;\rho)$, $0 < \rho < \infty$, und liegt der abgeschlossene Kreis $\overline{B}(a\,;\rho)$ ganz in D, so ist der Konvergenzradius dieser Reihe $> \rho$. Wir können annehmen, dass für jeden Punkt $b \in D$ der Konvergenzradius $R(b)$ der Potenzreihenentwicklung von f um b endlich ist. Dann ist $b \mapsto R(b)$ nach 12.C.3 auf D stetig und positiv. Nach 10.D.3 gibt es ein $\rho_0 > 0$ mit $R(b) \geq \rho_0$ für alle b aus der kompakten Menge $\overline{B}(a\,;\rho)$. Sei ρ_0 dabei so klein gewählt, dass $\overline{B}(a\,;\rho + \rho_0)$ noch ganz in D liegt. Nach den Cauchyschen Ungleichungen aus 12.B, Aufg. 10 und 12.C.3 ist

$$\left| \sum_{n=k}^{\infty} \binom{n}{k} a_n (b-a)^{n-k} \right| \leq \frac{M}{\rho_0^k}$$

für alle $b \in B(a\,;\rho)$ und alle $k \in \mathbb{N}$, wobei M das Maximum von $|f|$ auf $\overline{B}(a\,;\rho + \rho_0)$ ist. Sei $0 < \sigma < \rho_0$. Für festes $m \in \mathbb{N}$ gilt für die in $B(a;\rho)$ konvergente Potenzreihe

$$g_m(x) := \sum_{k=0}^{m}\left(\frac{\sigma}{\rho}\right)^k \sum_{n=k}^{\infty} \binom{n}{k} a_n (x-a)^n$$

und ein beliebiges $x \in B(a\,;\rho)$ folglich die Abschätzung

$$|g_m(x)| \leq \sum_{k=0}^{m} \sigma^k \left| \sum_{n=k}^{\infty} \binom{n}{k} a_n (x-a)^{n-k} \right| \leq \sum_{k=0}^{m} \sigma^k \frac{M}{\rho_0^k} \leq \frac{M}{1 - \frac{\sigma}{\rho_0}} \,,$$

für den m-ten Koeffizienten

$$\sum_{k=0}^{m}\left(\frac{\sigma}{\rho}\right)^k \binom{m}{k} a_m = a_m \left(1 + \frac{\sigma}{\rho}\right)^m$$

also – wiederum nach 12.B, Aufg. 10 –

$$|a_m| \left(1 + \frac{\sigma}{\rho}\right)^m \leq \frac{M}{1 - \frac{\sigma}{\rho_0}} \cdot \frac{1}{\rho^m} \,.$$

---

[1]) Vgl. Ullrich, P.: Wie man beim Weierstraßschen Aufbau der Funktionentheorie das Cauchysche Integral vermeidet, Jber. d. Dt. Math.-Verein. **92**, 89-110 (1990), für weitere interessante Resultate zu diesem Thema. Siehe auch Hurwitz, A.: Vorlesungen über Allgemeine Funktionentheorie und Elliptische Funktionen. Berlin [5]2000, dort insbesondere I,3,§5.

Es folgt

$$|a_m| \le \frac{M}{1 - \frac{\sigma}{\rho_0}} \cdot \frac{1}{(\rho + \sigma)^m},$$

$m \in \mathbb{N}$, und damit die Konvergenz von $\sum_n a_n (x - a)^n$ in $B(a\,;\,\rho + \sigma)$.

Für analytische Funktionen auf Intervallen in $\mathbb{R}$ gilt ein zu obiger Bemerkung analoger Satz nicht. So ist die rationale Funktion $f(x) = 1/(1 + x^2)$ auf ganz $\mathbb{R}$ analytisch. Die Potenzreihenentwicklung

$$\frac{1}{1 + x^2} = \sum_{n=0}^{\infty} (-1)^n x^{2n}$$

von f um 0 konvergiert aber nur auf dem Intervall $]-1, 1[$. Der Grund ist folgender: Die rationale Funktion $1/(1 + x^2) = 1/(x - i)(x + i)$ auf $\mathbb{C} - \{\pm i\}$ konvergiert für $x \to i$ oder $x \to -i$ gegen ∞. Daher kann der Konvergenzradius der Potenzreihe von f um 0 a priori nicht größer als $|i| = |-i| = 1$ sein. Im Komplexen wird der Charakter der Funktion f also sehr viel deutlicher.

Im Beweis des Fundamentalsatzes der Algebra 11.A.7 wird gezeigt, dass eine nicht konstante Polynomfunktion f, deren Betrag $|f|$ im Punkt $z_0 \in \mathbb{C}$ ein lokales Minimum hat, dort notwendig verschwindet. Dies gilt mit einem völlig analogen Beweis auch für komplex-analytische Funktionen. Wir leiten dieses so genannte Minimumsprinzip hier aus dem folgenden Satz durch Übergang zum Kehrwert her:

12.D.6 Maximumsprinzip für komplex-analytische Funktionen *Der Betrag der komplex-analytischen Funktion $f : D \to \mathbb{C}$ auf der offenen Menge $D \subseteq \mathbb{C}$ habe im Punkt $z_0 \in D$ ein lokales Maximum, d.h. es gebe eine Umgebung U von z_0 in D mit $|f(z)| \le |f(z_0)|$ für alle $z \in U$. Dann ist f in einer Umgebung von z_0 konstant (und konstant auf ganz D, wenn D sogar ein Gebiet ist).*

B e w e i s . Sei f in keiner Umgebung von z_0 konstant. Dann ist $a_0 := f(z_0) \ne 0$, f besitzt um z_0 eine Potenzreihenentwicklung $f(z) = a_0 + a_s(z - z_0)^s + \cdots$ mit $s > 0$ und $a_s \ne 0$. Sei $x_0 \in \mathbb{C}$ mit $x_0^s = a_0/a_s$, vgl. Beispiel 5.C.4. Für $z - z_0 := rx_0$, $r \in \mathbb{R}_+^\times$ klein genug, ist $f(z) = a_0 + a_0 r^s + r^{s+1} g(r)$ mit der konvergenten Potenzreihe $g(r) := \sum_{n=0}^{\infty} a_{s+1+n} x_0^{s+1+n} r^n$ und folglich

$$|f(z)| \ge |a_0|(1 + r^s) - r^{s+1}|g(r)| = |a_0| + r^s \big(|a_0| - r|g(r)|\big) > |a_0| = |f(z_0)|,$$

falls überdies $r|g(r)| < |a_0|$ ist. Widerspruch! ●

12.D.7 Minimumsprinzip für komplex-analytische Funktionen *Der Betrag der komplex-analytischen Funktion $f : D \to \mathbb{C}$ auf der offenen Menge $D \subseteq \mathbb{C}$ habe im Punkt $z_0 \in D$ ein lokales Minimum, d.h. es gelte $|f(z)| \ge |f(z_0)|$ für alle Punkte z in einer Umgebung von z_0. Dann ist $f(z_0) = 0$, oder aber f ist in einer Umgebung von z_0 konstant (und dann konstant auf ganz D, wenn D sogar ein Gebiet ist).*

B e w e i s . Bei $f(z_0) \ne 0$ ist der Kehrwert $1/f$ in einer Umgebung von z_0 definiert und dort nach 12.C.5 analytisch. Nach Voraussetzung hat $|1/f| = 1/|f|$ in z_0 ein lokales Maximum und ist deshalb nach 12.D.6 in einer geeigneten Umgebung von z_0 konstant. $\qquad\bullet$

Wie bereits bemerkt, impliziert 12.D.7 den Fundamentalsatz der Algebra. Weiter folgt:

12.D.8 Korollar *Sei $G \subseteq \mathbb{C}$ ein beschränktes Gebiet und $f : \overline{G} \to \mathbb{C}$ eine stetige Funktion auf der abgeschlossenen Hülle $\overline{G}$ von G, die auf G analytisch ist. Dann nimmt $|f|$ das Maximum auf dem Rand $\overline{G} - G$ von G an. Hat f in G keine Nullstelle, so nimmt $|f|$ auch das Minimum auf dem Rand $\overline{G} - G$ von G an.*

B e w e i s . Da $\overline{G}$ beschränkt und abgeschlossen ist, nimmt $|f|$ auf $\overline{G}$ nach 10.D.5 sein Maximum und Minimum an. Ist $|f|$ in $z_0 \in G$ maximal, so ist f nach 12.D.6 auf G und dann auch auf $\overline{G}$ konstant. Da $\overline{G} - G$ nicht leer ist [2]), nimmt $|f|$ in jedem Fall das Maximum auf $\overline{G} - G$ an. Analog schließt man mit 12.D.7 für das Minimum. $\qquad\bullet$

Mit einem Kunstgriff von Carathéodory gewinnt man aus 12.D.8 die folgende allgemeine Aussage:

12.D.9 Satz von der Offenheit komplex-analytischer Funktionen *Sei G ein Gebiet in $\mathbb{C}$ und sei $f : G \to \mathbb{C}$ eine nicht konstante komplex-analytische Funktion auf G. Dann ist das f-Bild einer jeden offenen Menge $U \subseteq G$ offen in $\mathbb{C}$.*

B e w e i s . Sei $z_0 \in U$. Wir haben zu zeigen, dass $f(U)$ eine Kreisscheibe um $f(z_0)$ umfasst. Ohne Einschränkung der Allgemeinheit sei $f(z_0) = 0$. Es gibt eine Kreisscheibe $\overline{B}(z_0; \varepsilon) \subseteq U$ mit $f(z) \neq 0$ für alle $z \in \overline{B}(z_0; \varepsilon) - \{z_0\}$. Sei $\delta > 0$ das Minimum von $|f|$ auf dem Rand $S(z_0; \varepsilon)$ der Kreisscheibe $\overline{B}(z_0; \varepsilon)$. Dann gehören alle $w \in \mathbb{C}$ mit $|w| < \delta/2$ zum f-Bild von $B(z_0; \varepsilon)$. Für solch ein w ist nämlich $|f(z) - w| > \delta/2$ auf $S(z_0; \varepsilon)$, aber $|f(z_0) - w| = |w| \leq \delta/2$. Nach 12.D.8 hat $f - w$ eine Nullstelle in $B(z_0; \varepsilon)$, d.h. f selbst dort eine w-Stelle. $\quad\bullet$

Jede komplex-analytische Funktion $G \to \mathbb{C}$ auf einem Gebiet $G \subseteq \mathbb{C}$, deren Werte in einer Teilmenge von $\mathbb{C}$ ohne innere Punkte liegen, ist wegen 12.D.9 konstant.

Der Umkehrsatz 12.C.6 für Potenzreihen liefert sofort den folgenden wichtigen Satz:

12.D.10 Umkehrsatz für analytische Funktionen *Sei $f : G \to \mathbb{C}$ eine komplexanalytische Funktion auf dem Gebiet $G \subseteq \mathbb{C}$. In jedem Punkt $z_0 \in G$ habe die Funktion f eine einfache $f(z_0)$-Stelle (d.h. es sei $f'(z_0) \neq 0$ für alle $z_0 \in G$). Ist dann f injektiv [3]), so ist $f(G)$ ein Gebiet in $\mathbb{C}$ und die zugehörige Umkehrfunktion $f^{-1} : f(G) \to G \subseteq \mathbb{C}$ ist ebenfalls analytisch.*

---

[2]) Nach 4.G, Aufg. 20 liegt für jeden Punkt $u_0 \in G$ auf jeder Geraden $\mathbb{R}v + u_0 = \{tv + u_0 \mid t \in \mathbb{R}\}$, $v \neq 0$, ein Punkt aus $\overline{G} - G$.

[3]) Man beachte, dass f nach 12.C.6 stets lokal injektiv ist. Wie die Potenzen $z \mapsto z^n$, $n \geq 2$, auf $\mathbb{C}^\times$ zeigen, folgt aber im Allgemeinen aus dieser lokalen Injektivität nicht die globale.

Der letzte Satz gilt nach 12.C.6 im Reellen für Funktionen $f : I \to \mathbb{R}$ auf Intervallen $I \subseteq \mathbb{R}$ ganz analog. Allerdings ist die Injektivität von f dann automatisch gegeben, vgl. 14.A.16.

Ferner bemerken wir, dass aus der Injektivität von f in 12.D.10 automatisch das Nichtverschwinden der Ableitung in allen Punkten von G folgt, vgl. 13.C.9. Diese Aussage hat kein Analogon im Reellen, wie die Potenzen $x \mapsto x^n$ bei ungeradem $n \in \mathbb{N}^*$ zeigen.

Im folgenden Abschnitt diskutieren wir einige spezielle analytische Funktionen, die immer wieder benutzt werden. Weitere Beispiele werden im nächsten Kapitel behandelt, das die Differenziation als neuen Kalkül einführt.

Aufgaben

1. Sei $n \in \mathbb{N}^*$. Man gebe die Potenzreihenentwicklung von $1/x^n$ um einen Punkt $a \in \mathbb{C}^\times$ bzw. allgemeiner von $1/(x-b)^n$ um einen Punkt $a \in \mathbb{C}$, $a \neq b$, an. (Mit Hilfe der Partialbruchzerlegung lässt sich damit die Potenzreihenentwicklung einer beliebigen rationalen Funktion f/g um jeden Punkt $a \in \mathbb{C}$ angeben, in dem der Nenner g nicht verschwindet.)

2. Die Funktion $f : D \to \mathbb{K}$ sei analytisch im Punkt $a \in D$. Ferner sei $c \in \mathbb{K}$ beliebig. Ist a Häufungspunkt von Punkten $x \in D$ mit $f(x) = c$, so gibt es eine Umgebung U von a, so dass $f | U \cap D$ die konstante Funktion c ist.

3. Sei $r > 0$. Es gibt keine auf $\mathrm{B}(0\,;r)$ analytische Funktion f mit $f(1/n) = f(-1/n) = 1/n$ für unendlich viele $n \in \mathbb{N}^*$.

4. a) Seien $I \subseteq \mathbb{R}$ ein Intervall und $f : I \to \mathbb{C}$ eine analytische Funktion. Folgende Aussagen sind äquivalent: (1) f ist reellwertige. (2) Es gibt ein $a \in I$ derart, dass die Potenzreihenentwicklung von f um a nur reelle Koeffizienten hat. (3) f ist reellwertig auf einer Teilmenge von I, die einen Häufungspunkt in I besitzt.

b) Seien D ein Gebiet in $\mathbb{C}$ und $f : D \to \mathbb{C}$ eine analytische Funktion. Ist f reellwertig, so ist f konstant.

5. a) Seien $I \subseteq \mathbb{R}$ ein Intervall und $f : I \to \mathbb{C}$ eine analytische Funktion. Dann sind auch die Funktionen $\mathrm{Re}\, f$, $\mathrm{Im}\, f$ und die konjugiert-komplexe Funktion $\overline{f}$ analytisch.

b) Seien $D \subseteq \mathbb{C}$ ein Gebiet und $f : D \to \mathbb{C}$ analytisch. Ist auch $\overline{f}$ analytisch, so ist f konstant.

6. Die Funktion f sei analytisch in einem Kreis $\mathrm{B}(0\,;r)$, $r > 0$, um 0 mit der Potenzreihenentwicklung $\sum a_n x^n$. Ferner sei (x_n) eine Nullfolge in $\mathrm{B}(0\,;r)$ mit $x_n \neq 0$ für alle n.

a) Folgende Bedingungen sind äquivalent: (1) Es ist $f(x_n) = f(-x_n)$ für alle $n \in \mathbb{N}$. (2) Es ist $a_n = 0$ für alle ungeraden $n \in \mathbb{N}$. (3) Die Funktion f ist g e r a d e , d.h. es ist $f(x) = f(-x)$ für alle $x \in \mathrm{B}(0\,;r)$.

b) Folgende Bedingungen sind äquivalent: (1) Es ist $f(x_n) = -f(-x_n)$ für alle $n \in \mathbb{N}$. (2) Es ist $a_n = 0$ für alle geraden $n \in \mathbb{N}$. (3) Die Funktion f ist u n g e r a d e , d.h. es ist $f(x) = -f(-x)$ für alle $x \in \mathrm{B}(0\,;r)$.

7. Sei $D \subseteq \mathbb{C}$ ein Gebiet und $E := \{x \in \mathbb{C} \mid \overline{x} \in D\}$.

a) Ist $f : D \to \mathbb{C}$ analytisch, so ist die Funktion $x \mapsto \overline{f(\overline{x})}$ auf E analytisch. Man gebe ihre Potenzreihenentwicklung um $a \in E$ an (mit Hilfe der Entwicklung von f um $\overline{a}$).

b) Ist $D = E$ und f auf $\mathbb{R} \cap D$ reellwertig oder allgemeiner auf einer Teilmenge von $\mathbb{R} \cap D$ mit einem Häufungspunkt in D, so ist $f(\overline{x}) = \overline{f(x)}$ für alle $x \in D$. (Man beachte $\mathbb{R} \cap D \neq \emptyset$.) Insbesondere ist $f(\overline{x}) = \overline{f(x)}$ für alle $x \in D = E$, wenn die Potenzreihenentwicklung von f um einen Punkt $a \in \mathbb{R} \cap D$ nur reelle Koeffizienten hat.

8. Sei $f : I \to \mathbb{C}$ eine analytische Funktion auf dem Intervall $I \subseteq \mathbb{R}$. Für $a \in I$ sei $R(a)$ der Konvergenzradius der Potenzreihenentwicklung von f um a. Dann ist $G := \bigcup_{a \in I} \mathrm{B}(a\,;\,R(a)) \subseteq \mathbb{C}$ ein Gebiet, und f lässt sich (eindeutig) zu einer komplex-analytischen Funktion $G \to \mathbb{C}$ fortsetzen.

9. Sei $f : \mathbb{C} \to \mathbb{C}$ komplex-analytisch. Existiert $a := \lim_{z \to \infty} f(z)$, so ist f konstant. Insbesondere ist f die Nullfunktion, wenn $\lim_{z \to \infty} f(z) = 0$ ist. (Es genügt, den Spezialfall $a = 0$ zu behandeln. Dieser ergibt sich (ohne Benutzung des Satzes von Liouville aus Aufg. 13 unten) sofort aus dem Maximumsprinzip 12.D.6: Ist f nicht konstant, so ist die Funktion $\mathbb{R}_+ \to \mathbb{R}_+$ mit $r \mapsto \mathrm{Max}\,\{|f(z)| \mid |z| = r\}$ streng monoton wachsend. – Man erhält damit den folgenden eleganten *Beweis des Fundamentalsatzes der Algebra* 11.A.7: Sei $f = a_n x^n + \cdots + a_1 x + a_0, a_n \neq 0, n \geq 1$, ein nichtkonstantes Polynom ohne Nullstelle in $\mathbb{C}$. Dann ist der Kehrwert $g := 1/f$ analytisch auf $\mathbb{C}$, und wegen $g \sim 1/a_n z^n$ für $z \to \infty$ ist $\lim_{z \to \infty} g(z) = 0$, also $g \equiv 0$. Widerspruch!)

10. Sei $f : G \to \mathbb{C}$ eine komplex-analytische Funktion auf dem Gebiet $G \subseteq \mathbb{C}$. Besitzt $\mathrm{Re}\,f$ in einem Punkt $a \in G$ ein lokales Extremum, so ist f konstant.

11. Sei $f = \sum_{n=0}^{\infty} a_n x^n$ eine konvergente Potenzreihe mit dem endlichen Konvergenzradius $R \in \mathbb{R}_+^{\times}$. Ferner sei a ein Punkt auf dem Rand S des Kreises $\mathrm{B}(0\,;\,R) \subseteq \mathbb{C}$. Wir sagen, f besitze im Punkt a eine **a n a l y t i s c h e   F o r t s e t z u n g**, wenn es eine konvergente Potenzreihe $g = \sum_{n=0}^{\infty} b_n (x - a)^n$ gibt mit $g(x) = f(x)$ für alle $x \in U \cap \mathrm{B}(0\,;\,R)$, wobei U eine Umgebung von a ist. Man zeige: Es gibt wenigstens einen Punkt auf S, in dem f *keine* analytische Fortsetzung besitzt. (Sei andernfalls $R(a) > 0$ für jeden Punkt $a \in S$ der Konvergenzradius der analytischen Fortsetzung. Eine f fortsetzende analytische Funktion ist dann auf dem Gebiet $G := \mathrm{B}(0\,;\,R) \cup \bigcup_{a \in S} \mathrm{B}(a\,;\,R(a))$ definiert. Da G einen Kreis $\mathrm{B}(0\,;\,R + \rho)$ mit einem $\rho > 0$ umfasst, ist dies ein Widerspruch zur Bemerkung 12.D.5.)

12. Sei $f = \sum_{n=0}^{\infty} a_n x^n$ eine konvergente Potenzreihe mit Koeffizienten $a_n \in \mathbb{R}_+$ und einem endlichen Konvergenzradius $R \in \mathbb{R}_+^{\times}$. Dann besitzt f keine analytische Fortsetzung im Punkt R. (Vgl. Aufg. 11. – Besäße f in R eine analytische Fortsetzung, so gäbe es ein ε mit $0 < \varepsilon < R$ und ein $\eta > \varepsilon$ derart, dass die Potenzreihenentwicklung von f um $R - \varepsilon$, also

$$f(x) = \sum_{n=0}^{\infty} \left(\sum_{k=n}^{\infty} \binom{k}{n} a_k\, (R - \varepsilon)^{k-n} \right) \left(x - (R - \varepsilon) \right)^n ,$$

für $x := R - \varepsilon + \eta$ konvergiert, woraus

$$\sum_{k=0}^{\infty} a_k\, (R - \varepsilon + \eta)^k = \sum_{k=0}^{\infty} a_k \left(\sum_{n=0}^{k} \binom{k}{n} (R - \varepsilon)^{k-n}\, \eta^n \right) = \sum_{n=0}^{\infty} \left(\sum_{k=n}^{\infty} \binom{k}{n} a_k\, (R - \varepsilon)^{k-n} \eta^n \right) < \infty$$

folgte, d.h. $\sum_k a_k x^k$ konvergierte für $x = R - \varepsilon + \eta > R$. Widerspruch! – Man kann das Ergebnis auch folgendermaßen ausdrücken: *Die aus $\sum a_k x^k$ durch Entwickeln um einen*

Punkt $b \in [0, R[$ *gewonnene Potenzreihe hat den Konvergenzradius* $R - b$ *und keinen größeren,* vgl. 12.C.3.)

13. (S a t z v o n L i o u v i l l e) Sei $f = \sum_{n=0}^{\infty} a_n x^n$ eine Potenzreihe mit dem Konvergenzradius ∞. Ist die ganze Funktion $\mathbb{C} \to \mathbb{C}$ mit $x \mapsto f(x)$ beschränkt, so ist f konstant. (Man benutze 12.B, Aufg. 10. Bedeutend wird das Ergebnis der vorliegenden Aufgabe dadurch, dass nach Bemerkung 12.D.5 *jede* komplex-analytische Funktion $f : \mathbb{C} \to \mathbb{C}$ eine Potenzreihenentwicklung besitzt, wie sie hier vorausgesetzt wird.)

12.E Exponentialfunktion · Kreis- und Hyperbelfunktionen

Die Potenzreihe $\sum_{n=0}^{\infty} z^n / n!$ konvergiert für alle $z \in \mathbb{C}$. Dies folgt aus dem Quotientenkriterium, da (für $z \neq 0$) die Quotienten

$$\left| \frac{z^{n+1}}{(n+1)!} \middle/ \frac{z^n}{n!} \right| = \frac{|z|}{n+1}$$

gegen 0 konvergieren. Der Konvergenzradius dieser Potenzreihe ist somit ∞. Auf jeder Kreisscheibe $\overline{B}(0 \,; r)$ konvergiert sie normal, also insbesondere gleichmäßig und absolut, und definiert eine ganze (analytische) Funktion $E : \mathbb{C} \to \mathbb{C}$ mit

$$E(z) := \sum_{n=0}^{\infty} \frac{z^n}{n!}.$$

Es ist $E(0) = 1$ und $E(1) = \sum_{n=0}^{\infty} 1/n!$. Für $z \in \mathbb{R}$ ist natürlich auch $E(z) \in \mathbb{R}$. Ferner gilt das folgende Additionstheorem:

12.E.1 Satz *Für alle* $z, w \in \mathbb{C}$ *ist* $E(z + w) = E(z)E(w)$.

B e w e i s . Da die Reihen für $E(z)$ und $E(w)$ absolut konvergieren, ist $E(z)E(w)$ gleich dem Wert des Cauchy-Produkts dieser beiden Reihen. Es ist also

$$E(z)\,E(w) = \sum_{n=0}^{\infty} \left(\sum_{k=0}^{n} \frac{z^k}{k!} \frac{w^{n-k}}{(n-k)!} \right) = \sum_{n=0}^{\infty} \frac{1}{n!} \sum_{k=0}^{n} \frac{n!}{k!\,(n-k)!} z^k w^{n-k}$$

$$= \sum_{n=0}^{\infty} \frac{1}{n!} (z+w)^n = E(z+w) \,. \qquad \bullet$$

Aus 12.E.1 und 11.C.2 folgt, dass $E(x) = e^x$ für alle $x \in \mathbb{R}$ gilt, wobei

$$e := E(1) = \sum_{n=0}^{\infty} \frac{1}{n!}$$

gesetzt wurde. Wie wir unten in 12.E.3 sehen werden, stimmt die so definierte Zahl e mit der Eulerschen Zahl

$$e = \lim_{n \to \infty} \left(1 + \frac{1}{n} \right)^n$$

aus Beispiel 4.F.10 überein. Allgemein setzen wir daher

$$\exp z := e^z := E(z) = \sum_{n=0}^{\infty} \frac{z^n}{n!}$$

für alle $z \in \mathbb{C}$ und nennen diese Funktion die Exponentialfunktion (auf $\mathbb{C}$). Entsprechend definieren wir für eine beliebige positive reelle Zahl a die Exponentialfunktion zur Basis a durch

$$a^z := e^{z \ln a} ,$$

$z \in \mathbb{C}$. Aus 12.E.1 ergibt sich das Additionstheorem

$$a^{z+w} = a^z a^w$$

für alle $z, w \in \mathbb{C}$. Insbesondere ist $a^{-z} = 1/a^z$ für alle $z \in \mathbb{C}$.

Im Reellen wächst die Exponentialfunktion für $x \to \infty$ stärker als jede Polynomfunktion, genauer:

12.E.2 *Sei f eine Polynomfunktion mit reellen Koeffizienten und positivem Leitkoeffizienten. Dann gilt*

$$\lim_{\substack{x \to \infty \\ x \in \mathbb{R}}} \frac{e^x}{f(x)} = \infty .$$

Beweis. Sei Grad $f = n$. Dann ist $\lim_{x \to \infty} x^{n+1}/f(x) = \infty$. Es genügt daher zu zeigen, dass

$$\lim_{\substack{x \to \infty \\ x \in \mathbb{R}}} \frac{e^x}{x^{n+1}} = \infty$$

ist. Für $x \in \mathbb{R}_+^{\times}$ ist aber

$$\frac{e^x}{x^{n+1}} = \frac{1}{x^{n+1}} + \cdots + \frac{1}{n!}\frac{1}{x} + \frac{1}{(n+1)!} + \frac{1}{(n+2)!}x + \cdots \geq \frac{1}{(n+2)!}x . \quad \bullet$$

Zu 12.E.2 vergleiche man auch 11.C, Aufg. 3.

12.E.3 Satz *Die Folge $\left(1 + \frac{z}{n}\right)^n$, $n \in \mathbb{N}^*$, von Polynomfunktionen auf $\mathbb{C}$ konvergiert auf jeder Kreisscheibe $\overline{\mathrm{B}}(0\,;r)$ gleichmäßig gegen die Exponentialfunktion. Insbesondere ist*

$$e^z = \lim_{n \to \infty} \left(1 + \frac{z}{n}\right)^n$$

für alle $z \in \mathbb{C}$.

Beweis. Es ist

$$\left(1 + \frac{z}{n}\right)^n = \sum_{k=0}^{n} \binom{n}{k} \frac{z^k}{n^k} = \sum_{k=0}^{n} \frac{n(n-1)\cdots(n-(k-1))}{n \cdot n \cdots n} \frac{z^k}{k!}$$

$$= \sum_{k=0}^{n} \left(1 - \frac{1}{n}\right) \cdots \left(1 - \frac{k-1}{n}\right) \frac{z^k}{k!} .$$

Zu $\varepsilon > 0$ und $r > 0$ gibt es ein n_0 mit $\sum_{k=n_0+1}^{\infty} r^k/k! \leq \varepsilon/3$. Dann ist für $n \geq n_0$ und $z \in \mathbb{C}$ mit $|z| \leq r$

$$\left|\left(1 + \frac{z}{n}\right)^n - \sum_{k=0}^{\infty} \frac{z^k}{k!}\right| \leq \left|\sum_{k=0}^{n_0}\left(\left(1 - \frac{1}{n}\right)\cdots\left(1 - \frac{k-1}{n}\right) - 1\right)\frac{z^k}{k!}\right|$$

$$+ \sum_{k=n_0+1}^{n}\left(1 - \frac{1}{n}\right)\cdots\left(1 - \frac{k-1}{n}\right)\frac{r^k}{k!} + \sum_{k=n_0+1}^{\infty}\frac{r^k}{k!}$$

$$\leq \left|\sum_{k=0}^{n_0}\left(\left(1 - \frac{1}{n}\right)\cdots\left(1 - \frac{k-1}{n}\right) - 1\right)\frac{z^k}{k!}\right| + \frac{\varepsilon}{3} + \frac{\varepsilon}{3}.$$

Da die Koeffizienten der noch abzuschätzenden Summe für $n \to \infty$ gegen 0 konvergieren, gibt es ein $n_1 \geq n_0$ derart, dass für alle $n \geq n_1$ diese Summe dem Betrage nach $\leq \varepsilon/3$ ist. Für diese n ist dann

$$\left|\left(1 + \frac{z}{n}\right)^n - \sum_{k=0}^{\infty} \frac{z^k}{k!}\right| \leq \varepsilon. \hspace{2cm} \bullet$$

Zur Berechnung von e^z schreiben wir $z = x + \mathrm{i}y$, $x, y \in \mathbb{R}$. Dann ist

$$e^z = e^{x+\mathrm{i}y} = e^x e^{\mathrm{i}y}.$$

Für beliebige $w \in \mathbb{C}$ ist aber

$$e^{\mathrm{i}w} = \sum_{n=0}^{\infty} \frac{\mathrm{i}^n}{n!} w^n = \left(\sum_{k=0}^{\infty}(-1)^k \frac{w^{2k}}{(2k)!}\right) + \mathrm{i}\left(\sum_{k=0}^{\infty}(-1)^k \frac{w^{2k+1}}{(2k+1)!}\right).$$

Dies gibt Anlass zur Definition der folgenden ganzen (analytischen) Funktionen

$$\cos w := \sum_{k=0}^{\infty}(-1)^k \frac{w^{2k}}{(2k)!}, \quad \sin w := \sum_{k=0}^{\infty}(-1)^k \frac{w^{2k+1}}{(2k+1)!}$$

auf $\mathbb{C}$. Wie wir bald sehen werden, stimmen die so definierte K o s i n u s f u n k t i o n und S i n u s f u n k t i o n auf $\mathbb{R}$ mit den bekannten und schon verwendeten trigonometrischen Funktionen überein. Wir erhalten:

12.E.4 Satz *Für* $z = x + \mathrm{i}y \in \mathbb{C}$, $x, y \in \mathbb{R}$, *gilt* $\operatorname{Re} e^z = e^x \cos y$ *und* $\operatorname{Im} e^z = e^x \sin y$, *also*

$$e^z = e^x (\cos y + \mathrm{i}\sin y).$$

Die Darstellung $e^z = e^x (\cos y + \mathrm{i}\sin y)$ ist mit der Polarkoordinatendarstellung von e^z identisch. Ferner ist $|e^z| = e^x = e^{\operatorname{Re}z}$ wegen 12.E.5 (6).

Die Rechenregeln für Kosinus und Sinus erhält man leicht, indem man den Zusammenhang mit der Exponentialfunktion ausnützt:

12.E.5 Satz (1) $\cos 0 = 1$, $\sin 0 = 0$.

Für alle $z, w \in \mathbb{C}$ gilt:

(2) $\cos(-z) = \cos z$, $\sin(-z) = -\sin z$.

(3) $e^{\mathrm{i}z} = \cos z + \mathrm{i}\sin z$, $e^{-\mathrm{i}z} = \cos z - \mathrm{i}\sin z$.

(4) $\cos z = (e^{\mathrm{i}z} + e^{-\mathrm{i}z})/2$, $\sin z = (e^{\mathrm{i}z} - e^{-\mathrm{i}z})/2\mathrm{i}$.

(5) $\cos(z + w) = \cos z \cos w - \sin z \sin w$,
  $\sin(z + w) = \sin z \cos w + \cos z \sin w$.

(6) $\cos^2 z + \sin^2 z = 1$.

Die Gleichungen in (3) und (4) heißen Eulersche Formeln; die Formeln in (5) sind die Additionstheoreme für die Kreisfunktionen sin und cos. Der Name „Kreisfunktion" rührt von der Beziehung (6) her: Für ein $t \in \mathbb{R}$ liegt der Punkt $(\cos t, \sin t) \in \mathbb{R}^2$ auf dem Einheitskreis $\{(x, y) \in \mathbb{R}^2 \mid x^2 + y^2 = 1\}$. In Abschnitt 14.B diskutieren wir die Kreisfunktionen im Reellen ausführlicher.

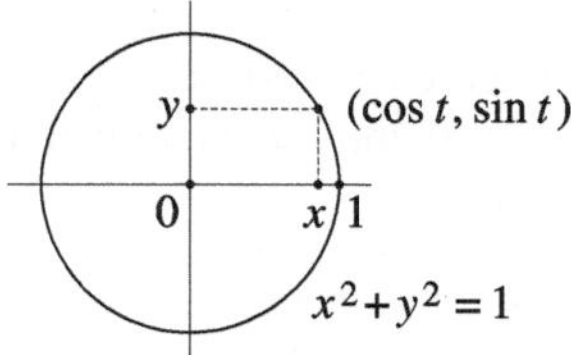

Beweis von 12.E.5. Die Aussagen (1), (2) und (3) ergeben sich unmittelbar aus den Definitionen, (4) folgt direkt aus (3), (6) folgt aus der ersten Formel in (5), indem man dort $w = -z$ setzt. Schließlich beweist man (5) mit (4) und dem Additionstheorem der Exponentialfunktion:

$$\cos(z + w) = \frac{1}{2}\left(e^{\mathrm{i}(z+w)} + e^{-\mathrm{i}(z+w)}\right) = \frac{1}{2}\left(e^{\mathrm{i}z}e^{\mathrm{i}w} + e^{-\mathrm{i}z}e^{-\mathrm{i}w}\right)$$

$$= \frac{1}{2}\left((\cos z + \mathrm{i}\sin z)(\cos w + \mathrm{i}\sin w) + (\cos z - \mathrm{i}\sin z)(\cos w - \mathrm{i}\sin w)\right)$$

$$= \cos z \cos w - \sin z \sin w.$$

Analog beweist man das Additionstheorem für den Sinus. ●

12.E.6 Beispiel (Superposition harmonischer Schwingungen) Wie schon der obige Beweis für die Additionstheoreme von Kosinus und Sinus zeigt, ist es grundsätzlich vorteilhaft, das Rechnen mit trigonometrischen Funktionen über die Eulerschen Formeln 12.E.5 (3) und (4) auf das Rechnen mit der Exponentialfunktion zurückzuführen.

Die so genannten harmonischen Schwingungen $t \mapsto a\cos(\omega t + \varphi)$ oder $t \mapsto a\sin(\omega t + \varphi)$ mit der „Kreisfrequenz" ω etwa sind auf Grund der Additionstheoreme Linearkombinationen der Schwingungen $t \mapsto \cos \omega t$ und $t \mapsto \sin \omega t$, d.h. sie haben die Gestalt

$$b\cos \omega t + c\sin \omega t$$

mit konstanten Koeffizienten b, c. Dies sind aber wegen der Eulerschen Formeln genau die Linearkombinationen der beiden Exponentialfunktionen $e^{\mathrm{i}\omega t}$ und $e^{-\mathrm{i}\omega t} = 1/e^{\mathrm{i}\omega t}$.

Produkt- und Summenbildung solcher Linearkombinationen führen wegen $(e^{i\omega t})^n = e^{in\omega t}$ für $n \in \mathbb{Z}$ zu Funktionen der Gestalt

$$\sum_{n \in \mathbb{Z}} c_n e^{in\omega t}$$

(wobei nur endlich viele der konstanten Koeffizienten c_n ungleich 0 sind). Endliche Summen und Produkte harmonischer Schwingungen mit der festen Kreisfrequenz ω ergeben also Linearkombinationen von harmonischen Schwingungen der Kreisfrequenzen $n\omega$, $n \in \mathbb{N}$. Man nennt sie auch die t r i g o n o m e t r i s c h e n   P o l y n o m e zur Kreisfrequenz ω (bzw. zur Frequenz $\omega/2\pi$, vgl. Satz 14.B.2 (4)). Allgemeiner ergibt sich auf diese Weise: Summen und Produkte endlich vieler harmonischer Schwingungen der Kreisfrequenzen $\omega_1, \ldots, \omega_m$ sind Linearkombinationen harmonischer Schwingungen mit Kreisfrequenzen der Form $n_1\omega_1 + \cdots + n_m\omega_m$, $n_1, \ldots, n_m \in \mathbb{Z}$. Dies folgt einfach aus $(e^{i\omega_1 t})^{n_1} \cdots (e^{i\omega_m t})^{n_m} = e^{i(n_1\omega_1 + \cdots + n_m\omega_m)t}$ für alle $n_1, \ldots, n_m \in \mathbb{Z}$.

Sei $m > 0$, und die Kreisfrequenzen $\omega_1, \ldots, \omega_m$ seien reell und ohne Einschränkung der Allgemeinheit sogar positiv. Wir betrachten noch einmal die Menge

$$F := \mathbb{Z}\omega_1 + \cdots + \mathbb{Z}\omega_m = \{n_1\omega_1 + \cdots + n_m\omega_m \mid (n_1, \ldots, n_m) \in \mathbb{Z}^m\}$$

aller sich daraus zusammensetzenden Kreisfrequenzen. F ist bezüglich der Addition als Verknüpfung eine Gruppe. Zwei wesentlich verschiedene Fälle sind zu unterscheiden:

(1) *Die $\omega_1, \ldots, \omega_m$ sind kommensurabel*, d.h. je zwei der $\omega_1, \ldots, \omega_m$ unterscheiden sich um einen rationalen Faktor. Dann gibt es ein $\omega \in \mathbb{R}_+^\times$ und $k_1, \ldots, k_m \in \mathbb{N}^*$ mit $\omega_j = k_j\omega$. Ersetzen wir noch ω durch $d\omega$, wobei d der größte gemeinsame Teiler der $k_1, \ldots, k_m$ ist, können wir überdies $\mathrm{ggT}(k_1, \ldots, k_m) = 1$ annehmen. Nach dem Lemma 2.D.8 von Bezout ist $1 = n_1 k_1 + \cdots + n_m k_m$ mit ganzen Zahlen n_j, d.h. $\omega = \sum_{j=1}^{m} n_j k_j \omega = \sum_{j=1}^{m} n_j \omega_j$ gehört selbst zu F. Also ist $F = \mathbb{Z}\omega$, *und alle Kreisfrequenzen in F sind ganzzahlige Vielfache der Grundkreisfrequenz ω.*

(2) *Die $\omega_1, \ldots, \omega_m$ sind nicht kommensurabel* (in dem in (1) beschriebenen Sinn). *Dann ist F dicht in $\mathbb{R}$*, d.h. jede Kreisfrequenz $\omega \in \mathbb{R}$ lässt sich mit Hilfe der Elemente aus F beliebig genau approximieren. Dies ergibt sich sofort aus 4.G, Aufg. 22b). Da für die Elemente aus F aber beliebige ganzzahlige Koeffizienten zugelassen sind, ist der Beweis hier etwas einfacher: Nehmen wir einmal an, F liege nicht dicht in $\mathbb{R}$. Da F mit jedem Element alle ganzzahligen Vielfachen enthält, ist dann das Infimum ω von $F \cap \mathbb{R}_+^\times$ positiv. Überdies gehört ω zu F, da andernfalls $F \cap \mathbb{R}_+^\times$ beliebig kleine Elemente enthielte. Es folgt $F = \mathbb{Z}\omega$, und die $\omega_1, \ldots, \omega_m$ sind kommensurabel. Widerspruch!

Der Beweis zeigt: *Eine Untergruppe von $\mathbb{R}$, d.h. eine Teilmenge von $\mathbb{R}$, die bzgl. der Addition eine Gruppe ist, ist dicht in $\mathbb{R}$ oder aber besteht aus den ganzzahligen Vielfachen eines einzigen Elements.*

Mit der (stetigen) Exponentialfunktion $\mathbb{R} \to \mathbb{R}_+^\times$ und ihrer (stetigen) Umkehrfunktion, dem Logarithmus $\mathbb{R}_+^\times \to \mathbb{R}$, überträgt sich das Ergebnis sofort auf die multiplikative Gruppe $(\mathbb{R}_+^\times, \cdot)$: *Eine Untergruppe von $\mathbb{R}_+^\times$ ist dicht in $\mathbb{R}_+^\times$ oder aber besteht aus den Potenzen a^n, $n \in \mathbb{Z}$, einer einzigen Zahl $a \in \mathbb{R}_+^\times$.* Als Illustration dazu noch zwei Beispiele:

(1) Ausgehend von einem Grundton der Frequenz $\nu_0 > 0$ lässt sich allein mit Oktaven-sprüngen auf- oder abwärts (d.h. durch (eventuell mehrmaliges) Multiplizieren mit $2^{\pm 1}$) und Quintensprüngen auf- oder abwärts (d.h. durch (eventuell mehrmaliges) Multiplizieren mit

$(3/2)^{\pm 1}$) jeder Ton einer Frequenz > 0 beliebig genau approximieren. [1])

(2) Vorgegeben seien Zahnräder mit a bzw. b bzw. c Zähnen (a, b, c paarweise verschieden), von jedem Typ beliebig viele. Es gebe keine Darstellung $a^m b^n = c^{m+n}$ mit von 0 verschiedenen ganzen Zahlen m, n. [2]) Dann lässt sich zu jedem Übersetzungsverhältnis $d > 0$ und jedem $\varepsilon > 0$ mit den gegebenen Zahnrädern ein Getriebe konstruieren, dessen Übersetzungsverhältnis gleich d bis auf einen Fehler $\leq \varepsilon$ ist.

Aus 12.E.5 (4) ergibt sich

$$\cos z = \cosh \mathrm{i} z \,, \quad \sin z = \frac{1}{\mathrm{i}} \sinh \mathrm{i} z \,,$$

wobei die ganzen Funktionen cosh und sinh durch die Gleichungen

$$\cosh z := \frac{1}{2} \left(e^z + e^{-z} \right) , \quad \sinh z := \frac{1}{2} \left(e^z - e^{-z} \right)$$

definiert sind. Sie heißen die **Hyperbelfunktionen** und werden als **Kosinus hyperbolicus** bzw. **Sinus hyperbolicus** bezeichnet. Für $x \in \mathbb{R}$ sind natürlich auch $\cosh x$, $\sinh x \in \mathbb{R}$. Die Graphen der Hyperbelfunktion auf $\mathbb{R}$ haben die folgende Gestalt:

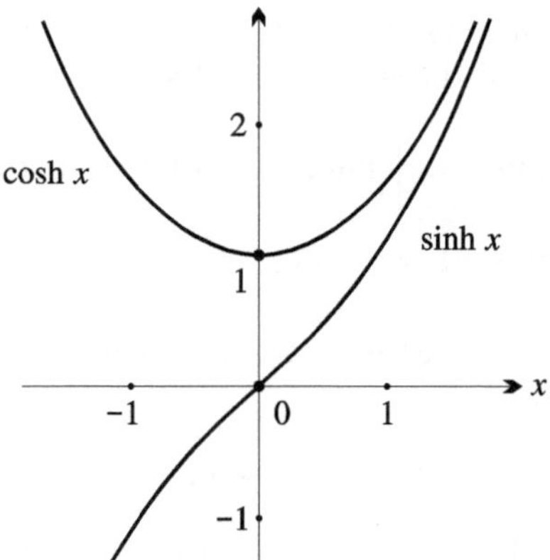

Für beliebige $z \in \mathbb{C}$ ist

$$\cosh^2 z - \sinh^2 z = 1 \,,$$

wie sofort aus den Definitionen folgt. Daher liegt für $t \in \mathbb{R}$ der Punkt $(\cosh t, \sinh t)$ auf der Einheitshyperbel $\{(x, y) \in \mathbb{R}^2 \mid x^2 - y^2 = 1\}$, was den Namen „Hyperbelfunktion" erklärt.

---

[1]) Darum ist es so schwierig, ein Klavier (harmonisch) zu stimmen. Der Quintenzirkel beruht auf dem Kompromiss $(3/2)^{12}$ „$=$" 2^7. Das Intervall $(3/2)^{12} : 2^7 = 3^{12}/2^{19} = 531\,441/524\,288$ bezeichnet man als das **pythagoreische Komma**. Seine Kettenbruchentwicklung ist $[1, 73, 3, 2, 1, 1, 1, 23, 2, 5] \approx [1, 73] = 74/73 = 1,\overline{01369863}$, vgl. Beispiel 4.F.13. Das pythagoreische Komma ist also wesentlich kleiner als ein Halbton (d.h. $2^{1/12} = 1,059\ldots$ bei temperierter Stimmung). Vgl. auch 11.C, Aufg. 9.

[2]) Beispiel: Das Lego-System mit $a = 9$, $b = 15$, $c = 21$.

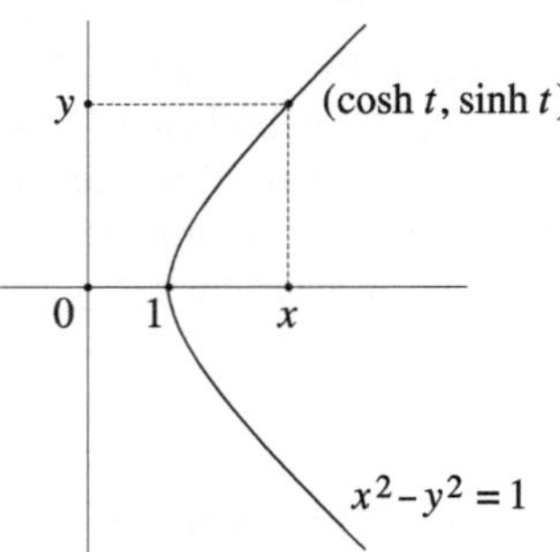

Die Funktionen Tangens, Kotangens, Tangens hyperbolicus,
Kotangens hyperbolicus definiert man als die Quotienten

$$\tan z := \frac{\sin z}{\cos z}, \quad \cot z := \frac{\cos z}{\sin z},$$

$$\tanh z := \frac{\sinh z}{\cosh z}, \quad \coth z := \frac{\cosh z}{\sinh z}.$$

Diese Funktionen sind überall dort definiert und nach 12.C.5 analytisch, wo die
jeweiligen Nenner nicht verschwinden. Die Nullstellen der Nenner werden in
Abschnitt 14.B genauer diskutiert werden. Es ist

$$\tan z = \frac{1}{i}\tanh iz, \quad \cot z = i \coth iz,$$

ferner ist $\tan 0 = 0$, $\tan(-z) = -\tan z$, $\cot(-z) = -\cot z$, $\cot z = 1/\tan z$.

12.E.7 Beispiel (B e r n o u l l i s c h e Z a h l e n) Die Funktion

$$\frac{e^z - 1}{z} = \sum_{n=0}^{\infty} \frac{z^n}{(n+1)!}$$

ist eine ganze analytische Funktion, deren Wert im Nullpunkt gleich 1 ist. Der Kehrwert
$z/(e^z - 1)$ besitzt daher nach 12.C.5 eine Potenzreihenentwicklung um den Nullpunkt, die
wir in der Form

$$\frac{z}{e^z - 1} = \sum_{n=0}^{\infty} \frac{B_n}{n!} z^n$$

schreiben, vgl. 12.C, Aufg. 2. In Beispiel 18.A.7 werden wir sehen, dass der Konvergenzradius dieser Potenzreihe gleich 2π ist.[3]) Die Zahlen B_n, $n \in \mathbb{N}$, heißen die B e r n o u l -
l i s c h e n Z a h l e n (nach Jakob Bernoulli).[4]) Es ist $B_0 = 1$ und

$$\frac{B_n}{n!} + \frac{B_{n-1}}{(n-1)!} \cdot \frac{1}{2!} + \cdots + \frac{B_0}{0!} \cdot \frac{1}{(n+1)!} = 0,$$

---

[3]) Dies folgt natürlich auch aus Bemerkung 12.D.5.
[4]) Es sei darauf hingewiesen, dass die Bernoullischen Zahlen gelegentlich mit anderen
Vorzeichen versehen werden und/oder auch anders nummeriert werden.

$n \in \mathbb{N}^*$, womit sich die B_n, leicht rekursiv berechnen lassen. Nach Multiplikation mit $(n+1)!$ erhält die Rekursionsgleichung die Form

$$\sum_{k=0}^{n} \binom{n+1}{k} B_k = 0 \,,$$

$n \in \mathbb{N}^*$. Man vergleiche die Tafel 4 für einige Werte.

Die Bernoullischen Zahlen B_{2k+1} mit ungeradem Index $2k + 1 \geq 3$ verschwinden. Zum Beweis betrachten wir die Funktion f mit

$$f(z) := \frac{z}{e^z - 1} + \frac{z}{2} = \frac{z}{2} \cdot \frac{e^z + 1}{e^z - 1} = \frac{z}{2} \cdot \frac{e^{z/2} + e^{-z/2}}{e^{z/2} - e^{-z/2}} = \frac{z}{2} \coth \frac{z}{2} \,.$$

Wegen $f(-z) = f(z)$ ist f eine gerade Funktion. In der Potenzreihenentwicklung $\sum b_n z^n$ von f um den Nullpunkt verschwinden daher für $k \geq 0$ die Koeffizienten b_{2k+1}, vgl. 12.D, Aufg. 6. Aus $B_n = n! b_n$ für $n \neq 1$ folgt die Behauptung.

Ferner haben wir die folgende Potenzreihenentwicklung gewonnen:

$$z \coth z = f(2z) = \sum_{n=0}^{\infty} \frac{B_{2n}}{(2n)!} 2^{2n} z^{2n} \,.$$

Aus $z \cot z = iz \coth iz$ erhält man wegen $i^{2n} = (-1)^n$

$$z \cot z = \sum_{n=0}^{\infty} (-1)^n \frac{B_{2n}}{(2n)!} 2^{2n} z^{2n} = 1 - \frac{z^2}{3} - \frac{z^4}{45} - \frac{2z^6}{945} - \frac{z^8}{4725} - \cdots \,.$$

Schließlich ergibt sich aus

$$\coth z + \tanh z = \frac{e^z + e^{-z}}{e^z - e^{-z}} + \frac{e^z - e^{-z}}{e^z + e^{-z}} = 2\frac{e^{2z} + e^{-2z}}{e^{2z} - e^{-2z}} = 2 \coth 2z$$

$$\tanh z = 2 \coth 2z - \coth z = \sum_{n=1}^{\infty} \frac{B_{2n}}{(2n)!} 2^{2n} (2^{2n} - 1) z^{2n-1}$$

und mit $\tan z = (\tanh iz)/i$ überdies

$$\tan z = \sum_{n=1}^{\infty} (-1)^{n-1} \frac{B_{2n}}{(2n)!} 2^{2n} (2^{2n} - 1) z^{2n-1} = z + \frac{z^3}{3} + \frac{2z^5}{15} + \frac{17z^7}{315} + \frac{62z^9}{2835} + \cdots \,.$$

Die Gleichung

$$\frac{z}{\sinh z} = \frac{2z}{e^z - e^{-z}} = \frac{2ze^z}{e^{2z} - 1} = \frac{2z(e^z + 1)}{e^{2z} - 1} - \frac{2z}{e^{2z} - 1} = 2\frac{z}{e^z - 1} - \frac{2z}{e^{2z} - 1}$$

liefert noch

$$\frac{z}{\sinh z} = \sum_{n=0}^{\infty} \frac{B_{2n}}{(2n)!} (2 - 2^{2n}) z^{2n} \,,$$

$$\frac{z}{\sin z} = \frac{iz}{\sinh iz} = \sum_{n=0}^{\infty} (-1)^n \frac{B_{2n}}{(2n)!} (2 - 2^{2n}) z^{2n} =$$

$$= 1 + \frac{z^2}{6} + \frac{7z^4}{360} + \frac{31z^6}{15120} + \frac{127z^8}{604800} + \cdots .$$

Die Funktion $\operatorname{cosec} z := 1/\sin z$ bezeichnet man auch als den K o s e c a n s .

Mit den Bernoullischen Zahlen lassen sich im Anschluss an Euler leicht geschlossene Ausdrücke für die Potenzsummen $1^m + 2^m + \cdots + k^m$, $k, m \in \mathbb{N}$, angeben. Einerseits gilt nämlich für $z \neq 0$, $|z|$ klein:

$$\sum_{n=0}^{k} (e^z)^n = \frac{e^{(k+1)z} - 1}{e^z - 1} = \frac{z}{e^z - 1} \frac{e^{(k+1)z} - 1}{z}$$

$$= \Big(\sum_{j=0}^{\infty} \frac{B_j}{j!} z^j \Big) \Big(\sum_{j=0}^{\infty} \frac{(k+1)^{j+1}}{(j+1)!} z^j \Big) = \sum_{m=0}^{\infty} \Big(\sum_{j=0}^{m} \frac{B_j}{j!} \frac{(k+1)^{m+1-j}}{(m+1-j)!} \Big) z^m .$$

Andererseits ist

$$\sum_{n=0}^{k} (e^z)^n = \sum_{n=0}^{k} \sum_{m=0}^{\infty} \frac{n^m}{m!} z^m = \sum_{m=0}^{\infty} \Big(\sum_{n=0}^{k} n^m \Big) \frac{z^m}{m!} .$$

Der Identitätssatz für Potenzreihen liefert die Formel

$$\sum_{n=0}^{k} n^m = m! \sum_{j=0}^{m} \frac{B_j}{j!} \cdot \frac{(k+1)^{m+1-j}}{(m+1-j)!} = \frac{1}{m+1} \sum_{j=0}^{m} \binom{m+1}{j} B_j \cdot (k+1)^{m+1-j} ,$$

die bereits von dem Rechenmeister Johannes Faulhaber (1580-1635) aus Ulm im Jahre 1631 angegeben wurde (und von Jacob Bernoulli in der „Ars conjectandi" zitiert wurde). Durch Vergleich mit der am Ende von Beispiel 12.C.8 (3) angegebenen Formel für die Summe $\sum_{n=0}^{k} n^m$ gewinnt man durch Betrachten der Koeffizienten bei $k + 1$ den folgenden Zusammenhang zwischen den Bernoullischen Zahlen und den Stirlingschen Zahlen zweiter Art: Für $m \in \mathbb{N}$ ist

$$B_m = \sum_{n=0}^{m} \frac{(-1)^n n!}{n + 1} S(m, n) .$$

12.E.8 Beispiel (E u l e r s c h e   Z a h l e n) Die Potenzreihenentwicklung von $1/\cos z$ um den Nullpunkt setzt man in der Form

$$\frac{1}{\cos z} = \sum_{n=0}^{\infty} \frac{E_n}{n!} z^n$$

an. Die Zahlen E_n, $n \in \mathbb{N}$, heißen die E u l e r s c h e n   Z a h l e n. [5]) Wegen

$$\cos z = \sum_{n=0}^{\infty} (-1)^n \frac{z^{2n}}{(2n)!}$$

sind $\cos z$ und damit auch $1/\cos z$ gerade Funktionen. Daher verschwinden die Eulerschen Zahlen E_{2k+1} mit ungeradem Index. Die mit geradem Index erfüllen die Rekursionsgleichung

---

[5]) Auch die Eulerschen Zahlen werden gelegentlich mit anderen Vorzeichen versehen oder anders nummeriert. Für eine kombinatorische Interpretation der Eulerschen Zahlen vgl. 13.C, Aufg. 27.

$$\sum_{k=0}^{n}(-1)^k \binom{2n}{2k} E_{2k} = 0 \,, \quad n \in \mathbb{N}^* \,,$$

mit der Anfangsbedingung $E_0 = 1$. Insbesondere sind die E_n ganzzahlig (vgl. dazu auch 12.C, Aufg. 2). Es ist

$$E_0 = 1\,, \quad E_2 = 1\,, \quad E_4 = 5\,, \quad E_6 = 61\,, \quad E_8 = 1385\,,$$

$$E_{10} = 50521\,, \quad E_{12} = 2702765\,, \quad E_{14} = 199360981\,.$$

Die Funktion $\sec z := 1/\cos z$ bezeichnet man auch als den S e c a n s . Wegen $\cosh z = \cos \mathrm{i} z$ erhält man

$$\frac{1}{\cosh z} = \sum_{n=0}^{\infty}(-1)^n \frac{E_{2n}}{(2n)!}\, z^{2n}$$

für die Potenzreihenentwicklung von $1/\cosh z$ um 0. Aus den Gleichungen

$$\frac{1}{\cos z} = \frac{2}{e^{\mathrm{i}z} + e^{-\mathrm{i}z}} = \frac{2e^{\mathrm{i}z}}{e^{2\mathrm{i}z}+1} = \frac{2e^{\mathrm{i}z}(e^{2\mathrm{i}z}-1)}{e^{4\mathrm{i}z}-1} = \left(\frac{2\mathrm{i}z}{e^{\mathrm{i}z}-1} - \frac{2\mathrm{i}z}{e^{2\mathrm{i}z}-1} - \frac{4\mathrm{i}ze^{\mathrm{i}z}}{e^{4\mathrm{i}z}-1}\right)\frac{1}{\mathrm{i}z}$$

$$= \sum_{m=1}^{\infty}\left(2B_m - 2^m B_m - \sum_{k=0}^{m}\binom{m}{k}4^k B_k\right)\frac{(\mathrm{i}z)^{m-1}}{m!}$$

$$= \sum_{n=0}^{\infty}(-1)^{n+1}\left(\sum_{k=0}^{2n+1}\binom{2n+1}{k}4^k B_k\right)\frac{z^{2n}}{(2n+1)!}$$

ergibt sich durch Koeffizientenvergleich die folgende Darstellung der Eulerschen Zahlen E_{2n}, $n \in \mathbb{N}$, mit Hilfe der Bernoullischen Zahlen:

$$E_{2n} = \frac{(-1)^{n+1}}{2n+1}\sum_{k=0}^{2n+1}\binom{2n+1}{k}4^k B_k \,,$$

vgl. auch Beispiel 18.A.7.

Aufgaben

1. Man berechne e mit Hilfe der Potenzreihenentwicklung von e^z bis auf einen Fehler $\leq 10^{-10}$. Mit derselben Genauigkeit berechne man $\cos 1$ und $\sin 1$.

2. Man gebe die Potenzreihenentwicklungen der Funktionen $\exp z$, $\sin z$, $\cos z$ um einen beliebigen Punkt $a \in \mathbb{C}$ an.

3. Die Potenzreihenentwicklungen von $\cosh z$ und $\sinh z$ um 0 sind

$$\cosh z = \sum_{n=0}^{\infty}\frac{z^{2n}}{(2n)!}\,, \quad \sinh z = \sum_{n=0}^{\infty}\frac{z^{2n+1}}{(2n+1)!}\,.$$

Man gebe auch die Entwicklungen um einen beliebigen anderen Punkt aus $\mathbb{C}$ an.

4. Man entwickle $e^z \cos z$; $\cos^n z$; $\sin^n z$ $(n \in \mathbb{N})$ in Potenzreihen um 0.

5. Für die folgenden analytischen Funktionen gebe man jeweils die Potenzreihenentwicklung bis zur Ordnung 5 um den Nullpunkt an:

$$e^{\sin z}; \quad e^{\cos z}; \quad \frac{\sin z}{2 + \cos z}; \quad \frac{z^2 e^z}{(e^z - 1)^2}; \quad \frac{\sin bz}{\sin cz}, \quad b, c \in \mathbb{C}^\times.$$

(Für die ersten beiden Funktionen vergleiche auch 13.C, Aufg. 9.)

6. Für $x, y \in \mathbb{C}$ gilt

$$\cos(x + iy) = \cos x \, \cosh y - i \sin x \, \sinh y,$$
$$\sin(x + iy) = \sin x \, \cosh y + i \cos x \, \sinh y.$$

Insbesondere sind damit für $z = x + iy$, $x, y \in \mathbb{R}$, Real- und Imaginärteil von $\cos z$ und $\sin z$ beschrieben. Es folgt

$$|\cos(x + iy)|^2 = \cos^2 x + \sinh^2 y, \quad |\sin(x + iy)|^2 = \sin^2 x + \sinh^2 y.$$

7. Für $z, w \in \mathbb{C}$ gilt

$$\cosh(z + w) = \cosh z \, \cosh w + \sinh z \, \sinh w,$$
$$\sinh(z + w) = \sinh z \, \cosh w + \cosh z \, \sinh w.$$

8. Für $z \in \mathbb{C}$ und $n \in \mathbb{Z}$ gilt $(\cosh z + \sinh z)^n = \cosh nz + \sinh nz$.

9. Für $z, w \in \mathbb{C}$ gilt

$$\tan(z + w) = \frac{\tan z + \tan w}{1 - \tan z \tan w}, \quad \cot(z + w) = \frac{\cot z \cot w - 1}{\cot z + \cot w},$$
$$\tanh(z + w) = \frac{\tanh z + \tanh w}{1 + \tanh z \tanh w}, \quad \coth(z + w) = \frac{\coth z \coth w + 1}{\coth z + \coth w},$$

falls jeweils beide Seiten der betrachteten Formeln definiert sind.

10. Zu jedem $(x, y) \in \mathbb{R}^2$ mit $x^2 - y^2 = 1$ und $x > 0$ gibt es genau ein $t \in \mathbb{R}$ mit $x = \cosh t$, $y = \sinh t$.

11. Für alle $z \in \mathbb{C}$ ist (vgl. 12.D, Aufg. 7b))

$$e^{\bar{z}} = \overline{(e^z)}, \ \sin \bar{z} = \overline{\sin z}, \ \cos \bar{z} = \overline{\cos z}, \ \sinh \bar{z} = \overline{\sinh z}, \ \cosh \bar{z} = \overline{\cosh z}.$$

12. Für alle $z \in \mathbb{C}$ ist $|e^z - 1| \leq e^{|z|} - 1 \leq |z| e^{|z|}$. Wann gilt in diesen Ungleichungen jeweils das Gleichheitszeichen?

13. Für alle $x \in \mathbb{R}_+$ ist $e^x - 1 \geq x e^{x/2}$.

14. Für alle $x \in \mathbb{R}$ ist $1 - \cos x \leq x^2/2$.

15. Sei $z = x + iy \in \mathbb{C}$ mit $x, y \in \mathbb{R}$, $x > 0$. Dann gilt:

a) Es ist $|e^z - 1| \leq (|z|/x)(e^x - 1)$. (Man kann dies aus Aufg. 13 und 14 folgern. – Wegen $(|z|/x)(e^x - 1) \leq e^{|z|} - 1$ verschärft dies die erste Abschätzung in Aufg. 12.)

b) Man folgere: Für $\alpha, \beta \in \mathbb{R}$ mit $\alpha < \beta$ ist $|e^{-\alpha z} - e^{-\beta z}| \leq (|z|/x)(e^{-\alpha x} - e^{-\beta x})$. (Einen anderen Beweis findet man in 16.B, Aufg. 21.)

V DIFFERENZIATION

Als Definitionsbereich D für differenzierbare Funktionen wollen wir generell eine offene Menge in $\mathbb{C}$ oder ein (nicht notwendig offenes) Intervall in $\mathbb{R}$ mit mehr als einem Punkt wählen. Im ersten Fall ist der Wertebereich der Funktion stets $\mathbb{C}$, im zweiten Fall kann er $\mathbb{R}$ oder $\mathbb{C}$ sein. Wir wählen daher als Wertebereich stets $\mathbb{C}$, es sei denn, die Voraussetzung ist wesentlich, dass die betrachtete Funktion reellwertig ist. Gelegentlich benutzen wir aber auch wieder $\mathbb{K}$ als gemeinsame Bezeichnung für $\mathbb{R}$ und $\mathbb{C}$.

Komplex-differenzierbare Funktionen, bei denen der Definitionsbereich D eine offene Menge in $\mathbb{C}$ ist, betrachten wir im Wesentlichen nur im folgenden Paragraphen. Dort werden die elementaren Aspekte der Differenzierbarkeit beschrieben, für die die Unterschiede zwischen reellen und komplexen Argumentbereichen nicht ins Gewicht fallen. Ab Paragraph 14 beschränken wir uns dann auf Funktionen, bei denen der Definitionsbereich D ein reelles Intervall ist. Erst im Band 4 gehen wir auch ausführlich auf die komplex-differenzierbaren Funktionen ein, die – wie schon in Band 3 gezeigt wird – mit den komplex-analytischen Funktionen identisch sind. Sie bilden den Gegenstand der Funktionentheorie (einer Veränderlichen).

13 Differenzierbare Funktionen

13.A Rechenregeln

Wie bereits in der Vorbemerkung erwähnt, sei in diesem Paragraphen der Definitionsbereich D stets ein Intervall in $\mathbb{R}$ (mit mehr als einem Punkt) oder eine offene Menge in $\mathbb{C}$.

13.A.1 Definition Eine Funktion $f : D \to \mathbb{C}$ heißt im Punkt $a \in D$ d i f f e r e n - z i e r b a r, wenn der Grenzwert

$$\lim_{\substack{x \to a, \\ x \in D - \{a\}}} \frac{f(x) - f(a)}{x - a}$$

existiert. In diesem Fall heißt dieser Grenzwert der D i f f e r e n z i a l q u o t i e n t oder die A b l e i t u n g von f im Punkt a und wird mit

$$f'(a) \quad \text{oder} \quad \frac{df}{dx}(a)$$

bezeichnet. – Die Funktion f heißt **d i f f e r e n z i e r b a r** in D, wenn sie in jedem Punkt von D differenzierbar ist. Die Funktion $x \mapsto f'(x)$ heißt dann die **A b l e i t u n g** f' von f. [1])

Die Funktion

$$x \mapsto \frac{f(x) - f(a)}{x - a}$$

auf $D - \{a\}$ heißt der **D i f f e r e n z e n q u o t i e n t v o n** f **i m P u n k t** a. Definitionsgemäß ist der Differenzialquotient von f in a gleich dem Limes des Differenzenquotienten von f im Punkt a. Dies bedeutet, dass der Differenzenquotient sich zu einer Funktion $D \to \mathbb{C}$ fortsetzen lässt, die in a stetig ist und dort den Wert $f'(a)$ hat. Dass die Ableitung der Funktion $f : D \to \mathbb{C}$ im Punkt $a \in D$ existiert und gleich $c \in \mathbb{C}$ ist, ist nach 10.A.2 äquivalent mit jeder der folgenden Bedingungen:

(1) Zu jedem $\varepsilon > 0$ gibt es ein $\delta > 0$ mit

$$\left| \frac{f(x) - f(a)}{x - a} - c \right| \leq \varepsilon$$

für alle $x \in D$ mit $x \neq a$ und $|x - a| \leq \delta$.

(2) Zu jeder Umgebung V von c gibt es eine Umgebung U von a mit

$$\frac{f(x) - f(a)}{x - a} \in V$$

für alle $x \in U \cap D$, $x \neq a$.

(3) Für jede Folge (x_n) in $D - \{a\}$ mit $\lim x_n = a$ ist

$$\lim_{n \to \infty} \frac{f(x_n) - f(a)}{x_n - a} = c.$$

Die Differenzierbarkeit einer Funktion ist (wie die Stetigkeit) eine lokale Eigenschaft dieser Funktion.

13.A.2 Bemerkung Ist $D \subseteq \mathbb{C} = \mathbb{R}^2$ eine offene Menge und $f : D \to \mathbb{C}$ in $a \in D$ differenzierbar, so sagt man auch, f sei in a **k o m p l e x - d i f f e r e n z i e r b a r**, um diese Differenzierbarkeit deutlich von der Differenzierbarkeit von f als Funktion zweier reeller Variabler zu unterscheiden, die wir in Band 3 behandeln.

Ist $D \subseteq \mathbb{R}$ und $f : D \to \mathbb{C}$ eine Funktion, so ist f im Punkt $a \in D$ offenbar genau dann differenzierbar, wenn $\mathrm{Re}\, f$ und $\mathrm{Im}\, f$ in a differenzierbar sind. Es gilt dann

$$f'(a) = (\mathrm{Re}\, f)'(a) + \mathrm{i}\,(\mathrm{Im}\, f)'(a).$$

---

[1]) Ist $D \subseteq \mathbb{R}$ und ist x eine Zeitvariable, so schreibt man häufig auch $\dot{f}$ für die Ableitung. Sie ist die **G e s c h w i n d i g k e i t**, mit der sich f ändert.

Bei $D \subseteq \mathbb{R}$ ist nämlich die Bildung von Real- und Imaginärteil einer Funktion mit der Bildung des Differenzenquotienten vertauschbar.

Besonders wichtig ist die folgende Charakterisierung der Differenzierbarkeit in einem Punkt.

13.A.3 Satz *Seien $f : D \to \mathbb{C}$ eine Funktion und $a \in D$. Genau dann ist f in a differenzierbar, wenn f in a linear approximierbar ist, d.h. wenn es ein $c \in \mathbb{C}$ und eine Funktion $r : D \to \mathbb{C}$ gibt mit:*

(1) r ist in a stetig, und es ist $r(a) = 0$.

(2) Für alle $x \in D$ ist $f(x) = f(a) + c(x - a) + r(x)(x - a)$.

Dann ist c die Ableitung $f'(a)$ von f in a.

B e w e i s . Sei zunächst f differenzierbar in a. Wir setzen $c := f'(a)$ und

$$r(x) := \begin{cases} \dfrac{f(x) - f(a)}{x - a} - c, & \text{falls } x \neq a, \\ 0, & \text{falls } x = a. \end{cases}$$

Dann ist r im Punkt a stetig, und es gilt nach Konstruktion von r die in (2) angegebene Darstellung von f.

Existieren umgekehrt r und c mit den angegebenen Eigenschaften, so ist für $x \neq a$

$$\frac{f(x) - f(a)}{x - a} - c = r(x),$$

woraus wegen Bedingung (1) die Behauptung folgt. $\bullet$

Für eine in $a \in D$ differenzierbare Funktion $f : D \to \mathbb{C}$ gilt also die Darstellung

$$f(x) = f(a) + f'(a)(x - a) + o(x - a)$$

für $x \to a$. Die Funktion $h : x \mapsto f(a) + f'(a)(x - a)$ heißt die l i n e a r e A p p r o x i m a t i o n von f in a, ihr Graph die T a n g e n t e an den Graphen von f im Punkt $(a, f(a))$. Im Fall $D \subseteq \mathbb{R}$, $f : D \to \mathbb{R}$ liegt die folgende Situation vor:

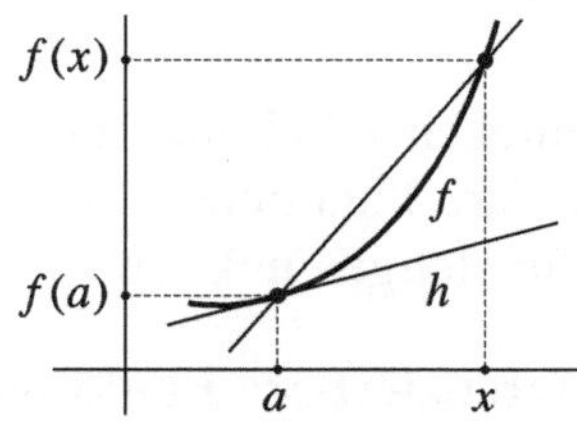

13.A.4 Korollar *Ist $f : D \to \mathbb{C}$ im Punkt $a \in D$ differenzierbar, so ist f in a auch stetig. – Insbesondere ist f auf D stetig, wenn f dort differenzierbar ist.*

Diese Behauptung ergibt sich (mit den Rechenregeln für stetige Funktionen) unmittelbar aus der Darstellung (2) von f in 13.A.3.

Die Stetigkeit von f in a verlangt nur eine Darstellung $f(x) = f(a) + s(x)$ mit einer Funktion $s : D \to \mathbb{C}$, die in a stetig ist und dort den Wert 0 hat. f ist differenzierbar in a, wenn sich diese Funktion s sogar in der Form $s(x) = c(x - a) + r(x)(x - a)$ mit einem linearen Anteil $c(x - a)$ und einem Rest $r(x)(x - a) = o(x - a)$ schreiben lässt.

13.A.5 Beispiel (1) *Konstante Funktionen sind differenzierbar mit Ableitung* 0. Wie wir im nächsten Paragraphen mit Hilfe des Mittelwertsatzes sehen werden, ist umgekehrt eine differenzierbare Funktion auf einem Intervall in $\mathbb{R}$ oder einem Gebiet in $\mathbb{C}$ konstant, wenn ihre Ableitung überall verschwindet.

(2) *Die Identität* $x \mapsto x$ *ist differenzierbar mit Ableitung* 1.

(3) Die Betragsfunktion $x \mapsto |x|$ auf $\mathbb{R}$ ist im Punkt 0 nicht differenzierbar (wohl aber stetig). Für den Differenzenquotienten $|x|/x$ in 0 gilt nämlich

$$\frac{|x|}{x} = \begin{cases} 1, & \text{falls } x > 0, \\ -1, & \text{falls } x < 0. \end{cases}$$

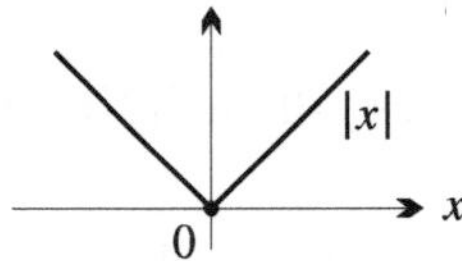

Es gibt sogar Funktionen $f : \mathbb{R} \to \mathbb{R}$, die in jedem Punkt von $\mathbb{R}$ stetig aber in keinem Punkt differenzierbar sind, vergleiche Beispiel 13.A.9. Die komplexe Betragsfunktion $z \mapsto |z|$ ist in *keinem* Punkt von $\mathbb{C}$ komplex- differenzierbar, vgl. Aufg. 2.

(4) Die Funktion $x \mapsto x|x|$ auf $\mathbb{R}$ ist überall differenzierbar mit der Ableitung $x \mapsto 2|x|$, die ihrerseits nicht wieder überall differenzierbar ist.

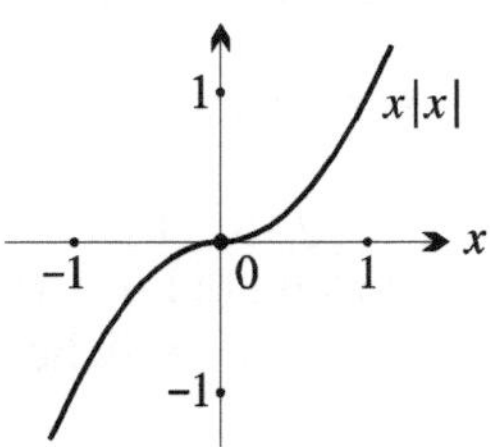

Mit Hilfe der folgenden Rechenregeln erhält man ausgehend von differenzierbaren Funktionen wieder differenzierbare Funktionen. Zu ihrem Beweis benutzen wir 13.A.3 und die Rechenregeln für stetige Funktionen.

13.A.6 Rechenregeln für differenzierbare Funktionen *Im Punkt* $a \in D$ *seien die Funktionen* $f : D \to \mathbb{C}$ *und* $g : D \to \mathbb{C}$ *differenzierbar. Dann gilt:*

(1) *Die Summe* $f + g$ *ist differenzierbar in* a, *und es gilt*

$$(f + g)'(a) = f'(a) + g'(a) \qquad (\text{S u m m e n r e g e l}).$$

(2) *Das Produkt fg ist differenzierbar in a, und es gilt*

$$(fg)'(a) = f'(a)g(a) + f(a)g'(a) \qquad (\text{Produktregel}).$$

Insbesondere ist λf für jede Konstante $\lambda \in \mathbb{C}$ differenzierbar in a, und es gilt: $(\lambda f)'(a) = \lambda f'(a)$.

(3) *Ist $g(x) \neq 0$ für alle $x \in D$, so ist der Quotient f/g differenzierbar in a und es gilt*

$$\left(\frac{f}{g}\right)'(a) = \frac{f'(a)g(a) - f(a)g'(a)}{g^2(a)} \qquad (\text{Quotientenregel}).$$

B e w e i s . Nach 13.A.3 gibt es in a stetige Funktionen $r : D \to \mathbb{C}$ und $s : D \to \mathbb{C}$ mit $r(a) = 0$ und $s(a) = 0$, sowie mit

$$f(x) = f(a) + f'(a)(x - a) + r(x)(x - a),$$

$$g(x) = g(a) + g'(a)(x - a) + s(x)(x - a)$$

für alle $x \in D$. Dann folgt

$$(f + g)(x) = (f + g)(a) + \big(f'(a) + g'(a)\big)(x - a) + \big(r(x) + s(x)\big)(x - a).$$

Da auch $r + s$ in a stetig ist und dort den Wert 0 hat, ergibt sich die Differenzierbarkeit von $f + g$ und die Gleichung in (1).

Weiter erhält man

$$(fg)(x) = (fg)(a) + \big(f'(a)g(a) + f(a)g'(a)\big)(x - a) +$$

$$+ \big(f(x)s(x) + g(x)r(x) - r(x)s(x)(x - a) + f'(a)g'(a)(x - a)\big)(x - a).$$

Da auch die Funktion $fs + gr - rs(x - a) + f'(a)g'(a)(x - a)$ in a stetig ist und dort den Wert 0 hat, ergeben sich die Differenzierbarkeit von fg im Punkte a und die Produktregel (2).

Die Quotientenregel (3) beweisen wir direkt durch Betrachten des Differenzenquotienten. Zunächst behandeln wir den Fall $f = 1$. Dann ist

$$\frac{\frac{1}{g(x)} - \frac{1}{g(a)}}{x - a} = \frac{-1}{g(a)g(x)} \cdot \frac{g(x) - g(a)}{x - a}.$$

Für $x \to a$ erhält man daraus die Differenzierbarkeit von $1/g$ in a und die Formel $(1/g)'(a) = -g'(a)/g^2(a)$. Der allgemeine Fall ergibt sich nun aus der Produktregel wie folgt:

$$\left(\frac{f}{g}\right)'(a) = f'(a)\left(\frac{1}{g}\right)(a) + f(a)\left(\frac{1}{g}\right)'(a) = \frac{f'(a)}{g(a)} - \frac{f(a)\,g'(a)}{g^2(a)}. \qquad \bullet$$

Die Produktregel zeigt, dass mit f auch jede Potenz f^n, $n \in \mathbb{N}$, in einem Punkt a differenzierbar ist. Durch Induktion über n folgt leicht die P o t e n z r e g e l

$$(f^n)'(a) = n\, f^{n-1}(a)\, f'(a).$$

Mit der Quotientenregel folgt die Gültigkeit dieser Formel für alle $n \in \mathbb{Z}$, falls $1/f$ definiert ist. Insbesondere gilt $(x^n)' = nx^{n-1}$. Allgemeiner ergibt sich, dass Polynomfunktionen überall differenzierbare Funktionen sind. Die Ableitung von $f(x) := a_n x^n + \cdots + a_1 x + a_0$ ist $f'(x) = na_n x^{n-1} + \cdots + a_1$. Beim Ableiten einer nichtkonstanten Polynomfunktion verringert sich der Grad also genau um 1. Aus der Quotientenregel folgt, dass rationale Funktionen in ihrem ganzen Definitionsbereich differenzierbar sind.

Einsetzen differenzierbarer Funktionen in differenzierbare Funktionen liefert wieder differenzierbare Funktionen. Es gilt nämlich:

13.A.7 Kettenregel *$f : D \to \mathbb{C}$ und $g : D' \to \mathbb{C}$ seien Funktionen mit $f(D) \subseteq D'$. Sind dann f in $a \in D$ und g in $f(a) \in D'$ differenzierbar, so ist auch die Komposition $g \circ f$ in a differenzierbar und es gilt*

$$(g \circ f)'(a) = g'\big(f(a)\big)\, f'(a)\,.$$

B e w e i s . Nach 13.A.3 gibt es in a bzw. $f(a)$ stetige Funktionen $r : D \to \mathbb{C}$ und $s : D' \to \mathbb{C}$ mit $r(a) = 0$ und $s(f(a)) = 0$ sowie mit

$$f(x) = f(a) + f'(a)(x - a) + r(x)(x - a)$$

für $x \in D$ bzw.

$$g(y) = g\big(f(a)\big) + g'\big(f(a)\big)\big(y - f(a)\big) + s(y)\big(y - f(a)\big)$$

für $y \in D'$. Mit $y := f(x)$ ergibt sich

$$g\big(f(x)\big) = g\big(f(a)\big) + g'\big(f(a)\big)f'(a)(x - a) + t(x)(x - a)\,,$$

$t(x) := g'\big(f(a)\big)r(x) + s\big(f(x)\big)\big(f'(a) + r(x)\big)$. Da t im Punkte a stetig ist mit $t(a) = 0$, folgt die Behauptung wiederum nach 13.A.3. $\qquad\bullet$

Als letzte wichtige Differenzierbarkeitsregel beweisen wir hier:

13.A.8 Ableitung der Umkehrfunktion *Es seien D und D' Intervalle in $\mathbb{R}$ oder offene Mengen in $\mathbb{C}$. Ferner sei $f : D \to D'$ eine stetige bijektive Funktion mit der Umkehrfunktion $f^{-1} : D' \to D$, die ebenfalls stetig sei. Im Punkt $a \in D$ sei f differenzierbar, und es sei $f'(a) \neq 0$. Dann ist f^{-1} im Punkt $b := f(a)$ differenzierbar, und es ist*

$$(f^{-1})'(b) = (f^{-1})'\big(f(a)\big) = \frac{1}{f'(a)} = \frac{1}{f'\big(f^{-1}(b)\big)}\,.$$

B e w e i s . Sei (y_n) eine Folge in $D' - \{b\}$ mit $\lim y_n = b$. Die Folge (x_n) mit $x_n := f^{-1}(y_n)$ in $D - \{a\}$ konvergiert dann wegen der Stetigkeit von f^{-1} gegen $f^{-1}(b) = a$. Es folgt:

$$\lim_{n \to \infty} \frac{f^{-1}(y_n) - f^{-1}(b)}{y_n - b} = \lim_{n \to \infty} \frac{1}{\dfrac{f(x_n) - f(a)}{x_n - a}} = \frac{1}{f'(a)}\,. \qquad\bullet$$

Es sei bemerkt, dass in der Situation von 13.A.8 die Stetigkeit von f^{-1} aus der von f folgt. Für den Fall reeller Intervalle haben wir dies bereits bewiesen, vgl. 10.C.9. Ferner ist die Voraussetzung $f'(a) \neq 0$ notwendig für die Differenzierbarkeit der Umkehrfunktion f^{-1} im Punkt $b = f(a)$, denn aus $f^{-1} \circ f = \mathrm{id}_D$ und der Differenzierbarkeit von f in a bzw. von f^{-1} in $b = f(a)$ folgt nach der Kettenregel $(f^{-1})'(f(a)) \cdot f'(a) = 1$. Beispielsweise ist die Funktion $x \mapsto x^3$ von $\mathbb{R}$ auf $\mathbb{R}$ bijektiv und differenzierbar, die Umkehrfunktion $x \mapsto \sqrt[3]{x}$ ist aber im Nullpunkt nicht differenzierbar.

Wir beenden diesen Abschnitt mit dem Beispiel einer stetigen Funktion $\mathbb{R} \to \mathbb{R}$, die an keiner Stelle differenzierbar ist.

13.A.9 Beispiel Sei $h : \mathbb{R} \to \mathbb{R}$ mit $h(x) := \mathrm{Min}(x - [x], [x] + 1 - x)$ gleich dem Abstand zur nächsten ganzen Zahl. Dann ist die Funktion $f : \mathbb{R} \to \mathbb{R}$ mit

$$f(x) := \sum_{k=0}^{\infty} \frac{h(2^k x)}{2^k}$$

stetig, da die angegebene Reihe (nach dem Weierstraßschen M-Test) gleichmäßig konvergiert und h stetig ist. *In keinem Punkt $a \in \mathbb{R}$ ist f jedoch differenzierbar.*

B e w e i s . Sei $a \in \mathbb{R}$ und $a = z_0 + (0, z_1 z_2 \ldots)_2$ eine Dualentwicklung von a. Für $n \geq 1$ entstehe daraus a_n, indem diese Entwicklung nach der n-ten Stelle abgebrochen wird, also $a_n := z_0 + (0, z_1 z_2 \ldots z_n)_2$. Ferner sei $b_n := a_n + 2^{-n}$. Dann gilt $a_n \leq a \leq b_n$ und $b_n - a_n = 2^{-n}$. Für $k \geq n$ sind $2^k a_n$ und $2^k b_n$ ganze Zahlen, somit ist $h(2^k a_n) = h(2^k b_n) = 0$. Bei $k < n$ hängt $\sigma_k := (h(2^k b_n) - h(2^k a_n))/2^{k-n}$ nicht von n ab, und zwar ist $\sigma_k = 1$ im Fall $z_{k+1} = 0$ und $\sigma_k = -1$ im Fall $z_{k+1} = 1$. Wäre f nun in a differenzierbar, so existierte nach Aufg. 8 der Grenzwert

$$\lim_{n \to \infty} \frac{f(b_n) - f(a_n)}{b_n - a_n} = \lim_{n \to \infty} \sum_{k=0}^{\infty} \frac{h(2^k b_n) - h(2^k a_n)}{2^{k-n}} = \lim_{n \to \infty} \sum_{k=0}^{n-1} \sigma_k = \sum_{k=0}^{\infty} \sigma_k \, .$$

Dies ist wegen $|\sigma_k| = 1$ ein Widerspruch. $\qquad\qquad\bullet$

Aufgaben

1. Wo sind die Funktionen $|x| + |x - 1| + |x - 2|$ bzw. $|x - a| \cdot |x - b|$, $a, b \in \mathbb{R}$, von $\mathbb{R}$ in $\mathbb{R}$ differenzierbar?

2. Wo sind die auf $\mathbb{C}$ definierten Funktionen $\overline{z}$, $z\overline{z}$, $|z|$, $z|z|$ (komplex-)differenzierbar?

3. Ist die Funktion $f : \mathbb{R}_+ \to \mathbb{R}$ mit $f(x) = x^2/(\sqrt[3]{x} - \sqrt{x})$ für $x \neq 0$ und $f(0) = 0$ im Nullpunkt differenzierbar?

4. Die Funktion h sei in einer Umgebung des Nullpunktes definiert und beschränkt.

a) Die Funktion $x \mapsto xh(x)$ ist stetig in 0.

b) Die Funktion $x \mapsto x^2 h(x)$ ist differenzierbar in 0.

c) Ist h in 0 stetig, so ist die Funktion $x \mapsto xh(x)$ differenzierbar in 0.

d) Ist g ebenfalls in einer Umgebung von 0 definiert und differenzierbar in 0 und gilt $g(0) = g'(0) = 0$, so ist auch die Funktion $x \mapsto g(x)h(x)$ differenzierbar in 0.

5. Die Ableitung einer geraden (bzw. einer ungeraden) differenzierbaren komplexwertigen Funktion auf $B(0\,;r)$ ist ungerade (bzw. gerade).

6. Die Funktion f sei in einer Umgebung von $a \in \mathbb{K}$ definiert und in $a \in \mathbb{K}$ differenzierbar. Dann gilt:

a) $\displaystyle\lim_{h\to 0,\, h\neq 0} \frac{f(a+h) - f(a)}{h} = f'(a)$.   **b)** $\displaystyle\lim_{h\to 0,\, h\neq 0} \frac{f(a+h^2) - f(a)}{h} = 0$.

c) $\displaystyle\lim_{h\to 0,\, h\neq 0} \frac{f(a+h) - f(a-h)}{2h} = f'(a)$.   **d)** $\displaystyle\lim_{x\to a,\, x\neq a} \frac{xf(a) - af(x)}{x - a} = f(a) - af'(a)$.

e) $\displaystyle\lim_{h\to 0,\, h\neq 0} \frac{f(a+ch) - f(a-dh)}{h} = (c+d)f'(a)$, wobei $c, d \in \mathbb{K}$ beliebige Konstanten aus $\mathbb{K}$ sind.

7. Die Funktionen f und g seien in einer Umgebung des Punktes $a \in \mathbb{K}$ definiert und im Punkt a differenzierbar. Es gelte $f(a) = 0, g(a) = 0$ und $g'(a) \neq 0$. Dann existiert der Grenzwert $\lim_{x\to a, x\neq a} f(x)/g(x)$ und ist gleich $f'(a)/g'(a)$.

8. Die Funktion $f : I \to \mathbb{K}$ sei im Punkt a des Intervalls $I \subseteq \mathbb{R}$ differenzierbar. Es seien (a_n) und (b_n) Folgen in I mit $a_n \leq a \leq b_n$ und $a_n < b_n$ für alle n sowie $\lim a_n = a = \lim b_n$. Dann gilt

$$\lim_{n\to\infty} \frac{f(a_n) - f(b_n)}{a_n - b_n} = f'(a)\,.$$

(Im allgemeinen kann man auf die Bedingung, dass a zwischen a_n und b_n liegt, nicht verzichten. Ist f jedoch differenzierbar in einer Umgebung von a mit stetiger Ableitung, so genügt es, wenn (a_n) und (b_n) gegen a konvergieren und $a_n \neq b_n$ ist, wie aus dem Mittelwertsatz 14.A.4 folgt.)

9. Die Funktionen $f_1, \ldots, f_n$ seien im Punkte $a \in D$ differenzierbar. Dann gilt:

a) Das Produkt $f_1 \cdots f_n$ ist ebenfalls in a differenzierbar, und es ist

$$(f_1 \cdots f_n)'(a) = \sum_{i=1}^{n} (f_1 \cdots f_{i-1} f_i' f_{i+1} \cdots f_n)(a)\,.$$

b) Sind $f_1(a), \ldots, f_n(a)$ ungleich 0, so ist $\displaystyle\frac{(f_1 \cdots f_n)'(a)}{(f_1 \cdots f_n)(a)} = \sum_{i=1}^{n} \frac{f_i'(a)}{f_i(a)}$. Sind die Funktionen also $f_1, \ldots, f_n$ in ganz D differenzierbar und dort überall von 0 verschieden, so ist

$$\frac{(f_1 \cdots f_n)'}{f_1 \cdots f_n} = \frac{f_1'}{f_1} + \cdots + \frac{f_n'}{f_n}\,.$$

(Ist f differenzierbar und überall von 0 verschieden, so heißt f'/f die l o g a r i t h m i s c h e A b l e i t u n g von f, vgl. auch Beispiel 13.C.10. *Die logarithmische Ableitung eines Produktes ist somit die Summe der logarithmischen Ableitungen der Faktoren.*)

10. Man zeige die folgenden Summenformeln, indem man die Ableitung der Polynomfunktion $(1+x)^n$ auf zweierlei Weise berechnet:

$$\sum_{k=1}^{n} k\binom{n}{k} = n2^{n-1} ; \qquad \sum_{k=1}^{n}(-1)^{k-1}k\binom{n}{k} = 0 \quad (n > 1) .$$

Durch mehrmaliges Ableiten beweise man $\displaystyle\sum_{k=m}^{n}[k]_m\binom{n}{k} = [n]_m\, 2^{n-m}$.

Außerdem löse man noch einmal 2.A, Aufg. 5b) durch Differenzieren der Gleichung $\sum_{k=0}^{n} x^k = (x^{n+1} - 1)/(x - 1)$.

11. Man berechne die Ableitungen $(f^{-1})'(b)$ der Umkehrfunktionen f^{-1} zu den folgenden (bijektiven) Funktionen $f:\mathbb{R} \to \mathbb{R}$ an den angegebenen Stellen:

a) $x^3 + x + 1$, $b = 3$. **b)** $x^3 + 2x + 4$, $b = 1$.

c) $x^3 - 3x^2 + 6x + 3$, $b = 7$. **d)** $x^5 + x^3 + 2x - 4$, $b = 0$.

12. a) Die Funktionen f und g seien in einer Umgebung von 0 definiert. Es gelte dort $f(x)\, g(x) = x$ sowie $f(0) = g(0) = 0$. Man begründe, dass f und g im Nullpunkt nicht beide differenzierbar sind.

b) Die Funktionen f und g seien in einer Umgebung von 0 definiert, f sei in 0 differenzierbar mit $f(0) = f'(0) = 0$, und es gelte $g\big(f(x)\big) = x$ in einer Umgebung des Nullpunkts. Man begründe, dass g dann in 0 nicht differenzierbar ist.

13. Ist $f:D \to \mathbb{C}$ in $a \in D$ differenzierbar, so ist f in a Lipschitz-stetig.

14. Sei $0 \in D$ und die Funktion $f:D \to \mathbb{C}$ sei in 0 differenzierbar. Die Familie x_i, $i \in I$, von Elementen in D sei summierbar. Ist $f(0) = 0$, so ist $f(x_i)$, $i \in I$, summierbar; ist $f(0) = 1$, so ist $f(x_i)$, $i \in I$, multiplizierbar.

13.B Differenziation analytischer Funktionen · Höhere Ableitungen

Im Folgenden ist D wieder eine offene Menge in $\mathbb{C}$ oder ein Intervall in $\mathbb{R}$. Ist die Funktion $f:D \to \mathbb{C}$ im Punkt $a \in D$ analytisch, so ist f in a auch differenzierbar. Genauer gilt:

13.B.1 Satz *Ist*

$$f := \sum_{n=0}^{\infty} a_n(x - a)^n$$

eine Potenzreihe mit Konvergenzradius R, so hat auch die Potenzreihe

$$f' = \sum_{n=1}^{\infty} na_n(x - a)^{n-1},$$

die aus f durch gliedweises Differenzieren gewonnen wird, den Konvergenzradius R und es gilt: Bei $R > 0$ ist die durch f im Konvergenzkreis $\mathrm{B}(a\,;R)$ dargestellte Funktion dort differenzierbar, und ihre Ableitung wird durch f' beschrieben. — Insbesondere sind analytische Funktionen differenzierbar, und ihre Ableitungen sind wieder analytisch.

B e w e i s. Zunächst zeigen wir, dass bei $R > 0$ die durch f beschriebene Funktion im Entwicklungspunkt a differenzierbar ist mit Ableitung a_1. Es ist $f(a) = a_0$ und daher $f(x) = f(a) + a_1(x - a) + r(x)(x - a)$ mit der in a stetigen (sogar analytischen) Funktion $r(x) := \sum_{n=2}^{\infty} a_n(x - a)^{n-1}$, die im Punkt a verschwindet.

Sei nun $b \in B(a\,;R)$ beliebig. Dann lässt sich f nach 12.C.3 um den Punkt b in eine konvergente Potenzreihe $\sum_{n=0}^{\infty} b_n(x - b)^n$ entwickeln mit

$$b_1 = \sum_{n=1}^{\infty} na_n(b - a)^{n-1}.$$

Nach dem schon Bewiesenen existiert dann $f'(b)$, und es ist $f'(b) = b_1$.

Es bleibt noch zu zeigen, dass der Konvergenzradius von f' nicht größer als R sein kann. Konvergierte aber f' für ein x_0 mit $|x_0 - a| > R$ absolut, so wäre $\sum_{n=1}^{\infty} n|a_n||x_0 - a|^n$ eine konvergente Majorante zur Reihe $\sum a_n(x_0 - a)^n$ im Widerspruch dazu, dass R der Konvergenzradius von f ist. $\qquad\bullet$

Die Aussage 13.B.1 zeigt, dass bis auf den konstanten Term $a_0 = f(a)$ die Potenzreihenentwicklung der analytischen Funktion f um a unmittelbar aus der Potenzreihenentwicklung der Ableitung f' um a gewonnen werden kann. Benutzen wir noch die Aussagen 14.A.5 und 14.A.6, dass sich zwei differenzierbare Funktionen auf einem Intervall in $\mathbb{R}$ oder einem Gebiet in $\mathbb{C}$, deren Ableitungen übereinstimmen, nur um eine Konstante unterscheiden können, so erhalten wir:

13.B.2 Korollar *Die Ableitung f' der differenzierbaren Funktion $f : D \to \mathbb{C}$ sei analytisch. Dann ist auch f analytisch. Ist*

$$f'(x) = \sum_{n=0}^{\infty} a_n(x - a)^n$$

die Potenzreihenentwicklung von f' im Punkt a, so ist

$$f(x) = f(a) + \sum_{n=0}^{\infty} \frac{a_n}{n+1}(x - a)^{n+1}$$

die Potenzreihenentwicklung von f im Punkt a.

B e w e i s. Die Ableitung der Potenzreihe $f(a) + \sum a_n(x - a)^{n+1}/(n + 1)$ ist $\sum a_n(x - a)^n$. Daher haben beide Potenzreihen nach 13.B.1 denselben Konvergenzradius. Die durch $f(a) + \sum a_n(x - a)^{n+1}/(n + 1)$ in einer Umgebung von a dargestellte Funktion g ist analytisch, und ihre Ableitung stimmt wiederum nach 13.B.1 in einer Umgebung von a mit der von f überein. Somit unterscheiden sich f und g nach 14.A.5 bzw. 14.A.6 in einer Umgebung von a nur um eine Konstante, die wegen $g(a) = f(a)$ gleich 0 ist. $\qquad\bullet$

13.B.3 Bemerkung Wie in der Einleitung zu diesem Kapitel erwähnt, ist in Umkehrung von 13.B.1 *jede komplex-differenzierbare Funktion $f : D \to \mathbb{C}$ auf einer offenen Menge $D \subseteq \mathbb{C}$ bereits analytisch.* Wir werden dieses Ergebnis, das den wesentlichen Unterschied zwischen der reellen und komplexen Theorie begründet, in Band 3 beweisen. Insbesondere gilt danach für komplex-differenzierbare Funktionen der folgende Identitätssatz, vgl. 12.D.4: *Zwei komplex-differenzierbare Funktionen auf einem Gebiet $G \subseteq \mathbb{C}$, die auf einer Teilmenge von G mit einem Häufungspunkt in G übereinstimmen, sind identisch.* Wir werden diese Aussage gelegentlich schon benutzen. Für reell-differenzierbare Funktionen gilt ein analoges Ergebnis nicht, wie die Funktion $x|x|$ auf $\mathbb{R}$ zeigt, die auf $\mathbb{R}_+$ mit x^2 und auf $\mathbb{R}_-$ mit $-x^2$ übereinstimmt; man vgl. auch Beispiel 13.C.17.

Die Ableitung einer analytischen Funktion ist nach 13.B.1 wieder analytisch und daher ebenfalls differenzierbar. Dies führt in natürlicher Weise zum Begriff der höheren Ableitungen.

13.B.4 Definition Sei $f : D \to \mathbb{C}$ eine differenzierbare Funktion. Ist die Ableitung $f' : D \to \mathbb{C}$ ebenfalls differenzierbar, so heißt f z w e i m a l   d i f f e r e n z i e r b a r und $f'' := (f')'$ die z w e i t e   A b l e i t u n g von f. In dieser Weise fortfahrend, definiert man für $n \in \mathbb{N}^*$ die n-m a l i g e   D i f f e r e n z i e r b a r k e i t und die n-t e A b l e i t u n g einer Funktion $f : D \to \mathbb{C}$: Genau dann ist f n-mal differenzierbar, wenn f $(n-1)$-mal differenzierbar ist und die $(n-1)$-te Ableitung $f^{(n-1)}$ von f nochmals differenzierbar ist. Die n-te Ableitung von f ist dann $f^{(n)} := (f^{(n-1)})'$.[1] Ist f n-mal differenzierbar und ist die n-te Ableitung $f^{(n)}$ von f noch stetig, so heißt f n-m a l   s t e t i g   d i f f e r e n z i e r b a r .

Die Menge aller n-mal stetig differenzierbaren Funktionen $D \to \mathbb{C}$ bezeichnen wir mit

$$\mathrm{C}_{\mathbb{C}}^{n}(D) = \mathrm{C}^{n}(D) \, .$$

$\mathrm{C}^0(D)$ ist also der Raum $\mathrm{C}(D)$ der stetigen (komplexwertigen) Funktionen auf D. Man setzt noch $f^{(0)} := f$. Existieren alle Ableitungen $f^{(n)}, n \in \mathbb{N}$, so heißt f u n e n d l i c h   o f t   d i f f e r e n z i e r b a r . Die Menge der unendlich oft differenzierbaren Funktionen $D \to \mathbb{C}$ bezeichnen wir mit

$$\mathrm{C}_{\mathbb{C}}^{\infty}(D) = \mathrm{C}^{\infty}(D).$$

Summe und Produkt n-mal differenzierbarer Funktionen f und g sind wieder n-mal differenzierbar. Es gilt

$$(f + g)^{(n)} = f^{(n)} + g^{(n)}, \qquad (fg)^{(n)} = \sum_{k=0}^{n} \binom{n}{k} f^{(k)} g^{(n-k)}.$$

Die zweite Regel heißt die L e i b n i z - R e g e l . Ihren einfachen Beweis durch Induktion über n überlassen wir dem Leser. Es folgt: Sind f und g in $\mathrm{C}^n(D)$, so

---

[1] Die n-te Ableitung $f^{(n)}$ wird häufig auch mit $d^n f / dx^n$ oder ähnlich bezeichnet.

sind auch $f + g$ und fg in $C^n(D)$. Analog zum Polynomialsatz 2.B.16 gilt die Allgemeine Leibniz-Regel: Sind $f_1, \ldots, f_r$ n-mal differenzierbar, so ist

$$(f_1 \cdots f_r)^{(n)} = \sum_{m=(m_1,\ldots,m_r)\in\mathbb{N}^r,\, |m|=n} \binom{n}{m} f_1^{(m_1)} \cdots f_r^{(m_r)}\,.$$

Wir erinnern noch daran, dass $C_{\mathbb{C}}^{\omega}(D) = C^{\omega}(D)$ die Menge der komplexwertigen analytischen Funktionen auf D bezeichnet.

Nach Bemerkung 13.B.3 ist der Differenzierbarkeitsgrad nur für (reell-)differenzierbare Funktionen auf Intervallen $I \subseteq \mathbb{R}$ von Bedeutung. Die *reellwertigen* n-mal stetig differenzierbaren Funktionen auf I bezeichnen wir mit $C_{\mathbb{R}}^n(I)$, $n \in \mathbb{N} \cup \{\infty\}$. Wir haben die Kette

$$C_{\mathbb{K}}^0(I) \supseteq C_{\mathbb{K}}^1(I) \supseteq C_{\mathbb{K}}^2(I) \supseteq \cdots \supseteq C_{\mathbb{K}}^{\infty}(I) \supseteq C_{\mathbb{K}}^{\omega}(I)\,,$$

deren Inklusionen alle echt sind. So gehört für $n \in \mathbb{N}$ die Funktion $|x|x^n$ zu $C_{\mathbb{R}}^n(\mathbb{R})$, aber nicht zu $C_{\mathbb{R}}^{n+1}(\mathbb{R})$. Für die echte Inklusion $C^{\infty}(I) \supset C^{\omega}(I)$ vergleiche man Beispiel 13.C.17.

Durch wiederholtes Anwenden von 13.B.1 erhält man:

13.B.5 Korollar *Sei $f = \sum_{n=0}^{\infty} a_n(x-a)^n$ die Potenzreihenentwicklung der analytischen Funktion $f : D \to \mathbb{C}$ im Punkt $a \in D$. Dann ist für jedes $m \in \mathbb{N}$*

$$f^{(m)} = \sum_{n=m}^{\infty} [n]_m\, a_n (x-a)^{n-m}$$

die Potenzreihenentwicklung der m-ten Ableitung von f im Punkt $a \in D$. Alle diese Potenzreihen haben denselben Konvergenzradius. Insbesondere ist

$$a_m = \frac{f^{(m)}(a)}{m\,!}$$

für alle $m \in \mathbb{N}$.

Die letzte Aussage in 13.B.5 bezeichnet man auch als Taylor-Formel für analytische Funktionen, vgl. 15.A.4.

Aufgaben

1. Man zeige, dass für $n \in \mathbb{N}$ die Funktion $x \mapsto |x|x^n$ in $C_{\mathbb{R}}^n(\mathbb{R})$, nicht aber in $C_{\mathbb{R}}^{n+1}(\mathbb{R})$ liegt.

2. Man beweise die im Anschluss an Definition 13.B.4 angegebene Leibniz-Regel.

3. Die Funktionen f und g seien n-mal differenzierbar. Dann gilt

$$fg^{(n)} = \sum_{k=0}^{n} (-1)^k \binom{n}{k} (f^{(k)} g)^{(n-k)}\,.$$

4. Es seien f und g Polynomfunktionen vom Grad $\leq n$. Dann ist die Polynomfunktion $h := \sum_{k=0}^{n} (-1)^k f^{(k)} g^{(n-k)}$ eine Konstante.

5. Seien $f : D \to \mathbb{C}$ und $g : D' \to \mathbb{C}$ Funktionen mit $f(D) \subseteq D'$. Sind dann f und g n-mal differenzierbar bzw. n-mal stetig differenzierbar, so gilt dies auch für die Komposition $g \circ f$. Man gebe die ersten vier Ableitungen von $g \circ f$ explizit an.

6. In der Situation von 13.A.8 sei f n-mal differenzierbar bzw. n-mal stetig differenzierbar. Dann gilt dies auch für die Umkehrfunktion f^{-1}. Man gebe die ersten vier Ableitungen von f^{-1} explizit an.

7. Seien $f = \sum a_n x^n$ eine Potenzreihe und f_k die Potenzreihe $\sum a_n n^k x^n$, $k \in \mathbb{N}$.

a) Die Reihen f_k haben alle denselben Konvergenzradius wie f.

b) Es gilt $f_0 = f$, $f_{k+1} = x f_k'$ im gemeinsamen Konvergenzkreis der Reihen f_k, $k \in \mathbb{N}$.

c) Man berechne, indem man b) auf eine geeignete Potenzreihe anwende, folgende Summen: $\sum_{n=0}^{\infty} n^2 / 2^n$, $\sum_{n=0}^{\infty} n^3 / 3^n$, $\sum_{n=0}^{\infty} n^3 / n!$. (Man vergleiche für die ersten beiden Summen auch 6.B, Aufg. 1 und für die letzte 13.C, Aufg. 10.)

8. Auch für eine nicht notwendig konvergente Potenzreihe $f = \sum_{n=0}^{\infty} a_n x^n \in \mathbb{K}[\![x]\!]$ nennt man die Potenzreihe

$$\mathrm{D}f := f' := \frac{df}{dx} := \sum_{n=1}^{\infty} n a_n x^{n-1}$$

die **A b l e i t u n g** von $f = f(x)$. Man beweise die folgenden Rechenregeln für $\lambda, \mu \in \mathbb{K}$ und $f, g \in \mathbb{K}[\![x]\!]$:

a) Es ist $(\lambda f + \mu g)' = \lambda f' + \mu g'$ ($\mathbb{K}$-L i n e a r i t ä t d e r A b l e i t u n g).

b) Es ist $(fg)' = f'g + fg'$ (P r o d u k t r e g e l).

c) Ist $g(0) \neq 0$, so ist $(f/g)' = (f'g - fg')/g^2$ (Q u o t i e n t e n r e g e l).

d) Ist $f(0) = 0$, so ist $(g(f(x)))' = g'(f(x)) f'(x)$ (K e t t e n r e g e l).

e) Ist $f(0) = g(0) = 0$ und $g(f(x)) = x$, so ist $g'(f(x)) = 1/f'(x)$ (A b l e i t u n g d e r U m k e h r r e i h e).

f) Es ist

$$f = \sum_{n=0}^{\infty} \frac{f^{(n)}(0)}{n!} x^n,$$

wobei $f^{(n)} := \mathrm{D}^n f$ die n-fache Ableitung von f bezeichnet (T a y l o r - F o r m e l).

9. Sei $f : D \to \mathbb{C}$ analytisch. Genau dann hat f im Punkt $a \in D$ die Nullstellenordnung $\nu \in \mathbb{N}$, wenn $f^{(0)}(a) = \cdots = f^{(\nu-1)}(a) = 0$ und $f^{(\nu)}(a) \neq 0$ ist.

10. Wir übernehmen die Voraussetzungen und Bezeichnungen des Satzes 11.B.2 von der Partialbruchzerlegung. Ferner sei $g_i := g/(x - \alpha_i)^{n_i}$, $i = 1, \ldots, r$.

a) Es ist α_{ik} der Koeffizient von $(x - \alpha_i)^{n_i - k}$ in der Potenzreihenentwicklung von f/g_i um α_i. Es folgt

$$\alpha_{ik} = \frac{1}{(n_i - k)!} \left(\frac{f}{g_i} \right)^{(n_i - k)} (\alpha_i).$$

Für $k = n_i$ hat man insbesondere $\alpha_{i n_i} = f(\alpha_i)/g_i(\alpha_i) = (n_i)! \, f(\alpha_i)/g^{(n_i)}(\alpha_i)$.

b) Die Koeffizienten α_{ik}, $i = 1, \ldots, r$, $k = 1, \ldots, n_i$, in der Partialbruchzerlegung von f/g lassen sich folgendermaßen bestimmen: Mit dem Horner-Schema (vgl. 11.B, Aufg. 6) entwickle man f und g_i um α_i bis zur Ordnung $n_i - 1$:

$$f = b_0 + b_1(x - \alpha_i) + \cdots + b_{n_i-1}(x - \alpha_i)^{n_i-1} + \cdots,$$
$$g_i = c_0 + c_1(x - \alpha_i) + \cdots + c_{n_i-1}(x - \alpha_i)^{n_i-1} + \cdots.$$

Dann ergeben sich die $\alpha_{in_i}, \ldots, \alpha_{i1}$ rekursiv durch

$$\alpha_{in_i} = \frac{b_0}{c_0}, \quad \alpha_{i,n_i-k-1} = \frac{1}{c_0}\left(b_{k+1} - \sum_{j=0}^{k} \alpha_{i,n_i-j}c_{k+1-j}\right), \quad k < n_i - 1.$$

c) Man schreibe ein Computer-Programm, das den Algorithmus aus b) für die Partialbruchzerlegung ausführt.

11. a) Für $g = (x - a_1) \cdots (x - a_n)$ mit $a_1, \ldots, a_n \in \mathbb{C}$ ist $g'/g = \sum_{j=1}^{n} 1/(x - a_j)$. (Als Beispiel berechne man $\sum_{j=1}^{n-1} 1/(1 - \zeta_n^j)$, wobei $\zeta_n = \exp(2\pi i/n)$ ist.)

b) Ist $g = (1 - a_1 x) \cdots (1 - a_n x) =: \sum_{j=0}^{n} (-1)^j s_j x^j$ mit $a_1, \ldots, a_n, s_0, \ldots, s_n \in \mathbb{C}$, so gilt

$$\frac{g'}{g} = -\sum_{j=1}^{n} \frac{a_j}{1 - a_j x} = -\sum_{k=0}^{\infty} p_{k+1} x^k, \quad p_k := a_1^k + \cdots + a_n^k.$$

Die Potenzsummen p_k, $k \in \mathbb{N}^*$, erfüllen die Rekursion

$$p_{m+1} + \sum_{k=1}^{m} (-1)^k s_k p_{m+1-k} + (-1)^{m+1}(m + 1)s_{m+1} = 0,$$

wobei $s_j := 0$ für $j > n$ zu setzen ist. (Newtonsche Formeln – Zu Verallgemeinerungen siehe Beispiel 13.C.11.)

13.C Beispiele spezieller Funktionen

Wir behandeln die Differenziation einiger wichtiger spezieller Funktionen.

13.C.1 Satz *Die Exponentialfunktion $z \mapsto e^z = \exp z$ auf $\mathbb{C}$ ist überall differenzierbar und stimmt mit ihrer Ableitung überein:*

$$\exp' z = \exp z.$$

B e w e i s . Nach Abschnitt 12.E ist

$$\exp z = e^z = \sum_{n=0}^{\infty} \frac{z^n}{n!}$$

für alle $z \in \mathbb{C}$. Die Exponentialfunktion ist also analytisch und besitzt nach 13.B.1 die Ableitung

$$\exp' z = \sum_{n=1}^{\infty} n \frac{z^{n-1}}{n!} = \sum_{n=0}^{\infty} \frac{z^n}{n!} = \exp z. \qquad \bullet$$

13.C.2 Satz *Die trigonometrischen Funktionen* $\cos z$ *und* $\sin z$ *auf* $\mathbb{C}$ *sind überall differenzierbar. Für ihre Ableitungen gilt*

$$\cos' z = -\sin z, \quad \sin' z = \cos z.$$

B e w e i s . Mit den Potenzreihenentwicklungen von cos und sin gemäß Abschnitt 12.E ergibt sich nach 13.B.1

$$\cos' z = \sum_{k=1}^{\infty} (-1)^k 2k \, \frac{z^{2k-1}}{(2k)!} = -\sum_{k=0}^{\infty} (-1)^k \frac{z^{2k+1}}{(2k+1)!} = -\sin z,$$

$$\sin' z = \sum_{k=0}^{\infty} (-1)^k (2k+1) \frac{z^{2k}}{(2k+1)!} = \sum_{k=0}^{\infty} (-1)^k \frac{z^{2k}}{(2k)!} = \cos z. \qquad \bullet$$

Die Formeln in 13.C.2 gewinnt man auch direkt aus den Darstellungen

$$\cos z = \frac{1}{2}(e^{\mathrm{i}z} + e^{-\mathrm{i}z}), \quad \sin z = \frac{1}{2\mathrm{i}}(e^{\mathrm{i}z} - e^{-\mathrm{i}z})$$

und 13.C.1. Für die Hyperbelfunktionen erhält man dazu analog

$$\cosh' z = \frac{1}{2}(e^z + e^{-z})' = \frac{1}{2}(e^z - e^{-z}) = \sinh z,$$

$$\sinh' z = \frac{1}{2}(e^z - e^{-z})' = \frac{1}{2}(e^z + e^{-z}) = \cosh z.$$

Mit der Quotientenregel ergibt sich für die Ableitung der Tangensfunktion

$$\tan' z = \left(\frac{\sin z}{\cos z}\right)' = \frac{\cos z \cos z + \sin z \sin z}{\cos^2 z} = \frac{1}{\cos^2 z} = 1 + \tan^2 z$$

und für die Ableitung des Kotangens

$$\cot' z = \left(\frac{\cos z}{\sin z}\right)' = \frac{-\sin z \sin z - \cos z \cos z}{\sin^2 z} = -\frac{1}{\sin^2 z} = -(1 + \cot^2 z).$$

Für die entsprechenden Hyperbelfunktionen gilt

$$\tanh' z = \left(\frac{\sinh z}{\cosh z}\right)' = \frac{\cosh^2 z - \sinh^2 z}{\cosh^2 z} = \frac{1}{\cosh^2 z} = 1 - \tanh^2 z,$$

$$\coth' z = \left(\frac{\cosh z}{\sinh z}\right)' = \frac{\sinh^2 z - \cosh^2 z}{\sinh^2 z} = -\frac{1}{\sinh^2 z} = 1 - \coth^2 z.$$

Die reelle Exponentialfunktion $x \mapsto e^x$, $x \in \mathbb{R}$, besitzt nach Abschnitt 11.C den natürlichen Logarithmus $x \mapsto \ln x$, $x \in \mathbb{R}_+^{\times}$, als Umkehrfunktion. Diese Logarithmusfunktion lässt sich in natürlicher Weise ins Komplexe ausdehnen: Nach 12.E.4 ist

$$e^z = e^x(\cos y + \mathrm{i} \sin y)$$

für alle $z = x + \mathrm{i}y \in \mathbb{C}$, $x, y \in \mathbb{R}$. Aus dem bekannten Verhalten der trigonometrischen Funktionen cos und sin im Reellen, das wir in Abschnitt 14.B streng begründen werden und das bereits bei der Polarkoordinatendarstellung komplexer Zahlen benutzt wurde, folgt, dass die Exponentialfunktion auf dem Streifen

$$E := \{z \in \mathbb{C} \mid -\pi < \operatorname{Im} z < \pi\}$$

injektiv ist. Das Bild dieses Streifens ist die längs der negativen reellen Achse geschlitzte Ebene

$$D := \mathbb{C} - \mathbb{R}_- = \{z \in \mathbb{C}^\times \mid -\pi < \operatorname{Arg} z < \pi\}.$$

Wir nennen die Umkehrfunktion $D \to E$ der auf E beschränkten Exponentialfunktion $\exp\colon E \to D$ ebenfalls die L o g a r i t h m u s f u n k t i o n oder den n a t ü r l i c h e n L o g a r i t h m u s und bezeichnen sie mit

$$\ln\colon D \to E.$$

Es ist also

$$\ln z = \ln |z| + \mathrm{i}\operatorname{Arg} z,$$

wobei hier das Argument $\operatorname{Arg} z$ der komplexen Zahl $z \in D$ in $]-\pi, \pi[$ zu wählen ist. Da $\ln |z|$ und $\operatorname{Arg} z$ auf D stetig sind[1]), ist auch $\ln z$ auf D stetig. Die Rechenregel 13.A.8 für die Ableitung einer Umkehrfunktion ergibt, dass $\ln$ wie $\exp$ differenzierbar ist mit der Ableitung

$$\ln' z = \frac{1}{\exp'(\ln z)} = \frac{1}{\exp(\ln z)} = \frac{1}{z},$$

$z \in D$. Insbesondere ist $\ln z$ nach 13.B.2 wie $1/z$ analytisch auf D.[2]) Ferner erhält man nach 13.B.2 aus der Potenzreihenentwicklung von $1/z$ die Potenzreihenentwicklung von $\ln z$. Für den Entwicklungspunkt $a = 1$ etwa ist

$$\frac{1}{z} = \frac{1}{1 + (z - 1)} = \sum_{n=0}^{\infty} (-1)^n (z - 1)^n$$

für alle z mit $|z - 1| < 1$ und folglich wegen $\ln 1 = 0$

$$\ln z = \sum_{n=0}^{\infty} \frac{(-1)^n}{n + 1} (z - 1)^{n+1}$$

für $|z - 1| < 1$. Beide Reihen haben den Konvergenzradius 1. Wir fassen zusammen, wobei wir $z - 1 = w$ setzen:

13.C.3 Satz *Die Logarithmusfunktion* $\ln$ *auf der geschlitzten Ebene* $\mathbb{C} - \mathbb{R}_-$ *ist analytisch mit der Ableitung* $\ln' z = 1/z$. *Für* $|w| < 1$ *wird* $\ln(1 + w)$ *durch die Logarithmusreihe dargestellt:*

$$\ln(1 + w) = \sum_{n=0}^{\infty} (-1)^n \frac{w^{n+1}}{n + 1}$$

---

[1]) Für $\operatorname{Arg} z$ vgl. den Beweis von 14.B.4.

[2]) Dies ergibt sich natürlich auch aus Satz 12.D.10, nach dem Umkehrfunktionen analytischer Funktionen stets wieder analytisch sind.

Aus dem Additionstheorem $\exp(z_1 + z_2) = \exp z_1 \, \exp z_2$ der Exponentialfunktion folgt die Funktionalgleichung der Logarithmusfunktion: Es ist

$$\ln(z_1 z_2) = \ln z_1 + \ln z_2$$

für alle die $z_1, z_2 \in \mathbb{C} - \mathbb{R}_-$, die die Bedingung $|\text{Arg } z_1 + \text{Arg } z_2| < \pi$ erfüllen (falls $\text{Arg } z_1$, $\text{Arg } z_2 \in \,]-\pi, \pi[$ gewählt sind). Allgemein gilt diese Funktionalgleichung nicht: Beispielsweise ist

$$2\ln\left(e^{3\pi\,\mathrm{i}/4}\right) = 3\pi\,\mathrm{i}/2\,, \quad \text{aber} \quad \ln\left(\left(e^{3\pi\,\mathrm{i}/4}\right)^2\right) = \ln\left(e^{-\pi\,\mathrm{i}/2}\right) = -\pi\,\mathrm{i}/2\,.$$

13.C.3 liefert

$$\ln(1-w) = -\sum_{n=0}^{\infty} \frac{w^{n+1}}{n+1}\,, \quad |w| < 1\,.$$

Mit der obigen Funktionalgleichung erhält man daraus die folgende Darstellung:

$$\frac{1}{2}\ln\frac{1+w}{1-w} = \frac{1}{2}\bigl(\ln(1+w) - \ln(1-w)\bigr) = \sum_{n=0}^{\infty} \frac{w^{2n+1}}{2n+1}\,, \quad |w| < 1,$$

etwa

$$\ln 2 = \ln\frac{1+\frac{1}{3}}{1-\frac{1}{3}} = 2\sum_{n=0}^{\infty} \frac{1}{(2n+1)\cdot 3^{2n+1}} = 0{,}69314718\ldots\,.$$

13.C.4 Beispiel Die Reihe $-\ln(1-w) = \sum_{n=1}^{\infty} w^n/n$ konvergiert nach 12.B.9 gleichmäßig auf jeder Menge $\overline{\text{B}}(0;1) - \text{B}(1;\varepsilon)$, $\varepsilon > 0$. *Insbesondere gilt die Gleichung*

$$-\ln(1-w) = \sum_{n=1}^{\infty} \frac{w^n}{n}$$

sogar für alle $w \in \mathbb{C}$ mit $|w| \leq 1$, $w \neq 1$. Schreiben wir ein w mit $|w| = 1$, $w \neq 1$, in der Form $w = e^{\mathrm{i}t} = \cos t + \mathrm{i}\sin t$ mit $t \in \,]0, 2\pi[$, so erhalten wir einerseits

$$-\ln(1-e^{\mathrm{i}t}) = \sum_{n=1}^{\infty} \frac{e^{\mathrm{i}nt}}{n} = \sum_{n=1}^{\infty} \frac{\cos nt}{n} + \mathrm{i}\sum_{n=1}^{\infty} \frac{\sin nt}{n}$$

und andererseits wegen $1 - e^{\mathrm{i}t} = 1 + e^{\mathrm{i}(t-\pi)} = \left(e^{-\mathrm{i}(t-\pi)/2} + e^{\mathrm{i}(t-\pi)/2}\right)e^{\mathrm{i}(t-\pi)/2} = 2\cos\bigl((t-\pi)/2\bigr)\exp\bigl(\mathrm{i}(t-\pi)/2\bigr) = 2\sin(t/2)\exp\bigl(\mathrm{i}(t-\pi)/2\bigr)$ nach Definition der Logarithmusfunktion

$$-\ln(1-e^{-\mathrm{i}t}) = -\ln\left(2\sin\frac{t}{2}\right) + \mathrm{i}\frac{\pi-t}{2}\,.$$

Durch Vergleich ergibt sich:

13.C.5 Satz *Für alle $t \in \,]0, 2\pi[$ ist*

$$\sum_{n=1}^{\infty} \frac{\cos nt}{n} = -\ln\left(2\sin\frac{t}{2}\right), \qquad \sum_{n=1}^{\infty} \frac{\sin nt}{n} = \frac{\pi-t}{2}\,.$$

Beide Reihen konvergieren gleichmäßig auf jedem Intervall $\,]\varepsilon, 2\pi - \varepsilon[$, $0 < \varepsilon < \pi$.

Die Reihen in 13.C.5 sind spezielle Fourier-Reihen. Für Verallgemeinerungen vgl. man Beispiel 18.A.7. Für $t = \pi$ liefert die erste Reihe $\sum_{n=1}^{\infty} (-1)^{n-1}/n = \ln 2$ und für $t = \pi/2$ die zweite Reihe $\sum_{n=0}^{\infty} (-1)^n/(2n+1) = \pi/4$.

Mit dem Logarithmus definieren wir die E x p o n e n t i a l f u n k t i o n e n [3])

$$a^z := \exp(z \ln a)$$

für beliebige Basen $a \in \mathbb{C} - \mathbb{R}_-$. Ihre Ableitungen sind

$$(a^z)' = \ln a \cdot \exp(z \ln a) = (\ln a)\, a^z \,.$$

Sei $a \in \mathbb{R}_-^{\times}$, d.h. $a \in \mathbb{R}$, $a < 0$. Dann ist $a = -|a| = e^{\ln |a| + i\pi}$, und wir definieren damit $a^z := \exp\big(z(\ln |a| + i\pi)\big)$, $z \in \mathbb{C}$. Dann gilt wieder $(a^z)' = (\ln |a| + i\pi)a^z$. Wegen $a = e^{\ln |a| - i\pi}$ für $a < 0$ hätten wir a^z auch durch $\exp(z(\ln |a| - i\pi))$ erklären können. Solche Willkür lässt sich grundsätzlich nicht vermeiden, man vgl. auch die Bemerkung 13.C.8 weiter unten.

Ferner lässt sich jetzt für ein beliebiges $\alpha \in \mathbb{C}$ auf der geschlitzten Ebene $\mathbb{C} - \mathbb{R}_-$ die P o t e n z f u n k t i o n [4])

$$z^{\alpha} := \exp(\alpha \ln z)$$

definieren. Diese Funktionen sind als Kompositionen analytischer Funktionen analytisch und stimmen für $z \in \mathbb{R}_+^{\times}$ und $\alpha \in \mathbb{R}$ mit den bereits definierten reellen Potenzfunktionen überein. Es ist

$$z^{\alpha+\beta} = z^{\alpha} z^{\beta}$$

für alle $z \in \mathbb{C} - \mathbb{R}_-$ und alle $\alpha, \beta \in \mathbb{C}$. Die Ableitung von z^{α} ist nach der Kettenregel 13.A.7 (und nach 13.C.1 bzw. 13.C.3) gleich

$$(z^{\alpha})' = \big(\exp(\alpha \ln z)\big)' = \frac{\alpha}{z}\, z^{\alpha} = \alpha z^{\alpha-1} \,.$$

Die Potenzregel für Exponenten $n \in \mathbb{N}$ überträgt sich also auf beliebige Exponenten $\alpha \in \mathbb{C}$. Nach der Taylorschen Formel 13.B.5 lautet die Potenzreihenentwicklung von z^{α} um den Punkt 1

$$z^{\alpha} = \sum_{n=0}^{\infty} \frac{[\alpha]_n}{n!}\, (z-1)^n$$

oder mit $w := z - 1$

$$(1 + w)^{\alpha} = \sum_{n=0}^{\infty} \binom{\alpha}{n} w^n \,.$$

Für $\alpha \in \mathbb{N}$ ist das einfach der binomische Lehrsatz. Man nennt diese Reihen daher auch B i n o m i a l r e i h e n . Für $\alpha \notin \mathbb{N}$ ist der Konvergenzradius dieser Reihen

---

[3]) Es handelt sich um die so genannten H a u p t z w e i g e dieser Funktionen, vgl. Bemerkung 13.C.8.
[4]) Vgl. Fußnote 3.

genau gleich $1,$ [5]) denn für $w \neq 0$ ist $\binom{\alpha}{n+1} w^{n+1} / \binom{\alpha}{n} w^n = (\alpha - n)w/(n+1)$, und diese Folge konvergiert für $n \to \infty$ gegen $-w$. Wir fassen zusammen:

13.C.6 Satz *Für $\alpha \in \mathbb{C}$ ist die Potenzfunktion z^α auf $\mathbb{C} - \mathbb{R}_-$ analytisch mit der Ableitung $\alpha z^{\alpha-1}$. Für $|w| < 1$ wird $(1+w)^\alpha$ durch die Binomialreihe*

$$(1+w)^\alpha = \sum_{n=0}^{\infty} \binom{\alpha}{n} w^n$$

dargestellt.

13.C.7 Beispiel (1) Als Spezialfälle von 13.C.6 notieren wir die Reihen

$$\frac{1}{\sqrt{1+w}} = \sum_{n=0}^{\infty} (-1)^n \frac{1 \cdot 3 \cdots (2n-1)}{2 \cdot 4 \cdots 2n} w^n = \sum_{n=0}^{\infty} (-1)^n \binom{2n}{n}\left(\frac{w}{4}\right)^n,$$

$$\sqrt{1+w} = 1 + \sum_{n=1}^{\infty} (-1)^{n-1} \frac{1}{2n} \cdot \frac{1 \cdot 3 \cdots (2n-3)}{2 \cdot 4 \cdots (2n-2)} w^n = \sum_{n=0}^{\infty} \frac{(-1)^{n+1}}{2n-1} \binom{2n}{n}\left(\frac{w}{4}\right)^n,$$

die für $|w| < 1$ konvergieren. Die erste konvergiert noch für $w = 1$, die zweite für $w = \pm 1$. (Man benutze im ersten Fall 6.A.8 und im zweiten Fall 12.B, Aufg. 11 und beachte auch die allgemeine Aussage im Anschluss an den Beweis von Satz 13.C.16.) Nach dem Abelschen Grenzwertsatz 12.B.7 konvergiert insbesondere die Reihe für $\sqrt{1+w}$ auf $[-1, 1]$ gleichmäßig gegen $\sqrt{1+w}$. Es folgt, dass die Reihe von Polynomen $\sum_{n=0}^{\infty} P_n(x)$ mit $P_n(x) := \binom{1/2}{n}(x^2-1)^n$ für $x \in \mathbb{R}$, $|x| \leq \sqrt{2}$, gleichmäßig gegen $\sqrt{1+(x^2-1)} = |x|$ konvergiert.

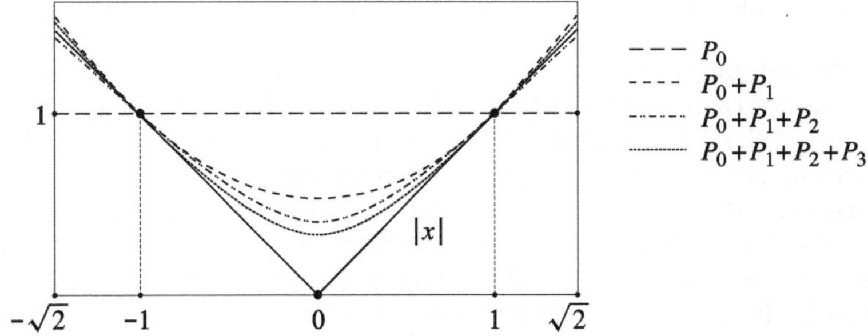

Eine solche Polynomreihe wird häufig beim Beweis des Weierstraßschen Approximationssatzes benutzt, zum Beispiel in 12.A, Aufg. 17c). Man beachte, dass sie keine Potenzreihe ist; $|x|$ ist im Nullpunkt nicht analytisch. [6])

---

[5]) Dass der Konvergenzradius ≥ 1 ist, folgt bereits aus der allgemeinen Abschätzung in 12.C.4.

[6]) Man kann den Abelschen Grenzwertsatz vermeiden: Für eine Nullfolge positiver reeller Zahlen ε_m konvergiert $\sqrt{x^2 + \varepsilon_m^2}$, $m \in \mathbb{N}$, gleichmäßig (auf $\mathbb{R}$) gegen $|x|$, und bei $0 < \varepsilon < 1$ konvergiert $\sum_{n=0}^{\infty} \binom{1/2}{n} (x^2 + \varepsilon^2 - 1)^n$ für $|x| \leq \sqrt{2(1-\varepsilon^2)}$, d.h. $|x^2 + \varepsilon^2 - 1| \leq 1 - \varepsilon^2$, gleichmäßig gegen $\sqrt{x^2 + \varepsilon^2}$.

Wie erwähnen ferner die für $|w| < 1$ gültige Darstellung

$$\sqrt{\frac{1+w}{1-w}} = \frac{1+w}{\sqrt{1-w^2}} = \sum_{n=0}^{\infty} \binom{2n}{n}\left(\left(\frac{w}{2}\right)^{2n} + 2\left(\frac{w}{2}\right)^{2n+1}\right).$$

(2) Die Reihenentwicklung

$$\frac{1}{(1+w)^m} = (1+w)^{-m} = \sum_{n=0}^{\infty} \binom{-m}{n} w^n = \sum_{n=0}^{\infty} (-1)^n \binom{n+m-1}{m-1} w^n$$

für $m \in \mathbb{N}^*$ und $|w| < 1$ haben wir schon in 6.B, Aufg. 1 auf kombinatorischem Wege erhalten. Man kann sie auch durch $(m-1)$-faches Differenzieren der geometrischen Reihe $1/(1+w) = \sum_{n=0}^{\infty}(-1)^n w^n$ gewinnen. – Aus $\dfrac{1}{(1-w^2)^m} = \dfrac{1}{(1+w)^m} \cdot \dfrac{1}{(1-w)^m}$ folgere man für $m \in \mathbb{N}^*$ und alle $n \in \mathbb{N}$

$$(-1)^n \binom{n+m-1}{m-1} = \sum_{i=-n}^{n} (-1)^i \binom{n+i+m-1}{m-1}\binom{n-i+m-1}{m-1}.$$

(3) Für $\alpha, \beta \in \mathbb{C}$ und $|w| < 1$ ist

$$\sum_{n=0}^{\infty} \binom{\alpha+\beta}{n} w^n = (1+w)^{\alpha+\beta} = (1+w)^{\alpha}(1+w)^{\beta} = \sum_{n=0}^{\infty}\binom{\alpha}{n} w^n \sum_{n=0}^{\infty}\binom{\beta}{n} w^n,$$

woraus nach Ausmultiplizieren die so genannte **V a n d e r m o n d e s c h e   I d e n t i t ä t**

$$\binom{\alpha+\beta}{n} = \sum_{j=0}^{n} \binom{\alpha}{j}\binom{\beta}{n-j}$$

für alle $n \in \mathbb{N}$ folgt, die für $\alpha, \beta \in \mathbb{N}$ bereits in 2.B, Aufg. 9a) behandelt wurde.

13.C.8 Bemerkung Bei der Definition der Logarithmusfunktion liegt eine gewisse Willkür in der Wahl des Definitionsbereiches D. Der von uns definierte Hauptzweig ist nicht für die negative reelle Achse definiert. Wählt man den Logarithmus als Umkehrfunktion zur Beschränkung der Exponentialfunktion auf den Streifen $E' := \{w \in \mathbb{C} \mid 0 < \operatorname{Im} w < 2\pi\}$, so erhält man als Definitionsbereich die an der $\mathbb{R}_+$-Achse geschlitzte Ebene $D' := \mathbb{C} - \mathbb{R}_+ = \{z \in \mathbb{C}^{\times} \mid 0 < \operatorname{Arg} z < 2\pi\}$. Dann stimmen die beiden Logarithmusfunktionen in der oberen Halbebene $H := \{z \in \mathbb{C} \mid \operatorname{Im} z > 0\}$ überein, während sie sich in der unteren Halbebene $\overline{H} := \{z \in \mathbb{C} \mid \operatorname{Im} z < 0\}$ um den Summanden 2π unterscheiden. Analoge Mehrdeutigkeiten ergeben sich für die Potenzfunktionen. Wir verstehen unter der Logarithmusfunktion bzw. unter den Potenzfunktionen stets die oben definierten **H a u p t z w e i g e**, falls nicht ausdrücklich etwas anderes gesagt wird. Dies gilt insbesondere auch für die **W u r z e l f u n k t i o n e n** $\sqrt[m]{z} = z^{1/m}$, $m \in \mathbb{N}^*$, die wir bereits in Beispiel 5.C.4 eingeführt haben. Wenn wir den Logarithmus $\ln$ kommentarlos für negative reelle Zahlen benutzen, so ist $\ln x := \ln|x| + \pi i$, $x \in \mathbb{R}_-^{\times}$. Dann ist $\ln$ auf $\mathbb{C}^{\times}$ definiert, aber in den Punkten $x \in \mathbb{R}_-^{\times}$ *nicht* stetig.

13.C.9 Beispiel (**W u r z e l n   a u s   P o t e n z r e i h e n**) Seien $f(x) = \sum_{n=1}^{\infty} a_n x^n$ eine Potenzreihe und $\alpha \in \mathbb{C}$. Für die Koeffizienten der Potenzreihe $(1 + f(x))^{\alpha} = \sum_{n=0}^{\infty} b_n x^n$ gilt dann die Rekursion

$$b_{n+1} = \frac{1}{n+1} \sum_{k=1}^{n+1} \big((\alpha+1)k - (n+1)\big) a_k b_{n+1-k},$$

$n \in \mathbb{N}$, mit der Anfangsbedingung $b_0 = 1$, die sich durch Koeffizientenvergleich aus

$$\alpha \left(1 + f(x)\right)^{\alpha} f'(x) = \left((1 + f(x))^{\alpha}\right)' (1 + f(x))$$

ergibt und mit deren Hilfe die b_n, $n \in \mathbb{N}$, bequem berechnet werden können.

Sei $m \in \mathbb{N}^*$. Dann ist die Reihe $g := (1 + f(x))^{1/m}$ eine m-te Wurzel aus $1 + f(x)$, d.h. es gilt $g^m = 1 + f$. Sie ist die einzige m-te Wurzel aus $1 + f$ mit konstantem Term 1. Ist nämlich h eine weitere solche Wurzel, so gilt $0 = g^m - h^m = (g - h)(g^{m-1} + \cdots + h^{m-1})$, und der Faktor $\sum_{j=1}^{m} g^{m-j} h^{j-1}$ ist eine Potenzreihe mit konstantem Term m.

Eine Potenzreihe mit konstantem Term $a_0 \neq 0$ besitzt also ebenso viele m-te Wurzeln, wie a_0 m-te Wurzeln in $\mathbb{K}$ besitzt. Dies sind bei $\mathbb{K} = \mathbb{C}$ stets m Wurzeln. Bei $\mathbb{K} = \mathbb{R}$ und ungeradem m ist es genau eine, bei $\mathbb{K} = \mathbb{R}$ und geradem m sind es keine oder zwei, je nachdem ob a_0 negativ oder positiv ist.

Die gerade beschriebene Möglichkeit, aus Potenzreihen Wurzeln zu ziehen, gestattet es, die lokale Struktur komplex-analytischer Funktionen vollständig zu beschreiben. Sei dazu f eine komplex-analytische Funktion in einer offenen Umgebung des Nullpunktes in $\mathbb{C}$ mit der Potenzreihenentwicklung

$$f(x) = a_0 + a_k x^k + a_{k+1} x^{k+1} + \cdots = a_0 + x^k(a_k + a_{k+1}x + \cdots) = a_0 + \left(x\, g(x)\right)^k,$$

$a_k \neq 0$, $k \geq 1$, wobei g eine k-te Wurzel aus $a_k + a_{k+1}x + \cdots$ ist. Die Funktion f ist also in einer Umgebung von 0 die Komposition der analytischen Funktionen $h : x \mapsto xg(x)$ und $x \mapsto a_0 + x^k$. Da h nach 12.C.6 eine offene Umgebung von 0 in $\mathbb{C}$ bijektiv auf eine offene Umgebung von 0 derart abbildet, dass die Umkehrfunktion h^{-1} ebenfalls analytisch ist, *haben f und die Potenzfunktion x^k (wo k die Ordnung der $f(0)$-Stelle von f in 0 ist) in einer Umgebung von 0 dasselbe Abbildungsverhalten.* Insbesondere ergeben sich noch einmal der Satz 12.D.9 über die Offenheit nichtkonstanter komplex-analytischer Funktionen sowie die folgende Aussage: *Genau dann ist f in einer Umgebung von 0 injektiv, wenn $f'(0) \neq 0$ ist.* Wir überlassen es dem Leser, in ähnlicher Weise reell-analytische Abbildungen lokal zu klassifizieren.

13.C.10 Beispiel (L o g a r i t h m i s c h e   A b l e i t u n g) Sei $f : D \to \mathbb{C}$ im Punkt $a \in D$ differenzierbar mit $f(a) \notin \mathbb{R}_-$. Dann ist $g := \ln f$ in einer Umgebung von a definiert und im Punkt a differenzierbar mit $g'(a) = f'(a)/f(a)$. Man nennt daher f'/f für eine beliebige differenzierbare Funktion $f : D \to \mathbb{C}^{\times}$ die l o g a r i t h m i s c h e   A b l e i t u n g von f (auch dann, wenn $\ln f$ nicht definiert ist). Man vergleiche dazu 13.A, Aufg. 9.

13.C.11 Beispiel (E l e m e n t a r s y m m e t r i s c h e   F u n k t i o n e n · N e w t o n s c h e   F o r m e l n) Sei a_i, $i \in I$, eine summierbare Familie komplexer Zahlen. Dann ist auch die Familie $a_i z$, $i \in I$, summierbar für $z \in \mathbb{C}$ und folglich $1 - a_i z$, $i \in I$, multiplizierbar nach 6.B.17. Ferner ist nach 6.B, Aufg. 6 (und 6.B. 11)

$$f(z) := \prod_{i \in I} (1 - a_i z) = \sum_{n=0}^{\infty} (-1)^n S_n z^n,$$

wobei die Koeffizienten

$$S_n := S_n(a_i, \, i \in I) := \sum_{H \in \mathfrak{E}_n(I)} a^H,$$

$n \in \mathbb{N}$, die so genannten e l e m e n t a r s y m m e t r i s c h e n   F u n k t i o n e n in den a_i, $i \in I$, sind (V i e t a s c h e r   W u r z e l s a t z). Wir erinnern dabei an die Definition $a^H = \prod_{i \in H} a_i$ für eine endliche Teilmenge $H \subseteq I$ und setzen $\mathfrak{E}_n(I)$ für die Menge der n-elementigen

Teilmengen von I. Insbesondere ist also $f: \mathbb{C} \to \mathbb{C}$ eine ganze (analytische) Funktion mit $f(0) = S_0 = 1$ und $f'(0) = S_1 = \sum_{i \in I} a_i$. Ist die Menge I_0 der $i \in I$ mit $a_i \neq 0$ endlich und $|I_0| = m$, so ist $S_m = \prod_{i \in I_0} a_i \neq 0$, $S_n = 0$ für $n > m$ und f die Polynomfunktion $\prod_{i \in I_0}(1 - a_i z)$ vom Grad m.

Für jedes $a \in \mathbb{C}^\times$ hat die Funktion f die Nullstellenordnung $v(a)$, wobei $v(a)$ die Anzahl der Indizes $i \in I$ mit $a = 1/a_i$ ist. Daraus folgt, dass f und damit die elementarsymmetrischen Funktionen S_n die Familie a_i, $i \in I$, im Wesentlichen bestimmen. Um dies zu präzisieren, nennen wir zwei summierbare Familien $a_i, i \in I$, und $b_j,\ j \in J$, i m w e s e n t l i c h e n g l e i c h , wenn für jedes $c \neq 0$ die Anzahl der Indizes $i \in I$ mit $a_i = c$ und die Anzahl der Indizes $j \in J$ mit $b_j = c$ übereinstimmen. Dann gilt also: Zwei summierbare Familien $a_i,\ i \in I$, und $b_j,\ j \in J$, sind genau dann im wesentlichen gleich, wenn ihre elementarsymmetrischen Funktionen $S_n(a_i,\ i \in I)$ und $S_n(b_j,\ j \in J)$, $n \in \mathbb{N}$, jeweils übereinstimmen.

Für (absolut) kleine $z \in \mathbb{C}$ ist nach 13.C.3 (und 6.B.11)

$$-\ln f(z) = -\sum_{i \in I} \ln(1 - a_i z) = \sum_{i \in I}\left(\sum_{n=1}^{\infty} \frac{a_i^n}{n} z^n\right) = \sum_{n=1}^{\infty} \frac{1}{n} P_n z^n\,,$$

wobei die $P_n, n \in \mathbb{N}^*$, die so genannten P o t e n z s u m m e n

$$P_n = P_n(a_i,\ i \in I) = \sum_{i \in I} a_i^n$$

in den $a_i,\ i \in I$, sind. Für die logarithmische Ableitung f'/f von f folgt mit 13.B.1

$$-\frac{f'(z)}{f(z)} = -\big(\ln f(z)\big)' = \sum_{n=0}^{\infty} P_{n+1} z^n\,.$$

Nach Multiplikation mit $f(z)$ ergeben sich durch Koeffizientenvergleich die folgenden N e w t o n s c h e n F o r m e l n :

$$(-1)^n (n+1) S_{n+1} = P_{n+1} + \sum_{k=1}^{n} (-1)^k S_k P_{n+1-k}\,,$$

$n \in \mathbb{N}$, vgl. auch 13.B, Aufg. 11b). Sie gestatten es, die $S_n,\ n \in \mathbb{N}^*$, und die $P_n,\ n \in \mathbb{N}^*$, wechselseitig auseinander zu berechnen. Genauer liefern die $S_1, \dots, S_m$ die $P_1, \dots, P_m$ und umgekehrt. Insbesondere erhält man:

13.C.12 Lemma *Für zwei summierbare Familien $a_i,\ i \in I$, und $b_j,\ j \in J$, komplexer Zahlen sind folgende Aussagen äquivalent:*

(1) *Die beiden Familien sind im Wesentlichen gleich.*

(2) *Für alle $n \in \mathbb{N}$ gilt $S_n(a_i,\ i \in I) = S_n(b_j,\ j \in J)$.*

(3) *Für alle $n \in \mathbb{N}^*$ gilt $P_n(a_i,\ i \in I) = P_n(b_j,\ j \in J)$.*

Die Implikation (3)$\Rightarrow$(1) ist selbst für endliche Familien nicht ganz selbstverständlich.

Wir illustrieren die Newtonschen Formeln an einem Beispiel: Dazu betrachten wir die Eulersche Produktdarstellung aus 12.A.13:

$$g(x) := \sum_{n=0}^{\infty} (-1)^n \frac{(x^2)^n}{(2n+1)!} = \frac{\sin x}{x} = \prod_{k=1}^{\infty}\left(1 - \frac{x^2}{k^2 \pi^2}\right).$$

Sie zeigt, dass die elementarsymmetrischen Funktionen in den $1/k^2$, $k \in \mathbb{N}^*$, die Werte $S_n = \pi^{2n}/(2n+1)!$ haben, $n \in \mathbb{N}$. Daraus ergeben sich mit den Newtonschen Formeln der Reihe nach die Potenzsummen

$$P_n = \sum_{k=1}^{\infty} \frac{1}{k^{2n}} = \zeta(2n)\,,$$

und zwar
$$P_1 = \zeta(2) = S_1 = \pi^2/6\,,$$
$$P_2 = \zeta(4) = -2S_2 + S_1 P_1 = \pi^4/90\,,$$
$$P_3 = \zeta(6) = 3S_3 - S_2 P_1 + S_1 P_2 = \pi^6/945$$

usw. Die Werte $P_n = \zeta(2n)$ lassen sich aber auch leicht explizit mit den Bernoullischen Zahlen angeben. Dazu betrachten wir direkt die logarithmische Ableitung von $g(x) = (\sin x)/x$. Sie ist unter Verwendung von Beispiel 12.E.7 einerseits gleich

$$\frac{g'(x)}{g(x)} = \frac{1}{x}\,(x \cot x - 1) = \sum_{n=1}^{\infty}(-1)^n \frac{B_{2n}}{(2n)!} 2^{2n} x^{2n-1}\,.$$

Andererseits erhält man aus der Eulerschen Produktdarstellung von $g(x)$

$$-\frac{g'(x)}{g(x)} = -\bigl(\ln g(x)\bigr)' = \sum_{n=1}^{\infty}\Bigl(\sum_{k=1}^{\infty} \frac{2}{(k^2\pi^2)^n}\Bigr)x^{2n-1}\,.$$

Also ergibt sich durch Koeffizientenvergleich

$$\zeta(2n) = (-1)^{n-1}\pi^{2n} \frac{B_{2n}}{(2n)!} 2^{2n-1}\,.$$

13.C.13 Beispiel (Hypergeometrische Reihen) Für $a, b, c \in \mathbb{C}$ mit $c \notin -\mathbb{N}$, d.h. mit $-c \notin \mathbb{N}$, definiert man die hypergeometrische Reihe durch

$$F(a,b\,;c\,;z) := \sum_{k=0}^{\infty}(-1)^k \frac{\binom{-a}{k}\binom{-b}{k}}{\binom{-c}{k}}\,z^k = \sum_{k=0}^{\infty} \frac{(a)_k\,(b)_k}{(c)_k\,(1)_k}\,z^k =$$

$$= \sum_{k=0}^{\infty} \frac{a(a+1)\cdots(a+k-1)b(b+1)\cdots(b+k-1)}{c(c+1)\cdots(c+k-1)}\,\frac{z^k}{k!}$$

$$= 1 + \frac{ab}{c}\,z + \frac{a(a+1)b(b+1)}{2c(c+1)}\,z^2 + \cdots\,.$$

$((-)_k$ ist das Pochhammer-Symbol, siehe 2.B, Fußnote 2.) Offenbar ist $F(a,b\,;c\,;z) = F(b,a\,;c\,;z)$. Bei $-a \in \mathbb{N}$ oder $-b \in \mathbb{N}$ handelt es sich um ein Polynom vom Grad $-a$ bzw. $-b$ (bzw. Min $(-a, -b)$, falls $-a$ und $-b$ beide in $\mathbb{N}$ liegen). Andernfalls ist $F(a,b\,;c\,;z)$ eine konvergente Potenzreihe $\sum a_k z^k$ mit dem Konvergenzradius 1. Dies folgt aus dem Quotientenkriterium wegen $|a_{k+1}z^{k+1}/a_k z^k| = |(a+k)(b+k)z/(k+1)(c+k)| \to |z|$ für $z \neq 0$ und $k \to \infty$. Es gilt

$$\frac{dF(a,b\,;c\,;z)}{dz} = \sum_{k=0}^{\infty} \frac{a\cdots(a+k)b\cdots(b+k)}{c\cdots(c+k)}\,\frac{z^k}{k!} = \frac{ab}{c}\,F(a+1,b+1\,;c+1\,;z)\,,$$

$$\frac{d^2 F(a,b\,;c\,;z)}{dz^2} = \frac{a(a+1)b(b+1)}{c(c+1)}\,F(a+2,b+2\,;c+2\,;z)\,.$$

Durch Einsetzen dieser Reihen und Vergleich der Koeffizienten von z^k bestätigt man für $F := F(a, b\,;c\,;z)$ die auf Euler zurückgehende Beziehung

$$z(1-z)\,\frac{d^2F}{dz^2} + \big(c - (a+b+1)z\big)\frac{dF}{dz} - abF = 0\,.$$

Dies ist die so genannte **h y p e r g e o m e t r i s c h e   D i f f e r e n z i a l g l e i c h u n g** für F. Daneben gibt es zahlreiche (von Gauß gefundene) Rekursionsformeln, die $F(a, b\,;c\,;z)$ in Verbindung bringen mit weiteren hypergeometrischen Reihen, für die einer oder mehrere der Parameter a, b, c um die Summanden ± 1 (oder ± 2) verändert sind. Auch sie werden leicht durch direkten Koeffizientenvergleich bei den zugehörigen Reihen bewiesen. Wir erwähnen hier exemplarisch (vgl. auch Aufg. 22)

$$(b-a)F(a, b\,;c\,;z) + aF(a+1, b\,;c\,;z) - bF(a, b+1\,;c\,;z) = 0\,,$$

$$c(c+1)F(a, b\,;c\,;z) - c(c+1)F(a, b\,;c+1\,;z) - abzF(a+1, b+1\,;c+2\,;z) = 0\,.$$

Für $a=1$ und $b=c \notin -\mathbb{N}$ beliebig ist die hypergeometrische Reihe die geometrische Reihe

$$F(1, c\,;c\,;z) = \sum_{k=0}^{\infty} z^k = \frac{1}{1-z}\,.$$

Auch andere Funktionen lassen sich durch hypergeometrische Reihen darstellen. Beispielsweise gilt (vgl. auch Aufg. 21)

$$(1-z)^{-\alpha} = \frac{1}{(1-z)^\alpha} = \sum_{k=0}^{\infty} \binom{\alpha}{k} z^k = F(\alpha, c\,;c\,;z)\,, \quad \alpha \in \mathbb{C}\,,$$

$$\ln(1-z) = -\sum_{k=1}^{\infty} \frac{z^k}{k} = -z\, F(1, 1\,;2\,;z)\,.$$

Das (normierte) n-te Tschebyschew-Polynom T_n lässt sich ebenfalls als eine hypergeometrische Reihe schreiben:

$$T_n(x) = \frac{1}{2^{n-1}}\, F\big(n, -n\,;\tfrac{1}{2}\,;\tfrac{1}{2}(1-x)\big)\,, \quad n \in \mathbb{N}\,.$$

Um dies einzusehen, prüft man, dass die Polynome $F(n, -n\,;1/2\,;(1-x)/2)$ die Rekursion $\widetilde{T}_0 = 1$, $\widetilde{T}_1 = x$, $\widetilde{T}_{n+2} = 2x\widetilde{T}_{n+1} - \widetilde{T}_n$ der Polynome $\widetilde{T}_n := 2^{n-1}T_n$ erfüllen. Dazu verwendet man die folgende Relation, die man leicht durch Koeffizientenvergleich bestätigt:

$$F(n+2, -n-2\,;\tfrac{1}{2}\,;z) = 2(1-2z)F(n+1, -n-1\,;\tfrac{1}{2}\,;z) - F(n, -n\,;\tfrac{1}{2}\,;z)\,.$$

Die **v e r a l l g e m e i n e r t e n   h y p e r g e o m e t r i s c h e n   R e i h e n**

$$_rF_s(b_1, \dots, b_r\,;c_1, \dots, c_s\,;z) = \sum_{k=0}^{\infty} \frac{(b_1)_k \cdots (b_r)_k}{(c_1)_k \cdots (c_s)_k}\, \frac{z^k}{k!}\,,$$

wobei $r, s \in \mathbb{N}$ und $b_1, \dots, b_r, c_1, \dots, c_s \in \mathbb{C}$, aber $-c_1, \dots, -c_s \notin \mathbb{N}$ sei, generalisieren die hypergeometrischen. Es ist $F(a, b\,;c\,;z) = {_2F_1}(a, b\,;c\,;z)$. Bei $s < r-1$ sind die Potenzreihen $_rF_s$ Polynome oder divergent, bei $s \geq r$ ist der Konvergenzradius ∞, bei $s = r-1$ ist $_rF_{r-1}$ ein Polynom oder hat den Konvergenzradius 1. All dies erkennt man mit dem Quotientenkriterium. Das Konvergenzverhalten von $_rF_{r-1}$ auf dem Rand des Einheitskreises wird in Beispiel 13.C.15 beschrieben.

13.C.14 Beispiel (Konfluente hypergeometrische Reihen) Neben den hypergeometrischen Reihen sind die konfluenten hypergeometrischen oder Kummerschen Reihen

$$\Phi(a\,;c\,;z) := {}_1F_1(a\,;c\,;z) = \sum_{k=0}^{\infty} \frac{(a)_k}{(c)_k}\,\frac{z^k}{k!} = 1 + \frac{a}{c}\,z + \frac{a(a+1)}{2c(c+1)}\,z^2 + \cdots.$$

mit $a, c \in \mathbb{C}$, $-c \notin \mathbb{N}$, Spezialfälle der verallgemeinerten hypergeometrischen Reihen. Bei $-a \in \mathbb{N}$ handelt es sich um ein Polynom vom Grad $-a$, bei $-a \notin \mathbb{N}$ ist $\Phi(a\,;c\,;z)$ eine für alle $z \in \mathbb{C}$ konvergente Potenzreihe. Differenzieren liefert für $v \in \mathbb{N}$

$$\frac{d^v \Phi(a\,;c\,;z)}{dz^v} = \sum_{k=0}^{\infty} \frac{a \cdots (a+k+v-1)}{c \cdots (c+k+v-1)}\,\frac{z^k}{k!} = \frac{(a)_v}{(c)_v}\,\Phi(a+v\,;c+v\,;z).$$

Durch Koeffizientenvergleich bestätigt man, dass $\Phi := \Phi(a\,;c\,;z)$ der so genannten Kummerschen Differenzialgleichung

$$z\frac{d^2\Phi}{dz^2} + (c-z)\frac{d\Phi}{dz} - a\Phi = 0$$

genügt. Ebenso beweist man die folgenden Rekursionsgleichungen:

$$a\Phi(a+1\,;c+1\,;z) + (c-a)\Phi(a\,;c+1\,;z) - c\Phi(a\,;c\,;z) = 0\,,$$

$$a\Phi(a+1\,;c\,;z) - (2a-c+z)\Phi(a\,;c\,;z) + (a-c)\Phi(a-1\,;c\,;z) = 0\,.$$

Bei $a = c$ erhält man einfach $\Phi(c\,;c\,;z) = e^z$.

13.C.15 Beispiel Sind $-b_1, \ldots, -b_r \notin \mathbb{N}$ und $-c_1, \ldots, -c_{r-1} \notin \mathbb{N}$ und ist die zugehörige verallgemeinerte hypergeometrische Reihe ${}_rF_{r-1}(b_1, \ldots, b_r\,; c_1, \ldots, c_{r-1}\,; z)$ gleich $\sum a_k z^k$, vgl. das Ende von Beispiel 13.C.13, so gilt

$$\frac{a_{k+1}}{a_k} = \frac{(b_1+k)\cdots(b_r+k)}{(c_1+k)\cdots(c_{r-1}+k)(1+k)} = 1 - \frac{s}{k} + O\left(\frac{1}{k^2}\right),$$

für $k \to \infty$, $s := (c_1 + \cdots + c_{r-1} + 1) - (b_1 + \cdots + b_r)$. Das Konvergenzverhalten dieser Potenzreihe auf dem Rand des Einheitskreises wird daher durch den folgenden Satz beschrieben, der für Spezialfälle auf Gauß und Weierstraß zurückgeht und 12.B.9 verallgemeinert.

13.C.16 Satz *Sei a_k, $k \in \mathbb{N}$, eine Folge in $\mathbb{C}$ mit $a_k \neq 0$ für genügend große k und*

$$\frac{a_{k+1}}{a_k} = 1 - \frac{s}{k} + d_k\,,$$

wobei $s \in \mathbb{C}$ eine feste Zahl ist und $\sum_k |d_k| < \infty$. Ferner sei F die Potenzreihe $\sum_{k=0}^{\infty} a_k z^k$. Dann gilt:

(1) *Der Konvergenzradius von F ist 1.*

(2) *Bei $1 < \operatorname{Re} s$ konvergiert F im abgeschlossenen Einheitskreis $\overline{\mathrm{B}}(0\,;1)$ absolut und gleichmäßig.*

(3) *Bei $0 < \operatorname{Re} s \leq 1$ konvergiert F auf jeder Menge $\overline{\mathrm{B}}(0\,;1) - \mathrm{B}(1\,;r)$, $r > 0$, gleichmäßig und divergiert für $z = 1$.*

(4) *Bei $\operatorname{Re} s \leq 0$ konvergiert F für kein z mit $|z| = 1$.*

B e w e i s . Wegen $\lim_{k\to\infty} |a_{k+1}z^{k+1}/a_k z^k| = |z|$ für $z \neq 0$ ist der Konvergenzradius von F nach dem Quotientenkriterium gleich 1.

Mit der Logarithmusreihe $\ln(1-x) = -\sum_{n=1}^{\infty} x^n/n$ ergibt sich

$$\ln \frac{a_{k+1}}{a_k} = -\frac{s}{k} + r_k$$

für genügend große k, wobei $\sum_k |r_k|$ ebenfalls endlich ist. Es folgt für genügend große k_0 und $k \geq k_0$

$$a_{k+1} = a_{k_0} \prod_{v=k_0}^{k} \frac{a_{v+1}}{a_v} = a_{k_0} \exp\Big(\sum_{v=k_0}^{k} \ln \frac{a_{v+1}}{a_v}\Big) = a_{k_0} \exp\Big(\sum_{v=k_0}^{k} r_v + \sum_{v=1}^{k_0-1} \frac{s}{v}\Big) \exp\Big(-s \sum_{v=1}^{k} \frac{1}{v}\Big).$$

Man erhält: Bei $\operatorname{Re} s \leq 0$ ist (a_k) keine Nullfolge und F für kein z mit $|z| = 1$ konvergent; bei $\operatorname{Re} s = 0$ konvergieren $(|a_k|)$ und bei $s = 0$ sogar (a_k) gegen eine von 0 verschiedene Zahl; bei $0 < \operatorname{Re} s$ ist (a_k) eine Nullfolge.

Sei zunächst $1 < \operatorname{Re} s$. Wegen der Ungleichung $\sum_{v=1}^{k} 1/v \geq \ln k$ (vgl. etwa 4.F.10) ist $|\exp(-s\sum_{v=1}^{k} 1/v)| \leq \exp(-(\operatorname{Re} s)\ln k) = 1/k^{\operatorname{Re} s}$. Da $\sum_{k=1}^{\infty} 1/k^{\operatorname{Re} s}$ konvergiert, konvergiert in diesem Fall $\sum_k a_k$ absolut und F folglich absolut und gleichmäßig auf $\overline{B}(0\,;1)$.

Sei jetzt $0 < \operatorname{Re} s \leq 1$. Nach dem bereits Bewiesenen konvergiert dann die Reihe $\sum_k a_k/k$ absolut wegen

$$\frac{a_{k+1}}{k+1} \Big/ \frac{a_k}{k} = \frac{a_{k+1}}{a_k}\Big(1 - \frac{1}{k+1}\Big) = 1 - \frac{s+1}{k} + \Big(d_k \frac{k}{k+1} + \frac{s+1}{k(k+1)}\Big)$$

und $\operatorname{Re}(s+1) > 1$. Aus

$$|a_{k+1} - a_k| = |-\frac{sa_k}{k} + d_k a_k| \leq |s|\,|\frac{a_k}{k}| + |d_k|\,|a_k|$$

und der Beschränktheit der a_k, $k \in \mathbb{N}$, folgt die Konvergenz von $\sum_k |a_{k+1} - a_k|$. Für $r > 0$ und $|z| \leq 1$, $|z - 1| \geq r$ ergibt sich mit Abelscher Summation für $k_0 \leq m \leq n$ (ganz analog wie beim Beweis von 12.B.9) zu vorgegebenem $\varepsilon > 0$

$$\Big|\sum_{k=m}^{n} a_k z^k\Big| = \Big|\sum_{k=m}^{n-1}\Big(\sum_{j=m}^{k} z^j\Big)(a_k - a_{k+1}) + \Big(\sum_{j=m}^{n} z^j\Big)a_n\Big|$$

$$\leq \sum_{k=m}^{n-1}\Big|\frac{z^{k+1} - z^m}{z - 1}\Big|\,|a_k - a_{k+1}| + \Big|\frac{z^{n+1} - z^m}{z - 1}\Big|\,|a_n| \leq \varepsilon\,,$$

falls $\sum_{k=m}^{n-1} |a_k - a_{k+1}| \leq r\varepsilon/4$ und $|a_n| \leq r\varepsilon/4$ ist. Also konvergiert F auf $\overline{B}(0\,;1) - B(1\,;r)$ gleichmäßig. Um die Divergenz für $z = 1$ zu gewinnen, vergleichen wir $\sum_k a_k$ mit der nach 6.A, Aufg. 11c) divergenten Reihe $\sum_{k=1}^{\infty} 1/k^s$.[7] Mit der Binomialreihe $(1+x)^s = \sum_{n=0}^{\infty} \binom{s}{n} x^n$ erhält man

$$\Big(1 + \frac{1}{k}\Big)^s = 1 + \frac{s}{k} + e_k\,,$$

wobei $\sum_k e_k$ absolut konvergiert, und folglich für große k

---

[7] Auf diese Weise ließe sich 13.C.16 vollständig auf das Studium der Potenzreihen der Form $\sum_{k=1}^{\infty} z^k/k^s$ zurückführen.

$$\frac{a_{k+1}(k+1)^s}{a_k k^s} = (1 - \frac{s}{k} + d_k)(1 + \frac{s}{k} + e_k) = 1 + f_k$$

oder

$$\frac{1}{a_k k^s} - \frac{1}{a_{k+1}(k+1)^s} = \frac{f_k}{a_{k+1}(k+1)^s}$$

mit $\sum_k |f_k| < \infty$. Da dann $\lim_{k\to\infty} a_k k^s$ nach dem bereits Bewiesenen existiert und von 0 verschieden ist, ist auch $\sum_k |1/a_k k^s - 1/a_{k+1}(k+1)^s|$ endlich. Wäre nun $\sum_k a_k$ konvergent, so nach dem Kriterium von Dubois-Reymond, vgl. 6.A, Aufg. 16, auch $\sum_k a_k/a_k k^s = \sum_k 1/k^s$, was, wie schon erwähnt, nicht der Fall ist. Widerspruch!   ●

Für die Binomialreihe $(1 + z)^\alpha = F(-\alpha, 1; 1; -z)$ $(= F(-\alpha; 1; -z))$ $=: B_\alpha$ ergibt sich speziell: *Bei $0 < \operatorname{Re}\alpha$ konvergiert die Reihe B_α absolut und gleichmäßig auf $\overline{B}(0; 1)$; bei $-1 < \operatorname{Re}\alpha \le 0$ konvergiert sie gleichmäßig auf jeder Menge $\overline{B}(0; 1) - B(-1; r)$, $r > 0$, und divergiert für $z = -1$; bei $\operatorname{Re}\alpha \le -1$ divergiert sie für alle z mit $|z| = 1$.*

13.C.17 Beispiel (Platte Funktionen) Sei $f : D \to \mathbb{C}$ eine analytische Funktion auf einem Intervall $D \subseteq \mathbb{R}$ oder einem Gebiet $D \subseteq \mathbb{C}$. Verschwinden sämtliche Ableitungen $f^{(n)}(a)$ von f in einem Punkt $a \in D$, so ist nach der Taylorschen Formel 13.B.5 die Funktion f in einer Umgebung von a die Nullfunktion und damit nach dem Identitätssatz 12.D.4 identisch 0 auf ganz D. Ein analoges Resultat gilt *nicht* für Funktionen auf einem Intervall $I \subseteq \mathbb{R}$, die beliebig oft differenzierbar sind.[8] Man nennt eine unendlich oft differenzierbare Funktion $f : I \to \mathbb{C}$ platt im Punkt $a \in I$, wenn $f^{(n)}(a) = 0$ ist für alle $n \in \mathbb{N}$. Es gibt also Funktionen, die in einem Punkt platt sind, aber in keiner Umgebung dieses Punktes identisch verschwinden. Solche Funktionen können daher nicht analytisch sein. Ein Beispiel ist etwa die Funktion $f : \mathbb{R} \to \mathbb{R}$ mit

$$f(x) := \begin{cases} e^{-1/x}, & \text{falls } x > 0, \\ 0, & \text{falls } x \le 0. \end{cases}$$

Diese Funktion ist unendlich oft differenzierbar und im Nullpunkt platt. Es genügt zu zeigen, dass $f|\mathbb{R}_+$ in 0 platt ist. Für $x > 0$ gilt aber $f^{(n)}(x) = h_n(1/x) \exp(-1/x)$ mit einer (normierten) Polynomfunktion h_n vom Grad $2n$, wie man sofort durch Induktion über n bestätigt. Wegen $\lim_{x\to 0+} h(1/x) \exp(-1/x) = 0$ für *jede* Polynomfunktion h (vgl. 12.E.2) folgt die Behauptung.

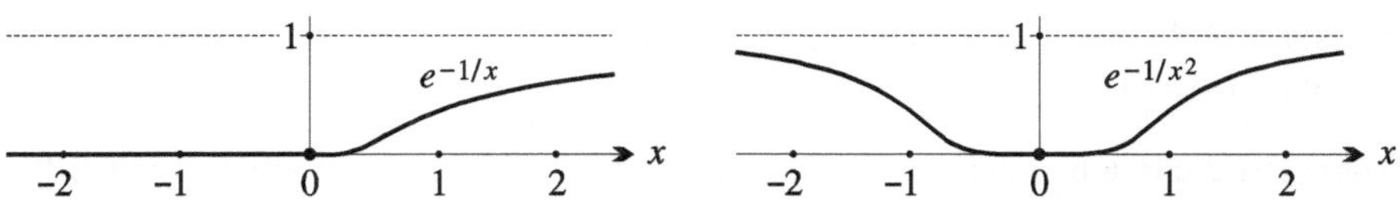

Ein ähnliches Beispiel ist die ebenfalls in 0 platte Funktion $g : \mathbb{R} \to \mathbb{R}$ mit $g(x) := e^{-1/x^2}$ für $x \ne 0$ und $g(0) := 0$, vgl. Aufg. 20 a). Die analytische Fortsetzung e^{-1/z^2} von $g|\mathbb{R}^\times$ nach $\mathbb{C}^\times$ ist wegen $e^{-1/(iy)^2} = e^{1/y^2}$, $y \in \mathbb{R}^\times$, in keiner Umgebung des Nullpunkts beschränkt. Schon dies verhindert, dass g in 0 eine Potenzreihenentwicklung besitzt. Man sieht daran erneut, wie erhellend der Übergang zum Komplexen sein kann.

---

[8] Für komplex-differenzierbare Funktionen stellt sich dieses Problem nach Bemerkung 13.B.3 nicht.

Aufgaben

1. Man berechne die Ableitungen der folgenden Funktionen (wobei die Definitionsbereiche jeweils geeignet zu wählen sind).

a) $\operatorname{cosec} x = 1/\sin x$. **b)** $\sec x = 1/\cos x$. **c)** $1/\sqrt{\cos(\sin x)}$.

d) $\sqrt{1 + e^x}\,\ln\big(x + \cos^2(1/x^2)\big)$. **e)** $(\sin x)/\sqrt[3]{1 + e^{x^2}}$. **f)** $(1 + \sin^2 x)/e^x$.

g) x^{x^x}. **h)** $(x^x)^x$. **i)** $\sqrt{1 + \sqrt{1 + \cdots + \sqrt{1 + x}}}$ (n Wurzelzeichen, $n \in \mathbb{N}^*$).

2. a) Für welche $\alpha \in \mathbb{C}$ mit $\operatorname{Re}\alpha > 0$ ist die Funktion $\mathbb{R}_+ \to \mathbb{C}$ mit $x \mapsto x^\alpha$ für $x > 0$ und $0 \mapsto 0$ im Nullpunkt differenzierbar?

b) Die Funktionen $f, g : \mathbb{R} \to \mathbb{R}$ mit $f(x) := x^2 \sin(1/x)$ bzw. $g(x) := x^2 \sin(1/x^2)$ für $x \neq 0$ und $f(0) = g(0) = 0$ sind auf ganz $\mathbb{R}$ differenzierbar, aber f' und g' sind in 0 nicht stetig; g' hat dort sogar die Schwankung ∞.

c) Für $n \in \mathbb{N}^*$ ist die Funktion $f_n : \mathbb{R} \to \mathbb{R}$ mit $f_n(x) = x^{2n} \sin(1/x)$ für $x \neq 0$ und $f_n(0) = 0$ n-mal differenzierbar, aber nicht n-mal stetig differenzierbar.

3. Für $a \in \mathbb{C} - \mathbb{R}_-$ ist $\lim_{n \to \infty} n\,(\sqrt[n]{a} - 1) = \ln a = \lim_{n \to \infty} n\,(\sqrt[n]{a} - \sqrt[n]{a^{-1}})/2$.

4. Für $a \in \mathbb{C} - \mathbb{R}_-$ seien die Folgen (c_k) und (d_k) rekursiv definiert durch $c_0 = a + a^{-1}$ und $d_0 = (a - a^{-1})/2$ sowie

$$c_k = \sqrt{2 + c_{k-1}}, \quad d_k = \frac{2d_{k-1}}{c_k}\,,$$

$k \in \mathbb{N}^*$. Für $k \in \mathbb{N}^*$ ist $\operatorname{Re} c_k > 0$ und $c_k = a_{2^k}$ mit $a_n := \sqrt[n]{a} + \sqrt[n]{a^{-1}}$ und $d_k = b_{2^k}$ mit $b_n := n(\sqrt[n]{a} - \sqrt[n]{a^{-1}})/2$. Die Folge (d_k) konvergiert gegen $\ln a$. Für $a \in \mathbb{R}_+^\times$ ist (d_k) eine monotone Folge. (Für eine Konvergenzverbesserung vgl. 18.C, Aufg. 5.)

5. Man bestimme die Potenzreihenentwicklungen der folgenden Funktionen um 0, indem man zunächst die Potenzreihenentwicklungen der Ableitungen betrachtet:

a) $\ln \cos x$. **b)** $\ln \cosh x$. **c)** $\ln\big((\sin x)/x\big)$. **d)** $\ln\big((\sinh x)/x\big)$. **e)** $\ln\big((\tan x)/x\big)$.

f) $\ln\big((\tanh x)/x\big)$. **g)** $\ln^2(1 + x)$ $\big(= 2 \sum_{n=2}^{\infty} (-1)^n \big(\sum_{k=1}^{n-1} 1/k\big) x^n/n$; diese Gleichung gilt auch noch für $x = 1\big)$.

6. Man gebe die Potenzreihenentwicklungen von $\tan^2 x$ (und $\tanh^2 x$) um 0 an mit Hilfe der Formeln $\tan' x = 1 + \tan^2 x = 1/\cos^2 x$ (bzw. $\tanh' x = 1 - \tanh^2 x = 1/\cosh^2 x$).

7. Man gebe die Potenzreihenentwicklungen von $z \mapsto z^\alpha$, $\alpha \in \mathbb{C}$, und $z \mapsto \ln z$ um einen beliebigen Punkt $a \in \mathbb{C} - \mathbb{R}_-$ an und bestimme den Konvergenzradius dieser Entwicklungen. Ferner überlege man, für welche $z \in \mathbb{C}$ die gefundenen Potenzreihenentwicklungen jeweils die Funktion darstellen. (Man achte auf den Fall $\operatorname{Re} a < 0$.)

8. Man bestimme die Potenzreihenentwicklungen der folgenden analytischen Funktionen um den Nullpunkt bis zur Ordnung 5:

a) $\sqrt{1 + \ln(1 + x)}$. **b)** $\sqrt{(1 + x)/(1 - x)}$. **c)** $\sqrt{1 + \tan x}$.

d) $(1 + x)^{1+x}$. **e)** $\sqrt[3]{\cos x}$. **f)** $\sin x/\sqrt[3]{\cos x}$.

9. Sei $f = \sum a_n z^n = \sum c_n z^n/n!$ mit $c_n := n!\, a_n$ eine konvergente Potenzreihe mit $a_0 = c_0 = 0$. Dann ist der Konvergenzradius der Potenzreihe $\sum b_n z^n = \sum d_n z^n/n!$ von e^f im Nullpunkt mindestens so groß wie der von f, und die b_n bzw. d_n erfüllen die Rekursionen $b_0 = d_0 = 1$ und

$$(n+1)b_{n+1} = \sum_{k=0}^{n}(n-k+1)\,a_{n-k+1}b_k \quad \text{bzw.} \quad d_{n+1} = \sum_{k=0}^{n}\binom{n}{k}c_{n-k+1}d_k$$

für $n \in \mathbb{N}$. (Man beachte die Identität $(e^f)' = f'e^f$.)

10. Die Potenzreihenentwicklung von $\exp(e^z - 1)$ um 0 ist $\sum \beta_n z^n/n!$, wo die β_n die Bellschen Zahlen aus 2.B, Aufg. 14 sind. Man folgere $\sum_{k=0}^{\infty} k^n/k! = \beta_n e$, indem man in $\exp(e^z) = \sum e^{nz}/n!$ die Reihenentwicklung von e^{nz} einsetzt und umordnet.

11. Man berechne $\ln z$ für folgende Werte von z: i, $2+3\mathrm{i}$, $-1-\mathrm{i}$, $(5-7\mathrm{i})/10$.

12. Man berechne $\mathrm{i}^{\mathrm{i}}\,^{9)}$, $(\mathrm{i}^{\mathrm{i}})^{\mathrm{i}}$, $(2+3\mathrm{i})^{1/3}$, $(-1+2\mathrm{i})^{1+\mathrm{i}}$.

13. Für $z, w \in \mathbb{C} - \mathbb{R}_-$ und $\alpha \in \mathbb{C}$ ist $(zw)^\alpha = z^\alpha w^\alpha$, falls $|\mathrm{Arg}\, z + \mathrm{Arg}\, w| < \pi$ ist (wobei natürlich $\mathrm{Arg}\, z$ und $\mathrm{Arg}\, w$ ebenfalls in $\,]-\pi, \pi[\,$ zu wählen sind). (Bemerkung: In der Formel $(z^\alpha)^\beta = z^{\alpha\beta}$, $z \in \mathbb{C} - \mathbb{R}_-$, $\alpha, \beta \in \mathbb{C}$, ist die linke Seite nicht immer definiert, und selbst wenn sie definiert ist, ist die Formel im Allgemeinen nicht gültig. Beispielsweise ist $((-1+\mathrm{i})^2)^{\mathrm{i}} \neq (-1+\mathrm{i})^{2\mathrm{i}}$.)

14. a) Für $a \in \mathbb{R}_+^\times$ und $n \in \mathbb{N}^*$ ist $\sqrt[n]{a} = \sum_{k=0}^{\infty}(\ln a)^k/n^k k!$. Insbesondere ist also $\sqrt[n]{a} = \sum_{k=0}^{m}(\ln a)^k/n^k k! + O(1/n^{m+1})$ für $n \to \infty$ und jedes $m \in \mathbb{N}$. Für beliebige $a_1, \ldots, a_p \in \mathbb{R}_+^\times$ $(p \in \mathbb{N}^*)$ ist

$$\lim_{n \to \infty}\left(\frac{\sqrt[n]{a_1} + \cdots + \sqrt[n]{a_p}}{p}\right)^n = \sqrt[p]{a_1 \cdots a_p}.$$

(Man logarithmiere beide Seiten der Gleichung.)

b) Für $z \in \mathbb{C}$ und $n \in \mathbb{N}^*$ mit $|z| < n$ gilt

$$\left(1 + \frac{z}{n}\right)^n = \exp\left(n\ln\left(1 + \frac{z}{n}\right)\right) = e^z \exp\left(-\sum_{k=1}^{\infty}\frac{(-z)^{k+1}}{k+1}\frac{1}{n^k}\right)$$

$$= e^z\left(1 - \frac{z^2}{2n} + \left(\frac{1}{3} + \frac{z}{8}\right)\frac{z^3}{n^2} - \left(\frac{1}{4} + \frac{z}{6} + \frac{z^2}{48}\right)\frac{z^4}{n^3} + O\left(\frac{1}{n^4}\right)\right),$$

wobei die letzte Gleichung für $n \to \infty$ bei beschränktem z gilt. Man bestimme das nächste Glied dieser Entwicklung.

15. a) Sei (a_n) eine Folge komplexer Zahlen. Das Produkt $\prod_{n=0}^{\infty}(1+a_n)$ konvergiert genau dann, wenn die Reihe $\sum_{n=0}^{\infty}\ln(1+a_n)$ konvergiert.

$^{9)}$ Aus $\mathrm{i}^{\mathrm{i}} = e^{-\pi/2}$ ergibt sich mit dem folgenden S a t z   v o n   G e l f o n d - S c h n e i d e r, dass $e^{-\pi/2}$ und auch $\mathrm{i}^{-2\mathrm{i}} = e^\pi = 23,14069\,2\ldots$ transzendente Zahlen sind: *Seien $\alpha, \beta \in \mathbb{C}$ algebraische Zahlen mit $\alpha \notin \{0, 1\}$ und $\beta \notin \mathbb{Q}$. Dann ist α^β transzendent.* (Dabei ist es gleichgültig, welcher der Logarithmen $\ln \alpha + 2k\pi\mathrm{i}$, $k \in \mathbb{Z}$, zur Definition von α^β benutzt wird. α darf sogar gleich 1 sein, wenn man für $\ln 1$ einen der Werte $2k\pi\mathrm{i}$, $k \in \mathbb{Z} - \{0\}$, wählt. – Über $\pi^e = 22,45915\,7\ldots$ oder $\pi + e$ weiß man in dieser Hinsicht nichts. Wenigstens eine der Zahlen $\pi + e$ bzw. $\pi - e$ ist natürlich transzendent, da e (oder da π) transzendent ist.)

b) Sei a_i, $i \in I$, eine Familie komplexer Zahlen. Genau dann ist die Familie $1 + a_i$, $i \in I$, multiplizierbar, wenn die Familie $\ln(1 + a_i)$, $i \in I$, summierbar ist. (Mit diesem Resultat vergleiche man noch einmal den Beweis von 6.B.17.)

16. Sei (a_n) eine Folge komplexer Zahlen, für die $\sum_{n=0}^{\infty} |a_n|^2 < \infty$ ist. Genau dann konvergiert das Produkt $\prod_{n=0}^{\infty} (1 + a_n)$, wenn die Reihe $\sum_{n=0}^{\infty} a_n$ konvergiert. (Für große n ist $\ln(1 + a_n) = a_n + b_n a_n^2$ mit einer beschränkten Folge (b_n). – Vgl. auch 6.A, Aufg. 25.)

17. Man gebe die Werte von $\zeta(8)$ und $\zeta(10)$ an. (Vgl. das Ende von Bsp. 13.C.11.)

18. a) Sei $q \in \mathbb{C}$, $|q| < 1$. Die Folge q^k, $k \in \mathbb{N}$, hat die Potenzsummen $P_n = 1/(1 - q^n)$, $n \in \mathbb{N}^*$, und die elementarsymmetrischen Funktionen $S_n = q^{\binom{n}{2}}/(1-q)\cdots(1-q^n)$, $n \in \mathbb{N}$. Es ist also

$$\prod_{k \in \mathbb{N}} (1 - q^k z) = \sum_{n \in \mathbb{N}} (-1)^n \frac{q^{\binom{n}{2}} z^n}{(1-q)\cdots(1-q^n)}$$

für alle $z \in \mathbb{C}$, vgl. Beispiel 13.C.11. Für $|z| < 1$ gilt

$$\prod_{k \in \mathbb{N}} \frac{1}{(1 - q^k z)} = \sum_{n \in \mathbb{N}} \frac{z^n}{(1-q)\cdots(1-q^n)} \,.$$

b) Sei $m \in \mathbb{N}$. Die elementarsymmetrischen Funktionen der *endlichen* Folge $1, q, \ldots, q^{m-1}$ haben die Gestalt

$$S_n = q^{\binom{n}{2}} \sum_{k=0}^{n\ell} p(k; n, \ell) q^k = q^{\binom{n}{2}} G_n^{[m]}(q), \quad \ell := m - n, \; 0 \leq n \leq m,$$

mit Polynomen $G_n^{[m]}$ vom Grade $n\ell$, die normiert und selbstreziprok sind. Dabei ist $p(k; n, \ell)$ die Anzahl der n-elementigen Teilmengen $\{i_0, \ldots, i_{n-1}\}$, $0 \leq i_0 < \cdots < i_{n-1} \leq m - 1$, von $\{0, \ldots, m - 1\}$ mit Summe $\sum_\nu i_\nu = \binom{n}{2} + k$ oder, was dasselbe ist, die Anzahl der Folgen $0 \leq \lambda_0 \leq \cdots \leq \lambda_{n-1} \leq \ell$ der Länge n mit $\lambda_\nu \in \mathbb{N}$ und $\sum_\nu \lambda_\nu = k$. (Man ersetze $(i_0, \ldots, i_{n-1})$ durch $(\lambda_0, \lambda_1, \ldots, \lambda_{n-1}) := (i_0, i_1 - 1, \ldots, i_{n-1} - (n - 1))$.) $p(k; n, \ell)$ ist also die Anzahl der Partitionen $1^{\nu_1} 2^{\nu_2} \ldots \ell^{\nu_\ell}$, $(\nu_1, \ldots, \nu_\ell) \in \mathbb{N}^\ell$, von $k = \nu_1 \cdot 1 + \cdots + \nu_\ell \cdot \ell$ mit $\nu_1 + \cdots + \nu_\ell \leq n$ positiven natürlichen Zahlen $\leq \ell$. (Zu diesen Sprechweisen vgl. auch 6.B, Aufg. 14.) Es ist somit

$$\prod_{k=0}^{m-1} (1 - q^k z) = \sum_{n=0}^{m} (-1)^n q^{\binom{n}{2}} G_n^{[m]}(q) z^n \,.$$

Die Polynome $G_n^{[m]} = \sum_{k=0}^{n\ell} p(k; n, \ell) q^k$ sind von Gauß im Zusammenhang mit seiner Theorie der Kreisteilung eingehend studiert worden und heißen G a u ß s c h e   P o l y n o - m e . Für die primitive m-te Einheitswurzel ζ_m ist $\prod_{k=0}^{m-1} (1 - \zeta_m^k z) = 1 - z^m$ und folglich $G_n^{[m]}(\zeta_m) = 0$ für $0 < n < m$, vgl. Beispiel 5.C.3. Ferner gilt $G_n^{[m]} = G_{m-n}^{[m]}$, d.h. es ist $p(k; n, \ell) = p(k; \ell, n)$. Die $G_n^{[m]}$ erfüllen die Rekursionsgleichungen

$$G_n^{[m+1]}(q) = q^n G_n^{[m]}(q) + G_{n-1}^{[m]}(q) = G_n^{[m]}(q) + q^{m-n+1} G_{n-1}^{[m]}(q) \,.$$

(Man setze $G_n^{[m]} := 0$, falls $n < 0$ oder $n > m$.) Sie haben die expliziten Darstellungen

$$G_n^{[m]}(q) = \frac{(q^m - 1)\cdots(q^{m-n+1} - 1)}{(q - 1)\cdots(q^n - 1)} = \frac{(q^m - 1)\cdots(q - 1)}{(q - 1)\cdots(q^n - 1)(q - 1)\cdots(q^{m-n} - 1)},$$

die an die Binomialkoeffizienten erinnern. Es ist $G_n^{[m]}(1) = \binom{m}{n}$. Für $|z| < 1$ ist

$$\prod_{k=0}^{m-1} \frac{1}{(1 - q^k z)} = \sum_{n=0}^{\infty} G_{m-1}^{[n+m-1]}(q) z^n \qquad (G_{-1}^{[-1]} := 1) \,.$$

Man beweise diese Aussagen. Vgl. auch [35], Teil 2, §63, Aufg. 30, wo das Polynom $G_n^{[m]}$ mit $\left[\begin{smallmatrix} m \\ n \end{smallmatrix}\right]$ bezeichnet wird.

19. Seien a_i, $i \in I$, und b_j, $j \in J$, Familien komplexer Zahlen mit jeweils höchstens m von 0 verschiedenen Elementen, $m \in \mathbb{N}$. Genau dann sind die Familien im Wesentlichen gleich, wenn $P_n(a_i, i \in I) = P_n(b_j, j \in J)$ für $n = 1, \ldots, m$ ist. Insbesondere sind alle a_i, $i \in I$, gleich 0, wenn $P_n(a_i, i \in I) = 0$ für $n = 1, \ldots, m$ ist. (13.C.12.)

20. a) Für jedes $\alpha > 0$ ist die Funktion $f : \mathbb{R} \to \mathbb{R}$ mit $f(x) = \exp(-1/|x|^\alpha)$ für $x \neq 0$ und $f(0) = 0$ unendlich oft differenzierbar und platt in 0.

b) Die Funktion $f : \mathbb{R} \to \mathbb{R}$ mit $f(x) = e^{1/x}/(1 + e^{1/x})^2$ für $x \neq 0$ und $f(0) = 0$ ist unendlich oft differenzierbar und platt in 0.

c) Die Funktionen f und g seien in einer Umgebung des Nullpunkts $0 \in \mathbb{R}$ definiert und unendlich oft differenzierbar. f sei platt in 0. Dann ist auch fg platt in 0. Ist überdies $g(0) = 0$, so sind die Kompositionen $f \circ g$ und $g \circ f$ (in einer Umgebung von $0 \in \mathbb{R}$ definiert und) platt in 0.

21. Man bestätige die folgenden Reihenentwicklungen:

(1) $2zF(1/2, 1; 3/2; z^2) = 2\sum_{k=0}^{\infty} z^{2k+1}/(2k+1) = \ln((1+z)/(1-z))$.

(2) $zF(1/2, 1; 3/2; -z^2) = \sum_{k=0}^{\infty}(-1)^k z^{2k+1}/(2k+1)$ $(= \arctan z, \text{vgl. } 14.\text{B})$.

(3) $zF(1/2, 1/2; 3/2; z^2) = \sum_{k=0}^{\infty} \dfrac{1 \cdot 3 \cdots (2k-1)}{2 \cdot 4 \cdots (2k)} \dfrac{z^{2k+1}}{2k+1}$ $(= \arcsin z, \text{vgl. } 14.\text{B})$.

22. a) Man bestätige die folgenden Rekursionsformeln:

(1) $c(a-b)F(a, b; c; z) - a(c-b)F(a+1, b; c+1; z) + b(c-a)F(a, b+1; c+1; z) = 0$.

(2) $c(c+1)F(a, b; c; z) - c(c+1)F(a, b+1; c+1; z) +$
$\qquad + a(c-b)zF(a+1, b+1; c+2; z) = 0$.

(3) $c(c-a-bz)F(a, b; c; z) - c(c-a)F(a-1, b; c; z) +$
$\qquad + abz(1-z)F(a+1, b+1; c+1; z) = 0$.

b) Seien $-c_1, \ldots, -c_{r-1} \notin \mathbb{N}$ und $F := {}_rF_{r-1}(b_1, \ldots, b_r; c_1, \ldots, c_{r-1}; z)$ die verallgemeinerte hypergeometrische Reihe, vgl. Beispiel 13.C.13. Für $\nu \in \mathbb{N}$ zeige man:

$$\frac{d^\nu F}{dz^\nu} = \frac{(b_1)_\nu \cdots (b_r)_\nu}{(c_1)_\nu \cdots (c_{r-1})_\nu} \, {}_rF_{r-1}(b_1+\nu, \ldots, b_r+\nu; c_1+\nu, \ldots, c_{r-1}+\nu; z),$$

$$F = \sum_{k=0}^{\nu-1} \frac{(b_1)_k \cdots (b_r)_k}{(c_1)_k \cdots (c_{r-1})_k} \frac{z^k}{k!} + \frac{(b_1)_\nu \cdots (b_r)_\nu}{(c_1)_\nu \cdots (c_{r-1})_\nu} \frac{z^\nu}{\nu!} \cdot \widetilde{F}$$

mit $\widetilde{F} := {}_{r+1}F_r(b_1+\nu, \ldots, b_r+\nu, 1; c_1+\nu, \ldots, c_{r-1}+\nu, 1+\nu; z)$.

23. Die erzeugende Funktion der hypergeometrischen Verteilung $h(k; N, m, n)$, $k \in \mathbb{N}$, ist

$$\frac{\binom{N-m}{n}}{\binom{N}{n}} F(-m, -n; N-m-n+1; t).$$

(Dies erklärt die Bezeichnung „hypergeometrische Verteilung".)

24. Man beweise die folgenden Formeln für $a, c, z \in \mathbb{C}$, $-c \notin \mathbb{N}$:

(1) $\lim_{b \to \infty} F(a, b; c; z/b) = \Phi(a; c; z)$. (2) $\lim_{b \to \infty} F(b, b; 1/2; -z^2/4b^2) = \cos z$.

(3) $\lim_{b \to \infty} F(b, b; 3/2; -z^2/4b^2) = (\sin z)/z$.

25. Seien $\alpha_1, \ldots, \alpha_n$ paarweise verschiedene komplexe Zahlen und $a_1, \ldots, a_n \in \mathbb{C}$ beliebig.

a) Ist $\sum_{\nu=1}^{n} a_\nu e^{\alpha_\nu z} = 0$ für eine Menge komplexer Zahlen z, die in $\mathbb{C}$ einen Häufungspunkt besitzt, so ist $a_1 = \cdots = a_n = 0$. (Nach dem Identitätssatz ist dann $\sum_{\nu=1}^{n} a_\nu e^{\alpha_\nu z} = 0$ für alle $z \in \mathbb{C}$ und ebenso $\sum_{\nu=1}^{n} a_\nu \alpha_\nu e^{\alpha_\nu z} = 0$. Es folgt $\sum_{\nu=2}^{n} a_\nu (\alpha_1 - \alpha_\nu) e^{\alpha_\nu z} = 0$. Nun schließe man durch Induktion über n.)

b) Ist $\sum_{\nu=1}^{n} a_\nu z^{\alpha_\nu} = 0$ für eine Menge komplexer Zahlen $z \in \mathbb{C} - \mathbb{R}_-$, die in $\mathbb{C} - \mathbb{R}_-$ einen Häufungspunkt hat, so ist $a_1 = \cdots = a_n = 0$. (Man schließe wie in a) oder benutze a).)

(Bemerkung: In der Sprache der Linearen Algebra besagen die Ergebnisse dieser Aufgaben insbesondere, dass *die Funktionensysteme $e^{\alpha z}$, $\alpha \in \mathbb{C}$, bzw. z^α, $\alpha \in \mathbb{C}$, jeweils linear unabhängig über $\mathbb{C}$ sind.* 19.D.6 verallgemeinert den ersten Teil dieser Aussage wesentlich.)

26. Für $n \in \mathbb{N}^*$ sei c_n die Anzahl der Klammerungen, mit denen sich in einer Menge mit Verknüpfung ein Produkt mit n Faktoren $x_1, \ldots, x_n$ (in dieser Reihenfolge) berechnen lässt, also $c_1 = 1$, $c_2 = 1$, $c_3 = 2$, $c_4 = 5$, $\ldots$. Für die erzeugende Funktion $F(x) = \sum_{n \in \mathbb{N}^*} c_n x^n \in \mathbb{R}[\![x]\!]$ gilt $F = F^2 + x$, woraus $F = \left(1 - \sqrt{1-4x}\,\right)/2$ und

$$c_n = \frac{1}{n}\binom{2n-2}{n-1} = \frac{(2n-2)!}{(n-1)!\,n!} = \frac{1}{2n-1}\binom{2n-1}{n-1},$$

$n \in \mathbb{N}^*$, folgt. (Vgl. Beispiel 13.C.9. – Die Folge c_n, $n \in \mathbb{N}^*$, heißt die Folge der C a t a l a n -s c h e n   Z a h l e n. Sie tritt bei kombinatorischen Problemen häufiger auf. Wir erwähnen einige weitere Beispiele: (1) Die Anzahl der Vorzeichentupel $(\varepsilon_1, \varepsilon_2, \ldots, \varepsilon_{2n-1}, \varepsilon_{2n}) \in \{\pm 1\}^{2n}$ mit $\sum_{i=1}^{2n} \varepsilon_i = 0$ und $\sum_{i=1}^{k} \varepsilon_i \geq 0$ für alle $k \leq 2n$ ist c_{n+1}, $n \in \mathbb{N}$. [10]) (2) Ein konvexes ebenes n-Eck ($n \geq 3$) lässt sich auf genau c_{n-1} Weisen mit Hilfe von Diagonalen, die sich im Innern des n-Ecks nicht schneiden, in Dreiecke zerlegen. (3) Es gibt c_n wesentlich verschiedene Färbungen [11]) der $2n-1$ Sektoren eines regelmäßigen $(2n-1)$-Ecks mit 2 Farben, wobei die erste Farbe für n und die zweite für $n-1$ Sektoren benutzt wird, $n \in \mathbb{N}^*$.

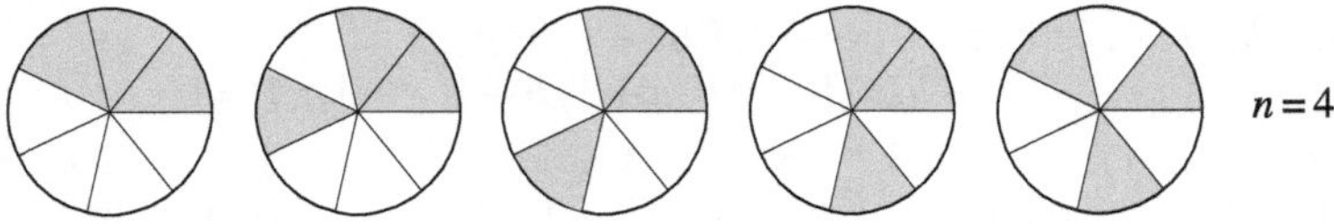

Generell ist für *teilerfremde* natürliche Zahlen k, m mit $0 < k \leq m$ der nach 2.D, Aufg. 16 ganzzahlige Quotient $\frac{1}{m}\binom{m}{k}$ die Anzahl der wesentlich verschiedenen Färbungen der m Sektoren eines regelmäßigen m-Ecks mit zwei Farben, wobei die eine Farbe für k und die andere für $m - k$ Sektoren benutzt wird. Dies folgt direkt daraus, dass die natürliche Operation der zyklischen Gruppe $\mathbf{Z}_m$ der Ordnung m vermöge Drehungen auf der Menge dieser Färbungen offenbar frei ist, vgl. Bd. 2, Abschnitt 6.E und Bd. 2, Beispiel 9.A.16 (1).)

27. Eine Permutation $\sigma \in \mathfrak{S}_n$ heißt a l t e r n i e r e n d bzw. u m g e k e h r t   a l t e r n i e -r e n d, wenn $\sigma(1) > \sigma(2) < \sigma(3) > \cdots$ bzw. wenn $\sigma(1) < \sigma(2) > \sigma(3) < \cdots$ gilt. [12]) Die

---

[10]) Für $m \in \mathbb{N}$ ist die Anzahl b_m der Vorzeichentupel $(\varepsilon_1, \ldots, \varepsilon_m)$ mit $\sum_{i=1}^{k} \varepsilon_i \geq 0$ für alle $k \leq m$ gleich $\binom{2n}{n}$, falls $m = 2n$ gerade ist, und gleich $\frac{1}{2}\binom{2n}{n}$, falls $m = 2n - 1$ ungerade ist. Offenbar erfüllen nämlich die b_m die Rekursion $b_{m+1} = 2b_m - d_m$ mit $d_m := c_{n+1}$ bei geradem $m = 2n$ und $d_m := 0$ sonst. Man vgl. [31], Chap. III für weitere Einzelheiten.

[11]) „Wesentlich verschieden" bedeutet, dass zwei Färbungen identifiziert werden, die durch Drehung des $(2n-1)$-Ecks auseinander hervorgehen.

[12]) Solche Permutationen heißen auch Z i c k - Z a c k - P e r m u t a t i o n e n.

Anzahl der alternierenden Permutationen stimmt mit der Anzahl der umgekehrt alternierenden Permutationen in $\mathfrak{S}_n$ überein. Wir bezeichnen diese Anzahl mit a_n. Die a_n erfüllen die Rekursion $a_0 = a_1 = 1$ und

$$2a_{n+1} = \sum_{\nu=0}^{n} \binom{n}{\nu} a_\nu a_{n-\nu}, \quad n \geq 1.$$

(Man fixiere für eine alternierende oder umgekehrt alternierende Permutation $\sigma \in \mathfrak{S}_{n+1}$ die Stelle $\nu_0 + 1$ mit $\sigma(\nu_0 + 1) = 1$ und die Menge $\{\sigma(1), \ldots, \sigma(\nu_0)\} \subseteq \{2, \ldots, n+1\}$.) Für die exponentielle erzeugende Funktion $G(x) = \sum_{n \in \mathbb{N}} a_n x^n / n!$ gilt $2G' = 1 + G^2$ (vgl. 12.C, Aufg. 2) und $G(0) = 1$. Mit den Eulerschen Zahlen E_n und den Bernoullischen Zahlen B_{n+1}, vgl. Beispiele 12.E.8 und 12.E.7, folgt daraus $G(x) = \tan\left(\frac{x}{2} + \frac{\pi}{4}\right) = \sec x + \tan x$ (vgl. Abschnitt 19.A) und

$$a_n = \begin{cases} E_n & , \quad \text{falls } n \text{ gerade,} \\ (-1)^{\frac{n-1}{2}} \frac{B_{n+1}}{n+1} 2^{n+1} (2^{n+1} - 1), & \quad \text{falls } n \text{ ungerade.} \end{cases}$$

Insbesondere sind die Zahlen E_{2m} und $(-1)^m B_{2(m+1)}$, $m \in \mathbb{N}$, positiv. (Gelegentlich werden auch die hier definierten Zahlen a_n, $n \in \mathbb{N}$, als Eulersche Zahlen bezeichnet.)

28. Für $|z| < 1$ sei $f(z) := \prod_{n \in \mathbb{N}^*}(1 - z^n) = \sum_{n \in \mathbb{Z}}(-1)^n z^{(3n-1)n/2} = \sum_{n=0}^{\infty} b_n z^n$, vgl. 6.B, Aufg. 14. Mit 6.B, Aufg. 13d) folgere man für die logarithmische Ableitung von f

$$\frac{f'(z)}{f(z)} = -\sum_{n \in \mathbb{N}^*} \frac{nz^{n-1}}{1 - z^n} = -\sum_{n \in \mathbb{N}^*} \sigma(n) z^{n-1},$$

woraus sich die Rekursionsgleichung $\sigma(n) = -nb_n - \sum_{k=1}^{n-1} \sigma(n-k) b_k$ für die Summe $\sigma(n)$ der positiven Teiler von $n \in \mathbb{N}^*$ ergibt. (Euler, dem wir diese Aufgabe verdanken, war von dem Ergebnis überrascht, da die Koeffizienten b_n bekannt (und einfach) sind, während die Folge der $\sigma(n)$, $n \in \mathbb{N}^*$, sehr unübersichtlich zu sein scheint.)

29. Die komplexwertige Funktion f sei auf dem Strahl $a + \mathbb{R}_+^\times e^{i\varphi}$ ($\varphi \in \mathbb{R}$ und $a \in \mathbb{C}$ fest) der komplexen Zahlenebene für genügend kleine $r \in \mathbb{R}_+^\times$ definiert. Es gebe ein $\nu \in \mathbb{R}$ mit $f(z) = (z - a)^\nu g(z)$ für alle $z = a + re^{i\varphi}$ mit genügend kleinem $r \in \mathbb{R}_+^\times$. Überdies existiere der Grenzwert $g(a) := \lim_{r \to 0+} g(a + re^{i\varphi})$ und sei von 0 verschieden. Dann ist in natürlicher Weise ein Logarithmus

$$\log f(z) = \log\left(r^\nu e^{i\varphi} g(z)\right) = \nu \ln r + i\varphi + \log g(z)$$

für genügend kleine $r \in \mathbb{R}_+^\times$ definiert, wobei $\log g(z)$ durch eine stetige Umkehrfunktion der Exponentialabbildung in einer Umgebung von $g(a)$ gegeben ist. Je zwei dieser Logarithmen unterscheiden sich um ein ganzzahliges Vielfaches von 2π i. Stets gilt

$$\nu = \lim_{r \to 0+} \frac{\log f(a + re^{i\varphi})}{\ln r} = \operatorname{Re} \lim_{r \to 0+} \frac{\log f(a + re^{i\varphi})}{\ln r}.$$

Insbesondere gilt: *Ist $f(z)$ in einer Umgebung von $a \in \mathbb{C}$ analytisch, aber in keiner Umgebung von a identisch 0, so ist für jedes $\varphi \in \mathbb{R}$ die Nullstellenordnung ν von f in a gleich*

$$\lim_{r \to 0+} \frac{\log f(a + re^{i\varphi})}{\ln r}.$$

30. Für $x \in \,]0, 1[$ ist $\sum_{n=1}^{\infty} x^n / n^2 + \sum_{n=1}^{\infty} (1-x)^n / n^2 = \pi^2/6 - \ln x \, \ln(1-x)$.

14 Der Mittelwertsatz

In diesem Paragraphen betrachten wir im Wesentlichen nur differenzierbare Funktionen auf Intervallen I in $\mathbb{R}$.

14.A Der Mittelwertsatz

Wir beginnen mit folgender Definition:

14.A.1 Definition Seien $f : I \to \mathbb{R}$ eine reellwertige Funktion auf dem Intervall $I \subseteq \mathbb{R}$ und $c \in I$. Dann hat f im Punkt c ein l o k a l e s M a x i m u m (bzw. ein l o k a l e s M i n i m u m), wenn es eine Umgebung U von c gibt mit $f(x) \leq f(c)$ (bzw. $f(x) \geq f(c)$) für alle $x \in U \cap I$. In beiden Fällen sagen wir, f habe in c ein l o k a l e s E x t r e m u m. Das lokale Maximum (bzw. Minimum) in c heißt i s o l i e r t, wenn $f(x) < f(c)$ (bzw. $f(x) > f(c)$) für alle $x \in U \cap I$, $x \neq c$, ist.

Der Begriff des lokalen Extremums sollte nicht mit dem des globalen Extremums verwechselt werden. Natürlich ist jedes globale Extremum auch ein lokales Extremum. Die Funktion mit dem folgenden Graphen

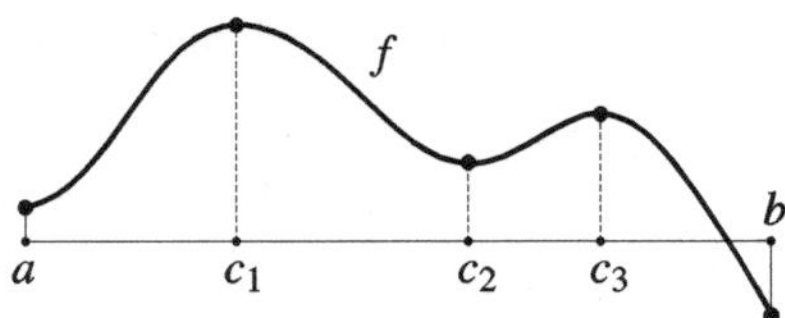

beispielsweise hat in c_1 und c_3 lokale (sogar isolierte) Maxima und in a, c_2, b (isolierte) lokale Minima. Die globalen Extrema werden an den Stellen c_1 bzw. b angenommen.

Für differenzierbare Funktionen hat man ein einfaches *notwendiges* Kriterium für ein lokales Extremum im *Inneren* eines Intervalls:

14.A.2 Satz *Es sei c ein Punkt im Inneren des Intervalls $I \subseteq \mathbb{R}$ (d.h. c sei kein Randpunkt von I). Die Funktion $f : I \to \mathbb{R}$ besitze in c ein lokales Extremum und sei in c differenzierbar. Dann gilt $f'(c) = 0$.*

B e w e i s. Wir beschränken uns auf den Fall, dass f in c ein lokales Maximum hat. Dann gibt es eine Umgebung $U \subseteq I$ von c mit $f(x) \leq f(c)$ für alle $x \in U$.

Der Differenzenquotient $(f(x) - f(c))/(x - c)$ ist für $x \in U$, $x > c$, kleiner oder gleich 0 und für $x \in U$, $x < c$, größer oder gleich 0. Daher ist

$$\lim_{\substack{x \to c \\ x > c}} \frac{f(x) - f(c)}{x - c} \leq 0 \quad \text{und} \quad \lim_{\substack{x \to c \\ x < c}} \frac{f(x) - f(c)}{x - c} \geq 0.$$

Also ist $f'(c) \leq 0$ und $f'(c) \geq 0$, d.h. $f'(c) = 0$. •

Eine wichtige Folgerung aus 14.A.2 ist der folgende Satz:

14.A.3 Satz von Rolle *Die stetige Funktion $f : [a, b] \to \mathbb{R}$, $a < b$, sei differenzierbar im offenen Intervall $]a\,, b[$. Ist $f(a) = f(b)$, so gibt es ein $c \in\,]a\,, b[$ mit $f'(c) = 0$.*

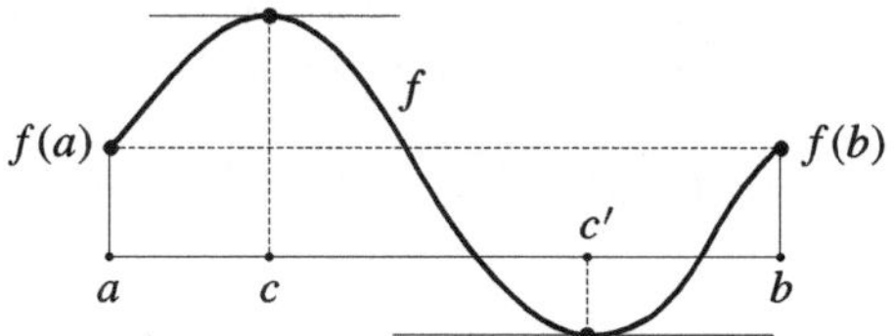

B e w e i s. Da f im kompakten Intervall $[a, b]$ stetig ist, nimmt die Funktion f ihr globales Maximum und ihr globales Minimum in $[a, b]$ an. Werden diese beide in den Randpunkten a bzw. b angenommen, so ist f wegen $f(a) = f(b)$ konstant und damit $f'(x) = 0$ für alle $x \in\,]a, b[$. Andernfalls wird wenigstens einer der beiden globalen Extremwerte in einem $c \in\,]a, b[$ angenommen. Nach 14.A.2 ist $f'(c) = 0$. •

Aus 14.A.3 ergibt sich sofort:

14.A.4 Mittelwertsatz *Die stetige Funktion $f : [a, b] \to \mathbb{R}$, $a < b$, sei differenzierbar im offenen Intervall $]a, b[$. Dann gibt es ein $c \in\,]a, b[$ mit*

$$\frac{f(b) - f(a)}{b - a} = f'(c).$$

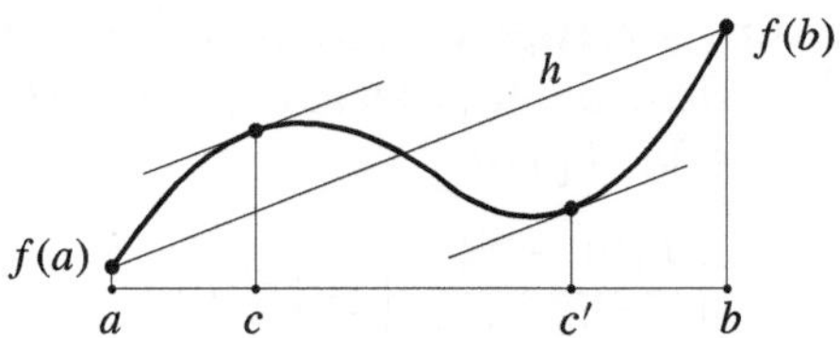

B e w e i s. Wir führen die Behauptung durch Scherung auf den Spezialfall 14.A.3 zurück: Die lineare Funktion $h : x \mapsto dx + e$ mit $h(a) := f(a)$ und $h(b) := f(b)$ hat die konstante Ableitung $d := (f(b) - f(a))/(b - a)$, und $f - h$ erfüllt die Voraussetzungen des Satzes von Rolle. Es gibt daher ein $c \in\,]a, b[$ mit $(f - h)'(c) = 0$, also mit $f'(c) = h'(c) = d$. •

Eine unmittelbare Folgerung aus 14.A.4 ist die folgende Aussage: Ist die Funktion $f : I \to \mathbb{R}$ differenzierbar und sind $x, y \in I$, so gilt

$$f(x) = f(y) + f'(c)(x - y)$$

mit einem Punkt $c \in I$, der zwischen x und y liegt. Es folgt:

14.A.5 Korollar *Es sei $f : I \to \mathbb{C}$ eine differenzierbare Funktion auf dem Intervall $I \subseteq \mathbb{R}$. Genau dann ist f eine konstante Funktion, wenn $f'(x) = 0$ ist für alle $x \in I$.*

B e w e i s . Ist f konstant, so ist natürlich $f' = 0$. Sei umgekehrt $f' = 0$. Dann sind auch die Ableitungen von Real- und Imaginärteil der Funktion f gleich 0. Wir können also annehmen, dass f reellwertig ist. Ist $a \in I$ ein fester Punkt, so gilt nach der Vorbemerkung $f(x) = f(a)$ für alle $x \in I$.   •

Die vorstehende Aussage überträgt sich sofort auf komplex-differenzierbare Funktionen:

14.A.6 Korollar *Sei $f : D \to \mathbb{C}$ eine differenzierbare Funktion auf dem Gebiet $D \subseteq \mathbb{C}$. Genau dann ist f eine konstante Funktion, wenn $f'(x) = 0$ ist für alle $x \in D$.*

B e w e i s . Sei $f' = 0$ auf ganz D. Ferner sei $a \in D$ fest. Zu einem beliebigen Punkt $x \in D$ gibt es (nach Definition 12.D.3) einen Streckenzug, der a mit x verbindet. Es genügt also zu zeigen, dass f auf jeder Strecke $[a, b] \subseteq D$ konstant ist. Die Funktion $t \mapsto f\big(a + t(b - a)\big)$ auf dem Intervall $[0, 1] \subseteq \mathbb{R}$ hat aber die Ableitung $(b - a)f'\big(a + t(b - a)\big) = 0$ und ist daher nach 14.A.5 konstant.   •

Nach 14.A.5 und 14.A.6 *unterscheiden sich zwei differenzierbare Funktionen auf einem Intervall in $\mathbb{R}$ oder einem Gebiet in $\mathbb{C}$, deren Ableitungen übereinstimmen, nur um eine additive Konstante.*

Für komplexwertige Funktionen gilt folgende Version des Mittelwertsatzes:

14.A.7 Mittelwertsatz für $\mathbb{C}$-wertige Funktionen *Die komplexwertige Funktion $f : [a, b] \to \mathbb{C}$, $a < b$, sei stetig auf $[a, b]$ und differenzierbar im offenen Intervall $]a, b[$. Dann gibt es ein $c \in]a, b[$ mit*

$$\left| \frac{f(b) - f(a)}{b - a} \right| \leq |f'(c)| .$$

B e w e i s . Sei $f(a) \neq f(b)$ und $w := |f(b) - f(a)| / \big(f(b) - f(a)\big)$. Dann gibt es nach 14.A.4, angewandt auf die Funktion $\mathrm{Re}\,(wf)$, ein $c \in]a, b[$ mit

$$|f(b) - f(a)| = w\big(f(b) - f(a)\big) = \mathrm{Re}\,\big(w(f(b) - f(a))\big)$$
$$= (b - a)\,\mathrm{Re}\,\big(wf'(c)\big) \leq (b - a)\,|wf'(c)| = (b - a)\,|f'(c)| . \quad •$$

Im Allgemeinen gilt in der Ungleichung aus 14.A.7 nicht das Gleichheitszeichen, wie man auch $c \in\,]a\,, b[$ wählt. Beispielsweise hat man für $f(x) := e^{ix}$ auf $[0\,, 2\pi]$ einerseits $f(0) - f(2\pi) = 1 - 1 = 0$ und andererseits $|f'(x)| = |ie^{ix}| = 1$ für alle $x \in [0\,, 2\pi]$.

14.A.8 Korollar *Seien $f : D \to \mathbb{C}$ eine differenzierbare Funktion auf der offenen Menge $D \subseteq \mathbb{C}$ und $a\,, b \in D$. Liegt die Verbindungsstrecke $[a, b]$ von a und b ganz in D, so gibt es auf ihr einen Punkt c mit $|f(b) - f(a)| \leq |f'(c)|\,|b - a|$.*

B e w e i s . Man wende 14.A.7 auf $t \mapsto f\big(a + t(b - a)\big)$, $t \in [0\,, 1]$, an. $\bullet$

Aus 14.A.7 bzw. 14.A.8 ergibt sich sofort:

14.A.9 Satz *Die Funktion $f : D \to \mathbb{C}$ sei auf dem Intervall $D \subseteq \mathbb{R}$ oder dem konvexen Gebiet $D \subseteq \mathbb{C}$ differenzierbar mit $|f'(t)| \leq L$ für alle $t \in D$. Dann gilt für alle $x\,, y \in D$*

$$|f(y) - f(x)| \leq L|y - x|\,,$$

d.h. f ist auf D Lipschitz-stetig mit der Lipschitz-Konstanten L.

Aus 14.A.9 (zusammen mit 10.D.5) folgt speziell, dass stetig differenzierbare Funktionen auf kompakten Intervallen $D \subseteq \mathbb{R}$ Lipschitz-stetig sind. Ferner ist 14.A.9 häufig die bequemste Methode zur expliziten Bestimmung einer Lipschitz-Konstanten. Insbesondere ist die differenzierbare Funktion $f : D \to D$ auf dem Intervall $D \subseteq \mathbb{R}$ oder dem konvexen Gebiet $D \subseteq \mathbb{C}$ stark kontrahierend mit dem Kontraktionsfaktor L, wenn $|f'|$ auf D durch $L < 1$ beschränkt ist. (Vgl. dazu Beispiel 10.B.12 und 10.B, Aufg. 30.)

Wir kommen zu einer leichten Verallgemeinerung des Mittelwertsatzes:

14.A.10 Zweiter Mittelwertsatz *Die stetigen Funktionen $f : [a\,, b] \to \mathbb{R}$ und $g : [a\,, b] \to \mathbb{R}$, $a < b$, seien im offenen Intervall $]a\,, b[$ differenzierbar. Es gelte $g'(x) \neq 0$ für alle $x \in\,]a\,, b[$. Dann ist $g(a) \neq g(b)$ (nach dem Satz von Rolle), und es gibt ein $c \in\,]a\,, b[$ mit*

$$\frac{f(b) - f(a)}{g(b) - g(a)} = \frac{f'(c)}{g'(c)}\,.$$

B e w e i s . Die reellwertige Funktion $h := f - \lambda g$ auf dem Intervall $[a\,, b]$ mit $\lambda := \big(f(b) - f(a)\big)/\big(g(b) - g(a)\big)$ erfüllt wegen $h(a) = h(b)$ die Voraussetzungen des Satzes von Rolle. Daher gibt es ein $c \in\,]a\,, b[$ mit $0 = h'(c) = f'(c) - \lambda g'(c)$, woraus die Behauptung folgt. $\bullet$

Man beachte, dass der Spezialfall $g = \mathrm{id}$ von 14.A.10 den gewöhnlichen Mittelwertsatz liefert. Als Anwendung beweisen wir eine der Regeln von de l'Hôpital.

14.A.11 Regel von de l'Hôpital *Sei $I \subseteq \mathbb{R}$ ein Intervall und sei $a \in I$. Die stetigen Funktionen $f : I \to \mathbb{R}$ und $g : I \to \mathbb{R}$ seien differenzierbar in $I - \{a\}$. Es gelte $f(a) = g(a) = 0$ und $g'(x) \neq 0$ für alle $x \in I - \{a\}$. Existiert dann der Grenzwert*

$$\lim_{\substack{x \to a \\ x \neq a}} \frac{f'(x)}{g'(x)}, \quad \text{so existiert auch der Grenzwert} \quad \lim_{\substack{x \to a \\ x \neq a}} \frac{f(x)}{g(x)}$$

und beide Grenzwerte sind gleich.

B e w e i s. Nach dem zweiten Mittelwertsatz 14.A.10 gibt es zu jedem $x \in I - \{a\}$ ein $c \in I - \{a\}$ zwischen x und a mit

$$\frac{f(x)}{g(x)} = \frac{f(x) - f(a)}{g(x) - g(a)} = \frac{f'(c)}{g'(c)} .$$

Ist nun (x_n) eine Folge in $I - \{a\}$ mit $\lim x_n = a$, so konvergiert die Folge (c_n) entsprechender Werte c_n zwischen x_n und a ebenfalls gegen a und es folgt

$$\lim_{\substack{x \to a \\ x \neq a}} \frac{f'(x)}{g'(x)} = \lim_{n \to \infty} \frac{f'(c_n)}{g'(c_n)} = \lim_{n \to \infty} \frac{f(x_n)}{g(x_n)} .$$

Daraus ergibt sich die Behauptung.   ●

Natürlich darf in 14.A.11 die Zählerfunktion f auch komplexwertig sein. Für weitere Regeln von de l'Hôpital, die analoge Aussagen für das Verhalten von f/g im Unendlichen machen, verweisen wir auf Aufg. 11 und Satz 14.A.19. Im Übrigen sei bemerkt, dass de l'Hôpital die obige Regel zwar als Erster in seinem Buch „Analyse des infiniment petits" (1696) veröffentlicht hat, diese aber auf Johann Bernoulli zurückgeht, der sie l'Hôpital als dessen Lehrer mitgeteilt hatte.

14.A.12 Beispiel Man erhält mit Hilfe von 14.A.11

$$\lim_{\substack{x \to 0 \\ x \neq 0}} \frac{x - \sin x}{x^3} = \lim_{\substack{x \to 0 \\ x \neq 0}} \frac{1 - \cos x}{3x^2} = \lim_{\substack{x \to 0 \\ x \neq 0}} \frac{\sin x}{6x} = \lim_{\substack{x \to 0 \\ x \neq 0}} \frac{\cos x}{6} = \frac{\cos 0}{6} = \frac{1}{6} .$$

Dieses Ergebnis gewinnt man auch aus der Potenzreihenentwicklung

$$\frac{x - \sin x}{x^3} = \frac{1}{x^3} \left(x - \left(x - \frac{x^3}{3!} + \frac{x^5}{5!} - + \cdots \right) \right) = \frac{1}{3!} - \frac{x^2}{5!} + - \cdots .$$

Dabei darf x sogar in $\mathbb{C}$ variieren. – Sind in 14.A.11 die Funktionen f und g in a differenzierbar mit $g'(a) \neq 0$, so folgt direkt

$$\lim_{\substack{x \to a \\ x \neq a}} \frac{f(x)}{g(x)} = \lim_{\substack{x \to a \\ x \neq a}} \frac{f(x) - f(a)}{g(x) - g(a)} = \lim_{\substack{x \to a \\ x \neq a}} \left(\frac{f(x) - f(a)}{x - a} \bigg/ \frac{g(x) - g(a)}{x - a} \right) = \frac{f'(a)}{g'(a)} .$$

14.A.13 Beispiel (C h a r a k t e r i s i e r u n g d e r h ö h e r e n D i f f e r e n z i e r b a r k e i t · A s y m p t o t i s c h e E n t w i c k l u n g e n) Die Funktion $f : I \to \mathbb{C}$ sei auf dem Intervall $I \subseteq \mathbb{R}$ in einer Umgebung des Punktes $a \in I$ $(n-1)$-mal differenzierbar, und die n-te Ableitung von f existiere noch in a. Es sei $f(a) = f'(a) = \cdots = f^{(n)}(a) = 0$. Dann gilt $f = o((x - a)^n)$ für $x \to a$. Durch mehrfaches Anwenden von 14.A.11 erhält man nämlich

$$\lim_{\substack{x \to a \\ x \neq a}} \frac{f(x)}{(x - a)^n} = \lim_{\substack{x \to a \\ x \neq a}} \frac{f'(x)}{n(x - a)^{n-1}} = \cdots = \lim_{\substack{x \to a \\ x \neq a}} \frac{f^{(n-1)}(x)}{n!(x - a)} = \frac{1}{n!} f^{(n)}(a) = 0 .$$

Sind in der angegebenen Situation die Werte von $f(a), \ldots, f^{(n)}(a)$ nicht notwendig 0, so erhält man für $x \to a$ durch Anwenden der vorstehenden Überlegung auf die Funktion $f(x) - \sum_{k=0}^{n} f^{(k)}(a)(x-a)^k/k!$ die Darstellung

$$f(x) = \sum_{k=0}^{n} \frac{f^{(k)}(a)}{k!}(x-a)^k + o\big((x-a)^n\big).$$

Unter etwas stärkeren Voraussetzungen lässt sich das Restglied $o((x-a)^n)$ genauer abschätzen, vgl. die Taylor-Formel 15.A.4.

Die bewiesene Formel erlaubt es, die n-malige Differenzierbarkeit einer Funktion $f: I \to \mathbb{C}$ im Punkte $a \in I$ zu definieren, ohne die $(n-1)$-malige Differenzierbarkeit von f in einer ganzen Umgebung von a zu fordern. Man könnte sagen, f sei n-m a l d i f f e r e n z i e r b a r
i n a, wenn es eine Polynomfunktion T_{n+1} vom Grad $\leq n$ mit $f = T_{n+1} + o\big((x-a)^n\big)$ für $x \to a$ gibt. Allerdings folgt dann aus der n-maligen Differenzierbarkeit von $f, n > 1$, nicht notwendigerweise die $(n-1)$-malige Differenzierbarkeit von f', auch wenn f' auf ganz I existiert. Beispiel! Wir wollen daher (unter Beibehaltung der ursprünglichen Sprechweise) f in a n-mal differenzierbar nennen, wenn f in einer Umgebung von a überall $(n-1)$-mal differenzierbar ist und wenn $f^{(n-1)}$ zusätzlich noch in a differenzierbar ist.

Generell heißt für eine beliebige Funktion $f: D \to \mathbb{C}$ auf einer Menge $D \subseteq \mathbb{K}$, die den Punkt a als Häufungspunkt hat, eine Polynomfunktion T_{n+1} vom Grad $\leq n$ eine a s y m p t o t i s c h e
E n t w i c k l u n g v o n f i n a d e r O r d n u n g n, wenn $f(x) = T_{n+1}(x) + o\big((x-a)^n\big)$ für $x \to a$ gilt . Offenbar ist T_{n+1} durch diese Bedingung eindeutig bestimmt. Eine (nicht notwendig konvergente) Potenzreihe $T = \sum_{k=0}^{\infty} a_k(x-a)^k$ heißt eine a s y m p t o t i s c h e
E n t w i c k l u n g v o n f i n a schlechthin, wenn für jedes $n \in \mathbb{N}$ die gestutzte Reihe $T_{n+1} = \sum_{k=0}^{n} a_k(x-a)^k$ eine asymptotische Entwicklung von f in a der Ordnung n ist. Ist D unbeschränkt, so heißen $T_{n+1} = \sum_{k=0}^{n} a_k/x^k$ bzw. $T = \sum_{k=0}^{\infty} a_k/x^k$ eine a s y m p t o t i s c h e
E n t w i c k l u n g d e r O r d n u n g n bzw. e i n e a s y m p t o t i s c h e E n t w i c k l u n g
schlechthin v o n f i m U n e n d l i c h e n, wenn das Polynom $T_{n+1}(1/x)$ bzw. die Potenzreihe $T(1/x)$ asymptotische Entwicklungen von $f(1/x)$ in 0 sind. Die zuletzt genannten Sprechweisen sind damit insbesondere für Folgen c_n, $n \in \mathbb{N}$, erklärt, wofür wir schon häufiger Beispiele angegeben haben.

Als Anwendung erhält man ein *hinreichendes* Kriterium für lokale Extrema.

14.A.14 Satz *Sei $n \in \mathbb{N}^*$ eine gerade Zahl. Die Funktion $f: I \to \mathbb{R}$ sei im Punkt a des Intervalls $I \subseteq \mathbb{R}$ n-mal differenzierbar mit $f'(a) = \cdots = f^{(n-1)}(a) = 0$ und $f^{(n)}(a) \neq 0$. Bei $f^{(n)}(a) < 0$ hat f dann in a ein isoliertes lokales Maximum, und bei $f^{(n)}(a) > 0$ hat f in a ein isoliertes lokales Minimum.*

B e w e i s . Dies folgt aus $f(x) = f(a) + (x-a)^n \big(f^{(n)}(a)/n! + o(1)\big)$ für $x \to a$. $\qquad\bullet$

Ist in der Situation von 14.A.14 die Zahl $n \in \mathbb{N}^*$ ungerade und ist a ein innerer Punkt von I, so hat f in a offenbar weder ein lokales Minimum noch ein lokales Maximum.

Um zu entscheiden, ob f an einer Stelle a mit $f'(a) = 0$ tatsächlich ein lokales Maximum oder Minimum besitzt, ist es häufig vorteilhaft, anstelle von 14.A.14 einfache Monotonieüberlegungen zu benutzen, beispielsweise mit Hilfe des Vorzeichens von f' in einer Umgebung von a unter Verwendung des unten folgenden Satzes 14.A.15.

Der Mittelwertsatz liefert einfache Kriterien für die Monotonie differenzierbarer Funktionen $I \to \mathbb{R}$ auf einem Intervall $I \subseteq \mathbb{R}$:

14.A.15 Satz *Es sei $f : I \to \mathbb{R}$ eine differenzierbare Funktion auf dem Intervall $I \subseteq \mathbb{R}$. Dann gilt:*

(1) Genau dann ist f monoton wachsend (bzw. monoton fallend), wenn für alle $x \in I$ gilt $f'(x) \geq 0$ (bzw. $f'(x) \leq 0$).

(2) Genau dann ist f streng monoton wachsend (bzw. streng monoton fallend), wenn $f'(x) \geq 0$ (bzw. $f'(x) \leq 0$) ist für alle $x \in I$ und wenn die Menge der Nullstellen von f' total unzusammenhängend ist, d.h. kein Intervall $I' \subseteq I$ mit mehr als einem Punkt existiert, auf dem f' verschwindet. – Insbesondere ist f streng monoton wachsend (bzw. streng monoton fallend), wenn $f'(x) > 0$ (bzw. $f'(x) < 0$) ist für alle $x \in I$.

B e w e i s . Wir beschränken uns auf den Fall monoton wachsender Funktionen. Sei zunächst f monoton wachsend. Seien $a \in I$ und $x \in I - \{a\}$ beliebig. Wegen $f(x) - f(a) \geq 0$ bei $x - a > 0$ und $f(x) - f(a) \leq 0$ bei $x - a < 0$ erfüllt der zugehörige Differenzenquotient die Ungleichung

$$\frac{f(x) - f(a)}{x - a} \geq 0$$

Dann gilt $f'(a) \geq 0$ auch für den Grenzwert $f'(a)$.

Sei umgekehrt $f' \geq 0$. Für $x, y \in I$ mit $x < y$ gilt dann nach dem Mittelwertsatz $f(y) - f(x) = f'(c)(y - x) \geq 0$ mit einem $c \in\ ]x, y[$.

Sei nun f streng monoton wachsend. Dann ist nach dem schon Bewiesenen $f' \geq 0$. Wäre $f' = 0$ auf einem Intervall $I' \subseteq I$, so wäre f dort nach 14.A.5 konstant, was der strengen Monotonie von f widerspräche.

Schließlich sei $f' \geq 0$ und f' auf keinem Intervall $I' \subseteq I$ identisch 0. Dann ist f natürlich wieder monoton wachsend. Wäre $f(x) = f(y)$ für $x < y$, so wäre f auf dem Intervall $[x, y]$ konstant und deshalb f' dort 0 im Widerspruch zur Voraussetzung. $\qquad\bullet$

Es sei ausdrücklich darauf hingewiesen, dass die Ableitung einer streng monotonen Funktion an einzelnen Stellen verschwinden kann, wie das triviale Beispiel $x \mapsto x^3$ auf $\mathbb{R}$ zeigt.

14.A.16 Satz *Für eine differenzierbare Funktion $f : I \to \mathbb{R}$ auf dem Intervall $I \subseteq \mathbb{R}$ mit mehr als einem Punkt sind folgende Aussagen äquivalent:*

(1) f ist injektiv, und die Umkehrabbildung $f^{-1} : f(I) \to I \subseteq \mathbb{R}$ ist ebenfalls differenzierbar.

(2) Es ist $f'(x) \neq 0$ für alle $x \in I$.

B e w e i s . Nach 10.C.7 ist die stetige Funktion f genau dann injektiv, wenn sie streng monoton ist. In diesem Fall ist nach dem Umkehrsatz 10.C.9 das Bild $f(I)$ wieder ein Intervall und die Umkehrabbildung f^{-1} ebenfalls stetig.

Aus (1) folgt (2) nach der Bemerkung im Anschluss an den Beweis von 13.A.8. Ist umgekehrt (2) erfüllt, so ist f nach dem Satz von Rolle injektiv und wir können 13.A.8 anwenden. ●

14.A.17 Beispiel Die Ableitung einer differenzierbaren Funktion ist nicht immer stetig, vgl. 13.C, Aufg. 2b). G. Darboux bemerkte jedoch:

14.A.18 Satz *Die Ableitung einer differenzierbaren Funktion* $f : I \to \mathbb{R}$ *genügt dem Zwischenwertsatz.*

B e w e i s . Seien $a, b \in I$, $a < b$, und c ein Wert zwischen $f'(a)$ und $f'(b)$. Es genügt zu zeigen, dass die Ableitung der Funktion $g : x \mapsto f(x) - cx$ eine Nullstelle im Intervall $[a, b]$ hat. Wir können annehmen, dass $g'(a) = f'(a) - c < 0$ und $g'(b) = f'(b) - c > 0$ ist. Wäre aber $g'(x) \neq 0$ für alle $x \in [a, b]$, so wäre $g|[a, b]$ nach 14.A.16 umkehrbar und daher nach 10.C.7 streng monoton. Dann wäre $g'(x) \geq 0$ oder $g'(x) \leq 0$ jeweils für alle $x \in [a, b]$. Widerspruch! ●

Schließlich beweisen wir noch die Regel von de l'Hôpital für Grenzwerte vom Typ ∞/∞, die nicht ganz so einfach ist wie die schon behandelte Regel für Grenzwerte vom Typ $0/0$.

14.A.19 Regel von de l'Hôpital *Sei* $I \subseteq \mathbb{R}$ *ein Intervall und* $a \in I$. *Die Funktionen* $f : I - \{a\} \to \mathbb{R}$ *und* $g : I - \{a\} \to \mathbb{R}$ *seien differenzierbar, und es sei* $g(x) \neq 0$ *und* $g'(x) \neq 0$ *für alle* $x \in I - \{a\}$. *Ferner sei* $\lim_{x \to a} f(x) = \lim_{x \to a} g(x) = \infty$. *Existiert dann der Grenzwert*

$$\lim_{\substack{x \to a \\ x \neq a}} \frac{f'(x)}{g'(x)} , \quad \text{so gilt dies auch für den Grenzwert} \quad \lim_{\substack{x \to a \\ x \neq a}} \frac{f(x)}{g(x)}$$

und beide Grenzwerte sind gleich.

B e w e i s . Es genügt den Fall zu behandeln, dass a rechtsseitiger Randpunkt von I ist. In einem Intervall $]a', a[$, $a' < a$, hat g' nach 14.A.18 immer dasselbe Vorzeichen, das wegen $\lim_{x \to a} g(x) = \infty$ notwendigerweise $+1$ ist. Daher ist g in diesem Intervall streng monoton wachsend. Wir können ferner annehmen, dass g dort positiv ist.

Sei $C := \lim_{x \to a} f'(x)/g'(x)$. Zu vorgegebenem $\varepsilon > 0$ gibt es ein $\delta > 0$ mit $\delta \leq a - a'$ und $|(f'(x)/g'(x)) - C| \leq \varepsilon$ für $a - \delta \leq x < a$. Für diese x gilt dann $(C - \varepsilon)g'(x) \leq f'(x) \leq (C + \varepsilon) g'(x)$. Setzt man $x_0 := a - \delta$, so erhält man daraus mit Aufg. 16:

$$(C - \varepsilon) \big(g(x) - g(x_0)\big) \leq f(x) - f(x_0) \leq (C + \varepsilon) \big(g(x) - g(x_0)\big),$$

$$C - \varepsilon - (C - \varepsilon) \frac{g(x_0)}{g(x)} \leq \frac{f(x)}{g(x)} - \frac{f(x_0)}{g(x)} \leq C + \varepsilon - (C + \varepsilon) \frac{g(x_0)}{g(x)} .$$

Wegen $\lim_{x \to a} g(x_0)/g(x) = \lim_{x \to a} f(x_0)/g(x) = 0$ bekommt man die Abschätzung $C - 2\varepsilon \leq f(x)/g(x) \leq C + 2\varepsilon$ für alle x mit $a - \delta' \leq x < a$, wobei $\delta' \leq \delta$ geeignet gewählt ist. Daraus ergibt sich die Behauptung. ●

Die Aussage von 14.A.19 gilt analog auch für den Grenzübergang $x \to \infty$ bzw.
$x \to -\infty$. Man führt dies auf 14.A.19 zurück, indem man die Funktionen $f(1/x)$
und $g(1/x)$ im Punkt $a = 0$ betrachtet, vgl. auch Aufg. 11.

Aufgaben

1. Eine n-mal differenzierbare Funktion $f : I \to \mathbb{K}$ auf einem Intervall $I \subseteq \mathbb{R}$ ist genau
dann eine Polynomfunktion vom Grade $< n$, wenn $f^{(n)} = 0$ ist. Zwei n-mal differenzierbare
Funktionen auf I mit gleicher n-ter Ableitung unterscheiden sich nur um eine Polynomfunktion vom Grade $< n$.

2. Sei $\alpha > 1$. Ist die Funktion $f : I \to \mathbb{C}$ im Punkt a des Intervalls $I \subseteq \mathbb{R}$ Hölder-stetig mit
dem Exponenten α, so ist f in a differenzierbar mit $f'(a) = 0$. Ist f in jedem Punkt von I
Hölder-stetig mit dem Exponenten α, so ist f konstant. (Vgl. dazu 10.B.11.)

3. Die Funktion $f : I \to \mathbb{R}$ auf dem Intervall I sei differenzierbar. Für alle $x \in I$ sei
$f'(x) \neq 1$. Dann besitzt f höchstens einen Fixpunkt.

4. Die Funktion $f : [a, \infty[\to \mathbb{R}$ sei differenzierbar, ferner existiere $\lim_{x \to \infty} f'(x)$.

a) Der Grenzwert $\lim_{x \to \infty}(f(x + 1) - f(x))$ existiert und ist gleich $\lim_{x \to \infty} f'(x)$.

b) Ist f beschränkt, so ist $\lim_{x \to \infty} f'(x) = 0$.

5. Die Funktion $f : [0, 1] \to \mathbb{R}$ sei differenzierbar mit $f(0) = 0$, $f(1) = 1/2$. Dann gibt
es ein $x_0 \in]0, 1[$ mit $f'(x_0) = x_0$. (Man betrachte die Hilfsfunktion $g : [0, 1] \to \mathbb{R}$ mit
$g(x) := f(x) - x^2/2$.)

6. Die Funktionen $f : [a, b] \to \mathbb{R}$ und $g : [a, b] \to \mathbb{R}$ seien stetig und in $]a, b[$ differenzierbar, und es sei $f(a) = f(b) = 0$. Für eine geeignete Stelle $c \in]a, b[$ gilt dann
$f'(c) = g'(c)f(c)$. (Man betrachte die Hilfsfunktion $x \mapsto f(x)e^{-g(x)}$.)

7. a) Für alle $x, y \in \mathbb{R}$ mit $0 \leq x < y$ und alle $n \geq 2$ gilt:

$$nx^{n-1}(y - x) < y^n - x^n < ny^{n-1}(y - x).$$

b) Für alle $x \in \mathbb{R}$ mit $0 < x$ gilt $1/(x + 1) < \ln(1 + (1/x)) < 1/x$.

c) Für alle $x \in \mathbb{R}$ gilt $1 + x \leq e^x \leq xe^x + 1$.

d) Für alle $x \in \mathbb{R}$ gilt $|\sin x| \leq |x|$.

e) Für alle $x, y \in \mathbb{R}$ mit $0 < x \leq y$ gilt $\left(1 - (x/y)\right)^y < e^{-x}$.

f) Seien $x, y \in \mathbb{R}, x < y$. Für alle $c \in \mathbb{R}_+^{\times}$ mit $c \neq 1$ gilt $(1+c^{x+1})/(1+c^x) < (1+c^{y+1})/(1+c^y)$.
Man folgere $(a^{x+1} + b^{x+1})/(a^x + b^x) < (a^{y+1} + b^{y+1})/(a^y + b^y)$ für alle $a, b \in \mathbb{R}_+^{\times}, a \neq b$.
(Für $x = 0, -\frac{1}{2}, -1$ ist $(a^{x+1} + b^{x+1})/(a^x + b^x)$ das arithmetische, geometrische bzw. har-
monische Mittel von a, b. Auch das Mittel für $x = 1$ wurde bereits in der Antike betrachtet.)

g) Für $a, b \in \mathbb{R}_+^{\times}$ ist die Funktion $f :]0, 1] \to \mathbb{R}$ mit $f(x) := \left(\dfrac{a^x + b^x}{2}\right)^{1/x}$ streng monoton
wachsend. Für $0 < x \leq 1$ ist $\sqrt{ab} \leq f(x) \leq \frac{1}{2}(a+b)$.

8. Man bestimme die folgenden Grenzwerte mit Hilfe der Regel von de l'Hôpital:

$$\lim_{x\to 0}\frac{x-\sin x}{x(1-\cos x)}\;;\quad \lim_{x\to 0}\frac{\sin x - x\cos x}{\sin^3 x}\;;\quad \lim_{x\to 0}\frac{\cos 2x - \cos x}{(\sin x)^2}\;;\quad \lim_{x\to 0}\frac{\sin^2(2x)}{1-\cos x}\;;$$

$$\lim_{x\to 0}\frac{\sin^2 x}{xe^x - x}\;;\quad \lim_{x\to 0}\frac{e^x - e^{-x} - 2x}{x-\sin x}\;;\quad \lim_{x\to 0}\frac{e^x - x - 1}{(1-\cos x)^2}\;;\quad \lim_{x\to \frac{\pi}{2}}\frac{\sin 2x}{\cos^2 x}\;;$$

$$\lim_{x\to 0}\Big(\frac{1}{\sin x} - \frac{1}{x}\Big);\quad \lim_{x\to 0}\Big(\frac{1}{\sin x} - \frac{1}{\tan x}\Big);\quad \lim_{x\to 0}\frac{\cosh x - 1}{\cos x - 1}\;;\quad \lim_{x\to 1}\frac{x^\alpha - 1}{\ln x}\;,\ \alpha\in\mathbb{R}\,;$$

$$\lim_{\substack{x\to a\\ x>a}}\frac{\sqrt{x}-\sqrt{a}}{\sqrt{x-a}}\,,\ a>0;\quad \lim_{\substack{x\to 0\\ x>0}}\frac{\sin x}{\ln(1+x^2)}\;;\quad \lim_{x\to 1}\frac{x^x - x}{1-x+\ln x}\,.$$

9. Die Funktion $f:I\to\mathbb{R}$ sei zweimal differenzierbar. Man zeige für $a\in I$:

a) $\displaystyle\lim_{x\to a}\frac{\frac{f(x)-f(a)}{x-a}-f'(a)}{x-a} = \frac{1}{2}f''(a)\,.$ **b)** $\displaystyle\lim_{h\to 0}\frac{f(a+h)-2f(a)+f(a-h)}{h^2} = f''(a)\,.$

c) $\displaystyle\lim_{x\to a}\Big(\frac{1}{f(x)-f(a)} - \frac{1}{(x-a)f'(a)}\Big) = -\frac{f''(a)}{2(f'(a))^2}\,.$ (Hier sei zusätzlich vorausgesetzt, dass $f'(a)\neq 0$ und f'' in a stetig ist, und in Teil b) sei a kein Randpunkt von I.)

10. Die Funktion f mit $f(0)=0$ sei $(n+1)$-mal differenzierbar in einer Umgebung $U\subseteq\mathbb{R}$ des Nullpunktes. Dann ist die Funktion g mit $g(x):=f(x)/x$, $x\neq 0$, und $g(0):=f'(0)$ dort n-mal stetig differenzierbar mit $g^{(k)}(0)=f^{(k+1)}(0)/(k+1)$, $k=0,\dots,n$. (Man benutze Beispiel 14.A.13. – Die Stetigkeit von $g^{(n)}$ beweise man durch Induktion über n.) Ist f analytisch im Nullpunkt, so auch g.

11. (Regel von de l'Hôpital) Die Funktionen $f:[b,\infty[\to\mathbb{R}$ und $g:[b,\infty[\to\mathbb{R}$ seien differenzierbar, und es sei $g'(x)\neq 0$ für alle $x\in[b,\infty[$.

a) Es sei $\lim_{x\to\infty}f(x)=\lim_{x\to\infty}g(x)=0$. Existiert $\lim_{x\to\infty}f'(x)/g'(x)$, so auch $\lim_{x\to\infty}f(x)/g(x)$ und beide Grenzwerte sind gleich.

b) Es sei $\lim_{x\to\infty}f(x)=\lim_{x\to\infty}g(x)=\infty$ (und $g(x)\neq 0$ für alle $x\geq b$). Existiert $\lim_{x\to\infty}f'(x)/g'(x)$, so auch $\lim_{x\to\infty}f(x)/g(x)$ und beide Grenzwerte sind gleich.

(Man betrachte $f(1/x)$ und $g(1/x)$ für $x\to 0+$. – Auf die Voraussetzung über g' kann nicht verzichtet werden: Im Beispiel $f(x):=x+\sin x\cos x$ und $g(x):=f(x)\exp(\sin x)$ ist $\lim_{x\to\infty}f(x)=\lim_{x\to\infty}g(x)=\infty$ und $\lim_{x\to\infty}f'(x)/g'(x)=0$. Trotzdem existiert $\lim_{x\to\infty}f(x)/g(x)$ nicht.)

12. Man berechne die folgenden Grenzwerte:

$$\lim_{x\to 0+}x^\alpha\ln x,\quad \lim_{x\to\infty}(\ln x)/x^\alpha,\ \alpha>0;\quad \lim_{x\to 0+}x^x;\quad \lim_{x\to\infty}x^{1/x};\quad \lim_{x\to\pi/2}(\sin x)^{\tan x};$$

$$\lim_{x\to\infty}\big(x-\sqrt{(x-a)(x-b)}\,\big),\ a,b\in\mathbb{R};\quad \lim_{x\to\infty}\frac{x\ln x}{x^2-1}\;;\quad \lim_{x\to 0+}(e^x-1)^x;$$

$$\lim_{x\to 1-}(\ln x)\ln(1-x);\quad \lim_{x\to\infty}x\ln\Big(1+\frac{1}{x}\Big);\quad \lim_{x\to\infty}x^2\Big(\ln\Big(1+\frac{1}{x}\Big)-\frac{1}{x}\Big);\quad \lim_{x\to\infty}\frac{2x+\sin x}{2x+\cos x}\,.$$

13. Die Funktion $f:[a,\infty[\to\mathbb{R}$ sei differenzierbar, und es gelte $\lim_{x\to\infty}f'(x)=0$ sowie $\lim_{x\to\infty}\big(f(x)-xf'(x)\big)=0$. Dann ist auch $\lim_{x\to\infty}f(x)=0$. (Man betrachte die Funktion

$g(x) := f(x)/x$ und beweise der Reihe nach $\lim_{x \to \infty} x^2 g'(x) = 0$, $\lim_{x \to \infty} g(x) = 0$, $\lim_{x \to \infty} f(x) = \lim_{x \to \infty} g(x)/(1/x) = 0$, wobei zum Schluss Aufg. 11 anwendbar ist.)

14. Seien $I \subseteq \mathbb{R}$ ein Intervall und $x_0 \in I$. Die Funktion $f : I \to \mathbb{K}$ sei stetig und in $I - \{x_0\}$ differenzierbar. Außerdem existiere der Grenzwert $\lim_{x \to x_0, x \neq x_0} f'(x)$. Dann ist f auch in x_0 differenzierbar mit diesem Grenzwert als Ableitung.

15. Die Funktion $f : [-a, a] \to \mathbb{R}$, $a > 0$, sei differenzierbar, und f sei gerade, d.h. es sei $f(x) = f(-x)$ für alle x. Dann ist $f'(0) = 0$. Ist f' in 0 noch differenzierbar, so gibt es eine differenzierbare Funktion $g : [0, \sqrt{a}] \to \mathbb{R}$ mit $f(x) = g(x^2)$ für alle $x \in [-a, a]$. (Man wende Aufg. 14 auf $g(t) := f(\sqrt{t})$, $t \in [0, \sqrt{a}]$ an.) Ist f analytisch in 0, so gilt dies auch für g.

16. Die stetigen Funktionen $f : [a, b] \to \mathbb{R}$ und $g : [a, b] \to \mathbb{R}$ seien in $]a, b[$ differenzierbar. Es sei $f(a) \leq g(a)$ und $f'(x) \leq g'(x)$ für alle $x \in]a, b[$. Dann ist $f(b) \leq g(b)$. Gibt es zusätzlich ein $x_0 \in]a, b[$ mit $f'(x_0) < g'(x_0)$, so ist sogar $f(b) < g(b)$.

17. Die Funktion $f_p : \mathbb{R}_+^{\times} \to \mathbb{R}$ mit $f_p(x) := \left(1 + (1/x)\right)^{x+p}$ ist für $p \geq 1/2$ streng monoton fallend und für $p \leq 0$ streng monoton wachsend, und es ist $\lim_{x \to \infty} f_p(x) = e$ für alle $p \in \mathbb{R}$. (Man betrachte die Funktion $\ln f_p(1/x)$ und benutze mehrfach Aufg. 16.)

18. Man zeige folgende Ungleichungen:

a) $(1 + x)^{\alpha} > 1 + \alpha x$ für alle $x > -1$, $x \neq 0$, $\alpha > 1$. (Man betrachte die Funktion $(1 + x)^{\alpha} - 1 - \alpha x$.)

b) $(1 - x^2)/2x \ln(1/x) > 1$ für alle x mit $0 < x < 1$. (Man betrachte die Funktion $(1 - x^2)/2x - \ln(1/x)$.)

19. Die Funktion $f : [a, b] \to \mathbb{R}$ sei differenzierbar. Es sei $f(a) = 0$, und für alle $x \in [a, b]$ gelte $f'(x) \leq \lambda f(x)$ mit einem festen $\lambda \in \mathbb{R}_+$. Dann ist $f(x) \leq 0$ für alle $x \in [a, b]$. (Man betrachte die Funktion $f(x)e^{-\lambda x}$.)

20. Die Funktion $f : [a, b] \to \mathbb{R}$ sei differenzierbar, und es gelte $|f'(x)| \leq \lambda |f(x)|$ für alle $x \in [a, b]$ mit einem festen $\lambda \in \mathbb{R}_+$. Ist dann $f(x_0) = 0$ für ein $x_0 \in [a, b]$, so ist $f(x) = 0$ für alle $x \in [a, b]$. (Lemma von Gronwall – Man kann annehmen, dass $x_0 = a$ und $f(x) > 0$ ist für alle $x \in]a, b]$, und betrachtet dann wieder die Hilfsfunktion $f(x)e^{-\lambda x}$.)

21. Seien $I \subseteq \mathbb{R}$ ein Intervall und $a \in I$. Die Funktion $f : I \to \mathbb{R}$ heißt im Punkte a monoton wachsend (bzw. monoton fallend), falls es eine Umgebung U von a gibt, so dass $(x - a)\left(f(x) - f(a)\right)$ für alle $x \in U \cap I$ nichtnegativ (bzw. nichtpositiv) ist. Sie heißt streng monoton in a, wenn dieser Ausdruck positiv bzw. negativ ist für alle $x \in U \cap I$, $x \neq a$.

a) f ist genau dann in I monoton wachsend (bzw. monoton fallend), wenn f in jedem Punkt von I monoton wachsend (bzw. monoton fallend) ist. (Ist f in jedem Punkt von I monoton wachsend, so betrachte man zu gegebenen Punkten $a, b \in I$ mit $a < b$ das Supremum der $x \in [a, b]$ mit $f(a) \leq f(x)$.)

b) Ist f in a differenzierbar und monoton wachsend (bzw. fallend), so ist $f'(a) \geq 0$ (bzw. $f'(a) \leq 0$).

c) Ist f in a differenzierbar und $f'(a) > 0$ (bzw. $f'(a) < 0$), so ist f in a streng monoton wachsend (bzw. fallend).

22. Die Funktion $f : [a, b] \to \mathbb{R}$ sei differenzierbar, die Ableitung f' von f besitze in $[a, b]$ genau die endlich vielen Nullstellen $a_1, \ldots, a_r$ mit $a < a_1 < a_2 < \cdots < a_r < b$. Ferner sei $a_0 := a$ und $a_{r+1} := b$.

a) Das globale Maximum und das globale Minimum von f in $[a, b]$ werden jeweils in einem der Punkte a_i, $i = 0, \ldots, r + 1$, angenommen.

b) f hat genau dann ein lokales Maximum in a_i, wenn $f(a_i) > \mathrm{Max}\left(f(a_{i-1}), f(a_{i+1})\right)$ ist.

c) f hat genau dann ein lokales Minimum in a_i, wenn $f(a_i) < \mathrm{Min}\left(f(a_{i-1}), f(a_{i+1})\right)$ ist.

23. Für nichtnegative reelle Zahlen $x_1, \ldots, x_n$, $n \in \mathbb{N}^*$, und jedes $N \in \mathbb{N}$ mit $0 \le N \le n$ gilt

$$S_N(x_1, \ldots, x_n) = \sum_{1 \le i_1 < \cdots < i_N \le n} x_{i_1} \cdots x_{i_N} \le \binom{n}{N}\left(\frac{x_1 + \cdots + x_n}{n}\right)^N.$$

(Jeder Koeffizient des Polynoms $f(t) = \prod_{i=1}^{n}(1 + x_i t)$ ist also höchstens so groß wie der entsprechende Koeffizient von $g(t) = (1 + xt)^n$, $x := (x_1 + \cdots + x_n)/n$.) Dabei gilt das Gleichheitszeichen, falls $N \ge 2$ ist, nur dann, wenn $x_1 = \cdots = x_n$ ist. (Beim Induktionsschluss von $n - 1$ auf n liefert die Induktionsvoraussetzung im Fall $n \ge 2$ und $N \ge 2$ die Ungleichung

$$\sum x_{i_1} \cdots x_{i_N} \le x_n \binom{n-1}{N-1}\left(\frac{s - x_n}{n-1}\right)^{N-1} + \binom{n-1}{N}\left(\frac{s - x_n}{n-1}\right)^{N},$$

wobei $s := x_1 + \cdots + x_n$ gesetzt wurde. (Man kann übrigens $s = 1$ oder auch $s - x_n = x_1 + \cdots + x_{n-1} = 1$ annehmen.) Als Funktion von x_n hat die rechte Seite (bei festem s) aber auf dem Intervall $[0, s]$ an der Stelle s/n ihr globales Maximum $\binom{n}{N}(s/n)^N$.)

24. Seien D eine offene Menge in $\mathbb{C}$ oder ein Intervall in $\mathbb{R}$ und $f : D \to \mathbb{C}$ differenzierbar. Für die Punkte $a, b \in D$, $a \ne b$, liege die Verbindungstrecke $[a, b]$ ganz in D. Dann gibt es auf ihr einen Punkt c mit

$$\left| \frac{f(b) - f(a)}{b - a} - f'(a) \right| \le |f'(c) - f'(a)|.$$

(Man betrachte die Funktion $f(x) - f(a) - f'(a)(x - a)$ auf D.)

25. Sei $a \in \mathbb{R}_+^{\times}$. Die durch $x_0 = a$, $x_{n+1} = a^{x_n}$, rekursiv definierte Folge (x_n) konvergiert genau dann, wenn $1/e^e \le a \le e^{1/e}$ ist. (Aufgabe von Euler. – Man unterscheide die Fälle $a \ge 1$ und $a < 1$. Vgl. auch 10.B, Aufg. 28b). – Ist $x = \lim x_n$, so gilt $a^x = x$ oder $\ln a = (\ln x)/x$. Folglich ist $x = g(\ln a)$, wo $g : \,]-\infty, 1/e] \to \,]0, e]$ die Umkehrfunktion zur Funktion $x \mapsto (\ln x)/x$ von $]0, e]$ auf $]-\infty, 1/e]$ ist. (Vgl. dazu auch das Ende von Beispiel 10.B.12.) Insbesondere hängt x auf $[1/e^e, e^{1/e}[$ analytisch von a ab. (Wie lauten die ersten Glieder der Potenzreihenentwicklung von x um $a_0 = 1$?) Ferner ist dort die Konvergenz von x_n gegen x gleichmäßig, vgl. 12.A, Aufg. 14.)

26. a) Die Funktion $f : \mathbb{R} \to \mathbb{R}$ aus 10.B, Aufg. 9 hat in jedem Punkt $x \in \mathbb{Q}$ ein isoliertes lokales Maximum (und ist in keinem Punkt differenzierbar).

b) Eine beliebige Funktion $\mathbb{R} \to \mathbb{R}$ hat stets nur abzählbar viele isolierte lokale Extrema.

c) Man konstruiere zu jeder abzählbaren Teilmenge $A \subseteq \mathbb{R}$ eine *stetige* Funktion $\mathbb{R} \to \mathbb{R}$, die genau in den Punkten $x \in A$ ein isoliertes lokales Extremum hat. (Verzichtet man auf die Stetigkeit, so ist dies ganz leicht: Sei a_i, $i \in I$, mit $I \subseteq \mathbb{N}$ und $a_i \ne a_j$ für $i \ne j$ eine Abzählung der Elemente von A. Dann hat die Funktion $\mathbb{R} \to \mathbb{R}$ mit $x \mapsto 0$, falls $x \notin A$, und $x \mapsto 1/(i+1)$, falls $x = a_i \in A$, genau in den Punkten aus A ein isoliertes lokales Extremum.)

14.B Kreisfunktionen und ihre Umkehrfunktionen

Wir beschreiben in diesem Abschnitt die elementaren Eigenschaften der trigonometrischen Funktionen, die wir schon häufiger benutzt haben. Dabei sind Sinus und Kosinus durch ihre Potenzreihenentwicklungen

$$\sin z = \sum_{k=0}^{\infty} (-1)^k \frac{z^{2k+1}}{(2k+1)!} , \quad \cos z = \sum_{k=0}^{\infty} (-1)^k \frac{z^{2k}}{(2k)!}$$

definiert, vgl. die Abschnitte 12.E und 13.C. Wir diskutieren vor allem den Funktionsverlauf für reelle z.

Wegen $\cos 0 = 1$ und

$$\cos 2 = 1 - \frac{2^2}{2!} + \frac{2^4}{4!} - \frac{2^6}{6!} + \frac{2^8}{8!} - + \cdots$$
$$= 1 - \frac{2^2}{2!}\left(1 - \frac{2^2}{3 \cdot 4}\right) - \frac{2^6}{6!}\left(1 - \frac{2^2}{7 \cdot 8}\right) - \cdots < 1 - \frac{4}{3} = -\frac{1}{3}$$

besitzt Kosinus nach dem Zwischenwertsatz eine Nullstelle im Intervall $]0, 2[$. Diese Nullstelle c ist eindeutig bestimmt, da Kosinus in diesem Intervall streng monoton fallend ist. Dies folgt aus $\cos' x = -\sin x$ und

$$\sin x = \frac{x}{1!} - \frac{x^3}{3!} + \frac{x^5}{5!} - \frac{x^7}{7!} + - \cdots = x\left(1 - \frac{x^2}{3!}\right) + \frac{x^5}{5!}\left(1 - \frac{x^2}{6 \cdot 7}\right) + \cdots$$
$$> x\left(1 - \frac{2^2}{3!}\right) + \frac{x^5}{5!}\left(1 - \frac{2^2}{6 \cdot 7}\right) + \cdots > \frac{1}{3}x > 0$$

für alle $x \in]0, 2[$. Daher ist c die kleinste positive Nullstelle von Kosinus.

14.B.1 Definition von π $\quad$ Es ist $\pi := 2c$, wo c die kleinste positive Nullstelle von Kosinus ist.

In Beispiel 16.C.2 werden wir sehen, dass π auch der Flächeninhalt des Einheitskreises ist, was bereits benutzt wurde, vgl. Beispiel 4.F.11 und Bemerkung 14.B.10. Als Folgerung aus den Additionstheoremen 12.E.5 (5) ergibt sich:

14.B.2 Satz (1) *Es ist* $\cos (\pi/2) = 0$, $\sin (\pi/2) = 1$, $\cos \pi = -1$, $\sin \pi = 0$.
Für alle $z \in \mathbb{C}$ *gilt*:
(2) *Es ist* $\cos\bigl(z + (\pi/2)\bigr) = -\sin z$, $\sin\bigl(z + (\pi/2)\bigr) = \cos z$.
(3) *Es ist* $\cos (z + \pi) = -\cos z$, $\sin (z + \pi) = -\sin z$.
(4) *Es ist* $\cos (z + 2\pi) = \cos z$, $\sin (z + 2\pi) = \sin z$.

π ist jeweils die kleinste positive reelle Zahl, mit der die einzelnen Gleichungen (in (2), (3) und (4) für alle z) gelten.

B e w e i s . Nach Definition ist $\cos(\pi/2) = 0$. Da $\sin(\pi/2)$ nach obiger Rechnung positiv ist und $\sin^2(\pi/2) = \sin^2(\pi/2) + \cos^2(\pi/2) = 1$ gilt, folgt daraus $\sin(\pi/2) = 1$. Ferner ist $\cos\pi = \cos^2(\pi/2) - \sin^2(\pi/2) = -1$ und somit $\sin\pi = 0$ wegen $\cos^2\pi + \sin^2\pi = 1$. (2) und (3) ergeben sich nun direkt aus den Additionstheoremen 12.E.5 (5); schließlich folgt (4) durch zweimaliges Anwenden von (3).

Wäre etwa $\sin x = 0$ für ein x mit $0 < x < \pi$, so erhielte man $0 = \sin x = 2\sin(x/2)\cos(x/2)$ im Widerspruch dazu, dass $\sin(x/2)$ und $\cos(x/2)$ nach obiger Rechnung bzw. nach Definition von π positiv sind.

Die Minimalitätsaussagen über π zu (2) und (3) führt man sofort auf die entsprechenden Minimalitätsaussagen zu (1) zurück, indem man dort $z = 0$ setzt. Ist schließlich $\cos(z + 2\pi') = \cos z$ mit $0 < \pi' < \pi$, so erhält man für $z = -\pi$ die Beziehung $-1 = \cos\pi = \cos(-\pi) = \cos(-\pi + 2\pi') = \cos(\pi - 2\pi')$. Da wenigstens eine der Zahlen $-\pi + 2\pi'$ und $\pi - 2\pi'$ in $]0, \pi[$ liegt, ergibt sich ein Widerspruch. $\bullet$

Aus 14.B.2 folgt, dass die Zahlen $k\pi$, $k \in \mathbb{Z}$, Nullstellen von Sinus und die Zahlen $(\pi/2) + k\pi$, $k \in \mathbb{Z}$, Nullstellen von Kosinus sind. Aus der Minimalitätsaussage in 14.B.2 folgt, *dass dies die einzigen reellen Nullstellen von Sinus und Kosinus sind.* Ist nämlich $\sin x = 0$ für $x \in \mathbb{R}$, so gibt es ein (eindeutig bestimmtes) $k \in \mathbb{Z}$ mit $k\pi \leq x < (k+1)\pi$. Mit 14.B.2 (3) folgt dann $0 = \sin x = (-1)^k \sin(x - k\pi)$ sowie $0 \leq x - k\pi < \pi$, und die Minimalitätsaussage zu (1) liefert $x = k\pi$. Die Aussage über die Nullstellen von Kosinus folgt aus $\cos(z + (\pi/2)) = -\sin z$. In $\mathbb{C} - \mathbb{R}$ haben Sinus und Kosinus keine Nullstelle, vgl. 14.B.3 (3), (4) weiter unten.

Es ergeben sich die folgenden bekannten Graphen für Sinus und Kosinus.

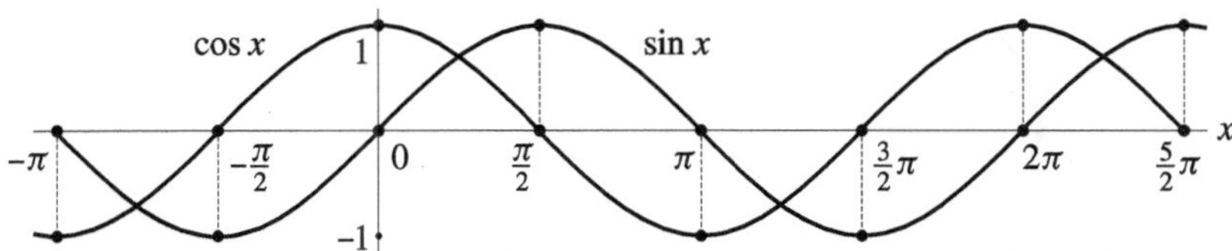

Da $\sin' x = \cos x = \sin(x + (\pi/2))$ in $]-\pi/2, \pi/2[$ positiv ist, liefert die Sinusfunktion durch Beschränkung auf das Intervall $[-\pi/2, \pi/2]$ eine streng monoton wachsende und bijektive Funktion $\sin: [-\pi/2, \pi/2] \to [-1, 1]$. Die zugehörige Umkehrfunktion heißt A r c u s - S i n u s . Man verwendet dafür die Bezeichnung $\arcsin: [-1, 1] \to [-\pi/2, \pi/2]$. Der Arcus-Sinus ist in $]-1, 1[$ nach 13.A.8 differenzierbar, und es gilt

$$\arcsin' x = 1/\cos(\arcsin x) = 1/\sqrt{1 - \sin^2(\arcsin x)} = 1/\sqrt{1 - x^2}.$$

Diese Ableitung ist gemäß 13.C.7 (1) analytisch mit der Potenzreihenentwicklung

$$1/\sqrt{1 - x^2} = (1 - x^2)^{-\frac{1}{2}} = \sum_{n=0}^{\infty} \frac{1 \cdot 3 \cdots (2n - 1)}{2 \cdot 4 \cdots 2n} x^{2n}.$$

Nach 13.B.2 ist daher auch arcsin analytisch in $]-1, 1[$ und besitzt dort wegen $\arcsin 0 = 0$ für $|x| < 1$ die Potenzreihenentwicklung

$$\arcsin x = \sum_{n=0}^{\infty} \frac{1 \cdot 3 \cdots (2n-1)}{2 \cdot 4 \cdots 2n} \, \frac{x^{2n+1}}{2n+1} \, .$$

Da diese Potenzreihe noch für $x = \pm 1$ konvergiert, gilt die Entwicklung auch in diesen beiden Punkten (vgl. 12.B, Aufg. 11), insgesamt also für alle $x \in [-1, 1]$.

Beschränkt man die Kosinusfunktion auf das Intervall $[0, \pi]$, so erhält man eine streng monoton fallende und bijektive Funktion $\cos : [0, \pi] \to [-1, 1]$. Ihre Umkehrfunktion heißt A r c u s - K o s i n u s und wird mit $\arccos : [-1, 1] \to [0, \pi]$ bezeichnet. Es ist

$$\arccos x = \frac{\pi}{2} - \arcsin x \, .$$

Somit gilt $\arccos' x = -1/\sqrt{1 - x^2}$ und

$$\arccos x = \frac{\pi}{2} - \sum_{n=0}^{\infty} \frac{1 \cdot 3 \cdots (2n-1)}{2 \cdot 4 \cdots 2n} \, \frac{x^{2n+1}}{2n+1}$$

für $|x| \le 1$. Arcus-Sinus bzw. Arcus-Kosinus haben folgende Graphen:

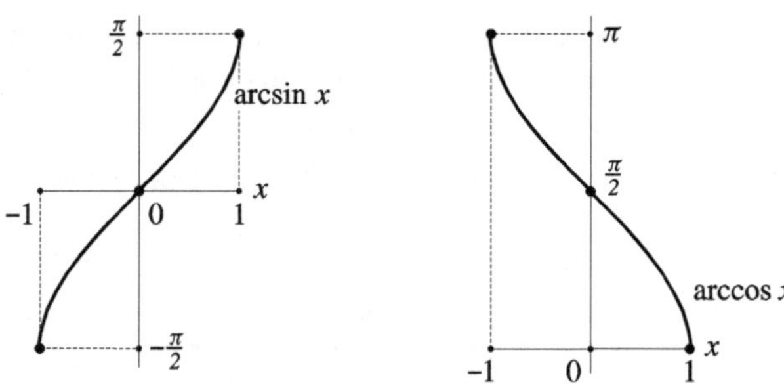

Für Tangens und Kotangens folgt aus 14.B.2 sofort:

(1) *Es ist* $\cot (\pi/2) = 0, \quad \tan (\pi/4) = 1 = \cot (\pi/4)$.

(2) *Es ist* $\cot (z + (\pi/2)) = -\tan z$.

(3) *Es ist* $\tan (z + \pi) = \tan z, \quad \cot (z + \pi) = \cot z$.

Die Tangensfunktion $\tan : \,]-\pi/2, \pi/2[\,\to\, \mathbb{R}$ ist wegen $\tan' x = 1/\cos^2 x = 1 + \tan^2 x > 0$ auf dem Intervall $]-\pi/2, \pi/2[$ streng monoton wachsend. Sie ist sogar bijektiv wegen

$$\lim_{x \to \frac{\pi}{2}-} \tan x = \lim_{x \to \frac{\pi}{2}-} \frac{\sin x}{\cos x} = \infty, \quad \lim_{x \to -\frac{\pi}{2}+} \tan x = \lim_{x \to -\frac{\pi}{2}+} \frac{\sin x}{\cos x} = -\infty \, .$$

Wegen $\cot x = -\tan\big(x - (\pi/2)\big)$ ist $\cot : \,]0, \pi[\,\to\, \mathbb{R}$ streng monoton fallend und bijektiv. Für die Graphen von Tangens und Kotangens ergibt sich:

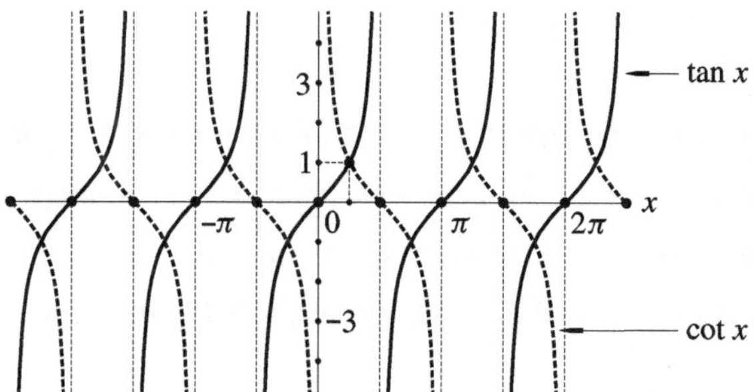

Die Umkehrfunktion von $\tan\,:\,]{-\pi/2},\pi/2[\,\to\,\mathbb{R}$ heißt A r c u s - T a n g e n s und wird mit arctan bezeichnet. Sie ist differenzierbar, und es gilt

$$\arctan' x = 1\big/\big(1 + \tan^2(\arctan x)\big) = 1/(1 + x^2)\,.$$

Da diese Ableitung analytisch ist, ist auch arctan analytisch. Aus der Potenzreihenentwicklung $1/(1+x^2) = \sum_{n=0}^{\infty}(-1)^n x^{2n}$ im Intervall $]{-1},1[$ und aus $\arctan 0 = 0$ erhalten wir nach 13.B.2

$$\arctan x = \sum_{n=0}^{\infty}\frac{(-1)^n}{2n+1}x^{2n+1}\,,\qquad |x| < 1\,.$$

Die Leibniz-Reihe $\sum(-1)^n/(2n+1)$ konvergiert. Nach dem Abelschen Grenzwertsatz gilt daher diese Gleichung auch noch für $x = 1$. Dies ergibt die schon bekannte Formel

$$\sum_{n=0}^{\infty}\frac{(-1)^n}{2n+1} = \arctan 1 = \frac{\pi}{4}\,.$$

Die Umkehrfunktion von $\cot\,:\,]0,\pi[\,\to\,\mathbb{R}$ heißt A r c u s - K o t a n g e n s und wird mit $\operatorname{arccot}\,:\,\mathbb{R}\,\to\,]0,\pi[$ bezeichnet. Es ist

$$\operatorname{arccot} x = \frac{\pi}{2} - \arctan x$$

und somit

$$\operatorname{arccot} x = \frac{\pi}{2} - \sum_{n=0}^{\infty}\frac{(-1)^n}{2n+1}x^{2n+1}\,,\qquad |x| < 1\,.$$

Die Graphen von Arcus-Tangens und Arcus-Kotangens sind:

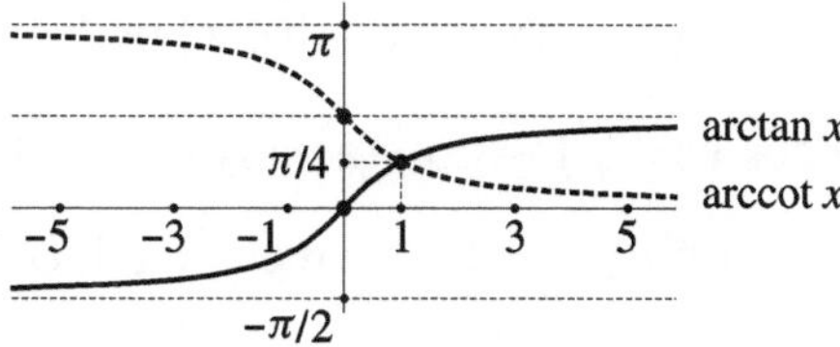

Aus den Periodizitätseigenschaften der trigonometrischen Funktionen ergibt sich die Periodizität der Exponentialfunktion im Komplexen:

14.B.3 Satz *Für alle $z, w \in \mathbb{C}$ gilt:*

(1) *Es ist $e^z = e^{z+2\pi i}$.*

(2) *Genau dann ist $e^z = 1$, wenn $z = 2k\pi i$ mit einem $k \in \mathbb{Z}$ ist.*

($2'$) *Genau dann ist $e^z = e^w$, wenn $z - w = 2k\pi i$ mit einem $k \in \mathbb{Z}$ ist.*

(3) *Genau dann ist $\sin z = 0$, wenn $z = k\pi$ mit einem $k \in \mathbb{Z}$ ist.*

(4) *Genau dann ist $\cos z = 0$, wenn $z = (\pi/2) + k\pi$ mit einem $k \in \mathbb{Z}$ ist.*

B e w e i s . Nach 12.E.4 ist für $z = x + iy$, $x, y \in \mathbb{R}$,

$$e^z = e^x(\cos y + i \sin y)\,.$$

Da Kosinus und Sinus die Periode 2π haben, folgt (1). Genau dann ist $e^z = 1$, wenn $e^x = 1$ und $\cos y = 1$, $\sin y = 0$ gilt. Dies ist genau dann der Fall, wenn $x = 0$ und $y = 2k\pi$ ist mit einem $k \in \mathbb{Z}$, also $z = 2k\pi i$ ist. Daraus folgen (2) und auch ($2'$), da $e^z = e^w$ genau dann gilt, wenn $e^{z-w} = 1$ ist.

Wegen $\sin z = (e^{iz} - e^{-iz})/2i$ ist $\sin z = 0$ genau dann, wenn $e^{iz} = e^{-iz}$, d.h. $2iz = 2k\pi i$ und somit $z = k\pi$ ist. Dies beweist (3). Schließlich folgt (4) aus (3) wegen $\cos\big(z + (\pi/2)\big) = -\sin z$.   •

Wir haben insbesondere gezeigt: *Die komplexe Exponentialfunktion ist periodisch mit der Periode $2\pi i$, und die ganzzahligen Vielfachen von $2\pi i$ sind die einzigen Perioden von e^z.* Speziell ist

$$e^{2\pi i} = 1\,, \quad e^{\pi i} = e^{-\pi i} = -1\,.$$

Nun können wir auch die in 5.C angegebene Polarkoordinatendarstellung komplexer Zahlen beweisen.

14.B.4 Polarkoordinaten *Zu jedem $z \in \mathbb{C}^\times$ gibt es genau ein $r \in \mathbb{R}_+^\times$ und genau ein $\varphi \in [0, 2\pi[$ mit*

$$z = re^{i\varphi} = r\,(\cos\varphi + i\sin\varphi)\,.$$

B e w e i s . Es ist notwendig $r = |z|$. Daher bleibt zu zeigen, dass es zu jedem Punkt $(x, y) \in \mathbb{R}^2$ mit $x^2 + y^2 = 1$ genau ein $\varphi \in [0, 2\pi[$ gibt mit $x = \cos\varphi$ und $y = \sin\varphi$.

Ist $y \geq 0$, so ist $\cos\varphi = x$ für $\varphi := \arccos x \in [0, \pi]$ und

$$\sin\varphi = \sin\arccos x = \sqrt{1 - \cos^2(\arccos x)} = \sqrt{1 - x^2} = y\,.$$

Ist $y < 0$, so ist $|x| < 1$ und für $\varphi := 2\pi - \arccos x$ gilt $\varphi \in \,]\pi, 2\pi[$, $\cos\varphi = x$ und

$$\sin\varphi = \sin(2\pi - \arccos x) = -\sin(\arccos x) = -\sqrt{1 - x^2} = y\,.$$

Umgekehrt kann φ in beiden Fällen nur wie angegeben gewählt werden.   •

Aus 14.B.4 folgt, dass das Bild der Exponentialfunktion ganz $\mathbb{C}^\times = \mathbb{C} - \{0\}$ ist: Für $z \neq 0$ aus $\mathbb{C}$ ist

$$z = e^w \quad \text{mit} \quad w = \ln|z| + \mathrm{i}\operatorname{Arg} z\,,$$

wobei $\operatorname{Arg} z$ das Element φ aus 14.B.4 ist (oder eine reelle Zahl, die sich von φ um ein ganzzahliges Vielfaches von 2π unterscheidet). Insbesondere induziert die Exponentialfunktion auf jedem Streifen

$$E_b := \{w \in \mathbb{C} \mid b \leq \operatorname{Im} w < b + 2\pi\}\,,$$

$b \in \mathbb{R}$, der Breite 2π parallel zur reellen Achse eine bijektive Abbildung von E_b auf $\mathbb{C}^\times$. Das Bild des offenen Streifens

$$E := \{w \in \mathbb{C} \mid -\pi < \operatorname{Im} w < \pi\}$$

ist die geschlitzte Ebene $D := \mathbb{C} - \mathbb{R}_- = \{z \in \mathbb{C}^\times \mid -\pi < \operatorname{Arg} z < \pi\}$. Die Umkehrfunktion $\ln : D \to E$ der bijektiven Funktion $\exp : E \to D$ ist der Hauptzweig des Logarithmus oder die (komplexe) Logarithmusfunktion schlechthin, die wir bereits in Abschnitt 13.C ausführlich diskutiert haben.

Die Arcus-Funktionen im Komplexen und die Umkehrfunktionen der Hyperbelfunktionen, das sind die so genannten A r e a - F u n k t i o n e n, werden in den Aufgaben 4 bis 7 besprochen. Dabei ergibt sich auch der enge Zusammenhang von Area- und Arcus-Funktionen, der auf der Verwandtschaft von Kreis- und Hyperbelfunktionen beruht.

Wir erwähnen hier noch eine Anwendung der Exponentialfunktion bzw. ihrer Umkehrfunktionen, die die Beschreibung ebener Wege betrifft. Eine stetige Funktion $f : I \to \mathbb{C}$ auf einem Intervall $I \subseteq \mathbb{R}$ wollen wir einfach einen e b e n e n W e g nennen. Ebene Wege, die nicht durch den Nullpunkt gehen, besitzen die folgende Darstellung:

14.B.5 Polarkoordinatendarstellung ebener Wege *Sei $f : [a\,,b] \to \mathbb{C}^\times$ stetig und $f(a) = e^{z_0}$ mit einem $z_0 \in \mathbb{C}$. Dann gibt es genau eine stetige Funktion $g : [a\,,b] \to \mathbb{C}$ mit $g(a) = z_0$ und $f = \exp \circ g$, d.h. mit $f(t) = e^{g(t)}$ für alle $t \in [a\,,b]$. – Genau dann ist g n-mal stetig differenzierbar, $n \in \mathbb{N} \cup \{\infty\}$, bzw. analytisch, wenn Entsprechendes für f gilt.*

B e w e i s . Zum Beweis der Eindeutigkeit seien g und h zwei Funktionen der gewünschten Art. Dann ist $e^{g-h} = e^g/e^h = f/f = 1$ auf ganz $[a\,,b]$ und folglich $g(t) - h(t) \in \mathbb{Z}2\pi\mathrm{i}$ für alle $t \in [a\,,b]$. Da $g - h$ stetig ist und $g(a) - h(a) = 0$, folgt $g - h = 0$ auf ganz $[a\,,b]$, vgl. 10.C, Aufg. 5.

Wir beweisen nun die Existenz von g. Liegt das Bild von f ganz in der geschlitzten Ebene $\mathbb{C} - \mathbb{R}_-$, so ist $g : t \longmapsto \ln f(t) - \ln f(a) + z_0$ eine Funktion der gewünschten Art. Im allgemeinen Fall unterteilen wir das Intervall $[a\,,b]$ durch Teilpunkten $a = t_0, t_1, \ldots, t_m = b$ mit $t_0 < \cdots < t_m$ derart, dass das f-Bild eines jeden Teilintervalls $[t_j, t_{j+1}]$, $j = 0, \ldots, m-1$, ganz in einer durch einen Strahl vom Nullpunkt aus geschlitzten Ebene D_j liegt. Dies ist sicherlich möglich. [1]) Die gesuchte Funktion g definieren wir sukzessive, indem wir für $j = 0, \ldots, m - 1$ eine Funktion $L_j : D_j \to \mathbb{C}$ mit $e^{L_j(z)} = z$ wählen und g auf $[t_j, t_{j+1}]$ durch $t \longmapsto L_j\big(f(t)\big) - L_j\big(f(t_j)\big) + g(t_j)$ festlegen, wobei $g(t_0)$ durch die Anfangsbedingung $g(t_0) = g(a) = z_0$ und $g(t_j)$ für $j > 0$ durch den Wert im Endpunkt des vorangehenden Intervalls $[t_{j-1}, t_j]$ gegeben wird.

Da die Exponentialfunktion und die zur Konstruktion von g benutzten Funktionen L_j analytisch sind, folgt leicht der Zusatz über die Korrespondenz der Differenzierbarkeitsgrade von f und g.   •

Mit $u := \operatorname{Re} g$ und $v := \operatorname{Im} g$ hat die Funktion $f : [a, b] \to \mathbb{C}^\times$ in 14.B.5 die Gestalt

$$f(t) = e^{g(t)} = e^{u(t)+\mathrm{i}v(t)} = e^{u(t)}\big(\cos v(t) + \mathrm{i}\sin v(t)\big).$$

Dann ist $r(t) := |f(t)| = e^{u(t)}$ und $u(t) = \ln r(t)$. Setzen wir noch $\varphi(t) := v(t)$, so können wir 14.B.5 auch folgendermaßen formulieren:

14.B.6 Korollar *Sei $f : [a, b] \to \mathbb{C}^\times$ eine stetige Funktion, für die $f(a)$ eine Darstellung $f(a) = r_0(\cos\varphi_0 + \mathrm{i}\sin\varphi_0)$ mit $r_0 \in \mathbb{R}_+^\times$, $\varphi_0 \in \mathbb{R}$, hat. Dann gibt es eindeutig bestimmte stetige Funktionen $r : [a, b] \to \mathbb{R}_+^\times$ und $\varphi : [a, b] \to \mathbb{R}$ mit $r(a) = r_0$, $\varphi(a) = \varphi_0$ und*

$$f(t) = r(t)\big(\cos\varphi(t) + \mathrm{i}\sin\varphi(t)\big) = r(t)\,e^{\mathrm{i}\varphi(t)}.$$

r und φ haben denselben Differenzierbarkeitsgrad wie f.

Die Aussagen 14.B.5 und 14.B.6 gelten analog für Wege $f : I \to \mathbb{C}^\times$ auf beliebigen Intervallen $I \subseteq \mathbb{R}$. Dabei wird die Eindeutigkeit einer stetigen Liftung *$g : I \to \mathbb{C}$ von f mit $f = \exp \circ g$ durch die Vorgabe eines Anfangswerts $g(a)$ mit $e^{g(a)} = f(a)$ für nur einen Punkt $a \in I$ erzwungen.* Zum Beweis schöpfe man I mit kompakten Intervallen $I_k = [a_k, b_k]$, $k \in \mathbb{N}$, aus, die alle den Punkt a enthalten, und wende dann 14.B.5 bzw. 14.B.6 jeweils auf die I_k an. Stetige Liftungen $g_k : I_k \to \mathbb{C}$ von $f_k := f|I_k$ mit $g_k(a) := g(a)$ setzen sich zu einer stetigen Liftung g von f zusammen.

Die Polarkoordinatendarstellung in 14.B.6 definiert übrigens auch dann einen Weg, wenn die Werte von r in $\mathbb{R}$, aber nicht notwendig in $\mathbb{R}_+^\times$ liegen. Wechselt aber r das Vorzeichen, so hat r notwendigerweise auch den Wert 0 (wegen der Stetigkeit von r) und der zugehörige Weg f geht durch den Nullpunkt.

14.B.7 Beispiel (S p i r a l e n) Wege $f : I \to \mathbb{C}^\times$ mit einer Polarkoordinatendarstellung $t \longmapsto r(t)(\cos(\omega t + \varphi_0) + \mathrm{i}\sin(\omega t + \varphi_0)) = r(t)\,e^{\mathrm{i}(\omega t + \varphi_0)}$, $\omega \in \mathbb{R}^\times$ und $\varphi_0 \in \mathbb{R}$ konstant, heißen S p i r a l e n (um 0). Die Spiralen $f : \mathbb{R}_+^\times \to \mathbb{C}^\times$ der Form $f(t) = at\,e^{\mathrm{i}(\omega t + \varphi_0)}$

---

[1]) Ist etwa $|f(t)| \geq \varepsilon > 0$ für alle $t \in [a, b]$ und ist $|f(t) - f(s)| \leq \varepsilon$ für alle $s, t \in [a, b]$ mit $|t - s| \leq \delta$ (vgl. 10.D.5 und 10.D.8), so brauchen $t_0, \ldots, t_m$ nur so gewählt zu werden, dass $|t_{j+1} - t_j| \leq \delta$ ist, $j = 0, \ldots, m - 1$.

mit $a > 0$ heißen A r c h i m e d i s c h e S p i r a l e n, die Spiralen $f : \mathbb{R} \to \mathbb{C}^{\times}$ der Form $f(t) = ae^{bt}\, e^{\mathrm{i}(\omega t + \varphi_0)} = e^{\alpha t + \beta}$, $\alpha := b + \mathrm{i}\omega$, $\beta := \ln a + \mathrm{i}\varphi_0$, $a, b \in \mathbb{R}$, $a > 0$, heißen l o g a r i t h m i s c h e oder B e r n o u l l i s c h e S p i r a l e n, gelegentlich auch E x p o n e n - t i a l s p i r a l e n.

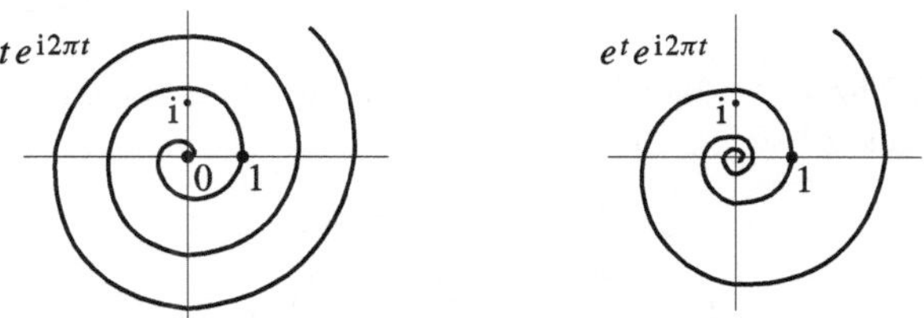

14.B.8 Beispiel (E l l i p s e n) Wir betrachten eine Ellipse, deren große Halbachse die Länge a hat und auf der reellen Achse liegt und deren kleine Halbachse die Länge b ($\leq a$) hat. Der Ursprung sei derjenige Brennpunkt, für den der nächstgelegene Scheitel auf der positiven reellen Achse liegt.

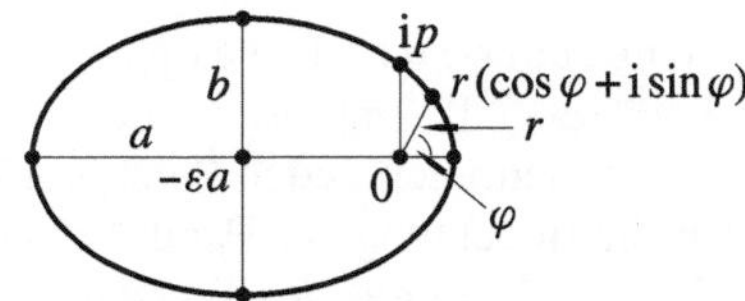

Dann ist $\varepsilon = \sqrt{1 - (b^2/a^2)}$, $0 \leq \varepsilon < 1$, die E x z e n t r i z i t ä t der Ellipse und $b^2 = a^2(1 - \varepsilon^2)$. Sei $p := a(1 - \varepsilon^2) = b^2/a$. Für einen Punkt auf der Ellipse mit den Polarkoordinaten r und φ gilt

$$\frac{(\varepsilon a + r\cos\varphi)^2}{a^2} + \frac{r^2 \sin^2\varphi}{a^2(1 - \varepsilon^2)} = 1\,,$$

was mit $(r - p + \varepsilon r \cos\varphi)(r + p - \varepsilon r \cos\varphi) = 0$ äquivalent ist. Wegen $r + p - \varepsilon r \cos\varphi = r(1 - \varepsilon\cos\varphi) + p > 0$ ergibt sich die Polarkoordinatendarstellung

$$r = r(\varphi) = \frac{p}{1 + \varepsilon\cos\varphi}$$

der Ellipse. Für die Hyperbel und Parabel vgl. Aufg. 18.

14.B.9 Beispiel (W i n d u n g s z a h l e n) Der Weg $f : [a, b] \to \mathbb{C}^{\times}$ heißt g e s c h l o s s e n, wenn $f(a) = f(b)$ ist. Ist dann $g : [a, b] \to \mathbb{C}$ eine stetige Funktion mit $f = \exp \circ g$, so ist $e^{g(a)} = f(a) = f(b) = e^{g(b)}$ und folglich $g(b) - g(a) = 2k\pi\mathrm{i}$ mit einer ganzen Zahl k, die offenbar nicht von der Wahl von g abhängt. k gibt an, wie oft sich der Weg f um den Nullpunkt windet, und heißt die W i n d u n g s - oder U m l a u f s z a h l v o n f b e z ü g l i c h 0. Man bezeichnet sie mit $\mathrm{W}(f; 0)$. Ist $z_0 \in \mathbb{C}$ ein beliebiger Punkt, der nicht zum Bild des geschlossenen Weges $f : [a, b] \to \mathbb{C}$ gehört, so heißt entsprechend

$$\mathrm{W}(f; z_0) := \mathrm{W}(f - z_0\,; 0)$$

die W i n d u n g s - oder U m l a u f s z a h l v o n f b e z ü g l i c h z_0. Die Windungszahlen der Wege

bezüglich 0 sind 0, 1 bzw. -2. Welche Windungszahlen hat der folgende Weg bezüglich der eingezeichneten Punkte ?

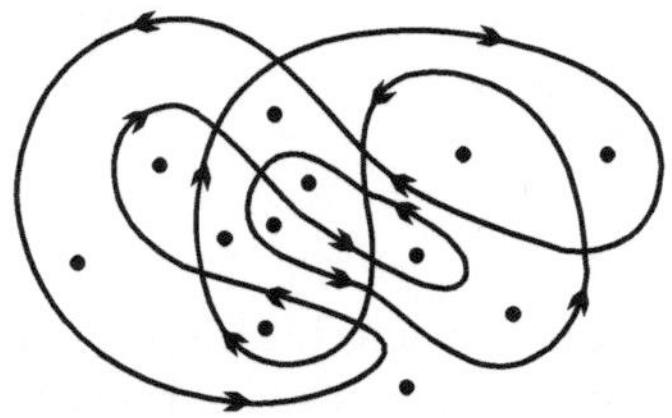

Zu Windungszahlen siehe auch Bd. 3, Abschnitt 7.C.

14.B.10 Bemerkung (Geometrische Interpretation von π) Nach 14.B.4 durchläuft der Weg $\gamma : \varphi \mapsto e^{i\varphi}$, $\varphi \in [0, 2\pi]$, bis auf den Anfangspunkt $\gamma(0) = 1$ und den Endpunkt $\gamma(2\pi) = 1$, die zusammenfallen, jeden Punkt der Peripherie des Einheitskreises genau einmal. Die geometrische Bedeutung des Parameters φ und insbesondere die von π bleiben dabei noch unklar. *Dass φ die Länge des Kreisbogens $\{e^{it} \mid 0 \le t \le \varphi\}$ ist*, können wir hier nicht beweisen, da uns der Begriff der Bogenlänge fehlt, vgl. Bd. 3, Abschnitt 4.D und insbesondere Beispiel 4.D.3. Wir geben vielmehr die folgende explizite Beschreibung dessen, was damit gemeint ist, und sogar ein wenig mehr:

14.B.11 Satz *Sei $\varphi \ge 0$. Ferner sei $\varepsilon > 0$ mit $\varepsilon \le \pi$ vorgegeben. Zu jeder Unterteilung $0 = \varphi_0 < \varphi_1 < \cdots < \varphi_n = \varphi$ des Intervalls $[0, \varphi]$ mit $\varphi_{k+1} - \varphi_k \le \varepsilon$ für $k = 0, \ldots, n-1$ sei*

$$L := L(\varphi_0, \varphi_1, \ldots, \varphi_n) := \sum_{k=0}^{n-1} \left| e^{i\varphi_{k+1}} - e^{i\varphi_k} \right|$$

die Länge des Polygonzugs $[e^{i\varphi_0}, \ldots, e^{i\varphi_n}]$ mit den Eckpunkten $1 = e^{i\varphi_0}, e^{i\varphi_1}, \ldots, e^{i\varphi_n} = e^{i\varphi}$. Dann gelten die Abschätzungen

$$0 \le \varphi - L(\varphi_0, \varphi_1, \ldots, \varphi_n) \le \frac{\varepsilon^2 \varphi}{24} \,.$$

Insbesondere konvergiert L gegen φ für $\varepsilon \to 0$.

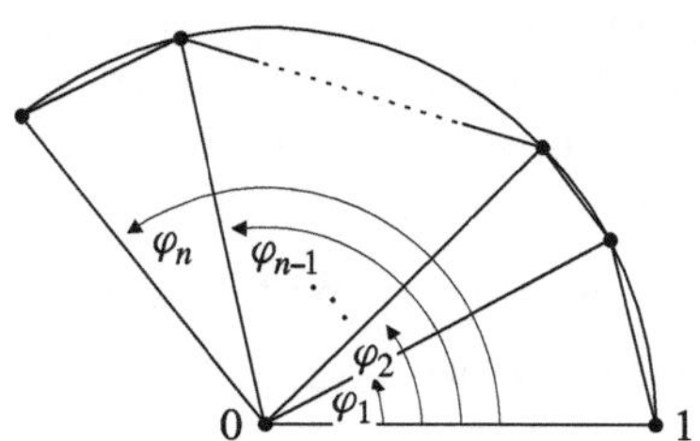

B e w e i s. Für $0 \le t \le \pi$ ist $|e^{it} - 1| = |e^{it/2}| \cdot |e^{it/2} - e^{-it/2}| = 2 \sin \frac{t}{2}$. Mit 14.A, Aufg. 16 folgt aus $\sin' t = \cos t \le 1$ für $t \ge 0$ der Reihe nach $\sin t \le t$, $1 - \cos t \le t^2/2$, $t - \sin t \le t^3/6$,[2]) somit $0 \le t - 2 \sin(t/2) = 2\big(t/2 - \sin(t/2)\big) \le t^3/24$. Es ergibt sich

$$L = \sum\nolimits_{k=0}^{n-1} \left| e^{i\varphi_{k+1}} - e^{i\varphi_k} \right| = \sum\nolimits_{k=0}^{n-1} \left| e^{i\varphi_k} \right| \cdot \left| e^{i(\varphi_{k+1} - \varphi_k)} - 1 \right| = \sum\nolimits_{k=0}^{n-1} 2 \sin \frac{\varphi_{k+1} - \varphi_k}{2}$$

sowie

$$0 \le \sum\nolimits_{k=0}^{n-1} \left((\varphi_{k+1} - \varphi_k) - 2 \sin \frac{\varphi_{k+1} - \varphi_k}{2} \right) \le \sum\nolimits_{k=0}^{n-1} \frac{(\varphi_{k+1} - \varphi_k)^3}{24} \le \frac{\varepsilon^2}{24} \sum\nolimits_{k=0}^{n-1} (\varphi_{k+1} - \varphi_k),$$

also $0 \le \varphi - L \le \varepsilon^2 \varphi/24$, wie behauptet. $\qquad\bullet$

Der Parameter φ lässt sich auch als das Doppelte des Inhalts der von den Radien $[0, e^{it}]$, $0 \le t \le \varphi$, überstrichenen Fläche deuten. Dies kann man folgendermaßen präzisieren: *In der Situation von 14.B.11 gelten für die Summe*

$$F = F(\varphi_0, \varphi_1, \ldots, \varphi_n) = \sum\nolimits_{k=0}^{n-1} \frac{1}{2} \sin (\varphi_{k+1} - \varphi_k)$$

der Flächeninhalte der Dreiecke mit den Ecken 0, $e^{i\varphi_k}$, $e^{i\varphi_{k+1}}$, $k = 0, \ldots, n - 1$, die Abschätzungen

$$0 \le \frac{\varphi}{2} - F(\varphi_0, \varphi_1, \ldots, \varphi_n) \le \frac{\varepsilon^2 \varphi}{12}.$$

Insbesondere konvergiert F mit $\varepsilon \to 0$ gegen $\varphi/2$. (Vgl. 16.C, Aufg. 3a).) Es ist ja

$$0 \le \sum\nolimits_{k=0}^{n-1} \left(\frac{\varphi_{k+1} - \varphi_k}{2} - \frac{1}{2} \sin (\varphi_{k+1} - \varphi_k) \right) \le \frac{1}{2} \sum\nolimits_{k=0}^{n-1} \frac{(\varphi_{k+1} - \varphi_k)^3}{6} \le \frac{\varepsilon^2 \varphi}{12}.$$

Für $\varphi = 2\pi$ erhalten wir: *Der Umfang des Kreises mit dem Radius 1 ist 2π, und sein Flächeninhalt ist π.* Vgl. Beispiel 4.F.11; man gebe die hier gewonnenen Abschätzungen der Fehler $\pi - f_n$ für die in 4.F.11 definierten Approximationen f_n von π an. Man versuche auch, in ähnlicher Weise die Fehler $F_n - \pi$ für die dort angegebenen Approximationen F_n abzuschätzen. Siehe auch 18.C, Aufg. 5.

Aufgaben

1. Man berechne die Werte von Sinus, Kosinus und Tangens für folgende Argumente: $0, \pi/12, \pi/8, \pi/6, \pi/5, \pi/4, \pi/3, 3\pi/8, 2\pi/5, 5\pi/12, \pi/2$.

2. Die Funktionen $\sin: \mathbb{C} \to \mathbb{C}$ und $\cos: \mathbb{C} \to \mathbb{C}$ sind surjektiv. Jedes $z \in \mathbb{C}$ hat unendlich viele Urbilder. Man gebe alle $z \in \mathbb{C}$ mit $\sin z = 2$ an.

---

[2]) So fortfahrend gewinnt man auf sehr einfache Weise für alle $n \in \mathbb{N}$ und alle $t \in \mathbb{R}_+$ die Ungleichungen

$$\sum\nolimits_{v=0}^{2n+1} \frac{(-1)^v}{(2v)!} t^{2v} \le \cos t \le \sum\nolimits_{v=0}^{2n} \frac{(-1)^v}{(2v)!} t^{2v},$$

$$\sum\nolimits_{v=0}^{2n+1} \frac{(-1)^v}{(2v+1)!} t^{2v+1} \le \sin t \le \sum\nolimits_{v=0}^{2n} \frac{(-1)^v}{(2v+1)!} t^{2v+1}$$

mit den gestutzten Potenzreihenentwicklungen der Kosinus- bzw. Sinusfunktion.

3. Man skizziere die Niveaumenge $\{z \in \mathbb{C} \mid |\sin z| = c\}$ für $c = 1/2, 1, 3/2, 2$.

4. a) Die Funktion $\sinh : \mathbb{R} \to \mathbb{R}$ ist bijektiv, ihre Umkehrfunktion heißt A r e a - S i n u s
h y p e r b o l i c u s und wird mit Arsinh bezeichnet.

b) Arsinh ist differenzierbar, und es gilt $\text{Arsinh}'x = 1/\sqrt{1 + x^2}$.

c) Arsinh ist analytisch, und es gilt für $|x| < 1$

$$\text{Arsinh}\, x = \sum_{n=0}^{\infty} (-1)^n \frac{1 \cdot 3 \cdots (2n-1)}{2 \cdot 4 \cdots 2n} \frac{x^{2n+1}}{2n+1}.$$

d) Es ist $\text{Arsinh}\, x = \ln(x + \sqrt{x^2 + 1})$. Die rechte Seite dieser Gleichung ist für alle
$x \in \mathbb{C} - \{ri \mid r \in \mathbb{R}, |r| \geq 1\}$ definiert und analytisch. Man nennt auch diese Funktion
den A r e a - S i n u s   h y p e r b o l i c u s. Es ist $\sinh(\text{Arsinh}\, x) = x$ für alle x aus dem
angegebenen Bereich und $\text{Arsinh}(\sinh x) = x$ für alle x mit $-\pi/2 < \text{Im}\, x < \pi/2$. (Das
Bild von $\text{Arsinh}\, x$ ist $\{x \in \mathbb{C} \mid |\text{Im}\, x| < \pi/2\}$. Man beachte auch Beispiel 5.C.6.)

5. a) Die Funktion $\cosh : \mathbb{R}_+ \longrightarrow [1, \infty[$ ist bijektiv, ihre Umkehrfunktion heißt A r e a -
K o s i n u s   h y p e r b o l i c u s und wird mit Arcosh bezeichnet.

b) Arcosh ist in $]1, \infty[$ differenzierbar, und es gilt dort $\text{Arcosh}'x = 1/\sqrt{x^2 - 1}$.

c) Arcosh ist analytisch in $]1, \infty[$.

d) Es ist $\text{Arcosh}\, x = \ln(x + \sqrt{x^2 - 1})$. Die rechte Seite dieser Gleichung ist für alle
$x \in \mathbb{C} - \{x \in \mathbb{R} \mid x \leq 1\}$ definiert und analytisch, falls $\sqrt{x^2 - 1}$ als $\sqrt{x - 1}\sqrt{x + 1}$
interpretiert wird. Man nennt auch diese Funktion den A r e a - K o s i n u s   h y p e r b o l i c u s.
Es ist $\cosh(\text{Arcosh}\, x) = x$ für alle x aus dem angegebenen Bereich und $\text{Arcosh}(\cosh x) = x$
für alle $x \in \mathbb{C}$ mit $\text{Re}\, x > 0$ und $|\text{Im}\, x| < \pi$. ($\{x \in \mathbb{C} \mid \text{Re}\, x > 0, |\text{Im}\, x| < \pi\}$ ist das Bild
von $\text{Arcosh}\, x$. Man beachte auch 5.C, Aufg. 22.)

6. a) Die Funktion $\tanh : \mathbb{R} \longrightarrow]-1, 1[$ ist bijektiv, ihre Umkehrfunktion heißt A r e a -
T a n g e n s   h y p e r b o l i c u s und wird mit Artanh bezeichnet.

b) Artanh ist differenzierbar, und es gilt $\text{Artanh}'x = 1/(1 - x^2)$.

c) Artanh ist analytisch, und es gilt für $|x| < 1$

$$\text{Artanh}\, x = \sum_{n=0}^{\infty} \frac{x^{2n+1}}{2n+1}.$$

d) Es ist $\text{Artanh}\, x = \dfrac{1}{2} \ln \dfrac{1 + x}{1 - x}$. Die rechte Seite dieser Gleichung ist auf dem Gebiet
$\mathbb{C} - \{x \in \mathbb{R} \mid |x| \geq 1\}$ definiert und analytisch. Man nennt auch diese Funktion den A r e a -
T a n g e n s   h y p e r b o l i c u s. (Man beachte 5.C, Aufg. 23.)

7. a) Es ist

$$\arcsin z = -i\,\text{Arsinh}\, iz = -i \ln(iz + \sqrt{1 - z^2}),$$

$$\arctan z = -i\,\text{Artanh}\, iz = -\frac{i}{2} \ln \frac{1 + iz}{1 - iz}.$$

Dies gilt zunächst für die reellen z, für die die linken Seiten definiert sind. Man benutzt diese
Gleichungen, um die Arcus-Funktionen auch im Komplexen zu definieren. Der Definitions-
bereich von $\arcsin$ ist also $\mathbb{C} - \{r \in \mathbb{R} \mid |r| \geq 1\}$ und der Definitionsbereich von $\arctan$ ist

$\mathbb{C} - \{ri \mid r \in \mathbb{R}, |r| \geq 1\}$. Der Streifen $\{z \in \mathbb{C} \mid |\mathrm{Re}\,z| < \pi/2\}$ ist in beiden Fällen die Bildmenge.

b) Es ist $\arccos z = -\mathrm{i}\,\ln\left(z + \mathrm{i}\sqrt{1 - z^2}\right) = \dfrac{\pi}{2} - \arcsin z$. Dies gilt zunächst für alle $z \in \mathbb{R}$ mit $|z| < 1$. Die rechten Seiten sind aber für alle z aus $\mathbb{C} - \{r \in \mathbb{R} \mid |r| \geq 1\}$ definiert. Man benutzt diese Gleichung, um den Arcus-Kosinus auch für diese z zu definieren.

c) Der gemeinsame Definitionsbereich von arccos und Arcosh ist $\mathbb{C} - \mathbb{R}$. Man zeige $\arccos z = -\mathrm{i}\,\mathrm{Arcosh}\,z$ für $\mathrm{Im}\,z > 0$ und $\arccos z = \mathrm{i}\,\mathrm{Arcosh}\,z$ für $\mathrm{Im}\,z < 0$.

8. a) Es ist $\arctan z + \arctan w = \arctan\big((z + w)/(1 - zw)\big)$ für alle z, w, für die beide Seiten definiert sind und für die $|\mathrm{Re}\,\arctan z + \mathrm{Re}\,\arctan w| < \pi/2$ gilt. (Man wende tan auf beide Seiten an.)

b) Es ist $\arctan z + \arctan\big((1 - z)/(1 + z)\big) = \pi/4$ für alle z, die im folgenden Bild von $\mathbb{C}$ im geschummerten Bereich liegen; im nicht geschummerten Bereich ist der Wert $-3\pi/4$, wobei der Rand der Bereiche jeweils auszuschließen ist. (Man betrachte etwa die Ableitung der linken Seite.)

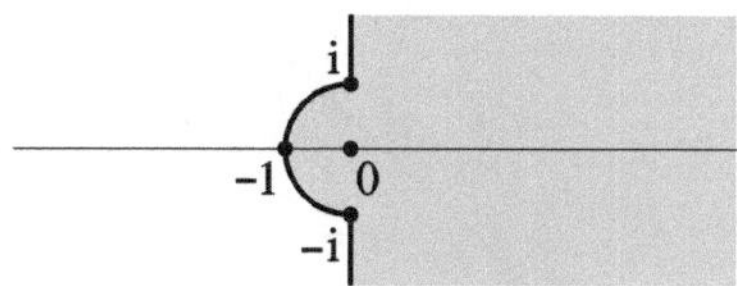

c) Es gelten die Formeln $\pi/4 = \arctan(1/2) + \arctan(1/3)$, $3\pi/4 = \arctan 2 + \arctan 3$ und $\pi/4 = 4\arctan(1/5) - \arctan(1/239)$. (Mit der letzten Formel und der Arcus-Tangens-Reihe lässt sich π sehr schnell berechnen. Man schreibe dafür ein Computer-Programm. – Allgemeiner als die erste Formel gilt $\arctan(1/f_{2k}) = \arctan(1/f_{2k+1}) + \arctan(1/f_{2k+2})$ für alle $k \in \mathbb{N}^*$, wo $f_0 = 0$, $f_1 = 1, \ldots, f_n = f_{n-2} + f_{n-1}, \ldots$ die Folge der Fibonacci-Zahlen ist. (Man benutze 2.A, Aufg. 9b).) Man folgere $\pi/2 = \sum_{k=0}^{\infty} \arctan(1/f_{2k+1})$.)

9. Man zeige die Gleichung $\arctan z + \arctan(1/z) = \pi/2$ für alle z mit $\mathrm{Re}\,z > 0$ und außerdem $\arctan z + \arctan(1/z) = -\pi/2$ für alle z mit $\mathrm{Re}\,z < 0$.

10. Die Funktion $f : \mathbb{R}_+ \to \mathbb{R}$ mit $f(x) := \arccos\big(1/(1 + x^2)\big)$ ist im Nullpunkt noch analytisch (obwohl arccos im Punkt 1 nicht analytisch ist). (Man zeige: f' ist in 0 analytisch.) Man gebe die Potenzreihenentwicklung von f um 0 an, berechne explizit die Glieder bis zur Ordnung 7 und zeige, dass der Konvergenzradius gleich 1 ist.

11. a) $S(h)$ und $T(h)$ seien die Sichtweiten auf dem Meer bei einer Augenhöhe $h \geq 0$, in der Luftlinie bzw. auf der Erdoberfläche gerechnet. Für $h \geq 0$ gilt dann $S(h) = \sqrt{2Rh}\, s(h/R)$ und $T(h) = \sqrt{2Rh}\, t(h/R)$ mit Funktionen $s = s(z) = 1 + z/4 - z^2/32 + z^3/128 - + \cdots$ und $t = t(z) = 1 - 5z/12 + 43z^2/160 - 177z^3/896 + - \cdots$, die in einer Umgebung von 0 noch analytisch sind.

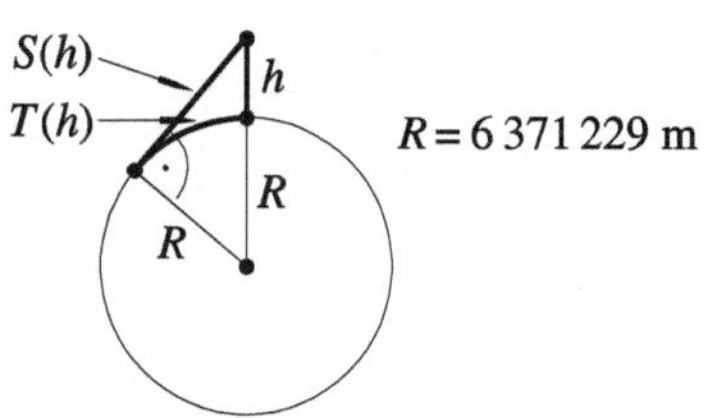

(Zur Bestimmung von t setze man $h/R = x^2$ und wende die vorstehende Aufgabe an.) Die Konvergenzradien der Entwicklungen von von s und t um 0 sind 2 bzw. 1; man zeige, dass bei Ersetzen von s und t durch die Potenzreihenentwicklung der Ordnung 1 der Fehler bei S und T für $h \leq 10\,\mathrm{km}$ jeweils $\leq 1/4\,\mathrm{m}$ ist. Für die Differenz $U := S - T$ gilt

$$\frac{U(h)}{R} = \frac{2\sqrt{2}}{3}\left(\frac{h}{R}\right)^{3/2} u\left(\frac{h}{R}\right), \text{ wobei die Funktion } u = u(z) = 1 - 9z/20 + 69z^2/224 \mp \cdots$$

in 0 noch analytisch ist. $-$ Die einfache Näherung $S \approx T \approx \sqrt{2Rh}$ liefert $R \approx S^2/2h$. Schätzt man an einer Meeresküste bei einer Augenhöhe von $h = 2\,\mathrm{m}$ die Sichtweite S zu $\approx 5\,\mathrm{km}$, so erhält man für den Erdradius die gute Näherung $R \approx 6{,}25 \cdot 10^3$ km. Die einfache Näherung $U \approx 2\sqrt{2}\,h^{3/2}/3R^{1/2}$ liefert $h \approx \frac{1}{2}\sqrt[3]{9U^2 R}$, bei $U = 0{,}5\,\mathrm{m}$ ist also $h \approx 121{,}5\,\mathrm{m}$.

b) Ein Seitenkanal der Breite a münde rechtwinklig in den Hauptkanal der Breite b gemäß folgender Skizze. Man zeige, dass Baumstämme (vernachlässigbarer Dicke) höchstens die Länge $\left(a^{2/3} + b^{2/3}\right)^{3/2}$ haben, wenn sie ohne Verkanten um die Ecke flößbar sind.

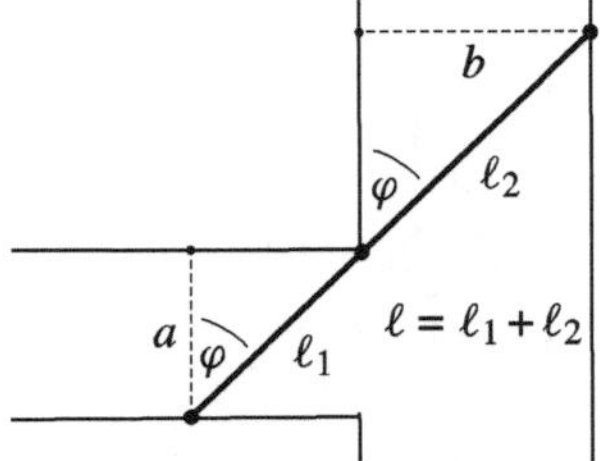

(Man betrachte auch den Fall, dass die Einmündung nicht rechtwinklig ist.)

c) Ein Lichtstrahl werde in einem Wassertröpfchen mit kreisförmigem Querschnitt gemäß folgender Skizze gestreut. Der Brechungsindex von Luft zu Wasser sei $n\,(> 1)$, d.h. für Einfallswinkel α und Ausfallswinkel β gilt $\sin\alpha/\sin\beta = n$. Man bestimme den Einfallswinkel α im Intervall $[\,0\,,\,\pi/2\,]$, für den der Winkel $\varphi = \varphi(\alpha)$, den der gestreute mit dem einfallenden Lichtstrahl bildet, maximal wird. (Bei $n = 4/3$ ist $\varphi \approx 42°$. Dies ist die Höhe eines Regenbogens, wenn die Sonne am Horizont steht.)

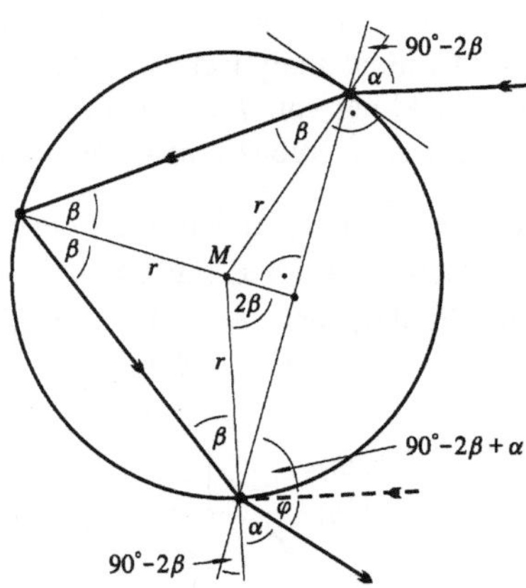

(Man betrachte auch den Fall, dass der Strahl im Wassertropfen zweimal oder dreimal reflektiert wird.)

d) Ein Beobachter schaut aus der Augenhöhe a auf ein senkrecht auf dem Boden stehendes Objekt der Höhe b mit $0 < b < a$. In welchem senkrechten Abstand x von dem Objekt ist der Blickwinkel α, unter dem der Beobachter das Objekt sieht, am größten?

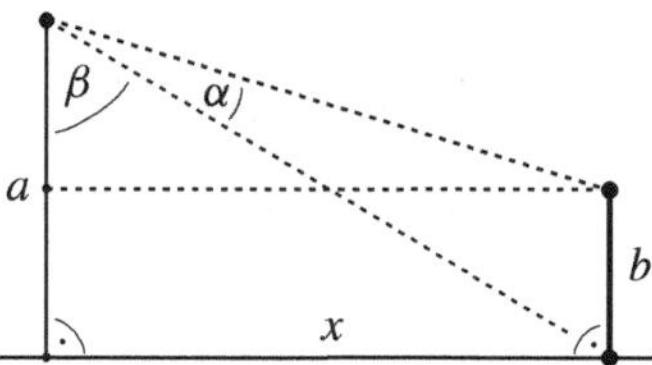

12. Für $|x| < 1$ gilt $(\arctan x)^2 = \sum_{n=1}^{\infty} (-1)^{n-1} \left(\sum_{k=1}^{n} \frac{1}{2k-1} \right) \frac{x^{2n}}{n}$. (Man bestimme zunächst die Potenzreihenentwicklung der Ableitung der linken Seite.) Man zeige, dass die Gleichung auch noch für $x = 1$ gilt.

13. Man zeige für $|x| < 1$ (oder sogar für $|x| \le 1$)

$$(\arcsin x)^2 = \sum_{n=0}^{\infty} \frac{2 \cdot 4 \cdots 2n}{3 \cdot 5 \cdots (2n+1)} \frac{x^{2n+2}}{n+1} \, .$$

(Für $f(x) := (\arcsin x)^2$ gilt $(1 - x^2) f'' = 2 + x f'$, woraus sich für die Koeffizienten der Entwicklung $f = \sum a_{2n+2} x^{2n+2}$ die Rekursion $(2n+2)(2n+1) a_{2n+2} = 4n^2 a_{2n}$ ergibt.) Man folgere beispielsweise $\sum_{n=0}^{\infty} (n!)^2 / (2n+2)! = \pi^2 / 18$ und $\sum_{n=0}^{\infty} \binom{2n}{n}^{-1} = (36 + 2\pi\sqrt{3})/27$.

14. Für $t \in \mathbb{R}$ und $|x| < 1$ gilt

$$\sum_{n=1}^{\infty} \frac{\cos nt}{n} x^n = -\ln \sqrt{1 - 2x \cos t + x^2}, \quad \sum_{n=1}^{\infty} \frac{\sin nt}{n} x^n = \arcsin \frac{x \sin t}{\sqrt{1 - 2x \cos t + x^2}} \, .$$

(Man entwickle $-\ln(1 - e^{\pm it} x)$ um 0. – Vgl. auch das Ende von Beispiel (1) zu Satz 12.C.9.)

15. Es gilt $\arcsin x = \arctan(x/\sqrt{1 - x^2})$ auf dem gesamten Definitionsbereich von arcsin mit Ausnahme der Stellen $x = \pm 1$. (Den Arcus-Kosinus berechnet man mit $\arccos x = (\pi/2) - \arcsin x = (\pi/2) - \arctan(x/\sqrt{1 - x^2})$. Diese Formeln sind nützlich, da beispielsweise in BASIC unter den Arcus-Funktionen oft nur Arcus-Tangens als Grundfunktion zur Verfügung steht.)

16. a) $\displaystyle \sum_{n=0}^{\infty} \frac{x^{4n+1}}{4n+1} = \frac{1}{2} \arctan x + \frac{1}{4} \ln \frac{1+x}{1-x}, \quad |x| < 1;$

b) $\displaystyle \sum_{n=0}^{\infty} \frac{x^{4n+1}}{(4n+1)!} = \frac{1}{2} (\cosh x + \cos x), \quad x \in \mathbb{C}.$

17. Man gebe die Glieder bis zur Ordnung 5 an in der Potenzreihenentwicklung der Funktion $f(x) = \exp(-x \operatorname{arccot} x)$ um 0. (Für den Kalkül vgl. 13.C, Aufg. 9.)

18. a) Die Polarkoordinatendarstellung eines Hyperbelastes mit $\mathbb{R}$ als Achse und 0 als Brennpunkt (vgl. die linke Figur auf der nächsten Seite und Beispiel 14.B.8) ist

$$r = r(\varphi) = \frac{p}{1 + \varepsilon \cos \varphi}, \quad |\varphi| < \arccos(-1/\varepsilon),$$

falls der Scheitelpunkt in $\mathbb{R}_+^\times$ liegt. Dabei ist $\varepsilon := \sqrt{1 + (b^2/a^2)} > 1$ die Exzentrizität der Hyperbel mit den „Achsenlängen" a, b und $p := a(\varepsilon^2 - 1)$.

b) Die Polarkoordinatendarstellung einer Parabel mit $\mathbb{R}$ als Achse und 0 als Brennpunkt (vgl. die rechte Figur) ist

$$r = r(\varphi) = \frac{p}{1 + \cos\varphi}, \quad |\varphi| < \pi,$$

falls der Scheitelpunkt in $\mathbb{R}_+^\times$ liegt. Dabei ist p das Doppelte des Abstands von Brennpunkt und Scheitelpunkt.

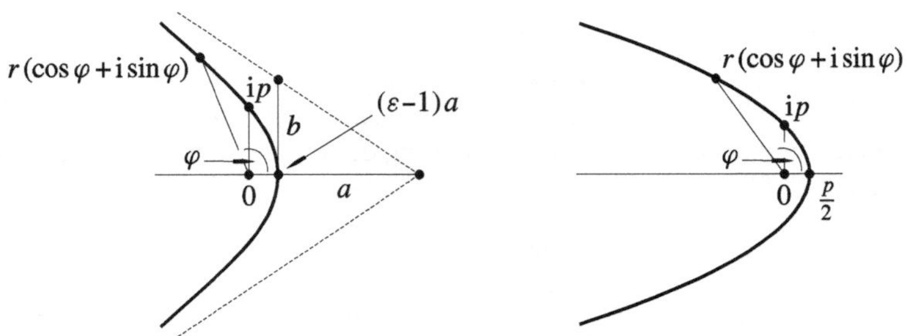

14.C Konvexe und konkave Funktionen

Eine Teilmenge A von $\mathbb{R} \times \mathbb{R}$ heißt k o n v e x , wenn sie mit je zwei Punkten auch die Verbindungsstrecke dieser Punkte enthält, d.h. wenn mit zwei Punkten (x_1, y_1) und (x_2, y_2) auch alle Punkte der Form

$$\big((1 - t)x_1 + tx_2\,, (1 - t)y_1 + ty_2\big),$$

$t \in [0, 1]$, zu A gehören.

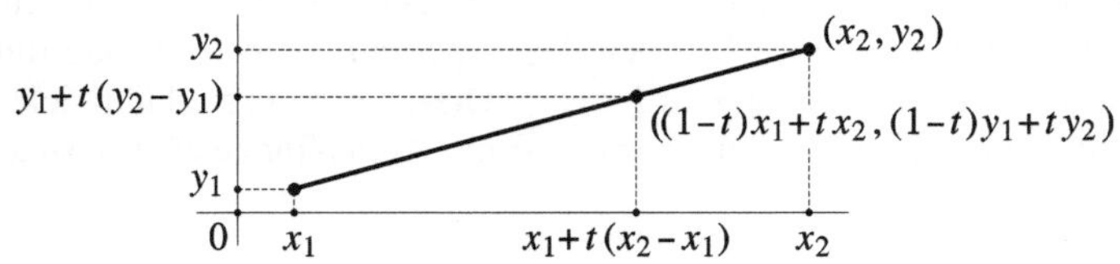

14.C.1 Lemma *Sei $A \subseteq \mathbb{R} \times \mathbb{R}$ eine konvexe Menge. Liegen dann die Punkte $(x_1, y_1), \ldots, (x_n, y_n)$ in A und sind $t_1, \ldots, t_n$ nichtnegative reelle Zahlen mit der Summe $t_1 + \cdots + t_n = 1$, so enthält A auch den Punkt*

$$(t_1 x_1 + \cdots + t_n x_n\,, t_1 y_1 + \cdots + t_n y_n)\,.$$

B e w e i s . Wir können annehmen, dass alle $t_1, \ldots, t_n$ ungleich 0 sind. Der Fall $n = 1$ ist trivial, der Fall $n = 2$ ist die Definition der Konvexität. Beim Schluss von $n - 1$ auf $n \geq 2$ setzen wir $t_i' := t_i/(1 - t_n)$, $i = 1, \ldots, n - 1$. Dann ist $t_1' + \cdots + t_{n-1}' = 1$ und somit nach Induktionsvoraussetzung

$$(x', y') := (t_1' x_1 + \cdots + t_{n-1}' x_{n-1}\,, t_1' y_1 + \cdots + t_{n-1}' y_{n-1}) \in A$$

Wegen der Konvexität von A ist auch $\big((1 - t_n)x' + t_n x_n,\ (1 - t_n)y' + t_n y_n\big) \in A$. Dies ist aber der angegebene Punkt. •

Für eine Funktion $f : I \to \mathbb{R}$ auf einem Intervall $I \subseteq \mathbb{R}$ heißt

$$\Gamma^+(f) = \Gamma_f^+ := \big\{(x, y) \in I \times \mathbb{R} \mid y \geq f(x)\big\}$$

der **Epigraph** von f und

$$\Gamma^-(f) = \Gamma_f^- := \big\{(x, y) \in I \times \mathbb{R} \mid y \leq f(x)\big\}$$

der **Subgraph** von f.

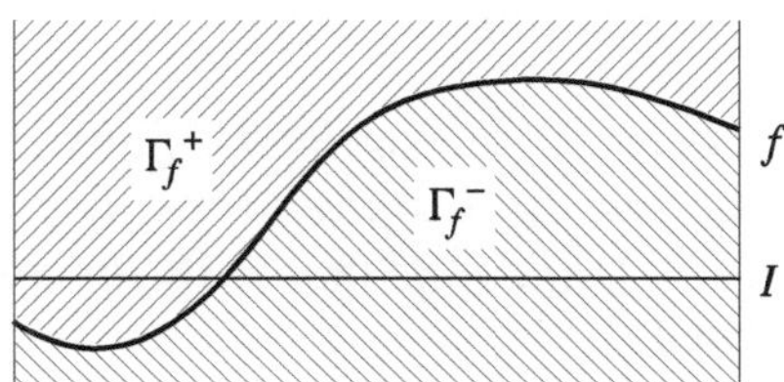

14.C.2 Definition Eine Funktion $f : I \to \mathbb{R}$ auf einem Intervall $I \subseteq \mathbb{R}$ heißt **k o n v e x**, wenn der Epigraph $\Gamma^+(f)$ eine konvexe Teilmenge von $\mathbb{R} \times \mathbb{R}$ ist. Sie heißt **k o n k a v**, wenn der Subgraph $\Gamma^-(f)$ eine konvexe Teilmenge von $\mathbb{R} \times \mathbb{R}$ ist.

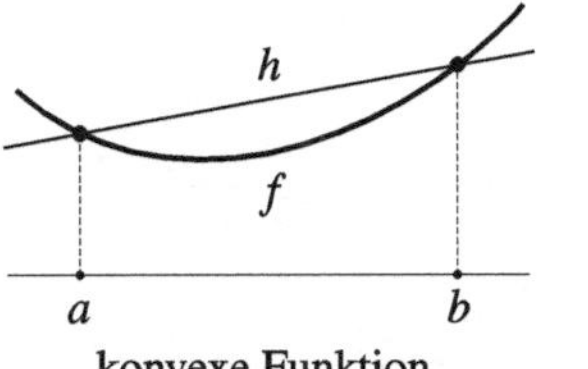

konvexe Funktion

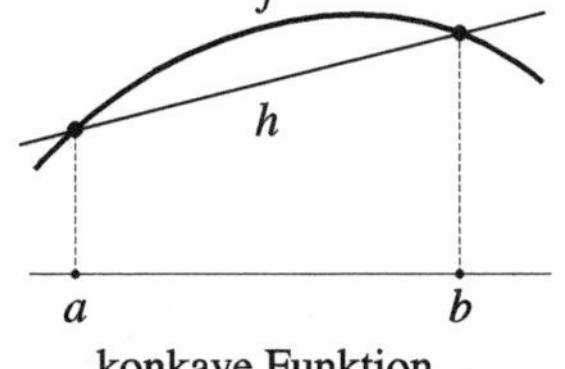

konkave Funktion

Offenbar ist die Funktion $f : I \to \mathbb{R}$ bereits dann konvex (bzw. konkav), wenn zu je zwei Punkten a und b aus I, $a \neq b$, die Verbindungsstrecke von $(a, f(a))$ und $(b, f(b))$ im Epigraphen (bzw. Subgraphen) von f liegt, d.h. wenn für die lineare Funktion $h = h_{a,b}$, deren Graph durch die Punkte $\big(a, f(a)\big)$ und $\big(b, f(b)\big)$ geht, gilt: $f(x) \leq h_{a,b}(x)$ (bzw. $f(x) \geq h_{a,b}(x)$) für alle $x \in [a, b]$. Gilt dabei das Gleichheitszeichen stets nur für die Endpunkte des Intervalls $[a, b]$, so heißt f **streng konvex** (bzw. **streng konkav**). Genau dann ist f konvex (bzw. streng konvex), wenn $-f$ konkav (bzw. streng konkav) ist. Aus 14.C.1 folgt:

14.C.3 Jensensche Ungleichung *Sei $f : I \to \mathbb{R}$ eine konvexe Funktion auf dem Intervall $I \subseteq \mathbb{R}$. Für beliebige Punkte $a_1, \ldots, a_n \in I$ und nichtnegative reelle Zahlen $t_1, \ldots, t_n$ mit $t_1 + \cdots + t_n = 1$ gilt*

$$f(t_1 a_1 + \cdots + t_n a_n) \leq t_1 f(a_1) + \cdots + t_n f(a_n)\,.$$

Ist f streng konvex und sind die t_i alle von 0 verschieden, so gilt in dieser Ungleichung das Gleichheitszeichen nur dann, wenn alle a_i übereinstimmen.

Der Zusatz über streng konvexe Funktionen wird nach dem Muster des Beweises von 14.C.1 durch Induktion über n bewiesen. Eine zu 14.C.3 analoge Aussage gilt natürlich auch für konkave Funktionen.

Im Fall differenzierbarer Funktionen hat man das folgende bequeme Kriterium:

14.C.4 Satz *Sei $f : I \to \mathbb{R}$ eine differenzierbare Funktion auf dem Intervall $I \subseteq \mathbb{R}$. Genau dann ist f konvex (bzw. konkav), wenn die Ableitung f' auf I monoton steigend (bzw. monoton fallend) ist. – Die strenge Konvexität (bzw. Konkavität) von f ist dabei äquivalent zur strengen Monotonie von f'.*

Aus 14.C.4 und 14.A.15 folgt sofort:

14.C.5 Korollar *Sei $f : I \to \mathbb{R}$ eine zweimal differenzierbare Funktion auf dem Intervall $I \subseteq \mathbb{R}$. Genau dann ist f konvex (bzw. konkav), wenn $f'' \geq 0$ (bzw. $f'' \leq 0$) ist. – Ist $f''(x) > 0$ (bzw. $f''(x) < 0$) für alle $x \in I$, so ist f streng konvex (bzw. streng konkav).*

B e w e i s von 14.C.4. Es genügt, den konvexen Fall zu betrachten. Sei also f konvex. Ferner seien $a, b \in I$, $a < b$. Für beliebiges $x \in {]a, b[}$ gilt dann wegen $f(x) \leq h_{a,b}(x) =: h(x)$

$$\frac{f(x) - f(a)}{x - a} \leq \frac{h(x) - h(a)}{x - a} = \frac{h(b) - h(a)}{b - a} = \frac{h(b) - h(x)}{b - x} \leq \frac{f(b) - f(x)}{b - x} \, .$$

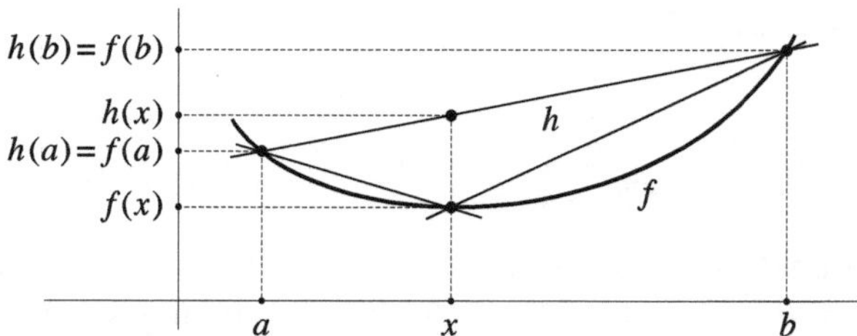

Daraus folgt

$$f'(a) = \lim_{\substack{x \to a \\ x > a}} \frac{f(x) - f(a)}{x - a} \leq \frac{h(b) - h(a)}{b - a} \leq \lim_{\substack{x \to b \\ x < b}} \frac{f(b) - f(x)}{b - x} = f'(b) \, .$$

Bei strikter Konvexität ist $f(x) < h(x)$ für $x \in {]a, b[}$. Die obigen Ungleichungen sind dann sogar echt. Für ein festes $c \in {]a, b[}$ und beliebige $x \in {]a, c[}$ bzw. beliebige $y \in {]c, b[}$ gilt daher

$$\frac{f(x) - f(a)}{x - a} < \frac{f(c) - f(a)}{c - a} < \frac{f(c) - f(b)}{c - b} < \frac{f(y) - f(b)}{y - b} \, .$$

Es folgt

$$f'(a) \leq \frac{f(c) - f(a)}{c - a} < \frac{f(c) - f(b)}{c - b} \leq f'(b) \, .$$

Sei umgekehrt f' monoton wachsend. Ferner seien $a, b \in I$, $a < b$. Nach dem Mittelwertsatz gibt es dann ein $c \in \,]a\,, b[$ mit

$$f'(c) = \frac{f(b) - f(a)}{b - a} = h'_{a,b}\,.$$

Die Ableitung der Funktion $h_{a,b} - f$ verschwindet also im Punkt c. Da $h'_{a,b}$ konstant und f' monoton wachsend ist, ist diese Ableitung in $[a, c]$ stets ≥ 0 und in $[c, b]$ stets ≤ 0. Nach 14.A.15 ist daher $h_{a,b} - f$ in $[a, c]$ monoton wachsend und in $[c, b]$ monoton fallend. Da $h_{a,b} - f$ in a und in b verschwindet, folgt $(h_{a,b} - f)(x) \geq 0$ in ganz $[a, b]$. Dies liefert die Behauptung.

Ist f' sogar streng monoton wachsend, so ist $(h_{a,b} - f)'$ in $[a\,, c[$ stets positiv und in $]c\,, b]$ stets negativ. Daher ist nach 14.A.15 $h_{a,b} - f$ in $[a\,, c]$ streng monoton wachsend und in $[c\,, b]$ streng monoton fallend, woraus die Ungleichung $(h_{a,b} - f)(x) > 0$ in ganz $]a\,, b[$ folgt. $\qquad\bullet$

14.C.6 Beispiel Die Funktion $x \mapsto e^x$ auf $\mathbb{R}$ ist wegen $(e^x)'' = e^x > 0$ nach 14.C.5 streng konvex. Es folgt nach 14.C.3: Sind $t_1, \ldots, t_n$ positive reelle Zahlen mit $t_1 + \cdots + t_n = 1$, so gilt für beliebige $x_1, \ldots, x_n \in \mathbb{R}$

$$(e^{x_1})^{t_1} \cdots (e^{x_n})^{t_n} = e^{t_1 x_1 + \cdots + t_n x_n} \leq t_1 e^{x_1} + \cdots + t_n e^{x_n}\,,$$

wobei das Gleichheitszeichen genau dann gilt, wenn $x_1 = \cdots = x_n$ ist. Da sich jedes $y \in \mathbb{R}_+^{\times}$ eindeutig in der Form $y = e^x$ schreiben lässt, *erhält man für beliebige positive reelle Zahlen* $y_1, \ldots, y_n$ *und beliebige positive reelle Zahlen* $t_1, \ldots, t_n$ *mit* $t_1 + \cdots + t_n = 1$ *die Ungleichung*

$$y_1^{t_1} \cdots y_n^{t_n} \leq t_1 y_1 + \cdots + t_n y_n\,,$$

wobei das Gleichheitszeichen genau dann gilt, wenn $y_1 = \cdots = y_n$ *ist.* Sind speziell alle t_i gleich $1/n$, so erhält man noch einmal die Ungleichung

$$\sqrt[n]{y_1 \cdots y_n} \leq \frac{y_1 + \cdots + y_n}{n}$$

vom arithmetischen und geometrischen Mittel.

14.C.7 Beispiel (W e n d e p u n k t e) Seien $f : I \to \mathbb{R}$ eine Funktion und a ein Punkt des Intervalls I. Dann heißt a ein W e n d e p u n k t von f, wenn a ein innerer Punkt von I ist und ein $\delta > 0$ existiert, so dass f auf $[a - \delta, a]$ konvex und auf $[a, a + \delta]$ konkav ist oder umgekehrt. Ist f in dem Wendepunkt a differenzierbar, so heißt die Tangente $x \mapsto f(a) + f'(a)(x - a)$ an den Graphen von f in $\big(a, f(a)\big)$ W e n d e t a n g e n t e von f in a.

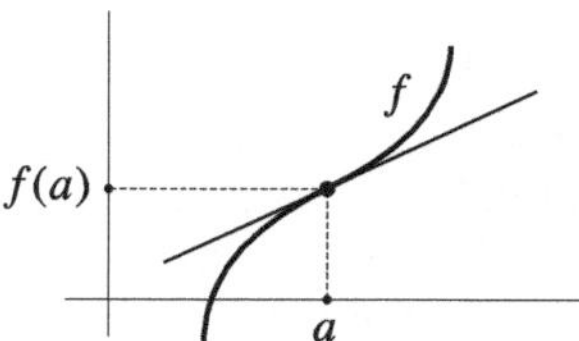

Ist a ein innerer Punkt von I und ist f in einer Umgebung von a differenzierbar und im Punkt a zweimal differenzierbar, so ist $f''(a) = 0$ eine notwendige Bedingung für das Vorliegen eines Wendepunktes von f in a, da f' im Wendepunkt a nach 14.C.4 ein lokales Extremum hat. Ein hinreichendes Kriterium für einen Wendepunkt ergibt sich aus 14.C.5:

14.C.8 Satz *Seien $f : I \to \mathbb{R}$ eine $(n-1)$-mal differenzierbare Funktion und a ein innerer Punkt des Intervalls I. Ferner sei $n \geq 3$ ungerade. Ist dann $f^{(n-1)}$ in a differenzierbar und gilt*

$$f^{(2)}(a) = \cdots = f^{(n-1)}(a) = 0 , \ f^{(n)}(a) \neq 0 ,$$

so besitzt f in a einen Wendepunkt.

B e w e i s . Nach Beispiel 14.A.13 ist für $x \to a$

$$f''(x) = \frac{f^{(n)}(a)}{(n-2)!} (x-a)^{n-2} + o\big((x-a)^{n-2}\big) ;$$

also wechselt f'' in a das Vorzeichen.   ●

14.C.9 Beispiel (K u r v e n d i s k u s s i o n) Über den Verlauf differenzierbarer reellwertiger Funktionen $f : D \to \mathbb{R}$, $D \subseteq \mathbb{R}$, verschafft man sich in der Regel einen guten Überblick, wenn man folgendermaßen vorgeht:

(1) Man bestimmt die Nullstellen der Funktion f.

(2) Man betrachtet das Verhalten der Funktion f in den Randpunkten von D, wozu gegebenenfalls auch ∞ bzw. $-\infty$ gehören, falls D nicht beschränkt ist. Häufig lässt sich eine (einfache) A s y m p t o t e g angeben für das Verhalten in einem Randpunkt a von D. Dies ist eine Funktion g, für die es eine Umgebung U von a gibt, so dass g in $U \cap D$ definiert ist und $\lim_{x \to a} \big(f(x) - g(x)\big) = 0$ gilt. (Genauer spricht man hier von einer Asymptote bezüglich der Addition. Für eine multiplikative Asymptote g gilt definitionsgemäß $\lim_{x \to a} f(x)/g(x) = 1$, wobei noch $g(x) \neq 0$ für $x \in U \cap D$ vorauszusetzen ist, vgl. Beispiel 10.A.7.)

(3) Man untersucht das Wachstumsverhalten von f und insbesondere die lokalen Extrema bzw. allgemeiner die Stellen, in denen f s t a t i o n ä r ist, d.h. die Ableitung f' verschwindet.

(4) Man bestimmt Intervalle, in denen f konvex bzw. konkav ist, und insbesondere die Wendepunkte von f. Hierfür ist das Vorzeichen der zweiten Ableitung f'' von f entscheidend. In den Wendepunkten bestimmt man jeweils die Wendetangenten.

Für Beispiele vgl. Aufg.1a).

14.C.10 Beispiel (V e r f a h r e n d e s G o l d e n e n S c h n i t t s) Besitzt die streng konvexe Funktion $f : [a , b] \to \mathbb{R}$ im Punkt $x_0 \in [a , b]$ ein lokales Minimum, so ist dies sogar ein globales Minimum von f und f in $[a , x_0]$ streng monoton fallend und in $[x_0 , b]$ streng monoton wachsend, vgl. auch Aufg. 11. Zur Approximation von x_0 benutzt man häufig das folgende Verfahren, das dem Intervallhalbierungsverfahren zur Bestimmung einer Nullstelle ähnlich ist, vgl. den Beweis von 10.C.1.

Wir betrachten allgemeiner eine Funktion $f : [a , b] \to \mathbb{R}$, die nicht notwendig konvex sein muss, aber in $x_0 \in [a , b]$ ein (globales) Minimum besitzt mit der Eigenschaft, dass f in $[a , x_0]$ streng monoton fallend und in $[x_0 , b]$ streng monoton wachsend ist. Sind dann $c, d \in]a, b[$ zwei Punkte mit $c < d$, so gilt offenbar: (1) Ist $f(c) \leq f(d)$, so ist $x_0 \in [a , d]$. (2) Ist $f(c) \geq f(d)$, so ist $x_0 \in [c , b]$.

Wählt man also c und $d := a + b - c$ nahe der Intervallmitte $(a + b)/2$, so hat sich die Länge $d - a = b - c$ des Intervalls, das die gesuchte Stelle x_0 enthält, nahezu halbiert. Dies erfordert aber bei jedem Schritt die Bestimmung zweier neuer Werte von f. Man versucht daher, beim nächsten Schritt (mit den Intervallgrenzen a', b' und den Vergleichspunkten c', d') den Punkt $c \in \,]a\,,d[$ im Fall (1) bzw. den Punkt $d \in \,]c\,,b[$ im Fall (2) wieder als einen der Vergleichspunkte zu benutzen:

$$\overset{\displaystyle\bullet\hspace{3.5cm}\bullet\hspace{1.5cm}\bullet\hspace{3cm}\bullet}{a\hspace{3.5cm}c\hspace{1.5cm}d\hspace{3cm}b}$$

Soll dann eine ähnliche Situation vorliegen wie zuvor, muss

$$\frac{d-a}{b-a} = \frac{c-a}{d-a} = \frac{b-d}{d-a}$$

gelten. Dies ergibt bei $[a\,,b] = [0, 1]$ für d die Zahl

$$\delta := \Phi - 1 = \Phi^{-1} = \frac{\sqrt{5}-1}{2} = \frac{\sqrt{5}+1}{2} - 1 = 0,61803\ 39887\ 49894\ 8\ldots$$

des Goldenen Schnitts mit $\delta^2 + \delta = 1$ und allgemein die Teilpunkte

$$c = \delta a + (1-\delta)b\,, \quad d = (1-\delta)a + \delta b\,,$$

vgl. auch 4.F, Aufg. 13. Insbesondere erhält man folgenden Algorithmus zur Approximation von x_0: Man setzt

$$a_0 = a\,, \quad b_0 = b\,, \quad c_0 = b - \delta(b-a)\,, \quad d_0 = a + b - c_0\,, \quad g_0 = f(c_0)\,, \quad h_0 = f(d_0)\,;$$

$$a_{n+1} = a_n\,, \quad b_{n+1} = d_n\,, \quad d_{n+1} = c_n\,, \quad c_{n+1} = a_{n+1} + b_{n+1} - d_{n+1}\,,$$

$$g_{n+1} = f(c_{n+1})\,, \quad h_{n+1} = g_n\,, \text{ falls } g_n \le h_n\,; \text{ bzw.}$$

$$a_{n+1} = c_n\,, \quad b_{n+1} = b_n\,, \quad c_{n+1} = d_n\,, \quad d_{n+1} = a_{n+1} + b_{n+1} - c_{n+1}\,,$$

$$g_{n+1} = h_n\,, \quad h_{n+1} = f(d_{n+1}) \text{ sonst.}$$

Dann definiert $[a_n\,,b_n]$, $n \in \mathbb{N}$, eine Intervallschachtelung für die Stelle x_0 mit $b_n - a_n = (b_0 - a_0)\delta^n$. Die Berechnung zweier neuer Funktionswerte reduziert die Intervalllänge also auf das δ^2-fache, $\delta^2 = 1 - \delta \approx 0,3820$, statt auf die Hälfte wie beim naiven Vorgehen.

Beim Implementieren ist zu beachten, dass δ als irrationale Zahl nicht direkt eingegeben werden kann. Wählt man als Approximation für δ den Quotienten f_m/f_{m+1} der beiden Fibonacci-Zahlen f_m und f_{m+1} (vgl. 4.F, Aufg. 13), so ist im angegebenen Algorithmus

$$b_n - a_n = \frac{f_{m+1-n}(b_0 - a_0)}{f_{m+1}} \quad \text{und} \quad d_n - a_n = \frac{f_{m-n}(b_0 - a_0)}{f_{m+1}}$$

für alle $n \le m - 2$ (Induktion) und damit $b_{m-2} - a_{m-2} = 2(b_0 - a_0)/f_{m+1}$. Will man den Algorithmus bis zur Bestimmung von a_n und b_n ausführen (wofür $n + 1$ Funktionswerte von f berechnet werden müssen, falls $n > 0$ ist), so wählt man $m = n + 2$ und ersetzt δ durch f_{n+2}/f_{n+3}. Dann liegt x_0 im Intervall $[a_n\,,b_n]$ der Länge

$$\frac{2(b_0 - a_0)}{f_{n+3}} \sim (b_0 - a_0)\delta^n 2(5 - 2\sqrt{5}) = (b_0 - a_0)\,\delta^n \cdot 1,0557\ldots.$$

Es soll etwa diejenige Geschwindigkeit eines Autos bestimmt werden, für die der Treibstoffverbrauch am geringsten ist. [1] Der vorgegebene Geschwindigkeitsbereich erstrecke sich von

---

[1] Wir nehmen an, dass dieser eine konvexe Funktion der Geschwindigkeit ist.

50 bis 150 km/h, und für die gesuchte Geschwindigkeit sei ein Intervall der Länge ≤ 5 km/h zugelassen. Dann ist n so zu wählen, dass $f_{n+3} \geq 200/5 = 40$ ist. Wegen $f_9 = 34$ und $f_{10} = 55$ ergibt sich $n = 7$ als minimaler Wert. Nach dem Messen des Treibstoffverbrauchs für $c_0 = (150 - \frac{34}{55} \cdot 100)$ km/h $\approx 88,2$ km/h und $d_0 = (200 - c_0)$ km/h $\approx 111,8$ km/h hat man noch 6 weitere Messungen auszuführen und erhält dann die optimale Geschwindigkeit in einem Intervall $[a_7, b_7]$ der Länge $(200/55)$ km/h $\approx 3,64$ km/h.

Aufgaben

1. a) Man diskutiere die folgenden reellen Funktionen im Sinne von Beispiel 14.C.9, wobei man zunächst einen natürlichen Definitionsbereich zu bestimmen hat:

$$\frac{1}{1+x^2} \; ; \quad \frac{x}{1+x^2} \; ; \quad \frac{3x-4}{x+2} - \frac{x^2 - 2x - 15}{(x-5)^2} \; ; \quad ax + \frac{b}{x} \; ;$$

$$\sqrt{\frac{x-1}{x+1}} \; ; \quad \sqrt[3]{(x+1)^2} - \sqrt[3]{(x-1)^2} \; ; \quad (x-c)^a (d-x)^b \text{ auf }]c, d[, \; c < d \; ;$$

$$e^{-x^2} \; ; \quad e^{-1/x^2} \; ; \quad x^a e^{bx} \; ; \quad nx e^{-nx^2} \; ; \quad (x^2 - 1)e^{-ax} \; ; \quad 1/\big(x^5 (e^{a/x} - 1)\big) \; ;$$

$$x^x \; ; \quad x^{1/x} \; ; \quad x^{1/x^2} \; ; \quad x^n (\ln x)^m \; , \text{ insbesondere } (\ln x)/x \; ; \quad (\sin ax)/x \; ; \quad e^{ax} \sin x \; ; \quad e^{-x^2} \cos x \; .$$

Dabei seien $a, b \in \mathbb{R}^\times$ und $n, m \in \mathbb{Z}$ Konstanten.

b) Für $a, b \in \mathbb{R}_+^\times$ ist die Funktion $f(x) := (a^x + b^x)^{1/x}$ auf $\mathbb{R}_+^\times$ streng monoton fallend und streng konvex.

c) Man skizziere die Graphen der Funktionen $2x, 3x, 2^x, 3^x$ in ein und dasselbe Koordinatensystem. (Insbesondere achte man auf den Verlauf in der Nähe von $x_0 = 1$.)

2. Man beweise die folgenden Ungleichungen:

a) Für $p, q > 1$ mit $1/p + 1/q = 1$ und alle $x, y > 0$ gilt

$$\ln\left(\frac{x}{p} + \frac{y}{q}\right) \geq \frac{1}{p} \ln x + \frac{1}{q} \ln y \, , \quad x^{1/p} y^{1/q} \leq \frac{x}{p} + \frac{y}{q} \, .$$

(ln ist konkav! Man vgl. auch Beispiel 14.C.6.)

b) Für positive Zahlen x, y, a, b gilt $x \ln \frac{x}{a} + y \ln \frac{y}{b} \geq (x+y) \ln \frac{x+y}{a+b}$. (Man betrachte die Funktion $x \ln x$.)

c) Für $0 \leq t \leq \pi/2$ gilt $2t/\pi \leq \sin t$.

3. Für positive Zahlen $x_1, \ldots, x_n$, die nicht alle gleich sind, und $m \in \mathbb{R}, m > 1$, gilt

$$\frac{x_1 + \cdots + x_n}{n} < \sqrt[m]{\frac{x_1^m + \cdots + x_n^m}{n}} \, .$$

4. Die Funktion $f : [0, b] \to \mathbb{R}$ sei konvex mit $f(0) = 0$. Dann ist die Funktion $x \mapsto f(x)/x$ auf $]0, b]$ monoton wachsend.

5. a) Sei $f : I \to \mathbb{R}_+^\times$ eine Funktion auf dem Intervall I mit Werten in $\mathbb{R}_+^\times$. Ist $\ln f$ konvex, so auch f. (Ist $\ln f$ konvex, so heißt f l o g a r i t h m i s c h   k o n v e x .)

b) Für $a, b \in \mathbb{R}_+^\times$ ist die Funktion $f(x) := (a^x + b^x)^{1/x}$ auf $\mathbb{R}_+^\times$ (streng) monoton fallend und (streng) logarithmisch konvex.

6. a) Jede nach oben beschränkte konvexe Funktion $f : [\,a\,,\infty[\, \to \mathbb{R}$ ist monoton fallend, jede nach unten beschränkte konkave Funktion $f : [\,a\,,\infty[\, \to \mathbb{R}$ ist monoton wachsend.

b) Die Funktion $f : \mathbb{R} \to \mathbb{R}$ sei konvex (bzw. konkav), aber nicht konstant. Dann ist f nicht nach oben (bzw. nicht nach unten) beschränkt.

7. Jede konvexe oder konkave Funktion auf einem offenen Intervall ist stetig. (Man schaue (im konvexen Fall) auf das folgende Bild.)

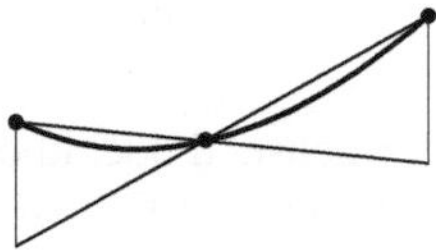

8. Jede differenzierbare konvexe oder konkave Funktion ist stetig differenzierbar.

9. Sei $f : I \to \mathbb{R}$ eine differenzierbare Funktion auf dem Intervall I. Für $a \in I$ bezeichne $t_a : I \to \mathbb{R}$ die Funktion der Tangente an den Graphen von f im Punkte $\big(a, f(a)\big)$. Es ist also $t_a(x) = f(a) + f'(a)(x - a)$. Genau dann ist f konvex (bzw. konkav), wenn für alle $a \in I$ gilt $t_a \leq f$, d.h. $t_a(x) \leq f(x)$ für alle $x \in I$ (bzw. $f \leq t_a$, d.h. $f(x) \leq t_a(x)$ für alle $x \in I$). Genau dann ist f strikt konvex (bzw. strikt konkav), wenn dabei das Gleichheitszeichen jeweils nur für $x = a$ gilt. (Im konvexen und konkaven Fall sind die Tangenten also Stützgeraden an den Graphen von f, vgl. auch die folgende Aufgabe.)

10. Sei $f : I \to \mathbb{R}$ eine konvexe Funktion auf dem Intervall $I = \,]c\,, d[\, \subseteq \mathbb{R}$.

a) Für jedes $a \in I$ sind die Beschränkungen $f \,|\,]c\,, a]$ und $f \,|\, [a\,, d[$ in a differenzierbar. Wir bezeichnen die beiden Ableitungen in a mit $f'(a-)$ bzw. $f'(a+)$ und nennen sie die l i n k s s e i t i g e bzw. r e c h t s s e i t i g e A b l e i t u n g von f in a.

b) Für $a, b \in I$, $a < b$, gilt $f'(a-) \leq f'(a+) \leq f'(b-) \leq f'(b+)$. Die Funktion f ist in allen Punkten von I mit höchstens abzählbar vielen Ausnahmen differenzierbar.

c) Eine lineare Funktion $h : x \mapsto \alpha x + \beta$, $\alpha, \beta \in \mathbb{R}$, definiert eine S t ü t z g e r a d e an den Graphen einer Funktion $g : I \to \mathbb{R}$ im Punkt $\big(a, g(a)\big) \in \Gamma(g)$, wenn $h(a) = g(a)$ ist und der Graph von g ganz oberhalb oder ganz unterhalb des Graphen von h liegt. Man zeige für die konvexe Funktion f: Die Stützgeraden für f in $\big(a, f(a)\big)$, $a \in I$, werden genau durch die Funktionen $h_\alpha : x \mapsto \alpha(x - a) + f(a)$ mit $f'(a-) \leq \alpha \leq f'(a+)$ definiert.

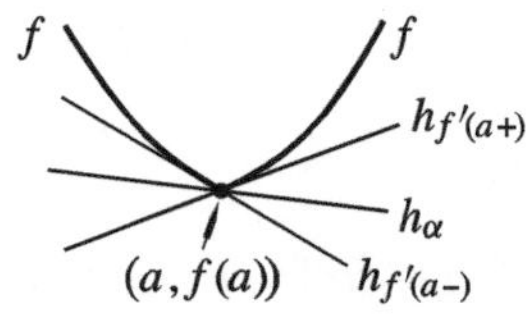

d) Man formuliere entsprechende Aussagen für konkave Funktionen $I \to \mathbb{R}$.

11. Eine konvexe Funktion $f : I \to \mathbb{R}$ auf dem offenen Intervall I besitzt kein isoliertes lokales Maximum und höchstens ein isoliertes lokales Minimum. Existiert ein lokales Minimum, so ist es bereits ein globales Minimum von f. Man formuliere eine entsprechende Aussage für konkave Funktionen.

12. a) Der Sicherheitsabstand zweier Autos sei eine monoton wachsende und streng konvexe differenzierbare Funktion $f(v)$ der gemeinsamen Geschwindigkeit v mit $f(0) > 0$. Die Verkehrsdichte, d.h. die Anzahl der Autos in einer Kolonne mit der Geschwindigkeit v, die einen bestimmten Straßenabschnitt in der Zeiteinheit passieren, ist $D(v) = v/f(v)$. Sie ist stets beschränkt.

b) Entweder ist $D(v)$ streng monoton wachsend oder aber es gibt genau eine Geschwindigkeit v_0, für die $D(v)$ maximal ist. Im letzteren Fall ist v_0 durch die Gleichung $f'(v_0) = f(v_0)/v_0 = 1/D(v_0)$ charakterisiert. Er tritt sicher dann ein, wenn f' unbeschränkt ist.

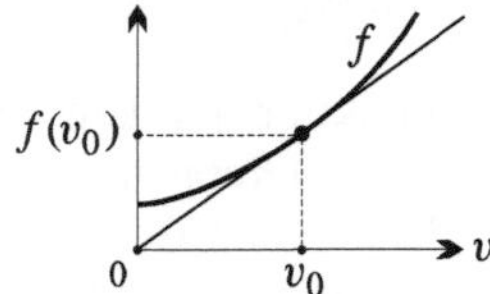

c) Bei einer Bremsverzögerung b, einer Geschwindigkeit v und der Reaktionszeit t_r ist der Bremsweg $vt_r + v^2/2b$. Rechnet man als Sicherheitsabstand den Ruheabstand a, vermehrt um das q-fache des Bremsweges, so ergibt sich $f(v) = a + q(vt_r + v^2/2b)$. Dann wird $D(v)$ maximal für $v_0 = \sqrt{2ab/q}$ mit $D(v_0) = 1/\left(\sqrt{2aq/b} + qt_r\right)$. (Realistisch sind etwa folgende Werte: $b = 6\,\mathrm{m/sec}^2$, $a = 10\,\mathrm{m}$, $t_r = 1\,\mathrm{sec}$, $q = 0{,}3 \ldots 0{,}5\,(?)$. Bei $q = 1$, womit man – zumindest im Stadtverkehr – vernünftigerweise rechnen sollte, ist $v_0 = 3{,}6\sqrt{120}$ km/h $\approx 40\,\mathrm{km/h}$; bei $a = 6\,\mathrm{m}$ (kürzere Fahrzeuge) und $q = 1$ ist $v_0 = 21{,}6\sqrt{2}\,\mathrm{km/h} \approx 30\,\mathrm{km/h}$.) Für $f(v) := a \cosh bv$ mit positiven Konstanten a, b ist v_0 durch die Gleichung $bv_0 = \coth bv_0$ bestimmt, also $v_0 = x_0/b$, wo $x_0 = 1{,}199678\ldots$ die positive Lösung von $x = \coth x$ ist, vgl. 14.D, Aufg. 2b).

14.D Das Newton-Verfahren

Ein besonders schnelles Verfahren zur Bestimmung von Nullstellen differenzierbarer Funktionen ist das so genannte Newton-Verfahren. Im folgenden Satz beschränken wir uns auf eine von vier typischen Situationen, bei denen das Newton-Verfahren anwendbar ist, vgl. die Bemerkungen im Anschluss an den Beweis.

14.D.1 Newton-Verfahren *Sei* $f : [a, b] \to \mathbb{R}$ *differenzierbar und konvex mit* $f(a) < 0 < f(b)$. *Ferner sei* $x_0 \in [a, b]$ *und* $f(x_0) \geq 0$. *Dann wird durch*

$$x_{n+1} = x_n - \frac{f(x_n)}{f'(x_n)},$$

$n \in \mathbb{N}$, *eine monoton fallende Folge in* $[a, b]$ *definiert, die gegen die einzige Nullstelle* c *von* f *in* $[a, b]$ *konvergiert. – Es gelten dabei die folgenden Fehlerabschätzungen:*

(1) *Ist $f'(a) > 0$, so ist für $n \in \mathbb{N}$*

$$0 \le x_n - c \le \frac{f(x_n)}{f'(c)} \le \frac{f(x_n)}{f'(a)} \,.$$

(2) *Ist f zweimal differenzierbar und ist $f'(a) > 0$, so gilt für $n \in \mathbb{N}^*$*

$$0 \le x_n - c \le \frac{\|f''\|}{2f'(a)} \, (x_{n-1} - x_n)^2 \le \frac{\|f''\|}{2f'(a)} \, (x_{n-1} - c)^2 \,.$$

Falls $\|f''\| = \mathrm{Sup}\,\{f''(x) \mid x \in [a,b]\} < \infty$ ist, herrscht also quadratische Konvergenz.

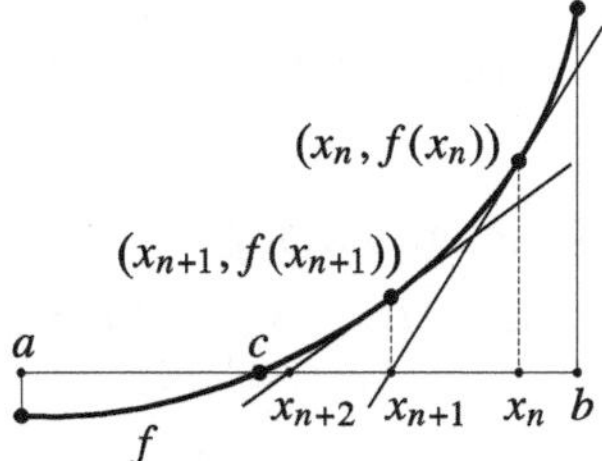

B e w e i s . Nach dem Zwischenwertsatz hat f eine Nullstelle c in $]a, b[$, und nach dem Mittelwertsatz existiert eine Stelle $d \in \,]a, c[$, für die gilt: $f'(d) = (f(c) - f(a))/(c - a) = -f(a)/(c - a) > 0$. Da f' wegen der Konvexität von f monoton wächst, ist somit $f'(x) \ge s := f'(d) > 0$ für alle $x \in [d, b]$. Es folgt, dass f in $[d, b]$ streng monoton wachsend ist. Insbesondere kann f dort außer c keine weitere Nullstelle haben. Hätte f in $[a, d]$ eine weitere Nullstelle c', so lieferten die vorstehenden Überlegungen mit c' statt c einen Widerspruch zur Existenz der weiteren Nullstelle $c > c'$. Insbesondere ist $f(x) > 0$ für $x > c$ und $f(x) < 0$ für $x < c$.

Durch Induktion über n zeigen wir nun $c \le x_{n+1} \le x_n$ für alle $n \in \mathbb{N}$, wobei der Induktionsanfang $n = 0$ gleich mitbehandelt wird. Nach Definition ist x_{n+1} die Nullstelle der Tangente $x \mapsto f(x_n) + f'(x_n)(x - x_n)$ an den Graphen von f im Punkte $\big(x_n, f(x_n)\big)$. Nach Induktionsvoraussetzung über x_n bzw. nach Wahl von x_0 ist $c \le x_n$ und somit $f(x_n) \ge 0$ und $f'(x_n) \ge s$. Es folgt zunächst

$$x_{n+1} = x_n - \frac{f(x_n)}{f'(x_n)} \le x_n \,.$$

Da die Tangente an Γ_f im Punkt $\big(x_n, f(x_n)\big)$ wegen der Konvexität von f unterhalb von Γ_f verläuft (vgl. 14.C, Aufg. 9), ist ferner $f(x_{n+1}) \ge 0$, also $x_{n+1} \ge c$.

Die beschränkte monoton fallende Folge (x_n) ist konvergent mit einem Grenzwert $\widetilde{c} \ge c$. Da f' monoton wachsend ist, ist auch die Folge $(f'(x_n))$ monoton fallend und daher konvergent mit einem Grenzwert $\ge s > 0$. Nun folgt aus $x_{n+1} = x_n - f(x_n)/f'(x_n)$ durch Übergang zu den Limiten $\widetilde{c} = \widetilde{c} - f(\widetilde{c})/\lim f'(x_n)$, woraus sich $f(\widetilde{c}) = 0$, also $\widetilde{c} = c$ ergibt. [1]

---

[1] Es ist übrigens $\lim f'(x_n) = f'(\widetilde{c})$, da f' stetig ist, vgl. 14.C, Aufg. 8.

Die erste Fehlerabschätzung erhält man aus dem Mittelwertsatz wegen

$$f(x_n) = f(x_n) - f(c) = f'(c_n)\,(x_n - c) \geq f'(c)\,(x_n - c) \geq f'(a)\,(x_n - c)$$

mit einem $c_n \in [c, x_n]$. Zum Beweis der zweiten Fehlerabschätzung verwenden wir die Taylor-Formel 15.A.4. Danach ist

$$f(x_n) = f(x_{n-1}) + f'(x_{n-1})\,(x_n - x_{n-1}) + \frac{1}{2} f''(\eta_n)\,(x_n - x_{n-1})^2$$

$$= \frac{1}{2} f''(\eta_n)\,(x_n - x_{n-1})^2$$

mit einem $\eta_n \in [x_n, x_{n-1}]$, da $f(x_{n-1}) + f'(x_{n-1})\,(x_n - x_{n-1})$ nach Definition der Folge (x_n) gleich 0 ist. Setzt man dieses Ergebnis in der Fehlerabschätzung (1) ein, so erhält man (2).   ●

Außer in der in 14.D.1 beschriebenen Situation:

(1) f ist konvex, es ist $f(a) < 0 < f(b)$, und der Startwert x_0 erfüllt die Bedingung $f(x_0) \geq 0$;

gilt eine zu 14.D.1 analoge Aussage in folgenden Situationen:

(2) f ist konvex, es ist $f(a) > 0 > f(b)$, und der Startwert x_0 erfüllt die Bedingung $f(x_0) \geq 0$;

(3) f ist konkav, es ist $f(a) > 0 > f(b)$, und der Startwert x_0 erfüllt die Bedingung $f(x_0) \leq 0$;

(4) f ist konkav, es ist $f(a) < 0 < f(b)$, und der Startwert x_0 erfüllt die Bedingung $f(x_0) \leq 0$.

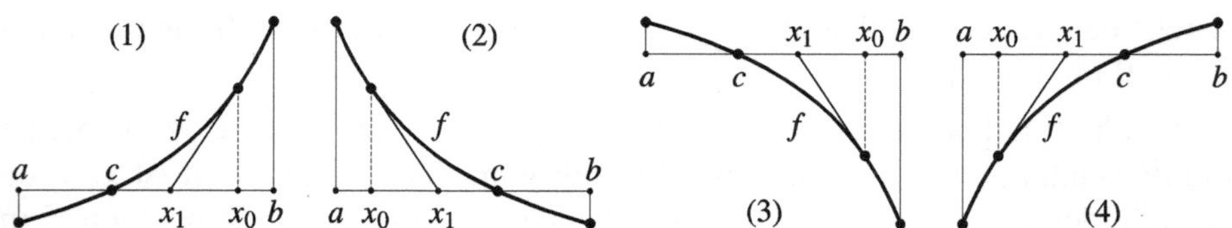

Man führt (3) auf (1) und (4) auf (2) zurück, indem man $-f$ statt f betrachtet; in der Situation (2) schließlich ergibt sich die Aussage, indem man am Mittelpunkt des Intervalls $[a, b]$ spiegelt, d.h. statt f die Funktion $f\!\left(\frac{1}{2}(a+b) - x\right)$ auf $[a, b]$ betrachtet.

Ist f zweimal in $[a, b]$ differenzierbar, hat die zweite Ableitung f'' dort keine Nullstelle und ist $f(a)\,f(b) < 0$, so liegt eine der vier angegebenen Situationen vor. Den Startwert x_0 hat man dann so zu wählen, dass $f(x_0)\,f''(x_0) \geq 0$ ist. Ist also f'' in einer Umgebung der gesuchten Nullstelle c von f ungleich 0, so lässt sich c stets mit dem Newton-Verfahren bestimmen, falls der Startwert x_0 genügend nahe an c gewählt wird. Liegt dabei x_0 noch nicht auf der richtigen Seite von c, so gilt dies jedoch für x_1, wie der Leser unmittelbar bestätigt.

Ferner sei noch bemerkt, dass sich das Newton-Verfahren ohne Konvexitätsbedingungen stets in einer hinreichend kleinen Umgebung der gesuchten Nullstelle c zu deren Bestimmung verwenden lässt, wenn dort die Ableitung f' von f nirgends verschwindet und f'' existiert und beschränkt ist. Es ist nämlich c Fixpunkt der Funktion $g : x \mapsto x - f(x)/f'(x)$. Wegen $g'(x) = f(x)\,f''(x)\big/\big(f'(x)\big)^2$, also $g'(c) = 0$, gibt es ein $L < 1$ und ein Intervall $J = [c - \delta, c + \delta]$, $\delta > 0$, mit $|g'(x)| \le L$ für alle $x \in J$. Dann wird J von g in sich abgebildet, da

$$|g(x) - c| = |g(x) - g(c)| = |g'(\eta)|\,|x - c| \le L|x - c|$$

ist. Ferner ist g kontrahierend, so dass nach 10.B.13 die Newton-Folge $x_{n+1} = g(x_n)$, $n \in \mathbb{N}$, gegen einen Fixpunkt von g konvergiert. Diese Argumentation gilt analog auch im Komplexen (etwa) für einen Kreis $\overline{B}(c\,;\,\delta)$ um eine Nullstelle $c \in \mathbb{C}$ von f und zeigt, dass das Newton-Verfahren auch für komplex-differenzierbare (d.h. komplex-analytische) Funktionen benutzt werden kann.

Man geht zur Bestimmung einer Nullstelle c von f häufig so vor, dass man sich c zunächst mit einer naiven Methode, etwa der Intervallhalbierungsmethode oder der Regula falsi (vgl. 10.C.3), grob nähert und dann die Approximation mit dem Newton-Verfahren fortsetzt.

Da man jeden Wert in der Nähe von x_n als neuen Startwert auffassen kann, spielen Rundungsfehler im Allgemeinen beim Newton-Verfahren keine entscheidende Rolle. Man sagt, das Verfahren sei s e l b s t k o r r i g i e r e n d .

Natürlich gibt es Situationen, in denen die Newton-Folge (x_n) nicht definiert ist oder nicht konvergiert, wie die folgenden reellen Beispiele zeigen:

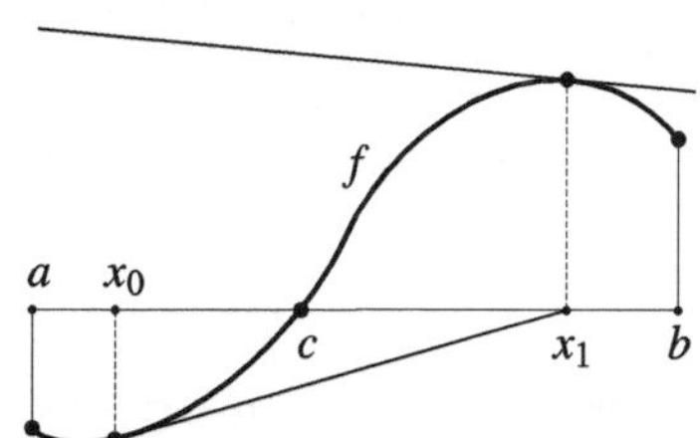

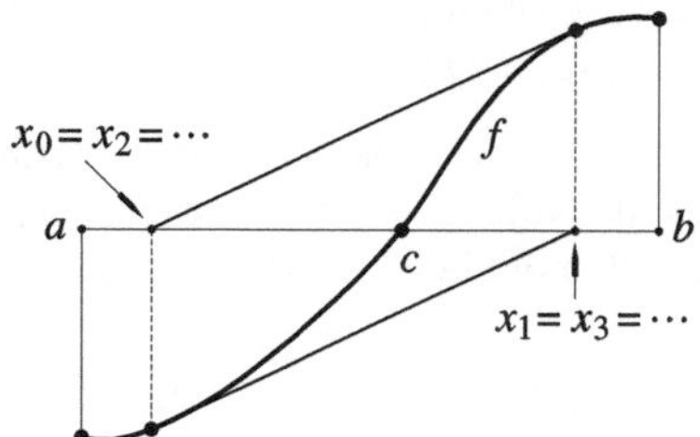

14.D.2 Beispiel Wendet man das Newton-Verfahren auf die Funktion $f : x \mapsto x^k - a$ mit einer natürlichen Zahl $k \ge 2$ und $a > 0$ an, so erhält man das Babylonische Wurzelziehen aus Beispiel 4.F.9. Die Funktion f ist nämlich konvex wegen $f''(x) = k(k-1)x^{k-2} \ge 0$, und es ist $f(0) = -a < 0$, $f(b) > 0$ für hinreichend große b. Mit einem beliebigen Startwert $x_0 > 0$ wird dann die Newton-Folge durch

$$x_{n+1} = x_n - \frac{f(x_n)}{f'(x_n)} = x_n - \frac{x_n^k - a}{k x_n^{k-1}} = \frac{1}{k}\left((k-1)x_n + \frac{a}{x_n^{k-1}}\right)$$

gegeben. Es liegt die Situation von 14.D.1 vor, wobei jedenfalls x_1 größer-gleich der Nullstelle $\sqrt[k]{a}$ von f ist. Die Fehlerabschätzung (1) ergibt für $n \ge 1$

$$0 \le x_n - \sqrt[k]{a} \le (x_n^k - a)/k(\sqrt[k]{a})^{k-1}\,,$$

vgl. auch 4.F, Aufg. 19. Die Fehlerabschätzung (2) liefert für $n \ge 2$

$$0 \le x_n - \sqrt[k]{a} \le (k-1)x_1^{k-2}\,(x_{n-1} - x_n)^2\big/2(\sqrt[k]{a})^{k-1}\,.$$

Für den Fall $k = 2$ ist dies die Abschätzung aus Beispiel 4.F.9.

Aufgaben

1. Man schreibe ein Computer-Programm, das die Nullstelle einer Funktion mit Hilfe des Newton-Verfahrens bestimmt. Die Werte der Funktion bzw. ihrer Ableitung sollen jeweils durch ein Unterprogramm berechnet werden. Das Ende der Rechnung bestimme man zu vorgegebenem $\varepsilon > 0$ durch die Bedingung $|x_{n+1} - x_n| \leq \varepsilon$ oder besser durch die relative Bedingung $|x_{n+1} - x_n| \leq \varepsilon \, |x_n|$.

2. a) Man untersuche das Konvexitätsverhalten der Funktionen aus 10.C, Aufg. 2 und berechne ihre Nullstellen mit Hilfe des Newton-Verfahrens.

b) Man bestimme mit dem Newton-Verfahren die Nullstellen $x = x(\alpha)$ der Funktionen $t \mapsto \coth t - \alpha t$ auf $\mathbb{R}_+^\times$ bzw. $t \mapsto \cot t - \alpha t$ auf $]0, \pi[$ für einige exemplarische Werte von $\alpha \in \mathbb{R}_+^\times$ bzw. $\alpha \in \mathbb{R}$. Die beiden Funktionen $\alpha \mapsto x(\alpha)$ sind auf $\mathbb{R}_+^\times$ bzw. $\mathbb{R}$ analytisch und besitzen für große α jeweils Darstellungen der Form $f(1/\sqrt{\alpha})$ mit konvergenten Potenzreihen f. Im zweiten Fall besitzt die Funktion $x(\alpha)$ für kleine α (d.h. für $\alpha \to -\infty$) eine Darstellung $x(\alpha) = g(1/\alpha)$ mit einer konvergenten Potenzreihe g. Man bestimme diese drei Potenzreihen bis zur Ordnung 5 einschließlich. Wie verhält sich $x(\alpha)$ im ersten Fall für $\alpha \to 0+$?

3. Die Bezeichnungen und Voraussetzungen seien wie in 14.D.1. Man beweise für $n \in \mathbb{N}^*$ die Fehlerabschätzung

$$0 \leq x_n - c \leq \frac{1}{2} \frac{\|f''\|_{[c, x_{n-1}]}}{f'(x_{n-1})} (x_{n-1} - c)^2 ,$$

die die Abschätzung in 14.D.1 (2) verbessert. (Die Taylor-Formel liefert ein $\xi \in [c, x_{n-1}]$ mit $0 = f(c) = f(x_{n-1}) + f'(x_{n-1}) (c - x_{n-1}) + \frac{1}{2} f''(\xi) (c - x_{n-1})^2$.)

4. Sei $a \in \mathbb{R}_+^\times$. Den natürlichen Logarithmus $\ln a$ berechne man mit Hilfe des Newton-Verfahrens als Nullstelle der konvexen Funktion $x \mapsto e^x - a$ mit dem Startwert $x_0 = 0$. Für $n \geq 2$ gelten die Fehlerabschätzungen

$$0 \leq x_n - \ln a \leq \frac{e^{a-1}}{2a}(x_n - x_{n-1})^2 , \quad 0 \leq x_n - \ln a \leq \frac{1}{2}(x_{n-1} - \ln a)^2 .$$

(Für die zweite Abschätzung benutze man Aufg. 3.)

5. Der jährliche Zinssatz einer Bank betrage $p > 0$. Bei einem Kredit vom Betrag $K > 0$ sei die jährliche Rückzahlung $R = rK, r > 0$.

a) Nach m Jahren, $m \in \mathbb{N}$, betragen die Schulden noch $K\big((1+p)^m(p-r)+r\big)/p$.

b) Sei $m \in \mathbb{N}^*$ mit $mr > 1$. Die Funktion $f : x \mapsto (1+x)^m(x-r) + r$ auf $[-1, \infty[$ besitzt genau zwei Nullstellen, nämlich 0 und p_0 mit $0 < p_0 < r$. Ferner gibt es Stellen $x_1 > 0$ und $x_2 > -1$ mit $x_2 < x_1 < p_0$ derart, dass f in $[-1, x_1]$ monoton fällt und in $[x_1, \infty[$ monoton steigt sowie in $[-1, x_2]$ konkav und in $[x_2, \infty[$ konvex ist.

c) Man verwende das Newton-Verfahren mit dem Startwert $x_0 = r$, um den Zinssatz p_0 bis auf einen Fehler $\leq 10^{-6}$ zu berechnen, wenn der Kredit $K = 15000$ bei einer jährlichen Rate $R = 2000$ nach genau 10 Jahren getilgt ist.

6. Sei $p \in]0, 1/2[$. Die Funktion $f : \mathbb{R}_+^\times \to \mathbb{R}$ mit $f(x) := \big(1 + (1/x)\big)^{x+p}$ hat genau eine lokale Extremstelle x_p, und zwar nimmt sie dort ihr globales Minimum an. Die Funktion $p \mapsto x_p$ ist eine bijektive streng monoton wachsende und beliebig oft differenzierbare Funktion $]0, 1/2[\longrightarrow]0, \infty[$. Dazu betrachte man die Umkehrfunktion

$p = g(x_p) = x_p(x_p+1)\ln\left(1+(1/x_p)\right) - x_p$. Ferner zeige man, dass g streng konkav ist, und berechne x_p mit dem Newton-Verfahren bis auf einen Fehler $\leq 10^{-6}$ als Nullstelle von $g(x) - p$ für $p = 0{,}05 \cdot k$, $k = 1, \ldots, 9$.

7. Für $n \in \mathbb{N}^*$ sei $g_n : \mathbb{R} \to \mathbb{R}$ die Polynomfunktion

$$g_n(x) := 1 + x + \frac{x^2}{2} + \cdots + \frac{x^n}{n}\,.$$

Es ist $g_n'(x) = (x^n - 1)/(x - 1)$.

a) Sei n ungerade. Dann ist die Funktion g_n streng monoton wachsend und besitzt genau eine Nullstelle x_n. Dafür gilt $-2 < x_n \leq -1$ und $x_n < x_{n+2}$ bei $n \geq 5$. (Es ist dann nämlich $g_n\left(-(n + 2)/(n + 1)\right) > 0$, also $x_n < -(n + 2)/(n + 1)$, woraus $g_{n+2}(x_n) = x_n^{n+1}\left(1/(n + 1) + x_n/(n + 2)\right) < 0$ folgt.) Die Folge (x_{2m+1}) konvergiert also. Man zeige: $\lim x_{2m+1} = -1$. (Es ist $0 < g_{2m+1}(x) < 1/2$ für alle $x \in\,]x_{2m+1}, -1[$ und alle $m \geq 1$. Wäre $x_{2m+1} \leq -(1 + \varepsilon)$ für alle m mit einem $\varepsilon > 0$, so wäre nach dem Mittelwertsatz $g_{2m+1}\left(x_{2m+1} + (\varepsilon/2)\right)$ unbeschränkt.)

b) Für gerades n besitzt g_n genau eine lokale Extremstelle, und zwar im Punkt $x = -1$. Dabei handelt es sich um ein globales Minimum; g_n besitzt bei geradem n keine Nullstelle.

c) Für gerades n ist g_n konvex.

d) Für ungerades $n \geq 3$ gibt es ein w_n mit $-1 < w_n < 0$, so dass g_n in $]-\infty, w_n]$ konkav und in $[w_n, \infty[$ konvex ist.

e) Für $n = 3, 5, 7, 9$ berechne man x_n aus Teil a) (bzw. w_n aus Teil d)) mit dem Newton-Verfahren bis auf einen Fehler $\leq 10^{-6}$.

8. Für $n \in \mathbb{N}^*$ sei $g_n : \mathbb{R} \to \mathbb{R}$ die Polynomfunktion

$$g_n(x) := 1 + \frac{x}{1!} + \frac{x^2}{2!} + \cdots + \frac{x^n}{n!}\,.$$

a) Für gerades n hat g_n keine Nullstelle. (Man diskutiere die Funktion $g_n(x)\,e^{-x}$ oder beachte einfach, dass $g_n' = g_{n-1}$ in jeder Nullstelle negativ wäre.)

b) Für ungerades n ist g_n streng monoton wachsend und besitzt genau eine Nullstelle x_n. Es ist $-n \leq x_n \leq -1$ und $x_{n+2} < x_n$. Außerdem ist $\lim x_{2m+1} = -\infty$. (Man beachte $\lim_{n\to\infty} g_n(x) = e^x$.)

c) Für gerades n ist g_n konvex.

d) Für ungerades $n \geq 3$ ist g_n in $]-\infty, x_{n-2}]$ konkav und in $[x_{n-2}, \infty[$ konvex.

e) Man berechne die x_n aus Teil b) mit dem Newton-Verfahren (Startwert z.B. gleich $-n$) bis auf einen Fehler $\leq 10^{-6}$ für $n = 3, 5, 7, 9$.

9. Sei $\alpha \in \mathbb{R}$, $0 < \alpha < 1$, fest. Für jedes $n \in \mathbb{N}$ sei $g_n : \mathbb{R} \to \mathbb{R}$ die Funktion

$$g_n(x) := 1 + \frac{x}{1!} + \frac{x^2}{2!} + \cdots + \frac{x^n}{n!} - \alpha e^x\,.$$

a) Für jedes n hat g_n genau eine positive Nullstelle x_n. (In jeder positiven Nullstelle von g_n ist die Ableitung $g_n' = g_{n-1} = g_n - x^n/n!$ negativ. Dabei sei $g_{-1} := -\alpha e^x$.) Es ist $x_n < x_{n+1}$ und $\lim x_n = \infty$.

b) Für gerades n hat g_n keine negative Nullstelle. (Man schließe im Intervall $]-\infty, 0]$ wie bei Aufg. 8a).) Für jedes ungerade n ist g_n in $]-\infty, 0]$ streng monoton steigend und besitzt genau eine negative Nullstelle y_n. Es ist $y_{n+2} < y_n$ und $\lim y_{2m+1} = -\infty$.

c) Für ungerades n besitzt g_n genau ein lokales Extremum, und zwar in x_{n-1}. Dabei handelt es sich um das globale Maximum von g_n.

d) Für gerades $n \geq 2$ besitzt g_n genau zwei lokale Extrema, und zwar ein lokales Minimum in y_{n-1} und ein lokales Maximum in x_{n-1}.

e) Für ungerades $n \geq 3$ ist g_n in $]-\infty, y_{n-2}]$ konkav, in $[y_{n-2}, x_{n-2}]$ konvex und in $[x_{n-2}, \infty[$ konkav. Für gerades $n \geq 2$ ist g_n in $]-\infty, x_{n-2}]$ konvex und in $[x_{n-2}, \infty[$ konkav.

f) Man berechne mit dem Newton-Verfahren die Werte x_n aus Teil a) und bei ungeradem n die Werte y_n aus Teil b) für $0 \leq n \leq 9$ und $\alpha = 0{,}01;\ 0{,}05;\ 0{,}1;\ 0{,}5$.

10. In jeder der im Anschluss an den Beweis von 14.D.1 besprochenen Situationen (1) bis (4) liefert die Folge (c_n), die gemäß der Regula falsi 10.C.3 konstruiert wird, zusammen mit der Newton-Folge (x_n) eine Intervallschachtelung für die Nullstelle c von f. Dabei wähle man für die Regula falsi den Startwert x_0 des Newton-Verfahrens als einen der Randpunkte des Ausgangsintervalls. (Um sichere Abschätzungen für die Nullstellen zu bekommen, kombiniert man gern die Regula falsi mit dem Newton-Verfahren.)

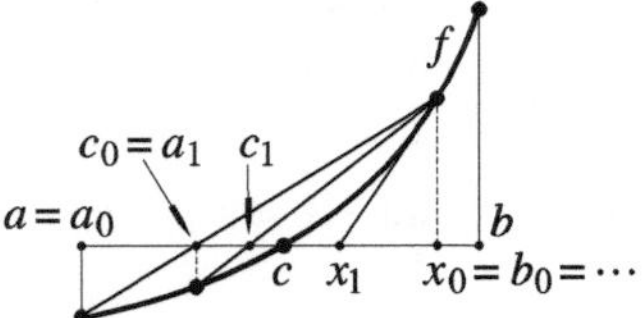

11. (V e r e i n f a c h t e s N e w t o n - V e r f a h r e n) In jeder der Situationen (1) bis (4), die im Anschluss an den Beweis von 14.D.1 beschrieben wurden, konvergiert auch die rekursiv definierte Folge (y_n) mit $y_0 = x_0$ und $y_{n+1} = y_n - f(y_n)/f'(y_0)$ monoton gegen die Nullstelle c von f in $[a, b]$. (Dabei ist die Konvergenz i.A. nur linear. Der Vorteil dieses so genannten v e r e i n f a c h t e n N e w t o n - V e r f a h r e n s ist, dass die Ableitung von f nur an der Stelle y_0 berechnet zu werden braucht.)

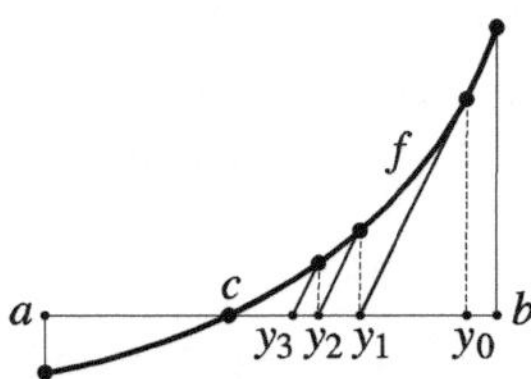

12. ((U n k o n d i t i o n i e r t e) R e g u l a f a l s i) Sei $f : [a, b] \to \mathbb{R}$ eine zweimal differenzierbare Funktion mit $f(a)f(b) < 0$. f' habe keine Nullstelle in $[a, b]$, und f'' sei dort beschränkt. Ferner sei c die (einzige) Nullstelle von f in $]a, b[$. Das Newton-Verfahren wählt zu einer Approximation $x_0 \in [a, b]$ der Nullstelle c die Nullstelle der Tangente an den Graphen von f in $(x_0, f(x_0))$ als Verbesserung. Hier sei ähnlich wie bei der Regula falsi in Beispiel 10.C.3 die Nullstelle x_2 der Sekante durch zwei verschiedene Punkte $(x_0, f(x_0))$ und $(x_1, f(x_1))$ des Graphen als Verbesserung gewählt, $x_0, x_1 \in [a, b]$. Die Vorzeichen von $f(x_0)$ und $f(x_1)$ brauchen (anders als in Beispiel 10.C.3) *nicht* verschieden zu sein.

Es ist $x_2 = (x_0 f(x_1) - x_1 f(x_0))/(f(x_1) - f(x_0))$ und (bei $x_0, x_1 \neq c$)

$$x_2 - c = \frac{f(x_1)/(x_1 - c) - f(x_0)/(x_0 - c)}{f(x_1) - f(x_0)} \cdot (x_1 - c)(x_0 - c) = \frac{f''(\xi)}{2f'(\xi)}(x_1 - c)(x_0 - c),$$

wobei $\xi \in [a, b]$ ist. (Man benutze z.B. den Zweiten Mittelwertsatz 14.A.10 und die Taylorformel 15.A.4 für $n = 2$.) Es ist also $|x_2 - c| \leq C |x_1 - c||x_0 - c|$ mit einer Konstanten C. Ist somit $\delta := \text{Max}\left(|x_1 - c|, |x_0 - c|\right)$ klein genug und insbesondere $C\delta < 1$, d.h. liegen die Anfangswerte x_0, x_1 nahe genug an der gesuchten Nullstelle c, so ist die Rekursion

$$x_{n+1} = \frac{x_{n-1} f(x_n) - x_n f(x_{n-1})}{f(x_n) - f(x_{n-1})}, \quad n \geq 1,$$

wohldefiniert (Man stoppt, wenn $f(x_n) = 0$ ist.) und liefert eine Folge $(x_n)_{n \in \mathbb{N}}$ in $[a, b]$ mit

$$|x_n - c| \leq C^{f_{n+1}-1} \delta^{f_{n+1}} \sim C^{-1} \varepsilon^{\Phi^{n+1}}, \quad n \in \mathbb{N}, \quad \varepsilon := (C\delta)^{1/\sqrt{5}},$$

die gegen die Nullstelle c konvergiert. (Induktion über n. Die f_n sind die Fibonacci-Zahlen, vgl. Beispiel 2.A.5.) Man spricht auch hier von einer Konvergenzordnung $\Phi = (1 + \sqrt{5})/2$, obschon die dafür in Beispiel 4.F.9 angegebene Bedingung nicht ganz erfüllt ist. Man verfolge die Vorzeichen der Fehler $x_n - c$ bei dieser (u n k o n d i t i o n i e r t e n) R e g u l a   f a l s i in Abhängigkeit von der Lage der Ausgangsnäherungen x_0, x_1 etwa in den im Anschluss an den Beweis von 14.D.1 angegebenen Fällen (1) bis (4).

14.E Differenzieren von Funktionenfolgen

Sei $I \subseteq \mathbb{R}$ ein Intervall. Eine (punktweise) konvergente Folge differenzierbarer Funktionen $f_n : I \to \mathbb{K}$, $n \in \mathbb{N}$, hat im allgemeinen nicht wieder eine differenzierbare Grenzfunktion. Diese braucht nicht einmal stetig zu sein. Liegt gleichmäßige Konvergenz vor, so ist die Grenzfunktion nach 12.A.8 zwar stetig, aber in der Regel nicht differenzierbar. Beispielsweise ist nach dem Weierstraßschen Approximationssatz *jede* stetige Funktion auf einem kompakten Intervall Grenzfunktion einer gleichmäßig konvergenten Folge von Polynomfunktionen. Selbst wenn die Grenzfunktion differenzierbar ist, besteht im Allgemeinen noch kein Zusammenhang zwischen der Ableitung der Grenzfunktion und der Folge $f_n' : I \to \mathbb{K}$, $n \in \mathbb{N}$, der Ableitungen. So hat die wegen $|(\sin n^2 x)/n| \leq 1/n$ auf $\mathbb{R}$ gleichmäßig gegen die Nullfunktion konvergierende Funktionenfolge $(\sin n^2 x)/n$, $n \geq 1$, die Folge $n \cos n^2 x$, $n \geq 1$, als Folge von Ableitungen, die beispielsweise nicht in 0 (ja sogar in keinem Punkt von $\mathbb{R}$) konvergiert. Es gilt aber:

14.E.1 Satz *Sei D ein Gebiet in $\mathbb{C}$ oder ein Intervall in $\mathbb{R}$ und $f_n : D \to \mathbb{C}$, $n \in \mathbb{N}$, eine Folge differenzierbarer Funktionen. Ferner sei $x_0 \in D$ ein fest gewählter Punkt. Es gelte:*

(1) Die Folge $f_n(x_0)$, $n \in \mathbb{N}$, konvergiert.

(2) Die Folge f_n', $n \in \mathbb{N}$, der Ableitungen konvergiert lokal gleichmäßig auf D.

Dann konvergiert die Folge f_n, $n \in \mathbb{N}$, ebenfalls lokal gleichmäßig auf D gegen eine differenzierbare Grenzfunktion $f : D \to \mathbb{C}$, und es gilt $f' = \lim_{n \to \infty} f_n'$.

B e w e i s . Ohne Einschränkung können wir offenbar annehmen, dass D beschränkt und konvex ist und die Folge f_n', $n \in \mathbb{N}$, auf D gleichmäßig konvergiert. Indem wir zur Folge $\big(f_n - f_n(x_0)\big)$ übergehen, können wir außerdem annehmen, dass $f_n(x_0) = 0$ ist für alle $n \in \mathbb{N}$. Ferner sei $L < \infty$ so gewählt, dass $|x - y| \le L$ ist für alle $x, y \in D$.

Wir zeigen zunächst, dass die Folge (f_n) gleichmäßig auf D konvergiert. Sei dazu $\varepsilon > 0$ vorgegeben. Es gibt ein $n_0 \in \mathbb{N}$ mit $\| f_n' - f_m' \|_D \le \varepsilon/L$ für alle $n, m \ge n_0$. Dann gilt für ein beliebiges $x \in D$ und diese n, m nach dem Mittelwertsatz 14.A.4 bzw. 14.A.8

$$|f_n(x) - f_m(x)| = |(f_n - f_m)(x) - (f_n - f_m)(x_0)|$$
$$\le |(f_n' - f_m')(c)|\,|x - x_0| \le \frac{\varepsilon}{L} L = \varepsilon\,,$$

wobei c ein Punkt auf der Strecke $[x_0, x]$ ist. Nach dem Cauchy-Kriterium folgt die gleichmäßige Konvergenz von (f_n) gegen die Grenzfunktion f.

Sei jetzt $a \in D$ beliebig. Dann gibt es stetige Funktionen r_n auf D mit $r_n(a) = 0$ und

$$f_n(x) = f_n(a) + f_n'(a)(x-a) + r_n(x)(x-a)\,.$$

Die $r_n(x) = \dfrac{f_n(x) - f_n(a)}{x - a} - f_n'(a)$, $x \ne a$, konvergieren gleichmäßig gegen eine Grenzfunktion r. Nach dem Mittelwertsatz ist nämlich für ein vorgegebenes $\varepsilon > 0$

$$|r_n(x) - r_m(x)| \le |f_n'(a) - f_m'(a)| + |(f_n' - f_m')(\tilde{c})| \le \varepsilon\,,$$

falls n, m hinreichend groß sind. Dabei ist $\tilde{c}$ ein Punkt auf der Strecke $[a, x]$. Nach Satz 12.A.8 ist auch $r := \lim_{n\to\infty} r_n$ stetig, und es gilt

$$f(x) = f(a) + \Big(\lim_{n\to\infty} f_n'(a)\Big)(x-a) + r(x)(x-a)\,,$$

d.h. f ist in a differenzierbar mit der Ableitung $f'(a) = \lim_{n\to\infty} f_n'(a)\,.$ •

Als Spezialfall erhält man aus 14.E.1 noch einmal die Aussage 13.B.1 über das gliedweise Differenzieren einer konvergenten Potenzreihe, da eine Potenzreihe $\sum a_n(x - a)^n$ und die Reihe $\sum n a_n(x - a)^{n-1}$ denselben Konvergenzradius haben und eine Potenzreihe in ihrem Konvergenzkreis lokal gleichmäßig konvergiert.

14.E.2 Bemerkung Wie wir im Rahmen der Funktionentheorie in Band 3 (Satz 7.F.10) sehen werden, folgt aus der lokal gleichmäßigen Konvergenz einer Folge (komplex-)differenzierbarer Funktionen f_n, $n \in \mathbb{N}$, auf einem Gebiet $G \subseteq \mathbb{C}$ bereits die lokal gleichmäßige Konvergenz der Folge f_n', $n \in \mathbb{N}$, der Ableitungen. Nach 14.E.1 gilt also auch in diesem Fall die Gleichung $(\lim_{n\to\infty} f_n)' = \lim_{n\to\infty} f_n'$.

Mit dem Ergebnis von Bemerkung 12.D.5 beweist man allerdings auch leicht direkt: *Ist f_n, $n \in \mathbb{N}$, eine lokal gleichmäßig konvergente Folge komplex-analytischer Funktionen auf dem Gebiet $G \subseteq \mathbb{C}$, so ist die Grenzfunktion $f := \lim f_n$ ebenfalls komplex-analytisch und die Folge f_n', $n \in \mathbb{N}$, der (komplex-analytischen) Ableitungen lokal gleichmäßig konvergent in G mit $\lim f_n' = f'$.* (Es sei nochmals erwähnt, dass komplex-differenzierbare Funktionen in G bereits komplex-analytische sind, vgl. Bd. 3, 7.F.7.) Zum B e w e i s sei $x_0 \in G$, $\overline{\mathrm{B}}(x_0 ; R) \subseteq G$ eine kompakte Kreisscheibe in G mit $R > 0$ und $0 < r < R$. Nach Bemerkung 12.D.5 konvergieren die Potenzreihenentwicklungen $f_n(x) = \sum_{k=0}^{\infty} a_{nk}(x - x_0)^k$ auf $\overline{\mathrm{B}}(x_0 ; R)$.

Sei $\varepsilon > 0$ vorgegeben und $|f_m(x) - f_n(x)| \leq \varepsilon$ für $m, n \geq n_0$ auf $\overline{\mathrm{B}}(x_0 \, ; R)$. Nach den Cauchyschen Ungleichungen aus 12.B, Aufg. 10 ist dann $|a_{mk} - a_{nk}| \leq \varepsilon / R^k$ für alle $k \in \mathbb{N}$ und alle $m, n \geq n_0$. Insbesondere ist $a_{nk}, n \in \mathbb{N}$, für jedes $k \in \mathbb{N}$ eine Cauchy-Folge. Seien $a_k :=$ $\lim\limits_{n \to \infty} a_{nk}$ deren Grenzwerte. Wir behaupten, *dass $f = \lim f_n$ die Potenzreihenentwicklung* $f(x) = \sum_{k=0}^{\infty} a_k (x - x_0)^k$ *auf* $\overline{\mathrm{B}}(x_0 \, ; r)$ *hat.* Es ist nämlich $| \sum_k (a_k - a_{nk})(x - x_0)^k | \leq$ $\sum_k |a_k - a_{nk}| \, |x - x_0|^k \leq \sum_k (\varepsilon / R^k) r^k = \varepsilon R / (R - r)$ für $n \geq n_0$ und $|x - x_0| \leq r$. – Wegen $| \sum_{k>0} k |a_{mk} - a_{nk}| \, |x - x_0|^{k-1} \leq \sum_{k>0} k(\varepsilon / R^k) r^{k-1} = \varepsilon R / (R - r)^2$ für $m, n \geq n_0$ und $|x - x_0| \leq r$ konvergieren auch die Ableitungen auf G lokal gleichmäßig. $\hfill \square$

14.E.3 Beispiel Wir betrachten als Beispiel zu 14.E.1 die Reihe

$$\sum_{n=1}^{\infty} \frac{\cos nt}{n^2} \, ,$$

die auf dem Intervall $[0, 2\pi]$ wegen $\|(\cos nt)/n^2\| = 1/n^2$ gleichmäßig konvergiert und deshalb eine stetige Summe f hat, die wir bestimmen wollen. Die gliedweise differenzierte Reihe $-\sum_{n=0}^{\infty} \dfrac{\sin nt}{n}$ konvergiert nach 13.C.5 in jedem Intervall $[\varepsilon, 2\pi - \varepsilon]$, $0 < \varepsilon < \pi$, gleichmäßig gegen $(t - \pi)/2$. Nach 14.E.1 ist f daher im offenen Intervall $]0, 2\pi[$ differenzierbar mit der Ableitung $f'(t) = (t - \pi)/2$. Da die Ableitung von $(t - \pi)^2/4$ gleich f' ist, gibt es eine Konstante c mit $f(t) = \frac{1}{4}(t - \pi)^2 + c$ für alle $t \in \,]0, 2\pi[$. Aus Stetigkeitsgründen gilt diese Gleichung auch noch in den Randpunkten 0 und 2π des Intervalls. Man erhält

$$\sum_{n=1}^{\infty} \frac{1}{n^2} = f(0) = \frac{\pi^2}{4} + c \, , \qquad \sum_{n=1}^{\infty} \frac{(-1)^n}{n^2} = f(\pi) = c$$

und daraus durch Addition

$$2c + \frac{\pi^2}{4} = \sum_{n=1}^{\infty} \frac{2}{(2n)^2} = \frac{1}{2} \sum_{n=1}^{\infty} \frac{1}{n^2} = \frac{\pi^2}{8} + \frac{c}{2} \, ,$$

also $c = -\pi^2/12$ und somit für $t \in [0, 2\pi]$

$$\sum_{n=1}^{\infty} \frac{\cos nt}{n^2} = \frac{1}{4}(t - \pi)^2 - \frac{\pi^2}{12} \, .$$

Setzt man in dieser Formel $t = 0$, so bekommt man die Eulersche Formel

$$\sum_{n=1}^{\infty} \frac{1}{n^2} = \frac{\pi^2}{6} \, ,$$

die wir auch schon als Folgerung aus der Eulerschen Produktdarstellung des Sinus, vgl. Satz 12.A.13, erhalten haben. Zu Verallgemeinerungen vgl. Aufg. 4b) oder Beispiel 18.A.7.

Satz 14.E.1 lässt sich auf summierbare Familien von Funktionen übertragen:

14.E.4 Satz *D sei ein Gebiet in $\mathbb{C}$ oder ein Intervall in $\mathbb{R}$. Ferner seien $f_i : D \to \mathbb{C}$, $i \in I$, eine Familie differenzierbarer Funktionen und $x_0 \in D$ ein fest gewählter Punkt. Es gelte:*

(1) *Die Summe $\sum_{i\in I} f_i(x_0)$ existiert.*

(2) *Die Familie f_i', $i \in I$, der Ableitungen ist lokal gleichmäßig summierbar.*

Dann ist die Familie f_i, $i \in I$, ebenfalls lokal gleichmäßig summierbar, die Summe $f := \sum_{i\in I} f_i$ ist differenzierbar, und es gilt $f' = \sum_{i\in I} f_i'$.

14.E.5 Beispiel (W e i e r s t r a ß s c h e $\wp$ -F u n k t i o n e n) Sei $\Gamma := \{a + bi \mid a, b \in \mathbb{Z}\}$ das Standardgitter in $\mathbb{C}$. Auf $G := \mathbb{C} - \Gamma$ sind die Familien $z \mapsto (z - w)^{-n}$, $w \in \Gamma$, für $n \in \mathbb{N}$, $n \geq 3$, lokal gleichmäßig summierbar (vgl. 12.A, Aufg. 6). Für $n \geq 3$ sei

$$F_n(z) := \sum_{w\in\Gamma} \frac{1}{(z - w)^n} = \frac{1}{z^n} + G_n(z) \quad \text{mit} \quad G_n(z) := \sum_{w\in\Gamma^*} \frac{1}{(z - w)^n} \,, \quad \Gamma^* := \Gamma - \{0\}\,.$$

Nach Satz 14.E.4 und wegen $\big((z - w)^{-n}\big)' = -n(z - w)^{-(n+1)}$ ist $F_n' = -nF_{n+1}$. Da ferner

$$G_2(z) := \sum_{w\in\Gamma^*} \Big(\frac{1}{(z - w)^2} - \frac{1}{w^2}\Big)$$

für $z = 0$ die Summe 0 hat, gilt für die Funktion

$$\wp(z) := F_2(z) := \frac{1}{z^2} + \sum_{w\in\Gamma^*} \Big(\frac{1}{(z - w)^2} - \frac{1}{w^2}\Big) = \frac{1}{z^2} + G_2(z)$$

auf G ebenfalls $\wp' = F_2' = -2F_3$.

Jedes $w \in \Gamma$ ist für die Funktionen F_n, $n \geq 3$, trivialerweise eine Periode: Für alle $n \geq 3$ und alle $z \in G$, $w \in \Gamma$ ist $F_n(z + w) = F_n(z)$. *Dies gilt auch noch* – was nicht ganz selbstverständlich ist – *für die Funktion $\wp$:*

$$\wp(z + w) = \wp(z) \qquad \text{für alle } z \in G \text{ und } w \in \Gamma\,.$$

B e w e i s. Es genügt, die Behauptung für die $w \in \Gamma$ zu zeigen, für die $w/2 \notin \Gamma$ ist. Sei w solch ein Gitterpunkt. Wegen

$$\frac{d}{dz}\big(\wp(z + w) - \wp(z)\big) = -2\big(F_3(z + w) - F_3(z)\big) = 0$$

ist $\wp(z + w) - \wp(z)$ nach 14.A.6 auf G konstant. Für $z_0 := -w/2 \in G$ ist aber

$$\wp(z_0 + w) - \wp(z_0) = \wp\big(+\tfrac{w}{2}\big) - \wp\big(-\tfrac{w}{2}\big) = 0\,,$$

da $\wp$ trivialerweise eine gerade Funktion ist: $\wp(z) = \wp(-z)$ für alle $z \in G$.   ●

Zwischen der Funktion $\wp = F_2$ und ihrer Ableitung $\wp' = -2F_3$ besteht ein einfacher algebraischer Zusammenhang: Zunächst bemerken wir, *dass die Funktionen F_n, $n \geq 2$, alle komplex-analytisch sind.* Benutzt man die Äquivalenz von „komplex-analytisch" und „komplex-differenzierbar", so ist dies selbstverständlich. Man kann aber auch direkt die Potenzreihenentwicklung von F_n aus den entsprechenden Entwicklungen seiner Summanden gewinnen, man vgl. den Beweis in Bemerkung 14.E.2. In einer Umgebung von 0 ist

$$\wp(z) = \frac{1}{z^2} + G_2(z) = \frac{1}{z^2} + \sum_{k=1}^{\infty} c_k z^{2k} = \frac{1}{z^2} + c_1 z^2 + c_2 z^4 + \cdots\,,$$

da $G_2(z)$ eine gerade analytische Funktion ist, die im Nullpunkt verschwindet. Wegen $G_2^{(2k)}(z) = (2k + 1)!\, G_{2k+2}(z)$ ist nach der Taylor-Formel 13.B.5

$$c_k = \frac{G_2^{(2k)}(0)}{(2k)!} = (2k+1)\,G_{2k+2}(0) = (2k+1)\sum_{w\in\Gamma^*}\frac{1}{w^{2k+2}}\,.$$

Diese Reihendarstellungen der Koeffizienten c_k heißen E i s e n s t e i n - R e i h e n , vgl. auch Bd. 4, Abschnitt 16.C.

$$\text{Aus}\quad \wp'^2 = \frac{1}{z^6}(-2 + 2c_1 z^4 + 4c_2 z^6 + \cdots)^2 = \frac{1}{z^6}(4 - 8c_1 z^4 - 16c_2 z^6 + \cdots),$$

$$\wp^3 = \frac{1}{z^6}(\ 1 + \ c_1 z^4 + \ c_2 z^6 + \cdots)^3 = \frac{1}{z^6}(1 + 3c_1 z^4 + \ 3c_2 z^6 + \cdots),$$

$$\wp = \qquad\qquad\qquad = \frac{1}{z^6}(\qquad z^4 + \ 0\cdot z^6 + \cdots)$$

folgt direkt, dass die Funktion $H := \wp'^2 - 4\wp^3 + 20c_1\wp + 28c_2$ in einer Umgebung des Nullpunktes durch eine Potenzreihe ohne konstanten Term dargestellt wird, sich also in den Nullpunkt hinein komplex-analytisch fortsetzen lässt. Da die Funktion H überdies alle $w \in \Gamma$ als Perioden besitzt, ist H einerseits auf ganz $\mathbb{C}$ komplex-analytisch fortsetzbar und nimmt auf dem kompakten Einheitsquadrat $\{a + bi \mid 0 \le a \le 1, 0 \le b \le 1\}$ andererseits bereits alle Werte an. Insbesondere hat $|H|$ dort ein absolutes Maximum. Nach dem Maximumsprinzip 12.D.6 ist H dann konstant, und zwar identisch 0 wegen $H(0) = 0$. Wir haben bewiesen:

14.E.6 Satz *Die Funktion* $\wp(z) = \dfrac{1}{z^2} + \displaystyle\sum_{w\in\Gamma^*}\Big(\dfrac{1}{(z-w)^2} - \dfrac{1}{w^2}\Big)$ *erfüllt die Differenzial-gleichung*

$$\wp'^2 - 4\wp^3 + 20c_1\wp + 28c_2 = 0 \quad\textit{mit}\quad c_1 := 3\sum_{w\in\Gamma^*}\frac{1}{w^4}\,,\quad c_2 := 5\sum_{w\in\Gamma^*}\frac{1}{w^6}\,.$$

Satz 14.E.6 *gilt offenbar ganz analog für die Funktion*

$$\wp_\Gamma(z) = \frac{1}{z^2} + \sum_{w\in\Gamma^*}\Big(\frac{1}{(z-w)^2} - \frac{1}{w^2}\Big),$$

wobei $\Gamma := \{aw_1 + bw_2 \mid a, b \in \mathbb{Z}\} = \mathbb{Z}w_1 + \mathbb{Z}w_2$ *ein beliebiges Gitter in* $\mathbb{C}$ *ist, das von zwei Zahlen* $w_1, w_2 \in \mathbb{C}^\times$ *erzeugt wird, deren Quotient nicht reell ist.*

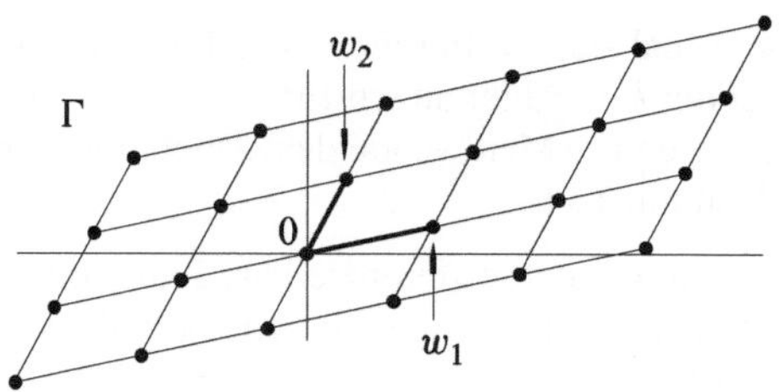

$\wp_\Gamma$ heißt die W e i e r s t r a ß s c h e $\wp$ - F u n k t i o n zum Gitter Γ. *Für das Standardgitter* $\Gamma = \mathbb{Z} + \mathbb{Z}i$, *das wir oben betrachtet haben, ist* $c_2 = 0$. Für dieses Gitter Γ durchlaufen nämlich mit w auch die Zahlen iw ganz $\Gamma^* = \Gamma - \{0\}$, und somit ist

$$c_2 = 5\sum_{w\in\Gamma^*}\frac{1}{w^6} = 5\sum_{w\in\Gamma^*}\frac{1}{(iw)^6} = -c_2\,.$$

Überdies ist

$$c_1 = 3\sum_{w\in\Gamma^*}\frac{1}{w^4} = 3\sum_{w\in\Gamma^*}\frac{1}{\overline{w}^4} = \overline{c_1}$$

reell, da mit w auch die konjugierten Zahlen $\overline{w}$ ganz Γ^* durchlaufen. c_1 *und* c_2 *sind offenbar reell für alle so genannten* Rechteckgitter

$$\Gamma_{\alpha,\beta} := \{a\alpha + b\beta\,\mathrm{i} \mid a, b \in \mathbb{Z}\} = \mathbb{Z}\alpha + \mathbb{Z}\,\mathrm{i}\beta\,, \qquad \alpha, \beta \in \mathbb{R}_+^\times\,.$$

Für das hexagonale Gitter $\Gamma := \mathbb{Z} + \mathbb{Z}\zeta_3 = \mathbb{Z} + \mathbb{Z}\zeta_6$, *das von* 1 *und der dritten (oder auch sechsten) primitiven Einheitswurzel* ζ_3 *(bzw.* $\zeta_6 = \zeta_3 + 1$*) erzeugt wird, ist* $c_1 = 0$ *und* c_2 *reell wegen*

$$c_1 = 3 \sum_{w \in \Gamma^*} \frac{1}{w^4} = 3 \sum_{w \in \Gamma^*} \frac{1}{(\zeta_3 w)^4} = \frac{3}{\zeta_3} \sum_{w \in \Gamma^*} \frac{1}{w^4} = \frac{c_1}{\zeta_3}$$

und $c_2 = 5 \sum_{w \in \Gamma^*} w^{-6} = 5 \sum_{w \in \Gamma^*} \overline{w}^{-6} = \overline{c}_2$. *(Man beachte* $\Gamma = \zeta_3 \Gamma = \overline{\Gamma}$.*)*

Wegen $\wp_{\lambda\Gamma}(z) = \lambda^{-2} \wp_\Gamma(z/\lambda)$ für jede komplexe Zahl $\lambda \neq 0$ genügt es übrigens, von zwei Gittern Γ und $\lambda\Gamma = \{\lambda w \mid w \in \Gamma\}$, die durch eine Drehstreckung auseinander hervorgehen, nur eines zu betrachten. So kann man etwa annehmen, dass von den beiden erzeugenden Elementen w_1 und w_2 von $\Gamma = \mathbb{Z}w_1 + \mathbb{Z}w_2$ eines das Einselement ist (und alle Elemente $\neq 0$ aus Γ einen Betrag ≥ 1 haben).

Die Weierstraßschen $\wp$-Funktionen hängen eng mit den elliptischen Integralen und Funktionen aus Abschnitt 17.C zusammen. Die Verwandtschaft zwischen der Differenzialgleichung $u'^2 = 1/(1 - x^2)(1 - k^2 x^2)$ für das elliptische Integral u in Definition 17.C.1 und derjenigen der $\wp$-Funktion, vgl. 14.E.6, weist zum Beispiel darauf hin. (Man betrachte die Umkehrfunktion $x = x(u)$ mit $(dx/du)^2 = (1 - x^2)(1 - k^2 x^2)$. Sie ist eine elliptische Funktion!) Wir kommen aber erst in Band 4 im Rahmen der Funktionentheorie auf diesen Zusammenhang zu sprechen, vgl. insbesondere Bd. 4, Abschnitt 16.C.

Aufgaben

1. (Weierstraßscher Approximationssatz für differenzierbare Funktionen)

a) Sei $f : [a, b] \to \mathbb{R}$ eine n-mal stetig differenzierbare Funktion. Dann gibt es eine Folge von Polynomfunktionen, deren k-te Ableitungen für $k = 0, \ldots, n$ gleichmäßig gegen die k-te Ableitung von f konvergieren. (Man wende den Weierstraßschen Approximationssatz auf $f^{(n)}$ an und schließe dann mit 14.E.1.)

b) Sei $f : [a, b] \to \mathbb{R}$ eine unendlich oft differenzierbare Funktion. Dann gibt es eine Folge von Polynomfunktionen, deren k-te Ableitungen für jedes $k \in \mathbb{N}$ gleichmäßig gegen die k-te Ableitung von f konvergieren.

c) Die Aussagen a) und b) gelten für beliebige Intervalle in $\mathbb{R}$, wenn die gleichmäßige Konvergenz durch die lokal gleichmäßige Konvergenz ersetzt wird.

2. (Dirichlet-Reihen) Eine Reihe der Form $f(s) = \sum_{n=1}^{\infty} \dfrac{a_n}{n^s}$, $a_n \in \mathbb{K}$, heißt eine Dirichlet-Reihe.

a) Konvergiert die Reihe $f(s)$ für $s = s_0 \in \mathbb{C}$, so konvergiert sie gleichmäßig auf jedem Winkelbereich $W_\varphi := \{s \in \mathbb{C} \mid \operatorname{Re} s \geq \operatorname{Re} s_0\,,\ |\mathrm{Arg}\,(s - s_0)| \leq \varphi\}$, $0 < \varphi < \pi/2$.

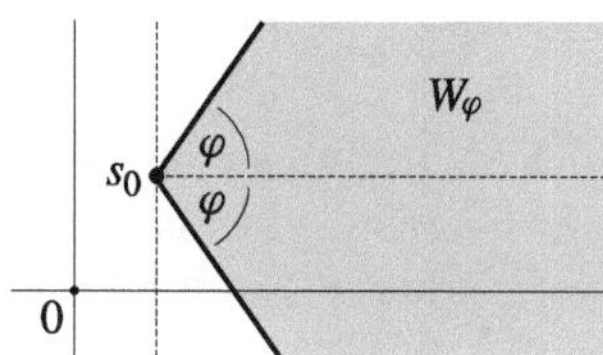

(Man reduziert leicht auf $s_0 = 0$. Dann ist $|s|/\mathrm{Re}\,s \le 1/\cos\varphi$ für $s \in W_\varphi$. Nun wendet man auf die konvergente Reihe $\sum a_n$ und die Folge $(1/n^s)$ Abelsche partielle Summation (6.A.20) an und schätzt mit 12.E, Aufg. 15b) ab.)

b) Es gibt ein $\alpha \in \overline{\mathbb{R}}$ mit folgender Eigenschaft: Für jedes $s \in \mathbb{C}$ mit $\mathrm{Re}\,s > \alpha$ ist die Reihe $f(s)$ konvergent und für jedes $s \in \mathbb{C}$ mit $\mathrm{Re}\,s < \alpha$ ist $f(s)$ divergent. Diese Zahl α heißt die K o n v e r g e n z a b s z i s s e der Dirichlet-Reihe. Ist $\alpha < \infty$, so heißt die Reihe k o n v e r g e n t. Auf der Halbebene $\{s \in \mathbb{C} \mid \mathrm{Re}\,s > \alpha\}$ konvergiert die Reihe $f(s)$ lokal gleichmäßig. Ist die Folge der Partialsummen von $\sum_{n=1}^{\infty} a_n/n^{\sigma_0}$ für ein $\sigma_0 \in \mathbb{R}$ beschränkt, so ist $\alpha \le \sigma_0$ (6.A.22). Generell folgt aus $\sum_{n=1}^{m} a_n/n^{\sigma_0} = O(m^{\tau_0})$ für ein $\sigma_0 \in \mathbb{R}$ und ein $\tau_0 \in \mathbb{R}_+$, dass $\alpha \le \sigma_0 + \tau_0$ ist (6.A.20).

c) Die Konvergenzabszissen von $\sum_{n=1}^{\infty} a_n/n^s$ und $\sum_{n=1}^{\infty}(-a_n \ln n)/n^s$ sind gleich. Ist die gemeinsame Konvergenzabszisse $\alpha < \infty$, so ist $f(s) := \sum_{n=1}^{\infty} a_n/n^s$ für $\mathrm{Re}\,s > \alpha$ differenzierbar mit der Ableitung

$$f'(s) = \sum_{n=1}^{\infty} \frac{-a_n \ln n}{n^s}\,.$$

d) Die Konvergenzabszisse der Reihe $\sum_{n=1}^{\infty} |a_n|/n^s$ heißt die a b s o l u t e   K o n v e r g e n z - a b s z i s s e oder die S u m m i e r b a r k e i t s a b s z i s s e (vgl. 12.A, Aufg. 3) von f. Für die Konvergenzabszisse α und die absolute Konvergenzabszisse β einer Dirichlet-Reihe beweise man die beiden Ungleichungen $\alpha \le \beta \le \alpha + 1$. (Beispiele: (1) Für $\sum(-1)^n/n^s$ ist $\alpha = 0$ und $\beta = 1$. (2) Für die Dirichlet-Reihe $f(s) := \sum_{n=1}^{\infty} \mu(n)/n^s$ und $\mathrm{Re}\,s > 1$ gilt $f(s)\zeta(s) = 1$, vgl. 6.B, Aufg. 8. Die absolute Konvergenzabszisse von $f(s)$ ist 1, vgl. loc. cit. Da $\zeta(s)$ – wie allgemein in 18.B.4 diskutiert wird – auf der Geraden $\mathrm{Re}\,s = 1/2$ Nullstellen besitzt, kann die Konvergenzabszisse α von $f(s)$ nicht $< 1/2$ sein. Es ist also $1/2 \le \alpha \le 1$. Eine bessere Abschätzung ist bis heute nicht bekannt. Eine Vermutung von Mertens besagt, dass $|\sum_{n=1}^{m} \mu(n)| \le \sqrt{m}$ für alle $m \in \mathbb{N}^*$ ist. Daraus folgte $\alpha = 1/2$ (und insbesondere die Aussage der Riemannschen Vermutung, dass $\zeta(s)$ für $\mathrm{Re}\,s > 1/2$ keine Nullstelle besitzt, vgl. Beispiel 18.B.4). Die Mertenssche Vermutung wurde aber 1983 von A. Odlyzko und H. te Riele widerlegt.[1]) Zum Beweis von $\alpha = 1/2$ und damit zur Bestätigung der Riemannschen Vermutung genügen natürlich schwächere Aussagen als die der Mertensschen Vermutung, z.B. $\sum_{n=1}^{m} \mu(n) = O(m^{\varepsilon+1/2})$ für alle $\varepsilon > 0$, vgl. Teil b) dieser Aufgabe. Nach einem Satz von Littlewood folgt umgekehrt die zuletzt angegebene Abschätzung für $\sum_{n=1}^{m} \mu(n)$ aus der Riemannschen Vermutung. *Die Vermutung $\alpha = 1/2$ ist somit äquivalent zur Riemannschen Vermutung.*)

e) (D i r i c h l e t s c h e   F a l t u n g) Für zwei Dirichlet-Reihen $f(s) = \sum a_n/n^s$ und $g(s) = \sum b_n/n^s$ heißt die Reihe

---

[1]) Vgl. Odlyzko, A. M., te Riele, H. J. J: Disproof of the Mertens conjecture. Journal f. d. reine u. angew. Math. **357**, 138 − 160 (1985).

$$(f * g)(s) := \sum_{n=1}^{\infty} \frac{c_n}{n^s} \quad \text{mit} \quad c_n := \sum_{d \mid n} a_d b_{n/d}$$

für $n \in \mathbb{N}^*$ die (Dirichletsche) Faltung der Reihen f und g. Sind β und γ die absoluten Konvergenzabszissen von f bzw. g, so ist die absolute Konvergenzabszisse von $f * g$ höchstens gleich Max (β, γ). Für $s \in \mathbb{C}$ mit Re $s >$ Max (β, γ) beweise man

$$(f * g)(s) = f(s)g(s).$$

(Man benutze 6.B.11. – Beispielsweise ist für alle $s \in \mathbb{C}$ mit Re $s >$ Max $(\beta, 1)$

$$F(s) = f(s)\zeta(s),$$

wobei $F(s) = (f * \zeta)(s) = \sum_{n=1}^{\infty} A_n/n^s$ mit $A_n := \sum_{d \mid n} a_d$ für $n \in \mathbb{N}^*$ die so genannte Summatorreihe zu f ist (und ζ die Riemannsche Zeta-Funktion).)

f) Für die konvergente Dirichlet-Reihe $f(s) = \sum_{n=1}^{\infty} a_n/n^s$ sei $a_n = 0$ für $n < m$ und $a_m \neq 0$. Dann gilt für Re $s \to \infty$ die asymptotische Darstellung

$$f(s) \sim \frac{a_m}{m^s}.$$

Insbesondere gibt es ein $\sigma_0 \in \mathbb{R}$ mit $f(s) \neq 0$ für Re $s > \sigma_0$. (Bemerkung. Im Allgemeinen gibt es aber keine konvergente Dirichlet-Reihe $h(s) = \sum_{n=1}^{\infty} c_n/n^s$ mit $1/f(s) = h(s)$ für Re s groß genug. Eine solche Reihe h gibt es vielmehr genau dann, wenn $a_1 \neq 0$ ist. Zum Beweis wende man bei $a_1 = 1$ auf

$$\frac{1}{f(s)} = \frac{1}{1 - (1 - f(s))} = \sum_{k=0}^{\infty} \big(1 - f(s)\big)^k = \sum_{k=0}^{\infty} (-1)^k \Big(\sum_{n=2}^{\infty} \frac{a_n}{n^s} \Big)^k$$

für Re s groß genug den Großen Umordnungssatz an.) Man folgere den Identitätssatz für Dirichlet-Reihen: Sind $f(s) = \sum_{n=1}^{\infty} a_n/n^s$ und $g(s) = \sum_{n=1}^{\infty} b_n/n^s$ konvergente Dirichlet-Reihen und gilt $f(s_i) = g(s_i)$ für eine Folge $(s_i)_{i \in \mathbb{N}}$ komplexer Zahlen mit $\lim$ Re $s_i = \infty$, so ist $a_n = b_n$ für alle $n \in \mathbb{N}^*$.

3. D sei ein Gebiet in $\mathbb{C}$ oder ein Intervall in $\mathbb{R}$, und $f_i : D \to \mathbb{C}$, $i \in I$, sei eine Familie differenzierbarer Funktionen, die die beiden Bedingungen (1) und (2) aus Satz 14.E.4 erfüllt. Dann ist die Familie $1 + f_i$, $i \in I$, auf D lokal gleichmäßig multiplizierbar mit differenzierbarem Produkt $f := \prod_{i \in I}(1 + f_i)$. Hat überdies keine der Funktionen $1 + f_i$, $i \in I$, eine Nullstelle in D, so ist die Familie $(1 + f_i)'/(1 + f_i)$, $i \in I$, der logarithmischen Ableitungen lokal gleichmäßig summierbar und es gilt die folgende Verallgemeinerung von 13.A, Aufg. 9b):

$$\frac{f'}{f} = \sum_{i \in I} \frac{(1 + f_i)'}{1 + f_i} = \sum_{i \in I} \frac{f_i'}{1 + f_i}.$$

4. a) Aus der lokal gleichmäßigen Summierbarkeit von $(z - k)^{-n}$, $k \in \mathbb{Z}^* := \mathbb{Z} - \{0\}$, für $n \in \mathbb{N}$, $n \geq 2$, auf dem Gebiet $\mathbb{C} - \mathbb{Z}^*$ (vgl. 12.A, Aufg. 6) folgere man dort die lokal gleichmäßige Summierbarkeit von $(z - k)^{-1} + k^{-1}$, $k \in \mathbb{Z}^*$, und für die Funktionen

$$H_n(z) := \sum_{k \in \mathbb{Z}} \frac{1}{(z - k)^n}, \quad n \geq 2, \qquad \text{bzw.} \qquad H_1(z) := \frac{1}{z} + \sum_{k \in \mathbb{Z}^*} \Big(\frac{1}{z - k} + \frac{1}{k} \Big)$$

auf $\mathbb{C} - \mathbb{Z}$ die Gleichungen $H_n' = -n H_{n+1}$, $n \in \mathbb{N}^*$. (Vgl. Beispiel 14.E.5.)

b) Aus der Produktdarstellung des Sinus in Beispiel 12.A.13 folgere man durch Übergang zu logarithmischen Ableitungen (vgl. Aufg. 3)

$$H_1(z) = \pi \cot \pi z \qquad \text{und} \qquad H_2(z) = -H_1'(z) = \frac{\pi^2}{\sin^2 \pi z} \,.$$

(Vgl. auch Bd. 2, 19.C, Aufg. 7b).) Für die Koeffizienten d_ν, $\nu \in \mathbb{N}^*$, der Potenzreihenentwicklung

$$H_1(z) - \frac{1}{z} = \pi \cot (\pi z) - \frac{1}{z} = \sum_{k\in\mathbb{Z}^*} \left(\frac{1}{z-k} + \frac{1}{k} \right) = \sum_{\nu=1}^{\infty} d_\nu \, z^{2\nu-1}$$

ergibt sich aus a) (oder auch direkt) $d_\nu = -\sum_{k\in\mathbb{Z}^*} \dfrac{1}{k^{2\nu}} = -2\,\zeta(2\nu)$.

Vergleicht man dies mit der Potenzreihenentwicklung von $z \cot z$ aus Beispiel 12.E.7, so erhält man (vgl. auch Beispiel 18.A.7)

$$\zeta(2\nu) = (-1)^{\nu-1} \frac{(2\pi)^{2\nu} B_{2\nu}}{2\,(2\nu)!} \,, \qquad \nu \in \mathbb{N}^*.$$

c) Wir wollen die Gleichung $H_2(z) = \sum_{k\in\mathbb{Z}} \dfrac{1}{(z-k)^2} = \dfrac{\pi^2}{\sin^2 (\pi z)}$ und damit auch die Gleichung $H_1(z) = \pi \cot (\pi z)$ *unabhängig von der Produktdarstellung des Sinus* in 12.A.13 herleiten (und damit eine weitere Möglichkeit geben, diese zu gewinnen): Die Funktionen H_2 und $E(z) := \pi^2 / \sin^2 (\pi z)$ sind komplex-analytisch auf $\mathbb{C} - \mathbb{Z}$ mit Periode 1. In einer Umgebung von 0 ist

$$H_2(z) = \frac{1}{z^2} + \widetilde{H}_2(z) \qquad \text{und} \qquad E(z) = \frac{\pi^2}{\sin^2 (\pi z)} = \frac{1}{z^2} + \widetilde{E}(z)$$

mit komplex-analytischen Funktionen $\widetilde{H}_2$ und $\widetilde{E}$. Die Differenz $H_2 - E$ ist dann in einer Umgebung von 0 und auf $\mathbb{C} - \mathbb{Z}$, also wegen der Periodizität auf ganz $\mathbb{C}$ komplex-analytisch. Zu jedem $\varepsilon > 0$ gibt es ein $R > 0$ mit $|H_2(z)| \leq \varepsilon$ und $|E(z)| \leq \varepsilon$ für alle $z \in \mathbb{C}$ mit $0 \leq \operatorname{Re} z \leq 1$ und $|\operatorname{Im} z| \geq R$. (Für E vgl. 12.E, Aufg. 6.) Daher nimmt die Funktion $|H_2 - E|$ ihr Supremum in einem Punkt aus $\mathbb{C}$ an, und $H_2 - E$ ist nach dem Maximumsprinzip 12.D.6 konstant.

5. Für die Weierstraßsche $\wp$-Funktion $\wp = \wp_\Gamma = z^{-2} + \sum_{k=1}^{\infty} c_k \, z^{2k}$ zum Gitter Γ gilt $\wp'' = 6\wp^2 - 10c_1$. (Vgl. Beispiel 14.E.5 und insbesondere 14.E.6.) Man folgere: Die Summen der Eisenstein-Reihen $c_k = (2k+1) \sum_{w\in\Gamma-\{0\}} w^{-(2k+2)}$ erfüllen die Rekursionsformel

$$c_k = 3\,\frac{c_1 c_{k-2} + c_2 c_{k-3} + \cdots + c_{k-2} c_1}{(2k+3)\,(k-2)} \,, \qquad k > 2 \,.$$

Beispielsweise gilt also

$$\sum_{w\in\Gamma^*} \frac{1}{w^8} = \frac{c_3}{7} = \frac{c_1^2}{21} = \frac{3}{7} \left(\sum_{w\in\Gamma^*} \frac{1}{w^4} \right)^2, \quad \sum_{w\in\Gamma^*} \frac{1}{w^{10}} = \frac{c_4}{9} = \frac{c_1 c_2}{33} = \frac{5}{11} \left(\sum_{w\in\Gamma^*} \frac{1}{w^4} \right) \left(\sum_{w\in\Gamma^*} \frac{1}{w^6} \right).$$

15 Approximation durch Polynome

15.A Die Taylor-Formel

In diesem Paragraphen beschäftigen wir uns vor allem mit Funktionen, die auf reellen Intervallen I definiert sind.

Der Weierstraßsche Approximationssatz 12.A.14 zeigt, dass jede $\mathbb{K}$-wertige stetige Funktion auf einem kompakten Intervall $I \subseteq \mathbb{R}$ gleichmäßig durch Polynomfunktionen approximiert werden kann. Im Allgemeinen ist es aber sehr schwierig, einfache Polynome zu finden, die die gegebene Funktion gut annähern. Für analytische Funktionen f freilich kann man die Partialsummen

$$\sum_{k=0}^{n} a_k (x-a)^k = \sum_{k=0}^{n} \frac{f^{(k)}(a)}{k!} (x-a)^k, \qquad n \in \mathbb{N},$$

der Potenzreihenentwicklung von f um $a \in I$ nehmen, falls I ganz im Konvergenzkreis dieser Reihe liegt. Diese n-te Partialsumme ist die einzige Polynomfunktion des Grades $\leq n$, die mit f an der Stelle a bis zur n-ten Ableitung übereinstimmt. Die angegebenen Polynome sind nun bereits dann definiert und zur Approximation von f geeignet, wenn f nur genügend oft differenzierbar ist. Allgemeiner werden wir die nahe liegende Idee verfolgen, solche Polynome zur Approximation von f zu benutzen, die mit f einschließlich gewisser Ableitungen an genügend vielen Stellen übereinstimmen. Zur Vorbereitung beweisen wir eine Verallgemeinerung des Satzes von Rolle und definieren zunächst:

15.A.1 Definition Sei $n \in \mathbb{N}^*$. Eine Funktion $f : I \to \mathbb{K}$ auf einem Intervall $I \subseteq \mathbb{R}$ hat in $a \in I$ eine N u l l s t e l l e   d e r   O r d n u n g (oder der V i e l f a c h h e i t) $\geq n$, wenn f n-mal differenzierbar ist und wenn $f(a) = f'(a) = \cdots = f^{(n-1)}(a) = 0$ ist. Ist darüber hinaus $f^{(n)}(a) \neq 0$, so sagen wir, die Ordnung (oder Vielfachheit) der Nullstelle a von f sei genau gleich n. – Die Funktion $f : I \to \mathbb{K}$ hat in I die N u l l s t e l l e n o r d n u n g $\geq n$, wenn es paarweise verschiedene Punkte $a_i \in I$, $i = 1, \ldots, r$, gibt, in denen die Nullstellenordnung von f mindestens $n_i \in \mathbb{N}^*$ ist, und wenn $n_1 + \cdots + n_r \geq n$ gilt.

Wir sagen, die Funktion $f : I \to \mathbb{K}$ habe in $a \in I$ eine Nullstelle der Ordnung 0, wenn f stetig und $f(a) \neq 0$ ist. Bei $n \in \mathbb{N}^*$ ist nach Beispiel 14.A.13 die Nullstellenordnung einer n-mal differenzierbaren Funktion f in a mindestens n, wenn $f(x) = o\big((x-a)^{n-1}\big)$ für $x \to a$ gilt. Für $x \to a$ gilt dann sogar $f(x) =$

$f^{(n)}(a)(x-a)^n/n!+o((x-a)^n)$. [1]) Hat f in a eine Nullstelle der Ordnung $\geq n > 1$, so hat f' in a eine Nullstelle der Ordnung $\geq n-1$. Ist f beliebig oft differenzierbar in I, so sagt man, f habe in a die Nullstellenordnung ∞, wenn alle Ableitungen von f in a verschwinden, d.h. wenn f in a platt ist. Für eine analytische Funktion f ist die Nullstellenordnung von f in a gleich dem Infimum der $k \in \mathbb{N}$, für die der Koeffizient a_k in der Potenzreihenentwicklung $f(x) = \sum_k a_k (x-a)^k$ von 0 verschieden ist. Nach 11.A.4 hat ein Polynom vom Grad $n \in \mathbb{N}$ in einem Intervall I eine Gesamtnullstellenordnung $\leq n$.

15.A.2 Verallgemeinerter Satz von Rolle *Die Funktion $f : I \to \mathbb{R}$ sei in I m-mal differenzierbar mit einer Gesamtnullstellenordnung $\geq n$ in I. Für jedes $k \in \mathbb{N}$ mit $k \leq$ Min $(m-1, n-1)$ hat die k-te Ableitung von f in I eine Gesamtnullstellenordnung $\geq n - k$. Bei $m \geq n - 1 \geq 0$ hat die $(n-1)$-te Ableitung $f^{(n-1)}$ noch eine Nullstelle in I.*

B e w e i s . Wir verwenden Induktion über k, der Fall $k = 0$ ist trivial. Beim Schluss von $k - 1$ auf k hat $f^{(k-1)}$ nach Induktionsvoraussetzung eine Nullstellenordnung $\geq n - k + 1$ in I. Es gibt also Nullstellen $a_1 < \cdots < a_r$ von $f^{(k-1)}$ mit Ordnungen $\geq n_i \geq 1$ (und $n_i + k - 1 \leq m$), für die $n_1 + \cdots + n_r \geq n - k + 1$ ist. Dann hat $f^{(k)} = (f^{(k-1)})'$ in den Punkten a_i Nullstellen der Ordnungen $\geq n_i - 1$, und nach dem gewöhnlichen Satz von Rolle gibt es Zwischenwerte $b_1, \ldots, b_{r-1}$ mit $b_i \in \,]a_i, a_{i+1}[$ und $f^{(k)}(b_i) = 0$, $i = 1, \ldots, r - 1$. Insgesamt hat daher (die differenzierbare Funktion) $f^{(k)}$ in I eine Nullstellenordnung $\geq (n_1 + \cdots + n_r - r) + r - 1 \geq n - k$. Zum Beweis des Zusatzes können wir $n \geq 2$ annehmen. Dann hat $f^{(n-2)}$ in I nach dem Bewiesenen eine Nullstellenordnung ≥ 2 und $f^{(n-1)} = (f^{(n-2)})'$ dort sicherlich wenigstens eine Nullstelle. $\bullet$

Bevor wir die allgemeine Taylor-Formel behandeln, führen wir einige Bezeichnungen ein. I sei im Folgenden stets ein Intervall in $\mathbb{R}$, $a = (a_1, \ldots, a_r)$ sei ein r-Tupel paarweise verschiedener Stellen $a_i \in I$ und $n = (n_1, \ldots, n_r)$ sei ein r-Tupel positiver natürlicher Zahlen. Ferner sei $f : I \to \mathbb{K}$ eine Funktion, die mindestens Max$(n_1 - 1, \ldots, n_r - 1)$ - mal differenzierbar ist.

$$T_{a,n}(f|x) = T(a\,;\,n\,;\,f|x) = T(x)$$

bezeichne das Polynom T vom Grad $< |n| := n_1 + \cdots + n_r$, für das

$$T^{(\nu_i)}(a_i) = f^{(\nu_i)}(a_i)\,,$$

$0 \leq \nu_i < n_i$, $i = 1, \ldots, r$, gilt. Das Polynom T ist durch die angegebenen Bedingungen nach 11.A.4 eindeutig bestimmt. Die Existenz von T zeigen wir im nächsten

---

[1]) Ohne Differenzierbarkeitsvoraussetzungen definiert man die Nullstellenordnung in a einer in a stetigen Funktion f als das Supremum der $\alpha \in \mathbb{R}_+$ mit $f(x) = O(|x - a|^\alpha)$ für $x \to a$, vgl. auch das Ende von Beispiel 10.B.11. Welche Nullstellenordnung hat nach dieser Definition die Funktion $f : [0, 1[\to \mathbb{R}$ mit $f(0) = 0$ und $f(x) = 1/\ln x$ für $x > 0$ im Punkt $a = 0$?

Abschnitt, wo wir auch ein Berechnungsverfahren für T beschreiben. Man nennt $T(x) = T_{a,n}(f|x)$ das **interpolierende Polynom** zu f für die **Stützstellen** bzw. (**Interpolations-**)**Knoten** $a_1, \dots, a_r$ mit den Vielfachheiten $n_1, \dots, n_r$. In zwei wichtigen Spezialfällen lässt sich T leicht explizit angeben:

(1) Es sei $r = 1$, also $a = a_1, n = n_1$. Dann ist

$$T = T_{a,n}(f|x) = \sum_{k=0}^{n-1} \frac{f^{(k)}(a)}{k!}\,(x-a)^k\,.$$

(2) Es sei $n_i = 1$ für alle $i = 1, \dots, r$. Dann ist

$$T = \sum_{i=1}^{r} f(a_i)\,\frac{(x-a_1)\cdots(x-a_{i-1})(x-a_{i+1})\cdots(x-a_r)}{(a_i-a_1)\cdots(a_i-a_{i-1})(a_i-a_{i+1})\cdots(a_i-a_r)}\,,$$

vgl. die Bemerkung im Anschluss an 11.A.5.

Der Hauptsatz über die Approximation differenzierbarer Funktionen durch Polynome ist der folgende Satz:

15.A.3 Satz *Seien $I \subseteq \mathbb{R}$ ein Intervall, $a = (a_1, \dots, a_r)$ ein Tupel paarweise verschiedener Stellen aus I und $n = (n_1, \dots, n_r)$ ein Tupel positiver natürlicher Zahlen mit $|n| = n_1 + \cdots + n_r$. Ferner sei $f : I \to \mathbb{K}$ eine $|n|$-mal differenzierbare Funktion. Ist $\mathbb{K} = \mathbb{R}$, so gibt es zu jedem $x \in I$ ein $c \in I$ (das in dem kleinsten Teilintervall J von I liegt, das x und $a_1, \dots, a_r$ enthält) mit*

$$f(x) = T_{a,n}(f|x) + \frac{f^{(|n|)}(c)}{|n|!}\,(x-a_1)^{n_1}\cdots(x-a_r)^{n_r}\,.$$

Ist $\mathbb{K} = \mathbb{C}$, so gibt es ein $c \in J \subseteq I$ mit

$$|f(x) - T_{a,n}(f|x)| \le \frac{|f^{(|n|)}(c)|}{|n|!}\,|x-a_1|^{n_1}\cdots|x-a_r|^{n_r}\,.$$

B e w e i s. Sei $x \in I$ fest gewählt. Wir können gleich $r \neq 0$ und $x \neq a_i$ für $i = 1, \dots, r$ annehmen.

Sei zunächst $\mathbb{K} = \mathbb{R}$. Dann gibt es genau ein $\lambda \in \mathbb{R}$ mit

$$f(x) = T(x) + \lambda(x-a_1)^{n_1}\cdots(x-a_r)^{n_r}\,,$$

wobei $T(x) := T_{a,n}(f|x)$ gesetzt wurde. Wir betrachten nun auf J die Funktion

$$h : t \longmapsto f(t) - T(t) - \lambda(t-a_1)^{n_1}\cdots(t-a_r)^{n_r}\,.$$

Sie hat nach Definition von T in a_i eine Nullstelle der Ordnung $\ge n_i$ für $i = 1, \dots, r$. Außerdem hat h nach Definition von λ in x eine Nullstelle der Ordnung ≥ 1. Insgesamt hat h in J eine Nullstellenordnung $\ge |n| + 1$. Nach dem verallgemeinerten Satz von Rolle 15.A.2 hat $h^{(|n|)}$ deshalb in J noch eine Nullstelle c. Da der Grad von T kleiner als $|n|$ ist, folgt $T^{(|n|)} = 0$ und somit $0 = h^{(|n|)}(c) = f^{(|n|)}(c) - \lambda|n|!$, also $\lambda = f^{(|n|)}(c)/|n|!$, wie behauptet.

Den Fall $\mathbb{K} = \mathbb{C}$ führt man wie den Mittelwertsatz 14.A.7 auf den Fall $\mathbb{K} = \mathbb{R}$ zurück. Die Einzelheiten überlassen wir dem Leser.   ●

Man beachte, dass die Funktion $\;x \mapsto \dfrac{f(x) - T_{a,n}(f \mid x)}{(x - a_1)^{n_1} \cdots (x - a_r)^{n_r}}\;\left(= \dfrac{f^{(|n|)}(c(x))}{|n|!} \right.$

bei $\mathbb{K} = \mathbb{R}\,$) aus Satz 15.A.3 bei $r > 0$ in ganz I noch $(|n| - \text{Max}\,(n_1, \ldots, n_r))$-mal *stetig* differenzierbar ist, wie man mit Hilfe von 14.A, Aufg. 10 einsieht.

Die oben erwähnten Spezialfälle (1) und (2) ergeben die folgenden Aussagen 15.A.4 bzw. 15.A.5.

15.A.4 Taylor-Formel *Seien* $I \subseteq \mathbb{R}$ *ein Intervall,* $a \in I$ *und* $n \in \mathbb{N}^*$. *Ferner sei* $f : I \to \mathbb{K}$ *eine n-mal differenzierbare Funktion. Ist* $\mathbb{K} = \mathbb{R}$, *so gibt es zu jedem* $x \in I$ *ein c zwischen a und x mit*

$$f(x) = \sum_{k=0}^{n-1} \frac{f^{(k)}(a)}{k!}\,(x - a)^k + \frac{f^{(n)}(c)}{n!}\,(x - a)^n\,;$$

ist $\mathbb{K} = \mathbb{C}$, *so gibt es zu jedem* $x \in I$ *ein c zwischen a und x mit*

$$\left| f(x) - \sum_{k=0}^{n-1} \frac{f^{(k)}(a)}{k!}\,(x - a)^k \right| \leq \frac{|f^{(n)}(c)|}{n!}\,|x - a|^n\,.$$

Das Polynom

$$T_{a,n}(x) = \sum_{k=0}^{n-1} \frac{f^{(k)}(a)}{k!}\,(x - a)^k$$

in 15.A.4 heißt das T a y l o r - P o l y n o m von f des Grades $< n$ im Punkt a. Die Taylor-Formel gibt eine sehr viel genauere Auskunft über den Fehler $f(x) - T_{a,n}(x)$, als es die asymptotische Entwicklung der Ordnung $n - 1$

$$f(x) = T_{a,n}(x) + o\big((x - a)^{n-1}\big)$$

von f für $x \to a$ tut, die nach Beispiel 14.A.13 bereits dann gilt, wenn f in a nur $(n - 1)$-mal differenzierbar ist. Den Ausdruck

$$\frac{1}{n!}\,f^{(n)}(c)(x - a)^n$$

in 15.A.4 nennt man das L a g r a n g e s c h e R e s t g l i e d. Ist f in I beliebig oft differenzierbar, so heißt die Potenzreihe

$$T_a(x) = \sum_{k=0}^{\infty} \frac{f^{(k)}(a)}{k!}\,(x - a)^k$$

die T a y l o r - R e i h e von f in a. Genau dann ist f in a analytisch, wenn die Taylor-Reihe von f in a eine konvergente Potenzreihe ist und f in einer Umgebung von a darstellt. Im Allgemeinen ist dies nicht der Fall, wie etwa diejenigen Funktionen zeigen, die in a platt sind, aber in keiner Umgebung von a identisch verschwinden. Vgl. auch Aufg. 20. Ferner bemerken wir, dass *jede* Potenzreihe $T \in \mathbb{K}[[x - a]]$ als Taylor-Reihe einer beliebig oft differenzierbaren Funktion $\mathbb{R} \to \mathbb{K}$ in a auftritt. (S a t z v o n E. B o r e l – Vgl. 16.B.11.)

15.A.5 Newton-Interpolation *Seien $I \subseteq \mathbb{R}$ ein Intervall, $a_1, \ldots, a_r \in I$ paarweise verschiedene Stellen und $f : I \to \mathbb{K}$ eine r-mal differenzierbare Funktion. Ferner sei T das Polynom vom Grad $< r$, das an den (Stütz−)Stellen $a_1, \ldots, a_r$ dieselben Werte wie f hat. Ist $\mathbb{K} = \mathbb{R}$, so gibt es zu jedem $x \in I$ ein $c \in I$ mit*

$$f(x) = T(x) + \frac{f^{(r)}(c)}{r!} (x - a_1) \cdots (x - a_r) \, ;$$

ist $\mathbb{K} = \mathbb{C}$, so gibt es zu jedem $x \in I$ ein $c \in I$ mit

$$|f(x) - T(x)| \leq \frac{|f^{(r)}(c)|}{r!} |x - a_1| \cdots |x - a_r| \, .$$

Aus 15.A.3 ergibt sich sofort die folgende Fehlerabschätzung:

15.A.6 Korollar *Die generellen Voraussetzungen seien dieselben wie in 15.A.3. Ferner sei $|f^{(|n|)}(x)| \leq M$ für alle $x \in I$, also $\|f^{(|n|)}\| \leq M$. Dann ist für alle $x \in I$*

$$|f(x) - T_{a,n}(f|x)| \leq \frac{M}{|n|!} |x - a_1|^{n_1} \cdots |x - a_r|^{n_r} \, .$$

Wir überlassen es dem Leser, die entsprechenden Fehlerabschätzungen für die Spezialfälle 15.A.4 und 15.A.5 explizit zu formulieren.

15.A.7 Beispiel (T s c h e b y s c h e w - K n o t e n) Sei $m \in \mathbb{N}^*$. Ferner seien $I \subseteq \mathbb{R}$ ein kompaktes Intervall und $f : I \to \mathbb{K}$ eine m-mal differenzierbare Funktion. Für ein Tupel $a = (a_1, \ldots, a_r)$ paarweise verschiedener Stellen in I und ein Tupel $n = (n_1, \ldots, n_r)$ positiver natürlicher Zahlen mit $|n| = n_1 + \cdots + n_r = m$ ist dann nach 15.A.6

$$\|f - T_{a,n}(f|x)\| \leq \frac{\|f^{(m)}\|}{m!} N_{a,n} \, ,$$

wobei $N_{a,n}$ die Supremumsnorm des normierten Polynoms $(x - a_1)^{n_1} \cdots (x - a_r)^{n_r}$ vom Grad m auf I ist und somit nicht von f abhängt. Man wird daher zur Approximation von f durch das interpolierende Polynom $T_{a,n}(f|x)$ vom Grade $< m$ die Tupel a und n so wählen, dass $N_{a,n}$ möglichst klein ist. Diese a und n lassen sich explizit angeben (und sind überdies eindeutig bestimmt). Grundlage ist folgendes Lemma:

15.A.8 Lemma *Sei $m \in \mathbb{N}^*$. Das m-te Tschebyschew-Polynom T_m hat unter allen normierten Polynomen vom Grad m minimale Supremumsnorm auf dem Intervall $[-1, 1]$ und ist durch diese Minimalitätseigenschaft eindeutig bestimmt. Es gilt*

$$\|T_m\| = \|T_m\|_{[-1,1]} = 2^{-m+1} \, .$$

B e w e i s . Wir verwenden die Beschreibung der Tschebyschew-Polynome aus Beispiel 5.C.5. Es ist $T_m(\cos \varphi) = 2^{-m+1} \cos (m\varphi)$, also

$$T_m(x) = 2^{-m+1} \cos (m \arccos x) \, ,$$

$x \in [-1, 1]$, folglich $\|T_m\| = 2^{-m+1}$ und $T_m(x_k) = (-1)^k 2^{-m+1}$ für $x_k := \cos (k\pi/m)$, $k = 0, \ldots, m$. Sei g ein weiteres normiertes Polynom vom Grad m mit $\|g\| \leq \|T_m\|$. Dann gilt $(-1)^k (T_m - g)(x_k) \geq 0$ für $k = 0, \ldots, m$. Eine leichte Überlegung ergibt nun $T_m - g = 0$, da Grad $(T_m - g) < m$ ist, vgl. Aufg. 7.   ●

Das Polynom T_m hat die m Nullstellen $a_k := \cos\left((2k-1)\pi/2m\right)$, $k = 1, \ldots, m$. Folglich ist $T_m = (x - a_1) \cdots (x - a_m)$, und die Konstante $N_{a,n}$ für das Intervall $[-1, 1]$ wird minimal, wenn man an den Stellen a_i, $i = 1, \ldots, m$, mit der Vielfachheit $n_i = 1$ interpoliert. Durch Transformation auf ein beliebiges Intervall $[\alpha, \beta]$, $\alpha < \beta$, ergibt sich, dass

$$T_m^{\alpha, \beta} := \left(\frac{\beta - \alpha}{2}\right)^m T_m\left(\frac{2}{\beta - \alpha}\left(x - \frac{\alpha + \beta}{2}\right)\right)$$

das normierte Polynom m-ten Grades ist, für das die Supremumsnorm auf $[\alpha, \beta]$ minimal ist, und zwar gleich

$$N_{a,n} = 2\left(\frac{\beta - \alpha}{4}\right)^m.$$

Als optimale Stützstellen für das Intervall $[\alpha, \beta]$ ergeben sich daher

$$a_k := \frac{1}{2}\left(1 - \cos\frac{2k-1}{2m}\pi\right)\alpha + \frac{1}{2}\left(1 + \cos\frac{2k-1}{2m}\pi\right)\beta,$$

$k = 1, \ldots, m$. Sie heißen die Tschebyschew-Knoten der Ordnung m des Intervalls $[\alpha, \beta]$. *Interpoliert man also die m-mal differenzierbare Funktion $f : [\alpha, \beta] \to \mathbb{K}$ mit dem Polynom T vom Grad $< m$, das an diesen Tschebyschew-Knoten mit f übereinstimmt, so ist für $x \in [\alpha, \beta]$*

$$|f(x) - T(x)| \leq 2\frac{\|f^{(m)}\|}{m!}\left(\frac{\beta - \alpha}{4}\right)^m.$$

Für das Taylor-Polynom von f vom Grade $< m$ im Mittelpunkt $a := (\alpha + \beta)/2$ des Intervalls $[\alpha, \beta]$ hat man hingegen für $x \in [\alpha, \beta]$ generell nur

$$\left|f(x) - \sum_{k=0}^{m-1} \frac{f^{(k)}(a)}{k!}(x - a)^k\right| \leq \frac{\|f^{(m)}\|}{m!}\left(\frac{\beta - \alpha}{2}\right)^m.$$

15.A.9 Beispiel (Satz von Bernstein) Sei $f : I \to \mathbb{R}$ unendlich oft differenzierbar auf dem Intervall I. Für ein $a \in I$ stellt die Taylor-Reihe $T_a(x) = \sum_{n=0}^{\infty} f^{(n)}(a)(x-a)^n/n!$ nach 15.A.4 sicherlich dann die Funktion f auf ganz I dar, wenn alle Ableitungen $f^{(n)}$ auf I durch eine gemeinsame Konstante M beschränkt sind: $\|f^{(n)}\|_I \leq M$ für alle $n \in \mathbb{N}$. Nach einer Beobachtung von S. Bernstein lässt sich das Wesentliche dieser Aussage unter schwächeren Voraussetzungen behaupten, vgl. auch Aufg. 20.

15.A.10 Satz von S. Bernstein *Sei $f : [a, b] \to \mathbb{R}$, $a < b$, unendlich oft differenzierbar. Ferner gebe es ein $M \in \mathbb{R}$ mit $f^{(n)} \geq M$ für alle $n \in \mathbb{N}$ (oder mit $f^{(n)} \leq M$ für alle $n \in \mathbb{N}$). Dann stellt die Taylor-Reihe $T_a(x)$ von f in a die Funktion f auf $[a, b]$ dar.*

Beweis. Wir können $f^{(n)} \geq M$ für alle $n \in \mathbb{N}$ annehmen und nach Übergang zur Funktion $f(x) + |M|e^{x-a}$ sogar $f^{(n)} \geq 0$. Dann sind alle Ableitungen von f auf $[a, b]$ monoton wachsend.

Wir zeigen zunächst, dass $T_a(x) = \sum_{k=0}^{\infty} f^{(k)}(a)(x-a)^k/k!$ für $x = b$ und damit für alle $x \in [a, b]$ konvergiert. Dies ergibt sich aber mit 15.A.4 aus folgenden Ungleichungen für $n \in \mathbb{N}$:

$$f(b) = \sum_{k=0}^{n-1} \frac{f^{(k)}(a)}{k!}(b-a)^k + \frac{f^{(n)}(c_n)}{n!}(b-a)^n \geq \sum_{k=0}^{n-1} \frac{f^{(k)}(a)}{k!}(b-a)^k.$$

Wenden wir dieses Ergebnis auf das Intervall $[(a + b)/2 , b]$ an, so folgt, dass die Folge $f^{(n)}\big((a+b)/2\big)\,\big((b-a)/2\big)^n/n!\,, n \in \mathbb{N}$, und damit auch jede Folge $f^{(n)}(c_n)\,\big((b-a)/2\big)^n/n!\,$, $n \in \mathbb{N}$, eine Nullfolge ist, wobei hier die $c_n \in [a , (a + b)/2]$ beliebig sind. Mit der Taylor-Formel 15.A.4 erhält man jetzt $f(x) = T_a(x)$ für alle $x \in [a , (a+b)/2]$. Nach dem bislang Bewiesenen ist also f auf $[a , b[$ analytisch. Der Identitätssatz für analytische Funktionen impliziert dann $f(x) = T_a(x)$ für alle $x \in [a, b[$ und der Abelsche Grenzwertsatz schließlich auch $f(b) = T_a(b)$.   •

Offenbar hätte es genügt, in 15.A.10 vorauszusetzen, dass f auf $[a, b]$ stetig und in $[a, b[$ beliebig oft differenzierbar ist. Typische Beispiele für das Intervall $[0, 1]$ sind die erzeugenden Funktionen $\sum_{n=0}^{\infty} P(n)x^n$, $x \in [0, 1]$, der Wahrscheinlichkeitsverteilungen $P : \mathbb{N} \to [0, 1]$ (die in 1 im Allgemeinen nicht differenzierbar sind).

Aufgaben

1. Sei $n \in \mathbb{N}^*$, und $f : I \to \mathbb{K}$ sei n-mal differenzierbar. Genau dann hat f in $a \in I$ eine Nullstelle der Ordnung $\geq n$, wenn $f(x) = (x - a)^n g(x)$ mit einer in a stetigen Funktion $g : I \to \mathbb{K}$ ist.

2. Seien $m, n \in \mathbb{N}^*$, und $f, g : I \to \mathbb{K}$ seien Funktionen auf dem Intervall I. Ferner sei $a \in I$.

a) Haben f und g in a Nullstellen der Ordnungen $\geq m$ bzw. $\geq n$, so hat $f + g$ in a eine Nullstelle der Ordnung $\geq \mathrm{Min}\,(m, n)$.

b) Ist fg $(m + n)$-mal differenzierbar und haben f und g in a Nullstellen der Ordnungen $\geq m$ bzw. $\geq n$, so hat fg in a eine Nullstelle der Ordnung $\geq m + n$.

c) Ist fg $(m+n)$-mal und g n-mal differenzierbar, so hat g in a eine Nullstelle der Ordnung $\geq n$, falls fg in a eine Nullstelle der Ordnung $\geq m+n$ und f in a eine Nullstelle der Ordnung m haben.

3. Seien $m, n \in \mathbb{N}^*$ und $f : I \to \mathbb{R}$, $g : J \to \mathbb{K}$ (mn)-mal differenzierbare Funktionen mit $f(I) \subseteq J$. Haben dann f in $a \in I$ und g in $0 = f(a) \in J$ jeweils Nullstellen der Ordnung $\geq m$ bzw. $\geq n$, so hat $g \circ f$ in a eine Nullstelle der Ordnung $\geq mn$.

4. Sei $f : \mathbb{R} \to \mathbb{R}$ eine Polynomfunktion vom Grad $n \geq 0$. Dann hat die Funktion $f(x) + e^x$ in $\mathbb{R}$ die Nullstellenordnung $\leq n + 1$. Ist der Leitkoeffizient von f positiv, so ist diese Nullstellenordnung sogar $\leq n$.

5. Sei $n \in \mathbb{N}$, $n \geq 2$. Die Funktion $f : I \to \mathbb{R}$ sei in I $(n - 1)$-mal differenzierbar, habe dort eine Nullstellenordnung $\geq n$ und mindestens zwei verschiedene Nullstellen. Dann hat $f^{(n-1)}$ noch wenigstens eine Nullstelle *im Inneren* von I.

6. Die Funktion $f : [a, b] \to \mathbb{R}$ sei n-mal differenzierbar, habe in a und b Nullstellen der Ordnung $\geq n$ und in $]a, b[$ weitere k *verschiedene* Nullstellen, $k \in \mathbb{N}$. Dann hat $f^{(n)}$ in $]a, b[$ wenigstens $n + k$ *verschiedene* Nullstellen.

7. Die Funktion $f : [x_0, x_m] \to \mathbb{R}$ zweimal differenzierbar. Für die Punkte $x_0, \ldots, x_m$ mit $x_0 < x_1 < \cdots < x_m$ gelte $(-1)^k f(x_k) \geq 0$, $k = 0, \ldots, m$. Dann hat f in $[x_0, x_m]$ eine Nullstellenordnung $\geq m$. (Induktion über m.)

8. Sei $f : \mathbb{R} \to \mathbb{R}$ eine Polynomfunktion. Hat f keine Nullstellen in $\mathbb{C} - \mathbb{R}$, so gilt dies auch für alle Ableitungen $f^{(k)}$, $k \leq$ Grad f, von f.

9. Seien $a, b > 0$ und $f : \mathbb{R} \to \mathbb{R}$ die Polynomfunktion $x^n + ax^{n-1} - b$, $n \geq 2$.

a) Ist n gerade, so hat f genau zwei verschiedene reelle Nullstellen, die beide die Ordnung 1 haben.

b) Sei n ungerade. Ist $a^n(n-1)^{n-1} > bn^n$, so hat f genau drei verschiedene reelle Nullstellen, die alle die Ordnung 1 haben. Bei $a^n(n-1)^{n-1} = bn^n$ hat f eine reelle Nullstelle der Ordnung 1 und eine reelle Nullstelle der Ordnung 2. Ist schließlich $a^n(n-1)^{n-1} < bn^n$, so hat f genau eine reelle Nullstelle, und zwar der Ordnung 1.

10. Seien $a, b > 0$. Man bestimme die Anzahl der verschiedenen reellen Nullstellen und ihre Ordnungen für die Polynomfunktionen $x^n - ax^{n-1} + b$, $x^n + ax - b$, $x^n - ax + b$, $n \geq 2$.

11. Die Polynomfunktion $x^3 + ax + b$, $a, b \in \mathbb{R}$, hat im Fall $4a^3 + 27b^2 > 0$ genau eine und im Fall $4a^3 + 27b^2 < 0$ genau drei verschiedene reelle Nullstellen. Was gilt bei $4a^3 + 27b^2 = 0$?

12. Die Polynomfunktion $f : \mathbb{R} \to \mathbb{R}$ habe in $a, b \in \mathbb{R}$, $a < b$, Nullstellen, jedoch im offenen Intervall $]a, b[$ keine Nullstelle. Dann ist die Nullstellenordnung von f' in $]a, b[$ ungerade.

13. Man gebe das Taylorpolynom des Grades < 5 in a an für die Umkehrfunktionen der folgenden Funktionen: $x + e^x$, $a := 1$;　$x + \varepsilon \sin 2x$, $a = 0$ ($|\varepsilon| < 1/2$).

14. Man zeige, dass in Satz 15.A.3 die Zwischenstelle c stets im *Inneren* des kleinsten Intervalls gewählt werden kann, das die Punkte $x, a_1, \ldots, a_r$ enthält, falls dieses Intervall aus mehr als einem Punkt besteht. (Vgl. Aufg. 5.)

15. a) Die Funktion $f : [a, a + h] \to \mathbb{R}$ sei n-mal differenzierbar, $n \geq 2$. Dann gibt es ein $c \in [a, a + h]$ mit

$$\frac{f(a+h) - f(a)}{h} - f'(a) = \sum_{k=2}^{n-1} \frac{f^{(k)}(a)}{k!} h^{k-1} + \frac{f^{(n)}(c)}{n!} h^{n-1}.$$

b) Die Funktionen $f : [a - h, a + h] \to \mathbb{R}$ sei $(2n + 1)$-mal differenzierbar, $n \geq 1$. Dann gibt es ein $c \in [a - h, a + h]$ mit

$$\frac{f(a+h) - f(a-h)}{2h} - f'(a) = \sum_{k=1}^{n-1} \frac{f^{(2k+1)}(a)}{(2k+1)!} h^{2k} + \frac{f^{(2n+1)}(c)}{(2n+1)!} h^{2n}.$$

(Man formuliere entsprechende Aussagen für $\mathbb{C}$-wertige Funktionen.)

16. Man beweise die Taylor-Formel 15.A.4 im Fall $\mathbb{K} = \mathbb{R}$, indem man auf $F(x) := f(x) - \sum_{k=0}^{n-1} \frac{f^{(k)}(a)}{k!} (x - a)^k$ und $G(x) := (x - a)^n$ den Zweiten Mittelwertsatz n-mal anwende und dabei beachte, dass die Funktionen F und G einschließlich ihrer ersten $n - 1$ Ableitungen an der Stelle a verschwinden. (Vgl. Beispiel 14.A.13.)

17. Sei $f : I \to \mathbb{R}$ eine $(n-1)$-mal differenzierbare Funktion, die im Punkt $a \in I$ sogar n-mal differenzierbar ist, $n \geq 2$. Nach der Taylor-Formel und Aufgabe 14 gibt es zu jedem $x \in I$, $x \neq a$, ein $c(x) \neq a$ zwischen x und a mit

$$f(x) = \sum_{k=0}^{n-2} \frac{f^{(k)}(a)}{k!}\,(x-a)^k + \frac{f^{(n-1)}(c(x))}{(n-1)!}\,(x-a)^{n-1}\,.$$

Unter der Voraussetzung $f^{(n)}(a) \neq 0$ zeige man $\lim_{x\to a, x\neq a}\big(c(x)-a\big)\big/(x-a) = 1/n$.

18. Seien $f:[a,b] \to \mathbb{R}$ eine Polynomfunktion vom Grade $n \geq 1$ mit dem Leitkoeffizienten a_n und $T_n^{a,b}(x)$ das (normierte) n-te Tschebyschew-Polynom für das Intervall $[a,b]$, vgl. Beispiel 15.A.7. Dann ist $g := f - a_n T_n^{a,b}$ das (eindeutig bestimmte) Polynom vom Grad $< n$, für das $\|f - g\|_{[a,b]}$ minimal wird, und zwar ist

$$\|f - g\| = |a_n|\,\|T_n^{a,b}\| = |a_n|\,\frac{|b-a|^n}{2^{2n-1}}\,.$$

(Man benutzt dieses Ergebnis, um den Grad approximierender Polynome f sukzessive (unter Inkaufnahme einer schlechteren Approximation) zu verringern, indem man zunächst f durch g ersetzt, dann das Verfahren auf g anwendet usw. Ist $f = \sum_{k=0}^{n} a_k T_k^{a,b}$ mit $a_k \in \mathbb{R}$, so erhält man sukzessive $g = g_{n-1} = \sum_{k=0}^{n-1} a_k T_k^{a,b}$, $g_{n-2} = \sum_{k=0}^{n-2} a_k T_k^{a,b}$ usw. Allerdings erhält man so bei mehr als einem Schritt im Allgemeinen nicht mehr das optimale Polynom. Man wende dieses Verfahren an, um das Taylor-Polynom vom Grad < 12 von $\cos(\pi x/2)$ um 0 im Intervall $[-1,1]$ durch ein approximierendes Polynom h vom Grad < 8 zu ersetzen. Man gebe eine Abschätzung für $\|\cos(\pi x/2) - h(x)\|_{[-1,1]}$ an.)

19. a) Sei $n \in \mathbb{N}^*$, und $f,g:I \to \mathbb{K}$ seien $(n-1)$-mal differenzierbare Funktionen. Für die Taylorpolynome in a gilt

$$T_{a,n}(f+g) = T_{a,n}(f) + T_{a,n}(g)\,, \quad T_{a,n}(fg) = T_{a,n}\big(T_{a,n}(f)\,T_{a,n}(g)\big)\,.$$

Sind f,g beliebig oft differenzierbar, so gilt für die Taylor-Reihen

$$T_a(f+g) = T_a(f) + T_a(g)\,, \quad T_a(fg) = T_a(f)\,T_a(g)\,.$$

b) Sei $n \in \mathbb{N}^*$, und $f:I \to \mathbb{K}$ und $g:J \to I$ seien $(n-1)$-mal differenzierbare Funktionen auf den Intervallen $I, J \subseteq \mathbb{R}$. Für $b \in J$ und $a := g(b)$ gilt

$$T_{b,n}(f \circ g) = T_{b,n}\big(T_{a,n}(f) \circ T_{b,n}(g)\big)\,.$$

Sind f und g beliebig oft differenzierbar, so gilt $T_b(f \circ g) = T_a(f) \circ T_b(g)$, wobei auf der rechten Seite (eventuell nicht konvergente) Potenzreihen ineinander einzusetzen sind. Als eine Anwendung gebe man eine explizite Formel, die die $(n-1)$-te Ableitung von $f \circ g$ durch $f^{(0)}, \ldots, f^{(n-1)}$ und $g^{(0)}, \ldots, g^{(n-1)}$ darstellt.

20. Sei $f:I \to \mathbb{K}$ auf dem Intervall $I \subseteq \mathbb{R}$ beliebig oft differenzierbar. Folgende Aussagen sind äquivalent: (1) f ist auf I analytisch. (2) Zu jedem $a \in I$ gibt es ein $\delta > 0$ und eine Konstante $C > 0$ mit $|f^n(x)|/n! \leq C/\delta^n$ für alle $x \in I$ mit $|x-a| \leq \delta$. (Für (2) $\Rightarrow$ (1) benutze man 15.A.4, für (1) $\Rightarrow$ (2) das Ergebnis von 12.B, Aufg. 10.)

21. Sei $g:\mathbb{R} \to \mathbb{R}$ eine C^∞-Funktion mit der Periode 1, die in den Punkten $t \in \mathbb{Z}$ platt ist und in den Punkten $t \notin \mathbb{Z}$ analytisch und positiv (z.B. $g(t) = h(\sin \pi t)$, wobei h eine der Funktionen aus 13.C, Aufg. 20a) ist). Dann ist $t \mapsto \sum_{n=0}^{\infty} g(2^n t)/2^{n^2}$ eine C^∞-Funktion $f:\mathbb{R} \to \mathbb{R}$, die in keinem Punkt $t \in \mathbb{R}$ analytisch ist. (Es genügt zu zeigen, dass f in den Punkten $p/2^m$, $p \in \mathbb{Z}$ ungerade, $m \in \mathbb{N}$, nicht analytisch ist. In einem solchen Punkt stimmt aber die Taylor-Reihe von f mit der Taylor-Reihe der dort analytischen Funktion $\sum_{n=0}^{m-1} g(2^n t)/2^{n^2}$ überein. – Zu weiteren interessanten C^∞-Funktionen siehe Beispiel 16.B.9.)

22. Man beweise die D e s c a r t e s s c h e V o r z e i c h e n r e g e l : Die Anzahl der positiven Nullstellen (mit Vielfachheiten gerechnet) einer über $\mathbb{R}$ in Linearfaktoren zerfallenden Polynomfunktion $f = a_0 + a_1 x + \cdots + a_{n-1} x^{n-1} + x^n \in \mathbb{R}[x]$ ist gleich der Anzahl der Vorzeichenwechsel in der Folge $a_0, a_1, \ldots, a_{n-1}, 1$. Dabei liegt in einer Folge von 0 verschiedener reeller Zahlen $\ldots, b_i, b_{i+1}, \ldots$ an der Stelle i ein V o r z e i c h e n w e c h s e l vor, wenn $b_i b_{i+1} < 0$ ist. Die Vorzeichenwechsel in einer beliebigen Folge reeller Zahlen sind diejenigen in der Folge, die daraus durch Streichen der Nullen gewonnen wird. (Beim Beweis durch Induktion über n kann man $n \geq 1$ und $a_0 \neq 0$ annehmen. Ist $a_1 = f'(0) = 0$, so hat f' eine positive Nullstelle weniger als f und es ist $f(0)f''(0) < 0$. Mit der Induktionsvoraussetzung, angewandt auf f', ergibt sich die Behauptung. Bei $f(0)f'(0) < 0$ bzw. $f(0)f'(0) > 0$ hat f' eine positive Nullstelle weniger als f bzw. gleich viele positive Nullstellen wie f, und die Induktionsvoraussetzung für f' ergibt wieder die Behauptung.)

23. Die Polynomfunktion $a_m x^m + \cdots + a_n x^n \in \mathbb{R}[x]$ mit $m \leq n$ und $a_m \neq 0 \neq a_n$ zerfalle über $\mathbb{R}$ in Linearfaktoren. Dann können in der Folge $a_m, \ldots, a_n$ nicht zwei benachbarte Glieder gleichzeitig verschwinden. (Induktion über $n - m$. – Vgl. auch Aufg. 22.)

24. Eine Polynomfunktion der Gestalt $a_0 + a_s x^s + \cdots \in \mathbb{C}[x]$ mit $a_0 \neq 0 \neq a_s$, $s \geq 1$, hat wenigstens s paarweise verschiedene Nullstellen in $\mathbb{C}$.

15.B Hermite-Interpolation

Wir wollen allgemein die Existenz der im vorigen Abschnitt benutzten interpolierenden Polynome $T := T_{a,n}(f|x)$ beweisen und Methoden zu ihrer Berechnung angeben. Dabei wissen wir schon, dass diese Polynome vom Grad $< |n|$, wenn sie existieren, durch die Stützstellen $a = (a_1, \ldots, a_r)$ mit den Vielfachheiten $n = (n_1, \ldots, n_r)$ und den vorgeschriebenen Ableitungen

$$T^{(\nu_i)}(a_i) = f^{(\nu_i)}(a_i) =: b_i^{(\nu_i)},$$

$0 \leq \nu_i < n_i$, $i = 1, \ldots, r$, eindeutig bestimmt sind.

Zum Beweis der Existenz von T ändern wir etwas die Bezeichnungen und ersetzen zur Kennzeichnung von T die Tupel $(a_1, \ldots, a_r)$ und $(n_1, \ldots, n_r)$ durch ein einziges Tupel

$$\mathfrak{x} = (x_0, \ldots, x_{m-1}), \quad m := |n| = n_1 + \cdots + n_r,$$

in dem das Element a_i genau n_i-mal vorkommt. Dabei ist die Reihenfolge der Komponenten von $\mathfrak{x}$ zunächst nicht wichtig. Das gesuchte Polynom T bezeichnen wir dann auch mit

$$T_{\mathfrak{x}}(f|x) = T_{\mathfrak{x}}.$$

Wir beweisen nun die Existenz von T durch Induktion über m. Der Fall $m = 1$ ist trivial: Es ist $T_{(x_0)} = f(x_0)$. Beim Schluss von m auf $m + 1$ sei $\mathfrak{x} = (x_0, \ldots, x_m)$ und $\mathfrak{x}' := (x_0, \ldots, x_{m-1})$. Ferner komme x_m in $\mathfrak{x}$ genau μ-mal vor. Nach Induktionsvoraussetzung existiert das Polynom $T_{\mathfrak{x}'}$ vom Grad $< m$. Für jede Konstante λ erfüllt dann das Polynom $h_\lambda := T_{\mathfrak{x}'} + \lambda g$ mit $g(x) := (x - x_0) \cdots (x - x_{m-1})$

vom Grad $< m + 1$ offenbar alle Bedingungen an $T_{\mathfrak{x}}$ mit eventueller Ausnahme der Bedingung $h_\lambda^{(\mu-1)}(x_m) = f^{(\mu-1)}(x_m)$. Wählen wir

$$\lambda := \left(f^{(\mu-1)}(x_m) - T_{\mathfrak{x}'}^{(\mu-1)}(x_m) \right) \big/ g^{(\mu-1)}(x_m)\,,$$

so ist auch diese Bedingung noch erfüllt. Man beachte, dass $g^{(\mu-1)}(x_m) \neq 0$ ist, da x_m eine Nullstelle von g der Ordnung $\mu - 1$ ist.

Der vorstehende Beweis gilt im Reellen wie im Komplexen. Wir haben damit gezeigt:

15.B.1 Hermite-Interpolation *Seien $a_1, \ldots, a_r$ paarweise verschiedene reelle oder komplexe Zahlen und $n_1, \ldots, n_r$ positive natürliche Zahlen. Zu beliebigen reellen oder komplexen Zahlen $b_i^{(v_i)}$, $0 \le v_i < n_i$, $i = 1, \ldots, r$, gibt es dann genau ein Polynom T vom Grade $< m := n_1 + \cdots + n_r$ mit*

$$T^{(v_i)}(a_i) = b_i^{(v_i)}\,, \quad 0 \le v_i < n_i\,, \quad i = 1, \ldots, r\,.$$

Zur praktischen Bestimmung von T führt man zunächst zweckmäßigerweise die folgende Bezeichnung ein, wobei wir wieder wie beim Beweis zu 15.B.1 ein Tupel $\mathfrak{x} = (x_0, \ldots, x_{m-1})$ benutzen. Es sei

$$\Delta(\mathfrak{x}; f) = \Delta(x_0, \ldots, x_{m-1}; f) = \Delta(\mathfrak{x}) = \Delta(x_0, \ldots, x_{m-1})$$

definitionsgemäß der Koeffizient von x^{m-1} im interpolierenden Polynom $T_{\mathfrak{x}} = T_{\mathfrak{x}}(f\,|x)$. Dann ist $T_{\mathfrak{x}} = \Delta(\mathfrak{x})x^{m-1} + R$ mit einem Polynom R vom Grad $< m - 1$. Genauer gilt:

15.B.2 Satz *Für $\mathfrak{x} = (x_0, \ldots, x_{m-1})$ ist*

$$T_{\mathfrak{x}}(f\,|x) = \sum_{k=0}^{m-1} \Delta(x_0, \ldots, x_k; f)\,(x - x_0) \cdots (x - x_{k-1})\,.$$

B e w e i s durch Induktion über m: Der Fall $m = 1$ ist trivial. Beim Schluss von m auf $m + 1$ sei $\mathfrak{x} := (x_0, \ldots, x_m)$ und $\mathfrak{x}' := (x_0, \ldots, x_{m-1})$. Dann beachte man, dass

$$T_{\mathfrak{x}}(f\,|x) - \Delta(\mathfrak{x}; f)\,(x - x_0) \cdots (x - x_{m-1})$$

ein Polynom vom Grad $< m$ ist, das die Interpolationsbedingungen für das Tupel $\mathfrak{x}'$ erfüllt und daher gleich $T_{\mathfrak{x}'}(f\,|x)$ ist. Mit der Induktionsvoraussetzung ergibt sich die Behauptung.   ●

Mit den Elementen $\Delta(x_0, \ldots x_k; f)$ ist also auch das Polynom $T_{\mathfrak{x}}(f\,|x)$ bekannt. Stimmen in $\mathfrak{x} = (x_0, \ldots, x_{m-1}) = (a, \ldots, a)$ alle Komponenten überein, so ist $T_{\mathfrak{x}}(f\,|x)$ das Taylorpolynom $\sum_{k=0}^{m-1} f^{(k)}(a)(x - a)^k / k!$. Für $x_0 = \cdots = x_k = a$ ergibt sich somit $\Delta(x_0, \ldots, x_k; f) = f^{(k)}(a)/k!$. Andernfalls hilft zur Berechnung die folgende Rekursionsgleichung:

15.B.3 Satz *Ist $x_0 \neq x_k$, so gilt*

$$\Delta(x_0, \ldots, x_k; f) = \frac{\Delta(x_1, \ldots, x_k; f) - \Delta(x_0, \ldots, x_{k-1}; f)}{x_k - x_0}.$$

B e w e i s. Wir bemerken zunächst noch einmal, dass die $\Delta(x_0, \ldots, x_k; f)$ unabhängig von der Reihenfolge der $x_0, \ldots, x_k$ sind. 15.B.3 lässt sich also nach eventuellem Umnummerieren der Komponenten $x_0, \ldots, x_k$ immer anwenden, wenn diese nicht alle gleich sind.

Nach 15.B.2 sind nun die Polynome

$$\sum_{j=1}^{k-1} \Delta(x_1, \ldots, x_j)\,(x - x_1) \cdots (x - x_{j-1}) +$$

$$+\ \Delta(x_1, \ldots, x_{k-1}, x_k)\,(x - x_1) \cdots (x - x_{k-1}) +$$

$$+\ \Delta(x_1, \ldots, x_{k-1}, x_k, x_0)\,(x - x_1) \cdots (x - x_{k-1})(x - x_k)$$

bzw.

$$\sum_{j=1}^{k-1} \Delta(x_1, \ldots, x_j)\,(x - x_1) \cdots (x - x_{j-1}) +$$

$$+\ \Delta(x_1, \ldots, x_{k-1}, x_0)\,(x - x_1) \cdots (x - x_{k-1}) +$$

$$+\ \Delta(x_1, \ldots, x_{k-1}, x_0, x_k)\,(x - x_1) \cdots (x - x_{k-1})(x - x_0)$$

beide gleich $T_{(x_0,\ldots,x_k)}(f\,|\,x)$. Daher ist auch

$$\big(\Delta(x_1, \ldots, x_k) + \Delta(x_0, \ldots, x_k)\,(x - x_k)\big)\,(x - x_1) \cdots (x - x_{k-1}) =$$

$$= \big(\Delta(x_0, \ldots, x_{k-1}) + \Delta(x_0, \ldots, x_k)\,(x - x_0)\big)\,(x - x_1) \cdots (x - x_{k-1}).$$

Kürzt man in dieser Formel $(x - x_1) \cdots (x - x_{k-1})$ und setzt dann $x = x_k$, so ergibt sich die Behauptung. $\bullet$

Wir nehmen ab jetzt an, dass in dem Tupel $\mathfrak{x} = (x_0, \ldots, x_{m-1})$ die Komponenten so geordnet sind, dass $x_i = x_{i+1} = \cdots = x_j$ ist, falls $x_i = x_j$ für ein Paar i, j mit $i < j$ gilt. Wir definieren die D i f f e r e n z e n q u o t i e n t e n höherer Ordnung durch $\Delta(x_i) = f(x_i)$ und allgemein bei $i \leq j$ durch

$$\Delta(x_i, \ldots, x_j) = \begin{cases} \dfrac{f^{(j-i)}(x_i)}{(j-i)!}, & \text{falls } x_i = x_j, \\[2ex] \dfrac{\Delta(x_{i+1}, \ldots, x_j) - \Delta(x_i, \ldots, x_{j-1})}{x_j - x_i}, & \text{falls } x_i \neq x_j. \end{cases}$$

Dann berechnen sich die $\Delta(x_0, \ldots, x_k)$ nach 15.B.3 leicht gemäß dem folgenden so genannten D i f f e r e n z e n s c h e m a :

$$\boxed{\Delta(x_0)}$$

$$\boxed{\Delta(x_0, x_1)}$$

$$\Delta(x_1) \qquad \boxed{\Delta(x_0, x_1, x_2)}$$

$$\Delta(x_1, x_2)$$

$$\vdots$$

$$\Delta(x_i)$$

$$\vdots \qquad \Delta(x_i, \dots, x_{j-1})$$

$$\Delta(x_i, \dots, x_j) \;\cdots\; \boxed{\Delta(x_0, \dots, x_{m-1})}$$

$$\vdots \qquad \Delta(x_{i+1}, \dots, x_j)$$

$$\Delta(x_j)$$

$$\vdots$$

$$\Delta(x_{m-2})$$

$$\Delta(x_{m-2}, x_{m-1})$$

$$\Delta(x_{m-1})$$

15.B.4 Beispiel Für $1 \le m \le 3$ ergeben sich die folgenden Tabellen:

$m = 1:$ a $\boxed{\Delta(a) = f(a)}$

$m = 2:$ a $\boxed{\Delta(a) = f(a)}$ $\boxed{\Delta(a, a) = f'(a)}$

           a $\Delta(a) = f(a)$

           a $\boxed{\Delta(a) = f(a)}$ $\boxed{\Delta(a, b) = \frac{\Delta(b) - \Delta(a)}{b-a} = \frac{f(b) - f(a)}{b-a}}$

           b $\Delta(b) = f(b)$

$m = 3:$ a $\boxed{f(a)}$ $\boxed{f'(a)}$

           a $f(a)$ $f'(a)$ $\boxed{\frac{f''(a)}{2!}}$

           a $f(a)$

---

           a $\boxed{f(a)}$ $\boxed{f'(a)}$

           a $f(a)$ $\frac{\frac{f(b)-f(a)}{b-a} - f'(a)}{b-a} = \boxed{\frac{f(b) - f(a) - f'(a)(b-a)}{(b-a)^2}}$

           b $f(b)$ $\frac{f(b)-f(a)}{b-a}$

---

           a $\boxed{f(a)}$ $\boxed{\frac{f(b)-f(a)}{b-a}}$

           b $f(b)$ $\boxed{\frac{(f(c)-f(b))(b-a) - (f(b)-f(a))(c-b)}{(c-b)(c-a)(b-a)}}$

           c $f(c)$ $\frac{f(c)-f(b)}{c-b}$

Bei $m = 2$ spricht man von l i n e a r e r und bei $m = 3$ von q u a d r a t i s c h e r Inter-
p o l a t i o n. Wie lautet das interpolierende Polynom vom Grad < 4, wenn die vier Werte
$f(a)$, $f'(a)$; $f(b)$, $f'(b)$, $a \ne b$, vorgegeben sind?

15.B.5 Beispiel (Ä q u i d i s t a n t e   S t ü t z s t e l l e n) Wir betrachten den Spezialfall äquidistanter Stützstellen mit der S c h r i t t w e i t e $h \neq 0$: $x_k := x_0 + kh$, $k = 0, \ldots, n$. Dann ist

$$\Delta(x_0, \ldots, x_n; f) = \frac{(-1)^n}{n!\, h^n} \sum_{k=0}^{n} (-1)^k \binom{n}{k} f(x_k),$$

wie man leicht durch Induktion über n beweist. Ferner ergibt sich damit (oder direkt aus dem obigen Differenzenschema)

$$\Delta(x_0, \ldots, x_n; f) = \frac{1}{n!\, h^n} (\Delta^n f)(0),$$

wobei die h ö h e r e n   D i f f e r e n z e n $(\Delta^j f)(k)$ rekursiv durch

$$(\Delta^0 f)(k) = f(x_k), \quad k = 0, \ldots, n,$$
$$(\Delta^{j+1} f)(k) = (\Delta^j f)(k+1) - (\Delta^j f)(k), \quad k = 0, \ldots, n-j+1,$$

definiert sind, vgl. auch Beispiel 12.C.8. Man erhält für das interpolierende Polynom $T_{\mathfrak{x}}(f \mid x)$ zum Knotentupel $\mathfrak{x} = (x_0, \ldots, x_n)$ mit $x' := (x - x_0)/h$ die Darstellung

$$T_{\mathfrak{x}}(f \mid x) = \sum_{k=0}^{n} \Delta(x_0, \ldots, x_k; f)\, (x - x_0) \cdots (x - x_{k-1}) =$$

$$= \sum_{k=0}^{n} \frac{1}{k!\, h^k}\, (\Delta^k f)(0)\, (x - x_0) \cdots (x - x_{k-1}) = \sum_{k=0}^{n} \binom{x'}{k} (\Delta^k f)(0).$$

Der angegebene Algorithmus für die Hermite-Interpolation liefert das interpolierende Polynom $T = T_{\mathfrak{x}}$ für ein Knotentupel $\mathfrak{x} = (x_0, \ldots, x_{m-1})$ in der Gestalt

$$T = \Delta(x_0) + \Delta(x_0, x_1)\, (x - x_0) + \cdots + \Delta(x_0, \ldots, x_{m-1})\, (x - x_0) \cdots (x - x_{m-2}).$$

Häufig ist es nötig, T mit einem anderen Knotentupel $\mathfrak{y} = (y_0, \ldots, y_{m-1})$ darzustellen, d.h. die Koeffizienten $\Delta(y_0, \ldots, y_k) := \Delta(y_0, \ldots, y_k; T)$ für $k = 0, \ldots, m-1$ in der Darstellung

$$T = \Delta(y_0) + \Delta(y_0, y_1)\, (x - y_0) + \cdots + \Delta(y_0, \ldots, y_{m-1})\, (x - y_0) \cdots (x - y_{m-2})$$

zu bestimmen. Zum Beispiel ergibt sich die gewöhnliche Darstellung von T in der Form $T = c_0 + c_1 x + \cdots + c_{m-1} x^{m-1}$, wenn in $\mathfrak{y}$ alle Komponenten gleich 0 sind. Man beachte ferner, dass stets $\Delta(y_0) = T(y_0)$ ist.

Für die Umrechnung von einem Knotentupel $\mathfrak{x}$ auf ein Knotentupel $\mathfrak{y}$ benutzt man am bequemsten die A u s t a u s c h f o r m e l

$$\Delta(y_0, \ldots, y_{i-1}, x_0, \ldots, x_{j-2}) = (y_{i-1} - x_{j-1})\, \Delta(y_0, \ldots, y_{i-1}, x_0, \ldots, x_{j-1})$$
$$+ \Delta(y_0, \ldots, y_{i-2}, x_0, \ldots, x_{j-1}),$$

die für alle i, j mit $i, j \geq 1$ und $i + j \leq m$ gilt und sofort aus 15.B.3 folgt. (Man beachte, dass sie für $y_{i-1} = x_{j-1}$ trivialerweise gilt.) Da ferner

$$\Delta(z_0, \ldots, z_{m-1}) = \Delta(x_0, \ldots, x_{m-1})$$

für *beliebige* m-Tupel $(z_0, \ldots, z_{m-1})$ ist, erhält man das folgende Berechnungsschema, das das (v o l l s t ä n d i g e) H o r n e r - S c h e m a heißt:

	$\Delta(x_0, \ldots, x_{m-1})$	$\Delta(x_0, \ldots, x_{m-2})$	$\ldots \ \Delta(x_0, x_1)$	$\Delta(x_0)$
y_0	$\Delta(y_0, x_0, \ldots, x_{m-2})$	$\Delta(y_0, x_0, \ldots, x_{m-3})$	$\ldots \ \Delta(y_0, x_0)$	$\boxed{\Delta(y_0)}$
y_1	$\Delta(y_0, y_1, x_0, \ldots, x_{m-3})$	$\Delta(y_0, y_1, x_0, \ldots, x_{m-4})$	$\ldots \ \boxed{\Delta(y_0, y_1)}$	
$\vdots$	$\vdots$			
y_{i-1}			$\ldots \quad \Delta(y_0, \ldots, y_{i-2}, x_0, \ldots, x_{j-1}) \ldots$	
y_{i-2}		$\ldots \ \Delta(y_0, \ldots, y_{i-1}, x_0, \ldots, x_{j-1})$	$\Delta(y_0, \ldots, y_{i-1}, x_0, \ldots, x_{j-2}) \ldots$	
$\vdots$	$\vdots$			
y_{m-2}	$\Delta(y_0, \ldots, y_{m-2}, x_0)$	$\boxed{\Delta(y_0, \ldots, y_{m-2})}$		
y_{m-1}	$\boxed{\Delta(y_0, \ldots, y_{m-1})}$			

Dabei hat die erste Spalte (von den Eingängen $y_0, \ldots, y_{m-1}$ abgesehen) den konstanten Wert $\Delta(x_0, \ldots, x_{m-1})$. Bei $i + j < m$ berechnet man die höhere Differenz $\Delta(y_0, \ldots, y_{i-1}, x_0, \ldots, x_{j-2})$ rekursiv aus den schon bekannten Elementen $\Delta(y_0, \ldots, y_{i-1}, x_0, \ldots, x_{j-1})$ und $\Delta(y_0, \ldots, y_{i-2}, x_0, \ldots, x_{j-1})$ mit Hilfe der Austauschformel. Will man den Funktionswert $T(y_0) = \Delta(y_0)$ bestimmen, so berechnet man natürlich nur die erste Zeile dieses Schemas (u n v o l l s t ä n d i g e s H o r n e r - S c h e m a). Das Horner-Schema für die Umrechnung vom Nulltupel $\mathfrak{x} = (0, \ldots, 0) \in \mathbb{K}^m$ auf ein anderes konstantes Tupel $\mathfrak{y} = (a, \ldots, a) \in \mathbb{K}^m$ haben wir schon in Beispiel 11.A.14 besprochen.

Aufgaben

1. Man schreibe ein Computer-Programm, das die Werte im Differenzenschema und im Horner-Schema zu vorgegebenen Knoten- und Wertetupeln berechnet.

2. Von der zweimal differenzierbaren Funktion $f : [-2, 2] \to \mathbb{R}$ und der zugehörigen Geschwindigkeit $\dot f \, (= f')$ und Beschleunigung $\ddot f \, (= f'')$ sei folgende Wertetabelle bekannt:

t	$f(t)$	$\dot f(t)$	$\ddot f(t)$
-1	6	-10	10
0	-1	2	7
1	7	10	8
2	15	18	9 .

Wie lautet das interpolierende Polynom T vom Grad < 12 zu dieser Wertetabelle?

3. Man interpoliere die Exponentialfunktion $f : x \mapsto e^x$, $x \in [0, 1]$, an den Tschebyschew-Knoten der Ordnung 2, 4, 6 bzw. 8 des Intervalls $[0, 1]$ (vgl. Beispiel 15.A.7) und gebe die interpolierenden Polynome jeweils in der Form $\sum a_n x^n$ an. Ferner berechne man mit den interpolierenden Polynomen die Werte an den Stellen $k/10$, $k = 0, \ldots, 10$, und vergleiche diese mit den „wahren" Werten von exp. Für die interpolierenden Polynome T gebe man eine Abschätzung des größten Fehlers $\| f - T \|_{[0,1]}$ an.

4. Für die Dichte des Wassers misst man die folgenden Werte (bei 760 Torr) relativ zur Dichte bei $4°$C, die gleich 1 gesetzt ist:

Temperatur °C	Dichte	Temperatur °C	Dichte
0	$0,999\,868$	9	$0,999\,809$
1	$0,999\,927$	10	$0,999\,728$
2	$0,999\,967$	11	$0,999\,633$
3	$0,999\,992$	12	$0,999\,525$
4	$1,000\,000$	13	$0,999\,404$
5	$0,999\,992$	14	$0,999\,272$
6	$0,999\,968$	15	$0,999\,127$
7	$0,999\,929$	16	$0,998\,971$
8	$0,999\,876$		

Man gebe die interpolierenden Polynome in der Form $\sum a_n (t - 4)^n$ an bei Benutzung folgender Stützstellen: (1) $t = 0, 4, 8$; (2) $t = 0, 4, 8, 12$; (3) $t = 0, 4, 8, 12, 16$ und vergleiche die damit berechneten Dichten mit den angegebenen Messwerten. (Man interpoliere nicht die Dichte $\rho(t)$ selbst, sondern die Funktion $\sigma(t) := 1000(1 - \rho(t))$.)

5. Man entwickle das Polynom $6x^7 - 0{,}75x^5 - 0{,}125x^4 + x^3 - 0{,}4x^2 + 1$ um die Punkte $-2{,}5$; 1 ; $1{,}75$ unter Verwendung des Horner-Schemas.

6. (Verallgemeinerter Mittelwertsatz) Die Funktion $f : I \to \mathbb{R}$ sei n-mal differenzierbar, $n \in \mathbb{N}$. Zu je $n+1$ (nicht notwendig verschiedenen) Punkten $x_0, \ldots, x_n \in I$ gibt es ein $c \in I$ mit

$$\Delta(x_0, \ldots, x_n; f) = \frac{f^{(n)}(c)}{n!} \, .$$

Sind nicht alle $x_0, \ldots, x_n$ untereinander gleich, so kann c im Inneren des kleinsten Intervalls $[\text{Min}\,(x_0, \ldots, x_n)\,, \text{Max}\,(x_0, \ldots, x_n)]$ gewählt werden, das alle $x_0, \ldots, x_n$ enthält. (Für den Zusatz verwende man 15.A, Aufg. 14. – Wählt man demnach Folgen $(x_{jk})_{k\in\mathbb{N}}$, $j = 0, \ldots, n$, mit $x_{jk} \neq x_{ik}$ für $j \neq i$ und $\lim_{k\to\infty} x_{jk} = c$, so ist

$$\lim_{k\to\infty} \Delta(x_{0k}, \ldots, x_{nk}; f) = \frac{f^{(n)}(c)}{n!} \, ,$$

falls f n-mal stetig differenzierbar ist, und man kann die höheren Differenzenquotienten zur näherungsweisen Berechnung der n-ten Ableitung einer n-mal stetig differenzierbaren Funktion benutzen, ohne die Ableitungen $f^{(m)}$, $0 < m < n$, zu kennen. Bei geeigneter Wahl der x_{jk}, etwa bei $x_{jk} = c + jh_k$, wo $\lim_{k\to\infty} h_k = 0$, $h_k \neq 0$, ist, kann man für obige Grenzwertformeln sogar auf die Stetigkeit von $f^{(n)}$ verzichten, was man mit der Regel von de l'Hôpital aus der expliziten Darstellung der $\Delta(x_0, \ldots, x_n; f)$ in Beispiel 15.B.5 gewinnt.)

VI INTEGRATION

Das Integrieren hat zwei verschiedene Aspekte: Zum einen die Messung von Längen, Flächen und generell Volumina, zum anderen die Bestimmung von Stammfunktionen und allgemeiner das Lösen von Differenzialgleichungen. In diesem Kapitel beschäftigen wir uns nur mit den elementaren Fragen des zweiten Bereichs, wobei der Bezug zum ersten Aspekt durch den so genannten Hauptsatz 16.C.1 der Differenzial- und Integralrechnung angedeutet wird.

16 Stammfunktionen und Integrale

16.A Stammfunktionen

Wir verwenden wiederum $\mathbb{K}$ als gemeinsame Bezeichnung für die Körper $\mathbb{R}$ und $\mathbb{C}$. Sei D eine offene Menge in $\mathbb{C}$ oder ein beliebiges (nicht notwendig offenes) Intervall in $\mathbb{R}$.

16.A.1 Definition Sei $f : D \to \mathbb{K}$ eine Funktion. Eine Funktion $F : D \to \mathbb{K}$ heißt eine S t a m m f u n k t i o n oder ein u n b e s t i m m t e s I n t e g r a l zu f, wenn F differenzierbar in D ist und dort $F' = f$ gilt.

Wir bezeichnen eine solche Funktion F generell mit

$$\int f(x)\,dx \quad \text{oder kurz mit} \quad \int f .$$

In dem ersten Ausdruck kann die Variable statt mit x auch mit einem anderen Symbol bezeichnet werden. Dabei heißt f der I n t e g r a n d . Im Englischen ist die Bezeichnung „p r i m i t i v e (f u n c t i o n)" für eine Stammfunktion üblich. Nach 14.A.5 bzw. 14.A.6 gilt:

16.A.2 Satz *Ist D ein Intervall in $\mathbb{R}$ oder ein Gebiet in $\mathbb{C}$, so unterscheiden sich zwei Stammfunktionen zu einer Funktion $f : D \to \mathbb{K}$ nur um eine Konstante $C \in \mathbb{K}$.*

Die Konstante, über die man bei der Wahl einer Stammfunktion frei verfügen kann, heißt auch I n t e g r a t i o n s k o n s t a n t e.

Stammfunktionen auf reellen Intervallen lassen sich stückeln: Sei $D \subseteq \mathbb{R}$ ein Intervall. Für $c \in D$ sei $D_{\leq c} := \{t \in D \mid t \leq c\}$ und $D_{\geq c} := \{t \in D \mid t \geq c\}$. Sind dann F_1 und F_2 Stammfunktionen von $f|D_{\leq c}$ bzw. $f|D_{\geq c}$ und ist $F_1(c) = F_2(c)$ (was durch Addition von Konstanten immer erreicht werden kann), so ist die Funktion $F : D \to \mathbb{K}$ mit $F|D_{\leq c} = F_1$ und $F|D_{\geq c} = F_2$ eine Stammfunktion zu $f : D \to \mathbb{K}$.

Generell liefert jede Ableitungsregel durch Umkehrung eine Regel zum Auffinden von Stammfunktionen. Beispielsweise gilt: Sind F und G Stammfunktionen zu f und g, so sind $F + G$ und λF, $\lambda \in \mathbb{K}$, Stammfunktionen zu $f + g$ bzw. λf. Die folgenden Stammfunktionen sollte der Leser kennen:

$$(1) \quad \int t^n \, dt = \frac{x^{n+1}}{n+1}, \quad n \in \mathbb{Z} - \{-1\}.$$

$$(2) \quad \int t^\alpha \, dt = \frac{x^{\alpha+1}}{\alpha+1}, \quad \alpha \in \mathbb{C} - \{-1\}.$$

$$(3) \quad \int \frac{dt}{t} = \ln x \quad (\text{auf } \mathbb{C} - \mathbb{R}_-).$$

$$(4) \quad \int \frac{dt}{t} = \ln(-x) \quad (\text{auf } \mathbb{C} - \mathbb{R}_+).$$

Auf $\mathbb{R}^\times$ gilt also einfach $\displaystyle\int \frac{dt}{t} = \ln|x|$.

$$(5) \quad \int a^t \, dt = a^x / \ln a, \quad \operatorname{Arg} a \in \,]-\pi, \pi[\,.$$

$$(6) \quad \int \sin t \, dt = -\cos x.$$

$$(7) \quad \int \cos t \, dt = \sin x.$$

$$(8) \quad \int \frac{dt}{\cos^2 t} = \tan x.$$

$$(9) \quad \int \frac{dt}{\sin^2 t} = -\cot x.$$

$$(10) \quad \int \frac{dt}{1+t^2} = \arctan x.$$

$$(11) \quad \int \frac{dt}{1-t^2} = \operatorname{Artanh} x = \frac{1}{2} \ln \frac{1+x}{1-x} \quad (\text{auf } \mathbb{C} - \{r \in \mathbb{R} \mid |r| \geq 1\}).$$

$$(12) \quad \int \frac{dt}{1-t^2} = \operatorname{Arcoth} x = \frac{1}{2} \ln \frac{x+1}{x-1} \quad (\text{auf } \mathbb{C} - \{r \in \mathbb{R} \mid |r| \leq 1\}).$$

(13) $\quad \displaystyle\int \frac{dt}{\sqrt{1-t^2}} = \arcsin x \quad$ (auf $\mathbb{C} - \{r \in \mathbb{R} \mid |r| \geq 1\}$).

(14) $\quad \displaystyle\int \frac{dt}{\sqrt{t^2-1}} = \operatorname{Arcosh} x = \ln\left(x + \sqrt{x^2-1}\right) \quad$ (auf $\mathbb{C} - \{r \in \mathbb{R} \mid r \leq 1\}$).

(15) $\quad \displaystyle\int \frac{dt}{\sqrt{t^2-1}} = -\operatorname{Arcosh}(-x) \quad$ (auf $\mathbb{C} - \{r \in \mathbb{R} \mid r \geq -1\}$).

(16) $\quad \displaystyle\int \frac{dt}{\sqrt{1+t^2}} = \operatorname{Arsinh} x = \ln\left(x + \sqrt{1+x^2}\right)$

$\qquad$ (auf $\mathbb{C} - \{r\,\mathrm{i} \mid r \in \mathbb{R},\ |r| \geq 1\}$).

Das Aufsuchen einer Stammfunktion ist im Allgemeinen schwierig. Auf die grundlegenden Techniken gehen wir im nächsten Abschnitt ein. Für rationale Funktionen lassen sich leicht Stammfunktionen mit Hilfe der Partialbruchzerlegung aus 11.B.2 angeben. Es genügt danach nämlich, neben Polynomfunktionen Integranden der Form $1/(t-a)^n$, $n \in \mathbb{N}^*$, $a \in \mathbb{C}$, zu betrachten. Dafür gilt aber:

(17) $\quad \displaystyle\int \frac{dt}{(t-a)^n} = -\frac{1}{(n-1)(x-a)^{n-1}} \quad$ bei $n > 1$.

(18) $\quad \displaystyle\int \frac{dt}{t-a} = \ln|x-a| \quad$ auf $\mathbb{R} - \{a\}$, falls $a \in \mathbb{R}$;

$\qquad \displaystyle\int \frac{dt}{t-a} = \ln(x-a) \quad$ auf der geschlitzten Ebene $\mathbb{C} - (a + \mathbb{R}_-)$.

Insbesondere ist bei $a = c + d\,\mathrm{i} \in \mathbb{C} - \mathbb{R}$, $c, d \in \mathbb{R}$, $d \neq 0$, die Funktion

$$\ln(x-a) = \frac{1}{2}\ln\left((x-c)^2 + d^2\right) + \mathrm{i}\arctan\frac{x-c}{d} - \mathrm{i}\frac{\pi}{2}\operatorname{Sign} d$$

eine Stammfunktion zu $1/(x-a)$ auf $\mathbb{R}$, wobei die Konstante $-(\mathrm{i}\pi/2)\operatorname{Sign} d$ natürlich weggelassen werden kann. Bei reellen rationalen Funktionen lassen sich die Stammfunktionen auch mit Hilfe der reellen Partialbruchzerlegung 11.B.3 angeben: Man muss nur noch Stammfunktionen bestimmen zu $1/q^n$ und $(t+c)/q^n$ mit $q := t^2 + 2ct + d = (t+c)^2 - \Delta$, $\Delta := c^2 - d < 0$, $c, d \in \mathbb{R}$. Auf $\mathbb{R}$ gilt nun:

(19) $\quad \displaystyle\int \frac{t+c}{q^n(t)}\, dt = \begin{cases} -1/2(n-1)q^{n-1}, & \text{falls } n \neq 1, \\ \frac{1}{2}\ln q, & \text{falls } n = 1; \end{cases}$

und ferner

(20) $\quad \displaystyle\int \frac{dt}{q(t)} = \frac{1}{\sqrt{-\Delta}}\arctan\left(\frac{1}{\sqrt{-\Delta}}(x+c)\right),$

$$(21) \quad \int \frac{dt}{q^{n+1}(t)} = \frac{1}{2n(-\Delta)} \left(\frac{x+c}{q^n} + (2n-1) \int \frac{dt}{q^n(t)} \right), \quad n \geq 1,$$

womit sich die Stammfunktionen zu $1/q^n$ rekursiv bestimmen lassen.

16.A.3 Beispiel Wir bestimmen eine Stammfunktion zur rationalen Funktion

$$h(t) = \frac{t^6 + 1}{t^4 - t^2 - 2t + 2},$$

deren Partialbruchentwicklung in Beispiel 11.B.4 berechnet wurde. Damit erhält man als Stammfunktion auf $\mathbb{R} - \{1\}$ die Funktion

$$\frac{1}{3}x^3 + x + \frac{22}{25} \ln |x-1| - \frac{2}{5} \cdot \frac{1}{x-1} + 2\,\mathrm{Re}\left(\frac{1}{50}(28+29\mathrm{i}) \ln(x-(-1+\mathrm{i})) \right) =$$

$$= \frac{1}{3}x^3 + x + \frac{22}{25} \ln |x-1| - \frac{2}{5} \cdot \frac{1}{x-1}$$

$$+ 2\,\mathrm{Re}\left(\frac{1}{50}(28+29\mathrm{i}) \left(\ln \sqrt{x^2+2x+2} + \mathrm{i}\left(\arctan (x+1) - \frac{\pi}{2}\right) \right) \right)$$

$$= \frac{1}{3}x^3 + x + \frac{22}{25} \ln |x-1| - \frac{2}{5} \cdot \frac{1}{x-1}$$

$$+ \frac{14}{25} \ln (x^2+2x+2) - \frac{29}{25} \arctan (x+1) + \frac{29}{50}\pi.$$

Mit der reellen Partialbruchzerlegung bekommt man

$$\frac{1}{3}x^3 + x + \frac{22}{25} \ln |x-1| - \frac{2}{5} \cdot \frac{1}{x-1} + \frac{1}{25} \int \frac{28(t+1)-29}{(t+1)^2+1}\, dt =$$

$$= \frac{1}{3}x^3 + x + \frac{22}{25} \ln |x-1| - \frac{2}{5} \cdot \frac{1}{x-1} + \frac{14}{25} \ln \left((x+1)^2+1\right) - \frac{29}{25} \arctan (x+1).$$

Funktionen, die sich aus den bislang besprochenen elementaren Funktionen bilden lassen, sind keineswegs immer e l e m e n t a r i n t e g r i e r b a r, d.h. besitzen Stammfunktionen, die sich ebenfalls in dieser Weise ausdrücken lassen. Beispiele dafür sind etwa $\exp(-x^2)$ und $(\sin x)/x$. Für diese Funktionen lassen sich allerdings mit Hilfe ihrer Potenzreihenentwicklungen leicht Stammfunktionen angeben. Satz 13.B.1 lässt sich nämlich in folgender Weise lesen:

16.A.4 Satz *Die Funktion g habe im Kreis $\mathrm{B}(a\,;r)$ die Potenzreihenentwicklung $g(x) = \sum b_n(x-a)^n$. Dann besitzt g dort die Stammfunktionen*

$$\int g(t)\, dt = b + \sum_{n=0}^{\infty} b_n \frac{(x-a)^{n+1}}{n+1},$$

wobei b eine beliebige Konstante ist.

Nach 16.A.4 sind also

$$\int e^{-t^2/2}\, dt = \sum_{n=0}^{\infty} \frac{(-1)^n}{2^n n!} \frac{x^{2n+1}}{2n+1} \quad \text{bzw.} \quad \int \frac{\sin t}{t}\, dt = \sum_{n=0}^{\infty} \frac{(-1)^n}{(2n+1)!} \frac{x^{2n+1}}{(2n+1)}$$

die Stammfunktionen von $e^{-x^2/2}$ bzw. $(\sin x)/x$ auf $\mathbb{C}$, die in 0 verschwinden. Die erste dieser Funktionen heißt G a u ß s c h e s   W a h r s c h e i n l i c h k e i t s i n t e g r a l und spielt eine fundamentale Rolle in der Stochastik (vgl. Band 3), die zweite ist der so genannte I n t e g r a l s i n u s   Si x.

Satz 16.A.4 ist ein Spezialfall der folgenden Aussage, die sich unmittelbar aus 14.E.1 ergibt:

16.A.5 Satz *Es seien D ein Gebiet in $\mathbb{C}$ oder ein Intervall in $\mathbb{R}$ und (f_n) eine lokal gleichmäßig konvergente Folge von Funktionen $f_n : D \to \mathbb{C}$, die Stammfunktionen $F_n : D \to \mathbb{C}$ besitzen. Im Punkt $x_0 \in D$ sei die Folge $\big(F_n(x_0)\big)$ konvergent (was sich durch Addition von Konstanten zu den F_n stets erreichen lässt). Dann konvergiert F_n auf D lokal gleichmäßig gegen eine Stammfunktion von $\lim_{n\to\infty} f_n$.*

Damit lässt sich leicht der folgende fundamentale Existenzsatz beweisen:

16.A.6 Satz *Jede stetige Funktion $f : I \to \mathbb{C}$ auf einem Intervall $I \subseteq \mathbb{R}$ besitzt eine Stammfunktion.*

B e w e i s . Sei $x_0 \in I$. Es genügt eine Stammfunktion F von f mit $F(x_0) = 0$ auf jedem kompakten Teilintervall J von I mit $x_0 \in J$ anzugeben. Zwei solche Stammfunktionen stimmen nach 16.A.2 überall dort, wo beide definiert sind, überein. Durch diese Funktionen wird also insgesamt eine Stammfunktion zu f auf ganz I definiert.

Auf dem kompakten Intervall J ist f etwa nach 12.A, Aufg. 17c) Grenzfunktion einer gleichmäßig konvergenten Folge von stetigen, stückweise linearen Funktionen f_n, die trivialerweise Stammfunktionen F_n mit $F_n(x_0) = 0$ besitzen. Die Behauptung folgt nun aus 16.A.5.   •

Der Beweis von 16.A.6 gibt explizite Approximationen für die gesuchte Stammfunktion. Wir gehen darauf im Abschnitt 18.C bei der allgemeinen numerischen Behandlung von Integralen näher ein.

Satz 16.A.6 hat kein Analogon im Komplexen. Nach Bemerkung 13.B.3 ist nämlich jede Funktion auf einer offenen Menge $D \subseteq \mathbb{C}$, die dort eine Stammfunktion besitzt, bereits analytisch. Aber auch analytische Funktionen besitzen nicht notwendigerweise eine Stammfunktion. Beispielsweise hat die Funktion $1/t$ auf $\mathbb{C}^\times$ dort keine Stammfunktion. Jede solche Funktion müsste auf $\mathbb{C} - \mathbb{R}_-$ bis auf eine Konstante mit der Logarithmusfunktion $\ln x$ übereinstimmen. $\ln x$ lässt sich jedoch in keinen Punkt von $\mathbb{R}_-$ stetig fortsetzen. *Nach 16.A.4 hat aber jede analytische Funktion lokal eine Stammfunktion.* Wir besprechen solche Phänomene in den Bänden 3 und 4 ausführlicher.

Aufgaben

1. Die Heaviside-Funktion $H : \mathbb{R} \to \mathbb{R}$, vgl. 1.B, Aufg. 1c), besitzt keine Stammfunktion.

2. Die Funktionen $\quad x \mapsto \begin{cases} \sin \frac{1}{x}, & \text{falls } x \neq 0, \\ 0, & \text{falls } x = 0, \end{cases} \quad$ bzw. $\quad x \mapsto \begin{cases} \frac{1}{x} \sin \frac{1}{x^2}, & \text{falls } x \neq 0, \\ 0, & \text{falls } x = 0, \end{cases}$

besitzen auf ganz $\mathbb{R}$ Stammfunktionen, sind aber nicht stetig. (Die zweite der Funktionen ist sogar in keiner Umgebung des Nullpunktes beschränkt. – Man betrachte die Ableitungen von $x^2 \cos(1/x)$ bzw. $x^2 \cos(1/x^2)$.)

3. Man bestimme

$$\int \sinh t \, dt \, ; \quad \int \cosh t \, dt \, ; \quad \int \frac{dt}{\cosh^2 t} \, ; \quad \int \frac{dt}{\sinh^2 t} \, ; \quad \int \sqrt{1 + t^2} \, dt \, .$$

4. Man gebe die Potenzreihenentwicklungen um 0 für die folgenden unbestimmten Integrale an:

$$\int (1 + t^n)^\alpha \, dt \, , \quad n \in \mathbb{N}^*, \ \alpha \in \mathbb{C} \, ; \quad \int \frac{e^t - 1}{t} \, dt \, ; \quad \int \frac{\ln(1 + t)}{t} \, dt \, ; \quad \int \frac{\cos t - 1}{t} \, dt \, ;$$

$$\int \frac{t}{\sin t} \, dt \, ; \quad \int \frac{t}{\sinh t} \, dt \, ; \quad \int t \tan t \, dt \, ; \quad \int t \cot t \, dt \, ; \quad \int \frac{t}{\cos t} \, dt \, ;$$

$$\int \ln \left(\frac{\sin t}{t} \right) dt \, ; \quad \int \ln(\cos t) \, dt \, ; \quad \int \ln \left(\frac{\tan t}{t} \right) dt \, .$$

5. Man gebe Stammfunktionen zu den rationalen Funktionen aus 11.B, Aufg. 3 an.

6. Für das reelle quadratische Polynom $q(t) := t^2 + 2ct + d = (t + c)^2 - \Delta$, $\Delta := c^2 - d < 0$, und $n \in \mathbb{N}$ ist

$$\frac{\sqrt{-\Delta}}{(-\Delta)^n} \, F_n \left(\frac{x + c}{\sqrt{-\Delta}} \right)$$

eine Stammfunktion zu $1/q^n$, falls F_n eine Stammfunktion zu $1/(t^2 + 1)^n$ ist.

16.B Bestimmte Integrale

Auf einem Intervall $I \subseteq \mathbb{R}$ besitzt jede stetige Funktion $f : I \to \mathbb{K}$ nach 16.A.6 eine Stammfunktion F, und je zwei solche Stammfunktionen unterscheiden sich nach 16.A.2 nur um eine Konstante. Daher hängt für beliebige $a, b \in I$ die Differenz $F \big|_a^b := F(b) - F(a)$ nur von f, nicht jedoch von der speziellen Auswahl der Stammfunktion F ab.

16.B.1 Definition Für eine stetige Funktion $f : I \to \mathbb{K}$ und $a, b \in I$ heißt

$$\int_a^b f(t) \, dt := F \big|_a^b = F(b) - F(a)$$

das b e s t i m m t e I n t e g r a l von f, erstreckt von a bis b.

Stimmen zwei stetige Funktionen f_1 und f_2 auf einem Intervall überein, das a und b enthält, so ist natürlich $\int_a^b f_1(t)\,dt = \int_a^b f_2(t)\,dt$.

Wählt man $a \in I$ fest, so ist

$$x \longmapsto \int_a^x f(t)\,dt\,,$$

$x \in I$, die eindeutig bestimmte Stammfunktion F von f mit $F(a) = 0$. Weitere triviale Eigenschaften des bestimmten Integrals, die sich unmittelbar aus der Definition ergeben, sind:

$$(1) \quad \int_a^b (f + g)(t)\,dt = \int_a^b f(t)\,dt + \int_a^b g(t)\,dt\,,$$

wo $g : I \to \mathbb{K}$ eine weitere stetige Funktion ist.

$$(2) \quad \int_a^b \lambda f(t)\,dt = \lambda \int_a^b f(t)\,dt,\ \lambda \in \mathbb{K}.$$

$$(3) \quad \int_a^b f(t)\,dt + \int_b^c f(t)\,dt = \int_a^c f(t)\,dt\,.$$

$$(4) \quad \int_a^b f(t)\,dt = - \int_b^a f(t)\,dt\,.$$

Dabei sind $a, b, c \in I$ beliebig. Insbesondere hat man

$$(5) \quad \int_a^b f(t)\,dt = \int_a^b \operatorname{Re} f(t)\,dt + \mathrm{i} \int_a^b \operatorname{Im} f(t)\,dt\,.$$

Ferner gilt für reellwertige Funktionen:

16.B.2 Satz *Die Funktionen* $f : [a\,,b] \to \mathbb{R}$ *und* $g : [a\,,b] \to \mathbb{R}$ *seien stetig,* $a \leq b$. *Dann gilt:*

(1) Ist $f \leq g$, *d.h.* $f(x) \leq g(x)$ *für alle* $x \in [a\,,b]$, *so ist*

$$\int_a^b f(t)\,dt \leq \int_a^b g(t)\,dt\,. \qquad (\text{M o n o t o n i e \ d e s \ I n t e g r a l s})$$

(2) Es ist $\left| \int_a^b f(t)\,dt \right| \leq \int_a^b |f(t)|\,dt\,.$

(3) *Es gibt ein $c \in [a, b]$ mit* $\displaystyle\int_a^b f(t)\,dt = f(c)(b-a)$. (Mittelwertsatz)

(4) *Ist $0 \leq g$, so gibt es ein $c \in [a, b]$ mit* $\displaystyle\int_a^b f(t)g(t)\,dt = f(c)\int_a^b g(t)\,dt$.

(Verallgemeinerter Mittelwertsatz)

Beweis. Seien F bzw. G Stammfunktionen zu f bzw. g.

(1) Es gilt $(G - F)' = g - f \geq 0$. Daher ist $G - F$ monoton wachsend und somit $G(a) - F(a) \leq G(b) - F(b)$, d.h.

$$\int_a^b f(t)\,dt = F(b) - F(a) \leq G(b) - G(a) = \int_a^b g(t)\,dt.$$

(2) Wegen $f \leq |f|$ und $-f \leq |f|$ ist nach (1)

$$\int_a^b f(t)\,dt \leq \int_a^b |f(t)|\,dt, \quad -\int_a^b f(t)\,dt \leq \int_a^b |f(t)|\,dt.$$

Daraus ergibt sich die Behauptung.

(3) ist der Spezialfall $g = 1$ von (4).

(4) Als stetige Funktion nimmt f auf $[a, b]$ ihr globales Maximum M und ihr globales Minimum m an. Wegen $g \geq 0$ ist $mg \leq fg \leq Mg$, also

$$m\int_a^b g(t)\,dt \leq \int_a^b f(t)\,g(t)\,dt \leq M\int_a^b g(t)\,dt.$$

Nach dem Zwischenwertsatz nimmt die stetige Funktion $x \mapsto f(x)\int_a^b g(t)\,dt$ in $[a, b]$ den Zwischenwert $\int_a^b f(t)\,g(t)\,dt$ an. Dies ist die Behauptung. $\bullet$

Die Abschätzung (2) in 16.B.2 gilt auch für komplexwertige Funktionen. Wir verwenden dabei die Beweisidee von 14.A.7:

16.B.3 Satz *Ist $f : [a, b] \to \mathbb{C}$ stetig, so gilt*

$$\left|\int_a^b f(t)\,dt\right| \leq \int_a^b |f(t)|\,dt.$$

B e w e i s . Sei $r := |\int_a^b f(t)\,dt| \neq 0$. Für $w := r/\int_a^b f(t)\,dt$ ist dann $|w| = 1$ und somit $\operatorname{Re}(w\,f(t)) \leq |w\,f(t)| = |f(t)|$. Es folgt mit 16.B.2 (1):

$$r = w \int_a^b f(t)\,dt = \int_a^b w\,f(t)\,dt = \operatorname{Re} \int_a^b w\,f(t)\,dt$$

$$= \int_a^b \operatorname{Re}(w\,f(t))\,dt \leq \int_a^b |f(t)|\,dt\,. \qquad \bullet$$

Zur Berechnung von bestimmten Integralen und damit auch von Stammfunktionen sind die beiden folgenden Integrationsregeln grundlegend:

16.B.4 Partielle Integration $f : [a,b] \to \mathbb{K}$ *und* $g : [a,b] \to \mathbb{K}$ *seien stetig differenzierbar. Dann gilt*

$$\int_a^b fg'\,dt = fg\,\Big|_a^b - \int_a^b f'g\,dt\,.$$

B e w e i s . Nach der Produktregel ist fg eine Stammfunktion zu $fg' + f'g$. Daher ist $\int_a^b fg'\,dt + \int_a^b f'g\,dt = fg\,\big|_a^b$. $\qquad \bullet$

16.B.5 Substitutionsregel   *Die Funktion* $g : [a,b] \to \mathbb{R}$ *sei stetig differenzierbar, und die Funktion* $f : I \to \mathbb{K}$ *sei stetig auf dem Intervall* $I \subseteq \mathbb{R}$. *Es sei* $g([a,b]) \subseteq I$. *Dann gilt*

$$\int_a^b f(g(t))\,g'(t)\,dt = \int_{g(a)}^{g(b)} f(u)\,du\,.$$

B e w e i s . Sei F eine Stammfunktion zu f. Nach der Kettenregel ist dann $F \circ g$ eine Stammfunktion zu $(f \circ g)g'$. Daher hat man

$$\int_a^b f(g(t))\,g'(t)\,dt = F \circ g\,\Big|_a^b = F\,\Big|_{g(a)}^{g(b)} = \int_{g(a)}^{g(b)} f(u)\,du\,. \qquad \bullet$$

16.B.6 Beispiel Wir erläutern die letzten beiden Regeln an einigen Beispielen.

$$(1)\ \int_a^b t\,\sin t\,dt = t\,(-\cos t)\,\Big|_a^b - \int_a^b (-\cos t)\,dt = (-t\,\cos t + \sin t)\,\Big|_a^b\,.$$

Hier wurde partiell integriert mit $f(x) = x$, $g(x) = -\cos x$. Generell achte man bei der Anwendung der partiellen Integration darauf, dass man den Integranden in ein Produkt zerlegt, dessen einer Faktor beim Differenzieren und dessen anderer Faktor beim Integrieren nicht komplizierter wird. Man vergleiche aber auch die folgenden Beispiele (2) und (3).

$$(2) \quad \int_a^b \ln t \, dt = \int_a^b 1 \cdot \ln t \, dt = t \ln t \Big|_a^b - \int_a^b t \, \frac{1}{t} \, dt = (t \ln t - t) \Big|_a^b \, , \quad a, b > 0.$$

Hier ist bei der partiellen Integration $f(x) = \ln x$, $g(x) = x$ gewählt worden.

$$(3) \quad \int_a^b \sin^2 t \, dt = \int_a^b \sin t \, \sin t \, dt = \sin t \, (-\cos t) \Big|_a^b - \int_a^b \cos t \, (-\cos t) \, dt$$

$$= -\sin t \, \cos t \Big|_a^b + \int_a^b (1 - \sin^2 t) \, dt \, .$$

Es folgt

$$2 \int_a^b \sin^2 t \, dt = (-\sin t \, \cos t + t) \Big|_a^b \, .$$

Natürlich kommt man bei diesem Beispiel auch auf folgende Weise zum Ziel:

$$2 \int_a^b \sin^2 t \, dt = \int_a^b (1 - \cos 2t) \, dt = (t - \frac{1}{2} \sin 2t) \Big|_a^b \, .$$

(4) In Verallgemeinerung von (3) betrachten wir für $n \in \mathbb{N}$ das Integral

$$C_n(x) := \int_0^x \sin^n t \, dt \, ,$$

$x \in \mathbb{R}$. Es ist $C_0(x) = x$ und $C_1(x) = 1 - \cos x$. Für $n \geq 1$ erhalten wir

$$C_{n+1}(x) = \int_0^x \sin^n t \, \sin t \, dt = \sin^n t \, (-\cos t) \Big|_0^x + n \int_0^x \sin^{n-1} t \, \cos^2 t \, dt$$

$$= -\cos x \, \sin^n x + n \int_0^x \sin^{n-1} t \, (1 - \sin^2 t) \, dt$$

$$= -\cos x \, \sin^n x + n C_{n-1}(x) - n C_{n+1}(x) \, ,$$

also die Rekursion $(n + 1) C_{n+1}(x) = -\cos x \, \sin^n x + n C_{n-1}(x)$.

Für die Werte

$$c_n := C_n(\pi/2) = \int_0^{\pi/2} \sin^n t \, dt$$

ergeben sich daraus für $m \in \mathbb{N}$ die expliziten Darstellungen

$$c_{2m} = \frac{\pi}{2} \cdot \frac{1 \cdot 3 \cdots (2m-1)}{2 \cdot 4 \cdots (2m)} = \frac{\pi}{2} \cdot \frac{1}{4^m}\binom{2m}{m},$$

$$c_{2m+1} = \frac{2 \cdot 4 \cdots (2m)}{3 \cdot 5 \cdots (2m+1)} = \frac{4^m}{2m+1} \Big/ \binom{2m}{m}.$$

Wegen $n/(n+1) = (c_{n+1}/c_n)(c_n/c_{n-1}) < c_{n+1}/c_n < 1$ für alle $n \geq 1$ ist

$$1 < \frac{c_{2m}}{c_{2m+1}} = \pi\Big(m + \frac{1}{2}\Big)\binom{2m}{m}^2 4^{-2m} < 1 + \frac{1}{2m}$$

und insbesondere

$$\sqrt{\pi} = \lim_{m \to \infty} \frac{4^m}{\sqrt{m}\binom{2m}{m}} = \lim_{m \to \infty} \frac{1}{\sqrt{m}} \cdot \frac{2 \cdot 4 \cdots (2m)}{1 \cdot 3 \cdots (2m-1)} .$$

Man nennt diese Darstellung von $\sqrt{\pi}$ das W a l l i s s c h e P r o d u k t, vgl. das Ende von Beispiel 12.A.13.

$$(5) \qquad \int_a^b \frac{dt}{\sin t} = \int_a^b \frac{\sin t}{1 - \cos^2 t}\, dt = -\int_{\cos a}^{\cos b} \frac{du}{1 - u^2} = -\frac{1}{2} \ln \frac{1+u}{1-u}\Big|_{\cos a}^{\cos b}$$

$$= \frac{1}{2} \ln \frac{1 - \cos t}{1 + \cos t}\Big|_a^b = \ln \sqrt{\frac{1 - \cos t}{1 + \cos t}}\Big|_a^b = \ln \Big|\tan \frac{t}{2}\Big|\,\Big|_a^b ,$$

wobei a und b in ein und demselben Intervall liegen, in dem der Sinus nicht verschwindet. Wir haben bei diesem Beispiel die Substitutionsregel mit $f(u) = -1/(1 - u^2)$ und $g(x) = \cos x$ angewandt.

(6) Beim letzten Beispiel ließ sich der Integrand direkt in der Form $(f \circ g)g'$ schreiben. Im Allgemeinen erkennt man bei der Anwendung der Substitutionsregel eine solche Darstellung nicht unmittelbar und wendet die Regel in folgender Form an:

$$\int_\alpha^\beta f(u)\, du = \int_{h(\alpha)}^{h(\beta)} f\big(h^{-1}(t)\big) \frac{dt}{h'\big(h^{-1}(t)\big)} .$$

Dabei ist h im Intervall $[\alpha, \beta]$ stetig differenzierbar mit nirgends verschwindender Ableitung. Die angegebene Formel erhält man dann aus der Substitutionsregel, angewandt mit $g := h^{-1}$. Mnemotechnisch merkt man sich die Substitutionsregel in der folgenden Form: Es ist die Substitution $u = g(t)$ bzw. $t = h(u)$ auszuführen. Dabei ist $du/dt = g'(t)$ bzw. $dt/du = h'(u)$, und man hat zu setzen:

$$du = g'(t)\, dt = \frac{dt}{h'(u)} \quad \text{bzw.} \quad dt = h'(u)\, du = \frac{du}{g'(t)} .$$

Diese Schreibweise werden wir erst in Band 3 mit der Einführung der Differenzialformen inhaltlich begründen. Wir betonen noch einmal, dass die zweite Form der Substitutionsregel nur bei bijektiven Substitutionen anwendbar ist. Beispielsweise nimmt man zur Berechnung von $\int_a^b \sqrt{1 - u^2}\, du$, $a, b \in\,]-1, 1[$, die Substitution $u = g(t) = \cos t$, $du = -\sin t\, dt$ und erhält:

$$\int_a^b \sqrt{1 - u^2}\, du = \int_{\arccos a}^{\arccos b} \sqrt{1 - \cos^2 t}\,(-\sin t)\, dt = -\int_{\arccos a}^{\arccos b} \sin^2 t\, dt = -\frac{1}{2}\Big(t - \frac{1}{2}\sin 2t\Big)\Big|_{\arccos a}^{\arccos b} .$$

Aus Stetigkeitsgründen gilt diese Formel auch noch für $a, b \in [-1, 1]$, insbesondere ist

$$\int\limits_{-1}^{1} \sqrt{1 - u^2}\, du = -\frac{1}{2}\left(t - \frac{1}{2}\sin 2t\right)\Big|_{\pi}^{0} = \frac{\pi}{2}\,.$$

Wie hier lässt sich eine Substitution auch dann anwenden, wenn sie an den Randpunkten nur noch stetig aber nicht notwendig zusammen mit der Umkehrfunktion differenzierbar ist. Dies werden wir im Folgenden häufig kommentarlos benutzen.

(7) Sei $f(x) := R(\cos x, \sin x)$ eine rationale Funktion in den trigonometrischen Funktionen $\cos x$ und $\sin x$, d.h. es gebe Polynome $P(v, w)$ und $Q(v, w)$ in zwei Veränderlichen v, w mit $f(x) = P(\cos x, \sin x)/Q(\cos x, \sin x)$. Dann lässt sich f in jedem Intervall $I \subseteq\,]-\pi, \pi[$, in dem f definiert ist, elementar integrieren. Die Substitution

$$t = 2\arctan u\,, \quad u = \tan \frac{t}{2}\,, \quad dt = \frac{2\,du}{1 + u^2}\,,$$

$$\sin t = 2\tan \frac{t}{2}\,\cos^2 \frac{t}{2} = \frac{2\tan(t/2)}{1 + \tan^2(t/2)} = \frac{2u}{1 + u^2}\,, \quad \cos t = \frac{1 - u^2}{1 + u^2}$$

führt das Integral $\int f(t)\, dt$ zurück auf das Integral

$$\int R\!\left(\frac{1 - u^2}{1 + u^2},\, \frac{2u}{1 + u^2}\right) \frac{2\,du}{1 + u^2}\,,$$

das mit Partialbruchzerlegung gelöst werden kann. Auf diese Weise ergibt sich etwa (vgl. auch (5))

$$\int \frac{dt}{\sin t} = \int \frac{1 + u^2}{2u}\,\frac{2\,du}{1 + u^2} = \ln|u| = \ln\left|\tan\frac{t}{2}\right|\,.$$

Es gibt viele weitere systematische Verfahren zum Auffinden von Stammfunktionen für spezielle Funktionenklassen. Wir verweisen dazu auf die Integraltafeln, beispielsweise in [36] oder [37]. Der Leser sollte aber selbst eine gewisse Routine im Bestimmen von Stammfunktionen erwerben.

16.B.7 Beispiel Seien P und Q von 0 verschiedene Polynomfunktionen mit Koeffizienten in $\mathbb{C}$. Es sei überdies $Q(n) \neq 0$ für alle $n \in \mathbb{N}$. Bei Grad $P \leq$ Grad $Q - 2$ konvergiert dann die Reihe $\sum_{n=0}^{\infty} P(n)/Q(n)$, und bei Grad $P \leq$ Grad $Q - 1$ konvergiert $\sum_{n=0}^{\infty}(-1)^n P(n)/Q(n)$, vgl. 12.B, Aufg. 3.

Sei $r := $ Grad Q. Wir wollen voraussetzen, dass die Nullstellen $\alpha_1, \ldots, \alpha_r$ von Q alle rational und einfach sind. Dann haben die angegebenen Summen Integraldarstellungen, die sich explizit berechnen lassen. Indem wir nur $\sum_{n=n_0}^{\infty} P(n)/Q(n) = \sum_{n=0}^{\infty} P(n+n_0)/Q(n+n_0)$ und analog $\sum_{n=n_0}^{\infty}(-1)^n P(n)/Q(n) = \sum_{n=0}^{\infty}(-1)^n(-1)^{n_0} P(n + n_0)/Q(n + n_0)$ berechnen, also $P(y + n_0)$ und $Q(y + n_0)$ statt $P(y)$ und $Q(y)$ betrachten, können wir uns auf den Fall beschränken, dass $\alpha_1, \ldots, \alpha_r \leq -1$ gilt. Die Partialbruchzerlegung von P/Q hat

dann die Gestalt $\displaystyle \frac{P(y)}{Q(y)} = \sum_{i=1}^{r} \frac{\beta_i}{y - \alpha_i}$ mit $-\alpha_i = p_i/q_i$, $p_i, q_i \in \mathbb{N}^*$, $p_i \geq q_i$ und

$\beta_i \in \mathbb{C}$. Im Fall Grad $P \leq r - 2$ ist überdies $\sum_{i=1}^{r} \beta_i = 0$, wie man nach Multiplikation der Partialbruchzerlegung mit $Q(y)$ sieht. Unter diesen Voraussetzungen gilt:

16.B.8 Satz *Es ist* $\displaystyle\sum_{n=0}^{\infty} \frac{P(n)}{Q(n)} = \sum_{i=1}^{r} \beta_i q_i \int_{0}^{1} \frac{t^{p_i-1} - t^{q_i-1}}{1 - t^{q_i}}\, dt$, *falls* Grad $P \leq r - 2$ *ist,*

und $\displaystyle\sum_{n=0}^{\infty} (-1)^n \frac{P(n)}{Q(n)} = \sum_{i=1}^{r} \beta_i q_i \int_{0}^{1} \frac{t^{p_i-1}}{1 + t^{q_i}}\, dt$, *falls* Grad $P \leq r - 1$ *ist.*

B e w e i s . Für $0 < x < 1$ ist

$$\sum_{n=0}^{\infty} \frac{P(n)}{Q(n)} x^n = \sum_{i=1}^{r} \beta_i \sum_{n=0}^{\infty} \frac{x^n}{n - \alpha_i} = \sum_{i=1}^{r} \beta_i x^{\alpha_i} \sum_{n=0}^{\infty} \frac{x^{n-\alpha_i}}{n - \alpha_i} = \sum_{i=1}^{r} \beta_i x^{\alpha_i} \int_{0}^{x} \frac{t^{-(\alpha_i+1)}}{1 - t}\, dt$$

wegen $\left(\displaystyle\sum_{n=0}^{\infty} x^{n-\alpha_i}/(n - \alpha_i)\right)' = \displaystyle\sum_{n=0}^{\infty} x^{n-\alpha_i-1} = x^{-(\alpha_i+1)}/(1 - x)$ für $0 \leq x < 1$, vgl. 16.A.5.

Analog ergibt sich

$$\sum_{n=0}^{\infty} (-1)^n \frac{P(n)}{Q(n)} x^n = \sum_{i=1}^{r} \beta_i x^{\alpha_i} \int_{0}^{x} \frac{t^{-(\alpha_i+1)}}{1 + t}\, dt$$

bei $0 < x < 1$. Im Fall $\sum_i \beta_i = 0$ konvergiert nun für $x \to 1$, $x < 1$ die Summe $\sum_{i=1}^{r} \beta_i x^{\alpha_i} \int_0^x dt/(1 - t) = - \sum_i \beta_i x^{\alpha_i} \ln(1 - x) = \sum_i \beta_i (1 - x^{\alpha_i}) \ln(1 - x)$ gegen 0, und mit dem Abelschen Grenzwertsatz erhält man

$$\sum_{n=0}^{\infty} \frac{P(n)}{Q(n)} = \lim_{x \to 1} \sum_{i=1}^{r} \beta_i x^{\alpha_i} \int_{0}^{x} \frac{t^{-(\alpha_i+1)}}{1 - t}\, dt = \lim_{x \to 1} \sum_{i=1}^{r} \beta_i x^{\alpha_i} \int_{0}^{x} \frac{t^{-(\alpha_i+1)} - 1}{1 - t}\, dt$$

$$= \sum_{i=1}^{r} \beta_i \int_{0}^{1} \frac{t^{-(\alpha_i+1)} - 1}{1 - t}\, dt = \sum_{i=1}^{r} \beta_i q_i \int_{0}^{1} \frac{u^{p_i-1} - u^{q_i-1}}{1 - u^{q_i}}\, du,$$

wobei die letzte Gleichung mit der Substitution $t = u^{q_i}$, $dt = q_i u^{q_i-1}\, du$, folgt.
Die zweite Gleichung in 16.B.8 ergibt sich direkt:

$$\sum_{n=0}^{\infty} (-1)^n \frac{P(n)}{Q(n)} = \sum_{i=1}^{r} \beta_i \int_{0}^{1} \frac{t^{-(\alpha_i+1)}}{1 + t}\, dt = \sum_{i=1}^{r} \beta_i q_i \int_{0}^{1} \frac{u^{p_i-1}}{1 + u^{q_i}}\, du. \qquad \bullet$$

Wir bemerken, dass 16.B.8 auch bei $0 < p_i < q_i$ gilt. Beim Beweis wollten wir uneigentliche Integrale vermeiden, vgl. Abschnitt 17.A.

Um 16.B.8 anwenden zu können, braucht man also nur die Integrale

$$I_1(p, q) := q \int_{0}^{1} \frac{t^{p-1} - t^{q-1}}{1 - t^q}\, dt = \sum_{n=0}^{\infty} \left(\frac{1}{n + \frac{p}{q}} - \frac{1}{n + 1} \right)$$

und

$$I_2(p, q) := q \int_{0}^{1} \frac{t^{p-1}}{1 + t^q}\, dt = \sum_{n=0}^{\infty} (-1)^n \frac{1}{n + \frac{p}{q}}$$

für $p, q \in \mathbb{N}^*$ zu kennen. Wegen $I_1(p + q, q) = -q/p + I_1(p, q)$ bzw. $I_2(p + q, q) = q/p - I_2(p, q)$ (und $I_1(q, q) = 0$, $I_2(q, q) = \ln 2$) können wir $0 < p < q$ annehmen.

Aus den Partialbruchzerlegungen

$$\frac{q}{1 - t^q} = -\sum_{k=0}^{q-1} \frac{\zeta_q^k}{t - \zeta_q^k} \,, \quad \frac{q}{1 + t^q} = -\sum_{k=0}^{q-1} \frac{\zeta_{2q}^{2k+1}}{t - \zeta_{2q}^{2k+1}}$$

erhält man aber (vgl. auch Aufg. 4)

$$I_1(p, q) = \sum_{k=1}^{q-1} (1 - \zeta_q^{kp}) \ln (1 - \zeta_q^{-k}) + \sum_{k=0}^{q-1} \sum_{v=1}^{q-1} \frac{\zeta_q^{-kv}}{v} - \sum_{k=0}^{q-1} \zeta_q^{kp} \sum_{v=1}^{p-1} \frac{\zeta_q^{-kv}}{v}$$

$$= \sum_{k=1}^{q-1} (1 - \zeta_q^{kp}) \ln (1 - \zeta_q^{-k}) \,,$$

$$I_2(p, q) = -\sum_{k=0}^{q-1} \zeta_{2q}^{(2k+1)p} \left(\ln (1 - \zeta_{2q}^{-(2k+1)}) + \sum_{v=1}^{p-1} \frac{\zeta_{2q}^{-(2k+1)v}}{v} \right)$$

$$= -\sum_{k=0}^{q-1} \zeta_{2q}^{(2k+1)p} \ln (1 - \zeta_{2q}^{-(2k+1)}) \,.$$

Nach der Vorbemerkung zu 13.C.5 ist $\ln (1 - e^{it}) = \ln 2 + \ln (\sin (t/2)) + i(t - \pi)/2$ für $t \in {]}0, 2\pi[$. Wegen $\zeta_q^n = \exp(2\pi i n/q)$ erhält man (mit 2.A, Aufg. 5b))

$$\sum_{k=1}^{q-1} \zeta_q^{kp} \ln (1 - \zeta_q^{-k}) = \sum_{k=1}^{q-1} \zeta_q^{-kp} \ln (1 - \zeta_q^{k})$$

$$= -\ln 2 + 2 \sum_{0 < k < q/2} \cos \frac{2\pi kp}{q} \ln \left(\sin \frac{\pi k}{q} \right) + \frac{i\pi}{2} + \frac{i\pi}{\zeta_q^{-p} - 1} \,,$$

$$\sum_{k=0}^{q-1} \zeta_{2q}^{-(2k+1)p} \ln (1 - \zeta_{2q}^{(2k+1)}) =$$

$$= 2 \sum_{0 \leq k < (q-1)/2} \cos \frac{\pi(2k+1)p}{q} \ln \left(\sin \frac{\pi(2k+1)}{2q} \right) + \frac{i\pi}{\zeta_{2q}^{-p} - \zeta_{2q}^{p}}$$

und unter Berücksichtigung von $\sum_{k=1}^{q-1} \ln (1 - \zeta_q^{-k}) = \ln q$ (vgl. 5.C, Aufg. 2a)) schließlich (für $0 < p < q$):

$$I_1(p, q) = \ln 2q - 2 \sum_{0 < k < q/2} \cos \frac{2\pi kp}{q} \ln \left(\sin \frac{\pi k}{q} \right) + \frac{\pi}{2} \cot \frac{\pi p}{q} \,,$$

$$I_2(p, q) = -2 \sum_{0 \leq k < (q-1)/2} \cos \frac{\pi(2k+1)p}{q} \ln \left(\sin \frac{\pi(2k+1)}{2q} \right) + \frac{\pi}{2} \operatorname{cosec} \frac{\pi p}{q} \,.$$

16.B.9 Beispiel (Hutfunktionen) Statt eine Funktion auf einem Intervall $I \subseteq \mathbb{R}$ direkt anzugeben, ist es häufig einfacher, ihre Ableitung f zu bestimmen. Bei stetigem f ist dann $\int_a^x f(t)\, dt$ (mit festem $a \in I$) bis auf eine additive Konstante die gesuchte Funktion. Dieser Gedanke wird (in allgemeinerer Form) in der Theorie der Differenzialgleichungen verfolgt, vgl. §19 und vor allem Band 3, und ist vielleicht der Grundgedanke der Analysis schlechthin. Hier zeigen wir mit dem angegebenen Prinzip die folgende Aussage:

16.B.10 Satz *Seien $a, a', b', b \in \mathbb{R}$ mit $a < a' < b' < b$. Dann gibt es eine unendlich oft differenzierbare Funktion $h : \mathbb{R} \to \mathbb{R}$ mit $h(t) = 0$ für $t \notin [a, b]$, $h(t) = 1$ für $t \in [a', b']$ und $0 < h(t) < 1$ sonst.*

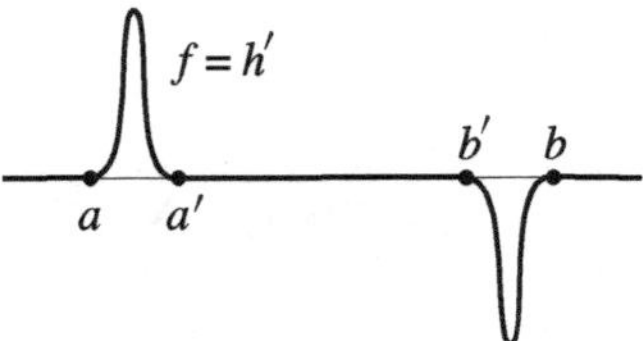

B e w e i s . Der Graph der Ableitung $f := h'$ der gesuchten Funktion hat folgende Gestalt:

Ferner muss $\int_a^{a'} f(t)\, dt = -\int_{b'}^{b} f(t)\, dt = 1$ sein. Sei nun $g : \mathbb{R} \to \mathbb{R}$ mit $g(t) = 0$ für $t \leq 0$ und $g(t) = e^{-1/t}$ für $t > 0$ die in Beispiel 13.C.17 diskutierte beliebig oft differenzierbare Funktion. Dann ist $f(t) := \big(g(t - a)g(a' - t)/c\big) - \big(g(t - b')g(b - t)/d\big)$ mit $c := \int_a^{a'} g(t - a)\, g(a' - t)\, dt$ und $d := \int_{b'}^{b} g(t - b')\, g(b - t)\, dt$ eine Funktion der gewünschten Art, und $h(x) := \int_a^x f(t)\, dt$ hat die geforderten Eigenschaften.　　　　●

Funktionen h wie in 16.B.10 heißen H u t f u n k t i o n e n . Sie werden für viele Konstruktionen in der Analysis benutzt. Wir geben hier drei Beispiele.

16.B.11 Satz von E. Borel *Zu jeder Folge a_n, $n \in \mathbb{N}$, reeller oder komplexer Zahlen gibt es eine beliebig oft differenzierbare Funktion f auf $\mathbb{R}$ mit Werten in $\mathbb{R}$ bzw. $\mathbb{C}$, so dass für alle $n \in \mathbb{N}$ gilt: $f^{(n)}(0) = a_n$.*

B e w e i s . Sei $h : \mathbb{R} \to \mathbb{R}$ eine beliebig oft differenzierbare Hutfunktion mit $h(t) = 1$ für $|t| \leq 1$ und $h(t) = 0$ für alle $|t| \geq 2$, ferner sei $h_n(t) := t^n h(t)$, $n \in \mathbb{N}$. Es gelte $|h_n^{(\nu)}(t)| \leq M_n$ für alle $t \in \mathbb{R}$ und alle $\nu \in \mathbb{N}$ mit $0 \leq \nu \leq n$. Mit $b_n := |a_n| M_n + 1$ und $f_n(t) := a_n h_n(b_n t)/n! b_n^n$ ist dann $f(t) := \sum_{n=0}^{\infty} f_n(t)$ eine Funktion der gesuchten Art. Wegen $|f_n^{(\nu)}(t)| \leq 1/n!$ für alle $n > \nu$ und alle $t \in \mathbb{R}$ konvergiert nämlich für jedes $\nu \in \mathbb{N}$ die Reihe $\sum_{n=0}^{\infty} f_n^{(\nu)}(t)$ der ν-ten Ableitungen gleichmäßig. Nach 14.E.1 ist daher $f^{(\nu)}(t) = \sum_{n=0}^{\infty} f_n^{(\nu)}(t)$ und speziell $f^{(\nu)}(0) = \sum_{n=0}^{\infty} f_n^{(\nu)}(0) = a_\nu$ für alle $\nu \in \mathbb{N}$.　　　　●

16.B.12 Satz *Zu jeder abgeschlossenen Teilmenge $A \subseteq \mathbb{R}$ gibt es eine beliebig oft differenzierbare Funktion $f : \mathbb{R} \to [0, 1]$ mit $A = f^{-1}(0) = \{t \in \mathbb{R} \mid f(t) = 0\}$.*

B e w e i s . Ohne Einschränkung der Allgemeinheit sei A beschränkt, also kompakt. Den allgemeinen Fall führt man leicht auf diesen Spezialfall zurück, vgl. Aufg. 24.

Sei $h : \mathbb{R} \to \mathbb{R}$ eine beliebig oft differenzierbare Hutfunktion mit $h(t) = 1$ für $|t| \leq 1$, $h(t) = 0$ für $|t| \geq 2$ und $0 < h(t) < 1$ für $1 < |t| < 2$. Ferner sei ε_n, $n \in \mathbb{N}$, eine Nullfolge positiver reeller Zahlen. Zu $n \in \mathbb{N}$ gibt es offenbar endlich viele Punkte $t_0, \ldots, t_k \in A$ derart, dass die Intervalle $[t_i - \varepsilon_n, t_i + \varepsilon_n]$, $i = 0, \ldots, k$, ganz A überdecken.[1] Dann

---

[1] Andernfalls gäbe es eine Folge $t_0, t_1, t_2, \ldots$ von Punkten in A mit $|t_j - t_i| > \varepsilon_n$ für $i \neq j$.

ist $g_n(t) := \prod_{i=0}^{k}\bigl(1 - h((t-t_i)/\varepsilon_n)\bigr)$ eine beliebig oft differenzierbare Funktion, die auf A verschwindet und die positiv ist für jedes t mit Inf $\bigl\{|t-t'| \mid t' \in A\bigr\} > \varepsilon_n$. Ist $|g_n^{(\nu)}(t)| \le M_n$ für alle $t \in \mathbb{R}$ und alle $\nu \in \mathbb{N}$ mit $0 \le \nu \le n$, so ist $f(t) := \sum_{n=0}^{\infty} g_n(t)/(1 + M_n)2^{n+1}$ eine Funktion der gesuchten Art. •

16.B.13 Lemma *Sei $f : [a, b] \to \mathbb{K}$ eine stetige Funktion. Gilt $\int_a^b f(t)\,h(t)\,dt = 0$ für jede beliebig oft differenzierbare Funktion $h : [a, b] \to \mathbb{R}$, die außerhalb eines (von h abhängenden) abgeschlossenen Intervalls $[c, d] \subseteq\,]a, b[$ verschwindet, so ist bereits $f = 0$ auf ganz $[a, b]$.*

B e w e i s . Ohne Einschränkung der Allgemeinheit sei $\mathbb{K} = \mathbb{R}$. Nehmen wir an, es sei $f(t_0) \ne 0$ für ein $t_0 \in\,]a, b[$. Dann gibt es ein $\varepsilon > 0$ derart, dass $[t_0 - \varepsilon, t_0 + \varepsilon] \subseteq\,]a, b[$ gilt und $f(t)$ für $|t - t_0| \le \varepsilon$ konstantes Vorzeichen hat. Ist nun $h : \mathbb{R} \to \mathbb{R}$ eine beliebig oft differenzierbare Funktion, die für $|t - t_0| \ge \varepsilon$ verschwindet und für $|t - t_0| < \varepsilon$ positiv ist, so ist $\int_a^b f(t)\,h(t)\,dt \ne 0$, da der Integrand fh in $[a, b]$ überall ≤ 0 oder überall ≥ 0 ist, vgl. Aufg. 7a). Widerspruch! •

16.B.13 heißt F u n d a m e n t a l l e m m a d e r V a r i a t i o n s r e c h n u n g , vgl. Bd. 3, und dient zur Identifizierung von Funktionen: *Zwei stetige Funktionen $f, g :[a, b] \to \mathbb{K}$ stimmen bereits dann überein, wenn $\int_a^b f(t)\,h(t)\,dt = \int_a^b g(t)\,h(t)\,dt$ ist für alle Funktionen $h \in C_{\mathbb{R}}^{\infty}\bigl([a, b]\bigr)$ (die überdies außerhalb eines (von h abhängenden) abgeschlossenen Intervalls $[c, d] \subseteq\,]a, b[$ verschwinden dürfen).* Die Funktionen $h \in C_{\mathbb{R}}^{\infty}\bigl([a, b]\bigr)$ heißen in diesem Zusammenhang T e s t f u n k t i o n e n .

Wir beschließen diesen Abschnitt mit einigen Konvergenzsätzen für Integrale, die vorläufigen Charakter haben und in Band 3 im Rahmen der allgemeinen Integrationstheorie wesentlich verallgemeinert werden. Unmittelbar aus 16.A.5 ergibt sich die folgende Rechenregel:

16.B.14 Satz *Sei (f_n) eine lokal gleichmäßig konvergente Folge von stetigen Funktionen $f_n : I \to \mathbb{K}$ auf dem Intervall $I \subseteq \mathbb{R}$ mit der (nach 12.A.8 stetigen) Grenzfunktion $f : I \to \mathbb{K}$. Dann gilt für alle $a, b \in I$*

$$\lim_{n \to \infty} \int_a^b f_n(t)\,dt = \int_a^b f(t)\,dt\,.$$

Ist $|f - f_n| \le \varepsilon$ auf dem Intervall $[a, b]$, so ergibt sich mit 16.B.3 und 16.B.2 (1) die explizite Abschätzung

$$\left| \int_a^b f(t)\,dt - \int_a^b f_n(t)\,dt \right| = \left| \int_a^b (f(t) - f_n(t))\,dt \right| \le \int_a^b |f(t) - f_n(t)|\,dt \le \varepsilon\,|b-a|\,.$$

16.B.15 Beispiel Bei nur punktweiser Konvergenz gilt die Formel aus 16.B.14 im Allgemeinen nicht, wie das folgende Beispiel zeigt: Die Folge (f_n) mit

$$f_n(x) := nx\,e^{-nx^2}$$

konvergiert auf ganz $\mathbb{R}$ punktweise gegen 0. Es ist aber

$$\int_0^1 f_n(t)\,dt = -\frac{1}{2}\,e^{-nx^2}\,\Big|_0^1 = \frac{1}{2}\left(1 - e^{-n}\right)$$

und somit $\lim_{n\to\infty}\int_0^1 f_n(t)\,dt = 1/2 \neq 0 = \int_0^1 \lim_{n\to\infty} f_n(t)\,dt$.

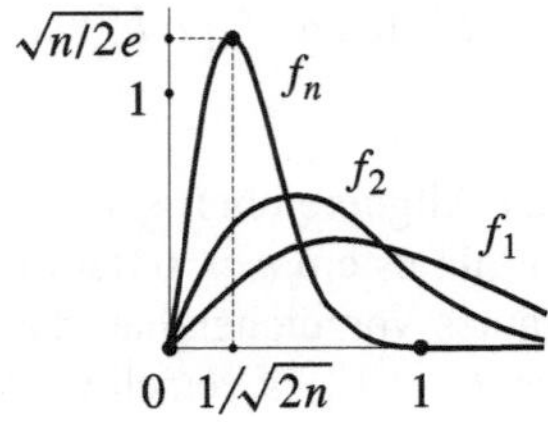

Seien $E \subseteq \mathbb{C}$ eine beliebige Menge, $[a\,,b] \subseteq \mathbb{R}$ ein (endliches) Intervall und $f : E \times [a\,,b] \longrightarrow \mathbb{K}$ eine stetige Funktion. Für jede Folge $(x_n, t_n) \in E \times [a\,,b]$, $n \in \mathbb{N}$, mit $\lim x_n \in E$ und $\lim t_n \in [a\,,b]$ gelte also

$$\lim_{n\to\infty} f(x_n\,, t_n) = f\left(\lim_{n\to\infty} x_n\,,\ \lim_{n\to\infty} t_n\right).$$

Bei festem Parameter $x \in E$ ist dann insbesondere $t \mapsto f(x, t)$ eine stetige Funktion auf $[a\,,b]$. Somit ist das P a r a m e t e r i n t e g r a l

$$F(x) := \int_a^b f(x, t)\,dt$$

für alle $x \in E$ wohldefiniert. Es gilt:

16.B.16 Stetigkeit des Integrals *Ist* $f : E \times [a\,,b] \to \mathbb{K}$ *stetig, so ist auch die Funktion* $x \mapsto F(x) = \int_a^b f(x, t)\,dt$ *auf* E *stetig.*

B e w e i s . Sei x_n, $n \in \mathbb{N}$, eine konvergente Folge in E, deren Grenzwert $x = \lim x_n$ ebenfalls zu E gehört. Wir haben

$$\lim_{n\to\infty} \int_a^b f(x_n\,, t)\,dt = \int_a^b f(x, t)\,dt$$

zu zeigen. Nach 16.B.14 genügt es zu beweisen, dass die Folge $f_n(t) := f(x_n\,, t)$ auf $[a\,,b]$ gleichmäßig gegen $f(t) := f(x, t)$ konvergiert. Wäre dies nicht der Fall, gäbe es ein $\varepsilon > 0$ und eine streng monoton wachsende Folge von Indizes $n_k\,, k \in \mathbb{N}$, mit $|f(x, t_{n_k}) - f(x_{n_k}, t_{n_k})| > \varepsilon$ für geeignete $t_{n_k} \in [a\,,b]$. Ohne Einschränkung sei t_{n_k}, $k \in \mathbb{N}$, eine konvergente Folge mit dem Grenzwert $t \in [a\,,b]$. Dann ist aber $\lim_{k\to\infty} f(x_{n_k}, t_{n_k}) = f(x, t) = \lim_{k\to\infty} f(x, t_{n_k})$. Widerspruch!   ●

Sei nun E eine offene Menge in $\mathbb{C}$ oder aber ein Intervall in $\mathbb{R}$. Die Funktion $f : E \times [a\,,b] \to \mathbb{C}$ sei wieder stetig, und für jedes feste $t \in [a\,,b]$ sei die Funktion $x \mapsto f(x,t)$ auf E differenzierbar. Die Ableitung dieser Funktion bezeichnen wir mit

$$\frac{\partial f}{\partial x}(x,t)\,.$$

16.B.17 Differenzierbarkeit des Integrals *E sei eine offene Menge in $\mathbb{C}$ oder ein Intervall in $\mathbb{R}$. Die Funktion $f : E \times [a\,,b] \to \mathbb{C}$ sei stetig, $\partial f/\partial x$ möge existieren und ebenfalls stetig sein. Dann ist die Funktion $x \mapsto F(x) = \int_a^b f(x,t)\,dt$ auf E differenzierbar mit*

$$F'(x) = \int_a^b \frac{\partial f}{\partial x}(x,t)\,dt\,.$$

B e w e i s . Sei $x \in E$ fest. Für alle $(y,t) \in E \times [a,b]$ gilt

$$f(y,t) = f(x,t) + \frac{\partial f}{\partial x}(x,t)(y-x) + r(y,t)(y-x)$$

mit einer Funktion $r(y,t)$, die für $y = x$ verschwindet. Wir zeigen, dass r auf ganz $E \times [a,b]$ stetig ist. In den Punkten (y,t) mit $y \neq x$ ist das selbstverständlich. Sei nun (y_n, t_n) eine Folge in $E \times [a,b]$ mit $\lim_{n\to\infty} y_n = x$ und $\lim_{n\to\infty} t_n = t$. Wegen $r(x, t_n) = 0$ können wir annehmen, dass $y_n \neq x$ ist für alle n. Dann gilt zu vorgegebenem $\varepsilon > 0$ für hinreichend großes n

$$|r(y_n, t_n) - r(x,t)| = |r(y_n, t_n)| = \left| \frac{f(y_n, t_n) - f(x, t_n)}{y_n - x} - \frac{\partial f}{\partial x}(x, t_n) \right|$$

$$\leq \left| \frac{\partial f}{\partial x}(z_n, t_n) - \frac{\partial f}{\partial x}(x, t_n) \right| \leq \varepsilon\,,$$

da $\partial f/\partial x$ im Punkt (x,t) stetig ist. Dabei ist z_n jeweils ein Punkt auf der Strecke $[x, y_n]$, der sich aus dem Mittelwertsatz, angewandt auf die Hilfsfunktion $h(y) := f(y, t_n) - f(x, t_n) - (\partial f/\partial x)(x, t_n)(y-x)$ ergibt (vgl. 14.A, Aufg. 24), und somit auch $\lim_{n\to\infty} z_n = x$. Es folgt

$$\int_a^b f(y,t)\,dt = \int_a^b f(x,t)\,dt + (y-x)\int_a^b \frac{\partial f}{\partial x}(x,t)\,dt + (y-x)\int_a^b r(y,t)\,dt\,,$$

wobei die Funktion $R(y) := \int_a^b r(y,t)\,dt$ nach 16.B.16 stetig mit $R(x) = 0$ ist. Dies liefert die Behauptung. ●

16.B.18 Beispiel (D o p p e l i n t e g r a l e) Sei $(s,t) \mapsto f(s,t)$ eine stetige $\mathbb{K}$-wertige Funktion auf dem Rechteck $[a\,,b] \times [c,d] \subseteq \mathbb{R} \times \mathbb{R}$. Nach 16.B.16 sind die Funktionen

$$s \mapsto \int_c^d f(s,t)\,dt \quad \text{bzw.} \quad t \mapsto \int_a^b f(s,t)\,ds$$

stetige Funktionen auf $[a\,,b]$ bzw. $[c,d]$. Daher sind die beiden D o p p e l i n t e g r a l e

$$\int_a^b\Big(\int_c^d f(s,t)\,dt\Big)ds \quad\text{bzw.}\quad \int_c^d\Big(\int_a^b f(s,t)\,ds\Big)dt$$

wohldefiniert. Diese stimmen überein:

16.B.19 Satz *Sei $f:[a\,,b]\times[c\,,d]\to\mathbb{K}$ eine stetige Funktion. Dann ist*

$$\int_a^b\Big(\int_c^d f(s,t)\,dt\Big)ds = \int_c^d\Big(\int_a^b f(s,t)\,ds\Big)dt\,.$$

B e w e i s . Für $x\in[a\,,b]$ setzen wir

$$G(x):=\int_a^x\big(\int_c^d f(s,t)\,dt\big)\,ds \quad\text{und}\quad F(x):=\int_c^d\big(\int_a^x f(s,t)\,ds\big)\,dt\,.$$

Dann ist $G'(x)=\int_c^d f(x,t)\,dt$ und nach 16.B.17 auch $F'(x)=\int_c^d f(x,t)\,dt$. Wegen $G(a)=F(a)=0$ folgt $G(b)=F(b)$. Das ist die Behauptung. $\quad\bullet$

Satz 16.B.19 lässt sich sofort auf n-fache Integrale verallgemeinern und ist auch eine unmittelbare Folgerung des Satzes von Fubini, den wir in Band 3 besprechen.

Aufgaben

1. Man berechne Stammfunktionen zu den folgenden Funktionen (jeweils dort, wo sie auf $\mathbb{R}$ definiert sind):

$$x\,\sin x\,;\quad x\,\sin x^2\,;\quad \cos x\,e^{\sin x}\,;\quad 1/x\ln x\,;\quad e^x\sin x\,;\quad \tan x\,;\quad \arctan x\,;\quad \arcsin x\,;$$

$$(\ln x)^2\,;\quad \frac{\ln(\ln x)}{x}\,;\quad \frac{1}{x(1+\ln x)}\,;\quad \frac{1}{x^2\sqrt{1+x^2}}\,;\quad \big(\sqrt{1-x^2}\big)^3\,;\quad x\sqrt{1+x}\,;$$

$$x(1-x)^n,\ n\in\mathbb{N}\,;\quad \frac{1}{\sqrt{1+x^2}}\,;\quad x\sqrt{1+x^2}\,;\quad \frac{1}{\cos x}\,;\quad \frac{1}{1+\sin x}\,;\quad \frac{\cos x}{2-\cos x}\,;$$

$$\cos\sqrt{x}\,;\quad \frac{1}{1+\cos^2 x}\,;\quad \sqrt{\sin x}\,\cos^3 x\,;\quad \frac{1}{\sin x+\cos x}\,;\quad \frac{\sin x}{1-\cos^4 x}\,;\quad \frac{\sqrt{x^2+1}}{x^3}\,;$$

$$\frac{\sqrt{x^2+1}}{x-\sqrt{x^2+1}}\,;\quad \frac{1}{\cosh x}\,;\quad \frac{1}{x\sqrt{x^2-1}}\,;\quad \frac{x-\sqrt{x}}{x+\sqrt{x}}\,;\quad \frac{e^x-1}{e^x+1}\,;\quad \frac{1}{x^2\sqrt{x^2+9}}\,;$$

$$x^2\sqrt{1-x}\,;\quad \frac{x}{\sqrt[4]{1+x}}\,;\quad \frac{1}{\sqrt{9x-4x^2}}\,;\quad \sqrt{x+\sqrt{x}}\,;\quad \sqrt{\frac{x-a}{x-b}}\,,\ a,b\in\mathbb{R},\ a\neq b\,.$$

2. Man gebe Rekursionsformeln für die Stammfunktionen folgender Funktionen an ($n\in\mathbb{N}$):

$$x^n e^x\,;\quad (1-x^2)^n\,;\quad x^n(\ln x)^m,\ m\in\mathbb{N}\,;\quad (1+x^2)^{-n/2}\,;\quad (1-x^2)^{-n/2}\,;\quad x^n\cos x\,.$$

3. Für jede Polynomfunktion $f(x):=\sum_{k=0}^n a_k x^k$ gilt

$$\int_0^x f(t)\,e^t\,dt = \sum_{k=0}^n (-1)^k\big(f^{(k)}(x)e^x - k!\,a_k\big)\,.$$

4. a) Für $r \in \mathbb{N}$ und $a \in \mathbb{C} - [0, 1]$ ist $\displaystyle\int_0^1 \frac{t^r \, dt}{t-a} = a^r \left(\ln(1 - a^{-1}) + \sum_{\rho=1}^r a^{-\rho}/\rho \right)$. Man

folgere noch einmal $\ln(1-z) = -\sum_{\rho=1}^\infty z^\rho/\rho$ für $z \in \mathbb{C}$, $|z| \leq 1$, $z \neq 1$. Die Konvergenz ist gleichmäßig auf jeder Menge $\overline{\mathrm{B}}_\mathbb{C}(0\,;1) - \mathrm{B}_\mathbb{C}(1\,;\varepsilon)$, $0 < \varepsilon < 1$. ($z = a^{-1}$ und $r \to \infty$.)

b) Für $n \in \mathbb{N}^*$ und $k \in \mathbb{N}$ sei $I_{n,k} := \displaystyle\int_0^1 \frac{t^{nk} \, dt}{1+t^n}$. Dann gilt $I_{n,k} + I_{n,k+1} = \displaystyle\int_0^1 t^{nk} \, dt = \dfrac{1}{nk+1}$ und

$\displaystyle\lim_{k \to \infty} I_{n,k} = 0$. Es folgt $\displaystyle\sum_{k=0}^\infty (-1)^k \frac{1}{nk+1} = I_{n,0} = \int_0^1 \frac{dt}{1+t^n}$, speziell $\displaystyle\sum_{k=0}^\infty \frac{(-1)^k}{k+1} = \ln 2$,

$$\sum_{k=0}^\infty \frac{(-1)^k}{2k+1} = \frac{\pi}{4}\,, \quad \sum_{k=0}^\infty \frac{(-1)^k}{3k+1} = \frac{\ln 2}{3} + \frac{\pi}{3\sqrt{3}}\,, \quad \sum_{k=0}^\infty \frac{(-1)^k}{4k+1} = \frac{\ln(1+\sqrt{2})}{2\sqrt{2}} + \frac{\pi}{4\sqrt{2}} \quad \text{usw.}$$

5. Die Funktion $f : [-a, a] \to \mathbb{K}$, $a \in \mathbb{R}_+$, sei stetig. Man zeige:

a) Ist f ungerade, so ist $\int_{-a}^a f(t) \, dt = 0$.

b) Ist f gerade, so ist $\int_{-a}^a f(t) \, dt = 2 \int_0^a f(t) \, dt$.

6. a) Die Funktion $f : [a, b] \to \mathbb{K}$, $a \leq b$, sei stetig. Dann gilt

$$\int_a^b f(t) \, dt = \int_a^b f(a + b - t) \, dt \,.$$

b) Die Funktion $f : [0, 1] \to \mathbb{K}$ sei stetig. Dann gilt

$$\int_0^{\pi/2} f(\sin t) \, dt = \int_0^{\pi/2} f(\cos t) \, dt = \int_{\pi/2}^\pi f(\sin t) \, dt \,.$$

c) Für $a, b, \alpha, \beta \in \mathbb{R}$, $a \leq b$ und $\alpha, \beta \geq 0$, gilt

$$\int_a^b (t-a)^\alpha (b-t)^\beta \, dt = \int_a^b (t-a)^\beta (b-t)^\alpha \, dt \,.$$

d) Sei $a, b \in \mathbb{R}$, $a < b$, $p \in \mathbb{N}^*$. Ferner sei f ein Polynom vom Grade $p+1$, das an den Stellen $a + (b-a)i/p$, $i = 0, \ldots, p$, verschwindet. Ist p gerade, so ist $\int_a^b f(t) \, dt = 0$; ist p ungerade, so ist $\int_a^b f(t) \, dt \neq 0$. (Im zweiten Fall haben das Integral und der Leitkoeffizient von f entgegengesetzte Vorzeichen.)

7. a) Sei $f : [a, b] \to \mathbb{R}$, $a < b$, stetig und ≥ 0, aber $\not\equiv 0$. Dann ist $\int_a^b f(t) \, dt > 0$.

b) Sei f wie in a). Es ist $\int_a^b (t-a) f(t) \, dt \geq \left(\int_a^b f(t) \, dt \right)^2 / 2M$ mit $M := \|f\|_{[a,b]}$, wobei das Gleichheitszeichen nur dann gilt, wenn f konstant ist. (Man kann $M = 1$ annehmen.)

c) Sei f wie in a), aber sogar > 0 auf ganz $[a, b]$. Dann ist $\left(\int_a^b f(t) \, dt \right)\left(\int_a^b dt/f(t) \right) \geq (b-a)^2$, mit dem Gleichheitszeichen wiederum nur bei konstantem f.

(In b) und c) betrachte man die Ableitungen der Integrale nach den oberen Grenzen.)

d) Für die stetige Funktion $f : [a, b] \to \mathbb{R}$, $a < b$, gelte $\int_a^b f(t)\, dt = 0$. Dann hat f eine Nullstelle in $]a, b[$.

e) Man beweise folgendes kontinuierliche Analogon zu 4.F, Aufg. 9a): Ist $f : \mathbb{R}_+ \to \mathbb{R}$ eine stetige Funktion mit $\lim_{t \to \infty} f(t) = a \in \overline{\mathbb{R}} = \mathbb{R} \cup \{\pm\infty\}$, so ist $\lim_{T \to \infty} \frac{1}{T} \int_0^T f(t)\, dt = a$.

8. Sei $f : J \to \mathbb{K}$ eine stetige Funktion auf dem Intervall $J \subseteq \mathbb{R}$. Ferner seien g und h differenzierbare Funktionen auf dem Intervall $I \subseteq \mathbb{R}$ mit $g(I), h(I) \subseteq J$. Dann ist die Funktion $x \mapsto \int_{g(x)}^{h(x)} f(t)\, dt$ auf I differenzierbar mit $h'(x) f\big(h(x)\big) - g'(x) f\big(g(x)\big)$ als Ableitung.

9. Sei f auf dem Intervall $I \subseteq \mathbb{R}_+^{\times}$ eine rationale Funktion in den Potenzfunktionen $x^{\alpha_1}, \ldots, x^{\alpha_n}$ mit $\alpha_1, \ldots, \alpha_n \in \mathbb{Q}$. Mit der Substitution $t = u^q$, wobei $q \in \mathbb{N}^*$ ein gemeinsamer Nenner der $\alpha_1, \ldots, \alpha_n$ ist, lässt sich das Integral $\int f(t)\, dt$ in ein Integral über eine rationale Funktion verwandeln.

10. a) Man zeige, dass das Integral über eine rationale Funktion in $\sinh$ und $\cosh$ sich durch die Substitution $t = 2\operatorname{Artanh} u$, $u = \tanh(t/2)$ in das Integral über eine rationale Funktion verwandeln lässt.

b) Jede rationale Funktion in e^x lässt sich elementar integrieren.

11. Seien $a, b, c \in \mathbb{R}$, $a \neq 0$, und $n \in \mathbb{N}$, $n \geq 2$.

a) Jede rationale Funktion in t und $\sqrt[n]{at + b}$ ist elementar integrierbar.

b) Jede rationale Funktion in t und $\sqrt{at^2 + bt + c}$ ist elementar integrierbar. (Man reduziere auf die Fälle $at^2 + bt + c = 1 + t^2$, $1 - t^2$ bzw. $t^2 - 1$ und benutze dann die Substitutionen $t = \sinh \bar{u}$, $t = \cos u$ bzw. $t = \cosh u$.)

12. Mit der Bezeichnung von Beispiel 16.B.6 (4) gilt $\int_{-1}^{1} \sqrt{1 - t^2}^{\,n}\, dt = 2c_{n+1}$.

13. Für $n \in \mathbb{N}$ sei $D_n(x) := \int_0^x \tan^n t\, dt$, $\quad |x| < \pi/2$.

a) Es ist $D_0(x) = x$, $D_1(x) = -\ln \cos x$, $nD_{n+1}(x) = \tan^n x - nD_{n-1}(x)$, $\quad n \geq 1$.

b) Für $d_n := D_n(\pi/4)$ ist $\lim_{n \to \infty} d_n = 0$.

c) Für $m \in \mathbb{N}$ ist

$$d_{2m} = (-1)^m \left(\frac{\pi}{4} - \sum_{k=0}^{m-1} \frac{(-1)^k}{2k + 1} \right), \qquad d_{2m+1} = (-1)^m \left(\ln \sqrt{2} + \sum_{k=1}^{m} \frac{(-1)^k}{2k} \right).$$

d) Aus b) und c) folgere man noch einmal $\sum_{k=0}^{\infty} \dfrac{(-1)^k}{2k + 1} = \dfrac{\pi}{4}$ und $\sum_{k=1}^{\infty} \dfrac{(-1)^{k-1}}{k} = \ln 2$.

(Die übersichtlichste Herleitung dieser Gleichungen bleibt aber (vgl. auch Aufg. 4b))

$$\frac{\pi}{4} = \int_0^1 \frac{dt}{1 + t^2} = \int_0^1 \sum_{k=0}^{n} (-1)^k t^{2k}\, dt + (-1)^{n+1} \int_0^1 \frac{t^{2(n+1)}\, dt}{1 + t^2} = \sum_{k=0}^{n} \frac{(-1)^k}{2k + 1} + \frac{(-1)^{n+1}}{2n + 3}\, \theta_n\,,$$

$$\ln 2 = \int_0^1 \frac{dt}{1 + t} = \int_0^1 \sum_{k=0}^{n} (-1)^k t^k\, dt + (-1)^{n+1} \int_0^1 \frac{t^{n+1}\, dt}{1 + t} = \sum_{k=0}^{n} \frac{(-1)^k}{k + 1} + \frac{(-1)^{n+1}}{n + 2}\, \vartheta_n$$

mit $0 < \theta_n, \vartheta_n < 1$.)

14. Für $\alpha > 0$, $n \in \mathbb{N}$ sei $L_{\alpha,n}(x) := \int_0^x t^\alpha (\ln t)^n \, dt$, $x \in \mathbb{R}_+$. (Man beachte, dass der Integrand nach 0 stetig fortsetzbar ist.) Für $n \in \mathbb{N}$ gilt:

a) Es ist $L_{\alpha,0}(x) = x^{\alpha+1}/(\alpha+1)$ und

$$L_{\alpha,n+1}(x) = \frac{1}{\alpha+1} x^{\alpha+1} (\ln x)^{n+1} - \frac{n+1}{\alpha+1} L_{\alpha,n}(x)\,.$$

b) Es ist $L_{\alpha,n}(1) = (-1)^n n!/(\alpha+1)^{n+1}$.

15. **a)** Man begründe $\int_0^x t^{\pm t} \, dt = \sum_{n=0}^{\infty} \int_0^x (\pm t \ln t)^n \, dt/n!$ für $x \in \mathbb{R}_+$.

b) Mit Hilfe von 14b) folgere man $\displaystyle\int_0^1 t^t \, dt = \sum_{n=1}^{\infty} \frac{(-1)^{n-1}}{n^n}$ und $\displaystyle\int_0^1 \frac{1}{t^t} \, dt = \sum_{n=1}^{\infty} \frac{1}{n^n}$ (J. Bernoulli 1697). Man berechne diese Werte bis auf einen Fehler $\leq 10^{-8}$.

16. Man gebe die Potenzreihenentwicklungen um 0 an für die Funktionen $\int \ln(1+t) \, dt/t$ und $\int (\arctan t) \, dt/t$ und gewinne damit

$$\int_0^1 \frac{\ln(1+t)}{t} \, dt = \sum_{n=1}^{\infty} (-1)^{n-1} \frac{1}{n^2} = \frac{\pi^2}{12}\,,$$

$$\int_0^1 \frac{\arctan t}{t} \, dt = \sum_{n=0}^{\infty} (-1)^n \frac{1}{(2n+1)^2} = 1 - 16 \sum_{m=1}^{\infty} \frac{m}{(16m^2-1)^2} =: G\,.$$

(Der Wert G des zweiten Integrals heißt die C a t a l a n s c h e K o n s t a n t e . Man berechne sie bis auf einen Fehler $\leq 10^{-8}$ (mit Hilfe der Eulerschen Summenformel, vgl. 18.B.3).)

17. Man gebe die Werte von $I_2(1,q)/q = \sum_{n=0}^{\infty} (-1)^n/(qn+1)$ für $q = 1, \ldots, 6$ explizit an, vgl. Beispiel 16.B.7.

18. Mit Beispiel 16.B.7 bestimme man die Summenwerte der konvergenten Reihen aus 6.A, Aufg. 14.

19. Mit Beispiel 16.B.7 bestimme man

$$\sum_{n=0}^{\infty} \frac{(-1)^n}{(2n-1)(2n+1)}\,, \quad \sum_{n=0}^{\infty} \frac{1}{(3n-1)(3n+1)}\,, \quad \sum_{n=0}^{\infty} \frac{(-1)^n}{(3n-1)(3n+1)}\,.$$

20. (Z w e i t e r M i t t e l w e r t s a t z d e r I n t e g r a l r e c h n u n g) Seien $f, g : [a,b] \to \mathbb{R}$ stetige Funktionen, f sei monoton und es sei $g \geq 0$. Dann gibt es ein $c \in [a,b]$ mit

$$\int_a^b f(t) g(t) \, dt = f(a) \int_a^c g(t) \, dt + f(b) \int_c^b g(t) \, dt\,.$$

(Indem man zu f eine geeignete Konstante addiert, kann man sich auf den Fall $f \geq 0$ beschränken. Man wende nun den Zwischenwertsatz auf die rechte Seite der Gleichung, aufgefasst als Funktion von c, an. – Übrigens kann man auf die Voraussetzung $g \geq 0$ verzichten. Ist nämlich f stetig differenzierbar und $G(x) := \int_a^x g(t) \, dt$, so liefern partielle Integration und 16.B.2 (4)

$$\int\limits_a^b f(t)\,g(t)\,dt = f\,G\,\Big|_a^b - \int\limits_a^b f'(t)\,G(t)\,dt = f(b)\,G(b) - G(c)\big(f(b) - f(a)\big)$$

mit einem $c \in [a\,,b]$. Im allgemeinen Fall approximiert man f gleichmäßig durch monotone stetig differenzierbare Funktionen (vgl. auch 12.A, Aufg. 21, was hier gebraucht wird, ist aber viel einfacher). Zu direkteren Beweisen des zweiten Mittelwertsatzes (bei denen die partielle Integration durch Abelsche partielle Summation ersetzt wird) verweisen wir auf die Literatur, etwa auf [9], Bd. 3.)

21. Für positive Zahlen a, b und jede komplexe Zahl z mit $x := \operatorname{Re} z \neq 0$ gilt

$$|b^z - a^z| \leq \left|\frac{z}{x}\right| |b^x - a^x|.$$

(Auf $b^z - a^z = z \int_{\ln a}^{\ln b} \exp(zt)\,dt$ wende man 16.B.3 an. – Vgl. auch 12.E, Aufg. 15b).)

22. Seien $a, z \in \mathbb{C}$ mit $|a| > |z|$.

a) Es ist $\left(1 + \dfrac{z}{a}\right)^a - e^z = e^z(e^w - 1)$ mit $w := -z^2 \displaystyle\int_0^1 \frac{t\,dt}{a + zt}$.

b) Für die Zahl w aus Teil a) gilt $|w| \leq |z|^2/2\big(|a| - |z|\big)$.

c) Mit 12.E, Aufg. 12 folgere man $\left|\left(1 + \dfrac{z}{a}\right)^a - e^z\right| \leq |e^z|\left(\exp\left(\dfrac{|z|^2}{2(|a| - |z|)}\right) - 1\right)$.

(Diese Abschätzung lässt sich nicht wesentlich verbessern. Sie zeigt unter anderem, dass $\big(1 + (z/n)\big)^n$, $n \in \mathbb{N}^*$, relativ schlecht gegen e^z konvergiert. – Man kann übrigens auch folgendermaßen zu einer Abschätzung gelangen: Für $z \neq 0$ und $t := z/a$ ist

$$\left(1 + \frac{z}{a}\right)^a - e^z = e^z\left(\exp\left(z\left(\frac{\ln(1 + t)}{t} - 1\right)\right) - 1\right)$$

Ist z/a reell, so gibt es nach dem Mittelwertsatz ein $t_0 = z_0/a$ zwischen 0 und t mit

$$\frac{\ln(1 + t)}{t} - 1 = \frac{1}{1 + t_0} - 1 = \frac{-z_0}{z_0 + a}.$$

Im Komplexen hat man nur die Abschätzung

$$\left|\frac{\ln(1 + t)}{t} - 1\right| \leq \left|\frac{1}{1 + t_0} - 1\right| = \frac{|z_0|}{|z_0 + a|},$$

wobei z_0 eine Zahl auf der Verbindungsstrecke von 0 nach z ist, vgl. 14.A, Aufg. 24.)

23. Seien $f, g : [a\,,b] \to \mathbb{K}$ stetige Funktionen und $m \in \mathbb{N}$. Gilt $\int_a^b f(t)\,h(t)\,dt = \int_a^b g(t)\,h(t)\,dt$ für alle Polynome h, die in den Punkten a und b Nullstellen einer Ordnung $\geq m$ haben, so ist $f = g$. (Man verwende 16.B.13 und approximiere für eine C^∞-Funktion $h : [a\,,b] \to \mathbb{R}$, die in a und b platt ist, die (in a und b ebenfalls platte) C^∞-Funktion $h\big/\big((t - a)(t - b)\big)^m$ mit dem Weierstraßschen Approximationssatz auf $[a\,,b]$ gleichmäßig durch Polynome.)

24. Man zeige, dass es genügt, 16.B.12 für beschränkte abgeschlossene Mengen zu zeigen, indem man statt einer beliebigen abgeschlossenen Menge $A \subseteq \mathbb{R}$ die Menge $A' := \overline{f(A)}$ betrachtet. Dabei bezeichnet $f : \mathbb{R} \to\,]-1, 1[$ die analytische Funktion $t \mapsto t/\sqrt{1 + t^2}$ mit der analytischen Umkehrfunktion $s \mapsto s/\sqrt{1 - s^2}$ (oder eine ähnliche Funktion, z.B. $t \mapsto \frac{2}{\pi}\arctan t$).

16.C Hauptsatz der Differenzial- und Integralrechnung

Eine wichtige und sehr anschauliche Interpretation des bestimmten Integrals reellwertiger Funktionen wird durch den Flächeninhalt von Teilmengen in $\mathbb{R}^2$ gegeben. Auf Flächeninhalte und allgemeiner Volumina gehen wir erst in Band 3 im Rahmen der Maßtheorie ausführlicher ein. Hier benutzen wir nur die folgenden einfachen und nahe liegenden Eigenschaften.

(1) Jede kompakte Menge $A \subseteq \mathbb{R}^2$ besitzt einen Flächeninhalt $\mathcal{F}(A) \in \mathbb{R}_+$.

(2) Sind $A, B \subseteq \mathbb{R}^2$ kompakt mit $A \subseteq B$, so ist $\mathcal{F}(A) \leq \mathcal{F}(B)$.

(3) Sind $A, B \subseteq \mathbb{R}^2$ kompakt mit $\mathcal{F}(A \cap B) = 0$, so ist $\mathcal{F}(A \cup B) = \mathcal{F}(A) + \mathcal{F}(B)$.

(4) Für jedes Rechteck $[a, b] \times [c, d] \subseteq \mathbb{R}^2$ mit $a \leq b$ und $c \leq d$ gilt die Gleichung $\mathcal{F}\big([a, b] \times [c, d]\big) = (b - a)(d - c)$.

Außerdem ist $\mathcal{F}$ **translationsinvariant** (was im Beweis von 16.C.1 allerdings nicht verwandt wird):

(5) Für jede kompakte Menge $A \subseteq \mathbb{R}^2$ und jeden Punkt $z := (x, y) \in \mathbb{R}^2$ gilt $\mathcal{F}(A) = \mathcal{F}(z + A)$, wobei $z + A := \{(x + a_1, y + a_2) \mid (a_1, a_2) \in A\}$ aus A durch Verschieben um z entsteht.

Sei nun $f : [a, b] \to \mathbb{R}$, $a \leq b$, eine stetige Funktion mit $f \geq 0$. *Dann ist die Menge*
$$G(f ; a, b) := \big\{(x, y) \in \mathbb{R}^2 \mid a \leq x \leq b, \ 0 \leq y \leq f(x)\big\}$$
kompakt.

B e w e i s. Da f beschränkt ist, ist auch $G(f ; a, b)$ beschränkt. Um die Abgeschlossenheit von $G(f ; a, b)$ zu zeigen, betrachten wir eine konvergente Folge (x_n, y_n), $n \in \mathbb{N}$, in $G(f ; a, b)$. Dann ist $x := \lim x_n \in [a, b]$ und somit $0 \leq y := \lim y_n \leq \lim f(x_n) = f(x)$, also $\lim (x_n, y_n) = (x, y) \in G(f ; a, b)$. $\bullet$

Wir bezeichnen den Flächeninhalt von $G(f ; a, b)$ mit $\mathcal{F}(f ; a, b)$.

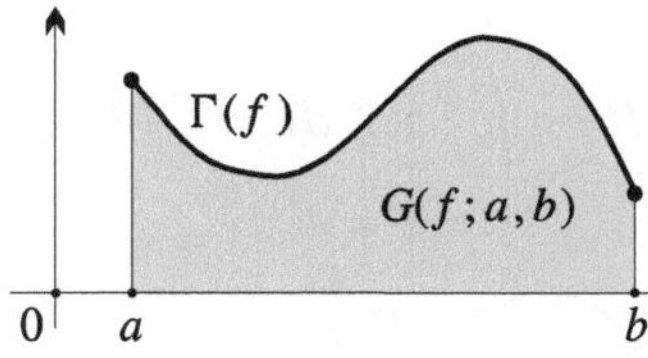

Es gilt nun:

16.C.1 Hauptsatz der Differenzial- und Integralrechnung *Sei* $f : [a, b] \to \mathbb{R}$, $a \leq b$, *eine stetige Funktion mit* $f \geq 0$. *Dann ist*
$$\int_a^b f(t)\,dt = \mathcal{F}(f ; a, b).$$

B e w e i s . Nach (4) ist $\mathcal{F}(f\,;a,a) = 0$. Daher genügt es zu zeigen, dass $F(x) := \mathcal{F}(f\,;a,x)$ eine Stammfunktion zu f ist.

Für x, y mit $a \leq x < y \leq b$ sei $m(x, y)$ das Minimum und $M(x, y)$ das Maximum von f auf $[x, y]$. Wegen

$$[x, y] \times \big[0, m(x, y)\big] \subseteq G(f\,;x, y) \subseteq [x, y] \times \big[0, M(x, y)\big]$$

ist nach (2) und (4) $(y - x)m(x, y) \leq \mathcal{F}(f\,;x, y) \leq (y - x)M(x, y)$. Nach dem Zwischenwertsatz ist daher $\mathcal{F}(f\,;x, y) = (y - x)f(c)$ mit einem c zwischen x und y. Ferner folgt aus (3)

$$F(y) - F(x) = \mathcal{F}(f\,;a, y) - \mathcal{F}(f\,;a, x) = \mathcal{F}(f\,;x, y),$$

da $G(f\,;a, x) \cap G(f\,;x, y)$ den Flächeninhalt 0 hat. Für beliebige $x, y \in [a, b]$ mit $x \neq y$ gibt es insgesamt jeweils ein c zwischen x und y mit

$$\frac{F(y) - F(x)}{y - x} = \frac{F(x) - F(y)}{x - y} = f(c).$$

Es folgt $\lim_{y \to x}\big(F(y) - F(x)\big)/(y - x) = f(x)$ wegen der Stetigkeit von f.   ●

Für eine stetige Funktion $f : [a, b] \to \mathbb{R}$ mit $f \leq 0$ ist $-f \geq 0$ und somit

$$\int_a^b f(t)\,dt = -\int_a^b (-f)(t)\,dt = -\mathcal{F}(-f\,;a, b).$$

Analog zu 16.C.1 zeigt man überdies, dass $-\int_a^b f(t)\,dt$ der Flächeninhalt von

$$\big\{(x, y) \in \mathbb{R}^2 \mid a \leq x \leq b,\ f(x) \leq y \leq 0\big\}$$

ist. Für eine beliebige stetige Funktion $f : [a, b] \to \mathbb{R}$ setzen wir

$$f_+(x) := \mathrm{Max}\,\big(f(x), 0\big), \qquad f_-(x) := \mathrm{Max}\,\big(-f(x), 0\big).$$

Dann sind f_+ und f_- stetig, und es gilt $f_+ \geq 0$, $f_- \geq 0$, $f = f_+ - f_-$. Es folgt

$$\int_a^b f(t)\,dt = \int_a^b f_+(t)\,dt - \int_a^b f_-(t)\,dt = \mathcal{F}(f_+\,;a, b) - \mathcal{F}(f_-\,;a, b).$$

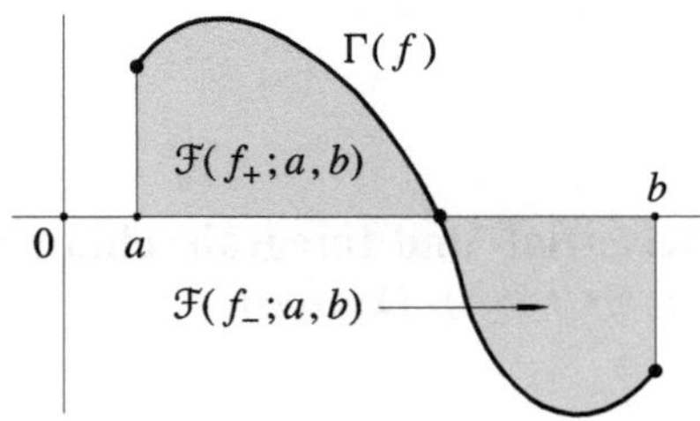

f_+ heißt der p o s i t i v e T e i l und f_- der n e g a t i v e T e i l von f.

16.C.2 Beispiel Nach Beispiel 16.B.6 (6) und 16.C.1 ist der Flächeninhalt des Halbkreises gleich $\mathcal{F}(\sqrt{1-x^2}\,;\,-1,1) = \int_{-1}^{1}\sqrt{1-t^2}\,dt = \frac{\pi}{2}$. Der Einheitskreis hat demnach den Flächeninhalt π, und die Definition von π gemäß 14.B.1 liefert die üblicherweise mit π bezeichnete Zahl, vgl. Bemerkung 14.B.10.

16.C.3 Beispiel (R i e m a n n s c h e S u m m e n) Sei $f:[a,b] \to \mathbb{R}$ eine stetige Funktion. Ferner sei $a = t_0 < t_1 < \cdots < t_m = b$ eine Unterteilung des Intervalls $[a,b]$. Für $i = 0,\dots,m-1$ seien m_i bzw. M_i das Minimum bzw. das Maximum von f auf dem Intervall $[t_i,t_{i+1}]$. Für jedes i ist dann $m_i(t_{i+1} - t_i) \leq \int_{t_i}^{t_{i+1}} f(t)\,dt \leq M_i(t_{i+1} - t_i)$. Durch Summieren erhält man

$$\sum_{i=0}^{m-1} m_i(t_{i+1} - t_i) \leq \int_a^b f(t)\,dt \leq \sum_{i=0}^{m-1} M_i(t_{i+1} - t_i)\,.$$

Man nennt die linke Summe die U n t e r s u m m e und die rechte Summe die O b e r s u m m e von f zur Unterteilung $(t_0,\dots,t_m)$ des Intervalls $[a,b]$.

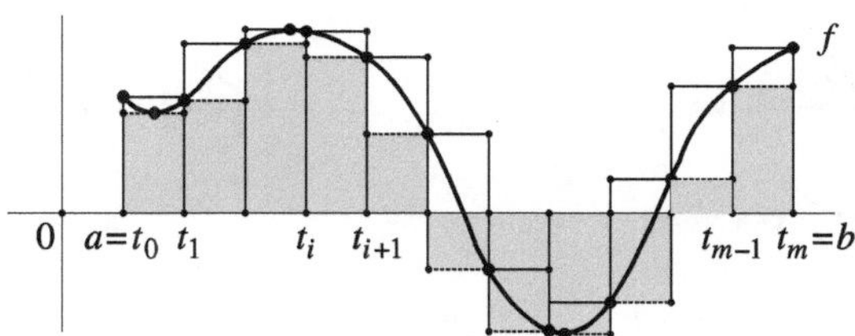

Die Differenz von Ober- und Untersumme ist $\sum_{i=0}^{m-1} S_i(t_{i+1} - t_i)$, wobei $S_i = M_i - m_i$ die Schwankung von f im Intervall $[t_i,t_{i+1}]$ ist. Für eine Folge von Unterteilungen des Intervalls $[a,b]$, für die das Maximum der Teilintervalllängen gegen 0 konvergiert, geht (wegen der gleichmäßigen Stetigkeit von f) das Maximum der Schwankungen auf den Intervallen ebenfalls gegen 0. *Daher konvergieren* auch die Differenzen der Ober- und Untersummen gegen 0 und somit *die Ober- und Untersummen selbst gegen das bestimmte Integral* $\int_a^b f(t)\,dt$.

Unter einer R i e m a n n s c h e n S u m m e von f zur Unterteilung $(t_0,\dots,t_m)$ von $[a,b]$ versteht man eine Summe der Form

$$\sum_{i=0}^{m-1} f(\tau_i)\,(t_{i+1} - t_i)\,,$$

wobei $\tau_i \in [t_i,t_{i+1}]$ beliebig ist. Da solch eine Riemannsche Summe stets zwischen der Unter- und der Obersumme zur gegebenen Unterteilung liegt, *konvergieren Riemannsche Summen zu einer Unterteilungsfolge, deren maximale Intervalllängen gegen 0 konvergieren, stets gegen* $\int_a^b f(t)\,dt$.

Diese Beobachtungen sind der Ausgangspunkt der Theorie des R i e m a n n - I n t e g r a l s. Wir verfolgen diesen Weg aber nicht weiter, da er sich als Sackgasse erwiesen hat. Statt dessen behandeln wir im dritten Band das L e b e s g u e - I n t e g r a l, das sowohl technisch einfacher als auch umfassender ist. [1])

---

[1]) Diese Dinge gehen in der Mathematik oft Hand in Hand.

Aufgaben

1. Seien $f, g : [a, b] \to \mathbb{R}$ stetige Funktionen, $a < b$. Es sei $f \leq g$. Dann ist der Flächeninhalt der (kompakten) Menge $\{(x, y) \in \mathbb{R}^2 \mid a \leq x \leq b,\ f(x) \leq y \leq g(x)\}$ gleich dem Integral $\int_a^b \big(g(t) - f(t)\big)\, dt$.

2. Man bestimme den Flächeninhalt der folgenden Mengen:

$$\{(x, y) \in \mathbb{R}^2 \mid 0 \leq x \leq 1,\ y^2 \leq x^2(1 - x)\},$$

$$\{(x, y) \in \mathbb{R}^2 \mid 0 \leq x \leq b,\ |y| \leq xe^{-x}\},\ b \in \mathbb{R}_+.$$

3. a) Der Flächeninhalt des links in der folgenden Zeichnung skizzierten Einheitskreissektors $\{z \in \mathbb{C} \mid |z| \leq 1,\ 0 \leq \operatorname{Arg} z \leq t\}$ mit dem Öffnungswinkel t ist $t/2$ (für $0 \leq t \leq 2\pi$).

b) Der Flächeninhalt des rechts in der folgenden Zeichnung skizzierten Einheitshyperbelsektors zum Parameter t ist $t/2$ (für $0 \leq t$).

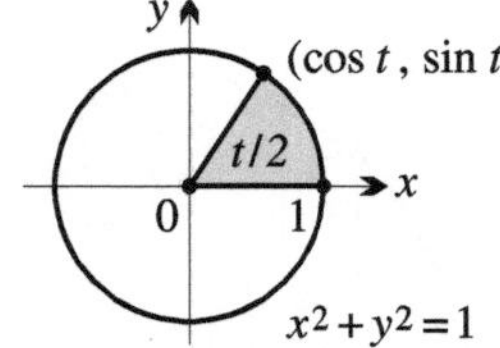

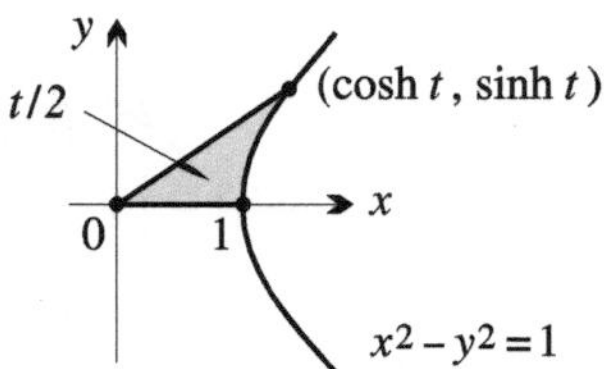

c) Der Flächeninhalt der Ellipse $\{(x, y) \in \mathbb{R}^2 \mid (x/a)^2 + (y/b)^2 \leq 1\}$ mit Halbachsen der Länge a und b ist πab (für $a, b > 0$).

4. (Charakterisierung des bestimmten Integrals) Für jedes abgeschlossene Intervall $[a, b]$, $a \leq b$, werde jeder stetigen reellwertigen Funktion $f : [a, b] \to \mathbb{R}$ eine reelle Zahl $J(f ; a, b)$ zugeordnet, so dass folgende Bedingungen erfüllt sind:

(1) Für alle $a, b, c \in \mathbb{R}$ mit $a \leq b \leq c$ und jede stetige Funktion $f : [a, c] \to \mathbb{R}$ ist $J(f ; a, c) = J(f ; a, b) + J(f ; b, c)$ (Additivität).

(2) Für alle stetigen Funktionen $f, g : [a, b] \to \mathbb{R}$ mit $f \leq g$ ist auch $J(f ; a, b) \leq J(g ; a, b)$ (Monotonie).

(3) Für jede konstante Funktion $C \in \mathbb{R}$ ist $J(C; a, b) = C(b - a)$ (Normierung).

Dann gilt bereits $J(f ; a, b) = \int_a^b f(t)\, dt$ für alle stetigen Funktionen $f : [a, b] \to \mathbb{R}$. (Man gehe ähnlich wie beim Beweis von 16.C.1 vor.)

5. Man zeige mit Beispiel 16.C.3:

a) Für alle $x \in \mathbb{R}$, $x \geq 1$, ist $\displaystyle \lim_{m \to \infty} \sum_{k=m+1}^{[mx]} \frac{1}{k} = \ln x$. (Vgl. 4.F, Aufg. 29.)

b) Für alle $\alpha \in \mathbb{C}$ mit $\operatorname{Re} \alpha > 0$ ist $\displaystyle \lim_{m \to \infty} \frac{1}{m^{\alpha+1}} \sum_{k=1}^{m} k^\alpha = \frac{1}{\alpha + 1}$.

(Diese Formel gilt sogar für $\operatorname{Re} \alpha > -1$, vgl. Beispiel 17.A.2.)

c) Es ist $\displaystyle \lim_{m \to \infty} \frac{1}{m} \sum_{k=1}^{m} \sin \frac{k\pi}{m} = \frac{2}{\pi}$ und $\displaystyle \lim_{m \to \infty} m \sum_{k=1}^{m} \frac{1}{m^2 + k^2} = \frac{\pi}{4}$.

17 Uneigentliche Integrale

17.A Uneigentliche Integrale

Häufig hat man auch bestimmte Integrale von stetigen Funktionen zu betrachten, deren Definitions- oder Wertebereiche nicht beschränkt sind. Dazu definiert man in nahe liegender Weise:

17.A.1 Definition Seien $I \subseteq \mathbb{R}$ ein Intervall, $a \in I$ und $b \in \overline{\mathbb{R}} = \mathbb{R} \cup \{-\infty, \infty\}$ ein Randpunkt von I. Die Funktion $f : I \to \mathbb{K}$ sei stetig, und es existiere $\lim_{x \to b} \int_a^x f(t)\, dt$. Dann wird dieser Grenzwert als das u n e i g e n t l i c h e   I n t e g r a l $\int_a^b f(t)\, dt$ bezeichnet.

Ist in dieser Definition $b \in I$, so existiert wegen der Stetigkeit von Stammfunktionen das uneigentliche Integral $\int_a^b f(t)\, dt$ und stimmt mit dem gewöhnlichen Integral $\int_a^b f(t)\, dt$ überein. Ferner schreibt man wieder $\int_b^a f(t)\, dt$ für $-\int_a^b f(t)\, dt$ und hat damit insbesondere auch Integrale definiert, die an der unteren Grenze uneigentlich sind.

Ist in der Situation von 17.A.1 auch c ein Randpunkt von I, so sagt man, das u n -
e i g e n t l i c h e   I n t e g r a l $\int_b^c f(t)\, dt$ existiere, wenn für ein (und damit für jedes) $a \in I$ die uneigentlichen Integrale $\int_b^a f(t)\, dt$ und $\int_a^c f(t)\, dt$ existieren, und setzt dann $\int_b^c f(t)\, dt := \int_b^a f(t)\, dt + \int_a^c f(t)\, dt$.

Die üblichen Rechenregeln für Integrale gelten auch für uneigentliche Integrale, was man sofort aus den Rechenregeln für Limiten erhält. Insbesondere gelten bei sinngemäßer Interpretation die Substitutionsregel und die Regel über die partielle Integration weiter.

17.A.2 Beispiel Standardbeispiele, die auch für Vergleichsregeln wichtig sind, sind die Integrale $\int_1^\infty t^\alpha\, dt$ und $\int_0^1 t^\alpha\, dt$, $\alpha \in \mathbb{C}$. Da für $x > 0$

$$\int_1^x t^\alpha\, dt = \begin{cases} \frac{1}{\alpha+1}(x^{\alpha+1} - 1), & \text{falls } \alpha \neq -1, \\ \ln x, & \text{falls } \alpha = -1, \end{cases}$$

gilt, existiert $\int_1^\infty t^\alpha\, dt = \lim_{x \to \infty} \int_1^x t^\alpha\, dt$ genau für $\operatorname{Re}\alpha < -1$, und es ist dann

$$\int_1^\infty t^\alpha\, dt = \lim_{x \to \infty} \frac{1}{\alpha+1}(x^{\alpha+1} - 1) = -\frac{1}{\alpha+1} + \frac{1}{\alpha+1} \lim_{x \to \infty} e^{(\alpha+1)\ln x} = \frac{-1}{\alpha+1}.$$

Ferner folgt, dass $\int_0^1 t^\alpha\,dt = \lim_{x\to 0,\,x>0}\int_x^1 t^\alpha\,dt$ genau für Re $\alpha > -1$ existiert. In diesem Fall ist

$$\int\limits_0^1 t^\alpha\,dt = \frac{1}{\alpha+1}\,.$$

In keinem Falle existiert also das Integral $\int_0^\infty t^\alpha\,dt$.

Aus dem Cauchy-Kriterium 10.A.3 für Grenzwerte ergibt sich:

17.A.3 Cauchy-Kriterium für uneigentliche Integrale *$f : I \to \mathbb{K}$ sei eine stetige Funktion, ferner seien $a \in I$ und b ein Randpunkt von I. Genau dann existiert das uneigentliche Integral $\int_a^b f(t)\,dt$, wenn für jedes $\varepsilon > 0$ die Abschätzung $|\int_x^{x'} f(t)\,dt| \le \varepsilon$ für alle die $x, x' \in I$ gilt, die im Fall $b \in \mathbb{R}$ nahe genug an b liegen bzw. bei $b = \infty$ groß genug sind bzw. bei $b = -\infty$ klein genug sind.*

Wegen $|\int_x^{x'} f(t)\,dt| \le \int_x^{x'} |f(t)|\,dt$ (bei $x \le x'$) erhält man aus 17.A.3:

17.A.4 Korollar *Die Voraussetzungen von 17.A.3 seien erfüllt, ferner existiere das Integral $\int_a^b |f(t)|\,dt$. Dann existiert auch $\int_a^b f(t)\,dt$, und es gilt*

$$\left|\int\limits_a^b f(t)\,dt\right| \le \left|\int\limits_a^b |f(t)|\,dt\right|\,.$$

Wie bei Reihen nennt man das uneigentliche Integral $\int_a^b f(t)\,dt$ a b s o l u t k o n v e r g e n t, wenn sogar $\int_a^b |f(t)|\,dt$ existiert. Existiert bei $g \ge 0$ das Integral $\int_a^b g(t)\,dt$ nicht, so schreiben wir auch $\int_a^b g(t)\,dt = \infty$. Ein triviales aber wichtiges Kriterium für absolute Konvergenz und damit für Konvergenz überhaupt ist das folgende:

17.A.5 Majoranten-Kriterium *Seien f und g stetige Funktionen auf dem Intervall I, $a \in I$ und b ein Randpunkt von I. Ist dann $\int_a^b g(t)\,dt$ absolut konvergent und gilt $|f| \le |g|$ auf I, so ist auch $\int_a^b f(t)\,dt$ absolut konvergent.*

17.A.6 Beispiel Das uneigentliche Integral $\int_0^\infty \sin t\,dt/t$ existiert, ist aber nicht absolut konvergent. Man erhält nämlich mit partieller Integration für $x \ge \pi$:

$$\int\limits_\pi^x \frac{\sin t}{t}\,dt = -\frac{\cos t}{t}\Big|_\pi^x - \int\limits_\pi^x \frac{\cos t}{t^2}\,dt = -\frac{1}{\pi} - \frac{\cos x}{x} - \int\limits_\pi^x \frac{\cos t}{t^2}\,dt\,.$$

Da nach 17.A.5 und Beispiel 17.A.2 das uneigentliche Integral $\int_\pi^\infty \cos t\,dt/t^2$ existiert und $\lim_{x\to\infty}(\cos x)/x = 0$ ist, existiert auch das Integral $\int_\pi^\infty \sin t\,dt/t$ und damit das gesuchte Integral. Nach 17.B.12 ist übrigens $\int_0^\infty \sin t\,dt/t = \pi/2$.

Das uneigentliche Integral $\int_0^\infty |(\sin t)/t|\, dt$ existiert nicht: Im Intervall $[n\pi, (n+1)\pi]$, $n \in \mathbb{N}$, ist nämlich $|(\sin t)/t| \geq |\sin t|/(n+1)\pi$ und daher

$$\int\limits_{n\pi}^{(n+1)\pi} |\frac{\sin t}{t}|\, dt \geq \int\limits_{n\pi}^{(n+1)\pi} \frac{|\sin t|}{(n+1)\pi}\, dt = \frac{2}{(n+1)\pi}\,.$$

Da die harmonische Reihe divergiert, ist die Folge $\int_0^{(n+1)\pi} |(\sin t)/t|\, dt$, $n \in \mathbb{N}$, unbeschränkt.

Die Konvergenzsätze für eigentliche Integrale aus Abschnitt 16.B übertragen sich nur mit gewissen Einschränkungen auf uneigentliche Integrale. Im folgenden bezeichnen wir für ein Intervall $I \subseteq \mathbb{R}$ mit $\overline{I} \subseteq \overline{\mathbb{R}} = \mathbb{R} \cup \{\pm\infty\}$ die Menge I, vereinigt mit der Menge der Randpunkte von I.

17.A.7 Satz *Sei (f_n) eine Folge stetiger Funktionen $f_n : I \to \mathbb{K}$, die auf jedem kompakten Teilintervall von I gleichmäßig gegen $f : I \to \mathbb{K}$ konvergiert, und seien $a, b \in \overline{I}$. Ferner gebe es eine stetige Funktion $g : I \to \mathbb{R}_+$ mit $|f_n| \leq g$ auf I, für die $\int_a^b g(t)\, dt$ existiert. Dann existiert auch $\int_a^b f(t)\, dt$, und es gilt*

$$\lim_{n\to\infty} \int\limits_a^b f_n(t)\, dt = \int\limits_a^b f(t)\, dt\,.$$

B e w e i s . Wegen $|f| \leq g$ existiert $\int_a^b f(t)\, dt$ nach 17.A.5. Sei $\varepsilon > 0$ vorgegeben und sei (ohne Einschränkung) $a < b$. Es gibt dann (unter Verwendung von 16.B.14) Intervallgrenzen $a', b' \in I$ mit $a \leq a' \leq b' \leq b$ und ein $n_0 \in \mathbb{N}$ mit

$$\int\limits_a^{a'} g(t)\, dt \leq \frac{\varepsilon}{5}\,, \qquad \left|\int\limits_{a'}^{b'} (f - f_n)(t)\, dt\right| \leq \frac{\varepsilon}{5}\,, \qquad \int\limits_{b'}^b g(t) \leq \frac{\varepsilon}{5}$$

für $n \geq n_0$. Dann ist für diese n

$$\left|\int\limits_a^b (f - f_n)(t)\, dt\right| \leq 2\int\limits_a^{a'} g(t)\, dt + \left|\int\limits_{a'}^{b'} (f - f_n)(t)\, dt\right| + 2\int\limits_{b'}^b g(t)\, dt \leq \varepsilon\,. \qquad \bullet$$

Die Aussagen 16.B.16 und 16.B.17 übertragen sich folgendermaßen, wobei man bei den Beweisen 17.A.7 statt 16.B.14 benutzt. Die Einzelheiten überlassen wir dem Leser.

17.A.8 Stetigkeit des uneigentlichen Integrals *Seien $I \subseteq \mathbb{R}$ ein Intervall, $E \subseteq \mathbb{C}$ eine beliebige Teilmenge, $a, b \in \overline{I}$ und $f : E \times I \to \mathbb{K}$ eine stetige Funktion. Ferner gebe es eine stetige Funktion $g : I \to \mathbb{R}_+$ mit $|f(x,t)| \leq g(t)$ für alle $(x,t) \in E \times I$ und $\int_a^b g(t)\, dt < \infty$. Dann existiert auch die Funktion $x \mapsto F(x) := \int_a^b f(x,t)\, dt$ auf E und ist dort stetig.*

17.A.9 Differenzierbarkeit des uneigentlichen Integrals *Seien $I \subseteq \mathbb{R}$ ein Intervall, E eine offene Menge in $\mathbb{C}$ oder ein Intervall in $\mathbb{R}$ und $a, b \in \overline{I}$. Die Funktion $f : E \times I \to \mathbb{C}$ sei stetig, $\partial f / \partial x$ möge existieren und ebenfalls stetig sein. Ferner existiere für $x \in E$ das Integral $F(x) := \int_a^b f(x, t)\, dt$, und es gebe eine stetige Funktion $g : I \to \mathbb{R}_+$ mit $|(\partial f / \partial x)(x, t)| \le g(t)$ für alle $(x, t) \in E \times I$ und $\int_a^b g(t)\, dt < \infty$. Dann ist die Funktion $x \mapsto F(x)$ auf E differenzierbar mit*

$$F'(x) = \int_a^b \frac{\partial f}{\partial x}(x, t)\, dt \,.$$

Wir bemerken, dass die simultane Majorante g in den Sätzen 17.A.8 und 17.A.9 nur lokal bzgl. E zu existieren braucht, d.h. es genügt, dass zu jedem Punkt $x \in E$ eine Umgebung U von x existiert und ein (von U abhängendes) $g : I \to \mathbb{R}_+$, das die Bedingungen für $f|(U \cap E) \times I$ statt f erfüllt.

Schließlich sei darauf hingewiesen, dass für eine stetige Funktion $f : I \to \mathbb{R}_+$ auch das uneigentliche Integral $\int_a^b f(t)\, dt$ bei $a < b$, $a, b \in \overline{I}$, der Flächeninhalt der Menge $G(f; a, b) := \{(t, x) \mid t \in I \cap [a, b], 0 \le x \le f(t)\}$ ist. Dies ergibt sich mit Satz 16.C.1 aus dem folgenden Ausschöpfungssatz für Flächeninhalte: *Ist die Menge $A \subseteq \mathbb{R}^2$ die Vereinigung der aufsteigenden Folge $A_0 \subseteq A_1 \subseteq A_2 \subseteq \cdots$ kompakter Mengen $A_n \subseteq A$, so existiert $\mathcal{F}(A)$ und ist gleich $\lim_{n \to \infty} \mathcal{F}(A_n) \in \overline{\mathbb{R}}_+$.* Wir verweisen dazu auf Band 3, Rechenregel 11.C.4 (4).

17.A.10 Beispiel Für $x > 0$ existiert das Integral

$$F(x) := \int_{-\infty}^{\infty} \frac{dt}{t^2 + x} = \frac{1}{\sqrt{x}} \arctan \frac{t}{\sqrt{x}} \Big|_{-\infty}^{\infty} = \frac{\pi}{\sqrt{x}} \,.$$

Unter dem Integralzeichen nach x differenziert, ergibt sich für $x > 0$

$$\int_{-\infty}^{\infty} \frac{(-1)^n n!}{(t^2 + x)^{n+1}}\, dt = F^{(n)}(x) = (-1)^n \frac{1 \cdot 3 \cdots (2n-1)}{2^n x^n \sqrt{x}} \pi = (-1)^n \binom{2n}{n} \frac{n!\,\pi}{4^n x^n \sqrt{x}} \,.$$

Dabei konnte 17.A.9 mit der simultanen Majorante $g_n(t) = n!/(t^2 + \varepsilon)^{n+1}$ für alle $x \in [\varepsilon, \infty[$ angewandt werden, $\varepsilon > 0$. Es folgt speziell für $x = n + 1$

$$\int_{-\infty}^{\infty} \frac{dt}{(\frac{t^2}{n+1} + 1)^{n+1}} = \binom{2n}{n} \frac{\pi \sqrt{n+1}}{4^n} \,.$$

Da die Funktionenfolge $\big((t^2/(n+1)) + 1\big)^{n+1}$, $n \in \mathbb{N}$, monoton und auf jedem kompakten Intervall gleichmäßig gegen e^{t^2} konvergiert, vgl. 12.E.3, erhält man mit 17.A.7 und Beispiel 16.B.6 (4)

$$\int_{-\infty}^{\infty} e^{-t^2}\, dt = \lim_{n \to \infty} \binom{2n}{n} \frac{\pi \sqrt{n+1}}{4^n} = \sqrt{\pi} \,.$$

Die Substitution $\tau = \sqrt{2}t$ liefert das folgende wichtige Ergebnis:

17.A.11 Fehlerintegral *Es ist* $\displaystyle\int_{-\infty}^{\infty} e^{-t^2/2}\, dt = \sqrt{2\pi}$.

Die Bezeichnung „Fehlerintegral" kommt aus der Stochastik, vgl. Band 3.

17.A.12 Beispiel Häufig lassen sich Partialsummen von Reihen durch Integrale abschätzen. Auf diese Weise erhält man etwa das folgende Konvergenzkriterium:

17.A.13 Integralkriterium für Reihen *Sei* $f : \mathbb{R}_+ \to \mathbb{R}$ *eine monotone und stetige Funktion. Genau dann konvergiert die Reihe* $\sum_{n=0}^{\infty} f(n)$*, wenn das Integral* $\int_0^{\infty} f(t)\, dt$ *konvergiert.*

B e w e i s . Ist f etwa monoton fallend, so gilt offenbar

$$\int_1^{k+1} f(t)\, dt \le \sum_{n=1}^{k} f(n) \le \int_0^{k} f(t)\, dt \le \sum_{n=0}^{k-1} f(n)\, .$$

Daraus folgt die Behauptung. ●

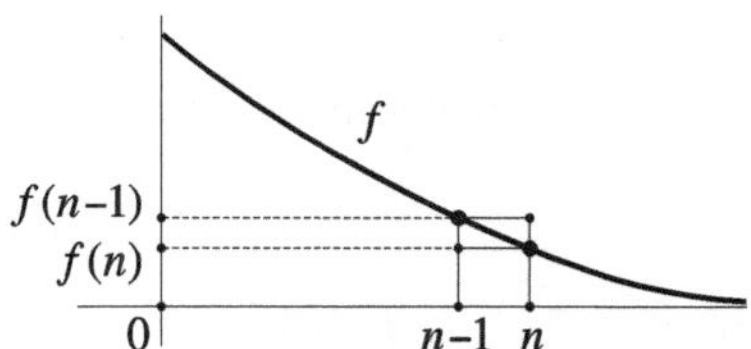

In der Situation von 17.A.13 sei f monoton fallend und $\lim_{t\to\infty} f(t) = 0$. Dann ist

$$f(k+1) \le \int_k^{k+1} f(t)\, dt \le f(k)$$

für alle $k \in \mathbb{N}$. Deshalb definieren die Folgen

$$a_n := \sum_{k=0}^{n-1} f(k) - \int_0^{n} f(t)\, dt\, , \qquad b_n := \sum_{k=0}^{n-1} f(k) - \int_0^{n-1} f(t)\, dt\, ,$$

eine Intervallschachtelung $[a_n, b_n]$, $n \in \mathbb{N}^*$. Insbesondere existiert $c := \lim a_n = \lim b_n$ mit der Abschätzung $0 \le c - a_n \le b_n - a_n = \int_{n-1}^{n} f(t)\, dt \le f(n-1)$. Bei $f(x) := 1/(x+1)$ erhält man so die Intervallschachtelung für die Eulersche Konstante γ aus Beispiel 4.F.10.

17.A.13 und auch die zuletzt angegebenen Abschätzungen lassen sich erheblich verschärfen, wenn f genügend oft differenzierbar ist, vgl. 18.B, Aufg. 5.

17.A.14 Beispiel (Weitere K o n v e r g e n z k r i t e r i e n) Seien $f, g : I \to \mathbb{K}$ Funktionen auf dem Intervall I, wobei f stetig mit Stammfunktion F und g stetig differenzierbar ist.

Dann liefert partielle Integration für beliebige $\alpha, \beta \in I$

$$\int_{\alpha}^{\beta} fg \, dt = Fg \Big|_{\alpha}^{\beta} - \int_{\alpha}^{\beta} Fg' \, dt \, .$$

Mit Hilfe dieser Formel lassen sich Konvergenzkriterien für unbestimmte Integrale beweisen, die analog sind zu den Konvergenzkriterien für Reihen, die mit Abelscher partieller Summation gewonnen werden. Wir formulieren diese Kriterien und überlassen die entsprechenden Beweise dem Leser. Im Folgenden seien $a, b \in \overline{I} \subseteq \mathbb{R}$. Unter obigen Voraussetzungen gilt dann:

17.A.15 Abelsches Konvergenzkriterium *Das Integral $\int_a^b f \, dt$ existiere, und g sei eine reellwertige monotone und beschränkte Funktion. Dann existiert auch $\int_a^b fg \, dt$.*

17.A.16 Dirichletsches Konvergenzkriterium *Sei $a \in I$. F sei beschränkt und g reellwertig und monoton mit $\lim_{t \to b} g(t) = 0$. Dann existiert $\int_a^b fg \, dt$.*

17.A.17 Kriterium von Dubois-Reymond *Existieren die Integrale $\int_a^b f \, dt$ und $\int_a^b |g'| \, dt$, so existiert auch $\int_a^b fg \, dt$.*

Aufgaben

1. Man zeige, dass die folgenden uneigentlichen Integrale existieren und die angegebenen Werte haben:

$$\int_0^\infty \frac{dt}{1+t^2} = \frac{\pi}{2} \, ; \quad \int_0^\infty \frac{dt}{1+t^3} = \frac{2\pi}{3\sqrt{3}} \, ; \quad \int_0^\infty \frac{dt}{1+t^4} = \frac{\pi}{2\sqrt{2}} = \int_0^\infty \frac{t^2}{1+t^4} \, dt \, ;$$

$$\int_0^1 \frac{dt}{\sqrt{1-t}} = 2 \, ; \quad \int_0^1 \frac{t \, dt}{\sqrt{1-t^2}} = 1 \, ; \quad \int_0^{\pi/2} \sqrt{\tan t} \, dt = \frac{\pi}{\sqrt{2}} = \int_0^{\pi/2} \frac{dt}{\sqrt{\tan t}} \, ;$$

$$\int_{-1}^1 \sqrt{\frac{1-t}{1+t}} \, dt = \pi \, ; \quad \int_{-1}^1 \frac{dt}{(a-t)\sqrt{1-t^2}} = \frac{\pi}{\sqrt{a^2-1}} \, , \quad \text{falls } a > 1 \, .$$

$$\int_{-\infty}^\infty e^{-|t|} \, dt = 2 \, ; \quad \int_0^1 \ln t \, dt = -1 \, ; \quad \int_{-\infty}^\infty \frac{dt}{e^t + e^{-t}} = \frac{\pi}{2} \, ; \quad \int_0^\infty \frac{e^{2t} \, dt}{(e^{2t}+1)^2} = \frac{1}{4} \, ;$$

$$\int_0^\infty e^{-zt} \, dt = \frac{1}{z} \, , \quad \text{falls } z \in \mathbb{C}, \, \mathrm{Re} \, z > 0 \, ;$$

$$\int_0^\infty e^{-at} \cos bt \, dt = \frac{a}{a^2+b^2} \, , \quad \int_0^\infty e^{-at} \sin bt \, dt = \frac{b}{a^2+b^2} \, , \quad \text{falls } a, b \in \mathbb{R}, \, a > 0 \, ;$$

2. Man entscheide, ob die folgenden uneigentlichen Integrale existieren:

$$\int_0^\infty \frac{t\,dt}{1+t^3}\;;\quad \int_0^\infty \frac{t^2+1}{2t^3+1}\,dt\;;\quad \int_0^\infty \frac{dt}{\sqrt[3]{t+t^6}}\;;\quad \int_0^\infty \frac{t^2+1}{t^4+3t+1}\,dt\;;\quad \int_0^{\pi/2} \tan t\,dt\;;\quad \int_0^1 \frac{\ln t}{\sqrt{t}}\,dt\;;$$

$$\int_0^\infty \frac{1-\cos t}{t^2}\,dt\;;\quad \int_0^1 \frac{dt}{\ln t}\;;\quad \int_0^1 \frac{1}{t}\sin\frac{1}{t}\,dt\;;\quad \int_0^1 \frac{\sin t}{t^2}\,dt\;;\quad \int_2^\infty \frac{dt}{t\,\ln^2 t}\;;\quad \int_0^\infty \sin(t^n)\,dt\,,\,n>1\,.$$

3. $R(x) = P(x)/Q(x)$ sei eine rationale Funktion mit Polynomfunktionen P, Q, wobei Q auf $\mathbb{R}_+$ nicht verschwinde. Genau dann existiert $\int_0^\infty R(t)\,dt$, wenn Grad $Q \geq 2 + $ Grad P ist.

4. a) Man gebe eine nicht beschränkte stetige Funktion $f : \mathbb{R}_+ \to \mathbb{R}_+$ an, für die das uneigentliche Integral $\int_0^\infty f(t)\,dt$ existiert.

b) Sei (a_n) eine beliebige Folge in $\mathbb{R}_+$. Man gebe eine gleichmäßig konvergente Folge stetiger Funktionen $f_n : \mathbb{R}_+ \to \mathbb{R}_+$ an mit $\lim_{n\to\infty} f_n = 0$ und $a_n = \int_0^\infty f_n\,dt$. (Satz 16.B.14 hat also kein direktes Analogon für uneigentliche Integrale, vgl. aber 17.A.7.)

c) Für jede beschränkte stetige Funktion $f :\,]a, b[\to \mathbb{C}\,, a, b \in \mathbb{R}\,, a < b$, und beliebige $\alpha, \beta > 0$ existiert das Integral $\int_a^b f(t)(t-a)^{\alpha-1}(b-t)^{\beta-1}\,dt$.

5. Die Funktionen $f, g : \mathbb{R}_+ \to \mathbb{K}$ seien stetig. Der Grenzwert $\lim_{x\to\infty} |f(x)/g(x)|$ existiere und sei $\neq 0$. Genau dann konvergiert $\int_0^\infty f(t)\,dt$ absolut, wenn dies für $\int_0^\infty g(t)\,dt$ gilt.

6. $f : \mathbb{R}_+ \to \mathbb{R}$ sei stetig und monoton. Existiert $\int_0^\infty f(t)\,dt$, so ist $\lim_{x\to\infty} f(x) = 0$.

7. Die stetige Funktion $f : [a, b] \to \mathbb{R}$ sei in $]a, b]$ positiv und in a differenzierbar oder auch nur Lipschitz-stetig. Ist $f(a) = 0$, so ist $\int_a^b dt/f(t) = \infty$.

8. f und g seien $\mathbb{K}$-wertige Funktionen, für die die uneigentlichen Integrale $\int_a^b |f(t)|^2\,dt$ und $\int_a^b |g(t)|^2\,dt$ existieren. Dann existieren auch $\int_a^b |f(t)g(t)|\,dt$ und $\int_a^b |f(t)+g(t)|^2\,dt$. (Es ist $|zw| \leq (|z|^2 + |w|^2)/2$ für $z, w \in \mathbb{K}$.)

9. Mit 17.A.13 teste man die folgenden Reihen auf Konvergenz bzw. Divergenz ($s \in \mathbb{R}_+$):

$$\sum_{n=1}^\infty \frac{1}{n^s}\;;\quad \sum_{n=2}^\infty \frac{1}{n\,(\ln n)^s}\;;\quad \sum_{n=3}^\infty \frac{1}{n\,\ln n\,\ln(\ln n)}\;;\quad \sum_{n=3}^\infty \frac{1}{(\ln n)^{\ln n}}\;;\quad \sum_{n=3}^\infty \frac{1}{(\ln n)^{\ln(\ln n)}}\;;\quad \sum_{n=3}^\infty \frac{\ln(\ln n)}{n\,(\ln n)^2}\,.$$

10. Für $n \in \mathbb{N}^*$ berechne man $\int_0^1 (\ln t)^n\,dt$.

11. $\int_0^\infty g(t)\sin t\,dt$ und $\int_0^\infty g(t)\cos t\,dt$ existieren für jede stetige und monotone Funktion $g : \mathbb{R}_+ \to \mathbb{R}$ mit $\lim_{t\to\infty} g(t) = 0$. Es ist $\left| \int_0^\infty g(t)\sin t\,dt \right| \leq \int_0^\pi |g(t)|\,\sin t\,dt \leq 2|g(0)|$.

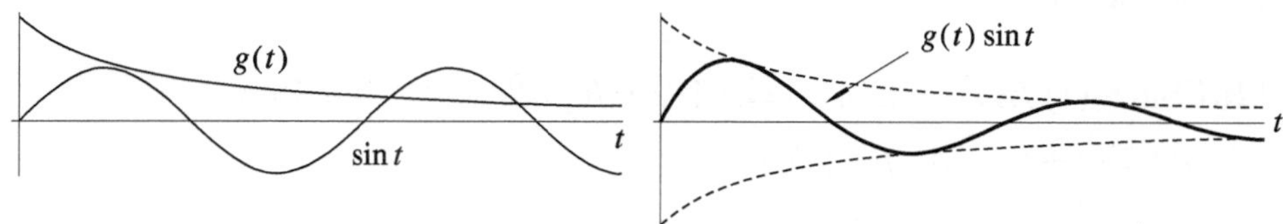

12. Für alle $z \in \mathbb{C}$ hat $\displaystyle G(z) := \int_{-\infty}^{\infty} e^{-(t+z)^2}\, dt$ den Wert $\sqrt{\pi}$. (Es ist $G' \equiv 0$.)

Für $z = -\dfrac{a\mathrm{i}}{2}$, $a \in \mathbb{R}$, ergibt sich $\displaystyle \int_{-\infty}^{\infty} e^{-t^2} \cos at\, dt = e^{-a^2/4} \sqrt{\pi}$.

13. Ist in Satz 17.A.9 die Menge E ein Gebiet in $\mathbb{C}$, so genügt es (bei Gültigkeit der übrigen Voraussetzungen) anzunehmen, dass $F(x_0) = \int_a^b f(x_0, t)\, dt$ für ein einziges $x_0 \in E$ existiert. Dann ist $F(x)$ auf ganz E definiert.

17.B Die Γ-Funktion

Viele wichtige Funktionen werden durch Integrale definiert. Für die Funktion $L(x) := \int_1^x dt/t$ auf $\mathbb{R}_+^\times$ etwa beweist man sehr einfach direkt die folgenden charakteristischen Eigenschaften der Logarithmusfunktion $\ln x$: $L'(x) = 1/x$; $L(1) = 0$; $L(xy) = L(x) + L(y)$ für $x, y \in \mathbb{R}_+^\times$; $L : \mathbb{R}_+^\times \to \mathbb{R}$ ist bijektiv. Man könnte also auf diese Weise den Logarithmus und als Umkehrfunktion die Exponentialfunktion $\exp : \mathbb{R} \to \mathbb{R}_+^\times$ einführen. In ähnlicher Weise ließe sich die Arcustangens-Funktion auf $\mathbb{R}$ durch das Integral $A(x) := \int_0^x dt/(1+t^2)$ definieren, und damit kann man alle trigonometrischen Funktionen und ihre Umkehrfunktionen gewinnen. Dann hat man die Zahl $\pi/2$ als $\int_0^\infty dt/(1+t^2) = \lim_{x \to \infty} A(x)$ zu definieren. Man beachte, dass $\int dt/t$ und $\int dt/(1+t^2)$ Grundintegrale sind, die bei der Integration reeller rationaler Funktionen auftreten.

Wir diskutieren in diesem und dem nächsten Abschnitt einige weitere Funktionen, die sich bequem durch Integrale definieren lassen und besonders in den Anwendungen sehr häufig auftreten, und zwar die Gamma-Funktion und die elliptischen Integrale und Funktionen.

Zunächst behandeln wir die Γ-Funktion. Das Integral $\int_0^\infty t^{x-1} e^{-t}\, dt$ existiert für alle $x \in \mathbb{C}$ mit $\operatorname{Re} x > 0$: Nach 17.A.5 und 17.A.2 existiert nämlich $\int_0^1 t^{x-1} e^{-t}\, dt$ wegen $|t^{x-1}| = t^{\operatorname{Re} x - 1}$ für alle $x \in \mathbb{C}$ mit $\operatorname{Re} x > 0$, und $\int_1^\infty t^{x-1} e^{-t}\, dt$ existiert für alle $x \in \mathbb{C}$, da der Integrand ab einem t_0 dem Betrage nach etwa durch $e^{-t/2}$ beschränkt ist und $\int_1^\infty e^{-t/2}\, dt = 2e^{-1/2}$ endlich ist. Die Funktion

$$\Gamma(x) := \int_0^\infty t^{x-1} e^{-t}\, dt, \quad \operatorname{Re} x > 0,$$

heißt die Gamma-Funktion. Es sei bemerkt, dass das die Γ-Funktion definierende Integral absolut konvergiert. Wir notieren die folgenden Rechenregeln:

17.B.1 Satz (1) *Es ist* $\Gamma(x+1) = x\,\Gamma(x)$ *für alle* $x \in \mathbb{C}$ *mit* $\operatorname{Re} x > 0$.

(2) *Es ist* $\Gamma(n+1) = n!$ *für alle* $n \in \mathbb{N}$.

(3) *Es ist* $\Gamma\big(\tfrac{1}{2}(2n+1)\big) = 1 \cdot 3 \cdots (2n-1)\sqrt{\pi}/2^n$ *für alle* $n \in \mathbb{N}$.

B e w e i s . (1) Mit partieller Integration ergibt sich

$$\Gamma(x+1) = \int_0^\infty t^x e^{-t}\, dt = -t^x e^{-t}\Big|_0^\infty + \int_0^\infty x t^{x-1} e^{-t}\, dt = x\int_0^\infty t^{x-1} e^{-t}\, dt = x\,\Gamma(x).$$

(2) Mit $\Gamma(1) = \int_0^\infty e^{-t}\, dt = 1$ folgt (2) aus (1) durch Induktion.

(3) Wegen (1) genügt es $\Gamma(1/2) = \sqrt{\pi}$ zu zeigen. Mit der Substitution $t = \tau^2$ und 17.A.11 ergibt sich aber

$$\Gamma\!\left(\frac{1}{2}\right) = \int_0^\infty t^{-1/2} e^{-t}\, dt = 2\int_0^\infty e^{-\tau^2}\, d\tau = \int_{-\infty}^\infty e^{-\tau^2}\, d\tau = \sqrt{\pi}\,. \qquad\bullet$$

Die Gleichung $\Gamma(x + 1) = x\,\Gamma(x)$ heißt die F u n k t i o n a l g l e i c h u n g der Γ-Funktion. Man definiert die Γ-Funktion für alle $x \in \mathbb{C}$ mit $-x \notin \mathbb{N}$, indem man für $\operatorname{Re} x > -k$, $k \in \mathbb{N}$,

$$\Gamma(x) := \frac{\Gamma(x + k)}{x(x + 1)\cdots(x + k - 1)}$$

setzt. Die Funktionalgleichung gilt dann für alle x, für die $\Gamma(x)$ definiert ist. Wegen 17.B.1 (2) heißt die Funktion

$$x! := \Gamma(x + 1)$$

generell die F a k u l t ä t (s f u n k t i o n) . Sie ist für alle $x \in \mathbb{C}$ mit $-x \notin \mathbb{N}^*$ definiert.

Die n-te Ableitung des Integranden $t^{x-1} e^{-t}$ nach x ist $t^{x-1}(\ln t)^n e^{-t}$. Diese Funktion hat auf einem Streifen der Form $0 < x_0 \le \operatorname{Re} x \le x_1$ die auf $]0, \infty[$ integrierbare Majorante

$$g_n(t) := \begin{cases} t^{x_0-1}|\ln t|^n e^{-t}, & 0 < t \le 1, \\ t^{x_1-1}(\ln t)^n e^{-t}, & t > 1. \end{cases}$$

Aus 17.A.9 folgt somit:

17.B.2 Satz *Die Γ-Funktion ist beliebig oft differenzierbar. Für* $\operatorname{Re} x > 0$ *ist*

$$\Gamma^{(n)}(x) = \int_0^\infty t^{x-1}(\ln t)^n e^{-t}\, dt\,.$$

Benutzen wir die Bemerkung 13.B.3, so folgt aus 17.B.2, dass die Γ-Funktion auf $\mathbb{C} - \{0, -1, -2, \ldots\}$ analytisch ist. In 17.B.7 werden wir die Potenzreihenentwicklung von $\ln\Gamma$ um den Punkt $a = 1$ explizit angeben. Zunächst aber leiten wir einige Produktdarstellungen der Γ-Funktion her. Sei $\operatorname{Re} x > 0$. Auf jedem kompakten Teilintervall von $]0, \infty[$ konvergiert die Funktionenfolge f_n, $n \in \mathbb{N}^*$, mit

$$f_n(t) := \begin{cases} t^{x-1}(1 - \tfrac{t}{n})^n, & 0 < t \le n\,, \\ \quad 0\,, & t > n\,, \end{cases}$$

gleichmäßig gegen $t^{x-1}e^{-t}$ (vgl. 12.E.3) und besitzt auf $]0, \infty[$ die integrierbare Majorante $t^{\operatorname{Re}x-1}e^{-t}$. Aus 17.A.7 folgt somit

$$\Gamma(x) = \int_0^\infty t^{x-1}e^{-t}\,dt = \lim_{n\to\infty}\int_0^n f_n(t)\,dt = \lim_{n\to\infty} n^x \int_0^1 t^{x-1}(1-t)^n\,dt\,.$$

Durch wiederholte partielle Integration ergibt sich unmittelbar

$$\int_0^1 t^{x-1}(1-t)^n\,dt = \frac{n!}{x(x+1)\cdots(x+n)}\,.$$

Wir erhalten, wenn wir noch die Definition von $\Gamma(x)$ bei $\operatorname{Re}x \leq 0$, $-x \notin \mathbb{N}$, berücksichtigen:

17.B.3 Gaußsche Produktdarstellung der Γ-Funktion *Für $x \in \mathbb{C}$ mit $-x \notin \mathbb{N}$ ist*

$$\Gamma(x) = \lim_{n\to\infty}\frac{n^x n!}{x(x+1)\cdots(x+n)} = \frac{1}{x}\prod_{k=1}^\infty \frac{(1+\frac{1}{k})^x}{(1+\frac{x}{k})}\,.$$

Insbesondere hat die Γ-Funktion keine Nullstellen. Wegen

$$\frac{n^x n!}{x(x+1)\cdots(x+n)} = \frac{1}{x}\,\exp\left(x\left(\ln n - (1+\cdots+\tfrac{1}{n})\right)\right)\prod_{k=1}^n \frac{e^{x/k}}{(1+\frac{x}{k})}$$

und $\lim_{n\to\infty}\left(\ln n - (1+\cdots+\tfrac{1}{n})\right) = -\gamma$, vgl. Beispiel 4.F.10 oder Beispiel 17.A.12, ergibt sich überdies:

17.B.4 Weierstraßsche Produktdarstellung der Γ-Funktion *Für $x \in \mathbb{C}$ mit $-x \notin \mathbb{N}$ ist*

$$\Gamma(x) = \frac{e^{-\gamma x}}{x}\prod_{k=1}^\infty \frac{e^{x/k}}{(1+\frac{x}{k})} \quad und \quad x! = \Gamma(x+1) = x\,\Gamma(x) = e^{-\gamma x}\prod_{k=1}^\infty \frac{e^{x/k}}{(1+\frac{x}{k})}\,.$$

Aus 17.B.3 folgt ferner direkt:

17.B.5 Legendresche Verdoppelungsformel *Für $x \in \mathbb{C}$ mit $-2x \notin \mathbb{N}$ gilt*

$$\Gamma(2x) = \frac{2^{2x-1}}{\sqrt{\pi}}\,\Gamma(x)\,\Gamma(x+\tfrac{1}{2})\,.$$

Zum B e w e i s benutzt man für $\Gamma(x)$, $\Gamma(x+\tfrac{1}{2})$ und $\Gamma(2x)$ die Gaußsche Produktdarstellung und überdies das Wallissche Produkt, das einfach die Gaußsche Produktdarstellung von $\Gamma(1/2)$ ist.   ●

Zu einer Verallgemeinerung von 17.B.5 vgl. Aufg. 3. Mit der Produktdarstellung des Sinus aus 12.A.13 erhält man für $x \notin \mathbb{Z}$

$$\Gamma(x)\,\Gamma(-x) = -\frac{1}{x^2} \prod_{k=1}^{\infty} \frac{1}{(1 - \frac{x^2}{k^2})} = -\frac{\pi}{x\,\sin \pi x}$$

und wegen $-x\,\Gamma(-x) = \Gamma(1-x)$ das folgende wichtige Resultat:

17.B.6 Ergänzungsformel für die Γ-Funktion *Für $x \in \mathbb{C} - \mathbb{Z}$ ist*

$$\Gamma(x)\,\Gamma(1-x) = \frac{\pi}{\sin \pi x}\,.$$

Setzt man hierin $x = 1/2$, so folgt noch einmal $\Gamma(1/2) = \sqrt{\pi}$, vgl. 17.B.1 (3). Der Graph der Γ-Funktion im Reellen hat die folgende Gestalt:

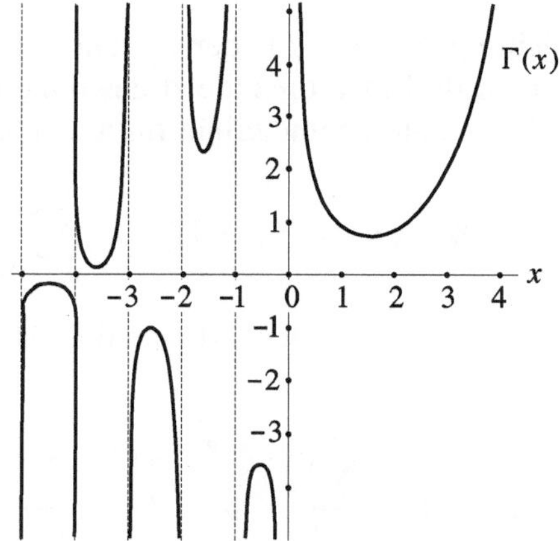

Für alle $x \in \mathbb{C} - \mathbb{R}_-$ sind $\ln\big(1 + (x/k)\big)$, $k \in \mathbb{N}^*$, und wegen $\ln\big(1 + (x/k)\big) = x/k + O\,(1/k^2)$ für $k \to \infty$ auch

$$\Phi(x) := -\ln x - \gamma x + \sum_{k=1}^{\infty} \Big(\frac{x}{k} - \ln\big(1 + \frac{x}{k}\big)\Big)$$

wohldefiniert. Aus 17.B.4 folgt

$$\exp\big(\Phi(x)\big) = \Gamma(x)$$

für $x \in \mathbb{C} - \mathbb{R}_-$. Man schreibt daher

$$\Phi(x) = (\ln \Gamma)(x)\,,$$

wobei aber die Funktion $\Phi = \ln \Gamma$ nicht als Komposition der Funktionen Γ und $\ln$ zu lesen ist.[1] Für $x \in \mathbb{C} -]-\infty, -1[$ erhält man analog aus 17.B.4

---

[1] Wir geben ein einfaches Beispiel für dieses Phänomen: Die Funktion $\ln x^n = n \ln x$ auf $\mathbb{C} - \mathbb{R}_-$ hat für $n \geq 2$ als Komposition der Funktionen $x \mapsto x^n$ und $y \mapsto \ln y$ keinen Sinn.

$$\Phi(x+1) = (\ln\Gamma)(x+1) = -\gamma x + \sum_{k=1}^{\infty}\left(\frac{x}{k} - \ln\left(1+\frac{x}{k}\right)\right).$$

Da die Reihe für Φ und auch die daraus durch gliedweises Ableiten gewonnene Reihe auf jeder kompakten Teilmenge von $\mathbb{C} - \mathbb{R}_-$ gleichmäßig konvergieren, erhält man mit 14.E.1

$$\frac{\Gamma'(x)}{\Gamma(x)} = \Phi'(x) = -\frac{1}{x} - \gamma + \sum_{k=1}^{\infty}\left(\frac{1}{k} - \frac{1}{x+k}\right) = -\frac{1}{x} - \gamma + x\sum_{k=1}^{\infty}\frac{1}{k(x+k)}$$

bzw.

$$\frac{\Gamma'(x+1)}{\Gamma(x+1)} = \Phi'(x+1) = -\gamma + \sum_{k=1}^{\infty}\left(\frac{1}{k} - \frac{1}{x+k}\right) = -\gamma + x\sum_{k=1}^{\infty}\frac{1}{k(x+k)}.$$

Die logarithmische Ableitung $\Phi' = \Gamma'/\Gamma$ der Γ-Funktion wird im Allgemeinen mit Ψ bezeichnet. Offenbar darf man die zuletzt gewonnene Reihe für $\Psi(x+1)$ beliebig oft gliedweise differenzieren und erhält für alle $n \in \mathbb{N}^*$ die Darstellung

$$\Phi^{(n+1)}(x+1) = \Psi^{(n)}(x+1) = (-1)^{n-1}n!\sum_{k=1}^{\infty}\frac{1}{(x+k)^{n+1}},$$

die sogar für alle $x \in \mathbb{C}$, $-x \notin \mathbb{N}^*$, gilt. Benutzt man die für $|x| < 1$ und alle $k \in \mathbb{N}^*$ gültige Entwicklung

$$\frac{x}{k} - \ln\left(1+\frac{x}{k}\right) = \frac{x}{k} - \sum_{\nu=1}^{\infty}\frac{(-1)^{\nu-1}}{\nu}\frac{x^\nu}{k^\nu} = \sum_{\nu=2}^{\infty}\frac{(-1)^{\nu}}{\nu}\frac{x^\nu}{k^\nu},$$

so gewinnt man aus der oben angegebenen Reihenentwicklung von $\Phi(x+1)$ mit dem Großen Umordnungssatz auch direkt die folgende Potenzreihenentwicklung von $\Phi(x+1)$:

17.B.7 Satz *Für $|x| < 1$ ist $\Phi(x+1) = (\ln\Gamma)(x+1)$ gleich*

$$-\gamma x + \sum_{\nu=2}^{\infty}\frac{(-1)^{\nu}}{\nu}\zeta(\nu)x^\nu = -\ln(x+1) + (1-\gamma)x + \sum_{\nu=2}^{\infty}\frac{(-1)^{\nu}}{\nu}\big(\zeta(\nu)-1\big)x^\nu.$$

Die letzte Potenzreihe konvergiert sogar gleichmäßig für $|x| \leq 1$. Insbesondere folgt aus $\Phi(2) = (\ln\Gamma)(2) = 0$ die Gleichung

$$\gamma = \sum_{\nu=2}^{\infty}\frac{(-1)^{\nu}}{\nu}\zeta(\nu).$$

17.B.7 liefert die Potenzreihenentwicklung von $\Gamma(x+1) = \exp\big(\Phi(x+1)\big)$ um 0 und damit die von Γ um 1 (vgl. 13.C, Aufg. 9 für den Kalkül). Es folgt beispielsweise mit 17.B.2

$$\Gamma'(1) = \Phi'(1) = \int\limits_{0}^{\infty} (\ln t) e^{-t} \, dt = -\gamma \, ,$$

$$\Gamma''(1) = \int\limits_{0}^{\infty} (\ln t)^2 e^{-t} \, dt = \zeta(2) + \gamma^2 = \frac{\pi^2}{6} + \gamma^2 \quad \text{usw.}$$

Neben der Γ-Funktion benutzt man häufig die so genannten u n v o l l s t ä n d i g e n Γ -F u n k t i o n e n

$$\Gamma_y(x) := \int\limits_{y}^{\infty} t^{x-1} e^{-t} \, dt = \int\limits_{0}^{\infty} (y+t)^{x-1} e^{-(y+t)} \, dt$$

$$= y^{x-1} e^{-y} \int\limits_{0}^{\infty} \left(1 + \frac{t}{y}\right)^{x-1} e^{-t} \, dt = y^x e^{-y} \int\limits_{0}^{\infty} (1+t)^{x-1} e^{-yt} \, dt \, .$$

Hier ist $y > 0$ und $x \in \mathbb{C}$ beliebig.[2] Partielle Integration liefert die Funktionalgleichung

$$\Gamma_y(x+1) = y^x e^{-y} + x \, \Gamma_y(x) \quad \text{oder} \quad \Gamma_y(x) = y^{x-1} e^{-y} + (x-1)\Gamma_y(x-1)$$

für $y > 0$ und $x \in \mathbb{C}$. Man gewinnt daraus durch Iteration

$$\Gamma_y(x) = y^{x-1} e^{-y} \left(\sum_{k=0}^{n-1} (x-1)\cdots(x-k) y^{-k}\right) + (x-1)\cdots(x-n) \, \Gamma_y(x-n)$$

für alle $n \in \mathbb{N}$ mit der (für große Werte von y günstigen) Abschätzung

$$|\Gamma_y(x-n)| \le \int\limits_{y}^{\infty} t^{\operatorname{Re}x - n - 1} e^{-t} \, dt \le \begin{cases} y^{\operatorname{Re}x - n - 1} e^{-y}, & \text{falls } \operatorname{Re}x \le n+1, \\[2mm] \dfrac{y^{\operatorname{Re}x - n} e^{-y}}{|\operatorname{Re}x - n|}, & \text{falls } \operatorname{Re}x < n. \end{cases}$$

17.B.8 Beispiel (I n t e g r a l l o g a r i t h m u s und I n t e g r a l e x p o n e n t i a l f u n k t i o n)
Mittels obiger Funktionalgleichung lassen sich die Werte $\Gamma_y(-m)$ für $m \in \mathbb{N}^*$ auf $\Gamma_y(0)$
zurückführen. Mit der Substitution $\tau = e^{-t}$ erhält man

$$\Gamma_y(0) = \int\limits_{y}^{\infty} t^{-1} e^{-t} \, dt = - \int\limits_{0}^{e^{-y}} \frac{d\tau}{\ln \tau} = -\operatorname{Li}(e^{-y}) \, ,$$

---

[2] Einige Autoren definieren die unvollständigen Γ-Funktionen durch

$$\int_{0}^{y} t^{x-1} e^{-t} \, dt = \Gamma(x) - \Gamma_y(x) \, , \quad \operatorname{Re}x > 0 \, .$$

wobei

$$\mathrm{Li}\, s := \int\limits_0^s \frac{d\tau}{\ln \tau}$$

für $0 \le s < 1$ der so genannte **Integrallogarithmus** ist. Die Funktion

$$\mathrm{Ei}\, y := \Gamma_y(0) = \int\limits_y^\infty \frac{e^{-t}}{t}\, dt$$

selbst heißt auch die **Integralexponentielle** oder die **Integralexponential-funktion**. Für $y > 0$ ist

$$\mathrm{Ei}\, y = \int\limits_y^\infty \frac{e^{-t}}{t}\, dt = \int\limits_1^\infty \frac{e^{-t}}{t}\, dt - \int\limits_1^y \frac{e^{-t}}{t}\, dt = \mathrm{Ei}\, 1 - \ln y + \int\limits_1^y \frac{1 - e^{-t}}{t}\, dt$$

$$= \mathrm{Ei}\, 1 - \int\limits_0^1 \frac{1 - e^{-t}}{t}\, dt - \ln y + \int\limits_0^y \frac{1 - e^{-t}}{t}\, dt = C - \ln y + \sum_{n=1}^\infty (-1)^{n-1} \frac{y^n}{n \cdot n!}$$

wegen $(1 - e^{-t})/t = \sum_{n=1}^\infty (-1)^{n-1} t^{n-1}/n!$, wobei $C := \mathrm{Ei}\, 1 - \int_0^1 (1 - e^{-t})\, dt/t$ eine Konstante ist. Durch partielle Integration erhält man andererseits

$$\mathrm{Ei}\, y = \int\limits_y^\infty \frac{e^{-t}}{t}\, dt = -e^{-y} \ln y + \int\limits_y^\infty (\ln t)\, e^{-t}\, dt\,,$$

woraus für $y \to 0$ die Gleichung $C = \int_0^\infty (\ln t)\, e^{-t}\, dt = \Gamma'(1) = -\gamma$ durch Vergleich mit der obigen Darstellung folgt. Insgesamt ergibt sich:

17.B.9 Satz *Für $y > 0$ gilt mit der Eulerschen Konstanten γ:*

$$\mathrm{Ei}\, y = -\mathrm{Li}\, (e^{-y}) = \int\limits_y^\infty \frac{e^{-t}}{t}\, dt = -\gamma - \ln y + \sum_{n=1}^\infty (-1)^{n-1} \frac{y^n}{n \cdot n!}\,.$$

Diese Darstellung von $\mathrm{Ei}\, y$ eignet sich für nicht zu große y. Für große y wählt man die vor Beispiel 17.B.8 angegebene asymptotische Darstellung

$$\mathrm{Ei}\, y = \frac{e^{-y}}{y} \sum_{k=0}^{n-1} \frac{(-1)^k k!}{y^k} + \theta \frac{(-1)^n n!}{y^{n+1}} e^{-y}$$

mit $0 \le \theta = \theta(n, y) \le 1$, die für alle $n \in \mathbb{N}$ gilt.

Für $s > 1$ definiert man den Integrallogarithmus durch

$$\mathrm{Li}\, s := \mathrm{PV} \int\limits_0^s \frac{d\tau}{\ln \tau}\,,$$

wobei $\mathrm{PV}\int_0^s d\tau/\ln\tau$ der so genannte $(\mathrm{C\,a\,u\,c\,h\,y\,s\,c\,h\,e})\,\mathrm{H\,a\,u\,p\,t\,w\,e\,r\,t}$ [3]

$$\mathrm{PV}\int_0^s \frac{d\tau}{\ln\tau} = \lim_{\varepsilon\to 0,\varepsilon>0}\left(\int_0^{1-\varepsilon} \frac{d\tau}{\ln\tau} + \int_{1+\varepsilon}^s \frac{d\tau}{\ln\tau}\right)$$

$$= \lim_{\varepsilon\to 0,\varepsilon>0}\left(\int_0^{1-\varepsilon} \frac{d\tau}{\tau-1} + \int_0^{1-\varepsilon} \left(\frac{1}{\ln\tau} - \frac{1}{\tau-1}\right) d\tau + \int_{1+\varepsilon}^s \frac{d\tau}{\tau-1} + \int_{1+\varepsilon}^s \left(\frac{1}{\ln\tau} - \frac{1}{\tau-1}\right) d\tau\right)$$

$$= \ln(s-1) + \int_0^s \left(\frac{1}{\ln\tau} - \frac{1}{\tau-1}\right) d\tau$$

des nicht konvergenten Integrals $\displaystyle\int_0^s \frac{d\tau}{\ln\tau}$ ist. Dabei beachte man, dass die Funktion auf $\mathbb{R}_+$, die durch $0 \longmapsto 1$ und $\tau \longmapsto \dfrac{1}{\ln\tau} - \dfrac{1}{\tau-1}$ für $\tau > 0$ definiert wird, stetig ist. Da diese Funktion auf $\mathbb{R}_+^\times$ sogar analytisch ist, gilt dies auch für das Integral

$$F(s) := \int_0^s \left(\frac{1}{\ln\tau} - \frac{1}{\tau-1}\right) d\tau,$$

vgl. 16.A.4. Für $0 < s < 1$ erhält man mit 17.B.9

$$F(s) = \mathrm{Li}\,s - \ln|s-1| = \gamma + \ln|\ln s| - \ln|s-1| + \sum_{n=1}^\infty \frac{(\ln s)^n}{n\cdot n!}\,.$$

Wegen des Identitätssatzes 12.D.4 für analytische Funktionen ist somit

$$F(s) = \mathrm{Li}\,s - \ln|s-1| = \gamma + \ln\left(\frac{\ln s}{s-1}\right) + \sum_{n=1}^\infty \frac{(\ln s)^n}{n\cdot n!}$$

für alle $s \in \mathbb{R}_+^\times$. Insbesondere ist

$$F(1) = \int_0^1 \left(\frac{1}{\ln\tau} - \frac{1}{\tau-1}\right) d\tau = \gamma$$

und

$$F(2) = \mathrm{Li}\,2 = \gamma + \ln\ln 2 + \sum_{n=1}^\infty \frac{(\ln 2)^n}{n\cdot n!} = 1,045163785652011 6\ldots.$$

Ferner ist $\mathrm{Li}\,s \sim s/\ln s$ für $s \to \infty$ (Beweis!). Nach dem Primzahlsatz (vgl. 10.A.7) hat daher die Anzahl $\pi(x)$ der Primzahlen $\leq x$, $x \in \mathbb{R}_+^\times$, für $x \to \infty$ die asymptotische Darstellung [4]

$$\pi(x) \sim \mathrm{Li}\,x\,.$$

---

[3] Im Englischen $\mathrm{p\,r\,i\,n\,c\,i\,p\,a\,l}$ $\mathrm{v\,a\,l\,u\,e}$ (PV).

[4] Der Integrallogarithmus $\mathrm{Li}\,x$ approximiert die Primzahlfunktion $\pi(x)$ für großes x besser als die Funktion $x/\ln x$. – Man definiert den Integrallogarithmus gelegentlich auch durch $\mathrm{PV}\int_2^s d\tau/\ln\tau = \mathrm{Li}\,s - \mathrm{Li}\,2$, um für $s > 1$ die Singularität des Integranden an der Stelle $\tau = 1$ zu vermeiden. Es ist $\lim_{s\to 1,s\neq 1}\mathrm{Li}\,s = -\infty$.

17.B.10 Beispiel Mit der Substitution $\tau = zt$, $d\tau = z\,dt$ ergibt sich für $z > 0$ und $\operatorname{Re} x > 0$

$$\int\limits_0^\infty t^{x-1} e^{-tz}\, dt = z^{-x} \int\limits_0^\infty \tau^{x-1} e^{-\tau}\, d\tau = z^{-x} \Gamma(x)\,.$$

Diese Gleichung gilt sogar für alle $z \in \mathbb{C}$ mit $\operatorname{Re} z > 0$. Denn bei festem x existiert für diese z das Integral $g(z) := \int_0^\infty t^{x-1} e^{-tz}\, dt$ und ist nach 17.A.9 differenzierbar mit

$$g'(z) = -\int\limits_0^\infty t^x e^{-tz}\, dt = \frac{1}{z}\, t^x e^{-tz}\Big|_0^\infty - \frac{x}{z} \int\limits_0^\infty t^{x-1} e^{-tz}\, dt = -\frac{x}{z}\, g(z)\,,$$

so dass die Funktion $z \mapsto z^x g(z)$ wegen $(z^x g)' = z^x (g' + xz^{-1} g) = 0$ konstant ist. [5])

Setzt man $z = a + \mathrm{i}b = r e^{\mathrm{i}\varphi}$, $a, b, r, \varphi \in \mathbb{R}$, $a, r > 0$, $|\varphi| < \pi/2$, so erhält man, indem man die obige Formel für z und $\bar{z}$ anwendet, die Gleichungen

$$\int\limits_0^\infty e^{-at} t^{x-1} \cos bt\, dt - \mathrm{i} \int\limits_0^\infty e^{-at} t^{x-1} \sin bt\, dt = r^{-x} e^{-\mathrm{i}\varphi x}\, \Gamma(x)\,,$$

$$\int\limits_0^\infty e^{-at} t^{x-1} \cos bt\, dt + \mathrm{i} \int\limits_0^\infty e^{-at} t^{x-1} \sin bt\, dt = r^{-x} e^{\mathrm{i}\varphi x}\, \Gamma(x)$$

und schließlich:

17.B.11 Satz *Für $a, b \in \mathbb{R}$, $a > 0$, und $x \in \mathbb{C}$, $\operatorname{Re} x > 0$, gilt mit $r := \sqrt{a^2 + b^2}$ und* $\varphi := \arctan(b/a)$:

$$\int\limits_0^\infty e^{-at} t^{x-1} \cos bt\, dt = \frac{\Gamma(x)}{r^x} \cos \varphi x\,, \qquad \int\limits_0^\infty e^{-at} t^{x-1} \sin bt\, dt = \frac{\Gamma(x)}{r^x} \sin \varphi x\,.$$

Die zweite dieser Gleichungen gilt sogar für alle $x \in \mathbb{C}$ mit $\operatorname{Re} x > -1$, *wobei darin im Falle $x = 0$ die rechte Seite durch* $\arctan(b/a)$ *zu ersetzen ist.*

Zum B e w e i s des Zusatzes sei $\operatorname{Re} x > -1$ und $x \neq 0$. Partielle Integration ergibt

$$\int\limits_0^\infty e^{-at} t^{x-1} \sin bt\, dt = x^{-1} e^{-at} t^x \sin bt\,\Big|_0^\infty - x^{-1} \int\limits_0^\infty e^{-at} t^x\, (b \cos bt - a \sin bt)\, dt$$

$$= -x^{-1} r^{-(x+1)} \Gamma(x+1) \big(b \cos(\varphi(x+1)) - a \sin(\varphi(x+1))\big) = r^{-x} \Gamma(x) \sin \varphi x\,,$$

da $b \cos \varphi(x+1) - a \sin \varphi(x+1) = r \sin \varphi\, \cos \varphi(x+1) - r \cos \varphi\, \sin \varphi(x+1) = -r \sin \varphi x$ ist. Der Fall $x = 0$ ergibt sich schließlich mit 17.A.8 durch eine Stetigkeitsüberlegung aus

$$\lim_{x \to 0} r^{-x}\, \Gamma(x) \sin \varphi x = \lim_{x \to 0} r^{-x} x^{-1}\, \Gamma(x+1) \sin \varphi x = \varphi\,. \qquad\qquad \bullet$$

Wir wollen nun überlegen, dass die Formeln in 17.B.11 in gewissen Fällen auch noch für $a = 0$ gelten. Wir können dabei $b = 1$ annehmen und erhalten:

---

[5]) Da $g(z)$ komplex-differenzierbar und damit analytisch ist, folgt die Gleichheit $g(z) = z^{-x} \Gamma(x)$ für alle z mit $\operatorname{Re} z > 0$ auch aus dem Identitätssatz für analytische Funktionen.

17.B.12 Satz *Sei $\mu \in \mathbb{C}$.*

(1) *Bei* $0 < \mathrm{Re}\,\mu < 1$ *ist*
$$\int_0^\infty \frac{\cos t}{t^\mu}\, dt = \Gamma(1-\mu)\, \sin\frac{\pi}{2}\mu = \frac{\pi}{2\Gamma(\mu)\,\cos(\pi\mu/2)}\,.$$

(2) *Bei* $0 < \mathrm{Re}\,\mu < 2$ *ist*
$$\int_0^\infty \frac{\sin t}{t^\mu}\, dt = \Gamma(1-\mu)\, \cos\frac{\pi}{2}\mu = \frac{\pi}{2\Gamma(\mu)\,\sin(\pi\mu/2)}\,,$$

wobei im Fall $\mu = 1$ nur der letzte Ausdruck zu nehmen ist.

Bevor wir 17.B.12 beweisen, erwähnen wir folgende Spezialfälle: Es ist

$$\lim_{x\to\infty,\,x\in\mathbb{R}} \mathrm{Si}\,x = \int_0^\infty \frac{\sin t}{t}\, dt = \frac{\pi}{2}$$

und (wegen $\Gamma(1/2) = \sqrt{\pi}$)

$$\int_0^\infty \frac{\cos t}{\sqrt{t}}\, dt = 2\int_0^\infty \cos t^2\, dt = \sqrt{\frac{\pi}{2}}\,,\qquad \int_0^\infty \frac{\sin t}{\sqrt{t}}\, dt = 2\int_0^\infty \sin t^2\, dt = \sqrt{\frac{\pi}{2}}\,.$$

Das erste Integral heißt das D i r i c h l e t - I n t e g r a l, die beiden letzten Integrale sind die so genannten F r e s n e l - I n t e g r a l e.

Zum B e w e i s von 17.B.12 haben wir wegen 17.B.11 nur zu zeigen, dass die für $a > 0$ definierten Funktionen $a \mapsto \int_0^\infty e^{-at}t^{-\mu}\cos t\, dt$ bzw. $a \mapsto \int_0^\infty e^{-at}t^{-\mu}\sin t\, dt$ durch $\int_0^\infty t^{-\mu}\cos t\, dt$ bzw. $\int_0^\infty t^{-\mu}\sin t\, dt$ stetig nach $a = 0$ fortgesetzt werden.

Betrachten wir die Kosinusintegrale. Die Funktion $e^{-at}(\sin t - a\cos t)/(1+a^2)$ ist für alle $a \geq 0$ eine Stammfunktion zu $e^{-at}\cos t$. Folglich gilt für $0 < u \leq v < \infty$ und $a \geq 0$

$$\int_u^v e^{-at}t^{-\mu}\cos t\, dt = \frac{e^{-at}(\sin t - a\cos t)}{(1+a^2)t^\mu}\bigg|_u^v + \frac{\mu}{1+a^2}\int_u^v \frac{e^{-at}(\sin t - a\cos t)}{t^{\mu+1}}\, dt\,.$$

Sei nun $\varepsilon > 0$ vorgegeben. Wegen $\mathrm{Re}\,(\mu + 1) > 1$ gibt es dann ein $u_0 > 0$ mit $|\int_{u_0}^\infty e^{-at}t^{-\mu}\cos t\, dt| \leq \varepsilon/3$ für alle $a \geq 0$. Da die Funktion $a \mapsto \int_0^{u_0} e^{-at}t^{-\mu}\cos t\, dt$ nach 17.A.8 im Nullpunkt stetig ist, gibt es ein $\delta > 0$, für das

$$\left|\int_0^{u_0} (e^{-at} - 1)t^{-\mu}\cos t\, dt\right| \leq \frac{\varepsilon}{3}$$

ist, falls nur $0 \leq a \leq \delta$ ist. Für diese a ist dann

$$\left|\int_0^\infty (e^{-at} - 1)t^{-\mu}\cos t\, dt\right| \leq \left|\int_0^{u_0} (e^{-at} - 1)t^{-\mu}\cos t\, dt\right| +$$

$$+ \left|\int_{u_0}^\infty e^{-at}t^{-\mu}\cos t\, dt\right| + \left|\int_{u_0}^\infty t^{-\mu}\cos t\, dt\right| \leq \frac{\varepsilon}{3} + \frac{\varepsilon}{3} + \frac{\varepsilon}{3} = \varepsilon\,.$$

Die Sinusintegrale behandelt man analog. $\bullet$

17.B.13 Beispiel Die Γ-Funktion ist generell zur Behandlung von Integralen der Form $\int_0^\infty f(t)e^{-t}\,dt$ nützlich, die unter anderem bei der Laplace-Transformation auftreten (vgl. Aufg. 12 und vor allem Band 3). Als ein Beispiel beweisen wir hier die asymptotische Entwicklung

$$\left(\frac{e}{x}\right)^x \Gamma_x(x+1) = \int_0^\infty \left(1+\frac{t}{x}\right)^x e^{-t}\,dt = \sqrt{\frac{\pi}{2}}\,x^{1/2} + \frac{2}{3} + O(x^{-1/2})$$

für $x \in \mathbb{R}_+^\times$, $x \to \infty$, die in Beispiel 8.B.14 benutzt wurde.

Mit der Substitution $s(t) = t - \ln(1+t)$, $ds/dt = t/(1+t)$, erhält man

$$\int_0^\infty \left(1+\frac{t}{x}\right)^x e^{-t}\,dt = x\int_0^\infty (1+t)^x e^{-xt}\,dt = x\int_0^\infty e^{-x\left(t-\ln(1+t)\right)}\,dt =$$

$$= x\int_0^\infty \frac{e^{-xs}\,ds}{ds/dt} = x\int_0^\infty e^{-xs}\left(1+\frac{1}{t(s)}\right)ds = \int_0^\infty e^{-s}\left(1+\frac{1}{t(\frac{s}{x})}\right)ds = 1 + \int_0^\infty \frac{e^{-s}}{t(\frac{s}{x})}\,ds\,.$$

Für $0 < t < 1$ ist $2s(t) = t^2(1+\varphi(t))$ mit der Reihe $\varphi(t) = \sum_{n=1}^\infty (-1)^n 2t^n/(n+2)$ und folglich $\sqrt{2s} = t\sqrt{1+\varphi(t)}$. Für genügend kleine $s > 0$ folgt $t(s) = \sqrt{2s}\,\psi(\sqrt{2s})$, wobei $\sigma\psi(\sigma)$ die Umkehrreihe zu $t\sqrt{1+\varphi(t)}$ ist, und schließlich $1/t(s) = \sum_{n=0}^\infty b_n(2s)^{(n-1)/2}$ mit $1/\psi(\sigma) = \sum_{n=0}^\infty b_n \sigma^n$. Somit gilt für jedes $n \in \mathbb{N}$

$$\frac{1}{t(s)} = \sum_{k=0}^n b_k(2s)^{(k-1)/2} + h_n(s)\,s^{n/2}$$

mit einer beschränkten Funktion $h_n : \mathbb{R}_+^\times \to \mathbb{R}$. Es folgt

$$\int_0^\infty \left(1+\frac{t}{x}\right)^x e^{-t}\,dt = 1 + \int_0^\infty \frac{e^{-s}}{t(\frac{s}{x})}\,ds = 1 + \sum_{k=0}^n b_k\left(\frac{2}{x}\right)^{(k-1)/2}\Gamma\left(\frac{k+1}{2}\right) + O(1/x^{n/2})$$

für $x \to \infty$ (vgl. Aufg. 12 für eine allgemeinere Überlegung dieser Art). Die Koeffizienten b_k, $k \in \mathbb{N}$, bestimmt man rekursiv aus der Gleichung $t = t\sqrt{1+\varphi(t)}\,\psi\left(t\sqrt{1+\varphi(t)}\right)$, d.h. aus

$$\sum_{n=0}^\infty b_n t^n \left(\sqrt{1+\varphi(t)}\right)^n = \sqrt{1+\varphi(t)}\,.$$

Es ergibt sich mit $\sqrt{1+\varphi(t)} = 1 - t/3 + 7t^2/36 - 73t^3/540 + \cdots$

$$b_0 = 1,\quad b_1 = -\frac{1}{3},\quad b_2 = \frac{1}{12},\quad b_3 = -\frac{2}{135},\quad \dots,$$

also $\quad \displaystyle\int_0^\infty \left(1+\frac{t}{x}\right)^x e^{-t}\,dt = \sqrt{\frac{\pi x}{2}} + \frac{2}{3} + \frac{1}{12}\sqrt{\frac{\pi}{2x}} - \frac{4}{135x} + O(1/\sqrt{x^3})\,.$

Mit der Stirlingschen Formel $x! = \Gamma(x+1) \sim \sqrt{2\pi x}\,(x/e)^x$ für $x \in \mathbb{R}_+^\times$, $x \to \infty$ (vgl.

Beispiel 18.B.2) erhalten wir noch

$$\Gamma_x(x+1) \sim \sqrt{\frac{\pi x}{2}} \left(\frac{x}{e}\right)^x \sim \frac{1}{2}\,\Gamma(x+1)\,.$$

Man beachte, dass der Integrand $t^x e^{-t}$ im Γ-Integral $\Gamma(x+1) = \int_0^\infty t^x e^{-t}\,dt$ für $t = x$ sein Maximum $(x/e)^x$ annimmt.

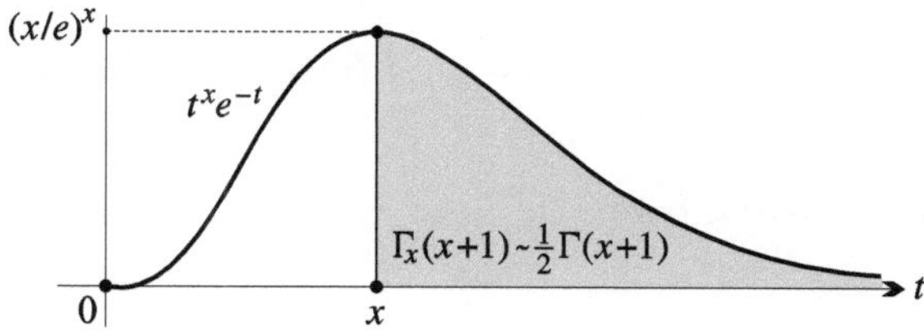

Aufgaben

1. Seien $x \in \mathbb{C}$ und $y \in \mathbb{R}_+^\times$. Dann gilt:

a) $\Gamma(x) = \displaystyle\int_0^1 (-\ln t)^{x-1}\,dt\,$, falls $\mathrm{Re}\,x > 0$. **b)** $\Gamma_y(x) = \displaystyle\int_0^{e^{-y}} (-\ln t)^{x-1}\,dt\,$.

2. Seien $x, z \in \mathbb{C}$, $z \neq 0$, und $\mu, \lambda, y \in \mathbb{R}_+^\times$. Bei b) sei außerdem $\mathrm{Re}\,x$, $\mathrm{Re}\,z > 0$. Dann gilt:

a) $\displaystyle\int_0^\infty t^{x-1} e^{-zt^\mu}\,dt = \frac{\Gamma(x/\mu)}{\mu z^{x/\mu}}\,$, **b)** $\displaystyle\int_y^\infty t^{x-1} e^{-\lambda t^\mu}\,dt = \frac{\Gamma_{\lambda y^\mu}(x/\mu)}{\mu \lambda^{x/\mu}}\,.$

3. Sei $p \in \mathbb{N}^*$. Für alle $x \in \mathbb{C}$ mit $-px \notin \mathbb{N}$ gilt

$$(2\pi)^{(p-1)/2}\,\Gamma(px) = p^{(2px-1)/2}\,\Gamma(x)\,\Gamma(x + \frac{1}{p}) \cdots \Gamma\big(x + \frac{p-1}{p}\big)\,.$$

(Man beweist diese Formel wie den Spezialfall $p = 2$ in 17.B.5, indem man zeigt, dass der Quotient beider Seiten konstant ist. Die Konstante bestimmt man etwa, $x = 1/p$ setzend, mit Hilfe der Ergänzungsformel 17.B.6 und 5.C, Aufg. 19 oder mit Hilfe der Stirlingschen Formel $n! \sim \sqrt{2\pi n}\,(n/e)^n$.)

4. Für alle $z \in \mathbb{C}$ mit $z + \frac{1}{2} \notin \mathbb{Z}$ gilt $\Gamma(\frac{1}{2} + z)\,\Gamma(\frac{1}{2} - z) = \dfrac{\pi}{\cos \pi z}\,.$ (Vgl. 17.B.6.)

5. Die Funktion $\Phi = \ln \Gamma$ ist auf $\mathbb{R}_+^\times$ streng konvex, die Γ-Funktion ist also auf $\mathbb{R}_+^\times$ logarithmisch konvex (vgl. 14.C, Aufg. 5a)).

6. Man schreibe ein Computer-Programm, das $\Gamma(x)$ für alle $x \in [1, 2]$ bis auf einen Fehler $\leq 10^{-4}$ berechnet. (Man orientiere sich an 17.B.7 und verwende die Funktionalgleichung der Γ-Funktion. Zum Abschätzen des Lagrangeschen Restgliedes kann man die Formeln für die Ableitungen $\Phi^{(n+1)}(x+1) = \Psi^{(n)}(x+1)$ vor 17.B.7 benutzen.)

7. Für alle $a, b \in \mathbb{R}$, $a > 0$, gilt (wegen $\int_0^\infty e^{-(a-ib)t}\, dt = \Gamma(1)/(a - ib)$)

$$\int_0^\infty e^{-at} \cos bt\, dt = \frac{a}{a^2 + b^2} \quad \text{und} \quad \int_0^\infty e^{-at} \sin bt\, dt = \frac{b}{a^2 + b^2}\,.$$

8. Für alle $\mu \in \mathbb{R}$ mit $\mu > 1$ bzw. $|\mu| > 1$ gilt

$$\int_0^\infty \cos(t^\mu)\, dt = \Gamma\!\left(1 + \frac{1}{\mu}\right) \cos\frac{\pi}{2\mu} \quad \text{bzw.} \quad \int_0^\infty \sin(t^\mu)\, dt = \Gamma\!\left(1 + \frac{1}{\mu}\right) \sin\frac{\pi}{2\mu}\,.$$

9. Für alle $\mu \in \mathbb{C}$ mit $0 < \operatorname{Re}\mu < 1$ ist

$$\int_0^\infty t^{-\mu} e^{it}\, dt = \mathrm{i}\,\Gamma(1 - \mu)\, e^{-\mathrm{i}\pi\mu/2}, \quad \int_0^\infty t^{-\mu} e^{-it}\, dt = -\mathrm{i}\,\Gamma(1 - \mu)\, e^{\mathrm{i}\pi\mu/2}\,.$$

10. Für alle $\mu \in \mathbb{C}$ mit $1 < \operatorname{Re}\mu < 3$ ist $\displaystyle \int_0^\infty t^{-\mu} \sin^2 t\, dt = \frac{-2^{\mu-3}\pi}{\Gamma(\mu)\cos(\pi\mu/2)}\,.$

(Man verwende partielle Integration.) Insbesondere ist $\displaystyle \int_0^\infty \left(\frac{\sin t}{t}\right)^2 dt = \frac{\pi}{2}\,.$

11. a) Für alle $a, b, c > 0$ und $r := \sqrt{a^2 + b^2}$, $\varphi := \arctan(b/a)$, $s := \sqrt{a^2 + c^2}$, $\psi := \arctan(c/a)$ sowie alle $x \in \mathbb{C}$ mit $\operatorname{Re} x > -2$ gilt

$$\int_0^\infty e^{-at} t^{x-1}(\cos bt - \cos ct)\, dt = \Gamma(x)\left(\frac{\cos\varphi x}{r^x} - \frac{\cos\psi x}{s^x}\right),$$

wobei für $x = 0$ bzw. $x = -1$ auf der rechten Seite die stetigen Ergänzungen $\ln(s/r)$ bzw. $a\ln(r/s) - \varphi b + \psi c$ zu nehmen sind. (Man beweise dies analog zu 17.B.11.)

b) Aus a) folgere man (analog wie 17.B.12 aus 17.B.11): Für alle $\mu \in \mathbb{C}$ mit $0 < \operatorname{Re}\mu < 3$ und alle $b, c > 0$ ist

$$\int_0^\infty t^{-\mu}(\cos bt - \cos ct)\, dt = \Gamma(1 - \mu)(b^{\mu-1} - c^{\mu-1})\sin\frac{\pi\mu}{2} = \frac{\pi(b^{\mu-1} - c^{\mu-1})}{2\,\Gamma(\mu)\cos(\pi\mu/2)}\,,$$

wobei für $\mu = 2$ auf der rechten Seite nur der zweite Ausdruck zu nehmen ist und für $\mu = 1$ seine stetige Ergänzung:

$$\int_0^\infty \frac{\cos bt - \cos ct}{t}\, dt = \ln\frac{c}{b}\,.$$

c) Für $c > 0$ und alle $\mu \in \mathbb{C}$ mit $1 < \operatorname{Re}\mu < 3$ gilt

$$\int_0^\infty t^{-\mu}(1 - \cos ct)\, dt = -\Gamma(1 - \mu)\, c^{\mu-1} \sin\frac{\pi\mu}{2} = -\frac{\pi c^{\mu-1}}{2\,\Gamma(\mu)\cos(\pi\mu/2)}\,.$$

12. Seien $\alpha \in \mathbb{R}$ und $\alpha_0, \ldots, \alpha_n \in \mathbb{K}$ mit $-1 < \operatorname{Re} \alpha_k < \alpha$. Die stetige Funktion $f : \mathbb{R}_+^\times \to \mathbb{K}$ besitze folgende asymptotische Entwicklung: Es ist $f(t) = \sum_{k=0}^n b_k t^{\alpha_k} + O(t^\alpha)$ für $t \to 0$ mit Konstanten $b_0, \ldots, b_n \in \mathbb{K}$ und $f(t) = O(t^\alpha)$ für $t \to \infty$. Bei $x \in \mathbb{R}_+^\times$ ist dann

$$\int_0^\infty f\left(\frac{t}{x}\right) e^{-t}\, dt = x \int_0^\infty f(t)\, e^{-xt}\, dt = \sum_{k=0}^n b_k x^{-\alpha_k}\, \Gamma(\alpha_k + 1) + O(x^{-\alpha}),\ \text{wobei hier } O(x^{-\alpha})$$

eine Funktion $\mathbb{R}_+^\times \to \mathbb{K}$ ist, die nach Division durch $x^{-\alpha}$ auf ganz $\mathbb{R}_+^\times$ beschränkt bleibt.[6]) Die Voraussetzungen über f sind insbesondere dann erfüllt, wenn f beschränkt und im Nullpunkt $(n+1)$-mal differenzierbar ist; dann ist $f(t) = \sum_{k=0}^n \dfrac{f^{(k)}(0)}{k!}\, t^k + O(t^{n+1})$ für $t \to 0$, also

$$\int_0^\infty f(t)\, e^{-xt}\, dt = \sum_{k=0}^n \frac{f^{(k)}(0)}{x^{k+1}} + O\left(\frac{1}{x^{n+2}}\right).$$

13. Man berechne den Flächeninhalt von $\left\{ (x, y) \in \mathbb{R}^2 \mid e^{-1/x^2} \le y < 1 \right\} \subseteq \mathbb{R}^2$.

14. Für $s \in \mathbb{C}$ mit $\operatorname{Re} s > 1$ ist

$$\int_0^\infty \frac{t^{s-1}}{e^t - 1}\, dt = \int_0^\infty t^{s-1}\left(\sum_{n=1}^\infty e^{-nt}\right) dt = \sum_{n=1}^\infty \int_0^\infty t^{s-1} e^{-nt}\, dt = \Gamma(s)\, \zeta(s)$$

und für $s \in \mathbb{C}$ mit $\operatorname{Re} s > 0$ (vgl. 6.A, Aufg. 11a))

$$\int_0^\infty \frac{t^{s-1}}{e^t + 1}\, dt = (1 - 2^{1-s})\, \Gamma(s)\, \zeta(s).$$

17.C Elliptische Integrale und Funktionen

Funktionen, die Quadratwurzeln aus Polynomfunktionen enthalten, sind in der Regel nicht elementar integrierbar. Eine Ausnahme bilden die Funktionen, die durch rationale Ausdrücke der Form $R(t, \sqrt{at + b})$ bzw. $R(t, \sqrt{at^2 + bt + c})$ mit Konstanten $a, b, c \in \mathbb{R}$, $a \ne 0$, beschrieben werden, vgl. 16.B, Aufg. 11.

Integrale der Form $\int R(t, \sqrt{at^4 + bt^3 + ct^2 + dt + f})\, dt$ mit einer Polynomfunktion $P(t) = at^4 + bt^3 + ct^2 + dt + f \in \mathbb{R}[t]$ vom Grad 3 oder 4 (ohne mehrfache Nullstellen) heißen e l l i p t i s c h e I n t e g r a l e . Sie lassen sich nach Partialbruchzerlegungen und geeigneten Substitutionen durch elementare Funktionen und so genannte elliptische Normalintegrale erster, zweiter und dritter Gattung ausdrücken, vgl. auch Bd. 4, 16.C, Aufg. 10. Im Anschluss an A. M. Legendre definieren wir:

---

[6]) $x \mapsto \int_0^\infty f(t)\, e^{-xt}\, dt$ ist die L a p l a c e - T r a n s f o r m i e r t e v o n f, vgl. Bd. 3.

17.C.1 Definition Seien $0 \le k < 1$ und $x, c \in \mathbb{R}$, $|x| \le 1$. Dann heißen

$$u(x, k) := \int_0^x \frac{dt}{\sqrt{(1 - t^2)(1 - k^2 t^2)}}, \qquad v(x, k) := \int_0^x \sqrt{\frac{1 - k^2 t^2}{1 - t^2}}\, dt,$$

$$w(x, k) := \int_0^x \frac{dt}{(1 + ct^2)\sqrt{(1 - t^2)(1 - k^2 t^2)}} \qquad (\text{für } |x| < 1/\sqrt{|c|} \text{ bei } c < 0)$$

die elliptischen Normalintegrale erster bzw. zweiter bzw. dritter Gattung. Speziell für $x = 1$ erhält man die zugehörigen vollständigen elliptischen Normalintegrale

$$K(k) := u(1, k) = \int_0^1 \frac{dt}{\sqrt{(1 - t^2)(1 - k^2 t^2)}}, \quad E(k) := v(1, k) = \int_0^1 \sqrt{\frac{1 - k^2 t^2}{1 - t^2}}\, dt$$

erster bzw. zweiter Gattung. Dabei heißt k jeweils der Modul des Normalintegrals, und bei den Integralen dritter Gattung heißt c der Parameter. Schließlich nennt man $k' := \sqrt{1 - k^2}$ den zu k komplementären Modul.

Man beachte, dass es sich bei den vollständigen Normalintegralen um uneigentliche Integrale handelt. Offenbar ist (das $1/k'$-fache von) $\int_0^1 dt/\sqrt{1 - t^2} = \arcsin t|_0^1 = \pi/2$ eine konvergente Majorante zu diesen Integralen.

Durch die Substitution $t = \sin\psi$, also $d\psi = dt/\sqrt{1 - t^2}$, werden die elliptischen Normalintegrale in die folgende Gestalt gebracht:

$$F(\varphi, k) := u\,(\sin\varphi, k) = \int_0^\varphi \frac{d\psi}{\sqrt{1 - k^2 \sin^2\psi}},$$

$$E(\varphi, k) := v\,(\sin\varphi, k) = \int_0^\varphi \sqrt{1 - k^2 \sin^2\psi}\,d\psi,$$

$$\Pi(\varphi, c, k) := w\,(\sin\varphi, k) = \int_0^\varphi \frac{d\psi}{(1 + c\sin^2\psi)\sqrt{1 - k^2 \sin^2\psi}}.$$

Die vollständigen elliptischen Normalintegrale gehen dabei in $K(k) = F(\pi/2, k)$ und $E(k) = E(\pi/2, k)$ über.

Die Integrale $F(\varphi, k)$, $E(\varphi, k)$ und $\Pi(\varphi, c, k)$ sind offenbar für alle $\varphi \in \mathbb{R}$ definiert. Die Substitution $\vartheta = -\psi$ liefert

$$F(-\varphi, k) = -F(\varphi, k), \quad E(-\varphi, k) = -E(\varphi, k), \quad \Pi(-\varphi, c, k) = -\Pi(\varphi, c, k).$$

Die Substitution $\vartheta = \pi - \psi$ führt zu $\int_\varphi^\pi d\psi/\sqrt{1 - k^2 \sin^2\psi} = F(\pi - \varphi, k)$. Mit

$\varphi = \pi/2$ sieht man $F(\pi, k) = 2K(k)$. Da $\sin^2\psi$ die Periode π hat, folgt

$$F(\varphi + \pi, k) = 2K(k) + F(\varphi, k).$$

Analog ergibt sich

$$E(\varphi + \pi, k) = 2E(k) + E(\varphi, k).$$

Offensichtlich gilt für alle x mit $|x| \le 1$ bzw. für alle $\varphi \in \mathbb{R}$:

$$u(x, 0) = v(x, 0) = \int_0^x \frac{dt}{\sqrt{1 - t^2}} = \arcsin x,$$

$$F(\varphi, 0) = E(\varphi, 0) = \varphi, \qquad K(0) = E(0) = \pi/2,$$

$$u(x, 1) = \int_0^x \frac{dt}{1 - t^2} = \frac{1}{2} \ln \frac{1 + x}{1 - x} = \operatorname{Artanh} x, \qquad v(x, 1) = x,$$

$$F(\varphi, 1) = \operatorname{Artanh}(\sin \varphi), \quad K(1) = \infty, \qquad E(\varphi, 1) = \sin \varphi, \quad E(1) = 1.$$

Bei festem $k \in [0, 1[$ konvergiert die folgende Reihe gleichmäßig in $\varphi \in \mathbb{R}$:

$$\frac{d}{d\varphi} F(\varphi, k) = (1 - k^2 \sin^2 \varphi)^{-\frac{1}{2}} = \sum_{n=0}^{\infty} \binom{2n}{n} \left(\frac{k}{2}\right)^{2n} \sin^{2n} \varphi.$$

Sie lässt sich also gliedweise integrieren und liefert wegen $F(0, k) = 0$ unter Verwendung von $C_{2n}(\varphi) := \int_0^{\varphi} \sin^{2n} t \, dt$ und $c_{2n} := C_{2n}(\pi/2) = \binom{2n}{n}\pi/2^{2n+1}$, vgl. Beispiel 16.B.6 (4), die folgenden Reihenentwicklungen von F bzw. K, sowie analog von E:

17.C.2 Satz *Für alle $\varphi \in \mathbb{R}$ und alle k mit $0 \le k < 1$ gilt*

$$F(\varphi, k) = \sum_{n=0}^{\infty} \binom{2n}{n} \left(\frac{k}{2}\right)^{2n} C_{2n}(\varphi), \qquad K(k) = \frac{\pi}{2} \sum_{n=0}^{\infty} \binom{2n}{n}^2 \left(\frac{k}{4}\right)^{2n};$$

$$E(\varphi, k) = \sum_{n=0}^{\infty} \frac{-1}{2n - 1} \binom{2n}{n} \left(\frac{k}{2}\right)^{2n} C_{2n}(\varphi), \quad E(k) = \frac{\pi}{2} \sum_{n=0}^{\infty} \frac{-1}{2n - 1} \binom{2n}{n}^2 \left(\frac{k}{4}\right)^{2n}.$$

Die in 17.C.2 angegebenen Potenzreihen für K und E lassen sich auch mit hypergeometrischen Reihen $F(a, b \, ; c \, ; z)$, vgl. Beispiel 13.C.13, interpretieren. Durch Koeffizientenvergleich sieht man

$$K(k) = \frac{\pi}{2} F\left(\frac{1}{2}, \frac{1}{2}; 1; k^2\right), \qquad E(k) = \frac{\pi}{2} F\left(-\frac{1}{2}, \frac{1}{2}; 1; k^2\right).$$

Insbesondere erfüllen K und E spezielle hypergeometrische Differenzialgleichungen. Da für $F(z) := F(1/2, 1/2; 1; z)$

$$z(1 - z) \frac{d^2 F}{dz^2} + (1 - 2z) \frac{dF}{dz} - \frac{1}{4} F = 0$$

gilt, genügt K wegen $\dfrac{dK}{dk} = \pi k \dfrac{dF}{dz}(k^2)$, $\dfrac{d^2 K}{dk^2} = 2\pi k^2 \dfrac{d^2 F}{dz^2}(k^2) + \pi \dfrac{dF}{dz}(k^2)$ der Differenzialgleichung

$$k(1 - k^2) \frac{d^2 K}{dk^2} + (1 - 3k^2) \frac{dK}{dk} - kK = 0.$$

Analog hat man für E

$$k(1-k^2)\frac{d^2E}{dk^2} + (1-k^2)\frac{dE}{dk} + kE = 0.$$

Die folgenden Graphen geben eine Eindruck davon, wie $F(\varphi, k)$ und $E(\varphi, k)$ von φ und k abhängen:

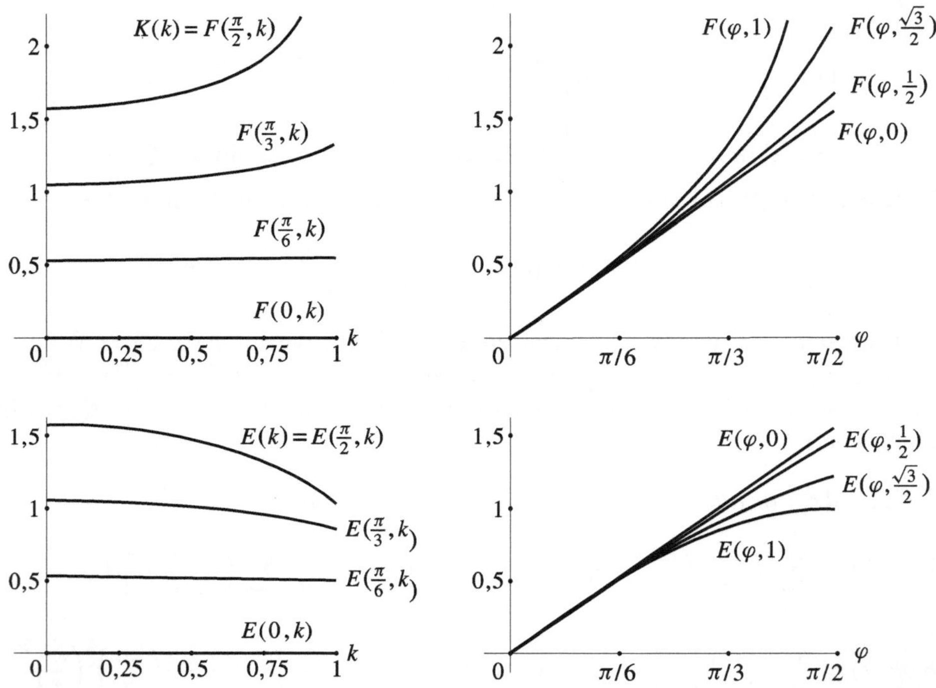

Als Illustration zu der eingangs erwähnten Aussage, dass sich alle elliptischen Integrale durch elementare Funktionen und Normalintegrale ausdrücken lassen, notieren wir nur (vgl. auch Aufg. 1, 2):

17.C.3 *Für* $0 < k < 1$ *und* $|x| \leq 1$ *gilt:*

$$(1) \qquad \int_0^x \frac{t^2\,dt}{\sqrt{(1-t^2)(1-k^2t^2)}} = \frac{1}{k^2}\big(u(x,k) - v(x,k)\big),$$

$$(2) \qquad \int_0^x \frac{dt}{\sqrt{1-t^2}\sqrt{1-k^2t^2}^{\,3}} = \frac{1}{1-k^2}\left(v(x,k) - k^2x\sqrt{\frac{1-x^2}{1-k^2x^2}}\,\right).$$

Man prüft diese Formeln für $|x| < 1$ direkt durch Differenzieren der rechten Seiten nach x. Als Folgerung erhalten wir für die Ableitungen nach k:

17.C.4 *Es gilt für* $0 < k < 1$ *und festes* $x \in [-1, 1]$:

(1) $\qquad \dfrac{\partial u}{\partial k}(x, k) = \dfrac{1}{k}\left(\dfrac{1}{1-k^2}\, v(x, k) - u(x, k)\right) - \dfrac{k}{1-k^2}\, x\, \sqrt{\dfrac{1-x^2}{1-k^2 x^2}}\,,$

(2) $\qquad \dfrac{\partial v}{\partial k}(x, k) = \dfrac{1}{k}\big(v(x, k) - u(x, k)\big).$

B e w e i s . Wir differenzieren gemäß 16.B.17 bzw. 17.A.9 unter dem Integralzeichen:

$$\frac{\partial u}{\partial k}(x, k) = \int_0^x \frac{\partial}{\partial k}\left(\frac{1}{\sqrt{1-t^2}\sqrt{1-k^2 t^2}}\right) dt = \int_0^x \frac{k t^2}{\sqrt{1-t^2}\sqrt{1-k^2 t^2}^{\,3}}\, dt$$

$$= \frac{1}{k}\int_0^x \frac{1-(1-k^2 t^2)}{\sqrt{1-t^2}\sqrt{1-k^2 t^2}^{\,3}}\, dt = \frac{1}{k}\left(\int_0^x \frac{dt}{\sqrt{1-t^2}\sqrt{1-k^2 t^2}^{\,3}} - u(x, k)\right).$$

Mit 17.C.3 (2) folgt daraus die Behauptung. Ebenso sieht man mit 17.C.3 (1):

$$\frac{\partial v}{\partial k}(x, k) = \int_0^x \frac{\partial}{\partial k}\sqrt{\frac{1-k^2 t^2}{1-t^2}}\, dt = \int_0^x \frac{-k t^2\, dt}{\sqrt{1-t^2}\sqrt{1-k^2 t^2}} = \frac{1}{k}\big(v(x, k) - u(x, k)\big). \;\bullet$$

Speziell für $x = 1$ liefern diese Formeln mit $k' = \sqrt{1-k^2}$, $dk'/dk = -k/k'$:

$$\frac{dK}{dk}(k) = \frac{1}{k}\left(\frac{1}{k'^2} E(k) - K(k)\right), \qquad\qquad \frac{dE}{dk}(k) = \frac{1}{k}\big(E(k) - K(k)\big),$$

$$\frac{d(K-E)}{dk}(k) = \frac{k}{k'^2} E(k),$$

$$\frac{d}{dk} K(k') = \frac{k}{k'^2}\left(K(k') - \frac{1}{k^2} E(k')\right), \qquad \frac{d}{dk} E(k') = \frac{k}{k'^2}\big(K(k') - E(k')\big).$$

Diese Ableitungsformeln bestätigt man auch mit Hilfe der Reihen aus 17.C.2. Wir können nun beweisen:

17.C.5 Legendresche Relation *Für* $0 < k < 1$ *und* $k' := \sqrt{1-k^2}$ *gilt*

$$E(k)\, K(k') + E(k')\, K(k) - K(k)\, K(k') = \frac{\pi}{2}\,.$$

B e w e i s . Unter Verwendung der vorstehenden Formeln erhält man für die Ableitung der linken Seite $E(k')K(k) - (K(k) - E(k))K(k')$ nach k :

$$\frac{k}{k'^2}\big(K(k') - E(k')\big)K(k) + \frac{1}{k} E(k')\left(\frac{1}{k'^2} E(k) - K(k)\right)$$

$$- \frac{k}{k'^2} E(k)K(k') - \frac{k}{k'^2}\big(K(k) - E(k)\big)\left(K(k') - \frac{1}{k^2} E(k')\right) = 0\,.$$

Die linke Seite ist also konstant, und es genügt zu zeigen, dass sie für $k \to 0$ den Grenzwert $\pi/2$ hat. Das Wallissche Produkt (vgl. Beispiel 16.B.6 (4)) liefert

$$\frac{\pi}{4^{2n}} \binom{2n}{n}^2 < \frac{1}{n}$$

für alle $n \in \mathbb{N}^*$. Mit den Potenzreihenentwicklungen von K und E folgt

$$K(k) = \frac{\pi}{2} + \frac{1}{2} \sum_{n=1}^{\infty} \frac{\pi}{4^{2n}} \binom{2n}{n}^2 k^{2n} \le \frac{\pi}{2} + \frac{1}{2} \sum_{n=1}^{\infty} \frac{1}{n} (k^2)^n = \frac{\pi}{2} - \frac{1}{2} \ln(1 - k^2),$$

$$K(k) - E(k) = \frac{\pi}{2} \sum_{n=1}^{\infty} \frac{2n}{2n-1} \binom{2n}{n}^2 \left(\frac{k}{4}\right)^{2n}.$$

Wegen $\lim_{x \to 0} x \ln x = 0$ und $0 \le k^2 K(k') \le (\pi k^2 - k^2 \ln k^2)/2$ ist also $\lim_{k \to 0} k^2 K(k') = 0$ und somit $\lim_{k \to 0} \big(K(k) - E(k)\big) K(k') = 0$. Schließlich ist $\lim_{k \to 0} \big(E(k') K(k) - (K(k) - E(k)) K(k')\big) = E(1) K(0) = \pi/2$.   ●

Für $k = k' = 1/\sqrt{2}$ erhält man den folgenden Spezialfall der Legendreschen Relation, der schon von Euler mit Hilfe von Beta-Integralen hergeleitet wurde. Wir bringen diesen Beweis (und damit einen unabhängigen Beweis für den Wert der Konstanten in 17.C.5) in Band 3.

17.C.6 Korollar *Es gilt* $2E\left(\frac{1}{\sqrt{2}}\right) K\left(\frac{1}{\sqrt{2}}\right) - K\left(\frac{1}{\sqrt{2}}\right)^2 = \frac{\pi}{2}$.

Bei den folgenden Überlegungen ist es zweckmäßig, im Anschluss an Gauß die vollständigen elliptischen Normalintegrale etwas zu verallgemeinern.

17.C.7 Definition Für $a, b > 0$ setzen wir

$$I(a, b) := \int_0^1 \frac{dt}{\sqrt{(1-t^2)(a^2 - (a^2 - b^2)t^2)}}, \quad J(a, b) := \int_0^1 \sqrt{\frac{a^2 - (a^2 - b^2)t^2}{1 - t^2}} \, dt.$$

Wie bei den Integralen, die $K(k)$ und $E(k)$ darstellen, sieht man, dass diese uneigentlichen Integrale existieren. Es ist $K(k) = I(1, k')$ und $E(k) = J(1, k')$ mit $k' = \sqrt{1 - k^2}$. Für alle $\lambda \ge 0$ gilt $I(\lambda a, \lambda b) = I(a, b)/\lambda$ und $J(\lambda a, \lambda b) = \lambda J(a, b)$.

Die Substitutionen $t = \sin \psi$ und dann $\psi = \arctan t$ liefern

$$I(a, b) = \int_0^{\pi/2} \frac{d\psi}{\sqrt{a^2 \cos^2 \psi + b^2 \sin^2 \psi}} = \int_0^{\infty} \frac{dt}{\sqrt{(1+t^2)(a^2 + b^2 t^2)}},$$

$$J(a, b) = \int_0^{\pi/2} \sqrt{a^2 \cos^2 \psi + b^2 \sin^2 \psi} \, d\psi = \int_0^{\infty} \frac{\sqrt{a^2 + b^2 t^2}}{(1+t^2)^{3/2}} \, dt.$$

Es ergibt sich $I(a, b) = I(b, a)$ und $J(a, b) = J(b, a)$. Die folgende Aussage ist ein nützliches Hilfsmittel zur schnellen Berechnung der vollständigen elliptischen Normalintegrale.

17.C.8 Satz *Für* $a, b > 0$ *gilt:*

(1) *Es ist* $I(a, b) = I\left(\frac{1}{2}(a+b), \sqrt{ab}\right)$.

(2) *Es ist* $J(a, b) = 2\,J\left(\frac{1}{2}(a+b), \sqrt{ab}\right) - ab\,I(a, b)$.

B e w e i s. (1) Zum Nachweis der ersten Identität verwenden wir die so genannte L a n - d e n s c h e   T r a n s f o r m a t i o n

$$t := \Lambda(s) := \frac{2as}{(a+b) + (a-b)s^2}\,.$$

Es ist $\Lambda(0) = 0$, $\Lambda(1) = 1$. Außerdem ist Λ auf $[0, 1]$ streng monoton wachsend wegen

$$\frac{dt}{ds} = \Lambda'(s) = \frac{2a\big(a + b - (a-b)\,s^2\big)}{\big((a+b) + (a-b)\,s^2\big)^2} \geq \mathrm{Min}\left(\frac{a}{b}, \frac{b}{a}\right) > 0\,.$$

Wir setzen zur Abkürzung $A := (a + b) + (a - b)s^2$, $B := (a + b) - (a - b)s^2$ und $C := \big((a + b)^2 - (a - b)^2 s^2\big)/4 = ((a + b)/2)^2 - \big(((a + b)/2)^2 - ab\big)s^2$. Dann gilt $1 - t^2 = 4(1 - s^2)C/A^2$, $a^2 - (a^2 - b^2)t^2 = a^2 B^2/A^2$, $dt = (2aB/A^2)ds$ und somit

$$I(a, b) = \int_0^1 \frac{dt}{\sqrt{(1 - t^2)(a^2 - (a^2 - b^2)t^2)}} = \int_0^1 \frac{ds}{\sqrt{(1 - s^2)C}} = I\left(\frac{a+b}{2}, \sqrt{ab}\right).$$

(2) Zum Beweis der zweiten Identität benutzen wir eine Variante der Landenschen Transformation. Für $s \in \mathbb{R}_+$, $s \neq c := \sqrt{a/b}$, setzen wir

$$t := L(s) := \frac{(a+b)s}{a - bs^2}\,.$$

Dann ist $L(0) = 0$, $\lim_{s \to c-} L(s) = \infty = \lim_{s \to c+}(-L)(s)$ und $(-L)(\infty) = 0$. Außerdem ist L auf $[0, c[$ streng monoton wachsend und $-L$ auf $]c, \infty[$ streng monoton fallend wegen

$$\frac{dt}{ds} = L'(s) = \frac{(a + b)(a + bs^2)}{(a - bs^2)^2} > 0\,.$$

Wir definieren jetzt $A := a - bs^2$, $B := a + bs^2$ und $C := a^2 - b^2s^4$, $D := a^2 + b^2s^2$. Dann sieht man leicht $1 + t^2 = (1 + s^2)D/A^2$, $\big((a+b)/2\big)^2 + abt^2 = (a+b)^2 B^2/4A^2$ und $dt = \big((a + b)B/A^2\big)\,ds$. Somit gilt

$$J\left(\frac{a+b}{2}, \sqrt{ab}\right) = \int_0^\infty \frac{\sqrt{((a+b)/2)^2 + abt^2}}{(1 + t^2)^{3/2}}\,dt$$

$$= \int_0^c \frac{\big((a+b)B/2A\big)\big((a+b)B/A^2\big)}{(1 + s^2)^{3/2}D^{3/2}/A^3}\,ds = \frac{(a+b)^2}{2} \int_0^c \frac{B^2\,ds}{\big((1 + s^2)D\big)^{3/2}}$$

$$= \int\limits_{\infty}^{c} \frac{\left((a+b)B/2A\right)\left(-(a+b)B/A^2\right)}{(1+s^2)^{3/2}D^{3/2}A^3}\,ds = \frac{(a+b)^2}{2} \int\limits_{c}^{\infty} \frac{B^2 ds}{\left((1+s^2)D\right)^{3/2}}\,,$$

also

$$2J\!\left(\frac{a+b}{2},\sqrt{ab}\right) = \frac{(a+b)^2}{2} \int\limits_{0}^{\infty} \frac{B^2 ds}{\left((1+s^2)D\right)^{3/2}}\,.$$

Durch explizites Nachrechnen bestätigt man $\frac{1}{2}(a+b)^2 B^2 - ab(1+s^2)D = D^2 - \frac{1}{2}(a^2-b^2)C$.
Mit $t = s$ erhält man $I(a,b) = \int_0^\infty ds/\sqrt{(1+s^2)(a^2+b^2 s^2)} = \int_0^\infty ds/((1+s^2)D)^{1/2}$
und $J(a,b) = \int_0^\infty \sqrt{a^2+b^2 s^2}\,ds/(1+s^2)^{3/2} = \int_0^\infty D^{1/2}\,ds/(1+s^2)^{3/2}$. Es folgt schließlich

$$2J\!\left(\frac{a+b}{2},\sqrt{ab}\right) - ab\,I(a,b) = \frac{(a+b)^2}{2} \int\limits_{0}^{\infty} \frac{B^2 ds}{\left((1+s^2)D\right)^{3/2}} - ab \int\limits_{0}^{\infty} \frac{(1+s^2)D}{\left((1+s^2)D\right)^{3/2}}\,ds$$

$$= \int\limits_{0}^{\infty} \frac{D^2 ds}{\left((1+s^2)D\right)^{3/2}} - \frac{a^2-b^2}{2} \int\limits_{0}^{\infty} \frac{C\,ds}{\left((1+s^2)D\right)^{3/2}} = J(a,b)\,,$$

da das letzte dieser Integrale gleich 0 ist. Sein Integrand besitzt nämlich die Stammfunktion
$s/\sqrt{(1+s^2)D}$, die bei $s = 0$ und für $s \to \infty$ verschwindet.   ●

Satz 17.C.8 liefert eine gute Methode zur Berechnung der vollständigen elliptischen
Normalintegrale, die schon auf Gauß zurückgeht. Zu $a, b > 0$ definieren wir dazu
rekursiv Folgen (a_n), (b_n) durch

$$a_0 = a\,,\quad b_0 = b\,,\quad a_{n+1} = (a_n + b_n)/2\,,\quad b_{n+1} = \sqrt{a_n b_n}\,,\qquad n \in \mathbb{N}\,.$$

Dann gilt offenbar $b_n \le b_{n+1} \le a_{n+1} \le a_n$ für alle $n \ge 1$, d.h. die Folgen (a_n)
und (b_n) konvergieren. Wir zeigen, dass sie gegen einen gemeinsamen Grenzwert
konvergieren, das so genannte **arithmetisch-geometrische Mittel** $M(a,b)$
von a und b, vgl. 4.F, Aufg. 18. Dazu betrachten wir die Folge (c_n) mit

$$c_{n+1} := (a_n - b_n)/2 = a_n - a_{n+1}\,,\qquad n \ge 0\,.$$

Wegen $2a_n = a_{n-1} + b_{n-1} \le a_{n-1} + b_n$ ist $2c_{n+1} = a_n - b_n \le a_{n-1} - a_n = c_n$ (sowie
$c_n \ge 0$) für $n \ge 2$. Es folgt $\lim_{n\to\infty} c_n = 0$, also $\lim a_n = \lim b_n$. Ferner gilt

$$a_{n+1}^2 - b_{n+1}^2 = \left((a_n + b_n)^2/4\right) - a_n b_n = (a_n - b_n)^2/4 = c_{n+1}^2\,.$$

Für $n \ge 1$ ergibt sich daraus

$$c_n^2 = a_n^2 - b_n^2 = (a_n + b_n)(a_n - b_n) = 2a_{n+1}(a_n - b_n) = 4a_{n+1}c_{n+1}\,.$$

Dies liefert die quadratische Konvergenz der Folgen (a_n) und (b_n) wegen

$$a_n - b_n = c_n^2/2a_{n+1} = (a_{n-1} - b_{n-1})^2/8a_{n+1} \le (a_{n-1} - b_{n-1})^2/8M(a,b)\,.$$

Außerdem zeigen wir $2^n c_n^2 \le (a^2 + b^2)/2^n$. Für $n = 1$ und $n = 2$ prüft man
dies direkt. Zum Schluss von $n \ge 2$ auf $n + 1$ verwendet man $c_{n+1} \le c_n/2$

und sieht $2^{n+1}c_{n+1}^2 \le 2^n c_n^2/2 \le (a^2+b^2)/2^{n+1}$. Es ergibt sich $\sum_{n=1}^{\infty} 2^n c_n^2 \le (a^2+b^2)\sum_{n=1}^{\infty} 1/2^n = a^2+b^2$ und somit $\lim 2^n c_n^2 = 0$. Wir definieren

$$Q(a,b) := a^2 + b^2 - \sum_{n=1}^{\infty} 2^n c_n^2 \quad (\ge 0)\,.$$

Unter Verwendung von

$$2a_{n+1}c_{n+1} + 2a_{n+1}^2 = (a_n^2 - b_n^2)/2 + (a_n + b_n)^2/2 = a_n^2 + a_n b_n$$

können wir nun beweisen:

17.C.9 Satz *Seien $a, b > 0$. Mit den soeben eingeführten Bezeichnungen gilt:*

(1) *Es ist* $I(a,b) = \dfrac{\pi}{2M(a,b)}$ $\quad$ (Gauß).

(2) *Es ist* $J(a,b) = \dfrac{\pi\, Q(a,b)}{4\,M(a,b)}$ $\quad \left(= \tfrac{1}{2}\, Q(a,b)\, I(a,b)\right)$.

B e w e i s . (1) Nach 17.C.8 (1) ist $I(a,b) = I(a_n, b_n)$ für alle n. Mit 16.B.14 folgt also $I(a,b) = \lim_{n\to\infty} I(a_n, b_n) = I(M(a,b), M(a,b)) = I(1,1)/M(a,b) = \pi/2M(a,b)$.

(2) Setzen wir $I := I(a,b)$, $J_n := J(a_n, b_n)$, so haben wir nach 17.C.8 (2) die Gleichung $J_n = 2J_{n+1} - a_n b_n I$, also mit obiger Beziehung

$$J_n - a_n^2 I = 2J_{n+1} - (a_n^2 + a_n b_n)I = 2(J_{n+1} - a_{n+1}^2 I) - 2a_{n+1}c_{n+1}I\,,$$

$n \ge 0$. Durch Iteration erhält man daraus

$$J(a,b) - a^2 I = J_0 - a_0^2 I = 2^n(J_n - a_n^2 I) - \left(\sum_{j=1}^{n} 2^j a_j c_j\right) I\,.$$

Mit dem Mittelwertsatz der Integralrechnung folgt für $n \ge 1$

$$|J_n - a_n^2 I| = |b_n^2 - a_n^2| \left| \int_0^{\pi/2} \frac{\sin^2\psi\, d\psi}{\sqrt{a_n^2\cos^2\psi + b_n^2\sin^2\psi}} \right| \le \frac{c_n^2 \pi}{4b_n}\,.$$

Wegen $\lim_{n\to\infty} 2^n c_n^2 = 0$ ist also $\lim_{n\to\infty} 2^n(J_n - a_n^2 I) = 0$, und aus $c_n^2 = 4a_{n+1}c_{n+1}$ für $n \ge 1$ sowie $\tfrac{1}{2}a^2 - b^2 = 2a_1 c_1$ ergibt sich

$$J(a,b) = a^2 I - \left(\sum_{n=1}^{\infty} 2^n a_n c_n\right) I = \left(a^2 - 2a_1 c_1 - \sum_{n=2}^{\infty} 2^{n-2} c_{n-1}^2\right) I$$

$$= \left(\frac{a^2 + b^2}{2} - \sum_{n=1}^{\infty} \frac{2^n c_n^2}{2}\right) I = \frac{1}{2} Q(a,b)\, I = \frac{\pi\, Q(a,b)}{4\,M(a,b)}\,. \qquad \bullet$$

Speziell für die Normalintegrale $K(k)$ und $E(k)$, $0 \le k < 1$, erhält man also mit $k' = \sqrt{1-k^2}$ die Darstellungen

$$K(k) = I(1, k') = \pi/2M(1, k')\,, \qquad E(k) = J(1, k') = \pi Q(1, k')/4M(1, k')\,.$$

17.C.10 Beispiel (Schnelle Berechnung von π) Zusammen mit der Legendreschen Relation 17.C.6 liefert 17.C.9 ein sehr schnelles Verfahren zur Berechnung von π, auf das zuerst E. Salamin[1] und R. Brent[2] aufmerksam gemacht haben. Wie beim arithmetisch-geometrischen Mittel liegt quadratische Konvergenz vor, vgl. Aufg. 8. Mit Hilfe dieses Verfahrens (und Modifikationen davon) ist π inzwischen auf mehrere Milliarden Stellen berechnet worden.

17.C.11 Satz *Die Folgen (a_n) und (b_n) seien rekursiv definiert durch*

$$a_0 = 1\,, \quad b_0 = \frac{1}{\sqrt{2}}\,; \qquad a_{n+1} = \frac{1}{2}(a_n + b_n)\,, \quad b_{n+1} = \sqrt{a_n b_n}\,.$$

Dann konvergiert die Folge (π_n) mit

$$\pi_n := \frac{4a_n^2}{1 - \sum_{j=1}^{n} 2^{j+1}(a_{j-1} - a_j)^2}$$

gegen die Zahl π.

B e w e i s. Nach der Bemerkung im Anschluss an 17.C.9 hat man mit $M := M(1, 1/\sqrt{2})$ und $Q := Q(1, 1/\sqrt{2})$

$$\pi = 4E\left(\frac{1}{\sqrt{2}}\right) K\left(\frac{1}{\sqrt{2}}\right) - 2K\left(\frac{1}{\sqrt{2}}\right)^2 = \frac{4\pi^2 Q}{8M^2} - \frac{2\pi^2}{4M^2} = \frac{(Q-1)\pi^2}{2M^2}\,,$$

d.h.

$$\pi = \frac{2M^2}{Q - 1} = \frac{2M^2}{\frac{1}{2} - \sum_{j=1}^{\infty} 2^j c_j^2} = \frac{4M^2}{1 - \sum_{j=1}^{\infty} 2^{j+1}(a_{j-1} - a_j)^2}\,.$$

Wegen $\lim a_n = M$ folgt daraus die Behauptung.   ●

Der Wert

$$M = \lim a_n = \pi / 2K(1/\sqrt{2}) = 0,84721\,30847\,93979\,08660\,6\ldots$$

($a_4 = 0, \ldots 08660\,7\ldots$, $b_4 = 0, \ldots 08660\,5\ldots$) wurde bereits von Gauß beim Studium der Lemniskate eingehend betrachtet, vgl. Bd. 4, 16.C, Aufg. 12. Satz 17.C.11 liefert neben $\pi_0 = 4$ die Werte

$$\pi_1 = 3,18767\,26427\,12108\,62720\,1\ldots \qquad \pi_2 = 3,14168\,02932\,97653\,29391\,8\ldots$$

$$\pi_3 = 3,14159\,26538\,95446\,49600\,2\ldots \qquad \pi_4 = 3,14159\,26535\,89793\,23846\,6\ldots.$$

Für π selbst ist die in π_4 angegebene letzte Ziffer ($= 6$) durch 2 zu ersetzen, vgl. Tafel 5. Für weitere Informationen zu den hier angesprochenen Problemen empfehlen wir das Buch „Pi and the AGM" von J. M. Borwein und P. B. Borwein, New York 1987.

Zum Abschluss wollen wir noch kurz auf die so genannten e l l i p t i s c h e n F u n k-
t i o n e n eingehen. Dies sind die Umkehrfunktionen der elliptischen Normalintegrale (erster Gattung). Sei $0 \le k < 1$. Wegen der Abschätzung

$$\frac{d}{d\varphi}\big(F(\varphi, k)\big) = (1 - k^2 \sin^2\varphi)^{-1/2} > 0$$

---

[1]) Vgl. Math. Comp. **30**, 565-570 (1976).
[2]) Vgl. Proc. Symp. Analytic Comp. Complexity, 151-176 (1976).

ist $\varphi \mapsto F(\varphi, k)$ eine streng monoton wachsende Funktion von $\mathbb{R}$ in sich, die wegen

$$\lim_{\varphi \to \infty} F(\varphi, k) = \infty, \qquad \lim_{\varphi \to -\infty} F(\varphi, k) = -\infty$$

auch bijektiv ist. Die zugehörige Umkehrfunktion wird mit

$$\text{am}\,(y, k)$$

bezeichnet und heißt die A m p l i t u d e zum Modul k. Definitionsgemäß ist also am $\big(F(\varphi, k), k\big) = \varphi$ und $F\big(\text{am}\,(y, k), k\big) = y$ für alle $\varphi, y \in \mathbb{R}$. Aus der Gleichung $F(\varphi + \pi, k) = 2K(k) + F(\varphi, k)$ folgt

$$\text{am}\,\big(y + 2K(k), k\big) = \text{am}\,(y, k) + \pi,$$

$y \in \mathbb{R}$. Die Funktion $\text{sn} : \mathbb{R} \to [-1, 1]$ mit

$$\text{sn}\, y := \text{sn}\,(y, k) := \sin\big(\text{am}\,(y, k)\big)$$

heißt der S i n u s   d e r   A m p l i t u d e . Wegen $F(\varphi, k) = u\,(\sin\varphi, k)$ ist die Beschränkung $\text{sn}\,|\,[-K(k), K(k)]$ also die Umkehrfunktion zur Funktion $x \mapsto u\,(x, k)$ von $[-1, 1]$ in $[-K(k), K(k)]$. Aus der obigen Gleichung für am folgt sofort, *dass* sn *periodisch mit der Periode* $4K(k)$ *ist*. Ferner werden häufig betrachtet der K o s i n u s   d e r   A m p l i t u d e

$$\text{cn}\, y := \text{cn}\,(y, k) := \cos\big(\text{am}\,(y, k)\big),$$

$y \in \mathbb{R}$, und die Funktion D e l t a   d e r   A m p l i t u d e

$$\text{dn}\, y := \text{dn}\,(y, k) := \sqrt{1 - k^2\,\text{sn}^2(y, k)},$$

$y \in \mathbb{R}$, *die die Perioden* $4K(k)$ *bzw.* $2K(k)$ *haben*. Daneben gibt es eine Fülle weiterer Bezeichnungen für die Quotienten und Reziproken der Funktionen sn, cn, dn. Offenbar gilt

$$\text{cn}^2 y + \text{sn}^2 y = 1 = \text{dn}^2 y + k^2\text{sn}^2 y.$$

Nach Satz 12.C.6 sind die elliptischen Funktionen analytisch. Für ihre Ableitungen erhält man

$$\text{am}'\, y = \frac{1}{F'(\text{am}\, y, k)} = \sqrt{1 - k^2 \sin^2(\text{am}\, y)} = \text{dn}\, y,$$

$$\text{sn}'\, y = \text{cn}\, y\, \text{dn}\, y, \quad \text{cn}'\, y = -\text{sn}\, y\, \text{dn}\, y, \quad \text{dn}'\, y = -k^2\, \text{sn}\, y\, \text{cn}\, y.$$

Die elliptischen Funktionen wurden von C. Jacobi eingeführt.[3]) Die hier benutzten Bezeichnungen stammen von Ch. Gudermann (dem Lehrer von K. Weierstraß). Die elliptischen Integrale und Funktionen treten bei einer Vielzahl von Problemen auf. Ihr Name rührt daher, dass mit ihrer Hilfe die Bogenlänge von Ellipsen berechnet werden kann: *Der Umfang einer Ellipse mit den Halbachsenlängen a und b, $a \leq b$, ist*

$$4\,J(a, b) = 4b\, E\left(\sqrt{1 - \left(\tfrac{a}{b}\right)^2}\right),$$

---

[3]) Dies geschah nach Vorarbeiten von N. H. Abel.

vgl. Bd. 3, Beispiel 4.D.3 (1). Eine weitere Anwendung findet man in Beispiel 19.C.4 (4) bei der Behandlung des mathematischen Pendels.

Wir skizzieren noch die Graphen der elliptischen Funktionen sn, cn und dn:

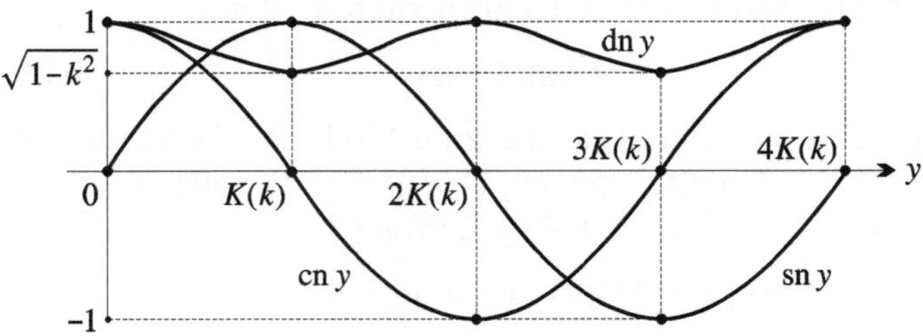

Aufgaben

1. Man bestätige folgende Darstellungen elliptischer Integrale durch u und v:

a) $\displaystyle \int_0^x \sqrt{\frac{1-t^2}{1-k^2t^2}}\, dt = \frac{1}{k^2}\, v\,(x,k) - \frac{1-k^2}{k^2}\, u\,(x,k)\,.$

b) $\displaystyle \int_0^x \frac{t^2\, dt}{\sqrt{1-t^2}\,\sqrt{1-k^2t^2}^{\,3}} = \frac{1}{k^2(1-k^2)}\, v\,(x,k) - \frac{1}{k^2} u\,(x,k) - \frac{1}{1-k^2}\, \frac{x\,\sqrt{1-x^2}}{\sqrt{1-k^2x^2}}\,.$

c) $\displaystyle \int_0^x \frac{\sqrt{1-t^2}}{\sqrt{1-k^2t^2}^{\,3}}\, dt = \frac{1}{k^2}\, u\,(x,k) - \frac{1}{k^2}\, v\,(x,k) + \frac{x\,\sqrt{1-x^2}}{\sqrt{1-k^2x^2}}\,.$

d) $\displaystyle \int_0^x \frac{dt}{(1-t^2)^{3/2}\,\sqrt{1-k^2t^2}} = u(x,k) - \frac{1}{1-k^2}\left(v\,(x,k) - x\,\sqrt{\frac{1-k^2x^2}{1-x^2}}\,\right)$

$$= \frac{1}{k'} \int_0^{k'x/\sqrt{1-x^2}} \sqrt{\frac{1+\tau^2/k'^2}{1+\tau^2}}\, d\tau\,. \qquad (k^2+k'^2=1\,.)$$

e) $\displaystyle \int_0^x \frac{t^2\, dt}{(1-t^2)^{3/2}\,\sqrt{1-k^2t^2}} = \frac{1}{1-k^2}\left(-v\,(x,k) + x\,\sqrt{\frac{1-k^2x^2}{1-x^2}}\,\right)\,.$

f) $\displaystyle \int_0^x \frac{\sqrt{1-k^2t^2}}{(1-t^2)^{3/2}}\, dt = \int_0^x \frac{dt}{(1-t^2)^{3/2}\,\sqrt{1-k^2t^2}} - k^2 \int_0^x \frac{t^2\, dt}{(1-t^2)^{3/2}\,\sqrt{1-k^2t^2}}$

$$= u\,(x,k) - v\,(x,k) + x\,\sqrt{\frac{1-k^2x^2}{1-x^2}}$$

$$= \frac{1}{k'} \int_0^{k'x/\sqrt{1-x^2}} \sqrt{\frac{1+\tau^2}{1+\tau^2/k'^2}}\, d\tau\,. \qquad (k^2+k'^2=1\,.)$$

2. a) Für $0 \leq x \leq 1$ ist $\displaystyle\int_0^x \frac{dt}{\sqrt{1-t^4}} = \frac{1}{\sqrt{2}}\left(K\left(\frac{1}{\sqrt{2}}\right) - u\left(\sqrt{1-x^2}, \frac{1}{\sqrt{2}}\right)\right).$

(Man setze $t^2 = 1 - \tau^2$.)

b) Für $x \geq 1$ ist $\displaystyle\int_1^x \frac{dt}{\sqrt{t^4-1}} = \frac{1}{\sqrt{2}}\, u\left(\frac{\sqrt{x^2-1}}{x}, \frac{1}{\sqrt{2}}\right).$ (Man setze $t^2 = \dfrac{1}{1-\tau^2}$.)

c) Für $x \geq 1$ ist $\displaystyle\int_x^\infty \frac{dt}{\sqrt{t^4+1}} = \frac{1}{2}\, u\left(\frac{2x}{x^2+1}, \frac{1}{\sqrt{2}}\right),$

für $0 \leq x \leq 1$ ist $\displaystyle\int_0^x \frac{dt}{\sqrt{t^4+1}} = \frac{1}{2}\, u\left(\frac{2x}{x^2+1}, \frac{1}{\sqrt{2}}\right).$

(Man setze jeweils $\tau = \dfrac{2t}{t^2+1}$.)

d) Seien a, b, c reelle Zahlen mit $a > b > c$. Für alle $x \geq a$ ist dann

$$\int_x^\infty \frac{dt}{\sqrt{(t-a)(t-b)(t-c)}} = \frac{2}{\sqrt{a-c}}\, K\left(\sqrt{\frac{b-c}{a-c}}\right) - \frac{2}{\sqrt{a-c}}\, u\left(\sqrt{\frac{x-a}{x-b}}, \sqrt{\frac{b-c}{a-c}}\right).$$

(Man setze $\tau^2 = \dfrac{t-a}{t-b}$.) [4]

3. Für $0 < k < 1$ ist $\displaystyle\int_1^{1/k} \frac{dt}{\sqrt{(t^2-1)(1-k^2t^2)}} = K\left(\sqrt{1-k^2}\right).$

4. Für $0 \leq \varphi \leq \pi/2$ und $0 \leq k < 1$ zeige man:

a) $\displaystyle\int_0^\varphi \frac{d\psi}{\sqrt{1-k^2\cos^2\psi}} = K(k) - F\left(\frac{\pi}{2} - \varphi, k\right).$

b) $\displaystyle\int_0^\varphi \sqrt{1-k^2\cos^2\psi}\; d\psi = E(k) - E\left(\frac{\pi}{2} - \varphi, k\right).$

5. Für festes k mit $0 \leq k < 1$ bestimme man die Potenzreihenentwicklungen der folgenden Funktionen um 0 bis zur Ordnung 5:

$$u(x,k), \quad v(x,k), \quad \operatorname{sn}(y,k), \quad \operatorname{cn}(y,k), \quad \operatorname{dn}(y,k).$$

6. Man schreibe Computer-Programme, die für $a, b > 0$ die Gaußschen Integrale $I(a,b)$ und $J(a,b)$ mit Hilfe der Darstellung in 17.C.9 berechnen. (Für die Fehlerabschätzung verwende man Aufg. 8.)

---

[4] Für Tausende weiterer solcher Formeln siehe P. F. Byrd, M. D. Friedman: Handbook of Elliptic Integrals for Engineers and Scientists, Berlin 1971.

7. Man berechne die elliptischen Integrale $K(k)$ und $E(k)$ für $k = \sin \alpha$ mit

$$\alpha = \frac{\pi}{3}, \ \frac{\pi}{4}, \ \frac{\pi}{6}, \ \frac{\pi}{8}, \ \frac{\pi}{12}$$

bis auf einen Fehler $\leq 10^{-8}$.

8. Sei $n \geq 1$. Für das Verfahren aus 17.C.9 zur Berechnung elliptischer Integrale beweise man mit den dortigen Bezeichnungen die folgenden Fehlerabschätzungen:

a) Es ist $0 \leq \dfrac{\pi}{2b_n} - I(a,b) \leq \dfrac{\pi c_{n+1}}{2b_n^2} \leq \dfrac{\pi}{2ab} c_{n+1}$.

b) Es ist $0 \leq \dfrac{\pi}{4b_n} \left(a^2 + b^2 - \sum_{j=1}^{n} 2^j c_j^2 \right) - J(a,b) \leq \dfrac{\pi c_{n+1} a_1^2}{b_n^2} + \dfrac{2^{n-1} c_{n+1}^2 \pi}{b_{n+1}} \leq \dfrac{a}{b} \pi c_{n+1}$.

(Bei b) benutze man

$$J(a,b) - \frac{1}{2}\left(a^2 + b^2 - \sum_{j=1}^{n} 2^j c_j^2 \right) I(a,b) = 2^{n+1}\left(J_{n+1} - a_{n+1}^2 I(a,b) \right).$$

Man überlege auch, dass in beiden Fällen quadratische Konvergenz vorliegt.)

18 Approximation von Integralen

18.A Integralrestglieder

Wir beweisen in diesem Abschnitt einige Approximationsformeln, wobei wir für die Fehler eine Integraldarstellung angeben, und beginnen mit einem allgemeinen Resultat, das dann spezialisiert wird.

18.A.1 Satz *Sei P_k, $k \in \mathbb{N}$, eine Folge normierter Polynomfunktionen derart, dass* Grad $P_k = k$ *und* $P'_{k+1} = (k+1)P_k$ *für jedes $k \in \mathbb{N}$ gilt. Ferner sei $f : I \to \mathbb{K}$ eine n-mal stetig differenzierbare Funktion auf dem Intervall $I \subseteq \mathbb{R}$, $n \in \mathbb{N}^*$. Für beliebige $a, x \in I$ gilt dann*

$$f(x) = f(a) + \sum_{k=1}^{n-1} \frac{(-1)^{k-1}}{k!} \, (f^{(k)} P_k) \Big|_a^x + \frac{(-1)^{n-1}}{(n-1)!} \int_a^x f^{(n)}(t) \, P_{n-1}(t) \, dt \, .$$

B e w e i s (durch Induktion über n). Der Fall $n = 1$ ist die Definition des bestimmten Integrals. Beim Schluss von n auf $n + 1$ ergibt die durch partielle Integration gewonnene Gleichung

$$\int_a^x f^{(n)}(t) \, P_{n-1}(t) \, dt = f^{(n)} \frac{P_n}{n} \Big|_a^x - \frac{1}{n} \int_a^x f^{(n+1)}(t) \, P_n(t) \, dt$$

nach Einsetzen in die Induktionsvoraussetzung die Behauptung. ●

Wenden wir den vorstehenden Satz auf die Polynome $P_k(t) := (t - x)^k$ an, so erhalten wir:

18.A.2 Taylor-Formel mit Integralrestglied *Sei $f : I \to \mathbb{K}$ eine n-mal stetig differenzierbare Funktion auf dem Intervall $I \subseteq \mathbb{R}$, $n \in \mathbb{N}^*$. Für beliebige $a, x \in I$ gilt dann*

$$f(x) = \sum_{k=0}^{n-1} \frac{f^{(k)}(a)}{k!} \, (x - a)^k + \frac{1}{(n-1)!} \int_a^x f^{(n)}(t) \, (x - t)^{n-1} \, dt \, .$$

Die Taylor-Formel 18.A.2 kann auch folgendermaßen interpretiert werden: Ist $g : I \to \mathbb{K}$ eine stetige Funktion auf dem Intervall $I \subseteq \mathbb{R}$ und ist $n \in \mathbb{N}^*$, so ist die Funktion

$$f(x) = \sum_{k=0}^{n-1} \frac{c_k}{k!} \, (x - a)^k + \frac{1}{(n-1)!} \int_a^x g(t) \, (x - t)^{n-1} \, dt$$

diejenige eindeutig bestimmte Lösung $y(x) = f(x)$ der Differenzialgleichung $y^{(n)} = g$, die den Anfangsbedingungen $y^{(k)}(a) = c_k$, $k = 0, \ldots, n-1$, genügt. Die n-fache sukzessive Integration lässt sich also durch eine einfache ersetzen. Wir werden dieses Ergebnis in 19.D.4 verallgemeinern.

Als nächstes wenden wir 18.A.1 auf die so genannten Bernoulli-Polynome $B_k(t)$ an. Diese sind definiert durch $B_0(t) = 1$ und

$$B'_{k+1} = (k+1)B_k(t), \qquad \int_0^1 B_{k+1}(t)\, dt = 0,$$

$k \in \mathbb{N}$. Die Integralbedingung legt dabei jeweils die Integrationskonstante für B_{k+1} fest. Sie ist äquivalent mit $B_{k+2}(0) = B_{k+2}(1)$ für alle $k \geq 0$. Die konstanten Terme

$$B_k := B_k(0),$$

$k \in \mathbb{N}$, heißen die Bernoullischen Zahlen. Für $k \neq 1$ ist auch $B_k = B_k(1)$. Wie wir gleich sehen werden, stimmen die B_k mit den in Beispiel 12.E.7 eingeführten Zahlen überein. Zunächst beweisen wir:

18.A.3 Satz *Für $k \in \mathbb{N}$ ist* $B_k(t) = \displaystyle\sum_{m=0}^{k} \binom{k}{m} B_m\, t^{k-m}$.

Beweis. Wir verwenden Induktion über k, der Fall $k = 0$ ist trivial. Beim Schluss von $k-1$ auf k bemerken wir zunächst, dass beide Seiten in 18.A.3 denselben konstanten Term B_k haben. Die Behauptung folgt daher mit der Induktionsvoraussetzung aus

$$\left(\sum_{m=0}^{k} \binom{k}{m} B_m\, t^{k-m}\right)' = \sum_{m=0}^{k-1} \binom{k}{m}(k-m) B_m\, t^{k-1-m}$$

$$= k \sum_{m=0}^{k-1} \binom{k-1}{m} B_m\, t^{k-1-m} = k B_{k-1}(t) = B'_k(t). \qquad \bullet$$

18.A.4 *Die Zahlen B_k erfüllen die Rekursion $B_0 = 1$ und*

$$\sum_{m=0}^{k} \binom{k+1}{m} B_m = 0, \quad k \in \mathbb{N}^*.$$

Beweis. Nach 18.A.3 gilt für $k \in \mathbb{N}^*$

$$B_{k+1} = B_{k+1}(0) = B_{k+1}(1) = \sum_{m=0}^{k+1} \binom{k+1}{m} B_m.$$

Subtrahiert man auf beiden Seiten B_{k+1}, so erhält man die Behauptung. $\qquad \bullet$

Da die Bernoullischen Zahlen aus Beispiel 12.E.7 dieselbe Rekursion erfüllen, ergibt sich die angekündigte Übereinstimmung. Die ersten elf Bernoulli-Polynome findet man in Tafel 3.

18.A.5 *Für alle* $k \in \mathbb{N}$ *ist* $B_k(1-t) = (-1)^k B_k(t)$.

B e w e i s . Man prüft sofort, dass die Polynome $(-1)^k B_k(1-t)$ ebenfalls der Rekursion der Bernoulli-Polynome genügen.   ●

Für $m \geq 1$ folgt aus 18.A.5

$$B_{2m+1} = B_{2m+1}(0) = B_{2m+1}(1) = (-1)^{2m+1} B_{2m+1}(0) = -B_{2m+1}$$

und somit $B_{2m+1} = 0$.

18.A.6 Beispiel (K u r v e n d i s k u s s i o n   d e r   B e r n o u l l i - P o l y n o m e) Aus der Rekursion der Bernoulli-Polynome und den angegebenen Beziehungen ergeben sich offenbar die folgenden Eigenschaften der Bernoulli-Polynome.

(1) Sei $m \geq 1$. Die Bernoulli-Polynome $B_{2m+1}(t)$ besitzen im Intervall $[0, 1]$ genau die Nullstellen $0, 1/2, 1$ und sind im Intervall $[0, 1/2]$ bei ungeradem m streng konkav und bei geradem m streng konvex, sowie im Intervall $[1/2, 1]$ bei ungeradem m streng konvex und bei geradem m streng konkav.

(2) Sei $m \geq 1$. Die Bernoulli-Polynome $B_{2m}(t)$ besitzen im Intervall $[0, 1]$ genau zwei Nullstellen x_{2m} und x'_{2m} mit $x_{2m} + x'_{2m} = 1$. Im Intervall $[0, 1/2]$ ist $B_{2m}(t)$ bei ungeradem m streng monoton fallend, bei geradem m streng monoton wachsend; im Intervall $[1/2, 1]$ ist $B_{2m}(t)$ bei ungeradem m streng monoton wachsend und bei geradem m streng monoton fallend.

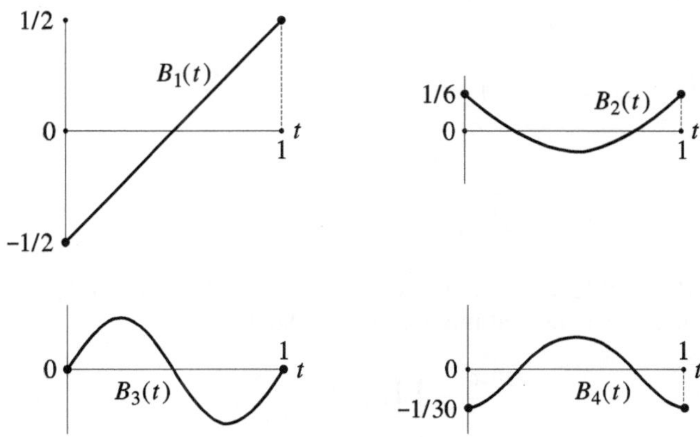

18.A.7 Beispiel In 13.C.5 haben wir bewiesen, dass für alle $t \in \,]0, 2\pi[$

$$\frac{\pi - t}{2} = \sum_{n=1}^{\infty} \frac{\sin nt}{n}$$

gilt und dass diese Reihe gleichmäßig in jedem Intervall $[\varepsilon, 2\pi - \varepsilon]$, $0 < \varepsilon < \pi$, konvergiert.

Es ist also

$$B_1(t) = t - \frac{1}{2} = -\frac{1}{\pi} \sum_{n=1}^{\infty} \frac{\sin 2\pi nt}{n}, \qquad t \in \,]0, 1[\,,$$

wobei die Konvergenz in jedem Intervall $[\varepsilon, 1-\varepsilon]$, $0 < \varepsilon < 1/2$, gleichmäßig ist. Nach 16.A.5 ist dann

$$\frac{1}{\pi^2} \sum_{n=1}^{\infty} \frac{\cos 2\pi nt}{n^2}$$

eine Stammfunktion zu $2B_1(t)$ in $]0, 1[$ und damit aus Stetigkeitsgründen auch in $[0, 1]$. Generell ist in $]0, 1[$

$$B_{2m}(t) = 2 \frac{(-1)^{m-1}(2m)!}{(2\pi)^{2m}} \sum_{n=1}^{\infty} \frac{\cos 2\pi nt}{n^{2m}}, \quad m > 0,$$

$$B_{2m+1}(t) = 2 \frac{(-1)^{m-1}(2m+1)!}{(2\pi)^{2m+1}} \sum_{n=1}^{\infty} \frac{\sin 2\pi nt}{n^{2m+1}}, \quad m \geq 0.$$

Bezeichnen wir nämlich die rechten Seiten dieser Gleichungen mit $C_{2m}(t)$ bzw. $C_{2m+1}(t)$, so gelten die Beziehungen $C_1(t) = B_1(t)$, $C'_{k+1} = (k+1)C_k(t)$. Wegen $C_{k+1}(0) = C_{k+1}(1)$ für alle $k \geq 1$ ist überdies $\int_0^1 C_k(t)\,dt = 0$. Damit erfüllen die C_k, $k \geq 1$, dieselbe Rekursion wie die Bernoulli-Polynome B_k, $k \geq 1$, stimmen also mit ihnen überein.

Wir haben auf diese Weise die so genannten F o u r i e r - E n t w i c k l u n g e n   d e r   B e r - n o u l l i - P o l y n o m e auf $[0, 1]$ erhalten. Da jedes Polynom vom Grad k eine Darstellung der Form $c_0 B_0(t) + \cdots + c_k B_k(t)$ mit konstanten Koeffizienten $c_0, \ldots, c_k$ hat, erhält man damit die Fourier-Entwicklungen sämtlicher Polynomfunktionen auf dem Intervall $[0, 1]$, vgl. auch Bd. 2, Beispiel 19.C.7.

Setzen wir $t = 0$ bei $k = 2m > 0$, so erhalten wir aus den obigen Darstellungen noch einmal die E u l e r s c h e n   F o r m e l n

$$B_{2m} = B_{2m}(0) = (-1)^{m-1} 2 \frac{(2m)!}{(2\pi)^{2m}} \sum_{n=1}^{\infty} \frac{1}{n^{2m}},$$

d.h.

$$\zeta(2m) = \sum_{n=1}^{\infty} \frac{1}{n^{2m}} = (-1)^{m-1} \frac{(2\pi)^{2m} B_{2m}}{2(2m)!},$$

vgl. das Ende von Beispiel 13.C.11. Man beachte, dass über die Newtonschen Formeln diese Eulerschen Formeln äquivalent sind mit der Produktdarstellung

$$\frac{\sin x}{x} = \prod_{k=1}^{\infty} \left(1 - \frac{x^2}{k^2 \pi^2}\right),$$

vgl. loc. cit. *Wir bekommen so einen neuen Beweis dieser Produktdarstellung.*

Ferner erhalten wir direkt Sign $B_{2m} = (-1)^{m-1}$ und wegen $\lim_{m\to\infty} \zeta(2m) = 1$ für $m \to \infty$ die asymptotischen Darstellungen

$$|B_{2m}| \sim 2 \frac{(2m)!}{(2\pi)^{2m}} \sim 4\sqrt{\pi m} \left(\frac{m}{\pi e}\right)^{2m}.$$

Für die zweite Darstellung haben wir die Stirlingsche Formel (vgl. 18.B.2) benutzt.

Es folgt, dass der Konvergenzradius der Potenzreihe

$$\frac{x}{e^x - 1} = \sum_{m=0}^{\infty} \frac{B_m x^m}{m!}$$

gleich 2π ist, vgl. Beispiel 12.E.7.

Setzen wir $t = 1/4$ in $B_{2m+1}(t)$, so ergibt sich

$$B_{2m+1}\left(\frac{1}{4}\right) = (-1)^{m-1} 2 \frac{(2m+1)!}{(2\pi)^{2m+1}} \sum_{n=0}^{\infty} \frac{(-1)^n}{(2n+1)^{2m+1}}$$

oder

$$\sum_{n=0}^{\infty} (-1)^n \frac{1}{(2n+1)^{2m+1}} = (-1)^{m-1} \frac{(2\pi)^{2m+1}}{2(2m+1)!} B_{2m+1}\left(\frac{1}{4}\right).$$

Mit den Gleichungen

$$B_{2m+1}\left(\frac{1}{4}\right) = \frac{1}{4^{2m+1}} \sum_{k=0}^{2m+1} \binom{2m+1}{k} 4^k B_k = (-1)^{m+1} \frac{2m+1}{4^{2m+1}} E_{2m}$$

gemäß 18.A.3 und Beispiel 12.E.8 bekommen diese Formeln die etwas handlichere Gestalt

$$\sum_{n=0}^{\infty} (-1)^n \frac{1}{(2n+1)^{2m+1}} = \frac{\pi^{2m+1} E_{2m}}{4^{m+1}(2m)!},$$

woraus übrigens $E_{2m} > 0$ folgt. Setzt man darin $m = 0$, so erhält man noch einmal die Summenformel der Leibniz-Reihe:

$$\sum_{n=0}^{\infty} (-1)^n \frac{1}{2n+1} = -\pi B_1\left(\frac{1}{4}\right) = \frac{\pi}{4} E_0 = \frac{\pi}{4}.$$

Schließlich ergibt sich eine Abschätzung für $\|B_k(t)\|_{[0,1]}$: Für $m \in \mathbb{N}$ ist $\|B_{2m}(t)\|_{[0,1]} = |B_{2m}|$ und für $m \in \mathbb{N}^*$ ist

$$\|B_{2m+1}(t)\|_{[0,1]} \leq 2\frac{(2m+1)!}{(2\pi)^{2m+1}} \zeta(2m+1) \leq 2\frac{(2m+1)!}{(2\pi)^{2m+1}} \zeta(2m) = \frac{2m+1}{2\pi} |B_{2m}|.$$

Wir kommen nun zu einer weiteren wichtigen Anwendung von 18.A.1.

18.A.8 Eulersche Summenformel *Seien m und n natürliche Zahlen. Für eine Funktion $f : [0, n] \to \mathbb{K}$ gilt*

$$f(0) + \cdots + f(n) = \frac{f(0) + f(n)}{2} + \int_0^n f(t)\, dt$$

$$+ \sum_{k=1}^{m} \frac{B_{2k}}{(2k)!} \left(f^{(2k-1)}(n) - f^{(2k-1)}(0) \right) + R$$

mit dem Restglied

$$R = \frac{1}{(2m+1)!} \int_0^n f^{(2m+1)}(t)\, B_{2m+1}\big(t - [t]\big)\, dt\,,$$

falls f $(2m+1)$-mal stetig differenzierbar ist, und mit

$$R = -\frac{1}{(2m)!} \int_0^n f^{(2m)}(t)\, B_{2m}\big(t - [t]\big)\, dt\,,$$

falls $m > 0$ und f $(2m)$-mal stetig differenzierbar ist. Ist f $(2m+2)$-mal stetig differenzierbar, so gilt für R auch die Darstellung

$$R = \frac{1}{(2m+2)!} \int_0^n f^{(2m+2)}(t)\, \big(B_{2m+2} - B_{2m+2}(t - [t])\big)\, dt\,.$$

B e w e i s . Man beachte, dass $B_N(t - [t])$ bei $N \neq 1$ wegen $B_N(0) = B_N(1)$ auf ganz $\mathbb{R}$ stetig ist. Im Fall $N = 1$ hat $B_N(t - [t])$ für $t \in \mathbb{Z}$ Sprungstellen, und wir lesen das Restglied dann als die Summe

$$R = \sum_{j=0}^{n-1} \int_j^{j+1} f'(t)\, B_1(t - j)\, dt\,.$$

Zum Beweis von 18.A.8 betrachten wir eine Stammfunktion F von f und wenden 18.A.1 auf die N-mal stetig differenzierbare Funktion $F(j + t)$ und die Bernoulli-Polynome im Intervall $[0, 1]$ an, $N := 2m + 2$ bzw. $N := 2m + 1$, haben also

$$F(j+1) = F(j) + \sum_{k=1}^{N-1} \frac{(-1)^{k-1}}{k!} \big(f^{(k-1)}(j+1)\, B_k(1) - f^{(k-1)}(j)\, B_k(0)\big)$$

$$+ \frac{(-1)^{N-1}}{(N-1)!} \int_0^1 f^{(N-1)}(j+t)\, B_{N-1}(t)\, dt\,.$$

Wegen $B_1(0) = -1/2$, $B_1(1) = 1/2$, $B_k(0) = B_k(1) = B_k$ für $k \neq 1$ und $B_k = 0$ für ungerades $k > 1$ ergibt sich

$$\frac{1}{2}\big(f(j+1) + f(j)\big) = \int_j^{j+1} f(t)\, dt + \sum_{k=1}^{m} \frac{B_{2k}}{(2k)!} \big(f^{(2k-1)}(j+1) - f^{(2k-1)}(j)\big)$$

$$+ \frac{(-1)^N}{(N-1)!} \int_j^{j+1} f^{(N-1)}(t)\, B_{N-1}(t - j)\, dt\,.$$

Addition dieser Formeln für $j = 0, \ldots, n - 1$ (und von $(f(0) + f(n))/2$ auf beiden Seiten) liefert nun die Behauptung. – Die dritte Darstellung von R folgt aus der zweiten, wenn man m durch $m + 1$ ersetzt.   ●

Im Allgemeinen benutzt man natürlich das erste oder das dritte Restglied in der Eulerschen Summenformel. Gelegentlich ist es vorteilhaft, in den Integranden dieser Restglieder die Funktionen $B_j(t - [t])$ durch ihre Fourier-Entwicklungen aus Beispiel 18.A.7 zu ersetzen. Auf Summen der Form $f(p) + \cdots + f(q)$ mit beliebigen ganzen Zahlen $p, q, p \leq q$, überträgt sich die Eulersche Summenformel einfach durch Verschieben. Wir werden davon kommentarlos Gebrauch machen. Für Beispiele verweisen wir auf den nächsten und den übernächsten Abschnitt.

Aufgaben

1. Die stetige Funktion $f : [0, 1] \to \mathbb{R}$ sei nichtnegativ und monoton fallend. Dann ist $(-1)^m \int_0^1 f(t) \, B_{2m+1}(t) \, dt \geq 0$ für alle $m \in \mathbb{N}$. (Man benutze Beispiel 18.A.6 (1).)

2. Die stetige Funktion $f : \mathbb{R}_+ \to \mathbb{R}$ sei monoton mit $\lim_{t \to \infty} f(t) = 0$. Dann existiert $\int_0^\infty f(t) \, B_{2m+1}(t - [t]) \, dt$ für alle $m \in \mathbb{N}$. Für jedes $n \in \mathbb{N}$ liegt der Wert des Integrals zwischen $\int_0^{n/2} f(t) \, B_{2m+1}(t - [t]) \, dt$ und $\int_0^{(n+1)/2} f(t) \, B_{2m+1}(t - [t]) \, dt$.

3. Sei $m \geq 1$. Das Polynom $B_{2m} - B_{2m}(t)$ hat auf dem Intervall $]0, 1[$ das konstante Vorzeichen Sign $B_{2m} = (-1)^{m-1}$. Ferner ist $\|B_{2m} - B_{2m}(t)\| = (4^m - 1)|B_{2m}|/2^{2m-1} < 2|B_{2m}|$ auf $[0, 1]$.

4. Die Funktion $f : [0, n] \to \mathbb{R}$ sei $(2m + 3)$-mal stetig differenzierbar, die Ableitungen $f^{(2m+1)}$ und $f^{(2m+3)}$ seien beide monoton auf $[0, n]$ vom gleichen Monotonietyp. Dann gilt für den Rest R in der Eulerschen Summenformel die Darstellung

$$R = \theta \frac{B_{2m+2}}{(2m + 2)!} \left(f^{(2m+1)}(n) - f^{(2m+1)}(0) \right)$$

mit $0 \leq \theta \leq 1$, d.h. der Fehler R liegt zwischen 0 und dem nächsten Glied, das nicht berücksichtigt wurde. (Vgl. 4.D, Aufg. 12.) Dieselbe Abschätzung für R gilt auch, wenn $f^{(2m+2)}$ und $f^{(2m+4)}$ existieren und beide nichtpositiv oder beide nichtnegativ sind.

5. Seien $I \subseteq \mathbb{R}$ ein Intervall, $a \in I$ und $f : I \to \mathbb{R}$ eine n-mal stetig differenzierbare Funktion. Für jedes $p \in \mathbb{N}$ mit $1 \leq p \leq n$ und jedes $x \in I$ gibt es dann ein c zwischen a und x mit

$$f(x) = \sum_{k=0}^{n-1} \frac{f^{(k)}(a)}{k!} (x - a)^k + \frac{f^{(n)}(c)}{(n - 1)! \, p} (x - c)^{n-p} (x - a)^p .$$

Diese Formel ist die Taylor-Formel mit einem neuen Restglied, dem so genannten S c h l ö - m i l c h s c h e n   R e s t g l i e d. Der Spezialfall $p = n$ liefert das Lagrangesche Restglied. Bei $p = 1$ spricht man auch vom C a u c h y s c h e n   R e s t g l i e d. – Das Cauchysche Restglied liefert häufig günstigere Abschätzungen als das Lagrangesche Restglied. – Zum Beweis wendet man den Verallgemeinerten Mittelwertsatz der Integralrechnung auf das Integralrestglied

$$\frac{1}{(n - 1)!} \int_a^x \left(f^{(n)}(t) \, (x - t)^{n-p} \right) (x - t)^{p-1} \, dt$$

aus 18.A.2 an. Ist f komplexwertig, so lässt sich dieses Restglied nur dem Betrage nach durch $|f^{(n)}(c)(x - c)^{n-p}(x - a)^p|/(n - 1)! \, p$ mit einem c zwischen a und x abschätzen.

6. Es ist $B_{2m}\left(\tfrac{1}{2}\right) = -(1 - 2^{1-2m})B_{2m}$ und $B_{2m}\left(\tfrac{1}{4}\right) = -2^{-2m}(1 - 2^{1-2m})B_{2m}$. (Man beachte 6.A, Aufg. 11a).)

7. Man berechne die Nullstellen der Polynome $B_{2m}(t)$ für $m = 1, \ldots, 5$ in $[0, 1]$ mit einem Fehler $\leq 10^{-6}$.

8. Für $t \in \mathbb{C}$ ist die Potenzreihenentwicklung von $x \mapsto x \exp(tx)/(\exp(x) - 1)$ um den Nullpunkt gleich

$$\frac{x \exp tx}{\exp x - 1} = \sum_{n=0}^{\infty} \frac{B_n(t)}{n!}\, x^n\,.$$

(Dies ist 18.A.3, vgl. 12.C, Aufg. 2.)

18.B Beispiele

Wir illustrieren die vielfältigen Anwendungsmöglichkeiten der Eulerschen Summenformel 18.A.8 an einigen Beispielen.

18.B.1 Beispiel Wenden wir 18.A.8 mit $m := [r/2]$ und $n + 1$ statt n auf die Funktion $f(t) = t^r$, $r \in \mathbb{N}$, an, so erhalten wir

$$0^r + \cdots + (n+1)^r = \frac{1}{2}\left(0^r + (n+1)^r\right) + \frac{1}{r+1}(n+1)^{r+1} + \sum_{j=1}^{[r/2]} \frac{B_{2j}}{(2j)!}[r]_{2j-1}(n+1)^{r-2j+1}$$

bzw. nach trivialen Umformungen die bereits am Ende von Beispiel 12.E.7 bewiesene Formel

$$\sum_{k=0}^{n} k^r = \frac{1}{r+1} \sum_{j=0}^{r} \binom{r+1}{j} B_j \cdot (n+1)^{r+1-j}\,.$$

18.B.2 Beispiel (S t i r l i n g s c h e   F o r m e l n) Für die Funktion $f(t) = \ln(1 + t)$ ist $f^{(k)}(t) = (-1)^{k-1}(k-1)!/(1+t)^k$, $k \in \mathbb{N}^*$, und $\int f(t)\, dt = (1+x)\ln(1+x) - x$. Wenden wir 18.A.8 auf f mit $n - 1$ statt n an, so folgt für alle $m \in \mathbb{N}$

$$\ln 1 + \cdots + \ln n = \frac{1}{2}\ln n + n \ln n - (n-1) + \sum_{k=1}^{m} \frac{B_{2k}}{(2k)!}\left(\frac{(2k-2)!}{n^{2k-1}} - (2k-2)!\right)$$

$$+ \frac{(2m)!}{(2m+1)!} \int_{0}^{n-1} \frac{B_{2m+1}(t - [t])}{(1+t)^{2m+1}}\, dt\,,$$

$$\ln n! = \left(\frac{1}{2} + n\right)\ln n - n + 1 + \sum_{k=1}^{m} \frac{B_{2k} \cdot (1 - n^{2k+1})}{2k(2k-1)\, n^{2k+1}} + \frac{1}{2m+1} \int_{1}^{n} \frac{B_{2m+1}(t - [t])}{t^{2m+1}}\, dt\,.$$

Für alle $m \in \mathbb{N}$ existiert $\int_{1}^{\infty} B_{2m+1}(t - [t])\, dt/t^{2m+1}$, vgl. 18.A, Aufg. 2. Daher konvergiert die Folge $\ln n! - ((1/2) + n)\ln n + n$, und zwar gegen

$$s := 1 - \sum_{k=1}^{m} \frac{B_{2k}}{2k(2k-1)} + \frac{1}{(2m+1)} \int_{1}^{\infty} \frac{B_{2m+1}(t - [t])}{t^{2m+1}} \, dt \, .$$

Wir erhalten

$$\ln n! = (\tfrac{1}{2} + n) \ln n - n + s + \sum_{k=1}^{m} \frac{B_{2k}}{2k(2k-1)} \frac{1}{n^{2k-1}} - \frac{1}{(2m+1)} \int_{n}^{\infty} \frac{B_{2m+1}(t - [t])}{t^{2m+1}} \, dt \, .$$

Nach 18.A, Aufg. 4 ist das Restglied $\theta B_{2m+2}/(2m+2)(2m+1)n^{2m+1}$ mit $0 \le \theta \le 1$. Es folgt

$$n! = e^{s} \sqrt{n} \left(\frac{n}{e}\right)^{n} \exp\left(\sum_{k=1}^{m} \frac{B_{2k}}{2k(2k-1)} \frac{1}{n^{2k-1}} + \theta \frac{B_{2m+2}}{(2m+2)(2m+1)} \frac{1}{n^{2m+1}} \right) \, .$$

Mit $n! \sim e^{s} \sqrt{n}\, (n/e)^{n}$ und dem Wallisschen Produkt $(2n)!\sqrt{\pi n} \sim 4^{n}(n!)^{2}$, vgl. Beispiel 16.B.6 (4), ergibt sich $e^{s} = \sqrt{2\pi}$, $s = \tfrac{1}{2} \ln (2\pi)$. Setzt man $s_{n} := \sqrt{2\pi n}\, (n/e)^{n}$ und der Reihe nach $m = 0, 1, 2, 3$, so bekommt man die folgende Schachtelung für $n!$:

$$s_{n} < s_{n} \exp\left(\frac{1}{12n} - \frac{1}{360n^{3}}\right) < n! < s_{n} \exp\left(\frac{1}{12n} - \frac{1}{360n^{3}} + \frac{1}{1260n^{5}}\right) < s_{n} \exp\left(\frac{1}{12n}\right) \, .$$

Diese S t i r l i n g s c h e n   F o r m e l n lassen sich direkt auf die Fakultätsfunktion $x! = \Gamma(x+1) = x\Gamma(x)$ verallgemeinern. Zunächst ergeben sich mit der Funktion $f(t) = \ln (x+t)$, $x \in \mathbb{C} - \mathbb{R}_{-}$ fest, aus der Eulerschen Summenformel die Gleichungen

$$\sum_{\nu=0}^{n-1} \ln (x+\nu) = \left(x - \frac{1}{2} + n\right) \ln (x-1+n) - n + 1 - \left(x - \frac{1}{2}\right) \ln x +$$

$$+ \sum_{k=1}^{m} \frac{B_{2k}}{2k(2k-1)} \left(\frac{1}{(x-1+n)^{2k-1}} - \frac{1}{x^{2k-1}}\right) - \frac{1}{2m+2} \int_{1}^{n} \frac{(B_{2m+2} - B_{2m+2}(t - [t]))}{(x-1+t)^{2m+2}} \, dt$$

(wobei wir dieses Mal die dritte Gestalt des Restgliedes in 18.A.8 gewählt haben); insbesondere folgt für ($m = 0$ und) $\operatorname{Re} x > 0$

$$\sum_{\nu=0}^{n-1} \ln (x+\nu) = \left(x - \frac{1}{2} + n\right) \ln (x-1+n) - n + 1 - \left(x - \frac{1}{2}\right) \ln x + O\left(\frac{1}{\operatorname{Re} x}\right),$$

was wir in Beispiel 8.B.14 benutzt haben. (Die Konstante in $O(1/\operatorname{Re} x)$ ist unabhängig von n; man kann dafür etwa $1/8$ wählen, bei $x \in \mathbb{R}_{+}^{\times}$ sogar $B_{2}/2 = 1/12$, vgl. 18.A, Aufg. 4.)

Mit der Gaußschen Produktdarstellung 17.B.3 der Γ-Funktion und der obigen Darstellung von $\ln n!$ erhält man

$$\ln \Gamma(x) = \lim_{n \to \infty} \left(x \ln n + \ln n! - \sum_{\nu=0}^{n} \ln (x+\nu)\right) = -x + \left(x - \frac{1}{2}\right) \ln x + \frac{1}{2} \ln (2\pi) +$$

$$+ \sum_{k=1}^{m} \frac{B_{2k}}{2k(2k-1)} \frac{1}{x^{2k-1}} + \frac{1}{2m+2} \int_{0}^{\infty} \frac{(B_{2m+2} - B_{2m+2}(t - [t]))}{(x+t)^{2m+2}} \, dt$$

(unter Berücksichtigung von $\lim_{n \to \infty}(x + (1/2) + n)(\ln n - \ln (x+n)) = -x$).

Schließlich folgt für $\operatorname{Re} x > 0$

$$x! = x\,\Gamma(x) = \sqrt{2\pi x}\,\left(\frac{x}{e}\right)^x \exp\Big(\sum_{k=1}^{m}\frac{B_{2k}}{2k(2k-1)}\frac{1}{x^{2k-1}} + O\Big(\frac{1}{(\operatorname{Re} x)^{2m+1}}\Big)\Big),$$

wobei $|O\,(1/(\operatorname{Re} x)^{2m+1})| \le 2|B_{2m+2}|/(2m+2)(2m+1)(\operatorname{Re} x)^{2m+1}$ ist (vgl. 18.A, Aufg. 3). Für $x \in \mathbb{R}_+^\times$ ist $O\,(1/x^{2m+1}) = \theta B_{2m+2}/(2m+2)(2m+1)x^{2m+1}$ mit $0 \le \theta \le 1$ (vgl. 18.A, Aufg. 4). Auch hier spricht man von den Stirlingschen Formeln.

18.B.3 Beispiel Sei $f : [n_0, \infty[\to \mathbb{K}, n_0 \in \mathbb{N}$, eine r-mal stetig differenzierbare Funktion. Für ein $\sigma > 1$ gelte $f^{(v)}(t) = O(1/t^{\sigma+v})$ für $t \to \infty$ und alle $v = 0, \ldots, r$. Dann existieren $\sum_{k=n_0}^{\infty} f(k)$ und $\int_{n_0}^{\infty} f(t)\,dt$. Die Eulersche Summenformel 18.A.8 liefert

$$\sum_{k=n_0}^{\infty} f(k) = \sum_{k=n_0}^{n-1} f(k) + \sum_{k=n}^{\infty} f(k)$$

$$= \sum_{k=n_0}^{n-1} f(k) + \frac{1}{2}f(n) + \int_{n}^{\infty} f(t)\,dt - \sum_{j=1}^{m}\frac{B_{2j}}{(2j)!}f^{(2j-1)}(n) + R$$

mit $\;R = \dfrac{1}{(2m+1)!}\displaystyle\int_{n}^{\infty} f^{(2m+1)}(t)B_{2m+1}(t-[t])\,dt = O\Big(\dfrac{1}{n^{\sigma+2m}}\Big)\;$ bei $r \ge 2m+1$ und

$$R = \frac{1}{(2m+2)!}\int_{n}^{\infty} f^{(2m+2)}(t)\big(B_{2m+2} - B_{2m+2}(t-[t])\big)\,dt = O\Big(\frac{1}{n^{\sigma+2m+1}}\Big) \text{ bei } r \ge 2m+2.$$

Auf diese Weise lässt sich der Summenwert $\sum_{k=n_0}^{\infty} f(k)$ häufig sehr gut approximieren. Ist zum Beispiel $g : [0, 1/n_0] \to \mathbb{K}$ eine analytische Funktion, die im Nullpunkt mit einer Ordnung $\sigma \ge 2$ verschwindet und dort die Potenzreihenentwicklung $g(t) = \sum_{k=n_0}^{\infty} a_k t^k$ hat, so erfüllt $f(t) := g(1/t)$ auf $[n_0, \infty[$ wegen $f^{(v)}(t) = (-1)^v \sum_{k=\sigma}^{\infty}[k+v-1]_v a_k/t^{k+v}$ (für große t) die obigen Voraussetzungen für σ und alle r. Dabei ist noch die Entwicklung

$$\int_{n}^{\infty} f(t)\,dt = \int_{0}^{1/n}\frac{g(t)}{t^2}\,dt = \sum_{k=\sigma-1}^{\infty}\frac{a_{k+1}}{kn^k} = \sum_{k=\sigma-1}^{\sigma+2m}\frac{a_{k+1}}{kn^k} + O\Big(\frac{1}{n^{\sigma+2m+1}}\Big)$$

nützlich (n hinreichend groß), falls $\int_{n}^{\infty} f(t)\,dt$ schwer zugänglich ist. Ähnlich kann man die Ableitungen $f^{(2j-1)}(n)$, $j \ge 1$, approximieren:

$$f^{(2j-1)}(n) = -\sum_{k=\sigma}^{\sigma+2(m-j)+1}[k+2j-2]_{2j-1}\frac{a_k}{n^{k+2j-1}} + O\Big(\frac{1}{n^{\sigma+2m+1}}\Big).$$

Durch Einsetzen erhält man schließlich:

$$\sum_{k=n_0}^{\infty} f(k) = \sum_{k=n_0}^{n-1} f(k) + \frac{1}{2}f(n) + \sum_{k=\sigma-1}^{\sigma+2m}\frac{b_k}{n^k} + O\Big(\frac{1}{n^{\sigma+2m+1}}\Big)$$

mit

$$b_k := \frac{a_{k+1}}{k} + \sum_{j=1}^{m} [k-1]_{2j-1}\, \frac{B_{2j}}{(2j)!}\, a_{k-2j+1} = \frac{1}{k} \sum_{j=0}^{m} \binom{k}{2j} B_{2j} a_{k+1-2j}\,.$$

Als explizites Beispiel sei hier das folgende Problem betrachtet: Einem Kreis mit dem Radius $r_2 := 1$ werde ein regelmäßiges Dreieck umbeschrieben, diesem ein Kreis mit dem Radius r_3, diesem ein Quadrat mit einem Umkreis vom Radius r_4, diesem Umkreis ein Fünfeck mit einem Umkreisradius r_5. So fortfahrend, erhält man eine Folge von Radien r_n, $n \geq 2$, die der Rekursion $r_n = r_{n-1}/\cos(\pi/n)$, $n \geq 3$, genügen. Die Folge $r_n = \prod_{k=3}^{n} 1/\cos(\pi/k)$, $n \geq 2$, konvergiert gegen einen Grenzradius

$$r_\infty = \prod_{k=3}^{\infty} \frac{1}{\cos(\pi/k)} \quad \text{mit} \quad \ln r_\infty = -\sum_{k=3}^{\infty} \ln \cos(\pi/k)\,.$$

Wir wenden die obige Bemerkung auf $g(t) = -\ln\cos(\pi t)$, $f(t) = -\ln\cos(\pi/t)$ an. Wegen

$$g'(t) = \pi\,\tan \pi t = \sum_{k=1}^{\infty} (-1)^{k-1} \frac{B_{2k}}{(2k)!}\, (2\pi)^{2k}(2^{2k}-1)\, t^{2k-1}$$

(vgl. Beispiel 12.E.7) ist

$$g(t) = \sum_{k=1}^{\infty} \frac{(-1)^{k-1}}{2k}\, \frac{B_{2k}}{(2k)!}\, (2\pi)^{2k}(2^{2k}-1)\, t^{2k}\,.$$

Es ist also $\sigma = 2$, und für $m = 4$ ergibt sich

$$\ln r_\infty = \sum_{k=3}^{n-1} f(k) + \frac{1}{2} f(n) + \frac{\pi^2}{2n} + \frac{\pi^2}{12n^3}\left(\frac{\pi^2}{3}+1\right) + \frac{\pi^2}{3n^5}\left(\frac{\pi^4}{75} + \frac{\pi^2}{12} - \frac{1}{20}\right) +$$

$$+ \frac{\pi^2}{6n^7}\left(\frac{17\pi^6}{2940} + \frac{\pi^4}{15} - \frac{\pi^2}{12} + \frac{1}{14}\right) + \frac{\pi^2}{3n^9}\left(\frac{31\pi^8}{42525} + \frac{17\pi^6}{1260} - \frac{7\pi^4}{225} + \frac{\pi^2}{18} - \frac{1}{20}\right) + O\!\left(\frac{1}{n^{11}}\right).$$

Wertet man diese Formel (ohne das Fehlerglied) für $n = 3, 4, \ldots, 10$ aus, so erhält man der Reihe nach die folgenden Näherungen für r_∞:

$$8,6852648 \qquad 8,6995455 \qquad 8,6999982 \qquad 8,7000317$$
$$8,7000357 \qquad 8,7000364 \qquad 8,7000366 \qquad 8,7000366\,.$$

18.B.4 Beispiel (Riemannsche Zeta-Funktion · Eulersche Konstante · Riemannsche Vermutung) Sei $s \in \mathbb{C}$ mit $\operatorname{Re} s > 1$. Wenden wir Beispiel 18.B.3 auf $f : t \mapsto 1/t^s$, $t \geq 1$, an, so erhalten wir wegen $f^{(v)}(t) = [-s]_v/t^{s+v} = (-1)^v [s+v-1]_v/t^{s+v}$ für alle $m \in \mathbb{N}$ und $n \in \mathbb{N}^*$

$$\zeta(s) = \sum_{k=1}^{\infty} \frac{1}{k^s} = \sum_{k=1}^{n-1} \frac{1}{k^s} + \frac{1}{2n^s} + \frac{1}{(s-1)n^{s-1}} + \sum_{j=1}^{m} \frac{B_{2j}}{2j}\binom{s+2j-2}{2j-1}\frac{1}{n^{s+2j-1}} + R$$

mit

$$R = -\binom{s+2m}{2m+1}\int_{n}^{\infty} \frac{B_{2m+1}(t-[t])}{t^{s+2m+1}}\, dt = \binom{s+2m+1}{2m+2}\int_{n}^{\infty} \frac{B_{2m+2} - B_{2m+2}(t-[t])}{t^{s+2m+2}}\, dt\,.$$

Insbesondere ist $R = \theta\binom{s+2m}{2m+1} B_{2m+2}/(2m+2)n^{s+2m+1}$ mit $0 \le \theta \le 1$ für $s \in \mathbb{R}$, $s > 1$. Diese Formeln erlauben es, $\zeta(s)$ mit wenigen Gliedern der definierenden Reihe $\sum_{k=1}^{\infty} 1/k^s$ sehr genau zu berechnen.

Da ferner die uneigentlichen Integrale in der Darstellung von R für alle $s \in \mathbb{C}$ mit $\mathrm{Re}\, s > -(2m+1)$ existieren, liefert die rechte Seite der obigen Gleichung für $\zeta(s)$ eine natürliche Fortsetzung von $\zeta(s)$ für alle $s \in \mathbb{C}$ mit $\mathrm{Re}\, s > -(2m+1)$ und $s \ne 1$. Da $m \in \mathbb{N}$ beliebig gewählt werden kann, *ist somit die Riemannsche Zeta-Funktion $\zeta(s)$ für alle $s \in \mathbb{C} - \{1\}$ definiert.* Aus 17.A.9 folgt überdies die Differenzierbarkeit und damit die Analytizität von $\zeta(s)$, vgl. Bemerkung 13.B.3.[1])

Für $p \in \mathbb{N}^*$, $2m > p$ und $n = 1$ ergibt sich mit $\dfrac{1}{2j}\dbinom{-p+2j-2}{2j-1} = -\dfrac{1}{(p+1)}\dbinom{p+1}{2j}$

$$\zeta(-p) = \frac{1}{2} - \frac{1}{p+1} - \sum_{j=1}^{m} \frac{B_{2j}}{p+1} \cdot \binom{p+1}{2j} = -\frac{1}{p+1} \sum_{v=0}^{2m} B_v \cdot \binom{p+1}{v} = -\frac{B_{p+1}}{p+1},$$

da $\sum_{v=0}^{p} B_v \cdot \dbinom{p+1}{v} = 0$ ist (vgl. 18.A.4). Damit sieht man $\zeta(0) = -\dfrac{1}{2}$, $\zeta(1-q) = -\dfrac{B_q}{q}$ für $q \in \mathbb{N}$, $q \ge 2$, speziell:

$$\zeta(-2p) = 0 \ \text{ für } \ p \in \mathbb{N}^* \quad \text{ und } \quad \zeta(-1)\Big(= \sum_{k=1}^{\infty} \frac{1}{k^{-1}} = 1 + 2 + 3 + \cdots\Big) = -\frac{1}{12}.$$

Die Funktion $\eta(s) := \zeta(s) - (1/(s-1))$ ist auf ganz $\mathbb{C}$ differenzierbar, d.h. analytisch. Wegen $\lim_{s\to 1}(n^{1-s} - 1)/(s-1) = -\ln n$ hat man für alle $m \in \mathbb{N}$ und alle $n \in \mathbb{N}^*$

$$\eta(1) = \sum_{k=1}^{n-1} \frac{1}{k} + \frac{1}{2n} - \ln n + \sum_{j=1}^{m} \frac{B_{2j}}{2j} \frac{1}{n^{2j}} + R_{m,n}$$

mit $R_{m,n} = -\int_n^{\infty} B_{2m+1}(t - [t])\, dt/t^{2m+2} = \int_n^{\infty}\big(B_{2m+2} - B_{2m+2}(t - [t])\big)\, dt/t^{2m+3}$. Insbesondere ist $R_{m,n} = \theta_{m,n} B_{2m+2}/(2m+2)n^{2m+2}$ mit $0 \le \theta_{m,n} \le 1$ (vgl. 18.A, Aufg. 4). Ferner folgt, *dass*

$$\eta(1) = \gamma = \lim_{n\to\infty}\Big(\sum_{k=1}^{n} \frac{1}{k} - \ln n\Big)$$

die Eulersche Konstante ist, vgl. Beispiel 4.F.10. *Somit gilt*

$$\zeta(s) = \frac{1}{s-1} + \eta(s) = \frac{1}{s-1} + \gamma + O(s-1)$$

für $s \to 1$ mit der Eulerschen Konstanten

$$\gamma = \sum_{k=1}^{n-1} \frac{1}{k} + \frac{1}{2n} - \ln n + \frac{1}{12n^2} - \frac{1}{120n^4} + \frac{1}{252n^6} - \frac{1}{240n^8} + \theta_{4,n}\frac{1}{132n^{10}}.$$

Wenden wir die obigen Überlegungen mit $m = 0$ und $n = 1$ an, so erhalten wir im Bereich $-1 < \mathrm{Re}\, s < 0$ für $\zeta(s)$ die folgende Darstellung:

---

[1]) Die Analytizität ergibt sich auch leicht direkt: Man entwickle den Integranden bzgl. s in eine Potenzreihe und integriere gliedweise.

$$\zeta(s) = \frac{1}{2} + \frac{1}{s-1} + \binom{s+1}{2} \int_1^\infty \frac{B_2 - B_2(t - [t])}{t^{s+2}} \, dt$$

$$= \frac{1}{2} + \frac{1}{s-1} + \binom{s+1}{2} \int_0^\infty \frac{B_2 - B_2(t - [t])}{t^{s+2}} \, dt - \binom{s+1}{2} \int_0^1 \frac{(1-t)}{t^{s+1}} \, dt$$

$$= \binom{s+1}{2} \int_0^\infty \frac{B_2 - B_2(t - [t])}{t^{s+2}} \, dt \, .$$

(Es ist $B_2(t) = t^2 - t + \frac{1}{6}$.) Beachten wir die Gleichungen

$$B_2 - B_2(t - [t]) = \frac{1}{\pi^2} \sum_{n=1}^\infty \frac{1 - \cos 2\pi nt}{n^2}$$

und

$$\frac{1}{\pi^2 n^2} \int_0^\infty \frac{1 - \cos 2\pi nt}{t^{s+2}} \, dt = \frac{2^{s+1} \pi^s n^{s-1}}{2\Gamma(s+2) \, \cos(\pi s/2)}$$

(vgl. Beispiel 18.A.7 bzw. 17.B, Aufg. 11c)), so ergibt sich für die angegebenen s die folgende Funktionalgleichung der ζ– Funktion

$$\zeta(s) = \binom{s+1}{2} \frac{2^{s+1} \pi^s}{2\Gamma(s+2) \, \cos(\pi s/2)} \sum_{n=1}^\infty \frac{1}{n^{1-s}} = \frac{2^{s-1} \pi^s}{\Gamma(s) \, \cos(\pi s/2)} \zeta(1-s) \, ,$$

denn Summation und Integration sind nach 17.A.7 offensichtlich vertauschbar. Da alle in dieser Gleichung auftretenden Funktionen auf ihren Definitionsbereichen analytisch sind, *gilt sie wegen des Identitätssatzes für alle s, für die sie interpretiert werden kann.* Unter Benutzung der Verdoppelungsformel $\Gamma(s) = 2^{s-1} \Gamma(s/2) \, \Gamma((s+1)/2)/\sqrt{\pi}$ aus 17.B.5 und der Ergänzungsformel $\Gamma((1+s)/2)\Gamma((1-s)/2) = \pi/\cos(\pi s/2)$ aus 17.B, Aufg. 4 erhält sie die folgende symmetrische (für Anwendungen aber nicht immer günstigste) Gestalt:

18.B.5 Funktionalgleichung der Zeta-Funktion *Die Riemannsche Zeta-Funktion $\zeta(s)$ erfüllt die Funktionalgleichung*

$$\pi^{-s/2} \, \Gamma\!\left(\frac{s}{2}\right)\zeta(s) = \pi^{-(1-s)/2} \, \Gamma\!\left(\frac{1-s}{2}\right)\zeta(1-s) \, .$$

Man bezeichnet die Funktion auf der linken Seite dieser Gleichung gewöhnlich mit $\xi(s)$. Damit lautet 18.B.5 einfach: $\xi(s) = \xi(1-s)$. Auf Grund der Funktionalgleichung sind die Gleichungen $\zeta(1 - 2q) = -B_{2q}/2q$ und die Eulerschen Gleichungen $\zeta(2q) = (-1)^{q-1}(2\pi)^{2q} B_{2q}/2(2q)!$ für $q \in \mathbb{N}^*$ äquivalent.

18.B.5 gestattet ferner die folgenden Aussagen über die Nullstellen der ζ-Funktion: Da $\zeta(s)$ für $\mathrm{Re}\, s > 1$ keine Nullstelle besitzt (vgl. 6.B, Aufg. 8b)) und $\Gamma(s)$ nirgendwo verschwindet, kann $\zeta(s)$ für $\mathrm{Re}\, s < 0$ nur dort verschwinden, wo $\Gamma(s/2)$ nicht definiert ist. Dies ergibt die schon berechneten Nullstellen $s = -2p$, $p \in \mathbb{N}^*$, von $\zeta(s)$. Sie heißen die t r i v i a l e n N u l l s t e l l e n der ζ-Funktion. Alle anderen Nullstellen (von denen es ebenfalls unendlich viele gibt) liegen notwendigerweise im „k r i t i s c h e n" S t r e i f e n $0 \le \mathrm{Re}\, s \le 1$ und sind dort wegen $\zeta(\bar{s}) = \overline{\zeta(s)}$ symmetrisch zur reellen Achse und wegen 18.B.5 symmetrisch zur „k r i t i s c h e n" G e r a d e n $\mathrm{Re}\, s = 1/2$. Die wohl berühmteste Vermutung der Mathematik, die so genannte R i e m a n n s c h e V e r m u t u n g, besagt, dass alle nicht-trivialen Nullstellen von $\zeta(s)$ sogar auf der kritischen Geraden $\mathrm{Re}\, s = 1/2$ liegen.

Die Nullstellen auf der kritischen Geraden sind numerisch nicht allzu schwer zu bestimmen. Sie stimmen mit denen der oben eingeführten Funktion $\xi(s) = \pi^{-s/2}\,\Gamma(s/2)\,\zeta(s)$ überein. Außerdem ist $\xi(s) = \xi(1-s) = \overline{\xi(\overline{s})}$ wegen $\xi\left(\frac{1}{2}+\mathrm{i}t\right) = \xi\left(\frac{1}{2}-\mathrm{i}t\right) = \overline{\xi\left(\frac{1}{2}+\mathrm{i}t\right)}$ für $t \in \mathbb{R}$ auf der kritischen Geraden reellwertig. Jeder Vorzeichenwechsel der Funktion $t \mapsto \xi\left(\frac{1}{2}+\mathrm{i}t\right)$ auf $\mathbb{R}$ liefert also eine Nullstelle von $\zeta(s)$ auf der kritischen Geraden (und umgekehrt verursacht jede Nullstelle *ungerader* Ordnung von $\zeta(s)$ auf der kritischen Geraden einen solchen Vorzeichenwechsel).

Bei gegebenem (nicht zu großen) $T > 0$ lässt sich nun die Riemannsche Vermutung für $|\,\mathrm{Im}\,s| \leq T$ prüfen, da die Gesamtzahl der Nullstellen von $\zeta(s)$ (unter Berücksichtigung ihrer Vielfachheiten) in einem Rechteck $0 \leq \mathrm{Re}\,s \leq 1$, $0 \leq \mathrm{Im}\,s \leq T$ mit relativ einfachen Mitteln der Funktionentheorie genau genug abgeschätzt werden kann. In diesem Sinne ist die Riemannsche Vermutung für die ersten $1{,}5 \cdot 10^9$ Nullstellen mit positivem Imaginärteil im kritischen Streifen bestätigt worden, wobei alle bislang gefundenen Nullstellen einfach sind. (Man erweitert die Riemannsche Vermutung häufig dahingehend, dass die nicht-trivialen Nullstellen von $\zeta(s)$ nicht nur alle auf der kritischen Geraden liegen, sondern darüber hinaus alle einfach sind. – Mehrfache Nullstellen könnten bei numerischer Verifikation zu großen Schwierigkeiten führen, die von gerader positiver Ordnung beispielsweise könnten ganz übersehen werden.) Die Nullstellen ρ mit $|\,\mathrm{Im}\,\rho| \leq 30$ von $\zeta(s)$ im kritischen Streifen sind

$$\tfrac{1}{2} \pm \mathrm{i} \cdot 14{,}134725\ldots\,, \quad \tfrac{1}{2} \pm \mathrm{i} \cdot 21{,}022040\ldots\,, \quad \tfrac{1}{2} \pm \mathrm{i} \cdot 25{,}010856\ldots\,.$$

Allgemein weiß man bis heute nur: *Die nicht-trivialen Nullstellen der Riemannschen ζ-Funktion liegen im Inneren des kritischen Streifens* $0 \leq \mathrm{Re}\,s \leq 1$, d.h. es gilt:

18.B.6 Satz *Die Riemannsche ζ-Funktion $\zeta(s)$ hat keine Nullstelle auf der punktierten Geraden* $\{s \in \mathbb{C} \mid \mathrm{Re}\,s = 1\,, s \neq 1\}$ *(und folglich auch keine Nullstelle auf der imaginären Achse* $\mathbb{R}\,\mathrm{i}$*).*

B e w e i s. Gemäß 13.C, Aufg. 29 lässt sich die Nullstellenordnung einer analytischen Funktion in einem Punkt ihres Definitionsbereichs mit dem Logarithmus berechnen. Wir wollen daher zunächst einen Logarithmus $g(s) := \log\zeta(s)$ von $\zeta(s)$ für $\mathrm{Re}\,s > 1$ bestimmen, d.h. eine Funktion $g(s)$ mit $e^{g(s)} = \zeta(s)$.[2] Die Ableitung von $g(s)$ ist dann notwendigerweise $g'(s) = \zeta'(s)/\zeta(s)$. Für $\mathrm{Re}\,s > 1$ gilt nach 14.E, Aufg. 2c) $\zeta'(s) = -\sum_{n=1}^{\infty} \ln n/n^s$.

Wegen $g'(s)\zeta(s) = \zeta'(s)$ suchen wir also die Funktion $\Lambda(n)$, $n \in \mathbb{N}^*$, deren Summatorfunktion $\ln n$, $n \in \mathbb{N}^*$, ist, vgl. 14.E, Aufg. 2e). Dies ist die so genannte v o n M a n g o l d t s c h e F u n k t i o n

$$\Lambda(n) := \begin{cases} \ln p\,, & \text{falls } n > 1 \text{ eine Potenz der Primzahl } p \text{ ist,} \\ 0 & \text{sonst.} \end{cases}$$

Für eine Zahl $n \in \mathbb{N}^*$ mit der kanonischen Primfaktorzerlegung $n = p_1^{\alpha_1} \cdots p_r^{\alpha_r}$ gilt nämlich

$$\sum_{d|n} \Lambda(d) = \sum_{\rho=1}^{r} \left(\sum_{i=1}^{\alpha_\rho} \ln p_\rho\right) = \sum_{\rho=1}^{r} \alpha_\rho \ln p_\rho = \ln n\,. \quad \text{Somit ist} \quad \frac{\zeta'(s)}{\zeta(s)} = -\sum_{n=1}^{\infty} \frac{\Lambda(n)}{n^s}\,.$$

Man beachte, dass die Konvergenzabszisse dieser Dirichlet-Reihe 1 ist. Durch gliedweises

---

[2]) Die folgenden Rechnungen sind auch unabhängig vom vorliegenden Beweis interessant.

Integrieren erhält man daraus die Dirichlet-Reihe

$$g(s) = \log \zeta(s) := \sum_{n>1} \frac{\Lambda(n)}{\ln n} \cdot \frac{1}{n^s} \,,$$

die ebenfalls die Konvergenzabszisse 1 hat und den gesuchten Logarithmus von $\zeta(s)$ für $\operatorname{Re} s > 1$ definiert. Nach 14.E.1 ist nämlich $g'(s) = \zeta'(s)/\zeta(s)$. Folglich ist $\zeta(s)/e^{g(s)}$ eine Konstante, die wegen $\lim\limits_{s\to\infty, s\in\mathbb{R}} g(s) = 0$, also $\lim\limits_{s\to\infty, s\in\mathbb{R}} \zeta(s) = \lim\limits_{s\to\infty, s\in\mathbb{R}} e^{g(s)} = 1$ gleich 1 ist. Bei $s \in \mathbb{R}$, $s > 1$, gilt $\log \zeta(s) = \ln \zeta(s)$, d.h. es handelt sich dann um den gewöhnlichen Logarithmus. Mit 6.B, Aufg. 8b) gewinnt man für $\operatorname{Re} s > 1$ aber auch direkt

$$\ln \zeta(s) = -\sum_{p\in P} \ln(1 - p^{-s}) = \sum_{p\in P} \sum_{m\in\mathbb{N}^*} \frac{1}{m \, p^{sm}} = \sum_{n>1} \frac{\Lambda(n)}{\ln n} \cdot \frac{1}{n^s} \,.$$

Nach 13.C, Aufg. 29 hat nun $\zeta(s)$ im Punkt $1 + \mathrm{i}\tau$ die Nullstellenordnung

$$\nu(1 + \mathrm{i}\tau) = \operatorname{Re} \lim_{\varepsilon\to 0+} \frac{\log \zeta(1 + \varepsilon + \mathrm{i}\tau)}{\ln \varepsilon} \,,$$

falls $\tau \in \mathbb{R}^\times$ ist, und bei $\tau = 0$ gilt

$$\lim_{\varepsilon\to 0+} \frac{\log \zeta(1 + \varepsilon)}{\ln \varepsilon} = \lim_{\varepsilon\to 0+} \frac{\ln\left(\frac{1}{\varepsilon}(1 + O(\varepsilon))\right)}{\ln \varepsilon} = -1 \,,$$

vgl. loc. cit. Für beliebiges $\tau \in \mathbb{R}$ und $\varepsilon \in \mathbb{R}_+^\times$ ist nun

$$\operatorname{Re} \log \zeta(1 + \varepsilon + \mathrm{i}\tau) = \sum_{n=2}^{\infty} \frac{\Lambda(n)}{\ln n} \operatorname{Re} \frac{1}{n^{1+\varepsilon+\mathrm{i}\tau}} = \sum_{n=2}^{\infty} \frac{\Lambda(n)}{n^{1+\varepsilon} \ln n} \cos(\tau \ln n) \,.$$

Wegen $0 \le (1 + \sqrt{2} \cos\alpha)^2 = 1 + 2\sqrt{2} \cos\alpha + 2\cos^2\alpha = 2 + 2\sqrt{2} \cos\alpha + \cos 2\alpha$ für $\alpha \in \mathbb{R}$ und $\Lambda(n)/n^{1+\varepsilon} \ln n \ge 0$ für alle $n > 1$ gilt demnach

$$0 \le 2 \log \zeta(1 + \varepsilon) + 2\sqrt{2} \operatorname{Re} \log \zeta(1 + \varepsilon + \mathrm{i}\tau) + \operatorname{Re} \log \zeta(1 + \varepsilon + 2\mathrm{i}\tau) \,.$$

Dividieren wir durch $\ln \varepsilon$ (man beachte $\ln \varepsilon < 0$ für $0 < \varepsilon < 1$) und lassen ε gegen 0 gehen, so erhalten wir $0 \ge -2 + 2\sqrt{2}\,\nu(1 + \mathrm{i}\tau) + \nu(1 + 2\mathrm{i}\tau)$. Dies ist bei $\tau \ne 0$ wegen $\nu(1 + \mathrm{i}\tau)$, $\nu(1 + 2\mathrm{i}\tau) \in \mathbb{N}$ und $2\sqrt{2} > 2$ nur möglich, wenn $\nu(1 + \mathrm{i}\tau) = 0$ ist.   ●

Aus 18.B.6 lässt sich recht schnell der Primzahlsatz $\pi(x) \sim x/\ln x$ für $(x \in \mathbb{R}$ und$)$ $x \to \infty$ folgern. Unter Verwendung ziemlich einfacher funktionentheoretischer Mittel ist dies übersichtlich ausgeführt in dem (auch generell empfehlenswerten) Lehrbuch: Freitag, E. und Busam, R.: Funktionentheorie, Berlin 1993.

Auf Grund ihrer großen Bedeutung für die Zahlentheorie ist die Riemannsche Zeta-Funktion eine der bestuntersuchten nicht-elementaren Funktionen.[3] Die ζ-Funktion ist ferner bei vielen numerischen Problemen wichtig, unter anderem wegen des engen Zusammenhangs mit den Integralen $\int_n^\infty B_m(t-[t])\,dt/t^s$, $m, n \in \mathbb{N}^*$, $\operatorname{Re} s > 1$, die häufig in den Restgliedern zur Eulerschen Summenformel auftreten.

---

[3] Vgl. etwa H.M. Edwards: Riemann's Zeta Function, New York 1974 oder S.J. Patterson: An Introduction to the Theory of the Riemann-Zeta-Function, Cambridge 1988.

Aufgaben

1. Wie viele Stellen hat $10^6!$? Wie lauten die ersten Stellen? (Wie viele Nullen hat $10^6!$ am Ende, vgl. 2.D, Aufg. 14.)

2. Man berechne $\zeta(s)$ für $s = 7/2\,, 3\,, 5/2\,, 2\,, 3/2\,, 1/2\,, -1/2$ bis auf einen Fehler $\leq 10^{-8}$.

3. Man berechne die Eulersche Konstante γ und damit $\sum_{k=1}^{n} 1/k$ für $n = 10^3$ und $n = 10^6$ jeweils bis auf einen Fehler $\leq 10^{-8}$.

4. Man berechne $\prod_{k=2}^{\infty}(1 \pm k^{-s})$ für $s = 3, 4, 5$ bis auf einen Fehler $\leq 10^{-8}$. (Für $s = 4$ vgl. man mit

$$\prod_{k=2}^{\infty}\left(1 - \frac{x^4}{k^4}\right) = \prod_{k=2}^{\infty}\left(1 - \frac{x^2}{k^2}\right)\prod_{k=2}^{\infty}\left(1 + \frac{x^2}{k^2}\right) = \frac{(\sin \pi x)\,(\sinh \pi x)}{\pi^2 x^2(1 - x^4)}\quad .)$$

5. Sei $m \in \mathbb{N}$. Die Funktion $f : \mathbb{R}_+ \to \mathbb{K}$ sei $(2m + 1)$-mal (bzw. $(2m + 2)$-mal) stetig differenzierbar. Ferner sei $\lim_{t\to\infty} f^{(k)}(t) = 0$ für $k = 1, 3, \cdots, 2m - 1$, und das Integral $\int_0^{\infty} f^{(2m+1)}(t)\, B_{2m+1}\big(t - [t]\big)\, dt$ (bzw. $\int_0^{\infty} f^{(2m+2)}(t)\,\big(B_{2m+2} - B_{2m+2}(t - [t])\big)\, dt$) möge existieren. Dann existiert auch

$$c := \lim_{n\to\infty}\left(\sum_{k=0}^{n} f(k) - \int_0^n f(t)\, dt\right),$$

und es gilt

$$c = \sum_{k=0}^{n-1} f(k) + \frac{1}{2} f(n) - \int_0^n f(t)\, dt - \sum_{j=1}^{m} \frac{B_{2j}}{(2j)!} f^{(2j-1)}(n) + R_{m,n}$$

mit
$$R_{m,n} = \frac{1}{(2m+1)!} \int_n^{\infty} f^{(2m+1)}(t)\, B_{2m+1}(t - [t])\, dt$$

bzw. $R_{m,n} = \dfrac{1}{(2m+2)!} \displaystyle\int_n^{\infty} f^{(2m+2)}(t)\big(B_{2m+2} - B_{2m+2}(t - [t])\big)\, dt$. (Vgl. auch 17.A.12.)

6. Für die Koeffizienten γ_ν in der Entwicklung $\zeta(s) - \dfrac{1}{s - 1} = \displaystyle\sum_{\nu=0}^{\infty}(-1)^\nu \frac{\gamma_\nu}{\nu!}(s - 1)^\nu$ gilt

$$\gamma_\nu = \lim_{n\to\infty}\left(\sum_{k=1}^{n} \frac{(\ln k)^\nu}{k} - \frac{(\ln n)^{\nu+1}}{\nu + 1}\right).$$

Ist ferner $(-1)^j\, j!\, \dfrac{g_j(\ln t)}{t^{j+1}}$ die j-te Ableitung von $\dfrac{1}{t}(\ln t)^\nu$, so ist g_j ein normiertes Polynom vom Grade ν und es gibt ein θ, $0 \leq \theta \leq 1$, mit

$$\gamma_\nu = \sum_{k=1}^{n-1} \frac{(\ln k)^\nu}{k} + \frac{(\ln n)^\nu}{2n} - \frac{(\ln n)^{\nu+1}}{\nu + 1} + \sum_{j=1}^{m} \frac{B_{2j}}{2j}\frac{g_{2j-1}(\ln n)}{n^{2j}} + \theta\,\frac{B_{2m+2}}{2m + 2}\frac{g_{2m+1}(\ln n)}{n^{2m+2}},$$

falls n so groß ist, dass das Polynom g_{2m+4} (und damit auch g_{2m+2}) keine Nullstelle $> \ln n$ hat.[4]) Man berechne $\gamma_0 = \gamma$, γ_1, γ_2, γ_3 bis auf einen Fehler $\leq 10^{-8}$. (Mit den Gleichungen $\zeta(s) = (2\pi)^s s\, \zeta(1-s)/2\Gamma(1+s)\, \cos(\pi s/2)$ und $s\, \zeta(1-s) = -1 + \sum_{\nu=0}^{\infty} \gamma_\nu s^{\nu+1}/\nu!$ sowie den bekannten Potenzreihenentwicklungen von $\Gamma(1+s)$ (vgl. 17.B.7) und $(2\pi)^s$ bzw. $\cos(\pi s/2)$ um $s = 0$ lässt sich die Potenzreihenentwicklung von ζ um 0 gewinnen. Beispielsweise erhält man neben $\zeta(0) = -\frac{1}{2}$ sofort $\zeta'(0)/\zeta(0) = \ln 2\pi$, also $\zeta'(0) = -\frac{1}{2}\ln 2\pi$.)

7. a) Für $a \in \mathbb{R}_+^\times$ und $m \in \mathbb{N}$ ist

$$\prod_{k=1}^{n} a^{1/k} = K\, a^{\ln n}\, a^{(1/2n) - \sum_{j=1}^{m}(B_{2j}/2jn^{2j}) - \theta B_{2m+2}/(2m+2)n^{2m+2}}$$

mit $0 \leq \theta \leq 1$ und $K := a^\gamma$. Insbesondere ist $\prod_{k=1}^{n} a^{1/k} \sim K a^{\ln n}$ für $n \to \infty$.

b) Für $m \in \mathbb{N}$ ist $\prod_{k=1}^{n} k^{1/k}$ gleich

$$L\, n^{(\ln n)/2}\, n^{(1/2n) - \sum_{j=1}^{m}(B_{2j}/2jn^{2j}) - \theta B_{2m+2}/(2m+2)n^{2m+2}} \exp\left(\sum_{j=1}^{m} \frac{B_{2j} H_{2j-1}}{2jn^{2j}} + \theta \frac{B_{2m+2} H_{2m+1}}{(2m+2)n^{2m+2}}\right)$$

mit $0 \leq \theta \leq 1$ und $L := e^{\gamma_1}$, falls $H_{2m+4} \leq \ln n$ ist. Dabei hat γ_1 dieselbe Bedeutung wie in Aufg. 6, und $H_j = \sum_{k=1}^{j} 1/k$ ist die j-te Partialsumme der harmonischen Reihe. Insbesondere ist $\prod_{k=1}^{n} k^{1/k} \sim L\, n^{(\ln n)/2}$ für $n \to \infty$.

8. Für $m \in \mathbb{N}^*$ ist $\displaystyle\prod_{k=1}^{n} k^k$ gleich

$$M\, n^{\frac{n^2}{2} + \frac{n}{2} + \frac{1}{12}} \exp\left(-\frac{n^2}{4} - \sum_{j=2}^{m} \frac{B_{2j}}{(2j-2)(2j-1)2jn^{2j-2}} - \theta \frac{B_{2m+2}}{2m(2m+1)(2m+2)n^{2m}}\right)$$

mit $0 \leq \theta \leq 1$ und $M := e^\alpha$, wobei $\alpha := (1/4) - \int_1^\infty B_3(t - [t])\, dt/6t^2 = (1/12) - \zeta'(-1)$ ist. Insbesondere ist $\prod_{k=1}^{n} k^k \sim M n^{n^2/2 + n/2 + 1/12} e^{-n^2/4}$ für $n \to \infty$. Man berechne α mit einem Fehler $\leq 10^{-8}$, drücke $\zeta'(-1)$ mit Hilfe von $\zeta'(2)$ (und weiteren bekannten Konstanten) aus (vgl. 18.B.5) und berechne $\zeta'(2)$ unabhängig von α mit einem Fehler $\leq 10^{-8}$.

18.C Numerische Integration

Da viele (auch elementare) Funktionen nicht elementar integrierbar sind, ist es wichtig, gute Verfahren zur numerischen Berechnung bestimmter Integrale zur Verfügung zu haben. Die Grundidee dabei ist, den Integranden hinreichend genau durch Funktionen zu approximieren, die sich leicht elementar integrieren lassen.

Die einfachste Methode ist die Approximation des Integranden durch einen Streckenzug. Seien $f : [a, b] \to \mathbb{K}$ stetig und $n \in \mathbb{N}^*$. Das Intervall $[a, b]$ teilen wir in

---

[4]) g_j hat in 0 eine Max $(\nu - j, 0)$-fache Nullstelle und Min (j, ν) positive einfache Nullstellen (Beweis!).

n gleich große Teile durch die Teilpunkte

$$t_k := a + kh \ \text{ mit } \ h := (b-a)/n, \, k = 0, \dots, n.$$

Im Intervall $[t_k, t_{k+1}]$ approximieren wir f durch die lineare Funktion

$$t \mapsto f(t_k) + \frac{1}{h}\big(f(t_{k+1}) - f(t_k)\big)(t - t_k),$$

die an den Endpunkten t_k und t_{k+1} dieselben Werte wie f hat, $k = 0, \dots, n-1$, Den gesamten Streckenzug bezeichnen wir mit $g_n : [a, b] \to \mathbb{K}$. Aus der gleichmäßigen Stetigkeit von f (vgl. 10.D.8) folgt unmittelbar die gleichmäßige Konvergenz der Folge $g_n, n \in \mathbb{N}^*$, gegen f. Überdies ist nach 16.B.14

$$\int_a^b f(t)\,dt = \lim_{n \to \infty} T_n$$

mit

$$T_n := T_n(f\,;a,b) := \int_a^b g_n(t)\,dt = \sum_{k=0}^{n-1} \int_{t_k}^{t_{k+1}} g_n(t)\,dt = h \sum_{k=0}^{n-1} \frac{1}{2}\big(f(t_k) + f(t_{k+1})\big)$$

$$= h\left(\frac{1}{2}f(t_0) + f(t_1) + \cdots + f(t_{n-1}) + \frac{1}{2}f(t_n)\right).$$

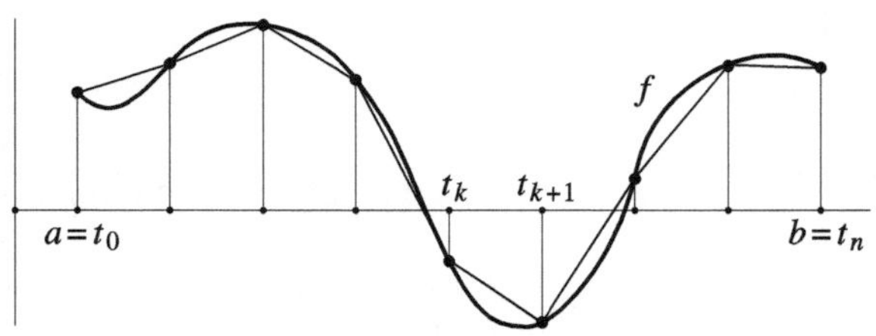

Man ersetzt also für jedes Intervall $[t_k, t_{k+1}]$ die Fläche für das Integral $\int_{t_k}^{t_{k+1}} f(t)\,dt$ durch die Fläche eines Trapezes. Daher spricht man auch von der T r a p e z r e - g e l . Man beachte, dass T_n eine Riemannsche Summe von f zur Unterteilung $t_k = a + kh$, $k = 0, \dots, n$, von $[a, b]$ ist. Auch unter diesem Gesichtspunkt ist die Konvergenz $T_n \to \int_a^b f(t)\,dt$ selbstverständlich, vgl. Beispiel 16.C.3.[1]) Die folgende Aussage liefert eine Abschätzung des Fehlers.

18.C.1 Trapezregel *Die Funktion $f : [a, b] \to \mathbb{K}$ sei zweimal differenzierbar, und es sei $n \in \mathbb{N}^*$. Dann gilt*

$$\left| \int_a^b f(t)\,dt - T_n(f\,;a,b) \right| \leq \| f'' \|_{[a,b]} \frac{(b-a)^3}{12n^2}.$$

---

[1]) Man bezeichnet die Approximation von $\int_a^b f(t)\,dt$ durch die Riemannschen Summen $R_n := h \sum_{k=0}^{n-1} f((t_k + t_{k+1})/2), n \in \mathbb{N}^*$, als R e c h t e c k r e g e l .

B e w e i s . Es genügt, die Formel für $n = 1$ zu beweisen. Den allgemeinen Fall gewinnt man dann durch Aufaddieren der Fehler in den einzelnen Teilintervallen. Es ist nun nach 15.A.5

$$|f(t) - g_1(t)| \le \frac{|f''(c)|}{2} (t - a)(b - t) \le \frac{1}{2} \|f''\| (t - a)(b - t)$$

mit einem (von t abhängenden) c zwischen a und b. Daher ist

$$\left| \int_a^b f(t)\, dt - T_1 \right| = \left| \int_a^b \big(f(t) - g_1(t) \big)\, dt \right| \le \int_a^b |f(t) - g_1(t)|\, dt$$

$$\le \frac{1}{2} \|f''\| \int_a^b (t - a)(b - t)\, dt = \frac{1}{12} \|f''\| (b - a)^3 \, . \qquad \bullet$$

Ein im Allgemeinen wesentlich schnelleres Berechnungsverfahren für bestimmte Integrale erhält man, wenn man den gegebenen Integranden stückweise durch quadratische statt durch lineare Polynome approximiert. Man teilt dazu das Intervall $[a, b]$ in $2n$ gleich große Teile durch die Teilpunkte

$$t_m := a + mh \quad \text{mit} \quad h := \frac{b - a}{2n}, \quad m = 0, \ldots, 2n \, .$$

Im Intervall $[t_{2k}, t_{2k+2}]$, $k = 0, \ldots, n-1$, approximieren wir f durch die quadratische Funktion

$$q : t \mapsto f(t_{2k+1}) + \frac{1}{2h} \big(f(t_{2k+2}) - f(t_{2k}) \big) (t - t_{2k+1})$$

$$+ \frac{1}{2h^2} \big(f(t_{2k+2}) - 2f(t_{2k+1}) + f(t_{2k}) \big) (t - t_{2k+1})^2 \, ,$$

die an den Intervallenden und in der Intervallmitte dieselben Werte wie f annimmt. Dann ist

$$\int_{t_{2k}}^{t_{2k+2}} q(t)\, dt = \frac{h}{3} \big(f(t_{2k}) + 4f(t_{2k+1}) + f(t_{2k+2}) \big) \, .$$

Für die Summe $S_{2n} := S_{2n}(f ; a, b)$ dieser n Teilintegrale ergibt sich somit

$$S_{2n} = \frac{h}{3} \big(f(t_0) + 4f(t_1) + 2f(t_2) + 4f(t_3) + \cdots + 2f(t_{2n-2}) + 4f(t_{2n-1}) + f(t_{2n}) \big) \, .$$

Auch hier handelt es sich um eine Riemannsche Summe von f, und zwar zur Unterteilung $a = t_0, t_2, t_4, \ldots, t_{2n} = b$ des Intervalls $[a, b]$. Offenbar ist (vgl. Aufg. 3) mit den oben bei der Trapezregel benutzten Bezeichnungen

$$S_{2n} = \frac{1}{3} (4T_{2n} - T_n) \, .$$

Dieser Ausdruck ist im Allgemeinen bereits eine sehr gute Näherung für das gesuchte Integral, wie die folgende Fehlerabschätzung zeigt:

18.C.2 Simpson-Regel *Die Funktion $f : [a, b] \to \mathbb{K}$ sei viermal differenzierbar, und es sei $n \in \mathbb{N}^*$. Dann gilt*

$$\left| \int_a^b f(t)\, dt - S_{2n}(f; a, b) \right| \leq \| f^{(4)} \|_{[a,b]} \frac{(b-a)^5}{2880 n^4} \,.$$

B e w e i s . Wie bei der Trapezregel können wir uns auf den Fall $n = 1$ beschränken. Nach Konstruktion von S_{2n} ist die abzuschätzende Differenz gleich 0, wenn f ein Polynom vom Grad ≤ 2 ist. Wir zeigen zunächst, dass dies auch noch richtig ist, wenn f den Grad 3 hat. Offenbar genügt es, dies für ein einziges Polynom vom Grad 3 zu zeigen. Für $f_0(t) := (t - (a+b)/2)^3$ ist aber $\int_a^b f_0(t)\, dt = 0$ und auch $S_2(f_0; a, b) = 0$.

Es ist also $S_2 = \int_a^b P(t)\, dt$, wobei $P(t)$ das Polynom vom Grad ≤ 3 ist, dessen Werte in den Punkten a, $(a+b)/2$, b mit denen von f übereinstimmt, und für das darüber hinaus $P'((a+b)/2) = f'((a+b)/2)$ ist. Nach 15.A.3 ist nun

$$|f(t) - P(t)| \leq \frac{\| f^{(4)} \|}{4!} (t - a) \left(t - \frac{a+b}{2} \right)^2 (b - t) \,.$$

Daher ist

$$\left| \int_a^b f(t)\, dt - S_2 \right| = \left| \int_a^b \big(f(t) - P(t) \big)\, dt \right|$$

$$\leq \frac{1}{4!} \| f^{(4)} \| \int_a^b (t - a) \left(t - \frac{a+b}{2} \right)^2 (b - t)\, dt$$

$$= \frac{1}{4!} \| f^{(4)} \| \frac{(b-a)^5}{120} = \frac{\| f^{(4)} \|}{2880} (b - a)^5 \,. \qquad \bullet$$

Die Approximation von $\int_a^b f(t)\, dt$ durch S_2, nämlich

$$\int_a^b f(t)\, dt \approx \frac{b-a}{6} \big(f(a) + 4f((a+b)/2) + f(b) \big) \,,$$

heißt auch K e p l e r s c h e F a s s r e g e l , da Kepler diese Formel zur näherungsweisen Bestimmung des Volumens eines Fasses mit Höhe $b - a$, Bodenfläche $f(a)$, Deckelfläche $f(b)$ und Mittelfläche $f((a+b)/2)$ angegeben hat, vgl. die Bemerkungen zu 12.C.9 in Bd. 3.

Generell könnte man $\int_a^b f(t)\, dt$ auch berechnen, indem man f durch Polynome vom Grad $\leq p$ stückweise interpoliert. Für die sich daraus ergebenden Regeln von Newton-Cotes verweisen wir auf Aufg. 6. Im Allgemeinen ist es aber günstiger, zur Erhöhung der Genauigkeit bei der numerischen Bestimmung von Integralen die Trapez- oder Simpson-Regel mit einer größeren Anzahl von Teilpunkten zu benutzen. Bei der Verdoppelung der Anzahl der Teilintervalle ergibt sich für die Näherungswerte T_n und T_{2n} der Trapezregel die Beziehung

$$T_{2n} = \frac{1}{2}T_n + h \sum_{k=1}^{n} f\big(a + (2k-1)h\big), \quad h := \frac{b-a}{2n}.$$

Für den Wert T_{2n} brauchen also nur die Funktionswerte an den neuen Stützstellen berechnet zu werden. Durch Iteration gewinnt man die Werte

$$T_{2^m n},$$

$m \geq 0$, deren Konvergenz gegen das Integral $\int_a^b f(t)\,dt$ mit Hilfe des so genannten Romberg-Verfahrens noch wesentlich beschleunigt werden kann. Grundlage dafür ist die folgende Aussage, die sich sofort aus der Eulerschen Summenformel 18.A.8 ergibt.

18.C.3 Satz *Die Funktion $f : [a, b] \to \mathbb{K}$ sei $(2r+1)$-mal stetig differenzierbar. Dann gilt*

$$T_n(f\,;a,b) = \int_a^b f(t)\,dt + \sum_{k=1}^{r} \frac{(b-a)^{2k} B_{2k}}{(2k)!} \big(f^{(2k-1)}(b) - f^{(2k-1)}(a)\big) \frac{1}{n^{2k}}$$

$$+ \frac{(b-a)^{2r+1}}{(2r+1)!n^{2r+1}} \int_a^b f^{(2r+1)}(t)\, B_{2r+1}\Big(\frac{t-a}{b-a}\,n - \Big[\frac{t-a}{b-a}\,n\Big]\Big)\,dt\,.$$

Ist f sogar $(2r+2)$-mal stetig differenzierbar, so kann man das Fehlerglied auch in der folgenden Form schreiben:

$$\frac{(b-a)^{2r+2}}{(2r+2)!n^{2r+2}} \Big(\int_a^b f^{(2r+2)}(t) \Big(B_{2r+2} - B_{2r+2}\Big(\frac{t-a}{b-a}\,n - \Big[\frac{t-a}{b-a}\,n\Big]\Big)\Big)\Big)\,dt\,.$$

B e w e i s. Mit $g : t \mapsto \dfrac{1}{n}(b-a)f\big(a + \dfrac{t}{n}(b-a)\big)$ gilt

$$T_n(f\,;a,b) = \frac{b-a}{n}\Big(-\frac{1}{2}f(a) - \frac{1}{2}f(b) + \sum_{j=0}^{n} f\big(a + \frac{j}{n}(b-a)\big)\Big) =$$

$$= -\frac{1}{2}g(0) - \frac{1}{2}g(n) + \sum_{j=0}^{n} g(j) = \int_0^n g(t)\,dt + \sum_{k=1}^{r} \frac{B_{2k}}{(2k)!}\big(g^{(2k-1)}(n) - g^{(2k-1)}(0)\big)$$

$$+ \frac{1}{(2r+1)!} \int_0^n g^{(2r+1)}(t)\, B_{2r+1}\big(t - [t]\big)\,dt\,.$$

Bei der letzten Gleichheit wurde die Eulersche Summenformel benutzt. Wendet man nun die Substitution $\tau = a + t\,(b-a)/n$ an, so erhält man die Behauptung. Der Zusatz folgt aus dem Zusatz in 18.A.8.   •

Sind die höheren Ableitungen von f in den Endpunkten a und b des Intervalls leicht zugänglich, so kann man 18.C.3 zur näherungsweisen Berechnung von $\int_a^b f(t)\,dt$ direkt benutzen, wobei das Integralrestglied nicht berücksichtigt wird.

Ohne Kenntnis der höheren Ableitung von f geht man folgendermaßen vor: Wir setzen $T_{n,0} := T_n$. Nach 18.C.3 hat dann $T_{n,0}$ bei $(2r+2)$-maliger Differenzierbarkeit von f die Gestalt

$$T_{n,0} = \int_a^b f(t)\,dt + \frac{c_{1,0}}{n^2} + \cdots + \frac{c_{r,0}}{n^{2r}} + O\!\left(\frac{1}{n^{2r+2}}\right),$$

wobei $c_{1,0}, \ldots, c_{r,0}$ von n unabhängige Konstanten sind. Es ergibt sich

$$T_{2n,0} = \int_a^b f(t)\,dt + \frac{c_{1,0}}{4n^2} + \cdots + \frac{c_{r,0}}{4^r n^{2r}} + O\!\left(\frac{1}{n^{2r+2}}\right).$$

Aus den resultierenden Gleichungen für $\int_a^b f(t)\,dt$ eliminieren wir $c_{1,0}$ und erhalten

$$T_{n,1} := \frac{1}{3}(4T_{2n,0} - T_{n,0}) = \int_a^b f(t)\,dt + \frac{c_{2,1}}{n^4} + \cdots + \frac{c_{r,1}}{n^{2r}} + O\!\left(\frac{1}{n^{2r+2}}\right)$$

mit neuen Konstanten $c_{2,1}, \ldots, c_{r,1}$. Nun eliminiert man mit Hilfe von $T_{2n,1}$ die Konstante $c_{2,1}$ und geht über zu $T_{n,2} := \dfrac{1}{4^2-1}(4^2 T_{2n,1} - T_{n,1})$. In dieser Weise fährt man fort und erhält für $k \le r$

$$T_{n,k} = \int_a^b f(t)\,dt + \frac{c_{k+1,k}}{n^{2k+2}} + \cdots + \frac{c_{r,k}}{n^{2r}} + O\!\left(\frac{1}{n^{2r+2}}\right)$$

mit Konstanten $c_{k+1,k}, \ldots, c_{r,k}$. Dabei lassen sich die $T_{n,k}$ rekursiv bestimmen aus $T_{2^m n,0} = T_{2^m n}$ und der Rekursionsgleichung

$$T_{2^m n,k} = \frac{1}{4^k-1}(4^k T_{2^{m+1}n,k-1} - T_{2^m n,k-1}) = T_{2^{m+1}n,k-1} + \frac{T_{2^{m+1}n,k-1} - T_{2^m n,k-1}}{4^k - 1},$$

$k = 1, \ldots, r$, $m \in \mathbb{N}$, $n \in \mathbb{N}^*$. Die Folge $T_{2^m n,k}$, $m \in \mathbb{N}$, konvergiert dann gegen $\int_a^b f(t)\,dt$. Da der Fehler $\le C_k/(2^m n)^{2k+2}$ mit einer Konstanten C_k ist, wird die Konvergenz umso besser, je größer k ist. Zur Berechnung der $T_{2^m n,k}$ verwendet man zweckmäßigerweise das folgende so genannte R o m b e r g - S c h e m a :

$$
\begin{array}{ccccccc}
T_{n,0} \\[4pt]
T_{2n,0} & T_{n,1} \\[4pt]
T_{4n,0} & T_{2n,1} & T_{n,2} \\[4pt]
\cdot & \cdot & \cdot \\[2pt]
\cdot & \cdot & \cdot \\[2pt]
\cdot & \cdot & \cdot & \cdots & T_{2^m n,k-1} & & \cdots \\[4pt]
T_{2^{m+k}n,0} & T_{2^{m+k-1}n,1} & \cdots & \cdots & T_{2^{m+1}n,k-1} & T_{2^m n,k} & \cdots \\[4pt]
\vdots & \vdots & \vdots & \vdots & \vdots & \vdots & \ddots
\end{array}
$$

Um $T_{2^m n,k}$ zu bestimmen, benötigt man die Funktionswerte von f an $2^{m+k}n + 1$ Stellen. Im Allgemeinen beginnt man mit $n = 1$ und wählt k nicht größer als etwa 5 oder 6, da sonst Rundungsfehler zu stark ins Gewicht fallen. Übrigens ist $T_{n,1}$ – wie bereits oben bemerkt – gleich dem Wert S_{2n}, der bei der Simpsonregel mit den gleichen Teilpunkten entsteht, vgl. Aufg. 3.

Für Polynome f vom Grad $\le 2k+1$ ist die Gleichung $T_{n,k} = \int_a^b f(t)\,dt$ exakt gültig, was man unmittelbar der zweiten Darstellung des Integralrestgliedes in 18.C.3 mit $r = k$ entnimmt. Daraus ergibt sich auch eine Methode zur Fehlerabschätzung für das Romberg-Verfahren, die auf dem folgenden L e m m a v o n P e a n o beruht.

18.C.4 Lemma *Für Polynomfunktionen f vom Grade $\le s$ auf dem Intervall $[a, b]$ gelte $\int_a^b f(t)\,dt = \sum_{j=0}^m a_j f(x_j)$ mit festen Koeffizienten a_j und Stützstellen $x_j \in [a, b]$. Dann gilt für beliebige $(s+1)$-mal stetig differenzierbare Funktionen $f : [a, b] \to \mathbb{K}$ die Darstellung*

$$
\int_a^b f(t)\,dt = \sum_{j=0}^m a_j f(x_j) + \int_a^b f^{(s+1)}(t) K(t)\,dt
$$

mit $K(t) := \dfrac{(b-t)^{s+1}}{(s+1)!} - \dfrac{1}{s!} \sum_{j=0}^m a_j \big((x_j - t)_+\big)^s$ *. Es gibt ein $c \in [a, b]$ mit*

$$
\left| \int_a^b f(t)\,dt - \sum_{j=0}^m a_j f(x_j) \right| \le \frac{L\,|f^{(s+1)}(c)|}{(s+1)!} ,
$$

wo $L := (s+1)! \int_a^b |K(t)|\,dt$ ist. Sind die a_j reell und ist $K(t)$ in $[a, b]$ überall nichtnegativ oder überall nichtpositiv, so ist $L = (s+1)! \big| \int_a^b K(t)\,dt \big| = \big| \int_a^b t^{s+1}\,dt - \sum_{j=0}^m a_j x_j^{s+1} \big|$ der Fehler für $f(t) = t^{s+1}$.

B e w e i s . Wir erinnern daran, dass $(x_j - t)_+$ der positive Teil der Funktion $t \mapsto (x_j - t)$ ist. Bezeichnet P das Taylorpolynom von f um a vom Grad $\le s$, so ist nach 18.A.2

$$
f(x) = P(x) + \frac{1}{s!} \int_a^b f^{(s+1)}(t) \big((x - t)_+\big)^s\,dt ,
$$

also nach Voraussetzung und 16.B.19

$$\int\limits_a^b f(x)dx = \int\limits_a^b P(x)dx + \frac{1}{s!} \int\limits_a^b \left(\int\limits_a^b f^{(s+1)}(t)\left((x-t)_+\right)^s dt \right) dx$$

$$= \sum_{j=0}^m a_j P(x_j) + \frac{1}{s!} \int\limits_a^b \left(f^{(s+1)}(t) \int\limits_a^b \left((x-t)_+\right)^s dx \right) dt .$$

Es ergibt sich

$$\int\limits_a^b f(t)\,dt - \sum_{j=0}^m a_j f(x_j) = \sum_{j=0}^m a_j\big(P(x_j) - f(x_j)\big) + \frac{1}{(s+1)!} \int\limits_a^b f^{(s+1)}(t)\,(b-t)^{s+1}\,dt .$$

Ersetzt man darin noch $P(x_j) - f(x_j)$ durch $-(1/s!) \int_a^b f^{(s+1)}(t)((x_j - t)_+)^s dt$, so ergibt sich die Behauptung. Der Zusatz folgt mit 16.B.3.   ●

Die stetige Funktion $K(t)$ in 18.C.4 ist nach 16.B.13 eindeutig bestimmt.

Wir wenden die vorstehende Aussage nun auf die Näherungswerte $T_{n,k}$ im Romberg-Schema an und zeigen zunächst, *dass die Funktion $K(t)$ dabei stets ≤ 0 ist*. Ohne Einschränkung sei $[a, b] = [0, 1]$. Dann beweisen wir durch Induktion über k, dass für $(2k + 2)$-mal stetig differenzierbares f die Darstellung

$$T_{n,k} = \int\limits_0^1 f(t)\,dt + \frac{1}{n^{2k+2}} \int\limits_0^1 f^{(2k+2)}(t)\,b_k(nt)\,dt$$

gilt, wobei $b_k : \mathbb{R} \to \mathbb{R}$ eine von f unabhängige Funktion mit folgenden Eigenschaften ist:[2]
(1) b_k ist $(2k)$-mal stetig differenzierbar.
(2) b_k ist periodisch mit der Periode 1, d.h. es gilt $b_k(t+1) = b_k(t)$ für alle $t \in \mathbb{R}$.
(3) b_k ist eine gerade Funktion mit $b_k(0) = 0$.
(4) b_k ist in $[0, \frac{1}{2}]$ streng monoton wachsend und in $[\frac{1}{2}, 1]$ streng monoton fallend.

Wegen $K(t) = -b_k(nt)/n^{2k+2}$ ist die Aussage über $K(t)$ damit bewiesen.

Für $k = 0$ ist $b_0(t)$ die periodische Funktion mit der Periode 1, die auf dem Intervall $[0, 1]$ mit $(B_2 - B_2(t))/2 = (t - t^2)/2$ übereinstimmt, wie sich aus 18.C.3 für $r = 0$ ergibt. Beim Schluss von k auf $k+1$ erhält man aus

$$T_{n,k+1} = \frac{4^{k+1}T_{2n,k} - T_{n,k}}{4^{k+1}-1} = \int\limits_0^1 f(t)\,dt + \frac{1}{n^{2k+2}(4^{k+1}-1)} \int\limits_0^1 f^{(2k+2)}(t)\,\big(b_k(2nt) - b_k(nt)\big)\,dt$$

nach zweimaliger partieller Integration für b_{k+1} die Darstellung

$$b_{k+1}(t) = \frac{1}{4^{k+1}-1} \int\limits_0^t \left(\tfrac{1}{2}\,c(2\tau) - c(\tau)\right) d\tau$$

---

[2] Vgl. dazu F. L. Bauer, H. Rutishauser, E. Stiefel: New aspects in numerical quadrature, Proc. of Symp. in Appl. Math. **15**, 199-218 (1963).

mit $c(\tau) := \int_0^\tau b_k(x)dx$. Man beachte nun, dass $\frac{1}{2}c(2\tau) - c(\tau)$ eine ungerade Funktion mit Periode 1 ist und daher über [0, 1] integriert den Wert 0 liefert. Daraus folgt die Behauptung. Nach dem Peano-Lemma 18.C.4 und Aufg. 4 ergibt sich jetzt:

18.C.5 Romberg-Verfahren *Seien $k, n \in \mathbb{N}$, $n > 0$. Die Funktion $f : [a, b] \to \mathbb{K}$ sei $(2k+2)$-mal stetig differenzierbar. Dann gilt für den Näherungswert $T_{n,k} = T_{n,k}(f; a, b)$ beim Romberg-Verfahren für das Integral $\int_a^b f(t)\,dt$ die Abschätzung*

$$\left| \int_a^b f(t)\,dt - T_{n,k} \right| \leq \|f^{(2k+2)}\|_{[a,b]} \frac{(b-a)^{2k+3}}{n^{2k+2}} L_k \quad mit \quad L_k := \frac{|B_{2k+2}|}{2^{k(k+1)}(2k+2)!}.$$

Für kleine k haben die Konstanten L_k die folgenden Werte:

k	L_k		
0	$1/12$		(Trapezregel)
1	$1/2880$		(Simpsonregel)
2	$1/1935360$	$\approx 5,17\cdot10^{-7}$	
3	$1/4954521600$	$\approx 2,02\cdot10^{-10}$	
4	$5/69206016 \cdot 10!$	$\approx 2\cdot10^{-14}$	
5	$691/2931315179520 \cdot 12!$	$\approx 5\cdot10^{-19}$	
6		$\approx 3,1\cdot10^{-24}$	

18.C.6 Beispiel Wir illustrieren die Konvergenz der beschriebenen Integrationsverfahren an zwei einfachen Beispielen.

(1) Das Romberg-Schema für $\displaystyle\int_0^1 \frac{4dt}{1+t^2} = \pi = 3,141592653589793\ldots$ hat, wenn man mit einem Teilintervall startet (also $n = 1$ setzt), die folgenden Werte:

3,00000000

3,10000000 3,13333334

3,13117647 3,14156863 3,14211765

3,13898850 3,14159250 3,14159409 3,14158578

3,14094161 3,14159265 3,14159266 3,14159264 3,14159267

3,14142989 3,14159266 3,14159266 3,14159266 3,14159266 3,14159266

3,14155196 | 3,14159265 3,14159265 3,14159265 3,14159265 3,14159265 .

Dabei liefert die Trapezregel mit 2^m Teilintervallen die Werte T_{2^m}, $0 \leq m \leq 6$, in der ersten und die Simpson-Regel die Werte $S_{2(2^{m-1})}$, $1 \leq m \leq 6$, in der zweiten Spalte.

(2) Entsprechend hat das Romberg-Schema für $\displaystyle\int_1^2 \frac{dt}{t} = \ln 2 = 0,693147180559945\ldots$ bei $n = 1$ die Werte

0,750000000

0,708333333 0,694444445

0,697023810 0,693253968 0,693174603

0,694121850 0,693154531 0,693147901 0,693147478

0,693391202 0,693147653 0,693147194 0,693147183 0,693147182

0,693208209 0,693147211 0,693147181 0,693147181 0,693147181 0,693147181

0,693162439 0,693147182 0,693147181 0,693147181 0,693147181 0,693147181 .

Da die Ableitungen des Integranden sich hier leicht berechnen lassen, kann man auch die Eulersche Summenformel 18.C.3 direkt unter Vernachlässigung des Integralrestgliedes verwenden. Die j-te Zeile des folgenden Schemas enthält dabei die Näherungswerte mit $n = 2^j$, $j = 0, \ldots, 6$, und $r = 0, \ldots, 5$.

0,750000000 0,687500000 0,695312500 0,691406250 0,695556640 0,687988281

0,708333333 0,692708333 0,693196615 0,693135580 0,693151792 0,693144401

0,697023810 0,693117560 0,693148077 0,693147124 0,693147187 0,693147180

0,694121850 0,693145288 0,693147195 0,693147180 0,693147181 0,693147181

0,693391202 0,693147062 0,693147181 0,693147181 0,693147181 0,693147181

0,693208209 0,693147173 0,693147181 0,693147181 0,693147181 0,693147181

0,693162439 0,693147180 0,693147181 0,693147181 0,693147181 0,693147181 .

Die Eulersche Summenformel und das daraus abgeleitete Romberg-Verfahren sind besonders effektiv, wenn die Ableitungen des Integranden monoton sind, vgl. auch 18.A, Aufg. 4. Bei stark schwankenden Ableitungen wähle man die Anzahl der Spalten im Romberg-Schema nicht zu groß.

Aufgaben

1. Man schreibe ein Computer-Programm, das das Romberg-Schema für $\int_a^b f(t)\,dt$ bei vorgegebener Anzahl n der Teilintervalle zu Beginn des Verfahrens berechnet. Ferner schreibe man ein Programm zum Auswerten der Formel aus 18.C.3.

2. Man berechne numerisch die folgenden Integrale:

$$\mathrm{Ei}\,1 - \mathrm{Ei}\,2 = \int_1^2 e^{-t} t^{-1} dt\,; \qquad \mathrm{Si}\,k\pi = \int_0^{k\pi} \frac{\sin t}{t} dt\,;\ k = 1, \ldots, 5\,;$$

$$\Phi(k) := \frac{1}{\sqrt{2\pi}} \int_{-\infty}^{k} e^{-t^2/2} dt = \frac{1}{2} + \frac{1}{\sqrt{2\pi}} \int_0^k e^{-t^2/2} dt\,, k = 1, \ldots, 5 \quad (\text{vgl. } 17.A.11)\,;$$

$$\int_0^k \left(\frac{1}{\ln t} - \frac{1}{t-1} \right) dt,\ k = 1, 2 \quad (\text{vgl. Beispiel } 17.B.8)\,.$$

(Für die Integrale $\mathrm{Si}\,k\pi$ berechne man $(\sin t)/t$ für kleine t mit der Potenzreihenentwicklung $1 - t^2/6 + \cdots$ oder benutze gleich die Potenzreihenentwicklung von $\mathrm{Si}\,x$.)

3. Man zeige, dass der Wert $S_{2n} = S_{2n}(f\,;a,b)$ gemäß der Simpsonregel und der Wert $T_{n,1} = T_{n,1}(f\,;a,b)$ im Romberg-Schema übereinstimmen.

4. Für $f(t) := t^{2k+2}$ ist $T_{n,k}(f\,;a,b) - \displaystyle\int_a^b f(t)\,dt = \dfrac{|B_{2k+2}|(b-a)^{2k+3}}{2^{k(k+1)}n^{2k+2}}$.

5. Das Romberg-Verfahren ist ein K o n v e r g e n z b e s c h l e u n i g u n g s v e r f a h r e n , angewandt auf die Folge (a_p) mit $a_p := T_{2^p n} = T_{2^p n,0}$. Dabei gilt für (a_p) das asymptotische Verhalten

$$a_p = a + \frac{c_1}{4^p} + \cdots + \frac{c_r}{4^{pr}} + o\Big(\frac{1}{4^{pr}}\Big)$$

mit einem $r \in \mathbb{N}$ und Konstanten $c_1, \ldots, c_r$. Es ist dann $a = \lim_{p\to\infty} a_p$. Definiert man für eine beliebige Folge (a_p) mit einem solchen asymptotischen Verhalten (analog zu den $T_{2^p n,k}$) die Elemente $a_{p,k}$ durch $a_{p,0} = a_p$ und

$$a_{p,k} = \frac{1}{4^k - 1}(4^k a_{p+1,k-1} - a_{p,k-1})\,,$$

so konvergiert für $k = 0, \ldots, r$ jede der Folgen $(a_{p,k})_{p\in\mathbb{N}}$ gegen a mit dem asymptotischen Verhalten

$$a_{p,k} = a + \frac{c_{k+1,k}}{4^{p(k+1)}} + \cdots + \frac{c_{r,k}}{4^{pr}} + o\Big(\frac{1}{4^{pr}}\Big)\,,$$

konvergiert also mit wachsendem k immer besser gegen a. (Einfache Beispiele sind offensichtlich die Folgen

$$f_p = \pi \cdot \frac{\sin(2\pi/2^{p+1})}{2\pi/2^{p+1}} = \pi - \frac{\pi^3}{6\cdot 4^p} + -\cdots,\quad F_p = \pi \cdot \frac{\tan(\pi/2^{p+1})}{\pi/2^{p+1}} = \pi + \frac{\pi^3}{12\cdot 4^p} + \cdots,$$

$p \in \mathbb{N}^*$, der Flächeninhalte der ein- bzw. umbeschriebenen regelmäßigen 2^{p+1}-Ecke des Einheitskreises in Beispiel 4.F.11. Liefert etwa $f_{12} = 3,1415923\ldots$ die Kreiszahl π mit 6 korrekten Ziffern hinter dem Komma, so gibt die (mit $f_8, \ldots, f_{12}$) nach dem Romberg-Verfahren gewonnene Näherung $f_{8,4} = 3,14159\,26535\,89793\,23846\,26433\,83279\,497\ldots$ bereits 30 korrekte Ziffern hinter dem Komma (gerundet sogar 32 Stellen: $3,14\ldots79\,50$). Diese Genauigkeit wird ohne Konvergenzbeschleunigung erst wieder mit f_{55} erreicht. Ähnliche Konvergenzbeschleunigungen zur Berechnung von π wurden bereits 1654 von Christian Huygens ersonnen. Günstig ist auch die Folge $(f_p + 2F_p)/3 = \pi + \pi^5/120\cdot 4^{2p} + \cdots$, $p \in \mathbb{N}^*$, beispielsweise ist $(f_{12} + 2F_{12})/3 = 3,14159\,26535\,8980\ldots$ mit 12 korrekten Ziffern hinter dem Komma für π, gerundet sogar 13 Stellen. – Man experimentiere in ähnlicher Weise numerisch mit der Folge $d_p = \ln a \cdot \dfrac{\sinh((\ln a)/2^p)}{(\ln a)/2^p}$, $p \in \mathbb{N}$, aus 13.C, Aufg. 4 zur Approximation von $\ln a$, $a \in \mathbb{C} - \mathbb{R}_-$, auf die sich ebenfalls das Romberg-Verfahren zur Konvergenzbeschleunigung anwenden lässt.)

Analog zum Romberg-Verfahren gewinnt man aus einer Folge (a_p) des Typs

$$a_p = a + c_1 q_1^p + \cdots + c_r q_r^p + o(q_r^p) \qquad \text{mit} \qquad 1 > |q_1| > \cdots > |q_r| > 0$$

rekursiv für $k = 0, \ldots, r$ die Folgen $a_{p,0} = a_p$, $a_{p,k} = (a_{p+1,k-1} - a_{p,k-1}q_k)/(1 - q_k)$ mit $a_{p,k} = a + c_{k+1,k}q_{k+1}^p + \cdots + c_{r,k}q_r^p + o(q_r^p)$. Man behandele auf diese Weise die Folge $a_p := (f_p + 2F_p)/3$, $p \in \mathbb{N}^*$, von oben.

Sind (neben den $c_1, \ldots, c_r$ auch) die Konstanten $q_1, \ldots, q_r$ unbekannt, so kann man versuchen diese mit Hilfe weiterer Folgenglieder ebenfalls zu eliminieren. Beispielsweise ist im einfachsten Fall $r = 1$ und $c_1 \neq 0$

$$\frac{a_p a_{p+2} - a_{p+1}^2}{a_p + a_{p+2} - 2a_{p+1}} = a + \frac{\left(c_1 q_1^p + o(q_1^p)\right)\left(c_1 q_1^{p+2} + o(q_1^p)\right) - \left(c_1 q_1^{p+1} + o(q_1^p)\right)^2}{c_1 q_1^p (1 - q_1)^2 + o(q_1^p)}$$

$$= a + \frac{c_1 q_1^p \cdot o(q_1^p)}{c_1 q_1^p \left((1 - q_1)^2 + o(1)\right)} = a + o(q_1^p)$$

(Konvergenzbeschleunigung nach Aitken).

6. (Formeln von Newton-Cotes) $1 = g_0, g_1, \ldots, g_p$ seien $p + 1$ stetige $\mathbb{K}$-wertige Funktionen auf dem Intervall $[a, b]$. Ferner seien $t_0, \ldots, t_p \in [a, b]$ verschiedene Punkte mit folgender Eigenschaft: Zu beliebigen $a_0, \ldots, a_p \in \mathbb{K}$ gibt es eindeutig bestimmte Konstanten $c_0, \ldots, c_p \in \mathbb{K}$ derart, dass die Funktion $g = c_0 g_0 + \cdots + c_p g_p$ an den Stellen t_v die vorgeschriebenen Werte a_v hat, $v = 0, \ldots, p$. Sind $f_0, \ldots, f_p$ die so genannten Fundamentallösungen dieses Interpolationsproblems mit $f_\mu(t_v) = \delta_{\mu v}$, $\mu, v = 0, \ldots, p$, so ist $g = a_0 f_0 + \cdots + a_p f_p$ und insbesondere $1 = f_0 + \cdots + f_p$. Ist zum Beispiel $g_\mu = t^\mu$, $\mu = 0, \ldots, p$, so ist

$$f_\mu = \frac{(t - t_0) \cdots (t - t_{\mu-1})(t - t_{\mu+1}) \cdots (t - t_p)}{(t_\mu - t_0) \cdots (t_\mu - t_{\mu-1})(t_\mu - t_{\mu+1}) \cdots (t_\mu - t_p)} .$$

Sei nun $f : [a, b] \to \mathbb{K}$ eine beliebige stetige Funktion. Dann lässt sich $\int_a^b f(t)\,dt$ approximieren durch das Integral $\int_a^b g(t)\,dt$, wobei $g = c_0 g_0 + \cdots + c_p g_p$ die interpolierende Funktion ist, die an den Stellen $t_0, \ldots, t_p$ die Werte $f(t_0), \ldots, f(t_p)$ hat, also

$$\int_a^b f(t)\,dt \approx \int_a^b \left(f(t_0) f_0(t) + \cdots + f(t_p) f_p(t)\right) dt = (b - a) \sum_{k=0}^p w_k f(t_k) .$$

Man nennt die Koeffizienten $w_k := \frac{1}{b-a} \int_a^b f_k(t)\,dt$, $k = 0, \ldots, p$, die Gewichte der Quadraturformel. Eine stetige Funktion $f : [\alpha, \beta] \to \mathbb{K}$ auf dem beliebigen Intervall $[\alpha, \beta] \subseteq \mathbb{R}$, $\alpha < \beta$, betrachtet man an den Stützstellen $\tau_k := \alpha + (t_k - a)(\beta - \alpha)/(b - a)$, $k = 0, \ldots, p$. Nach einer linearen Transformation erhält man die Quadraturformel

$$\int_\alpha^\beta f(\tau)\,d\tau \approx (\beta - \alpha) \sum_{k=0}^p w_k f(\tau_k) .$$

a) Es gibt eine Konstante $C \geq 0$ mit

$$\left| \int_\alpha^\beta f(\tau)\,d\tau - (\beta - \alpha) \sum_{k=0}^p w_k f(\tau_k) \right| \leq C(\beta - \alpha)\, \mathrm{S}\left(f\,;\,[\alpha, \beta]\right)$$

für jede stetige Funktion $f : [\alpha, \beta] \to \mathbb{K}$, wobei $\mathrm{S}\,(f\,;\,[\alpha, \beta])$ die Schwankung von f auf $[\alpha, \beta]$ ist, vgl. Beispiel 10.B.10. (Man beachte $g_0 = 1$.)

b) Zur genaueren Berechnung von $\int_\alpha^\beta f(\tau)\,d\tau$, wobei $f : [\alpha, \beta] \to \mathbb{K}$ wieder eine stetige Funktion ist, teilt man das gegebene Intervall $[\alpha, \beta]$ in n gleich große Teilintervalle und wendet die obige Quadraturformel auf jedes dieser Teilintervalle an. Man zeige, dass die so gewonnenen Näherungswerte von $\int_\alpha^\beta f(\tau)\,d\tau$ für $n \to \infty$ gegen dieses Integral konvergieren. (Es genügt, eine Folge von Unterteilungen des Intervalls $[\alpha, \beta]$ zu wählen, für die die zugehörige Folge der maximalen Teilintervalllängen gegen 0 konvergiert.)

c) Man bestätige die folgende Tabelle für die Gewichte $w_{k,p} = W_{k,p}/N_p$ zu den Polynomfunktionen $1, t, \ldots, t^p$ auf dem Intervall $[0, p]$ mit den äquidistanten Stützstellen

$0, 1, \ldots, p$. (Für $p = 8$ ergeben sich auch negative Gewichte.[3]))

p	N_p	$W_{0,p}$	$W_{1,p}$	$W_{2,p}$	$W_{3,p}$	$W_{4,p}$	$W_{5,p}$	$W_{6,p}$	$W_{7,p}$
1	2	1	1						
2	6	1	4	1					
3	8	1	3	3	1				
4	90	7	32	12	32	7			
5	288	19	75	50	50	75	19		
6	840	41	216	27	272	27	216	41	
7	17280	751	3577	1323	2989	2989	1323	3577	751 .

(Man nennt die zugehörigen Quadraturformeln die Formeln von Newton-Cotes. $p = 1$ bzw. $p = 2$ ergeben die Trapez- bzw. Simpson-Regel, bei $p = 3$ spricht man auch von der 3/8-Regel. Die Darstellung $\sum_{k=0}^{p} \binom{\tau'}{k}(\Delta^k f)(0)$ mit $\tau' = (\tau - \alpha)p/(\beta - \alpha)$ für das interpolierende Polynom zur Funktion f nach Beispiel 15.B.5 gibt den Quadraturformeln von Newton-Cotes die Gestalt

$$\int_\alpha^\beta f(\tau)d\tau \approx (\beta-\alpha) \sum_{k=0}^{p} v_k (\Delta^k f)(0) \,, \quad v_k := \frac{1}{p}\int_0^p \binom{t}{k} dt = \frac{1}{k!} \sum_{n=0}^{k} (-1)^{k-n} s(k,n) \frac{p^n}{n+1},$$

wobei $(\Delta^k f)(0)$, $k = 0, \ldots, p$, die höheren Differenzen sind. (Die $s(k,n)$ sind die Stirlingschen Zahlen 1. Art, vgl. das Ende von Beispiel 12.C.8 (2).) – Sei p gerade und $f = f(\tau)$ das Polynom $\binom{\tau'}{p+1}$ vom Grade $p + 1$, das an den Stützstellen $\tau_0, \ldots, \tau_p$ verschwindet und bzgl. des Mittelpunkts $(\alpha + \beta)/2$ des Intervalls $[\alpha, \beta]$ ungerade ist. Dann verschwinden sowohl das Integral $\int_\alpha^\beta f(\tau)\,d\tau$ als auch seine Näherung $(\beta-\alpha)\sum_{k=0}^{p} w_k f(\tau_k)$. *Folglich ist die Quadraturformel von Newton-Cotes exakt für alle Polynome vom Grade $\leq p+1$* (und nicht nur für alle Polynome vom Grad $\leq p$). Bei ungeradem p ist das nicht so, vgl. 16.B, Aufg. 6d). Daher empfiehlt es sich, die Formeln von Newton-Cotes für gerade p, d.h. eine ungerade Anzahl von Stützstellen zu verwenden. Zu weiteren Varianten dieser Formeln und zu Fehlerabschätzungen (mit Hilfe von 15.A.5 bei ungeradem p und 15.A.3 bei geradem p) verweisen wir auf die Literatur. Für die so genannten Gaußschen Quadraturformeln vgl. Bd.3, Beispiel 16.A.17.)

---

[3]) Dies bedeutet, dass die Näherungswerte für das Integral $\int_a^b f(t)\,dt$ dann in der Regel keine Riemannschen Summen von f sind.

19 Einfache Differenzialgleichungen

In diesem Paragraphen behandeln wir drei einfache Typen von Differenzialgleichungen, deren Lösung sich auf Quadraturen zurückführen lässt, d.h. auf das Bestimmen von Stammfunktionen. Es sind dies

(1) Differenzialgleichungen mit getrennten Variablen,

(2) lineare Differenzialgleichungen erster Ordnung und

(3) lineare Differenzialgleichungen beliebiger Ordnung mit konstanten Koeffizienten.

19.A Differenzialgleichungen mit getrennten Variablen

Eine reellwertige Funktion h auf einer Teilmenge $D \subseteq \mathbb{R}^2$ definiert die D i f f e r e n z i a l g l e i c h u n g   e r s t e r   O r d n u n g

$$y' = h(x, y) \,.$$

Unter einer L ö s u n g dieser Differenzialgleichung versteht man eine reellwertige differenzierbare Funktion $y = y(x)$ auf einem Intervall $I_0 \subseteq \mathbb{R}$ derart, dass für jedes $x \in I_0$ das Paar $(x, y(x))$ in D liegt und die Gleichung

$$y'(x) = h(x, y(x))$$

erfüllt. Häufig ist eine solche Lösung eindeutig bestimmt durch den Wert y_0 an einer Stelle $x_0 \in I_0$, vgl. 19.A.1. Man spricht dann von dem A n f a n g s w e r t p r o b l e m $y' = h(x, y)$ mit der A n f a n g s b e d i n g u n g

$$y(x_0) = y_0 \,.$$

Hat die Funktion $h(x, y)$ die spezielle Gestalt $h(x, y) = f(x)g(y)$ mit stetigen Funktionen $f : I \to \mathbb{R}$ und $g : J \to \mathbb{R}$ auf Intervallen $I, J \subseteq \mathbb{R}$, so handelt es sich um die D i f f e r e n z i a l g l e i c h u n g   m i t   g e t r e n n t e n   V a r i a b l e n

$$y' = f(x)\, g(y) \,.$$

Solche Gleichungen lassen sich stets bis auf Quadraturen lösen.

Wir betrachten zunächst den Fall, dass für eine Lösung $y : I_0 \to \mathbb{R}$ mit der Anfangsbedingung $y(x_0) = y_0$ (und mit $x_0 \in I_0 \subseteq I$ sowie $y(I_0) \subseteq J$) stets $g(y(x)) \neq 0$ ist für alle $x \in I_0$. Dann gilt in I_0

$$\frac{y'(x)}{g(y(x))} = f(x) \,, \quad \text{also} \quad \int_{x_0}^{x} \frac{y'(t)}{g(y(t))}\, dt = \int_{x_0}^{x} f(t)\, dt$$

und somit wegen der Substitutionsregel

$$\int_{y_0}^{y(x)} \frac{du}{g(u)} = \int_{x_0}^{x} f(t)\,dt\,.$$

Sind nun G bzw. F Stammfunktionen zu $1/g$ bzw. f, so ergibt sich

$$G(y(x)) - G(y_0) = F(x) - F(x_0)\,.$$

G ist streng monoton, da die Funktion $G' = 1/g$ im Intervall $y(I_0)$ nirgendwo verschwindet. Daher existiert die Umkehrabbildung G^{-1} von G, und es ist

$$y(x) = G^{-1}(F(x) - F(x_0) + G(y_0))$$

die eindeutig bestimmte Lösung des Anfangswertproblems. Umgekehrt ist, wie man durch Einsetzen sofort bestätigt, die so bestimmte Funktion $y(x)$ eine Lösung des Anfangswertproblems $y' = f(x)\,g(y)$, $y(x_0) = y_0$.

Betrachten wir nun den Fall, dass es für eine Lösung $y(x)$ eine Stelle $x_1 \in I_0$ gibt, für die $y_1 := y(x_1)$ eine Nullstelle von g ist. Dann ist natürlich die konstante Funktion $y(x) := y_1$ eine Lösung der Differenzialgleichung. Diese konstanten Lösungen heißen s t a t i o n ä r e   L ö s u n g e n . Unter gewissen Voraussetzungen sind dies die einzigen Lösungen mit Nullstellen von g als Werten. Allgemein gilt nämlich der folgende Eindeutigkeitssatz:

19.A.1 Satz *Die Funktion $h(x, y)$ sei auf $D \subseteq \mathbb{R}^2$ lokal Lipschitz-stetig bzgl. y, d.h. zu jedem Punkt $(x_0, y_0) \in D$ gebe es eine Umgebung U und eine Konstante $L > 0$ mit $|h(x, y) - h(x, y')| \leq L|y - y'|$ für alle $(x, y), (x, y') \in U \cap D$. Sind dann $y, \widetilde{y} : I_0 \to \mathbb{R}$ Lösungen der Differenzialgleichung $y' = h(x, y)$ auf dem Intervall $I_0 \subseteq \mathbb{R}$, die dieselbe Anfangsbedingung $y(x_0) = \widetilde{y}(x_0) = y_0$ für ein $x_0 \in I_0$ erfüllen, so stimmen y und $\widetilde{y}$ auf ganz I_0 überein.*

B e w e i s . Ohne Einschränkung der Allgemeinheit sei I_0 ein abgeschlossenes und beschränktes Intervall. Die Differenz $\Delta(x) := y(x) - \widetilde{y}(x)$ ist differenzierbar auf I_0 mit $\Delta(x_0) = 0$. Sei A die (abgeschlossene und nichtleere) Menge der Nullstellen von Δ. Zu jedem Punkt $x \in A$ gibt es wegen der Voraussetzung über h und der Stetigkeit von Δ eine ε-Umgebung V von x und eine Konstante $L > 0$ mit

$$|\Delta'(t)| = |y'(t) - \widetilde{y}'(t)| = |h(t, y(t)) - h(t, \widetilde{y}(t))| \leq L|y(t) - \widetilde{y}(t)| = L|\Delta(t)|$$

für alle $t \in V \cap I_0$. Nach 14.A, Aufg. 20, ist Δ konstant gleich 0 auf $V \cap I_0$. Somit ist $I_0 - A$ ebenfalls abgeschlossen. Es folgt $A = I_0$.[1]   •

Mit 19.A.1 erhält man, dass die Lösungen der obigen Differenzialgleichung $y' = f(x)\,g(y)$ durch die Anfangsbedingung $y(x_0) = y_0$ eindeutig bestimmt sind, wenn

---

[1] Beispielsweise ergibt sich, dass die Funktion $\varphi : I_0 \to \mathbb{R}$ mit $\varphi(t) := 0$ für $t \in A$ und $\varphi(t) := 1$ für $t \in I_0 - A$ stetig auf I_0 und damit konstant gleich 0 ist.

g lokal Lipschitz-stetig ist. Dies ist offenbar der Fall, wenn g differenzierbar mit lokal beschränkter Ableitung ist. Die stationären Lösungen sind dann also die einzigen Lösungen, zu deren Wertebereich eine Nullstelle von g gehört.

19.A.2 Beispiel Im Allgemeinen kann es neben den stationären Lösungen weitere Lösungen geben mit Nullstellen von g als Werten. Ein Beispiel dafür ist etwa die Differenzialgleichung $y' = 3\sqrt[3]{y^2}$, die sowohl die stationäre Lösung $y(x) = 0$ als auch die ebenfalls im Nullpunkt verschwindende Lösung $y(x) = x^3$ besitzt.

Wir fassen die Ergebnisse über Differenzialgleichungen mit getrennten Variablen zusammen:

19.A.3 Satz *Gegeben sei die Differenzialgleichung*

$$y' = f(x)\, g(y)$$

mit den stetigen Funktionen $f : I \to \mathbb{R}$, $g : J \to \mathbb{R}$ auf den reellen Intervallen I, J und der Anfangsbedingung $y(x_0) = y_0$.

(1) Sei $g(y_0) \neq 0$. Für jede Lösung $y : I_0 \to \mathbb{R}$ dieses Anfangswertproblems mit $g(y(x)) \neq 0$ für alle $x \in I_0$ gilt die Gleichung

$$\int_{y_0}^{y(x)} \frac{du}{g(u)} = \int_{x_0}^{x} f(t)\, dt \,,$$

$x \in I_0$, die nach $y(x)$ auflösbar ist und damit $y(x)$ auf I_0 eindeutig bestimmt.

(2) Ist g lokal Lipschitz-stetig, so ist jede Lösung $y : I_0 \to \mathbb{R}$, die Nullstellen von g als Werte hat, bereits stationär. Insbesondere hat dann das gegebene Anfangswertproblem nur die in (1) beschriebenen Lösungen, falls $g(y_0) \neq 0$ ist, sowie die stationäre Lösung $y(x) = y_0$, falls $g(y_0) = 0$ ist.

19.A.4 Beispiel Die Differenzialgleichung

$$y' = \frac{y}{1 + x^2}$$

hat die stationäre Lösung $y = 0$. Jede andere Lösung verschwindet nirgends und wird bei der Anfangsbedingung $y(x_0) = y_0 \,(\neq 0)$ durch die Gleichung $\int_{y_0}^{y(x)} (du)/u = \int_{x_0}^{x} dt/(1+t)^2$ definiert. Es ist also

$$\ln \frac{y(x)}{y_0} = \arctan x - \arctan x_0 \,, \qquad y(x) = y_0 \exp\left(\arctan x - \arctan x_0\right).$$

19.A.5 Beispiel Die Differenzialgleichung

$$y' = (x + y)^2$$

ist zunächst keine Differenzialgleichung mit getrennten Variablen. Betrachten wir aber statt $y = y(x)$ die Funktion $z = z(x) = x + y(x)$, so erfüllt z die Differenzialgleichung

$$z' = 1 + y' = 1 + (x + y)^2 = 1 + z^2 \,.$$

Die Anfangsbedingung $y(x_0) = y_0$ ergibt für z die Anfangsbedingung $z(x_0) = x_0 + y_0 =: z_0$. Man erhält also

$$\int_{z_0}^{z(x)} \frac{du}{1+u^2} = \int_{x_0}^{x} dt \,,$$

$$\arctan z(x) = \arctan z_0 + (x - x_0)\,, \quad z(x) = \tan(x - x_0 + \arctan z_0)\,,$$

$$y(x) = -x + \tan\big(x - x_0 + \arctan(x_0 + y_0)\big)\,.$$

Wie hier lassen sich gelegentlich auch in anderen Fällen Differenzialgleichungen durch die Substitution $z = \alpha x + \beta y + \gamma$, $\alpha, \beta, \gamma \in \mathbb{R}$, $\beta \neq 0$, in Differenzialgleichungen mit getrennten Variablen überführen.

19.A.6 Beispiel Die Differenzialgleichung

$$x^2(y' + y^2) = 2(xy - 1)$$

ist für $x \neq 0$ gleichbedeutend mit

$$y' = \frac{2y}{x} - \frac{2}{x^2} - y^2 \,.$$

Auch hier sind die Variablen noch nicht getrennt. Setzen wir aber $z = xy$, d.h. $y = z/x$, so hat z die Differenzialgleichung

$$z' = y + xy' = 3y - \frac{2}{x} - xy^2 = \frac{1}{x}(3z - 2 - z^2)$$

mit der Anfangsbedingung $z(x_0) = x_0 y_0 =: z_0$ zu erfüllen. Für $z_0 = 1$ bzw. $z_0 = 2$ ist z stationär, also $y(x) = z_0/x = 1/x$ bzw. $y(x) = 2/x$. Andernfalls gilt

$$\int_{z_0}^{z} \frac{du}{3u - 2 - u^2} = \int_{z_0}^{z} \Big(\frac{1}{u - 1} - \frac{1}{u - 2}\Big)\, du = \int_{x_0}^{x} \frac{dt}{t} \,,$$

$$\ln\Big(\frac{z - 1}{z_0 - 1} \cdot \frac{z_0 - 2}{z - 2}\Big) = \ln \frac{x}{x_0} \qquad \text{oder} \qquad \frac{z - 1}{z - 2} \cdot \frac{z_0 - 2}{z_0 - 1} = \frac{x}{x_0} \,,$$

woraus man $y = z/x$ gewinnen kann. Es ist

$$y = \frac{2x - c}{x^2 - xc} \quad \text{mit} \quad c := x_0 \frac{x_0 y_0 - 2}{x_0 y_0 - 1} \neq 0 \,.$$

Alle angegebenen Lösungen sind in jeder Umgebung von $x = 0$ unbeschränkt. Daher gibt es keine Lösungen von $x^2(y' + y^2) = 2(xy - 1)$, die in einer Umgebung von 0 definiert sind.

19.A.7 Beispiel Die Differenzialgleichung

$$y' = \frac{y}{x} \ln \frac{y}{x} \,, \qquad \frac{y}{x} > 0 \,,$$

wird durch die Substitution $z = y/x$ in die äquivalente Differenzialgleichung

$$z' = \frac{y'}{x} - \frac{y}{x^2} = \frac{z}{x} \ln z - \frac{z}{x} = \frac{1}{x} z (\ln z - 1)$$

mit getrennten Variablen überführt. Die Anfangsbedingung $y(x_0) = y_0$ entspricht dabei der

Anfangsbedingung $z(x_0) = y_0/x_0 =: z_0 > 0$. Für $z_0 = e = 2,718\ldots$ erhalten wir die stationäre Lösung $z(x) = e$, d.h. $y(x) = ex$. Andernfalls ergibt sich für z die Gleichung

$$\int_{z_0}^{z} \frac{du}{u\,(\ln u - 1)} = \ln \frac{(\ln z) - 1}{(\ln z_0) - 1} = \int_{x_0}^{x} \frac{dt}{t} = \ln \frac{x}{x_0}\,,$$

$$\ln z = 1 + \frac{(\ln z_0) - 1}{x_0}\, x\,, \qquad y(x) = ex\,\exp\left(\frac{\ln(y_0/x_0) - 1}{x_0}\, x\right).$$

Die soeben behandelte Differenzialgleichung ist h o m o g e n v o m G r a d 0, d.h. vom Typ $y' = h(x, y)$, wobei für alle $t > 0$ gilt $h(tx, ty) = h(x, y)$.[2]) Diese lassen sich durch die Substitution $z = y/x$ in Differenzialgleichungen mit getrennten Variablen überführen.

Übrigens erhält man die spezielle Lösung $y = ex$ aus der allgemeinen Lösung durch den Grenzübergang $y_0/x_0 \to e$. Auch in Beispiel 19.A.6 ergeben sich die speziellen Lösungen $y = 1/x$ bzw. $y = 2/x$ aus der allgemeinen Lösung durch Grenzübergänge, nämlich $c \to \infty$ bzw. $c \to 0$.

Aufgaben

Bei der Diskussion und Lösung der folgenden Differenzialgleichungen achte man sorgfältig auf die Definitionsbereiche und berücksichtige die stationären Lösungen. Ferner untersuche man die Lösungen am Rand des Definitionsbereiches, wozu gegebenenfalls das Verhalten im Unendlichen gehört. Die Graphen der Lösungen sollten exemplarisch skizziert werden. Jede Differenzialgleichung ist ein Individuum!

1. Man löse die folgenden Differenzialgleichungen mit getrennten Variablen:

$$xy' = 1 + y^2\,; \quad y' = xy\,; \quad y' = -x/y\,; \quad y' = y^2 x^3\,; \quad y' = x/y^2\,; \quad y' = y/x\,;$$

$$y' = -y/|x|\,; \quad y' = 1 - y^2\,; \quad y' = 1 + y^2\,; \quad y' = |y|\,; \quad y' = \sqrt{|y|}\,; \quad y' = y - y^2\,;$$

$$y' = e^y \cos x\,; \quad y' = e^x/y\,; \quad y' = e^{x+y+1}\,; \quad y' \sin x = y\,\ln y\,;$$

$$y' = x\,\cos x/(1 - 6y^5)\,; \quad y' = (x + 1)/(y^4 + 1)\,; \quad y' = -(x^2 + 1)/(y^2 + y)\,;$$

$$y' = (1 + y^2)/(1 + x^2)\,; \quad y' = (1 + x)/(1 + y)\,; \quad y' = (1 + x)(1 + y)\,;$$

$$y' = (y - 1)(y - 2)/x\,; \quad y' = 2xy(2 - y)\,; \quad y' = \sqrt{(1 - y^2)/(1 + x^2)}\,;$$

$$y' = \sqrt{1 - y^2}/y\,; \quad y' = -2x\sqrt{1 - y^2}\,; \quad y' = (x^2 y - y)/(y + 1)\,.$$

2. Statt der Funktion $y = y(x)$ betrachte man die Funktion $z = \alpha x + \beta y + \gamma$ mit geeigneten $\alpha, \beta, \gamma \in \mathbb{R}$, $\beta \neq 0$, und löse mit diesem Ansatz die folgenden Differenzialgleichungen:

$$y' = x + y\,; \quad y' = (x + y)^3\,; \quad xy' = 1 + x - y\,; \quad y' = (x - y)^2 + 1\,; \quad y' = \sin(x + y) - 1\,;$$

$$(x + y)^2 y' = 1\,; \quad (x + y - 1)y' = 2\,; \quad y' = 2x + y + 3\,; \quad (x - y)^2 y' = 1\,; \quad (y')^2 = x - y + 1\,.$$

3. Man löse die folgenden homogenen Differenzialgleichungen:

$$y' = cy/x \ (c \in \mathbb{R}^\times)\,; \quad y' = (x/y) + (y/x)\,; \quad y' = (x^2 + y^2)/(2xy + x^2)\,;$$

---

[2]) Mit (x, y) gehöre stets auch (tx, ty), $t > 0$, zum Definitionsbereich von h.

$$y' = (x+3y)/(3x+y)\,;\quad y' = (x+y)/(x+2y)\,;\quad y' = (x-y)/x\,;\quad y' = (x-y)/(x+y)\,;$$

$$y' = (y^3 + x^2 y)/2x^3\,;\quad y' = 4y^2/(y-3x)^2\,;\quad y' = y/(x + \sqrt{xy})\,,\ xy > 0\,;$$

$$xy' = y + \sqrt{y^2 - x^2}\,;\quad y' = (x^2 + y^2)/2xy\,;\quad y' = (2y^4 + x^4)/xy^3\,.$$

4. Man löse die folgenden Differenzialgleichungen durch eine Substitution vom Typ $z = xy$:

$$x^2(y' + y^2) = 2(xy - 1)\,;\quad xy^2(xy' + y) = 1\,;\quad 2y' + y^2 + \frac{1}{x^2} = 0\,.$$

5. Die folgenden Differenzialgleichungen löse man, indem man x, soweit dies möglich ist, als Funktion von y auffasst:

$$(x - 2yx - y^2)y' + y^2 = 0\,;\quad (y^2 - 6x)y' + 2y = 0\,;\quad (x^2 y^3 + xy)y' = 1\,.$$

6. Die folgenden Differenzialgleichungen löse man mit der Substitution $z = 1/y$:

$$y' + y^2 = \frac{1}{x^2}\,;\quad x^2 y' = x^2 y^2 + xy + 1\,.$$

7. Man bestimme *sämtliche* Lösungen von $y' = 3\sqrt[3]{y^2}$. (Vgl. Beispiel 19.A.2.)

19.B Lineare Differenzialgleichungen erster Ordnung

Ebenfalls bis auf Quadraturen lösbar sind die l i n e a r e n   D i f f e r e n z i a l g l e i -
c h u n g e n   e r s t e r   O r d n u n g. Darunter versteht man eine Differenzialgleichung
der Form

$$y' = f(x)\,y + g(x)\,,$$

wobei f und g stetige Funktionen auf einem reellen Intervall sind. *Wir wollen
hier zulassen, dass f und g und dann natürlich auch die Lösungen komplexwertig
sind.* Häufig lassen sich dadurch die Rechnungen vereinfachen. Ist $g(x) = 0$,
so sprechen wir von einer h o m o g e n e n linearen Differenzialgleichung erster
Ordnung. [1]) Im allgemeinen Fall heißt $g(x)$ eine S t ö r f u n k t i o n.

Eine homogene lineare Differenzialgleichung

$$y' = f(x)\,y$$

mit gegebener Anfangsbedingung $y(x_0) = y_0$ lässt sich leicht behandeln. Ist nämlich

$$F(x) := \int_{x_0}^{x} f(t)\,dt\,,$$

so erfüllt $C(x) := y(x)\exp\left(-F(x)\right)$ die Differenzialgleichung

$$C'(x) = \big(y'(x) - y(x)f(x)\big)\exp\left(-F(x)\right) = 0\,,$$

---

[1]) Man verwechsle dies nicht mit den homogenen Differenzialgleichungen aus Beispiel
19.A.7.

ist also konstant gleich $C(x_0) = y(x_0) = y_0$. Daher ist $y(x) = y_0 \exp(F(x))$ die einzige Lösung des angegebenen Anfangswertproblems.

Man beachte, dass (zumindest im reellen Fall) $y' = f(x)\,y$ auch als Differenzialgleichung mit getrennten Variablen behandelt werden könnte.

Im inhomogenen Fall mit der Störfunktion $g(x)$ erfüllt die obige Funktion $C(x)$ die Differenzialgleichung

$$C'(x) = \big(y'(x) - y(x)f(x)\big)\exp\big(-F(x)\big) = g(x)\exp\big(-F(x)\big)$$

mit der gleichen Anfangsbedingung $C(x_0) = y_0$. Wir erhalten

$$C(x) = y_0 + \int_{x_0}^{x} g(t)\exp(-F(t))\,dt\,,$$

d.h. $y(x) = C(x)\exp\big(F(x)\big) = \Big(y_0 + \int_{x_0}^{x} g(t)\exp\big(-F(t)\big)\,dt\Big)\exp(F(x))\,.$

Im inhomogenen Fall wird also in der Lösung $y_0 \exp(F(x))$ der zugehörigen homogenen Gleichung die Konstante $C = y_0$ ersetzt durch die Funktion $C(x)$. Man spricht daher von V a r i a t i o n   d e r   K o n s t a n t e n. Wir fassen noch einmal zusammen:

19.B.1 Satz *Sei $y' = f(x)\,y + g(x)$ eine lineare Differenzialgleichung erster Ordnung mit den stetigen Funktionen $f, g : I \to \mathbb{K}$ und der Anfangsbedingung $y(x_0) = y_0$. Dann ist*

$$y(x) = \Big(y_0 + \int_{x_0}^{x} g(t)\exp(-F(t))\,dt\Big)\exp(F(x))\,,$$

$x \in I$, mit $F(x) := \int_{x_0}^{x} f(t)\,dt$ die einzige Lösung dieses Anfangswertproblems.

19.B.2 Bemerkung Den Lösungsweg für eine homogene lineare Differenzialgleichung erster Ordnung überschaut man gut durch Betrachten des Diagramms der folgenden Aussage, deren trivialen Beweis wir dem Leser überlassen.

19.B.3 Lemma *Sei $F : I \to \mathbb{K}$ eine stetig differenzierbare Funktion. Dann ist das folgende Diagramm kommutativ:*

$$
\begin{array}{ccc}
\mathrm{C}_{\mathbb{K}}^1(I) & \xrightarrow{\ \ D\ \ } & \mathrm{C}_{\mathbb{K}}^0(I) \\
\big\downarrow{\scriptstyle \exp(F)} & & \big\downarrow{\scriptstyle \exp(F)} \\
\mathrm{C}_{\mathbb{K}}^1(I) & \xrightarrow{\ D-F'\ } & \mathrm{C}_{\mathbb{K}}^0(I)
\end{array}
\qquad.
$$

In diesem Diagramm bezeichnet D den Differenziationsoperator, der jeder differenzierbaren Funktion ihre Ableitung zuordnet. Ferner bezeichnen $\exp(F)$ und F' die Multiplikation mit diesen Funktionen. Es ist also $D - F'$ die Abbildung $y \mapsto y' - F'y$, $y \in \mathrm{C}_{\mathbb{K}}^1(I)$.

19.B.4 Beispiel Die Differenzialgleichung $xy' + 3y = x^2$ ist für $x \neq 0$ die lineare Differenzialgleichung

$$y' = -\frac{3}{x}\, y + x\,.$$

Die Anfangsbedingung sei $y(x_0) = y_0$, $x_0 \neq 0$. Mit

$$F(x) = \int_{x_0}^{x} -\frac{3}{t}\, dt = -3 \ln \frac{x}{x_0}\,, \quad \exp F(x) = \left(\frac{x_0}{x}\right)^3,$$

hat die zugehörige homogene Gleichung $y' = -3y/x$ die Lösung

$$y(x) = y_0 \exp F(x) = y_0 \left(\frac{x_0}{x}\right)^3.$$

Durch Variation der Konstanten ergibt sich für die inhomogene Gleichung der Ansatz

$$y(x) = C(x) \left(\frac{x_0}{x}\right)^3$$

mit

$$C(x) = y_0 + \int_{x_0}^{x} t \left(\frac{t}{x_0}\right)^3 dt = y_0 + \frac{x^5}{5x_0^3} - \frac{1}{5}x_0^2\,,$$

also

$$y(x) = \frac{1}{5}x^2 + \left(x_0^3 y_0 - \frac{1}{5}x_0^5\right) x^{-3}\,.$$

Genau bei der Anfangsbedingung $y_0 = x_0^2/5$ hat die Ausgangsgleichung $xy' + 3y = x^2$ eine Lösung $y(x) = x^2/5$, die auch im Nullpunkt definiert ist.

19.B.5 Beispiel Die Differenzialgleichung

$$\frac{y'}{y} = x \ln y + 2x\,, \quad y > 0\,,$$

ist zunächst nicht linear, lässt sich aber durch die Substitution $z(x) := \ln y(x)$, $y(x) = \exp z(x)$ in die lineare Differenzialgleichung

$$z' = xz + 2x$$

überführen. Aus deren Lösung

$$z(x) = (z_0 + 2) \exp\left(\frac{1}{2}(x^2 - x_0^2)\right) - 2\,, \quad z_0 = \ln y_0\,,$$

ergibt sich die Lösung

$$y(x) = e^{-2} \exp\left((2 + \ln y_0)e^{(x^2 - x_0^2)/2}\right).$$

19.B.6 Beispiel (Bernoullische Differenzialgleichungen) Eine Differenzialgleichung der Form

$$y' = f(x)\, y + g(x)\, y^{\alpha}\,, \qquad \alpha \in \mathbb{R}\,, \ \alpha \neq 1\,,$$

mit reellwertigen stetigen Funktionen f und g auf einem Intervall $I \subseteq \mathbb{R}$ heißt eine Bernoullische Differenzialgleichung. Dabei sei $y > 0$. Ist $\alpha \in \mathbb{Z}$, so genügt $y \neq 0$. Eine solche Differenzialgleichung lässt sich durch die Substitution

$$z(x) := \big(y(x)\big)^{1-\alpha}, \quad y(x) = \big(z(x)\big)^{1/(1-\alpha)}$$

in die lineare Differenzialgleichung

$$z' = (1-\alpha)y'y^{-\alpha} = (1-\alpha)f(x)z + (1-\alpha)g(x)$$

mit $z > 0$ bzw. $z \neq 0$ überführen. Beispielsweise ergibt sich für

$$xy' + y = y^2 \ln x, \quad x > 0, y \neq 0,$$

durch die Substitution $z = y^{-1}$, $y = z^{-1}$ die lineare Differenzialgleichung

$$z' = \frac{1}{x}z - \frac{\ln x}{x}$$

mit den Lösungen $z(x) = \dfrac{x}{x_0}\left(z_0 + \dfrac{x_0}{x}(1 + \ln x) - 1 - \ln x\right)$.

Als Lösung der Ausgangsgleichung erhält man $y(x) = 1/z(x)$, wobei darauf zu achten ist, dass $x > 0$ in einem Intervall um x_0 variiert, in dem $z(x)$ keine Nullstelle hat.

Aufgaben

Man beachte den Kommentar zu den Aufgaben von Abschnitt 19.A.

1. Man löse die folgenden linearen Differenzialgleichungen:

$$y' + 2xy = 2xe^{-x^2}; \quad xy' + 3y = x^2; \quad y'\sin x - y = 1 - \cos x; \quad y' + \frac{2}{x}y = 4x;$$

$$y' + y = e^{-x}; \quad (1 - x^2)y' - xy + 1 = 0; \quad y' = xy + 2x; \quad y' = xy; \quad y' + x^2y = x^2;$$

$$y' + y\sqrt{x}\,\sin x = 0; \quad y' + y\cos x = 0; \quad y' - \alpha y \cot x = 0, \quad \alpha \text{ konstant};$$

$$y' - \frac{y}{1+x} + \frac{1}{1+x} = 0; \quad y' = y\tan x - 2\sin x.$$

2. Man löse die folgenden Differenzialgleichungen, indem man sie mit einer geeigneten Substitution auf eine lineare Differenzialgleichung zurückführt:

$$\frac{y'}{y} - x\ln y = 2x; \quad y' - 1 = e^{x+2y}; \quad e^y y' + x e^y = 1 + x;$$

$$y' + \sin y + x\cos y + x = 0; \quad (1 - x^2)e^y y' + x e^y + 1 = 0.$$

3. Man löse die folgenden Bernoullischen Differenzialgleichungen:

$$y' + \frac{1}{3}y = \frac{1}{3}(1 - 2x)y^4; \quad y' + \frac{y}{x} = x^2 y^2; \quad y' + 2xy = 2x^3 y^3; \quad y' = xy + \frac{x^2}{y^3};$$

$$xy' + y = xy^2 \ln x; \quad y' - y = xy^5; \quad (1 + x^2)y' + xy = xy^2; \quad y' + 2xy + xy^4 = 0.$$

4. Durch geeignete Substitutionen führe man die Differenzialgleichungen

$$xy' + 1 = e^y; \quad y' = \frac{1}{x} + e^x e^y$$

auf Bernoullische Differenzialgleichungen zurück und löse sie.

5. Sei $y' = f(x)\,y + g(x)$ eine lineare Differenzialgleichung erster Ordnung mit den stetigen Funktionen $f, g : [a, \infty[\, \to \mathbb{K}, a \in \mathbb{R}$. Es gebe ein $c \in \mathbb{R}_+^\times$ mit $f(x) \le -c$ für alle $x \ge a$.

a) Ist g beschränkt, so ist auch jede Lösung y von $y' = f(x)\,y + g(x)$ beschränkt.

b) Gilt $\lim_{x\to\infty} g(x) = 0$, so gilt auch $\lim_{x\to\infty} y(x) = 0$ für jede Lösung y der Gleichung $y' = f(x)\,y + g(x)$.

19.C Beispiele

Wir besprechen hier einige weniger formale Beispiele von Differenzialgleichungen, die sich mit den Methoden der vorangegangenen beiden Abschnitte behandeln lassen. Eine Fülle solcher elementaren Beispiele findet man auch in dem Buch [24]: M. Braun, Differenzialgleichungen und ihre Anwendungen.

19.C.1 Beispiel (L e b e n s d a u e r f u n k t i o n e n) Wir betrachten die Lebensdauer der Individuen eines bestimmten Individuenbereichs. Dabei spielt es keine Rolle, ob es sich um Lebewesen, technische Geräte, physikalische Teilchen oder anderes handelt.

Für $t \ge 0$ bezeichne $P(t)$ die Wahrscheinlichkeit, dass die Lebensdauer für ein Individuum des gegebenen Bereiches $< t$ ist. Es ist also $P(t)$ der Bruchteil der Individuen, die das Alter t nicht erreichen; entsprechend ist $1 - P(t)$ der Bruchteil derjenigen, deren Lebensdauer mindestens t ist. Offenbar ist $P(t)$ monoton wachsend und $P(0) = 0$. $P(\infty) := \lim_{t\to\infty} P(t)$ existiert und ist ≤ 1. Die Wahrscheinlichkeit für ein Individuum unsterblich zu sein, ist $1 - P(\infty)$.[1]) Die m i t t l e r e   S t e r b e r a t e für das Intervall $[t_0, t_1[\, , t_0 < t_1$, ist definitionsgemäß

$$\frac{1}{1 - P(t_0)} \frac{P(t_1) - P(t_0)}{t_1 - t_0}.$$

Sie gibt unter den Individuen, die das Lebensalter t_0 erreichen, den Bruchteil derjenigen an, die das Alter t_1 nicht erreichen, reduziert auf die Zeiteinheit. Der Limes der mittleren Sterberate

$$s(t_0) := \frac{1}{1 - P(t_0)} \lim_{\substack{t_1 \to t_0 \\ t_1 > t_0}} \frac{P(t_1) - P(t_0)}{t_1 - t_0}$$

heißt (falls er existiert) die S t e r b e r a t e oder A u s f a l l r a t e im Punkte t_0. Wir wollen nun annehmen, dass P überall stetig differenzierbar ist. Dann ist

$$s(t) = \frac{P'(t)}{1 - P(t)} \ge 0.$$

Zur Bestimmung von P werden der Situation entsprechende Annahmen über s gemacht; dadurch kann s als gegeben betrachtet werden. Dann erfüllt P die lineare Differenzialgleichung $P' = (1 - P)\,s, \ P(0) = 0$, mit der Lösung

---

[1]) $P(t)$ ist die Verteilungsfunktion zur Lebensdauerverteilung, vgl. Bd. 3. Wir benutzen hier nichtdiskrete Wahrscheinlichkeitsverteilungen in naiver Weise.

$$P(t) = 1 - \exp\left(-S(t)\right), \qquad S(t) := \int_0^t s(t)\, dt\,.$$

Insbesondere ergibt sich $P(\infty) = 1 - \exp\left(-\int_0^\infty s(t)\, dt\right)$. Also ist $P(\infty) = 1$ genau dann, wenn das uneigentliche Integral $S(\infty)$ nicht existiert, d.h. unendlich ist, was in der Regel der Fall sein wird. $\exp\left(-S(t)\right)$ ist die Wahrscheinlichkeit, dass die Lebensdauer $\geq t$ ist, das Individuum zum Zeitpunkt t also noch lebt.

Wir erwähnen zwei Spezialfälle für s:

(1) s ist eine Potenzfunktion $\alpha t^{\beta-1}$ mit $\alpha, \beta > 0$. Dann ergibt sich

$$P(t) = 1 - \exp\left(-\frac{\alpha}{\beta} t^\beta\right).$$

(Den Fall $\beta < 1$ diskutiere man getrennt.) Diese Funktionen heißen W e i b u l l - F u n k t i o n e n . Im Fall $\beta = 1$ ist $s = \alpha$ konstant, d.h. die Sterberate ist unabhängig vom Alter, und die Individuen unterliegen somit keinem Alterungsprozess. *Dies ist die übliche Annahme bei radioaktiven Zerfallsprozessen.* Dann heißt α die Z e r f a l l s k o n s t a n t e . Häufig benutzt wird auch $\beta = 2$, die Sterberate wächst dann proportional zum Alter (z.B. bei technischen Geräten). Bereits Gauß hat bei der Analyse der Säuglingssterblichkeit Weibull-Funktionen benutzt, und zwar mit $\beta = 1/3$.

(2) Für *erwachsene* Lebewesen benutzt man für die Sterberate gelegentlich einen exponentiellen Ansatz $s(t) = \alpha + \beta e^{\gamma t}$, $\alpha, \beta \geq 0$, $\gamma > 0$. Dann ist

$$P(t) = 1 - \exp\left(-\alpha t - \frac{\beta}{\gamma}(e^{\gamma t} - 1)\right).$$

Man nennt diese Funktionen M a k e h a m - F u n k t i o n e n .

Ist $P(t)$ stetig und streng monoton wachsend und $P(\infty) > 1/2$, so gibt es genau einen Zeitpunkt $T_{1/2}$ mit

$$P(T_{1/2}) = \frac{1}{2}\,.$$

Diese Zeit heißt (aus nahe liegenden Gründen) H a l b w e r t s z e i t . Mit der Sterberate-Funktion $s(t)$ ergibt sich die Halbwertszeit offenbar aus der Bedingung

$$S(T_{1/2}) = \int_0^{T_{1/2}} s(t)\, dt = \ln 2 = 0,6931 \ldots.$$

Für Weibull-Funktionen mit $s(t) = \alpha t^{\beta-1}$, $\alpha, \beta > 0$, erhält man $T_{1/2} = \left(\frac{\beta}{\alpha} \ln 2\right)^{1/\beta}$. Im Fall $\beta = 1$ ist $T_{1/2} = \dfrac{\ln 2}{\alpha}\,.$

Bei stetig differenzierbarem P heißt das uneigentliche Integral

$$E = E_P = \int_0^\infty t\, P'(t)\, dt + \infty \cdot \left(1 - P(\infty)\right)$$

die m i t t l e r e L e b e n s d a u e r oder L e b e n s e r w a r t u n g . [2]) Mit der Sterberate-Funktion s ergibt sich

---

[2]) Wir werden diese Sprechweise in Bd. 3, Beispiel 19.B.12 motivieren.

$$E_P = \int\limits_0^\infty t\,s(t)\exp\big(-S(t)\big)\,dt + \infty \cdot \exp\big(-S(\infty)\big)\,.$$

Für den Fall der Weibull-Funktionen folgt

$$E = \int\limits_0^\infty \alpha t^\beta \exp\left(-\frac{\alpha}{\beta}t^\beta\right)dt = \frac{1}{\beta}\left(\frac{\beta}{\alpha}\right)^{1/\beta}\Gamma\left(\frac{1}{\beta}\right).$$

Bei radioaktiven Zerfallsprozessen ($\beta = 1$) ergibt sich $E = 1/\alpha$, *d.h. die mittlere Lebensdauer ist der Kehrwert der Zerfallskonstanten.* Bei $\beta = 2$ ist $E = \Gamma(1/2)/\sqrt{2\alpha} = \sqrt{\pi/2\alpha}$.

19.C.2 Beispiel (Wachstumsverhalten) $N(t) > 0$ sei die Größe einer Population zum Zeitpunkt t. Dann heißt

$$\frac{N(t_1) - N(t_0)}{t_1 - t_0}\,\frac{1}{N(t_0)}$$

für $t_0 < t_1$ die durchschnittliche Wachstumsrate im Intervall $[t_0, t_1]$ und

$$\lim_{t_1 \to t_0} \frac{N(t_1) - N(t_0)}{t_1 - t_0}\,\frac{1}{N(t_0)}$$

die Wachstumsrate zum Zeitpunkt t_0, falls dieser Limes existiert. Ist N differenzierbar, so ist dies der Fall und die Wachstumsrate gleich N'/N. Aus der Kenntnis der Wachstumsrate $W = W(N, t)$ als Funktion von N und t gewinnt man durch Lösen der Differenzialgleichung

$$N' = NW$$

die Größe $N = N(t)$ der Population als Funktion der Zeit bei gegebener Anfangsgröße $N_0 = N(t_0)$ zum Zeitpunkt t_0. Ändern sich im Laufe der Zeit die äußeren Bedingungen nicht, so hängt die Wachstumsrate $W = W(N)$ nur von der augenblicklichen Größe der Population ab. Dann ist $N' = NW$ eine Differenzialgleichung erster Ordnung mit getrennten Variablen.

Die einfachste Annahme über W ist, dass W eine Potenzfunktion $W = \alpha N^\beta$ mit $\alpha > 0$ und $\beta \in \mathbb{R}$ ist. Bei $\beta \neq 0$ hat $N' = NW$ die Lösung

$$N(t) = \big(N_0^{-\beta} - \alpha\beta(t - t_0)\big)^{-1/\beta}\,.$$

Bei $\beta = 0$ erhält man $N(t) = N_0 e^{\alpha(t-t_0)}$ (exponentielles Wachstum). Bei $\beta > 0$ wird $N(t)$ bereits zum endlichen Zeitpunkt $t_\infty := t_0 + (1/\alpha\beta N_0^\beta)$ unendlich groß (hyperbolisches Wachstum). Bei $\beta < 0$ wächst $N(t)$ im Wesentlichen wie eine Potenz von t. Insbesondere ist $N(t)$ bei $\beta = -1$ linear in t.

Im Allgemeinen kann die Population nicht beliebig groß werden, da in übergroßen Populationen das Wachstum aufhört bzw. die Wachstumsrate sogar negativ wird. Diese Vorstellung wird durch den häufig verwendbaren Ansatz

$$W = W(N) = \alpha N^\beta(1 - \gamma N^\delta)\,,\quad \alpha,\,\gamma,\,\delta > 0,\ \beta \in \mathbb{R},$$

berücksichtigt. Sei $N_\infty := (1/\gamma)^{1/\delta}$. Ist $N_0 = N_\infty$, so ist die Lösung von $N' = NW$ die stationäre Lösung $N(t) = N_\infty$. Andernfalls ergibt sich die Lösung $N = N(t)$ aus

$$\int\limits_{N_0}^N \frac{dN}{\alpha N^{\beta+1}(1 - \gamma N^\delta)} = t - t_0\,.$$

Das Integral auf der linken Seite ist im Allgemeinen nicht elementar auswertbar. Da

$$\int\limits_{N_0}^{N_\infty} \frac{dN}{\alpha N^{\beta+1}(1 - \gamma N^\delta)} = \infty$$

ist (vgl. 17.A, Aufg. 7), ist $\lim_{t \to \infty} N(t) = N_\infty$, d.h. die Populationsgröße $N(t)$ nähert sich für $t \to \infty$ dem stationären Wert N_∞, und zwar monoton wachsend bei $N_0 < N_\infty$ und monoton fallend bei $N_0 > N_\infty$. Die Funktionen $N(t)$ nennt man l o g i s t i s c h e F u n k - t i o n e n. Beispielsweise ergeben sich für $\beta = 0$ und $\delta = 1$ die Funktionen

$$N(t) = \frac{1}{\gamma + (N_0^{-1} - \gamma)e^{-\alpha(t-t_0)}} \qquad \text{mit} \qquad N_\infty = 1/\gamma \ .$$

Weitere Diskussionen hierzu findet man in den Aufgaben 6 und 7.

19.C.3 Beispiel (K i n e t i k c h e m i s c h e r R e a k t i o n e n) Bei einer chemischen Reaktion

$$a_1 A_1 + \cdots + a_n A_n \to b_1 B_1 + \cdots + b_m B_m$$

mit $a_1, \ldots, a_n, b_1, \ldots, b_m \in \mathbb{N}^*$ heißt

$$\dot{x} := -\frac{d([A_i])}{a_i\, dt} = \frac{d([B_j])}{b_j\, dt} \ , \qquad i = 1, \ldots, n \ , \ j = 1, \ldots, m \ ,$$

die R e a k t i o n s g e s c h w i n d i g k e i t. [3]) Dabei sind $[A_i]$ bzw. $[B_j]$ die Konzentrationen der beteiligten Stoffe A_i bzw. B_j zum gegebenen Zeitpunkt, jeweils etwa in Mol/Liter. Bei konstanter Temperatur genügt die Reaktionsgeschwindigkeit häufig einer Gleichung der Form

$$\dot{x} = k[A_1]^{\alpha_1} \cdots [A_n]^{\alpha_n}$$

mit Konstanten $k > 0$, $\alpha_1, \ldots, \alpha_n \geq 0$. Die Summe $\alpha_1 + \cdots + \alpha_n$ heißt die R e a k t i o n s - o r d n u n g. Sind $A_i^0 = [A_i](t_0)$ die Anfangskonzentrationen, so folgt $[A_i] = A_i^0 - a_i x$ und für x die Differenzialgleichung

$$\dot{x} = k(A_1^0 - a_1 x)^{\alpha_1} \cdots (A_n^0 - a_n x)^{\alpha_n}$$

mit der Anfangsbedingung $x(t_0) = 0$. Dies ist eine Differenzialgleichung mit getrennten Variablen, die sich bei $\alpha_1, \ldots, \alpha_n \in \mathbb{N}$ unter Verwendung der Partialbruchentwicklung von $1/(A_1^0 - a_1 x)^{\alpha_1} \cdots (A_n^0 - a_n x)^{\alpha_n}$ lösen lässt.

Die obige Reaktionsgleichung zieht nur Bilanz und beachtet nicht die einzelnen Teilprozesse, die bei der betrachteten Reaktion auftreten. Daher gilt die angegebene Differenzialgleichung im Allgemeinen auch nur näherungsweise, und die Exponenten $\alpha_1, \ldots, \alpha_n$ brauchen insbesondere nicht direkt mit den Koeffizienten $a_1, \ldots, a_n$ zusammenzuhängen.

---

[3]) Wir wollen hier und auch in einigen der folgenden Beispiele Ableitungen nach der Zeit – wie in der Physik üblich – mit einem Punkt bezeichnen.

Bei einer Elementarreaktion setzt man aber gewöhnlich $\alpha_i := a_i$, $i = 1, \ldots, n$. Die Überlagerung mehrerer Elementarprozesse führt schnell zu komplizierten Differenzialgleichungssystemen, die wir erst in Band 3 besprechen können und die in der Regel nicht explizit lösbar sind. Überlagern sich etwa unabhängig voneinander die r Elementarreaktionen

$$a_{11}C_1 + \cdots + a_{1n}C_n \xrightarrow{k_1} b_{11}\,C_1 + \cdots + b_{1n}C_n$$
$$\cdots\cdots\cdots\cdots\cdots\cdots\cdots\cdots\cdots\cdots\cdots\cdots$$
$$a_{r1}C_1 + \cdots + a_{rn}C_n \xrightarrow{k_r} b_{r1}\,C_1 + \cdots + b_{rn}C_n$$

mit $a_{\rho\nu}$, $b_{\rho\nu} \in \mathbb{N}$ und Reaktionskonstanten $k_1, \ldots, k_r$, so gilt mit $x_\nu := [C_\nu]$, $\nu = 1, \ldots, n$, für die ρ-te Reaktion allein

$$\dot{x}_\nu = (b_{\rho\nu} - a_{\rho\nu})k_\rho x_1^{a_{\rho 1}} \cdots x_n^{a_{\rho n}},$$

$\nu = 1, \ldots, n$, $\rho = 1, \ldots, r$, und insgesamt das Differenzialgleichungssystem

$$\dot{x}_\nu = \sum_{\rho=1}^{r} (b_{\rho\nu} - a_{\rho\nu})k_\rho x_1^{a_{\rho 1}} \cdots x_n^{a_{\rho n}}, \quad \nu = 1, \ldots, n\,.$$

Zum Beispiel erhält man auf diese Weise für eine durch ein Enzym E katalysierte Reaktion nach dem Schema

$$E + S \underset{k_1^-}{\overset{k_1^+}{\rightleftharpoons}} ES \underset{k_2^-}{\overset{k_2^+}{\rightleftharpoons}} E + P$$

($S =$ Substrat, $P =$ Reaktionsprodukt, $ES =$ Enzymsubstratkomplex) das Differenzialgleichungssystem

$$\dot{x}_E = -k_1^+ x_E x_S + (k_1^- + k_2^+)x_{ES} - k_2^- x_E x_P$$
$$\dot{x}_S = -k_1^+ x_E x_S + k_1^- x_{ES}$$
$$\dot{x}_{ES} = k_1^+ x_E x_S - (k_1^- + k_2^+)x_{ES} + k_2^- x_E x_P$$
$$\dot{x}_P = k_2^+ x_{ES} - k_2^- x_E x_P\,.$$

Es ist $(x_E + x_{ES})^{\cdot} = 0$, d.h. $x_E + x_{ES} = c = $ const., und die (interessierende) Geschwindigkeit $v := \dot{x}_P$ ist stets $\leq V := k_2^+ c$. Machen wir mit Michaelis und Menten die vereinfachende Annahme, dass die Reaktion $E + P \to ES$ unmerklich klein ist ($k_2^- x_E x_P = 0$) und $\dot{x}_{ES} = 0 = k_1^+ x_E x_S - (k_1^- + k_2^+)x_{ES}$ gilt (Fließgleichgewicht), so erhalten wir aus

$$\frac{v}{V} = \frac{k_2^+ x_{ES}}{k_2^+ (x_E + x_{ES})} = \frac{1}{(x_E/x_{ES}) + 1} \quad \text{und} \quad \frac{x_E x_S}{x_{ES}} = K := \frac{k_1^- + k_2^+}{k_1^+}$$

die so genannte Michaelis-Menten-Gleichung

$$v = \frac{V \cdot x_S}{K + x_S} = \frac{V \cdot [S]}{K + [S]}\,.$$

Für einfache Reaktionsschemata gewinnt man häufig Differenzialgleichungssysteme, die sich direkt lösen lassen. Bei

$$A_1 + A_2 \underset{k^-}{\overset{k^+}{\rightleftharpoons}} B$$

beispielsweise erhält man das System

$$\dot{x}_1 = \dot{x}_2 = -k^+ x_1 x_2 + k^- x_3, \quad \dot{x}_3 = k^+ x_1 x_2 - k^- x_3$$

mit $x_1 := [A_1]$, $x_2 := [A_2]$, $x_3 := [B]$, das sich wegen $\dot{x}_1 = \dot{x}_2 = -\dot{x}_3$, d.h.

$$x_1 = -x + A_1^0 \,, \quad x_2 = -x + A_2^0 \,, \quad x_3 = x + B^0$$

mit einer einzigen Variablen x auf die eine Gleichung

$$\dot{x} = k^+(A_1^0 - x)(A_2^0 - x) - k^-(B^0 + x)$$

reduziert, die sich vollständig lösen lässt. Ähnlich gehört zur Reaktion $2A \underset{k^-}{\overset{k^+}{\rightleftarrows}} B$ (z.B. $2H \rightleftarrows H_2$) das System

$$\dot{x}_1 = 2(-k^+x_1^2 + k^-x_2) \,, \quad \dot{x}_2 = k^+x_1^2 - k^-x_2$$

($x_1 := [A]$, $x_2 := [B]$), das wegen $\dot{x}_1 = -2\dot{x}_2$, d.h.

$$x_1 = -x + A^0 \,, \quad x_2 = \frac{x}{2} + B^0 \,,$$

zu der einen Gleichung $\dot{x} = 2k^+(A^0 - x)^2 - k^-(2B^0 + x)$ äquivalent ist. Vgl. auch Aufg. 12.

Ist in den Elementarreaktionen $a_{\rho 1}C_1 + \cdots + a_{\rho n}C_n \overset{k_\rho}{\longrightarrow} b_{\rho 1}C_1 + \cdots + b_{\rho n}C_n$, $\rho = 1, \ldots, r$, für jedes ρ die Summe $a_{\rho 1} + \cdots + a_{\rho n}$ gleich 1, so ist jede einzelne Elementarreaktion eine **Zerfallsreaktion** und *das Differenzialgleichungssystem für die* $x_\nu = [C_\nu]$, $\nu = 1, \ldots, n$, *ein lineares Differenzialgleichungssystem mit konstanten Koeffizienten.* Solche Systeme werden wir in Bd. 2 umfassend behandeln. Als elementares Beispiel betrachten wir eine **einfache Zerfallsreihe**, wie sie etwa bei radioaktiven Zerfallsprozessen auftritt:

$$C_1 \overset{k_1}{\longrightarrow} C_2 \overset{k_2}{\longrightarrow} C_3 \overset{k_3}{\longrightarrow} \cdots \overset{k_{n-2}}{\longrightarrow} C_{n-1} \overset{k_{n-1}}{\longrightarrow} C_n \,.$$

Das zugehörige Differenzialgleichungssystem lautet:

$$
\begin{aligned}
\dot{x}_1 &= -k_1 x_1 \\
\dot{x}_2 &= k_1 x_1 - k_2 x_2 \\
&\cdots\cdots\cdots\cdots\cdots\cdots\cdots\cdots\cdots\cdots \\
\dot{x}_{n-1} &= k_{n-2}x_{n-2} - k_{n-1}x_{n-1} \\
\dot{x}_n &= k_{n-1}x_{n-1} \,.
\end{aligned}
$$

Sind $x_1^0, \ldots, x_n^0$ die Konzentrationen zum Zeitpunkt $t_0 = 0$, so ist $x_1 = x_1^0 \exp(-k_1 t)$, vgl. auch Beispiel 19.C.1 (1), und die weiteren Funktionen $x_2, \ldots, x_n$ bestimmen sich rekursiv nach Satz 19.B.1 aus

$$\dot{x}_{\nu+1} + k_{\nu+1}x_{\nu+1} = k_\nu x_\nu \,,$$

$\nu = 1, \ldots, n-1$ (mit $k_n := 0$). Sind die Zerfallskonstanten $k_1, \ldots, k_{n-1} > 0$ paarweise verschieden, so ist

$$x_\nu = c_{\nu 1}e^{-k_1 t} + \cdots + c_{\nu\nu}e^{-k_\nu t} \,,$$

$\nu = 1, \ldots, n$, wobei sich die Konstanten $c_{\nu i}$, $1 \le i \le \nu \le n$, rekursiv aus $c_{11} = x_1^0$ und

$$c_{\nu+1,i} = \frac{k_\nu}{k_{\nu+1} - k_i}c_{\nu i} \,, \quad i = 1, \ldots, \nu \,, \quad c_{\nu+1,\nu+1} = x_{\nu+1}^0 - c_{\nu+1,1} - \cdots - c_{\nu+1,\nu}$$

ergeben, $\nu = 1, \ldots, n-1$. Wegen $\dot{x}_1 + \cdots + \dot{x}_n = 0$ ist $x_1 + \cdots + x_n = $ const. Für $t \to \infty$ gilt $x_\nu \to 0$, $\nu = 1, \ldots, n-1$, und $x_n \to c_{nn} = x_1^0 + \cdots + x_n^0$, ferner für $1 \le \mu < \nu \le n$

$$
\frac{x_\nu}{x_\mu} \to
\begin{cases}
\infty & \text{, falls Min}(k_1, \ldots, k_\mu) > \text{Min}(k_1, \ldots, k_\nu), \\[2mm]
\dfrac{c_{\nu\lambda}}{c_{\mu\lambda}} = \dfrac{k_\mu}{k_{\mu+1} - k_\lambda} \cdots \dfrac{k_{\nu-1}}{k_\nu - k_\lambda}, & \text{, falls } k_\lambda = \text{Min}(k_1, \ldots, k_\mu) = \text{Min}(k_1, \ldots, k_\nu),
\end{cases}
$$

$x_1^0 > 0$ vorausgesetzt. Beweis! Man beachte

$$\frac{c_{\nu\lambda}}{c_{\mu\lambda}} = \frac{k_\mu}{k_\nu} \prod_{i=\mu+1}^{\nu} \left(1 - \frac{k_\lambda}{k_i}\right)^{-1} = \frac{k_\mu}{k_\nu}\left(1 + k_\lambda\left(\frac{1}{k_{\mu+1}} + \cdots + \frac{1}{k_\nu}\right) + \cdots\right) \sim \frac{k_\mu}{k_\nu}$$

für $k_\lambda \to 0$, vgl. 6.B, Aufg. 1a). Man behandele auch den Fall, dass einige der Zerfallskonstanten $k_1, \ldots, k_{n-1}$ übereinstimmen. Ganz analog lassen sich Zerfallskaskaden untersuchen:

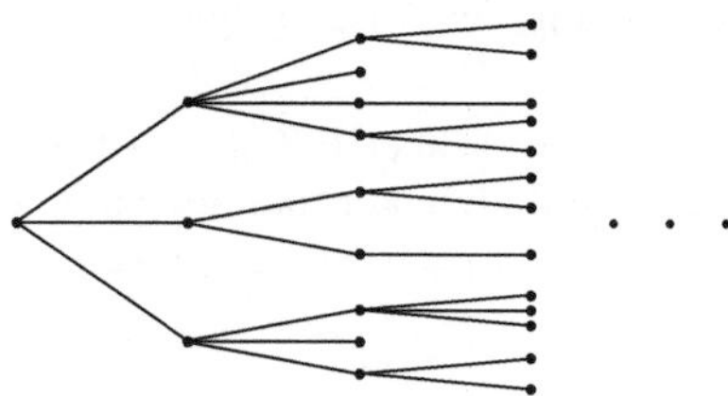

19.C.4 Beispiel (Bewegung auf einer Geraden) Ein Massenpunkt mit der Masse m bewege sich auf einer Geraden. In dem Punkt x wirke die Kraft $-f(x)$, die als stetig vorausgesetzt werde. Nach dem Newtonschen Kraftgesetz gilt

$$m\ddot{x} = -f(x),$$

wobei die Ableitung nach der Zeit mit einem Punkt bezeichnet wird. Zur Zeit t_0 befinde sich der Massenpunkt im Punkt $x(t_0) = x_0$ und habe die Geschwindigkeit $\dot{x}(t_0) = v_0$. Sei $U(x)$ eine Stammfunktion zu $f(x)$.[4] Dann ist die „Energie"

$$E := \frac{1}{2}m\dot{x}^2 + U(x)$$

des Massenpunktes während der Bewegung konstant gleich $E_0 := mv_0^2/2 + U(x_0)$. Denn es ist $\dot{E} = m\dot{x}\ddot{x} + U'(x)\dot{x} = \dot{x}\left(m\ddot{x} + f(x)\right) = 0$ (mit $U' = dU/dx$). Diese Aussage heißt der Energiesatz. Sie besagt, dass *die so genannte ebene* Zustandskurve

$$t \longmapsto \left(x(t), \dot{x}(t)\right)$$

des Massenpunktes auf einer Niveaulinie $E = E_0 = $ const. *der Energiefunktion* $E = E(x, \dot{x}) = \frac{1}{2}m\dot{x}^2 + U(x)$ *liegt.*

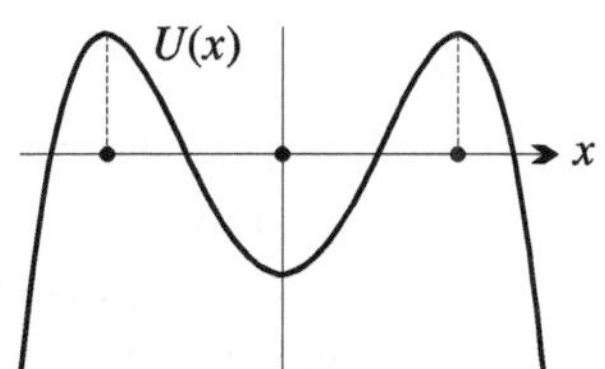

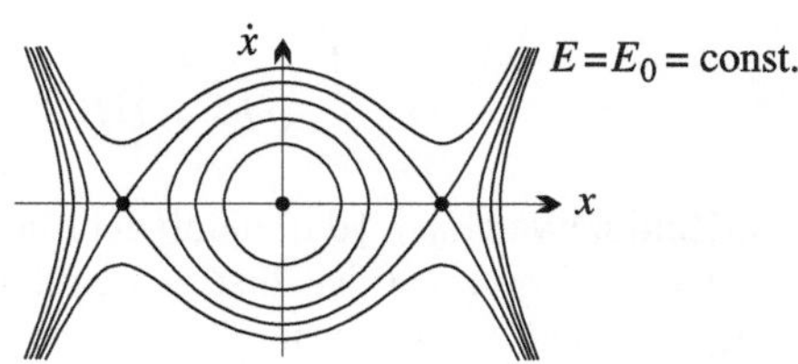

Daraus ergibt sich häufig schon eine gute qualitative Übersicht über die Bewegung. Insbesondere ist

$$\dot{x}^2 = \frac{2}{m}\left(E_0 - U(x)\right)$$

---

[4] Man nennt U auch eine Potenzialfunktion zum Kraftfeld $x \mapsto -f(x)$. Wir kommen darauf in den Abschnitten 7.H und 16.B aus Bd. 3 in allgemeinerem Zusammenhang zurück.

und *der Massenpunkt kann sich nur in dem Bereich aufhalten, für den* $U(x) \leq E_0$ *ist.* Solange $\dot{x} \neq 0$, d.h. $U(x) < E_0$ ist,[5] gilt die Differenzialgleichung

$$\dot{x} = \sqrt{\frac{2}{m}} \, \sqrt{E_0 - U(x)} \qquad \text{bzw.} \qquad \dot{x} = -\sqrt{\frac{2}{m}} \, \sqrt{E_0 - U(x)}$$

mit getrennten Variablen.

Im Fall $U(x_0) = E_0$, d.h. $v_0 = 0$, und $U'(x_0) = f(x_0) = 0$, d.h. $\ddot{x}(t_0) = 0$, ist die konstante Funktion $x = x(t) = x_0$ Lösung der Ausgangsgleichung $m\ddot{x} = -f(x)$. Dies sind die stationären Lösungen.

Im Fall $U(x_0) = E_0$, d.h. $v_0 = 0$, aber $U'(x_0) \neq 0$, ist wegen $m\ddot{x}(t_0) = -f(x_0) = -U'(x_0) \neq 0$ die Geschwindigkeit nicht konstant gleich 0. Wir können dann den Anfangszeitpunkt t_0 so legen, dass $\dot{x}(t_0) = v_0 \neq 0$ ist. Sei etwa $v_0 > 0$. Dann gilt, solange $\dot{x} \neq 0$ ist, für $x = x(t)$ die Gleichung

$$\int_{x_0}^{x} \frac{dx}{\sqrt{E_0 - U(x)}} = \sqrt{\frac{2}{m}} \, (t - t_0) \,.$$

Wir betrachten zunächst den Fall, dass $U(x) < E_0$ ist für alle $x \geq x_0$. Ist dann

$$\int_{x_0}^{\infty} \frac{dx}{\sqrt{E_0 - U(x)}} = \infty$$

(was in der Regel, z.B. wenn U für $x \geq x_0$ nach unten beschränkt ist, erfüllt ist), so durchläuft der Massenpunkt im Zeitintervall $[t_0, \infty[$ den Strahl $[x_0, \infty[$.

Sei nun andernfalls x_1 der kleinste Punkt $> x_0$ mit $U(x_1) = E_0$. Ist dann U im Punkt x_1 zweimal differenzierbar (oder ist auch nur f in x_1 Lipschitz-stetig) und gilt $U'(x_1) = f(x_1) = 0$, so ist

$$\int_{x_0}^{x_1} \frac{dx}{\sqrt{E_0 - U(x)}} = \infty \,,$$

vgl. 17.A, Aufg. 7, und der Massenpunkt bewegt sich im Zeitintervall $[t_0, \infty[$ auf den Punkt x_1 zu. Ist jedoch $U'(x_1) = f(x_1) \neq 0$, also notwendigerweise $U'(x_1) > 0$, so ist

$$\int_{x_0}^{x_1} \frac{dx}{\sqrt{E_0 - U(x)}} = \sqrt{\frac{2}{m}} \, (t_1 - t_0) < \infty$$

und im Zeitintervall $[t_0, t_1]$ durchläuft der Massenpunkt die Strecke $[x_0, x_1]$. Wegen $m\ddot{x}(t_1) = -f(x_1) = -U'(x_1) < 0$ ist für $t > t_1$, die nahe genug bei t_1 liegen, die Geschwindigkeit $\dot{x}(t)$ negativ, und der Massenpunkt bewegt sich zurück. Die Bestimmungsgleichung für x lautet jetzt

$$\int_{x_1}^{x} \frac{dx}{-\sqrt{E_0 - U(x)}} = \sqrt{\frac{2}{m}} \, (t - t_1) \,,$$

d.h. für x gilt die Symmetrie $x(t_1 + \tau) = x(t_1 - \tau)$ um t_1. Analog zur Vorwärtsbewegung

---

[5]) Man beachte diese Einschränkung.

sind drei Fälle zu unterscheiden, je nachdem ob es ein $x_2 < x_1$ mit $U(x_2) = E_0$ gibt oder nicht und wie sich im ersten Fall $U'(x_2)$ verhält. Wir beschränken uns auf den interessanten Fall, dass $U(x_2) = E_0$ und $U'(x_2) \neq 0$ ist. Dann gibt es ein $t_2 > t_1$ mit $x(t_2) = x_2$, und der Massenpunkt bewegt sich periodisch zwischen den Punkten x_2 und x_1 hin und her. *Die Periodendauer ist*

$$T = 2(t_2 - t_1) = \sqrt{2m} \int_{x_2}^{x_1} \frac{dx}{\sqrt{E_0 - U(x)}} \, .$$

Die verschiedenen Situationen lassen sich leicht an Hand des Potenzialverlaufs ablesen:

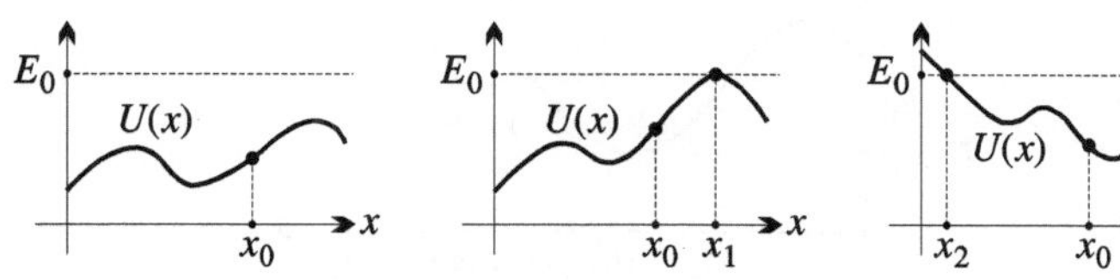

Betrachten wir einige Spezialfälle:

(1) G l e i c h m ä ß i g   b e s c h l e u n i g t e   B e w e g u n g : Die Kraft $f(x)$ ist konstant gleich mg, $g \neq 0$. Dann ist die Differenzialgleichung einfach $\ddot{x} = -g$ mit der Lösung

$$x(t) = -\frac{g}{2}(t - t_0)^2 + v_0(t - t_0) + x_0$$

bei den Anfangsbedingungen $x(t_0) = x_0$, $\dot{x}(t_0) = v_0$.

(2) H a r m o n i s c h e r   O s z i l l a t o r : Es ist $f(x) = Dx$ mit einer Konstanten $D > 0$. Dann ist $U(x) = Dx^2/2$ eine Potenzialfunktion. Sei $t_0 = 0$ und $x_0 = 0$. Bei $E_0 > 0$ pendelt der Massenpunkt zwischen $x_1 := \sqrt{2E_0/D}$ und $x_2 := -x_1$.

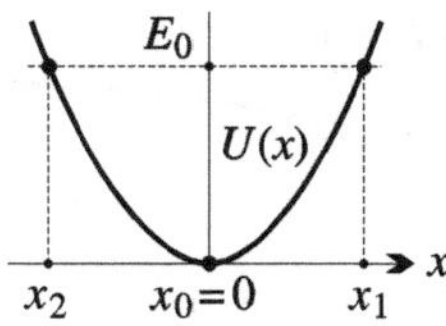

Mit $v_0 = \dot{x}(0) = \sqrt{2E_0/m}$ ergibt sich

$$\int_0^x \frac{dx}{\sqrt{E_0 - \frac{D}{2}x^2}} = \sqrt{\frac{2}{D}} \int_0^x \frac{dx}{\sqrt{x_1^2 - x^2}} = \sqrt{\frac{2}{m}}\, t$$

oder

$$\sqrt{\frac{2}{D}} \arcsin \frac{x}{x_1} = \sqrt{\frac{2}{m}}\, t \, , \qquad x = x(t) = x_1 \sin \sqrt{\frac{D}{m}}\, t \, .$$

Die Periodendauer

$$T = 2\sqrt{\frac{m}{D}} \int_{-x_1}^{x_1} \frac{dx}{\sqrt{x_1^2 - x^2}} = 2\pi \sqrt{\frac{m}{D}}$$

ist unabhängig vom maximalen Ausschlag x_1.

Im allgemeinen Fall habe die Potenzialfunktion U im Punkt x_0 ein Minimum $U(x_0)$ mit $U'(x_0) = f(x_0) = 0$ und $U''(x_0) = f'(x_0) > 0$. Ist dann $x(0) = x_0$ und ist E_0 nur wenig größer als $U(x_0)$, so führt der Massenpunkt k l e i n e S c h w i n g u n g e n um x_0 aus. Ersetzt man U durch die Taylor-Näherung $U(x) \approx U(x_0) + D(x - x_0)^2/2$, $D := U''(x_0) = f'(x_0)$, in einer Umgebung von x_0, so erhält man für diese kleinen Schwingungen näherungsweise die Gleichung für einen harmonischen Oszillator:

$$x - x_0 \approx (x_1 - x_0) \sin \sqrt{\frac{D}{m}}\, t\,.$$

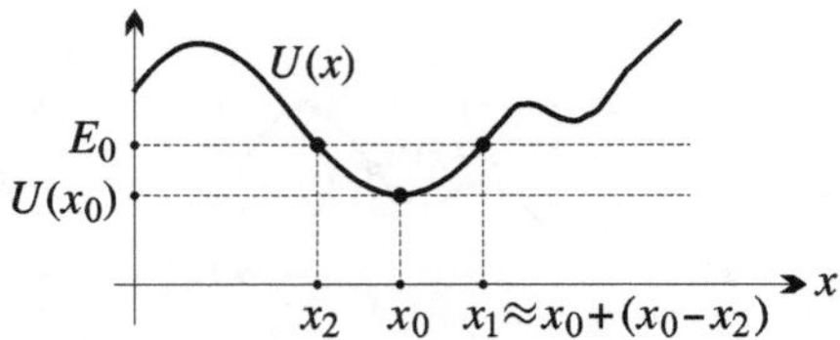

(3) B e w e g u n g a u f e i n e r G e r a d e n i m G r a v i t a t i o n s f e l d : Es ist $f(x) = a/x^2$, $x > 0$, mit einer Konstanten $a > 0$. Dies ist nach dem Newtonschen Gravitationsgesetz beispielsweise für die Bewegung eines Massenpunktes auf einem Strahl vom Erdmittelpunkt aus erfüllt (solange er sich oberhalb der Erdoberfläche befindet). In diesem Fall ist $a = mgR^2$, wo m die Masse des Punktes, g die Erdbeschleunigung und R der Erdradius sind, also $gR^2 = 3,9828 \cdot 10^{14}$ m^3/sec^2. Eine Potenzialfunktion dazu ist

$$U(x) = -a/x\,.$$

Wir betrachten nur den Fall, dass die Gesamtenergie E_0 negativ und die Anfangsgeschwindigkeit v_0 positiv ist. Dann erreicht der Massenpunkt eine größte Höhe x_1 zu einem Zeitpunkt t_1, und die Bewegung ist symmetrisch bzgl. t_1.

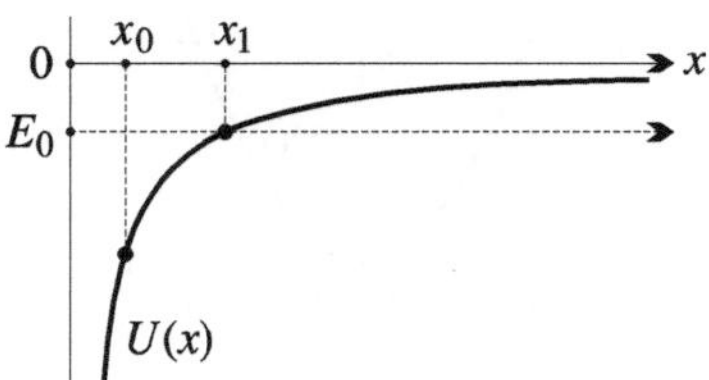

Es ist $E_0 = U(x_1) = -a/x_1$. Wir erhalten für $t \geq t_1$:

$$\int_{x_1}^{x} \frac{dx}{-\sqrt{E_0 + \frac{a}{x}}} = \sqrt{\frac{2}{m}}\,(t - t_1)\,, \qquad \sqrt{\frac{mx_1}{2a}} \int_{x}^{x_1} \sqrt{\frac{x}{x_1 - x}}\, dx = t - t_1\,,$$

$$\sqrt{\frac{mx_1}{2a}} \left(\sqrt{x(x_1 - x)} + x_1 \arctan \sqrt{\frac{x_1 - x}{x}} \right) = t - t_1\,,$$

also eine Darstellung der Zeit $t \geq t_1$ als Funktion der Höhe $x = x(t) \leq x_1$. Um eine geometrische Interpretation von x als Funktion der Zeit zu gewinnen, parametrisieren wir mit

$$\varphi := 2 \arctan \sqrt{\frac{x_1 - x}{x}}\,, \quad 0 \leq \varphi < \pi\,.$$

Dann ist

$$x = \frac{x_1}{1 + \tan^2(\varphi/2)} = x_1 \cos^2 \frac{\varphi}{2} = \frac{x_1}{2}(1 + \cos\varphi),$$

$$x_1 - x = x_1 \sin^2 \frac{\varphi}{2}, \quad t - t_1 = \sqrt{\frac{mx_1}{2a}} \frac{x_1}{2}(\varphi + \sin\varphi).$$

Ändern wir die Zeiteinheit durch einen Skalierungsfaktor und setzen

$$\tau := t \Big/ \sqrt{\frac{mx_1}{2a}}, \quad \tau_1 := t_1 \Big/ \sqrt{\frac{mx_1}{2a}},$$

so definieren die Punkte

$$(\tau, x) = \Big(\tau_1 + \frac{x_1}{2}(\varphi + \sin\varphi), \ \frac{x_1}{2}(1 + \cos\varphi)\Big)$$

eine Z y k l o i d e. Es handelt sich um die Kurve in der (τ, x)-Ebene, die ein Punkt P auf der Peripherie eines Kreises mit dem Durchmesser x_1 beschreibt, der auf der τ-Achse abrollt und in (τ_1, x_1) (d.h. für $\varphi = 0$) seine höchste Lage erreicht.

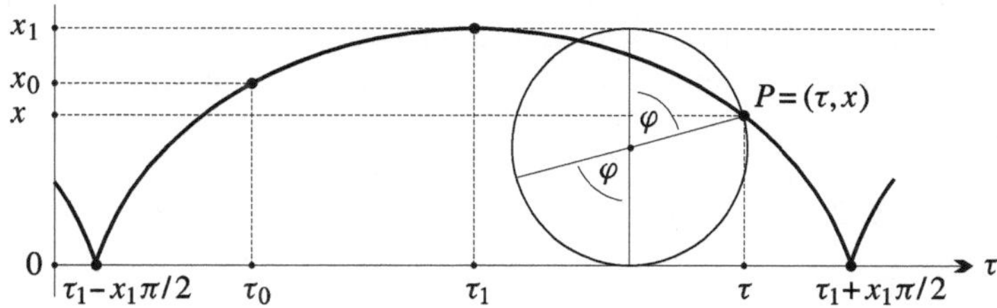

Der Massenpunkt stürzte also, wenn er nicht zuvor auf die Erdoberfläche aufschlüge, zum Zeitpunkt $t_1 + \sqrt{mx_1}\pi x_1/2\sqrt{2a}$ mit unendlicher Geschwindigkeit in das Gravitationszentrum.

Der hier diskutierte Fall negativer Gesamtenergie heißt e l l i p t i s c h e r   F a l l. Bei einer positiven Gesamtenergie (h y p e r b o l i s c h e r   F a l l) und im Grenzfall verschwindender Gesamtenergie (p a r a b o l i s c h e r   F a l l) bewegt sich der Massenpunkt bei positiver Anfangsgeschwindigkeit im Zeitraum $[t_0, \infty[$ gegen ∞ (vgl. dazu auch Beispiel 19.C.5 (2)).

In einer naiven Newtonschen K o s m o l o g i e überträgt man diese Gravitationsbewegung auf den gesamten Kosmos. Um etwas Konkretes vor Augen zu haben, betrachten wir folgendes Modell: Zu jedem Zeitpunkt t sei die Weltmasse in einer homogenen Kugel mit einem festen (von t unabhängigen) Zentrum und der (nur von t abhängenden) Dichte $\rho(t)$ vereinigt. Die Teilchen (besser: Galaxien) bewegen sich radial mit einer Geschwindigkeit, die nur vom Zentrumsabstand abhängt. Ferner möge es nicht zu Materiedurchdringungen kommen.

Wir fixieren dann einen Zeitpunkt t_0 (z.B. Jetzt) mit der Dichte $\rho_0 := \rho(t_0)$ und bezeichnen mit $r = r(t; r_0)$ den Zentrumsabstand eines Teilchens zum Zeitpunkt t, das zum Zeitpunkt t_0 den Abstand r_0 hat. Die Materie, die sich zum Zeitpunkt t innerhalb der Kugel mit dem Radius r_0 befindet, erfüllt zum Zeitpunkt t die Kugel mit dem Radius $r(t; r_0)$. Folglich ist $r(t; r_0)/r_0 = \sqrt[3]{\rho_0/\rho(t)} =: R(t)$ nur von t abhängig. Dann ist aber auch $H := \dot{r}/r = \dot{R}/R$ nur von t abhängig. H heißt die H u b b l e - K o n s t a n t e und ist definitionsgemäß der (nur zeitabhängige) Proportionalitätsfaktor zwischen Radialgeschwindigkeit $\dot{r}$ und Abstand r einer Galaxie. Sein gegenwärtiger Wert H_0 ist positiv mit

$$1/H_0 \approx 2 \cdot 10^{10}\text{Jahre} \approx 6 \cdot 10^{17}\text{sec}.$$

Der Abstand r des betrachteten Teilchens erfüllt auf Grund der Gravitationswirkung (bei der man bekanntlich nur die Materie innerhalb der durch das Teilchen definierten Kugel zu berücksichtigen braucht, vgl. Bd. 3) die Differenzialgleichung $m\ddot{r} = -4\pi G\rho_0 r_0^3 m/3r^2 = -a/r^2$, die gerade untersucht wurde. (Dabei ist $G = 6,673 \cdot 10^{-11}\mathrm{m}^3/\mathrm{kg\,sec}^2$ die Gravitationskonstante.) Seine Gesamtenergie ist

$$E(r_0) = \frac{m}{2} v_0^2 - \frac{4\pi G\rho_0 m}{3} r_0^2 = \frac{mr_0^2}{2} \left(H_0^2 - \frac{8\pi G\rho_0}{3} \right)$$

mit $H_0 := H(t_0)$. Ob der Kosmos sich in einer elliptischen, parabolischen bzw. hyperbolischen Bewegung befindet, wird demnach mit der so genannten k r i t i s c h e n D i c h t e

$$\rho_{\mathrm{krit}} := 3H_0^2/8\pi G$$

durch die Bedingung $\rho_0 > \rho_{\mathrm{krit}}$, $\rho_0 = \rho_{\mathrm{krit}}$ bzw. $\rho_0 < \rho_{\mathrm{krit}}$ charakterisiert. Auf Grund der angegebenen Zahlenwerte gilt für die gegenwärtige kritische Dichte

$$\rho_{\mathrm{krit}} \approx 4,5 \cdot 10^{-27}\mathrm{kg/m}^3 \,.$$

Die Schätzungen für die gegenwärtige mittlere Dichte ρ_0 sind so unsicher, dass sich nicht entscheiden lässt, welcher Fall vorliegt (P r o b l e m d e r d u n k l e n M a t e r i e). Die mittlere Dichte der leuchtenden Materie ist wohl $< \rho_{\mathrm{krit}}$ (und zwar ca. gleich dem $(1/20)$-fachen). Für das Alter t_0 ergibt sich, wenn wir $\sigma_0 := \rho_0/\rho_{\mathrm{krit}}$ setzen, das Integral

$$t_0 = \sqrt{\frac{m}{2}} \int_0^{r_0} \frac{dr}{\sqrt{E(r_0) + \frac{a}{r}}} = \frac{1}{r_0 H_0} \int_0^{r_0} \sqrt{\frac{r}{(1-\sigma_0)r + \sigma_0 r_0}}\, dr$$

$$= \frac{1}{H_0} \int_0^1 \sqrt{\frac{x}{(1-\sigma_0)x + \sigma_0}}\, dx < \frac{1}{H_0} \,,$$

dessen Auswertung wir dem Leser empfehlen. Im parabolischen Fall mit $\rho_0 = \rho_{\mathrm{krit}}$, d.h. $\sigma_0 = 1$, erhält man

$$t_0 = \frac{1}{H_0} \int_0^1 \sqrt{x}\, dx = \frac{2}{3} \cdot \frac{1}{H_0}$$

und mit obigem Wert für H_0 ein Alter von 13 bis 14 Milliarden Jahren, das in Ermangelung einer guten Schätzung für σ_0 häufig als Alter unserer Welt angegeben wird, wobei allerdings auch noch die Unsicherheit bei der Bestimmung von H_0 zu berücksichtigen ist.

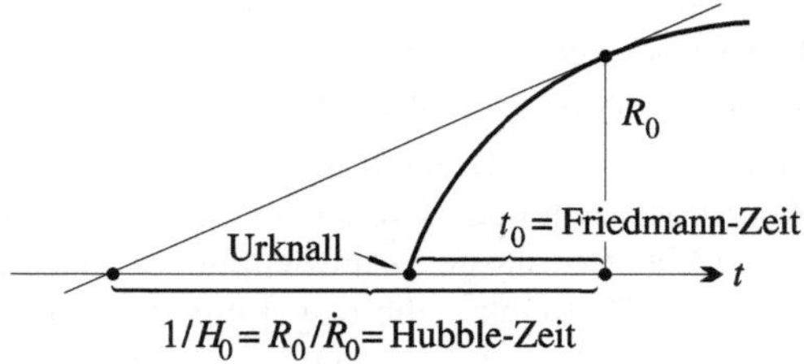

Man nennt t_0 die F r i e d m a n n - Z e i t im Gegensatz zur H u b b l e - Z e i t $1/H_0$.

(4) Beim e b e n e n P e n d e l wird der Punkt P zwangsweise auf einem vertikalen Kreis mit dem Radius ℓ um einen Punkt M geführt. Ist φ die Amplitude des Punktes P, so ist die

Kraft, die auf P wirkt, gleich $-mg \sin \varphi$ und die Beschleunigung ist $\ell \ddot{\varphi}$.

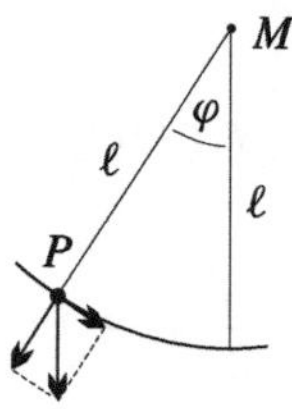

Daher gilt die Bewegungsgleichung

$$m\ell\ddot{\varphi} = -mg \sin \varphi, \quad \ddot{\varphi} = -\frac{g}{\ell} \sin \varphi,$$

die vom selben Typ ist wie die bislang besprochenen Differenzialgleichungen für die Bewegung auf einer Geraden in einem Kraftfeld. Die zugehörige Potenzialfunktion ist

$$U(\varphi) = -\frac{mg}{\ell} \cos \varphi.$$

Seien $t_0 = 0$, $\varphi_0 = \varphi(t_0) = 0$ und zunächst $E_0 < mg/\ell$.

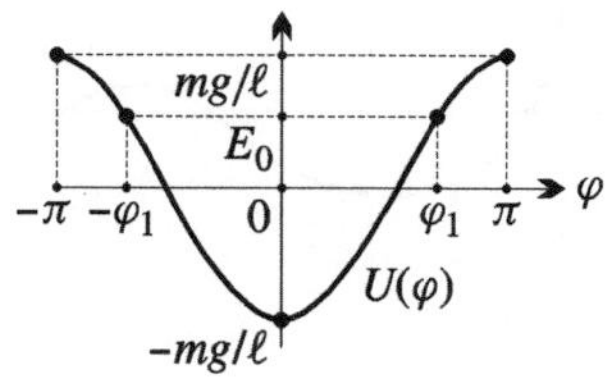

Sei $E_0 = -(mg \cos \varphi_1)/\ell$ mit $0 < \varphi_1 < \pi$. Dann schwingt das Pendel periodisch zwischen den extremalen Amplituden φ_1 und $-\varphi_1$. Für kleines φ_1 können wir die Bewegungsgleichung näherungsweise durch die Gleichung $\ddot{\varphi} = -g\varphi/\ell$ eines harmonischen Oszillators mit der Schwingungsdauer

$$T = 2\pi \sqrt{\frac{\ell}{g}}$$

ersetzen. Im allgemeinen Fall gilt für φ (bei $\dot{\varphi}(0) > 0$) die Gleichung

$$\int_0^\varphi \frac{d\varphi}{\sqrt{E_0 - U(\varphi)}} = \sqrt{\frac{2}{m}}\, t, \quad \sqrt{\frac{\ell}{2g}} \int_0^\varphi \frac{d\varphi}{\sqrt{\cos \varphi - \cos \varphi_1}} = t.$$

Wegen $\cos \varphi = 1 - 2\sin^2(\varphi/2)$ ist $t = \sqrt{\frac{\ell}{g}} \int_0^\varphi \frac{d\varphi}{2\sqrt{\sin^2 \frac{\varphi_1}{2} - \sin^2 \frac{\varphi}{2}}}$. Setzt man noch

$k := \sin(\varphi_1/2)$ und substituiert $\sin \psi = (\sin(\varphi/2))/k$, $\cos \psi \, d\psi = \cos(\varphi/2)\, d\varphi/2k$, so erhält man

$$t = \sqrt{\frac{\ell}{g}} \int_0^\psi \frac{d\psi}{\sqrt{1 - k^2 \sin^2 \psi}} = \sqrt{\frac{\ell}{g}}\, F(\psi, k),$$

wobei $F(-, k)$ das elliptische Integral erster Gattung zum Modul k ist, vgl. 17.C. Die Periodendauer ist daher

$$T = 4\sqrt{\frac{\ell}{g}} \int_0^{\pi/2} \frac{d\psi}{\sqrt{1 - k^2 \sin^2 \psi}} = 4\sqrt{\frac{\ell}{g}}\, K\left(\sin\frac{\varphi_1}{2}\right) = 2\pi \sqrt{\frac{\ell}{g}} \sum_{n=0}^{\infty} \binom{2n}{n}^2 \left(\frac{\sin(\varphi_1/2)}{4}\right)^{2n} =$$

$$= 2\pi \sqrt{\frac{\ell}{g}} \left(1 + \frac{1}{4}\sin^2\frac{\varphi_1}{2} + \frac{9}{64}\sin^4\frac{\varphi_1}{2} + \cdots\right) = 2\pi \sqrt{\frac{\ell}{g}} \left(1 + \frac{\varphi_1^2}{16} + \frac{11}{3072}\varphi_1^4 + \cdots\right),$$

wobei $K(k)$ das vollständige elliptische Integral zum Modul k ist, vgl. 17.C.2.

Mit Hilfe der elliptischen Funktion sn $(-, k)$ (Sinus der Amplitude zum Modul k, vgl. 17.C) erhält man für alle t

$$\sin\psi = \mathrm{sn}\left(\sqrt{\frac{g}{\ell}}\, t, k\right), \quad \sin\frac{\varphi}{2} = \sin\frac{\varphi_1}{2}\,\mathrm{sn}\left(\sqrt{\frac{g}{\ell}}\, t, \sin\frac{\varphi_1}{2}\right).$$

Bei $E_0 = mg/\ell$ nähert sich die Amplitude φ für $t \to \infty$ dem Wert $\varphi_1 = \pi$ (bei $\varphi(0) > 0$). Bei $E_0 > mg/\ell$ rotiert das Pendel, vgl. auch Aufg. 24.

(5) Ist $\varphi_1 < \pi/2$, so ist das ebene Pendel ein Spezialfall der Bewegung eines Massenpunktes auf einer stetig differenzierbaren Kurve $y = h(x)$ in einer vertikalen (x, y)-Ebene unter dem Einfluss der Schwerkraft.

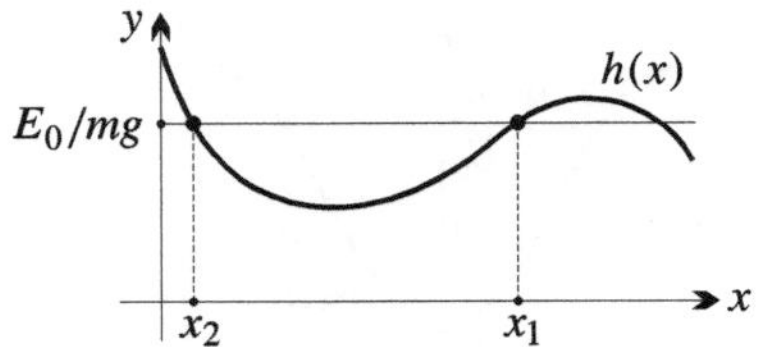

Der Energiesatz liefert sofort die Konstanz von $E_0 := \frac{1}{2}mv^2 + mhg$ und ferner wegen $v^2 = \dot{x}^2 + \dot{y}^2 = \dot{x}^2 + \dot{x}^2 h'(x)^2 = \dot{x}^2(1 + h'(x)^2)$ die Differenzialgleichung

$$\dot{x}^2 = \frac{2}{m}\frac{(E_0 - mhg)}{(1 + h'(x)^2)}, \quad \text{also} \quad \pm \int_{x_0}^{x_1} \sqrt{\frac{1 + h'(x)^2}{E_0 - hmg}}\, dx = \sqrt{\frac{2}{m}}\,(t_1 - t_0),$$

die ganz analog wie die oben behandelte diskutiert wird.

Schon einfache Funktionen h führen auf nicht elementare Integrale. Ist etwa $h(x) = ax^2$ mit $a > 0$, so ist bei einem maximalen Ausschlag $x_1 > 0$, d.h. bei $E_0 = amgx_1^2$, die Schwingungsdauer gleich

$$T = 4\sqrt{\frac{m}{2}} \int_0^{x_1} \sqrt{\frac{1 + 4a^2x^2}{amg\,(x_1^2 - x^2)}}\, dx$$

$$= \sqrt{\frac{8}{ag}} \int_0^1 \sqrt{\frac{1 + 4a^2x_1^2\xi^2}{1 - \xi^2}}\, d\xi = \sqrt{\frac{8}{ag}}\, J\left(1, \sqrt{4a^2x_1^2 + 1}\right)$$

mit dem elliptischen Integral $J\left(1, \sqrt{4a^2x_1^2 + 1}\right)$ gemäß 17.C.7. Für $x_1 \to 0$ ist natürlich $T \sim \pi\sqrt{2/ag}$ wie bei einem harmonischen Oszillator mit $D := 2amg$ (vgl. (2)).

19.C.5 Beispiel (B e w e g u n g   i m   Z e n t r a l f e l d) Wir betrachten die Bewegung eines Massenpunktes in einer Ebene, die wir mit der komplexen Zahlenebene identifizieren. Die Punkte der Ebene bezeichnen wir mit $x = u + \mathrm{i}v = (u, v)$, wobei $u := \operatorname{Re} x$ $v := \operatorname{Im} x$ sei. Im Punkt x wirke auf den Massenpunkt die Kraft $-F(x)$, die stetig von x abhängen möge. Es gilt wieder die Newtonsche Bewegungsgleichung

$$m\ddot{x} = -F(x).$$

Wir wollen uns hier auf so genannte Z e n t r a l f e l d e r (mit 0 als Zentrum) beschränken. Dann hat $F(x)$ für $x \neq 0$ die Gestalt $F(x) = A(x)\,x$ mit einer stetigen reellwertigen Funktion $A : \mathbb{C}^\times \to \mathbb{R}$. Die Kraft ist also in jedem Punkt x parallel zu x. [6]) Die Bewegungsgleichung lautet jetzt $m\ddot{x} = -A(x)x$ oder

$$m\ddot{u} + A(x)\,u = m\ddot{v} + A(x)\,v = 0.$$

Es folgt, *dass die Funktion*

$$c := \tfrac{1}{2}\,(u\dot{v} - v\dot{u})$$

während der ganzen Bewegung des Massenpunktes konstant ist. Denn es ist

$$\dot{c} = \tfrac{1}{2}\,(\dot{u}\dot{v} + u\ddot{v} - \dot{v}\dot{u} - v\ddot{u}) = -\frac{A(x)}{2m}\,(uv - vu) = 0.$$

In Band 3 werden wir c als F l ä c h e n g e s c h w i n d i g k e i t interpretieren. Die Konstanz der Flächengeschwindigkeit bezeichnet man auch als F l ä c h e n s a t z oder als 2. K e p l e r s c h e s G e s e t z.

Hängt $A(x)$ nur vom Abstand $|x|$ vom Nullpunkt ab, so sprechen wir von einem Z e n - t r a l f e l d   i m   e n g e r e n   S i n n e. In diesem Fall schreiben wir $A(x)$ in der Form $A(x) = \alpha(|x|)/|x|$ mit der stetigen Funktion $\alpha : \mathbb{R}^\times_+ \to \mathbb{R}$. Es sei U eine Stammfunktion zu α. *Dann ist auch die Energie*

$$E := \tfrac{1}{2}\,m|\dot{x}|^2 + U\big(|x|\big)$$

während der Bewegung konstant, denn es ist mit $r := |x|$ wegen $\dot{r} = (u\dot{u} + v\dot{v})/r$

$$\dot{E} = m(\ddot{u}\dot{u} + \ddot{v}\dot{v}) + \dot{r}\alpha(r) = \big(m\ddot{u} + \frac{\alpha(r)}{r}u\big)\dot{u} + \big(m\ddot{v} + \frac{\alpha(r)}{r}v\big)\dot{v} = 0.$$

Dies ist der E n e r g i e s a t z.

Um die konkrete Form der Bahnkurve $t \mapsto x(t)$ in Abhängigkeit von den Anfangsbedingungen $x(t_0) \neq 0$ und $\dot{x}(t_0)$ zu finden, schreiben wir sie in Polarkoordinaten (vgl. 14.B.5):

$$x(t) = r(t)\big(\cos\varphi(t) + \mathrm{i}\sin\varphi(t)\big).$$

Es ist $u = r\cos\varphi$, $v = r\sin\varphi$ und $\dot{u} = \dot{r}\cos\varphi - r\dot{\varphi}\sin\varphi$, $\dot{v} = \dot{r}\sin\varphi + r\dot{\varphi}\cos\varphi$ und

$$c = \tfrac{1}{2}\,(u\dot{v} - v\dot{u}) = \tfrac{1}{2}\,r^2\dot{\varphi} =: c_0 = \text{const.},$$

$$E = \tfrac{1}{2}\,m(\dot{u}^2 + \dot{v}^2) + U(r) = \tfrac{1}{2}\,m\dot{r}^2 + \tfrac{1}{2}\,mr^2\dot{\varphi}^2 + U(r) =: E_0 = \text{const..}$$

Bei $c_0 = 0$ ist $\dot{\varphi} = 0$, also φ konstant, und der Punkt bewegt sich auf einer Geraden durch den Nullpunkt, wobei die Differenzialgleichung $\dot{r}^2 = 2(E_0 - U(r))/m$ erfüllt ist, die wir bereits im vorigen Beispiel behandelt haben. Sei jetzt $c_0 \neq 0$. Dann hat $\dot{\varphi} = 2c_0/r^2$ stets dasselbe Vorzeichen wie c_0, und φ ist eine streng monotone Funktion. Ferner erhalten wir

---

[6]) Wir werden in Bd. 3 sehr einfach sehen, dass jede Bewegung in einem stetigen Zentralfeld notwendigerweise eben ist.

für r die Differenzialgleichung

$$\dot{r}^2 = \frac{2}{m}\left(E_0 - U(r) - \frac{2c_0^2 m}{r^2}\right) = \frac{2}{m}(E_0 - U_{\text{eff}})\,,$$

wobei $U_{\text{eff}} := U + 2c_0^2 m/r^2$ das so genannte e f f e k t i v e P o t e n z i a l ist. Diese Gleichung ist wiederum vom selben Typ wie die im vorigen Beispiel behandelte. Aus ihr gewinnt man r durch Integrieren:

$$\pm \int_{r_0}^{r} \frac{d\rho}{\sqrt{E_0 - U_{\text{eff}}(\rho)}} = \sqrt{\frac{2}{m}}\,(t - t_0)\,,$$

$r_0 := r(t_0)$, und dann φ aus der Bedingung $\dot{\varphi} = 2c_0/r^2$ zu

$$\varphi(t) = \varphi_0 + 2c_0 \int_{t_0}^{t} \frac{d\tau}{r^2(\tau)} \qquad \text{bzw.} \qquad \varphi(r) = \varphi_0 \pm \sqrt{2m}\,c_0 \int_{r_0}^{r} \frac{d\rho}{\rho^2\sqrt{E_0 - U_{\text{eff}}(\rho)}}\,,$$

$\varphi_0 = \varphi(t_0)$. Hat $U_{\text{eff}}(r)$ etwa den Verlauf

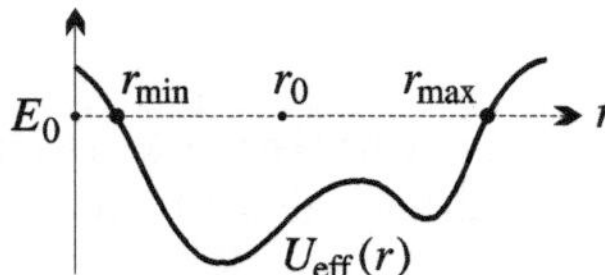

so bewegt sich der Massenpunkt ganz in dem Kreisring mit den Radien $r_{\min}$ und $r_{\max}$ um 0. Die Dauer T eines Durchlaufs von $r_{\max}$ (A p o z e n t r u m) über $r_{\min}$ (P e r i z e n t r u m) zurück nach $r_{\max}$ ist gleich

$$T = \sqrt{2m} \int_{r_{\min}}^{r_{\max}} \frac{d\rho}{\sqrt{E_0 - U_{\text{eff}}(\rho)}}\,.$$

Während dieser Zeit hat sich allerdings auch der Winkel φ um

$$\Phi = 2\sqrt{2m}\,c_0 \int_{r_{\min}}^{r_{\max}} \frac{d\rho}{\rho^2\sqrt{E_0 - U_{\text{eff}}(\rho)}}$$

geändert (P e r i z e n t r u m s b e w e g u n g). Die Bahnkurve $x(t)$ ist nur dann geschlossen, wenn Φ ein rationales Vielfaches von 2π ist. Andernfalls ist die Menge der Bahnpunkte $x(t)$, $t \in [t_0, \infty[$, dicht im Kreisring mit den Radien $r_{\min}$ und $r_{\max}$, vgl. 4.G, Aufg. 22b).

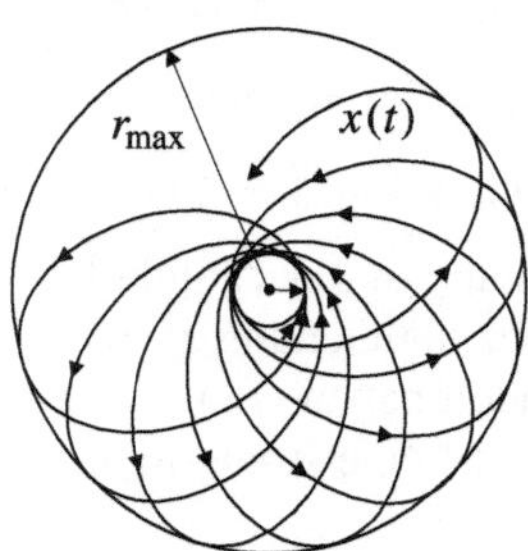

Wir besprechen einige explizite Beispiele (mit Zentralfeldern im engeren Sinne).

(1) Die **h a r m o n i s c h e B e w e g u n g** mit $m\ddot{x} = -Dx$, $D > 0$, wird in allgemeinerem Rahmen in 19.E.2 diskutiert. Die Bahnen sind Ellipsen mit 0 als Mittelpunkt, die zu Strecken durch den Nullpunkt entarten können. Die Umlaufzeit T ist wie beim harmonischen Oszillator gleich $2\pi\sqrt{m/D}$.

(2) **P l a n e t e n b e w e g u n g (K e p l e r p r o b l e m)**: Für ein Gravitationsfeld ist

$$F(x) = \frac{ax}{|x|^3}, \; a > 0, \qquad \text{also} \qquad U(r) = -\frac{a}{r}, \; U_{\text{eff}} = -\frac{a}{r} + \frac{b}{r^2}, \; b := 2c_0^2 m > 0.$$

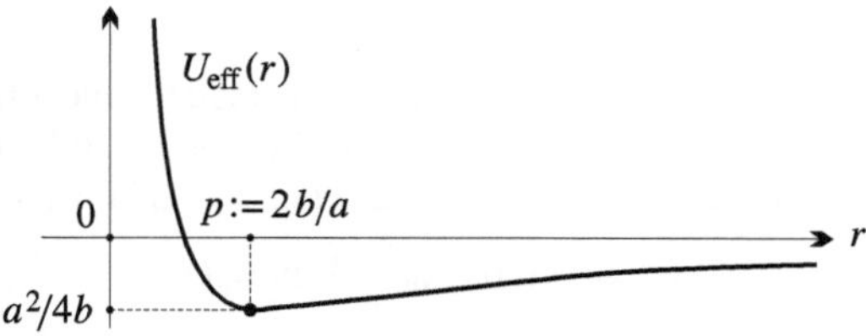

Es ist $E_0 \geq -a^2/4b$. Genau dann gilt hier das Gleichheitszeichen, wenn r konstant ist, die Bahn $x(t)$ also eine Kreisbahn ist, die mit der konstanten Winkelgeschwindigkeit

$$\dot{\varphi} = \frac{2c_0}{r^2} = \frac{1}{\sqrt{|2mE_0|}} \frac{a}{r^2}$$

durchlaufen wird. Ist $E_0 \geq 0$, so entweicht der Massenpunkt für $t \to \infty$. Ist jedoch $-a^2/4b < E_0 < 0$, so bewegt sich der Massenpunkt zwischen dem minimalen Abstand

$$r_{\min} = \frac{a}{2|E_0|} (1 - \varepsilon)$$

und dem maximalen Abstand

$$r_{\max} = \frac{a}{2|E_0|} (1 + \varepsilon),$$

$\varepsilon^2 := 1 - 4b|E_0|/a^2$, $\varepsilon > 0$. Die genaue Bahnform ergibt sich für $r_0 = r_{\min}$, $\varphi_0 = 0$, $c_0 > 0$ wegen $b = 2c_0^2 m$ und $p = 2b/a$ mit $U_{\text{eff}} = -a/\rho + b/\rho^2$ zu

$$\varphi(r) = \sqrt{b} \int_{r_0}^{r} \frac{d\rho}{\rho^2 \sqrt{E_0 - U_{\text{eff}}}}$$

$$= -\int_{1/r_0}^{1/r} \frac{p\,ds}{\sqrt{\varepsilon^2 - (ps - 1)^2}} = \arccos \frac{ps - 1}{\varepsilon} \Big|_{1/r_0}^{1/r} = \arccos \frac{1}{\varepsilon}\Big(\frac{p}{r} - 1\Big)$$

oder

$$\cos\varphi = \frac{1}{\varepsilon}\Big(\frac{p}{r} - 1\Big), \; r = r(\varphi) = \frac{p}{1 + \varepsilon \cos\varphi}.$$

Dies ist die Gleichung einer Ellipse, deren einer Brennpunkt der Ursprung ist, mit dem Mittelpunkt $-a\varepsilon/2|E_0|$ und den Halbachsenlängen

$$A := \frac{p}{1 - \varepsilon^2} = \frac{a}{2|E_0|} \qquad \text{und} \qquad B := \frac{p}{\sqrt{1 - \varepsilon^2}} = \frac{a\sqrt{1 - \varepsilon^2}}{2|E_0|} = \sqrt{\frac{b}{|E_0|}}$$

(**1. K e p l e r s c h e s G e s e t z**), vgl. Beispiel 14.B.8. Insbesondere ist $p = B^2/A$.

Die Umlaufzeit T berechnet man am einfachsten mit dem Flächensatz. Der Flächeninhalt der Bahnellipse ist einerseits $c_0 T$ und andererseits $\pi A B$.[7] Es folgt

$$\frac{T^2}{A^3} = \frac{\pi^2 A^2 B^2}{c_0^2 A^3} = \frac{\pi^2 p}{c_0^2} = \frac{4\pi^2 m}{a} \qquad \text{(3. Keplersches Gesetz)}.$$

Da a proportional zu m ist, ist dieses Verhältnis eine Konstante, die nur von der anziehenden Masse M im Zentrum abhängt: Mit der Gravitationskonstanten G ist

$$\frac{T^2}{A^3} = \frac{4\pi^2 m}{a} = \frac{4\pi^2}{GM}.$$

(3) Kreis- und kreisnahe Bahnen : Die oben angegebene allgemeine Darstellung der Lösung für r gilt nur, wenn r nicht konstant ist, die Bahn also keine Kreisbahn ist. Ist aber $r =: r_0$ konstant, so ist auch $\dot\varphi = 2c_0/r^2 = 2c_0/r_0^2 =: \omega_0$ konstant und

$$x(t) = r_0(\cos\omega_0 t + \mathrm{i}\sin\omega_0 t)$$

ist die Bahnkurve, wenn wir $t_0 = 0$ und $\varphi_0 = \varphi(t_0) = 0$ wählen. Dann ist $\ddot x = -\omega_0^2 x$, und die Differenzialgleichung $m\ddot x = -\alpha(r)x/r$ ist genau dann erfüllt, wenn

$$\omega_0^2 = \frac{\alpha(r_0)}{r_0 m} = \frac{U'(r_0)}{r_0 m}$$

ist. Dies ist die Bedingung dafür, dass die Zentralkraft $-\alpha(r_0)x/r_0$ durch die Zentrifugalkraft $m\omega_0^2 x$ aufgehoben wird. Die Energie E_0 ist $m\omega_0^2 r_0^2/2 + U(r_0)$.

Wir wollen nun eine Bewegung, die nur wenig von dieser Kreisbahn abweicht, wenigstens angenähert berechnen. Dazu nehmen wir an, dass $\alpha = U'$ stetig differenzierbar ist. Die Anfangsgeschwindigkeit sei $v_0 = \mathrm{i}\omega_0 r_0 + (\varepsilon + \mathrm{i}\eta r_0)$ [8] mit dem (absolut) kleinen Unterschied $\varepsilon + \mathrm{i}\eta r_0 \neq 0$ gegenüber der Anfangsgeschwindigkeit $\mathrm{i}\omega_0 r_0$ der Kreisbahn.

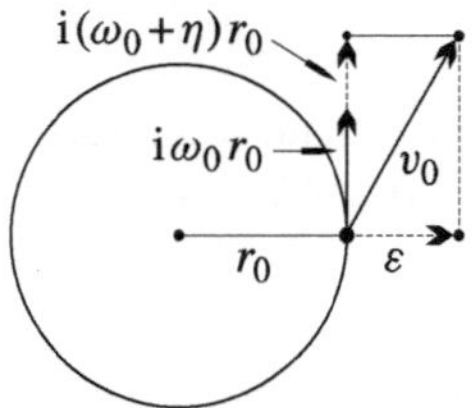

Dann ist $(\omega_0 + \eta)r_0^2/2$ die Flächengeschwindigkeit und $m\big((\omega_0 + \eta)^2 r_0^2 + \varepsilon^2\big)/2 + U(r_0)$ die Energie. Benutzen wir die Taylor-Näherungen $1 - r_0^2/r^2 \approx 2\rho/r_0 - 3\rho^2/r_0^2$ und $U(r_0) - U(r) \approx -\alpha(r_0)\rho - \alpha'(r_0)\rho^2/2$, $\rho := r - r_0$, so erhalten wir die Differenzialgleichung

$$\dot r^2 = \dot\rho^2 = \varepsilon^2 + (\omega_0 + \eta)^2 r_0^2\Big(1 - \frac{r_0^2}{r^2}\Big) + \frac{2}{m}(U(r_0) - U(r)) \approx$$

$$\approx \varepsilon^2 + 2\omega_0^2 r_0\rho - 3\omega_0^2\rho^2 + 4\omega_0 r_0\rho\eta - \frac{2}{m}\Big(\alpha(r_0)\rho + \frac{1}{2}\alpha'(r_0)\rho^2\Big)$$

$$= \varepsilon^2 + 4\omega_0 r_0\rho\eta - \Big(3\omega_0^2 + \frac{\alpha'(r_0)}{m}\Big)\rho^2,$$

---

[7] Zur Übung bestätige man die Gleichung $c_0 T = \pi A B$ direkt.
[8] v_0 ist nicht der Imaginärteil einer komplexen Zahl.

wobei wir nur solche Glieder berücksichtigt haben, deren Gesamtgrade in ε, η, ρ höchstens 2 sind. Ist nun

$$d := 3\omega_0^2 + \frac{\alpha'(r_0)}{m} = \frac{1}{m}\left(\frac{3U'(r_0)}{r_0} + U''(r_0)\right) > 0\,,$$

so hat die rechte Seite der obigen Gleichung für $\dot{\rho}^2$ die beiden Nullstellen

$$\rho_{\min} := \frac{2\omega_0 r_0 \eta}{d} - \frac{1}{d}\sqrt{4\omega_0^2 r_0^2 \eta^2 + d\varepsilon^2} \le 0, \quad \rho_{\max} := \frac{2\omega_0 r_0 \eta}{d} + \frac{1}{d}\sqrt{4\omega_0^2 r_0^2 \eta^2 + d\varepsilon^2} \ge 0$$

und der Massenpunkt bewegt sich in dem durch die Radien

$$r_{\min} := r_0 + \rho_{\min} \quad \text{und} \quad r_{\max} := r_0 + \rho_{\max}$$

beschriebenen Kreisring.[9]) Die Dauer einer Periode von r bzw. ρ ist (vgl. 19.C.4 (2))

$$T \approx 2\pi/\sqrt{d}\,,$$

die Bewegung des Perizentrums nach einer Periode also

$$\Phi \approx \omega_0 T \approx 2\pi\omega_0/\sqrt{d}\,.$$

Ist zum Beispiel $\alpha(r) = ar^\lambda$ mit $a > 0$ und $\lambda \in \mathbb{R}$, so ist

$$\omega_0^2 = \frac{ar_0^{\lambda-1}}{m}\,, \quad d = 3\omega_0^2 + \frac{\lambda a r_0^{\lambda-1}}{m} = (3+\lambda)\omega_0^2$$

und $d > 0$ gilt genau für $\lambda > -3$. Während eines Umlaufs, d.h. einer Winkeländerung von $\pm 2\pi$, pendelt der Massenpunkt ca. $\sqrt{d}/|\omega_0| = \sqrt{3+\lambda}$ Male zwischen dem minimalen und maximalen Abstand.

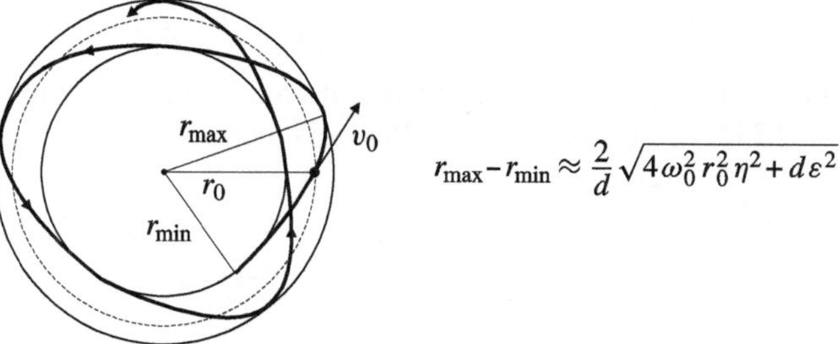

$$r_{\max} - r_{\min} \approx \frac{2}{d}\sqrt{4\omega_0^2 r_0^2 \eta^2 + d\varepsilon^2}$$

Gelegentlich wird diskutiert, ob die Gravitationskraft (bzw. auch die Coulombkraft) in der Form $\alpha(r) = a/r^{2+\delta}$ mit einem (dem Betrage nach) kleinen δ anzusetzen ist. Diese Korrektur würde sich bei Planetenbahnen, die nicht allzu sehr von einer Kreisbahn abweichen (sonst aber ungestört sind), in einer Verschiebung des Perihels bei einem Umlauf um den Winkel

$$\approx 2\pi\left(\frac{\omega_0}{\sqrt{d}} - 1\right) = 2\pi\left(\frac{1}{\sqrt{1-\delta}} - 1\right) \approx \pi\delta$$

bemerkbar machen, der unabhängig von den sonstigen Daten der Bahn ist. Bei $\alpha(r) = ae^{-\gamma r}/r^2$, $|\gamma|$ klein, – auch dieser Ansatz wurde schon betrachtet – wäre $d = \omega_0^2(1 - \gamma r_0)$, und bei sehr großem r_0 (und positivem γ) wäre die Stabilitätsbedingung $d > 0$ verletzt. Für kleines $|\gamma r_0|$ ergäbe sich bei einem Umlauf die zu r_0 proportionale Perihelverschiebung um $\approx 2\pi(1/\sqrt{1-\gamma r_0} - 1) \approx \pi\gamma r_0$.

---

[9]) ρ erfüllt (angenähert) die lineare Differenzialgleichung $\ddot{\rho} + d\rho = 2\omega_0 r_0 \eta$ zweiter Ordnung mit konstanten Koeffizienten, vgl. dazu insbesondere Abschnitt 19.E.

Interessant ist in diesem Zusammenhang die Perihelbewegung des Merkur. Um die langfristigen Störungen der übrigen Planeten auf die Bewegung des Merkur abzuschätzen, gehen wir für den Merkur zunächst von einer Kreisbahn aus, vernachlässigen Pluto (da er weit entfernt und klein ist und seine Bahnebene wesentlich von der der anderen Planeten abweicht), nehmen ferner an, dass die Bahnen aller anderen Planeten in ein und derselben Ebene liegen, und verschmieren die Massen m_i der von Merkur verschiedenen Planeten jeweils gleichmäßig auf einem Kreis, dessen Radius R_i das *zeitliche* Mittel der Abstände dieses Planeten von der Sonne ist. Es ist $R_i = A_i\left(1 + \frac{1}{2}\varepsilon_i^2\right)$, wo A_i die Länge der großen Halbachse und ε_i die Exzentrizität der Ellipsenbahn des i-ten Planeten ist.[10] Um diese Formel einzusehen, unterdrücken wir den Index i und bezeichnen mit $x = x(t)$ gemäß 10.B, Aufg. 30d) die exzentrische Anomalie zum Zeitpunkt t nach dem letzten Periheldurchgang. Dann ist $A(1 - \varepsilon \cos x)$ der Abstand des Planeten von der Sonne. Mit $M := 2\pi t/T$, $T :=$ Umlaufszeit des Planeten, und der Keplerschen Gleichung $M = x - \varepsilon \sin x$ ergibt sich

$$R = \frac{A}{T}\int_0^T (1 - \varepsilon \cos x)\, dt = A\left(1 - \frac{\varepsilon}{2\pi}\int_0^{2\pi} \cos x\, dM\right) = A\left(1 - \frac{\varepsilon}{2\pi}\int_0^{2\pi} \frac{dM}{dx}\cos x\, dx\right) =$$

$$= A\left(1 - \frac{\varepsilon}{2\pi}\int_0^{2\pi} (1 - \varepsilon \cos x)\cos x\, dx\right) = A\left(1 + \frac{\varepsilon^2}{2}\right).$$

Wie wir in Bd. 3, Beispiel 16.B.12 (2) sehen werden, wirkt dadurch in der Bahnebene auf den Merkur, dessen Masse m_0 sei, eine Zentralkraft mit dem Potenzial

$$U_i := -\frac{2m_0 m_i G}{\pi R_i}\, K\!\left(\frac{r}{R_i}\right).$$

Dabei sei $r < R_i$, und K bezeichnet das vollständige elliptische Integral erster Gattung, vgl. Abschnitt 17.C.[11] Insgesamt ist das Potenzial der auf den Merkur wirkenden Zentralkraft gleich $U_S + U_P$ mit

$$\frac{U_S}{m_0} := -\frac{MG}{r} \qquad \text{und} \qquad \frac{U_P}{m_0} := \sum_i \frac{U_i}{m_0} = -\sum_i \frac{2m_i G}{\pi R_i} K\!\left(\frac{r}{R_i}\right),$$

wobei M die Sonnenmasse ist und der Index i die Planeten Venus, Erde, Mars, Jupiter, Saturn, Uranus und Neptun durchläuft. Die Geschwindigkeit der Perihelbewegung des Merkur ist demnach bei Benutzung der oben angegebenen Formel und der dort verwandten

---

[10] In der Astronomie versteht man unter dem mittleren Abstand eines Planeten von der Sonne die Länge A der großen Halbachse seiner Ellipsenbahn. Einerseits ist dies nach dem 3. Keplerschen Gesetz der Radius einer Kreisbahn mit derselben Umlaufszeit und andererseits auch das *räumliche* Mittel der Abstände des Planeten von der Sonne (vgl. Beispiele 14.B.8 und 16.B.6 (7)):

$$\frac{B^2}{2\pi A}\int_0^{2\pi} \frac{d\varphi}{1 + \varepsilon \cos \varphi} = A.$$

[11] Der Wert $-\dfrac{m_0 m_i G}{R_i}\left(1 - \dfrac{1}{4}\ln\left(1 - \dfrac{r^2}{R_i^2}\right)\right)$ ist häufig eine gute Näherung für dieses Potenzial, vgl. die Abschätzungen im Beweis von 17.C.5.

Bezeichnungen ($r_0 :=$ große Halbachse des Merkur) gleich

$$\frac{\Phi - 2\pi}{T} \approx \omega_0 - \sqrt{d} = \frac{\omega_0^2 - d}{\omega_0 + \sqrt{d}} = -\frac{2U_P'(r_0) + r_0 U_P''(r_0)}{2m_0 r_0(\omega + \sqrt{d})} \approx -\frac{2U_P'(r_0) + r_0 U_P''(r_0)}{2m_0 \sqrt{r_0 U_S'(r_0)/m_0}} \, .$$

Zur Berechnung der Ableitungen von U_P benutzt man die Darstellungen

$$\frac{d\, K(r/R)}{dr} = \frac{1}{r} \left(\frac{R^2}{R^2 - r^2} E\left(\frac{r}{R}\right) - K\left(\frac{r}{R}\right) \right),$$

$$\frac{d^2\, K(r/R)}{dr^2} = \frac{1}{r^2(R^2 - r^2)} \left(\frac{R^2(3r^2 - R^2)}{R^2 - r^2} E\left(\frac{r}{R}\right) + (R^2 - 2r^2) K\left(\frac{r}{R}\right) \right),$$

die sich aus den Ableitungsformeln vor 17.C.5 und der Differenzialgleichung für K ergeben.
Für $U_i = -\dfrac{2m_0 m_i G}{\pi R_i} K\left(\dfrac{r}{R_i}\right)$ ist also

$$-\frac{2U_i'(r_0) + r_0 U_i''(r_0)}{2m_0} = \frac{m_i G R_i}{\pi r_0(R_i^2 - r_0^2)} \left(\frac{R_i^2 + r_0^2}{R_i^2 - r_0^2} E\left(\frac{r_0}{R_i}\right) - K\left(\frac{r_0}{R_i}\right) \right).$$

Wir verwenden nun die folgenden astronomischen Daten (deren Werte in der Literatur etwas schwanken), wobei wir die Erdmasse ($= 5,9736 \cdot 10^{24}$ kg) und den mittleren Abstand von Sonne und Erde ($= 149,60 \cdot 10^9$ m) als Einheiten benutzen:

	Masse (Erdmasse $= 1$)	mittlerer Abstand von der Sonne = Länge der großen Bahnhalbachse (Sonne – Erde $= 1$)	Exzentrizität ε
Sonne	332 950	–	–
Merkur	0,055	0,3871	0,2056
Venus	0,815	0,7233	0,0068
Erde	1	1	0,0167
Mars	0,107	1,524	0,0934
Jupiter	317,83	5,204	0,0489
Saturn	95,159	9,582	0,0565
Uranus	14,536	19,201	0,0457
Neptun	17,147	30,047	0,0113
Pluto	0,003	39,24	0,2476

Die Masse des Asteroidengürtels zwischen Mars und Jupiter wird mit 1/1000 der Erdmasse geschätzt und kann hier vernachlässigt werden, ebenso lassen wir die Planetenmonde unberücksichtigt. Die Werte der elliptischen Integrale berechnet man wie in 17.C, Aufg. 7 oder schlägt sie in Tafelwerken nach. Damit ergibt sich als Näherung für die Perihelverschiebung des Merkur

$$(\Phi - 2\pi)/T \approx 550'' \text{ pro Jahrhundert.}$$

Die beobachtete Perihelbewegung des Merkur beträgt $574''$ pro Jahrhundert, wobei zu bemerken ist, dass dieser Wert nicht nur ein Ergebnis der astronomischen Messkunst ist, sondern auch auf sorgfältigen Überlegungen darüber beruht, wie ein Koordinatensystem im Weltraum zu fixieren ist. Er ist folglich nicht ganz unproblematisch. Die Lücke zwischen Rechnung und Beobachtung bei der Perihelbewegung des Merkur wird heute mit der Allgemeinen Relativitätstheorie erklärt. Danach hat man dem obigen Potenzial $U_S + U_P$ einen weiteren Störterm hinzuzufügen, der näherungsweise gleich

$$-\frac{m_0(MG)^2 r_0}{c^2 r^3}$$

ist, $c = $ Lichtgeschwindigkeit. Mit ihm ergibt sich eine zusätzliche Perihelbewegung von näherungsweise

$$\frac{3(MG)^{3/2}}{c^2 r_0^{5/2}} \approx 40'' \text{ pro Jahrhundert.}$$

Bei genauerer Störungsrechnung, die u.a. wegen der recht großen Exzentrizität des Merkur von einer Ellipsenbahn statt einer Kreisbahn ausgehen sollte, wird die Übereinstimmung zwischen Theorie und Praxis überraschend gut.

(4) Bewegt sich ein Massenpunkt auf der Erdoberfläche unter dem Einfluss der Schwerkraft auf einem bzgl. 0 zentralsymmetrischen Gebirge, dessen Höhe $h = h(r)$ also nur vom horizontalen Abstand r zum Nullpunkt der Horizontalebene abhängt, so ist $U = mgh$ seine potentielle Energie und

$$T = \tfrac{1}{2}m|\mathbf{v}|^2 = \tfrac{1}{2}m\left(\dot{r}^2 + r^2\dot{\varphi}^2 + \dot{r}^2 h'(r)^2\right) = \tfrac{1}{2}m\left(\dot{r}^2(1 + h'(r)^2) + r^2\dot{\varphi}^2\right)$$

seine kinetische Energie. Auch hier gelten der „Flächensatz" $\tfrac{1}{2}\,r^2\dot{\varphi} = c_0 = $ const. und der Energiesatz

$$T + U = \tfrac{1}{2}m\dot{r}^2\left(1 + h'(r)^2\right) + \tfrac{1}{2}mr^2\dot{\varphi}^2 + mgh(r) = E_0 = \text{const..}$$

Daher ist

$$\dot{r}^2 = \frac{2}{m(1 + h'(r)^2)}(E_0 - U_{\text{eff}}) \qquad \text{mit} \qquad U_{\text{eff}} := \frac{U + 2c_0^2 m}{r^2} = mgh(r) + \frac{2c_0^2 m}{r^2}\,.$$

Die Bewegung lässt sich also wie eine ebene Bewegung im Zentralfeld beschreiben.

Interessant ist hier auch die *kräftefreie Bewegung* mit $g = 0$. Der Massenpunkt bewegt sich dann auf den so genannten G e o d ä t i s c h e n der durch $h = h(r)$ beschriebenen Fläche. Beginnt er die Bewegung in dem Punkt $(r_0, 0, h_0)$, $r_0 > 0$, $h_0 = h(r_0)$, mit der Geschwindigkeit $(\dot{u}_0, \dot{v}_0, \dot{h}_0)$, $\dot{u}_0^2 + \dot{v}_0^2 + \dot{h}_0^2 = 1$, so ist $\dot{r}_0 = \dot{u}_0$, $\dot{\varphi}_0 = \dot{v}_0/r_0$, Daraus folgt

$$\dot{h}_0 = \dot{r}_0 h'(r_0) = \dot{u}_0 h'(r_0), \quad 2c_0 = r_0\dot{v}_0\,, \quad E_0 = T_0 = m/2\,,$$

und die Differenzialgleichungen der Geodätischen lauten

$$\dot{r}^2 = \frac{1}{1 + h'(r)^2}\left(1 - \frac{r_0^2\dot{v}_0^2}{r^2}\right), \quad \dot{\varphi} = \frac{r_0\dot{v}_0}{r^2}\,.$$

Der Massenpunkt nähert sich bei $\dot{u}_0 = \dot{r}_0 \leq 0$ dem Zentrum bis zum minimalen horizontalen Abstand $r_0|\dot{v}_0|$, der nach der Zeit

$$\int_{r_0|\dot{v}_0|}^{r_0} r\,\sqrt{\frac{1 + h'(r)^2}{r^2 - r_0^2\dot{v}_0^2}}\,dr$$

erreicht wird. Als Beispiel betrachte man etwa das P a r a b o l o i d $h = h(r) = ar^2$.

Bei einem s p h ä r i s c h e n P e n d e l der Länge ℓ ist es günstiger, statt des horizontalen Abstands r den Abstand $\ell\vartheta$, $0 < \vartheta < \pi$, auf der Kugeloberfläche als Parameter zu wählen, um die Bewegung auch dann zu beschreiben, wenn $\vartheta \geq \pi/2$ ist.

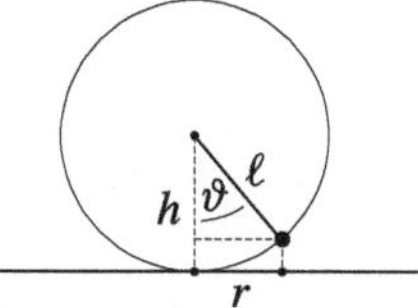

Wegen $r = \ell \sin\vartheta$, $h = \ell(1 - \cos\vartheta)$ und $|\mathrm{v}|^2 = \dot{r}^2 + r^2\dot{\varphi}^2 + \dot{h}^2 = \ell^2(\dot{\vartheta}^2 + \dot{\varphi}^2 \sin^2\vartheta)$ ist die potentielle Energie gleich $U = U(\vartheta) = mg\ell\,(1 - \cos\vartheta)$ und die kinetische Energie gleich $T = m\ell^2(\dot{\vartheta}^2 + \dot{\varphi}^2 \sin^2\vartheta)/2$. „Flächensatz" und Energiesatz lauten

$$\tfrac{1}{2}r^2\dot{\varphi} = \tfrac{1}{2}\ell^2\dot{\varphi}\sin^2\vartheta = c_0 = \text{const.},$$

$$\tfrac{1}{2}\,m\ell^2(\dot{\vartheta}^2 + \dot{\varphi}^2\sin^2\vartheta) + mg\ell\,(1 - \cos\vartheta) = E_0 = \text{const.}.$$

Daher ist jetzt $\dot{\vartheta}^2 = 2\,(E_0 - U_{\text{eff}})/m\ell^2$ mit

$$U_{\text{eff}} = U + \frac{2c_0^2 m}{\ell^2 \sin^2\vartheta} = mg\ell\,(1 - \cos\vartheta) + \frac{2c_0^2 m}{\ell^2(1 - \cos^2\vartheta)},$$

und ϑ und φ bestimmen sich analog wie r und φ bei einer ebenen Bewegung im Zentralfeld. Insbesondere liegt ϑ bei $c_0 \neq 0$ zwischen $\vartheta_{\min} := \arccos x_1$ und $\vartheta_{\max} := \arccos x_2$, wobei $x_1 \geq x_2$ die beiden (nicht notwendig verschiedenen) Nullstellen des Polynoms dritten Grades

$$mg\ell\,(1 - x)(1 - x^2) - E_0(1 - x^2) + \frac{2c_0^2 m}{\ell^2}$$

im Intervall $\,]{-1},\,1[$ sind. Man beachte, dass dieses Polynom für $x = \pm 1$ positiv ist und somit eine Nullstelle < -1 hat. Es folgt, dass $x_1 > 0$, d.h. $\vartheta_{\min} < \pi/2$ ist, da der Koeffizient $-mg\ell$ bei x negativ ist. Ist $x_1 = x_2$, so bewegt sich der Massenpunkt auf einem Breitenkreis $\vartheta = \vartheta_0 = \text{const.}$ (mit $0 < \vartheta_0 < \pi/2$). Dann ist $\dot{\varphi}$ konstant gleich ω_0 mit $\omega_0^2 = g/\ell \cos\vartheta_0$.

Bei absolut kleinen Winkelausschlägen ϑ ist die Bewegung angenähert harmonisch mit der Differenzialgleichung $\ddot{x} = -gx/\ell$ für die Ablenkung x in der (u, v)-Ebene, vgl. (1). Im kräftefreien Fall ($g = 0$) ergeben sich als Bahnen die Geodätischen der Kugeloberfläche. Zu ihnen gehören die Meridiane $\varphi = \varphi_0 = \text{const.}$ (bei $c_0 = 0$), das sind die Großkreise [12]) durch den Punkt $r = 0$, $h = 0$. Da (im kräftefreien Fall !) alle Punkte der Kugeloberfläche gleichberechtigt sind, folgt: *Die Geodätischen der Kugeloberfläche sind die Großkreise* (bzw. Teile davon).

Sind ganz allgemein $r = r(\vartheta) > 0$ und $h = h(\vartheta)$ als (stetig differenzierbare) Funktionen eines Parameters ϑ gegeben, wobei wir voraussetzen wollen, dass $dr/d\vartheta$ und $dh/d\vartheta$ für keinen Wert von ϑ gleichzeitig verschwinden, so gelten analog die Bewegungsgleichungen

$$\frac{1}{2}r^2\dot{\varphi} = c_0 = \text{const.} \quad \text{und} \quad \dot{\vartheta}^2 = \frac{2}{m\!\left(\left(\frac{dr}{d\vartheta}\right)^2 + \left(\frac{dh}{d\vartheta}\right)^2\right)}\left(E_0 - \frac{2c_0^2 m}{r^2} - mgh\right).$$

---

[12]) Ein G r o ß k r e i s auf einer Kugeloberfläche ist ein Kreis, den eine Ebene durch den Mittelpunkt der Kugel auf der Kugeloberfläche ausschneidet.

Für die Geodätischen ($g = 0$) bekommt man bei einem Anfangspunkt $(r_0, 0, h_0)$, $r_0 = r(\vartheta_0)$, $h_0 = h(\vartheta_0)$, und einer Anfangsgeschwindigkeit $(\dot{u}_0, \dot{v}_0, \dot{h}_0)$ mit $\dot{u}_0^2 + \dot{v}_0^2 + \dot{h}_0^2 = 1$ die Gleichungen

$$\dot{\vartheta}^2 = \frac{1}{\left(\frac{dr}{d\vartheta}\right)^2 + \left(\frac{dh}{d\vartheta}\right)^2} \left(1 - \frac{r_0^2 \dot{v}_0^2}{r^2}\right), \quad \dot{\varphi} = \frac{r_0 \dot{v}_0}{r^2}.$$

Während der Bewegung bleibt also $r^2 \dot{\varphi} = r\,(\dot{v} \cos\varphi - \dot{u} \sin\varphi) = r \cos\psi = r_0 \dot{v}_0$ konstant, wo ψ der Winkel zwischen der momentanen Richtung $(\dot{u}, \dot{v}, \dot{h})$ der Geodätischen und der Richtung $(-\sin\varphi, \cos\varphi, 0)$ des Breitenkreises durch $(r \cos\varphi, r \sin\varphi, h)$ ist (S a t z v o n C l a i r a u t). Häufig kann damit wenigstens ein qualitativer Verlauf der Geodätischen auf der Drehfläche angegeben werden. Insbesondere ist $r \geq r_0 |\dot{v}_0| = r_0 |\cos\psi_0|$.

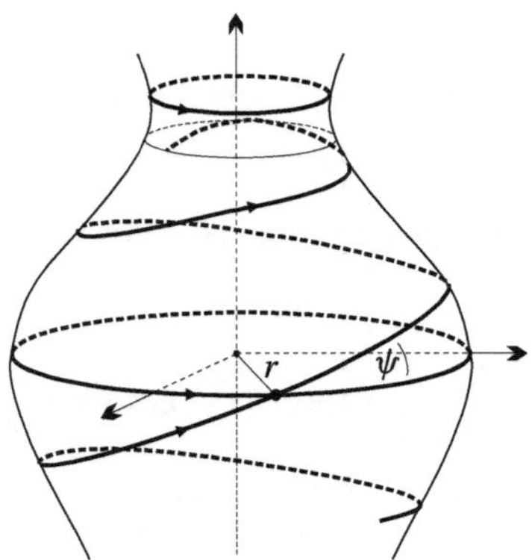

Alle Meridiane $\varphi = \varphi_0 = $ const., d.h. $c_0 = 0$, sind Geodätische. Ein Breitenkreis $\vartheta = \vartheta_0 = $ const. ist dies genau dann, wenn die Ableitung $dr/d\vartheta$ an der Stelle ϑ_0 verschwindet. [13])

Bei dem Zylinder mit $h = h(\vartheta) = \vartheta$ und $r = r(\vartheta) = R = $ const. erhält man die Gleichungen $\dot{\vartheta} = \dot{h} =: \gamma = $ const. und $\dot{\varphi} =: \omega = $ const., also für die Geodätischen die Darstellung

$$u = R \cos\omega t, \quad v = R \sin\omega t, \quad h = \gamma t + h_0.$$

Dies sind S c h r a u b e n l i n i e n . Sie ergeben beim Abrollen des Zylinders in eine Ebene die Geraden dieser Ebene.

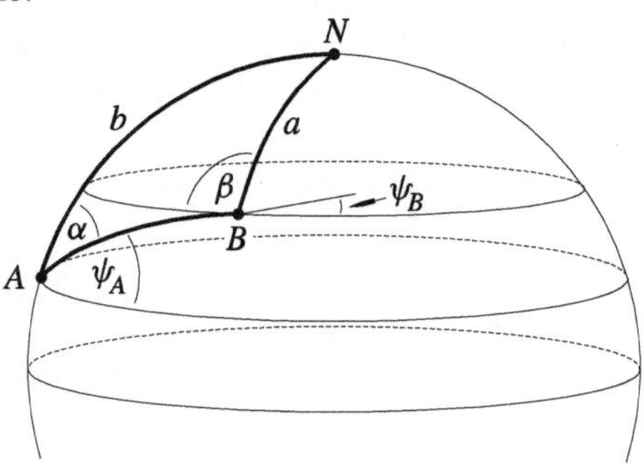

Für ein sphärisches Dreieck auf der Kugeloberfläche mit den Eckpunkten A, B, N, wobei N der Nordpol sei, besagt der Satz von Clairaut mit den Bezeichnungen gemäß obiger Skizze,

---

[13]) Nur dann kann die Fläche die „Zentrifugalkräfte" vollständig aufheben.

dass $\sin b \cdot \cos\left(\frac{\pi}{2} - \alpha\right) = \sin a \cdot \cos\left(\beta - \frac{\pi}{2}\right)$, d.h.

$$\sin b \cdot \sin \alpha = \sin a \cdot \sin \beta$$

ist. Dies ist der **Sinussatz der sphärischen Trigonometrie** (vgl. auch Bd. 2, Beispiel 13.B.9). Umgekehrt folgt aus diesem (leicht direkt zu beweisenden) Sinussatz, dass die Seiten eines sphärischen Dreiecks, d.h. Teile von Großkreisen, Geodätische auf der Kugel sind.

Zu weniger einfachen Beispielen verweisen wir auf Aufg. 32. In Bd. 3 und insbesondere in Bd. 4 werden wir die Geodätischen in sehr viel allgemeineren Situationen definieren und sie als (zumindest lokal) kürzeste Linien erkennen. Die hier diskutierten Spezialfälle behalten aber ihre Bedeutung, da für sie (u.a. wegen des Satzes von Clairaut) die Geodätischen recht gut zu überblicken sind.

19.C.6 Beispiel (V e r f o l g u n g s k u r v e) Viele Differenzialgleichungen ergeben sich daraus, dass man an Kurven gewisse geometrische Anforderungen stellt. Da wir hier der Behandlung der Geometrie von Kurven in Band 3 nicht vorgreifen wollen, betrachten wir nur das Beispiel der klassischen Verfolgungskurve.

Ein Verfolger bewege sich von $0 = (0, 0)$ aus mit konstanter S c h n e l l i g k e i t (:= Geschwindigkeitsbetrag) $|\dot{x}| = c$ in der (u, v)-Ebene in Richtung auf den Punkt $y(t) = (a + c_0 t) + ib$ zu, der sich mit konstanter Schnelligkeit $c_0 > 0$ auf der Geraden $v = b > 0$ bewegt.

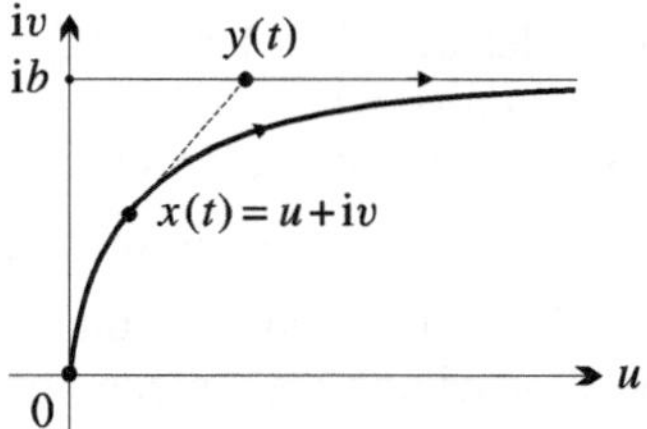

Dann gilt (solange $v < b$ ist) die Gleichung $\dot{x} = c\,(y - x)/|y - x|$, d.h.

$$u + s\dot{u} = a + c_0 t, \quad v + s\dot{v} = b$$

mit $s := |y - x|/c$. Wegen $\dot{v} > 0$ können wir u als Funktion von v betrachten und erhalten

$$\frac{du}{dv} = \frac{\dot{u}}{\dot{v}} = \frac{a + c_0 t - u}{b - v}, \quad (b - v)\frac{du}{dv} = a + c_0 t - u.$$

Differenziation nach t ergibt

$$-\dot{v}\frac{du}{dv} + (b - v)\frac{d^2u}{dv^2}\dot{v} = c_0 - \dot{u}, \quad (b - v)\frac{d^2u}{dv^2}\dot{v} = c_0$$

wegen $\dot{u} = \dot{v}(du/dv)$. Wegen $c^2 = \dot{u}^2 + \dot{v}^2 = \dot{v}^2(du/dv)^2 + \dot{v}^2$ folgt schließlich mit $p := du/dv$

$$\frac{d^2u}{dv^2}\frac{c}{(1 + p^2)^{1/2}} = \frac{c_0}{b - v} \quad \text{oder} \quad \frac{dp}{dv}\frac{1}{(1 + p^2)^{1/2}} = \frac{c_0}{c}\frac{1}{b - v}.$$

Dies ist eine Differenzialgleichung für p in getrennten Variablen. Mit ihrer Lösung gewinnt man u als Funktion von v durch nochmaliges Integrieren und damit die Bahn des Verfolgers, vgl. Aufg. 33.

Aufgaben

1. Sei $P(t)$ die Lebensdauerfunktion für die Individuen eines Individuenbereichs. Ferner sei $t_0 \geq 0$ fest und $P(t_0) < 1$, vgl. Beispiel 19.C.1.

$$P_{t_0}(t) := \frac{P(t + t_0) - P(t_0)}{1 - P(t_0)}, \ t \geq 0,$$

ist die Lebensdauerfunktion für den Bereich der Individuen, die wenigstens das Alter t_0 erreichen. Sei P stetig differenzierbar und $P(\infty) = 1$. Dann ist die Lebenserwartung der Individuen des Alters t_0 noch

$$\int\limits_0^\infty t\,P_{t_0}'(t)\,dt = \frac{1}{1 - P(t_0)} \int\limits_0^\infty t\,P'(t)\,dt \ - \ t_0\,.$$

2. Für die Makeham-Funktion

$$P(t) = 1 - \exp\left(-\alpha t - \frac{\beta}{\gamma}(e^{\gamma t} - 1)\right)$$

mit festen $\alpha, \gamma > 0$ (vgl. Beispiel 19.C.1 (2)) ist die Halbwertszeit $T_{1/2}(\beta)$ als Funktion von $\beta \geq 0$ monoton fallend. Man bestimme das Taylor-Polynom vom Grad ≤ 2 für die Funktion $T_{1/2}(\beta)$ um den Punkt $\beta = 0$.

3. Seien $y_1(t)$ bzw. $y_2(t)$ die Anzahlen der U^{238}- bzw. U^{235}-Atome in einer gegebenen Uranprobe zur Zeit t. Die Halbwertszeiten von U^{238} bzw. U^{235} betragen $T_1 = 4{,}5 \cdot 10^9$ Jahre bzw. $T_2 = 0{,}7 \cdot 10^9$ Jahre. Die stabilen Endprodukte sind die Bleiisotope Pb^{206} bzw. Pb^{207}.

a) Man löse die Differenzialgleichungen für $y_i(t)$ in Abhängigkeit von $y_i(0)$, $i = 1, 2$.

b) In einem Probestück habe das Verhältnis von U^{238} und U^{235} den Wert $137, 8$.[14]) Unter der Annahme, dass zur Zeit der Entstehung die Anteile von U^{238} und U^{235} gleich waren, berechne man das Alter der Probe.

c) Unter der Voraussetzung, dass zu Beginn des Zerfalls kein Blei vorhanden ist, ist das Verhältnis von Pb^{206}- zu U^{238}-Atomen bzw. von Pb^{207}- zu U^{235}-Atomen nach der Zeit t gleich $z_1(t) = 2^{t/T_1} - 1$ bzw. $z_2(t) = 2^{t/T_2} - 1$. Die Punkte $\big(z_1(t), z_2(t)\big)$, $t \geq 0$, liegen also auf der Parabel $z_2 + 1 = (z_1 + 1)^{T_1/T_2}$ (die wegen $T_1/T_2 \approx 6{,}43$ konvex ist). Die mit Hilfe von $z_1(t)$ bzw. $z_2(t)$ ermittelten Werte für das Alter einer Gesteinsprobe stimmen häufig nicht überein. Man führt dies auf metamorphe Veränderungen des Gesteins im Laufe der Erdgeschichte zurück[15]), wobei Blei dann (unabhängig davon, um welches Isotop es sich handelt, aber abhängig von der Probe) aus dem Gestein innerhalb eines relativ kurzen Zeitraums entweicht, Uran aber nicht. Nehmen wir an, dass nur eine solche metamorphe Umwandlung im Laufe der Zeit erfolgte, und zwar zum Zeitpunkt $t_0 > 0$. Dabei sei der Bruchteil p des Bleis in der Probe verblieben. Zu einem Zeitpunkt $t > t_0$ sind dann die entsprechenden Verhältnisse $\widetilde{z}_i(t\,;\,p) = p\big(z_i(t) - z_i(t - t_0)\big) + z_i(t - t_0)$, $i = 1, 2$.

Für einen festen Zeitpunkt $t_1 > t_0$ liegen die Punkte $\big(\widetilde{z}_1(t_1\,;\,p), \widetilde{z}_2(t_1\,;\,p)\big)$, $p \in [0, 1]$, demnach auf der Sehne, die die Kurve $\big(z_1(t), z_2(t)\big)$ in den beiden Punkten $\big(z_1(t_1), z_2(t_1)\big)$ $(p = 1)$ bzw. $\big(z_1(t_1 - t_0), z_2(t_1 - t_0)\big)$ $(p = 0)$ trifft. Hat man also diese Sehne durch

---

[14]) Dies ist der Mittelwert für Uranproben auf der Erde.
[15]) In der Regel gehen diese mit Gebirgsbildungsprozessen einher.

Beobachtung genügend vieler Proben zum Zeitpunkt t_1 (= Heute) bestimmt, so lassen sich das Alter t_1 der Proben und die seit ihrer metamorphen Umwandlung verflossene Zeit $t_1' = t_1 - t_0$ als die beiden Lösungen der Gleichung

$$2^{t/T_2} - m\, 2^{t/T_1} = b - m + 1$$

bestimmen, wobei die obige Sehne durch $z_2 = m z_1 + b$ gegeben ist. Man bestimme t_1 und t_1' für die Werte $m = 75$ und $b = -17$, die bei sehr alten Gesteinsproben durchaus auftreten können. – Man diskutiere auch den Fall mehrerer metamorpher Umwandlungen.

4. (C^{14}-Methode [16])) Durch kosmische Strahlung entsteht in der Atmosphäre der radioaktive Kohlenstoff C^{14}, der von Organismen absorbiert wird. In einem lebenden Organismus ist die C^{14}-Konzentration konstant; findet keine Aufnahme von C^{14} mehr statt, sinkt die C^{14}-Konzentration.

a) Die Halbwertszeit von C^{14} beträgt 5730 Jahre.[17]) Man bestimme die Zerfallskonstante α.

b) Sei $R(t)$ die gegenwärtige (absolute) Zerfallsrate von C^{14} in einer Probe, $R(0)$ ihre ursprüngliche Zerfallsrate. ($R(0)$ ist gleich der Zerfallsrate in einer entsprechenden lebenden Probe.) Man zeige: $t = \big(\ln\left(R(0)/R(t)\right)\big)\big/\alpha$.

c) Die Zerfallsraten betragen für ein Stück Holzkohle aus der Zeit, als die Höhle von Lascaux bewohnt war, $0{,}97/\text{min} \cdot \text{g}$ und für entsprechendes lebendes Holz $6{,}68/\text{min} \cdot \text{g}$. Wann war die Höhle bewohnt?

d) In einem Fossil stellt man 60% desjenigen C^{14}-Gehalts fest, den ein lebender Organismus entsprechender Größe besitzt. Wie alt ist das Fossil?

5. (Energieabsorption) Energie einer gewissen Form werde längs einer Geraden durch ein Medium transportiert (z.B. Licht durch Luft oder Wasser). Durch Umwandlung in andere Energieformen (Absorption) nimmt sie dabei im allgemeinen ab.

a) In einem homogenen Medium ist die Absorptionsrate β konstant. Man stelle eine Differenzialgleichung für die Energie $E(x)$ auf (wo x eine Koordinate auf der Geraden ist, die in Richtung des Energietransports zunimmt) und berechne die Halbwertslänge, d.h. die Länge des Weges, nach dem die Hälfte der Ausgangsenergie absorbiert worden ist.

b) Die Absorptionsrate β hänge von x ab. Man stelle die Differenzialgleichung für $E(x)$ auf und löse sie für den Fall $\beta(x) = \varepsilon x$, $\varepsilon > 0$ konstant, mit der Anfangsbedingung $E(0) = E_0$.

6. Wir übernehmen die Bezeichnungen von Beispiel 19.C.2. Schreibt man die Wachstumsrate $W = \dot{N}/N = \alpha(1 - \gamma N)$ in der Form $W = a - bN$, so heißen $a = \alpha$ und $b = \alpha\gamma$ die Vitalkoeffizienten, die Differenzialgleichung $\dot{N} = aN - bN^2$ auch die Verhulstsche Gleichung.

a) Man bestimme den Wendepunkt und das Verhalten im Unendlichen für die Lösungskurven der Verhulstschen Gleichung (vgl. das Ende von Beispiel 19.C.2). Man berechne a und b aus drei Punkten $(t_i, N(t_i))$, $t_1 < t_2 < t_3$, der Lösungskurve. Wann hat die Population die Hälfte ihres Grenzwerts im Unendlichen erreicht?

b) Man diskutiere die Population wie in a), wenn die Vitalkoeffizienten a, b sich in A und B mit $A/B < a/b$ ändern, falls die Population die Größe Q mit $A/B < Q < a/b$ erreicht, und

---

[16]) Die hier dargestellte C^{14}-Methode beruht auf der (problematischen) Voraussetzung, dass die C^{14}-Konzentration in lebenden Organismen des gleichen Typs in der zu berücksichtigenden erdgeschichtlichen Zeit konstant ist.

[17]) Die Angaben in der Literatur schwanken etwas.

wieder gleich a bzw. b werden, falls die Population auf die Größe q mit $A/B < q < a/b$ geschrumpft ist. (Einfluss von Epidemien usw. bei zu großen Populationen.) Man diskutiere den einfachen Extremfall, dass $b = 0$, $A = 0$ gilt.

7. Man diskutiere die folgenden Wachstumsmodelle. (N ist die augenblickliche Größe der Population, $W = \dot{N}/N$ die Wachstumsrate, vgl. Beispiel 19.C.2.)

a) $\dot{N} = bN^2 - aN$ mit $a, b > 0$. (Hier ist a eine konstante Sterberate. Man diskutiere insbesondere, wie N abhängt von der Lage des Anfangswerts zum stationären Wert a/b.)

b) $\dot{N} = ae^{-\alpha t}N$ mit $a, \alpha > 0$. (Die Wachstumsrate W fällt exponentiell mit der Zeit. Ein Beispiel dafür ist das Tumorwachstum: Alternde Zellen reproduzieren sich langsamer, oder das Tumorinnere vermehrt sich nicht mehr. Die letzte Erklärung würde zumindest für das Anfangsstadium auch mit einem Wachstum nur an der Oberfläche, d.h. mit dem Ansatz $\dot{N} = AN^{2/3}$, $A > 0$, verträglich sein.)

c) $\dot{N} = (a - bt)N$ mit $a, b > 0$. (Wachsender Einfluss von Toxinen.)

d) $\dot{N} = aN - bN^3$ mit $a, b > 0$. (Verstärkte Ausfallrate.)

e) $\dot{N} = a\sqrt{N} - bN$ mit $a, b > 0$. (Verminderte Regenerationsrate.)

f) $\dot{N} = aN + bN^\rho$ mit $a, b \in \mathbb{R}$, $\rho \neq 1$. (Dies ist eine Bernoullische Differenzialgleichung.)

g) $W = \dot{N}/N = (A - BN)/(C + DN)$ mit $A, B, C, D > 0$. (Modell bei beschränkten Nahrungsressourcen nach Smith.)

h) Statt der gewöhnlichen Wachstumsgleichung

$$W = \frac{\dot{N}}{N} = \alpha N^\beta (1 - \gamma N^\delta)\,,$$

$\alpha, \beta > 0$, $\gamma \geq 0$, aus Beispiel 19.C.2 betrachte man die Gleichung

$$\frac{\dot{N}}{N} = \alpha\,(1 + A \sin \omega t) N^\beta (1 - \gamma N^\delta)\,,$$

$A, \omega > 0$, die saisonale Einflüsse berücksichtigt, und löse diese für spezifische Konstanten $A, \alpha, \beta, \gamma, \delta, \omega$.

i) $\dot{N} = \alpha N + R(t)$. (Berücksichtigung von Zu- und Abwanderungen.)

8. Folgendes einfache Modell beschreibt die Ausbreitung von Verhaltensweisen:

$$\dot{N} = cN(N_\infty - N) + d(N_\infty - N)\,,$$

$c > 0$, $d \geq 0$. Dabei ist $N = N(t)$ die Anzahl derjenigen, die eine gewisse Verhaltensweise bereits angenommen haben. Der erste Summand auf der rechten Seite berücksichtigt den Einfluss derjenigen, die das Verhalten schon angenommen haben, auf die, die potentiell dazu bereit sind; der zweite Summand berücksichtigt Einflüsse Dritter (z.B. Werbung). Ferner könnte man durch einen weiteren Summanden $-e(N_1 - N)(N_\infty - N)$, $N_1 \geq N_\infty$, $e \geq 0$, den Einfluss derjenigen beschreiben, die verhindern wollen, dass die Verhaltensweise angenommen wird. Man löse diese Differenzialgleichungen mit einer Anfangsbedingung $N(t_0) < N_\infty$.

9. (W e b e r - F e c h n e r s c h e s   G e s e t z) Die Empfindungsintensität E auf Grund eines Reizes R genügt nach Weber und Fechner der Differenzialgleichung

$$\frac{dE}{dR} = \frac{k}{R}\,,\ k > 0\,,$$

d.h. eine kleine Vergrößerung ΔR des Reizes bewirkt eine Vergrößerung ΔE von E, die proportional zu ΔR und umgekehrt proportional zum bereits bestehenden Reiz R ist. Man löse diese Differenzialgleichung (W e b e r - F e c h n e r s c h e s   G e s e t z). Gelegentlich werden auch andere Modelle benutzt, z.B. $dE/dR = cE/R$ mit $c > 0$ (Stevens) oder allgemeiner $dE/dR = cE^\alpha/R^\beta$, $c > 0$, $\alpha, \beta \geq 0$, sowie $dE/dR = cE/(1 + \alpha R)R$, $c > 0$, $\alpha \geq 0$ (Loewenstein). Man löse auch diese Gleichungen.

10. Der Gedächtnisinhalt M eines Menschen, einen bestimmten Sachverhalt betreffend, ändere sich mit der Rate

$$\dot M/M = -a + b(M_0 - M),$$

wobei a, b und $M_0 := M(0)$ positive Konstanten sind. Dabei ist a ein Vergessenskoeffizient und b ein Wiedererinnernskoeffizient. Man löse diese Differenzialgleichung (mit der Anfangsbedingung $M(0) = M_0$) und betrachte das Verhalten der Lösung im Unendlichen.

11. a) Bei ununterbrochenem Zählen eins, zwei, drei, ... sei $N(t)$ die Zahl, die eine Person nach der Zeit t erreicht. (Wir idealisieren $N(t)$ als eine differenzierbare Funktion $\mathbb{R}_+^\times \to \mathbb{R}_+^\times$.) Dann erfüllt N näherungsweise die Differenzialgleichung $\dot N = a/(b + \ln N)$ mit individuellen Konstanten $a > 0$ und b. Man begründe diesen Ansatz und löse die Differenzialgleichung. Durch Probezählen (in verschiedenen Größenbereichen) schätze man Werte für a und b und damit die Zahlen, die man nach 10- bzw. 100-jährigem ununterbrochenen Zählen erreicht. Ermüdungserscheinungen lassen sich durch eine Zeitabhängigkeit von a berücksichtigen, etwa durch $a(t) = a_0 e^{-\lambda t}$, $\lambda > 0$. Man löse auch die so entstehende Differenzialgleichung. (Aufgabe von Tobias – Statt die Zahlen aufzusagen, kann man sie auch niederschreiben. Genau dies tut seit 1965 der in Frankreich lebende polnische Künstler Roman Opalka in seinem Werk „Opalka 1965/1−∞" (von dem er Ausschnitte als „Détails" verkauft). Für das erste Détail von 1 bis 35 327 brauchte er sieben Monate, bis 1 000 000 mehr als sieben Jahre. Von 666 666 bis 7 777 777 soll es ca. 30 Jahre dauern. Der Prozess scheint sich also zu beschleunigen $(\lambda < 0)$.)

b) Eine Schnecke bewege sich mit der Geschwindigkeit v_0 von einem Ende eines beliebig dehnbaren Gummibandes der Ausgangslänge ℓ zum anderen Ende, wobei das Gummiband ständig mit der konstanten Geschwindigkeit w_0 gedehnt wird. Man untersuche, ob und gegebenenfalls wann die Schnecke das andere Ende des Bandes erreicht. (Die Differenzialgleichung für den Abstand x der Schnecke vom Ausgangspunkt ist

$$\dot x = v_0 + w_0 \frac{x}{\ell + w_0 t}.$$

Es handelt sich um eine kontinuierliche Version der Aufg. 26 in Abschnitt 6.A.)

12. In dieser Aufgabe übernehmen wir die Sprechweisen und Bezeichnungen von Beispiel 19.C.3.

a) Der Zerfall $2N_2O_5 \to 4NO_2 + O_2$ ist von erster Ordnung: $\dot x = k[N_2O_5] = k(A^0 - 2x)$. Man löse diese Differenzialgleichung (mit $x(0) = 0$) und prüfe das Resultat an Hand der folgenden Versuchsdaten:

t [sec]	0	2400	4800	7200	9600	12000	14400	16800	19200	∞
Vol O_2 [ml]	0	15,65	27,65	37,70	45,85	52,67	58,30	63,00	66,85	84,85

(Für ein Gas sind (bei konstantem Druck und konstanter Temperatur) die Anzahl der Mole und das Volumen proportional.)

b) Die Hydrolyse $CH_3COOC_2H_5 + NaOH \rightarrow CH_3COONa + C_2H_5OH$ ist eine Reaktion von 2. Ordnung: $\dot{x} = k(A_1^0 - x)(A_2^0 - x)$. Man löse diese Differentialgleichung im Fall $A_1^0 \neq A_2^0$ und im Fall $A_1^0 = A_2^0$ (mit $x(0) = 0$). Mit den Ausgangskonzentrationen $A_1^0 = 0,00980\,\text{Mol/l}$ und $A_2^0 = 0,00486\,\text{Mol/l}$ und den bei $25°C$ gemessenen Daten

t [sec]	0	178	273	531	866	1510	1918	2401
$x \cdot 10^3$ [Mol/l]	0	0,88	1,16	1,86	2,56	3,35	3,77	4,06

bestimme man die Konstante k.

c) Eine Reaktion 3. Ordnung ist die Oxydation $2NO + O_2 \rightarrow 2NO_2$. Die Differenzialgleichung ist $\dot{x} = k(A_1^0 - 2x)^2(A_2^0 - x)$. Man löse sie (mit $x(0) = 0$).

d) Eine Reaktion 3. Ordnung ist auch $H_2O_2 + 2H^+ + 2I^- \rightarrow I_2 + 2H_2O$ mit der Differenzialgleichung $\dot{x} = k(A_1^0 - x)(A_2^0 - 2x)(A_3^0 - 2x)$. Man löse diese Gleichung (mit $x(0) = 0$) und achte insbesondere auf mehrfache Nullstellen des Polynoms der rechten Seite.

e) Man löse die beiden Differenzialgleichungen

$$\dot{x} = k^+(A_1^0 - x)(A_2^0 - x) - k^-(B^0 + x)$$

bzw.

$$\dot{x} = 2k^+(A^0 - x)^2 - k^-(2B^0 + x)$$

aus Beispiel 19.C.3 und diskutiere den Verlauf von x. Insbesondere zeige man, dass die Lösungen für $t \rightarrow \infty$ den Gleichgewichtszuständen zustreben, die durch $x_3^\infty / x_1^\infty x_2^\infty = k^+/k^-$ bzw. $x_2^\infty/(x_1^\infty)^2 = k^+/k^-$ für die erste bzw. die zweite Reaktion gekennzeichnet sind. Man berechne die Grenzkonzentrationen.

13. Ein einfaches Modell für den Ionisierungsgrad einer Menge gleichartiger Teilchen ist das folgende: N_1 sei die Gesamtzahl der Teilchen, falls der Ionisierungsgrad 0 ist (und wobei ein Kation-Anion-Paar als ein Teilchen gerechnet wird). $N = N(t)$ sei die Anzahl der Ionen-Paare zum Zeitpunkt t, $0 \leq N \leq N_1$. Man fasst N als differenzierbare Funktion von t auf. Dann macht man für die Änderungsgeschwindigkeit $\dot{N}$ den Ansatz $\dot{N} = \alpha(N_1 - N) - \beta N^2$, wobei $\alpha \geq 0$ die Bedeutung eines Dissoziationskoeffizienten und $\beta \geq 0$ die Bedeutung eines Rekombinationskoeffizienten haben. Man löse diese Differenzialgleichung und diskutiere die Lösung, zunächst für $\alpha = 0$, dann für $\beta = 0$ und schließlich für $\alpha > 0$, $\beta > 0$. Im letzten Fall konvergiert $N(t)$ für $t \rightarrow \infty$ stets gegen die stationäre Lösung

$$N_\infty = \frac{\alpha}{2\beta}\left(\sqrt{1 + \frac{4\beta}{\alpha}N_1} - 1\right)$$

der Differenzialgleichung.

14. (Newtonsches Abkühlungsgesetz) Befindet sich ein Körper mit der Temperatur $h(t)$ in einem Medium mit der Temperatur $A(t)$, so findet ein Wärmeaustausch in Richtung der niedrigeren Temperatur statt. Die Änderung von h pro Zeiteinheit ist proportional zur Temperaturdifferenz $h(t) - A(t)$. Dies ist das Newtonsche Abkühlungsgesetz

$$\dot{h} = -\beta(h - A).$$

Man löse diese Differenzialgleichung mit der Anfangsbedingung $h(0) = h_0$ für den Fall $A(t) = A_0 - \gamma t$, $A_0 := A(0)$, $\gamma > 0$ konstant. (Die nächtliche Abkühlung der Luft entspricht etwa dieser Voraussetzung.)

15. Nach Torricellis Gesetz hat Wasser, das aus einem bis zur Höhe h gefüllten Behälter aus einer kleinen Öffnung am Grunde des Behälters fließt, die Geschwindigkeit $c\sqrt{2gh}$ mit einer Konstanten c ($0 < c \leq 1$), die im Idealfall 1 ist. (Häufig rechnet man mit $c = 0,6$.) Ist A die Fläche der Ausflussöffnung und hat der Behälter in der Höhe h den Querschnitt $F(h)$, so erfüllt h die Differenzialgleichung $\dot{h} = -Ac\sqrt{2gh}/F(h)$. Man beschreibe die Höhe h als Funktion der Zeit und bestimme die Zeit, bis der Behälter leer ist, für

a) ein zylindrisches Fass mit Radius R;

b) einen kegelförmigen Trichter mit Öffnungswinkel α;

c) einen halbkugelförmigen Trichter mit Radius R;

d) einen horizontalen Zylinder mit Radius R und Länge l;

e) einen parabolischen Trichter der Höhe h_0 mit dem Öffnungsradius R.

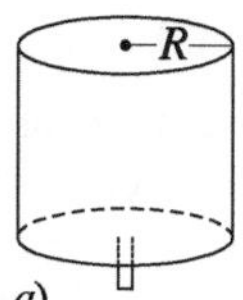 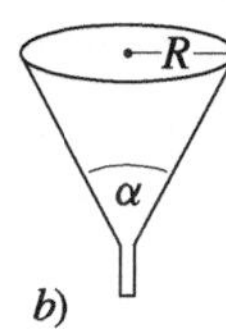 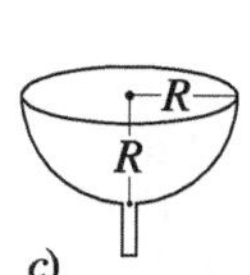 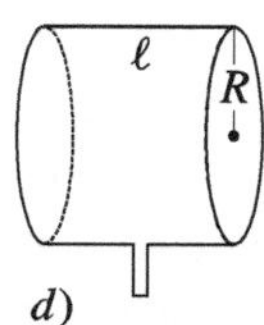 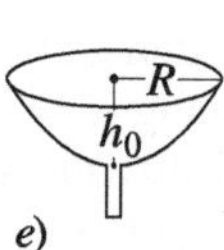

16. a) Ein Tank enthalte S_0 kg Salz, die in 700 l Wasser gelöst sind. Zur Zeit $t = 0$ beginne Wasser mit einer Salzkonzentration von 60 g/l mit einer Rate von 15 l/min in den Tank zu fließen. Die durchmischte Lösung verlässt den Tank mit derselben Rate. Man bestimme die Salzkonzentration $s(t)$ für $t \geq 0$.

b) Ein 500 l-Tank enthalte anfangs 100 l Frischwasser. Vom Zeitpunkt $t = 0$ an fließe Wasser, das 50 Vol $-$ % Schadstoffe enthält, mit einer Rate von 2 l/min in den Tank. Das Gemisch verlasse den Tank mit einer Rate von 1 l/min. Man finde die Konzentration an Schadstoffen im Tank zum Zeitpunkt des Überlaufens.

c) Ein Raum mit 30 m^3 Luft enthalte anfangs kein Kohlenmonoxyd. Vom Zeitpunkt $t = 0$ an werde Zigarettenrauch mit (einem Volumenanteil von) 4% Kohlenmonoxyd mit einer Rate von $0,003$ m^3/min in den Raum geblasen. Das Gemisch verlasse den Raum mit derselben Rate. Man bestimme den Zeitpunkt, zu dem die CO-Konzentration in diesem Raum bei dem (gefährlichen) Wert von $0,012$% liegt.

(Man rechne in a),b),c) mit einer augenblicklichen vollständigen Durchmischung.)

17. Die Lösungsrate einer chemischen Substanz (das ist $-\dot{S}/S$, wenn $S = S(t)$ die ungelöste Substanzmenge ist) in Wasser sei proportional zur Differenz der in gesättigter Lösung gelösten Menge und der im gegebenen Zeitpunkt gelösten Menge.[18] In 100 g gesättigter Lösung seien 50 g der Substanz gelöst. Es werden 30 g Substanz mit 100 g Wasser vermischt. Wie viel Substanz wird nach 5 Stunden gelöst sein, wenn sich nach 2 Stunden 10 g gelöst haben?

18. In einem Stromkreis mit Ohmschem Widerstand R und Induktivität L genügt bei angelegter Spannung $U(t)$ die Stromstärke $I(t)$ der Differenzialgleichung $L\dot{I} + RI = U$. Man löse diese lineare Differenzialgleichung unter der Anfangsbedingung $I(0) = I_0$. Insbesondere diskutiere man den Fall, dass $I_0 = 0$ ist (Einschaltvorgang) und U konstant oder von der Form $U(t) = U_0 \sin(\omega t + \varphi)$, $\omega, \varphi \in \mathbb{R}$. (Vgl. auch Beispiel 19.E.6.)

---

[18] Solch ein Lösungsverhalten ist natürlich nur bei ständigem Umrühren möglich.

19. Auf einen Massenpunkt mit der Masse m, der sich auf einer vertikalen Geraden im Schwerefeld bewegt, wirkt die konstante äußere Kraft $-mg < 0$. Ferner wird er durch Reibung gebremst. Die Reibungskraft habe die Form $-\alpha|\dot{x}|^{\beta-1}\dot{x}$, $\alpha > 0$, $\beta > 0$. Dann lautet die Differenzialgleichung für den Ort $x(t)$:

$$m\ddot{x} = -mg - \alpha|\dot{x}|^{\beta-1}\dot{x}\,.$$

Dies ist eine Differenzialgleichung erster Ordnung für $\dot{x}$ mit getrennten Variablen. Aus $\dot{x}$ gewinnt man durch nochmalige Integration die Funktion $x = x(t)$.

a) Man diskutiere die Lösungen für $t_0 = 0$, $x_0 = x(t_0) = 0$ und $v_0 := \dot{x}(t_0) > 0$ bzw. $= 0$ bzw. < 0. In jedem Fall ist

$$v_\infty = \lim_{t\to\infty} \dot{x}(t) = -\left(\frac{mg}{\alpha}\right)^{1/\beta}.$$

Man gebe die Funktion $x(t)$ explizit für die Fälle $\beta = 1$ und $\beta = 2$ an. Man entwickle bei $x_0 = x(0) = 0$ und $v_0 = v(0) = 0$ diese Funktionen $x(t)$ in Potenzreihen um 0.

b) Für den Luftwiderstand setzt man häufig $\beta = 2$ und berechnet die Konstante α aus der Gleichung $\alpha = c_w\rho A/2$, $\rho =$ Dichte der Luft ($1,3\,\text{kg/m}^3$), $A =$ Querschnitt des Körpers, $c_w =$ Luftwiderstandsbeiwert (der von der Form des Körpers abhängt, z.B. $c_w = 0,8$ für einen Zylinder, $c_w = 1,4$ für eine offene Halbkugel, etwa einen Fallschirm). Man diskutiere den Fall eines Fallschirmspringers, der nach einer gewissen Zeit den Fallschirm öffnet (wobei sich der c_w-Wert von $0,8$ auf $1,4$ und A z.B. von $0,5\,\text{m}^2$ auf $30\,\text{m}^2$ ändert). Man betrachte auch einen schiefen Wurf in dem Fall, dass die Horizontalgeschwindigkeit klein ist und deshalb der Luftwiderstand für diese vernachlässigt werden kann, vgl. dazu Aufg. 20.

c) Bei vertikalen Bewegungen in einer Flüssigkeit ist auf Grund des Auftriebs g durch $g(1 - \rho'/\rho)$ zu ersetzen, wobei ρ die Dichte des Körpers und ρ' die Dichte der Flüssigkeit ist. Ferner setzt man bei kleinen Geschwindigkeiten und einer zähen Flüssigkeit, z.B. Öl, $\beta = 1$. Man beschreibe die Bewegung eines Körpers in Öl ($\beta = 1$, $\rho' < \rho$), falls sich α mit der Zeit (durch Erwärmung des Öls etwa) ändert: $\alpha(t) = \alpha_0(1 - \varepsilon t)$.

20. (S c h i e f e r W u r f) Man diskutiere den freien Fall ohne Luftwiderstand in der Ebene bei konstanter Beschleunigung $-ig$, also die Differenzialgleichung $\ddot{x} = -ig$, $x = u + iv$, unter den verschiedensten Anfangsbedingungen (Anfangshöhe, Anfangsgeschwindigkeit, Wurfwinkel). Wie groß ist die Wurfweite? Bei welchem Wurfwinkel ist die Wurfweite am größten?

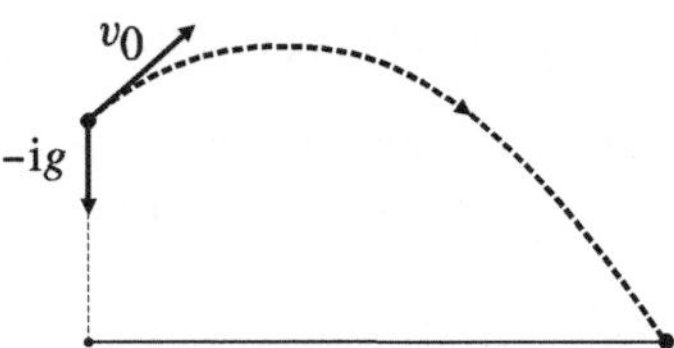

Ist der Luftwiderstand proportional zu $\dot{x}$, so ergibt sich $\ddot{x} = -ig - a\dot{x}/m$. Dabei ist m die Masse des Körpers und $a > 0$. Dies ist eine lineare Differenzialgleichung erster Ordnung $\dot{v} + av/m = -ig$. Man diskutiere die Lösungen (b a l l i s t i s c h e K u r v e n) unter ähnlichen Gesichtspunkten wie oben. (Bei komplizierteren Widerstandsgesetzen sind die ballistischen Kurven im Allgemeinen schwierig zu bestimmen; für ein Beispiel siehe Bd. 4, 8.C.4.)

21. (R a k e t e n f l u g) Eine Rakete fliege vertikal in die Höhe. Dann sind nach dem Newtonschen Grundgesetz die auf die Rakete wirkenden äußeren Kräfte F gleich der zeitlichen Impulsänderung. (Das einfache Gesetz „Kraft $=$ Masse$\times$Beschleunigung" ist nicht gültig, da sich die Masse zeitlich ändert.) Die Impulsänderung ist im Zeitintervall von t_1 nach t_2 gleich $m_2 v_2 - u(m_1 - m_2) - m_1 v_1$, wobei m_1, m_2 bzw. v_1, v_2 die Massen bzw. die Geschwindigkeiten zu den Zeitpunkten t_1 und t_2 sind und u die Geschwindigkeit der ausströmenden Gase, die als konstant angenommen werde. Es ist also

$$F = \lim_{t_2 \to t_1} \frac{m_2 v_2 - m_1 v_1 + u(m_2 - m_1)}{t_2 - t_1} = \dot{m}v + m\dot{v} + u\dot{m} = m\dot{v} + \dot{m}(v + u).$$

Die äußeren Kräfte sind die Schwerkraft und Reibungskräfte. Die Schwerkraft beträgt $-gR^2 m/x^2$ ($R = $ Erdradius), die Reibungskraft $-\alpha v^\beta$ (solange die Rakete steigt), α, $\beta > 0$.

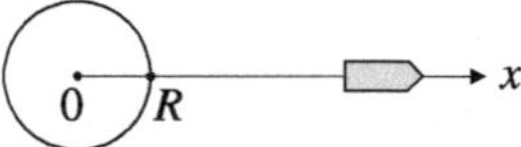

Wir erhalten also insgesamt die R a k e t e n g l e i c h u n g

$$\ddot{x} + \frac{\dot{m}}{m}\dot{x} + \frac{\alpha}{m}\dot{x}^\beta + \frac{\dot{m}}{m}u + \frac{gR^2}{x^2} = 0,$$

die im Allgemeinen nur numerisch zu lösen ist, worauf wir in Band 3 eingehen. Man betrachte folgende Vereinfachungen:

a) Die äußeren Kräfte werden ignoriert (Flug im Weltraum).

b) Die äußere Kraft ist gm mit konstantem g (keine Reibung und Flug in der Nähe der Erdoberfläche).

Für m mache man den Ansatz $m = m_0(1 - \varepsilon t/T)$, $0 \leq t \leq T$, wobei T die Brenndauer ist. Man betrachte auch Mehrstufenraketen und andere Brennpläne.

(In den Fällen a) und b) erhält man für $v = \dot{x}$ eine lineare Differenzialgleichung 1. Ordnung.)

22. In der Situation des Beispiels 19.C.4 (3) diskutiere man die Lösung $x = x(t)$ bei der Anfangsbedingung $v_0 = \dot{x}(t_0) < 0$. Ferner diskutiere man auch den Fall $E_0 \geq 0$. (Dies bedeutet, dass der Massenpunkt sich vom Gravitationszentrum immer mehr entfernt (falls $v_0 > 0$ ist).)

23. In der Situation von 19.C.4 (3) falle ein Körper aus der Höhe $R + h$, $h > 0$, auf die Höhe $R > 0$ mit der Anfangsgeschwindigkeit 0. Mit $g := a/mR^2$ und $\varepsilon := h/R$ gilt dann für die Fallzeit

$$t = \sqrt{\frac{h}{2g}} \sqrt{1 + \varepsilon} \left(1 + \left(\sqrt{\varepsilon} + \sqrt{\varepsilon^{-1}}\right) \arctan \sqrt{\varepsilon}\right)$$

$$= \sqrt{\frac{2h}{g}} \left(\sum_{n=0}^{\infty} \frac{(-1)^{n+1}}{4n^2 - 1} \varepsilon^n\right) \sum_{n=0}^{\infty} \binom{1/2}{n} \varepsilon^n = \sqrt{\frac{2h}{g}} \left(1 + \frac{5}{6}\varepsilon - \frac{1}{40}\varepsilon^2 + \frac{9}{560}\varepsilon^3 - \cdots\right).$$

(Es sei $0 \leq \varepsilon < 1$ bei den angegebenen Potenzreihen.) Die Endgeschwindigkeit ist

$$v = \sqrt{2gh}\,(1 + \varepsilon)^{-1/2} = \sqrt{2gh}\left(1 - \frac{1}{2}\varepsilon + \frac{3}{8}\varepsilon^2 - \frac{5}{16}\varepsilon^3 + \cdots\right).$$

24. Im Beispiel 19.C.4 (4) des ebenen Pendels gebe man die Bewegungsgleichung $\varphi(t)$ im Fall $E_0 = mg/l$ und im Fall $E_0 > mg/l$ an. Im letzten Fall berechne man auch die Dauer eines Pendelumlaufs.

25. Man gebe die Bewegungsgleichung $x(t)$ und die Periodendauer T für den Massenpunkt in Beispiel 19.C.4 an, wenn $f(x) = ax^3$, $a > 0$, ist, d.h. die Potenzialfunktion $ax^4/4$ ist. Dabei sei der maximale Ausschlag $x_1 > 0$ und ferner $t_0 = 0$, $x_0 = x(t_0) = 0$ und $v_0 = v(t_0) > 0$. (Man verwende elliptische Integrale und Funktionen, vgl. 17.C, Aufg. 2.) Man diskutiere auch den Fall $f(x) = Dx + \varepsilon x^3$ bzw. $f(x) = Dx + \varepsilon x^2$, $D > 0$, eines symmetrischen bzw. unsymmetrischen a n h a r m o n i s c h e n O s z i l l a t o r s, vgl. 19.C.4 (2). Um einen qualitativen Überblick zu gewinnen, betrachte man den Verlauf der Potenzialfunktionen $\frac{1}{2}Dx^2 + \frac{1}{4}\varepsilon x^4 = \frac{1}{2}x^2(D + \frac{1}{2}\varepsilon x^2)$ bzw. $\frac{1}{2}Dx^2 + \frac{1}{3}\varepsilon x^3 = \frac{1}{2}x^2(D + \frac{2}{3}\varepsilon x)$.

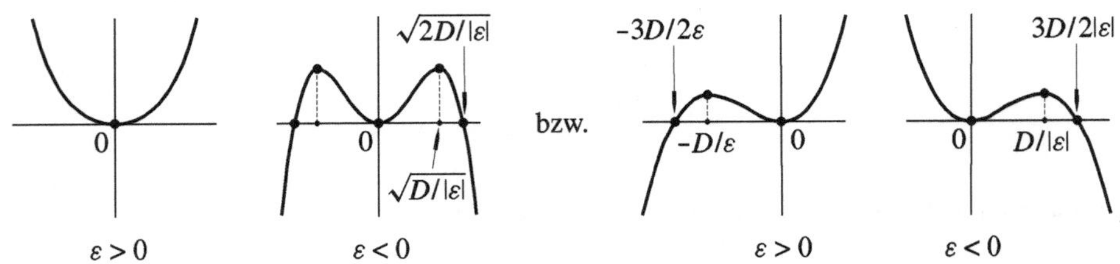

26. Man zeige, dass die Gleichung $m\ddot{x} = -\alpha(|x|)x/|x|$ aus Beispiel 19.C.5 für die Bewegung im Zentralfeld bei der Polarkoordinatendarstellung $x(t) = r(t)\big(\cos\varphi(t) + \mathrm{i}\sin\varphi(t)\big)$ von x äquivalent ist zu den Gleichungen

$$\ddot{r} - r\dot{\varphi}^2 + \frac{\alpha(r)}{m} = 0, \quad \ddot{\varphi} + \frac{2\dot{r}\dot{\varphi}}{r} = 0.$$

Mit dem aus der zweiten Gleichung folgenden Flächensatz $r^2\dot{\varphi} = 2c_0 = \text{const.}$ ergibt sich für r die Differenzialgleichung

$$\ddot{r} - \frac{4c_0^2}{r^3} + \frac{\alpha(r)}{m} = 0,$$

die die Gestalt $m\ddot{r} = -f(r)$ mit $f(r) := \alpha(r) - 4mc_0^2/r^3$ wie in Beispiel 19.C.4 hat. Bei $c_0 \neq 0$ ist φ eine streng monotone Funktion der Zeit. Dann kann man r und auch $s := 1/r$ als Funktion von φ betrachten. Bezeichnen wir die Ableitung nach φ mit $'$, so ist $\ddot{r} = (2\dot{s}^2 - \ddot{s}s)/s^3 = -4c_0^2 s^2 s''$ und man erhält für s die Differenzialgleichung

$$s'' + s - \frac{\alpha(1/s)}{4c_0^2 m s^2} = 0.$$

Diese vereinfacht sich bei $\alpha(1/s) = as^2$ zu $s'' + s = a/4c_0^2 m$, womit sich das Problem der Planetenbahnen in Beispiel 19.C.5 (2) übersichtlich lösen lässt. Man führe dies aus.

27. Man löse die Differenzialgleichung der Planetenbewegung in Beispiel 19.C.5 (2) für den hyperbolischen und parabolischen Fall. (Vgl. auch Aufg. 26.)

28. Man beschreibe die Bewegung eines Massenteilchens im abstoßenden Zentralfeld mit $\alpha(r) = -a/r^2$, $a > 0$, vgl. Beispiel 19.C.5. (Man beachte Aufg. 26. Die Bahnen sind Hyperbeläste. Wichtige Beispiele bilden die Coulomb-Kräfte.)

29. Man beschreibe die Bewegung eines Massenteilchens auf der Innenfläche eines kegelförmigen (lotrechten) Trichters mit dem Öffnungswinkel 2α, d.h. man betrachte Beispiel 19.C.5 (4) für $h(r) = r \cot\alpha$. Welche Linien sind die Geodätischen des Trichters?

30. In der Situation von Beispiel 19.C.5 (4) diskutiere man analog zu 19.C.5 (3) die Bahnen mit $r = r_0 = \text{const.}$ sowie die wenig davon abweichenden Bahnen. Insbesondere untersuche man beim sphärischen Pendel die Bahnen, die wenig von den Kreisbahnen $\vartheta = \vartheta_0 = \text{const.}$ abweichen.

31. Man zeige, dass das am Ende von Beispiel 19.C.4 (3) angegebene Alter der Welt $t_0 = H_0^{-1} \int_0^1 \sqrt{x/((1 - \sigma_0)x + \sigma_0)}\, dx$ als Funktion von σ_0 auf $\mathbb{C} - \mathbb{R}_-$ komplex-differenzierbar (und damit analytisch) ist, und gebe die Taylor-Reihe dieser Funktion im Punkt $\sigma_0 = 1$ an. (Vgl. 16.B.17. – Man skizziere den Graphen von $t_0 H_0$ als Funktion von $\sigma_0 \in \mathbb{R}_+^\times$.)

32. Seien a und b positive Konstanten. Man gebe die Differenzialgleichungen für die Geodätischen auf den folgenden Flächen an (vgl. das Ende von Beispiel 19.C.5 (4)):

a) $r(\vartheta) = a \cos \vartheta$, $h(\vartheta) = b \sin \vartheta$, $|\vartheta| \leq \pi/2$ (R o t a t i o n s e l l i p s o i d).

b) $r(\vartheta) = a \cosh \vartheta$, $h(\vartheta) = b \sinh \vartheta$ (R o t a t i o n s h y p e r b o l o i d).

c) $r(\vartheta) = b \sinh \vartheta$, $h(\vartheta) = a \cosh \vartheta$, $\vartheta \geq 0$ (R o t a t i o n s h y p e r b o l o i d).

d) $r(\vartheta) = R + a \cos \vartheta$, $h(\vartheta) = b \sin \vartheta$ $(R > a$ konstant$)$ (T o r u s).

Man versuche, die Differenzialgleichungen zu lösen (mit Hilfe elliptischer Integrale und Funktionen), und verschaffe sich mit dem Satz von Clairaut einen qualitativen Überblick über die Geodätischen. In den Fällen a), b), d) betrachte man die Geodätischen, die in einem Punkt des Äquators $\vartheta = \vartheta_0 = 0$ beginnen, und mit diesem einen Winkel α_0 einschließen, wobei man α_0 von 0 bis $\pi/2$ wandern lässt. Bei b) bzw. d) spielen die Winkel $\alpha_0 = \arccos\left(a/\sqrt{a^2 + b^2}\right)$ bzw. $\alpha_0 = \arccos\left((R-a)/(R+a)\right)$ eine ausgezeichnete Rolle, nämlich welche? Für kleine α_0 vgl. man Beispiel 19.C.5 (3). Im Fall b) gebe man in Abhängigkeit von $\alpha_0 \in\,]0, \pi/2[$ an, wie oft die Geodätische die Drehachse umwindet, d.h. man bestimme $\lim_{t \to \infty}(\varphi(t) - \varphi_0)/2\pi$. Bei a) studiere man den Grenzübergang $b \to 0$. Man fertige Modelle der angegebenen Flächen an und zeichne exemplarisch Geodätische ein.

33. Man löse die in Beispiel 19.C.6 zuletzt angegebene Differenzialgleichung. Unter welchen Voraussetzungen und nach welcher Zeit erreicht der Verfolger den verfolgten Punkt? Man diskutiere insbesondere den Fall, dass Verfolger und Verfolgter die gleiche Schnelligkeit haben. (In diesem Fall ist der Grenzabstand für $t \to \infty$ gleich $(a + \sqrt{a^2 + b^2})/2 > 0$ (auch bei $a < 0$).)

34. (T r a k t r i x) Die Endpunkte P und Q eines Stabes der Länge b befinden sich zum Zeitpunkt $t_0 = 0$ in den Punkten $x_0 = 0$ bzw. $y_0 = ib$ der komplexen Zahlenebene. Das Ende Q werde (mit konstanter Schnelligkeit $c_0 > 0$) parallel zur reellen Achse gezogen, so dass sich Q zum Zeitpunkt t im Punkt $y(t) = c_0 t + ib$ befindet. Man bestimme die Bahn $x(t)$, $t \geq 0$, des anderen Stabendes P. (Die entstehende Kurve heißt T r a k t r i x oder Z i e h k u r v e . – Die Geschwindigkeit $\dot{x}(t)$ ist stets parallel zur Stabrichtung $y(t) - x(t)$. Man vgl. auch Beispiel 19.C.6.)

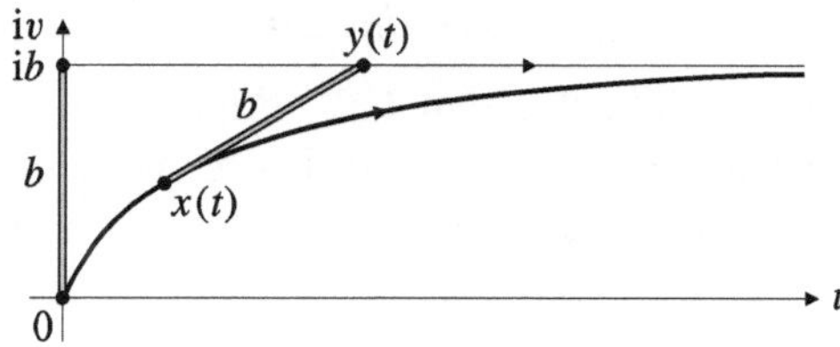

35. Zum Zeitpunkt $t = 0$ befinden sich vier Teilchen A_0, A_1, A_2, A_3 in den Punkten $1, i,$ $-1, -i$. Zu jedem Zeitpunkt $t \geq 0$ bewegt sich A_0 auf A_1 zu, A_1 auf A_2, A_2 auf A_3 und A_3

auf A_0, und zwar so, dass ihre Geschwindigkeiten dem Betrag nach alle gleich und konstant sind. Man beschreibe die Kurve, auf der sich A_0 bewegt. Wann erreicht A_0 den Ursprung? (Zur Zeit t befindet sich A_1 aus Symmetriegründen im Punkt ix, wenn A_0 sich in x befindet.) Man löse das analoge Problem für $n \geq 3$ Teilchen. Die Bahnen sind logarithmische Spiralen mit Pol 0, die sich generell als diejenigen differenzierbaren Kurven in $\mathbb{C}^\times$ charakterisieren lassen, die sich in jedem Punkt mit dem Strahl vom Nullpunkt aus unter einem konstanten Winkel schneiden, für die also $(\dot\gamma/\gamma)/(|\dot\gamma/\gamma|)$ konstant ist. – Als weitere Variante betrachte man n Massenpunkte gleicher Masse $m > 0$ in den Anfangslagen $ae^{2\pi i k/n}$ mit den Anfangsgeschwindigkeiten $ve^{2\pi i k/n}$, $k = 0, \ldots, n-1$ ($a \in \mathbb{R}_+^\times$, $v \in \mathbb{C}$, $n \geq 2$), die sich unter dem Einfluss der Schwerkraft bewegen. (Die Bahnen sind Kegelschnitte, vgl. Beispiel 19.C.5 (2). – Die letzte Aufgabe ist der Zeitschrift Omega, Spektrum der Wissenschaft Spezial **4**, 52–53 (2003) entnommen.)

19.D Lineare Differenzialgleichungen mit konstanten Koeffizienten

Seien $I \subseteq \mathbb{R}$ ein Intervall und $a_0, \ldots, a_{n-1}$ bzw. g stetige Funktionen auf I mit Werten in $\mathbb{K}$. Diese definieren die lineare Differenzialgleichung n-ter Ordnung

$$y^{(n)} + a_{n-1} y^{(n-1)} + \cdots + a_0 y = g\,.$$

Gesucht sind als Lösungen alle die n-mal (notwendigerweise stetig) differenzierbaren Funktionen $y : I \to \mathbb{K}$, die diese Gleichung erfüllen. g heißt die Störfunktion. Ist diese identisch 0, so heißt die Differenzialgleichung homogen. Sind y_1 und y_2 zwei Lösungen obiger Differenzialgleichung, so ist die Differenz $y_1 - y_2$ eine Lösung der zugehörigen homogenen Differentialgleichung

$$y^{(n)} + a_{n-1} y^{(n-1)} + \cdots + a_0 y = 0\,.$$

Insbesondere erhält man alle Lösungen einer linearen Differenzialgleichung, indem man zu einer speziellen Lösung die Lösungen der zugehörigen homogenen Differenzialgleichung addiert. Allgemeiner gilt das folgende Superpositionsprinzip: Sind y_1 und y_2 Lösungen zu den Störfunktionen g_1 bzw. g_2 (bei unveränderter linker Seite der Differenzialgleichung), so ist $c_1 y_1 + c_2 y_2$ eine Lösung zur Störfunktion $c_1 g_1 + c_2 g_2$, wobei c_1 und c_2 beliebige Konstanten sind. Für $g_1 = g_2 = 0$ ergibt sich: *Mit y_1 und y_2 ist auch $c_1 y_1 + c_2 y_2$ eine Lösung der homogenen Gleichung.*

In diesem Abschnitt behandeln wir den Fall, *dass die Funktionen $a_0, \ldots, a_{n-1}$ konstant sind.* Für den allgemeinen Fall vgl. Bd. 2, wo auch lineare Differenzialgleichungs*systeme* behandelt werden und einige Beweise mit Mitteln der Linearen Algebra übersichtlicher geführt werden.

19.D.1 Beispiel Bei $n = 1$ handelt es sich um die Differenzialgleichung

$$\dot y - \lambda y = g$$

mit $\lambda \in \mathbb{K}$ und $g \in C^0_{\mathbb{K}}(I)$. Nach 19.B.1 besitzt sie bei vorgegebener Anfangsbedingung $y(t_0) = y_0 \in \mathbb{K}$, $t_0 \in I$, genau eine Lösung. Diese wird durch die Gleichung

$$y(t) = y_0 e^{\lambda(t-t_0)} + \int_{t_0}^{t} g(\tau)\, e^{\lambda(t-\tau)}\, d\tau$$

gegeben. Die Lösungen der homogenen Gleichung $y' - \lambda y = 0$ sind genau die Funktionen $ce^{\lambda t}$ mit $c \in \mathbb{K}$. Bei $\mathbb{K} = \mathbb{C}$, $\lambda \in \mathbb{C} - \mathbb{R}$ und $c \neq 0$ handelt es sich um logarithmische Spiralen.

Eine beliebige lineare Differenzialgleichung n-ter Ordnung

$$y^{(n)} + a_{n-1} y^{(n-1)} + \cdots + a_0 y = g$$

mit konstanten Koeffizienten $a_0, \ldots, a_{n-1}$ schreiben wir kurz in der Form

$$P(D)y = g\,,$$

wobei $P(D) = D^n + a_{n-1} D^{n-1} + \cdots + a_0$ der Differenzialoperator

$$P(D)\colon y \mapsto y^{(n)} + a_{n-1} y^{(n-1)} + \cdots + a_0 y = D^n y + a_{n-1} D^{n-1} y + \cdots + a_0 y$$

ist. D ist dabei der Differenziationsoperator, der jeder differenzierbaren Funktion y ihre Ableitung $Dy = \dot{y}$ zuordnet. Das zugehörige normierte Polynom

$$P(x) = x^n + a_{n-1} x^{n-1} + \cdots + a_0 \in \mathbb{K}[x]$$

heißt das **charakteristische Polynom** der betrachteten Differenzialgleichung. Sind P und Q zwei Polynome in $\mathbb{K}[x]$, so ist die Komposition der Differenzialoperatoren $P(D)$ und $Q(D)$ (gleichgültig in welcher Reihenfolge) offenbar gleich dem Differenzialoperator $(PQ)(D)$, der zum Produkt PQ der Polynome P und Q gehört.

Wir betrachten den Fall $\mathbb{K} = \mathbb{C}$. Nach dem Fundamentalsatz der Algebra zerfällt das charakteristische Polynom $P(x)$ in Linearfaktoren

$$P(x) = (x - \lambda_1)(x - \lambda_2) \cdots (x - \lambda_n)$$

mit $\lambda_1, \ldots, \lambda_n \in \mathbb{C}$. Man nennt die Nullstellen $\lambda_1, \ldots, \lambda_n$ des charakteristischen Polynoms die **charakteristischen Werte** der betrachteten Differenzialgleichung. Der Differenzialoperator $P(D)$ ist dann die Komposition der Differenzialoperatoren $D - \lambda_i$, $i = 1, \ldots, n$ (wobei die Reihenfolge, in der diese einzelnen Operatoren angewandt werden, keine Rolle spielt):

$$P(D) = (D - \lambda_1) \circ (D - \lambda_2) \circ \cdots \circ (D - \lambda_n)\,.$$

Die Lösung der Differenzialgleichung $P(D)y = g$ ist damit zurückgeführt auf das sukzessive Lösen von n Differenzialgleichungen erster Ordnung des im Beispiel 19.D.1 angegebenen Typs. Auf diese Weise erhalten wir:

19.D.2 Satz *Seien $P = x^n + \cdots + a_1 x + a_0 \in \mathbb{K}[x]$ ein normiertes Polynom des Grades n und $g : I \to \mathbb{K}$ eine stetige Funktion auf dem Intervall $I \subseteq \mathbb{R}$. Ferner sei $t_0 \in I$. Dann hat die Differenzialgleichung*

$$P(D)y = y^{(n)} + \cdots + a_1 \dot{y} + a_0 y = g$$

genau eine Lösung $y \in \mathrm{C}_{\mathbb{K}}^n(I)$, die den Anfangsbedingungen

$$y(t_0) = w^{(0)}, \ldots, y^{(n-1)}(t_0) = w^{(n-1)}$$

genügt, wobei $w^{(0)}, \ldots, w^{(n-1)} \in \mathbb{K}$ beliebig vorgegebene Werte sind.

B e w e i s . Sei zunächst $\mathbb{K} = \mathbb{C}$ und $P = (x - \lambda_1) \cdots (x - \lambda_n)$, $\lambda_1, \ldots, \lambda_n \in \mathbb{C}$. Zum Beweis der Eindeutigkeit betrachten wir eine Lösung $y \in \mathrm{C}^n(I)$ der Differenzialgleichung $P(D)y = g$ und setzen für $k = 0, \ldots, n$

$$Q_k := (x - \lambda_{k+1}) \cdots (x - \lambda_n), \quad y_k := Q_k(D)y \in \mathrm{C}^k(I).$$

Damit ist $y_0 = P(D)y = g$ und $y_n = Q_n(D)y = y$. Für $k \in \{0, \ldots, n-1\}$ erfüllt y_{k+1} die lineare Differenzialgleichung erster Ordnung $(D - \lambda_{k+1})y_{k+1} = Q_k(D)y = y_k$, d.h.

$$\dot{y}_{k+1} = \lambda_{k+1} y_{k+1} + y_k \, ,$$

wobei der Anfangswert $y_{k+1}(t_0)$ sich eindeutig aus den vorgegebenen Anfangs-werten $w^{(0)}, \ldots, w^{(n-1)}$ ergibt: Bestimmt man Werte $w_k^{(v)}$ der Reihe nach für $k = n$, $k = n - 1, \ldots, k = 1$ und jeweils alle v mit $0 \leq v \leq k - 1$ durch $w_n^{(v)} := w^{(v)}$ und bei $k < n$ durch

$$w_k^{(v)} := w_{k+1}^{(v+1)} - \lambda_{k+1} w_{k+1}^{(v)} \, ,$$

so ist notwendigerweise $y_{k+1}(t_0) = w_{k+1}^{(0)}$ für $k = 0, \ldots, n - 1$. Nach Beispiel 19.D.1 sind dann die y_k und insbesondere $y = y_n$ durch das gegebene Anfangs-wertproblem eindeutig bestimmt.

Ist umgekehrt $y_0 := g$ und werden die y_{k+1} für $k = 0, \ldots, n - 1$ der Reihe nach als Lösungen der Differenzialgleichungen $\dot{y}_{k+1} = \lambda_{k+1} y_{k+1} + y_k$ mit den soeben bestimmten Anfangswerten $y_{k+1}(t_0) := w_{k+1}^{(0)}$ definiert, so ist $y := y_n$ eine Lösung des vorgegebenen Anfangswertproblems.

Ist $\mathbb{K} = \mathbb{R}$, so fassen wir die Differenzialgleichung zunächst über $\mathbb{C}$ auf. Sie hat dann nach dem Bewiesenen eine eindeutig bestimmte Lösung y. Da aber der Realteil $\mathrm{Re}\, y$ von y ebenfalls diese Differenzialgleichung mit denselben (reellen) Anfangsbedingungen löst, ist $y = \mathrm{Re}\, y$ selbst reell. $\bullet$

Der obige Beweis ist konstruktiv und liefert die Lösungen der Differenzialglei-chung $P(D)y = g$ mit n Quadraturen, falls die Zerlegung des Polynoms P in Linearfaktoren bekannt ist. Bevor wir auf konkrete Methoden eingehen, die es in vielen Fällen gestatten, die Lösungen sehr einfach zu gewinnen, behandeln wir kurz ein Verfahren, dass es bei beliebigem stetigen g gestattet, die Lösung mit einer einzigen Quadratur darzustellen.

Dazu sei $P = (x - \lambda_1) \cdots (x - \lambda_n)$ mit $\lambda_1, \ldots, \lambda_n \in \mathbb{C}$, und wir definieren $P_k := (x - \lambda_1) \cdots (x - \lambda_k) = \sum_{j=0}^{k} a_{jk} x^j$ für $k = 0, \ldots, n$. Die eindeutig bestimmte Lösung G der homogenen Gleichung $P(D)y = 0$ mit $G^{(\nu)}(0) = 0$ für $\nu = 0, \ldots, n - 2$ und $G^{(n-1)}(0) = 1$ heißt die G r e e n s c h e   F u n k t i o n der Differenzialgleichung $P(D)y = g$ und hängt nur von P ab. Sie lässt sich mit dem Verfahren aus dem Beweis von 19.D.2 auch leicht rekursiv bestimmen:

Setzen wir nämlich $w^{(0)} = \cdots = w^{(n-2)} = 0$ und $w^{(n-1)} = 1$, so ergibt sich dort $w_k^{(\nu)} = 0$ für $0 \leq \nu \leq k - 1$ und $w_k^{(k-1)} = 1$. Ist nun G_{k+1} die Lösung von $\dot{y}_{k+1} = \lambda_{k+1} y_{k+1} + y_k$ mit $G_{k+1}(0) = w_{k+1}^{(0)}$ (wobei $y_0 = 0$ sei), so erhält man $G_1(t) = \exp(\lambda_1 t)$ und

$$\dot{G}_{k+1} = \lambda_{k+1} G_{k+1} + G_k , \quad G_{k+1}(0) = 0$$

für $k = 1, \ldots, n - 1$. Außerdem ist für diese k

$$P_{k+1}(D)G_{k+1} = P_k(D)(D - \lambda_{k+1})G_{k+1} = P_k(D)G_k = \cdots = P_1(D)G_1 = 0$$

mit $G_{k+1}^{(\nu)}(0) = w_{k+1}^{(\nu)} = 0$ für $0 \leq \nu < k$ und $G_{k+1}^{(k)}(0) = w_{k+1}^{(k)} = 1$. *Insbesondere ist also G_k die Greensche Funktion der Differenzialgleichung $P_k(D)y = 0$ für $k = 1, \ldots, n$, und speziell ist $G = G_n$.* Wegen

$$P(D)G_k = (D - \lambda_{k+1}) \cdots (D - \lambda_n) P_k(D)G_k = 0 ,$$

$k = 1, \ldots, n$, sind $G_1, \ldots, G_n$ überdies Lösungen der homogenen Differenzialgleichung $P(D)y = 0$. Mit den eingeführten Bezeichnungen beweisen wir nun:

19.D.3 Satz *Sei $g : I \to \mathbb{C}$ eine stetige Funktion. Dann sind die Funktionen*

$$y = c_1 G_1(t - t_0) + \cdots + c_n G_n(t - t_0) + \int_{t_0}^{t} g(\tau) G(t - \tau) \, d\tau ,$$

$c_1, \ldots, c_n \in \mathbb{C}$, genau die Lösungen der Differenzialgleichung

$$P_n(D)y = g .$$

Die Koeffizienten $c_1, \ldots, c_n$ sind dabei durch die Lösung y eindeutig bestimmt. Die Lösung, die den Anfangsbedingungen $y^{(0)}(t_0) = v^{(0)}, \ldots, y^{(n-1)}(t_0) = v^{(n-1)}$ genügt, erhält man, wenn man $c_k = \big(P_{k-1}(D)y\big)(t_0) = \sum_{j=0}^{k-1} a_{j,k-1} v^{(j)}$ setzt.

B e w e i s . Wir zeigen zunächst die Eindeutigkeit der Koeffizienten $c_1, \ldots, c_n$ und nehmen dazu an, die Lösung y besitze eine weitere Darstellung der angegebenen Art mit Koeffizienten $c_1', \ldots, c_n'$. Ist $c_1 = c_1', \ldots, c_k = c_k'$, so gilt

$$(c_{k+1} - c_{k+1}')G_{k+1}(t - t_0) + \cdots + (c_n - c_n')G_n(t - t_0) = 0 .$$

Differenziert man diese Gleichung k-mal und setzt dann $t = t_0$, so ergibt sich wegen $G_{k+2}^{(k)}(0) = \cdots = G_n^{(k)}(0) = 0$ und $G_{k+1}^{(k)} = 1$ auch $c_{k+1} = c_{k+1}'$.

Die Existenz der angegebenen Darstellung folgt wegen $P_n(D)y = P(D)y = g$ aus dem nachfolgenden Lemma, das die (dem Fall $\lambda_1 = \cdots = \lambda_n = 0$ entsprechende) Taylor-Formel 18.A.2 verallgemeinert. •

19.D.4 Lemma *Für eine n-mal stetig differenzierbare Funktion* $y : I \to \mathbb{C}$ *und* $t_0, t \in I$ *gilt*

$$y(t) = \sum_{k=1}^{n} (P_{k-1}(D)y)(t_0) \cdot G_k(t - t_0) + \int_{t_0}^{t} \big(P_n(D)y\big)(\tau) \cdot G_n(t - \tau)\, d\tau .$$

B e w e i s durch Induktion über n. Der Fall $n = 1$ lautet

$$y(t) = y(t_0)e^{\lambda_1 (t-t_0)} + \int_{t_0}^{t} \big(\dot{y}(\tau) - \lambda_1 y(\tau)\big)\, e^{\lambda_1(t-\tau)}\, d\tau .$$

Dies ist Beispiel 19.D.1. Beim Schluss von n auf $n + 1$ betrachten wir bei festem t die Ableitung der Funktion $\tau \mapsto \big(P_n(D)y\big)(\tau) \cdot G_{n+1}(t - \tau)$.

Diese Ableitung ist wegen $\dot{G}_{n+1} = \lambda_{n+1} G_{n+1} + G_n$ gleich

$$\big(DP_n(D)y\big)(\tau) \cdot G_{n+1}(t - \tau) - \big(P_n(D)y\big)(\tau) \cdot \dot{G}_{n+1}(t - \tau)$$

$$= \big((D - \lambda_{n+1})P_n(D)y\big)(\tau) \cdot G_{n+1}(t - \tau) - \big(P_n(D)y\big)(\tau) \cdot G_n(t - \tau)$$

$$= \big(P_{n+1}(D)y\big)(\tau) \cdot G_{n+1}(t - \tau) - \big(P_n(D)y\big)(\tau) \cdot G_n(t - \tau) .$$

Es folgt

$$\int_{t_0}^{t} \big(P_n(D)y\big)(\tau) \cdot G_n(t - \tau)\, d\tau =$$

$$= -\big(P_n(D)y\big)(\tau) \cdot G_{n+1}(t - \tau)\, \Big|_{t_0}^{t} + \int_{t_0}^{t} \big(P_{n+1}(D)y\big)(\tau) \cdot G_{n+1}(t - \tau)\, d\tau .$$

Setzt man dies in der Induktionsvoraussetzung ein, so ergibt sich wegen $G_{n+1}(0) = 0$ die Behauptung.   ●

Für $g = 0$ liefert 19.D.3, dass die Funktionen $G_1, \dots, G_n$ eine Basis des Vektorraums der Lösungen von $P(D)y = g$ im Sinne der Linearen Algebra bilden, vgl. dazu Bd. 2. Jede solche Basis heißt ein L ö s u n g s f u n d a m e n t a l s y s t e m der Differenzialgleichung. Es handelt sich dabei also um Systeme $y_1, \dots, y_n$ von Lösungen von $P(D)y = 0$ derart, dass jede Lösung y dieser Differenzialgleichung in der Form $y = c_1 y_1 + \cdots + c_n y_n$ mit eindeutig bestimmten Konstanten $c_1, \dots, c_n$ darstellbar ist. Lösungsfundamentalsysteme können auch leicht direkt angegeben werden. Der entscheidende Hilfssatz dazu ist:

19.D.5 Lemma *Seien* $\lambda, \mu \in \mathbb{C}$ *und* $f \in \mathbb{C}[t]$ *ein Polynom vom Grade m. Dann hat die Gleichung*

$$(D - \lambda)y = \dot{y} - \lambda y = f(t)e^{\mu t}$$

eine Lösung der Form $h(t)e^{\mu t}$, *wobei* $h \in \mathbb{C}[t]$ *bei* $\lambda \neq \mu$ *ein Polynom vom Grad m und bei* $\lambda = \mu$ *ein Polynom vom Grad m + 1 ist. Das Polynom h ist bei* $\lambda \neq \mu$ *eindeutig bestimmt und bei* $\lambda = \mu$ *eindeutig bis auf den konstanten Term.*

B e w e i s . Sei $y(t) := h(t)e^{\mu t}$ mit einem Polynom $h(t) = \sum_{j=0}^{m+1} a_j t^j \in \mathbb{C}[t]$ und sei $f(t) = \sum_{j=0}^{m} b_j t^j$. Dann ist

$$\dot{y} - \lambda y = \left(\dot{h} + (\mu - \lambda)h\right)e^{\mu t} .$$

Genau dann handelt es sich bei $y(t)$ um eine Lösung von $\dot{y} - \lambda y = f(t)e^{\mu t}$, wenn $\dot{h} + (\mu - \lambda)h = f$, d.h.

$$\sum_{j=0}^{m} \left((j+1)a_{j+1} + (\mu - \lambda)a_j\right) t^j + (\mu - \lambda)\, a_{m+1} t^{m+1} = \sum_{j=0}^{m} b_j t^j$$

gilt. Bei $\mu = \lambda$ heißt dies, dass a_0 beliebig und $a_{j+1} = \frac{1}{j+1} b_j$ für $j = 1, \dots, m$ ist. Bei $\mu \neq \lambda$ gilt die Gleichung genau dann, wenn $a_{m+1} = 0$ ist sowie $a_j = \left(b_j - (j+1)a_{j+1}\right)/(\mu - \lambda)$ für $j = 0, \dots, m$. Dies liefert die Behauptung.   ●

19.D.6 Satz *Sei $P = (x - \lambda_1)^{n_1} \cdots (x - \lambda_r)^{n_r}$ mit $\lambda_1, \dots, \lambda_r \in \mathbb{C}$ und $\lambda_i \neq \lambda_j$ für $i \neq j$. Dann hat jede Lösung der homogenen Differenzialgleichung $P(D)y = 0$ die Gestalt*

$$f_1(t)e^{\lambda_1 t} + \cdots + f_r(t)e^{\lambda_r t}$$

mit eindeutig bestimmten Polynomen $f_\rho \in \mathbb{C}[t]$ vom Grade $< n_\rho$, $\rho = 1, \dots, r$. Die Funktionen

$$e^{\lambda_1 t}, \dots, t^{n_1 - 1}e^{\lambda_1 t}, \dots, e^{\lambda_r t}, \dots, t^{n_r - 1}e^{\lambda_r t}$$

bilden demgemäß ein Lösungsfundamentalsystem der Gleichung $P(D)y = 0$.

B e w e i s . Durch Induktion über $n := \operatorname{Grad} P$ zeigen wir zunächst, dass die angegebenen Funktionen genau alle Lösungen der Gleichung $P(D)y = 0$ sind. Für $n = 1$ ist das trivial. Bei $n > 1$ sei ohne Einschränkung $n_1 > 0$. Wir wenden dann die Induktionsvoraussetzung auf die Gleichung $Q(D)z = 0$ mit $Q := P/(x - \lambda_1)$ an.

Sei y eine Lösung von $P(D)y = 0$. Wegen $Q(D)z = Q(D)(D - \lambda_1)y = P(D)y = 0$ ist $z := \dot{y} - \lambda_1 y$ nach Induktionsvoraussetzung von der Form

$$z(t) = g_1(t)e^{\lambda_1 t} + \cdots + g_n(t)e^{\lambda_n t}$$

mit Polynomen g_ρ vom Grad $< n_1 - 1$ für $\rho = 1$ und vom Grad $< n_\rho$ für $\rho \geq 2$. Nach 19.D.5 hat dann $\dot{u} - \lambda_1 u = g_\rho e^{\lambda_\rho t}$ eine Lösung der Form $u(t) = f_\rho(t)e^{\lambda_\rho t}$ mit Grad $f_\rho < n_\rho$, woraus man durch Superposition eine Lösung der im Satz angegebenen Form für $\dot{y} - \lambda_1 y = z$ gewinnt. Da Lösungen dieser Differenzialgleichung sich nur um eine Lösung $ce^{\lambda_1 t}$ der zugehörigen homogenen Gleichung unterscheiden, muss dann auch $y(t)$ von der angegebenen Form sein.

Sei umgekehrt $y = f_1(t)e^{\lambda_1 t} + \cdots + f_n(t)e^{\lambda_n t}$ mit Polynomfunktionen $f_\rho(t)$ vom Grad $< n_\rho$. Dann ist $z(t) = (D - \lambda_1)y(t)$ wegen $(D - \lambda_1)(f_\rho(t)e^{\lambda_\rho t}) = g_\rho(t)e^{\lambda_\rho t}$ mit den Polynomen $g_1 := \dot{f}_1$ (vom Grad $< n_1 - 1$) und $g_\rho = \dot{f}_\rho + (\lambda_\rho - \lambda_1)f_\rho$ (vom

Grad $< n_\rho$), $\rho \geq 2$, nach Induktionsvoraussetzung eine Lösung von $Q(D)z = 0$. Daraus folgt sofort $P(D)y = Q(D)z = 0$.

Schließlich haben wir noch zu zeigen, dass die f_ρ in obiger Darstellung durch y eindeutig bestimmt sind. Nach Induktionsvoraussetzung sind jedoch $g_1, \ldots, g_n$ durch z und damit durch y eindeutig bestimmt. Die Eindeutigkeitsaussage in 19.D.5 liefert zunächst, dass $f_2, \ldots, f_n$ eindeutig und f_1 bis auf eine Konstante eindeutig durch y bestimmt sind. Dann ist aber auch f_1 eindeutig.   •

Ebenfalls aus 19.D.5 folgt direkt:

19.D.7 Satz *Sei $P = (x - \lambda_1)^{n_1} \cdots (x - \lambda_r)^{n_r}$ mit $\lambda_1, \ldots, \lambda_r \in \mathbb{C}$ und $\lambda_i \neq \lambda_j$ für $i \neq j$. Ferner seien $\mu \in \mathbb{C}$ und $f \in \mathbb{C}[t]$ ein Polynom vom Grade m. Dann hat die Differenzialgleichung $P(D)y = f(t)e^{\mu t}$ eine Lösung der Gestalt $y = h(t)e^{\mu t}$ mit einem Polynom $h \in \mathbb{C}[t]$ vom Grade m, falls $\mu \notin \{\lambda_1, \ldots, \lambda_r\}$ gilt, und mit einem Polynom $h \in \mathbb{C}[t]$ vom Grade $m + n_\rho$, falls $\mu = \lambda_\rho$ ist.*

Funktionen der Gestalt

$$f_1(t)e^{\lambda_1 t} + \cdots + f_r(t)e^{\lambda_r t}$$

mit Polynomen $f_1, \ldots, f_r \in \mathbb{C}[t]$ und Konstanten $\lambda_1, \ldots, \lambda_r \in \mathbb{C}$ heißen Q u a s i - p o l y n o m e , die Funktionen $f(t)e^{\lambda t}$, $f \in \mathbb{C}[t]$, insbesondere die Quasipolynome zum charakteristischen Wert λ. Summen und Produkte von Quasipolynomen sind wieder Quasipolynome. Nach 19.D.6 sind die Quasipolynome genau die Lösungen der homogenen Differenzialgleichungen $P(D)y = 0$, $P \in \mathbb{C}[x]$, $P \neq 0$. *Nach 19.D.7 ist überdies jede Lösung einer inhomogenen Gleichung $P(D)y = g$ mit $P \in \mathbb{C}[x]$ ein Quasipolynom, falls die Störfunktion g ein Quasipolynom ist.*

Man löst eine inhomogene Gleichung $P(D)y = g$ häufig so, dass man zunächst eine beliebige spezielle Lösung dieser Gleichung sucht und dann durch Addition einer Lösung der homogenen Gleichung $P(D)y = 0$, d.h. durch Addition eines Quasipolynoms, die geforderten Anfangsbedingungen erfüllt.

Hat in 19.D.6 das Polynom P reelle Koeffizienten, so möchte man sämtliche reellen Lösungen von $P(D)y = 0$ kennen, auch dann, wenn einige der Nullstellen $\lambda_1, \ldots, \lambda_r$ nicht reell sind. Mit jeder nichtreellen Nullstelle λ von P tritt auch die konjugiert-komplexe Nullstelle $\overline{\lambda}$ auf, und zwar mit derselben Vielfachheit wie λ. Ist $\lambda = a + ib$, $a, b \in \mathbb{R}$, $b \neq 0$, so ist

$$e^{\lambda t} = e^{at}\left(\cos bt + i\sin bt\right), \quad e^{\overline{\lambda} t} = e^{at}\left(\cos bt - i\sin bt\right),$$

$$e^{at}\cos bt = \frac{1}{2}(e^{\lambda t} + e^{\overline{\lambda} t}), \quad e^{at}\sin bt = \frac{1}{2i}(e^{\lambda t} - e^{\overline{\lambda} t})$$

und 19.D.6 ergibt:

19.D.8 Satz *Sei $P = (x - \lambda_1)^{n_1} \cdots (x - \lambda_r)^{n_r} q_1^{m_1} \cdots q_s^{m_s}$ ein reelles Polynom mit den paarweise verschiedenen reellen Nullstellen $\lambda_1, \ldots, \lambda_r$ und den quadratischen reellen Faktoren $q_1, \ldots, q_s$, deren nichtreelle Nullstellen $a_1 \pm ib_1, \ldots, a_s \pm ib_s$*

ebenfalls paarweise verschieden seien. Dann hat jede reelle Lösung der homogenen Differenzialgleichung $P(D)y = 0$ die Gestalt

$$f_1(t)\, e^{\lambda_1 t} + \cdots + f_r(t)\, e^{\lambda_r t} + g_1(t)\, e^{a_1 t} \cos b_1 t + \cdots + g_s(t)\, e^{a_s t} \cos b_s t$$
$$+\, h_1(t)\, e^{a_1 t} \sin b_1 t + \cdots + h_s(t)\, e^{a_s t} \sin b_s t$$

mit reellen Polynomen f_ρ vom Grade $< n_\rho$, $\rho = 1,\ldots,r$, und reellen Polynomen g_σ, h_σ vom Grade $< m_\sigma$, $\sigma = 1,\ldots,s$. Sämtliche komplexen Lösungen gewinnt man, wenn für die $f_\rho, g_\sigma, h_\sigma$ komplexe Polynome (mit denselben Gradbeschränkungen) zugelassen werden.

19.D.9 Beispiel Wir betrachten die Differenzialgleichung

$$y^{(4)} + 4\ddot{y} + 4y = 0\,.$$

Es ist $P = x^4 + 4x^2 + 4 = (x^2+2)^2 = (x + \mathrm{i}\sqrt{2})^2(x - \mathrm{i}\sqrt{2})^2$ mit den Nullstellen $\lambda_1 := -\mathrm{i}\sqrt{2}$ und $\lambda_2 := \mathrm{i}\sqrt{2}$, jeweils mit der Vielfachheit 2. Für die komplexwertigen Lösungen bilden nach 19.D.6 die Funktionen

$$e^{-\mathrm{i}\sqrt{2}t}\,,\quad t\,e^{-\mathrm{i}\sqrt{2}t}\,,\quad e^{\mathrm{i}\sqrt{2}t}\,,\quad t\,e^{\mathrm{i}\sqrt{2}t}$$

ein Lösungsfundamentalsystem, für die reellwertigen Lösungen nach 19.D.8 die Funktionen

$$\cos\sqrt{2}\,t\,,\quad \sin\sqrt{2}\,t\,,\quad t\cos\sqrt{2}\,t\,,\quad t\sin\sqrt{2}\,t\,.$$

19.D.10 Beispiel Um die Differenzialgleichung

$$y^{(3)} - 3\dot{y} + 2y = 2\sin t$$

zu lösen, betrachten wir zunächst die zugehörige homogene Gleichung

$$y^{(3)} - 3\dot{y} + 2y = 0\,.$$

Das charakteristische Polynom ist $P = x^3 - 3x + 2 = (x-1)^2(x+2)$ mit den Nullstellen $\lambda_1 = 1$ (Vielfachheit 2) und $\lambda_2 = -2$ (Vielfachheit 1). Nach 19.D.6 ist

$$e^t\,,\quad t\,e^t\,,\quad e^{-2t}$$

ein Lösungsfundamentalsystem. Ferner ist $2\sin t = (e^{\mathrm{i}t} - e^{-\mathrm{i}t})/\mathrm{i}$ ein Quasipolynom. Die Lösungen der Ausgangsgleichung sind daher ebenfalls Quasipolynome. Wegen $P(\mathrm{i}) = 2 - 4\mathrm{i} \neq 0$ und $P(-\mathrm{i}) = 2 + 4\mathrm{i} \neq 0$ ist

$$\frac{1}{\mathrm{i}}\left(\frac{e^{\mathrm{i}t}}{2 - 4\mathrm{i}} - \frac{e^{-\mathrm{i}t}}{2 + 4\mathrm{i}}\right) = 2\,\mathrm{Im}\left(\frac{e^{\mathrm{i}t}}{2 - 4\mathrm{i}}\right) = \frac{2}{5}\cos t + \frac{1}{5}\sin t$$

eine spezielle Lösung der Gleichung $P(D)y = 2\sin t$ (vgl. Aufg. 3) und

$$y = \frac{2}{5}\cos t + \frac{1}{5}\sin t + c_1 e^t + c_2 t e^t + c_3 e^{-2t}\,,$$

$c_1, c_2, c_3 \in \mathbb{K}$, die Gesamtheit der Lösungen.

19.D.11 Beispiel Die zu

$$\ddot{y} - 4y = t e^{2t} + 2$$

gehörige homogene Gleichung $\ddot{y} - 4y = 0$ hat wegen $P = x^2 - 4 = (x-2)(x+2)$ die Funktionen e^{2t}, e^{-2t} als Lösungsfundamentalsystem. Um eine spezielle Lösung für die

Ausgangsgleichung zu finden, lösen wir separat die beiden Gleichungen

$$P(D)y_1 = te^{2t} \quad \text{und} \quad P(D)y_2 = 2.$$

Wegen $P(0) \neq 0$ hat die zweite Gleichung die spezielle Lösung $Y_2 = 2/P(0) = -1/2$. Eine spezielle Lösung der ersten Gleichung hat nach 19.D.7 die Gestalt

$$Y_1 = ae^{2t} + bte^{2t} + ct^2e^{2t},$$

wobei wir noch $a = 0$ wegen $P(D)e^{2t} = 0$ annehmen können. Dann ergibt sich für b bzw. c aus

$$P(D)Y_1 = (8ct + 2c + 4b)e^{2t} = t\,e^{2t}$$

das Gleichungssystem $8c = 1$, $2c + 4b = 0$, d.h. $c = 1/8$, $b = -1/16$. Somit ist

$$Y = Y_1 + Y_2 = -\frac{1}{16}\,t\,e^{2t} + \frac{1}{8}\,t^2e^{2t} - \frac{1}{2}$$

eine spezielle Lösung und

$$y = c_1e^{2t} + c_2e^{-2t} - \frac{1}{16}\,t\,e^{2t} + \frac{1}{8}\,t^2e^{2t} - \frac{1}{2},$$

$c_1, c_2 \in \mathbb{K}$, die gesamte Lösungsmenge.

19.D.12 Beispiel (Kurze Störungen) Wir betrachten die lineare Differenzialgleichung $P(D)y = g$, $P \in \mathbb{C}[x]$ normiert vom Grade $n \geq 1$, mit der Greenschen Funktion G und einer Störfunktion $g: \mathbb{R} \to \mathbb{C}$, die nur in einem sehr kleinen Zeitintervall $[0, \Delta t]$, $\Delta t > 0$, von 0 verschieden sei: [1])

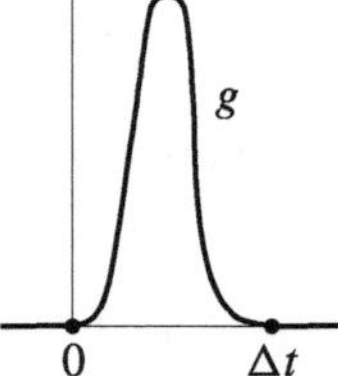

Ferner seien $y(0) = \dot{y}(0) = \cdots = y^{(n-1)}(0) = 0$ die Anfangsbedingungen und

$$a := \int_0^{\Delta t} g(\tau)\,d\tau.$$

Dann ist nach 19.D.3

$$y(t) = \int_0^t g(\tau)\,G(t - \tau)\,d\tau = \int_0^{\Delta t} g(\tau)\,G(t - \tau)\,d\tau$$

$$= aG(t) + \int_0^{\Delta t} g(\tau)\big(G(t - \tau) - G(t)\big)\,d\tau \approx a\,G(t),$$

falls $t \geq \Delta t$, und $y(t) = 0$ für $t \leq 0$. Die Lösung hängt also nicht mehr wesentlich von der

---

[1]) Eine solche kurze Störung nennt man auch einen Bang oder einen δ-Impuls, man vgl. dazu das Ende dieses Beispiels.

speziellen Gestalt von g ab: Ist etwa $g_n : \mathbb{R} \to \mathbb{C}$, $n \in \mathbb{N}$, eine Folge von stetigen Funktionen mit $g_n(t) = 0$ für $t \notin [0, \Delta t_n]$ und

$$\int\limits_0^{\Delta t_n} g_n(\tau)\, d\tau = a$$

für alle n, wobei $\lim \Delta t_n = 0$ ist und $\int_0^{\Delta t_n} |g_n(\tau)|\, d\tau$ beschränkt bleibt, so konvergieren die zugehörigen Lösungen $y_n(t)$, $n \in \mathbb{N}$, offenbar gleichmäßig auf jedem Intervall $[c, d]$ mit $0 < c < d$ gegen die Funktion $a\,G(t)$.

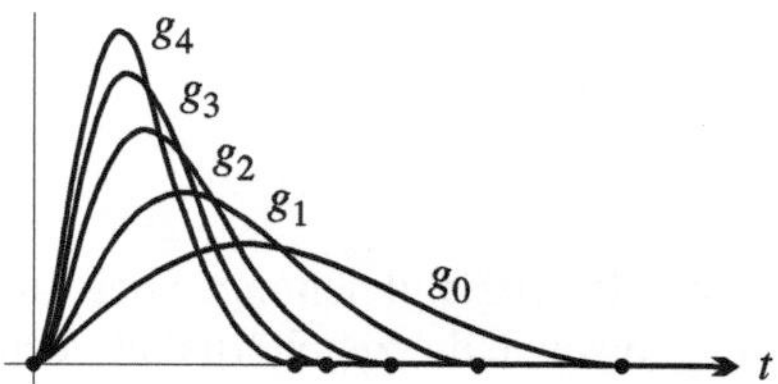

Natürlich kann die Grenzfunktion zur Funktionenfolge (g_n) nicht existieren. Man hätte sie zu interpretieren als eine „Funktion", die außerhalb des Nullpunktes verschwindet und deren Integral gleich a ist. Innerhalb der Theorie der D i s t r i b u t i o n e n, auf die wir in Bd. 4, Beispiel 18.C.7 kurz eingehen werden, lässt sich aber solch eine v e r a l l g e m e i n e r t e F u n k t i o n präzise definieren.

Bei $a = 1$ handelt es sich um die so genannte (D i r a c s c h e) δ- F u n k t i o n, im vorliegenden Fall um die verallgemeinerte Funktion $a\delta$. Wegen des obigen Resultats sagt man, die Funktion

$$H : t \mapsto \begin{cases} G(t), & \text{falls } t > 0, \\ 0, & \text{falls } t \leq 0, \end{cases}$$

sei Lösung der Differenzialgleichung $P(D)y = \delta$, obwohl H nicht n-mal differenzierbar ist (sondern (bei $n \geq 2$) nur $(n-2)$-mal) und der Differenzialoperator $P(D)$ auf H im üblichen Sinne gar nicht angewandt werden kann. In der Theorie der Distributionen hat die Gleichung $P(D)H = \delta$ jedoch einen Sinn (und ist korrekt). Für die einfachste Differenzialgleichung $\dot{y} = g$ ist $G \equiv 1$ die Greensche Funktion und H damit die gewöhnliche Heaviside-Funktion. *Deren Ableitung im Sinne der verallgemeinerten Funktionen ist also die Diracsche δ-Funktion*: $\dot{H} = \delta$.

19.D.13 Beispiel (A n s t ü c k e l u n g s v e r f a h r e n) Häufig ist bei einer linearen Differenzialgleichung $P(D)y = g$, $P \in \mathbb{K}[x]$ normiert vom Grade $n \geq 1$, die Störfunktion g auf dem Intervall $I \subseteq \mathbb{R}$ stückweise gegeben. Es seien also t_i, $i \in \mathbb{Z}$, mit

$$\cdots < t_{-2} < t_{-1} < t_0 < t_1 < t_2 < \cdots$$

Punkte in I derart, dass die Intervalle $I_i := [t_i, t_{i+1}]$, $i \in \mathbb{Z}$, das Intervall I überdecken, und $g_i : I_i \to \mathbb{K}$ stetige Funktionen. Dann löst man die Differenzialgleichungen $P(D)y = g_i$ auf den Intervallen I_i und achtet durch die Wahl der Anfangsbedingungen in den Punkten t_i bzw. t_{i+1} für die Teillösungen $y_i : I_i \to \mathbb{K}$ darauf, dass sie sich zu einer Lösung $y : I \to \mathbb{K}$ zusammensetzen, dass also $y_i^{(\nu)}(t_i) = y_{i-1}^{(\nu)}(t_i)$ für alle $\nu = 0, \ldots, n-1$ und alle i gilt. Dieses Verfahren heißt A n s t ü c k e l u n g s v e r f a h r e n. Dabei brauchen sich die stetigen Funktionen g_i noch nicht einmal zu einer stetigen Funktion $g : I \to \mathbb{K}$ zusammenzusetzen, d.h. es braucht nicht $g_i(t_i) = g_{i-1}(t_i)$ für alle i zu gelten. Allerdings ist dann die aus den

y_i, $i \in I$, zusammengesetzte Lösung y in den Teilpunkten t_i mit $g_i(t_i) \neq g_{i-1}(t_i)$ nicht mehr n-mal sondern nur noch $(n-1)$-mal (stetig) differenzierbar.

Mit der Greenschen Funktion G für die Differenzialgleichung $P(D)y = g$ gewinnt man y aus der Integraldarstellung in 19.D.3 bei stückweise gegebenem g durch stückweises Integrieren. Man kann daher noch einen Schritt weitergehen und die Lösung der Differenzialgleichung $P(D)y = g$ durch die Gleichung in 19.D.3 für alle solche Störfunktionen $g : I \to \mathbb{K}$ *definieren*, für die die in dieser Darstellung auftretenden Integrale $\int_{t_0}^{t} g(\tau)\, G(t - \tau)d\tau$ sinnvoll erklärt werden können. Auch hierbei leisten die verallgemeinerten Funktionen wertvolle Dienste, vgl. das Ende von Beispiel 19.D.12 und Band 4.

Aufgaben

1. Für die folgenden linearen Differenzialgleichungen bestimme man alle komplexwertigen und alle reellwertigen Lösungen sowie die zugehörigen Greenschen Funktionen:

$$y^{(n)} = 0; \quad y^{(n)} - y = 0; \quad y^{(n)} + y = 0;$$

$$\ddot{y} - \dot{y} = e^{2t}; \quad y^{(3)} - 7\ddot{y} + 6\dot{y} = e^t; \quad y^{(3)} - 2\ddot{y} + \dot{y} = 1 + e^t \cos 2t; \quad y^{(3)} + 4\ddot{y} + \dot{y} - 6y = 0;$$

$$y^{(4)} - 4\ddot{y} + 4y = 0; \quad \ddot{y} - 7\dot{y} + 6y = t^2; \quad \ddot{y} - 4\dot{y} + 2y = te^t + \cos t; \quad \ddot{y} - y = (1 + t)e^{2t};$$

$$\ddot{y} + y = \sin t; \quad \ddot{y} - 4y = 5\cos t + 8e^{-2t}; \quad y^{(4)} - y = (1 + t)e^t + \sin t;$$

$$y^{(5)} + 8y^{(3)} + 16\dot{y} = e^t; \quad y^{(3)} + 6\ddot{y} + 11\dot{y} + 6y = 0; \quad y^{(4)} - 4y^{(3)} + 15\ddot{y} - 22\dot{y} + 10y = 0;$$

$$y^{(4)} - y^{(3)} - 3\ddot{y} + 5\dot{y} + 2y = \cos t + 1; \quad y^{(5)} - 81\dot{y} = 1 + te^{3t}; \quad \ddot{y} + \dot{y} = 3\sin t;$$

$$\ddot{y} - \dot{y} - 6y = e^{2t}(2 + 6t - 4t^2); \quad \ddot{y} + 3\dot{y} + 2y = 2 + e^t \sin t; \quad \ddot{y} - 5\dot{y} + 6y = 4t\, e^t - \sin t;$$

$$\ddot{y} - 7\dot{y} + 6y = \sin t; \quad \ddot{y} - 3\dot{y} + 2y = e^{3t}(t + t^2).$$

2. Unter einer **E u l e r s c h e n D i f f e r e n z i a l g l e i c h u n g** versteht man eine Differenzialgleichung der Form

$$(at + b)^n y^{(n)} + a_{n-1}(at + b)^{n-1} y^{(n-1)} + \cdots + a_0 y = g$$

mit Konstanten $a, b, a_0, \ldots, a_{n-1}$. Diese wird bei $a \neq 0$ durch die Substitution

$$\tau = \ln(at + b)$$

auf eine lineare Differenzialgleichung mit konstanten Koeffizienten zurückgeführt. Man löse die folgenden Differenzialgleichungen:

$$t^2 \ddot{y} + 5t\, \dot{y} + 4y = 0; \quad t^3 y^{(3)} - t^2 \ddot{y} + 2t\, \dot{y} - 2y = t^3 + 3t;$$

$$(1 + t)^2 \ddot{y} + (1 + t)\, \dot{y} + y = 4\cos(\ln(1 + t)); \quad t^2 \ddot{y} + t\dot{y} + y = 0;$$

$$(3t + 2)^2 \ddot{y} + 7(3t + 2)\dot{y} = -t \ln(3t + 2).$$

3. Seien $P \in \mathbb{K}[x]$ ein Polynom und $\mu \in \mathbb{K}$ mit $P(\mu) \neq 0$. Dann ist $e^{\mu t}/P(\mu)$ eine Lösung der Differenzialgleichung $P(D)y = e^{\mu t}$.

4. Sei $P \in \mathbb{K}[x]$ ein normiertes Polynom vom Grad n. Ferner sei G die Greensche Funktion der Differenzialgleichung $P(D)y = 0$. Dann sind die Ableitungen $G^{(\nu)}$, $\nu = 0, \ldots, n - 1$, ein Lösungsfundamentalsystem für die homogene Differenzialgleichung $P(D)y = 0$.

5. Sei $P = (x - \lambda_1)^{\alpha_1} \cdots (x - \lambda_r)^{\alpha_r} \in \mathbb{K}[x]$ mit $\alpha_1, \ldots, \alpha_r \in \mathbb{N}^*$ und paarweise verschiedenen $\lambda_1, \ldots, \lambda_r \in \mathbb{K}$. Ferner sei

$$H(t) := t^{\alpha_1 - 1} e^{\lambda_1 t} + \cdots + t^{\alpha_r - 1} e^{\lambda_r t} \, .$$

Dann bilden die Ableitungen $H^{(\nu)}$, $\nu = 0, \ldots, n-1$, $n := \alpha_1 + \cdots + \alpha_r$, ein Lösungsfundamentalsystem der homogenen Differenzialgleichung $P(D)y = 0$.

6. Sei $P \in \mathbb{C}[x]$ ein normiertes Polynom vom Grad n mit den n verschiedenen Nullstellen $\lambda_1, \ldots, \lambda_n \in \mathbb{C}$. Die Greensche Funktion der Differenzialgleichung $P(D)y = 0$ ist dann

$$G(t) := \sum_{k=1}^{n} \frac{e^{\lambda_k t}}{P'(\lambda_k)} \, .$$

7. Sei $f(t) = f_1(t) e^{\lambda_1 t} + \cdots + f_r(t) e^{\lambda_r t}$ ein Quasipolynom mit paarweise verschiedenen $\lambda_1, \ldots, \lambda_r \in \mathbb{C}$ und $f_1, \ldots, f_r \in \mathbb{C}[x] - \{0\}$.

a) Genau dann ist $\lim_{t \to \infty} f(t) = 0$, wenn die Realteile von $\lambda_1, \ldots, \lambda_r$ alle negativ sind.

b) Genau dann ist $f(t)$ auf $\mathbb{R}_+$ beschränkt, wenn die Realteile von $\lambda_1, \ldots, \lambda_r$ alle nichtpositiv sind und die Polynome $f_j(t)$ für die rein-imaginären λ_j konstant sind.

(Man führt die Aussagen a) und b) auf die folgende zurück: Die Funktion

$$g(t) = 1 - c_1 e^{ib_1 t} - \cdots - c_k e^{ib_k t}$$

mit $c_1, \ldots, c_k \in \mathbb{C}^\times$ und $b_1, \ldots, b_k \in \mathbb{R}^\times$ konvergiert für $t \to \infty$ nicht gegen 0. Dies folgt aus

$$b - a = \int\limits_a^b dt = \sum_{\nu=1}^{k} \frac{c_\nu}{ib_\nu} (e^{ib_\nu b} - e^{ib_\nu a}) + \int\limits_a^b g(t) \, dt$$

für beliebige $a, b \in \mathbb{R}$.)

c) Ist $r \geq 1$ und sind $\lambda_1, \ldots, \lambda_r$ reell, so hat f nur endlich viele Nullstellen.

8. Sei $P \in \mathbb{C}[x]$ ein normiertes Polynom.

a) Genau dann konvergiert jede Lösung der Differenzialgleichung $P(D)y = 0$ für $t \to \infty$ gegen 0, wenn alle Nullstellen von P einen negativen Realteil haben. (In diesem Fall heißt die Differenzialgleichung a s y m p t o t i s c h   s t a b i l . – Dann sind alle Lösungen einer jeden inhomogenen Differenzialgleichung $P(D)y = g(t)$, $t \geq t_0$, für $t \to \infty$ additiv asymptotisch gleich, d.h. die Differenz von je zweien konvergiert für $t \to \infty$ gegen 0.)

b) Genau dann sind alle Lösungen von $P(D)y = 0$ auf $\mathbb{R}_+$ beschränkt, wenn alle Nullstellen von P einen nichtpositiven Realteil haben und wenn die rein-imaginären Nullstellen alle einfach sind. (In diesem Fall heißt die Differenzialgleichung s t a b i l .)

9. Man gebe jeweils eine homogene lineare Differenzialgleichung 2. Ordnung mit reellen konstanten Koeffizienten an, für die die Funktion e^{3t} bzw. $e^{(1-5i)t}$ bzw. $\sin t \cos t$ bzw. $t e^{2t}$ bzw. $t \sin t$ bzw. $e^t \sin 2t$ eine Lösung ist.

19.E Lineare Differenzialgleichungen zweiter Ordnung mit konstanten Koeffizienten

Wegen ihrer großen Bedeutung behandeln wir die linearen Differenzialgleichungen zweiter Ordnung

$$\ddot{y} + a_1 \dot{y} + a_0 y = g$$

mit konstanten Koeffizienten a_1, a_0 in einigen Beispielen ausführlicher.

19.E.1 Ein Massenpunkt mit der Masse m schwinge an einer Feder mit der Federkonstanten k und einer durch Reibung verursachten Dämpfung, die als zur Geschwindigkeit proportionale Kraft entgegen der Bewegungsrichtung auf den Massenpunkt wirke. Die Bewegungsgleichung lautet

$$m\ddot{y} = -ky - \alpha \dot{y}$$

mit (nicht negativen) Konstanten α, k. Wir schreiben sie in der Form

$$\ddot{y} + 2\mu \dot{y} + \omega_0^2 y = 0$$

mit $\mu \geq 0$, $\omega_0 > 0$. Man nennt μ dann den D ä m p f u n g s f a k t o r . Die Lösungen dieser Differenzialgleichung hängen wesentlich ab von den Nullstellen $-\mu \pm \sqrt{\mu^2 - \omega_0^2}$ des charakteristischen Polynoms $P = x^2 + 2\mu x + \omega_0^2$. Wir unterscheiden mehrere Fälle:

(1) Es ist $\mu < \omega_0$. Dann ist

$$e^{-\mu t}(c_1 \sin \omega t + c_2 \cos \omega t), \quad \omega := \sqrt{\omega_0^2 - \mu^2},$$

$c_1, c_2 \in \mathbb{R}$, die Menge aller reellwertigen Lösungen. Eine solche Lösung können wir auch in der Form

$$ae^{-\mu t} \sin(\omega t + \varphi)$$

mit den (bei $(c_1, c_2) \neq (0, 0)$) durch

$$a := \sqrt{c_1^2 + c_2^2}, \quad \cos \varphi = c_1/a, \quad \sin \varphi = c_2/a$$

eindeutig bestimmten Zahlen $a > 0$, $\varphi \in [0, 2\pi[$ schreiben. Die Lösungen sind somit gedämpfte harmonische Schwingungen mit der Kreisfrequenz $\omega = \sqrt{\omega_0^2 - \mu^2}$.

Im ungedämpften Fall ($\mu = 0$) sind es freie harmonische Schwingungen mit der Kreisfrequenz ω_0. Im gedämpften Fall ist die Kreisfrequenz kleiner als ω_0. Das Verhältnis zweier Amplituden vom zeitlichen Abstand der Schwingungsdauer $T := 2\pi/\omega$ ist konstant gleich $\exp(2\pi\mu/\omega)$. Man nennt $\Lambda := 2\pi\mu/\omega = \mu T$ das l o g a r i t h m i s c h e D e k r e m e n t der Schwingung.

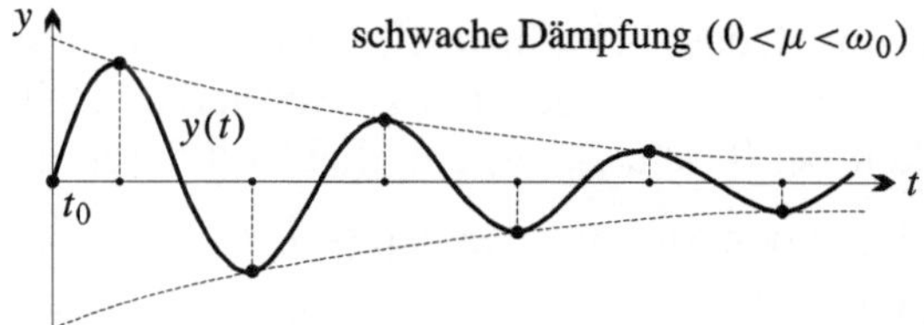

Die absolut maximalen Amplituden ergeben sich zu den Zeitpunkten

$$\frac{T}{2\pi}\left(-\varphi + \operatorname{arccot}\frac{\Lambda}{2\pi}\right) + \frac{kT}{2}\,, \quad k \in \mathbb{Z}\,.$$

(2) Es ist $\mu > \omega_0$. Dann ist

$$c_1 e^{-\lambda_1 t} + c_2 e^{-\lambda_2 t}\,, \quad \lambda_1 := \mu - \sqrt{\mu^2 - \omega_0^2}\,, \quad \lambda_2 := \mu + \sqrt{\mu^2 - \omega_0^2}\,,$$

$c_1, c_2 \in \mathbb{R}$, die Menge aller reellwertigen Lösungen. Alle diese Lösungen konvergieren für $t \to \infty$ gegen 0. Man spricht vom Kriechfall.

Bei $c_1 c_2 < 0$ hat die Lösung genau eine Nullstelle, und zwar zum Zeitpunkt

$$t_0 = \frac{1}{2\sqrt{\mu^2 - \omega_0^2}}\ln\left(-\frac{c_2}{c_1}\right),$$

und genau eine lokale Extremstelle, und zwar zum Zeitpunkt

$$t_1 = \frac{1}{2\sqrt{\mu^2 - \omega_0^2}}\ln\left(-\frac{c_2\lambda_2}{c_1\lambda_1}\right) = t_0 + \frac{1}{\sqrt{\mu^2 - \omega_0^2}}\ln\frac{\left(\mu + \sqrt{\mu^2 - \omega_0^2}\right)}{\omega_0}\,.$$

Ab t_1 konvergiert die Lösung monoton gegen 0.

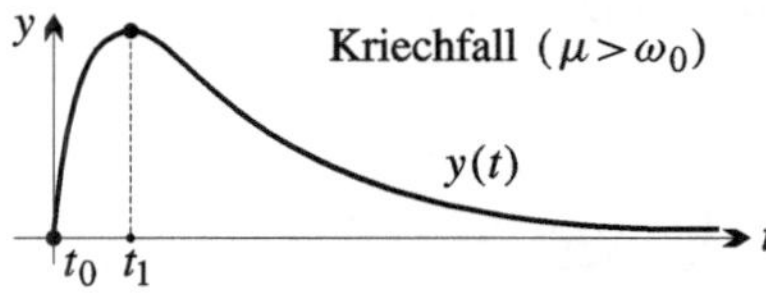

(3) Es ist $\mu = \omega_0$. In diesem Fall ist

$$c_1 e^{-\mu t} + c_2 t e^{-\mu t}\,,$$

$c_1, c_2 \in \mathbb{R}$, die Menge aller reellwertigen Lösungen. Bei $c_2 \neq 0$ hat die Lösung genau eine Nullstelle und zwar zum Zeitpunkt $t_0 = -c_1/c_2$, und genau eine lokale Extremstelle, und zwar zum Zeitpunkt $t_1 = t_0 + (1/\mu)$. Ab t_1 konvergiert die Lösung monoton gegen 0. Man spricht vom aperiodischen Grenzfall.

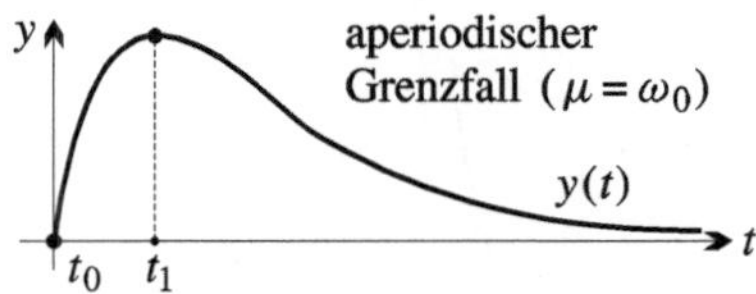

Wir betonen noch einmal, dass bei $\mu > 0$ alle Lösungen der homogenen Gleichung $\ddot{y} + 2\mu\dot{y} + \omega_0^2 y = 0$ für $t \to \infty$ gegen 0 konvergieren. Dabei wird die Konvergenzgeschwindigkeit bei $0 < \mu < \omega_0$ entscheidend durch den Faktor $\exp(-\mu t)$ bzw. bei $\mu \geq \omega_0$ durch den Summanden $\exp(-\lambda_1 t) = \exp\left((-\mu + \sqrt{\mu^2 - \omega_0^2})t\right)$ bestimmt. Der Faktor μ bzw. λ_1 im Exponenten ist für $\mu = \omega_0$ am größten, d.h. im aperiodischen Grenzfall ist die Konvergenz gegen 0 für $t \to \infty$ am schnellsten.

19.E.2 Betrachten wir dieselbe Differenzialgleichung

$$\ddot{y} + 2\mu\dot{y} + \omega_0^2 y = 0$$

mit $\mu \geq 0$, $\omega_0 > 0$ *im Komplexen*, so handelt es sich um die Beschreibung einer ebenen Bewegung, die unter dem Einfluss einer zum Nullpunkt gerichteten Zentralkraft der Form $-ky$, $k > 0$, steht und bei $\mu > 0$ durch eine zur Geschwindigkeit proportionale Reibung gebremst wird. Bei $\mu = 0$ handelt es sich um die ebene harmonische Bewegung. Man unterscheidet dieselben drei Fälle wie bei der Bewegung auf einer Geraden. Statt der reellen Koeffizienten c_1, c_2 bei den obigen Lösungen sind jetzt beliebige komplexe Koeffizienten zugelassen. Wir betrachten nur echte ebene Bewegungen, bei denen Anfangsort y_0 und Anfangsgeschwindigkeit $\dot{y}_0$ sich nicht nur um einen reellen Faktor unterscheiden. Dann sind im Fall (1), also $\mu < \omega_0$, die Lösungen Spiralen, die sich unendlich oft um den Nullpunkt winden und bei $\mu > 0$ für $t \to \infty$ gegen diesen konvergieren und sich in der Zeit $T = 2\pi / \sqrt{\omega_0^2 - \mu^2}$ einmal um den Nullpunkt winden. Bei $\mu = 0$ handelt es sich um Ellipsen mit dem Nullpunkt als Mittelpunkt, die in der Zeit $T = 2\pi / \omega_0$ jeweils einmal durchlaufen werden. In den Fällen (2) und (3), also $\mu \geq \omega_0$, bewegt der Massenpunkt sich für $t \to \infty$ gegen 0, wobei er für $t \geq 0$ in dem durch c_1 und c_2 bestimmten konvexen Sektor mit dem Nullpunkt als Scheitelpunkt bleibt. Wir überlassen es dem Leser, die Einzelheiten auszuführen, vgl. auch Bd. 2.

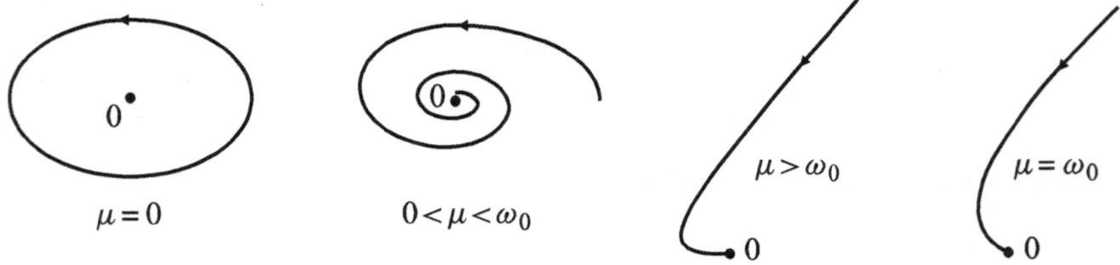

19.E.3 Die Lösungen der inhomogenen Gleichung

$$\ddot{y} + 2\mu\dot{y} + \omega_0^2 y = g\,,$$

$\mu \geq 0$, $\omega_0 > 0$, sind nach 19.D.3 die Funktionen

$$y = Y(t) + \int_{t_0}^{t} g(\tau)\, G(t - \tau)\, d\tau$$

mit

$$G(t) = \begin{cases} \frac{1}{\omega} e^{-\mu t} \sin \omega t\,, & \text{falls } 0 \leq \mu < \omega_0 \quad (\omega = \sqrt{\omega_0^2 - \mu^2}\,)\,, \\[2mm] \frac{1}{\sqrt{\mu^2 - \omega_0^2}} \frac{e^{-\lambda_1 t} - e^{-\lambda_2 t}}{2}\,, & \text{falls } \omega_0 < \mu \quad (\lambda_{1,2} = \mu \mp \sqrt{\mu^2 - \omega_0^2}\,)\,, \\[2mm] t\,e^{-\mu t}\,, & \text{falls } \omega_0 = \mu\,, \end{cases}$$

wobei $Y(t)$ die Lösung der homogenen Gleichung $\ddot{y} + 2\mu\dot{y} + \omega_0^2 y = 0$ ist, die die vorgegebenen Anfangsbedingungen $Y(t_0) = y_0$, $\dot{Y}(t_0) = \dot{y}_0$ erfüllt.

Wir behandeln genauer die reellen Lösungen für den Fall, dass die Störfunktion g eine harmonische Schwingung ist, etwa

$$g(t) = a\,\sin \gamma t\,,$$

$a > 0$, $\gamma > 0$. Es ist $g(t) = \mathrm{Im}\,(ae^{\mathrm{i}\gamma t})$. Wir betrachten demgemäß die Differenzialgleichung

$$\ddot{y} + 2\mu\dot{y} + \omega_0^2 y = P(D)y = ae^{\mathrm{i}\gamma t}$$

mit $P := x^2 + 2\mu x + \omega_0^2$. Nach der allgemeinen Theorie sind zwei Fälle zu unterscheiden:

(1) Es ist $P(\mathrm{i}\gamma) = \omega_0^2 - \gamma^2 + 2\mu\gamma\mathrm{i} \neq 0$. Dann ist $ae^{\mathrm{i}\gamma t}/P(\mathrm{i}\gamma)$ eine Lösung der Gleichung $P(D)y = ae^{\mathrm{i}\gamma t}$ und folglich

$$y(t) = \mathrm{Im}\left(\frac{a}{P(\mathrm{i}\gamma)} e^{\mathrm{i}\gamma t}\right)$$

eine Lösung der Ausgangsgleichung. Dies ist ebenfalls eine harmonische Schwingung mit der Kreisfrequenz γ. Ist nämlich

$$\frac{a}{P(\mathrm{i}\gamma)} = Ae^{\mathrm{i}\psi}\,, \qquad A = \frac{a}{|P(\mathrm{i}\gamma)|} = \frac{a}{\sqrt{(\omega_0^2 - \gamma^2)^2 + 4\mu^2\gamma^2}}\,,$$

$$\psi = \mathrm{Arg}\,\frac{a}{P(\mathrm{i}\gamma)} = -\mathrm{Arg}\,P(\mathrm{i}\gamma) = -\mathrm{arccot}\,\frac{\omega_0^2 - \gamma^2}{2\mu\gamma}\,,$$

so ist

$$y(t) = A\,\sin\,(\gamma t + \psi)\,.$$

Bei dieser harmonischen Schwingung ist lediglich die Phase um den Winkel $-\psi$ gegenüber der Störfunktion verschoben. Die übrigen Lösungen gewinnt man daraus durch Addition der Lösungen der homogenen Gleichung. Im gedämpften Fall $(\mu > 0)$ konvergieren diese für $t \to \infty$ alle gegen 0, *so dass dann alle Lösungen der Ausgangsgleichung für $t \to \infty$ (additiv) asymptotisch gleich der angegebenen harmonischen Schwingung mit der Phasenverschiebung $-\psi$ sind.*

Die Amplitude

$$A = \frac{a}{\sqrt{(\omega_0^2 - \gamma^2)^2 + 4\mu^2\gamma^2}}$$

der Lösung hängt außer von der Amplitude a der Störfunktion wesentlich von deren Kreisfrequenz γ ab. Bei $0 < \mu < \omega_0/\sqrt{2}$ erreicht A bei $\gamma_m := \sqrt{\omega_0^2 - 2\mu^2}$ das Maximum

$$A_m := \frac{a}{2\mu\sqrt{\omega_0^2 - \mu^2}} \, .$$

Bei $\mu = 0$ wächst A bei Annäherung von γ an $\gamma_m = \omega_0$ über alle Grenzen. Man nennt γ_m die R e s o n a n z f r e q u e n z . Bei kleinem μ ist

$$\gamma_m = \omega_0 \sqrt{1 - \frac{2\mu^2}{\omega_0^2}} = \omega_0 \left(1 - \frac{\mu^2}{\omega_0^2} - \frac{\mu^4}{2\omega_0^4} - \cdots\right) .$$

Im Fall $\mu \geq \omega_0/\sqrt{2}$, d.h. bei starker Dämpfung, nimmt die Amplitude A monoton mit wachsendem γ zu 0 hin ab.

(2) Es ist $P(\mathrm{i}\gamma) = 0$. Dann ist $\mu = 0$ und $\gamma = \omega_0$. In diesem so genannten R e s o n a n z f a l l sind die Lösungen der homogenen Gleichung $P(D)y = 0$ die harmonischen Schwingungen mit der Kreisfrequenz ω_0. Die Gleichung $P(D)y = a e^{\mathrm{i}\omega_0 t}$ hat keine periodische Lösung. Wie wir wissen, gibt es eine Lösung der Form

$$bt e^{\mathrm{i}\omega_0 t} \, .$$

Wegen $P(D)(te^{\mathrm{i}\omega_0 t}) = 2\mathrm{i}\omega_0 e^{\mathrm{i}\omega_0 t}$ ist

$$y(t) = \mathrm{Im}\left(\frac{a}{2\mathrm{i}\omega_0} t \, e^{\mathrm{i}\omega_0 t}\right) = \frac{a}{2\omega_0} t \, \sin\left(\omega_0 t - \frac{\pi}{2}\right)$$

eine Lösung der Ausgangsgleichung, aus der man die übrigen Lösungen durch Addition der harmonischen Schwingungen erhält. Es folgt, *dass alle Lösungen für $t \to \infty$ unbeschränkt sind.*

Wir betrachten noch einige explizite Beispiele, wobei wir, falls nicht etwas anderes gesagt wird, die bisherigen Bezeichnungen beibehalten.

19.E.4 Beispiel (G a l v a n o m e t e r) Die Auslenkung φ beim Drehspulgalvanometer genügt der G a l v a n o m e t e r g l e i c h u n g

$$\Theta\ddot{\varphi} + p\dot{\varphi} + D^*\varphi = qI \, .$$

Dabei sind Θ, p, D^*, q positive Konstanten, und I ist der Strom, der durch das Galvanometer fließt. Die D ä m p f u n g s k o n s t a n t e p lässt sich durch Ändern des Widerstands leicht beeinflussen. Bei unterbrochenem Galvanometerstromkreis ist $p = 0$ (wenn man von der Reibungsdämpfung absieht). Mit den Bezeichnungen aus 19.E.3 ist also

$$\mu = \frac{p}{2\Theta} \, , \quad \omega_0 = \sqrt{\frac{D^*}{\Theta}} \, , \quad T_0 = \frac{2\pi}{\omega_0} = 2\pi\sqrt{\frac{\Theta}{D^*}} \, .$$

Ist I konstant und $\mu > 0$, so konvergiert jede Lösung für $t \to \infty$ gegen die stationäre Lösung $\varphi_m = qI/D^*$. Es ist dann

$$I = \frac{D^*}{q} \varphi_m = C_{\text{stat}} \, \varphi_m \, , \quad C_{\text{stat}} := \frac{D^*}{q} \, .$$

Das Galvanometer ist folglich ein Strommesser. Soll die stationäre Lösung möglichst schnell erreicht werden, hat man μ möglichst nahe dem aperiodischen Grenzfall $\mu = \omega_0$, d.h. $p \approx 2\sqrt{D^*\Theta}$ zu wählen.

Fließt durch das zunächst ruhende Galvanometer nur ein kurzer Stromstoß mit der Ladungsmenge

$$Q := \int\limits_0^\infty I(\tau)\,d\tau\,,$$

so gilt nach Beispiel 19.D.12 bei $\mu < \omega_0$ die Bewegungsgleichung

$$\varphi(t) = \frac{Qq}{\omega\Theta}\exp\left(-\mu t\right)\sin\omega t\,,\qquad \omega = \sqrt{\omega_0^2 - \mu^2}\,.$$

Der erste maximale Ausschlag φ_m zum Zeitpunkt $\operatorname{arccot}(\mu/\omega)/\omega$ ist

$$\varphi_m = \frac{Qq}{\omega\Theta}\exp\left(-\frac{\mu}{\omega}\operatorname{arccot}\frac{\mu}{\omega}\right)\sin\left(\operatorname{arccot}\frac{\mu}{\omega}\right) = \frac{Qq}{\omega_0\Theta}\exp\left(-\frac{\mu}{\omega}\operatorname{arccot}\frac{\mu}{\omega}\right)$$

(wegen $\sin^2 x = 1/(1 + \cot^2 x)$). Es folgt

$$Q = \frac{\omega_0\Theta}{q}\exp\left(\frac{\mu}{\omega}\operatorname{arccot}\frac{\mu}{\omega}\right)\varphi_m = C_{\text{stat}}\frac{T_0}{2\pi}\exp\left(\frac{\mu}{\omega}\operatorname{arccot}\frac{\mu}{\omega}\right)\varphi_m = C_{\text{ball}}\,\varphi_m$$

mit $C_{\text{ball}} := C_{\text{stat}}\dfrac{T_0}{2\pi}\exp\left(\dfrac{\mu}{\omega}\operatorname{arccot}\dfrac{\mu}{\omega}\right)$. Im ungedämpften Fall ($\mu = 0$) ist $C_{\text{ball}} = C_{\text{stat}}T_0/2\pi$. Bei kleiner Dämpfung ist

$$C_{\text{ball}} = C_{\text{stat}}\frac{T_0}{2\pi}\left(1 + \frac{\pi}{2}\frac{\mu}{\omega} + \left(\frac{\pi^2}{8} - 1\right)\frac{\mu^2}{\omega^2} - \cdots\right).$$

Das Galvanometer kann also auch zur Messung der Ladungsmenge Q benutzt werden. Man spricht dann vom b a l l i s t i s c h e n G a l v a n o m e t e r . C_{stat} bzw. C_{ball} heißen die statische bzw. die ballistische Galvanometerkonstante.

19.E.5 Beispiel Der Aufhängepunkt eines Pendels werde horizontal auf einer Geraden geführt. Die Bewegungsgleichung lautet dann $\ell\ddot{\varphi} + g\sin\varphi = -\ddot{x}\cos\varphi$.[1])

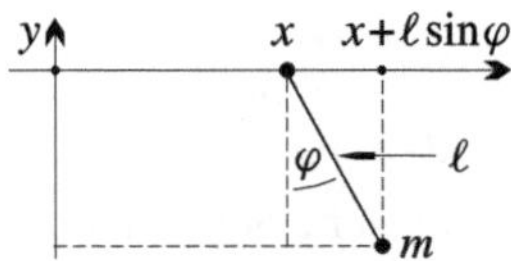

---

[1]) Sie ergibt sich am übersichtlichsten mit der Lagrange-Funktion

$$L = \frac{1}{2}m\left((\dot{x} + \ell\dot{\varphi}\cos\varphi)^2 + \ell^2\dot{\varphi}^2\sin^2\varphi\right) + mg\ell\cos\varphi$$

$$= \frac{1}{2}m\left(\dot{x}^2 + \ell^2\dot{\varphi}^2 + 2\ell\dot{x}\dot{\varphi}\cos\varphi\right) + mg\ell\cos\varphi$$

zu $\dfrac{d}{dt}\dfrac{\partial L}{\partial\dot{\varphi}} = m\left(\ell^2\ddot{\varphi} + \ell\ddot{x}\cos\varphi - \ell\dot{x}\dot{\varphi}\sin\varphi\right) = \dfrac{\partial L}{\partial\varphi} = -m\ell\dot{x}\dot{\varphi}\sin\varphi - mg\ell\sin\varphi$. Man vergleiche dazu Bd. 3, Beispiel 10.B.1.

Bei kleinem φ (mit $\sin\varphi \approx \varphi$, $\cos\varphi \approx 1$) ergibt sich $\ell\ddot{\varphi} + g\varphi = -\ddot{x}$. Ist das Pendel gedämpft, so erhält man

$$\ell\ddot{\varphi} + p\dot{\varphi} + g\varphi = -\ddot{x} \qquad \text{oder} \qquad \ddot{\varphi} + 2\mu\dot{\varphi} + \omega_0^2\varphi = -\frac{\ddot{x}}{\ell}$$

mit

$$\mu := \frac{p}{2\ell}, \quad \omega_0 := \sqrt{\frac{g}{\ell}}, \quad T_0 := \frac{2\pi}{\omega_0} = 2\pi\sqrt{\frac{\ell}{g}} \,.$$

Will man das Pendel – wie etwa beim Seismographen – zum Registrieren kurzzeitiger Erschütterungen nutzen ($\ddot{x}(t) = 0$ für $t \notin [0, \Delta t]$), so ist die Bewegungsgleichung nach 19.D.12 gleich $\varphi(t) = a\,G(t)$ mit der Konstanten $a = -\int_0^\infty \ddot{x}(t)\,dt/l$. Man wird dann die Dämpfung so wählen, dass das Pendel möglichst schnell wieder die Ruhelage erreicht. Bei festem ω_0 gilt dies im aperiodischen Grenzfall $\mu = \omega_0$. Es werden aber auch Schwingungen ($\mu < \omega_0$) benutzt. Ist etwa $\mu = \omega_0/\sqrt{2}$ und folglich auch $\omega = \sqrt{\omega_0^2 - \mu^2} = \omega_0/\sqrt{2}$, so hat das Pendel nach der Zeit $\pi/\omega = T_0/\sqrt{2}$ zum ersten Mal wieder die Ruhelage $\varphi = 0$ erreicht und der anschließende größte Ausschlag in die entgegengesetzte Richtung ist nur noch der $e^{\pi\mu/\omega}$-te, d.h. der e^π-te Teil des ersten maximalen Ausschlags. (Zur Zahl e^π siehe auch 13.C, Fußnote 10.)

19.E.6 Beispiel (Ohmsches Gesetz für den Wechselstrom) In einem elektrischen Stromkreis seien der Ohmsche Widerstand R, die Kapazität C und die Selbstinduktion L in Reihe geschaltet:

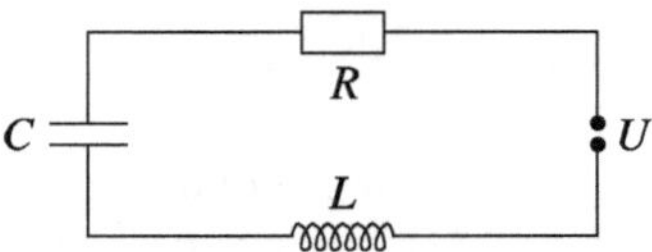

Ist dann Q die Ladung am Kondensator und U die angelegte Spannung, so gilt die Differenzialgleichung

$$L\ddot{Q} + R\dot{Q} + \frac{1}{C}Q = U \quad \text{bzw.} \quad \ddot{Q} + 2\mu\dot{Q} + \omega_0^2 Q = P(D)Q = \frac{U}{L}$$

mit

$$\mu := \frac{R}{2L}, \quad \omega_0 := \frac{1}{\sqrt{LC}} \quad \text{und} \quad P := x^2 + 2\mu x + \omega_0^2 \,.$$

Ist die angelegte Spannung eine harmonische Schwingung

$$U = U_0 \sin\gamma t = \mathrm{Im}\,(U_0 e^{\mathrm{i}\gamma t}), \quad \gamma > 0,\ U_0 > 0,$$

mit der Kreisfrequenz γ und der Amplitude U_0, so ist bei $R > 0$ jede Lösung für $t \to \infty$ asymptotisch gleich der periodischen Lösung

$$Q(t) = \mathrm{Im}\left(\frac{U_0 e^{\mathrm{i}\gamma t}}{L P(\mathrm{i}\gamma)}\right).$$

Für die Stromstärke $I = \dot{Q}$ gilt

$$I = \mathrm{Im}\left(\frac{\mathrm{i}\gamma U_0 e^{\mathrm{i}\gamma t}}{L P(\mathrm{i}\gamma)}\right).$$

Definieren wir $\mathfrak{R} := \dfrac{LP(\mathrm{i}\gamma)}{\mathrm{i}\gamma} = R + \mathrm{i}\left(\gamma L - \dfrac{1}{\gamma C}\right) = R_s e^{\mathrm{i}\varphi}$ mit

$$R_s := |\mathfrak{R}| = \sqrt{R^2 + \left(\gamma L - \dfrac{1}{\gamma C}\right)^2}, \qquad \varphi := \operatorname{Arg} \mathfrak{R},$$

so ist

$$I = \operatorname{Im}\left(\dfrac{U_0 e^{\mathrm{i}\gamma t}}{\mathfrak{R}}\right) = \operatorname{Im}\left(\dfrac{U_0}{R_s} e^{\mathrm{i}(\gamma t - \varphi)}\right) = \dfrac{U_0}{R_s} \sin\left(\gamma t - \varphi\right).$$

Wie in diesem Zusammenhang üblich [2]) setzen wir $\mathfrak{U} := U_0$ und $\mathfrak{J} := \dfrac{U_0}{R_s e^{\mathrm{i}\varphi}}$.

Dann gilt das O h m s c h e G e s e t z

$$\mathfrak{J} = \dfrac{\mathfrak{U}}{\mathfrak{R}} \quad \text{oder} \quad \mathfrak{U} = \mathfrak{J} \cdot \mathfrak{R}$$

für den Wechselstrom. Man nennt $\mathfrak{R}$ den k o m p l e x e n W i d e r s t a n d , $R = \operatorname{Re} \mathfrak{R}$ den W i r k w i d e r s t a n d ,

$$\gamma L - \dfrac{1}{\gamma C} = \operatorname{Im} \mathfrak{R}$$

den B l i n d w i d e r s t a n d und $R_s = |\mathfrak{R}|$ den S c h e i n w i d e r s t a n d . Bei $R = 0$ ist Resonanz möglich, und zwar genau dann, wenn

$$\gamma = \omega_0 = \dfrac{1}{\sqrt{LC}}$$

ist, d.h. wenn γ gleich der Eigenkreisfrequenz ω_0 des elektrischen Schwingkreises mit der Kapazität C und der Induktivität L ist. Jede Lösung ist dann unbeschränkt. Ist $\gamma \neq \omega_0$, d.h. $\mathfrak{R} = \left(\gamma L - (1/\gamma C)\right)\mathrm{i} \neq 0$, so gilt für die periodische Lösung wie oben das Ohmsche Gesetz $\mathfrak{U} = \mathfrak{J} \cdot \mathfrak{R}$.

19.E.7 Beispiel (T e m p e r a t u r v e r t e i l u n g i n e i n e m S t a b (im stationären Zustand)) Ein dünner, gut wärmeleitender, homogener Stab der Länge l, der längsseits Wärmekontakt zum umgebenden Medium mit der Temperatur T_U hat, werde idealisierend durch die Strecke $0 \leq x \leq l$ auf der x-Achse dargestellt. Die Temperatur im Stab sei $T(x)$. Wir machen folgende Annahmen:

(1) Der Wärmestrom $\Phi(x)$ im Stab an der Stelle x (in positiver Richtung) hängt von der Temperaturänderung ab gemäß $\Phi = -a\dfrac{dT}{dx} = -aT'$ [3]) mit einer Konstanten $a > 0$.

(2) Der Wärmestrom $\Psi(x)$, der aus dem Stababschnitt $0 \leq \xi \leq x$ in die Umgebung austritt, hängt von der Temperaturdifferenz gemäß $\Psi(x) = -b\int_0^x \left(T_U - T(\xi)\right) d\xi$ ab mit einer Konstanten $b > 0$, vgl. 19.C, Aufg. 14.

Aus (1) und (2) erhalten wir für den Stababschnitt zwischen x und $x + h$ die Wärmebilanzgleichung

$$0 = \left(\Phi(x + h) - \Phi(x)\right) + \left(\Psi(x + h) - \Psi(x)\right)$$

---

[2]) Es handelt sich um die so genannte komplexe Zeigerdarstellung, vgl. auch Bd. 2, Abschnitt 5.B, Aufg. 9.

[3]) Die Ableitung nach der Ortsvariablen x bezeichnen wir wieder mit $'$.

$$= -a \left(T'(x+h) - T'(x)\right) - b \int_x^{x+h} \left(T_U - T(\xi)\right) d\xi \, .$$

Dividiert man durch h und bildet den Limes $h \to 0$, so ergibt sich die Differenzialgleichung

$$T''(x) - \frac{b}{a} T(x) = -\frac{b}{a} T_U \, .$$

Die allgemeine Lösung ist

$$T(x) = c_1 e^{-\alpha x} + c_2 e^{\alpha x} + T_U$$

mit $\alpha := \sqrt{b/a}$ und beliebigen Konstanten c_1, c_2.

Wir betrachten den Fall, dass die Stirnseiten $x = 0$ bzw. $x = l$ durch äußere Einwirkung auf festen Temperaturen T_0 bzw. T_1 gehalten werden, dass also $T(0) = T_0$, $T(l) = T_1$ ist. Hier handelt es sich um ein so genanntes R a n d w e r t p r o b l e m, bei dem die Lösungen nicht durch die Werte der Funktion und ihrer Ableitungen an einer Stelle sondern durch die Funktionswerte an zwei verschiedenen Stellen eingeschränkt werden.[4]

Die Randbedingungen liefern die Gleichungen

$$c_1 + c_2 = T_0 - T_U \, , \quad c_1 e^{-\alpha l} + c_2 e^{\alpha l} = T_1 - T_U$$

mit den eindeutigen Lösungen

$$c_1 = \frac{e^{\alpha l}(T_0 - T_U) - (T_1 - T_U)}{e^{\alpha l} - e^{-\alpha l}} \, , \quad c_2 = \frac{e^{-\alpha l}(T_0 - T_U) + (T_1 - T_U)}{e^{\alpha l} - e^{-\alpha l}} \, .$$

Das Randwertproblem $T(0) = T_0$, $T'(l) = 0$ beschreibt einen Stab, der an der Stelle 0 auf der konstanten Temperatur T_0 gehalten wird und an der Stelle l wärmeisoliert ist. Die Konstanten c_1, c_2 für dieses Problem ergeben sich aus

$$c_1 + c_2 = T_0 - T_U \, , \quad \alpha \left(-c_1 e^{-\alpha l} + c_2 e^{\alpha l}\right) = 0$$

wiederum eindeutig zu

$$c_1 = \frac{e^{\alpha l}(T_0 - T_U)}{e^{\alpha l} + e^{-\alpha l}} \, , \quad c_2 = \frac{e^{-\alpha l}(T_0 - T_U)}{e^{\alpha l} + e^{-\alpha l}} \, .$$

Im Fall $T_0 > T_U$ ist (erwartungsgemäß) T für $0 \leq x \leq l$ monoton fallend.

Für einen einseitig unendlich ausgedehnten Stab, d.h. durchläuft x ganz $\mathbb{R}_+$, bietet sich neben der Randbedingung $T(0) = T_0$ zur Festlegung einer Lösung noch die Forderung an, dass T beschränkt ist. Dann erhält man offenbar als einzige Lösung die Funktion

$$T(x) = T_U + (T_0 - T_U)e^{-\alpha x} \, ,$$

die für $x \to \infty$ (erwartungsgemäß) gegen T_U konvergiert. Für den Wärmestrom, der in die Umgebung austritt, erhält man

$$-b \int_0^\infty \left(T_U - T(x)\right) dx = \sqrt{ab}\,(T_0 - T_U) \, .$$

---

[4] Natürlich ist nicht von vornherein klar, dass ein solches Randwertproblem eine Lösung hat und dass sie, falls sie existiert, eindeutig bestimmt ist. Wir diskutieren dies in allgemeinerem Rahmen in Band 2, Abschnitt 20.D und 20.E.

Aufgaben

1. (Sinus und Kosinus als Lösungen von $\ddot{y} + y = 0$)

a) Man zeige, dass sich jede Lösung von $\ddot{y} + y = 0$ a priori in eine Potenzreihe $\sum a_n t^n$ um 0 mit unendlichem Konvergenzradius entwickeln lässt und dass sie durch a_0 und a_1, d.h. durch $y(0)$ und $\dot{y}(0)$ eindeutig bestimmt ist. Man zeige, dass die Lösungen y_1 und y_2 mit $y_1(0) = 0$, $\dot{y}_1(0) = 1$ bzw. mit $y_2(0) = 1$, $\dot{y}_2(0) = 0$ die Sinus- bzw. die Kosinusreihe ergeben und dass notwendigerweise $\dot{y}_1 = y_2$, $\dot{y}_2 = -y_1$ ist.

b) Man folgere die Additionstheoreme

$$y_1(t + u) = y_1(t)\, y_2(u) + y_2(t)\, y_1(u)\,, \quad y_2(t + u) = y_2(t)\, y_2(u) - y_1(t)\, y_1(u)\,,$$

indem man zeigt, dass beide Seiten dieser Gleichungen bei festem u jeweils die Differenzialgleichung $\ddot{y} + y = 0$ mit denselben Anfangswerten erfüllen.

2. Analog zu Aufg. 1 behandele man die Differenzialgleichung $\ddot{y} - y = 0$, um so die Funktionen sinh und cosh zu gewinnen, oder auch die Gleichung $\dot{y} - y = 0$.

3. Für die Schwingungsgleichung im Resonanzfall $y'' + \omega^2 y = 2\omega \cos \omega t$ ist $f(t) := t \sin \omega t$ eine spezielle Lösung. Man untersuche die lokalen Extremstellen von f und das Verhalten der Abstände benachbarter Extremstellen.

4. Ein senkrechter Zylinder der Höhe h, konstanter Dichte ρ und der Grundfläche F schwimme aufrecht stehend in einem Wasserbecken. Man berechne die Schwingungsdauer des in vertikaler Richtung auf und ab schwingenden Körpers bei Vernachlässigung der Wasserbewegung und der Reibung. Man diskutiere auch den Einfluss eines von 0 verschiedenen Dämpfungsfaktors.

5. Man löse die Schwingungsgleichung $\ddot{y} + 2\mu\dot{y} + \omega_0^2 y = g$, $\mu \geq 0$, $\omega_0 > 0$, für folgende Störfunktionen $g(t)$ bei der Anfangsbedingung $y(0) = \dot{y}(0) = 0$.

a) $g(t) = e^{-\alpha t} \sin \gamma t$, $\alpha > 0$, $\gamma > 0$. **b)** $g(t) = A$, $A > 0$ konstant.

c) $g(t) = \begin{cases} At/T_0, & \text{falls } t \leq T_0, \\ A, & \text{falls } t \geq T_0, \ A > 0\,. \end{cases}$

6. Die *reelle* Schwingungsgleichung $\ddot{y} + 2\mu\dot{y} + \omega_0^2 y = g$ kann man im Fall schwacher Dämpfung $0 \leq \mu < \omega_0$ auf eine lineare Differenzialgleichung erster Ordnung mit komplexen Koeffizienten zurückführen. Man setzt dazu

$$b := \mu + i\omega\,, \quad \omega := \sqrt{\omega_0^2 - \mu^2}\,, \quad z := y + \frac{b}{\omega_0^2}\dot{y}\,.$$

Dann erfüllt z die Differenzialgleichung $\dot{z} + bz = bg/\omega_0^2$ mit der Lösung

$$z(t) = z_0 e^{-b(t-t_0)} + \frac{b}{\omega_0^2} \int_{t_0}^{t} g(\tau)\, e^{-b(t-\tau)}\, d\tau\,,$$

wobei sich $z_0 = z(t_0)$ aus den reellen Anfangsbedingungen $y(t_0) = y_0$, $\dot{y}(t_0) = \dot{y}_0$ für $y(t)$ ergibt. Aus z lassen sich $\dot{y}$ und y leicht zurückgewinnen.

7. Eine ungedämpfte Schwingung mit der Kreisfrequenz $\omega_0 > 0$ werde aus der Ruhelage $y(0) = 0$, $\dot{y}(0) = 0$ durch eine Störung $g(t)$, die im Intervall $[0, T_0]$ wirkt, angeregt. Man bestimme jeweils die maximale Amplitude für die anschließende ungestörte Schwingung im Intervall $[T_0, \infty[$, falls die Störfunktion die folgende Gestalt hat:

a) $g(t) = A$ für $0 \le t \le T_0$.   **b)** $g(t) = At/T_0$ für $0 \le t \le T_0$.

c) $g(t) = A \sin \omega_0 t$, $\ 0 \le t \le T_0 := 2\pi n/\omega_0$, $n \in \mathbb{N}^*$.

d) $g(t) = A \ln(1 + \omega_0 t)/\ln(1 + \omega_0 T_0)$, $\ 0 \le t \le T_0 := 2\pi/\omega_0$.

(Dabei sei A jeweils eine positive Konstante.)

8. Die Bewegung eines Seismographen mit der Gleichung

$$\ddot{\varphi}_1 + 2\mu\dot{\varphi}_1 + \omega_0^2\varphi_1 = c\ddot{x}$$

(vgl. Beispiel 19.E.5) werde durch einen von ihm induzierten Strom, der ein Galvanometer bewegt, angezeigt. Die Gleichung des Galvanometers sei

$$\Theta\ddot{\varphi}_2 + 2p\dot{\varphi}_2 + D^*\varphi_2 = qI$$

(vgl. Beispiel 19.E.4). Es ist dann $I := d\dot{\varphi}_1$ mit einer Konstanten d. Man diskutiere die Bewegung $\varphi_2(t)$ des Galvanometers, wenn der Seismograph zum Zeitpunkt $t_0 = 0$ kurz erschüttert wird, also $\varphi_1(t) = a\,G(t)$, $t \ge 0$, mit der Greenschen Funktion $G(t)$ der Seismographengleichung und einer Konstanten a ist, und das Galvanometer zum Zeitpunkt $t_0 = 0$ in Ruhe war. Man betrachte insbesondere den Fall, dass beide Geräte sich im aperiodischen Grenzfall bewegen.

9. (Preis-Angebot-Modell) Es wird die Abhängigkeit des Preises P einer bestimmten Ware vom Angebot A untersucht. Wir nehmen an, dass die Preisänderung dP/dt, von der als konstant gleich α angesehenen Inflation abgesehen, proportional zur Differenz $A - A_0$ ist, wo A_0 ein Gleichgewichtszustand des Angebots ist. Es gilt also $dP/dt = \alpha - \lambda(A - A_0)$, $\lambda > 0$. Die Angebotsänderung dA/dt ist ferner proportional zur Differenz $P - P_0$, wo P_0 ein Gleichgewichtspreis ist: $dA/dt = \mu(P - P_0)$, $\mu > 0$. Insgesamt folgt

$$\frac{d^2P}{dt^2} + \lambda\mu P = \lambda\mu P_0\,.$$

Man bestimme daraus P und A als Funktionen von t, wenn P und A die Anfangsbedingungen $P(0) = P_0$ und $A(0) = A_0$ erfüllen. Wie sehen die Lösungen aus, wenn die Inflation von der Form $\alpha + \beta \sin \omega t$ ist?

10. (Umsatz-Bedarf-Modell) Es wird die Abhängigkeit des Umsatzes U einer bestimmten Ware vom Verbraucherinteresse I und dem als konstant angesehenen Werbeaufwand W untersucht. Wir nehmen an:

$$\frac{dU}{dt} = b\,(I - \beta U)\,, \quad \frac{dI}{dt} = a\left(U - \alpha(I - I_0)\right) + \gamma W$$

mit $I_0, a, b, \alpha, \beta, \gamma > 0$, $\alpha\beta > 1$. Auflösen nach U liefert

$$\frac{d^2U}{dt^2} + (a\alpha + b\beta)\frac{dU}{dt} + ab\,(\alpha\beta - 1)\,U = b\,(a\alpha I_0 + \gamma W)\,.$$

Man löse diese Differenzialgleichung und zeige, dass alle Lösungen für $t \to \infty$ gegen die stationäre Lösung $(a\alpha I_0 + \gamma W)/a(\alpha\beta - 1)$ konvergieren. Wie entwickelt sich der Umsatz bei $\alpha\beta < 1$ und für $W(t) = W_0 e^{-t}$?

11. (Lagerhaltungsmodell) Es wird die Abhängigkeit des Preises P einer bestimmten Ware vom Verkauf V, der Produktion Q und dem Lagerbestand L untersucht. Ist L_0 der angestrebte Lagerbestand, so nehmen wir an: $dP/dt = -\delta(L - L_0)$, $\delta > 0$. Außerdem ist $dL/dt = Q - V$. Ferner nehmen wir an, dass $Q = a - bP - c\,dP/dt$ mit $a, b, c > 0$ und $V = \alpha - \beta P - \gamma\,dP/dt$ mit $\alpha, \beta, \gamma > 0$ ist. Dann folgt

$$\frac{d^2 P}{dt^2} + \delta(\gamma - c)\frac{dP}{dt} + \delta(\beta - b)\,P = \delta(\alpha - a)\,.$$

Unter der Voraussetzung $a < \alpha$, $b < \beta$, $c < \gamma$ wird sich für $t \to \infty$ der stabile Preis $(\alpha - a)/(\beta - b)$ einstellen. Wie verhält sich der Preis bei $\gamma < c$ und bei $\beta < b$, $\alpha < a$?

12. (C o u l o m b - R e i b u n g)

a) Für $\mu, \omega_0 > 0$ löse man die reelle Schwingungsgleichung

$$\ddot{y} + 2\mu\,\text{Sign}\,\dot{y} + \omega_0^2 y = 0\,.$$

b) Bei ebener Bewegung ($y \in \mathbb{C}$) hat man im Reibungsterm Sign $\dot{y}$ durch $\dot{y}/|\dot{y}|$ zu ersetzen. Man betrachte als einfaches Beispiel für eine ebene Bewegung mit Coulomb-Reibung die Differenzialgleichung

$$m\ddot{y} + \alpha mg\,\frac{\dot{y}}{|\dot{y}|} = K_0$$

mit Konstanten $m, \alpha, g \in \mathbb{R}_+^\times$, $K_0 \in \mathbb{C}^\times$, und den Anfangsbedingungen $\ddot{y}(0) = 0$, $\dot{y}(0) \neq 0$, wobei man für kleine $|t|$ den Term $\dot{y}/|\dot{y}|$ durch $\dot{y}/v_0$, $v_0 := |\dot{y}(0)|$, ersetze. (Für eine Diskussion des Ergebnisses vgl. Wode, D.: Wirklichkeitsnahe Analysis: Wie das Auto bei Glätte rutscht, Math. Sem.ber. **35**, 101-117 (1988). Man beachte insbesondere die Abhängigkeit der so gewonnenen Näherungslösungen für $\dot{y}$ bzw. y von α bei kleinem $|t|$.)

13. Man gebe die Lösung von $\ddot{y} - \omega_0^2 y = 0$, $\omega_0 > 0$, bei vorgegebenen Anfangsbedingungen $y_0 = y(0)$ und $\dot{y}_0 = \dot{y}(0)$ an. Man betrachte die Differenzialgleichung auch unter dem Gesichtspunkt von Beispiel 19.C.4. Das Potenzial ist $U(y) = -\omega_0^2 y^2/2$.

Tafeln

Tafel 1: Tschebyschew-Polynome erster Art

Die (normierten) Tschebyschew-Polynome $T_n(x)$, $n \in \mathbb{N}$, sind definiert durch die Gleichung

$$\cos n\varphi = 2^{n-1} T_n(\cos \varphi)\,.$$

Sie erfüllen die folgende Rekursion (vgl. Beispiel 5.C.5):

$$T_0 = 2\,, \quad T_1 = x\,, \quad T_{n+2} = x T_{n+1} - \frac{1}{4} T_n\,.$$

Die ersten elf Tschebyschew-Polynome sind:

$$T_0(x) = 2\,,$$

$$T_1(x) = x\,,$$

$$T_2(x) = \frac{1}{2}(2x^2 - 1)\,,$$

$$T_3(x) = \frac{1}{4}(4x^3 - 3x)\,,$$

$$T_4(x) = \frac{1}{8}(8x^4 - 8x^2 + 1)\,,$$

$$T_5(x) = \frac{1}{16}(16x^5 - 20x^3 + 5x)\,,$$

$$T_6(x) = \frac{1}{32}(32x^6 - 48x^4 + 18x^2 - 1)\,,$$

$$T_7(x) = \frac{1}{64}(64x^7 - 112x^5 + 56x^3 - 7x)\,,$$

$$T_8(x) = \frac{1}{128}(128x^8 - 256x^6 + 160x^4 - 32x^2 + 1)\,,$$

$$T_9(x) = \frac{1}{256}(256x^9 - 576x^7 + 432x^5 - 120x^3 + 9x)\,,$$

$$T_{10}(x) = \frac{1}{512}(512x^{10} - 1280x^8 + 1120x^6 - 400x^4 + 50x^2 - 1)\,.$$

Tafel 2: Tschebyschew-Polynome zweiter Art

Die (normierten) Tschebyschew-Polynome zweiter Art $U_n(x)$, $n \in \mathbb{N}$, sind definiert durch die Gleichung

$$\frac{\sin (n+1)\varphi}{\sin \varphi} = 2^n U_n(\cos \varphi) \, .$$

Sie erfüllen die folgende Rekursion (vgl. 5.C, Aufg. 9):

$$U_0 = 1 \, , \quad U_1 = x \, , \quad U_{n+2} = x U_{n+1} - \frac{1}{4} U_n \, .$$

Die ersten elf Tschebyschew-Polynome zweiter Art sind:

$$U_0(x) = 1 \, ,$$

$$U_1(x) = x \, ,$$

$$U_2(x) = \frac{1}{4}(4x^2 - 1) \, ,$$

$$U_3(x) = \frac{1}{2}(2x^3 - x) \, ,$$

$$U_4(x) = \frac{1}{16}(16x^4 - 12x^2 + 1) \, ,$$

$$U_5(x) = \frac{1}{16}(16x^5 - 16x^3 + 3x) \, ,$$

$$U_6(x) = \frac{1}{64}(64x^6 - 80x^4 + 24x^2 - 1) \, ,$$

$$U_7(x) = \frac{1}{16}(16x^7 - 24x^5 + 10x^3 - x) \, ,$$

$$U_8(x) = \frac{1}{256}(256x^8 - 448x^6 + 240x^4 - 40x^2 + 1) \, ,$$

$$U_9(x) = \frac{1}{256}(256x^9 - 512x^7 + 336x^5 - 80x^3 + 5x) \, ,$$

$$U_{10}(x) = \frac{1}{1024}(1024x^{10} - 2304x^8 + 1792x^6 - 560x^4 + 60x^2 - 1) \, .$$

Tafel 3: Bernoulli-Polynome

Die Bernoulli-Polynome $B_n(x)$, $n \in \mathbb{N}$, sind rekursiv definiert durch

$$B_0(x) = 1, \quad B'_{n+1}(x) = (n+1)B_n(x) \text{ und } \int_0^1 B_{n+1}(x)dx = 0,$$

vgl. Abschnitt 18.A. Nach 18.A, Aufg. 8 ist

$$\frac{ze^{xz}}{e^z - 1} = \sum_{n=0}^{\infty} \frac{B_n(x)}{n!} z^n.$$

Die ersten elf Bernoulli-Polynome sind:

$$B_0(x) = 1,$$

$$B_1(x) = x - \frac{1}{2},$$

$$B_2(x) = x^2 - x + \frac{1}{6},$$

$$B_3(x) = x^3 - \frac{3}{2}x^2 + \frac{1}{2}x,$$

$$B_4(x) = x^4 - 2x^3 + x^2 - \frac{1}{30},$$

$$B_5(x) = x^5 - \frac{5}{2}x^4 + \frac{5}{3}x^3 - \frac{1}{6}x,$$

$$B_6(x) = x^6 - 3x^5 + \frac{5}{2}x^4 - \frac{1}{2}x^2 + \frac{1}{42},$$

$$B_7(x) = x^7 - \frac{7}{2}x^6 + \frac{7}{2}x^5 - \frac{7}{6}x^3 + \frac{1}{6}x,$$

$$B_8(x) = x^8 - 4x^7 + \frac{14}{3}x^6 - \frac{7}{3}x^4 + \frac{2}{3}x^2 - \frac{1}{30},$$

$$B_9(x) = x^9 - \frac{9}{2}x^8 + 6x^7 - \frac{21}{5}x^5 + 2x^3 - \frac{3}{10}x,$$

$$B_{10}(x) = x^{10} - 5x^9 + \frac{15}{2}x^8 - 7x^6 + 5x^4 - \frac{3}{2}x^2 + \frac{5}{66}.$$

Tafel 4: Bernoulli-Zahlen

Die Bernoulli-Zahlen B_n, $n \in \mathbb{N}$, sind durch die Potenzreihenentwicklung

$$\frac{z}{e^z - 1} = \sum_{n=0}^{\infty} \frac{B_n}{n!} z^n$$

definiert und erfüllen die Rekursion

$$B_0 = 1, \quad \sum_{k=0}^{n} \binom{n+1}{k} B_k = 0, \quad n \in \mathbb{N}^*.$$

Für $n \in \mathbb{N}$ ist $B_n = B_n(0)$ der konstante Term des n-ten Bernoulli-Polynoms, vgl. Beispiel 12.E.7 und Abschnitt 18.A. Es gilt $B_1 = -1/2$, $B_{2m+1} = 0$ für $m \geq 1$, ferner $(-1)^{m-1} B_{2m} > 0$ für $m \geq 1$ und

$$B_0 = 1, \quad B_2 = \frac{1}{6}, \quad B_4 = -\frac{1}{30}, \quad B_6 = \frac{1}{42}, \quad B_8 = -\frac{1}{30}, \quad B_{10} = \frac{5}{66},$$

$$B_{12} = -\frac{691}{2730}, \quad B_{14} = \frac{7}{6}, \quad B_{16} = -\frac{3617}{510}, \quad B_{18} = \frac{43867}{798},$$

$$B_{20} = -\frac{174611}{330}, \quad B_{22} = \frac{854513}{138}, \quad B_{24} = -\frac{236364091}{2730}, \quad B_{26} = \frac{8553103}{6},$$

$$B_{28} = -\frac{23749461029}{870}, \quad B_{30} = \frac{8615841276005}{14322}.$$

Tafel 5: Einige Konstanten

$$\sqrt{2} = 1,41421\,35623\,73095\,04880\,1\ldots$$
$$\Phi = (1 + \sqrt{5})/2 = 1,61803\,39887\,49894\,84820\,4\ldots$$
$$\ln 2 = 0,69314\,71805\,59945\,30941\,7\ldots$$
$$1/\log_{10} 2 = \log_2 10 = 3,32192\,80948\,87362\,34787\,0\ldots$$
$$1/\log_2 10 = \log_{10} 2 = 0,30102\,99956\,63981\,19521\,3\ldots$$
$$1/\log_{10} e = \ln 10 = 2,30258\,50929\,94045\,68401\,7\ldots$$
$$1/\ln 10 = \log_{10} e = 0,43429\,44819\,03251\,82765\,1\ldots$$
$$e = 2,71828\,18284\,59045\,23536\,0\ldots$$
$$1/e = 0,36787\,94411\,71442\,32159\,5\ldots$$
$$\gamma = 0,57721\,56649\,01532\,86060\,6\ldots$$
$$\pi = 3,14159\,26535\,89793\,23846\,2\ldots$$
$$\Gamma(1/2) = \sqrt{\pi} = 1,77245\,38509\,05516\,02729\,8\ldots.$$

γ ist die Eulersche Konstante $\lim_{n \to \infty}(H_n - \ln n)$, wobei $H_n := \sum_{k=1}^{n} 1/k$ die n-te Partialsumme der harmonischen Reihe bezeichnet.

Literaturverzeichnis

Auswahl deutschsprachiger Lehrbücher zur Analysis einer Veränderlichen:

[1] Barner, M.; Flohr, F.: Analysis I. Berlin ^{3}1987

[2] Blatter, C.: Analysis I, II. Berlin-Heidelberg-New York ^{3}1980, ^{2}1979, Heidelberger Taschenbücher Band 151, 152

[3] Erwe, F.: Differential- und Integralrechnung, Band I, II. Mannheim 1962, ^{3}1973 (rev. Nachdruck), BI-Hochschultaschenbücher Band 30, 31

[4] Forster, O.: Analysis 1. Braunschweig ^{4}1983

[5] Grauert, H.; Lieb, I.: Differential- und Integralrechnung I. Berlin-Heidelberg-New York ^{4}1976, Heidelberger Taschenbücher Band 26

[6] Heuser, H.: Lehrbuch der Analysis, Teil 1. Stuttgart ^{5}1988

[7] von Mangoldt, W.; Knopp, K.: Einführung in die höhere Mathematik, I., II., III. Band. Leipzig ^{16}1979, ^{15}1978, ^{14}1975

[8] Reiffen, H.-J.; Trapp, H. W.: Differentialrechnung. Mannheim 1989

[9] Strubecker, K.: Einführung in die höhere Mathematik, Band I, II, III. München-Wien ^{2}1966, 1967, 1980

[10] Walter, W.: Analysis I. Berlin-Heidelberg-New York-Tokyo 1985, Grundwissen Mathematik Band 3

Das Werk [7] ist ein klassisches Lehrbuch, dessen erste Auflage bereits in den Jahren 1911 bis 1914 erschien. Eine Fülle von Einzelheiten findet man in den drei Bänden von [9]. Zahlreiche Anwendungen bringt das Lehrbuch [6]. Stärker theoretisch orientiert ist das folgende Buch, das von Anfang an einen höheren Standpunkt einnimmt:

[11] Dieudonné, J.: Grundzüge der modernen Analysis, Band 1. Braunschweig ^{3}1986

Eine Auswahl aus der Unzahl amerikanischer Lehrbücher zur Analysis einer Veränderlichen (Calculus):

[12] Greenspan, H.P.: Calculus. New York ^{2}1986

[13] Marsden, J.; Weinstein, A.: Calculus I, II. New York-Heidelberg-Berlin ^{2}1985

[14] Spivak, M.: Calculus. New York 1967

Das Buch [14] besticht durch die elegante Darstellung des elementaren Stoffes, [12] spricht vor allem Anwender an und enthält viele (auch einfachere) Aufgaben.

Als reine Aufgabensammlungen erwähnen wir die folgenden Bücher, von denen [18] klassisch mit zum Teil schwereren und weiterführenden Aufgaben ist und [16] die Probleme in origineller Weise einkleidet.

[15] Günter, N.M. ; Kusmin, R.O. : Aufgabensammlung zur höheren Mathematik, Band I, II. Berlin ^{10}1978, ^{6}1976

[16] Langmann, K. : Die mathematischen Abenteuer von Fritz und Katharina. Göttingen 1988

[17] Ostrowski, A. : Aufgabensammlung zur Infinitesimalrechnung, Erster Band. Basel 1967

[18] Pólya, G. ; Szegö, G. : Aufgaben und Lehrsätze aus der Analysis, Band 1, 2. Berlin-Heidelberg-New York ^{4}1970, ^{4}1971, Heidelberger Taschenbücher Band 73, 74

Zur angewandten Mathematik und zu numerischen Methoden verweisen wir auf die folgenden Werke:

[19] Engel, A. : Elementarmathematik vom algorithmischen Standpunkt, Stuttgart 1977

[20] Henrici, P. : Applied and Computational Complex Analysis, Vol. I, II. New York 1973, 1977

[21] Knuth, D.E. : The Art of Computer Programming, Vol. 1/Fundamental Algorithms, Vol. 2/Seminumerical Algorithms. Reading, Mass. ^{2}1973, ^{2}1981

[22] Meinardus, G. ; Merz, G. : Praktische Mathematik I. Mannheim 1979

[23] Stoer, J. : Einführung in die Numerische Mathematik I. Berlin-Heidelberg-New York ^{2}1976, Heidelberger Taschenbücher Band 105

Das Buch [21] ist nicht nur für Informatiker, sondern auch für Mathematiker sehr interessant; [20] enthält zahlreiche Anwendungen komplexer Methoden, [19] behandelt viele algorithmische Fragestellungen auf elementarem Niveau.

Auswahl von Büchern zu den einfachen hier behandelten Differenzialgleichungen:

[24] Braun, M. : Differentialgleichungen und ihre Anwendungen. Berlin-Heidelberg-New York ^{3}1984

[25] Burghes, D. ; Borrie, M. : Modelling with Differential Equations. Chichester 1981

[26] Burghes, D. ; Downs, A. : Modern Introduction to Classical Mechanics & Control. Chichester 1975

[27] Collatz, L. : Differentialgleichungen. Stuttgart [7]1988

Das Buch [24] ist eine breite Darstellung von elementaren Anwendungsbeispielen; ähnlich, aber noch stärker anwendungsorientiert, sind [25] und [26].

Zur Wahrscheinlichkeitsrechnung nennen wir:

[28] Bandelow, Ch. : Einführung in die Wahrscheinlichkeitstheorie. Mannheim [2]1989, BI-Hochschultaschenbücher Band 798

[29] Bosch, K. : Elementare Einführung in die Wahrscheinlichkeitsrechnung. Braunschweig [4]1984

[30] Engel, A. : Wahrscheinlichkeitsrechnung und Statistik, Band 1, 2. Stuttgart 1973, 1976

[31] Feller, W. : An Introduction to Probability Theory and its Applications, Vol. 1. New York [3]1967

[32] Fisz, M. : Wahrscheinlichkeitsrechnung und mathematische Statistik. Berlin [10]1980

[33] Gnedenko, B.W. : Lehrbuch der Wahrscheinlichkeitsrechnung. Thun 1978

Das klassische Werk über diskrete Wahrscheinlichkeitsräume ist [31], die Lehrbücher [32] und [33] führen auch weiter.

Für mengentheoretische Grundbegriffe und insbesondere die algebraischen Grundlagen verweisen wir generell auf:

[34] Schafmeister, O. ; Wiebe, H. : Grundzüge der Algebra. Stuttgart 1978

[35] Scheja, G. ; Storch, U. : Lehrbuch der Algebra, Teil 1, Teil 2. Stuttgart [2]1994, 1988

Schließlich geben wir noch einige Tafelwerke an, von denen [38] viele graphische Darstellungen transzendenter Funktionen enthält:

[36] Bronstein, I.N. ; Semendjajew, K.A. : Taschenbuch der Mathematik. Stuttgart 1993

[37] Gröbner, W. ; Hofreiter, N. : Integraltafel, Erster Teil, Zweiter Teil. Wien [5]1975, [5]1973

[38] Jahnke, E. ; Emde, F. ; Lösch, F. : Tafeln höherer Funktionen. Stuttgart [6]1960

Ergänzend erwähnen wir noch die folgenden neueren Analysisbücher:

[39] Amman, H. ; Escher, J. : Analysis I, Basel [3]2006

[40] Hildebrandt, S. : Analysis 1, Berlin-Heidelberg-New York [2]2006

[41] Königsberger, K. : Analysis 1, Berlin-Heidelberg-New York [6]2004

Symbolverzeichnis

Stichwortverzeichnis